高等院校本科化学系列教材

Chemistry

无机及分析化学

(第三版)

武汉大学《无机及分析化学》编写组 编著

武汉大学出版社

图书在版编目(CIP)数据

无机及分析化学/武汉大学《无机及分析化学》编写组编著.
—3版.—武汉：武汉大学出版社,2008.2(2021.7重印)
高等院校本科化学系列教材
ISBN 978-7-307-06043-2

Ⅰ.无… Ⅱ.武… Ⅲ.①无机化学—高等学校—教材 ②分析化学—高等学校—教材 Ⅳ.O61 O65

中国版本图书馆CIP数据核字(2007)第195360号

责任编辑：谢文涛　　责任校对：王　建　　版式设计：詹锦玲

出版发行：武汉大学出版社　(430072　武昌　珞珈山)
（电子邮箱：cbs22@whu.edu.cn　网址：www.wdp.com.cn）
印刷：武汉图物印刷有限公司
开本：720×1000　1/16　印张：43.5　字数：867千字　插页：1
版次：1994年12月第1版　2003年8月第2版
　　　2008年2月第3版　2021年7月第3版第13次印刷
ISBN 978-7-307-06043-2/O·376　　　定价：68.00元

版权所有，不得翻印；凡购我社的图书，如有质量问题，请与当地图书销售部门联系调换。

第三版前言

第二版出版以来,在无机及分析化学教学方面发生了许多变化,为了适应教学内容和课程体系改革的需要,经多方收集读者和师生的意见以及根据武汉大学十一五教材建设项目要求,并认真讨论之后,在继承该书前两版深入浅出、承前启后和通俗易懂特色基础上,注重无机化学和分析化学的内容紧密联系教学对象和专业内容,对本书第二版进行了修订。

关于本书第三版的内容作如下说明:

(1) 为了有利于教学,将本书分为三编:第一编为无机化学部分,第二编为化学分析,第三编为仪器分析。将原第二版第五章"原子结构和元素周期律"和第六章"化学键与分子结构"列为新版第一章和第二章。

(2) 对无机及分析化学课程的分析化学部分中常用的化学分离富集方法、原子发射光谱法、原子吸收与原子荧光光谱分析法、红外吸收光谱法、核磁共振波谱、质谱法、电化学分析法、色谱分析等近代分析方法等重要内容在新版中充实加强。

(3) 在元素化学方面,介绍了生物体内的元素化学,引入新的无机制备方法,如固相反应法、先驱物法、溶胶凝胶法、化学气相沉积法、纳米材料的制备等。本书介绍了各种方法的基本原理、特点,特别是在材料领域方面的应用,让读者了解无机制备化学正在发生的日新月异的变化。

(4) 为了提高学生分析问题和解决问题的能力,并且做到理论密切联系实际,每章末附有思考题和习题两个部分。前一部分着重基本概念的运用,以提高推理判断的能力;后一部分是在重点掌握基本理论的基础上,进行综合性的解题运算。

参加本书第三版编写工作的有秦永超(第1,2,6,9,11章)、田秋霖(第3,4,5章)、彭天右(第7,8章)、李广祖(第10章)、张华山(第12,13章)、胡斌(第14,15,18章)、王红(第16章)、吴晓军(第17章)、赵发琼(第19章)和达世碌(第20章)。由秦永超和张华山统编定稿。

我们感谢广大师生曾提出的有益建议和修改意见,感谢武汉大学化学与分子科学学院和无机及分析化学教学组各位老师多年来的关心和支持,感谢武汉大学出版社编辑谢文涛同志仔细审阅和修改加工书稿。在本书的修改过程中,参考了国内外近期出版的有关教材或教学参考书,对这些作者深表谢意。

无机及分析化学内容丰富涉及方方面面,由于作者水平有限,书中错误和问题在所难免。诚恳欢迎读者批评指正。

编　者

2007 年 7 月于武汉大学

第二版前言

  本书初版于1994年,随后多次重印。1995年,我们申请并获准参加原国家教委《高等教育面向21世纪教学内容和课程体系改革计划》02-03-7项目即"理科非化学类专业基础化学教学内容和课程体系改革研究"。在面向21世纪的教学改革研究和实践中,我们不断思考和总结,广泛收集读者和师生的意见,对国内外教材进行比较。在本书第二版教材修订中,我们在保留第一版教材特色的基础上,坚持精选教材内容,强化无机化学和分析化学的紧密联系及其在化学教学中的基础作用;转变教育观念,注重素质、能力和思维方法的培养;拓宽知识范畴,适当反映学科发展的新成果。

  参加本书第二版修改工作的有潘祖亭(第1,4,5,6,7,8章)、秦永超(第2,3,11章)、孟凡昌(第13,14章)、李广祖(第9,10,12章)。

  为了便于教学,编写了与此书配套的《无机及分析化学实验》(第二版)(武汉大学出版社2001年出版)及《无机及分析化学习题解》(武汉大学出版社即将出版)。

  参加本书第一版编写工作的徐勉懿教授、方国春教授及多年来使用第一版教材和试用第二版教材的广大师生曾提出了许多有益的建议和修改意见。在此一并表示感谢。

  限于编者水平,书中仍会有不妥之处,欢迎读者指正。

编 者

2003年6月

第一版前言

本书是根据武汉大学多年来的教学实践、参照综合性大学《无机及分析化学》教学大纲编写的。可供高等院校生物学类、环境科学类及应用化学等专业本科生使用，也可作为农、医、师范等院校有关专业的教材。

全书共14章，主要内容是无机化学和分析化学的基础理论和基本知识。本书系统地阐述了原子结构和分子结构理论，主族元素、过渡族元素及其性质。在酸碱、沉淀、配位和氧化还原反应等章节中，将无机化学和分析化学的内容有机地结合起来讨论。定量分析部分重点讲述滴定分析法、重量分析法和分光光度分析法，关于分析化学中的分离方法和其他仪器分析法也作了适当介绍。在编写过程中，力求做到由浅入深，重点突出、理论联系实际。

本书采用SI国际基本单位制和统一的名词术语。根据教学计划，讲授90学时左右。有的章节内容，依各专业要求，可由讲授教师酌情处理。

书中各章分别由徐勉懿(第2,3,11,12章)、方国春(第9,10,13,14章)、潘祖亭(第1,4,5,6,7,8章)编写，经互审及集体讨论后定稿。编写过程中参阅了国内外的优秀教材和专著。本书的出版得到了学校、化学系和分析化学教研室领导及教师们的热情关心支持；周性尧教授审阅了第14章；曾学习过本课程的生物学系、病毒学系及环境科学系等各专业的学生也提出了许多有益的建议；同时，还得到武汉大学出版社的领导和有关编辑人员的支持和帮助，终于使本书得以奉献给读者。在此一并表示诚挚的谢意。

由于编者水平有限，书中错误和不妥之处在所难免，恳请广大教师和读者批评指正。

编 者

1994年4月于武昌珞珈山

目 录

第一编 无机化学

第1章 原子结构与元素周期律 … 3
  1.1 核外电子的运动状态 … 3
  1.2 原子核外电子的排布和元素周期系 … 21
  1.3 元素某些性质与原子结构的关系 … 36

第2章 化学键与分子结构 … 47
  2.1 离子键 … 47
  2.2 经典 Lewis 学说 … 50
  2.3 共价键的价键理论 … 53
  2.4 杂化轨道理论 … 57
  2.5 价层电子对互斥理论 … 64
  2.6 分子轨道理论 … 67
  2.7 共价键的极性和分子的极性 … 74
  2.8 金属键理论 … 76
  2.9 分子间力和氢键 … 78
  2.10 离子的极化 … 84
  2.11 晶体的结构 … 86

第3章 酸碱反应 … 91
  3.1 酸碱理论概述 … 91
  3.2 电解质溶液的离解平衡 … 96
  3.3 酸碱平衡中有关浓度的计算 … 108
  3.4 缓冲溶液 … 127

第4章 沉淀反应 … 140
  4.1 微溶化合物的溶解度和溶度积 … 140

4.2　沉淀的生成和溶解 …………………………………… 147
4.3　沉淀反应的某些作用 …………………………………… 154

第5章　配位反应 …………………………………………… 157
5.1　配位化合物的基本概念 ………………………………… 157
5.2　配合物的价键理论 ……………………………………… 161
5.3　晶体场理论 ……………………………………………… 165
5.4　螯合物 …………………………………………………… 174
5.5　配合物的离解平衡 ……………………………………… 181
5.6　配合物的重要性 ………………………………………… 191

第6章　氧化还原反应 ……………………………………… 195
6.1　氧化还原反应的基本概念 ……………………………… 195
6.2　氧化还原反应方程式的配平 …………………………… 198
6.3　原电池和电极电位 ……………………………………… 202
6.4　氧化还原反应的方向和程度 …………………………… 209
6.5　氧化还原反应的速度 …………………………………… 216
6.6　元素电位图及其用途 …………………………………… 218
6.7　化学电源（Battery） …………………………………… 221

第7章　主族元素 …………………………………………… 227
7.1　碱金属和碱土金属的化合物 …………………………… 227
7.2　卤素的化合物 …………………………………………… 231
7.3　氧族元素的化合物 ……………………………………… 233
7.4　氮族元素的化合物 ……………………………………… 239
7.5　碳族和硼族元素的化合物 ……………………………… 244

第8章　副族元素 …………………………………………… 253
8.1　铜族和锌族元素的化合物 ……………………………… 256
8.2　铬、钼的重要化合物 …………………………………… 261
8.3　锰的重要化合物 ………………………………………… 264
8.4　铁、钴的重要化合物 …………………………………… 267
8.5　镧系元素及其重要化合物 ……………………………… 269
8.6　无机物的制备 …………………………………………… 271
8.7　新型无机材料 …………………………………………… 285

8.8 生物体内的元素化学 ··· 302
8.9 能源利用 ··· 325

第二编 化学分析

第9章 定量分析化学概论 ·· 349
9.1 分析化学的任务和作用 ··· 349
9.2 分析方法的分类 ··· 349
9.3 定量分析过程和分析结果的表示 ··· 351
9.4 定量分析误差 ·· 353
9.5 有效数字及计算规则 ··· 358
9.6 分析数据的统计处理 ··· 360
9.7 滴定分析法概述 ··· 367

第10章 滴定分析法 ··· 376
10.1 酸碱滴定法 ··· 376
10.2 络合滴定法 ··· 397
10.3 氧化还原滴定法 ··· 410
10.4 沉淀滴定法 ··· 426

第11章 重量分析法 ··· 434
11.1 概述 ·· 434
11.2 影响沉淀溶解度的因素 ·· 435
11.3 沉淀的形成 ··· 437
11.4 影响沉淀纯度的因素 ··· 438
11.5 沉淀条件的选择 ··· 441
11.6 沉淀的灼烧 ··· 446
11.7 重量分析结果的计算 ··· 447

第12章 吸光光度法 ··· 451
12.1 光的基本性质和光吸收基本定律 ··· 451
12.2 分光光度法及仪器 ··· 455
12.3 显色反应及其影响因素 ··· 458
12.4 测量条件的选择和吸光光度分析误差控制 ·· 463
12.5 分光光度分析法的应用 ··· 468

第13章 分析化学中常用的化学分离富集方法 476
- 13.1 概述 476
- 13.2 沉淀与过滤分离 476
- 13.3 液-液萃取分离法 481
- 13.4 离子交换分离法 487
- 13.5 经典色谱分离法 493

第三编 仪器分析

第14章 原子发射光谱法 501
- 14.1 基本原理 501
- 14.2 仪　　器 502
- 14.3 分析方法 509
- 14.4 分析性能及应用 513

第15章 原子吸收与原子荧光光谱分析法 514
- 15.1 原子吸收光谱法（AAS） 514
- 15.2 原子荧光光谱法（AFS） 525

第16章 红外吸收光谱法 529
- 16.1 概论 529
- 16.2 基本原理 530
- 16.3 红外光谱仪 539
- 16.4 红外光谱法中的样品制备 541
- 16.5 红外光谱法的应用 542

第17章 核磁共振波谱 546
- 17.1 核自旋和共振 546
- 17.2 仪器和样品处理 549
- 17.3 化学位移 552
- 17.4 ^{1}H 核磁共振谱：自旋耦合和裂分 560
- 17.5 ^{13}C 核磁共振谱 565

第18章 质谱法 571
- 18.1 质谱仪 571
- 18.2 原子质谱法 576

18.3　分子质谱法 ·· 579

第 19 章　电化学分析法 ··· 585
　19.1　电位分析法 ·· 585
　19.2　伏安分析法 ·· 596
　19.3　库仑分析法 ·· 611

第 20 章　色谱分析 ·· 616
　20.1　色谱法导论 ·· 616
　20.2　气相色谱法 ·· 629
　20.3　高效液相色谱法 ·· 634
　20.4　毛细管电泳和毛细管电色谱 ·· 645

附录 ··· 651

第一编　无机化学

第1章 原子结构与元素周期律

物质在不同条件下表现出来的各种性质,包括化学性质和物理性质,都与它们的结构有关。原子是由原子核和电子构成的,但化学反应并不涉及原子核的变化,只是核外电子运动的变化。电子属于微观粒子,其体积、质量都很小而运动速度极快。微观粒子的运动特性及规律不同于宏观物体,经典力学无法描述,需用量子力学来描述。它的基础是微观世界的量子性和微观粒子运动规律的统计性。

近百年来,通过对原子结构的研究,新技术的发明、新材料的研制不断涌现,这极大地丰富了人类的物质生活,但人类能真正依赖的物质宝库只是周期表上的百来个化学元素及其化合物。

本章主要讨论核外电子运动和排布的规律,原子结构与元素周期律(atomic structure and periodic law of chemical elements)以及元素某些性质之间的关系。

1.1 核外电子的运动状态

1.1.1 氢原子光谱

氢原子是最简单的原子,由于它的原子核只含有1个质子,核外只有1个电子,因此人们研究核外电子运动的规律就从氢原子入手。由实验发现原子光谱中各谱线的波长都有一定的规律性,其中最简单的是氢原子光谱。如在抽成真空的放电管中充入少量氢气,并通过高压放电,则氢气放出玫瑰红色的可见光、紫外光和红外光。利用三棱镜,这些光线可以被分成一系列按波长次序排列的不连续的线状光谱(见图1-1)。

1885年瑞士的一位中学教师Balmer在观察氢原子的可见光谱数据时发现谱线的波长(wave length)符合下述经验公式[①]:

[①] Balmer 最早得出的经验公式是 $\lambda = \dfrac{3646.00 \times n^2}{n^2 - 4}$,后来 Rydberg 把此式整理成(1.1)式,成为更简单的经验公式。

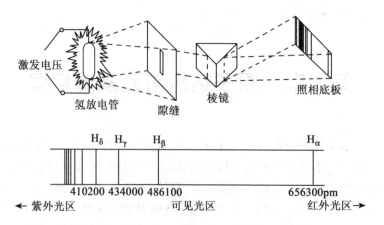

图 1-1 氢光谱仪示意图及氢原子可见光光谱

$$\tilde{\nu} = \frac{1}{\lambda} = R_H \left(\frac{1}{2^2} - \frac{1}{n^2} \right) \tag{1.1}$$

式中,$\tilde{\nu}$ 为波数,即波长(λ)的倒数;n 为大于 2 的正整数;R_H 称为 H 原子 Rydberg 常数,它等于 $1.09677576 \times 10^7 \mathrm{m}^{-1}$。

继 Balmer 之后,Lyman 及 Paschen、Bracket、Pfund 等人又相继发现分布在图 1-1 氢可见光区左右侧的紫外及红外光谱区的若干谱线系,它们也可以用下述公式来表示。

$$\tilde{\nu} = \frac{1}{\lambda} = R_H \left(\frac{1}{n_1^2} - \frac{1}{n_2^2} \right) \tag{1.2}$$

式中,n_1 和 n_2 都是正整数,而且 $n_2 > n_1$。当 $n_1 = 1$ 时,该谱线系称为紫外光谱区 Lyman 线系;$n_1 = 2$ 时,即为可见光谱区 Balmer 线系;而当 $n_1 = 3,4,5$ 时,依次代表红外光谱区 Paschen 线系、Bracket 线系及 Pfund 线系。

如何解释氢原子线状光谱的实验事实呢?按照经典电磁学理论:电子绕核做圆周运动,原子不断发射连续的电磁波,原子光谱应是连续的;而且由此电子的能量逐渐降低,最后坠入原子核,使原子不复存在。实际上原子既没有湮灭,**原子光谱不是连续的而是线状的**。

1913 年丹麦青年物理学家 Bohr 在 Rutherford 核原子模型基础上,根据当时刚刚萌芽的 Planck 量子论(1900 年)和 Einstein 的光子学说(1905 年),发表了自己的原子结构理论,才从理论上解释了氢原子光谱的规律。

1905 年 Einstein 对光电效应的成功解释是证明能量量子化的另一个实例。19 世纪末人们发现,光的照射可使电子从金属表面上逸出,导致金属带正电而使验电器的金箔张开。逸出的电子称为光电子(photoelectron)。Einstein 第一次应用 Planck

量子论概念解释了上述现象以及相关实验定律,并提出了光子学说。他认为:**一束光是由具有粒子特征的光子(photon)所组成的,每一个光子的能量与光的频率成正比**,即 $E_{光子}=h\nu$。一定频率光波的能量就集中在光子上。在光电效应中这些光子在与电子碰撞时传递能量,每一次碰撞,一个光子将其能量传给一个电子。下式可以表示电子吸收能量($h\nu$)后,一部分用于克服金属对它的束缚所需要的最小能量($h\nu_0$,又称脱出功 ω),其余部分则变为光电子的动能(E_k)。

$$h\nu = \omega + E_k = h\nu_0 + \frac{1}{2}mv^2$$

只有当光子能量 $h\nu > \omega$,即光的频率超过 ν_0 时才可以产生光电子;光子的能量越大(相应频率越高),则电子得到的能量也越大,发射出来的光电子能量也就越大。如某一定频率光的光子能量不够大,即当 $h\nu < \omega$ 时,即使增加光的强度(即增加光子的数目)也不能撞击出某特定金属中的电子。可见,电子能否逸出金属以及逸出的光电子动能大小,是依赖于光的频率大小,与光的强度无关。因此,只有把光看成是由光子组成、**光的能量是量子化的**,才能理解光电效应。

1.1.2 Bohr 氢原子理论

Bohr 理论从以下两个基本假设出发来建立他的原子结构模型。

1. 第一个假设

核外电子只能在有确定半径和能量的特定轨道上运动,电子在这些轨道上运动时并不辐射出能量,这种状态叫定态;而且每一个**稳定轨道的角动量**(L)**是量子化的**,它等于 $h/2\pi$ 的整数倍,设 m 为电子质量,v 为速度,r 为电子绕原子核做圆周运动的半径,其动量叫角动量等于 mvr,即

$$L = mvr = n\frac{h}{2\pi} \quad (n = 1, 2, 3, \cdots)$$

式中,n 为量子数,h 为 Planck 常数。Bohr 又将这个轨道角动量量子化条件与物体运动的经典力学公式相结合,计算出氢原子中电子运动的速度、轨道半径和能量。

按经典力学理论,作圆周运动的物体的向心力等于 mv^2/r。当电子绕原子核做圆周运动时,向心力也就是库仑力,Z 为原子核电荷数,则有

$$\frac{mv^2}{r} = K\frac{Ze^2}{r^2} = \frac{Ze^2}{4\pi\varepsilon_0 r^2}, r = \frac{Ze^2}{4\pi\varepsilon_0 mv^2} \quad (1.3)①$$

Bohr 将角动量 mvr 用下式表示:

$$mvr = \frac{nh}{2\pi} \quad (n = 1, 2, 3\cdots), v = \frac{nh}{2\pi mr} \quad (1.4)$$

---

① (1.3)式中 $\frac{1}{4\pi\varepsilon_0} = K$,为静电力恒量。

即角动量等于 $h/2\pi$ 的整数倍。由(1.3)、(1.4)式可求得电子的速度和轨道半径(氢原子核电荷数 $Z=1$),即

$$v = \frac{e^2}{2\varepsilon_0 nh} = \frac{(1.602\times10^{-19}\mathrm{C})^2}{2\times(8.854\times10^{-12}\mathrm{C^2\cdot J^{-1}\cdot m^{-1}})(6.626\times10^{-34}\mathrm{J\cdot s})n}$$

$$= 2.187\times10^6\times\frac{1}{n}\mathrm{m\cdot s^{-1}} \tag{1.5}$$

$$r = \frac{\varepsilon_0 n^2 h^2}{\pi m e^2} = \frac{(8.854\times10^{-12}\mathrm{C^2\cdot J^{-1}\cdot m^{-1}})(6.626\times10^{-34}\mathrm{J\cdot s})^2 n^2}{3.1416\times(9.109\times10^{-31}\mathrm{kg})(1.602\times10^{-19}\mathrm{C})^2}$$

$$= 52.93 n^2 \mathrm{pm} \approx 53 n^2 \mathrm{pm} \tag{1.6}$$

由(1.6)式可知,只有某些轨道是电子的允许轨道,当

$n=1, r_1 = 53\mathrm{pm}$ 最靠近核的轨道

$n=2, r_2 = 212\mathrm{pm}$ 次靠近核的轨道

$n=3, r_3 = 477\mathrm{pm}$ 再次靠近核的轨道

Bohr 又根据经典力学计算了电子能量。设电子的总能 E_t 等于其动能 E_k 与位能 E_p 之和,即

$$E_\mathrm{t} = E_\mathrm{k} + E_\mathrm{p}$$

氢原子核电荷 $Z=1$,(1.3)式可写为

$$mv^2 = \frac{e^2}{4\pi\varepsilon_0 r}$$

又知

$$E_\mathrm{k} = \frac{1}{2}mv^2 = \frac{e^2}{8\pi\varepsilon_0 r}, \quad E_\mathrm{p} = -\frac{e^2}{4\pi\varepsilon_0 r}$$

则

$$E_\mathrm{t} = \frac{1}{4\pi\varepsilon_0}\left(\frac{e^2}{2r} - \frac{e^2}{r}\right) = -\frac{1}{4\pi\varepsilon_0}\times\frac{e^2}{2r} \tag{1.7}$$

将(1.6)代入(1.7)式,得到每个电子能量

$$E_\mathrm{t} = -\left(\frac{me^4}{8\varepsilon_0^2 h^2}\right)\left(\frac{1}{n^2}\right) = -B\frac{1}{n^2} \quad (n=1,2,3,\cdots) \tag{1.8}$$

$$B = \frac{me^4}{8\varepsilon_0^2 h^2} = 2.179\times10^{-18}\mathrm{J\cdot e^{-1}} = 1\,312\mathrm{kJ\cdot mol^{-1}}$$

$$(\approx 2.18\times10^{-18}\mathrm{J\cdot e^{-1}} \text{ 或 } 13.6\mathrm{eV\cdot e^{-1}})$$

n	E_n	
1	$E_1 = -B$	氢原子基态能量
2	$E_2 = -B/4$	氢原子处于激发态
3	$E_3 = -B/9$	氢原子处于较高的激发态
4	$E_4 = -B/16$	氢原子处于更高的激发态

如量子数 n 继续增加,原子能量亦随之增加(负得更少);当 n 趋近无穷大(∞)时,则电子在无穷远处的能量等于零。将各轨道电子电离到无穷远所需之能量就是(1.8)式各相应轨道能量的正值。

$$E_n = B\frac{1}{n^2} \tag{1.9}$$

基态氢原子的电离能即为 $\quad E = B = +13.6 \text{ eV}$

2. 第二个假设

电子在不同轨道之间跃迁时,原子会吸收或辐射出光子。吸收和辐射出光子能量的多少决定于跃迁前后的两个轨道能量之差,即

$$\Delta E = E_2 - E_1 = E_{光子} = h\nu = \frac{hc}{\lambda} \tag{1.10}$$

应用上述 Bohr 原子模型,可以定量解释氢原子光谱的不连续性。氢原子如从外界获得能量,电子将由基态跃迁到激发态。因原子中两个能级间的能量差是确定的,当不稳定的激发态的电子自发地回到较低能级时,就以光能形式释放出有确定频率的光能,如可见光、Balmer 系谱线,就是电子从 $n=3,4,5,6,\cdots$ 轨道跃迁到 $n=2$ 轨道时所放出的辐射,其中最亮的一条红线(H_α)则是由 $n=3$ 能级跃迁到 $n=2$ 能级时所放出的,第二条(H_β)则是由 $n=4$ 能级跃迁到 $n=2$ 能级时所放出的。正是这种能级的不连续性,使每一个跃迁过程产生一条分立的谱线。(1.10)式中 ν 是对应谱线的频率。

由 Bohr 模型不难直接导出 Balmer 等人的经验规律。将(1.8)式代入(1.10)式,可得

$$\Delta E = B\left(\frac{1}{n_1^2} - \frac{1}{n_2^2}\right)$$

因为 $\Delta E = \frac{hc}{\lambda}$,则

$$\frac{1}{\lambda} = \frac{B}{hc}\left(\frac{1}{n_1^2} - \frac{1}{n_2^2}\right) \tag{1.11}$$

比较(1.11)式和(1.12)式,两者几乎完全一致。其中 $B/hc = R_H$,由 B/hc 中包含的基本常数 m, e, h, c 等计算得 $1.097373 \times 10^7 \text{m}^{-1}$,并经质量修正后得到 R_H 为 $1.09677 \times 10^7 \text{m}^{-1}$,与其实验值极为相近。

(1.11)式所代表的是一个普遍公式,根据这一公式 Lyman、Balmer 等线系的波数 $\tilde{\nu}$ 可分别表示为

Lyman 系 $\quad \tilde{\nu} = \frac{B}{hc}\left(\frac{1}{1^2} - \frac{1}{n^2}\right) \quad$ (紫外区)

Balmer 系 $\quad \tilde{\nu} = \frac{B}{hc}\left(\frac{1}{2^2} - \frac{1}{n^2}\right) \quad$ (可见区)

Paschen 系 $\quad \tilde{\nu} = \dfrac{B}{hc}\left(\dfrac{1}{3^2} - \dfrac{1}{n^2}\right) \quad$ （红外区）

Bracket 系 $\quad \tilde{\nu} = \dfrac{B}{hc}\left(\dfrac{1}{4^2} - \dfrac{1}{n^2}\right) \quad$ （红外区）

Pfund 系 $\quad \tilde{\nu} = \dfrac{B}{hc}\left(\dfrac{1}{5^2} - \dfrac{1}{n^2}\right) \quad$ （红外区）

根据 Bohr 模型的以上结论，可将 Lyman, Balmer, Paschen 等线系所代表的氢原子的不同能级之间的跃迁一并表示于图 1-2 中。

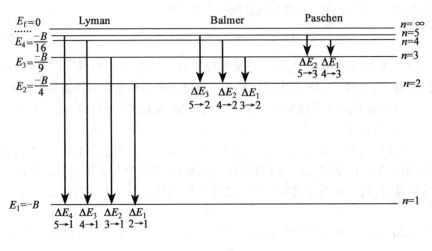

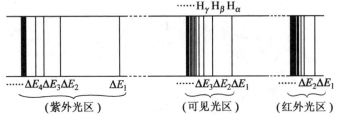

图 1-2　氢原子各系谱线形成示意图

Bohr 理论虽然成功地解释了氢原子光谱，但它具有很大的局限性：它只能解释氢原子及一些单电子离子（或称类氢离子，如 He^+，Li^{2+}，Be^{3+} 等）的光谱，而对于这些光谱的精细结构的解释则无能为力；对于多电子原子，哪怕只有两个电子的 He 原子、其光谱的计算值与实验结果也有很大出入。此外，Bohr 理论也没有给出量子化的根源。这些情况说明，从宏观到微观物质的运动规律发生了深刻变化，原来适用于宏观物体的运动规律在处理微观粒子的时候已经失效。人们开始认识到，从 Planck 发展到 Bohr 的这种旧量子论都是在经典物理的基础上加进一些与经典物理不相容的量子化的条件,它本身就存在着不能自圆其说的内在矛盾。出路在于彻底抛弃经典理论的体系,建立新的理论。不久之后发展起来的量子力学在揭示宇宙间物质运动规律时就比经典力学更为深刻更具有普遍意义。用量子力学来处理微观粒子的运动,才得到了符合实验事实的结果。

1.1.3 核外电子运动的波粒二象性

20 世纪初,在长达两个世纪的争论后,人们确认了光的**波粒二象性**,即光具有波动性和微粒性的双重性质。光在传播过程中,比较突出地表现出波动性,例如光的干涉与衍射等现象;光与实物相互作用时,比较突出地表现出微粒性,例如光电效应。表征光的波动性的波长 λ 与表征光的微粒性的动量 p 之间存在如下的关系:

$$\lambda = \frac{h}{p} \tag{1.12}$$

式中,h 为 Planck 常数。

1924 年法国物理学家 L. De Broglie 在光的波粒二象性的启发下,大胆提出:既然光具有二象性,则微观粒子(电子、原子等)也能呈现波动性。假设质量为 m、运动速度为 v 的微粒,一方面可用动量 p 对它作微粒性的描述,另一方面可用波长 λ 作波动性的描述。动量 p 与波长 λ 之间有与(1.12)式类似的关系式:

$$\lambda = \frac{h}{p} = \frac{h}{mv} \tag{1.13}$$

(1.13)式左边是电子的波长 λ,表明它的波动性的特征;右边是电子的动量,表明它的粒子性,两者之间通过 Planck 常数定量地联系起来。这就表征了电子等微观粒子的波粒二象性。由(1.12)式求得的波长叫做质量为 m、速度为 v 的微粒的 **De Broglie 波长**。

De Broglie 的设想受到人们的重视。1927 年,C. J. Davisson 和 L. H. Germer 用已知能量的电子在晶体上的衍射实验证实了物质波的存在。电子衍射装置示意图如图 1-3 所示。一束电子经过金属箔后,投射到感光屏上,可得到一系列明暗交替的同心圆图样,即衍射环纹。这是由于波的互相干涉的结果。

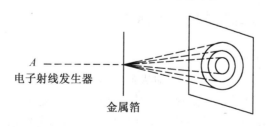

图 1-3 电子衍射装置示意图

上述实验结果证明,电子不仅是一种具有一定质量的高速运动的带电粒子,而且能呈现波动的特性。后来还发现了质子、中子、原子等其他微观粒子也都具有这一特性。波粒二象性在微观世界中具有普遍的意义。

1.1.4 不确定原理

因为电子是具有波粒二象性的微观粒子,它有着和宏观物体不同的特点。经典力学中可以同时用位置和速度的物理量来准确确定宏观物体的运动状态,但是不可能同时准确测定一个电子运动的位置和动量。1927 年,德国物理学家 W. Heisenberg 提出不可能同时准确地测定任一微粒子的位置(或坐标)和动量(动量 $p = mv$)。这就是著名的**海森堡不确定原理**。它的数学表达式为

$$\Delta x \cdot \Delta p \approx h \tag{1.14}$$

式中,Δx,Δp 分别表示任一微粒子在空间某一方向的位置、动量的测不准性;h 为 Planck 常数。

W. Heisenberg 不确定原理关系式的含义是:若用经典力学中的物理量位置和动量来描述微观粒子的运动,原则上不可能同时完全准确地测定其位置和动量,而只能达到一定的近似程度,即粒子在某一方向位置的不准确程度和动量的不准确程度的乘积约等于 Planck 常数。也就是说,粒子位置的测定准确度愈大(Δx 愈小),则相应的动量准确度就会愈小(Δp 愈大);反之亦然。

海森堡不确定原理也叫"海森堡测不准原理"。多数物理学家认为,电子的动量和坐标不能同时确定是电子的本性所致,并非测量工具和精度所限,因而把这一原理称为"不确定原理"更好。

按照经典力学,物体运动具有确定的轨道,运动的物体在任一瞬间都具有确定的位置坐标和速度(或动量)。由不确定原理关系可见,不能用经典力学的方法来描述电子的运动规律,电子在核外沿确定轨道运动的概念也就不能成立了。根据量子力学理论,对于微观粒子的运动规律,只能采用统计的方法即对一个电子的许多次行为或许多电子的行为进行总的考察,从而了解电子在原子核外某一定区域出现的机会的多少,即所谓概率①。描述核外电子运动的概率要用描述其波动性的波函数。

1.1.5 核外电子运动状态的近代描述

1. 波函数和原子轨道

在量子力学中,原子核外电子运动状态是用波函数 ψ 来描述的。波函数是一个用以体现微粒的波动性的数学函数式。对于能量具有一定值的稳定体系(如化学中常见的稳定的原子和分子),波函数是空间坐标 x,y,z 的函数式,即 $\psi(x,y,z)$。

---

① 全国自然科学名词委员会提出,取消"几率"一词,统一使用"概率"。

1926年，奥地利物理学家 E. Schrödinger 根据波粒二象性的概念，通过光学和力学方程之间的类似和对比，首先提出了描述核外电子运动状态的数学表达式，建立了著名的实物微粒的波动方程，称为 **Schrödinger 方程**。它是量子力学中的基本方程，它是一个二阶偏微分方程式：

$$\frac{\partial^2 \psi}{\partial x^2} + \frac{\partial^2 \psi}{\partial y^2} + \frac{\partial^2 \psi}{\partial z^2} = -\frac{8\pi^2 m}{h^2}(E-V)\psi \tag{1.15}$$

对于氢原子来说，E 是体系的总能量，等于势能和动能之和；V 是势能；m 是电子的质量；h 是 Planck 常数；x, y, z 是空间坐标；ψ 为波函数，亦即 Schrödinger 方程式的解。

Schrödinger 方程把体现微观粒子的粒子性（m, E, V 坐标等）与波动性（ψ）有机地融合在一起，从而能更真实更全面地反映出微观粒子的运动状态。解 Schrödinger 方程需要较深的数学基础，这在结构化学或量子化学中会作讨论，这里所要了解的是量子力学处理原子结构问题的思路和一些重要结论。

解 Schrödinger 方程(1.15)，就是要解出 ψ 与其相应的能量 E。这个方程的数学解很多，但从物理意义而言，并非都是合理的。为了得到电子运动状态的合理的解，需要引用只能取某些整数值的三个特定参数 n, l, m，分别称为**主量子数**、**角量子数**和**磁量子数**。后来由于实验和理论的进一步研究，又引入一个用以表征电子自旋运动的第四个量子数即**自旋量子数** m_s。因此，**波函数**是一个包含量子数 n, l, m 三个常数项、三个变量 (x, y, z) 的函数式，通常以 $\psi_{n,l,m}(x, y, z)$ 表示原子中电子运动的某一稳定状态，与这个解相应的 E 就是电子在这个稳定状态时的能量。

有时把描述单个电子运动状态的波函数称为**原子轨道波函数**，或简称"**原子轨道**"（orbital，称为"轨函"更合适）。它与 Bohr 理论的"轨道"（orbit）是不同的，与宏观物体运动的轨道具有完全不同的含义。由于微观粒子的波粒二象性，当能量一定时，确切地描述电子处在空间某个位置是没有意义的，因而不能再用经典力学中的轨道概念来描述微观粒子运动的途径。$\psi_{n,l,m}$ 是量子力学中表征微观粒子运动状态的一个函数式。例如，在 $n=1, l=0, m=0$ 的条件下解方程式，得到氢原子基态 1s 的波函数为

$$\psi_{1s} = A_1 e^{-Br} \cdot \frac{1}{\sqrt{4\pi}}$$

相应的 $E_1 = -2.179 \times 10^{-18}$ J

在 $n=2, l=1, m=0$ 的条件下，解出氢原子 $2p_z$ 态的波函数为

$$\psi_{2p_z} = A_2 r e^{-Br/2} \cdot \sqrt{\frac{3}{4\pi}} \cos\theta, \quad 相应的 E_{2p_z} = -0.545 \times 10^{-18} \text{ J}$$

式中，A_1, A_2 和 B 为常数；r 和 θ 为将直角坐标 (x, y, z) 转换为球坐标 (r, θ, φ) 后的有关参数。

综上所述，波函数 ψ 是描述原子核外电子运动状态的数学函数式，是空间坐标

(x,y,z) 的函数。它是 Schrödinger 方程式的解,每个波函数 ψ 都有与其相对应的能量 E。另外,波函数 ψ 的物理意义由 $|\psi|^2$ 体现,即波函数绝对值的平方 $|\psi|^2$ 表示在原子核外空间某点 (x,y,z) 附近单位微体积内电子出现的概率。

2. 波函数的径向部分和角度部分

由于核外电子运动状态的波函数 ψ 是一个三维空间的函数,难以用适当的、简单的图形表示清楚,因而常采用坐标转换和分部分析的方法进行简化处理。将直角坐标表示的 $\psi(x,y,z)$ 转换为用球坐标 (r,θ,φ) 表示的 $\psi(r,\theta,\varphi)$。正如在直角坐标系中空间任一点 M 可以用 x,y,z 来描述一样,在球坐标系中这一点 M 可以用 r,θ,φ 来描述,如图 1-4 所示。设原子核在坐标原点 O 处,r 为从 M 点到坐标原点 O 的距离,此即电子离核的距离,θ 为 Oz 轴与 OM 间的夹角,φ 为 OM 在 xOy 平面上的投影 OM' 和 Ox 轴间的夹角,$M(r,\theta,\varphi)$ 为该电子的坐标。由图 1-4 可见,直角坐标与球坐标的变换关系如下:

$$x = r\sin\theta\cos\varphi, \quad y = r\sin\theta\sin\varphi, \quad z = r\cos\theta$$

$$r = \sqrt{x^2 + y^2 + z^2}$$

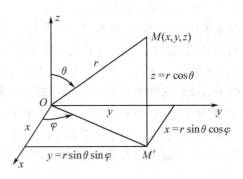

图 1-4 球坐标

经过坐标变换后,波函数是球坐标 r,θ,φ 的函数,即 $\psi(r,\theta,\varphi)$。波函数 $\psi(r,\theta,\varphi)$ 又可分为 $R(r)$ 和 $Y(\theta,\varphi)$ 两个函数的乘积,即

$$\psi(r,\theta,\varphi) = R(r) \cdot Y(\theta,\varphi) \tag{1.16}$$

式 (1.16) 中,$R(r)$ 叫做波函数的**径向部分**,它表明 θ,φ 一定时波函数 ψ 只随距离 r 而变化;而 $Y(\theta,\varphi)$ 叫做波函数的**角度部分**,它表明 r 一定时,波函数 ψ 只随角度 θ,φ 而变化。

将波函数的角度部分 $Y(\theta,\varphi)$ 随 θ,φ 的变化作用,这种图形称为波函数的**角度分布图**,或称原子轨道角度分布图。

氢原子的基态即 $n=1, l=0, m=0$ 的条件下,解 Schrödinger 方程得到的波函

数为

$$\psi_{1s} = R(r) \cdot Y(\theta,\varphi) = \sqrt{\frac{1}{\pi a_0^3}} e^{-r/a_0}$$

式中，$R(r) = 2\sqrt{\frac{1}{a_0^3}} e^{-r/a_0}$；$Y(\theta,\varphi) = \sqrt{\frac{1}{4\pi}}$；$a_0 = 52.9$ pm，称为 **Bohr 半径**。

1s 的 $R(r)$ 只与 r 有关。当 r 从 0 趋于 ∞ 时，R 从最大值 $2\sqrt{\frac{1}{a_0^3}}$ 趋近于 0，如图 1-5 所示。

1s 的 $Y(\theta,\varphi)$ 为定值，不管 r,θ,φ 如何变化，Y 值保持不变。其图形是一个以 Y 为半径的球面，这是一种球形对称的图形。

$\psi_{1s}(r,\theta,\varphi)$ 的图形应同时考虑 $R(r)$ 和 $Y(\theta,\varphi)$ 两个部分。由于 $Y(\theta,\varphi)$ 为定值，则 $\psi_{1s}(r,\theta,\varphi)$ 仅是电子离核距离 r 的函数，而与 θ,φ 无关，所以 $\psi_{1s}(r,\theta,\varphi)$ 必然是一种球形对称的分布。

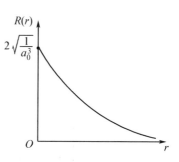

图 1-5　1s 波函数的 $R(r)$-r 图

同理，ψ_{2p_z} 的角度部分为 $Y(\theta,\varphi) = \sqrt{\frac{3}{4\pi}} \cos\theta$，设 $R = \sqrt{\frac{3}{4\pi}}$，则 $Y = R\cos\theta$，$Y^2 = R^2\cos^2\theta$，不同 θ 角的 Y 和 Y^2 列于表 1-1 中。

表 1-1　　　　　　不同 θ 角与相应的 Y_{2p_z}，$Y_{2p_z}^2$ 值的关系

θ	0° 360°	15° 345°	30° 330°	45° 315°	60° 300°	90° 270°	120° 240°	135° 225°	150° 210°	180°
$Y = R\cos\theta$	1.00R	0.97R	0.87R	0.71R	0.50R	0	-0.50R	-0.71R	-0.87R	-1.00R
$Y^2 = R^2\cos^2\theta$	1.00R^2	0.94R^2	0.75R^2	0.50R^2	0.25R^2	0	0.25R^2	0.50R^2	0.75R^2	1.00R^2

由表 1-1 的值，可绘制出 ψ_{2p_z} 轨道的角度分布图，如图 1-6 所示。其形状如两个对顶的球壳。曲面的上一叶的波函数数值为正，下一叶为负，不要误解为是正电荷和负电荷。

波函数 ψ 通常也叫做**原子轨道**。原子在不同条件 (n,l,m) 下的波函数叫做**不同的原子轨道**。通常用 s，p，d，f 等符号依次表示 $l = 0,1,2,3$ 的轨道。

通过类似的方法可以画出 s，p，d 原子轨道的角度分布图，如图 1-7 所示。s 轨道的角度分布图是球形对称的；三个 p 轨道的角度分布图的形状和大小都相同，但空间取向不同，Y_{p_x} 和 Y_{p_y} 的极大值分别在 x 轴和 y 轴的方向上；五个 d 轨道的角度分布图

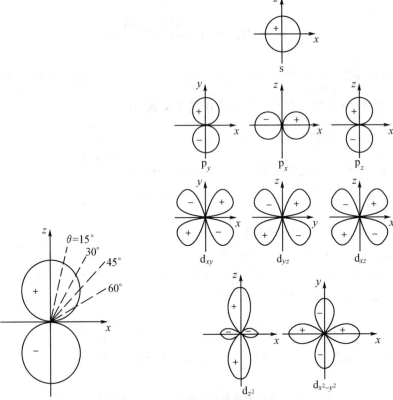

图 1-6　2p_z 轨道的角度分布图　　图 1-7　原子轨道的角度分布图(平面图)

则有两种形状,仅 $Y_{d_{z^2}}$ 像两个被 z 轴所贯穿的橄榄,中间带有圆环,其余的四个 $Y_{d_{xy}}$,$Y_{d_{yz}}$,$Y_{d_{xz}}$ 和 $Y_{d_{x^2-y^2}}$ 的形状相同,都像放在一个平面上排成十字形的四个橄榄,但它们的空间取向不同,$Y_{d_{x^2-y^2}}$ 和 $Y_{d_{z^2}}$ 沿着坐标轴的方向出现极大值,而 $Y_{d_{xy}}$,$Y_{d_{xz}}$ 和 $Y_{d_{yz}}$ 都是沿着两轴间45°夹角的方向出现极大值。至于 f 轨道的七个波函数 $f_{x^3-\frac{3}{5}xr^2}$,$f_{y^3-\frac{3}{5}yr^2}$,$f_{z^3-\frac{3}{5}zr^2}$,f_{xyz},$f_{y(x^2-z^2)}$,$f_{x(z^2-y^2)}$ 和 $f_{z(x^2-y^2)}$ 的角度分布图形比较复杂,一般不作介绍。

波函数的角度分布图与主量子数无关。例如,1s,2s,3s 波函数的角度分布图都是完全相同的球曲面,所以在这些图中常不写出轨道符号前的主量子数。

原子轨道组成分子轨道时,常用到波函数的角度分布图。

3. 概率密度和电子云

波函数 ψ 的物理意义曾引起众多科学家的争议。对 ψ 的意义比较好的解释是统计解释。电子在核外空间某处单位微体积内出现的概率,叫做**概率密度**。波函数绝对值的平方 $|\psi|^2$ 所表示的就是电子的概率密度。电子在核外空间某一区域出现的概率等于概率密度 $|\psi|^2$ 与该区域体积 dV 的乘积。

电子在核外空间出现的概率密度$|\psi|^2$的大小可以画成图形,常用小黑点的疏密来表示空间各点概率密度的大小。$|\psi|^2$大的地方黑点的密度大,$|\psi|^2$小的地方黑点的密度小。这种图形叫做**电子云**。所谓电子云就是从统计的概念出发对核外电子出现的概率密度的形象化描述。电子云的正确含义并不是说电子像云那样分散,不再是一个粒子,它仅仅只是电子行为统计结果的一种形象表示,所以有时将"电子云"称为"概率云"。

图1-8(a)是氢原子1s电子云的切面,电子出现的概率密度是随离核距离的增大而减小的,以接近原子核处为最大。有时也用界面图来表示电子云,如图1-8(b)所示。电子云界面图是一个等概率密度面。取某一个等概率密度面作为界面,使发现电子在此界面以外的概率很小(例如5%或10%),可以忽略不计;在界面以内的概率则很大(例如90%或95%)。用这个界面来表示电子云的形状,叫做**电子云界面图**。图1-8(b)列出氢原子1s的电子云界面图。为了方便,有时将界面图中的黑点略去。

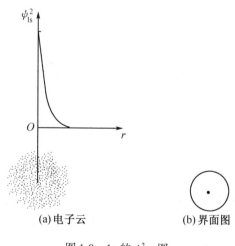

图1-8 1s的ψ^2-r图

4. 电子云的角度分布和径向分布

与波函数的图形表示方法相应,概率密度也可以分为角度部分和径向部分来图示。

(1) 电子云的角度分布图

对电子云的角度部分$Y^2(\theta,\varphi)$随角度(θ,φ)的变化作图,这种图形称为**电子云的角度分布图**。图1-9为s,p,d电子云的角度分布示意图。其形状与相应的原子轨道角度分布图基本相似。但有两点区别:第一,原子轨道角度分布图有正、负之分,而电子云角度分布图皆为正值。这是因为Y有正、负之分,而Y^2皆为正值。第二,电子

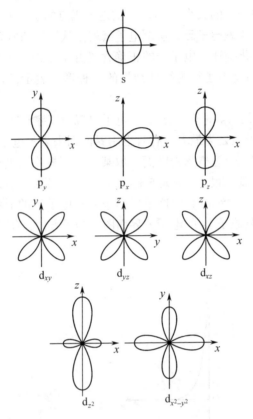

图 1-9 电子云的角度分布图(平面图)

云角度分布图比原子轨道角度分布图要"瘦"一些。这是因为原子轨道角度分布函数 Y 值小于 1 (θ 等于 0°和 180°时除外),Y^2 后就更小了。

(2) 电子云的径向分布图

电子云的径向分布,是指电子在原子核外距离为 r 的一薄层球壳中出现的概率随半径 r 变化时的分布情况。若以原子核为球心,离核距离为 r 厚度为 dr 的薄层球壳(见图 1-10),其体积等于 $4\pi r^2 dr$。则在整个球壳的微体积 dV 内,电子出现的总概率等于概率密度 $|\psi|^2$ 与 dV 的乘积,即

$$|\psi|^2 dV = |\psi|^2 \cdot 4\pi r^2 dr = D(r) dr$$

式中,$D(r) = 4\pi r^2 |\psi|^2$,或记 $D(r)$ 为 D_r。用 $D(r)$ 对 r 作图就得到概率的径向分布图(又常称为某电子的**径向分布图**)。$D(r)$ 与 $|\psi|^2$ 的意义不同。$|\psi|^2$ 是概率密度,表示核外空间某点附近单位微体积内电子出现的概率。而 $D(r)$ 在数值上等于在距核 r 处的空间所有方向上(一薄层球壳)电子出现的总概率。

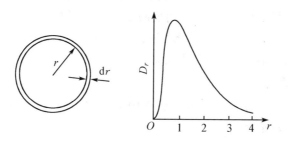

图 1-10　距离为 r 的薄球壳和氢原子 1s 的径向分布图

图 1-11 是氢原子的几种状态电子的径向分布图。由图可见氢原子 1s 状态电子的 $D(r)$ 在原子核附近很小,极大值恰在 Bohr 半径 $r=a_0=52.9$ pm 处。这表示在半径 52.9 pm 附近的一薄层球壳内电子出现的概率,比任何其他地方同样厚度的一薄层球壳内电子出现的概率大。就这一点可以说 Bohr 轨道是量子力学处理结果的一种粗略近似。

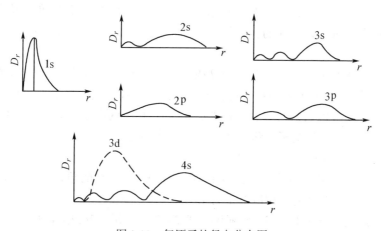

图 1-11　氢原子的径向分布图

1s 电子的概率密度是在原子核附近处最大,为什么概率的径向分布却是在距离核 52.9 pm 处最大呢? 这是因为,概率密度是随半径增加而减小,但球壳体积却是随半径增加而增大。两个变化趋势相反的因素结合在一起,必然出现一个极大值。

对图 1-11 进行分析,比较 n 相同、l 不同的概率径向分布曲线,可见 3s 有 3 个峰,3p 有 2 个峰,3d 仅有 1 个峰,普遍的规律是具有 $n-l$ 个峰。当 n 相同时,角量子数越小,峰越多,在核附近出现的机会就越多。

电子云的角度分布图表示了电子在空间不同角度出现的概率密度的大小,从角度的侧面反映了电子概率密度分布的方向性；概率的径向分布图表示电子在整个空间出现的概率随半径变化的情况，从而反映了核外电子概率分布的层次和穿透性。这一方面可将核外电子看做是分层分布的，另一方面又常用来结合屏蔽效应和钻穿效应讨论多电子原子结构和能级交错等。

5. 四个量子数

由波动方程解出的 ψ 可以描述在原子中电子的运动状态，不同的电子运动状态可用下述 4 个量子数来区别。

(1) 主量子数 n

主量子数 n 规定**电子出现最大概率区域离核的远近和电子能量的高低**，取值是 $1,2,3,\cdots,n$ 等正整数。从径向分布图 1-11 可见，主量子数 n 不同的 s 态电子，如 1s，2s，3s，…的径向分布主峰随主量子数增加而离核渐远。凡 n 相同的电子称为同层电子，并用符号 K，L，M，N，O，P，…来代表 $n=1,2,3,4,5,6,\cdots$ 电子层。下式为氢原子和类氢离子的能量(eV)公式：

$$E_n = -\frac{me^4 Z^2}{8\varepsilon_0^2 h^2 n^2} = -13.6\frac{Z^2}{n^2} \qquad (1.17)$$

由式中可见，n 越大，电子能量越高，同层中的电子能量仍有所差别，但其电子云的主要部分基本上是重合在一起的，电子各种活动状态是在大致相同的空间范围内。

(2) 角量子数 l

从原子光谱和量子力学计算得知，l 决定电子角动量的大小，它规定了**电子在空间角度分布情况**，与电子云形状密切有关。l 受 n 的限制，只能是小于 n 的正整数：对于一定的 n，l 可取 $0,1,2,3,\cdots,n-1$ 共 n 个数值，相应的电子称为 s，p，d，f，…电子。

多电子原子中 l 与电子能量有关。通常将主量子数 n 相同的电子归为一层，同一层中 l 相同的电子归为同一"亚层"。

$n=1$ 的第一层中，l 的最高值 $n-1=0$，所以只有 $l=0$ 的角量子数，相当于只有一个 1s 态，或称 1s "亚层"，相应电子为 1s 电子。

$n=2$ 的层中，$l=0,1$，有 2 个"亚层"，即 2s，2p，相应有 2s，2p 电子。

$n=3$ 的层中，$l=0,1,2$，有 3 个"亚层"，即 3s，3p，3d，相应有 3s，3p，3d 电子。

$n=4$ 的层中，$l=0,1,2,3$ 有 4 个"亚层"，即 4s，4p，4d，4f，以此类推。

(3) 磁量子数 m

根据原子光谱在磁场中发生分裂的现象得知不同取向的电子在磁场作用下发生能量分裂。磁量子数 m 决定在外磁场作用下，电子绕核运动的角动量在磁场方向上的分量大小，它反映了**原子轨道在空间的不同取向**。m 的允许取值由 l 决定，即 $m=0,\pm1,\pm2,\cdots,\pm l$，共 $2l+1$ 个值，这些取值意味着"亚层"中的电子有 $2l+1$ 个取向，每一个取向相当于一个"轨道"。

	s($l=0$)	p($l=1$)	d($l=2$)
取向数	1	3	5
($2l+1$)	(s)	(p_x, p_y, p_z)	($d_{xy}, d_{xz}, d_{yz}, d_{z^2}, d_{x^2-y^2}$)
m 取值	0	0, ±1	0, ±1, ±2

例如, n, l, m 3 个量子数规定一个"轨道", p_z 及 d_{z^2} 轨道磁量子数 m 的取值定为零。例如, $4dz^2$ 轨道符号对应的量子数 $n=4, l=2, m=0$, p_y、p_x 轨道 m 值是由 +1、-1 线性组合①而成, 其他 4 个 d 轨道 m 可为 ±1 或 ±2。

氢原子中可能存在的各轨道能量高低、轨道个数和轨道类型的多少综合表示于图 1-12 中。由图可见, 氢原子中主量子数相同的轨道能量相同(称简并轨道), 主量子数越高不仅轨道能量升高, 轨道的个数也增多, 而且类型(形状和取向)也更多样。

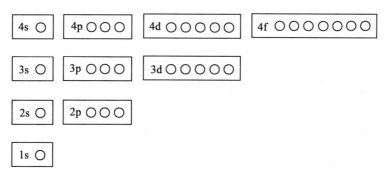

图 1-12 氢原子中各轨道能量高低次序和各层中轨道的个数
(图中每一个小圆圈代表一个轨道)

(4) 自旋量子数 m_s

以上 3 个量子数是由氢原子波动方程解出, 与实验相符合。但在应用分辨率很高的光谱仪观察氢原子光谱时, 发现氢原子在无外磁场时, 电子由 2p 能级跃迁到 1s 能级时得到的不是一条谱线而是靠得很近的两条谱线, 这一现象用前面 3 个量子数不能解释。1925 年人们为了解释此现象沿用旧量子论中习惯名词提出电子有自旋运动的假设, 引出了第四个量子数, 称自旋量子数。但"电子自旋"并非真像地球绕轴自旋一样, 它只是表示电子的两种不同状态。这两种状态**有不同的"自旋"角动**

---

① 例如, $2p_x$ 和 $2p_y$ 轨道是由 $\psi_{2,1,1}$ 和 $\psi_{2,1,-1}$ 线性组合得到, 即在 $2p_x$ 和 $2p_y$ 中分别都有 $\psi_{2,1,1}$ 和 $\psi_{2,1,-1}$。

量，可取 +1/2 或 -1/2，这个数字称为自旋量子数 m_s，常用正、反箭头 ↑、↓ 来表示。考虑自旋后由于自旋磁矩和轨道磁矩相互作用分裂成两个相隔很近的 2p 能级，因此 2p 与 1s 间的跃迁可得到两条很相近的谱线。

Stern-Gerlach 实验证明电子有自旋运动，其方法是将一束 Ag 原子束通过狭缝再通过非均匀磁场，结果原子束在磁场中沿磁场梯度方向发生分裂，一半原子向上偏转，另一半向下偏转。由于磁场梯度的存在，使通过磁场的带有磁矩的粒子受到磁场作用力，因此上述实验证明电子具有两种微观状态，两种状态在非均匀磁场中表现出大小相同、符号相反的磁矩（见图 1-13）。

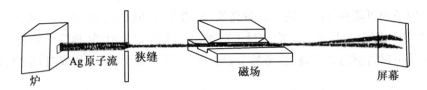

图 1-13　证明电子有自旋运动的实验示意图

综上所述，4 个量子数 n, l, m, m_s 可规定原子中每个电子的运动状态：主量子数 n 决定电子的能量和电子离核的远近；角量子数 l 决定电子轨道的形状，在多电子原子中也影响电子的能量；磁量子数 m 决定磁场中电子轨道在空间伸展的方向不同时，电子运动的角动量的分量大小；自旋量子数决定电子自旋的方向。现将 4 个量子数之间的关系归纳总结在表 1-2 中。

表 1-2　量子数和原子轨道

n	l	亚层符号	m	轨道数	m_s	电子最大容量
1	0	1s	0	1	±1/2	2
2	0	2s	0	1 ⎫ 4	±1/2	2 ⎫ 8
	1	2p	0, ±1	3 ⎭	±1/2	6 ⎭
3	0	3s	0	1 ⎫	±1/2	2 ⎫
	1	3p	0, ±1	3 ⎬ 9	±1/2	6 ⎬ 18
	2	3d	0, ±1, ±2	5 ⎭	±1/2	10 ⎭
4	0	4s	0	1 ⎫	±1/2	2 ⎫
	1	4p	0, ±1	3 ⎪ 16	±1/2	6 ⎪ 32
	2	4d	0, ±1, ±2	5 ⎬	±1/2	10 ⎬
	3	4f	0, ±1, ±2, ±3	7 ⎭	±1/2	14 ⎭

用量子力学方法描写核外电子运动状态,归纳为以下几点:

a. 电子在原子中运动服从 Schrödinger 方程,没有确定的运动轨道,但有与波函数对应的、确定的空间概率分布。$\psi^2(\gamma,\theta,\phi)$ 是电子概率密度分布函数,可分别通过径向分布、角度分布及电子云空间分布图来描绘电子单位球壳、单位立体角以及核外空间单位体积内的概率分布情况。波函数角度分布图突出表示了轨道函数极值方向和正负号。

b. 电子的概率分布状态是与确定的能量相联系,而能量是量子化的。在氢原子中 E 由 n 规定,在多电子原子中还与 l 有关。

c. 量子数规定了原子中电子的运动状态。4 个量子数的取值规定为:$n = 1, 2, 3, \cdots; l = 0, 1, 2, \cdots, n-1; m = 0, \pm 1, \pm 2, \cdots, \pm l$。对于每个 n,有 0 至 $n-1$ 个不同的 l;对于每个 l,可有 $2l+1$ 个不同的 m。所以对于每个 n,共有 n^2 个状态(或轨道)。

1.2 原子核外电子的排布和元素周期系

前节以氢原子为讨论对象,研究了单电子原子体系。这一节将在电子运动状态的基础上讨论原子核外电子排布的规律以及与元素周期系的关系,而核外电子的排布首先取决于多电子原子中电子的能级。

1.2.1 多电子原子的能级

1. Pauling 的原子轨道近似能级图与徐光宪的 $n + 0.7l$

L. Pauling 根据光谱实验的结果,提出了多电子原子中原子轨道的近似能级图,见图 1-14。图中的能级顺序是指价电子层填入电子时各能级相对的高低。

多电子原子的近似能级图有如下主要特点:

(1) 近似能级图是按原子轨道的能量高低,而不是按原子轨道离核的远近顺序排列的。图中的每个小圆圈代表一个原子轨道。在图中把能量相近的能级划为一组,称为**能级组**,用方框表示,共有 7 个能级组。两个相邻能级组之间能量差一般较大,而在同一能级组内各能级的能量差一般较小。

(2) 近似能级图表明,在多电子原子中,各能级能量大小的顺序与主量子数 n 及角量子数 l 都有关:

角量子数 l 相同而主量子数 n 不同的能级,其能量随 n 值的增大而升高,例如,$E_{1s} < E_{2s} < E_{3s}; E_{2p} < E_{3p} < E_{4p}$。

主量子数 n 相同而角量子数 l 不同的能级,其能量随 l 值增大而升高。例如,$E_{3s} < E_{3p} < E_{3d}; E_{4s} < E_{4p} < E_{4d} < E_{4f}$。

主量子数 n 和角量子数 l 都不相同时,有时出现"能级交错"现象,即某些主量子

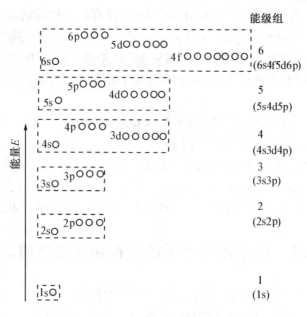

图 1-14 近似能级图

数 n 较大的原子轨道的能量反而小于主量子数较小的原子轨道的能量,例如,$E_{4s} < E_{3d} < E_{4p}$;$E_{5s} < E_{4d} < E_{5p}$ 等。

以上能级能量的变化规律可用屏蔽效应和钻穿效应来解释。

我国化学家徐光宪教授在 1956 年提出了①能级的相对高低与主量子数 n 和角量子数 l 的关系为 $n+0.7l$ 的近似规律,如表 1-3 所示。应用此表时需注意以下两点:

表 1-3 　　　　　　　　　　徐光宪电子能级分组表

原子轨道	$n+0.7l$	能 级 组	组内状态数
1s	1.0	Ⅰ	2
2s 2p	2.0 2.7	Ⅱ	8
3s 3p	3.0 3.7	Ⅲ	8

---

① 徐光宪. 一个新的电子能级分组法. 化学通报, 1956, 22:80.

续表

原子轨道	$n+0.7l$	能级组	组内状态数
4s	4.0		
3d	4.4	Ⅳ	18
4p	4.7		
5s	5.0		
4d	5.4	Ⅴ	18
5p	5.7		
6s	6.0		
4f	6.1	Ⅵ	32
5d	6.4		
6p	6.7		
7s	7.0		
5f	7.1	Ⅶ	未完
6d	7.4		

① 对于原子(或离子)的外层电子而言,$n+0.7l$ 愈大则能级愈高;

② 对于原子(或离子)较深内层电子来说,能级的高低仍基本上取决于 n。

后来有些学者研究了原子轨道的能量和原子序数的关系,提出了新的能级图。

2. Cotton 原子轨道能级图

1962 年,F. A. Cotton 提出了原子轨道能量与原子序数的关系图,见图 1-15。原子轨道的能量在很大程度上决定于原子序数。当电子按原子序数增大的顺序填入各电子层时,一方面,核电荷也依次增大,原子核对电子的吸引增强,因此原子轨道的能量随着原子序数的增大而降低;另一方面,随着原子序数的增大,原子轨道能级降低的幅度不同,各轨道能级之间的相对位置也会随之改变,产生相交现象。例如,4s 和 3d 轨道的能量高低的关系是:在原子序数 $Z=1\sim14$, $E_{3d}<E_{4s}$; $Z=15\sim20$, $E_{3d}>E_{4s}$; 而当 $Z>21$ 后 $E_{3d}<E_{4s}$。

需要注意的是,通常,原子序数 Z 增加到相当大时,n 相同的内层轨道,由于 l 不同而引起的能级分化相当小,其能级主要由主量子数决定;在所示的 Cotton 能级图中,能量纵坐标并未按严格的比例画出,而是把量子数大的能级间距适当放大,使能级曲线分散,更便于反映出原子轨道能量与原子序数的关系。

3. 屏蔽效应和钻穿效应

(1) 屏蔽效应和轨道能量

对于氢原子来说,核电荷 $Z=1$,核外只有 1 个电子,因此只有这个电子与核间的相互作用,其电子运动的能级由下式决定:

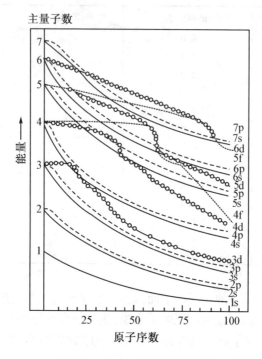

图 1-15　Cotton 原子轨道能级图

$$E = -\frac{2.179 \times 10^{-18}}{n^2}\text{J}$$

在多电子原子中除各个电子与核间的作用外,还有电子与电子间的作用,电子的轨道运动与自旋间的作用,以及电子的自旋与自旋间的作用等。多电子原子系统的能量不能从 Schrödinger 方程来精确求解,可从光谱实验的数据,经理论分析得到。单个电子在原子轨道上运动的能量叫做**轨道能量**,这无法直接从实验测得,只能根据某种物理模型,利用近似方法,进行计算得到。例如,J. C. Slater 提出的中心势场模型。其中心思想是:当考虑某一个电子 i 时,把其余电子对它的排斥作用看做部分削弱或抵消了原子核对它的吸引作用,即相当于核电荷从 Z 减少到 $Z-\sigma$,$Z-\sigma$ 称为**有效核电荷**(常用 Z^* 表示),σ 则体现为其他电子对核电荷的影响,它表示电子之间的排斥作用对原有核电荷抵消的部分。将其他电子对某个选定电子 i 的排斥作用,归结为抵消了部分核电荷的效应,称为**屏蔽效应**或**屏蔽作用**。σ 又叫**屏蔽常数**。其他电子的屏蔽作用对选定电子产生的效果叫做**屏蔽效应**。

由于屏蔽作用,多电子原子中每个电子的轨道能量为

$$E = -\frac{2.179 \times 10^{-18}(Z-\sigma)^2}{n^2}\text{J} = -2.179 \times 10^{-18}\frac{Z^{*2}}{n^2}\text{J}$$

由上式可见 σ 的大小影响到各电子轨道能量。对某一电子来说，σ 的数值与其余电子的多少以及这些电子所处的轨道有关，也同该电子本身所在的轨道有关。通常，外层电子对较内层电子可近似地看做不产生屏蔽作用，内层电子对外层电子的屏蔽作用较大。由于屏蔽作用与被屏蔽电子所在的轨道有关，原子轨道的能量既与主量子数 n 有关，也与副量子数 l 有关，随着 l 的增大，能级依次增高。各亚层的能级高低顺序为

$$E_{(ns)} < E_{(np)} < E_{(nd)} < E_{(nf)}$$

根据 Slater 规则可计算出屏蔽常数 σ。Slater 规则如下：

① 先将电子按内外轨道次序分组：(1s)，(2s,2p)，(3s,3p)，(3d)，(4s,4p)，(4d)，(4f)，(5s,5p) 等。

② 在上述顺序中处于被屏蔽电子右侧各组轨道中的电子，对此电子没有屏蔽作用，即 $\sigma = 0$。

③ 同一组中每一个其他电子对被屏蔽电子的 σ 为 0.35（但同组为 1s 电子时 $\sigma = 0.30$）。

④ $n-1$ 电子层中的每个电子，对 ns，np 被屏蔽电子的 σ 为 0.85；左边各组对 nd，nf 被屏蔽电子的 σ 为 1.00；$n-2$ 以及更内层的电子的 $\sigma = 1.00$。

在计算原子中某电子的 σ 值时，可将有关屏蔽电子对该电子的 σ 值相加而得。利用 Slater 规则可得到第一至第三周期中原子的 s,p 轨道的有效粒电荷 Z^*，当 $n > 4$ 以后的结果较差。

（2）钻穿效应

在多电子原子中每个电子既被其他电子所屏蔽，也对其他电子起屏蔽作用。在原子核附近出现概率较大的电子，可更多地避免其他电子的屏蔽，受到核的较强的吸引而更靠近核，这种外层电子渗入内层空间而接近原子核的作用叫做**钻穿作用**，亦称穿透作用。这可以从电子运动具有波动性来理解。钻穿作用与原子轨道的径向分布函数有关。这里近似地借用氢原子的径向分布函数图（见图1-16）。可见当 l 相同而 n 不同时，n 愈大，主峰离核愈远，2s 主峰在 1s 主峰的外侧，3s 主峰在 2s 主峰的外侧。当 n 相同而 l 不同时（见图1-17），l 愈小的轨道的第一个峰钻得愈深，即离核愈近，且 3p 比 3d 多一个离核较近的小峰，3s 又比 3p 多一个离核较近的小峰。因而钻穿效应愈大的电子，所受的屏蔽效应则愈小，受到核的吸

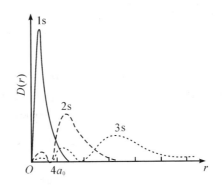

图1-16 氢原子 s 轨道的径向分布函数图

引力愈大,电子的能量则愈低。

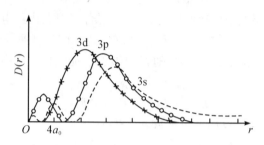

图 1-17　氢原子 $n=3$ 的各轨道的径向分布函数图

屏蔽效应与钻穿效应是从两个侧面来描述多电子原子中电子之间的相互作用对轨道能量的影响。着眼点虽不同,但两者又是互有联系的,本质上都是一种能量效应。屏蔽效应是其他电子对某选定电子的屏蔽作用,而钻穿效应是某选定电子回避其他电子的屏蔽作用。

(3) 关于能级交错

当 n 和 l 都不相同时,有的轨道发生了能级次序交错的现象。例如,第四周期的钾元素和钙元素原子的 4s 电子能量比 3d 电子的能量还低。

利用屏蔽效应和钻穿效应可对能级交错问题进行解释。根据 Slater 屏蔽模型,原子的 4s 和 3d 轨道能量高低与这些轨道上出现一个电子所受到的屏蔽常数 σ 有关,亦即与它们所受到的有效核电荷数 Z^* 的多少有关。

例如,在钾原子中,若价电子在 4s 轨道上,则

$$\sigma_{4s} = 0.85 \times 8 + 1.00 \times 10 = 16.80$$
$$Z^* = Z - \sigma = 19 - 16.80 = 2.20$$

若价电子在 3d 轨道上,则 $\sigma_{3d} = 1.00 \times 18 = 18.00$,$Z^* = Z - \sigma = 1.00$。可见电子在 4s 轨道上受到核的吸引比在 3d 轨道上大,即电子位于 4s 轨道时,对降低钾原子系统能量的贡献比位于 3d 轨道时的贡献大,此时 $E_{4s} < E_{3d}$。而钛原子的电子层结构为 $[Ar]3d^24s^2$,此时 4s 轨道上已有 2 个电子。同理计算在 4s 轨道上某电子的 σ:

$$\sigma_{4s} = 0.35 \times 1 + 0.85 \times 10 + 1.00 \times 10 = 18.85$$
$$Z^* = 22 - 18.85 = 3.15$$

对 3d 轨道上某电子的 σ:

$$\sigma_{3d} = 0.35 \times 1 + 1.00 \times 18 = 18.35$$
$$Z^* = 22 - 18.35 = 3.65$$

这时的结论与钾原子的不同。在钛原子中因 3d 轨道上已有 2 个电子,这时 4s 轨道上的电子所受核的吸引作用小于 3d 轨道上的电子,因而 $E_{4s} > E_{3d}$。

一般来说,当 $n>3$ 后,外层电子由于 l 不同引起的能量差别相当大,以至于 nd 的能量超过 $(n+1)s$, $n=3,4,5,6$;同理,由于 nf 轨道的钻穿效应更小,nf 电子被其他电子屏蔽得相当完全,以至于 nf 的能量超过 $(n+2)s$, $n=4,5$。

对于电子数目较少的原子,用 Slater 屏蔽模型可较好地解释"能级交错"问题。而对电子数目较多的原子,例如第四周期后的元素,计算结果与实验事实常有出入,Nb,Pt,Pd 等元素即与一般规律不符。此外还应指出,上述讨论仅限于中性原子,而不适用于金属离子。

屏蔽效应和钻穿效应对原子轨道能量的影响,有助于我们对核外电子排布的能级次序的全面理解。

1.2.2 核外电子的排布

根据核外电子的运动状态和电子的能级的讨论,根据元素周期律和其他实验结果,核外电子的排布符合下述三原则:

(1) Pauli 不相容原理。奥地利科学家 Pauli 根据光谱实验总结出:在同一原子中,不可能有四个量子数完全相同的电子存在,即处于运动状态完全相同的电子是不相容的,这个规律叫做 **Pauli 不相容原理**。按照这个原理,每一个原子轨道中最多能容纳两个自旋方向相反的电子。

(2) 最低能量原理。多电子原子处于基态时,核外电子的排布在不违反 Pauli 原理的前提下,总是尽可能先占有能量最低的轨道。当能量最低的轨道占满后,电子才再依次进入能量较高的轨道,即电子在原子轨道上的分布,要尽可能使整个原子系统能量最低,这就是**最低能量原理**。根据最低能量原理和近似能级图,核外电子进入各轨道的次序如图 1-18(a),(b)所示。

(3) Hund 规则。德国科学家 Hund 在总结光谱数据后得出:在 n 和 l 相同的等价轨道中排布电子时,将尽可能分占 m 值不同的轨道,且自旋平行。后来的量子力学计算证明,电子按 Hund 规则排布可使原子的能量最低、体系最稳定。这是因为当一个轨道中已有一个电子占有时,另一个电子要继续填入而和前一个电子成对,就必须克服它们之间的相互排斥作用,其所需能量叫做**电子成对能**。因此,电子成单地填入等价轨道,有利于体系能量的降低。

Hund 规则有以下特例:等价轨道在电子全充满(p^6,d^{10} 或 f^{14})、半充满(p^3,d^5 或 f^7)和全空(p^0,d^0 或 f^0)的状态时是比较稳定的。

为了简便地表示多电子原子中的电子分布,通常只标明能级和该能级中的电子数目。例如,C 原子和 N 原子的电子分布可依次写成

$$\text{C}:1s^2 2s^2 2p^2; \qquad \text{N}:1s^2 2s^2 2p^3$$

或写成

$$\text{C}:[\text{He}]\, 2s^2 2p^2; \qquad \text{N}:[\text{He}]\, 2s^2 2p^3$$

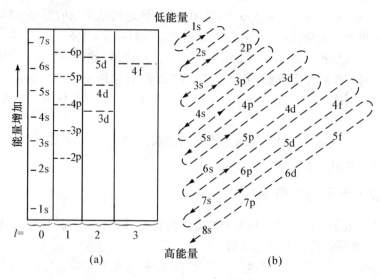

图 1-18 电子填入原子轨道的顺序

式中,[He]表示 C 或 N 的原子实。所谓"原子实"是指某原子的原子核及电子分布同某稀有气体原子里的电子分布相同的那部分实体。

此外,还需指出,有些元素,特别是原子序数较大的过渡元素,其电子分布更为复杂,有的尚在研究和讨论中,尚难以用上述原则来概括和统一。

根据核外电子分布的原则和光谱实验的结果,可得到周期系中各元素原子的电子层结构,如表 1-4 所示。

表 1-4 原子的电子层结构

周期	原子序数	元素符号	元素名称	电子层														
				K	L		M			N				O			P	Q
				1s	2s	2p	3s	3p	3d	4s	4p	4d	4f	5s	5p	5d	5f	6s	6p	6d	7s
1	1	H	氢	1																	
	2	He	氦	2																	
2	3	Li	锂	2	1																
	4	Be	铍	2	2																
	5	B	硼	2	2	1															
	6	C	碳	2	2	2															
	7	N	氮	2	2	3															
	8	O	氧	2	2	4															
	9	F	氟	2	2	5															
	10	Ne	氖	2	2	6															

续表

周期	原子序数	元素符号	元素名称	K		L		M			N				O				P			Q
				1s	2s	2p	3s	3p	3d	4s	4p	4d	4f	5s	5p	5d	5f	6s	6p	6d	7s
3	11	Na	钠	2	2	6	1														
	12	Mg	镁	2	2	6	2														
	13	Al	铝	2	2	6	2	1													
	14	Si	硅	2	2	6	2	2													
	15	P	磷	2	2	6	2	3													
	16	S	硫	2	2	6	2	4													
	17	Cl	氯	2	2	6	2	5													
	18	Ar	氩	2	2	6	2	6													
4	19	K	钾	2	2	6	2	6		1											
	20	Ca	钙	2	2	6	2	6		2											
	21	Sc	钪	2	2	6	2	6	1	2											
	22	Ti	钛	2	2	6	2	6	2	2											
	23	V	钒	2	2	6	2	6	3	2											
	24	Cr	铬	2	2	6	2	6	5	1											
	25	Mn	锰	2	2	6	2	6	5	2											
	26	Fe	铁	2	2	6	2	6	6	2											
	27	Co	钴	2	2	6	2	6	7	2											
	28	Ni	镍	2	2	6	2	6	8	2											
	29	Cu	铜	2	2	6	2	6	10	1											
	30	Zn	锌	2	2	6	2	6	10	2											
	31	Ga	镓	2	2	6	2	6	10	2	1										
	32	Ge	锗	2	2	6	2	6	10	2	2										
	33	As	砷	2	2	6	2	6	10	2	3										
	34	Se	硒	2	2	6	2	6	10	2	4										
	35	Br	溴	2	2	6	2	6	10	2	5										
	36	Kr	氪	2	2	6	2	6	10	2	6										
5	37	Rb	铷	2	2	6	2	6	10	2	6			1							
	38	Sr	锶	2	2	6	2	6	10	2	6			2							
	39	Y	钇	2	2	6	2	6	10	2	6	1		2							
	40	Zr	锆	2	2	6	2	6	10	2	6	2		2							
	41	Nb	铌	2	2	6	2	6	10	2	6	4		1							
	42	Mo	钼	2	2	6	2	6	10	2	6	5		1							
	43	Tc	锝	2	2	6	2	6	10	2	6	5		2							
	44	Ru	钌	2	2	6	2	6	10	2	6	7		1							
	45	Rh	铑	2	2	6	2	6	10	2	6	8		1							
	46	Pd	钯	2	2	6	2	6	10	2	6	10									
	47	Ag	银	2	2	6	2	6	10	2	6	10		1							
	48	Cd	镉	2	2	6	2	6	10	2	6	10		2							
	49	In	铟	2	2	6	2	6	10	2	6	10		2	1						
	50	Sn	锡	2	2	6	2	6	10	2	6	10		2	2						
	51	Sb	锑	2	2	6	2	6	10	2	6	10		2	3						
	52	Te	碲	2	2	6	2	6	10	2	6	10		2	4						
	53	I	碘	2	2	6	2	6	10	2	6	10		2	5						
	54	Xe	氙	2	2	6	2	6	10	2	6	10		2	6						

续表

周期	原子序数	元素符号	元素名称	电子层															
				K	L		M			N				O				P			Q
				1s	2s	2p	3s	3p	3d	4s	4p	4d	4f	5s	5p	5d	5f	6s	6p	6d	7s
6	55	Cs	铯	2	2	6	2	6	10	2	6	10		2	6			1			
	56	Ba	钡	2	2	6	2	6	10	2	6	10		2	6			2			
	57	La	镧	2	2	6	2	6	10	2	6	10		2	6	1		2			
	58	Ce	铈	2	2	6	2	6	10	2	6	10	1	2	6	1		2			
	59	Pr	镨	2	2	6	2	6	10	2	6	10	3	2	6			2			
	60	Nd	钕	2	2	6	2	6	10	2	6	10	4	2	6			2			
	61	Pm	钷	2	2	6	2	6	10	2	6	10	5	2	6			2			
	62	Sm	钐	2	2	6	2	6	10	2	6	10	6	2	6			2			
	63	Eu	铕	2	2	6	2	6	10	2	6	10	7	2	6			2			
	64	Gd	钆	2	2	6	2	6	10	2	6	10	7	2	6	1		2			
	65	Tb	铽	2	2	6	2	6	10	2	6	10	9	2	6			2			
	66	Dy	镝	2	2	6	2	6	10	2	6	10	10	2	6			2			
	67	Ho	钬	2	2	6	2	6	10	2	6	10	11	2	6			2			
	68	Er	铒	2	2	6	2	6	10	2	6	10	12	2	6			2			
	69	Tm	铥	2	2	6	2	6	10	2	6	10	13	2	6			2			
	70	Yb	镱	2	2	6	2	6	10	2	6	10	14	2	6			2			
	71	Lu	镥	2	2	6	2	6	10	2	6	10	14	2	6	1		2			
	72	Hf	铪	2	2	6	2	6	10	2	6	10	14	2	6	2		2			
	73	Ta	钽	2	2	6	2	6	10	2	6	10	14	2	6	3		2			
	74	W	钨	2	2	6	2	6	10	2	6	10	14	2	6	4		2			
	75	Re	铼	2	2	6	2	6	10	2	6	10	14	2	6	5		2			
	76	Os	锇	2	2	6	2	6	10	2	6	10	14	2	6	6		2			
	77	Ir	铱	2	2	6	2	6	10	2	6	10	14	2	6	7		2			
	78	Pt	铂	2	2	6	2	6	10	2	6	10	14	2	6	9		1			
	79	Au	金	2	2	6	2	6	10	2	6	10	14	2	6	10		1			
	80	Hg	汞	2	2	6	2	6	10	2	6	10	14	2	6	10		2			
7	81	Tl	铊	2	2	6	2	6	10	2	6	10	14	2	6	10		2	1		
	82	Pb	铅	2	2	6	2	6	10	2	6	10	14	2	6	10		2	2		
	83	Bi	铋	2	2	6	2	6	10	2	6	10	14	2	6	10		2	3		
	84	Po	钋	2	2	6	2	6	10	2	6	10	14	2	6	10		2	4		
	85	At	砹	2	2	6	2	6	10	2	6	10	14	2	6	10		2	5		
	86	Rn	氡	2	2	6	2	6	10	2	6	10	14	2	6	10		2	6		
	87	Fr	钫	2	2	6	2	6	10	2	6	10	14	2	6	10		2	6		1
	88	Ra	镭	2	2	6	2	6	10	2	6	10	14	2	6	10		2	6		2

续表

周期	原子序数	元素符号	元素名称	电子层															
				K	L		M			N				O				P			Q
				1s	2s	2p	3s	3p	3d	4s	4p	4d	4f	5s	5p	5d	5f	6s	6p	6d	7s
7	89	Ac	锕	2	2	6	2	6	10	2	6	10	14	2	6	10		2	6	1	2
	90	Th	钍	2	2	6	2	6	10	2	6	10	14	2	6	10		2	6	2	2
	91	Pa	镤	2	2	6	2	6	10	2	6	10	14	2	6	10	2	2	6	1	2
	92	U	铀	2	2	6	2	6	10	2	6	10	14	2	6	10	3	2	6	1	2
	93	Np	镎	2	2	6	2	6	10	2	6	10	14	2	6	10	4	2	6	1	2
	94	Pu	钚	2	2	6	2	6	10	2	6	10	14	2	6	10	6	2	6		2
	95	Am	镅	2	2	6	2	6	10	2	6	10	14	2	6	10	7	2	6		2
	96	Cm	锔	2	2	6	2	6	10	2	6	10	14	2	6	10	7	2	6	1	2
	97	Bk	锫	2	2	6	2	6	10	2	6	10	14	2	6	10	9	2	6		2
	98	Cf	锎	2	2	6	2	6	10	2	6	10	14	2	6	10	10	2	6		2
	99	Es	锿	2	2	6	2	6	10	2	6	10	14	2	6	10	11	2	6		2
	100	Fm	镄	2	2	6	2	6	10	2	6	10	14	2	6	10	12	2	6		2
	101	Md	钔	2	2	6	2	6	10	2	6	10	14	2	6	10	13	2	6		2
	102	No	锘	2	2	6	2	6	10	2	6	10	14	2	6	10	14	2	6		2
	103	Lr	铹	2	2	6	2	6	10	2	6	10	14	2	6	10	14	2	6	1	2
	104	Rf	𬬻	2	2	6	2	6	10	2	6	10	14	2	6	10	14	2	6	2	2
	105	Db	𬭊	2	2	6	2	6	10	2	6	10	14	2	6	10	14	2	6	3	2
	106	Sg	𬭳	2	2	6	2	6	10	2	6	10	14	2	6	10	14	2	6	4	2
	107	Bh	𬭛	2	2	6	2	6	10	2	6	10	14	2	6	10	14	2	6	5	2
	108	Ha	𬭶	2	2	6	2	6	10	2	6	10	14	2	6	10	14	2	6	6	2
	109	Mt	鿏	2	2	6	2	6	10	2	6	10	14	2	6	10	14	2	6	7	2

* Tc 的电子分布有人认为外层是 $4s^2 4p^6 4d^6 5s^1$。

从表 1-4 可见,第 1 号元素氢(H)到第 2 号元素氦(He),电子依次填入能量最低的第一能级组 1s,构成第一周期,它是一个短周期。

从第 3 号元素锂(Li)到第 10 号元素氖(Ne),电子依次填入第一和第二能级组,完成第二周期。Li 和 Ne 的电子排布式分别为 $1s^2 2s^1$ 和 $1s^2 2s^2 2p^6$。从第 11 号元素钠(Na)到第 18 号元素氩(Ar),电子依次填入第一、二、三能级组,完成第三周期。第二、三周期也都是短周期。

第 19 号元素钾(K)有 19 个电子,前 18 个电子依次填充为 $1s^2 2s^2 2p^6 3s^2 3p^6$,K 的最后一个电子由于能级交错($E_{4s} < E_{3d}$),不是填入 3d 轨道,而是填入 4s 轨道,并开始了第四周期。K 的电子排布式为 $1s^2 2s^2 2p^6 3s^2 3p^6 4s^1$ 或 [Ar] $4s^1$。K 和 Ca 的最后一、两个电子依次填入 4s。从元素钪(Sc)起,电子才开始填入次外电子层 3d 上,Sc 的电子排布式为 $1s^2 2s^2 2p^6 3s^2 3p^6 3d^1 4s^2$ 或 [Ar] $3d^1 4s^2$。从 Sc 到 Zn 共十种元素,电子依次填入 3d,这十种元素形成第四周期的过渡元素。从元素镓(Ga)开始电子才填入

4p，至第36号元素氪(Kr)填满4p。从K到Kr电子依次填入4s3d4p，完成第四周期。第四周期是由18种元素组成的长周期。这当中有两个例外，即Cr的外层电子排布不是$3d^44s^2$，而是$3d^54s^1$；Cu的外层电子排布不是$3d^94s^2$，而是$3d^{10}4s^1$。

从第37号元素铷(Rb)到第54号元素氙(Xe)，共18种元素。其电子排布与第四周期相似，价电子依次填充于第五能级组5s4d5p，构成第五周期，这也是一个长周期。一般来说，5s和4d的能量差要比4s和3d的能量差小，因此5s电子很容易激发到4d轨道上去。这是第五周期元素原子的电子层结构例外较多的原因。从外层电子排布看，具体有六列六种：铌(Nb)不是$4d^35s^2$，而是$4d^45s^1$；钌(Ru)不是$4d^65s^2$，而是$4d^75s^1$；铑(Rh)不是$4d^75s^2$，而是$4d^85s^1$；钼(Mo)不是$4d^45s^2$，而是$4d^55s^1$；钯(Pd)不是$4d^85s^2$，而是$4d^{10}5s^0$(这可说是周期表中最特殊的元素了)；银(Ag)不是$4d^95s^2$，而是$4d^{10}5s^1$。

从第55号元素铯(Cs)到第86号元素氡(Rn)，价电子依次填充在第六能级组6s4f5d6p，构成第六周期。从Cs到Ba，电子依次填入6s，镧(La)的电子填入5d以后，从Ce开始填入外数第三层4f，一直到镱(Yb)，填满了4f。镥(Lu)又填入5d。从Ce到Lu共计14种元素，它们最外层的电子数目完全相同，次外层的电子数目也几乎一样，只是外数第三层4f的电子数不同，因而它们的性质完全相似，称为**镧系元素**。从铪(Hf)到汞(Hg)电子依次填入5d，从铊(Tl)起电子才开始填入6p至Rn填满6p。即从Cs到Rn电子依次填入第六能级组6s4f5d6p，完成第六周期。6s4f5d6p能级组共能容纳32个电子，故第六周期为32个元素的特长周期。总的来说，由于6s和5d轨道的能量差较大，所以电子从6s激发到5d轨道上去的可能性要比第五周期的少。例如，钽(Ta)的外层电子排布是$5d^36s^2$而不是$5d^46s^1$；钨(W)的外层电子排布是$5d^46s^2$而不是$5d^56s^1$。但在第六周期中也有例外，如铂(Pt)、金(Au)等。

从第87号元素钫(Fr)开始的第七周期至今还是不完全周期。它们的电子依次填充在第七能级组7s5f6d。故在第七周期中出现了与镧系相似的锕系元素。从钍(Th)到铹(Lr)共14种元素组成锕系元素。镧系元素和锕系元素属于内过渡元素。

应该注意到电子排布式中能级的书写次序与电子先后填充的次序并不完全一致。如电子填充时，可能是4s先于3d，但在书写时仍要将3d写在4s前面，与同层的3s，3p放在一起写。另外，原子失去电子的顺序也不一定就是原子中填充电子顺序的逆方向。一般是先失去最外层电子。

以上讨论的电子排布原理是概括了大量实验事实后提出的一般规律性。因此，绝大多数原子的核外电子的实际排布与这些规律是一致的；某些副族元素，特别是第六、七周期中的某些元素，实验得到的电子排布的结果尚不能用排布原理满意地解释。对此，首先是承认实验事实，同时也要看到理论上的某些不足，而这又正是理论发展的方向和动力，并将其提高到新的理论的高度。

1.2.3　原子的电子层结构与元素周期系

在研究了原子核外电子运动状态和电子排布规律的基础上,我们可以深入地理解元素周期律,更好地用原子结构的理论来阐明周期表中周期、族以及元素分类的本质。

1. 周期

元素原子的电子层数与该元素周期数相对应(仅 Pd 例外);各周期数又与各能级组数相对应,如表 1-5 所示。

表 1-5　　周期与能级组的关系

周　期	能级组	能级组内各原子轨道	元素数目
1	I	1s	2
2	II	2s 2p	8
3	III	3s 3p	8
4	IV	4s 3d 4p	18
5	V	5s 4d 5p	18
6	VI	6s 4f 5d 6p	32
7	VII	7s 5f 6d	20 未完

从表 1-5 可见,各周期元素的数目与相应能级组中轨道所能容纳的电子总数相等。由能级组和周期(或电子层)的关系可见,能级组的划分是导致周期表中各元素能划分为周期的本质原因。在每一个能级组中电子的填充都是从 ns^1(碱金属元素,但第一周期例外)开始的,到 ns^2np^6(稀有气体元素)结尾。每一次这样的重复,都意味着一个新周期的开始和一个旧周期的结束,各个元素的性质一方面是在发展变化中,另一方面又呈现某种相似性。再即由于能级交错,一个能级组中包含的能级数目不同,所以周期即有长短之分。在长周期中,过渡元素的最后电子填充在次外层(d 层)、甚至在倒数第三层(f 层)上,而元素的性质主要决定于最外层电子,因此在长周期中元素性质的递变比较缓慢。

元素的化学性质,主要取决于它的最外电子层的结构,而最外电子层的结构,又是由核电荷数和核外电子排布规律所决定的。因此,元素周期律正是原子内部结构周期性变化的反映。元素性质的周期性来源于原子电子层结构的周期性。

2. 族①

元素原子的价电子层结构类型决定该元素在周期表中所处的族次。主族元素的族数等于原子最外层的电子数 $ns+np$；副族元素的关系比较复杂。对于次外层上电子数目多于8而少于18的一些元素，它们除了能失去最外层的电子外，还能失去次外层的一部分d电子。副族元素(除ⅠB，ⅡB及Ⅷ族)的族数通常等于最高能级中的电子总数。

3. 元素的分区

根据元素原子的核外电子排布的特征，周期表中的元素分为五个区(或称组)，见表1-6。

表1-6　　　　　　　周期中元素的分区

周期	ⅠA													0
1	ⅡA									ⅢA	ⅣA	ⅤA	ⅥA	ⅦA
2														
3		ⅢB	ⅣB	ⅤB	ⅥB	ⅦB	Ⅷ	ⅠB	ⅡB					
4	s									p				
5				d			ds							
6	La*													
7	Ac*													

| 镧系 | | | | | | f | | | | | | | |
| 锕系 | | | | | | | | | | | | | |

(1) s区元素：最外电子层结构为 ns^1 或 ns^2，次外层没有d电子(H,He 无次外层)。主要为ⅠA族碱金属和ⅡA族碱土金属。这些元素的原子是活泼金属，容易失去最外层的s电子，形成+1价或+2价离子。

(2) p区元素：包括电子层结构从 s^2p^1 到 s^2p^6 的元素，它们位于周期表的右侧，即ⅢA～ⅦA族和零族元素。

零族元素，除He原子外层只有2个电子($1s^2$)外，其余稀有气体最外电子层的s和p轨道都已充满，共有8个电子(故有时称为ⅧA族)。这样的电子层结构是比较稳定的。长期以来人们认为它们不会形成化合物，被称为**惰性气体**，化合价为零，故为零族。实际上，"惰性气体不惰"，所谓8电子的结构的稳定性也是相对而言的。

---

① 1988年IUPAC建议，周期表中元素不再分为A，B族，而用阿拉伯数字1～18表示18个纵行。

1962年以来的实验不断证明在一定条件下,惰性气体可以形成一些化合物如XeF_2,XeO_3等。

(3) d区元素:本区元素的原子的电子层结构的特点为最外层为$ns^{1~2}$,次外层为$(n-1)d^{1~9}$,包括ⅢB～ⅦB各副族和第Ⅷ族元素,它们位于长周期表的中部,又称为**过渡元素**。

(4) ds区元素:本区元素的原子的电子层结构的特点为$(n-1)d^{10}ns^{1~2}$,包括ⅠB族和ⅡB族元素,通常也将它们列为d区过渡元素。

(5) f区元素:本区元素的差别在倒数第三层$(n-2)f$轨道上的电子数不同,其结构特点为$(n-2)f^{1~14}(n-1)d^{0~2}ns^2$。由于最外两层电子数基本相同,故它们的化学性质非常相似,包括镧系和锕系元素(其中元素镧和锕属于d区,不属于f区)。

据报道,科学家们又合成了原子序数更大的元素:德国科学家合成了110～112号元素,俄国科学家合成了第114号元素。1999年6月,美国Lawrence Berkely国家实验室(LBNL)15名研究人员在《物理评论通讯》上发表论文称他们合成了116号、118号元素。这一成果被评为"1999年世界十大科技进展"之一,因无法重复实验,2002年7月15日LBNL收回论文并宣布第116号和第118号元素并没有造出来。这又给人类上了一堂诚信和科学道德的教育课,当然并不排除人类将来合成出第116号元素和第118号元素的可能,甚至也有对第八周期、第九周期元素的前瞻性预测。

按照量子力学自洽场方法计算,第八周期元素的电子将进入8s,5g,6f,7d,8p轨道,应有50种元素,到168号为止。这168号元素应有稀有气体性质,但却是液态的。在第八周期中的121～153号,共33种为"第一超锕系元素"(又称"超重元素")。同理,第九周期也应是50种元素,电子填充在9s,6g,7f,8d,9p轨道,其中171～203号为第二超重元素。

但是,Fricke根据他提出的理论指出:第八周期的第一超重元素应有35种(121～155号)没有8p轨道。这样164号是最后一种元素。他认为第九周期只有9s,9p轨道,8种元素,172号结束。

这两种理论只有到154号元素发现时才能作出判断:若它与ⅢB族元素性质相似,说明它不是超重元素,Fricke理论不正确;否则,若154号是超重元素,周期表就会按Fricke的预测发展。

科学家们发现,具有2,8,20,28,50,82,114,126,184等数目的质子或中子的核具有特别的稳定性,这些数称"幻数"。具有双幻数的$^{4}_{2}He$,$^{56}_{28}Ni$,$^{132}_{50}Sn$,$^{208}_{82}Pb$等特别稳定。由此科学家推断$^{298}114$同位素将是一个极稳定的核。其质子数在

108～114～126之间,中子数在176～184～190之间。1999年1月俄罗斯杜布纳联合研究所合成了114号元素,其质量为289,存在时间为30s(109号元素的半衰期是70 ms)。1999年6月美国LBNL国家实验室的所谓发现了118号元素和由它衰变产生的116号元素。这些"发现"支持了前面第一种见解。

目前,科学家们一方面从矿物、海底沉积物、月球样品、陨石和宇宙射线中寻找可能在自然界存在的超重元素,一方面在许多国家建造一批大型重离子加速器,欲合成超重元素。

人类对物质世界的认知永无穷尽,元素周期表并未结束。

1.3 元素某些性质与原子结构的关系

元素原子的电子层结构具有周期性变化的规律。元素游离原子的某些重要性质,如原子半径、电离能、电子亲和能和电负性等,都与原子核外电子层结构有关,它们亦呈周期性的变化规律。

1.3.1 原子半径

除稀有气体外,其他元素的原子总是以单质或化合物的键合形式存在。根据原子存在的不同形式,一般可把原子半径分为三种,即共价半径、金属半径和范德华半径。

当两个相同的原子以共价单键相结合成单质分子时,两原子核间距离的一半叫做该原子的**共价半径**。在金属单质的晶体中,相邻两原子核间距离的一半称为该原子的**金属半径**。当两个原子间只靠分子间的作用力即范德华力互相接近时,两原子核间距离的一半即为范德华半径。表1-7列出了各元素原子半径的数据,其中除金属为金属半径(配位数为12),稀有气体为范德华半径外,其余皆为共价半径。

表1-7中金属用金属半径,非金属用共价半径,稀有气体用范德华半径。原子半径的大小主要由原子的有效核电荷 Z^* 和核外电子的层数决定。

原子半径变化规律如下:

(1) 同一周期从左到右原子半径呈减小趋势,到稀有气体突然变大。长、短周期原子半径变化趋势稍有不同。

短周期中,电子填充到最外电子层,同层电子间屏蔽效应弱,因此有效核电荷增加显著,而电子层数不变,核对外层电子吸引力逐渐变大,所以短周期元素原子半径从左到右递减较快。

表 1-7　　　　　　　　元素的原子半径（单位为 pm）

H																	He
37																	122
Li	Be											B	C	N	O	F	Ne
152	111											88	77	70	66	64	160
Na	Mg											Al	Si	P	S	Cl	Ar
186	160											143	117	110	104	99	191
K	Ca	Sc	Ti	V	Cr	Mn	Fe	Co	Ni	Cu	Zn	Ga	Ge	As	Se	Br	Kr
227	197	161	145	132	125	124	124	125	125	128	133	122	122	121	117	114	198
Rb	Sr	Y	Zr	Nb	Mo	Tc	Ru	Rh	Pd	Ag	Cd	In	Sn	Sb	Te	I	Xe
248	215	181	160	143	136	136	133	135	138	144	149	163	141	141	137	133	217
Cs	Ba	*Lu	Hf	Ta	W	Re	Os	Ir	Pt	Au	Hg	Tl	Pb	Bi	Po	At	Rn
265	217	173	159	143	137	137	134	136	136	144	160	170	175	155	153		
Fr	Ra	Lr															

*

La	Ce	Pr	Nd	Pm	Sm	Eu	Gd	Tb	Dy	Ho	Er	Tm	Yb
188	183	183	182	181	180	204	180	178	177	177	176	175	194

　　长周期中，主族元素原子半径变化规律同短周期，而从ⅢB族元素开始，原子半径减小缓慢，到ⅠB、ⅡB族，原子半径又略有增加，从ⅢA族进入主族元素，原子半径又呈显著递减趋势。这是因为从ⅢB族开始，电子填充到次外层，其电子的屏蔽效应比填充到最外层要大，因此有效核电荷增加不多，核对外层电子吸引力增大也不多，所以从ⅢB～ⅧB族，原子半径略有减小，到ⅠB、ⅡB族，由于次外层已充满18个电子，电子间屏蔽作用变大，有效核电荷略有下降，使原子半径略有增加，到ⅢA族以后，电子又填充到最外电子层，变化趋势又同短周期。每周期最后因是稀有气体元素，最外层处于全充满状态，电子间排斥力增大，且又是范德华半径，所以原子半径突然变大。

　　在长周期的内过渡元素（镧系和锕系）中，随着原子序数的增加，电子填充到倒数第三层，它对外层电子屏蔽作用更大，外层电子感受到的有效核电荷增加得更小，所以原子半径减小得更缓慢，但整个镧系（锕系）15种元素的积累作用明显。从镧到镥整个镧系原子半径缩小（共 11 pm）的现象称为**镧系收缩**。由于镧系收缩使镧之后第二、三系列过渡元素原子半径相差不大，性质相似，如 Mo 和 W 在自然界中常共同存在而难以分离。镧系元素间由于原子半径和有效核电荷相近，性质也十分相似，在自然界中因共同存在，也难以分离、提取。它们均是活泼金属，近年来我国有关稀土元素的分离和利用取得了可喜的成绩，稀土元素在农业上的应用，继 Mn，Fe，Zn 等微肥后，稀土肥料的使用有令人鼓舞的前景。

　　（2）同族从上到下原子半径由于电子层数的增加，总的趋势是增加的，但主族和副族情况有所不同。

同一主族中从上到下核电荷明显增大,但随电子层数的增加,屏蔽作用也会增加,因而有效核电荷增加不很明显,由于电子层数的增加,原子半径明显变大。

同一副族的过渡元素,第一系列过渡元素与第二系列过渡元素由于有效核电荷增大不及电子层增加的作用,原子半径增大。但由于镧系收缩,使第二、三系列过渡同族元素的原子半径几乎不变,有的甚至减小。如 Pd 的原子半径为 138 pm,而 Pt 的原子半径为 136 pm。

1.3.2 电离能

一个基态的气态原子失去一个电子形成 +1 价气态正离子所需要的能量叫做**第一电离能**,常以 I_1 表示。I_1 愈小,原子愈易失去电子,反之,I_1 愈大,原子失去电子时需要的能量愈多,愈难电离。+1 价气态离子再失去一个电子形成 +2 价离子时所需消耗的能量叫做**第二电离能** I_2,可依此类推。表 1-8 列出了各元素的第一电离能($kJ \cdot mol^{-1}$)。

电离能的大小主要决定于原子核电荷、原子半径以及原子的电子层结构。图 1-19 列出了原子的第一电离能随原子序数的增加呈现的周期性变化规律。I_1 的变化可归纳为:

主族元素表现出明显的规律性。以 ⅠA 的 I_1 为最小,以稀有气体的 I_1 为最大,处于峰顶。从 ⅠA 到稀有气体之间,随着最外层电子数的增加,原子的 Z^* 显著增大,原子半径显著减小,原子核对最外层电子的束缚力越来越大,因而电离能递增。

同族从上到下,I_1 逐渐减小。这是因为随着电子层数的增多,半径增大,使得原子核对最外层电子的吸引力依次减小,容易失去电子而 I_1 减小。但同一族的过渡元素,由于受镧系收缩的影响,第五、六周期的同族元素原子半径相差很小,而核电荷数却增加很多,因而第六周期各元素的电离能反而比第五周期各元素的电离能大(ⅢB 族除外)。

图 1-19 中还可看到在 N,P,As 等位置上 I_1 出现曲折和尖端,这是由于电子层结构的影响,等价轨道全充满(s^2,p^6,d^{10})、半充满(s^1,p^3,d^5)或全空(s^0,p^0,d^0)是比较稳定的结构。I_1 表示的是把电子从处于这些状态的原子轨道中电离出来时,其电离能自然比相邻元素的大些。

I_1 可以衡量气态元素金属性的强弱。因而各主族元素的金属性,从上到下逐渐加强,从左到右逐渐减弱。例如,Cs 有最低的 I_1,它是周期表中最活泼的金属。另需指出,电离能的大小,只能衡量气态原子变成气态正离子的难易程度。至于金属在水溶液中形成正离子的倾向,应用电极电位来判断。

电离能还可用于说明元素呈现的常见价态。例如,Na 的第一电离能很小,而第二电离能很大,这表明 Na 只易失去最外层一个电子,形成 Na^+ 离子。

表 1-8　某些元素的第一电离能/(kJ·mol^{-1})

H 1312																	He 2372
Li 520	Be 899											B 801	C 1086	N 1402	O 1314	F 1681	Ne 2081
Na 497	Mg 738											Al 578	Si 786	P 1012	S 1000	Cl 1251	Ar 1521
K 419	Ca 590	Sc 631	Ti 658	V 650	Cr 653	Mn 717	Fe 759	Co 758	Ni 737	Cu 745	Zn 906	Ga 579	Ge 762	As 947	Se 941	Br 1140	Kr 1351
Rb 403	Sr 549	Y 616	Zr 660	Nb 664	Mo 685	Tc 702	Ru 711	Rh 720	Pd 805	Ag 731	Cd 868	In 558	Sn 709	Sb 834	Te 869	I 1008	Xe 1170
Cs 376	Ba 503	La 538	Hf 675	Ta 761	W 770	Re 760	Os 840	Ir 878	Pt 870	Au 890	Hg 1007	Tl 589	Pb 716	Bi 703	Po 812	At 920	Rn 1037

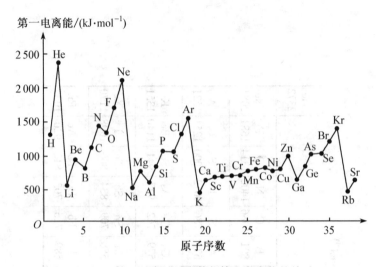

图 1-19 某些元素原子序数与第一电离能的关系

1.3.3 电子亲和能

当元素的气态原子 X(g) 处于基态时,得到一个电子形成气态负离子 $X^-(g)$ 所放出的能量 A 叫做该元素的**电子亲和能**(即 A_1):

$$X(g) + e = X^-(g) + A_1$$

可利用电子亲和能来衡量原子获得电子的难易程度。A 值越大,表示该元素越易获得电子,它的非金属性越强。

目前对 A 值的测定比较困难,数据不全,准确性也较差,规律性尚不明显。图 1-20 给出部分元素 A_1 的变化规律。

一般来说,电子亲和能随原子半径的减小而增大,这是因为半径减小,核电荷对电子的引力增大。因此,对于同一周期的元素,从左到右电子亲和能逐渐增大(指绝对值);对于同一族的元素,从上到下电子亲和能逐渐减小。由图 1-20 还可归纳出:具有 ns^2np^5 的 ⅦA 元素有较大的电子亲和能;具有 ns^2 构型的 Be,Mg,Zn 和具有 ns^2np^6 构型的 Ne,Ar,Kr 以及具有半满 np^3 亚层构型的 N,P,As 等元素有较小的电子亲和能。但是氧和氟的电子亲和能反而分别比同族硫和氯的电子亲和能小,这一反常现象可能是由于氧和氟的原子半径很小,电子云密度很大,电子间排斥力很强,以致在原子结合一个电子形成负离子时,电子间的排斥力使放出的能量减小。

1.3.4 电负性

元素的电子亲和能和电离能都只从一个方面反映原子得失电子的能力。但在实

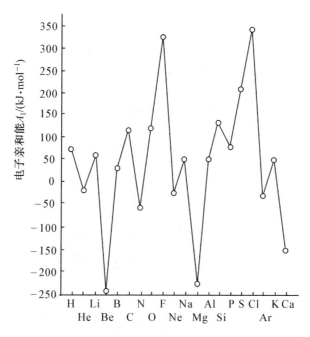

图 1-20　原子的第一电子亲和能的变化规律

际上,有些元素(如 C,H)在形成化合物时,它的原子既难以失去电子也难以得到电子,这就有必要把上述两个因素统一起来考虑,从而提出了电负性的概念。

元素的电负性是表示元素的原子在分子中吸引成键电子的能力。电负性大表示原子吸引电子的能力强。

L. Pauling 于 1932 年首先提出电负性的概念,他将最活泼的非金属氟的电负性定为 4.0,以此对比求出其他元素的电负性,因而电负性是一个相对的数据。后来 R. S. Mulliken, A. L. Allred 及 E. G. Rochow 等人作了更精确的计算。由于求电负性的方法较多,电负性的数据也不尽相同,因而在使用时应注意采用同一套数据。表 1-9 即为电负性数据表。由表可见,同周期主族元素的电负性从左到右逐个增大;同一主族元素的电负性从上到下逐个减小,副族元素则从上到下电负性逐渐增加。

根据元素电负性值的大小,可以衡量元素金属性和非金属性的强弱。一般非金属元素的电负性值约在 2.0 以上,金属元素的电负性值约在 2.0 以下。但不能把电负性值 2.0 作为划分金属元素和非金属元素的绝对界限,元素的金属性和非金属性之间并没有严格的界限。例如,过渡元素的电负性递变不明显,有的电负性值在 2.0 以上。

电负性从表面上看只是一个简单的相对数值,但确实揭示了原子结构和化合物

表1-9 电负性表

H 2.1																	
Li 1.0	Be 1.5											B 2.0	C 2.5	N 3.0	O 3.5	F 4.0	
Na 0.9	Mg 1.2											Al 1.5	Si 1.8	P 2.1	S 2.5	Cl 3.0	
K 0.8	Ca 1.0	Sc 1.3	Ti 1.5	V 1.6	Cr 1.6	Mn 1.5	Fe 1.8	Co 1.9	Ni 1.9	Cu 1.9	Zn 1.6	Ga 1.6	Ge 1.8	As 2.0	Se 2.4	Br 2.8	
Rb 0.8	Sr 1.0	Y 1.2	Zr 1.4	Nb 1.6	Mo 1.8	Tc 1.9	Ru 2.2	Rh 2.2	Pd 2.2	Ag 1.9	Cd 1.7	In 1.7	Sn 1.8	Sb 1.9	Te 2.1	I 2.5	
Cs 0.7	Ba 0.9	La~Lu 1.0~1.2	Hf 1.3	Ta 1.5	W 1.7	Re 1.9	Os 2.2	Ir 2.2	Pt 2.2	Au 2.4	Hg 1.9	Tl 1.8	Pb 1.9	Bi 1.9	Po 2.0	At 2.2	
Fr 0.7	Ra 0.9	Ac 1.1	Th 1.3	Pa 1.4	U 1.4	Np~No 1.4~1.3											

之间的联系。化学家从不同的角度对电负性进行了研究和比较。例如,1934 年 Mulliken 提出了以电离能 I 和电子亲和能 E 的平均值作为电负性的量度,I 和 E 都用 eV(电子伏特)为单位:

$$\chi = \frac{1}{2}(I+E)$$

Mulliken 电负性与 Pauling 电负性的差别是,前者是由单一原子的性质来定义的,而后者涉及两种原子的成键性质。经过适当的拟算,取 $\chi = 0.18(I+E)$,Mulliken 和 Pauling 数据是吻合的,这使电负性有了简洁直观的含义。1957 年 Allred-Rochow 根据原子有效核电荷对电子的静电引力也计算出一套电负性数据。1989 年 Allen 从光谱数据计算基态时原子价层电子的平均单电子能量,以此标定电负性,等等。现在对于同一元素的不同氧化态可以有不同电负性,如 Fe^{3+} 和 Fe^{2+} 分别是 1.96 和 1.83;还有基团的电负性,如 CH_3— 和 C_6H_5—,分别为 2.3 和 3.0 等。

电负性数据是研究化学键性质的重要参数。电负性差值大的元素之间的化学键以离子键为主,电负性相同或相近的非金属元素之间以共价键结合,电负性相等或相近的金属元素以金属键结合。

周期表中有一些元素与其右下角紧邻的元素有相近的原子半径,例如 Li 和 Mg、Be 和 Al 以及 Si 和 As 等,其原子半径大小都很接近,因此它们的电离能、电负性及一些化学性质也十分相似,这就是所谓的对角线规则(diagonal rule)。

思 考 题

1. 为什么原子光谱是线状光谱?怎样用 Bohr 氢原子模型解释氢原子光谱?黑体辐射和光电效应这两个实验对原子结构理论发展起了什么作用?Bohr 理论对原子结构理论的发展有什么贡献?这一理论存在什么缺陷?

2. 什么叫波粒二象性?光和实物微粒具有波粒二象性的实验基础各是什么?

3. 为什么宏观粒子的位置和速度可以测得很准确,而微观粒子却不能?微观粒子运动规律的主要特点是什么?

4. 量子力学怎样描述电子在原子中的运动状态,一个原子轨道要用哪几个量子数来描述?说明各量子数的物理意义、取值要求和相互关系。

5. Bohr 原子轨道与波动力学的"原子轨道"有哪些主要差别,它们有无相似之处?

6. 电子云的图像有哪几种?它们有何区别?各代表什么物理意义?波函数、"原子轨道"、概率密度和电子云等概念有何联系和区别?

7. 判断下列说法是否正确?为什么?

(1) s 电子轨道是绕核旋转的一个圆圈,而 p 电子是走 8 字形。

(2) 电子云图中黑点越密之处表示那里的电子越多。

(3) 主量子数为 4 时,有 4s、4p、4d、4f 共 4 个原子轨道;主量子数为 1 时,有自旋相反的 2 个轨道。

(4)氢原子中原子轨道的能量由主量子数 n 决定。

(5)氢原子的核电荷数和有效核电荷数不相等。

8. 什么叫屏蔽效应和钻穿效应？试解释第三电子层最多可容纳 18 个电子，而为什么第三周期不是 18 种元素而只有 8 种元素？

9. 从原子轨道能量和原子序数关系图(见图 1-15)，举出几点重要的规律。氢原子中 4s 和 3d 哪一个状态能量高？在 19 号元素钾和 26 号元素铁中 4s 和 3d 哪一个状态能量高？说明理由。

10. 周期表中可分成哪几个区？每区包括哪几个族，各区外层电子构型有什么特征？

11. 为什么电离能都是正值，而电子亲和能却有正有负，且数值比电离能小得多？

12. 为什么不用电离能来衡量吸引成键电子的能力而用电负性？两者有何异同？电负性数值大小与元素的金属性、非金属性之间有何联系？

习　题

1. 氢光谱为什么可以得到线状光谱？谱线的波长与能级间能量差有什么关系？求电子从第四轨道跃回第二轨道时，H_β 谱线的波长。

2. 氢原子的电子在以下能级间跃迁：

(1)从 $n=2$ 到 $n=1$；(2)从 $n=3$ 到 $n=1$；(3)从 $n=4$ 到 $n=1$。

所发射出光的频率分别为：(a) $2.467 \times 10^{15} s^{-1}$，(b) $2.924 \times 10^{15} s^{-1}$，(c) $3.083 \times 10^{15} s^{-1}$。计算 1 个电子和 1 mol 电子在跃迁过程中所放出的能量。

3. 原子轨道、概率密度和电子云在概念上有何区别和联系？

4. 原子轨道角度分布图和电子云角度分布图有何相似与区别？

5. 原子中电子运动状态的 4 个量子数的物理意义是什么？它们的可能取值是什么？

6. 写出氖(Ne)原子中 10 个电子的各自的四个量子数。

7. 有无下列各组的电子运动状态？为什么？

(1) $n=2, l=1, m=0$；　　(2) $n=2, l=2, m=-1$；

(3) $n=2, l=0, m=-1$；　　(4) $n=2, l=3, m=2$；

(5) $n=3, l=2, m=-2$；　　(6) $n=4, l=-1, m=0$；

(7) $n=4, l=1, m=-2$；　　(8) $n=3, l=3, m=-3$。

8. 在下列各组轨道中，填充合理的量子数。

(1) $n \geq ?, l=2, m=0, m_s=+\frac{1}{2}$；

(2) $n=4, l=2, m=0, m_s=?$

(3) $n=2, l=0, m=?\quad m_s=+\frac{1}{2}$；

(4) $n=2, l=?\ m=1, m_s=-\frac{1}{2}$。

9. 什么叫屏蔽效应？什么叫钻穿效应？如何解释下列轨道能量的大小顺序？

(1) $E_{(1s)} < E_{(2s)} < E_{(3s)} < E_{(4s)}$；

(2) $E_{(3s)} < E_{(3p)} < E_{(3d)}$;

(3) $E_{(4s)} < E_{(3d)}$。

10. 说明存在下列事实的原因：

(1) 元素最外层电子数不超过 8；

(2) 元素次外层电子数不超过 18；

(3) 过渡元素最外层电子数为 1 或 2；

(4) 第 1~6 周期所包含的元素个数分别为 2,8,8,18,32。

11. 写出 S,P,Cr,Cu,Hg,As,Mo,V,Zn 原子的电子排布式。并写出外围电子的自旋状况。

12. 写出 Co^{2+},Fe^{3+},Ni^{2+},Sn^{2+},Pb^{2+},I^- 等离子的电子层结构。

13. 根据下列各元素的外电子层结构，写出各元素的名称，并指出它们各属于哪个周期、哪个族和哪个区？

$$3s^2, 2s^22p^4, 4s^24p^5, 3s^23p^3, 3d^24s^2, 5d^{10}6s^2$$

14. 试用原子结构的观点解释：

(1) 第二周期元素从左到右电离能有两个转折点；

(2) 过渡元素的电离能变化不大。

15. H 和 Na 原子的第一电离能分别为 2.179×10^{-18} J 和 0.823×10^{-18} J。试计算氢和钠的第一摩尔电离能各为多少千焦每摩尔？（有时电离能就以这种摩尔电离能 $kJ \cdot mol^{-1}$ 单位来表示。）

16. 试用 Slater 规则：

(1) 计算说明原子序数 13,17,27 各元素中,4s 和 3d 哪一个能级的能量高；

(2) 分别计算作用于 Fe 的 3s,3p,3d 和 4s 电子的有效核电荷数,这些电子所在各轨道的能量及 Fe 原子系统能量。

17. 电离势、电子亲和势和电负性等术语的含义是什么？它们与元素周期律有什么样的关系？

18. 不看周期表填空下表：

原子序数	元素符号	周期	族	核外电子分布	价层电子构型
	K				
				[Ar]$3d^{10}4s^24p^1$	
		4	ⅦB		
					$4s^24p^5$
					$4d^25s^2$
			ⅡB		$5d^{10}6s^2$
56					

19. 有第四周期的 A,B,C,D 四种元素,其价电子数分别为 1,2,2,7,其原子序数依次增大,已知 A 与 B 的次外层电子数为 8,C 和 D 的次外层电子数为 18。根据原子结构判断：

(1) A,B,C,D 的元素名称、元素符号和在周期表中的位置；

(2) D 与 A 的简单离子是什么？

(3) B与D两原子间能形成何种化合物？写出分子式。

20. 与稀有气体 Kr 处于同一周期的某元素失去三个电子后,在角量子数为2的轨道内电子恰好半充满。试指出:

(1) 此元素的原子序数、元素符号;
(2) 此元素所属的周期、族、区;
(3) 两种气态离子(M^{2+}, M^{3+})的稳定性大小。

第2章 化学键与分子结构

各种物质通常以分子或晶体的形式存在。分子是保持物质基本化学性质的最小微粒,同时也是参与化学反应的基本单元,物质的性质主要决定于分子的性质,而分子的性质又是由分子的内部结构决定的。研究分子结构(molecular structure),对于了解物质的性质和化学变化的规律具有十分重要的意义。

分子结构通常包括下列内容:分子的化学组成;在分子(或晶体)中相邻原子(或离子)间直接的、主要的和强烈的相互作用力,即化学键问题;分子(或晶体)中原子的空间排布、键长、键角和几何形状,即空间构型问题;分子与分子之间较弱的相互作用力,即分子间力问题。

化学键(chemical bonding)一般可分为离子键、共价键和金属键。化学键是决定物质化学性质的主要因素,本章将着重讨论。物质的性质也和分子与分子间的吸引力有关,故本章也将讨论分子间力、氢键和离子的极化等问题。

2.1 离 子 键

2.1.1 离子键的形成和特点

当两种电负性相差大的原子(如碱金属元素与卤素元素的原子)相互靠近时,它们都有达到稳定的电子结构的倾向,电负性小的原子将失去价电子而成为正离子,电负性大的原子将得到电子而成为负离子,正、负离子之间由于静电引力而互相吸引,但当正、负离子充分接近时,离子的电子云将产生排斥力。当吸引力和排斥力相等时,整个体系的能量降到最低,正、负离子之间即形成了稳定的化学键。这种靠正、负离子间的静电作用而形成的化学键叫做**离子键**。由离子键所形成的化合物叫做**离子型化合物**。离子键多存在于晶体中,也可以存在于气态分子中。前者称为**离子型晶体**如氯化钠的结晶体,后者称为**离子型分子**如氯化钠的蒸气分子。

离子键的主要特点是没有方向性和饱和性。由于在离子型化合物中,假定正负离子的电荷是球形对称的,它在各个方向都可以吸引电荷相反的离子,故没有方向性。另一方面,只要空间条件许可,一个离子可以同时和几个电荷相反的离子以离子键结合,故离子键没有饱和性。但是不应将没有饱和性误解为离子的配位数(即晶体中任一粒子周围最接近的其他粒子的数目)是任意的。实际上,在晶体中每种离子都有一定的配位数。例如,在 NaCl 晶体中,Na^+ 和 Cl^- 的配位数是 6,即每一个 Na^+ 的周围等距离地排有 6 个 Cl^-,每个 Cl^- 的周围等距离地排有 6 个 Na^+。配位数的多少主要决定于正离子与负离子的半径比值和电荷数的多少。但是每个 Na^+ 被 6 个 Cl^- 包围后,电场并不是已达饱和,在这 6 个 Cl^- 外,无论哪个方向和距离处,如果再排列有 Cl^-,它们同样会受到该相反电荷的电场作用,只是距离较远,相互作用较弱。

键的离子性与元素的电负性有关。一般元素的电负性差值 $\Delta\chi$ 越大,它们之间键的离子性越大。对于 AB 型化合物,通常以 $\Delta\chi = 1.7$ 作为判断离子键和共价键的分界。

在离子晶体中,离子键的强弱常用晶格能来表示。晶格能(U)是指气态正离子和气态负离子结合成 1 摩尔离子晶体时所放出的能量。晶格能越大,表示离子键越牢固。可以根据正、负离子的吸引力和排斥力从理论上计算晶格能,其近似公式为

$$U = -\frac{N_A A e^2 Z_1 Z_2}{r_0}\left(1 - \frac{1}{n}\right)$$

式中,Z_1、Z_2 分别是正、负离子电荷的绝对值;e 是单位电荷;r_0 是晶体中正、负离子之间的核间距;N_A 是阿伏伽德罗常数;A 是与晶格类型有关的常数;n 是与电子构型有关的因子。

从晶格能公式可见,对于相同类型的离子晶体,离子的电荷越高,正、负离子的核间距越短,晶格能就越大。晶格能大的离子晶体,一般熔点较高,硬度较大。

2.1.2 离子的特征

离子是构成离子型化合物的基本颗粒,离子的性质在很大程度上决定着离子型化合物的性质。离子具有以下三个重要的特征:离子的电荷、离子半径和离子的电子层结构。

1. 离子的电荷

从离子键的形成过程可以看出,正离子的电荷数就是相应原子失去的电子数,负离子的电荷数就是相应原子获得的电子数。

按照库仑定律,正、负离子间的库仑引力同离子的电荷乘积成正比,同离子电荷中心之间的距离的平方成反比。因此离子的电荷是影响离子及离子型化合物性质的重要因素之一。一般说来,正、负离子的电荷越大,离子间的静电引力越大,则形成的离子键越强,离子化合物就越稳定。例如,大多数碱土金属离子 M^{2+} 的盐类比碱金属离子 M^+ 的盐类难溶于水,熔点也较高。

2. 离子半径

离子半径的大小,是决定离子间静电引力的另一重要因素。如果近似地把离子

型晶体中的正、负离子看成是两个相互接触的球体,两个离子的核间距 d 就等于两个离子的半径(r_1 和 r_2)之和,即 $d = r_1 + r_2$。正、负离子的核间距 d 可以通过晶体 X-射线分析实验测得,但是每个离子的半径究竟为多少还需经过推算。最早哥希密特由晶体的结构数据推出了 F^- 离子和 O^{2-} 离子的离子半径,它们分别为 1.33Å 和 1.32Å,以这两个半径为基础,求出其他离子的半径。例如,测得 MgO 的核间距为 2.10Å,由其中减出 O^{2-} 离子的半径,就求得了 Mg^{2+} 的离子半径为 0.78Å。后来鲍林从核电荷数和屏蔽常数推算出一套离子半径。本教材采用目前最常用的鲍林的离子半径数据,常用的离子半径见表 2-1。

表 2-1　　常见的离子半径

离子	半径/pm	离子	半径/pm	离子	半径/pm
Li^+	60	Cr^{3+}	64	Hg^{2+}	110
Na^+	95	Mn^{2+}	80	Al^{3+}	50
K^+	133	Fe^{2+}	76	Sn^{2+}	102
Rb^+	148	Fe^{3+}	64	Sn^{4+}	71
Cs^+	169	Co^{2+}	74	Pb^{2+}	120
Be^{2+}	31	Ni^{2+}	72	O^{2-}	140
Mg^{2+}	65	Cu^+	96	S^{2-}	184
Ca^{2+}	99	Cu^{2+}	72	F^-	136
Sr^{2+}	113	Ag^+	126	Cl^-	181
Ba^{2+}	135	Zn^{2+}	74	Br^-	196
Ti^{4+}	68	Cd^{2+}	97	I^-	216

各元素的离子半径,有以下的一些规律:

(1) 正离子的半径比该元素的原子半径小,而负离子的半径比该元素的原子半径大。

(2) 在同一主族中,从上到下随着电子层数的增多,具有相同电荷的离子的半径依次增大。例如,下列离子半径由小到大的顺序为:$Li^+ < Na^+ < K^+ < Cs^+$;$F^- < Cl^- < Br^- < I^-$。

(3) 在同一周期的主族元素中,从左到右随着族数的增多,正离子的电荷数增高,离子半径依次减小。例如,$Na^+ > Mg^{2+} > Al^{3+}$。

(4) 同一元素形成不同电荷的正离子时,离子半径随着正离子电荷的增多而减小。例如,Fe^{3+}(0.60Å) $< Fe^{2+}$(0.76Å)。

离子半径的大小对离子化合物性质有显著影响。离子半径越小,离子间的引力越大,拆开它们所需的能量越大,因而化合物的熔点也越高。

3. 离子的电子层结构

在形成离子时，原子得到或失去电子的数目主要决定于原子的电子层结构，即是在得失电子后，使其达到稳定的电子层结构，也就是使亚层里的电子充满，因此多数离子是最外层为 8 电子或 18 电子的稳定结构。简单的负离子（如 F^-，Cl^-，S^{2-} 等）的最外层都是 8 电子的稀有气体结构。单原子形成正离子则具有以下几种电子构型：

(1) 2 电子构型：最外层为 $1s^2$ 结构，是稳定的氦型结构，如 Li^+，Be^{2+}。

(2) 8 电子构型：最外层为 ns^2np^6 结构，是稳定的稀有气体结构。ⅠA，ⅡA 族元素的正离子（Li^+，Be^{2+} 除外）和 ⅢA 族元素的部分 +3 价离子都是 8 电子构型，如 Na^+，Ca^{2+}，Al^{3+} 等。

(3) 18 电子构型：最外层为 $ns^2np^6nd^{10}$ 结构，也是较稳定的结构。ⅠB，ⅡB 族元素的正离子多是 18 电子构型，如 Zn^{2+}，Cu^+，Ag^+ 等。

(4) 18+2 电子构型：次外层为 18 个电子，最外层为 2 个电子，即 $(n-1)s^2(n-1)p^6(n-1)d^{10}ns^2$。如 Sn^{2+}，Pb^{2+}，Bi^{3+}。

(5) 9~17 电子构型（不饱和结构）：最外层为 9~17 个电子，即 $ns^2np^6nd^x$（$x=1~9$）。某些过渡元素的低价离子属于这种类型，如 Cr^{3+}，Fe^{2+} 等。

离子的电子层结构对于化合物性质有一定的影响。例如，Na^+ 和 Cu^+ 都属第Ⅰ族的 +1 价离子，它们的半径分别为 $0.95Å$ 和 $0.96Å$，但它们的外电子层结构不同，分别为 8 电子型和 18 电子型，因此它们化合物的性质有明显的差别。例如，NaCl 易溶于水，而 CuCl 则难溶于水。

2.2 经典 Lewis 学说

Lewis 学说的出现是由于人们注意到惰性气体原子外围具有 ns^2np^6（包括 $1s^2$）稳定电子结构。1916 年，Lewis 通过对实验现象的归纳总结，提出分子中原子之间可以通过共享电子对而使分子中的每一个原子具有稳定的惰性气体电子结构，这样形成的分子称为共价分子，原子通过**共用电子对而形成的化学键称为共价键**（covalent bond）。如果用墨点代表原子的价电子（即最外层 s，p 轨道上的电子），则可以用下面的 Lewis 结构图描述分子的形成情况：

$$H_2 \qquad O_2 \qquad N_2 \qquad OH^- \qquad CH_4 \qquad NH_3$$

$$H—H \quad \ddot{\ddot{O}}=\ddot{\ddot{O}} \quad :N≡N: \quad [\ddot{\ddot{O}}—H]^- \quad H—\underset{\underset{H}{|}}{\overset{\overset{H}{|}}{C}}—H \quad H—\underset{\underset{H}{|}}{\overset{\cdot\cdot}{N}}—H$$

有时为了方便，也可以用一根短线代替一对共享价电子，表示原子间的共价成键，两根短线代表共享两对电子形成双键（double bond），三根短线代表三键（triple bond）。

分子中两原子间共享电子对的对数叫做键级(bond order),原子中未参与成键的电子对称为孤对电子(lone pair electrons)。下面给出实验测得的 N_2、O_2 和 F_2 的键长(bond length,共价分子中两个成键原子的核间距离)和键能(参见表2-2),从中可以看出不同键级化学键之间的键长和键能存在显著差别。

表 2-2　　　　　　　　　　不同键级的化学键参数

	N_2	O_2	F_2
键级	3	2	1
键能/(kJ·mol^{-1})	945	498	159
键长/pm	110	121	142

一般键级越高,原子之间的结合力越强;键能越大,键长越短。

Lewis 结构图的画法规则又称**八隅体规则**(octet rule),具体归纳如下:

(1)计算共享电子对数。先计算分子中所有原子形成惰性电子结构所需的电子总数 a,再算分子中各原子的价电子总数 b,$a-b=c$ 则是共享电子数。若是离子式,只要把阴离子电荷数加入 b,或把阳离子电荷数从 b 减去。将上述所得电子数除以 2 就得到共享电子对数,即成键个数。

(2)画出分子或离子的骨架结构,用单键将原子连接起来。当分子或离子中的原子数大于 2 时,需要考虑把哪些原子放在中间,以及把哪些原子放在中心原子周围与中心原子成键。一般的原则是:

● H 原子永远放在中心原子的周围,因为 H 原子出现在中心的情况很罕见。

● C 原子应当总是位于中心。

● 电负性低的原子一般位于中心,例如 SO_3 分子中,S 的电负性低于 O,S 位于中心。

(3)多重键的确定。除骨架键之外剩下的共享电子对归属到适当的位置形成双键或三键。一般的,只有少数主族原子之间可以形成多重键,例如 C,N,P,O,S 之间可以形成双键,C,N,P 之间可以形成三键。

(4)除了成键电子之外,剩余电子属于孤对电子。画出所有原子的孤对电子,使每个原子都满足惰性电子结构。孤对电子的数目加上成键电子的数目应当等于总的价电子数。

(5)若标出孤对电子后,分子或离子中仍有原子不满足八电子构型,则可以使用形式上的电荷或配键来满足八电子。例如,O_3 可写为 :Ö—Ö⁺=Ö: 或 :Ö←Ö=Ö:。形式上的电荷表示电子由一个原子迁移到另一个原子上面,配键表示成键所需的电子对由一个原子提供。

例 2-1 画出甲醛 HCHO 的 Lewis 结构

解 (1) 计算各个原子达到惰性电子结构所需的电子数之和：
$$a = 2 \times 8 + 2 \times 2 = 20$$
计算总价电子数：
$$b = 4 + 6 + 2 \times 1 = 12$$
$a - b = c = 8$，分子中共有 8 个共享电子，即成键个数为 4 个。

(2) 画出甲醛分子的骨架结构(式Ⅰ)，共有 3 个骨架共价键。C 位于中心，H 和电负性大的 O 在 C 原子周围。

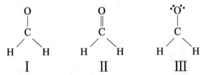

(3) 在 C—O 键之间画出双键(式Ⅱ)，以满足总成键电子数为 8 个。

(4) 总价电子数 12 减去成键电子数 8 为孤对电子数，共 4 个。在 O 的附近标出两对孤对电子(式Ⅲ)。

到此，完成甲醛的 Lewis 结构图。

Lewis 八隅体规则能够初步解释很多主族元素化合物的成键情况，也可以作为进一步几何结构分析的基础，至今仍然受到广泛重视，很多国际教材也都把 Lewis 结构作为重要授课内容。但是，由于 Lewis 规则起源于早期人们对于少数主族元素的了解，因此具有较大的局限性：

(1) Lewis 结构未能阐明共价键的本质和特性

例如，它不能说明为什么共用电子对就能使两个原子牢固结合。

(2) 八隅体规则的例外很多

八隅体能较好地适用于第二周期元素的原子，而其他周期某些元素的原子并不完全遵守此规则。例如，第三周期的磷和硫所形成的 PCl_3，H_2S 等分子符合八隅体规则，但 PCl_5，SF_6 等分子，中心原子周围价电子数不再是 8 而分别是 10 或 12；又如，实验证明 BeF_2，BF_3 中心原子是以单键与 F 相连接，故中心原子价电子数分别是 4 与 6；又如，NO 和 NO_2 是含奇数价电子的分子。上述这些结构列于表 2-3。

表 2-3　　　　　一些不符合 Lewis 八隅体规则的分子结构

中心原子价电子数	>8		<8		奇 数	
分子结构	:Cl̈: :C̈l–P–C̈l: :C̈l: PCl₅	:F̈: :F̈–S–F̈: :F̈: SF₆	:F̈—Be—F̈: BeF₂	:F̈–B–F̈: :F̈: BF₃	:N̈=Ö: NO	Ö=N=Ö: NO₂

(3) 不能解释某些分子的一些性质

含有未成对电子的分子通常是顺磁性的(即它们在磁场中表现出磁性)。人们熟悉的氧分子,其 Lewis 结构式应是 :Ö=Ö: 式中不含未成对电子,但实验测得氧分子是顺磁性的,若把 O_2 的结构式改写成 ·Ö—Ö· ;虽可说明 O_2 的顺磁性但又不符合八隅体规则,且与氧分子键能和键长的实验数据不相吻合。另外,像 NO_2,NO_3^-,SO_2,SO_3 的 Lewis 结构式中都含有 2 个或 2 个以上不同的 N—O 或 S—O 单键,例如:

NO₂　　　SO₂　　　NO₃⁻　　　SO₃

但由实验测得上述每个分子或离子中不仅各个 N—O 或 S—O 键键长相等,而且它们的键长介于单、双键之间。这些问题可用价键理论和分子轨道理论给予回答。

2.3 共价键的价键理论

2.3.1 共价键的形成

W. Heitler 和 F. London 用量子力学处理 2 个氢原子形成 H_2 分子的过程,得到 H_2 分子的能量与核间距离关系的曲线(见图2-1)。当 2 个氢原子的成单 1s 电子自旋方向相反,它们互相接近时,每个 1s 电子不只受一个氢原子核的吸引,还要受另一个氢原子核的吸引,两个原子轨道发生了重叠,在两个核之间电子云密度较为密集,这种电子云的密集将 2 个氢原子连接在一起,使整个体系的能量降低,并随着两个原

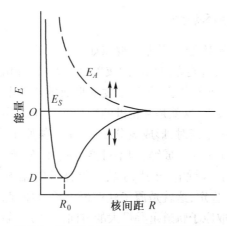

图 2-1　H_2 形成过程能量随核间距的变化

子核间距 R 的减小,体系能量不断降低。当达到平衡距离 R_0 时(理论值为 0.87Å,实验值为 0.74Å),体系能量达到最低,并低于两个孤立的氢原子能量之和(见图 2-1 中的 E_S 曲线)。如果 2 个氢原子再靠近,由于原子核之间存在斥力,体系能量又会升高。因此,当 2 个氢原子接近到平衡距离 R_0 时,能形成稳定的 H_2 分子,即可形成稳定的共价键,这种状态称为 H_2 分子的**基态**。一对自旋相反的电子相当于一个单键。实验测得当氢原子形成 $1molH_2$ 分子时,放出 104.2kcal 的能量,此即 H—H 键的键能。

如果 2 个氢原子的成单 1s 电子自旋方向相同,它们互相接近时,由于互相排斥作用,在两个核之间电子云密度是稀疏的。体系的能量随着两个氢原子核间距 R 的减小而升高,而且始终高于两个孤立的氢原子能量之和(见图 2-1 的 E_A 曲线)。因此,在这种状态下 2 个氢原子不会形成稳定的氢分子,会自发解离为两个氢原子。这种状态称为 H_2 分子的**排斥态**。

由上述可见,在分子中只有自旋相反的 2 个电子才能占据同样的空间轨道,这是符合 Pauli 不相容原理的。

由上述还可见,量子力学较好地阐明了共价键的本质。两个氢原子之所以能以共价键结合,形成氢分子,这是因为当两个氢原子的成单电子自旋方向相反时,两个 1s 原子轨道发生重叠,重叠的结果在两个原子核间出现了一个电子云密度大的区域,这样一方面降低了两核间的正电排斥,另一方面增加了两个核对核间负电荷区域的吸引,好像在两个正电荷的核之间构成了一个负电荷的桥。这些都有利于体系能量的降低,有利于形成稳定的共价键。因此,形成共价键的实质是成键原子的原子轨道发生了重叠。

量子力学对氢分子处理的结果,可推广到双原子和多原子分子,发展成为价键理论。

2.3.2 价键理论的基本要点

价键理论又叫**电子配对理论**,其基本要点如下:

(1)两个原子接近时,自旋方向相反的成单电子可以互相配对,形成共价键。

(2)一个原子有几个成单电子(包括激发后形成的成单电子),就只能和几个自旋相反的成单电子配对成键,这就是**共价键的饱和性**。例如,氢原子的一个成单电子与另一个氢原子的成单电子配对,形成氢分子后,每个氢原子就不再具有成单电子,氢分子就不能再与第三个氢原子成键,即不可能生成 H_3 分子。

(3)原子形成分子时,成键电子的原子轨道重叠越多,在核间的电子云密度就越大,所形成的共价键就越稳定,这就是**原子轨道最大重叠原理**。根据这个原理,共价键的形成总是尽可能采取原子轨道重叠最大的方向。除了 s 轨道呈球形对称而没有方向性外,p,d,f 原子轨道都有一定的空间伸展方向。在形成共价键时,成键电子的原子轨道只有沿着轨道伸展的方向进行重叠(s 轨道与 s 轨道重叠例外),才能实现最大程度的重叠,才能形成稳定的共价键,因此共价键是有方向性的。图 2-2 示出 H 原子的 1s 原子轨道和 Cl 原子的 $3p_x$ 原子轨道的重叠情形(在 H 和 Cl 二个原子的核间距相同的情况下):(a) H 原子沿着 y 轴和 Cl 原子接近,原子轨道没有互相重叠;(b) H 原子沿着非坐标轴的任意方向和 Cl 原子接近,原子轨道重叠较少;(c) H 原子沿着 x 轴(即 p_x 轨道的对称轴方向)与 Cl 原子接近,原子轨道发生了最大限度的重叠,才能结合成稳定的 HCl 分子。

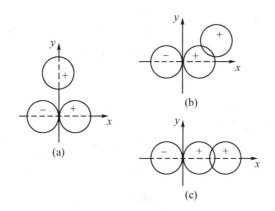

图 2-2　s 和 p 原子轨道的三种重叠情形

2.3.3　共价键的类型

由于原子轨道重叠的情况不同,可以形成不同类型的共价键。例如,两个原子都含有成单的 s 和 p_x,p_y,p_z 电子,当它们沿 x 轴接近时,能形成共价键的原子轨道有:s-s,p_x-s,p_x-p_x,p_y-p_y,p_z-p_z。这些原子轨道之间可以有两种成键方式:一种是沿键轴(即两个原子的核间连线)方向,以"头碰头"的方式发生轨道重叠,如 s-s(H_2 分子中的键)、p_x-s(如 HCl 分子中的键)、p_x-p_x(Cl_2 分子中的键)等,轨道重叠部分是沿着键轴呈圆柱形的对称分布,这种键称为 **σ 键**(见图 2-3(a))。另一种是以"肩并肩"(或平行)的方式发生轨道重叠,如 p_z-p_z,p_y-p_y(如 N_2 分子中的 π 键)。这时轨道的重叠部分,对通过键轴的某一特定平面(这个平面上概率密度几乎为零)具有反对称性,即是轨道的重叠部分对等地处在这个平面的上、下两侧,形状相同而符号相反,这种键称为 **π 键**(见图 2-3(b))。凡概率密度等于零的面称为**节面**。凡对称平面同时又是节面的面称为**对称节面**。

σ 键中原子轨道的重叠程度较 π 键为大,故相邻两原子间形成单键时,往往是 σ 键;形成双键或叁键时,其中一个是 σ 键,其余的是 π 键。例如,N 原子中有3个未成

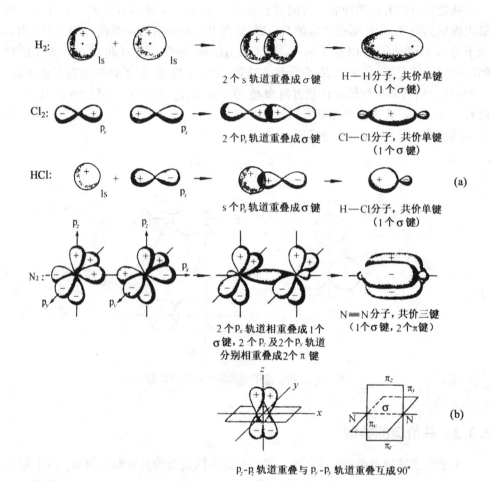

图 2-3 H_2,Cl_2,HCl,N_2 分子形成示意图

对的 p 电子(p_x,p_y,p_z),两个 N 原子结合形成 N_2 分子时,除形成 p_x-p_x 的 σ 键外,还形成 p_y-p_y 和 p_z-p_z 两个互相垂直的 π 键,因此 N_2 分子含有一个 σ 键和两个 π 键。π 键的键能小于 σ 键的键能,故 π 键的稳定性低于 σ 键,π 键上的电子活动性较高,是化学反应的积极参加者。

应该指出,在形成共价键时,原子轨道的重叠必须是同号区域相重叠,即是波函数的正值与正值部分相重叠,负值与负值部分相重叠。

还应该指出,上述 σ 键和 π 键只是共价键中最简单的模型,此外还存在多种共价键类型,如苯环的 p-p 大 π 键,硫酸根中的 d-p 大 π 键,$Re_2Cl_8^{2-}$ 中的 δ 键,等等。

2.4 杂化轨道理论

价键理论比较简明地阐述了共价键的形成和本质。但对于某些化合物的空间结构还不能作出满意的解释。例如甲烷 CH_4 的形成,按价键理论 C 与 H 结合成键时,C 原子有一个 2s 电子被激发到 2p 空轨道上,C 原子的电子层结构变为 $1s^22s^12p^3$,具有 4 个未成对的电子,可以和 H 原子形成 4 个 C—H 键。由于 2p 电子的成键能力比 2s 电子的强,2s 电子所形成的 C—H 键,其键能和键长与其他三个 C—H 键不应该等同。但实验测得在 CH_4 分子中,4 个 C—H 键的键能相同,键长相等,键角均为 109.5°,分子为正四面体的空间构型,C 原子在四面体的中心,4 个 H 原子分别占据四面体的四个顶点(见图 2-5(b))。价键理论的推断显然与实验事实不相符合。为了解释多原子分子的空间结构,L. Pauling 从电子具有波动性,波可以叠加的观点出发,在价键理论的基础上,提出了杂化轨道理论。

2.4.1 杂化轨道理论的基本要点

杂化轨道理论的基本要点如下:

(1) 某原子在形成分子的过程中,由于周围原子的影响,该原子中不同类型的能量相近的原子轨道可能混合起来,重新组合成一组新的原子轨道。这种重新组合的过程叫做**原子轨道的杂化**或简称**杂化**。所形成的新的原子轨道叫做**杂化原子轨道**或**杂化轨道**。杂化轨道和原来轨道的区别在于能量、形状和方向都改变了。

(2) 杂化轨道比原来未杂化的轨道成键能力增强了,形成的分子更加稳定。例如 s 和 p 轨道的杂化,由于 s 轨道是正值,p 轨道一半是正值一半是负值。两者相加的结果,形成新的杂化轨道,其正值比原来 p 轨道的正值部分大,其负值比原来 p 轨道的负值部分小。因此所得到的杂化轨道是一头大一头小的葫芦形轨道(见图2-4)。杂化轨道成键时是形成 σ 键,它可利用大的一头与其他原子的轨道重叠,这样重叠的效果比未杂化时提高了,因此杂化轨道比原来的 s 或 p 轨道的成键能力增强了。

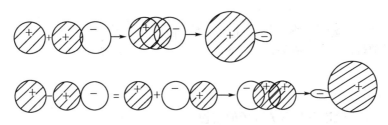

图 2-4　sp 杂化轨道形成示意图

(3) 同一原子中的 n 个原子轨道参加杂化,只能得到 n 个新的杂化轨道。例如,同一原子的一个 ns 轨道和一个 np 轨道,只能杂化成两个 sp 杂化轨道。

2.4.2 杂化轨道的类型及分子的空间构型

根据原子轨道的种类和数目的不同,可以组成不同类型的杂化轨道。对于非过渡元素,由于 ns 和 np 能级比较接近,往往采用 s 轨道和 p 轨道杂化,即 sp 型杂化。对于过渡元素,由于 $(n-1)$d,ns,np 能级或 ns,np,nd 能级比较接近,常采用 dsp 型杂化。

1. sp³ 杂化轨道及其有关分子的结构

由一个 ns 轨道和三个 np 轨道杂化所产生的杂化轨道称为 **sp³ 杂化轨道**。例如,在形成 CH_4 分子时,激发态 C 原子的一个 2s 轨道和三个 2p 轨道杂化,形成四个 sp³ 杂化轨道。它们的能量和形状完全一样,每个杂化轨道都含有 $\frac{1}{4}$s 成分和 $\frac{3}{4}$p 成分,成分即原来轨道的能量。四个杂化轨道的方向不同,分别指向正四面体的四个顶角,轨道间的夹角是 109.5°(见图 2-5(a))。C 原子的四个 sp³ 杂化轨道分别与四个氢原子的 1s 轨道发生重叠,形成四个 sp³-s 的 σ 键,故 CH_4 分子具有正四面体的空间结构(见图 2-5(b))。CH_4 分子形成的大致过程如下:

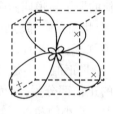

(a) sp³杂化轨道

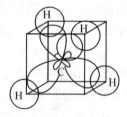

(b) CH_4分子的形成

图 2-5

$$\underset{\text{C 原子的基态}}{2s\ 2p} \xrightarrow{\text{激发}} \underset{\text{激发态}}{2s\ 2p} \xrightarrow{\text{杂化}} \underset{\text{sp}^3\text{ 杂化态}}{} \xrightarrow[\text{重叠}]{\text{H 原子}} \underset{\text{sp}^3\text{-s 成键}}{}$$

2. sp² 杂化轨道及其有关分子的结构

一个 ns 轨道和两个 np 轨道杂化,形成三个 sp² 杂化轨道。例如,在形成 BF_3 分子时,B 原子的一个 2s 电子可以激发到 2p 空轨道上,使 B 原子取得 $1s^2 2s^1 2p_x^1 2p_y^1$ 的结构，B 的 2s 轨道和两个 2p 轨道杂化形成三个 sp^2 杂化轨道。每个 sp^2 杂化轨道都含有 $\frac{1}{3}$ s 成分和 $\frac{2}{3}$ p 成分。杂化轨道的夹角为 120°，呈平面三角形(见图 2-6(a))。B 的三个杂化轨道各和 F 的 2p 轨道重叠，形成三个 sp^2-p 的 σ 键。故 BF_3 分子具有平面三角形结构(见图 2-6(b))。BF_3 分子形成的大致过程如下：

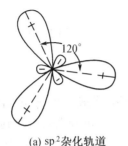
(a) sp^2 杂化轨道

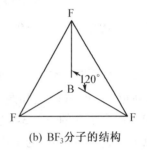
(b) BF_3 分子的结构

图 2-6

在 BF_3 分子中，B 原子上还剩下一个空的 $2p_z$ 轨道未参加轨道杂化，它保持为纯的 2p 轨道，空间取向垂直于 sp^2 杂化轨道的三角平面。这个空的 $2p_z$ 轨道允许 BF_3 接受外来电子而发生加成反应，所以 BF_3 是一个好的电子对接受体。

3. sp 杂化轨道及其有关分子的结构

一个 ns 轨道和一个 np 轨道杂化，形成两个 sp 杂化轨道。例如，Be、Zn、Cd、Hg 等原子最外层结构都是 ns^2，当一个电子激发到 np 轨道，则形成 ns^1np^1 的结构。在形成 $BeCl_2$ 分子时，Be 的 2s 轨道和一个 2p 轨道发生杂化，形成 2 个 sp 杂化轨道，每个杂化轨道都含有 $\frac{1}{2}$ s 成分和 $\frac{1}{2}$ p 成分，它们之间的夹角为 180°，呈直线型(见图 2-7(a))。Be 的两个 sp 杂化轨道各和 Cl 的 p 轨道重叠形成 σ 键，故 $BeCl_2$ 分子是直线型分子(见图 2-7(b))。又如 BeH_2、$HgCl_2$、$Zn(CH_3)_2$ 等分子都是直线型分子，可用 sp 杂化轨道来解释。

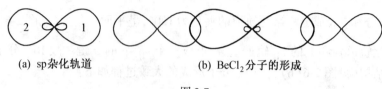

(a) sp 杂化轨道 　　　　　(b) $BeCl_2$ 分子的形成

图 2-7

（在以上各过程中，激发、杂化、重叠等步骤实际上是同时进行的，没有先后之分。）

4. sp^3d^2 杂化轨道及其有关分子的结构

一个 ns 轨道、三个 np 轨道和两个 nd 轨道杂化，形成六个 sp^3d^2 杂化轨道。例如，在形成 SF_6 分子时，S 的一个 3s 电子和一个 3p 电子可分别被激发到两个空的 3d 轨道，使硫原子形成 $3s^1 3p^3 3d^2$ 的结构，硫的一个 3s 轨道、三个 3p 轨道和两个 3d 轨道进行杂化，形成六个 sp^3d^2 杂化轨道。每个杂化轨道都含有 $\frac{1}{6}$ s 成分、$\frac{1}{2}$ p 成分和 $\frac{1}{3}$ d 成分，轨道间的夹角为 90° 或 180°，呈正八面体。六个杂化轨道分别指向正八面体的六个顶角。硫的六个 sp^3d^2 杂化轨道分别与六个氟的 2p 轨道重叠，形成六个 sp^3d^2-p 的 σ 键，故 SF_6 分子具有正八面体的空间结构（见图2-8）。SF_6 分子形成的大致过程如下：

在 d-s-p 型杂化中，还有 d^2sp^3，dsp^2 等杂化类型，拟在配合物一章介绍。应该注意，原子轨道的杂化，只有在形成分子的过程中才会发生，而孤立的原子是不可能发生杂化的；同时只有能量相近的原子轨道（如 2s，2p 轨道）才能发生杂化，而能量相差较大的原子轨道（如 1s，2p 轨道）是不能发生杂化的。

以上 Be，B，C 和 S 等原子的杂化轨道，是由只含未成对电子的轨道组成的，每个杂化轨道所含原子轨道的成分都相同，这种杂化过程叫做**等性杂化**。在配离子中，中心离子可用不含电子的空轨道进行杂化，也是等性杂化。

5. NH₃ 和 H₂O 分子的结构

NH₃ 和 H₂O 分子的结构可用不等性 sp³ 杂化轨道解释。N 原子的外层电子结构为 $:2s^22p_x^12p_y^12p_z^1$,当 N 与 H 结合成 NH₃ 分子时,N 原子中的一个 2s 轨道和三个 2p 轨道杂化,形成 4 个 sp³ 杂化轨道,其中三个杂化轨道各有一个未成对的电子,分别与三个 H 原子形成三个 σ 键,另外一个杂化轨道则有一对已成对的电子,未与 H 原子共用,不参与成键,故叫做**孤对电子**。此时杂化轨道的空间构型是四面体,而 NH₃ 分子的空间构型却不是四面体,而是三角锥形(见图 2-9),这是因为有一个顶角是被孤对电子所占据。孤对电子和成键电子有所不同,它只受中心原子的吸引,其电子云在 N 原子周围占据较大的空间,对三个 N—H 键的电子云有较大的静电斥力,使键角从 109.5° 被压缩

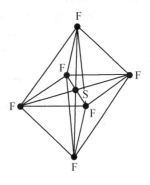

图 2-8　SF₆ 分子的结构

到 107.2°。由于孤对电子的电子云比较密集在 N 原子附近,其形状更接近于 s 轨道,因而含孤对电子的 sp³ 杂化轨道含有较多的 s 成分,而成键电子所占据的三个 sp³ 杂化轨道则含有较多的 p 成分。这种由于孤对电子的存在而造成的成分不完全相等的杂化叫做**不等性杂化**。

与上述情况相似,H₂O 分子中的氧原子也是采用不等性的 sp³ 杂化方式,有两个杂化轨道用于跟 H 原子成键,形成 H₂O 分子。剩下的两个杂化轨道分别被 O 原子上的孤对电子所占据,因此氧原子杂化轨道的空间构型是四面体,而 H₂O 分子的空间构型是弯曲形。H₂O 比 NH₃ 多一对孤对电子,故 H—O—H 的键角缩得更小,为 104.3°(见图 2-10)。

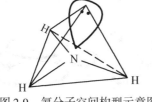

图 2-9　氨分子空间构型示意图

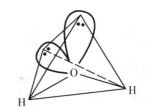

图 2-10　水分子空间构型示意图

有机分子的结构和空间构型也可用杂化轨道概念说明。例如乙烷(C_2H_6)分子中,每个 C 原子以 4 个 sp³ 杂化轨道分别与 3 个 H 原子结合成 3 个 sp³-s 的 σ 键,第四个 sp³ 杂化轨道则与另一个 C 结合成 sp³-sp³ 的 σ 键(见图 2-11(a))。丙烷(CH₃—CH₂—CH₃)和丁烷(CH₃—CH₂—CH₂—CH₃)以及所有的直链与带支链的烷烃类化合物都是以 C 原子的四面体向 sp³ 轨道与氢或相邻 C 原子连接成键。又如在

乙烯(C_2H_4)分子中,C 原子含有 3 个 sp^2 杂化轨道。由图 2-11(b)可见,每个 C 原子的 2 个 sp^2 杂化轨道与 2 个 H 原子结合成 sp^2-s 的 σ 键,第三个 sp^2 杂化轨道与另一 C 原子相连成 sp^2-sp^2 的 σ 单键,2 个 C 原子各有 1 个未杂化的 2p 轨道(与 sp^2 杂化轨道平面垂直)相互"肩并肩"重叠而形成 1 个 π 键。所以 C_2H_4 分子中的 C—C 双键:一个是 sp^2-sp^2 的 σ 键;一个是 p_z-p_z 的 π 键。乙烯分子中所有 6 个原子均处在同一平面上,而且 HCH 键角与由 sp^2 杂化所预料的 120°相近。又例如乙炔(C_2H_2)分子中,每个 C 原子各有 2 个 sp 杂化轨道,如图 2-11(c)所示,其中一个与 H 结合,另一个与 C 结合形成 σ 键,每个 C 原子中未杂化的 2 个 2p 轨道对应重叠形成 2 个 π 键,所以 C_2H_2 分子的 C≡C 叁键中:1 个是 sp-sp 的 σ 键;2 个是 p_z-p_z 和 p_y-p_y 的 π 键。乙炔分子中的 4 个原子在一条直线上。

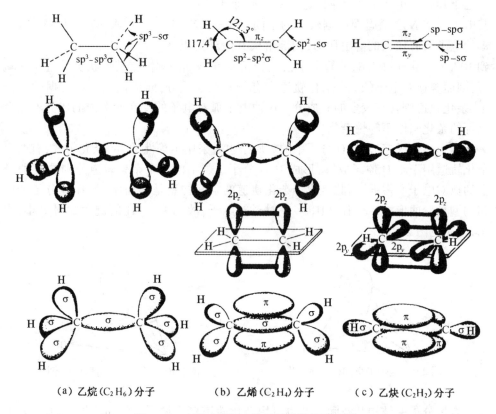

(a) 乙烷(C_2H_6)分子　　　　(b) 乙烯(C_2H_4)分子　　　　(c) 乙炔(C_2H_2)分子

图 2-11　乙烷、乙烯、乙炔分子的结构示意图

上述 C_2H_6,C_2H_4 及 C_2H_2 等分子 C—C 键级(该键中含有的有效成键电子对数)、键长及键能的关系都已为实验所证明。如表 2-4 所示,当 C—C 键级增加时,键

长缩短,键能增强。

表 2-4　　乙烷,乙烯与乙炔分子的键级、键长和键能的比较

分子	C_2H_6	C_2H_4	C_2H_2
C—C 键级	1	2	3
C—C 键长/pm	154	134	120
碳碳间键能/(kJ·mol^{-1})	368	682	962

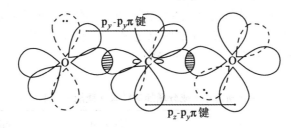

有杂化轨道参与形成的多重键(双键及叁键)不仅存在于有机分子中,一些无机分子或离子结构中也有完全类似情况,以 CO_2 分子为例:其 Lewis 结构为 O═C═O,C 原子以 2 个 sp 杂化轨道分别与 2 个 O 原子的 p 轨道(含有未成对电子)形成 2 个 sp-p 的 σ 键,C 原子再以 2 个未杂化的 p 轨道分别与 2 个 O 原子的另一 p 轨道"肩并肩"形成 2 个 p-p 的 π 键(见图 2-12)。

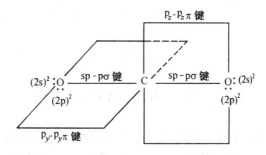

图 2-12　CO_2 分子结构示意图

6. 杂化轨道的主要特征

(1)杂化轨道具有确定的方向性

杂化轨道	键角	分子几何构型	实 例
2个 sp	180°	直线形	$BeCl_2$
3个 sp^2	120°	平面三角形	BF_3
4个 sp^3	109.5°	四面体形	CH_4
5个 sp^3d	90°,120°	三角双锥形	PCl_5
6个 sp^3d^2	90°	正八面体形	SF_6

(2)杂化轨道随 s 成分增加,键能增大,键长减小

s 和 p 电子云分别是球形对称或在结面两侧对称分布。但当它们组成 sp 杂化轨道后,电子云密集于一端,另一端分布很少,以电子云密度大的一端与其他原子成键,使轨道重叠部分增大,形成的分子更加稳定。

表 2-5 　　　杂化轨道中 s 成分增加对键长和键能的影响

分　子	杂化轨道	C—H 键长/pm	C—H 键能/(kJ·mol^{-1})
CH 基	≈p	112	≈337
C_2H_6	sp^3	109	410
C_2H_4	sp^2	108	≈427
C_2H_2	sp	106	≈523

由表 2-5 所列数据可见,与 p 轨道对比,各杂化轨道成键的键能随 s 成分增加而增大,即

$$p < sp^3 < sp^2 < sp$$

2.5　价层电子对互斥理论

杂化轨道理论成功地说明了以共价键形成的许多分子的几何构型。近几十年来,又发展了一种新的理论叫价层电子对互斥理论,简称 VSEPR 法。这个理论在判断以共价键形成的某些分子(和离子)的几何构型方面更为简便。

2.5.1　价层电子对互斥理论的基本要点

价层电子对互斥理论的基本要点如下:

(1)多原子共价型分子 AB_n 的几何构型,主要由中心原子 A 的价层电子对的相互排斥作用所决定。价层电子对是指 A 与 B 之间形成 σ 键的电子对和 A 的价电子

层内的孤对电子。这些电子对在中心原子周围的排布方式是使它们之间有尽可能远的距离,这样它们之间的排斥力最小,分子的构型最稳定。

(2)如果中心原子 A 的价层电子对全部为成键(单键)电子对,由于各成键电子对必须尽可能相互远离,这就要求 AB_n 分子采取尽可能对称的几何构型,即根据 A 原子成键电子对的数目 2、3、4、5、6 等,分别具有直线形、正三角形、正四面体、三角双锥体、正八面体等几何构型。

(3)如果 A 原子的价电子层中有孤对电子,由于孤对电子只受到中心原子 A 的吸引,电子云较肥大,对邻近电子对的斥力较大,因此电子对之间斥力的大小顺序为:

$$孤对电子\text{-}孤对电子 > 孤对电子\text{-}成键电子对 > 成键电子对\text{-}成键电子对$$

这种斥力的差别影响分子的几何构型和键角。分子的几何构型与价层电子对数和孤对电子数的关系如表 2-6 所示。

表2-6　　　　　　　　　　　各种分子构型

价层电子对数	电子对空间排布	分子类型	孤对电子数	分子构型	例
2	直线形 180°	AX_2	0	直线形 X—A—X	$BeCl_2$ CO_2 $HgCl_2$
3	三角形 120°	AX_3	0	三角形	BCl_3 BF_3
3		$:AX_2$	1	V形(弯曲形)	$SnCl_2$ $PbCl_2$
4	四面体 109°28′	AX_4	0	四面体	CCl_4
4		$:AX_3$	1	三角锥	NF_3
4		$::AX_2$	2	V形	H_2O

续表

价层电子对数	电子对空间排布	分子类型	孤对电子数	分子构型	例
5	三角双锥	AX_5	0	三角双锥	PCl_5
		$:AX_4$	1	变形四面体	SF_4
		$::AX_3$	2	T形	ClF_3
		$:::AX_2$	3	直线形	XeF_2
6	八面体	AX_6	0	八面体	SF_6
		$:AX_5$	1	四方锥	IF_5
		$::AX_4$	2	平面四方形	XeF_4

(4) 如果 AB_n 分子中有重键（即双键或叁键）存在，可把它们视做一对成键电子对，由于重键比单键所含的电子数目较多，排斥作用较大，因而不同键之间的排斥力顺序为：

叁键 > 双键 > 单键

因此含重键的键角较大，而使单键之间的键角较小。例如，HCHO 分子中的键角不再是相当于平面三角形的 120°，∠HCO 增大到 122.1°，从而使∠HCH 减小为 115.8°。

2.5.2 分子的几何构型

用价层电子对互斥理论判断共价型分子的几何构型时，先要确定在中心原子 A 的价电子层中的总电子对数，按以下规则确定：

(1) 中心原子 A 的价电子层中的电子总数是中心原子本身的价电子数和配位体 B 提供的成键电子数的总和,将此总和除以 2 即得到中心原子价电子层的电子对数。若为正离子,则应先减去正离子相应的电荷数;若为负离子,则应先加上负离子相应的电荷数。例如,NH_4^+ 的中心原子 N 的价电子层的电子对数为 $(5+4-1)/2 = 4$;SO_4^{2-} 的中心原子 S 的价电子层的电子对数为 $(6+2)/2 = 4$。

(2) 氢和卤素作为配位原子各只提供 1 个电子。氧族元素的原子作为配位原子时被视为不提供电子。但氧族元素的原子和卤素原子作为中心原子时,它们本身的价电子数分别为 6 和 7。另外,如果中心原子价层电子总数为奇数,应把单电子看成电子对。

应用 VSEPR 法判断分子的几何构型的实例如下:

例 2-2 以 VSEPR 理论判断 CH_4,NH_3 和 H_2O 分子的几何构型。

在 CH_4,NH_3 和 H_2O 分子中,中心原子 C,N 和 O 的价电子数分别为 4,5 和 6。在这些分子中,1 个配位 H 原子提供 1 个成键电子,因此,C,N 和 O 原子的价层电子对总数皆为 4,这些中心原子价层电子对的排布方式都是四面体。但是由于在各中心原子中孤对电子的情况不同,影响了分子的几何构型和键角。由表 2-6 可知,在 CH_4 分子中,C 原子的价层中没有孤对电子,其分子构型也是四面体,键角 ∠HCH 为 109.5°;在 NH_3 分子中,N 原子的价层有 1 对孤对电子,其分子构型为三角锥形,键角 ∠HNH 为 107.2°;在 H_2O 分子中,O 原子的价层有 2 对孤对电子,分子构型为 V 形,键角为 104.3°。

价层电子对互斥理论和杂化轨道理论在判断分子的几何构型方面可以得到大致相同的结果,而且价层电子对互斥理论应用起来比较简明,但它不能很好地说明键的形成原理及键的相对稳定性,只能作定性的描述,在这些方面还要依靠价键理论和分子轨道理论。

2.6 分子轨道理论

以上介绍的价键理论、杂化轨道理论和价层电子对互斥理论比较直观,能较好地解释分子的价键形成和空间构型。但它们也有局限性,例如,价键理论把成键电子只局限在相邻两原子之间的小区域内运动,未考虑分子的整体性,对于有些实验事实,如氢分子离子中的单电子键、氧分子中的三电子键和某些分子的磁性(分子中含有未成对的电子,则分子具有磁性)等则无法解释。这些用分子轨道理论可以得到很好的解释。分子轨道理论着重于分子的整体性,就是说把分子作为一个整体来处理,比较全面地反映了分子内部电子的各种运动状态。由于分子轨道理论成功地解释了很多关于结构和分子反应性能的问题,近些年来发展较快,在共价键理论中占有非常重要的地位。

2.6.1 分子轨道理论的基本要点

分子轨道理论的基本要点如下:

(1) 分子中的每一个电子都是处在所有原子核和其余电子所组成的平均势场中运动。它的运动状态可用一个波函数 ψ 来表示,这个波函数就称为**分子轨道波函数**或**分子轨道**,正如在原子中电子的运动状态可用原子轨道波函数或原子轨道表示一样,分子轨道 ψ 的平方 $|\psi|^2$ 表示该电子在分子中空间某处出现的概率密度。

在原子形成分子后,电子不再属于原子轨道,而是在一定的分子轨道中围绕着整个分子运动。

(2) 分子轨道是由形成分子的各原子的原子轨道组合而成,一般地说,n 个原子轨道组合后仍然得到 n 个分子轨道。和原子轨道相似,每个分子轨道都具有一相应的能量,在 n 个分子轨道中,有一半轨道的能量比原来原子轨道的能量低,这类分子轨道称为**成键分子轨道**;另一半轨道的能量比原来原子轨道的能量高,这类分子轨道称为**反键分子轨道**。

(3) 电子填入分子轨道时,仍然遵循电子填入原子轨道的三个原则。即:

①泡利原理:每一个分子轨道中最多只能容纳两个自旋方向相反的电子。

②最低能量原理:在不违背泡利原理的前提下,分子中的电子将尽可能先占据能量最低的分子轨道。当能量最低的分子轨道占满后,电子才依次进入能量较高的分子轨道。

③洪特规则:在等价的分子轨道(即能量相同的分子轨道)中排布电子时,将尽可能单独分占不同的分子轨道,且自旋平行。

(4) 原子轨道有效地组成分子轨道,必须满足以下三个原则:

①对称性原则:原子轨道有正、负号,根据计算的结果,两个原子轨道的同号部分相重叠(即正号与正号部分重叠,负号与负号部分重叠),则是对称性相符合,才能组成成键的分子轨道,从而有效地形成共价键,两个原子轨道的正号部分和负号部分相重叠,则对称性不相符,则组成反键分子轨道,这就是原子轨道的对称性原则,原子轨道的重叠情况可见图2-13、图2-14、图2-15。两个原子轨道由于对称性不同组合成两个不同的分子轨道的原因,可以根据电子波的干涉效应来理解。原子轨道的正、负号部分类似于机械波中的正、负号部分(即包含有波峰和波谷的部分),两波的同号部分相重叠,则得到的波加强了;两波的异号部分相重叠,则得到的波减弱了。

②能量近似原则:能量相近的原子轨道才能有效地组合成分子轨道,而且能量愈相近愈好。这就叫做**能量近似原则**。这个原则对于确定两种不同类型的原子轨道之间能否组成分子轨道是很重要的。例如,在 HF 分子中,H 的 1s 轨道和 F 的外层 2p 轨道的能量相近,故两者可以组成分子轨道。

③轨道最大重叠原则:组成分子轨道的两个原子轨道的重叠程度,在可能范围内

应愈大愈好。两个原子轨道重叠得愈多,成键分子轨道的能量愈低,形成的化学键愈牢固,这就叫轨道最大重叠原则。

2.6.2 原子轨道的形成和能级

分子轨道是由原子轨道组合成的。当两个原子轨道相组合形成分子轨道时,有以下两种方式,一种方式是两个原子轨道波函数相加,即是两个原子轨道的同号部分相重叠。这时所形成的分子轨道的波函数值在两核间明显增大(例如图 2-14 中的 σ_{np}),相应的在两核间电子出现的概率密度也明显增大,使分子轨道能量低于原子轨道,因此形成成键分子轨道。另一种方式是两个原子轨道波函数相减,这相当于波函数加一个负的波函数,即是两个原子轨道的异号部分相重叠。这时所形成的分子轨道波函数值在两核间明显减小(例如图 2-14 中的 σ_{np}^*),相应的在两核间电子出现的概率密度明显减小,使分子轨道的能量高于相应的原子轨道,因此形成反键分子轨道。每形成一个成键分子轨道,就要形成一个反键分子轨道。以下介绍两种类型的原子轨道组合成的分子轨道。

1. s-s 原子轨道的组合

两个原子的 ns 原子轨道相组合,可形成两个分子轨道:当两个 ns 轨道以同号部分相重叠时,形成成键分子轨道;以异号部分相重叠时,形成反键分子轨道,如图 2-13 所示。这两种分子轨道都是沿键轴呈圆柱形的对称分布,称为 **σ 分子轨道**,其中成键分子轨道用符号 σ_{ns} 表示,反键分子轨道用符号 σ_{ns}^* 表示。处在 σ 轨道上的电子称为 **σ 电子**。

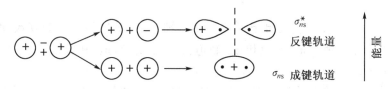

图 2-13 s-s 原子轨道组合成分子轨道示意图

2. p-p 原子轨道的组合

两个原子的 p 原子轨道组合成分子轨道,可以有"头碰头"和"肩并肩"两种组合方式。当两个原子的 np_x 轨道沿 x 轴(即键轴)以"头碰头"方式发生重叠时,形成圆柱形对称的两个分子轨道,一个是成键分子轨道 σ_{np},另一个是反轨分子轨道 σ_{np}^*,如图 2-14 所示。

当两个原子的 np_z 原子轨道垂直于 x 轴,以"肩并肩"的方式发生重叠时,所形成的两个分子轨道不是沿键轴对称分布,但有一对称节面,通过键轴并垂直于纸面。这

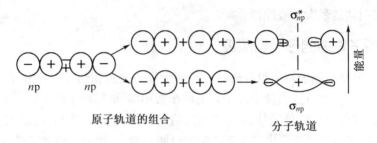

图 2-14　p-p 原子轨道组合成 σ 分子轨道示意图

种具有一个通过键轴的对称节面的分子轨道叫做 **π 轨道**,其中成键分子轨道用符号 π_{np_z} 表示,反键分子轨道用 $\pi_{np_z}^*$ 表示,如图 2-15 所示。处在 π 轨道上的电子称为 **π 电子**。

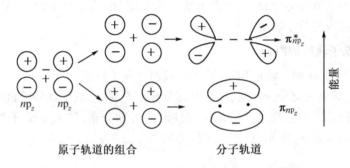

图 2-15　p-p 原子轨道组合成 π 分子轨道示意图

同理,两个原子的 np_y 原子轨道垂直于 x 轴,也可以"肩并肩"的方式,形成 π_{np_y} 和 $\pi_{np_y}^*$ 两个分子轨道。π_{np_y} 轨道和 π_{np_z} 轨道,$\pi_{np_y}^*$ 与 $\pi_{np_z}^*$ 轨道,其形状相同、能量相等,并互成 90°角。

每种分子的每个分子轨道都有确定的能量,不同种分子的分子轨道能量是不同的,分子轨道的能级顺序目前主要是从光谱实验数据来确定的。把分子中各分子轨道按能级高低排列起来,便得到分子轨道能级图。对于第一、二周期元素所形成的同核双原子分子,有两套分子轨道能级图。对于 O_2 和 F_2 分子,2s 和 2p 原子轨道的能级相差较大(大于 15eV),只需考虑 2s-2s,2p-2p 之间的组合,可不必考虑 2s 和 2p 轨道之间的组合,其分子轨道 π_{2p} 的能量高于 σ_{2p},它们的分子轨道能级图如图 2-16(a)所示。对于 N_2、C_2、B_2 等分子,2s 和 2p 原子轨道的能级相差较小(10eV 左右),不仅要考虑 2s-2s,2p-2p 之间的组合,还需考虑 2s-2p 之间的相互作用,结果使分子轨道 π_{2p} 的能量反而低于 σ_{2p},它们的分子轨道能级图如图 2-16(b)所示。对于同核双原子分子,反键分子轨道升高的能量近似等于成键分子轨道降低的能量。当这一成键和反键分子轨道都填满电子时,则能量基本互相抵消。有了以上分子轨道能级高低的顺序,并遵守泡利原理、能量最低原理和洪特规则,就能够写出分子轨道的电子排布式。

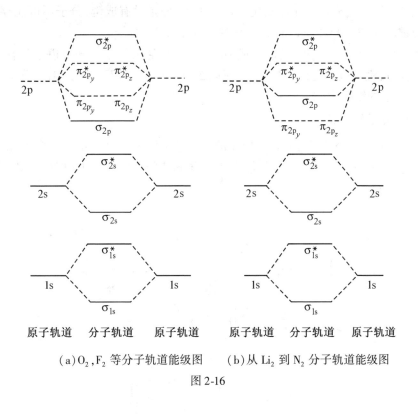

(a) O_2,F_2 等分子轨道能级图　　(b) 从 Li_2 到 N_2 分子轨道能级图

图 2-16

2.6.3 双原子分子的分子轨道举例

1. H_2 分子能够形成,而 He_2 分子不能形成

氢分子 H_2 是由两个氢原子组成的。每一个氢原子在 1s 原子轨道上有一个电子。当两个氢原子的原子轨道相组合时,两个电子力图占据能量最低的分子轨道,即成键分子轨道 σ_{1s}。

分子轨道 σ_{1s} 的能量比原子轨道 1s 的低,故两个氢原子很容易形成 H_2 分子。凡在 σ 轨道上填充电子而形成的共价键称为 **σ 键**,故 H_2 分子中有一个 σ 键,这和价键理论的结论一致。H_2 分子的分子轨道式为 $H_2[(\sigma_{1s})^2]$,式中圆括号右上角的数值表示分子轨道中的电子数目。

在分子轨道理论中,常用键级来表示两个相邻原子间成键的强度。

$$\text{键级} = \frac{\text{成键轨道电子数} - \text{反键轨道电子数}}{2}$$

在同一周期和同一区内(s 区或 p 区)元素组成的双原子分子中,键级越大,则键能越大,键越稳定,亦即分子越稳定。键级为零,即是没有成键,分子不可能存在,H_2 分子的键级为 $(2-0)/2 = 1$,故 2 个 H 原子能形成 H_2 分子。

He 的核外有 2 个电子,若能形成 He_2 分子,则在 σ_{1s},σ_{1s}^* 分子轨道中各有一对电子,成键和反键轨道的能量互相抵消,所以 2 个 He 原子间不能成键,He_2 分子不能形成,He_2 分子的键级为 $(2-2)/2 = 0$。

2. N_2 分子的形成

氮分子由 2 个 N 原子组成,N 原子的电子层结构为 $1s^2 2s^2 2p^3$。每个 N 原子核外有 7 个电子,N_2 分子中共有 14 个电子,其分子轨道能级图如图 2-17 所示(内层的 σ_{1s} 和 σ_{1s}^* 未画出)。

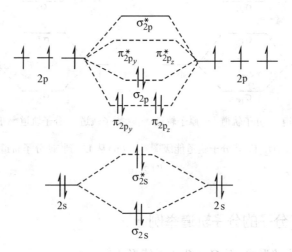

图 2-17 N_2 的分子轨道能级图

N_2 分子的分子轨道式为

$$N_2[(\sigma_{1s})^2(\sigma_{1s}^*)^2(\sigma_{2s})^2(\sigma_{2s}^*)^2(\pi_{2p_y})^2(\pi_{2p_z})^2(\sigma_{2p})^2]$$

式中,σ_{1s} 和 σ_{1s}^* 轨道上的电子是内层电子,由于它们离核近受到核的束缚,在形成分子时实际上不发生相互作用,可以认为它们基本上仍处在原来的原子轨道上。所以在写 N_2 的分子轨道式时有时不写 σ_{1s} 和 σ_{1s}^*,而以符号 KK 代替,其中每一个 K 代表 K 层原子轨道上的 2 个电子。因此 N_2 分子的分子轨道式常写为

$$N_2[KK(\sigma_{2s})^2(\sigma_{2s}^*)^2(\pi_{2p_y})^2(\pi_{2p_z})^2(\sigma_{2p})^2]$$

式中,成键轨道 σ_{2s} 和反键轨道 σ_{2s}^* 上各有两个电子,故它们的成键效应与反键效应相

互抵消。因此对成键有贡献的是$(\pi_{2p_y})^2$,$(\pi_{2p_z})^2$和$(\sigma_{2p})^2$这三对电子,即二个π键和一个σ键。这三个键构成N_2分子中的叁键,这与价键理论所得结果一致。N_2分子的键级为3。

N_2分子中存在的 N≡N 叁键特别稳定,其键能为9.8 eV,比 C≡C 叁键的键能 (8.42eV)大,所以 N_2 分子具有特殊的稳定性。至今工业上打开 N≡N 叁键合成氨,主要靠铁催化剂在高温高压条件下实现,而生物体中的固氮酶却可以在常温常压条件下将氮转化为其他化合物。如何实现在温和条件下(接近常温常压)打开 N≡N 叁键进行人工固氮,这是人们正在积极探索的一个重要课题。

3. O_2 分子的形成

氧分子由2个氧原子组成,氧原子的外层电子结构为$2s^2 2p^4$,有6个价电子,故需填入12个价电子到 O_2 的分子轨道中,其分子轨道能级图如图2-18所示,它的最后两个电子不是一起填入$\pi^*_{2p_y}$(或$\pi^*_{2p_z}$),而是分别填入$\pi^*_{2p_y}$和$\pi^*_{2p_z}$中,这是由 Hund 规则决定的。所以 O_2 分子中有两个自旋平行的未成对的电子,这一事实成功地解释了 O_2 分子的磁性,如果按照价键理论,氧的成键是:Ö═Ö:,电子都已配对成键,没有自旋平行的电子,这无法解释 O_2 的磁性。

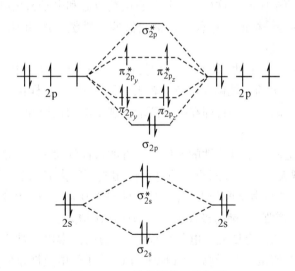

图2-18 O_2 的分子轨道能级图

O_2 分子的分子轨道式为

$$O_2[KK(\sigma_{2s})^2(\sigma^*_{2s})^2(\sigma_{2p})^2(\pi_{2p_y})^2(\pi_{2p_z})^2(\pi^*_{2p_y})^1(\pi^*_{2p_z})^1]$$

在 O_2 分子中,成键的$(\sigma_{2p})^2$构成一个σ键,$(\pi_{2p_y})^2$和$(\pi^*_{2p_y})^1$构成一个三电子π键,$(\pi_{2p_z})^2$和$(\pi^*_{2p_z})^1$构成另一个三电子π键。所以 O_2 分子中有一个键和两个三

电子π键，其结构式可写为

:Ö—Ö: 或 :O $\overset{\cdots}{=\!=\!=}$ O: 或 O $\overset{\cdots}{=\!=\!=}$ O

式中，┆┄┆或 ··· 代表三电子π键；短横线表示σ键；左右两端的一对小圆点表示 2s 孤对电子。2s 孤对电子是由成键的 $(\sigma_{2s})^2$ 和反键的 $(\sigma_{2s}^*)^2$ 相互抵消而得来的。氧分子的活泼性和它存在三电子键（电子未配对，分子轨道未充满）有一定的关系。O_2 的键能只有 5.12 eV。

2.7 共价键的极性和分子的极性

2.7.1 极性键和非极性键

在共价键中，根据键的极性又分为非极性键和极性键。当两个相同的原子以共价键相结合时，由于原子双方吸引电子的能力（即电负性）相同，则电子云密度大的区域恰好在两个原子中间。这样原子核的正电荷重心和电子云负电荷的重心正好重合，键的两端电性是一样的。这种共价键叫做**非极性键**。例如 H_2，O_2，N_2 等单质分子中的共价键是非极性键。

当两个不同的原子以共价键相结合时，由于不同原子吸引电子的能力（即电负性）不同，电子云密集的区域偏向电负性较大的原子一方，这样键的一端带有部分负电荷，另一端带有部分正电荷，即在键的两端出现了电的正极和负极。这种共价键叫做**极性键**。

可以根据成键两原子电负性的差值估计键的极性的大小。一般电负性的差值越大，键的极性也越大。若成键两原子的电负性相差不很大时，就形成极性键。例如，在卤化氢分子中，氢与卤素原子电负性的差值按 HI(0.4)，HBr(0.7)，HCl(0.9)，HF(1.9) 的顺序依次增强，其键的极性也按此顺序依次增大。

在周期表左边的碱金属元素电负性很低，右边的卤素电负性很高。当成键的两个原子的电负性差值很大时，例如，Na 原子与 Cl 原子的电负性差值为 2.1，氯化钠是离子型化合物。但是，近代实验指出，即使是碱金属铯离子与电负性最高的氟离子结合，也并非纯静电作用，CsF 中也有约 8% 的共价性，只有 92% 的离子性（离子特征百分数）。计算离子特征百分数有许多经验式，例如：

$$p = 1 - e^{-0.18\Delta x^2}$$

式中，Δx 为成键两原子的电负性差。比较典型的离子键，通常其 p 值都在 50% 以上。

从键的极性而言，可以认为离子键是最强的极性键，极性键是由离子键到非极性键之间的一种过渡状态。

2.7.2 极性分子和非极性分子

由于共价键分为极性键和非极性键,给共价型分子带来了性质上的差别。当分子中正、负电荷重心重合时,这种分子叫做**非极性分子**。正、负电荷重心不重合的分子叫做**极性分子**或**偶极分子**。分子的极性是与键的极性有关的。由非极性键组成的分子(如 H_2,S_8 等)一定是非极性分子;由极性键组成的双原子分子也一定是极性分子。但是由极性键组成的多原子分子,可能是极性分子,也可能是非极性分子,因为分子的极性是决定于整个分子中正负电荷重心是否重合,多原子分子是否有极性,不仅要看键是否有极性,还要看分子的组成和分子的空间结构。例如,在 CO_2 分子中的 C═O 键是极性键,但由于 CO_2 分子的空间构型是直线形对称的,两个 C═O 键的极性相抵消,整个分子中正、负电荷重心重合,因此 CO_2 是一个非极性分子。在 H_2O 分子中的O—H键也是极性键,但分子结构为不对称的 V 形结构,其正、负电荷重心不重合,因此水分子是极性分子。

分子极性的大小常用偶极矩来衡量。分子中正(或负)电荷重心上的电荷量(q)与正、负电荷重心间的距离(d)的乘积叫做**偶极矩** μ。即

$$\mu = q \cdot d$$

式中,d 又称为**偶极长度**。分子偶极矩的数值可由实验测得。偶极矩是一个矢量,方向从正极到负极。数量级为 $10^{-30}\mathrm{C \cdot m}$。

若分子的偶极矩为零,其偶极长度 d 必为零,因此该分子是非极性分子;若分子的偶极矩大于零,则分子为极性分子。分子的偶极矩值越大,它的极性越强。表 2-7 列出某些物质的偶极矩。

表 2-7　　一些物质的偶极矩　　(单位:德拜)

分子式	偶极矩	分子式	偶极矩
H_2	0	CS_2	0
O_2	0	H_2O	1.85
N_2	0	H_2S	1.10
Cl_2	0	SO_2	1.60
HF	1.92	NH_3	1.66
HCl	1.03	CH_4	0
HBr	0.79	CH_3Cl	1.87
HI	0.38	CH_2Cl_2	1.54
CO_2	0	$CHCl_3$	1.02
CO	0.12	CCl_4	0

偶极矩还可被用来判断分子的空间构型。

2.8 金属键理论

周期表中有 4/5 的元素是金属元素。除金属汞在室温是液态外,所有金属在室温都是晶体,其共同特征是:**具有金属光泽、能导电传热、富有延展性**。金属的特征是由金属内部特有的化学键的性质所决定。

金属原子的半径都比较大,价电子数目较少,因此与非金属原子相比,原子核对其本身价电子或其他原子电子的吸引力都较弱,电子容易脱离金属原子成为自由电子或离域电子。这些电子不再属于某一金属原子,而可以在整个金属晶体中自由流动,为整个金属所共有,留下的正离子就浸泡在这些自由电子的"海洋"中(见图 2-19(a))。金属中这种**自由电子与正离子间的作用力**将金属原子胶合在一起而成为金属晶体,这种作用力即称为**金属键**。

金属的特性和其中存在着自由电子有关。自由电子并不受某种具有特征能量和方向的键的束缚,所以它们能够吸收并重新发射很宽波长范围的光线,使金属不透明而具有金属光泽。自由电子在外加电场的影响下可以定向流动而形成电流,使金属具有良好导电性。由于自由电子在运动中不断地和金属正离子碰撞而交换能量,当金属一端受热,加强了这一端离子的振动,自由电子就能把热能迅速传递到另一端,使金属整体的温度很快升高,所以金属具有好的传热性。又由于自由电子的胶合作用,当晶体受到外力作用时,金属正离子间容易滑动而不断裂,所以金属经机械加工可压成薄片和拉成细丝,表现出良好的延展性和可塑性。对比离子晶体就不具有这些性质了,当外力作用时离子层发生移动,使得相同电荷的离子靠近,由于斥力增加,导致离子晶体碎裂,如图 2-19(b)所示。

经典的自由电子"海洋"概念虽能解释金属的某些特性,但关于金属键本质的更加确切的阐述则需借助近代物理的能带理论。能带理论把金属晶体看成一个大分子,这个分子由晶体中所有原子组合而成。由于各原子原子轨道之间的相互作用便组成一系列相应的分子轨道,其数目与形成它的原子轨道数目相同。根据分子轨道理论,一个气态双原子分子 Li_2 的分子轨道是由 2 个 Li 原子的原子轨道($1s^22s^1$)组合而成,2 个 Li 原子所提供的 6 个电子在分子轨道中的分布如图 2-20(a)所示。成键价电子对占据 σ_{2s} 分子成键轨道,而 σ_{2s}^* 反键轨道没有电子填入。现在若有 n 个 Li 原子聚积成金属晶体大分子,则各价电子波函数将相互重叠而组成 n 个分子轨道,其中 $n/2$ 个分子轨道有电子占据,而另 $n/2$ 个是空着的,如图 2-20(b)所示。

由于金属晶体中原子数目 n 极大,所以这些分子轨道之间的能级间隔极小,形成所谓能带(energy band)。由已充满电子的原子轨道所形成的低能量能带,称为满带;由未充满电子的能级所组成的高能量能带,称为导带;满带与导带之间的能量间隔较

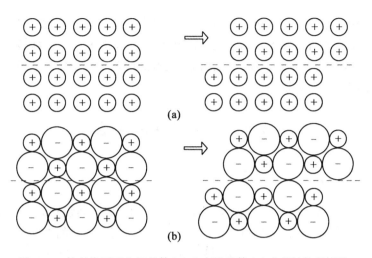

图 2-19 外力作用下金属晶体(a)和离子晶体(b)内部结构的变化

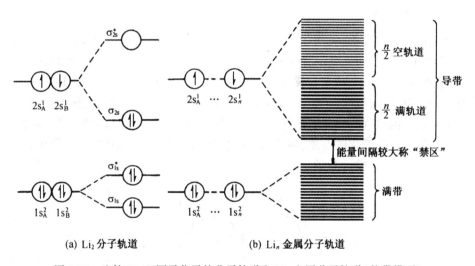

(a) Li_2 分子轨道   (b) Li_n 金属分子轨道

图 2-20 比较 Li_2 双原子分子的分子轨道和 Li_n 金属分子轨道(能带模型)

大,电子不易逾越,故又称为禁带或禁区。

    价电子半充满的导带相当于生成了较稳定的金属键,价电子在这一系列离域分子轨道中无规则的运动贯穿于整个晶体从而将无数金属正离子联系在一起。金属成为导体也是由于价电子能带尚未充满,其中有很多能量相近的空轨道,故在外电场作用下,电子被激发到未充满的轨道中向一个方向运动形成电流。温度增加,使金属晶格中的正离子热振动加剧,电子与他们碰撞的频率增加,从而导电能力降低。

    金属键强弱与各金属原子的大小、电子层结构等许多因素密切相关,这是一个比较复杂的问题。金属键强弱可以用金属原子化热来衡量。金属原子化热是指 1mol 金属变成气态原子所需要吸收的能量(如 298K 时的气化热)。一般说来金属原子化热的数值较小时,这种金属的质地较软,熔点较低;而金属原子化热数值较大时,这种金属质地较硬而且熔点较高。

2.9 分子间力和氢键

2.9.1 分子间力

以上所讨论的离子键、共价键等,都是分子中相邻原子间强烈的相互作用力。除了这种力外,在分子与分子之间还存在着一种比化学键弱得多的相互作用力,称为**分子间力**(或称**范德华力**)。分子间力是决定物质(由分子所组成)的沸点、熔点和溶解度等物理性质的重要因素。研究分子间力,需要了解分子的极化。

1. 分子的极化

设想把非极性分子(见图 2-21(a))放在电场中。分子中带正电荷的核被引向负电极,而电子云被引向正电极,使电子云与核发生了相对位移,分子的外形发生了变化,原来重合的正、负电荷重心彼此分离,从而分子出现了偶极(见图 2-21(b)),这时非极性分子就变为极性分子。这种偶极是在外电场的诱导下产生的,称为**诱导偶极**。产生诱导偶极的过程叫做**分子的变形极化**。这种分子中的电子云与核发生相对位移而使分子外形发生变化的性质,叫做**分子的变形性**。当电场取消时,诱导偶极自行消失,分子重新变成非极性分子。

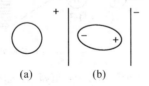

图 2-21 非极性分子在电场中的极化

对于极性分子,本身就存在着偶极,这种偶极叫做**固有偶极**或**永久偶极**。分子在气态或液态时,其热运动是比较杂乱的(见图 2-22(a));当把极性分子放在电场中,分子的正极一端将转向负电极,其负极一端则转向正电极,即顺着电场的方向整齐地排列(见图 2-22(b))。这一过程叫做**分子的定向极化**(或称**取向**)。同时在电场的影响下,极性分子中的正、负电荷重心之间的距离增大,产生诱导偶极。这样固有偶极加上诱导偶极,分子的极性就更加增强。因此极性分子在电场中的极化是分子的定向极化和变形极化的总结果。

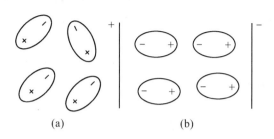

图 2-22　极性分子在电场中的极化

分子的极化不仅在外电场中发生,在分子之间相互作用时也可以发生。这可用以说明分子间力。

2. 分子间力

(1) 取向力　当两个极性分子(见图 2-23(a))相互接近时,会发生定向极化,一个分子的带负电的一端要和另一个分子带正电的一端接近,使极性分子有按一定方向排列的趋势(见图 2-23(b)),因而产生分子间引力。这种由于固有偶极之间的取向而引起的分子间力叫做**取向力**。由于取向力的存在,使极性分子更加靠近(见图 2-23(c)),取向力的大小主要取决于分子偶极矩的大小,它与偶极矩的平方成正比,它还与绝对温度成反比。

图 2-23　两个极性分子相互作　　图 2-24　极性分子与非极性分
　　　　　用示意图　　　　　　　　　　　　　子相互作用示意图

(2) 诱导力　当极性分子与非极性分子相互接近时(见图2-24(a)),极性分子的偶极使非极性分子发生变形极化,产生诱导偶极。诱导偶极与极性分子的固有偶极产生相互吸引(见图 2-24(b)),这种诱导偶极与固有偶极间的作用力称为**诱导力**。同样,极性分子与极性分子相互接近时,除上述取向力外,在彼此偶极的相互影响下,每个分子也会发生变形,产生诱导偶极。因此诱导力也存在于两个极性分子之间。诱导力与被诱导分子的变形性成正比,与极性分子偶极矩的平方成正比。

（3）色散力　当两个非极性分子相互接近时（见图 2-25(a)），由于每个分子中的电子不断运动和原子核的不断振动，使电子云与原子核之间经常发生瞬时的不重合，从而产生瞬时偶极，这种瞬时偶极也会诱导邻近的分子产生瞬时偶极，两个瞬时偶极处在异极相邻的状态（见图 2-25(b)），从而产生吸引力。虽然瞬时偶极存在的时间极短，但它们是不断地重复出现（见图 2-25(c)）。这种分子之间由于瞬时偶极而产生的作用力称为**色散力**。这种力的理论公式与光的色散公式相似，故称它为色散力。在两个极性分子之间、在极性分子和非极性分子之间都存在着色散力。色散力的大小主要取决于分子的变形性，它与分子的变形性成正比。一般对于具有类似结构的同系列物质（如 F_2，Cl_2，Br_2，I_2），分子量越大时，分子所含的电子数就越多，分子的变形就越大，从而分子间的色散力越强。

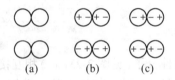

图 2-25　非极性分子相互作用示意图

以上取向力、诱导力和色散力的总和叫做**分子间力**。分子间力具有以下特性：

① 它是存在于分子间的一种电性作用力。

② 作用能的大小只有几个千卡/摩尔，比化学键能（约为 30~150kcal/mol）小一两个数量级。

③ 作用力的范围很小，约为 3~5Å。三种分子间力都与分子间距离的七次方成反比，即当分子稍为远离时，分子间力迅速减弱。

④ 一般没有方向性和饱和性。

⑤ 在三种作用力中，色散力是主要的，诱导力通常很小，只有少数极性较大（如水、氨）的分子之间，取向力才占一定的比例或占优势，见表 2-7。

表 2-7　　　　　　　　　分子间作用力的分配

作用力的能量 /(kcal/mol)	Ar	CO	HI	HBr	HCl	NH_3	H_2O
取向力	0.000	0.000 7	0.006	0.164	0.79	3.18	8.69
诱导力	0.000	0.002	0.027	0.120	0.24	0.37	0.46
色散力	2.03	2.09	6.18	5.24	4.02	3.57	2.15
总　计	2.03	2.09	6.21	5.52	5.05	7.07	11.30

对于由共价键分子所组成的物质,一般分子间力越大,物质的沸点越高,熔点也越高。例如,卤素单质是双原子非极性分子,分子间力主要是色散力,从氟到碘随着分子量的增大,分子的变形性依次增大,色散力依次增强,所以卤素单质的熔点和沸点从氟到碘依次增高。在常温下氟和氯是气体,溴是液体,而碘为固体。下面列出卤素单质的沸点和熔点:

	F_2	Cl_2	Br_2	I_2
熔 点/℃	−219.6	−101	−7.2	113.5
沸 点/℃	−188.1	−34.6	58.78	184.4

对于生物大分子,蛋白质的二级、三级和四级结构的形成,都要靠分子间作用力。例如,在蛋白质的三级结构中,极性基团—CH_2OH 和—CH_3 之间的作用,非极性基团—C_6H_5 和—C_6H_5 之间的作用都属于分子间力。

2.9.2 氢键

1. 氢键的形成和特点

氢原子与电负性大的 X 原子以共价键结合以后,它还可以和另一个电负性大的 Y 原子产生吸引力,这种吸引力叫做**氢键**。通常用下式表示:X—H⋯Y,式中的虚线表示氢键,X,Y 代表电负性大、半径小的原子,如 F,O,N 等。因为当 H 原子和 X 原子以共价键结合成 X—H 时,共用电子对强烈地偏向 X 原子,使 H 原子带了部分的正电荷,同时 H 原子用自己唯一的电子形成共价键后,使它几乎成为赤裸的质子,这个半径特别小(0.3Å)、带部分正电荷的 H 原子,可以把另一个电负性大,含有孤对电子并带有部分负电荷的 Y 原子吸引到它的附近而形成氢键。例如,一个 HF 分子中的 H 原子和另一个 HF 分子中的 F 原子可以结合成氢键(见图 2-26(a))。这种一个分子的 HX 与另一个分子中的 Y(Y 和 X 可以是相同的元素)相结合而成的氢键叫做**分子间氢键**。还有一类是分子内氢键,即是同一分子内部的 X—H 与 Y 相结合而成的氢键。在苯酚的邻位上有—CHO,—COOH,—OH,—NO_2 等基团时可形成氢键螯合环。例如硝基苯酚的分子内氢键,如图 2-26(b)所示。

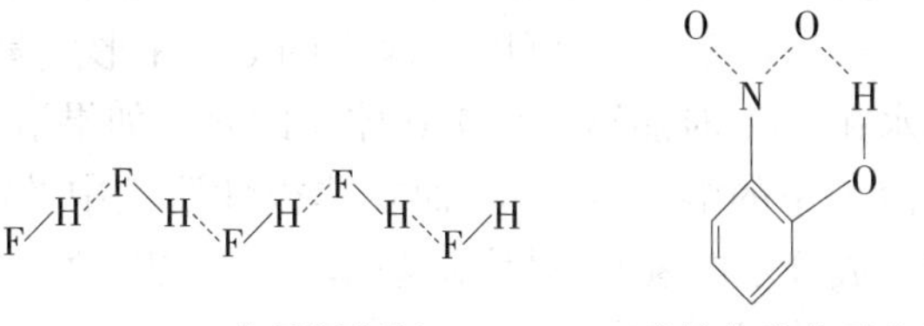

(a) HF 分子间氢键　　(b) 硝基苯酚分子内氢键

图 2-26

氢键的特点之一是它具有方向性和饱和性。氢键的方向性是指在形成分子间氢键时，X—H 与 Y 在同一直线上，即 X—H⋯Y。

因为这样成键可使 X 与 Y 的距离最远，两原子电子云之间的斥力最小，所形成的氢键最强，体系更稳定。氢键的饱和性是指每一个 X—H 只能与一个 Y 原子形成氢键。因为氢原子的半径比 X 和 Y 的原子半径小很多，当 X—H 与一个 Y 原子形成氢键 X—H⋯Y 后，如果再有一个极性分子的 Y 原子靠近它们，则这个原子的电子云受 X—H⋯Y 上的 X,Y 原子电子云的排斥力，比受带正电性的 H 原子的吸引力大，使 X—H⋯Y 上的这个 H 原子不可能与第二个 Y 原子相结合。

氢键的另一特点是氢键的强弱与 X 和 Y 的电负性有关，它们的电负性越大，则氢键越强；还与 X 和 Y 的原子半径大小有关。例如，F 原子的电负性最大，半径又小，形成的氢键最强。Cl 原子的电负性虽大，和 N 原子相同，但半径比 N 大得多，因而形成的氢键很弱。Br 和 I 等一般不形成氢键。根据元素电负性的大小，形成氢键的强弱次序如下：

$$F—H⋯F > O—H⋯O > O—H⋯N > N—H⋯N > O—H⋯Cl$$

应该注意，X 原子的电负性在很大程度上要受到邻近原子的影响。例如，C—H 一般不形成氢键，但在 N≡C—H 中，由于 N 的影响，使 C 的电负性增大，这时能形成 C—H⋯N 氢键。

2. 氢键对化合物性质的影响

能够形成氢键的物质是很广泛的，如水、醇、酚、羧酸、无机酸、氨、胺、水合物、氨合物和某些有机化合物等。在生物过程中具有意义的蛋白质、脂肪、糖等基本物质都含有氢键。

氢键的形成对物质的沸点、熔点等性质有一定的影响。分子间氢键的形成可使物质的熔点和沸点显著升高。因为这些物质在熔化或汽化时，除了克服一般的分子间力外，还要破坏氢键，这就要消耗更多的能量。HF,H_2O,NH_3 等的沸点和熔点在同族氢化物中出现反常现象，就是这个原因。例如，HF,HCl,HBr,HI 的沸点分别为 $-19.9℃$，$-85.0℃$，$-66.7℃$ 和 $-35.4℃$，此中 HCl,HBr 和 HI 的沸点是随分子量的增加而增加的，但是 HF 的分子量比 HCl 的小，其沸点反而特别的高。

氢键的形成对物质的溶解度有一定的影响。在极性溶剂中，如果溶质分子和溶剂分子之间可以形成氢键，则溶质的溶解度增大。例如，氨、乙醛、丙酮和乙酸等溶质分子中有电负性较大的原子 N 或 O 等，可以和水中的 O—H 形成氢键，这些物质都易溶于水，如 1 体积的水在 20℃ 时能够溶解 700 体积的氨。如果溶质分子能够形成分子内氢键，则在极性溶剂中的溶解度减小，而在非极性溶剂中的溶解度增大。例如，邻位硝基苯酚能够形成分子内氢键，对位硝基苯酚则不能，故前者在水中的溶解度比后者小，而前者在苯中的溶解度则比后者大。

氢键的键能很小，所以氢键的形成或拆开时都不会发生很大的能量变化，这和生物体内部的反应都是在常温下进行有很大关系。因为生物体内的蛋白质和DNA(脱氧核糖核酸)分子内或分子间都存在大量的氢键。蛋白质分子是许多氨基酸以酰胺键(图2-27,又称肽键)连接而成,这些长链分子之间又是靠羰基上的氧和氨基上的氢以—NH—$\overset{\overset{O}{\parallel}}{C}$—氢键(C＝O⋯N—N)彼此在折叠平面上相连接,见图2-27(a)。蛋白质长链分子本身又可成螺旋形排列,螺旋各圈之间也因存在上述氢键而增强了结构的稳定性,见图2-28(b)。此外,更复杂的DNA双螺旋结构也是靠大量氢键(以图2-27(c)中横线表示)相连而稳定存在。由此可见,没有氢键的存在,也就没有这些特殊而又稳定的大分子结构,也正是这些大分子支撑了生物机体,担负着储存营养,传递信息等一切生物功能。

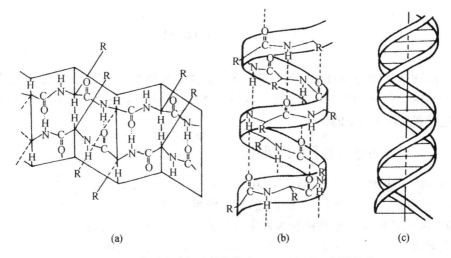

图2-27 蛋白质多肽折叠结构模式(a)、蛋白质 α-螺旋结构模式(b)和DNA双螺旋结构模式(c)

氢键不仅能存在于分子之间,也能存在于一些小分子内部,形成分子内氢键。例如,邻硝基苯酚可以形成内氢键(见图2-28),而间、对硝基苯酚则不能形成内氢键。由于内氢键的生成,减少了分子之间的氢键作用,致使邻硝基苯酚的熔、沸点明显低于间、对硝基苯酚。

总之,氢键相当普遍地存在于许多化合物与溶液之中。虽然氢键键能不大,但在许多物质如水、醇、酚、酸、氨、胺、氨基酸、蛋白质、碳水化合物、氢氧化物、酸式盐、碱式盐(含OH基)、结晶水合物等的结构与性能关系的研究过程中,氢键的作用是绝不可忽视的。由于氢键的特殊性,近年来关于氢键本质以及氢键性质的研究进展很快。人们对于氢键在生物分子、酶催化反应、分子组装以及材料性质等领域中的潜在

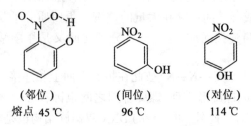

(邻位)　　　　　(间位)　　　　　(对位)
熔点 45 ℃　　　 96 ℃　　　　　114 ℃

图 2-28　内氢键对各种硝基苯酚熔点的影响

应用寄予了极大的热情,也越来越关注这些曾经被忽略的弱分子间(内)作用力所具有的巨大潜力。

2.10　离子的极化

分子极化的概念可以推广到离子体系。在离子晶体中,正、负离子都带有电荷,它们本身就可以产生电场。离子在周围异号离子的作用下会发生变形而产生诱导偶极,这种现象称为**离子的极化**。

2.10.1　离子的极化作用和变形性

在离子的极化中,离子具有以下双重性质:一方面某离子可作为电场,使异号离子极化而变形,这种性能称为该离子的**极化作用**(或称**极化力**);另一方面在异号离子的电场作用下,某离子被极化而发生电子云变形,这种性能称为该离子的**变形性**(或称**可极化性**)。在一般情况下对于正离子极化作用是主要的,对于负离子变形性是主要的。

离子极化作用的强弱,主要决定于它对周围离子所施电场的强度。这与离子的电荷、半径和外层电子结构等有关,有以下规律:①正离子的电荷越高,极化作用越强。②电荷相等、外层电子结构相似时,正离子半径越小,极化作用越强。例如,$Mg^{2+} > Ba^{2+}$,$Al^{3+} > Ga^{3+}$。③当正离子的电荷相同、半径相近时,离子极化作用的强弱决定于离子的外层电子结构。18 电子(如 Cu^+,Ag^+,Hg^{2+} 等)、18+2 电子(如 Sn^{2+},Pb^{2+},Bi^{3+} 等)以及 2 电子(如 Li^+,Be^{2+})构型的离子具有强的极化作用;9~17 电子型离子(如 Fe^{2+},Cu^{2+},Cr^{3+},Co^{2+},Mn^{2+} 等)次之;8 电子型离子(如 Na^+,Ca^{2+},Mg^{2+} 等)极化作用最弱。④复杂负离子的极化作用通常较弱;但电荷高的复杂负离子也有一定的极化作用,如 SO_4^{2-} 和 PO_4^{3-}。

离子变形性的大小主要决定于离子的半径、电荷和外电子层结构。有以下规律:①具有类似构型的离子,其变形性按离子半径的增大而增大。例如,$F^- < Cl^- < Br^-$

<I⁻以及 Li⁺ < Na⁺ < K⁺ < Rb⁺ < Cs⁺。②离子的构型相同时,负离子的电荷越高变形性越大。例如,F^- < O^{2-},Cl^- < S^{2-};正离子的电荷越高变形性越小。例如,Na^+ > Mg^{2+} > Al^{3+} > Si^{4+}。③当正离子的半径相近和电荷相同时,离子变形性的大小决定于离子的外电子层结构。18,18+2 和 9~17 型的正离子(它们的外电子层或次外电子层含有 d 电子),其变形性比 8 电子型正离子大得多。例如,Ag^+ > K^+,Hg^{2+} > Ca^{2+}。④复杂离子的变形性通常不大,而且其中心离子的氧化数越高,变形性越小。例如:

$$ClO_4^- < F^- < NO_3^- < OH^- < CN^- < Cl^- < Br^- < I^-$$

2.10.2 离子的附加极化作用

一般来说,正离子的半径小,因而极化作用较强,变形性较小;相反负离子的半径大,电荷少,因而变形性较大,极化作用较弱。因此在多数场合中,仅考虑正离子对负离子的极化作用,忽略负离子对正离子的极化作用。但若正离子的极化作用和变形性都很大(如 Cu^+,Ag^+,Zn^{2+},Cd^{2+},Hg^{2+} 等),负离子容易变形(如 S^{2-},I^-,Br^- 等)时,则在考虑正离子对负离子极化的同时,还应考虑负离子对正离子的极化,即是被极化变形的负离子有较大的诱导偶极,会反过来诱导易变形的正离子,使正离子也发生变形。正离子变形(产生诱导偶极)后,又会加强对负离子的极化。如此相互的极化作用,结果使正、负离子的极化作用都显著加强了,这种加强的极化作用称为**附加极化作用**。每个离子的总极化作用应是它原来的极化作用和附加极化作用之和。对于构型相同的易变形的正离子(如 Zn^{2+},Cd^{2+},Hg^{2+})其离子的变形性从上到下随离子半径的增大而显著增加,其附加极化作用也按此方向迅速增加。因而其总的极化作用随离子半径的增大,不是减弱,却是显著加强。

正、负离子间相互极化作用的增强,会引起化学键型的变化。由于正、负离子相互极化作用显著,使双方电子云发生强烈的变形,从而造成正、负离子外层电子云的重叠。离子间的相互极化越强,其附加极化作用越大,电子云重叠的程度也越大,则键的极性也减弱,键长缩短,从而由离子键过渡到共价键,如图 2-29 所示。例如,在 AgF,AgCl,AgBr 和 AgI 晶体中,随着负离子的变形性依次增加,附加极化作用依次增强,因此 AgF 属离子键结合,AgCl 和 AgBr 的化学键属过渡型,到 AgI 则已属共价键结合了。

离子的极化对物质的溶解度也有影响。以离子键结合的无机化合物一般是可溶于水的,以共价键结合的则一般难溶于水。离子的附加极化作用,导致离子键向共价键过渡,从而使化合物在水中的溶解度降低。例如 Fe^{2+},Cu^+,As^{3+},Hg^{2+},Ag^+,Sn^{2+} 等正离子,极化作用和变形性都较大,能与容易变形的 S^{2-} 离子发生相互极化作用,极化效应大大加强,致使它们的硫化物难溶于水。

图 2-29　由离子键向共价键的过渡

2.11　晶体的结构

通常把固体分为晶体和非晶体(无定形物质)两类。晶体的主要特征是具有整齐的、有规则的几何外形和固定的熔点,如食盐、明矾等;非晶体的外形不规则,也没有固定的熔点,如玻璃、沥青等。由于条件的不同,同一物质可以形成晶体,也可以形成非晶体。晶体之所以具有整齐的、有规则的几何外形,是它内部粒子有规则地排列的反映。根据 X-射线研究晶体结构,知道晶体的粒子是有规则地排列在空间的一定的点上,这些点的结合叫做**晶格**。排有粒子的那些点叫做**晶格的结点**。根据粒子种类的不同,可把晶格分为四类:离子晶格、原子晶格、分子晶格和金属晶格(见图 2-30),相应的就有离子晶体、原子晶体、分子晶体和金属晶体。

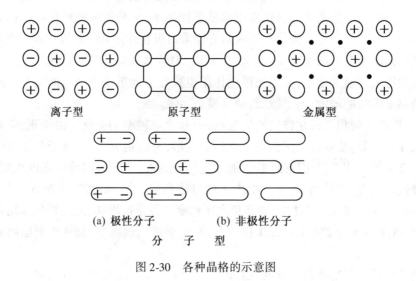

图 2-30　各种晶格的示意图

离子晶体的晶格结点上交替排列着正、负离子。正、负离子之间有着强烈的静电引力,需要较高的能量才能克服这种引力,因此离子晶体最显著的特点是具有较高的熔点、沸点和硬度。晶格能越大的离子晶体,其熔点越高,硬度越大。

原子晶体的晶格结点上排列着原子(如金刚石、碳化硅等)。这些原子互相以强大的共价键的力连接得很牢固。故原子晶体通常以具有很高的熔点、沸点和硬度为特征。

分子晶体的晶格结点上排列着极性或非极性的分子。例如,固态的卤素单质、冰、固态二氧化碳、大多数固体有机化合物都属于这一类型。在分子晶体中,分子内部原子间的共价键的力是很大的,但是分子与分子之间的吸引力(分子间力)却很弱。因此,分子晶体的熔点和沸点较低(通常都在300℃以下),硬度较小。

金属晶体的晶格结点上排列着金属的中性原子和脱落了价电子或部分价电子而形成的正离子(其中正离子较多,原子较少);在这些原子和离子的空隙间存在着从原子上掉下来的价电子。这些价电子可以自由地从一个原子跑向另一个原子,就好像是价电子为许多原子所共用。这些共用电子起到把许多原子(或离子)黏合在一起的作用,形成了所谓的金属键。这种键是由多个原子共用一些能够流动的自由电子所组成的。

现将各类晶体的内部结构及其特性列于表2-8中。

表2-8　　　　　　　　　　各类晶体的特性

晶体种类	结点上的粒子	化学键类型	晶体的特性	实例
离子晶体	正离子和负离子	离子键	熔沸点高,硬而脆,多较易溶于极性溶剂中,熔融状态及其水溶液能导电。	NaCl KF BaO
原子晶体	原子	非极性共价键	熔沸点很高,硬度大,在多数溶剂中不溶解,导电性差。	金刚石 SiC
分子晶体	极性分子	分子间力	熔沸点低,硬度小,多较易溶于极性溶剂中。	H_2O HCl
分子晶体	非极性分子	分子间力	熔沸点很低,很软,多较易溶于非极性溶剂中。	Cl_2 CO_2
金属晶体	中性原子 正离子和自由电子	金属键	一般是高熔点和高沸点,但有部分低熔点的,硬度不一,是良好的导体,不溶于多数溶剂。	各种金属与一些合金

纳米科学与技术[①]

纳米科学与技术是指在纳米尺度(0.1 nm到100 nm之间)上研究物质(包

---

① 白春礼在中国化学会2000年学术会议上的报告。

括原子、分子)的特性和相互作用,以及利用这些特性的多学科的科学和技术。它使人类认识和改造物质世界的手段和能力延伸到原子和分子。纳米科技的最终目标是直接以原子、分子及物质在纳米尺度上表现出来的新颖的物理、化学和生物学特性制造出具有特定功能的产品,实现生产方式的飞跃。

最早提出纳米尺度上科学和技术问题的专家是著名的物理学家、诺贝尔奖获得者理查德·费曼。1959年年末,他预言,化学将变成根据人们的意愿逐个地准确放置原子的问题。在那次演讲中,他还提到,当2000年人们回顾历史的时候,他们会为直到1959年才有人想到直接用原子、分子来制造机器而感到惊讶。

纳米科技的迅速发展是在20世纪80年代末、90年代初。20世纪80年代初出现的纳米科技研究的重要工具——扫描隧道显微镜(STM)、原子力显微镜(AFM)等微观表征和操纵技术,对纳米科技的发展产生了积极的促进作用。

1990年7月,第一届国际纳米科学技术会议在美国巴尔的摩与第五届国际STM学术会议同时举办(实际上是一个会议有两个名称),《Nanotechnology》和《Nanobiology》两种国际性专业期刊也在同年相继问世。这标志着纳米科学技术的正式诞生。

纳米科技的研究范围主要包括纳米材料学、纳米电子学、纳米机械学与纳米制造、纳米化学、纳米生物学以及原子、分子操纵和表征等领域。

纳米科技的最终目标是直接以原子和分子来构造具有特定功能的产品,因此研究单原子、分子的特性和相互作用以及揭示在纳米尺度上的新现象、新效应是纳米科技研究的重要前沿方向。

近年来,纳米科技取得了一系列杰出的成就,例如,惠普公司利用STM,通过自组装的方法,成功地获得了锗原子在硅表面形成的"金字塔"形的量子点,该量子点在基底上的跨度只有10 nm,高度只有1.5 nm。

IBM公司在铜单晶的表面,利用STM的针尖逐个地将48个铁原子排列成半径为7.3 nm的圆形栅栏。铜表面的电子气遇到铁原子时,就会被局部反射回去。做此栅栏的目的就是要试图捕获或将一些电子限制在圆形结构中,迫使这些电子进入"量子"态。这个实验的重要意义在于为科学家提供了研究微观体系量子现象的微小实验室。

1959年,费曼博士所作的"化学将变成根据人们的意愿逐个地准确放置原子的问题"的预言,现在已经可以实现这种操作。科学家利用STM将18个铯原子和18个碘原子拖放在一起。美国康奈尔大学的科学家最近成功地将CO分子和Fe原子组合起来,形成FeCO和Fe(CO)$_2$分子。实验温度为-260℃。这项研究不但有助于了解化学键的性质,还有助于制造更为复杂的分子。

这些成就表明,人们在原子、分子水平上对物质控制的能力有了很大的提高,纳米科技走向实用化的步伐又向前迈进了一步。但据估计纳米技术现在的发展水平只相当于计算机和信息技术在20世纪50年代的发展水平。人们研究纳米尺度基本现象的工具和对这些现象的理解水平还只是非常初步的。要想实现纳米技术的最终目的,尚有很多基础科学问题需要解答,包括对分子自组织的理解、如何构造量子器件、复杂的纳米结构系统是如何运作的,等等。只有在物理学、化学、材料科学、电子工程学以及其他学科的很多方面得到充分发展的情况下,才能真正地形成一项具体的纳米技术。

思 考 题

1. "离子键没有饱和性和方向性"和"离子在一定晶体中有一定配位数,而且配位的异电荷离子位置一定(有四面体向和八面体向等)"。这两种说法是否矛盾?

2. 我们在使用许多无机固体试剂,如 $NaCl$,$AgNO_3$,Na_2CO_3 等时,常计算其"分子量"。在这些场合,"分子量"一词是否确切? 如不确切,为什么在化学计算中又可以这样做? 确切的名词应是什么?

3. 离子半径的周期变化有哪几条重要规律,试简单解释之。

4. 共价键饱和性和方向性的根源是什么?

5. 从以下诸方面比较 σ 键和 π 键:原子轨道的重叠方式,成键电子的电子云分布,原子轨道的重叠程度(键能大小),成键原子轨道种类,价键上电子的活泼性,电子云是否集中,容易不容易被极化。

6. 从以下诸方面比较 sp^3,sp^2,sp 杂化轨道:用于杂化的原子轨道,s 和 p 的成分,杂化轨道数,杂化后剩下的 p 轨道数,键角,杂化轨道形成键的类型(σ 或 π),轨道上电子的几何分布,键能大小。

7. 试比较和评价用价层电子对互斥理论或杂化轨道理论来确定分子几何构型的优缺点。

8. 为什么 $COCl_2$ 是平面三角形结构,试说明∠ClCO>120°而∠ClCCl<120°?

9. (1)简述价键理论和分子轨道理论的基本要点,并分别用它们解释 H_2,O_2,F_2 分子的结构。
(2)试比较共价键和离子键、金属键的本质和特点,反映在有关单质及化合物性质上有何不同?

10. 判断下列说法是否正确? 为什么?
(1)分子中的化学键为极性键,则分子为极性分子。
(2)Van der Waals x 属于一种较弱的化学键。
(3)氢化物分子间能形成氢键。

习 题

1. 比较原子轨道和分子轨道;成键轨道和反键轨道;σ 轨道和 π 轨道;sp^2 和 sp^3 杂化轨道及等性杂化和不等性杂化。

2. 写出下列各组离子的电子构型,比较其离子半径的大小,并解释之。
   (1) Mg^{2+}, Al^{3+} (2) Br^-, I^-
   (3) Cl^-, K^+ (4) Cu^+, Cu^{2+}

3. 指出下列化合物的中心原子可能采取的杂化类型。并预测其分子的几何构型:BeH_2, BBr_3, PH_3, SiH_4, SeF_6。

4. 试用杂化轨道理论说明 BF_3 是平面三角形,而 NF_3 却是三角锥形。

5. 用价层电子对互斥理论推测下列离子和分子的构型:
$$CO_2, NO_2, SF_4, PO_4^{3-}, CCl_4, BrF_3, PH_4^+$$

6. 写出 B_2, N_2, F_2 的分子轨道排布式和能级图,并计算其键级。

7. 写出 O_2, O_2^+, O_2^- 分子或离子的分子轨道排布式。并比较它们的稳定性、键级及有无顺磁性。

8. 判断下列各对化合物中,哪一个化合物中的键有更强的极性。
   (1) ZnO, ZnS (2) $GaCl_3$, $InCl_3$
   (3) HI, HCl (4) H_2S, H_2O
   (5) AsH_3, NF_3 (6) IBr, ICl
   (7) H_2O, F_2O

9. 试按键的极性由小到大的次序排列以下分子,并说明之:
$$NaF, F_2, HF, HCl, HI$$

10. 判断下列分子是否有极性:Ne, Br_2, HF, NO, H_2S(弯曲形), $HgBr_2$(直线形), SiH_4(四面体), BF_3(平面三角形), NF_3(三角锥形)。

11. 分子间力包括哪几种?试具体分析以下分子间的作用力:
    (1) HCl 分子间 (2) He 分子间
    (3) H_2O 分子间 (4) H_2O 分子与 Ar 分子间

12. 下列化合物中哪些存在氢键?并指出它们是分子间氢键还是分子内氢键?

C_6H_6, NH_3, 邻羟基苯甲醛, 对硝基苯酚

13. 试按正离子极化作用由大到小的次序排列以下分子,并说明之:
$$MgCl_2, PCl_5, NaCl, AlCl_3, SiCl_4$$

14. 用价键理论解释为什么 $CuCl_2^-$ 是反磁性的而 $CuCl_4^{2-}$ 却是顺磁性的。

第3章 酸碱反应

酸和碱是生产生活实际中遇到的最常见的物质,是许多化工生产的基本原料,亦是生命过程中必不可少的基本物质。很多化学反应和生物化学反应都属于酸碱反应(acid-base reaction),还有一些化学反应只有在酸或碱存在下才能顺利进行,它们属于酸碱催化反应。掌握酸碱反应的本质和规律,研究酸碱特性,是进行科学实验研究的重要基础。

3.1 酸碱理论概述

人们对酸碱的认识经历了一个由浅入深、由感性到理性、由低级到高级的过程。起初,人们对酸碱的认识只单纯地限于从物质所表现出来的性质上区分酸和碱。例如,认为具有酸味、能使石蕊变红色的物质是酸;而碱则是具有涩味、滑腻感,使红色石蕊变蓝,并能与酸反应生成盐和水的物质。后来,人们又试图从酸的组成来定义酸。酸和碱是两类极为重要的化学物质,酸碱反应(acid-base reaction)又是一类重要的化学反应。1787 年法国化学家 A. L. Lavoisier 提出氧是酸的组成部分;1811 年英国化学家 H. Davy 又提出氢是酸的组成部分等。随着科学技术的进步和生产的发展,人们对酸碱本质的认识不断深化,提出了多种酸碱理论。其中比较重要的有瑞典化学家 S. A. Arrhenius 的酸碱电离理论,美国科学家 E. C. Franklin 的酸碱溶剂理论,丹麦化学家 J. N. Brønsted 和英国化学家 T. M. Lowry 的酸碱质子理论,美国化学家 G. N. Lewis 的广义酸碱理论——酸碱电子理论,以及 20 世纪 60 年代美国化学家 R. G. Pearson 提出的软硬酸碱理论等。本节侧重讨论酸碱质子理论,对其他酸碱理论仅作简要介绍。

3.1.1 酸碱电离理论

1884 年 S. A. Arrhenius(1859~1927 年,瑞典人,1903 年获诺贝尔奖)提出了酸碱电离理论,其立论点在于水溶液中的电离(离解)。该理论指出:电解质(electrolyte)在水溶液中电离生成正、负离子。酸是在水溶液中经电离只生成 H^+ 一种正离子的物质;碱是在水溶液中经电离只生成 OH^- 一种负离子的物质。酸碱反应称为中和反应,其实质是 H^+ 和 OH^- 相互作用生成 H_2O。该理论将电解质分为酸、碱和盐三大类。根据各种溶液导电性的不同,Arrhenius 还提出了强、弱酸碱和电离度等概念。

虽然近代将 Arrhenius 酸碱理论称为经典酸碱理论,但它首次对酸碱赋予了科学的定义,它对化学科学与实践的发展起了不可磨灭的重大作用,至今仍被广泛采用。不过,这种理论也有其局限性,它把酸和碱及其之间的反应只限于水溶液,又认为碱必须具有氢氧离子。曾使人们错误地认为氨溶于水生成氢氧化铵(NH_4OH),氢氧化铵再电离出 OH^-,因而呈碱性,而这种误解曾困惑人类近一个世纪。同时,它也无法说明氨与氯化氢在气相或苯溶液中也能发生像水溶液中的反应,生成氯化铵。

3.1.2 酸碱溶剂理论

它在概念上扩展了酸碱电离理论。溶剂理论认为:凡能离解而产生溶剂正离子的物质是酸;凡能离解而产生溶剂负离子的物质是碱。酸碱反应是正离子与负离子化合而形成溶剂分子的反应。

按照酸碱溶剂理论,在水溶液中,水为溶剂,水离解产生的正离子为 H^+,负离子为 OH^-。因此,在水溶液中,凡能离解出 H^+ 的物质是酸,凡能离解出 OH^- 的物质是碱。酸碱反应主要是 H^+ 和 OH^- 化合而成溶剂 H_2O 分子。溶剂理论对于水溶液中的酸碱概念的解释与电离理论是一致的。但在非水溶液中就有许多不同的酸和碱。如以液态 NH_3 为溶剂时,溶剂的离解反应为

$$2NH_3 \rightleftharpoons NH_4^+ + NH_2^-$$
$$\quad\quad\quad\quad\quad (铵离子) \ (氨基离子)$$

NH_4Cl 在液氨中表现为酸,它的离解反应为

$$NH_4Cl \longrightarrow NH_4^+ + Cl^-$$

氨基化钠在液氨中表现为碱,它的离解反应为

$$NaNH_2 \longrightarrow Na^+ + NH_2^-$$

酸碱反应是 NH_4^+ 和 NH_2^- 结合为 NH_3 的反应:

$$NaNH_2 + NH_4Cl \longrightarrow NaCl + 2NH_3$$
$$\ \ (碱)\quad\quad (酸)\quad\quad (盐)(溶剂:氨)$$

常见的非水溶剂还有甲醇、乙醇、冰乙酸、丙酮和苯等。

由上可见,水只是许多溶剂中的一种。各种溶剂离解后的正、负离子不同,因而有不同的酸和碱。溶剂理论扩大了酸碱的范畴,在非水溶液系统中应用更为广泛,但它也有局限性。他只适用于溶剂能离解成正、负离子的系统,对于不能离解的溶剂以及无溶剂的酸碱系统则不适用了。

3.1.3 酸碱质子理论

1. 酸碱质子理论的基本概念

在水溶液中,离子是以水合离子的形式存在。H^+是H原子失去电子后的质子,它与水分子结合成水合质子。水合质子的结构复杂,可能是$H_9O_4^+$,一般简写为H_3O^+:

$$H^+ + H_2O \rightleftharpoons H_3O^+$$
（质子）　（水）　（水合质子）

为简便起见,通常就用H^+代表H_3O^+。同样,OH^-在水中也以水合离子的形式存在,水合氢氧离子的结构可能是$H_7O_4^-$一般简写为OH^-。

1923年,J. N. Brønsted 和 T. M. Lowry 同时独立地提出了酸碱质子理论(proton theory of acid and base)。

根据酸碱质子理论,凡能给出质子的物质是酸,凡能接受质子的物质是碱,它们之间的关系可用下式表示:

$$酸 \rightleftharpoons 质子 + 碱$$
$$HAc \rightleftharpoons H^+ + Ac^-$$

上式中的HAc是酸,它给出质子后,剩下的Ac^-对于质子具有一定的亲和力,能接受质子,所以Ac^-是碱。这种因一个质子的得失而互相转变的每一对酸碱,称为**共轭酸碱对**。即酸失去质子后变为它的共轭碱,碱得到质子后变为它的共轭酸,两者是相互依存的。例如下列共轭酸碱对:

$$\begin{array}{ccc} 酸 & 质子 & 碱 \\ HAc \rightleftharpoons & H^+ + & Ac^- \\ NH_4^+ \rightleftharpoons & H^+ + & NH_3 \\ HSO_4^- \rightleftharpoons & H^+ + & SO_4^{2-} \end{array}$$

$$\underset{H^+}{C_5H_5NH^+} \rightleftharpoons H^+ + C_5H_5N$$

$$\underset{NH_3^+}{CH_2-COOH} \rightleftharpoons H^+ + \underset{NH_2}{CH_2-COOH}$$

$$[Fe(H_2O)_6]^{3+} \rightleftharpoons H^+ + [Fe(H_2O)_5(OH)]^{2+}$$

2. 酸碱反应的特性

根据酸碱质子理论的定义,酸碱可以是电中性物质,也可以是阳离子物质或阴离子物质,酸较碱多一正电荷(质子)。因此,可以把共轭酸碱对的质子得失反应称为酸碱半反应，它们和氧化还原反应中的半电池反应类似，酸碱反应的实质是质子的转移(得失)。为了实现酸碱反应，作为酸给出的质子必须转移到另一种能接受质子的物质上才行。也就是说，酸碱反应是两个共轭酸碱对共同作用的结果。例如 HAc 在水溶液中的离解：

$$HAc \rightleftharpoons H^+ + Ac^-$$
酸1　　　　　碱1

$$H_2O + H^+ \rightleftharpoons H_3O^+$$
碱2　　　　　　酸2

────────────────────────

$$HAc + H_2O \rightleftharpoons H_3O^+ + Ac^-$$
酸1　碱2　　　酸2　　碱1

在这里，如果没有作为碱的溶剂(水)的存在，HAc 就无法实现其在水中的离解。

如前所述，水合质子可写成 H_3O^+，通常简写成 H^+。因此，HAc 在水中的离解平衡式可简化为

$$HAc \rightleftharpoons H^+ + Ac^-$$

本书在以后的许多计算中，也采用这种简化表示方法。但应注意，当看到这种简化的表示式时，不可忘了它实质上表示一个完整的酸碱反应，即不要忽视了作为溶剂的水所起的作用。

碱在水溶液中接受质子的过程，也必须有溶剂水分子参加。例如 NH_3 溶于水：

$$NH_3 + H_2O \rightleftharpoons OH^- + NH_4^+$$

同样是两个共轭酸碱对相互作用而达到平衡。只是在这个平衡中作为溶剂的水起了酸的作用，与 HAc 在水中离解的结果相比较可知，水是一种两性溶剂。

根据质子理论，酸和碱的中和反应也是一种质子的转移过程。例如：

$$HCl + NH_3 \longrightarrow NH_4^+ + Cl^-$$

反应的结果是各反应物转化为它们各自的共轭酸或共轭碱，因而不存在"盐"这一概念了，但习惯上还可能要用到"盐"这个名词。

盐的水解过程也是质子的转移过程，它们和酸碱离解过程在本质上是相同的。例如：

$$HAc + H_2O \rightleftharpoons H_3O^+ + Ac^- \quad (离解)$$

$$NH_3 + H_2O \rightleftharpoons OH^- + NH_4^+ \quad (离解)$$

$$Ac^- + H_2O \rightleftharpoons OH^- + HAc \quad (水解)$$

$$NH_4^+ + H_2O \rightleftharpoons H_3O^+ + NH_3 \quad (水解)$$

上述的后两个反应式可分别看做 HAc 的共轭碱 Ac⁻ 的离解反应和 NH₃ 的共轭酸 NH_4^+ 的离解反应。

质子理论不仅适用于水溶液,还适用于气相和非水溶液中的酸碱反应。例如,在液态氨和冰乙酸中,也有质子自递作用:

$$HAc + HAc \rightleftharpoons H_2Ac^+ + Ac^-$$

$$NH_3 + NH_3 \rightleftharpoons NH_4^+ + NH_2^-$$

又如 HCl 和 NH₃ 的反应,无论在水溶液中,还是在气相或苯溶液中,其实质都是一样的。总之,酸碱质子理论除保留了电离理论的优点外,还扩大了酸碱的概念和应用范围,把水溶液和非水溶液统一起来,并消除了盐的概念。

3.1.4 酸碱电子理论

在与酸碱质子理论提出的同年,美国化学家 G. N. Lewis 从化学反应过程中电子对的给予和接受提出了新的酸碱概念,称为 Lewis 酸碱理论,也称为酸碱电子理论。这个理论认为:酸是任何可以接受外来电子对的分子或离子,是电子对的接受体。碱是可以给出电子对的分子和离子,是电子对的给予体。酸碱之间以共价配键相结合,生成酸碱配合物。例如:

酸		碱		酸碱配合物
(电子对接受体)		(电子对给予体)		
H⁺	+	:OH⁻	⟶	H:OH
HCl	+	:NH₃	⟶	[H←NH₃]⁺ + Cl⁻
Ag⁺	+	2[:NH₃]	⟶	[H₃N⟶Ag←NH₃]⁺

上述几例说明了电子理论更加扩大了酸碱的范围。由于在化合物中配位键的普遍存在,大多数无机化合物都是酸碱配合物,有机化合物也是如此。例如,乙醇 C₂H₅OH 可以看做是由 $C_2H_5^+$(酸)和 OH⁻(碱)以配位键结合而成的酸碱配合物 C₂H₅⟵OH。

酸碱电子理论立论于物质的普遍组分,既摆脱了体系必须具有某种离子或元素,也不受溶剂的限制,以电子的给出和接受来表述酸碱反应,更能体现物质的本质属性,较前面几种酸碱理论更为广泛和全面。但从另一方面来看,正是因为 Lewis 酸碱电子理论对酸碱的认识过于广泛,简直是无所不包,反而不易表达和掌握酸碱的特征。

3.1.5 软硬酸碱理论

Lewis 酸碱电子理论表达的酸碱范围过于广泛,同时无法定量表达,这正是其不足之处。克服这些缺点所作的努力之一是将 Lewis 酸碱仔细地分类。1963 年美国化学家 Pearson 所创的软硬酸碱理论是其中经常用到的一种。

这种软硬酸碱概念,主要是把 Lewis 酸碱分为硬酸、软酸、交界酸和硬碱、软碱、交界碱各三类。**硬酸**的特性是电荷较多,半径较小,外层电子被原子核束缚得较紧而不易变形的正离子,如 B^{3+}、Al^{3+}、Fe^{3+} 等。**软酸**则是电荷较少,半径较大,外层电子被原子核束缚得较松因而容易变形的正离子,如 Cu^+、Ag^+、Cd^{2+} 等。Fe^{2+}、Cu^{2+} 等为交界酸。作为硬碱的负离子或分子,其配位原子是一些电负性大、吸引电子能力强的元素,这些配位原子的半径较小,难失去电子,不易变形,如 F^-、OH^- 和 H_2O 等;作为软碱的负离子或分子,其配位原子则是一些电负性较小、吸引电子能力弱的元素,这些原子的半径较大,易失去电子,容易变形,如 I^-、SCN^-、CN^-、CO 等。Br^-、NO_2^- 等为交界碱。

关于酸碱反应,根据实验事实总结出一条规律:"硬酸与硬碱结合,软酸与软碱结合,常可形成稳定的配合物。"简称为"硬亲硬,软亲软"。这一规律叫做软硬酸碱规则。

软硬酸碱规则基本上是经验的,尚有不少例外。例外作为软碱的 CN^-,它既可与软酸 Ag^+、Hg^{2+} 等形成稳定的配合物,也可与硬酸 Fe^{3+}、Co^{3+} 等形成稳定的配合物。由于配合物的成键情况比较复杂,人们对软硬酸碱理论的认识还有待深入。

3.2 电解质溶液的离解平衡

电解质是指在水溶液中或熔融状态下能够导电的化合物。电解质溶解于溶液中形成的溶液称为电解质溶液。水是最广泛、最重要的溶剂,不指明溶剂的溶液均是指水溶液。根据电解质在水溶液中的离解情况,可以将电解质分为强电解质和弱电解质两类。强电解质在溶液中是完全离解的,强酸、强碱和大多数盐类(如 HNO_3、$NaOH$、$NaCl$ 等)都是强电解质。弱电解质在水溶液中只能部分解离成离子,弱酸、弱碱和少数盐类(HAc、NH_3、$Pb(Ac)_2$、Hg_2Cl_2 等)都是弱电解质。强电解质与弱电解质之间并没有严格的界限,对于浓度为 $0.10 mol \cdot L^{-1}$ 的电解质溶液,常把离解度大于 30% 的称为强电解质;离解度在 5%~30% 之间的称为中强电解质;离解度小于 5% 的称为弱电解质。

3.2.1 强电解质的离解

一般强电解质是离子型化合物或是具有强极性键的共价化合物。强电解质在水溶液中理应"完全"离解,但是溶液导电性实验所测得的强电解质在溶液中的电离度小于 100%。例如,25℃ $0.10 mol \cdot L^{-1}$ 的 KCl 溶液的表观电离度为 86%(以下条件同),HCl 为 92%,H_2SO_4 为 61%,$NaOH$ 为 91%,$Ba(OH)_2$ 为 81%。

这是因为在强电解质溶液中,离子浓度较大,离子间的静电作用比较显著,离子的分布有一定的规律性,即正离子的周围形成了负离子组成的"离子氛"(ion atmosphere),如图 3-1 所示。

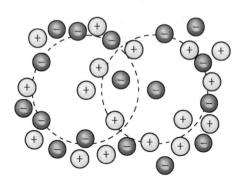

图 3-1 离子氛示意图

负离子的周围也有由正离子组成的离子氛。离子之间存在着相互牵制作用,使得离子不能完全自由运动,表现为由实验测得的强电解质在溶液中实际的电离百分数,即表观电离度小于 100%,它反映了溶液中离子间的相互作用的强弱。溶液中的离子浓度愈大,则离子间的相互牵制作用愈强,溶液中"自由运动"的离子浓度愈小。通俗地说,把溶液中这种有效地自由运动的离子浓度称为活度(activity)或有效浓度。以符号 a 表示。

若以 m 表示质量摩尔浓度,其单位为 $mol \cdot kg^{-1}$,以 c 表示物质的量浓度,单位为 $mol \cdot L^{-1}$。在稀的水溶液中,c 与 m 几乎相等,一般不加区别。在热力学中,溶质的活度 a 与 c 之间的关系表示为

$$a = \gamma_i c \tag{3.1}$$

式中,γ_i 称为 i 种离子的活度系数,它是衡量实际溶液和理想溶液之间偏差大小的尺度。在电解质溶液中,一般 $\gamma < 1$。活度系数 γ_i 愈小,则离子间的相互作用愈强,离子活度就愈小。然而当溶液的浓度极稀时,由于离子之间的距离很大,以致离子之间的相互作用力小至可以忽略不计,这时的活度系数可视为等于 1,并且 $a = c$。

对于强电解质稀溶液(小于 $0.1 mol \cdot L^{-1}$)中离子的活度系数,Debye-Hückel 于 1923 年导出的公式可给出较好的结果。

在电解质溶液中离子的活度系数与溶液中各种离子的浓度有关,也与离子所带电荷数有关。这些影响以"离子强度"来表示,其符号为 I。I 与离子浓度 c_i 及电荷数 Z_i 之间的关系为

$$I = \frac{1}{2} \sum c_i Z_i^2 \tag{3.2}$$

对于物质的量浓度为 c 的下列电解质,其离子强度为

$$A^+B^- \quad I = \frac{c_A Z_A^2 + c_B Z_B^2}{2} = c$$

$$A^{2+}B_2^- \quad I = 3c$$

$$A^{2+}B^{2-} \quad I = 4c$$

$$A^{3+}B_3^- \quad I = 6c$$

当离子强度较小时,假定离子是点电荷而忽略其大小,活度系数可按 Debye-Hückel 极限公式计算:

$$-\lg\gamma_i = 0.5 Z_i^2 \sqrt{I} \tag{3.3}$$

在近似计算时,也可采用上述公式。

当需要考虑离子的大小和水合离子的形成等因素时,活度系数可按 Debye-Hückel 校正式计算:

$$-\lg\gamma_i = 0.512 Z_i^2 \left(\frac{\sqrt{I}}{1 + Ba^0\sqrt{I}}\right)。$$

式中,γ_i 为 i 种离子的活度系数;Z_i 为 i 种离子的电荷数;B 为常数,25℃时为 0.328;a^0 为离子体积参数,约等于水化离子的有效半径,以 Å(10^{-10}m)计;I 为溶液中的离子强度。常见离子的 a^0 值以及一定 a^0, I, Z_i 时相应的离子的活度系数 γ_i 可查阅有关的化学手册。

对于电解质 A_mB_n,还可通过下式来定义其平均活度系数 $\gamma_\pm$:

$$(m + n)\lg\gamma_\pm = m\lg\gamma_A + n\lg\gamma_B$$

则 Debye-Huckel 的极限公式为

$$\lg\gamma_\pm = 0.5\sqrt{I\frac{mZ_A^2 + nZ_B^2}{m + n}} = 0.5 Z_A Z_B \sqrt{I} \tag{3.4}$$

式中,Z_A 和 Z_B 与正、负号无关。γ_i 值的计算不能通过直接实验而证实,因为基本上所有的实验方法得到的是平均活度系数 $\gamma_\pm$,而不是个别离子的数值。实验测得的平均活度系数 $\gamma_\pm$,可利用上式进行分配而得到 γ_A 和 γ_B,而这个过程只有在适用 Debyue-Hückel 极限公式高度稀释情况下才在理论上得到证明。当 I 为较高值时,必须引入离子的体积参数 å。

另外,对于高浓度电解质溶液中离子的活度系数,因情况太复杂,目前还没有较好的定量计算公式。

生物体中的电解质离子以一定的浓度和一定的比例存在于体液中,并作为体液成分的一部分参与维持体液的正常渗透压,而渗透压是维持细胞正常活动和功能的必要条件。电解质离子对酶、激素和维生素的生物功能也有影响。总之,离子强度和活度系数等概念在无机化学、分析化学和生物化学等领域都有重要意义。

例 3-1 计算 0.050 mol·L^{-1} $AlCl_3$ 溶液中的离子强度 I。

解

$$I = \frac{1}{2}\sum c_i Z_i^2$$
$$= \frac{1}{2}(0.050 \times 3^2 + 3 \times 0.050 \times 1^2) = 0.30 \text{mol} \cdot \text{L}^{-1}$$

例 3-2 应用 Debye-Hückel 极限公式,计算 $1.0 \times 10^{-4} \text{mol} \cdot \text{L}^{-1} \text{K}_2\text{SO}_4$ 溶液的平均活度系数和各个离子的活度系数。

解

$$I = \frac{1}{2}\sum c_i Z_i^2 = 3.0 \times 10^{-4} \text{mol} \cdot \text{L}^{-1},$$

$-\lg \gamma_{K^+} = 0.5(3 \times 10^{-4})^{1/2}, \qquad \gamma_{K^+} = 0.98$

$-\lg \gamma_{SO_4^{2-}} = 0.5 \times 2^2 \times (3 \times 10^{-4})^{1/2}, \qquad \gamma_{SO_4^{2-}} = 0.923$

$-\lg \gamma_{\pm} = 0.5 \times 2 \times (3 \times 10^{-4})^{1/2}, \qquad \gamma_{\pm} = 0.961$

3.2.2 弱电解质的离解平衡

1. 化学平衡常数

在一定温度下,当化学反应达到平衡状态时,体系内各物质的浓度已不再改变。那么,在各物质的浓度间存在着什么样的关系呢?现在我们先看一下表 3-1 所列氢和碘生成碘化氢和碘化氢分解反应的实验数据。

表 3-1　　　　碘化氢的生成和分解的实验数据(698.1K)

编号	起始浓度/mol·L⁻¹ × 10²			平衡浓度/mol·L⁻¹ × 10³			$\dfrac{[H_2][I_2]}{[HI]^2}$ (平衡时)
	I_2	H_2	HI	I_2	H_2	HI	
1	0	0	4.4888	0.4789	0.4789	3.5310	1.840×10^{-2}
2	0	0	10.6918	1.1409	1.1409	8.4100	1.840×10^{-2}
3	7.5098	11.3367	0	0.7378	4.5647	13.5440	1.836×10^{-2}
4	11.96420	10.6663	0	3.1292	1.8313	17.6710	1.835×10^{-2}

从表 3-1 的数据可以看出,无论是生成反应或是分解反应,不管起始时的浓度多大,在一定的温度下达到平衡状态时,氢与碘平衡时浓度的乘积除以碘化氢平衡时浓度的平方为一恒定的数值。

对任一可逆反应,如 $a\text{A} + b\text{B} \rightleftharpoons d\text{D} + e\text{E}$

在一定的温度下达到平衡状态时,实验结果表明,各反应物和生成物的浓度(分

别以方括号表示)间有如下关系:

$$\frac{[D]^d[E]^e}{[A]^a[B]^b} = K \tag{3.5}$$

即,在一定的温度下,可逆反应达到平衡,生成物的浓度以反应方程式中的该物质分子式前的系数为乘幂的乘积,与反应物的浓度以反应方程式中该物质分子式前的系数为乘幂的乘积之比是一个常数。这个关系叫化学平衡定律,其常数 K 叫做**化学平衡常数**,简称**平衡常数**(equilibrium constant)。不同的化学反应,其平衡常数值不同。任何类型的可逆反应在定温下达到平衡时(如中和反应、弱电解质离解反应、沉淀反应及氧化还原反应等),均存在上述关系。平衡常数与化学反应时的浓度无关,但随温度的变化而有所改变。式(3.5)也叫平衡常数表达式(严格来讲,应用活度代替式中的浓度)。该式亦可通过可逆反应达到平衡时正、逆反应速度相等的原理或利用自由能从热力学的角度推导求得。

2. 离解常数

强酸、强碱及大多数盐类都是强电解质,在溶液中不存在离解平衡的问题。而弱酸、弱碱和某些盐是弱电解质,它们在溶液中只部分离解,其离解过程是一个可逆过程。以醋酸(HAc)为例,在 HAc 水溶液存在下列平衡:

$$HAc + H_2O \rightleftharpoons H_3O^+ + Ac^-$$

若以 $[HAc]$,$[H_3O^+]$,$[Ac^-]$ 分别表示 HAc,H_3O^+ 和 Ac^- 的平衡浓度,根据化学平衡定律则有:

$$K'_{HAc} = \frac{[H_3O^+][Ac^-]}{[HAc][H_2O]}$$

$[H_2O]$ 可视为常数,合并到 K'_{HAc} 中,则

$$K_{HAc} = \frac{[H_3O^+][Ac^-]}{[HAc]}$$

K_{HAc} 称为醋酸的离解平衡常数,简称离解常数(ionization constant)。

一般弱酸的离解常数用 K_a 表示,一元弱酸的离解常数 K_a 的通式为

$$HA + H_2O \rightleftharpoons H_3O^+ + A^- \quad (H_3O^+\text{可简写为}H^+)$$

$$K_a = \frac{[H^+][A^-]}{[HA]} \tag{3.6}$$

一元弱碱的离解常数用 K_b 表示,则离解常数表达式为

$$BOH \rightleftharpoons B^+ + OH^-$$

$$K_b = \frac{[B^+][OH^-]}{[BOH]} \tag{3.7}$$

离解常数的大小可以衡量电解质的相对强弱。离解常数越大,对于弱酸来讲,其溶液中 $[H_3O^+]$ 或 $[H^+]$ 越大,酸性越强;对弱碱来说,溶液中的 $[OH^-]$ 越大,碱性

越强。

离解常数只与弱电解质的本性及温度有关,与浓度无关。

3. 离解度与稀释定律

前面我们已经提到离解度的概念,离解度是用来衡量弱电解质的离解(或电离)程度,它是指弱电解质达到离解平衡时,已离解的分子数和原有的分子总数之比,用百分数表示。

$$\alpha = \frac{\text{已离解的分子数}}{\text{原有的分子总数}} \times 100\% \qquad (3.8)$$

或

$$\alpha = \frac{\text{已离解的弱电解质浓度}(\text{mol} \cdot \text{L}^{-1})}{\text{弱电解质的原始浓度}(\text{mol} \cdot \text{L}^{-1})} \times 100\%$$

离解度的大小也可表示出弱电解质的强弱。α 越大,说明弱电解质离解的程度越大,电解质相对来说较强。对温度、浓度均相同的弱电解质,离解度大的,电解质较强;离解度小的,电解质弱(见表3-2)。

表3-2　　　　　　几种弱酸的离解度($18℃, 0.1\text{mol} \cdot \text{L}^{-1}$)

弱酸	化学式	$\alpha/\%$	弱酸	化学式	$\alpha/\%$
二氯化醋酸	$Cl_2CHCOOH$	52	磷酸	H_3PO_4	26
亚硫酸	H_2SO_3	20	氢氟酸	HF	15
水杨酸	$C_6H_4OHCOOH$	10	亚硝酸	HNO_2	6.5
醋酸	CH_3COOH	1.33	碳酸	H_2CO_3	0.17
氢硫酸	H_2S	0.07	氢氰酸	HCN	0.007

离解度不仅取决于电解质的本性及温度,还与电解质溶液的浓度有关。同一弱电解质在相同温度条件下,浓度越小,离解度越大。这是因为溶液越稀,离子间的平均距离越远,因而彼此结合成分子的机会越小,有更多的弱电解质离解。需要指出的是,当溶液很稀时,溶液中的"离子"浓度不是增大而是减小。这是由于溶液稀释时,体积变大,单位体积内的分子数减少,体积的影响已经超出离解度增大的影响,所以"离子"浓度随溶液浓度的减小而减小。

离解度和离解常数都可用来比较弱电解质的相对强弱程度,但它们既有联系又有区别。离解常数是化学平衡常数的一种形式,而离解度则是转化率的一种形式;离解常数不受浓度的影响,而离解度则随浓度的变化而变化。因此,离解常数能比离解度更好地表示出弱电解质地特征。

为了得到在一定温度下离解度与浓度(或者说是离解常数)之间的定量关系,德国物理化学家奥斯特瓦尔德(Ostwald)把离解度引入离解常数关系式中,导出了稀释定律公式。

设弱酸分子为 HA,初始浓度为 c,离解度为 α,则

$$HA \rightleftharpoons H^+ + A^-$$

初始浓度　　　c　　　0　　　0

平衡浓度　　$c-c\alpha$　　$c\alpha$　　$c\alpha$

$$K_{HA} = \frac{[H^+][A^-]}{[HA]} = \frac{c\alpha \times c\alpha}{c - c\alpha}$$

$$K_{HA} = \frac{c\alpha^2}{1-\alpha} \tag{3.9}$$

当 K_{HA} 很小,α 亦很小,$1-\alpha \approx 1$,则式(3.9)变为

$$K_{HA} = c\alpha^2 \text{ 或 } \alpha = \sqrt{\frac{K_{HA}}{c}} \tag{3.10}$$

式(3.10)称为稀释定律公式。它的意义是:一定温度下,同一弱电解质的离解度近似与其浓度的平方根成反比,溶液越稀,离解度越大;相同浓度的不同的弱电解质,它们的离解度分别与其离解常数的平方根成正比,离解常数大的,离解度也大。

上述稀释定律只适用于:①一元弱酸/碱或多元弱酸/碱的第一步的电离;②弱酸/碱离解的两种离子的浓度相等,即[正离子] = [负离子];③应用简化式(3.10)的前提条件是 $\alpha \leqslant 5\%$。

3.2.3　同离子效应和盐效应

1. 同离子效应

在弱电解质溶液中,加入一种与弱电解质有相同离子的强电解质时,将对弱电解质的离解产生极为显著的影响。例如在 HAc 溶液中加入强电解质 NaAc 时,由于 NaAc 在溶液中完全离解,这样溶液中[Ac^-]大大增加,使下述电离平衡向左移动,从而降低了 HAc 的离解度,结果使溶液的酸性减弱。

$HAc \rightleftharpoons H^+ + Ac^-$　　　　　　$NH_3 + H_2O \rightleftharpoons OH^- + NH_4^+$

$NaAc \longrightarrow Na^+ + Ac^-$　　　　　　$NH_4Cl \longrightarrow Cl^- + NH_4^+$

同样,在氨水溶液中加入强电解质 NH_4Cl 时,溶液中[NH_4^+]大大增加,亦使离解平衡向左移动,降低了氨水的离解,结果使溶液的碱性减弱。

由此可以得出如下结论:在弱电解质溶液中,由于加入与该弱电解质有相同离子的强电解质而使得弱电解质的离解度减小的现象,叫做**同离子效应**(common ioneffect)。应该注意,当有同离子效应时,[正离子] ≠ [负离子](如上述 HAc 及氨水溶液中[H^+] ≠ [Ac^-];[OH^-] ≠ [NH_4^+]),不能再应用式(3.9)和式(3.10)等稀释定律公式进行计算。

例 3-3 0.100 mol·L^{-1} HAc 溶液的离解度 α 及 [H$^+$] 为多少? 加入固体 NaAc (使其浓度为 0.1 mol·L^{-1},溶液体积视为不变) 后,该溶液的离解度 α 及 [H$^+$] 又是多少? 比较前后结果。

解 ①未加 NaAc 前,[H$^+$] = [Ac$^-$],根据式(3.10)则有

$$\alpha = \sqrt{\frac{K_a}{c}} = \sqrt{\frac{1.76 \times 10^{-5}}{0.100}} = 1.33 \times 10^{-2} = 1.33\%$$

$$[H^+] = c\alpha = 0.100 \times 1.33\% = 1.33 \times 10^{-3} (\text{mol} \cdot L^{-1})$$

②加入 NaAc 后,[H$^+$] ≠ [Ac$^-$],不能用式(3.10)进行计算,根据离解常数的定义,设 x = [H$^+$],应用式(3.2)则有

$$\text{HAc} \rightleftharpoons \text{H}^+ + \text{Ac}^-$$

起始浓度　　0.100　　　0　　　0.10

平衡浓度　　0.100 − x　　x　　0.10 + x

$$K_a = \frac{x(0.10 + x)}{0.100 - x}$$

∵ 0.10 + x ≈ 0.10

　　0.100 − x ≈ 0.100

∴ $K_a = \dfrac{0.10x}{0.100} = 1.76 \times 10^{-5}$

$$[H^+] = x = 1.76 \times 10^{-5}$$

$$\alpha = \frac{1.76 \times 10^{-5}}{0.10} = 1.76 \times 10^{-4} = 0.0176\%$$

从上述计算结果可以看出,由于同离子效应,[H$^+$] 和 HAc 的离解度 α 都降低到原来的约 1/76。同离子效应很有实际意义,由于它可以控制弱酸或弱碱溶液的 [H$^+$] 和 [OH$^-$],故在生产实践和科学实验中常用来调节溶液的 pH 值。

2. 盐效应

在弱电解质溶液中加入不含共同离子的可溶性强电解质时,该弱电解质的离解度将会增大,这种影响叫做盐效应(salt effect)。例如在 c(HAc) 为 0.1 mol·L^{-1} 醋酸溶液中,加入固体 NaCl,使 c(NaCl) 为 0.1 mol·L^{-1} 时,HAc 的离解度由 1.33% 增至 1.68%。盐效应的原因应归结为强电解质的加入使离子活度减小,根据平衡移动原理,引起弱电解质离解平衡向右移动,弱电解质的离解度增大。

发生同离子效应时,必然伴随着盐效应,盐效应虽然可使弱酸或弱碱的离解度增大一些,但数量级一般不会改变,而同离子效应的影响却大得多。所以,在有同离子效应时,可以忽略盐效应。

3.2.4 酸碱的相对强弱

1. 酸碱的离解平衡

酸碱质子理论在无机化学及分析化学中普遍应用,常作为理论分析的依据。一般讨论酸碱的强弱问题时即是以此为基础。

酸碱的强度与酸碱本身的性质及溶剂的性质有关。作为溶剂的纯水,由于其两性作用,一个水分子可以从另一个水分子夺取质子而形成 H_3O^+ 和 OH^-:

$$H_2O + H_2O \rightleftharpoons H_3O^+ + OH^-$$

即水分子之间存在着质子的传递作用,叫做质子的自递作用。反应的平衡常数称为水的质子自递常数:

$$K_w = [H_3O^+][OH^-] \tag{3.11}$$

水合质子 H_3O^+ 常简写作 H^+,因此水的质子自递常数常简写为

$$K_w = [H^+][OH^-]$$

这个常数就是水的离子积,在 25℃ 时等于 1.0×10^{-14}。于是

$$K_w = 1.0 \times 10^{-14}, \quad pK_w = 14.00$$

在水溶液中,酸的强度取决于将质子给予水分子的能力,碱的强度取决于它从水分子中夺取质子的能力,具体表现为质子转移反应平衡常数的大小上。平衡常数越大,酸碱的强度也越大。因此,可将酸的离解常数叫**酸度常数**,碱的离解常数叫**碱度常数**。

强酸的酸性强,因为它能把质子几乎全部转移给水分子,形成 H_3O^+。例如,HCl 溶解于水:

$$HCl + H_2O \longrightarrow H_3O^+ + Cl^-$$

HCl 将它的质子几乎全部给予 H_2O 分子,使反应强烈向生成水合质子的方向进行,$K_a \approx 10^8$,所以 HCl 是强酸。Cl^- 是 HCl 的共轭碱,它几乎没有夺取质子的能力,所以是一种很弱的碱,它的 K_b 小到难以测定。强酸、弱酸的相对强度,根据它们离解常数的大小容易判断出来,酸的离解常数 K_a 越大,酸的强度越大;碱的离解常数 K_b 越大,碱的强度越大。例如,HAc,NH_4^+,HS^- 三种酸与 H_2O 反应及相应的 K_a 值如下:

(1) $HAc + H_2O \rightleftharpoons H_3O^+ + Ac^-$,或 $HAc \rightleftharpoons H^+ + Ac^-$,

$$K_a = \frac{[H^+][Ac^-]}{[HAc]} = 1.8 \times 10^{-5}$$

(2) $NH_4^+ + H_2O \rightleftharpoons H_3O^+ + NH_3$,或 $NH_4^+ \rightleftharpoons H^+ + NH_3$,

$$K_a = \frac{[H^+][NH_3]}{[HH_4^+]} = 5.6 \times 10^{-10}$$

(3) $HS^- + H_2O \rightleftharpoons H_3O^+ + S^{2-}$,或 $HS^- \rightleftharpoons H^+ + S^{2-}$,

$$K_a = \frac{[H^+][S^{2-}]}{[HS^-]} = 7.1 \times 10^{-15}$$

由 K_a 值的大小可知这三种酸的强弱顺序为

$$HAc > NH_4^+ > HS^-$$

一种酸的酸性越强，K_a 值越大，则其相应的共轭碱的碱性越弱，K_b 值越小。上述 HAc，NH_4^+，HS^- 的共轭碱分别为 Ac^-，NH_3，S^{2-}，这三种碱与 H_2O 的反应式及 K_b 值如下：

(1)　　$Ac^- + H_2O \rightleftharpoons HAc + OH^-$

$$K_b = \frac{[HAc][OH^-]}{[Ac^-]} = 5.6 \times 10^{-10}$$

(2)　　$NH_3 + H_2O \rightleftharpoons NH_4^+ + OH^-$

$$K_b = \frac{[NH_4^+][OH^-]}{[NH_3]} = 1.8 \times 10^{-5}$$

(3)　　$S^{2-} + H_2O \rightleftharpoons HS^- + OH^-$

$$K_b = \frac{[HS^-][OH^-]}{[S^{2-}]} = 1.4$$

由 K_b 值的大小可知这三种碱的强弱顺序与其共轭酸刚好相反，它们的强弱顺序：

$$S^{2-} > NH_3 > Ac^-$$

由上可见质子理论克服了电离理论的一些困难，并赋予水中电离理论以更广泛的含义。早期有关电离常数的实验值，除实验本身有错误或误差外，其他仍可沿用。一些常用的弱酸、弱碱在水溶液中的离解常数列于本书附录中。

另外，对于多元弱酸、弱碱的水溶液，其离解是分级进行的，由此可建立各级离解平衡。例如磷酸 H_3PO_4，由于它是三元中强酸，因而在溶液中能建立下列三级离解平衡：

$$H_3PO_4 \rightleftharpoons H^+ + H_2PO_4^- \qquad K_{a1} = 7.6 \times 10^{-3}$$
$$H_2PO_4^- \rightleftharpoons H^+ + HPO_4^{2-} \qquad K_{a2} = 6.3 \times 10^{-8}$$
$$HPO_4^{2-} \rightleftharpoons H^+ + PO_4^{3-} \qquad K_{a3} = 4.4 \times 10^{-13}$$

当然，这些都是简略表示式。由 K_a 值可知酸的强度为

$$H_3PO_4 > H_2PO_4^- > HPO_4^{2-}$$

2. 共轭酸碱对的 K_a 和 K_b 的关系

共轭酸碱对的 K_a 和 K_b 之间有确定的关系。例如，共轭酸碱对 $HAc - Ac^-$ 的 K_a 和 K_b 的关系可推导如下：

酸和水反应　　$HAc H_2O \rightleftharpoons H_3O^+ + Ac^-$，或

$$HAc \rightleftharpoons H^+ + Ac^- \qquad K_a = \frac{[H^+][Ac^-]}{[HAc]}$$

碱和水反应 $Ac^- + H_2O \rightleftharpoons HAc + OH^-$

$$K_b = \frac{[HAc][OH^-]}{[Ac^-]}$$

$$K_a \cdot K_b = \frac{[H^+][Ac^-]}{[HAc]} \cdot \frac{[HAc][OH^-]}{[Ac^-]} = [H^+][OH^-]$$

故

$$K_a \cdot K_b = K_w$$

$$pK_a + pK_b = pK_w = 14.00(25℃) \tag{3.12}$$

因此,只要知道酸或碱的离解常数,它的相应的共轭碱或共轭酸的离解常数很容易从上述关系式求得。

例 3-4 已知 HAc 的 $K_a = 1.8 \times 10^{-5}$,求 Ac^- 的 K_b 值。

解 因为 Ac^- 是 HAc 的共轭碱,所以其

$$K_b = \frac{K_w}{K_a} = \frac{1.0 \times 10^{-14}}{1.8 \times 10^{-5}} = 5.6 \times 10^{-10}$$

例 3-5 计算 $HC_2O_4^-$ 的 K_b 值。

解 $HC_2O_4^-$ 为两性物资,既可作为酸,又可作为碱。

$HC_2O_4^-$ 作为碱时:

$$HC_2O_4^- + H_2O \rightleftharpoons H_2C_2O_4 + OH^-$$

可见其共轭酸是 $H_2C_2O_4$,与 K_{a1} 相对应的碱的离解常数为 K_{b2},求 $HC_2O_4^-$ 的 K_b 即 K_{b2},已知 $K_{a1} = 5.9 \times 10^{-2}, K_{a2} = 6.4 \times 10^{-5}$,则

$$K_{b2} = \frac{K_w}{K_{a1}} = \frac{1.0 \times 10^{-14}}{5.9 \times 10^{-2}} = 1.7 \times 10^{-13}$$

多元酸在水中逐级离解,情况比较复杂。例如前已述及 H_3PO_4 在水中的三步离解常数,酸的 K_a 愈大,其共轭碱的 K_b 就愈小,故磷酸各级共轭碱的离解常数分别为

$$PO_4^{3-} + H_2O \rightleftharpoons HPO_4^{2-} + OH^-$$

$$K_{b1} = K_w/K_{a3} = 2.3 \times 10^{-2}$$

$$HPO_4^{2-} + H_2O \rightleftharpoons H_2PO_4^- + OH^-$$

$$K_{b2} = K_w/K_{a2} = 1.6 \times 10^{-7}$$

$$H_2PO_4^- + H_2O \rightleftharpoons H_3PO_4 + OH^-$$

$$K_{b3} = K_w/K_{a1} = 1.3 \times 10^{-12}$$

应该注意,碱的离解常数最大的 K_{b1} 和酸的离解常数最小的 K_{a3} 相对应;而最小的 K_{b3} 和最大的 K_{a1} 相对应。总之,共轭酸碱对中酸的离解常数和它对应碱的离解常数成反比,两者的乘积等于水的离子积,即 $K_a \cdot K_b = K_w$。

3. 拉平效应和区分效应

根据酸碱质子理论,一种物质在某种溶液中所表现出来的酸(或碱)的强弱,首

先与酸碱的本质有关,其次与溶剂的性质等因素有关。例如,在 HAc 水溶液和 HCN 水溶液中,HAc,HCN 分别与 H_2O 作用:

$$HAc + H_2O \rightleftharpoons H_3O^+ + Ac^-$$

$$HCN + H_2O \rightleftharpoons H_3O^+ + CN^-$$

在这些反应中,HAc,HCN 给出质子,是酸;H_2O 接受质子,是碱。通过比较 HAc 和 HCN 在水溶液中的离解常数,可以确定 HAc 是比 HCN 较强的酸。以 H_2O 这个碱作为比较的标准,可以区分 HAc 和 HCN 给出质子能力的差别,这就是溶剂水的"区分效应"。具有区分效应的溶剂称为区分性溶剂。

然而,强酸与水之间的酸碱反应是不可逆的,强酸在水中完全离解。例如:

$$HCl + H_2O \longrightarrow H_3O^+ + Cl^-$$

$$HNO_3 + H_2O \longrightarrow H_3O^+ + NO_3^-$$

$$H_2SO_4 + H_2O \longrightarrow H_3O^+ + HSO_4^-$$

$$HClO_4 + H_2O \longrightarrow H_3O^+ + ClO_4^-$$

只要这些酸的浓度不是太大,则它们将定量地与水作用,全部转化为 H_3O^+,即水中并不存在这些酸的分子,或者说它们的酸的强度,全部被拉平到 H_3O^+ 的水平。这种将各种不同强度的酸拉平到溶剂化质子(这里是水化质子 H_3O^+)水平的效应称为拉平效应。具有拉平效应的溶剂称为拉平性溶剂。显然,通过水的拉平效应,任何一种比 H_3O^+ 酸性更强的酸,都被拉平到 H_3O^+ 的水平。即是说,H_3O^+ 是水溶液中能够存在的最强的酸的形式。

如果是在冰乙酸介质中,由于 H_2Ac^+ 的酸性较 H_3O^+ 强,因而 HAc 的碱性较 H_2O 弱。在这种情况下,这四种酸就不能全部将其质子转移给 HAc 了,并且在程度上有差别:

$$HClO_4 + HAc \rightleftharpoons H_2Ac^+ + ClO_4^-$$

$$H_2SO_4 + HAc \rightleftharpoons H_2Ac^+ + HSO_4^-$$

$$HCl + HAc \rightleftharpoons H_2Ac^+ + Cl^-$$

$$HNO_3 + HAc \rightleftharpoons H_2Ac^+ + NO_3^-$$

实验证明,由上到下,反应越来越不完全。由此可见,在冰乙酸介质中,这四种酸的强度能显示出差别来,即冰乙酸是 $HClO_4$,H_2SO_4,HCl,HNO_3 的区分性溶剂。在冰乙酸中,上述四种酸的 pK_a 值分别为 5.8,8.2(pK_{a1}),8.8 和 9.4。水和冰乙酸分别是上述四种强酸的拉平性溶剂和区分性溶剂。溶剂的拉平效应与溶质和溶剂的酸碱相对强度有关。例如,水虽然不是上述四种酸之间的区分性溶剂,但它却是这四种酸和乙酸的区分性溶剂,因为在水中,乙酸只能显示很弱的酸性。

由此可知,酸的相对强度在碱性较强的溶剂中易被拉平无法区别,应选择在酸性较强的溶剂中加以比较;碱的相对强度在酸性较强的溶剂中易被拉平无法区别,应选择在碱性较强的溶剂中加以比较。

3.3 酸碱平衡中有关浓度的计算

3.3.1 溶液的 pH

水溶液中 H_3O^+ 浓度的大小反映了溶液的酸碱性强弱。$[H_3O^+]$(简写为 $[H^+]$)和 $[OH^-]$ 是相互联系的。水的离子积数正表明了两者之间的关系。根据它们的相互联系可用一个统一的标准来表明溶液的酸碱性。通常规定:

$$pH = -\lg[H^+]$$

pH 表示溶液的酸度,即溶液中 H^+ 的浓度,准确地说应是 H^+ 的活度。

与 pH 对应的,溶液的碱度即 OH^- 的浓度,亦可用 pOH 表示,即

$$pOH = -\lg[OH^-]$$

在常温下的水溶液中:

$$[H^+][OH^-] = K_w = 1.0 \times 10^{-14}$$

将等式两边分别取负对数,并令 $-\lg K_w = pK_w$ 则

$$-\lg[H^+] - \lg[OH^-] = -\lg K_w, \quad pK_w = 14.00(25℃)$$

所以

$$pH + pOH = pK_w = 14.00$$

总之,pH 是用以表示水溶液酸碱性的一种标度。$[H^+]$ 越大,pH 越小,表示溶液的酸度越高,碱度越低;$[H^+]$ 越小,pH 越大,表示溶液的酸度越低,碱度越高。溶液的酸碱性与 pH 的关系如下:

(1) 在酸性溶液中:$[H^+] > [OH^-]$,pH $< 7 <$ pOH;

(2) 在中性溶液中:$[H^+] = [OH^-]$,pH $= 7 =$ pOH;

(3) 在碱性溶液中:$[H^+] < [OH^-]$,pH $> 7 >$ pOH。

通常,用 pH 表示稀溶液的酸度和碱度。室温时水溶液中的 pH 范围为 0~14,相当于 $[H^+]$ 或 $[OH^-]$ 为 $1 mol \cdot L^{-1}$,所以 pH 一般仅适用于 $[H^+]$ 或 $[OH^-]$ 为 $1 mol \cdot L^{-1}$ 以下的溶液。如果 $[H^+] > 1 mol \cdot L^{-1}$,则 pH < 0;如果 $[OH^-] > 1 mol \cdot L^{-1}$,则 pH > 14。在这种情况下,就直接写出 $[H^+]$ 或 $[OH^-]$ 的浓度,通常不用 pH 来表示这种溶液的酸碱性。

检测溶液 pH 的方法很多,通常可用 pH 试纸、酸碱指示剂来检验,也可用酸度计(pH 计)进行测定。

应该指出,K_w 和其他平衡常数一样,随温度而变。水的离解反应是比较强烈的吸热反应。根据平衡移动原理,显然温度升高,水的离子积常数 K_w 会有明显的增大。

3.3.2 酸度对弱酸溶液中各组分浓度的影响

酸度是影响各类化学反应的一种重要因素。例如,CaC_2O_4沉淀的生成,与溶液中游离$C_2O_4^{2-}$的浓度有关,而$C_2O_4^{2-}$的浓度不仅与草酸盐的总浓度有关,而且与溶液中的H^+浓度密切有关。因此,了解酸度对弱酸溶液中各组分浓度的影响,对于控制化学反应条件具有重要的指导意义。

在弱酸平衡体系中,通常同时存在多种酸碱组分。这些组分的浓度在总浓度中所占的分数称为**分布分数**(distribution fraction),以 δ 表示。知道了分布分数及总浓度,即可求得溶液中各有关酸碱组分的平衡浓度。

1. 一元弱酸溶液中各组分的分布

一元弱酸 HB,它在溶液中以 HB 和 B^- 两种形式存在。若 HB 的总浓度为 c,平衡时 HB 和 B^- 的浓度分别为$[HB]$和$[B^-]$,则

$$c = [HB] + [B^-]$$

设 HB 在 c 中所占的分数为 δ_{HB},B^- 在 c 中所占分数为 δ_{B^-},则

$$\delta_{HB} = \frac{[HB]}{c} = \frac{[HB]}{[HB]+[B^-]}, \quad \delta_{B^-} = \frac{[B^-]}{c} = \frac{[B^-]}{[HB]+[B^-]}, \quad \delta_{HB} + \delta_{B^-} = 1$$

根据 HB 的离解平衡关系式,得到

$$\frac{[HB]}{[HB]+[B^-]} = \frac{1}{1+\frac{[B^-]}{[HB]}} = \frac{1}{1+\frac{K_a}{[H^+]}} = \frac{[H^+]}{[H^+]+K_a}$$ 所以 HB 的分布分数为

$$\delta_{HB} = \frac{[H^+]}{[H^+]+K_a} \tag{3.13}$$

同样可得

$$\frac{[B^-]}{[HB]+[B^-]} = 1 \Big/ \left(\frac{[HB]}{[B^-]}+1\right) = \frac{K_a}{[H^+]+K_a}$$

所以 B^- 的分布分数为

$$\delta_{B^-} = \frac{K_a}{[H^+]+K_a} \tag{3.14}$$

HB 和 B^- 的平衡浓度分别为$[HB] = c\delta_{HB}$,$[B^-] = c\delta_{B^-}$。

例 3-6 计算 pH = 5.00 时 HAc 和 Ac^- 的分布分数。

解 HAc 的 $K_a = 1.8 \times 10^{-5}$,pH = 5.00,$[H^+] = 1.0 \times 10^{-5} \text{mol} \cdot L^{-1}$

$$\delta_{HAc} = \frac{[H^+]}{[H^+]+K_a} = \frac{1.0 \times 10^{-5}}{1.0 \times 10^{-5} + 1.8 \times 10^{-5}} = 0.36$$

$$\delta_{Ac^-} = \frac{K_a}{[H^+]+K_a} = \frac{1.0 \times 10^{-5}}{1.0 \times 10^{-5} + 1.8 \times 10^{-5}} = 0.64$$

图 3-2 表明了 HAc 和 Ac^- 的分布分数与溶液 pH 的关系。

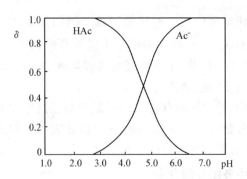

图 3-2　HAc 和 Ac^- 的分布分数与溶液 pH 的关系

由图可见，δ_{HAc} 随 pH 的增大而减小，δ_{Ac^-} 随 pH 的增大而增大，两曲线相交于 pH $= pK_a(=4.74)$ 处。此时，$\delta_{HAc} = \delta_{Ac^-} = 0.50$，即 HAc 和 Ac^- 各占一半；当 pH > pK_a 时，$\delta_{HAc} < \delta_{Ac^-}$，主要存在形式是 HAc；当 pH > pK_a，$\delta_{HAc} < \delta_{Ac^-}$，主要存在形式是 Ac^-。

2. 多元酸溶液中各组分的分布

二元弱酸 H_2B，它在溶液中以 H_2B，HB^- 和 B^{2-} 三种形式存在。若 H_2B 的浓度为 c，则

$$c = [H_2B] + [HB^-] + [B^{2-}]$$

设 H_2B，HB^- 和 B^{2-} 的分布分数分别为 δ_0，δ_1 和 δ_2，则

$$\delta_0 = \frac{[H_2B]}{c}, \delta_1 = \frac{[HB^-]}{c}, \delta_2 = \frac{[B^{2-}]}{c}$$

$$\delta_0 + \delta_1 + \delta_2 = 1$$

根据 H_2B 的离解平衡关系式，可得

$$\delta_0 = \frac{[H_2B]}{[H_2B] + [HB^-] + [B^{2-}]}$$

$$= 1 \Big/ \left(1 + \frac{[HB^-]}{[H_2B]} + \frac{[B^{2-}]}{[H_2B]}\right)$$

$$= 1 \Big/ \left(1 + \frac{K_{a1}}{[H^+]} + \frac{K_{a1}K_{a2}}{[H^+]^2}\right)$$

$$= \frac{[H^+]^2}{[H^+]^2 + K_{a1}[H^+] + K_{a1}K_{a2}}$$

同理可得

$$\delta_1 = \frac{K_{a1}[H^+]}{[H^+]^2 + K_{a1}[H^+] + K_{a1}K_{a2}}$$

$$\delta_2 = \frac{K_{a1}K_{a2}}{[H^+]^2 + K_{a1}[H^+] + K_{a1}K_{a2}}$$

故各组分的平衡浓度为

$$[H_2B] = c\delta_0, [HB^-] = c\delta_1, [B^{2-}] = c\delta_2$$

例 3-7 计算 pH = 4.00 时,总浓度为 $0.10 \text{mol} \cdot L^{-1}$ 草酸溶液中各组分的分布分数及其浓度。

解 已知 $H_2C_2O_4$ 的 $K_{a1} = 5.9 \times 10^{-2}$,$K_{a2} = 6.4 \times 10^{-5}$,$[H^+] = 1.0 \times 10^{-4} \text{mol} \cdot L^{-1}$,则

$$\delta_0 = \frac{[H_2C_2O_4]}{c} = \frac{[H^+]^2}{[H^+]^2 + K_{a1}[H^+] + K_{a1}K_{a2}}$$
$$= 0.001$$

$$\delta_1 = \frac{[HC_2O_4^-]}{c} = \frac{K_{a1}[H^+]}{[H^+]^2 + K_{a1}[H^+] + K_{a1}K_{a2}}$$
$$= 0.609$$

$$\delta_2 = \frac{[C_2O_4^{2-}]}{c} = \frac{K_{a1}K_{a2}}{[H^+]^2 + K_{a1}[H^+] + K_{a1}K_{a2}}$$
$$= 0.390$$

$[H_2C_2O_4] = c\delta_0 = 0.10 \times 0.001 = 0.0001 \text{ mol} \cdot L^{-1}$
$[HC_2O_4^-] = c\delta_1 = 0.10 \times 0.609 = 0.0609 \text{ mol} \cdot L^{-1}$
$[C_2O_4^{2-}] = c\delta_2 = 0.10 \times 0.390 = 0.0390 \text{ mol} \cdot L^{-1}$

图 3-3 是草酸溶液中三种存在形式在不同 pH 时的分布图。可见情况较一元弱酸要复杂一些。

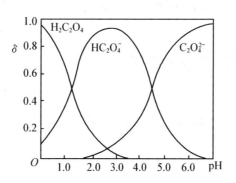

图 3-3 草酸溶液中各组分的分布分数与 pH 的关系

对其他多元酸的情况可作类似处理。例如,H_3PO_4 在溶液中以 H_3PO_4,$H_2PO_4^-$,

HPO_4^{2-} 和 PO_4^{3-} 四种形式存在，其分布分数如下：

$$\delta_0 = \frac{[H_3PO_4]}{c}$$

$$= \frac{[H^+]^3}{[H^+]^3 + K_{a1}[H^+]^2 + K_{a1}K_{a2}[H^+] + K_{a1}K_{a2}K_{a3}}$$

$$\delta_1 = \frac{[H_2PO_4^-]}{c}$$

$$= \frac{K_{a1}[H^+]^2}{[H^+]^3 + K_{a1}[H^+]^2 + K_{a1}K_{a2}[H^+] + K_{a1}K_{a2}K_{a3}}$$

$$\delta_2 = \frac{[HPO_4^{2-}]}{c}$$

$$= \frac{K_{a1}K_{a2}[H^+]}{[H^+]^3 + K_{a1}[H^+]^2 + K_{a1}K_{a2}[H^+] + K_{a1}K_{a2}K_{a3}}$$

$$\delta_3 = \frac{[PO_4^{3-}]}{c}$$

$$= \frac{K_{a1}K_{a2}K_{a3}}{[H^+]^3 + K_{a1}[H^+]^2 + K_{a1}K_{a2}[H^+] + K_{a1}K_{a2}K_{a3}}$$

例 3-8 为什么说 pH = 6.0 时总浓度为 $0.10 mol \cdot L^{-1}$ 的 H_3PO_4 溶液中主要的存在形式是 $H_2PO_4^-$ 和 HPO_4^{2-}？请用计算说明。

解 $[H^+] = 1.0 \times 10^{-6} mol \cdot L^{-1}$，$H_3PO_4$ 的 $K_{a1} = 7.6 \times 10^{-3}$，$K_{a2} = 6.3 \times 10^{-8}$，$K_{a3} = 4.4 \times 10^{-13}$，代入上述分布分数计算式得

$$\delta_{H_2PO_4^-} = 0.94, \delta_{HPO_4^{2-}} = 0.059$$

由 $\delta_{H_2PO_4^-} + \delta_{HPO_4^{2-}} = 0.94 + 0.059 = 0.999$，表明此时溶液的主要存在形式是 $H_2PO_4^-$ 和 HPO_4^{2-}。

3.3.3 物料平衡、电荷平衡和质子条件

1. 物料平衡

物料平衡方程（mass balance equation），简称物料平衡，以 MBE 表示。它是指在一个化学平衡体系中，某种组分的总浓度等于它的各种存在形式的平衡浓度之和。

例如，$0.1 mol \cdot L^{-1}$ HAc 溶液的 MBE 为

$$[HAc] + [Ac^-] = 0.1 mol \cdot L^{-1}$$

$0.05 mol \cdot L^{-1}$ H_3PO_4 溶液的 MBE 为

$$[H_3PO_4] + [H_2PO_4^-] + [HPO_4^{2-}] + [PO_4^{3-}] = 0.05 mol \cdot L^{-1}$$

总溶液为 c 的 $NaHCO_3$ 溶液的 MBE，可根据需要列出下述两个等式：$[Na^+] = c$，

及
$$[H_2CO_3] + [HCO_3^-] + [CO_3^{2-}] = c$$

2. 电荷平衡

电荷平衡方程(electrical charge balance equation)简称**电荷平衡**,以 EBE 表示。其含义为:在电解质水溶液中,根据电中性原理,正离子的总电荷数等于负离子的总电荷数,即单位体积内正电荷的物质的量与负电荷的物质的量相等。同时应注意,在电荷平衡中还应包括水本身离解而生成的 H^+ 和 OH^-。

例如,总浓度为 c 的 KCN 溶液,有下列反应:

$$KCN \longrightarrow K^+ + CN^-$$
$$CN^- + H_2O \rightleftharpoons HCN + OH^-$$
$$H_2O \rightleftharpoons H^+ + OH^-$$

溶液中的正离子 K^+,H^+ 和负离子 CN^-,OH^- 都是 1 价的,故其 EBE 为

$$[H^+] + [K^+] = [CN^-] + [OH^-]$$
$$[H^+] + c = [CN^-] + [OH^-]$$

若溶液中正、负离子的电荷不同,为了保持溶液的电中性,正离子的量浓度应乘以它的电荷,才能与负离子的量浓度乘以它的电荷值相等。

例如,$0.2\ mol \cdot L^{-1} Mg(ClO_4)_2$ 溶液中,存在下列反应:

$$Mg(ClO_4)_2 \longrightarrow Mg^{2+} + 2ClO_4^-$$
$$H_2O \rightleftharpoons H^+ + OH^-$$

其中,$[ClO_4^-] = 2[Mg^{2+}]$,即

$$0.4\ mol \cdot L^{-1} = 2 \times 0.2\ mol \cdot L^{-1}$$

溶液中的正离子有 Mg^{2+} 和 H^+,负离子有 ClO_4^- 和 OH^-,根据电中性原则,求得 EBE 为

$$[H^+] + 2[Mg^{2+}] = [OH^-] + [ClO_4^-]$$

又如 $NaCO_3$ 溶液,根据下列反应:

$$Na_2CO_3 \longrightarrow 2Na^+ + CO_3^{2-}$$
$$CO_3^{2-} + H_2O \rightleftharpoons HCO_3^- + OH^-$$
$$HCO_3^- + H_2O \rightleftharpoons H_2CO_3 + OH^-$$
$$H_2O \rightleftharpoons H^+ + OH^-$$

溶液中有 Na^+,H^+ 及 CO_3^{2-},HCO_3^-,OH^-,故 EBE 为

$$[H^+] + [Na^+] = [OH^-] + [HCO_3^-] + 2[CO_3^{2-}]$$

对于 H_3PO_4 溶液,根据 H_3PO_4 在溶液中的逐级离解平衡,考虑各离子的电荷,得 EBE 为

$$[H^+] = [OH^-] + [H_2PO_4^-] + 2[HPO_4^{2-}] + 3[PO_4^{3-}]$$

3. 质子平衡

质子平衡方程(proton balance equation)简称质子平衡或质子条件,以 PBE 表示。根据酸碱质子理论,酸碱平衡时,酸失去质子的物质的量与碱得到质子的物质的量相等,这种数量关系就是质子平衡,据此可以求得溶液中 H^+ 浓度和有关组分浓度之间的关系式,用于处理酸碱平衡中的有关计算。

通常采用两种方法求得质子平衡方程。

(1) 由物料平衡和电荷平衡求得质子平衡

举例如下(设溶液的浓度为 c):

① 求 KCN 溶液的质子平衡

MBE:$[K^+] = c$

$[HCN] + [CN^-] = c$

EBE:$[H^+] + [K^+] = [OH^-] + [CN^-]$

将以上各式合并,即得

PBE:$[H^+] + [HCN] = [OH^-]$

② 求 $NaHCO_3$ 溶液的质子平衡

MBE:$[Na^+] = c$

$[H_2CO_3] + [HCO_3^-] + [CO_3^{2-}] = c$

EBE:$[H^+] + [Na^+] = [OH^-] + [HCO_3^-] + 2[CO_3^{2-}]$

PBE:将以上各式合并,即得

$[H^+] + [H_2CO_3] = [OH^-] + [CO_3^{2-}]$

③ 求 NaH_2PO_4 溶液的质子平衡

MBE:$[Na^+] = c$

$[H_3PO_4] + [H_2PO_4^-] + [PHO_4^{2-}] + [PO_4^{3-}] = c$

EBE:$[H^+] + [Na^+] = [OH^-] + [H_2PO_4^-] + 2[HPO_4^{2-}] + 3[PO_4^{3-}]$

PBE:将以上各式合并,即得

$[H^+] + [H_3PO_4] = [OH^-] + [H_2PO_4^-] + 2[PO_4^{3-}]$

④ 求 Na_2HPO_4 溶液的质子平衡

MBE:$[Na^+] = 2c$

$[H_3PO_4] + [H_2PO_4^-] + [HPO_4^{2-}] + [PO_4^{3-}] = c$

EBE:$[H^+] + [Na^+] = [OH^-] + [H_2PO_4^-] + 2[HPO_4^{2-}] + 3[PO_4^{3-}]$

PBE:将以上各式合并,整理后得

$[H^+] + 2[H_3PO_4] + [H_2PO_4^-] = [OH^-] + [PO_4^{3-}]$

(2) 由溶液中得失质子的关系求质子平衡

质子平衡方程是表示酸碱平衡中质子转移的数量关系,要描述这种数量关系,通常选择溶液中大量存在的并参与质子转移的酸碱组分作为参考水准,称为质子参考水准。将溶液中其他酸碱组分与质子参考水准进行比较,哪些是得质子的,哪些是失质子的。根据得失质子的物质的量相等的原则,将所有得质子后组分的浓度相加并写在等式的一边,这样就得到质子平衡方程。

举例如下(设溶液的浓度为 c):

① 求弱酸 HB 溶液的质子平衡。

在 HB 溶液中,HB 和 H_2O 均大量存在并参与质子的转移,反应如下:

$$HB + H_2O \rightleftharpoons H_3O^+ + B^-$$
$$H_2O + H_2O \rightleftharpoons H_3O^+ + OH^-$$

因此,HB 和 H_2O 可选作质子参考水准。得质子以后的组分为 H_3O^+,失质子以后的组分为 B^- 和 OH^-。根据得失质子的物质的量相等的原则,得到 HB 溶液的 PBE 为:

$$[H_3O^+] = [OH^-] + [B^-]$$
$$简写为 [H^+] = [OH^-] + [B^-]$$

② 求二元弱酸 H_2B 溶液的质子平衡。

在 H_2B 溶液中,H_2B 和 H_2O 均大量存在并参与质子转移的反应,因此选择它们作为质子参考水准。

溶液中的有关酸碱组分是:得质子后产物为 H^+;失质子后组分为 OH^-、HB^- 和 B^{2-}。但必须注意,在处理涉及多级离解平衡关系的物质时,有些酸碱物质与质子参考水准相比较,质子转移数可能在 2 以上。这时,在它们的浓度之前必须乘以相应的系数,才能保持得失质子的平衡,即保持得失质子的物质的量相等。由此得到 H_2B 溶液中的 PBE 如下:

$$[H^+] = [OH^-] + [HB^-] + 2[B^{2-}]$$

③ 求 $(NH_4)_2CO_3$ 溶液的质子平衡。

在 $(NH_4)_2CO_3$ 溶液中,NH_4^+、CO_3^{2-} 和 H_2O 均大量存在并参与质子转移的反应,因此选择它们为质子参考水准。

溶液中的有关酸碱组分是:得质子后组分为 H^+、HCO_3^-、H_2CO_3;失质子后组分为 OH^-、NH_3,其中 H_2CO_3 是 CO_3^{2-} 得到 2 个质子后的产物。因此 $(NH_4)_2CO_3$ 溶液的 PBE 为

$$[H^+] + [HCO_3^-] + 2[H_2CO_3] = [OH^-] + [NH_3]$$

④ 求 $NH_4H_2PO_4$ 溶液的质子条件。

选择 NH_4^+、$H_2PO_4^-$ 和 H_2O 为质子参考水准,根据溶液中质子的转移情况,其 PBE 为

$$[H^+] + [H_3PO_4] = [OH^-] + [NH_3] + [HPO_4^{2-}] + 2[PO_4^{3-}]$$

3.3.4 酸碱溶液 pH 的计算

在下述讨论中,设酸碱溶液及其有关组分的分析浓度均为 c mol·L^{-1}。

1. 强酸、强碱溶液

强酸、强碱在水中几乎全部离解。在一般情况下,酸度的计算比较简单。例如 0.3 mol·L^{-1} HCl 溶液,其酸度(H^+ 浓度)也是 0.3 mol·L^{-1},溶液的 pH = 0.5。但是强酸或强碱溶液的浓度很小时,例如小于 10^{-6} mol·L^{-1},即与水中的 H^+ 浓度(10^{-7} mol·L^{-1})接近时,求算这种溶液的酸度除需考虑酸或碱本身离解出来的 H^+ 或 OH^- 浓度之外,还应考虑水分子离解而产生的 H^+ 或 OH^- 浓度。

$$HB + H_2O \longrightarrow H_3O^+ + B^-$$
$$2H_2O \rightleftharpoons H_3O^+ + OH^-$$

电荷平衡方程为

$$[H_3O^+] = [B^-] + [OH^-] = c + [OH^-]$$

或简化为 $[H^+] = c + [OH^-]$,即 $[H^+] = c + \dfrac{K_w}{[H^+]}$,

$$[H^+]^2 - c[H^+] - K_w = 0$$

$$[H^+] = \frac{c + \sqrt{c^2 + 4K_w}}{2}$$

在浓度为 c 的一元强酸 HB 溶液中,有下列两个质子转移的反应;这是计算一元强酸溶液 H^+ 浓度的精确式。在上述质子条件式中,c 和 $[OH^-]$ 比较,什么情况下可忽略 $[OH^-]$ 项呢?这取决于计算酸度时的允许误差。化学尤其是分析化学中计算溶液酸度通常允许相对误差约为 5%,即当主要组分浓度是次要组分浓度 20 倍以上时,次要组分可忽略。因而当强酸溶液的浓度 $c \geq 20[OH^-]$ 时,$[OH^-]$ 可忽略,得到

$$[H^+] \approx c$$

这是计算一元强酸溶液中 H^+ 浓度的最简式。

同理,强碱溶液(如 NaOH)也可按上述方法处理。当 $c < 10^{-6}$ mol·L^{-1} 或 $c \leq 20[H^+]$ 时,计算溶液 OH^- 浓度的公式如下:

$$[OH^-] = \frac{c + \sqrt{c^2 + 4K_w}}{2}$$

例 3-9 计算 5.0×10^{-7} mol·L^{-1} HCl 溶液的 pH。

解 $c < 1.0 \times 10^{-6}$ mol·L^{-1},所以

$$[H^+] = \frac{5.0 \times 10^{-7} + \sqrt{(5.0 \times 10^{-7})^2 + 4 \times 1.0 \times 10^{-14}}}{2}$$

$$= 5.19 \times 10^{-7} \text{ mol·}L^{-1}$$

因此 pH = 6.28。

2. 一元弱酸、弱碱溶液

(1) 一元弱酸溶液

一元弱酸 HB 溶液,质子参考水准为 HB 和 H_2O,其质子平衡方程为

$$[H^+] = [B^-] + [OH^-]$$

由平衡常数式

$$\frac{[H^+][B^-]}{[HB]} = K_a, [H^+][OH^-] = K_w$$

得到 $[B^-] = \frac{K_a[HB]}{[H^+]}$, $[OH^-] = \frac{K_w}{[H^+]}$,于是

$$[H^+] = \frac{K_a[HB]}{[H^+]} + \frac{K_w}{[H^+]}$$

即 $[H^+]^2 = K_a[HB] + K_w$,或

$$[H^+] = \sqrt{K_a[HB] + K_w}$$

再根据物料平衡,

$$[HB] = c - [B^-]$$

由质子平衡式 $[B^-] = [H^+] - \frac{K_w}{[H^+]}$,得到

$$[HB] = c - [H^+] + \frac{K_w}{[H^+]}$$

$$= \frac{c[H^+] - [H^+]^2 + K_w}{[H^+]}$$

则

$$[H^+]^2 = K_a \cdot \frac{c[H^+] - [H^+]^2 + K_w}{[H^+]} + K_w$$

整理后得

$$[H^+]^3 + K_a[H^+]^2 - (K_a c + K_w)[H^+] - K_a K_w = 0 \qquad (3.15)$$

这就是计算一元弱酸溶液 $[H^+]$ 的精确式。若直接用代数法求解此方程,相当麻烦。在实际工作中也没有必要。通常根据计算 H^+ 浓度时的允许误差,视弱酸的 c 值及其离解常数 K_a 的大小,采用近似方法进行计算。

在上述精确式 $[H^+] = \sqrt{K_a[HB] + K_w}$ 中,如果 $K_a[HB] \geq 20K_w$ 时,K_w 可忽略。此时计算结果的相对误差不大于 5%。基于弱酸的离解度一般不大,为简便起见,即以 $K_a[HB] \approx K_a c \geq 20K_w$ 时,K_w 可忽略,则

$$[H^+] \approx \sqrt{K_a[HB]} 因为 [HB] = c - [H^+],所以$$

$$[H^+] = \sqrt{K_a(c - [H^+])}$$

$$[H^+] = \frac{-K_a + \sqrt{K_a^2 + 4K_a c}}{2} \tag{3.16}$$

这是计算一元弱酸溶液 H^+ 浓度的近似公式。

若平衡时溶液中 H^+ 的浓度远小于弱酸原来的浓度 c（$[H^+] < 0.05c$），则 $c - [H^+] \approx c$，因而

$$[H^+] = \sqrt{K_a c} \tag{3.17}$$

这是计算一元弱酸溶液中 H^+ 浓度的最简公式。当 $K_a c \geq 20K_w$，并且 $\dfrac{c}{K_a} \geq 500$①时，即可采用最简公式进行计算。

例 3-10 计算 $0.10\,\mathrm{mol \cdot L^{-1}}$ HAc 溶液的 pH。

解 已知 $c = 0.10\,\mathrm{mol \cdot L^{-1}}$，$K_a = 1.8 \times 10^{-5}$，$cK_a > 20K_w$，又因为 $\dfrac{c}{K_a} > 500$，故可采用最简公式计算，求得

$$[H^+] = \sqrt{K_a c} = \sqrt{1.8 \times 10^{-5} \times 0.10}$$
$$= 1.34 \times 10^{-3}\,\mathrm{mol \cdot L^{-1}}$$
$$\mathrm{pH} = 2.87$$

例 3-11 计算 $0.10\,\mathrm{mol \cdot L^{-1}}$ 一氯乙酸（$CH_2ClCOOH$）溶液的 pH。

解 已知 $c = 0.10\,\mathrm{mol \cdot L^{-1}}$，$K_a = 1.4 \times 10^{-3}$，$cK_a > 20K_w$，但 $c/K_a < 500$，采用近似式计算得

$$[H^+] = \frac{-K_a + \sqrt{K_a^2 + 4K_a c}}{2}$$
$$= \frac{-1.4 \times 10^{-3} + \sqrt{(1.4 \times 10^{-3})^2 + 4 \times 1.4 \times 10^{-3} \times 0.10}}{2}$$

---

① 当 $\dfrac{c}{K_a} = 500$ 时，按最简公式计算为

$$[H^+] = \sqrt{500 K_a^2} = 22.4 K_a$$

按近似公式计算为

$$[H^+] = -\frac{K_a}{2} + \sqrt{\frac{K_a^2}{4} + 500 K_a^2} = 21.9 K_a$$

采用最简式时，计算结果的相对误差为

$$\frac{22.4 K_a - 21.9 K_a}{21.9 K_a} \times 100\% \approx +2.2\%$$

$$= 1.12 \times 10^{-2} \text{mol} \cdot \text{L}^{-1}$$
$$\text{pH} = 1.96$$

例 3-12 计算 $0.050 \text{mol} \cdot \text{L}^{-1} \text{NH}_4\text{Cl}$ 溶液的 pH。

解 NH_4^+ 是 NH_3 的共轭酸,它在水中有下述平衡:
$$\text{NH}_4^+ + \text{H}_2\text{O} \rightleftharpoons \text{H}_3\text{O}^+ + \text{NH}_3$$
可简写为
$$\text{NH}_4^+ \rightleftharpoons \text{NH}_3 + \text{H}^+$$

故 NH_4^+ 可按一元弱酸的离解平衡处理。已知 NH_3 的 $K_b = 1.8 \times 10^{-5}$,则 NH_4^+ 的 $K_a = \dfrac{K_w}{K_b} = 5.6 \times 10^{-10}$。因为 $cK_a > 20K_w$,$\dfrac{c}{K_a} > 500$,故可按最简公式计算,得到

$$[\text{H}^+] = \sqrt{K_a c} = \sqrt{5.6 \times 10^{-10} \times 0.050}$$
$$= 5.29 \times 10^{-6} \text{mol} \cdot \text{L}^{-1}$$
$$\text{pH} = 5.28$$

在以上计算过程中,忽略了水离解的影响,这是不超过一定的相对误差、简化计算所允许的。但对于极稀或极弱酸的溶液,由于溶液中 H^+ 的浓度非常小,这种情况下就不能忽略水本身离解出来的 H^+,甚至于它们可能就是溶液中 H^+ 的主要来源。例如当 $cK_a < 20K_w$,$\dfrac{c}{K_a} \geqslant 500$,这表明此时水离解出的 H^+ 不能忽略;因为是极弱的酸,其平衡浓度就近似等于原始浓度,则 $[\text{H}^+]$ 的计算可采用下式:

$$[\text{H}^+] = \sqrt{K_a c + K_w} \tag{3.18}$$

这可以作为最简公式的补充。

例 3-13 计算 $1.0 \times 10^{-4} \text{mol} \cdot \text{L}^{-1} \text{HCN}$ 溶液 pH。

解 已知 $c = 1.0 \times 10^{-4} \text{mol} \cdot \text{L}^{-1}$,$K_a = 6.2 \times 10^{-10}$,$cK_a < 20K_w$,$\dfrac{c}{K_a} > 500$,利用下式计算:

$$[\text{H}^+] = \sqrt{K_a c + K_w}$$
$$= \sqrt{6.2 \times 10^{-10} \times 1.0 \times 10^{-4} + 1.0 \times 10^{-14}}$$
$$= 2.7 \times 10^{-7} \text{mol} \cdot \text{L}^{-1}$$
$$\text{pH} = 6.57$$

(2) 一元弱碱溶液

一元弱碱溶液中存在下列酸碱平衡:
$$\text{B} + \text{H}_2\text{O} \rightleftharpoons \text{BH}^+ + \text{OH}^-$$

处理的方法与一元弱酸类似。只要将前面所讨论的计算一元弱酸溶液中 H^+ 浓度的有关公式中的 K_a 换成 K_b,将 $[\text{H}^+]$ 换成 $[\text{OH}^-]$,就完全适用于计算一元弱碱溶

液中 OH⁻ 浓度。

例 3-14　计算 $0.10\ \mathrm{mol\cdot L^{-1}}$ 氨水溶液的 pH。

解　已知 $c=0.10\ \mathrm{mol\cdot L^{-1}}$, $K_b=1.8\times10^{-5}$, $cK_b>20K_w$, 但 $\dfrac{c}{K_b}>500$, 故可以采用最简公式计算, 求得

$$[\mathrm{OH^-}]=\sqrt{cK_b}=\sqrt{0.10\times1.8\times10^{-5}}$$
$$=1.3\times10^{-3}\ \mathrm{mol\cdot L^{-1}}$$
$$\mathrm{pOH}=2.89$$
$$\mathrm{pH}=14.00-2.89=11.11$$

例 3-15　计算 $0.010\ \mathrm{mol\cdot L^{-1}}$ 乙胺溶液的 pH。

解　乙胺在水溶液中有如下酸碱平衡:

$$\mathrm{C_2H_5NH_2+H_2O\rightleftharpoons C_2H_5NH_3^+ +OH^-}$$

已知 $c=0.010\ \mathrm{mol\cdot L^{-1}}$, $K_b=5.6\times10^{-4}$, $cK_b>20K_w$, 但 $\dfrac{c}{K_b}<500$, 故应采用近似公式计算, 得

$$[\mathrm{OH^-}]=\dfrac{-K_b+\sqrt{K_b^2+4cK_b}}{2}$$
$$=\dfrac{-5.6\times10^{-4}+\sqrt{(5.6\times10^{-4})^2+4\times0.010\times5.6\times10^{-4}}}{2}$$
$$=2.10\times10^{-3}\ \mathrm{mol\cdot L^{-1}}$$
$$\mathrm{pOH}=2.68$$
$$\mathrm{pH}=14.00-2.68=11.32$$

例 3-16　计算 $0.10\ \mathrm{mol\cdot L^{-1}}$ NaAc 溶液的 pH。

解　Ac⁻ 是 HAc 的共轭碱, 它在水中有如下酸碱平衡:

$$\mathrm{Ac^-+H_2O\rightleftharpoons HAc+OH^-}$$

根据 HAc 的 $K_a=1.8\times10^{-5}$, 求得 Ac⁻ 的 K_b 值:

$$K_b=\dfrac{K_w}{K_a}=\dfrac{1.0\times10^{-14}}{1.8\times10^{-5}}=5.6\times10^{-10}$$

由于 $cK_b>20K_w$, $\dfrac{c}{K_b}>500$, 故可采用最简公式计算:

$$[\mathrm{OH^-}]=\sqrt{cK_b}=\sqrt{0.10\times5.6\times10^{-10}}$$
$$=7.5\times10^{-6}\ \mathrm{mol\cdot L^{-1}}$$
$$\mathrm{pOH}=5.13$$
$$\mathrm{pH}=14.00-5.13=8.87$$

3. 多元酸碱溶液

以二元弱酸 H_2B 为例, 其质子条件式为

$$[H^+] = [HB^-] + 2[B^{2-}] + [OH^-]$$

根据平衡关系,得到

$$[H^+] = \frac{K_{a1}[H_2B]}{[H^+]} + 2\frac{K_{a1}K_{a2}[H_2B]}{[H^+]^2} + \frac{K_w}{[H^+]}$$

整理后得到

$$[H^+] = \sqrt{[H_2B]K_{a1}\left(1 + \frac{2K_{a2}}{[H^+]} + K_w\right)} \tag{3.19}$$

对上式应根据具体情况,采用近似方法进行计算。例如,当 $K_{a1}[H_2B] \geq 20K_w$ 时,K_w 可忽略,此时计算结果的相对误差不大于 5%。由于大多数二元弱酸的离解度不大,我们可按 $K_{a1}[H_2B] \approx K_{a1}c \geq 20K_w$ 进行初步判断,$K_{a1}c \geq 20K_w$ 时,K_w 可忽略。又当

$$\frac{2K_{a2}}{[H^+]} \approx \frac{2K_{a2}}{\sqrt{cK_{a1}}} < 0.05$$

即第二级离解也可忽略时,则此二元弱酸可按一元弱酸处理,则 H_2B 的平衡浓度约等于

$$[H_2B] \approx c - [H^+]$$

所以 $[H^+] = \sqrt{K_{a1}(c - [H^+])}$,即

$$[H^+]^2 + K_{a1}[H^+] - cK_{a1} = 0$$

这就是计算二元弱酸溶液中 H^+ 浓度的近似公式。与一元弱酸相似,如果 $cK_{a1} \geq 20K_w$,$\frac{2K_{a2}}{[H^+]} \approx \frac{2K_{a2}}{\sqrt{cK_{a1}}} < 0.05$ 且 $\frac{c}{K_{a1}} > 500$ 时,则二元弱酸的平衡浓度可视为等于其原始浓度 c:

$$[H_2B] = c - [H^+] \approx c, [H^+] = \sqrt{cK_{a1}} \tag{3.20}$$

这是计算二元弱酸 H^+ 浓度的最简公式。

如果将

$$[H_2B] = c\delta_{H_2B} = c\frac{[H^+]^2}{[H^+]^2 + K_{a1}[H^+] + K_{a1}K_{a2}}$$

代入 $[H^+] = \sqrt{[H_2B] \cdot K_{a1}\left(1 + \frac{2K_{a2}}{[H^+]}\right) + K_w}$,整理后得

$$[H^+]^4 + K_{a1}[H^+]^3 + (K_{a1}K_{a2} - K_{a1}c - K_w)[H^+]^2$$
$$- (K_{a1}K_w + 2K_{a1}K_{a2}c)[H^+] - K_{a2}K_{a1}K_w = 0 \tag{3.21}$$

这是计算二元弱酸溶液中 H^+ 浓度的精确公式。

综上所述,计算酸碱溶液中 H^+ 浓度的一般处理方法是:由质子条件式和平衡常数式相结合得精确表达式。再根据具体条件处理成近似式或最简式。而近似处理一般表现在两个方面:质子条件式中取其主而舍其次;精确表达式中合理地用分析浓度

代替平衡浓度。

实际运算中最简式用得最多,近似式其次,而精确式几乎用不到。

例 3-17 计算 $0.10\ \text{mol}\cdot\text{L}^{-1}\text{H}_2\text{C}_2\text{O}_4$ 溶液的 pH。

解 已知 $c = 0.10\ \text{mol}\cdot\text{L}^{-1}$,$K_{a1} = 5.9 \times 10^{-2}$,$K_{a2} = 6.4 \times 10^{-5}$,$K_{a1} \gg K_{a2}$,$cK_{a1} > 20K_w$,$\dfrac{2K_{a2}}{\sqrt{cK_{a1}}} < 0.05$,但 $\dfrac{c}{K_{a1}} < 500$,采用近似式计算,求得

$$[H^+] = \frac{-K_{a1} + \sqrt{K_{a1}^2 + 4K_{a1}c}}{2} = 5.3 \times 10^{-2}\ \text{mol}\cdot\text{L}^{-1}$$

$$\text{pH} = 1.28$$

多元碱在溶液中按碱式逐级离解。对于 CO_3^{2-},$C_2O_4^{2-}$,PO_4^{3-} 等,由于 $K_{b1} \gg K_{b2}$,所以第一步离解平衡是主要的,应抓住这个主要的平衡进行近似处理。具体方法与前面处理多元酸的方法相同,所不同的是仅需按碱的离解平衡进行有关计算。

例 3-18 计算 $0.10\ \text{mol}\cdot\text{L}^{-1}\text{Na}_2\text{CO}_3$ 溶液的 pH。

解 已知 $K_{b1} = 1.8 \times 10^{-4}$,$K_{b2} = 2.4 \times 10^{-8}$,

$$cK_{b1} > 20K_w,\ \frac{2K_{b2}}{[OH^-]} = \frac{2K_{b2}}{\sqrt{cK_{b1}}} < 0.05,$$

又 $\dfrac{c}{K_{b1}} > 500$,故采用最简式计算,得

$$[OH^-] = \sqrt{cK_{b1}} = \sqrt{0.10 \times 1.8 \times 10^{-4}}$$
$$= 4.2 \times 10^{-3}\ \text{mol}\cdot\text{L}^{-1}$$
$$\text{pOH} = 2.38$$
$$\text{pH} = 14.00 - 2.38 = 11.62$$

4. 两性物质溶液

根据酸碱质子理论,既能给出质子又能接受质子的物质称为两性物质,较重要的两性物质有多元酸的酸式盐($NaHCO_3$,Na_2HPO_4 等)和弱酸碱盐(NH_4Ac,NH_4CN 等)以及氨基酸等。两性物质溶液的酸碱平衡比较复杂,应根据具体情况,针对溶液中的主要平衡进行处理。

(1)酸式盐

以二元弱酸的酸式盐 NaHA 为例,设其浓度为 c,H_2A 的离解常数为 K_{a1} 和 K_{a2}。在 NaHA 水溶液中的质子平衡式为

$$[H^+] + [H_2A] = [A^{2-}] + [OH^-]$$
$$[H^+] = [A^{2-}] + [OH^-] - [H_2A]$$

根据有关平衡常数式,得到

第3章 酸碱反应

$$[H^+] = \frac{K_{a2}[HA^-]}{[H^+]} + \frac{K_w}{[H^+]} - \frac{[HA^-][H^+]}{K_{a1}}$$

整理后得

$$[H^+]^2(K_{a1} + [HA^-]) = K_{a1}K_{a2}[HA^-] + K_{a1}K_w$$

$$[H^+] = \sqrt{\frac{K_{a1}(K_{a2}[HA^-] + K_w)}{K_{a1} + [HA^-]}}$$

通常，NaHA 溶液的浓度 c 较大，因得失质子对 HA^- 浓度的影响很小，故 $[HA^-] \approx c$，得下式：

$$[H^+] = \sqrt{\frac{K_{a1}(K_{a2}c + K_w)}{K_{a1} + c}} \tag{3.22}$$

若 $K_{a2}c > 20K_w$，则上式中的 K_w 可忽略，于是得到计算多元酸的酸式盐溶液 H^+ 浓度的近似公式：

$$[H^+] = \sqrt{\frac{K_{a1}K_{a2}c}{K_{a1} + c}} \tag{3.23}$$

又假如 $c > 20K_{a1}$，则上式中的 $K_{a1} + c \approx c$，于是得到计算多元酸的酸式盐溶液 H^+ 浓度的最简公式：

$$[H^+] = \sqrt{K_{a1}K_{a2}} \tag{3.24}$$

应该注意，最简公式只有在两性物质的浓度不是很稀，$c > 20K_{a1}$ 且水的离解可以忽略的情况下才能应用。

对于其他多元酸的酸式盐，可按类似方法进行处理。例如，计算 NaH_2PO_4 和 Na_2HPO_4 溶液中 H^+ 浓度的最简式分别如下：

NaH_2PO_4 溶液　　$[H^+] = \sqrt{K_{a1}K_{a2}}$
Na_2HPO_4 溶液　　$[H^+] = \sqrt{K_{a2}K_{a3}}$

例 3-19　计算 $0.1 \text{mol} \cdot L^{-1}$ $NaHCO_3$ 溶液的 pH。

解　已知 $c = 0.1 \text{mol} \cdot L^{-1}$，$K_{a1} = 4.2 \times 10^{-7}$，$K_{a2} = 5.6 \times 10^{-11}$，由于 $cK_{a2} > 20K_w$，$c > 20K_{a1}$，故可采用最简公式计算：

$$[H^+] = \sqrt{K_{a1}K_{a2}} = \sqrt{4.2 \times 10^{-7} \times 5.6 \times 10^{-11}}$$
$$= 4.9 \times 10^{-9} \text{mol} \cdot L^{-1}$$
$$pH = 8.31$$

例 3-20　计算 $1.0 \times 10^{-2} \text{mol} \cdot L^{-1}$ Na_2HPO_4 溶液的 pH。

解　已知 $c = 1.0 \times 10^{-2} \text{mol} \cdot L^{-1}$，$K_{a1} = 7.6 \times 10^{-3}$，$K_{a2} = 6.3 \times 10^{-8}$，$K_{a3} = 4.4 \times 10^{-13}$，$cK_{a3} < 20K_w$，而 $K_{a2} + c \approx c$，故应采用如下近似公式计算：

$$[H^+] = \sqrt{\frac{K_{a2}(K_{a3}c + K_w)}{c}}$$

$$= \sqrt{\frac{6.3\times10^{-8}(4.4\times10^{-13}\times1.0\times10^{-2}+1.0\times10^{-14})}{1.0\times10^{-2}}}$$

$$= 3.0\times10^{-10} \text{mol}\cdot\text{L}^{-1}$$

$$\text{pH} = 9.52$$

(2) 弱酸弱碱盐溶液

以 NH_4Ac 水溶液为例。其中 NH_4^+ 起酸的作用:

$$NH_4^+ \rightleftharpoons NH_3 + H^+, K_a' = \frac{K_w}{K_b} = 5.6\times10^{-10}$$

Ac^- 起碱的作用:

$$Ac^- + H_2O \rightleftharpoons HAc + OH^-, K_b' = \frac{K_w}{K_a} = 5.6\times10^{-10}$$

K_b 为 NH_3 的离解常数,K_a 为 HAc 的离解常数。NH_4Ac 水溶液的质子平衡式为

$$[H^+] = [NH_3] + [OH^-] - [HAc]$$

根据有关离解平衡式,可得

$$[H^+] = \frac{K_a'[NH_4^+]}{[H^+]} + \frac{K_w}{[H^+]} - \frac{[H^+][Ac^-]}{K_a}$$

整理后得到

$$[H^+] = \sqrt{\frac{K_a(K_a'[NH_4^+]+K_w)}{K_a+[Ac^-]}}$$

由于 K_a' 和 K_b' 相等且很小,可近似地认为 $[NH_4^+]\approx c$,$[Ac^-]\approx c$,因而得到

$$[H^+] = \sqrt{\frac{K_a(K_a'c+K_w)}{K_a+c}}$$

这与前述多元酸式盐溶液中 $[H^+]$ 的计算公式实质上是一样的。

同理,若 $K_a'c > 20K_w$,则 $[H^+] = \sqrt{\frac{K_aK_a'c}{K_a+c}}$。又若 $\frac{c}{K_a} > 20$ 即 $c > 20K_a$,则

$$[H^+] = \sqrt{K_aK_a'} \tag{3.25}$$

这是计算弱酸弱碱溶液中 $[H^+]$ 的最简公式。

例 3-21 计算 $0.10\text{mol}\cdot\text{L}^{-1}$ 氨基乙酸溶液的 pH。

解 氨基乙酸 NH_2CH_2COOH 在溶液中以双极离子形式存在,它既能起酸的作用,又能起碱的作用:

$$^+H_3N-CH_2-COO^- \rightleftharpoons H_2N-CH_2-COO^- + H^+$$

$$K_{a2} = 2.5\times10^{-10}$$

$$^+H_3N-CH_2-COO^- + H_2O \rightleftharpoons {}^+H_3N-CH_2-COOH + OH^-$$

$$K_{b2} = \frac{K_w}{K_{a1}} = \frac{1.0 \times 10^{-14}}{4.5 \times 10^{-3}} = 2.2 \times 10^{-12}$$

由于 $cK_{a2} > 20K_w$，$c > 20K_{a1}$，应采用最简式计算：

$$[H^+] = \sqrt{K_{a1}K_{a2}} = \sqrt{4.5 \times 10^{-3} \times 2.5 \times 10^{-10}}$$
$$= 1.1 \times 10^{-6} \, \text{mol} \cdot \text{L}^{-1}$$
$$pH = 5.90$$

5. 混合酸溶液

(1) 两弱酸混合溶液

设混合溶液中含有弱酸 HA 和 HB，其浓度分别为 c_{HA} 和 c_{HB}，离解常数分别为 K_{HA} 和 K_{HB}。

此溶液中的质子平衡式是

$$[H^+] = [A^-] + [B^-] + [OH^-]$$

根据平衡关系，得

$$[H^+] = \frac{K_{HA}[HA]}{[H^+]} + \frac{K_{HB}[HB]}{[H^+]} + \frac{K_w}{[H^+]}$$

由于溶液呈酸性，$\dfrac{K_w}{[H^+]}$ 项可忽视，整理后得

$$[H^+] = \sqrt{K_{HA}[HA] + K_{HB}[HB]}$$

若两种酸都较弱时，两者离解出来 H^+ 又相互抑制，可忽略其离解，则 $[HA] \approx c_{HA}$，$[HB] \approx c_{HB}$。得计算一元弱酸混合溶液 $[H^+]$ 的最简式：

$$[H^+] = \sqrt{K_{HA}c_{HA} + K_{HB}c_{HB}} \tag{3.26}$$

例 3-22 计算 $0.10 \, \text{mol} \cdot \text{L}^{-1}$ HF 和 $0.20 \, \text{mol} \cdot \text{L}^{-1}$ 混合溶液的 pH。

解 已知 HF 的 $K_a = 6.6 \times 10^{-4}$，HAc 的 $K_a = 1.8 \times 10^{-5}$，则

$$[H^+] = \sqrt{K_{HF}c_{HF} + K_{HAc}c_{HAc}}$$
$$= \sqrt{6.6 \times 10^{-4} \times 0.10 + 1.8 \times 10^{-5} \times 0.20}$$
$$= 8.4 \times 10^{-3} \, \text{mol} \cdot \text{L}^{-1}$$
$$pH = 2.08$$

(2) 强酸与弱酸混合溶液

设混合溶液中含有强酸 HCl 和弱酸 HA，其浓度分别为 c_{HCl} 和 c_{HA}。由电荷平衡、物料平衡：

$$[H^+] = [A^-] + [OH^-] + [Cl^-]$$
$$[Cl^-] = c_{HCl}$$

得到质子平衡式：

$$[H^+] = [A^-] + [OH^-] + c_{HA} + c_{HCl}$$

即溶液中总的$[H^+]$是由HCl，HA和H_2O提供的。溶液为酸性，可忽略$[OH^-]$。而

$$[A^-] = c\delta_{A^-} = c_{HA}\frac{K_a}{[H^+] + K_a}, 则$$

$$[H^+] = c_{HA}\frac{K_a}{[H^+] + K_a} + c_{HCl}$$

整理后得到近似计算式：

$$[H^+] = \frac{(c_{HCl} - K_a) + \sqrt{(c_{HCl} - K_a)^2 + 4K_a(c_{HCl} + c_{HA})}}{2}$$

若$c_{HCl} > 20[A^-]$，可得计算强酸和弱酸混合溶液中$[H^+]$的最简式：

$$[H^+] \approx c_{HCl}$$

能否忽略$[A^-]$，可先按最简式计算$[H^+]$，然后由$[H^+]$计算$[A^-]$，看是否合理。若$[H^+] > 20[A^-]$，则以最简式计算，否则按近似式计算。

对于强碱与弱碱混合溶液$[OH^-]$的计算，可按上述方法作类似处理。

例3-23 计算$1.0 \times 10^{-3} mol \cdot L^{-1} HCl$和$0.01 mol \cdot L^{-1} HAc$混合溶液中的pH。

解 由最简式得$[H^+] \approx 1.0 \times 10^{-3} mol \cdot L^{-1}$，则

$$[Ac^-] = c_{HAc} \cdot \delta_{Ac^-} = \frac{c_{HAc} K_a}{[H^+] + K_a}$$

$$= \frac{0.10 \times 1.8 \times 10^{-5}}{1.0 \times 10^{-3} + 1.8 \times 10^{-5}}$$

$$= 1.77 \times 10^{-3} mol \cdot L^{-1}$$

通过比较，可见$[Ac^-]$稍大于$[H^+]$，表明HAc离解出来的H^+浓度不能忽略，故应采用近似式计算：

$$[H^+] = \frac{(c_{HCl} - K_a) + \sqrt{(c_{HCl} - K_a)^2 + 4K_a(c_{HCl} + c_{HAc})}}{2}$$

$$= \frac{(1.0 \times 10^{-3} - 1.8 \times 10^{-5})}{2} +$$

$$\frac{\sqrt{(1.0 \times 10^{-3} - 1.8 \times 10^{-5})^2 + 4 \times 1.8 \times 10^{-5}(1.0 \times 10^{-3} + 0.10)}}{2}$$

$$= 1.9 \times 10^{-3} mol \cdot L^{-1}$$

pH = 2.72

3.4 缓冲溶液

3.4.1 缓冲溶液的概念及缓冲溶液的重要性

在一定条件下,纯水的pH为7.00,如果在50 mL纯水中加入0.05 mL 1.0 mol·L^{-1} HCl溶液或0.05 mL 1.0 mol·L^{-1} NaOH溶液,则溶液的pH分别由7.00降低到3.00或增加到11.00,即pH改变了4个单位。可见纯水不具有保持pH相对稳定的性能。

如果在50mL含有0.01mol·L^{-1} HAc和0.01mol·L^{-1} NaAc的混合溶液中,加入0.05 mL 1.0 mol·L^{-1} HCl或0.05mL 1.0mol·L^{-1} NaOH,则溶液的pH分别由4.76降低到4.75或增加到4.77,即pH都只改变了0.01个单位。

实验结果表明,在像HAc-NaAc这样的弱酸及其共轭碱所组成的溶液中,加入少量强酸或强碱时,溶液的pH都改变很小。这样的溶液具有保持pH相对稳定的性能,具有保持溶液的pH相对稳定的性能的溶液叫做缓冲溶液(buffer solution)。缓冲溶液的特点是在适度范围内既能抗酸,又能抗碱,适当稀释或浓缩,溶液的pH都改变很小。

缓冲溶液的重要作用是控制溶液的pH。许多化学反应和生物化学过程中,都必须控制溶液的酸度。例如,人体血液的pH需保持在7.35~7.45之间。当pH<7.3时,新陈代谢所产生的CO_2就不能有效地从细胞中进入血液(进入血液中的CO_2在肺中与O_2交换)pH>7.7时,在肺中CO_2就不能有效地同O_2交换而排出体外。血液的pH若超过7.0~7.8这一范围,生命就不能继续维持。

血液中的缓冲系

人体内各种体液都有一定的较稳定的pH范围,离开正常范围差异太大,就可能引起机体内许多功能失调。在此仅介绍血液中的缓冲系。

血液是由多种缓冲系组成的缓冲溶液,存在的缓冲系主要有:

血浆中:HCO_3-HCO_3^-,$H_2PO_4^-$-HPO_4^{2-},H_nP-$H_{n-1}P^-$(H_nP代表蛋白质)

红细胞中:H_2b-Hb^-(H_2b代表血红蛋白),H_2bO_2-HbO_2^-(H_2bO_2代表氧合血红蛋白)H_2CO_3-HCO_3^-,$H_2PO_4^-$-HPO_4^{2-}

在这些缓冲系中,以碳酸缓冲系在血液中浓度最高,缓冲能力最大,在维持血液正常pH中发挥最重要的作用。碳酸在溶液中主要是以溶解状态的CO_2形式存在,在CO_2(溶液)-HCO_3^-缓冲系中存在如下平衡:

$$CO_2(溶液) + H_2O \rightleftharpoons H_2CO_3 \rightleftharpoons H^+ + HCO_3^-$$

当[H^+]增加时,抗酸成分HCO_3^-与它结合使上述平衡向左移动,使[H^+]

不发生明显改变。当[H⁺]减少时,上述平衡向右移动,使[H⁺]不发生明显改变。

如果 CO_2 是溶解在离子强度为 0.16 血浆中,并且温度为 37℃ 时,pK_a 应加以校正。pK_a 经校正后为 pK_a',其值为 6.10,所以血浆中的碳酸缓冲系 pH 的计算方程式为

$$pH = pK_a' + \lg \frac{[HCO_3^-]}{[CO_2]_{溶解}} = 6.10 + \lg \frac{[HCO_3^-]}{[CO_2]_{溶解}}$$

正常人血浆中 HCO_3^- 和 CO_2 浓度分别为 $0.024\ mol \cdot L^{-1}$ 和 $0.0012\ mol \cdot L^{-1}$,将其代入上式,可得到血液的正常 pH:

$$pH = 6.10 + \lg \frac{0.024\ mol \cdot L^{-1}}{0.0012\ mol \cdot L^{-1}} = 6.10 + \lg \frac{20}{1} = 7.40$$

在体内,HCO_3^- 是血浆中含量最多的抗酸成分,在一定程度上可以代表血浆对体内所产生非挥发性酸的缓冲能力,所以将血浆中的 HCO_3^- 称为碱储。

正常血浆中 HCO_3^--CO_2(溶解)缓冲系的缓冲比为 20:1,已超出体外缓冲溶液有效缓冲比(即 10:1~1:10)的范围。该缓冲系的缓冲能力应该很小,而事实上,在血液中它们的缓冲能力是很强的。这是因为体内缓冲作用与体外缓冲作用不尽相同的缘故。在体外,当 HCO_3^--CO_2(溶解)发生缓冲作用后,HCO_3^- 或 CO_2(溶解)浓度的改变得不到补充或调节,尤其是 CO_2 是挥发性气体,难以在溶液中保存,从而不能形成稳定的缓冲系。而体内是一个"敞开系统",当 HCO_3^--CO_2(溶解)发生缓冲作用后,HCO_3^- 或 CO_2(溶解)的浓度的改变可由呼吸作用和肾的生理功能获得补充或调节,使得血液中的 HCO_3^- 和 CO_2(溶解)的浓度保持相对稳定。因此,血浆中的碳酸缓冲系总能保持相当强的缓冲能力,特别是抗酸的能力。

各种因素都能引起血液中酸度暂时的增加,如肺气肿引起的肺部换气不足,充血性心力衰竭和支气管炎、糖尿病和食用低碳水化合物和高脂肪食物引起代谢酸的增加,摄食过多的酸等都会引起血液中 H⁺ 的增加,然而身体首先通过加快呼吸的速度来排除多余的 CO_2,其次是加速 H⁺ 的排泄和延长肾里的 HCO_3^- 的停留时间,后者导致酸性尿。由于血浆内的缓冲系统和机体的补偿功能的作用,而把血液中的 pH 恢复到正常水平。但若在严重腹泻时丧失碳酸氢盐(HCO_3^-)过多,或因肾功能衰竭引起 H⁺ 排泄的减少,缓冲系和机体的补偿功能都不能有效地阻止血液的 pH 降低,则引起酸中毒。

发高烧和气喘换气过速或摄入过多的碱性物质和严重的呕吐等,都会引起血液碱性增加。身体的补偿机制则通过降低肺部 CO_2 排出量和通过肾增加 HCO_3^- 的排泄来配合缓冲系,使 pH 恢复正常,这时因尿中的 HCO_3^- 浓度增高便产生碱性尿。若通过缓冲系和补偿机制还不能阻止血液中 pH 的升高,则引起

碱中毒。

血浆中碳酸缓冲系的缓冲作用与肺、肾的调节作用的关系可用下式表示：

$$肺 \rightleftharpoons CO_2 + H_2O \rightleftharpoons H_2CO_3 \underset{+H^+}{\overset{+OH^-}{\rightleftharpoons}} HCO_3^- \rightleftharpoons 肾$$

在血液红细胞中以血红蛋白和氧合血红蛋白缓冲系最为重要。因为血液对体内代谢所产生的大量 CO_2 的缓冲作用和转运，主要是靠它们实现的。代谢过程产生的大量 CO_2 先与血红蛋白离子反应：

$$CO_2 + H_2O + Hb^- \rightleftharpoons H_2b + HCO_3^-$$

反应产生的 HCO_3^-，由血液运输至肺，并与氧合血红蛋白反应：

$$HCO_3^- + H_2bO_2 \rightleftharpoons HbO_2 + H_2O + CO_2$$

释放出的 CO_2 从肺呼出。这说明由血红蛋白和氧合血红蛋白的缓冲作用，在大量 CO_2 从组织细胞运送至肺的过程中，血液的 pH 也不至于受到大的影响。

总之，由于血液中多种缓冲系的缓冲作用和肺、肾的调节作用，使正常人血液的 pH 维持在 7.35~7.45 的狭小范围内。

3.4.2 缓冲溶液的组成及其作用机理

1. 缓冲溶液的组成

由弱酸和它的共轭碱所组成的混合溶液能抵抗外加的少量强酸或强碱，保持溶液的 pH 基本不变。例如，在 HAc-NaAc 混合溶液中加入少量强酸或强碱，溶液的 pH 改变很小。化学上把这种抵抗外加少量强酸或强碱，而维持 pH 基本不发生变化的溶液称为缓冲溶液。缓冲溶液所具有的抵抗外加少量强酸或强碱的作用称为缓冲作用。

缓冲溶液是由弱酸和它的共轭碱所组成，而且它们的浓度都比较大。习惯上把组成缓冲溶液的共轭酸碱对称为缓冲对，缓冲溶液是由足够浓度的缓冲对组成的溶液。常见的缓冲溶液的组成如表 3-3 所示。

表 3-3 常见的缓冲系

缓冲系	弱酸	共轭碱	质子转移平衡	pK_a(25℃)
HAc-NaAc	HAc	Ac^-	$HAc + H_2O \rightleftharpoons Ac^- + H_3O^+$	4.76
H_2CO_3-$NaHC_3$	H_2CO_3	HCO_3^-	$H_2CO_3 + H_2O \rightleftharpoons HCO_3^- + H_3O^+$	6.35
H_3PO_4-NaH_2PO_4	H_3PO_4	$H_2PO_4^-$	$H_3PO_4 + H_2O \rightleftharpoons H_2PO_4^- + H_3O^+$	2.16
Tris·HCl-Tris[①]	Tris·H^+	Tris	Tris·$H^+ + H_2O \rightleftharpoons$ Tris + H_3O^+	7.85
$H_2C_8H_4O_4$-$KHC_8H_4O_4$[②]	$H_2C_8H_4O_4$	$HC_8H_4O_4^-$	$H_2C_8H_4O_4 + H_2O \rightleftharpoons HC_8H_4O_4^- + H_3O^+$	2.89

续表

缓冲系	弱酸	共轭碱	质子转移平衡	pK_a(25℃)
NH_4Cl-NH_3	NH_4^+	NH_3	$NH_4^+ + H_2O \rightleftharpoons NH_3 + H_3O^+$	9.25
$CH_3NH_3^+Cl^-$-$CH_3NH_2$③	$CH_3NH_3^+$	CH_3NH_2	$CH_3NH_3^+ + H_2O \rightleftharpoons CH_3NH_2 + H_3O^+$	10.63
NaH_2PO_4-Na_2HPO_4	$H_2PO_4^-$	HPO_4^{2-}	$H_2PO_4^- + H_2O \rightleftharpoons HPO_4^{2-} + H_3O^+$	7.21
Na_3HPO_4-Na_3PO_4	HPO_4^{2-}	PO_4^{3-}	$HPO_4^{2-} + H_2O \rightleftharpoons PO_4^{3-} + H_3O^+$	12.32

① 三(羟甲基)甲胺盐酸盐-三(羟甲基)甲胺
② 邻苯二甲酸-邻苯二甲酸氢钾
③ 盐酸甲胺-甲胺

2. 缓冲作用机理

现以 HAc-NaAc 缓冲溶液为例,说明缓冲溶液的缓冲作用机理。

HAc 为一元弱酸,在水溶液中离解度很小,主要以分子形式存在;NaAc 为强电解质,在溶液中完全离解,以 Na^+ 离子和 Ac^- 离子存在。因此在 HAc-NaAc 混合溶液中,HAc 分子和 Ac^- 离子的浓度都很大,而 H_3O^+ 离子浓度却很小。溶液中存在下述离解平衡:

$$HAc + H_2O \rightleftharpoons H_3O^+ + Ac^-$$

当向溶液中加入少量强酸时,强酸离解出的 H_3O^+ 离子和 Ac^- 离子结合生成 HAc 和 H_2O,使离解平衡逆向移动,溶液中的 H_3O^+ 离子浓度不会显著增大,因此溶液的 pH 基本不变。共轭碱 Ac^- 离子起到抵抗少量强酸的作用,称为缓冲溶液的抗酸成分。

如果向此溶液中加入少量强碱时,强碱离解产生的 OH^- 离子与溶液中的 H_3O^+ 离子结合产生 H_2O,HAc 的离解平衡正向移动,以补充 H_3O^+ 离子的减少,溶液中的 H_3O^+ 离子浓度也不会显著减少,pH 也基本不变。共轭酸 HAc 起到抵抗少量强碱的作用,称为缓冲溶液的抗碱成分。

综上所述,缓冲溶液之所以具有缓冲作用,是因为溶液中同时存在足量的共轭酸碱对,它们能抵抗少量外加的强酸或强碱,从而保持溶液的 pH 基本不变。

当然,如果加入大量强酸或强碱,缓冲溶液中的抗酸成分或抗碱成分将耗尽,缓冲溶液就丧失了缓冲能力。

3.4.3 缓冲溶液 pH 的计算

作为一般控制酸度用的缓冲溶液,因为缓冲剂本身的浓度较大,对计算结果也不要求十分准确,故完全可以采用近似方法进行计算。例如,弱酸 HB 及其共轭碱 NaB 组成的缓冲溶液,其浓度分别为 c_{HB} 和 c_{B^-}。其物料平衡式为

$$[HB] + [B^-] = c_{HB} + c_{B^-}, [Na^+] = c_{B^-}$$

电荷平衡式为 $[H^+] + [Na^+] = [OH^-] + [B^-]$,可得

$$[B^-] = c_{B^-} + [H^+] - [OH^-]$$

$$[HB] = c_{HB} - [H^+] + [OH^-]$$

将 $[B^-]$ 和 $[HB]$ 代入 HB 的离解常数方程式,得到计算溶液中 H^+ 浓度的精确公式:

$$[H^+] = K_a \frac{[HB]}{[B^-]} = K_a \frac{c_{HB} - [H^+] + [OH^-]}{c_{B^-} + [H^+] - [OH^-]}$$

求解本式的数学处理相当复杂。通常根据情况采用近似方法处理。

当溶液为酸性(pH<6)时,上式中 $[OH^-]$ 可忽略;当溶液为碱性(pH>8)时,上式中 $[H^+]$ 可忽略,分别得到计算缓冲溶液中 $[H^+]$ 的近似公式如下:

$$[H^+] = K_a \frac{c_{HB} - [H^+]}{c_{B^-} + [H^+]}$$

$$[H^+] = K_a \frac{c_{HB} + [OH^-]}{c_{B^-} - [OH^-]}$$

若 c_{HB} 和 c_{B^-} 都比较大,且 $c_{HB} > 20[H^+]$,$c_{B^-} > 20[H^+]$;或 $c_{HB} > 20[OH^-]$ 和 $c_{B^-} > 20[OH^-]$ 时,则它们可进一步简化为

$[H^+] = K_a \dfrac{c_{HB}}{c_{B^-}}$,此式取负对数得

$$pH = pK_a + \lg \frac{c_{B^-}}{c_{HB}} \tag{3.27}$$

这是计算缓冲溶液中 $[H^+]$ 的最简公式。此式又叫 Henderson-Hasselbalch 方程式,还可以表示为

$$pH = pK_a + \lg \frac{[B^-]}{[HB]} = pK_a + \lg \frac{n_{B^-}}{n_{HB}} \tag{3.28}$$

因此,缓冲溶液的 pH,首先决定于 pK_a,即决定于弱酸的离解常数 K_a 的大小,同时又与 c_{B^-} 和 c_{HB} 的比值有关。对于同一种缓冲溶液而言,pK_a 为常数,适当地改变 c_{B^-} 和 c_{HB} 的比例,就可在一定范围内配制不同 pH 的缓冲溶液。

例 3-24 将 50mL 0.30 mol·L^{-1} NaOH 与 100mL 0.45 mol·L^{-1} HAc 溶液混合,假设混合后总体积为混合前体积之和。计算所得溶液的 pH。

解 由于 NaOH 与过量的 HAc 反应生成 NaAc,还有过剩的 HAc 存在,所以该混合溶液为缓冲溶液,查表得 HAc 的 $K_a = 1.8 \times 10^{-5}$。

$$c_{Ac^-} = \frac{0.30 \times 50}{50 + 100} = 0.10 \text{ mol·L}^{-1}$$

$$c_{HAc} = \frac{0.45 \times 100 - 0.30 \times 50}{50 + 100} = 0.20 \text{ mol} \cdot \text{L}^{-1}$$

$$\text{pH} = \text{p}K_a + \lg\frac{c_{Ac^-}}{c_{HAc}} = 4.74 + \lg\frac{0.10}{0.20}$$

$$\text{pH} = 4.44$$

由于 $c_{HAc} > 20[\text{H}^+]$,$c_{Ac^-} > 20[\text{H}^+]$,所以采用最简式计算是合理的。

例 3-25 计算含有 $0.20 \text{ mol} \cdot \text{L}^{-1}$ HAc 和 $4.0 \times 10^{-3} \text{ mol} \cdot \text{L}^{-1}$ NaAc 溶液的 pH。

解 先采用最简式求得溶液的近似 H^+ 浓度:

$$[\text{H}^+] \approx K_a \frac{c_{HAc}}{c_{Ac^-}} = 1.8 \times 10^{-5} \frac{0.20}{4.0 \times 10^{-3}}$$

$$= 9.0 \times 10^{-4} \text{ mol} \cdot \text{L}^{-1}$$

可见 $c_{HAc} > 20[\text{H}^+]$,而 c_{Ac^-} 接近于 $[\text{H}^+]$,故采用近似式计算:

$$[\text{H}^+] = K_a \frac{c_{HAc} - [\text{H}^+]}{c_{Ac^-} + [\text{H}^+]} \approx 1.8 \times 10^{-5} \frac{0.20}{4.0 \times 10^{-3} + [\text{H}^+]}$$

解得 $[\text{H}^+] = 7.6 \times 10^{-4} \text{ mol} \cdot \text{L}^{-1}$,

$$\text{pH} = 3.12$$

可见用最简式算得的结果其相对误差为

$$\frac{9.0 \times 10^{-4} - 7.6 \times 10^{-4}}{7.6 \times 10^{-4}} \times 100\% = 18\%$$

例 3-26 用 $1.00 \text{ mol} \cdot \text{L}^{-1}$ NaOH 中和 $1.00 \text{ mol} \cdot \text{L}^{-1}$ 丙酸(用 HPr 代表)的方法,如何配制 1000mL 总浓度为 $0.100 \text{ mol} \cdot \text{L}^{-1}$ pH = 5.00 的缓冲溶液(已知丙酸的 $\text{p}K_a = 4.86$)。

解 (1)需丙酸溶液的体积

用 NaOH 中和部分丙酸生成丙酸钠的反应为

$$\text{HPr} + \text{NaOH} =\!\!=\!\!= \text{NaPr} + \text{H}_2\text{O}$$

由反应式可知,1molNaOH 中和 1molHPr 生成 1mol 的 NaPr。所以 HPr 的量可根据缓冲溶液的总浓度和体积计算。设需 $1.00 \text{ mol} \cdot \text{L}^{-1}$ HPr 溶液为 xmL,则有

$$0.100 \text{ mol} \cdot \text{L}^{-1} \times 1000\text{mL} = 1.00 \text{ mol} \cdot \text{L}^{-1} \times x\text{mL}$$

$$x = 100\text{mL}$$

(2)需要 NaOH 溶液的体积

缓冲溶液的总浓度为 $0.100 \text{ mol} \cdot \text{L}^{-1}$,所以 HPr 和 NaPr 在缓冲溶液中的浓度有如下关系:

$$c(\text{HPr}) + c(\text{NaPr}) = 0.100 \text{ mol} \cdot \text{L}^{-1}$$

$$c(\text{HPr}) = 0.100 \text{ mol} \cdot \text{L}^{-1} - c(\text{NaPr})$$

已知 HPr 的 $\text{p}K_a = 4.86$,则有

$$5.00 = 4.86 + \lg \frac{c(\mathrm{NaPr})}{0.100\,\mathrm{mol}\cdot\mathrm{L}^{-1} - c(\mathrm{NaPr})}$$

$$\lg \frac{c(\mathrm{NaPr})}{0.100\,\mathrm{mol}\cdot\mathrm{L}^{-1} - c(\mathrm{NaPr})} = 0.14$$

$$\frac{c(\mathrm{NaPr})}{0.100\,\mathrm{mol}\cdot\mathrm{L}^{-1} - c(\mathrm{NaPr})} = 1.38$$

$$c(\mathrm{NaPr}) = 0.0580\,\mathrm{mol}\cdot\mathrm{L}^{-1}$$

由此可得丙酸钠在缓冲溶液中的物质的量为

$$n(\mathrm{NaPr}) = 0.0580\,\mathrm{mol}\cdot\mathrm{L}^{-1} \times 1000\,\mathrm{mL}$$

由上述中和反应知,生成 1mol 的 NaPr 需要 1mol 的 NaOH。
设需 $1.00\,\mathrm{mol}\cdot\mathrm{L}^{-1}$ NaOH 的体积为 $y\,\mathrm{mL}$,则有

$$0.0580\,\mathrm{mol}\cdot\mathrm{L}^{-1} \times 1000\,\mathrm{mL} = 1.00\,\mathrm{mol}\cdot\mathrm{L}^{-1} \times y\,\mathrm{mL}$$

$$y = 58.0\,\mathrm{mL}$$

按计算结果,量取 $1.00\,\mathrm{mol}\cdot\mathrm{L}^{-1}$ 丙酸溶液 100mL 和 $1.00\,\mathrm{mol}\cdot\mathrm{L}^{-1}$ NaOH 溶液 58.0mL 相混合,并用水稀释至 1000mL,即得总浓度为 $0.100\,\mathrm{mol}\cdot\mathrm{L}^{-1}$ pH 为 5.00 的丙酸缓冲溶液。

另有一些作为测量溶液 pH 时参照标准用的缓冲溶液,称为标准缓冲溶液。标准缓冲溶液的 pH 是由非常精确的实验结果确定的。若以理论计算加以核对,必须对离子强度的影响进行校正。

例 3-27 考虑离子强度的影响,计算 $0.025\,\mathrm{mol}\cdot\mathrm{L}^{-1}$ $\mathrm{KH_2PO_4}$ 与 $0.025\,\mathrm{mol}\cdot\mathrm{L}^{-1}$ $\mathrm{Na_2HPO_4}$ 缓冲溶液的 pH,并与标准值(pH = 6.86)相比较。

解 先按最简式计算:

$$[\mathrm{H^+}] = K_{a2}\frac{[\mathrm{H_2PO_4^-}]}{[\mathrm{HPO_4^{2-}}]} = 6.3 \times 10^{-8} \times \frac{0.025}{0.025}$$

$$= 6.3 \times 10^{-8}\,\mathrm{mol}\cdot\mathrm{L}^{-1}$$

$$\mathrm{pH} = 7.20$$

计算结果与标准值相差颇大。考虑离子强度的影响:

$$I = \frac{1}{2}\sum c_i Z_i^2$$

$$= \frac{1}{2}(c_{\mathrm{K^+}} \times 1^2 + c_{\mathrm{Na^+}} \times 1^2 + c_{\mathrm{H_2PO_4^-}} \times 1^2 + c_{\mathrm{HPO_4^{2-}}} \times 2^2)$$

$$= 0.1$$

从有关常数表查得 $\gamma_{\mathrm{H_2PO_4^-}} = 0.77$,$\gamma_{\mathrm{HPO_4^{2-}}} = 0.355$。用有关离子活度代入离解平衡式:

$$a_{\mathrm{H^+}} = K_{a2}\frac{a_{\mathrm{H_2PO_4^-}}}{a_{\mathrm{HPO_4^{2-}}}} = K_{a2}\frac{\gamma_{\mathrm{H_2PO_4^-}}[\mathrm{H_2PO_4^-}]}{\gamma_{\mathrm{HPO_4^{2-}}}[\mathrm{HPO_4^{2-}}]}$$

$$= 6.3 \times 10^{-8} \times \frac{0.77 \times 0.025}{0.355 \times 0.025}$$

$$= 1.4 \times 10^{-7} \text{mol} \cdot \text{L}^{-1}$$

$$\text{pH} = 6.86$$

可见计算结果与标准值一致。

3.4.4 缓冲容量与缓冲范围

在 HAc-NaAc 缓冲溶液中，加入少量的强酸、强碱或将溶液适当稀释时，溶液的 pH 基本上保持不变。但是，缓冲溶液的缓冲能力是有限的。如果缓冲溶液的浓度太小、溶液稀释的倍数太大、加入的强酸或强碱（或反应过程中产生的酸或碱）的量太大时，溶液的 pH 就会发生较大的变化。当加入强酸的浓度接近 Ac^- 的浓度，或加入强碱的浓度接近 HAc 的浓度时，溶液抗酸、抗碱的能力就会变得弱，以致失去它的缓冲作用。所以，每一种缓冲溶液只具有一定的缓冲能力。早在 1922 年，VanSlyke 就提出了以缓冲容量（又称缓冲指数）作为衡量缓冲溶液缓冲能力大小的尺度：

$$\beta = \frac{db}{d\text{pH}} = -\frac{da}{d\text{pH}} \tag{3.19}$$

式中，β 即缓冲容量，它的物理意义是使 1L 溶液 pH 增加 dpH 单位时所需强碱的物质的量 $db(\text{mol})$，或是使 1L 溶液的 pH 减少 dpH 单位时所需强酸的物质的量为 da（mol）。由于酸度增加使溶液的 pH 减少，为保持 β 为正，故在 $\frac{da}{d\text{pH}}$ 式前加一负号。β 越大，溶液的缓冲能力越大。可以证明

$$\beta = 2.3c\delta_{\text{HA}}\delta_{\text{A}^-} = 2.3c\delta_{\text{HA}}(1 - \delta_{\text{HA}})$$

因此缓冲容量的大小与共轭酸碱组分的总浓度 c（等于 $c_{\text{HA}} + c_{\text{A}^-}$）及其比值有关（即随 δ_{HA} 和 δ_{A^-} 而变化）。当 $\frac{c_{\text{HA}}}{c_{\text{A}^-}}$ 一定时，总浓度愈大，缓冲容量亦愈大，所以过度地稀释将导致缓冲溶液的缓冲能力显著降低。而当总浓度一定时，c_{HA} 与 c_{A^-} 愈接近（其比值接近于 1），缓冲溶液的 β 亦愈大；当 pH = pK_a，即 $c_{\text{HA}} = c_{\text{A}^-} = 0.5c$ 时，缓冲容量有最大值：

$$\beta_{\max} = 2.3 \times (0.5)^2 c = 0.575c \tag{3.20}$$

缓冲溶液的总浓度一定时，$\frac{c_{\text{HA}}}{c_{\text{A}^-}}$ 值离 1 越远，缓冲容量越小，甚至可能失去缓冲作用。因此缓冲溶液的缓冲作用都有一个有效的 pH 范围，它大约在 pKa 值两侧各一个 pH 单位之内，缓冲作用的有效 pH 范围称为缓冲范围：

$$\text{pH} = pK_a \pm 1$$

当 pH = $pK_a \pm 1$ 时，有 $\frac{c_{\text{HA}}}{c_{\text{A}^-}} = \frac{1}{10}$（或 $\frac{10}{1}$），此时缓冲溶液的 β 为 $0.19c$，约为最大值的 $\frac{1}{3}$。

一般来说,当 $\dfrac{c_{HA}}{c_{A^-}} = \dfrac{1}{50}$ 或 $\left(\dfrac{50}{1}\right)$ 时,可认为这种 HA-A⁻ 溶液已不具有缓冲能力了。

例如,HAc-NaAc 缓冲体系,$pK_a = 4.74$,其缓冲范围为 pH = 3.74~5.74;又如 NH_3-NH_4Cl 缓冲体系,$pK_a = 9.26$,其缓冲范围是 pH8.26~10.26。

3.4.5 缓冲溶液的种类、选择和配制

1. 缓冲溶液的种类

缓冲溶液可分为两类:标准缓冲溶液和一般常用的缓冲溶液。

(1)标准缓冲溶液

表 3-4 列出几种常用的标准缓冲溶液。它们的 pH 是经过准确的实验测定的。目前已被国际上规定作为测定溶液 pH 标准参与溶液。

表 3-4 pH 标准溶液

pH 标准溶液	pH(25℃)
饱和酒石酸氢钾(0.034mol·L⁻¹)	3.56
0.05mol·L⁻¹邻苯二甲酸氢钾	4.01
0.025mol·L⁻¹KH_2PO_4-0.025mol·L⁻¹Na_2HPO_4	6.86
0.01mol·L⁻¹硼砂	9.18

(2)常用缓冲溶液

常用的缓冲溶液是作控制溶液的酸度用的。表 3-5 中列出部分常用的缓冲溶液。根据 pK_a 的大小,就可以知道缓冲溶液的有效 pH 范围。

表 3-5 常用缓冲溶液

缓冲溶液	pK_a
NH_2CH_2COOH-HCl	2.35(pK_{a1})
$CH_2ClCOOH$-NaOH	2.85
$KHC_8H_4O_4$-HCl	2.95(pK_{a1})
HCOOH-NaOH	3.74
HAc-NaAc	4.74
$(CH_2)_6N_4$-HCl	5.15
KH_2PO_4-K_2HPO_4	7.20(pK_{a2})

续表

缓冲溶液	pK_a
NH_3-NH_4Cl	9.25
NH_2CH_2COOH-NaOH	9.60(pK_{a2})
$NaHCO_3$-Na_2CO_3	10.25(pK_{a2})
$(HOCH_2)_3CNH_2 \cdot HCl$ 简称 Tris·HCl	8.08

2. 缓冲溶液的选择

选择缓冲溶液的原则是：

（1）缓冲溶液对反应没有干扰，不与反应物或生成物发生副反应，或产生其他不利的影响。

（2）缓冲溶液的有效 pH 范围必须包括所需控制的溶液的 pH。如果缓冲溶液是由弱酸及其共轭碱所组成，则 pK_a 值应尽量与所需控制的 pH 一致，即 pH ≈ pK_a。

例如，需要 pH 为 4.8,5.0,5.2 等缓冲溶液时，可选用 HAc-NaAc 缓冲体系，因为 HAc 的 pK_a = 4.74，与所需的 pH 接近。也可以选用 $(CH_2)_6N_4$-HCl 缓冲体系，因为 $(CH_2)_6N_4$ 的 pK_b = 8.85，则 $(CH_2)_6N_4H^+$ 的 pK_a = 5.15，与所需的 pH 接近。

又如，需要 pH 为 9.9,9.5,10.0 等缓冲溶液时，可以选用 NH_3-NH_4Cl 缓冲体系，因为 NH_4^+ 的 pK_a = 9.25，与所需 pH 接近。

（3）缓冲溶液应有足够的缓冲容量。通常缓冲组分的浓度在 0.01～1.0mol·L^{-1} 之间，且两者的浓度比较接近，即浓度比约为 1。

3. 缓冲溶液的配制

在实际工作中，经常要用到一定 pH 的缓冲溶液。有一些广泛使用的缓冲溶液的配制方法，可查阅有关书籍或化学手册，也可以根据计算来配制。

对配好了的缓冲溶液，可用 pH 试纸检查，必要时可用酸度计测量它的 pH 是否恰当(此时将要用到标准缓冲溶液作为参比溶液)。

例 3-28 欲配制 1.0L pH = 5.00，c_{HAc} 为 0.20mol·L^{-1} 的缓冲溶液，需要 NaAc·$3H_2O$ 晶体多少克？需要 2.0mol·L^{-1} HAc 溶液多少毫升？

解 已知 pH = 5.00，$[H^+]$ = 1.0×10^{-5} mol·L^{-1}，由 $[H^+] = K_a \dfrac{c_{HAc}}{c_{Ac^-}}$ 得

$$c_{Ac^-} = \frac{K_a c_{HAc}}{[H^+]} = \frac{1.8 \times 10^{-5} \times 0.20}{1.0 \times 10^{-5}} = 0.36 \text{mol} \cdot L^{-1}$$

$$c_{NaAc} = 0.36 \text{mol} \cdot L^{-1}$$

NaAc·$3H_2O$ 的分子量为 136.1，则所需 NaAc·$3H_2O$ 的质量为

$$M = 0.36 \times 1.0 \times 136.1 = 49\text{g}$$

需要 $2.0\text{mol} \cdot \text{L}^{-1}$ HAc 溶液的体积为

$$V = \frac{0.20 \times 1.0}{2.0} = 0.10\text{L}$$

计算出所需要的 $\text{NaAc} \cdot 3\text{H}_2\text{O}(\text{s})$ 和 HAc(aq) 的量后,先将 49g $\text{NaAc} \cdot 3\text{H}_2\text{O}$ 放入少量水中使其溶解;再加入 100mL $2.0\text{mol} \cdot \text{L}^{-1}$ HAc 溶液;然后以水稀释至 1000mL,摇匀,即得到 1.0L pH=5.00 的缓冲溶液。

例 3-29 欲配制 pH=4.5 的 HAc-NaAc 缓冲溶液 100mL,需要 $0.5\text{mol} \cdot \text{L}^{-1}$ HAc 和 $0.5\text{mol} \cdot \text{L}^{-1}$ NaAc 溶液各多少毫升(不加水稀释)?

解 已知 HAc 的 $K_a = 1.8 \times 10^{-5}$,pH=4.5,则 $[\text{H}^+] = 3.2 \times 10^{-5}\text{mol} \cdot \text{L}^{-1}$,根据离解常数方程式,可得

$$\frac{[\text{HAc}]}{[\text{Ac}^-]} = \frac{[\text{H}^+]}{K_a} = \frac{3.2 \times 10^{-5}}{1.8 \times 10^{-5}} = 1.8$$

设所需 $0.5\text{mol} \cdot \text{L}^{-1}$ HAc 溶液的体积为 V mL,则 $0.5\text{mol} \cdot \text{L}^{-1}$ NaAc 溶液的体积就是 $100-V$ mL,根据 $M_1V_1 = M_2V_2$,得到

$$[\text{HAc}] = \frac{0.5V}{100}, [\text{Ac}^-] = \frac{0.5(100-V)}{100}$$

$$\frac{[\text{HAc}]}{\text{Ac}^-} = \frac{0.5V/100}{0.5(100-V)/100} = \frac{V}{100-V}$$

即 $\frac{V}{100-V} = 1.8$,从而 $V = 64\text{mL}$,$100-64 = 36\text{mL}$。

因此,将 64mL $0.5\text{mol} \cdot \text{L}^{-1}$ HAc 溶液与 36mL $0.5\text{mol} \cdot \text{L}^{-1}$ NaAc 溶液混合后,即得 pH=4.5 的缓冲溶液。

习 题

1. 回答下列问题
(1) 简述几种酸碱理论的基本要点。
(2) 举例说明共轭酸碱以及 K_a 和 K_b 的关系。
(3) 简述同离子效应和盐效应对弱电解质离解平衡的影响。
(4) 试述分析浓度、平衡浓度和分布分数的概念;分布分数值与哪些因素有关?
(5) 试述物料平衡、电荷平衡和质子平衡的概念。
2. 某溶液含 $0.05\text{mol} \cdot \text{L}^{-1}$ BaCl_2 和 $0.10\text{mol} \cdot \text{L}^{-1}$ HCl,计算溶液中的离子强度。
3. 已知某 H_2SO_4 溶液的 pH=2.00,计算其浓度。
4. 计算 pH 为 10.00 和 12.00 时 $0.01\text{mol} \cdot \text{L}^{-1}$ KCN 溶液中 CN^- 的溶液。
5. 写出下列酸碱组分的物料平衡和电荷平衡式(设其浓度为 c):

(1) $HClO_4$ (2) NH_3 (3) H_3AsO_4
(4) $Ca(ClO_4)_2$ (5) $Na_2C_2O_4$ (6) KHC_2O_4

6. 写出下列酸碱组分的质子平衡式(设其浓度为 c 或 c_1, c_2)。
   (1) $NH_4H_2AsO_4$ (2) $NaNH_4HPO_4$
   (3) $NaOH + NH_3$ (4) $HAc + HCOOH$
   (5) $HCl + HCOOH$

7. 计算下列各溶液的pH。
   (1) $0.030 \text{mol} \cdot L^{-1} HCl$ (2) $0.0010 \text{mol} \cdot L^{-1} HBr$
   (3) $0.050 \text{mol} \cdot L^{-1} NaOH$ (4) $0.020 \text{mol} \cdot L^{-1} KOH$
   (5) $2.0 \times 10^{-3} \text{mol} \cdot L^{-1} Ca(OH)_2$ (6) $2.0 \times 10^{-4} \text{mol} \cdot L^{-1} Ba(OH)_2$

8. 计算下列各溶液的pH。
   (1) $0.1 \text{mol} \cdot L^{-1} H_3BO_3$ (2) $0.50 \text{mol} \cdot L^{-1} C_2H_5COOH$
   (3) $0.1 \text{mol} \cdot L^{-1} C_6H_5COOH$ (4) $0.05 \text{mol} \cdot L^{-1} NH_4NO_3$
   (5) $0.05 \text{mol} \cdot L^{-1} NaAc$ (6) $0.010 \text{mol} \cdot L^{-1} HCOOH$
   (7) $0.05 \text{mol} \cdot L^{-1} K_2HPO_4$ (8) $0.20 \text{mol} \cdot L^{-1} CHCl_2COOH$
   (9) $0.1 \text{mol} \cdot L^{-1}$ 三乙醇胺   (10) $0.1 \text{mol} \cdot L^{-1} HCOOH + 0.1 \text{mol} \cdot L^{-1} C_6H_5OH$
   (11) $1.0 \times 10^{-3} \text{mol} \cdot L^{-1}$ 丙二酸氢钠(丙二酸的 $K_{a1} = 1.51 \times 10^{-3}, K_{a2} = 2.20 \times 10^{-6}$)
   (12) $0.1 \text{mol} \cdot L^{-1}$ 琥珀酸($COOHCH_2CH_2COOH$)(已知其离解常数: $pK_{a1} = 4.21, pK_{a2} = 5.46$)

9. 由下列各酸的 pK_a 值(25℃)计算 K_a 值和相应共轭碱的 K_b,并比较它们的强弱。

酸	NH_4^+	HCN	HNO_2	H_2S	HOC_6H_4COOH
pK_{a1}	9.25	9.31	3.29	6.88	3.00
pK_{a2}				14.15	12.38

10. 计算 pH = 4.00 时 $0.050 \text{mol} \cdot L^{-1}$ 酒石酸(表示为 H_2A)溶液中酒石酸离子的浓度 $[A^{2-}]$。已知酒石酸的 $pK_{a1} = 3.04, pK_{a2} = 4.37$。

11. 将 $10.0 mL 0.01 \text{mol} \cdot L^{-1} HCl$ 溶液与 $40.0 mL 0.025 \text{mol} \cdot L^{-1} NH_3$ 溶液混合后,所得溶液的pH是多少?

12. 计算下列各缓冲溶液pH。
    (1) 溶液中含有 $0.040 \text{mol} \cdot L^{-1} HCOOH$ 和 $0.060 \text{mol} \cdot L^{-1} HCOONa$
    (2) 溶液中含有 $0.10 \text{mol} \cdot L^{-1} HAc$ 和 $0.20 \text{mol} \cdot L^{-1} NaAc$
    (3) 溶液中含有 $0.10 \text{mol} \cdot L^{-1} NH_3$ 和 $0.50 \text{mol} \cdot L^{-1} NH_4Cl$
    (4) 溶液中含有 $0.50 \text{mol} \cdot L^{-1} NH_3$ 和 $0.10 \text{mol} \cdot L^{-1} NH_4Cl$

13. 计算下列各混合溶液的pH。
    (1) $0.20 \text{mol} \cdot L^{-1} NaAc$ 溶液与 $0.10 \text{mol} \cdot L^{-1} HCl$ 溶液等体积混合
    (2) $30.0 mL 1.0 \text{mol} \cdot L^{-1} HAc$ 溶液与 $10.0 mL 1.0 \text{mol} \cdot L^{-1} NaOH$ 溶液混合
    (3) $30.0 mL 1.0 \text{mol} \cdot L^{-1} NH_3$ 溶液与 $30.0 mL 0.10 \text{mol} \cdot L^{-1} HCl$ 溶液混合

(4) 40.0mL 1.0mol·L^{-1} NH$_3$溶液与10.0mL 1.0mol·L^{-1} HCl 溶液混合

14. 在1L 0.2mol·L^{-1} HAc 溶液中,需加多少克 NaAc 才能使溶液的 H$^+$ 保持为 7.2×10^{-5} mol·L^{-1}?

15. 欲配制 pH 为5.0 的缓冲溶液,问在300mL 0.50mol·L^{-1} 醋酸溶液中需加 NaAc·3H$_2$O 固体多少克?

16. 欲配制 pH 为10.0 的缓冲溶液 1L,用去 15mol·L^{-1} 氨水 350mL,问需加入氯化铵多少克?

17. 欲配制 pH 为5.0 的缓冲溶液 500mL,需用 0.5mol·L^{-1} HAc 和 0.5mol·L^{-1} NaAc 溶液各多少 mL(不用水稀释)?

18. 欲配制 pH = 3.00 的氯乙酸(CH$_2$ClCOOH)缓冲溶液 500mL,使其总浓度为 0.50mol·L^{-1}。应称取氯乙酸钠试剂多少克? 量取 2.0mol·L^{-1} HCl 溶液多少 mL? 已知氯乙酸的 pK_a = 2.86。

19. 10mL HCl(c_{HCl} = 0.20mol·L^{-1})与等体积 HCOONa(c_{HCOONa} = 0.40mol·L^{-1}) + Na$_2$C$_2$O$_4$ ($c_{Na_2C_2O_4}$ = 2.9×10^{-4}mol·L^{-1})相混合,计算溶液中[C$_2$O$_4^{2-}$]。

已知 HCOOH 的 pK_a = 4.0,H$_2$C$_2$O$_4$ 的 pK_{a1} = 1.2,pK_{a2} = 4.0。

20. 某混合溶液含有

c_{HCl} = 0.20mol·L^{-1}, $c_{H_3AsO_4}$ = 2.0×10^{-6}mol·L^{-1}, c_{HAc} = 2.0×10^{-4}mol·L^{-1}。

(1) 计算此混合溶液的 pH。

(2) 加入等体积 0.20mol·L^{-1} NaOH 溶液后,该溶液的 pH 又为多少?

已知 H$_3$AsO$_4$ 的 K_{a1} = 4.0×10^{-3}, K_{a2} = 1.0×10^{-7}, K_{a3} = 3.0×10^{-12};HAc 的 K_a = 1.8×10^{-5}。

第4章 沉淀反应

在化工生产和化学实验中,常利用沉淀反应(precipitation reaction)来进行物质的分离、提纯或鉴定。如将 $AgNO_3$ 溶液加入到 NaCl 溶液中产生白色 AgCl 沉淀,此反应可用于鉴定 Cl^-;又如 Ba^{2+} 与 SO_4^{2-} 反应生成 $BaSO_4$ 沉淀,可用于土壤中硫含量的测定。沉淀法也是纯化生物大分子物质常用的一种方法。AgCl、$BaSO_4$、CaC_2O_4、CuS 等物质在水中的溶解度均很小,通常称之为微溶化合物。本章将讨论微溶化合物与其溶液间的平衡关系。

4.1 微溶化合物的溶解度和溶度积

4.1.1 溶解度和溶度积

一般来说,物质的溶解度(solubility)是指物质在水中溶解的程度,在水中绝对不溶解的物质是没有的。通常把溶解度小于 $0.1g/kgH_2O$ 的物质称为难溶物质;溶解度在 $0.1g \sim 1.0g/kgH_2O$ 之间的物质称为微溶物质;溶解度大于 $1.0g/kgH_2O$ 的物质称为可(易)溶物质。

微溶化合物 MA 置于水中时,受到水分子的作用而被拆开成为组成它的离子或分子,衡量此倾向的大小用溶解度 s 表示。对于 MA 的饱和水溶液,存在下列平衡关系:

$$MA(s) \rightleftharpoons MA(aq) ① \rightleftharpoons M^+ + A^-$$

可见固体 MA 的溶解部分,可以离子 M^+、A^- 状态存在或以分子 MA(也可以是离子对 M^+A^-)状态存在。如果溶液中不存在其他平衡,固体 MA 的溶解度 s 为

$$s = [M^+] + [MA(aq)] = [A^-] + [MA(aq)]$$

式中,[MA(aq)]在一定温度下是常数,称为 MA 的**分子溶解度**或**固有溶解度**,常以符号 s^0 表示。

MA 分子(或 M^+A^-)在溶液中的离解平衡式为

---

① 在化学反应方程式中,有时要表明物质的聚集状态。如 g 表示气态,s 表示固态,l 表示液态,aq 表示有关物质是水合的或有关物质的水溶液。一般可省略。

$$\frac{a_{M^+} \cdot a_{A^-}}{a_{MA(aq)}} = \frac{[M^+][A^-] r_{M^+} \cdot r_{A^-}}{[MA(aq)] r_0} = K_d \quad (4.1)$$

式中,K_d 是 MA 分子的离解常数。若取 MA 分子的活度系数 $r_0 = 1$,则

$$a_{M^+} \cdot a_{A^-} = K_d \cdot s^0 = K_{ap}$$

K_{ap} 是只随温度而变的热力学常数,称为活度积。由上式得

$$[M^+][A^-] = \frac{K_{ap}}{r_{M^+} \cdot r_{A^-}} = K_{sp} \quad (4.2)$$

式中,K_{sp} 是微溶化合物 MA 的**溶度积常数**(solubility product constant),简称**溶度积**。K_{sp} 不仅与温度有关,还与溶液中所存在离子的浓度有关。当溶液中离子强度不大时,K_{ap} 和 K_{sp} 的差别很小,可以用 K_{ap} 值代替 K_{sp} 值使用;但当溶液中有强电解质存在、离子强度较大时,就应该从相应的活度系数计算该条件下的 K_{sp} 值,或查用 $I = 0.1$ 时的 K_{sp} 数据来进行沉淀反应中各物种的平衡浓度的计算,才符合实际情况。

在计算某物质的溶解度时,其中固有溶解度 s^0 占什么比例是一个应当考虑的问题。一般地讲,对于微溶化合物 MA 饱和溶液,只有当其浓度低而离解常数大时,溶液中的 MA 分子才近于完全离解,此时总溶解度可以看做由离子浓度决定,s^0 可忽略;反之,s^0 对溶解度的贡献就必须计入。例如,氯化银的饱和溶液浓度很小,虽然 AgCl(aq) 的 $K_d = 3.9 \times 10^{-4}$,但溶液中氯化银分子的离解近于 100%,事实上,$s^0_{AgCl} = 2.3 \times 10^{-7}$ mol·L^{-1},比起其离子浓度 $[Ag^+] = \sqrt{K_{sp}} = 1.3 \times 10^{-5}$ mol·L^{-1} 要小得多,所以计算溶解度时,s^0 可以忽略。而对于 CaSO$_4$,由于它的饱和溶液浓度很大,$s = 0.015$ mol·L^{-1},即使它的离解常数不算小,$K_d = 5.2 \times 10^{-3}$,但离解得并不完全。溶液中离子的浓度可由离解平衡式估算(忽略活度系数的影响),得,

$$[Ca^{2+}] = [SO_4^{2-}] = 6.6 \times 10^{-3}, [CaSO_4] = 8.4 \times 10^{-3} \text{mol} \cdot L^{-1}$$

可见离解的还不到一半,总溶解度是未离解的分子(离子对 $Ca^{2+}SO_4^{2-}$)与离子的浓度之和,忽略 s^0 显然是不对的。

分析上有意义的微溶物只有小部分已测定了固有溶解度和离解常数。如丁二酮肟镍和 8-羟基喹啉铁等金属螯合物的固有溶解度为 $10^{-6} \sim 10^{-9}$ mol·L^{-1},AgBr,AgI,AgIO$_3$ 的固有溶解度占总溶解度的 0.1%~1%,一些水合氧化物[如 Fe(OH)$_3$,Zn(OH)$_2$ 等]和硫化物(如 HgS,CuS,CdS 等)也有很小的固有溶解度。不同作者测出的数值常有出入,这都给其应用带来困难。鉴于大多数微溶化合物的 s^0 并不大,且已有数据不够完整,在本章(及通常的分析)计算中,除特别指明者外,都不考虑固有溶解度。

4.1.2 溶度积原理和溶度积规则

1. 溶度积原理

沉淀往往最初以某种亚稳型沉淀物沉降下来,在放置过程中才逐渐转化成稳定

型。例如,氢氧化物常以无定形沉淀物或以吸附有大量水分的极细小的晶体而沉淀出来。在室温下沉淀出来的草酸钙则以二水或三水合物的混合物形式沉降,它们相对于一水合物来说都是亚稳。在酸性溶液中以黑色立方体形式沉淀的硫化汞(Ⅱ)在陈化时将逐渐地转变成红色三角形砾砂。由于从亚稳型到稳定型的转变是一个自发过程,所以在任何一组给定条件下,亚稳型都要比稳定型易于溶解。

溶度积原理是沉淀反应的基本原理。现以 $BaSO_4$ 为例来说明。$BaSO_4$ 和许多微溶化合物一样,是强电解质,并具有离子结构。在一定温度下,将 $BaSO_4$ 放入水中后,由于水分子是极性分子,其正的一端朝向晶体 $BaSO_4$ 表面上的 SO_4^{2-},负的一端朝向晶体 $BaSO_4$ 表面上的 Ba^{2+}。由于水偶极子与 SO_4^{2-} 和 Ba^{2+} 相互吸引,削弱了晶体上 Ba^{2+} 和 SO_4^{2-} 之间相互吸引力,因而使得一部分 Ba^{2+} 和 SO_4^{2-} 从晶体表面脱离成为水合离子而进入溶液,这个过程就是沉淀溶解。另一方面,溶液中的水合 Ba^{2+} 离子和水合 SO_4^{2-} 离子也在不断地运动,当它们在运动中碰到 $BaSO_4$ 晶体表面时,受到 $BaSO_4$ 晶体表面相反电荷的离子吸引,可能脱水,又重新回到晶体表面,这就是沉淀生成的过程。

这两个相反过程最后达到平衡,此时,溶液是饱和溶液。虽然这两个相反的过程在继续不断地进行着,但溶液中离子的浓度不再改变。$BaSO_4$ 沉淀与溶液中的 Ba^{2+} 和 SO_4^{2-} 之间的多相平衡可表示如下:

$$BaSO_4(s) \underset{沉淀}{\overset{溶解}{\rightleftharpoons}} Ba^{2+}(aq) + SO_4^{2-}(aq)$$

实验证明,在一定温度下,$BaSO_4$ 溶解的速度 v_1 与晶体表面积 S 成正比,即

$$v_1 \propto S, v_1 = k_1 S$$

沉淀生成的速度 v_2 与晶体的表面积 S 及溶液中 Ba^{2+} 和 SO_4^{2-} 浓度的乘积成正比,即

$$v_2 \propto [Ba^{2+}][SO_4^{2-}]S, v_2 = k_2[Ba^{2+}][SO_4^{2-}]S$$

达到平衡时,沉淀溶解的速度和生成的速度相等,即 $v_1 = v_2$,

$$k_1 S = k_2 [Ba^{2+}][SO_4^{2-}]S$$

$$[Ba^{2+}][SO_4^{2-}] = \frac{k_1}{k_2}$$

因 k_1/k_2 是常数,可用 K_{sp} 表示,即

$$[Ba^{2+}][SO_4^{2-}] = K_{sp}$$

由此进一步表明,在微溶化合物的饱和溶液中,组成沉淀的有关离子浓度的乘积,在一定温度下为一常数,称为溶度积常数或溶度积。温度改变时,溶度积也随之改变。显然,溶度积是微溶化合物(s)和它的饱和溶液达到平衡时的平衡常数,它代表物质溶解的能力。

除 $BaSO_4$ 以外,其他类型的微溶化合物,如 Ag_2CrO_4、$Ca_3(PO_4)_2$ 和 $MgNH_4PO_4$ 等,它们的溶度积可分别表示如下:

第4章 沉淀反应

$$K_{sp} = [Ag^+]^2[CrO_4^{2-}]$$
$$K_{sp} = [Ca^{2+}]^3[PO_4^{3-}]^2$$
$$K_{sp} = [Mg^{2+}][NH_4^+][PO_4^{3-}]$$

因此,表示 M_mA_n 型微溶化合物溶度积的一般公式为

$$M_mA_n(s) \rightleftharpoons mM^{n+} + nA^{m-}$$
$$K_{sp} \rightleftharpoons [M^{n+}]^m[A^{m-}]^n \tag{4.3}$$

式中,离子浓度的指数是多相平衡表示式中该离子的系数。表明在一定温度下,难溶电解质的饱和溶液中离子浓度幂之乘积为一常数。

在微溶化合物的饱和溶液中,若同时存在大量其他强电解质时,上式应以离子活度的乘积活度积来表示,即

$$K_{ap} = a_+^m \cdot a_-^n \tag{4.4}$$

$$a_+^m a_-^n = (\gamma_+[M^{n+}])^m(\gamma_-[A^{m-}])^n = \gamma_+^m \gamma_-^n K_{sp}$$

进行一般计算时 K_{sp} 和 K_{ap} 的差别可以忽略不计。

2. 溶度积规则

难溶电解质溶液中离子浓度幂的乘积称为离子积 I_p(ion product),它表示任一条件下离子浓度幂的乘积。I_p 和 K_{sp} 的表达形式类似,但其含义不同。K_{sp} 表示难溶电解质的饱和溶液中离子浓度幂的乘积,仅是 I_p 的一个特例。对某一溶液而言:

(1)$I_p = K_{sp}$ 表示溶液是饱和的。这时溶液中的沉淀与溶解达到动态平衡,既无沉淀析出又无沉淀溶解。

(2)$I_p < K_{sp}$ 表示溶液是不饱和的。溶液中无沉淀存在,若加入难溶电解质,则会继续溶解。

(3)$I_p > K_{sp}$ 表示溶液为过饱和。此时溶液会有沉淀析出。

以上三条称为溶度积规则,它是对难溶电解质溶解沉淀平衡移动规律的总结,在实际工作中具有重要的意义。必须指出,溶度积规则只适用于难溶或微溶电解质,对于溶解度较大的化合物,例如 $NaCl$,$KClO_3$ 等,溶度积是不适用的。

4.1.3 溶度积和溶解度的关系

根据溶度积表达式可以进行溶解度和溶度积之间的相互换算。对于 M_mA_n 型难溶电解质的溶解度 s,可通过其溶度积 K_{sp} 来计算。

$$M_mA_n(s) \rightleftharpoons mM^{n+} + nA^{m-}$$
$$ ms \quad\quad ns$$

$$K_{sp} = [M^{n+}]^m[A^{m-}]^n = (ms)^m \cdot (ns)^n$$

$$s = \sqrt[m+n]{\frac{K_{sp}}{m^m \times n^n}} \tag{4.5}$$

1. 由溶度积计算溶解度

例 4-1 25℃时 AgCl $K_{sp} = 1.8 \times 10^{-10}$，求其溶解度。

解 AgCl 溶解在水中按下式离解：
$$AgCl(s) \rightleftharpoons Ag^+ + Cl^-$$

设 AgCl 溶解度为 x，由于 AgCl 在水溶液中是完全离解的，所以 $[Ag^+] = [Cl^-] = x$。代入 AgCl 的溶度积常数表示式中，得到

$$[Ag^+][Cl^-] = K_{sp} = 1.8 \times 10^{-10}$$
$$x^2 = 1.8 \times 10^{-10}$$
$$x = \sqrt{1.8 \times 10^{-10}} = 1.4 \times 10^{-5} \text{mol} \cdot L^{-1}$$

例 4-2 25℃时 Ag_2CrO_4 的 $K_{sp} = 2.0 \times 10^{-12}$，求其溶解度。

解 根据 Ag_2CrO_4 的溶解方程式：
$$Ag_2CrO_4(s) \rightleftharpoons 2Ag^+ + CrO_4^{2-}$$

每 1mol Ag_2CrO_4 溶解生成 2mol Ag^+ 和 1mol CrO_4^{2-}。设 Ag_2CrO_4 的溶解度为 x，则

$$[Ag^+] = 2x, [CrO_4^{2-}] = x$$
$$[Ag^+]^2[CrO_4^{2-}] = K_{sp} = 2.0 \times 10^{-12}$$
$$(2x)^2(x) = 2.0 \times 10^{-12}$$
$$x = \sqrt[3]{\frac{2.0 \times 10^{-12}}{4}} = 7.9 \times 10^{-5} \text{mol} \cdot L^{-1}$$

从例 4-1 和例 4-2 计算结果来看，AgCl 的 K_{sp} 比 Ag_2CrO_4 的 K_{sp} 大，但 AgCl 的溶解度却比 Ag_2CrO_4 的小。因此，对于不同类型的微溶物，欲比较其在水中的溶解能力时，应将其溶度积换算为溶解度。如果是同类型微溶物（如构晶离子均为 1:1 或均为 1:2），溶度积越小的，其溶解度也越小。

2. 由溶解度计算溶度积

例 4-3 $BaSO_4$ 在水中的溶解度为 2.42×10^{-3} g·L^{-1}，计算 $BaSO_4$ 的溶度积常数。

解 $BaSO_4$ 的式量 = 233.4，故 $BaSO_4$ 的溶解度为

$$\frac{2.42 \times 10^{-3}}{233.4} = 1.04 \times 10^{-5} \text{mol} \cdot L^{-1}$$

在 $BaSO_4$ 的饱和溶液中，
$$BaSO_4(s) \rightleftharpoons Ba^{2+} + SO_4^{2-}$$
$$[Ba^{2+}] = [SO_4^{2-}] = 1.04 \times 10^{-5} \text{mol} \cdot L^{-1}$$
$$K_{sp} = (1.04 \times 10^{-5})(1.04 \times 10^{-5}) = 1.08 \times 10^{-10}$$

例 4-4 25℃时，$Mg(OH)_2$ 的溶解度为 1.65×10^{-4} mol·L^{-1}，试计算其 K_{sp} 值。

解 在 $Mg(OH)_2$ 的饱和溶液中，

$$Mg(OH)_2(s) \rightleftharpoons Mg^{2+} + 2OH^-$$

1 mol $Mg(OH)_2$ 溶解产生 1mol Mg^{2+} 和 2 mol OH^-,所以

$$[Mg^{2+}] = 1.65 \times 10^{-4} \text{mol} \cdot L^{-1}$$
$$[OH^-] = 2 \times 1.65 \times 10^{-4} \text{mol} \cdot L^{-1}$$
$$K_{sp} = [Mg^{2+}][OH^-]^2$$
$$= (1.65 \times 10^{-4})(2 \times 1.65 \times 10^{-4})^2$$
$$= 1.8 \times 10^{-11}$$

4.1.4 同离子效应对沉淀平衡的影响

在分析化学中应用沉淀反应时,希望沉淀反应进行得越完全越好。沉淀的溶解度愈小,则沉淀作用愈完全。除温度、介质、晶体的结构等条件外,同离子效应能降低沉淀的溶解度,使沉淀作用完全,下面举例说明。

例 4-5 25℃时,$BaSO_4$ 的 $K_{sp} = 1.1 \times 10^{-10}$,比较 $BaSO_4$ 在纯水和 $0.1 \text{mol} \cdot L^{-1}$ SO_4^{2-} 溶液中的溶解度。

解 $BaSO_4$ 在纯水中的溶解度为 s

$$s = [Ba^{2+}] = [SO_4^{2-}] = \sqrt{K_{sp}}$$
$$= \sqrt{1.1 \times 10^{-10}} = 1.05 \times 10^{-5} \text{mol} \cdot L^{-1}$$

设 s' 为 $BaSO_4$ 在 $0.1 \text{mol} \cdot L^{-1}$ SO_4^{2-} 溶液中的溶解度,则 $[Ba^{2+}] = s'$,$[SO_4^{2-}] = 0.1 + s'$,所以

$$s'(0.1 + s') = 1.1 \times 10^{-10}$$

因为 s' 值很小,$0.1 + s' \approx 0.1$,故

$$s' = \frac{1.1 \times 10^{-10}}{0.1} = 1.1 \times 10^{-9} \text{mol} \cdot L^{-1}$$

可见 $BaSO_4$ 在 $0.1 \text{mol} \cdot L^{-1}$ SO_4^{2-} 溶液中的溶解度比在纯水中的小得多。

这种在微溶化合物的饱和溶液中,加入含有共同离子的易溶强电解质,而使微溶化合物溶解度减小的效应,也称为同离子效应。因此使用过量的沉淀剂,可以降低沉淀的溶解度。

沉淀作用是否完全,通常以沉淀反应达到平衡时,溶液中构成晶体离子(简称构晶离子)的浓度来衡量。一般来讲,利用沉淀反应鉴定离子时,只要溶液中剩余离子浓度不超过 $10^{-5} \text{mol} \cdot L^{-1}$;在定量分析中不超过 $10^{-6} \text{mol} \cdot L^{-1}$,就可以认为沉淀完全了。在实际工作中为了使指定离子沉淀完全,需要加入过量的沉淀剂。但是,如果沉淀剂加得过多反而会增大沉淀的溶解度,或发生其他的副反应。因此,沉淀剂的过量要适当。例如,用 $BaCl_2$ 溶液测定土壤中的硫时沉淀剂过量 10%~20% 就行了。

例 4-6 将 $2 \times 10^{-3} \text{mol} \cdot L^{-1} AgNO_3$ 溶液与 $0.1 \text{mol} \cdot L^{-1} HCl$ 等体积混合,能否发

生沉淀? 达到平衡后,溶液中[Ag$^+$]为多少?

解 两种溶液等体积混合后,Ag$^+$和Cl$^-$浓度分别为

$$\frac{1}{2} \times 2 \times 10^{-3} = 1 \times 10^{-3} \text{mol} \cdot \text{L}^{-1}$$

$$\frac{1}{2} \times 0.1 = 0.05 \text{mol} \cdot \text{L}^{-1}$$

则 $(1 \times 10^{-3})(0.05) = 5 \times 10^{-5} > 1.8 \times 10^{-10}$,应有沉淀生成。

达到平衡后,假定 Ag$^+$ 已沉淀完全(这一假定不会引起显著误差),则消耗的 Cl$^-$ 浓度为 1×10^{-3} mol·L^{-1}。溶液中剩余 Cl$^-$ 的浓度为

$$0.5 - 1 \times 10^{-3} = 4.9 \times 10^{-2} \text{mol} \cdot \text{L}^{-1}$$

平衡时 [Ag$^+$][Cl$^-$] = K_{sp} = 1.8×10^{-10},

$$[\text{Ag}^+] = \frac{K_{sp}}{[\text{Cl}^-]} = \frac{1.8 \times 10^{-10}}{4.9 \times 10^{-2}} = 3.7 \times 10^{-9} \text{mol} \cdot \text{L}^{-1}$$

例 4-7 已知 PbBr$_2$ 的 $K_{sp} = 9 \times 10^{-6}$,分别计算 PbBr$_2$ 在 0.30 mol·L^{-1} NaBr 溶液和 0.30 mol·L^{-1} Pb(NO$_3$)$_2$ 溶液中的溶解度。

解
$$\text{PbBr}_2(\text{s}) \rightleftharpoons \text{Pb}^{2+} + 2\text{Br}^-$$
$$[\text{Pb}^{2+}][\text{Br}^-]^2 = K_{sp} = 9 \times 10^{-6}$$

(1) 设 PbBr$_2$ 在 0.30 mol·L^{-1} NaBr 溶液中的溶解度为 s,则

$$[\text{Pb}^{2+}] = s, [\text{Br}^-] = 2s + 0.30$$

代入溶度积常数表示式,得到

$$(s)(2s + 0.30)^2 = 9 \times 10^{-6}$$

因 $2s + 0.30 \approx 0.30$,则 $(s)(0.30)^2 = 9 \times 10^{-6}$,

$$s = 1 \times 10^{-4} \text{mol} \cdot \text{L}^{-1}$$

(2) 设 PbBr$_2$ 在 0.30 mol·L^{-1} Pb(NO$_3$)$_2$ 溶液中的溶解度为 s',则

$$[\text{Br}^-] = 2s', [\text{Pb}^{2+}] = s' + 0.30 \approx 0.30$$

代入溶度积表示式,得到 $(0.30)(2s')^2 = 9 \times 10^{-6}$,

$$s' = \sqrt{7.3 \times 10^{-6}} = 2.7 \times 10^{-3} \text{mol} \cdot \text{L}^{-1}$$

4.1.5 盐效应对沉淀平衡的影响

实验结果表明,不仅含有共同离子的强电解质能影响微溶物的溶解度,不含有共同离子的强电解质也能影响微溶物的溶解度。例如,在 PbSO$_4$,AgCl 饱和溶液中加入 KNO$_3$ 或 NaNO$_3$ 等强电解质后,PbSO$_4$,AgCl 在这种溶液中的溶解度比在纯水中的溶解度增大,而且加入的强电解质的浓度越大,微溶物的溶解度也越大。这种因加入易溶的强电解质而使微溶物溶解度增大的效应,称为盐效应,亦称异离子效应。

为什么强电解质会使微溶物溶解度增大呢?我们知道,在微溶物的饱和溶液中

加入强电解质后,溶液中离子的强度增大,构晶离子的活度系数相应地减小,微溶物的溶解度因而增大。由于高价离子的活度系数受离子强度的影响较大,故构晶离子的电荷愈高,盐效应的影响愈严重。实验结果表明,当溶液中KNO_3的浓度由 0 增加至 $0.01 mol \cdot L^{-1}$ 时,AgCl 的溶解度增加 12%,而 $BaSO_4$ 的溶解度可增大 70%。

利用同离子效应以降低沉淀的溶解度时,应考虑盐效应的影响,即沉淀剂不能过量太多,否则将使沉淀的溶解度增大。表 4-1 是 $PbSO_4$ 在 Na_2SO_4 溶液中溶解度变化的情况。

表 4-1　　　　$PbSO_4$ 在 Na_2SO_4 溶液中的溶解度 $/(\times 10^{-3} mol \cdot L^{-1})$

$Na_2SO_4/(mol \cdot L^{-1})$	0	0.001	0.01	0.02	0.04	0.100	0.200
$PbSO_4$ 的溶解度	0.15	0.024	0.016	0.014	0.013	0.016	0.023

由表 4-1 可知,由于 Na_2SO_4 和 $PbSO_4$ 都含有共同的 SO_4^{2-},所以使 $PbSO_4$ 的溶解度渐渐减小。当 Na_2SO_4 浓度为 $0.04 mol \cdot L^{-1}$ 时,$PbSO_4$ 的溶解度最小。以后随着 Na_2SO_4 浓度的增大,盐效应加强,$PbSO_4$ 的溶解度又重新增大。

4.2　沉淀的生成和溶解

4.2.1　沉淀的生成

在沉淀反应中,根据溶度积原理可以推测沉淀能否生成。当溶液中微溶电解质的离子浓度乘积(简称离子积)大于该物质在此温度下的溶度积常数时,则该微溶物将沉淀析出。下面举例说明沉淀生成的规律。

例 4-8　将下列溶液混合是否生成 $CaSO_4$ 沉淀?

(1) 20 mL 1 $mol \cdot L^{-1} NaSO_4$ 溶液与 20 mL 1 $mol \cdot L^{-1} CaCl_2$ 溶液;

(2) 20 mL 0.002 $mol \cdot L^{-1} NaSO_4$ 溶液与 20 mL 0.002 $mol \cdot L^{-1} CaCl_2$ 溶液。

解　当两种溶液等体积混合的一瞬间,由于体积加倍,所以每种溶液的浓度均缩小到它原来浓度的 1/2。

(1) 　　　　$[Ca^{2+}] = 0.5 mol \cdot L^{-1}, [SO_4^{2-}] = 0.5 mol \cdot L^{-1}$,

$$[Ca^{2+}][SO_4^{2-}] = 0.5 \times 0.5 = 0.25$$

已知 $CaSO_4$ 的 $K_{sp} = 9.1 \times 10^{-6}$。此时 $[Ca^{2+}]$ 和 $[SO_4^{2-}]$ 的乘积大于 $CaSO_4$ 的 K_{sp} 值,应有 $CaSO_4$ 沉淀生成。并且沉淀作用将继续进行一直到溶液中的 $[Ca^{2+}]$ 和 $[SO_4^{2-}]$ 的乘积又等于 $CaSO_4$ 的溶度积常数值时为止。

(2) 　　　　$[Ca^{2+}] = 0.001 mol \cdot L^{-1}, [SO_4^{2-}] = 0.001 mol \cdot L^{-1}$,

$$[Ca^{2+}][SO_4^{2-}] = 0.001 \times 0.001 = 1 \times 10^{-6}$$

由于离子积小于 $CaSO_4$ 的 K_{sp} 值,所以没有沉淀产生。

例 4-9 在 $0.001 mol \cdot L^{-1} CrO_4^{2-}$ 溶液中加入 $AgNO_3$,Ag^+ 必须超过多大浓度才能产生 Ag_2CrO_4 沉淀(不考虑加入 $AgNO_3$ 溶液体积的增大)?

解 Ag_2CrO_4 的溶解方程式为

$$Ag_2CrO_4(s) \rightleftharpoons 2Ag^+ + CrO_4^{2-}$$

$$[Ag^+]^2[CrO_4^{2-}] = K_{sp} = 2.0 \times 10^{-12}$$

$$[Ag^+]^2 = \frac{2.0 \times 10^{-12}}{0.001} = 2.0 \times 10^{-9}$$

$$[Ag^+] = 4.5 \times 10^{-5} mol \cdot L^{-1}$$

故 Ag^+ 的浓度必须大于 $4.5 \times 10^{-5} mol \cdot L^{-1}$ 才能产生 Ag_2CrO_4 沉淀。

例 4-10 在 $0.30 mol \cdot L^{-1} HCl$ 溶液中含 $0.1 mol \cdot L^{-1} Cd^{2+}$,室温下通 H_2S 气体达到饱和,此时 CdS 是否沉淀?

解 H_2S 为二元弱酸,它在溶液中分两步离解:

$$H_2S \rightleftharpoons H^+ + HS^-, K_{a1} = \frac{[H^+][HS^-]}{[H_2S]}$$

$$HS^- \rightleftharpoons H^+ + S^{2-}, K_{a2} = \frac{[H^+][S^{2-}]}{[HS^-]}$$

$$K_{a1}K_{a2} = \frac{[H^+]^2[S^{2-}]}{H_2S} = 9.2 \times 10^{-22}$$

$$[S^{2-}] = \frac{[H_2S]}{[H^+]^2} \cdot K_{a1}K_{a2}$$

通常 H_2S 饱和溶液中 H_2S 的平衡浓度按 $0.1 mol \cdot L^{-1}$ 计,故

$$[S^{2-}] = \frac{0.1}{(0.30)^2} \times 9.2 \times 10^{-22}$$

$$= 1.0 \times 10^{-21} mol \cdot L^{-1}$$

$$[Cd^{2+}][S^{2-}] = (0.1)(1.0 \times 10^{-21}) = 1.0 \times 10^{-22}$$

$$> K_{sp} = 8 \times 10^{-27}$$

所以有 CdS 沉淀析出。

本题也可用 S^{2-} 的分布分数计算:

设 S^{2-} 的分布分数为 $\delta_{S^{2-}}$,其总浓度为 $c_{S^{2-}}$,则

$$c_{S^{2-}} = [S^{2-}] + [HS^-] + [H_2S] \approx 0.1$$

$$\delta_{S^{2-}} = \frac{K_{a1}K_{a2}}{[H^+]^2 + K_{a1}[H]^+ + K_{a1}K_{a2}}$$

$$= \frac{1.3 \times 10^{-7} \times 7.1 \times 10^{-15}}{(0.3)^2 + 1.3 \times 10^{-7}(0.3) + 1.3 \times 10^{-7} \times 7.1 \times 10^{-15}}$$

$$[S^{2-}] = c_{S^{2-}} \times \delta_{S^{2-}} = 0.1 \times 1.0 \times 10^{-20}$$
$$= 1.0 \times 10^{-21}$$
$$= 1.0 \times 10^{-21} \text{mol} \cdot \text{L}^{-1}$$
$$[Cd^{2+}][S^{2-}] = 0.1 \times 1.0 \times 10^{-21} = 1.0 \times 10^{-22}$$
$$> K_{sp} = 8 \times 10^{-27}$$

所以有 CdS 沉淀析出。

例 4-11 室温下往含 Zn^{2+} $0.01 \text{mol} \cdot L^{-1}$ 的酸性溶液中通入 H_2S 达到饱和,如果 Zn^{2+} 能完全沉淀为 ZnS,则沉淀完全时溶液中的 $[H^+]$ 应是多少?

解 若 Zn^{2+} 在溶液里的浓度不超过 $10^{-5} \text{mol} \cdot L^{-1}$,就可以认为沉淀完全。因此,溶液中剩下的 $[S^{2-}]$ 至少需为

$$[S^{2-}] = \frac{K_{ZnS}}{[Zn^{2+}]} = \frac{2.5 \times 10^{-22}}{10^{-5}}$$
$$= 2.5 \times 10^{-17} \text{mol} \cdot L^{-1}$$

溶液中 $[S^{2-}]$ 为 $2.5 \times 10^{-17} \text{mol} \cdot L^{-1}$ 时,$[H^+]$ 可计算如下:

$$[H^+]^2 = \frac{0.1 \times 9.2 \times 10^{-22}}{2.5 \times 10^{-17}} = 3.7 \times 10^{-6}$$
$$[H^+] = 1.9 \times 10^{-3} \text{mol} \cdot L^{-1}$$

即 $[H^+]$ 必须在 $1.9 \times 10^{-3} \text{mol} \cdot L^{-1}$ 以下。

4.2.2 分步沉淀

$AgNO_3$ 溶液与含 I^- 或 Cl^- 的溶液都能反应生成微溶化合物。当把 $AgNO_3$ 溶液逐滴加入到同时含有 I^- 和 Cl^- 的溶液中时,开始生成的是浅黄色 AgI 沉淀,然后才生成白色 AgCl 沉淀。这种先沉淀的现象,称为分步沉淀(fractional precipitation)或分级沉淀。

为什么 AgI 先沉淀?可根据溶度积原理进行计算来说明这一问题。

例如,在含有 $0.01 \text{mol} \cdot L^{-1}$ KI 和 $0.01 \text{mol} \cdot L^{-1}$ KCl 溶液中逐滴加入 $AgNO_3$,利用溶度积公式可以粗略计算开始生成 AgI 和 AgCl 所需要的 Ag^+ 浓度:

$$[Ag^+]_{AgI} > \frac{K_{sp(AgI)}}{[I^-]} = \frac{9.3 \times 10^{-17}}{10^{-2}} = 9.3 \times 10^{-15} \text{mol} \cdot L^{-1}$$

$$[Ag^+]_{AgCl} > \frac{K_{sp(AgCl)}}{[Cl^-]} = \frac{1.8 \times 10^{-10}}{10^{-2}} = 1.8 \times 10^{-8} \text{mol} \cdot L^{-1}$$

显然,沉淀 I^- 所需要的 Ag^+ 浓度比沉淀 Cl^- 需要的 Ag^+ 浓度小得多,所以离子积较早达到溶度积的 AgI 先沉淀。即在离子浓度相同或相近的情况下,对于 AgI 和 AgCl 来说,首先产生沉淀的是两种化合物中溶解度较小的 AgI。

当 AgCl 开始沉淀时,溶液中 I^- 的浓度是多少呢?如果不考虑加入试剂所引起

的溶液体积变化,此时溶液中 Ag^+ 浓度为 $1.8 \times 10^{-8} mol \cdot L^{-1}$,则

$$[I^-] = \frac{K_{sp(AgI)}}{[Ag^+]} = \frac{9.3 \times 10^{-17}}{1.8 \times 10^{-8}} = 5.2 \times 10^{-9} mol \cdot L^{-1}$$

计算表明,当 AgCl 开始沉淀时,I^- 早已沉淀完全了。

但是,分步沉淀的顺序不是固定不变的,除决定于微溶物的溶解度外,还决定于被沉淀的各离子在溶液中的浓度。如果将生成微溶物的离子浓度加以适当改变,也可能改变沉淀的顺序。如果溶液中 I^- 的浓度很微小,而 Cl^- 的浓度又特别大,则开始析出 AgCl 沉淀所需要的 Ag^+ 浓度小。当往溶液中加 $AgNO_3$ 试剂时,首先沉淀的就不是 AgI,而是 AgCl。

在沉淀滴定法中,用 Ag^+ 滴定 Cl^- 时,加 K_2CrO_4 作指示剂,就是利用分步沉淀的原理。

4.2.3 沉淀的溶解

沉淀的溶解同样可应用溶度积原理来说明,如果设法降低微溶物的饱和溶液中离子的浓度,使离子积小于它的 K_{sp} 值,则沉淀将会溶解。降低离子浓度的方法如下:

1. 生成弱电解质使沉淀溶解

(1) 生成微弱离解的水　可使许多微溶的金属氢氧化物如 $Mg(OH)_2$,$Al(OH)_3$ 和 $Fe(OH)_3$ 等能溶解在酸溶液中。例如,$Mg(OH)_2$ 沉淀可溶于 HCl 溶液。由于酸中的 H^+ 与 OH^- 结合成 H_2O,降低了 OH^- 的浓度,使 $[Mg^{2+}][OH^-]^2 < K_{sp}$,$Mg(OH)_2$ 沉淀开始溶解。溶解反应如下所示:

$$Mg(OH)_2 \rightleftharpoons Mg^{2+} + 2OH^-$$
$$+$$
$$2HCl \rightleftharpoons 2Cl^- + 2H^+$$
$$\parallel$$
$$2H_2O$$

$Mg(OH)_2$ 沉淀还溶于铵盐溶液。由于 NH_4^+ 与 OH^- 结合成氨水,从而降低了 OH^- 的浓度:

$$Mg(OH)_2 \rightleftharpoons Mg^{2+} + 2OH^-$$
$$+$$
$$2NH_4Cl \rightleftharpoons 2Cl^- + 2NH_4^+$$
$$\parallel$$
$$2NH_3 + 2H_2O$$

(2) 若沉淀是弱酸盐,如 $CaCO_3$,CaC_2O_4,CdS 等都能溶于较强的酸中。以 CaC_2O_4 为例,其溶解过程可表示如下:

$$CaC_2O_4 \rightleftharpoons Ca^{2+} + C_2O_4^{2-}$$
$$\parallel H^+$$

$$HC_2O_4^- \underset{}{\overset{H^+}{\rightleftharpoons}} H_2C_2O_4$$

当溶液中 H^+ 浓度增加时,将使沉淀溶解平衡向生成弱酸方向移动,使 CaC_2O_4 沉淀溶解。若已知平衡时溶液的 pH,可以利用分布分数来计算溶解度。

例 4-12 计算 pH = 3.0 时。

解 设 pH = 3.0 时,CaC_2O_4 的溶解度为 s,$[Ca^{2+}] = s$,

$$c_{C_2O_4^{2-}} = [C_2O_4^{2-}] + [HC_2O_4^{1-}] + [H_2C_2O_4] = s$$

当 pH = 3.0 时,设 $C_2O_4^{2-}$ 的分布分数为 $\delta_{C_2O_4^{2-}}$,则

$$\delta_{C_2O_4^{2-}} = \frac{K_{a1}K_{a2}}{[H^+]^2 + K_{a1}[H^+] + K_{a1}K_{a2}}$$

$$= \frac{5.9 \times 10^{-2} \times 6.4 \times 10^{-5}}{(10^{-3})^2 + 5.9 \times 10^{-2} \times 10^{-3} + 5.9 \times 10^{-2} \times 6.4 \times 10^{-5}}$$

$$= 0.059$$

由 $\delta_{C_2O_4^{2-}} = \dfrac{[C_2O_4^{2-}]}{c_{C_2O_4^{2-}}}$,得到

$$[C_2O_4^{2-}] = c_{C_2O_4^{2-}} \cdot \delta_{C_2O_4^{2-}} = s \cdot \delta_{C_2O_4^{2-}}$$

$$[Ca^{2+}][C_2O_4^{2-}] = s^2 \cdot \delta_{C_2O_4^{2-}} = K_{sp}$$

故

$$s = \sqrt{\frac{K_{sp}}{\delta_{C_2O_4^{2-}}}} = \sqrt{\frac{2.0 \times 10^{-9}}{0.059}} = 1.8 \times 10^{-4} \text{mol} \cdot L^{-1}$$

例 4-13 如果溶液的 pH = 4.0 而过量草酸盐的总浓度为 $0.010 \text{mol} \cdot L^{-1}$。(1) 计算 CaC_2O_4 的溶解度,(2) 计算 300mL 溶液中溶解 CaC_2O_4 的克数。

解 (1) 设 CaC_2O_4 的溶解度为 s,则

$$[Ca^{2+}] = s$$

$$[C_2O_4^{2-}] = \delta_{C_2O_4^{2-}}(0.010 + s) \approx \delta_{C_2O_4^{2-}} \times 0.010$$

pH = 4.0 时,

$$\delta_{C_2O_4^{2-}} = \frac{5.9 \times 10^{-2} \times 6.4 \times 10^{-5}}{(10^{-4})^2 + 5.9 \times 10^{-2} \times 10^{-4} + 5.9 \times 10^{-2} \times 6.4 \times 10^{-5}}$$

$$\approx 0.39$$

所以

$$[Ca^{2+}][C_2O_4^{2-}] = 0.010 \times 0.39s = 2.0 \times 10^{-9}$$

$$s = \frac{2.0 \times 10^{-9}}{0.010 \times 0.39} = 5.1 \times 10^{-7} \text{mol} \cdot L^{-1}$$

(2) 300 mL 溶液中溶解 CaC_2O_4 的克数为

$$5.1 \times 10^{-7} \times 128 \times 0.3 = 1.96 \times 10^{-5} \text{g}$$

例 4-14 计算 CuS 在水中的溶解度(已知 H_2S 的 $K_{a1} = 1.3 \times 10^{-7}$, $K_{a2} = 7.1 \times 10^{-15}$, CuS 的 $K_{sp} = 6 \times 10^{-38}$)。

解 因为 CuS 的溶解度非常小,S^{2-} 与水中 H^+ 结合产生的 OH^- 很少,溶液的 pH ≈ 7,此时

$$\delta_{S^{2-}} = \frac{1.3 \times 10^{-7} \times 7.1 \times 10^{-15}}{(10^{-7})^2 + 1.3 \times 10^{-7} \times 10^{-7} + 1.3 \times 10^{-7} \times 7.1 \times 10^{-15}}$$

$$\approx 4 \times 10^{-8}$$

设 CuS 的溶解度为 s,则

$$[Cu^{2+}] = s$$
$$[S^{2-}] + [HS^-] + [H_2S] = s$$
$$[S^{2-}] = \delta_{S^{2-}} \times s$$
$$K_{sp} = [Cu^{2+}][S^{2-}] = s^2 \times 4 \times 10^{-8} = 6 \times 10^{-38}$$
$$s = \sqrt{\frac{6 \times 10^{-38}}{4 \times 10^{-8}}} = 1.2 \times 10^{-15} \text{ mol} \cdot L^{-1}$$

如果没有考虑 S^{2-} 与水的反应,则 $s = \sqrt{6 \times 10^{-38}} = 2.4 \times 10^{-19}$ mol·L^{-1},相差三个数量级。

2. 利用氧化还原反应使沉淀溶解

有许多金属硫化物如 CuS($K_{sp} = 6 \times 10^{-38}$),在它们的饱和溶液中 S^{2-} 浓度很低,以致强酸提供的高浓度 H^+ 也不足以使该类硫化物溶解。但氧化性的酸,如硝酸,可以将 S^{2-} 氧化为单质硫,降低了 S^{2-} 的浓度,使 $[Cu^{2+}][S^{2-}] < K_{sp}$,CuS 可显著地溶解。CuS 溶于稀硝酸的主要反应式如下:

$$3CuS + 8HNO_3 = 3Cu(NO_3)_2 + 3S\downarrow + 2NO\uparrow + 4H_2O$$

3. 利用生成配离子使沉淀溶解

配合作用(将在下一章学习)作为沉淀平衡的副反应,对沉淀溶解度的影响是非常明显的。例如在银的卤化物中因加入了配位剂 NH_3 而使沉淀平衡转化为配位平衡,配离子稳定性差,沉淀剂与中心原子形成沉淀的 K_{sp} 愈小,配位平衡就容易转化为沉淀平衡;配位剂的配位能力愈强,沉淀的 K_{sp} 愈大,就愈容易使沉淀平衡转化为配位平衡。

例 4-15 计算 298.15K 时,AgCl 在 1L 6 mol·L^{-1} NH_3 溶液中的溶解度。

解 AgCl 溶于 NH_3 溶液中的反应为

$$AgCl(s) + 2NH_3(aq) = [Ag(NH_3)_2]^+ + Cl^-(aq)$$

反应的平衡常数为

$$K = \frac{[Ag(NH_3)_2^+][Cl^-]}{[NH_3]^2} \cdot \left[\frac{Ag^+}{Ag^+}\right]$$

$$= K_s([Ag(NH_3)_2]^+) \cdot K_{sp}(AgCl)$$
$$= 1.1 \times 10^7 \times 1.77 \times 10^{-10}$$
$$= 1.95 \times 10^{-3}$$

设 AgCl 在 $6.0\ mol \cdot L^{-1}\ NH_3$ 溶液中的溶解度为 $s\ mol \cdot L^{-1}$,由反应式可知: $[Ag(NH_3)_2^+] = [Cl^-] = s\ mol \cdot L^{-1}$,$[NH_3] = (6.0 - 2s)\ mol \cdot L^{-1}$,将平衡浓度代入平衡常数的表达式中,得

$$K = \frac{(s\ mol \cdot L^{-1})^2}{(6.0\ mol \cdot L^{-1} - 2s\ mol \cdot L^{-1})^2} = 1.95 \times 10^{-3}$$
$$s = 0.26\ mol \cdot L^{-1}$$

即 298.15K 时,AgCl 在 $1L\ 6.0\ mol \cdot L^{-1}\ NH_3$ 溶液中的溶解度为 $0.26\ mol \cdot L^{-1}$。

4.2.4 沉淀的转化

在科学实验中,有时需要将一种沉淀转化为另一种沉淀。例如,用铬酸钾 K_2CrO_4 溶液处理白色的 $PbSO_4$ 沉淀($K_{sp} = 1.6 \times 10^{-8}$),后者可被转化为黄色的 $PbCrO_4$ 沉淀($K_{sp} = 2.8 \times 10^{-13}$),转化过程如下式所示:

$$PbSO_4(s) \rightleftharpoons Pb^{2+} + SO_4^{2-}$$
$$+$$
$$K_2CrO_4 \rightleftharpoons CrO_4^{2-} + 2K^+$$
$$\Downarrow$$
$$PbCrO_4(s)$$

由于 $PbCrO_4$ 沉淀的形成,溶液中 Pb^{2+} 的浓度降低,式中的平衡就向右移动,进一步提供 Pb^{2+} 到溶液中,继续与溶液中 K_2CrO_4 提供的 CrO_4^{2-} 结合成 $PbCrO_4$ 沉淀。如果使用足够的 K_2CrO_4,可以将 $PbSO_4$ 全部转化为 $PbCrO_4$。

由此可见,将溶解度大的沉淀转化为溶解度小的沉淀是比较容易的。反过来,溶解度较小的沉淀能否转化为溶解度较大的沉淀呢? 例如,$BaSO_4$($K_{sp} = 1.1 \times 10^{-10}$)能不能转化为 $BaCO_3$($K_{sp} = 5.1 \times 10^{-9}$)? 假如 $BaSO_4$ 能够转化为 $BaCO_3$,这时溶液中 Ba^{2+} 的浓度就要满足下面两个溶度积方程式:

$$[Ba^{2+}][SO_4^{2-}] = K_{sp(BaSO_4)}$$
$$[Ba^{2+}][CO_3^{2-}] = K_{sp(BaCO_3)}$$
$$[Ba^{2+}] = \frac{K_{sp(BaSO_4)}}{[SO_4^{2-}]} = \frac{K_{sp(BaCO_3)}}{[CO_3^{2-}]}$$
$$\frac{[SO_4^{2-}]}{[CO_3^{2-}]} = \frac{K_{sp(BaSO_4)}}{K_{sp(BaCO_3)}} = \frac{1.1 \times 10^{-10}}{5.1 \times 10^{-9}} = \frac{1}{46}$$
$$[CO_3^{2-}] = 46[SO_4^{2-}]$$

可见当上述转化反应达到平衡时,$[CO_3^{2-}]$ 为 $[SO_4^{2-}]$ 的 46 倍。要使 $BaSO_4$ 继续转化

为 $BaCO_3$,必须使溶液中的[CO_3^{2-}]为[SO_4^{2-}]的46倍以上。这个条件在开始时是可以达到的。在转化以前,溶液中 SO_4^{2-} 的浓度是

$$[SO_4^{2-}] = \sqrt{K_{sp(BaSO_4)}} = \sqrt{1.1 \times 10^{-10}}$$
$$\approx 1 \times 10^{-5} \text{mol} \cdot \text{L}^{-1}$$

由于[SO_4^{2-}]很小,要[CO_3^{2-}]超过46倍是完全可能的。但是随着转化反应的进行,溶液中[SO_4^{2-}]越来越大,要使转化反应继续进行,需要的[CO_3^{2-}]也越来越大。我们知道,在室温时饱和的 Na_2CO_3 溶液的浓度约为 2 $mol \cdot L^{-1}$,难以维持上述转化条件。要使 $BaSO_4$ 沉淀全部转化,在操作上需要采用多次转化的办法,即:用浓 Na_2CO_3 溶液处理 $BaSO_4$ 沉淀后,取出溶液,再用新鲜的浓 Na_2CO_3 溶液处理残渣。这时由于除去了溶液中的 SO_4^{2-},$BaSO_4$ 就能继续转化。如此重复处理 3~5 次,$BaSO_4$ 就可以完全或基本转化成 $BaCO_3$ 了。

沉淀的转化在分析化学中是有实用价值的,例如,制备阴离子分析溶液,使不溶于酸的微溶物转化为溶于酸的微溶物。

4.3 沉淀反应的某些作用

在分析化学中,利用沉淀反应就可以分离溶液中共存的各种离子,即沉淀分离法。在定性分析中,利用各种离子的特征沉淀反应就可作定性鉴定。在定量分析中,重量分析法和沉淀滴定法都是以沉淀反应为基础的分析方法。离子的定性鉴定和定量分析将在有关章节里讨论。这里扼要介绍沉淀为氢氧化物和硫化物的分离方法。

4.3.1 沉淀为氢氧化物

制备化学试剂或测定物质含量时,利用生成氢氧化物沉淀以除去杂质是常用的分离方法之一。不同的金属离子生成氢氧化物沉淀所要求的 pH 是不相同的。要使氢氧化物沉淀完全,关键问题是如何控制溶液的 pH。常用的控制 pH 的方法有氢氧化钠法、氨水法和有机碱法。在铵盐存在下,用氨水调节溶液 pH 在 8~9 时,分离金属离子的情况如表 4-2 所示。

进行土壤矿质部分的全量分析时,试样经分解除去 SiO_2 后,在滤液中,有 NH_4Cl 存在和加热的情况下,加氨水可使 Fe^{3+},Al^{3+} 生成氢氧化物沉淀,从而与 Ca^{2+},Mg^{2+} 分离。

从表 4-2 可知,在某一 pH 范围内,能生成氢氧化物沉淀的金属离子较多,所以氢氧化物沉淀分离法的选择性不高。如果结合采用适当的掩蔽剂可提高其选择性。

表 4-2　　　　　　　用氨水沉淀分离金属离子的情况

定量沉淀的离子	部分沉淀的离子	溶液中存留的离子
Hg^{2+}, Be^{2+}, Fe^{3+}, Al^{3+}, Cr^{3+}, Bi^{3+}, Sb^{3+}, Sn^{4+}, Ti^{4+}, Zr^{4+}, Hf^{4+}, Th^{4+}, $Mn(Ⅳ)$, $Nb(Ⅴ)$, $U(Ⅵ)$, $Ta(Ⅴ)$, 稀土等	Mn^{2+}, Fe^{2+}①, Pb^{2+}②	$Ag(NH_3)_2^+$, $Cu(NH_3)_4^{2+}$, $Cd(NH_3)_4^{2+}$, $Co(NH_3)_6^{3+}$, $Ni(NH_3)_6^{2+}$, $Zn(NH_3)_4^{2+}$, Ca^{2+}, Sr^{2+}, Ba^{2+}, Mg^{2+} 等

① 有氧化剂存在时,可定量沉淀。
② 有 Fe^{3+}, Al^{3+} 共存时,将被共沉淀。

4.3.2 沉淀为硫化物

各种硫化物(sulfide)的溶解度相差较大,因此硫化物沉淀也可以用于金属离子的定量分离。尤其是对某些金属与碱金属、碱土金属的分离更有实用价值。

在硫化物沉淀分离法中,常用 H_2S 作沉淀剂。H_2S 是二元弱酸,通过控制溶液的酸度就可控制$[S^{2-}]$,使部分金属离子在不同条件下定量的沉淀。根据实验结果,可将离子分为下列几类:

(1)在约 0.3 $mol·L^{-1}$ HCl 介质中能生成硫化物沉淀的离子有:Cu^{2+}, Cd^{2+}, Bi^{3+}, Pb^{2+}, Ag^+, Hg^{2+}, Rh^{3+}, Rn^{3+}, Pd^{2+}, Os^{4+}, As^{3+}, Sb^{3+}, Sn^{4+}, $Mo(Ⅵ)$, $W(Ⅵ)$, $V(Ⅴ)$, $Ge(Ⅳ)$, Ir^{4+}, Pt^{4+}, Au^{3+}, $Se(Ⅵ)$, $Te(Ⅵ)$ (Se,Te 以元素状态析出)。

(2)在弱酸性溶液中生成硫化物沉淀的离子,除(1)中所列外,还有:pH 为 2~3,Zn^{2+};pH 为 5~6,Co^{2+}, Ni^{2+};近中性,In^{3+}, Tl^{3+}。

(3)在氨性溶液中能生成硫化物沉淀的有:Ag^+, Hg^{2+}, Pb^{2+}, Cu^{2+}, Cd^{2+}, Bi^{3+}, Zn^{2+}, In^{3+}, Tl^{3+}, Mn^{2+}, Fe^{2+}, Fe^{3+}, Co^{2+}, Ni^{2+} 等离子。同时 Al^{3+}, Ga^{3+}, Cr^{3+}, Be^{2+}, Ti^{4+}, Zr^{4+}, Hf^{4+}, Th^{4+}, 稀土, $Nb(Ⅴ)$, $Ta(Ⅴ)$ 等析出氢氧化物沉淀。其中 $Fe(Ⅲ)$ 绝大部分被还原成 $Fe(Ⅱ)$, 析出 FeS 沉淀。

习　题

1. 写出下列微溶化合物的溶度积表达式。
AgAc, BaF_2, $Ba_3(PO_4)_2$, Ag_2S, $MgNH_4AsO_4$

2. 从下列各物质的溶解度分别计算其溶度积。
(1) $MgNH_4PO_4$ ($8.6×10^{-3}$ $g·L^{-1}$)
(2) CaC_2O_4 ($5.07×10^{-5}$ $mol·L^{-1}$)
(3) PbF_2 ($2.1×10^{-3}$ $mol·L^{-1}$)

(4) Ag_2SO_4 (4.47g·L^{-1})

3. 计算下列各微溶化合物的溶解度(mol·L^{-1})。

(1) $Mg(OH)_2$ 在纯水中

(2) MnS(无定形)在纯水中

(3) Ag_2CrO_4 在 0.01 mol·L^{-1} $AgNO_3$ 溶液中

(4) CaF_2 在纯水中及 pH = 2.0 的溶液中

(5) Ag_2S 在 0.1mol·L^{-1}HCl 溶液中

(6) $BaSO_4$ 在 2.0mol·L^{-1}HCl 溶液中

(7) $Ca_3(PO_4)_2$ 在 pH = 5.0 的溶液中

(8) AgAc 在 0.1 mol·$L^{-1}$$HNO_3$ 溶液中

4. 一溶液含 Pb^{2+},Co^{2+} 两种离子,浓度均为 0.01 mol·L^{-1},通 H_2S 气体达到饱和,欲使 PbS 完全沉淀,而 CoS(α 态)不沉淀,问溶液的酸度为若干?

5. 在下列情况下有无沉淀生成?

(1) 0.0010 mol·$L^{-1}$$Ca(NO_3)_2$ 溶液与 0.010mol·$L^{-1}$$NH_4HF_2$ 溶液等体积混合。

(2) 0.010 mol·$L^{-1}$$MgCl_2$ 溶液与 0.10 mol·$L^{-1}$$NH_3$·1.0mol·$L^{-1}$$NH_4Cl$ 溶液等体积混合。

(3) 在 CdS 饱和溶液中加入等体积 PbS 饱和溶液,然后将溶液蒸发至总体积的一半。

6. 向 9 mL 含 Cu^{2+} 为 0.1 mol·L^{-1} 的溶液中分别加入 1mL (1) ZnS, (2) Ag_2S, (3) HgS 的饱和溶液,问在哪种情况下可生成 CuS 沉淀?

7. 试计算从 F^- 浓度为 0.0010 mol·L^{-1} 的溶液中 MgF_2 开始沉淀时需要的 Mg^{2+} 浓度。

8. 将 50mL 含 0.95g $MgCl_2$ 溶液与等体积的 1.8 mol·L^{-1} 氨水混合,欲防止 $Mg(OH)_2$ 沉淀,问需向溶液中加入多少克固体 NH_4Cl?

9. 试计算 $Mn(OH)_2$ 饱和溶液的 pH。

10. 从含有 0.662 mg/mL Pb^{2+} 的 $Pb(NO_3)_2$ 溶液中开始产生 $Pb(OH)_2$ 沉淀所需要的 pH 是多少?

11. 今有一溶液,含 10 mg/mL Ba^{2+},试计算欲使 $BaCO_3$ 沉淀开始析出,所需要 CO_3^{2-} 的浓度是多少?

12. 在含有 0.001mol·$L^{-1}$$CrO_4^{2-}$ 和 0.001mol·$L^{-1}$$Cl^{-1}$ 的溶液中加入固体 $AgNO_3$,哪一种化合物先沉淀?当溶解度较大的微溶物开始沉淀时,溶解度较小的微溶物的阴离子浓度是多少?

13. 某溶液含有 Ba^{2+} 和 Sr^{2+},其浓度各为 0.1 mol·L^{-1},加入 K_2CrO_4 试剂,哪种离子先沉淀?

14. 丁二肟 H_2DX 与 Ni^{2+} 按下式起反应:

$$2H_2DX + Ni^{2+} \rightleftharpoons Ni(HDX)_2 + 2H^+$$

$[Ni^{2+}][HDX^-]^2$ 的溶度积为 $4.3×10^{-24}$,H_2DX 的 $K_1 = 2.6×10^{-11}$。如果 s^0 为 $9.7×10^{-7}$,计算其在 $3×10^{-3}$ mol·L^{-1} 过量 H_2DX 的溶液中 pH 为 5 时的溶解度。假定活度系数为 1。

15. 现有体积为 1.0L 的某溶液,其中含有 $BaSO_4$ 沉淀,向此溶液中加入固体 Na_2CO_3 1.5mol,煮沸,促使 $BaSO_4$ 转化为 $BaCO_3$,反应达到平衡后,冷却至室温,问此溶液中 SO_4^{2-} 的浓度是多少?

第5章 配位反应

配位化合物简称配合物(又称络合物),是一类组成较为复杂,应用极为广泛的化合物。配合物概念的形成经历了 200 多年的时间。1798 年法国化学家 Tassaert 在氯化亚钴或硝酸亚钴溶液中加入过量氯水,发现在空气的作用下,生成了一种橙黄色的物质,分析表明其组成为 $CoCl_3 \cdot 6NH_3$。19 世纪上半叶,又陆续发现了一些重要的配合物,由于当时不能确定其结构,这些配合物大多以发现者的名字命名,如 Vauguelin 盐 $[Pd(NH_3)_4]^{2+}$,$[PdCl_4]^{2+}$(1813 年)和 Zeise 盐 $K[Pt(C_2H_4)Cl_3]$(1825 年)等。这一时期,对配合物只进行了零星的、不系统的研究。直到 19 世纪 90 年代,瑞士化学家 Werner 提出了配位理论,才对配合物的结构和某些性质给予了比较满意的解释。正是由于 Werner 对配位化合物研究所取得的杰出成就,他荣获 1913 年的诺贝尔奖。

20 世纪 60 年代以来,配合物的研究的发展很快,已形成了独立的分支学科——配位化学(coordination chemistry)。配位化学反应在生产实践、分析科学、功能材料和药物制造等方面都有重要的实用价值和理论的基础。

5.1 配位化合物的基本概念

5.1.1 配合物的定义

向 $CuSO_4$ 溶液中滴加浓氨水,开始有蓝色 $Cu_2(OH)_2$ 沉淀生成,继续加入过量的氨水,蓝色沉淀消失,得到一深蓝色的溶液。在此深蓝色溶液中加入乙醇,有深蓝色晶体析出,这种深蓝色晶体的化学组成为 $Cu(NH_3)_4SO_4$。

将 $Cu(NH_3)_4SO_4$ 晶体溶于纯水中,溶液中除了 SO_4^{2-} 和 $[Cu(NH_3)_4]^{2+}$ 离子外,几乎检查不到 NH_3 分子和 Cu^{2+} 离子的存在。后来经结构分析知,4 个 NH_3 分子与 1 个 Cu^{2+} 离子以配位键形成 $[Cu(NH_3)_4]^{2+}$ 离子。像 $[Cu(NH_3)_4]SO_4$ 这类含有配位键的复杂化合物就是配合物,配合物与简单化合物的本质区别是分子中含有配位键(coordination bond)。通常把由一定数目的阴离子或中性分子与阳离子或原子以配位键所形成的复杂分子或离子称为配合单元,含有配合单元的化合物称为**配合物**(coordination compound)。

实验证明[Ag(NH₃)₂]⁺,[Co(NH₃)₆]²⁺,[Ni(CH₆)]⁴⁻,[Fe(CN)₆]⁴⁻等复杂离子中也含有配位键。这些离子在水溶液中具有较大的稳定性。例如,在[Fe(CN)₆]⁴⁻离子的水溶液中,用定性分析方法不能检出 Fe²⁺和 CN⁻离子,而在[Fe(CN)₆]⁴⁻溶液中加入 Cu²⁺离子时,则产生棕褐色 Cu₂[Fe(CN)₆]沉淀。这些含有配位键,在水溶液中不能完全离解为简单组成的部分就是配合单元,用方括号表示。当配合单元为离子时,称为配(位)离子;当配合单元为分子时,称为配(位)分子。带负电荷的配离子称为配阴离子;带正电荷的配离子称为配阳离子。带电荷的配合单元与相反电荷的离子组成配合物。

5.1.2 配合物的组成

1. 内界和外界

配合物由内界和外界两部分组成。在配合物[Cu(NH₃)₄]SO₄ 中, Cu²⁺与 4 个 NH₃分子组成内界,SO₄²⁻是这一配合物的外界。书写配合物的化学式时,有时用方括号将内界部分括出,但也有省略这种括号的。现在用图表示配合物的组成如下:

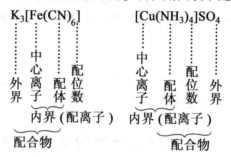

配合物的外界与内界之间是以离子键结合的,配合物在水溶液中容易解离出外界离子,而配合单元(内界)很难发生解离。

2. 中心原子

配离子中带有正电荷的离子,如 Cu²⁺, Ag⁺, Fe²⁺, Co³⁺等称为中心离子(或原子),也称中心体。绝大多数的金属离子特别是过渡金属离子形成配离子的能力较强。非金属元素也可作为中心体,如[BF₄]⁻,[PF₆]⁻,[SiF₆]²⁻等配离子中的 B,P,Si 等。

3. 配位体和配位原子

在配合物中同中心离子配位的分子(如 NH₃, H₂O)或阴离子(如 Cl⁻, CN⁻, SCN⁻)称为**配位体**(也称**配体**)。配体中提供孤对电子与中心离子直接结合的原子称为配位原子。位于周期系 p 区的 18 个元素原子均能作为配位原子。常见的配位原子是 C,N,O,S 及卤素等。配位体可分为单齿配位体和多齿配位体。每个配位体只提供一对孤对电子与一个中心离子结合形成一个配位键,这样的配位体称为单齿配位体(monodentate ligand,简称单齿配体),如 NH_3,H_2O,F^-,Cl^-,Br^-,I^- 等。如果一个配位体有两个或两个以上的配位原子,且与一个中心离子形成两个或两个以上的配位键,这样的配位体称为多齿配位体(polydentate ligand,简称多齿配体)。例如,乙二胺(简写为 en)是二齿配体,乙二胺四乙酸根(简称为 EDTA)是六齿配体。

乙二胺:$H_2N—CH_2—CH_2—NH_2$

乙二胺四乙酸根:

$$\begin{array}{c} ^-OOC—H_2C \\ ^-OOC—H_2C \end{array} \!\!\!\!>\!\! N—CH_2—CH_2—N\!\!<\!\!\!\! \begin{array}{c} CH_2—COO^- \\ CH_2—COO^- \end{array}$$

4. 配位数

直接与中心离子结合的配位原子的总数,称为该中心离子的配位数(coordination number)。例如,在 $[Ag(NH_3)_2]^+$ 中 Ag^+ 的配位数是 2;在 $[Cu(NH_3)_4]^{2+}$ 中 Cu^{2+} 的配位数是 4;在 $[Fe(CN)_6]^{4-}$ 中 Fe^{2+} 的配位数是 6。配位数是配合物的重要特征之一。在上述例子中,中心离子的配位数是配体的数目,但是多齿配体的数目显然不等于中心离子的配位数。例如,在 $[Co(en)_3]^{3+}$ 配离子中 Co^{3+} 的配位数是 6 而不是 3,因为每个乙二胺分子中的两个氮原子上可提供一对孤电子对与 Co^{3+} 形成配位键。在 $[Pt(en)_2]Cl_2$ 配合物中 Pt(Ⅱ)的配位数是 4。已知的中心离子的配位数有 2,3,4,5,6,7,8,9 等,常见的配位数是 2,4,6。

配位数的多少取决于中心离子和配体的电荷、半径、核外电子排布以及配合物形成时的外界条件。一般地说,中心离子带正电荷数越高,越有利于形成配位数较大的配合物。例如,$[AgI_2]^-$ 和 $[HgI_4]^{2-}$;$[PtCl_4]^{2-}$ 和 $[PtCl_6]^{2-}$;$[CoF_4]^{2-}$ 和 $[CoF_6]^{3-}$ 等。同样,当配体的负电荷增加时,虽然中心离子对配体的吸引增加,但配体之间的排斥力若增加得更多,必然导致配位数下降。例如,F^- 和 O^{2-} 的离子半径较接近,但是它们作配体时的配位数可能不同:

$[BF_4]^-$ $\quad\quad$ $[SiF_6]^{2-}$ $\quad\quad$ $[PF_6]^-$

$[BO_3]^{3-}$ $\quad\quad$ $[SiO_4]^{4-}$ $\quad\quad$ $[PO_4]^{3-}$

当配位体的半径一定时,中心离子半径越大,其周围可容纳的配位体越多,配位数越大。例如,Al^{3+} 离子的半径比 B^{3+} 离子的半径大,它们的氟配离子分别是 $[AlF_6]^{3-}$ 和 $[BF_4]^-$。但是中心离子的半径若过大时,由于核间距大,反而会减弱它和配体的结合,使配位数降低。例如,$[CdCl_4]^{4-}$ 和 $[HgCl_4]^{2-}$。相反,配体的半径越大,配位的位阻也随之增大,导致配位数越小。因为在中心离子周围容纳不下过多的配体。例如,离子半径大小的顺序,$Br^->Cl^->F^-$,它们与 Al^{3+} 的配离子分别是 $[AlF_6]^{3-}$,$[AlCl_4]^-$ 和 $[AlBr_4]^-$。此外,配位数的大小还与配合物形成时的温度、溶液的浓度有关。一般来说,温度越低,配体浓度越大,配位数也越大。

配离子的电荷数等于中心离子和配位体总电荷数的代数和。例如,Fe^{2+}和6个CN^-离子组成的$[Fe(CN)_6]^{4-}$配离子的电荷为-4。$[Ag(NH_3)_2]^+$配离子的电荷数为$+1$,因为配位体NH_3是中性分子。

5.1.3 配合物的命名

配位化合物的命名与一般无机化合物的命名原则相同。

1. 配离子

配离子中配位体的名称放在中心离子名称之前,用"合"字将二者联系在一起。配位体的数目用一、二、三等中文小写数字表示。如果中心离子有不同的氧化数,可在该元素名称后加一括号,用罗马数字表示它的氧化数。例如:

$[Cu(NH_3)_4]^{2+}$	四氨合铜(Ⅱ)离子
$[Fe(CN)_6]^{3+}$	六氰合铁(Ⅲ)离子
$[Ag(S_2O_3)_2]^{3-}$	二硫代硫酸根合银离子①
$[Cr(en)_3]^{3+}$	三个乙二胺合铬(Ⅲ)离子

2. 含配阴离子的配合物

命名次序为:配体 ⟶ 中心离子 ⟶ 外界的金属离子。在中心离子和外界离子的名称之间加一"酸"字。例如:

$K_2[PtCl_6]$	六氯合铂(Ⅵ)酸钾
$Ca_2[Fe(CN)_6]$	六氰合铁(Ⅱ)酸钙

外界为H的配合物,命名时在词尾用"酸"字。例如:

$H_2[PtCl_6]$	六氯合铂(Ⅳ)酸
$H_2[SiF_6]$	六氟合硅(Ⅳ)酸
$H_4[Fe(CN)_6]$	六氰合铁(Ⅱ)酸

3. 含配阳离子的配合物

命名次序为:外界阴离子 ⟶ 配位体 ⟶ 中心离子。例如:

$[Cu(NH_3)_4]SO_4$	硫酸四氨合铜(Ⅱ)
$[Ag(NH_3)_2]OH$	氢氧化二氨合银
$[Co(NH_3)_6]Cl_3$	三氯化六氨合钴(Ⅲ)

---

① Ag常见的化合价是$+1$,一般可不必写为Ag(Ⅰ)。

4. 配位体的次序

如果在同一配合物(或配离子)中的配体不止一种时,则按下列顺序命名:

(1)既有无机配体又有有机配体时,则无机配体在前,有机配体在后。

(2)无机配体既有离子又有分子时,离子在前,分子在后。有机配体也是如此。例如:

K[PtNH₃Cl₃] 三氯·氨合铂(Ⅱ)酸钾

(3)同类配体的名称,按配位原子元素符号的拉丁字母顺序排列。例如:

[CoH₂O(NH₃)₅]Cl₃ 三氯化五氨·水合钴(Ⅲ)

(4)同类配体若配位原子也相同,则将含较少原子数的配体排在前面。

(5)若配体原子相同,配体中所含原子的数目也相同,则按在结构式中与配位原子相连的原子的元素符号的字母顺序排列。例如:

[Pt(NH₃)₂(NO₂)(NH₂)] 氨基·硝基·二氨合铂(Ⅱ)

5. 没有外界的配合物(配位分子)

中心原子的氧化数可不必标明。例如:

[Ni(CO)₄] 四羰基合镍

[Pt(NH₃)₂Cl₂] 二氯·二氨合铂

有些配合物常有其习惯上的名称,如六氰合铁(Ⅲ)酸钾 K₃[Fe(CN)₆] 可称为铁氰化钾,俗名赤血盐。K₄[Fe(CN)₆]又称为亚铁氰化钾,俗名黄血盐。

5.2 配合物的价键理论

1. 配合物价键理论的基本要点

配合物价键理论是鲍林(L. Pauling)在电子对配键理论和杂化轨道理论的基础上发展起来的。现将其基本内容归纳如下。

中心离子或中心原子(以下统称中心原子)M 与配位体 L 形成配离子时中心原子的价电子轨道必须进行杂化,组成各种类型的杂化轨道。每个杂化的空轨道可以接受配位体提供的孤对电子,形成一个 σ 配位共价键(M $\xleftarrow{\sigma}$ L),简称 σ 配键。σ 配键的数目是中心原子的配位数。例如,形成[AlF₆]³⁻配离子时,首先是 Al³⁺ 的 1 个 3s、3 个 3p 和 2 个 3d 轨道进行杂化,形成了 6 个能量相同并具有正八面体结构的杂化轨道(以 sp³d² 表示)。然后 6 个 F⁻ 离子分别将其一对孤对电子沿着八面体的方向,填入 6 个配位键,构成配位数为 6 的正八面体配离子。价电子层结构示意图如下:

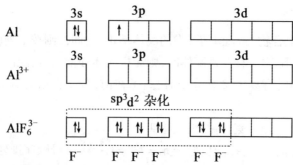

由杂化轨道的数目和类型，可以较好地说明配离子的空间构型和中心原子的配位数。例如，$[Ag(NH_3)_2]^+$ 配离子的配位键是由 sp 型杂化轨道组成的，它的空间结构是直线构型；如采用 dsp^2 杂化轨道，则配离子空间为正方形构型。杂化轨道类型与配离子空间构型关系如表 5-1 所示。

表 5-1　　　　　　　　杂化轨道类型与配合物的空间构型

杂化类型	配位数	几何构型	实例
sp	2	直线形	$[Cu(NH_3)_2]^+$, $[Ag(NH_3)_2]^+$, $[CuCl_2]^-$, $[Ag(CN)_2]^-$
sp^2	3	平面等边三角形	$[CuCl_3]^{2-}$, $[HgI_3]^-$
sp^3	4	正四面体形	$[Zn(NH_3)_4]^{2+}$, $[Ni(NH_3)_4]^{2+}$, $[Ni(CO)]_4$, $[HgI_4]^{2-}$, $[CoCl_4]^{2-}$
dsp^2	4	正方形	$[Ni(CN)_4]^{2-}$, $[Cu(NH_3)_4]^{2+}$, $[PtCl_4]^{2-}$, $[Cu(H_2O)_4]^{2+}$
dsp^3	5	三角双锥形	$[Fe(CO)_5]$, $[Co(CN)_5]^{3-}$
sp^3d^2 或 d^2sp^3	6	正八面体形	$[FeF_6]^{3-}$, $[Fe(H_2O)_6]^{3+}$, $[Fe(CN)_6]^{3-}$, $[Fe(CN)_6]^{4-}$, $[Co(NH_3)_6]^{3+}$, $[PtCl_6]^{2-}$, $[Co(NH_3)_6]^{2+}$

2. 外轨配合物和内轨配合物

按照配合物的价键理论,配离子均以配位键相结合。形成配位键时,若中心原子的结构不发生变化,仅提供其外层空轨道与配位体结合,则形成的配离子称为**外轨形配离子**,如$[FeF_6]^{3-}$,$[Ag(NH_3)_2]^+$,$[Ni(NH_3)_4]^{2+}$等。若中心原子提供的轨道中有一部分是次外层的轨道,则形成的配离子称为内轨形配离子。如$[Ni(CN)_4]^{2-}$,$[Fe(CN)_6]^{3-}$,$[Co(NH_3)_6]^{3+}$等。在$[Ni(NH_3)_4]^{2+}$配离子中,Ni^{2+}采用sp^3杂化轨道接受 4 个 NH_3 分子提供的 4 对电子,形成正四面体形外轨配离子。而在$[Ni(CN)_4]^{2-}$配离子中,Ni^{2+}的电子分布发生变化,8 个 3d 电子共占四个轨道,空出一个 3d 轨道与一个 4s、两个 4p 轨道组成 dsp^2 杂化轨道,接受了 4 个 CN^- 离子中 4 个 C 原子提供的 4 对孤对电子而形成正方形内轨离子:

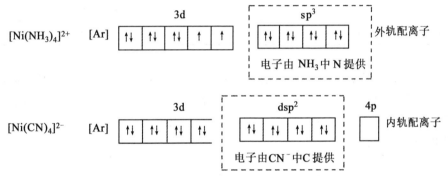

又例如在$[Fe(CN)_6]^{3-}$配离子中,Fe^{3+}的 d 电子分布发生变化,5 个 3d 电子共占三个轨道,空出两个 3d 轨道与一个 4s、三个 4p 轨道组成 d^2sp^3 杂化轨道,接受了 6 个 CN^- 离子中 6 个 C 原子提供的 6 对孤对电子而形成 6 个配位键的正八面体形内轨配离子;而 Fe^{2+} 与 6 个 H_2O 分子配位形成$[Fe(H_2O)_6]^{2+}$配离子时,Fe^{2+}的一个 4s、三个 4p 和两个 4d 轨道组成 sp^3d^2 杂化轨道,接受了 6 个 H_2O 分子提供的 6 对孤对电子而形成 6 个配位键的外轨配离子:

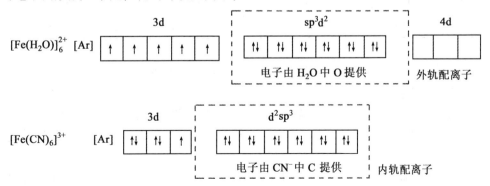

一般来说,内轨配合物的稳定性比外轨配合物大。

3. 配合物的磁性

根据磁学理论,配合物如有未成对电子,由于电子自旋产生的磁矩不能抵消(成对电子自旋相反,磁矩可以互相抵消),就表现出顺磁性。未成对电子越多,磁矩就越大。配合物如果没有未成对电子,则表现为反磁性。配合物的磁矩(μ)与未成电子数(N)之间存在如下的近似关系:

$$\mu = \sqrt{N(N+2)}\,\mu_B \tag{5.1}$$

式中:μ_B 为玻尔磁子,$\mu_B = 9.27 \times 10^{-24}\,A \cdot m^2$。

未成对电子数为 1~5 时配位个体的磁矩,如表 5-2 所示。

表 5-2　　　　　　　　　未成对电子数与磁矩的理论值

N	0	1	2	3	4	5
μ/μ_B	0.00	1.73	2.83	3.87	4.90	5.92

若配体和外界离子的电子都已成对,那么配合物的未成对电子数就是中心原子的未成对电子数。因此,测定配合物的磁矩,就可以确定中心原子的未成对电子数,并由此区分出内轨配合物和外轨配合物。表 5-3 列出了几种配合物的磁矩实验值,据此可以判断配合物的类型。

表 5-3　　　　　　　几种配合物的单电子数与磁矩的实验值

配合物	中心原子的 d 电子数	μ/μ_B	未成对电子数	配合物类型
$[Fe(H_2O)_6]SO_4$	6	4.91	4	外轨配合物
$K_3[FeF_6]$	5	5.45	5	外轨配合物
$Na_4[Mn(CN)_6]$	5	1.57	1	内轨配合物
$K_3[Fe(CN)_6]$	5	2.13	1	内轨配合物
$[Co(NH_3)_6]Cl_3$	6	0	0	内轨配合物

在什么情况下形成内轨配合物或外轨配合物?这取决于中心原子的电子层结构和配体的性质:

(1)当中心原子的$(n-1)d$轨道全充满(d^{10})时,没有可利用的$(n-1)d$空轨道,只能形成外轨配合物,如$[Ag(CN)_2]^-$,$[Zn(CN)_4]^{2-}$,$[CdI_4]^{2-}$,$[HgCl_4]^{2-}$ 等均为外轨配离子。

(2)当中心原子的$(n-1)d$电子数不超过 3 个时,至少有 2 个$(n-1)d$空轨道,所以总是形成内轨配合物,如 Cr^{3+} 和 Ti^{3+} 离子分别有 3 个和 1 个 3d 电子,所以形成的$[Cr(H_2O)_6]^{3+}$和$[Ti(H_2O)_6]^{3+}$均为内轨配离子。

(3) 当中心原子的电子层结构既可以形成内轨配合物,又可以形成外轨配合物时,配体就成为决定配合物类型的主要因素。若配体中的配位原子的电负性较大(如卤素原子和氧原子等),不易给出孤对电子,则倾向于占据中心原子的最外层轨道形成外轨配合物,如H_2O、F^-与Fe^{3+}离子形成的$[Fe(H_2O)_6]^{3+}$,$[FeF_6]^{3-}$都是外轨配离子。若配体中的配位原子的电负性较小(如C,N原子等),容易给出孤对电子,对中心原子的$(n-1)d$电子影响较大,使中心原子d电子发生重排,空出$(n-1)d$轨道形成内轨配合物,如CN^-离子与Fe^{3+}离子生成的$[Fe(CN)_6]^{3-}$离子是内轨配离子。

综上所述,价键理论较好地解释了配合物的空间构型、磁性和稳定性等,在配位化学的发展过程中起了很大的作用。但是,由于价键理论没有考虑到配体对中心原子的d轨道所产生的影响,因而在解释配合物的颜色、可见—紫外吸收光谱及某些配合物的稳定性时遇到了困难。事实上,配体对中心原子的d轨道的影响是很大的,它不仅影响了d电子云的分布,而且也影响到d轨道的能量,而正是这种能量变化与配合物的性质有着密切的关系。

5.3 晶体场理论

5.3.1 晶体场理论的基本要点

晶体场理论(crystal field theory, CFT)是1929年由Beth H首先提出的,直到20世纪50年代成功地用它解释金属配合物的吸收光谱后,才得到迅速发展。晶体场理论有如下要点:

(1) 中心原子与配体之间靠静电作用力相结合。中心原子是带正电的点电荷,配体(或配位原子)是带负电的点电荷。它们之间的作用犹如离子晶体中正、负离子之间的离子键。这种作用是纯粹的静电吸引和排斥,并不形成共价键。

(2) 中心原子在周围配体所形成的负电场的作用下,原来能量相同的5个简并d轨道能级发生了分裂。有些d轨道能量升高,有些则降低。

(3) 由于d轨道能级发生分裂,中心原子d轨道上的电子重新排布,使系统的总能量降低,生成的配合物更稳定。

5.3.2 在配位体场中中心原子d轨道能级分裂

从原子光谱的研究知道,游离的$(+2)$或$(+3)$价过渡金属离子的外围电子是采取d^n电子排布的,这种离子的5个d轨道有相同的能量。然而在这些离子组成盐的晶体并且生成配合物时,配位在周围的配位体的静电场,使d轨道的能级发生分裂,在 5 个 d 轨道 d_{xy},d_{xz},$d_{x^2-y^2}$,d_{z^2} 中,对着配位体方向的轨道是不稳定的,相反,偏开配位体方向的轨道是稳定的。

如在配位体为 6 的配合物中 6 个配体分别沿着 3 个坐标轴正负两个方向($\pm x$, $\pm y$, $\pm z$)接近中心原子,如图 5-1 所示。

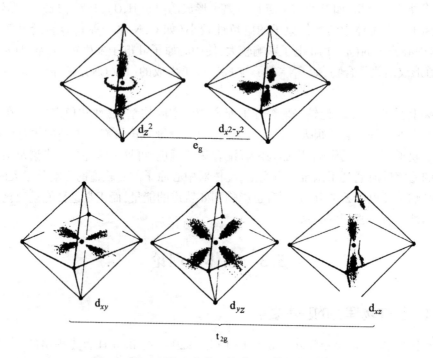

图 5-1 正八面体配合物 d 轨道和配体的相对位置

d_{z^2} 和 $d_{x^2-y^2}$ 轨道的电子云极大值方向正好与配体迎头相碰,因而受到较大的排斥,使这两个轨道的能量升高(与球形场相比),而其余 3 个 d 轨道 d_{xy},d_{yz},d_{xz} 的电子云极大值方向正插在配体之间,受到排斥作用较小,能量虽也升高,但比球形场中的低些。结果,在正八面体配合物中,中心原子 d 轨道的能级分裂成两组:一组为高能量的 d_{z^2} 和 $d_{x^2-y^2}$ 二重简并轨道,称为 d_γ 能级;一组为低能量的 d_{xy},d_{xz} 和 d_{yz} 三重简并轨道,称为 d_ε 能级。如图 5-2 所示。图中 E_0 为生成配合物前自由离子 d 轨道的能量,E_s 为球形场中金属离子 d 轨道的能量。

在配位数为 4 的四面体配合物中,四个配体位于正四面体的四个顶点上,如图 5-3 所示,由图中可以看出,中心原子的 $d_{x^2-y^2}$ 轨道的极大值指向立方体的面心。而 d_{xy} 轨道的极大值指向立体棱边的中点,d_{xy} 轨道比 $d_{x^2-y^2}$ 轨道更接近配体,因此 d_{xy} 轨道中的电子受到配体负电场的静电排斥要比 $d_{x^2-y^2}$ 轨道大一些,所以 d_{xy} 轨道的能量要比 $d_{x^2-y^2}$ 轨道的能量高。d_{z^2} 轨道受配体的静电排斥与 $d_{x^2-y^2}$ 轨道相同,而 d_{xz} 和

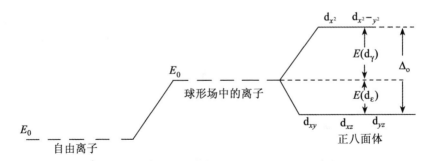

图 5-2 中心原子 d 轨道在正八面体场中的能级分裂

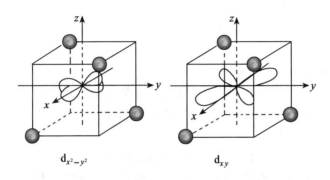

图 5-3 正四面体配合物 d 轨道和配体的相对位置

d_{yz} 轨道受配体的静电排斥也与 d_{xy} 轨道相同。这样,在四面体负电场作用下,中心原子五重简并的 d 轨道分裂成能量不相等的两组轨道:一组是能量较高的三重简并的 d_ε 轨道;另一组是能量较低的二重简并的 d_γ 轨道。中心原子的 d 轨道在正四面体中的能级分裂如图 5-4 所示。与正八面体场相反,在正四面体场中三重简并的 d_ε 轨道的能量高于二重简并的 d_γ 轨道。

5.3.3 分裂能及其影响因素

在不同构型的配合物中,d 轨道分裂的方式和程度都不相同。中心原子 d 轨道能级分裂后最高能级与最低能级之间的能量差称为**分裂能**(splitting energy),用符号 Δ 表示。八面体场的分裂能为 d_γ 与 d_ε 两能级之间的能量差,用符号 Δ_o 表示,下标 o 代表八面体(octahedral)。

根据晶体场理论,可以计算出分裂后的 d_γ 和 d_ε 轨道的相对能量。在八面体配合物中,中心原子 5 个 d 轨道在球形负电场作用下能量均升高,升高后的平均能量

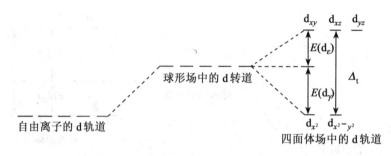

图 5-4 中心原子 d 轨道在正四面体场中的能级分裂

$E_s = 0$ 作为计算相对能量的比较标准,在八面体场中 d 轨道分裂前后的总量保持不变,即

$$2E(d_\gamma) + 3E(d_\varepsilon) = 5E_s = 0$$
$$E(d_\gamma) - E(d_\varepsilon) = \Delta_o$$

解此联立方程得:

$$E(d_\gamma) = +0.6\Delta_o, \quad E(d_\varepsilon) = -0.4\Delta_o$$

即正八面体场中 d 轨道能级分裂的结果是:d_γ 能级中每个轨道的能量上升 $0.6\Delta_o$,而 d_ε 能级中每个轨道的能量下降 $0.4\Delta_o$。

四面体场的分裂能用 Δ_t 表示,下标 t 代表四面体(tetrahedral)。由于在正四面体场中的 d_ε 和 d_γ 轨道都没有像正八面体场中那样直接指向配体,因此它们受配体负电场的静电排斥不像正八面体场中那样强烈,正四面体场中两组轨道的分裂能 Δ_t 仅为正八面体场中的分裂能 Δ_o 的 4/9,同理可得

$$E(d_\varepsilon) - E(d_\gamma) = \Delta_t = \frac{4}{9}\Delta_o$$
$$3E(d_\varepsilon) + 2E(d_\gamma) = 0$$

解联立方程得:

$$E(d_\varepsilon) = 0.4\Delta_t = 0.178\Delta_o$$
$$E(d_\gamma) = -0.6\Delta_t = -0.267\Delta_o$$

由此看出,与球形场中 d 轨道未分裂时相比较,在四面体场中,每个 d_ε 轨道的能量升高了 $0.178\Delta_o$,而每个 d_γ 轨道的能量降低了 $0.267\Delta_o$。

对于相同构型的配合物来说,影响分裂能的因素,有配体的性质、中心原子的氧化值和中心原子的半径。

1. 配体的场强

对于给定的中心原子而言,分裂能的大小与配体的场强有关。场强愈大,分裂能就愈大,从正八面体配合物的光谱实验得出的配体场强由弱到强的顺序如下:

I$^-$ < B$_r^-$ < Cl$^-$ < $\underline{S}$CN$^-$ < F$^-$ < S$_2$O$_3^{2-}$ < OH$^-$ ≈ $\underline{O}$NO$^-$ < C$_2$O$_4^{2-}$ < H$_2$O < N$\underline{C}$S$^-$ ≈ EDTA < NH$_3$ < en < SO$_3^-$ < NO$_2^-$ < < CN$^-$ < CO 这一顺序称光谱化学序列(spectro-chemical series)。配体中元素符号下画有短横线的为配位原子。由光谱化学序列可看出, I$^-$ 使 d 轨道能级分裂为 d$_\gamma$ 与 d$_\varepsilon$ 的本领最差(Δ 数值最小),而 CN$^-$, CO 最大。因此 I$^-$ 为弱场配体, CN$^-$, CO 称为强场配体, 其他配体是强场还是弱场,常因中心离子不同而不同,一般来说位于 H$_2$O 以前的都是弱场配体, H$_2$O 和 CN$^-$ 间的配体是强是弱,还要看中心原子,可结合配合物的磁矩来确定。

上述光谱化学序列存在这样的规律:配位原子相同的列在一起,如 OH$^-$, C$_2$O$_4^{2-}$, H$_2$O 均为 O 作配位原子。又如 NH$_3$、en 均为 N 作配位原子,从光谱化学序列还可以粗略看出,按配位原子来说 Δ 的大小顺序为 I < Br < Cl < F < O < N < C。

2. 中心原子的氧化值

对于配体相同的配合物分裂能取决于中心原子的氧化值。中心原子的氧化值愈高,则分裂能就愈大。例如:[Co(H$_2$O)$_6$]$^{2+}$ 的 Δ_o 为 111.3 kJ·mol^{-1}, [Co(H$_2$O)$_6$]$^{3+}$ 的 Δ_o 为 222.5 kJ·mol^{-1};[Fe(H$_2$O)$_6$]$^{2+}$ 的 Δ_o 为 124 kJ·mol^{-1}, [Fe(H$_2$O)$_6$]$^{3+}$ 的 Δ_o 为 163.9 kJ·mol。这是因为中心原子的氧化值越高,中心原子所带的正电荷愈多,对配体的吸引力愈大,中心原子与配体之间的距离愈近,中心原子外层的 d 电子与配体之间的斥力愈大,所以分裂能也就愈大。

3. 中心原子的半径

中心原子氧化值及配体相同的配合物,其分裂能随中心原子半径的增大而增大。半径愈大, d 轨道离核愈远,与配体之间的距离减小,受配体电场的排斥作用增强,因而分裂能增大。

3d^6	[Co(NH$_3$)$_6$]$^{3+}$	Δ_o = 275.1 kJ·mol^{-1}
4d^6	[Rh(NH$_3$)$_6$]$^{3+}$	Δ_o = 405.4 kJ·mol^{-1}
5d^6	[Ir(NH$_3$)$_6$]$^{3+}$	Δ_o = 478.4 kJ·mol^{-1}

配合物的几何构型亦是影响分裂能大小的一个重要因素,构型不同则晶体场分裂能大小明显不同。

5.3.4 配位体场中中心原子的 d 电子分布

在配合单元中,中心原子的 d 电子分布倾向于使配合单元的能量最低,使配合物趋于稳定。在不同的配体场中中心原子的 d 电子分布有不同的情形。这里仅对八面体场中的分布情况作一介绍。

当形成八面体型配合单元时,对 d^1 ~ d^3 组态的中心原子,根据能量最低原理和 Hund 规则, d 电子应填充在能量较低的 d$_\varepsilon$ 轨道,且以相同自旋方式分占较多的 d$_\varepsilon$ 轨道。

对于 $d^4 \sim d^7$ 组态的中心原子,当形成八面体型配合物时,d 电子可以有两种排布方式:一种排布方式是按能量最低原理,中心原子的 d 电子尽量排布在能量最低的 d 轨道上;另一种排布方式是按 Hund 规则,中心原子的 d 电子尽量分占 d 轨道且自旋平行,这时能量最低。究竟采取何种排布方式,这取决于分裂能 Δ_o 和**电子成对能 P**(electron pairing energy)的相对大小。当轨道中已排布一个电子时,另一个电子进入而与前一个电子成对时,就必须给予能量,克服电子之间的相互排斥作用,这种能量称为电子成对能。

表 5-4 列出了正八面体配合物中心原子 d 电子的排布情况。中心原子的 d 电子组态为 $d^1 \sim d^3$ 及 $d^8 \sim d^{10}$,根据能量最低原理和 Hund 规则,无论是强场还是弱场配体,d 电子只有一种排布方式。中心原子的 d 电子组态为 $d^4 \sim d^7$,若与强场配体结合时,$\Delta_o > P$,电子尽可能排布在 d_ε 能级的各轨道上;若与弱场配体结合时,$\Delta_o < P$,将尽量分占 d_ε 和 d_γ 能级的轨道。后者的单电子数多于前者。我们把中心原子 d 电子数目相同的配合物中单电子数多的配合物称为**高自旋配合物**,单电子数少的配合物称为**低自旋配合物**,在中心原子组态为 $d^4 \sim d^7$ 的配合物中,配体为强场者,(如 NO_2^-、CN^- 和 CO 等)形成低自旋配合物,配体为弱场者(X^-、H_2O 等)形成高自旋配合物。通常可借助配合物的磁矩测定来推测配合物的自旋状态。

表 5-4　　　　　　　　正八面体配合物中 **d** 电子的排布

d 电子数	弱场($P > \Delta_o$)		单电子数	强场($P < \Delta_o$)		单电子数
	d_ε	d_γ		d_ε	d_γ	
1	↑		1	↑		1
2	↑ ↑		2	↑ ↑		2
3	↑ ↑ ↑		3	↑ ↑ ↑		3
4	↑ ↑ ↑	↑	4	↑↓ ↑ ↑		2
5	↑ ↑ ↑	↑ ↑	5	↑↓ ↑↓ ↑		1
6	↑↓ ↑ ↑	↑ ↑	4	↑↓ ↑↓ ↑↓		0
7	↑↓ ↑↓ ↑	↑ ↑	3	↑↓ ↑↓ ↑↓	↑	1
8	↑↓ ↑↓ ↑↓	↑ ↑	2	↑↓ ↑↓ ↑↓	↑ ↑	2
9	↑↓ ↑↓ ↑↓	↑↓ ↑	1	↑↓ ↑↓ ↑↓	↑↓ ↑	1
10	↑↓ ↑↓ ↑↓	↑↓ ↑↓	0	↑↓ ↑↓ ↑↓	↑↓ ↑↓	0

(弱场 d⁴~d⁷ 为高自旋;强场 d⁴~d⁷ 为低自旋)

5.3.5　晶体场稳定化能

由于配体负电场的作用,中心原子的 d 轨道能级分裂,电子优先进入能量较低的

d 轨道。d 电子进入分裂后的轨道与进入未分裂时的 d 轨道(在球形场中)相比,系统所降低总能量,称为晶体场稳定化能(crystal field stabilization energy,CFSE)。CFSE 的绝对值愈大,表示系统能量降低得愈多,配合物愈稳定。

在晶体场理论中,配合物的稳定性,主要是因为中心原子与配体之间靠异性电荷吸引使配合物的总体能量降低而形成的。图 5-2 中的 E_s 没有反映出这个总体能量降低,而晶体场稳定化能体现了形成配合物后系统能量比未分裂时系统能量下降的情况,配合物更趋稳定。

晶体场稳定化能与中心原子的 d 电子数目有关,也与配体形成的晶体场的强弱有关,此外还与配合物的空间构型有关。正八面体配合物的晶体场稳定化能可按下式计算:

$$\text{CFSE} = xE(d_\varepsilon) + yE(d_\gamma) + (n_2 - n_1)P$$

式中,x 为 d_ε 能级上的电子数;y 为 d_γ 能级上的电子数;n_1 为球形场中中心原子 d 轨道上的电子对数;n_2 为配合物中 d 轨道上的电子对数。计算结果列于表 5-5 中。

例 5-1 分别计算 Co^{3+} 形成的强场和弱场正八面体配合物的 CFSE,并比较两种配合物的稳定性。

解 Co^{3+} 有 6 个 d 电子($3d^6$),其电子排布情况分别为

球形场:$E_s = 0$

强场:$\text{CFSE} = 6E(d_\varepsilon) + (3-1)P$
$= 6 \times (-0.4\Delta_o) + 2P$
$= -2.4\Delta_o + 2P$
$= (-2.0\Delta_o + 2P) - 0.4 < -0.4\Delta_o$ (因 $\Delta_o > P$)

弱场:$\text{CFSE} = 4E(d_\varepsilon) + 2E(d_\gamma) + (1-1)P$
$= 4 \times (-0.4\Delta_o) + (2 \times 0.6\Delta_o)$
$= -0.4\Delta_o$

计算结果表明,Co^{3+} 与强场配体或弱场配体所形成的配合物的 CFSE 均小于零,强场时更低。故强场配体与 Co^{3+} 形成的配合物更稳定。

表 5-5　　　　　　　　　　　八面体场 d^n 离子的 CFSE

d 电子数	弱　　　场			强　　　场		
	电子排布		CFSE	电子排布		CFSE
	d_ε	d_γ		d_ε	d_γ	
0	0	0	0	0	0	0
1	1	0	$-0.4\Delta_o$	1	0	$-0.4\Delta_o$
2	2	0	$-0.8\Delta_o$	2	0	$-0.8\Delta_o$
3	3	0	$-1.2\Delta_o$	3	0	$-1.2\Delta_o$
4	3	1	$-0.6\Delta_o$	4	0	$-1.6\Delta_o + P$
5	3	2	0	5	0	$-2.0\Delta_o + 2P$
6	4	2	$-0.4\Delta_o$	6	0	$-2.4\Delta_o + 2P$
7	5	2	$-0.8\Delta_o$	6	1	$-1.8\Delta_o + P$
8	6	2	$-1.2\Delta_o$	6	2	$-1.2\Delta_o$
9	6	3	$-0.6\Delta_o$	6	3	$-0.6\Delta_o$
10	6	4	0	6	4	0

5.3.6　d-d 电子跃迁和配合物的颜色

可见光是各种波长光线的混合光。物质在可见光照射下呈现的颜色,是由物质对混合光的选择吸收引起的。物质若吸收可见光中的红色,便呈现蓝绿色;若吸收蓝绿色的光便显红色。即物质呈现的颜色与该物质选择吸收光的颜色互为补色,表 5-6 为物质的颜色和吸收光的颜色的互补关系。

表 5-6　　　　　　　　　　物质颜色与吸收光颜色的关系

物质颜色	吸收光颜色	吸收波长范围(nm)
黄绿	紫	400～425
黄	深蓝	425～450
橙色	蓝	450～480
橙	绿蓝	480～490
红	蓝绿	490～500
紫红	绿	500～530
紫	黄绿	530～560
深蓝	橙黄	560～600
绿蓝	橙	600～640
蓝绿	红	640～750

实验测定结果表明,配合物的分裂能 Δ 的大小与可见光所具有的能量相当。过渡金属离子在配体负电场的作用下发生能级分裂,在高能级处具有未充满的 d 轨道,处于低能级的 d 电子选择吸收了与分裂能相当的可见光的某一波长的光子后,从低能级 d 轨道跃迁到高能级 d 轨道,这种跃迁称为 d-d 跃迁。从而使配合物呈现被吸

收光的补色光的颜色。例如$[Ti(H_2O)_6]^{3+}$配离子显红色,Ti^{3+}的电子组态为$3d^1$,在正八面体场中这个电子排布在能量较低的d_ε能级轨道上,当用可见光照射$[Ti(H_2O)_6]^{3+}$时,处于d_ε能级轨道上的电子吸收了可见光中波长为492.7nm(为蓝色光)的光子,跃迁到d_γ能级轨道上(见图5-5)波长为492.7nm(相当于图5-6中吸收峰的波长)光子的能量为242.79 kJ·mol^{-1},若用波数$\bar{\nu}(\bar{\nu}=1/\lambda)$表示,则为20300$cm^{-1}$(1$cm^{-1}$=11.96 J·$mol^{-1}$),恰好等于该配离子的分裂能$\Delta_o$,这时可见光中蓝绿色的光被吸收,溶液呈红色。

图 5-5 $[Ti(H_2O)_6]^{3+}$的 d-d 跃迁

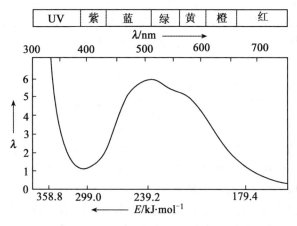

图 5-6 $[Ti(H_2O)_6]^{3+}$的吸收光谱

分裂能的大小不同,配合物选择吸收可见光的波长就不同,配合物就呈现不同的颜色。配体的场强愈强,则分裂能愈大,d-d 跃迁时吸收的光子能量就愈大,即吸收的光波长愈短。

电子组态为d^{10}的离子(例如Zn^{2+},Ag^+等),因d_γ能级轨道上已充满电子,没有空位,它们的配合物不可能产生 d-d 跃迁,因而它们的配合物没有颜色。

综上所述,配合物的颜色是由于中心原子的 d 电子进行 d-d 跃迁时选择性地吸收一定波长的可见光而产生的。因此,配合物呈现颜色必须具备以下两个条件:

(1) 中心原子的外层 d 轨道未填满。
(2) 分裂能必须在可见光所具有的能量范围内。

晶体场理论比较满意地解释了配合物的颜色、磁性等,但是不能合理解释配体在光谱化学序列中的次序,也不能解释 CO 分子不带电荷,却使中心原子 d 轨道能级分裂产生很大的分裂能,这是由于晶体场理论只考虑中心原子与配体之间的静电作用,着眼于配体对中心原子 d 轨道的影响,而忽略了金属原子 d 轨道与配体轨道之间的重叠,不承认共价键的存在所致。

1952 年有人在晶体场理论的基础上吸收了分子轨道理论的优点,并考虑了中心原子与配体之间的化学键的共价成分,提出了配合物的分子轨道理论。

5.4 螯合物

5.4.1 螯合物的形成及螯合效应

前面我们已经学过的像 $[FeF_6]^{3-}$,$[Cu(NH_3)_4]^{2+}$ 和 $[Ni(CN)_4]^{2-}$ 等都是由单齿配位体与中心原子形成的简单配位化合物,即中心原子与每个配位体之间只形成一个配位键。多齿配位体与中心原子形成配合物时,中心原子与配位体之间至少形成两个配位键。例如,乙二胺与 Cu^{2+} 的配位反应为

$$Cu^{2+} + 2 \begin{matrix} CH_2-NH_2 \\ | \\ CH_2-NH_2 \end{matrix} = \left[\begin{matrix} H_2 & & H_2 \\ H_2C-N & & N-CH_2 \\ | & \searrow Cu \swarrow & | \\ H_2C-N & & N-CH_2 \\ H_2 & & H_2 \end{matrix} \right]^{2+}$$

由于乙二胺的分子中含有两个可提供孤对电子的氮原子,所以中心原子与配位体之间形成两个配位键,使配离子具有环状结构。这种由多齿配位体和中心原子形成的具有环状结构的配合物,称为**螯合物**。

由于螯合物具有环状结构,它比相同配位原子的简单配位化合物稳定得多。这种因成环而使配合物稳定性增高的现象称为螯合效应。表 5-7 为几种金属离子氨合物和乙二胺螯合物的稳定常数。

表 5-7 　　　　　　　　　　螯环对配合物稳定性的影响

配离子	$\lg K_稳$	配离子	$\lg K_稳$
$[Cu(NH_3)_4]^{2+}$	12.68	$[Cd(NH_3)_4]^{2+}$	7.0
$[Cu(en)_2]^{2+}$	19.60	$[Cd(en)_2]^{2+}$	10.02
$[Zn(NH_4)]^{2+}$	9.46	$[Ni(NH_3)_6]^{2+}$	8.74
$[Zn(en)_2]^{2+}$	10.37	$[Ni(en)_3]^{2+}$	18.59

螯环的大小对螯合物的稳定性有影响。一般来说,五原子环的螯合物最为稳定,六原子环次之。例如,Ca^{2+} 与 EDTA 及其衍生物形成的螯合物,当配位体

$$(^-OOCCH_2)_2N(CH_2)_nN(CH_2COO^-)_2$$

中的 $n = 2$ 时,生成五原子环螯合物,其稳定性最高。见表 5-8。

表 5-8　Ca^{2+} 与 $(^-OOCCH_2)_2N(CH_2)_nN(CH_2COO^-)_2$ 螯合物的稳定性

n	2	3	4	5
x 原子环	5	6	7	8
$\lg K_稳$	10.7	7.28	5.66	5.2

绝大多数生物螯合物是五原子环结构,如 α-氨基酸螯合物,维生素螯合物等。

5.4.2　螯合剂的类型

分析化学中重要的螯合剂一般是以氮、氧或硫为配位原子的有机化合物。常见的有下列几种类型:

1. "OO"型螯合剂

以两个氧原子为配位原子的螯合剂。这类螯合剂有羟基酸、多元醇、多元酚等。例如,Cu^{2+} 与乳酸根离子生成的可溶性螯合物。

$$\left[\begin{array}{c} O=C-O \\ | \\ H_3C-C-O \\ | \\ H \end{array} Cu \begin{array}{c} H\ H \\ | \\ O-C-CH_3 \\ | \\ O-C=O \end{array}\right]^0$$

柠檬酸是一个三元羟基羧酸,其酸根与 +2 价金属离子螯合时,可能采取如下的型式,其中有一个五原子环和一个六原子环(在碱性溶液中配位羟基上的氢也可被中和):

$$^-OOC-CH_2-\underset{\underset{H}{|}}{C}\underset{\underset{CH_2}{|}}{\overset{\overset{O}{\overset{\|}{C}-O}}{\underset{|}{|}}}M\underset{O}{\overset{O}{|}}$$

柠檬酸根和酒石酸根都能与许多金属离子形成可溶性的螯合物。在分析化学中广泛地被用作掩蔽剂。

2. "NN"型螯合剂

这类螯合剂包括有机胺类和含氮杂环化合物。例如,邻二氮菲与 Fe^{2+} 形成红色

螯合物：

$$\left[\begin{array}{c}\\ \text{(phen)}_3\end{array}\text{Fe}\right]^{2+}$$

此螯合剂可作为测定微量 Fe^{2+} 的显色剂。红色螯合物还可用作氧化还原指示剂。

3. "NO"型螯合剂

这类螯合剂含有 N 和 O 两种配位原子。如氨基乙酸 NH_2CH_2COOH、α-氨基丙酸 $CH_3CH(NH_2)COOH$、邻氨基苯甲酸等。氨基乙酸根离子与 Cu^{2+} 形成的螯合物如下式所示：

$$\left[\begin{array}{c}O=C-OH_2N-CH_2\\ \diagdown\diagup\\ Cu\\ \diagup\diagdown\\ H_2C-NH_2O-C=O\end{array}\right]^0$$

8-羟基喹啉及其衍生物，一些羟基偶氮染料也属于这类螯合剂。

4. 含硫的螯合剂

有"SS"型、"SO"型和"SN"型等。例如，二乙胺基二硫代甲酸钠（铜试剂）与 Cu^{2+} 形成黄色配合物：

$$\begin{array}{c}C_2H_5\\ \diagdown\\ N-C\\ \diagup\diagdown\\ C_2H_5SNa\end{array}+\frac{1}{2}Cu^{2+}\Longrightarrow\begin{array}{c}C_2H_5S\\ \diagdown\diagup\diagdown\\ N-C(Cu/2)\\ \diagup\diagdown\diagup\\ C_2H_5S\end{array}+Na$$

此螯合剂可用于测定微量铜，也可用于除去人体内过量的铜。

"SO"型和"SN"型螯合剂能与许多金属离子形成稳定螯合物，在分析化学中可作为掩蔽剂和显色剂。例如，巯基乙酸和8-巯基喹啉与金属离子形成的螯合物：

$$\left[\begin{array}{c}H_2C-S\\ \diagdown\\ Fe\\ \diagup\\ O=C-O\end{array}\right]_2^{2-},\quad\left[\begin{array}{c}N\rightarrow(M/n)\\ S\end{array}\right]^0$$

而二巯基丙醇(BAL)是治疗砷中毒的螯合剂。

5.4.3 乙二胺四乙酸的螯合物

乙二胺四乙酸是"NO"型螯合剂，能与许多金属离子形成稳定的螯合物，在分析化学、生物学和药物学中都有着广泛的用途。

乙二胺四乙酸简称 EDTA,用 H_4Y 表示,结构式如下:

$$\begin{matrix} HOOC-CH_2 \\ {}^-OOC-CH_2 \end{matrix} \Big\rangle \overset{H^+}{N}-CH_2-CH_2-\overset{H^+}{N} \Big\langle \begin{matrix} CH_2-COO^- \\ CH_2-COOH \end{matrix}$$

两个羟酸上的氢转移到氮原子上形成双偶极离子。EDTA 微溶于水(22℃时,每 100mL 溶解 0.02g),难溶于酸和一般有机溶剂,但易溶于氨性溶液或苛性碱溶液中,生成相应的盐溶液。由于 EDTA 在水中的溶解度小,通常将它制成二钠盐,即乙二胺四乙酸二钠(含二分子结晶水),一般也简称 EDTA,用 $Na_2H_2Y \cdot 2H_2O$ 表示。它的溶解度较大,在22℃时每100mL可溶解11.1g,此溶液的浓度约 $0.3 mol \cdot L^{-1}$,pH 约为4.4。

在酸度较高的水溶液中,H_4Y 的两个氨基可再接受 H^+,形成 H_6Y^{2+}。这时,EDTA 就相当于六元酸,有六级离解平衡,其离解常数如下:

$K_{a1} = 10^{-0.9}$, $K_{a2} = 10^{-1.6}$, $K_{a3} = 10^{-2.07}$,

$K_{a4} = 10^{-2.75}$, $K_{a5} = 10^{-6.24}$, $K_{a6} = 10^{-10.34}$

在水溶液中,EDTA 总是以 H_6Y^{2+},H_5Y^+,H_4Y,H_3Y^-,H_2Y^{2-},HY^{3-} 和 Y^{4-} 等七种形式存在。图 5-7 表示各种形式的分布数与 pH 的关系。从图 5-7 可看出,在 pH<1 的强酸性溶液中,EDTA 主要以 H_6Y^{2+} 形式存在;在 pH 为 2.75~6.24 时,主要以 H_2Y^{2-} 形式存在;在 pH>10.3 时,主要以 Y^{4-} 形式存在。

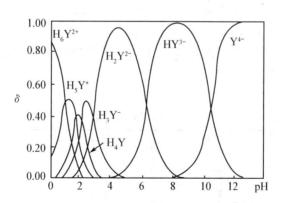

图 5-7　EDTA 的分布系数与 pH 关系

乙二胺四乙酸根(Y^{4-})是一种六齿配体,有很强的配位能力。在溶液中它几乎能与所有金属离子形成螯合物,一般这些螯合物的螯合比为 1:1。例如:

$$Ca^{2+} + H_2Y^{2-} \rightleftharpoons CaY^{2-} + 2H^+$$

$$Al^{3+} + H_2Y^{2-} \rightleftharpoons AlY^- + 2H^+$$

$$Sn^{4+} + H_2Y^{2-} \rightleftharpoons SnY + 2H^+$$

图 5-8 为 CaY^{2-} 的结构示意图。在这个配离子中，Ca^{2+} 与 Y^{4-} 的 6 个配位原子形成 5 个五原子环。其他金属离子与 Y^{4-} 所形成的配离子的结构也类似。

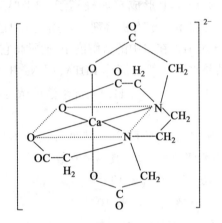

图 5-8　CaY^{2-} 的立体构型

EDTA 与金属离子还可以生产酸式或碱式螯合物。在酸度较高时，生成酸式螯合物（MHY），在碱度较高时，生成碱式螯合物（MOHY）。这些螯合物一般不太稳定。

EDTA 与无色金属离子生成无色螯合物，与有色金属离子一般生成颜色更深的螯合物。几种有色的 EDTA 螯合物见表 5-9。

EDTA 也是治疗金属中毒的螯合剂，它的二钠钙盐治疗铅中毒效果最好，还能促排钚、钍、铀等放射性元素。

表 5-9　　　　　　　　　　　　有色 EDTA 螯合物

螯合物	颜色	螯合物	颜色
NiY^{2-}	绿蓝	CrY^-	深紫
CuY^{2-}	深蓝	$Cr(OH)Y^{2-}$	蓝（pH>10）
CoY^-	紫红	FeY^-	黄
MnY^-	紫红	$Fe(OH)Y^{2-}$	褐（pH≈6）

5.4.4　生物学中的螯合物示例

金属螯合物在生物体内起着重要的生理活性作用。在哺乳动物体内约有 70% 铁是以卟啉配合物的形式存在的，其中包括血红蛋白、肌红蛋白、过氧化氢酶及细胞血素 c 等。

卟啉的基本骨架是卟吩。当卟吩环 1 号至 8 号碳原子上的 H,部分或全部被其他基团取代后所得的衍生物称为卟啉;而当卟吩环的 9 号至 12 号次甲基(—CH═)的 H 被其他基团(如苯基)取代后,则仍称卟吩衍生物。但也有些书上将两者都统称为卟啉。一个卟啉分子可以作为一个四齿螯合剂。图 5-9 为原卟啉Ⅸ。

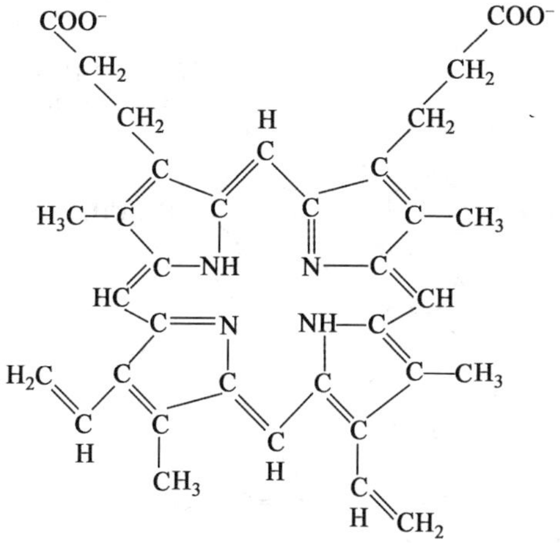

图 5-9　原卟啉Ⅸ

在血红素中铁与原卟啉环中心的四个氮相结合(见图 5-10)。铁还能形成两个键,分别在血红素平面的两侧。血红素中的铁原子可以处在亚铁(+2)或高铁(+3)两种不同的氧化态。

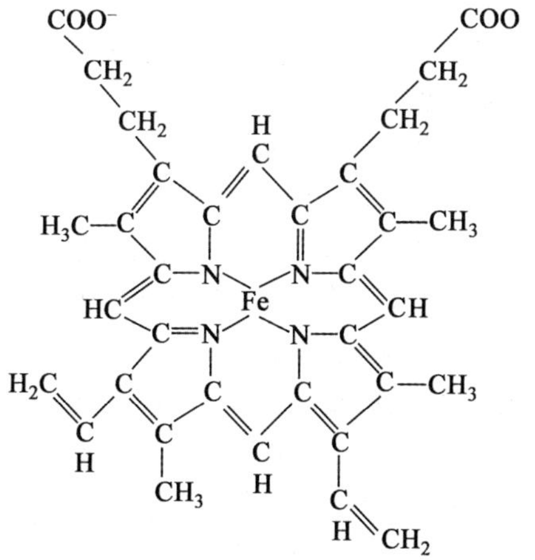

图 5-10　血红素

叶绿素是植物体中进行光合作用的一组色素。它有许多种,主要有叶绿素 a 和叶绿素 b 两种。叶绿素 a 呈蓝绿色,叶绿素 b 呈黄绿色,它们之间的区别不大,叶绿素 b 比叶绿素 a 少两个 H 原子,多一个 O 原子。叶绿素 a 和叶绿素 b 都是镁与卟啉的螯合物,此种螯合物的中心原子是 Mg^{2+}(见图 5-11)。叶绿素不溶于水,只有用中性的有机溶剂才能够把它提取出来而不变质。在实际工作中,可用乙醇、丙酮、氯仿等提取,然后再用乙醚提纯。

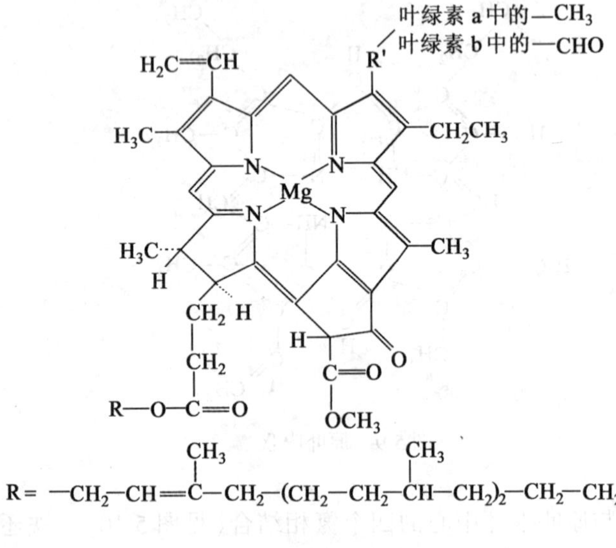

图 5-11　叶绿素 a 和叶绿素 b

　　维生素是构成辅酶(或辅基)的组成部分,故它在调节物质代谢过程中起着重要的作用。

　　维生素 B_{12} 是含钴的螯合物,又称钴胺素。它的核心是带有一个中心钴原子的咕啉环(见图 5-12)。咕啉环有 4 个吡咯单位。其中两个(A 环和 D 环)是彼此直接键连的,而另外两个则由次甲基桥连起来,像卟啉环中一样。吡咯环上的取代基为甲基、丙酰胺基和乙酰胺基。

　　一个钴原子与 4 个吡咯的氮成键。第 5 个取代基(见图 5-13 中咕啉平面的下面)为二甲苯并咪唑的衍生物,它含有核糖 3-磷酸和氨基异丙醇。二甲苯并咪唑的一个氮原子与钴相连。氨基异丙醇的氨基与 D 环的侧链形成酰胺键。钴原子上的第 6 个取代基(见图 5-13 中咕啉环平面的上边)可能是 CN^-,$—CH_3$,OH^-,或 5′—脱氧腺苷。

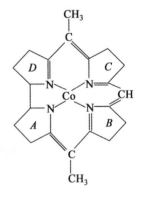

图 5-12　钴胺素的咕啉核心

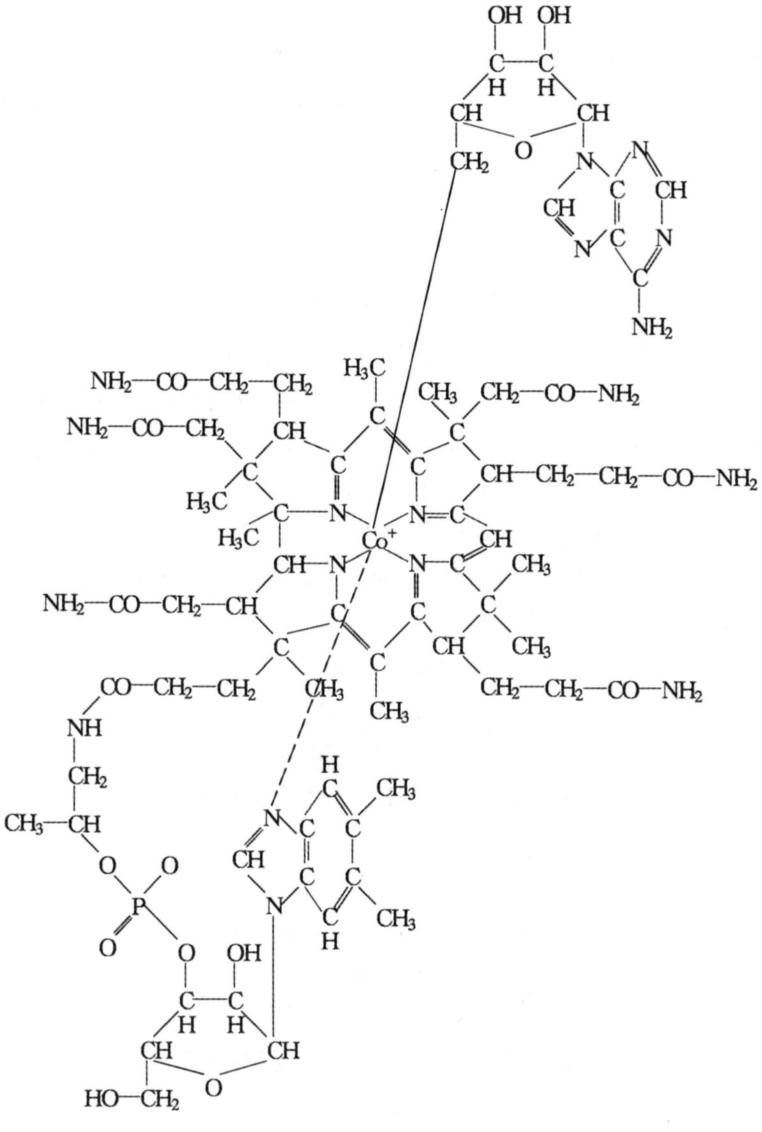

图 5-13 辅酶 B_{12}

5.5 配合物的离解平衡

5.5.1 配合物的稳定常数

在 AgCl 沉淀上加氨水时,由于 Ag^+ 与氨形成稳定的 $Ag(NH_3)_2^+$ 配离子,AgCl 沉淀会溶解。若向此溶液中加入 KI 溶液，则有黄色沉淀 AgI 析出。这一现象说明 $Ag(NH_3)_2^+$ 配离子的溶液中仍有 Ag^+ 存在。即溶液中既有 Ag^+ 与 NH_3 的配位反应，也有 $Ag(NH_3)_2^+$ 配离子的离解反应。当配离子的形成与离解达到平衡状态时，其表达式如下：

$$Ag^+ + 2NH_3 \rightleftharpoons Ag(NH_3)_2^+$$

根据化学平衡原理，平衡常数为

$$K_{稳} = \frac{[Ag(NH_3)_2^+]}{[Ag^+][NH_3]^2} \tag{5.2}$$

式中，$K_{稳}$ 称为 $Ag(NH_3)_2^+$ 配离子的稳定常数(或称形成常数)。

$[Ag^+]$，$[NH_3]$，$[Ag(NH_3)_2^+]$ 分别表示平衡时 Ag^+，NH_3 和 $Ag(NH_3)_2^+$ 的浓度。$K_{稳}$ 越大，表示形成配离子的倾向越大，配合物越稳定。$[Ag(NH_3)_2]^+$ 配离子的 $K_{稳} = 1.7 \times 10^7$，$[Ag(CN)_2]^-$ 为 1×10^{21}，因此，$[Ag(CN)_2]^-$ 比 $[Ag(NH_3)_2]^+$ 更稳定。在 $[Ag(CN)_2]^-$ 配离子溶液中加 KI 溶液，就不会析出 AgI 沉淀。

配离子的生成一般是分步进行的，因此在溶液中存在一系列的配合平衡，对应于这些平衡也有一系列的稳定常数。例如：

$$Cu^{2+} + NH_3 \rightleftharpoons Cu(NH_3)^{2+}$$

$$K_1 = \frac{[Cu(NH_3)^{2+}]}{[Cu^{2+}][NH_3]}$$

$$Cu(NH_3)^{2+} + NH_3 \rightleftharpoons Cu(NH_3)_2^{2+}$$

$$K_2 = \frac{[Cu(NH_3)_2^{2+}]}{[Cu(NH_3)^{2+}][NH_3]}$$

$$Cu(NH_3)_2^{2+} + NH_3 \rightleftharpoons Cu(NH_3)_3^{2+}$$

$$K_3 = \frac{[Cu(NH_3)_3^{2+}]}{[Cu(NH_3)_2^{2+}][NH_3]}$$

$$Cu(NH_3)_3^{2+} + NH_3 \rightleftharpoons Cu(NH_3)_4^{2+}$$

$$K_4 = \frac{[Cu(NH_3)_4^{2+}]}{[Cu(NH_3)_3^{2+}][NH_3]}$$

式中，K_1，K_2，K_3，K_4 分别为各级配离子的逐级稳定常数。

对于配合物 ML_n，其逐级形成反应及对应的逐级稳定常数表示如下：

$M + L = ML$[①]，第一级稳定常数 $K_1 = \dfrac{[ML]}{[M][L]}$

$ML + L = ML_2$，第二级稳定常数 $K_2 = \dfrac{[ML_2]}{[ML][L]}$

…………

$ML_{n-1} + L = ML_n$,第 n 级稳定常数 $K_n = \dfrac{[ML_n]}{[ML_{n-1}][L]}$

ML_n 配合物的逐级离解及对应的离解常数(不稳定常数)表示如下:

$$ML_n = ML_{n-1} + L, K_1' = \dfrac{[ML_{n-1}][L]}{[ML_n]}$$

$$ML_{n-1} = ML_{n-2} + L, K_2' = \dfrac{[ML_{n-2}][L]}{[ML_{n-1}]}$$

…………

$$ML = M + L, K_n' = \dfrac{[M][L]}{[ML]}$$

由上可见,第一级稳定常数是第 n 级不稳定常数的倒数,第 n 级稳定常数是第一级不稳定常数的倒数。

在许多配位平衡的计算中,更常用到累积稳定常数 β。

对配位反应 $\qquad\qquad M + nL = ML_n$

用累积稳定常数表示较分步稳定常数方便:

$$\beta_n = \dfrac{[ML_n]}{[M][L]}$$

累积稳定常数与分步稳定常数间存在以下关系:

$$\beta_1 = K_1 = \dfrac{[ML]}{[M][L]}$$

$$\beta_2 = K_1 K_2 = \dfrac{[ML_2]}{[M][L]^2}$$

…………

$$\beta_n = K_1 K_2 K_3 \cdots K_n = \dfrac{[ML_n]}{[M][L]^n}$$

例如,Al^{3+} 的氟配合物 AlF_6^{3-},

$$\beta_1 = K_1 = 1.4 \times 10^6$$
$$\beta_2 = K_1 K_2 = 1.4 \times 10^6 \times 1.1 \times 10^5 = 1.4 \times 10^{10}$$
$$\beta_3 = K_1 K_2 K_3 = 1.0 \times 10^{15}$$
$$\beta_4 = K_1 K_2 K_3 K_4 = 5.6 \times 10^{17}$$
$$\beta_5 = 2.3 \times 10^{19}$$
$$\beta_6 = 6.9 \times 10^{19}$$

由上述累积稳定常数表达式可见,各级配合物的浓度为

$$[ML] = \beta_1 [M][L], [ML_2] = \beta_2 [M][L]^2, \cdots$$
$$[ML_n] = \beta_n [M][L]^n$$

5.5.2 配位反应的副反应系数

在配合物 MY 的体系中,若将金属离子 M 与配位体 Y 之间生成 MY 的反应看做主反应,那么金属离子与溶液中其他共存的配位体 L 或 OH^- 之间的反应,以及配位体 Y 与溶液中其他共存的金属离子或 H^+ 之间的反应都是副反应,如下式所示:

$$
\begin{array}{c}
\overset{M}{\underset{L\;\;OH}{\wedge}} + \overset{Y}{\underset{H\;\;N}{\wedge}} = \overset{MY}{\underset{H\;\;OH}{\wedge}} \quad \text{主反应} \\
ML\;\;MOH \quad\;\; HY\;\;NY \quad\;\; MHY\;\;MOHY \quad \text{副反应} \\
\vdots\;\;\;\;\vdots \quad\quad\;\; \vdots\;\;\;\;\vdots \quad\quad\;\; \vdots\;\;\;\;\vdots
\end{array}
$$

这些副反应都会降低主要配位反应的完全程度,使金属离子以及配位体的浓度改变。为了定量地表示副反应进行的程度,引入副反应系数的概念。下面分别讨论配位剂(Y)和金属离子(M)的副反应系数。

1. 配位剂的副反应系数($\alpha_{Y(H)}$)

(1)酸效应系数

配位剂 Y 是碱,易于接受质子形成其共轭酸,因此,酸度对配位剂的副反应是最常见的。配位剂 Y 与 H^+ 反应逐级形成 $HY, H_2Y, \cdots, H_nY$ 氢配合物。配位剂的副反应系数用符号 $\alpha_{Y(H)}$ 表示,$\alpha_{Y(H)}$ 值是

$$\alpha_{Y(H)} = \frac{[Y']}{[Y]} = \frac{[Y] + [HY] + [H_2Y] + \cdots + [H_nY]}{[Y]} \tag{5.3}$$

$\alpha_{Y(H)}$ 表示未与 M 反应的配位剂的各种型体的总浓度是游离配位剂浓度[Y]的多少倍。酸度越高,$\alpha_{Y(H)}$ 值越大,配位剂发生的副反应越严重,故又称为酸效应系数。如果 Y 没有发生副反应,则 $[Y]=[Y']$,$\alpha_{Y(H)}=1$。

$HY, H_2Y, \cdots, H_nY$ 配合物的形成常数为

$$Y + H \rightleftharpoons HY, K_1 = \frac{[HY]}{[H][Y]}, \beta_1 = K_1$$

$$HY + H \rightleftharpoons H_2Y, K_2 = \frac{[H_2Y]}{[H][HY]}, \beta_2 = K_1K_2$$

$$\cdots\cdots$$

$$H_{n-1}Y + H \rightleftharpoons H_nY, K_n = \frac{[H_nY]}{[H][H_{n-1}Y]}, \beta_n = K_1K_2\cdots K_n$$

由上述关系式可导出:

$$\alpha_{Y(H)} = \frac{[Y']}{[Y]} = \frac{[Y] + [HY] + \cdots + [H_nY]}{[Y]}$$

$$= \frac{[Y] + [H][Y]\beta_1 + [H]^2[Y]\beta_2 + \cdots + [H]^n[Y]\beta_n}{[Y]}$$

第5章 配位反应

则 $\alpha_{Y(H)} = 1 + [H]\beta_1 + [H]^2\beta_2 + \cdots + [H]^n\beta_n$ (5.4)

由此可见，酸效应系数只与有关常数和溶液的 H^+ 浓度有关。$\alpha_{Y(H)}$ 仅是 $[H^+]$ 的函数。

例 5-2 计算 pH = 4.0 时，氰化物的酸效应系数及其对数值。

解 $\alpha_{CN(H)} = 1 + [H]\beta = 1 + 10^{-4} \times 1.6 \times 10^9 = 1.6 \times 10^5$

$\lg\alpha_{CN(H)} = 5.20$

例 5-3 计算 pH = 5.0 时 EDTA 的酸效应系数及其对数值。EDTA 的各级酸的 $\lg\beta_1 \sim \lg\beta_6$ 分别为 10.34，16.58，19.33，21.40，23.0，23.9。

解 $\alpha_{Y(H)} = 1 + [H]\beta_1 + [H]^2\beta_2 + \cdots + [H]^6\beta_6$
$= 1 + 10^{-5+10.34} + 10^{-10+16.58} + 10^{-15+19.33} + 10^{-20+21.4} + 10^{-25+23.0} + 10^{-30+23.9}$
$= 1 + 10^{5.34} + 10^{6.58} + 10^{4.33} + 10^{1.40} + 10^{-2.0} + 10^{-6.1}$
$= 10^{6.6}$

$\lg\alpha_{Y(H)} = 6.6$

副反应系数计算式虽然包含许多项，但一般只有少数几项是主要的，其他项均可略去。由上式可见，pH = 5.0 时，未与 M 配位的 EDTA 主要以 H_2Y 型体存在（式中第三项），其次是 HY（式中第二项）。表 5-10 列出了不同 pH 时几种配位剂的 $\lg\alpha_{Y(H)}$ 值。

表 5-10   **不同 pH 时几种配位剂的 $\lg\alpha_{Y(H)}$ 值**

pH	EDTA	HEDTA	NH_3	CN^-	F^-	PO_4^{3-}
0	24.0	17.9	9.4	9.2	3.05	20.7
1	18.3	15.0	8.4	8.2	2.05	17.7
2	13.8	12.0	7.4	7.2	1.1	15.0
3	10.8	9.4	6.4	6.2	0.3	12.6
4	8.6	7.2	5.4	5.2	0.05	10.6
5	6.6	5.3	4.4	4.2		8.6
6	4.8	3.9	3.4	3.2		6.6
7	3.4	2.8	2.4	2.2		5.0
8	2.3	1.8	1.4	1.2		3.7
9	1.4	0.9	0.5	0.4		2.7
10	0.5	0.2	0.1	0.1		1.7
11	0.1					0.8

(2) 共存离子效应

假如除了金属离子 M 与配位剂 Y 反应外,共存离子 N 也能与配位剂 Y 反应,则这一反应可看作 Y 的一种副反应。与酸效应的作用相同,它能降低 Y 的平衡浓度。共存离子引起的副反应称为共存离子效应。共存离子效应的副反应系数称为共存离子效应系数,用 $\alpha_{Y(H)}$ 表示:

$$\alpha_{Y(N)} = \frac{[Y']}{[Y]} = \frac{[NY]+[Y]}{[Y]} = 1 + K_{NY}[N] \tag{5.5}$$

式中,[Y']是[NY]的浓度与游离的 Y 浓度之和;K_{NY} 为 NY 的稳定常数;[N]为游离 N 的平衡浓度。

若有多种共存离子 $N_1, N_2, N_3, \cdots, N_n$ 存在,则

$$\begin{aligned}
\alpha_{Y(N)} &= \frac{[Y']}{[Y]} = \frac{[Y]+[N_1Y]+[N_2Y]+\cdots+[N_nY]}{[Y]} \\
&= 1 + K_{NY}[N_1] + K_{N_2Y}[N_2] + \cdots \\
&= 1 + \alpha_{Y(N_1)} + \alpha_{Y(N_2)} + \cdots + \alpha_{Y(N_n)} - n \\
&= \alpha_{Y(N_1)} + \alpha_{Y(N_2)} + \cdots + \alpha_{Y(N_n)} - (n-1)
\end{aligned}$$

当有多种共存离子存在时,$\alpha_{Y(N)}$ 往往只取其中一种或少数几种影响较大的共存离子副反应系数之和,而其他次要项可忽略不计。

(3) Y 的总副反应系数 α_Y

当体系中既有共存离子 N,又有酸效应时,Y 的总副反应系数为

$$\alpha_Y = \alpha_{Y(H)} + \alpha_{Y(N)} - 1 \tag{5.6}$$

例 5-4 在 pH=6.0 的溶液中,含有浓度均为 $0.010 \text{mol} \cdot L^{-1}$ 的 EDTA,Zn^{2+} 及 Ca^{2+},计算,$\alpha_{Y(Ca)}$ 和 α_Y 值。

解 已知 $K_{CaY} = 10^{10.69}$,pH=6.0 时,$\alpha_{Y(H)} = 10^{4.65}$,

$\alpha_{Y(Ca)} = 1 + K_{CaY}[Ca] = 1 + 10^{10.69} \times 0.010 = 10^{8.69}$

$\alpha_Y = \alpha_{Y(H)} + \alpha_{Y(Ca)} - 1 = 10^{4.65} + 10^{8.69} - 1 \approx 10^{8.69}$

例 5-5 在 pH=1.5 的溶液中,含有浓度均为 $0.010 \text{mol} \cdot L^{-1}$ 的 EDTA,Fe^{3+} 及 Ca^{2+},计算 $\alpha_{Y(Ca)}$ 和 α_Y。

解 已知数 $K_{CaY} = 10^{10.69}$,pH=1.5 时,$\alpha_{Y(H)} = 10^{15.55}$

$\alpha_{Y(Ca)} = 1 + K_{CaY}[Ca] = 1 + 10^{10.69} \times 0.010 = 10^{8.69}$

$\alpha_Y = \alpha_{Y(H)} + \alpha_{Y(Ca)} - 1 = 10^{15.55} + 10^{8.69} - 1 \approx 10^{15.55}$

2. 金属离子 M 的副反应系数

(1) 配位效应与配位效应系数

当 M 与 Y 反应时,如有另一配位剂 L 存在,而 L 能与 M 形成配合物,则主反应会受到影响。这种由于其他配位剂存在使金属离子参加主反应能力降低的现象,称

为配位效应。

配位剂引起副反应时的副反应系数称为配位效应系数,用 $\alpha_{M(L)}$ 表示。$\alpha_{M(L)}$ 表示没有参加主反应的金属离子总浓度 $[M']$ 是游离金属离子浓度 $[M]$ 的多少倍:

$$\alpha_{M(L)} = \frac{[M']}{[M]} = \frac{[M] + [ML] + [ML_2] + \cdots + [ML_n]}{[M]} \quad (5.7)$$

$\alpha_{M(L)}$ 越大,表示金属离子被配位剂 L 配合得越完全,即副反应越严重。如果 M 没有副反应,则 $\alpha_{M(L)} = 1$。

根据配合平衡关系式,可导出计算 $\alpha_{M(L)}$ 的公式为

$$\begin{aligned}[M'] &= [M] + [ML] + [ML_2] + \cdots + [ML_n] \\ &= [M] + k_1[M][L] + k_1 k_2 [M][L]^2 + \cdots + k_1 k_2 \cdots k_n [M][L]^n \\ &= [M](1 + k_1[L] + k_1 k_2 [L]^2 + \cdots + k_1 k_2 \cdots k_n [L]^n)\end{aligned}$$

代入上式中,得

$$\alpha_{M(L)} = 1 + k_1[L] + k_1 k_2 [L]^2 + \cdots + k_1 k_2 \cdots k_n [L]^n$$

或

$$\alpha_{M(L)} = 1 + \beta_1[L] + \beta_2[L]^2 + \cdots + \beta_n[L]^n \quad (5.8)$$

由上式可知,当配位剂 L 的平衡浓度 $[L]$ 一定时,$\alpha_{M(L)}$ 为一定值。等式右边各项的数值,分别与 $M, ML, ML_2, \cdots, ML_n$ 的浓度大小相对应。根据其大小,可很快地估计出该配位平衡中各组分的分布情况,其中数值最大的一项或几项就是配合物的主要存在形式。

例 5-6 在 $0.10 \text{ mol} \cdot L^{-1}$ 的 AlF_6^{3-} 溶液中,游离 F^- 的浓度为 $0.010 \text{ mol} \cdot L^{-1}$。求溶液中游离的 Al^{3+} 浓度,并指出溶液中配合物的主要存在形式。

解 已知 AlF_6^{3-} 的 $\beta_1 = 1.4 \times 10^6, \beta_2 = 1.4 \times 10^{11}, \beta_3 = 1.0 \times 10^{15}, \beta_4 = 5.6 \times 10^{17}, \beta_5 = 2.3 \times 10^{19}, \beta_6 = 6.9 \times 10^{19}$,故

$$\begin{aligned}\alpha_{Al(F)} &= 1 + 1.4 \times 10^6 \times 0.010 + 1.4 \times 10^{11} \times 0.010^2 + 1.0 \times 10^{15} \times 0.010^3 + 5.6 \\ &\quad \times 10^{17} \times 0.010^4 + 2.2 \times 10^{19} \times 0.010^5 + 6.9 \times 10^{19} \times 0.010^6 \\ &= 1 + 1.4 \times 10^4 + 1.4 \times 10^7 + 1.0 \times 10^9 + 5.6 \times 10^9 + 2.3 \times 10^9 + 6.9 \times 10^7 \\ &= 8.9 \times 10^9\end{aligned}$$

因此

$$[Al^{3+}] = \frac{0.10}{8.9 \times 10^9} = 1.1 \times 10^{-11} \text{ mol} \cdot L^{-1}$$

比较上式中右边各项数值,可知配合物的主要存在形式是 AlF_4^-, AlF_5^{2-} 及 AlF_6^{3-}。

(2) 金属离子的总副反应数 α_M。若溶液中有两种配位剂 L 和 A 同时对金属离子 M 产生副反应,则其影响可用 M 的总副反应系数 α_M 表示:

$$\alpha_M = \frac{[M']}{[M]} = \frac{[M] + [ML] + \cdots + [ML_n]}{[M]} + \frac{[M] + [MA] + \cdots + [MA_m]}{[M]} - \frac{[M]}{[M]}$$

$$= \alpha_{M(L)} + \alpha_{M(A)} - 1 \approx \alpha_{M(L)} + \alpha_{M(A)}$$

同理,若溶液中有多种配位剂 $L_1, L_2, L_3, \cdots, L_n$ 同时对金属离子 M 产生副反应,则 M 的总副反应系数 α_M 为

$$\alpha_M = \alpha_{M(L_1)} + \alpha_{M(L_2)} + \cdots + \alpha_{M(L_n)} - (n-1)$$
$$\approx \alpha_{M(L_1)} + \alpha_{M(L_2)} + \cdots + \alpha_{M(L_n)}$$

一般说来,在有多种配位剂共存的情况下,只有一种或少数几种配位剂的副反应是主要的,由此决定总副反应系数。此时,其他配位剂的副反应系数可以略去。

在水溶液中,当溶液的酸度较低时,金属离子常因水解而形成各种氢氧基(羟基)或多核氢氧基配合物,引起氢氧基配合效应(水解效应)。表 5-11 列出一些金属离子在不同 pH 时的 $\lg\alpha_{M(OH)}$ 值。

表 5-11　　　　　　　　　　金属离子的 $\lg\alpha_{M(OH)}$ 值

金属离子	I	pH													
		1	2	3	4	5	6	7	8	9	10	11	12	13	14
Ag(Ⅰ)	0.1											0.1	0.5	2.3	5.1
Al(Ⅲ)	2					0.4	1.3	5.3	9.3	13.3	17.3	21.3	25.3	29.3	33.3
Ba(Ⅱ)	0.1													0.1	0.5
Bi(Ⅲ)	3	0.1	0.5	1.4	2.4	3.4	4.4	5.4							
Ca(Ⅱ)	0.1													0.3	1.0
Cd(Ⅱ)	3									0.1	0.5	2.0	4.5	8.1	12.0
Ce(Ⅳ)	1.2	1.2	3.1	5.1	7.1	9.1	11.1	13.1							
Cu(Ⅱ)	0.1								0.2	0.8	1.7	2.7	3.7	4.7	5.7
Fe(Ⅱ)	1									0.1	0.6	1.5	2.5	3.5	4.5
Fe(Ⅲ)	3			0.4	1.8	3.7	5.7	7.7	9.7	11.7	13.7	15.7	17.7	19.7	21.7
Hg(Ⅱ)	0.1			0.5	1.9	3.9	5.9	7.9	9.7	11.9	13.9	15.9	17.9	19.9	21.9
La(Ⅲ)	3										0.3	1.0	1.9	2.9	3.9
Mg(Ⅱ)	0.1											0.1	0.5	1.3	2.3
Ni(Ⅱ)	0.1									0.1	0.7	1.6			
Pb(Ⅱ)	0.1						0.1	0.5	1.4	2.7	4.7	7.4	10.4	13.4	
Th(Ⅳ)	1				0.2	0.8	1.7	2.7	3.7	4.7	5.7	6.7	7.7	8.7	9.7
Zn(Ⅱ)	0.1								0.2	2.4	5.4	8.5	11.8	15.5	

例 5-7 在 $0.010\,\mathrm{mol\cdot L^{-1}}$ 锌氨溶液中,当游离氨的浓度为 $0.10\,\mathrm{mol\cdot L^{-1}}$(pH = 10)时,计算锌离子的总副反应系数 α_{Zn}。已知 pH = 10 时,$\alpha_{Zn(OH)} = 10^{2.4}$。

解 已知 $\mathrm{Zn(NH_3)_4^{2+}}$ 的 $\lg\beta_1 \sim \lg\beta_4$ 分别为 2.37,4.81,7.31,9.46,故

$$\alpha_{Zn(NH_3)} = 1 + \beta_1[NH_3] + \beta_2[NH_3]^2 + \beta_3[NH_3]^3 + \beta_4[NH_3]^4$$
$$= 1 + 10^{2.37} \times 0.10 + 10^{4.81} \times 0.10^2 + 10^{7.31} \times 0.10^3 + 10^{9.46} \times 0.10^4$$
$$= 10^{5.49}$$

$$\alpha_{Zn} = \alpha_{Zn(NH_3)} + \alpha_{Zn(OH)} - 1 = 10^{5.49} + 10^{2.4} - 1 = 10^{5.49}$$

从而可知,在上述情况下,$\alpha_{Zn(OH)}$ 可忽略。

例 5-8 若例 5-7 在 pH = 12.0,α_{Zn} 又为多大?

解 已知 $\mathrm{Zn(OH)_4^{2-}}$ 的 $\lg\beta_1 \sim \lg\beta_4$ 分别为 4.4,10.1,14.2,15.5,$[OH^-] = 1.0 \times 10^{-2}\,\mathrm{mol\cdot L^{-1}}$,故

$$\alpha_{Zn(OH)} = 1 + \beta_1[OH^-] + \beta_2[OH^-]^2 + \beta_3[OH^-]^3 + \beta_4[OH^-]^4$$
$$= 1 + 10^{4.4} \times 10^{-2} + 10^{10.1} \times (10^{-2})^2 + 10^{14.2} \times (10^{-2})^3 + 10^{15.5} \times (10^{-2})^4$$
$$= 10^{8.28}$$

$\alpha_{Zn(NH_3)} = 10^{5.49}$(计算见例 5-7)

$\alpha_{Zn} = \alpha_{Zn(NH_3)} + \alpha_{Zn(OH)} - 1 = 10^{5.49} + 10^{8.28} - 1 = 10^{8.28}$

由此可见,在 pH = 12 时,$\alpha_{Zn(NH_3)}$ 可略而不计。

5.5.3 条件(稳定)常数

当 M 与 Y 反应形成 MY 时,溶液中有下列平衡:

$$M + Y = MY$$

其平衡常数为

$$K_{MY} = \frac{[MY]}{[M][Y]}$$

若有酸效应和另一配位剂 L 存在,则 K_{MY} 值的大小不能衡量 M 与 Y 反应进行的程度。在这种情况下,可以用常数 K'_{MY} 表示:

$$K'_{MY} = \frac{[MY]}{[M'][Y']} \tag{5.9}$$

$[M']$ 表示未与配位剂 Y 反应的金属离子的各型体的总浓度:

$$[M'] = [M] + [ML] + [ML_2] + \cdots + [ML_n]$$

式中,$[Y']$ 表示未与金属离子 M 反应的配位剂各种型体总浓度;K'_{MY} 表示有副反应发生时主反应进行的程度。由前述副反应系数的定义可以求得 K'_{MY} 值。

$$[M'] = \alpha_{M(L)}[M],\quad [Y'] = \alpha_{Y(H)}[Y]$$

将其代入 K'_{MY} 表达式,得到计算 K'_{MY} 值的公式:

$$K'_{MY} = \frac{[MY]}{\alpha_{M[L]}[M]\alpha_{Y(H)}[Y]} = \frac{K_{MY}}{\alpha_{M(L)}\alpha_{Y(H)}}$$

或

$$\lg K'_{MY} = \lg K_{MY} - \lg \alpha_{M(L)} - \lg \alpha_{Y(H)} \qquad (5.10)$$

当溶液酸度和试剂的浓度一定时,$\alpha_{Y(H)}$ 和 $\alpha_{M(L)}$ 为定值,故 K'_{MY} 在一定条件下为常数,称为条件(稳定)常数,有的书上称为表观稳定常数。K'_{MY} 表示有副反应存在时配位反应进行的程度。

若溶液中无其他配位剂存在,$\lg\alpha_{M(L)} = 0$,此时只有酸效应的影响,则

$$\lg K'_{MY} = \lg K_{MY} - \lg \alpha_{Y(H)} \qquad (5.11)$$

例 5.9 计算 pH = 2.0 和 pH = 5.0 时,ZnY 的条件稳定常数的对数值。

解 已知当 pH = 2.0 时,$\lg\alpha_{Y(H)} = 13.8$,则

$$\lg K'_{ZnY} = \lg K_{ZnY} - \lg\alpha_{Y(H)} = 16.5 - 13.8 = 2.7$$

当 pH = 5.0,$\lg\alpha_{Y(H)} = 6.6$ 则

$$\lg K'_{ZnY} = \lg K_{ZnY} - \lg\alpha_{Y(H)} = 16.5 - 6.6 = 9.9$$

计算结果表明,在 pH = 2.0 时,由于酸效应系数很大,使 Zn(Ⅱ) 与 EDTA 配合物的稳定性大为降低。在 pH = 5.0 时,配位反应才能进行完全。

例 5-10 计算 AgBr 在 $2.0 \text{mol} \cdot \text{L}^{-1} \text{NH}_3$ 中的溶解度。

解 已知 AgBr 的 $K_{sp} = 5.0 \times 10^{-13}$,$\text{Ag(NH}_3\text{)}_2^+$ 的 $\lg\beta_1 = 3.2$,$\lg\beta_2 = 7.0$。设 AgBr 的溶解度为 s,则

$$[\text{Br}^-] = s$$

$$c_{\text{Ag}^+} = [\text{Ag}^+] + [\text{Ag(NH}_3\text{)}^+] + [\text{Ag(NH}_3\text{)}_2^+] = s$$

假定溶解达到平衡时,溶液中

$$[\text{NH}_3] = c_{\text{NH}_3} = 2.0 \text{mol} \cdot \text{L}^{-1}$$

$$\alpha_{\text{Ag(NH}_3)} = \frac{s}{[\text{Ag}^+]} = 1 + \beta_1[\text{NH}_3] + \beta_2[\text{NH}_3]^2$$

$$= 1 + 10^{3.2} \times 2.0 + 10^{7.0} \times 2.0^2 \approx 4 \times 10^7$$

$$K_{sp} = [\text{Ag}^+][\text{Br}^-] = \frac{c_{\text{Ag}^+}}{\alpha_{\text{Ag(NH}_3)}}[\text{Br}^-] = \frac{s^2}{\alpha_{\text{Ag(NH}_3)}}$$

$$s = \sqrt{K_{sp} \cdot \alpha_{\text{Ag(NH}_3)}} = \sqrt{5.0 \times 10^{-13} \times 4 \times 10^7}$$

$$= 4.5 \times 10^{-3} \text{mol} \cdot \text{L}^{-1}$$

由于 AgBr 的溶解度较小,消耗的 NH_3 可以忽略。

例 5-11 在 $0.1 \text{mol} \cdot \text{L}^{-1}$,$\text{Ag(NH}_3\text{)}_2^+$ 溶液中,含有 $0.1 \text{mol} \cdot \text{L}^{-1}$ 氨水,求溶液中的 $[\text{Ag}^+]$。如果在上述溶液中加入 $0.1 \text{mol} \cdot \text{L}^{-1}$ KI,能否发生沉淀?

解 已知 $[\text{Ag(NH}_3\text{)}_2]^+$ 的 β_1,β_2(见附录)

$$\alpha_{Ag(NH_3)} = 1 + 10^{3.2} \times 0.1 + 10^{7.0} \times 0.1^2 = 1.7 \times 10^5$$

$$[Ag^+] = \frac{c_{Ag^+}}{\alpha_{Ag(NH_3)}} = \frac{0.1}{1.7 \times 10^5} = 5.88 \times 10^{-7} \text{mol} \cdot \text{L}^{-1}$$

已知 AgI 的 $K_{sp} = 9.3 \times 10^{-17}$,则

$$[Ag^+][I^-] = 5.88 \times 10^{-7} \times 0.1 > 9.3 \times 10^{-17}$$

故有 AgI 沉淀生成。

5.6 配合物的重要性

5.6.1 配合物的生物功能作用

配合物在生命机体的正常代谢过程中起着重要的作用。例如,人体和动物体内氧的运载体是肌红蛋白和血红蛋白,它们都含有血红素基团,而血红素是铁的配合物。植物叶中的叶绿素是镁的配合物,它是进行光合作用的基础。生物体内的大多数反应都是在酶的催化下进行的,而许多酶的分子含有以配合形态存在的金属。这些金属往往起着活性中心的作用,如铁酶、锌酶、铜酶和钼酶。酶作为催化剂,其催化效率比一般非生物催化剂高一千万倍至十万亿倍。根据近年的研究,具有固氮活力的固氮酶,是由一个含铁称铁蛋白和另一个含铁、钼称铁钼蛋白所组成的。通过固氮酶的催化活动能够在常温常压下将空气中的氮气转变成氨。因此,化学模拟固氮是一个重要的基础科学研究课题。此外,硼、铜、钼、锰等微量元素对植物的生理机能也起着十分重要的作用。由于一些微量元素在土壤中易于沉淀,例如,土壤中的磷常与 Fe^{3+},Al^{3+} 形成难溶磷酸盐而不被植物吸收,如果使它们成为水溶性螯合物就能被植物吸收。

5.6.2 配合物的抗癌作用

金属配合物抗癌功能的研究也受到很大重视,顺式二氯二氨合铂(Ⅱ)[Pt(NH$_3$)$_2$Cl$_2$]简称顺铂,有显著的肿瘤抑制作用,已广泛用于临床。很长一段时间,抗癌药物的研制和筛选都局限于有机化合物和生化制剂。自从 1969 年美国 Rosenberg 等首次报道了强烈抑制细胞分裂、广谱性的无机抗癌新药顺二氯·二氨合铂(Ⅱ)以后,人们开辟了一条寻找抗癌活性药物的新途径。由于顺铂具有水溶性小、肾毒性大和缓解期短的缺点,自 20 世纪 70 年代以来,对顺铂及有关铂(Ⅳ)类似物的研究有了极大的增长,相继开发了碳铂等第二代铂(Ⅱ)系抗癌药物及活性更高的铂系金属(Pd,Ru,Rh)配合物抗癌药物。目前,第三代铂(Ⅱ)系抗癌药物正陆续进入临床试验阶段。

科学家在大量研究[Pt A$_2$X$_2$]类似物后发现,具有抗癌活性的配合物中的配体 A 主要为脂肪族伯胺或邻二伯胺,而 X$^-$ 主要为 Cl$^-$ 离子或能形成五员至七员螯合环的双羧酸;胺类分子(A)的结构变化对抗癌活性影响很大,酸根离子(X$^-$)的性质主要与毒性有关。因此,虽然迄今已制备和发现了几千种铂配合物,但具有抗癌活性的配合物仅有 40 余种。($1R,2R$)—环己二胺草酸铂(Ⅱ)是目前临床上常用的、疗效较好的治疗癌症的药物,与顺铂相比较,它的显著优点是对肾脏无毒性,水溶性增大,抗癌谱广。

在铂金属配合物的医疗作用启发下,人们又研制出了多种消炎抗菌、抗病毒的金属配合物和一些有生物功能的配合物药物,如钒氧基皮考林配合物,它具有与胰岛素相同的作用,对治疗糖尿病有广阔的应用前景。

综上所述,研制高效低毒配合物药物是治疗肿瘤、高血压、糖尿病等常见疾病的有效途径之一。

5.6.3 配合物在化学、化工生产方面的作用

配合物在化工生产、材料制备和环境保护中的应用也是十分广泛的。例如,应用柠檬酸、焦磷酸、氨三乙酸等配位剂进行无氰电镀;应用螯合萃取剂提取和分离有色金属和稀有金属。溶液中的一些分离方法(如萃取法、离子交换法、沉淀法)和分析方法(电分析法、光分析法、配位滴定法等)几乎都与配合物的形成有密切的关系。例如,大环配合物的应用首先在金属离子的分离上。大环配合物是以大环化合物为配体的配合物,所谓大环化合物是指成环原子数为 9 或 9 以上的环状有机化合物,其中成环原子包括 3 个或 3 个以上的配位原子(O,N,S 等)或杂原子。配位原子为氧时称冠醚(crown ether),因其几何构型像西方古代的王冠而得名;杂原子为硫时为冠硫醚;杂原子为氮时称大环多胺。元素周期表中几乎所有的金属离子均可生成大环配合物,对金属离子的选择性可通过配体分子设计,即选择适当的给体原子组合、环穴直径、结构及其取代基来提高待分离离子的选择性。由于大环配体合成较困难,成本较高,须解决多次重复使用的问题。方法之一是将大环配体接枝在硅酸或有机高分子树脂上(即将大环化合物悬挂在这些载体上),像离子交换树脂那样可反复使用;方法之二是将大环配体溶于适当的有机溶剂,做成液体膜,利用膜分离技术来分离金属离子。利用冠醚对碱金属离子及稀土离子的选择性成为分离的基础,大环化合物还可用来作成离子选择电极。

大环配合物还可用作涂料的添加剂,提高难溶性缓蚀剂(如铬酸盐)的相溶性,用于半导体材料的清洗剂以除去污染金属离子。一些稀土离子的大环配合物可作荧光材料,光学活性的大环配合物应用于拆分对映体,在有机化学中值得重视。

习 题

1. 指出下列配合物的各个组成部分,确定中心离子的配位数、配离子的电荷并命名。
   (1) $Na_3[Co(NO_2)_6]$ (2) $K_2[HgI_4]$
   (3) $[Cr(H_2O)_4Cl_2]Cl$ (4) $[Cu(NH_3)_4][OH]_2$
   (5) $[Pt(NH_3)_2Cl_2]$ (6) $K[Co(NH_3)_2(NO_2)_4]$

2. 写出下列化合物的化学式。
   (1) 五氰合钴(Ⅱ)酸钾
   (2) 六氰合铁(Ⅱ)酸钙
   (3) 二氯化六氨合镍(Ⅱ)
   (4) 硝酸二硝基四氨合钴(Ⅲ)
   (5) 二羟基二氨合铂(Ⅱ)
   (6) 硫酸-氯五氨合钴(Ⅲ)

3. 已知 $[Fe(CN)_6]^{4-}$ 是内轨配合物,$[CoF_6]^{3-}$ 是外轨配合物,画出它们的电子分布情况,并指出各以何种杂化轨道成键。

4. 根据配合物的价键理论,画出 $[Co(NH_3)_6]^{3+}$ 和 $[Cd(NH_3)_4]^{2+}$(已知其磁矩为0)的电子分布情况,并推测它们的空间构型。

5. 怎样理解下述实验:加 KI 溶液于 $[Ag(NH_3)_2]NO_3$ 溶液中能产生 AgI 沉淀,但加 KI 溶液于 $K[Ag(SCN)_2]$ 溶液中则没有 AgI 沉淀析出。

6. KSCN 溶液使 $[Ag(NH_3)_2]^+$ 转化为 $[As(SCN)_2]^-$ 的反应和 KCN 溶液使 $[As(SCN)_2]^-$ 转化为 $[Ag(CN)_2]^-$ 的反应哪一种较完全?为什么?

7. 试用配合物的价键理论和晶体场理论分别解释为什么在空气中高自旋的 $[Co(CN)_6]^{4-}$ 易氧化成低自旋的 $[Co(CN)_6]^{3-}$。

8. 已知 $[Mn(H_2O)_6]^{2+}$ 比 $[Cr(H_2O)_6]^{2+}$ 吸收可见光的波长要短些,指出哪一个的分裂能大些,并写出中心原子 d 电子在 d_ε 和 d_γ 能级的轨道上的排布情况。

9. 已知高自旋配离子 $[Fe(H_2O)_6]^{2+}$ 的 $\Delta_o = 124.38 \text{ kJ} \cdot \text{mol}^{-1}$,低自旋配离子 $[Fe(CN)_6]^{4-}$ 的 $\Delta_o = 394.68 \text{ kJ} \cdot \text{mol}^{-1}$,两者的电子成对能 P 均为 $179.40 \text{ kJ} \cdot \text{mol}^{-1}$,分别计算它们的晶体场稳定化能。

10. 在 $0.1 \text{mol} \cdot \text{L}^{-1} Ag(CN)_2^-$ 溶液中含有 $0.1 \text{ mol} \cdot \text{L}^{-1} CN^-$,求溶液中 Ag^+ 的浓度。

11. 有 1L 含 $0.1 \text{ mol} \cdot \text{L}^{-1} ZnCl_2$ 和 $1.0 \text{ mol} \cdot \text{L}^{-1} NH_3$ 的溶液中;求此溶液中 Zn^{2+} 浓度。

12. 在 $1L 1.0 \text{mol} \cdot \text{L}^{-1}$ 氨水中含有 $0.10 \text{mol} AgNO_3$,回答下列问题。
    (1) 如果向上述溶液中加入 0.1mol NaCl,能否生成 AgCl 沉淀?
    (2) 如果向上述溶液中加入 0.1mol NaBr,能否生成 AgBr 沉淀?

13. 计算 AgCl 在 $0.1 \text{ mol} \cdot \text{L}^{-1}$ 氨水中的溶解度。

14. 欲将 10 mg AgCl 完全溶解于 1mL 氨水中,问氨水的浓度至少应为多少?

15. 计算 pH 分别为 5 和 10 时 $\lg K'_{MgY}$,计算结果说明什么?

16. 在 5.0 mL 0.20 mol·L^{-1} AgNO$_3$ 溶液中,加入 5.0 mL 2.0 mol·L^{-1} NH$_3$,再加入 58.4 mg NaCl,能否产生 AgCl 沉淀?

17. 当溶液的 pH=11.0 并含有 0.0010 mol·L^{-1} 游离 CN$^-$ 时,计算 lgK'_{HgY} 值。

18. 0.025 mol·L^{-1} Cu^{2+} 溶液与 0.30 mol·L^{-1} 氨水等体积混合,求溶液中 Cu^{2+} 的平衡浓度。

19. 试计算 Ni-EDTA 配合物在含有 0.1 mol·L^{-1} NH$_3$,0.1 mol·L^{-1} NH$_4$Cl 缓冲溶液中的条件稳定常数。

20. 在 pH=1.5 的溶液中,含有浓度为 0.010 mol·L^{-1} 的 EDTA,Fe^{3+} 及 Ca^{2+},计算 $\alpha_{Y(Ca)}$ 和 α_Y。

第6章 氧化还原反应

6.1 氧化还原反应的基本概念

6.1.1 氧化还原反应的本质

物质在化学反应中有电子得失或电子对发生偏移的反应,称为**氧化还原反应**(oxidation-reduction reaction)。例如,锌与铜离子作用,生成锌离子和铜,反应式如下:

$$Zn + Cu^{2+} = Zn^{2+} + Cu$$

这个氧化还原反应是由两个半反应构成的,即

$$Zn - 2e = Zn^{2+} \quad (氧化反应)$$
$$Cu^{2+} + 2e = Cu \quad (还原反应)$$

在氧化还原反应中,物质失去电子或化合价升高的过程叫做**氧化**;物质得到电子或化合价降低的过程叫做**还原**。失去电子的物质叫做**还原剂**,它本身被氧化;得到电子的物质叫做**氧化剂**,它本身被还原。上述反应中,Zn 是还原剂,被氧化为 Zn^{2+};Cu^{2+} 是氧化剂,被还原为 Cu。

但是,在氧化还原反应中,并不是所有的反应都明确地表现为电子的得失。在这种情况下,可用电子对的偏移即使元素或化合物的电子密度的变化来解释。例如,氢气和氧气化合成水的反应。在水分子中,由于氧原子的电负性比氢原子的电负性大,共用电子对偏向氧原子一边,因此,氧原子被还原,氧气是氧化剂;氢原子被氧化,氢气是还原剂。

在生物氧化中,经常应用电子对的偏移来阐述有机物质的氧化还原反应。因为生物体内的许多重要反应都属于氧化还原反应,生物体所需的能量来源于体内发生的这些反应,所以氧化还原对生物机体是非常重要的。

在氧化还原反应中,氧化剂和还原剂是矛盾着的两个方面,双方共处于一个统一体中。没有得到电子的一方,就没有失去电子的一方;没有价态降低的一方,就没有价态升高的一方;没有氧化剂,就没有还原剂;没有氧化,就没有还原。因此,氧化反应和还原反应必然是同时发生的。氧化还原反应的本质是氧化剂和还原剂之间电子

的得失或电子对的偏移。原来是氧化剂,反应后转化为还原剂;原来是还原剂,反应后转化为氧化剂。反应后生成的氧化剂和还原剂,又构成一对新的矛盾。例如:

$$\underset{\text{还原剂1}}{Sn^{2+}} + \underset{\text{氧化剂2}}{2Fe^{3+}} = \underset{\text{氧化剂1}}{Sn^{4+}} + \underset{\text{还原剂2}}{2Fe^{2+}}$$

6.1.2 氧化数

为了便于描述在氧化还原反应中原子带电状态的改变,表明元素被氧化的程度,尤其是对于那些不能应用电子得失的概念来解释的氧化还原反应,提出了氧化数的概念。

1970年,国际纯粹与应用化学联合会(IUPAC)对氧化数定义如下:氧化数(又叫氧化值)是指某元素一个原子的荷电数,这种荷电数由假设把每个化学键中的电子对指定给电负性更大的原子而求得。

确定氧化数的规则如下:

(1) 由相同元素的原子形成的化学键或单质,其氧化数为零。

(2) 在化合物中,氢原子的氧化数一般为 +1(但在 NaH,CaH_2 中,氢的氧化数为 -1);氧原子的氧化数一般为 -2(但在 H_2O_2,Na_2O_2 等过氧化物中氧的氧化数为 -1;在氧的氟化物 OF_2 和 O_2F_2 中,氧的氧化数分别为 +2 和 +1);在所有的氟化物中,氟的氧化数都为 -1。

(3) 在离子型化合物中,各元素的氧化数的代数和等于离子所带的电荷。

(4) 在一个中性分子中,各元素的氧化数的代数和等于零。

(5) 在一个配离子中,各元素的氧化数的代数和等于该配离子的电荷。

根据上述规则,能简便地求得物质中各种元素的氧化数。

例 6-1 求 $H_2C_2O_4$ 中 C 的氧化数。

解 设在 $H_2C_2O_4$ 中 C 的氧化数为 x,则

$$2(+1) + 4(-2) + 2x = 0$$

从而 $x = +3$,即在 $H_2C_2O_4$ 中 C 的氧化数为 +3。

例 6-2 求 $Cr_2O_7^{2-}$ 中 Cr 的氧化数。

解 设在 $Cr_2O_7^{2-}$ 中 Cr 的氧化数为 x,则

$$2x + 7(-2) = -2$$

从而 $x = +6$,即 $Cr_2O_7^{2-}$ 中 Cr 的氧化数为 +6。

例 6-3 求 $S_4O_6^{2-}$ 中 S 的氧化数。

解 设在 $S_4O_6^{2-}$ 中 S 的氧化数为 x,则

$$4x + 6(-2) = -2$$

从而 $x = +2.5$,即 $S_4O_6^{2-}$ 中 S 的氧化数为 +2.5。

根据氧化数的概念,氧化数增加的过程叫做氧化,氧化数减少的过程叫做还原。

能使某种元素氧化数增加的物质叫做氧化剂,能使某种元素氧化数减少的物质叫做还原剂。反应之后,氧化剂的氧化数减少了,而还原剂的氧化数增加了。例如,$S_2O_3^{2-}$ 和 I_2 反应生成 $S_4O_6^{2-}$ 和 I^-:

$$S_2O_3^{2-} + I_2 \longrightarrow S_4O_6^{2-} + I^-$$

每个 S 原子的氧化数由 +2 增加到 $+2\frac{1}{2}$,这个过程为氧化;I 原子的氧化数由零减少到 -1,这个过程为还原。所以,I_2 是氧化剂,$S_2O_3^{2-}$ 是还原剂。

利用氧化数的改变,可以确定氧化和还原、氧化剂和还原剂以及配平氧化还原反应方程式等。

6.1.3 氧化还原电对和氧化还原半反应

在氧化还原反应中,氧化剂和还原剂构成一对矛盾。通过反应,氧化剂和还原剂各向其相反的方向转化。例如:

$$\underbrace{Sn^{2+}}_{(还原态)} + \underbrace{2Fe^{3+}}_{(氧化态)} \rightleftharpoons \underbrace{Sn^{4+}}_{(氧化态)} + \underbrace{2Fe^{2+}}_{(还原态)}$$

这个反应实际上是由两个半反应构成的,即

$$Sn^{2+} \Longrightarrow Sn^{4+} + 2e$$

$$Fe^{3+} + e \Longrightarrow Fe^{2+}$$

在半反应中,同一元素的两个不同氧化数的物种组成了电对。Sn^{4+} 和 Sn^{2+}、Fe^{3+} 和 Fe^{2+} 各组成一个氧化还原电对,可分别用 Sn^{4+}/Sn^{2+},Fe^{3+}/Fe^{2+} 表示。电对中氧化数较大的物种为氧化态,氧化数较小的物种为还原态。任何一种物质的氧化态和还原态都可以组成氧化还原电对,而每个电对构成相应的氧化还原半反应,写成通式是

$$氧化态 + ne \Longrightarrow 还原态$$

式中,n 表示半反应中电子转移的个数。

在氧化还原反应中,还可能伴随有酸碱反应、沉淀反应和配位反应等,这时就应考虑这些反应对氧化还原反应的影响。

如果氧化还原反应是在酸性溶液中进行的,就要考虑是否有 H^+ 参加反应;如果氧化还原反应是在中性或碱性溶液中进行的,就要考虑是否有 H_2O 或 OH^- 参加反应。这种影响应在氧化还原半反应中表示出来。例如,$KMnO_4$ 与适当的还原剂作用时,在酸性溶液中有 H^+ 参加反应,生成物中有 H_2O,其半反应式为

$$MnO_4^- + 8H^+ + 5e \Longrightarrow Mn^{2+} + 4H_2O$$

在中性或弱碱性溶液中,则有 H_2O 参加反应,其半反应式为

$$MnO_4^- + 2H_2O + 3e \Longrightarrow MnO_2 + 4OH^-$$

如果氧化还原反应中同时伴有沉淀反应,在半反应式里也应表示出来。例如,

Cu^{2+} 与 I^- 作用生成 CuI 沉淀,这个反应既是氧化还原反应,又是沉淀反应。其半反应式为

$$Cu^{2+} + I^- + e^- \Longrightarrow CuI \downarrow$$

如果氧化还原反应中同时伴有配位反应,则在半反应式里也应表示出来。例如,Cu^{2+} 与 CN^- 作用生成 $Cu(CN)_2^-$ 配离子,这个反应既是氧化还原反应,又是配位反应。其半反应式为

$$Cu^{2+} + 2CN^- + e \Longrightarrow Cu(CN)_2^-$$

知道了有关物质的氧化还原半反应,就可以写出相应的氧化还原反应方程式。

6.2 氧化还原反应方程式的配平

配平氧化还原反应方程式的方法有离子-电子法和氧化数法。配平时首先必须知道氧化剂和还原剂作用后的生成物是什么,然后采用适当的方法把反应式两边平衡。

6.2.1 离子-电子法

离子-电子法主要是根据氧化还原反应中有关电对的半反应式来配平方程式的。电对的半反应式可借实践经验写出或从标准电极电位表中查出,再按照氧化剂得到的电子总数和还原剂失去的电子总数必须相等的原则及质量守恒定律,使反应式两边各物种的电荷数及原子总数平衡。

用离子-电子法配平氧化还原反应方程式的步骤如下:

(1)写出反应物和生成物的化学式,并分别列出两个电对的半反应式,而半反应式两边的电荷数相等,原子数也相等。

(2)根据氧化剂得到的电子总数和还原剂失去的电子总数相等的原则,求出氧化剂和还原剂及其生成物化学式前面的系数,再将两个半反应式相加,即得配平了的离子反应方程式,最后核对一下反应式两边的电荷数和原子数是否相等。

例 6-4 铜和稀硝酸作用,生成硝酸铜和一氧化氮。

解 $Cu + HNO_3 \longrightarrow Cu(NO_3)_2 + NO$。半反应式为

$$Cu - 2e \Longrightarrow Cu^{2+} \tag{6.1}$$

$$NO_3^- + 4H^+ + 3e \Longrightarrow NO + 2H_2O \tag{6.2}$$

式(6.1)×3 + 式(6.2)×2,得

$$3Cu - 6e \Longrightarrow 3Cu^{2+}$$

$$2NO_3^- + 8H^+ + 6e \Longrightarrow 2NO + 4H_2O$$

$$\overline{3Cu + 2NO_3^- + 8H^+ \Longrightarrow 3Cu^{2+} + 2NO + 4H_2O}$$

反应式两边的电荷数相等(−2+8=+2×3),原子数也相等,证明这个离子反应式已经配平。

若写成分子反应式时,因为右边生成 3 个 Cu^{2+},需要 6 个 NO_3^- 和它中和,形成 3 个 $Cu(NO_3)_2$,所以左边需另加 6 个 NO_3^-。这样,反应物中就有 8 个 HNO_3 分子,其中 2 个 HNO_3 分子是作氧化剂用的,分子反应式为

$$3Cu + 8HNO_3 = 3Cu(NO_3)_2 + 2NO + 4H_2O$$

例 6-5 在酸性溶液中,高锰酸钾和草酸钠作用,生成二价锰离子和二氧化碳。

解 $MnO_4^- + H^+ + C_2O_4^{2-} \longrightarrow Mn^{2+} + CO_2$。半反应式为

$$C_2O_4^{2-} - 2e = 2CO_2 \tag{6.3}$$

$$MnO_4^- + 8H^+ + 5e = Mn^{2+} + 4H_2O \tag{6.4}$$

式(6.3)×5 + 式(6.4)×2,得

$$5C_2O_4^{2-} - 10e = 10CO_2$$

$$\underline{2MnO_4^- + 16H^+ + 10e = 2Mn^{2+} + 8H_2O}$$

$$2MnO_4^- + 16H^+ + 5C_2O_4^{2-} = 2Mn^{2+} + 10CO_2 + 8H_2O$$

反应式两边的电荷数相等(−2+16−10=+4),原子数也相等,说明这个离子反应式已经配平。

例 6-6 在酸性溶液中,重铬酸钾和二氯化铁作用,生成三氯化铬和三氯化铁。

解 $Cr_2O_7^{2-} + H^+ + Fe^{2+} \longrightarrow Cr^{3+} + Fe^{3+}$。半反应式为

$$Fe^{2+} - e = Fe^{3+} \tag{6.5}$$

$$Cr_2O_7^{2-} + 14H^+ + 6e = 2Cr^{3+} + 7H_2O \tag{6.6}$$

式(6.5)×6 + 式(6.6),得

$$6Fe^{2+} - 6e = 6Fe^{3+}$$

$$\underline{Cr_2O_7^{2-} + 14H^+ + 6e = 2Cr^{3+} + 7H_2O}$$

$$Cr_2O_7^{2-} + 14H^+ + 6Fe^{2+} = 2Cr^{3+} + 6Fe^{3+} + 7H_2O$$

核对两边的电荷数相等(−2+14+12=6+18),原子数也相等,表明这个离子反应式已经配平。

在离子反应式中添上不参加反应的反应物和生成物的正离子或负离子,并写出相应的分子式,就得到相应的分子方程式。当反应是在酸性溶液中进行时,所加入的酸以不引进其他杂质和所引进的酸根离子不参与氧化还原反应为原则。在该反应中,以加入稀盐酸为宜。这样,该反应的分子方程式为

$$K_2Cr_2O_7 + 14HCl + 6FeCl_2 = 2CrCl_3 + 6FeCl_3 + 2KCl + 7H_2O$$

例 6-7 酸性介质中,$S_2O_8^{2-}$ 将 Cr^{3+} 氧化为 $Cr_2O_7^{2-}$,自身被还原为 SO_4^{2-}。写出离子反应方程式。

解 $S_2O_8^{2-} + Cr^{3+} \longrightarrow Cr_2O_7^{2-} + SO_4^{2-}$。半反应式为

$$Cr^{3+} \longrightarrow Cr_2O_7^{2-}$$

$$S_2O_8^{2-} \longrightarrow SO_4^{2-}$$

离子电子法配平为

$$2Cr^{3+} + 7H_2O \Longleftrightarrow Cr_2O_7^{2-} + 14H^+ + 6e$$

$$S_2O_8^{2-} + 2e \Longleftrightarrow 2SO_4^{2-}$$

将两个反应式乘以适当的系数后相加得

$$2Cr^{3+} + 3S_2O_8^{2-} + 7H_2O \Longleftrightarrow Cr_2O_7^{2-} + 6SO_4^{2-} + 14H^+$$

6.2.2 氧化数法

氧化数法是根据氧化还原反应中氧化剂和还原剂的氧化数降低总数和增加总数相等的原则,来配平反应方程式。

用氧化数法配平氧化还原反应方程式的一般步骤如下:

(1) 写出反应物和生成物的化学式,同时标出氧化剂原子和还原剂原子在反应前后氧化数的改变值。

(2) 根据氧化剂氧化数减少的总值和还原剂氧化数增加的总值必须相等的原则,求出氧化剂和还原剂及其生成物化学式前面的系数。最后核对反应式两边各原子总数是否相等。

例 6-8 碘和硫代硫酸钠溶液作用,生成碘化钠和连四硫酸钠。

解

$$\overset{0}{I_2} + Na_2\overset{+2}{S_2}O_3 \longrightarrow Na\overset{-1}{I} + Na_2\overset{+2\frac{1}{2}}{S_4}O_6$$

增加 +1/2,减少 +1

I_2 是氧化剂,在反应前后,I 原子的氧化数由 0 变为 -1,每个 I_2 分子的氧化数减少了 $2 \times (+1) = +2$。

$Na_2S_2O_3$ 是还原剂,在反应前后,S 原子的氧化数由 $+2$ 变为 $+2\frac{1}{2}$。每个 $Na_2S_2O_3$ 分子中 S 的氧化数增加了

$$2 \times \left(+\frac{1}{2}\right) = +1$$

根据 I_2 的氧化数减少总值与 $Na_2S_2O_3$ 的氧化数增加总值相等的原则,$Na_2S_2O_3$ 的系数应为2,生成物 $Na_2S_4O_6$ 和 NaI 的系数分别为 1 和 2,故得分子反应式为

$$I_2 + 2Na_2S_2O_3 \Longleftrightarrow 2NaI + Na_2S_4O_6$$

若写成离子反应式,消去没有参加反应的 Na^+,得到

$$I_2 + 2S_2O_3^{2-} \Longleftrightarrow 2I^- + S_4O_6^{2-}$$

第6章 氧化还原反应

例 6-9 亚硝酸和尿素 $CO(NH_2)_2$ 作用,生成氮和二氧化碳。

解

$$\overset{+3}{H}NO_2 + CO(\overset{-3}{N}H_2)_2 \longrightarrow \overset{0}{N_2} + CO_2$$

（增加 +3，减少 +3）

HNO_2 是氧化剂,在反应前后,N 原子的氧化数由 +3 变为 0,每个 HNO_2 分子的氧化数减少了 +3。

$CO(NH_2)_2$ 是还原剂,在反应前后,N 原子的氧化数由 -3 变为 0,每个 $CO(NH_2)_2$ 分子中 N 的氧化数增加了

$$2 \times (+3) = +6$$

因此,HNO_2 的系数为 2,于是

$$2HNO_2 + CO(NH_2)_2 \longrightarrow N_2 + CO_2$$

反应中还生成了 H_2O 分子,所以在右边加 H_2O,得反应方程式为

$$2HNO_2 + CO(NH_2)_2 =\!=\!= 2N_2 + CO_2 + 3H_2O$$

例 6-10 氯气在热的氢氧化钠溶液中生成氯化钠和氯酸钠。完成并配平该反应方程式。

解

$$Cl_2 + NaOH \longrightarrow NaCl + NaClO_3$$

在该反应中,氯元素的氧化数从 0（在 Cl_2 中）变为 +5（在 ClO_3^- 中）和 -1（在 Cl^- 中）。像这样在同一物种中某元素的氧化数在反应后同时有增有减的一类反应,被称为**歧化反应**。

在上述反应中,Cl_2 被氧化到 ClO_3^-,由于反应是在碱性溶液中进行的,由 Cl_2 到 ClO_3^- 的转化所需增加的氧原子是由 OH^- 提供的。

$$Cl_2 + 12OH^- =\!=\!= 2ClO_3^- + 6H_2O + 10e$$

Cl_2 被还原的半反应为

$$Cl_2 + 2e =\!=\!= 2Cl^-$$

将两个半反应式合并:

$$Cl_2 + 12OH^- =\!=\!= 2ClO_3^- + 6H_2O + 10e$$
$$5 \times) \quad Cl_2 + 2e =\!=\!= 2Cl^-$$
$$\overline{6Cl_2 + 12OH^- =\!=\!= 2ClO_3^- + 10Cl^- + 6H_2O}$$

应使配平的离子方程式中各离子、分子的系数为最小:

$$3Cl_2 + 6OH^- =\!=\!= ClO_3^- + 5Cl^- + 3H_2O$$

核对方程式两边电荷数和原子个数分别相等。

其分子反应方程式为

$$3Cl_2 + 6NaOH =\!=\!= NaClO_3 + 5NaCl + 3H_2O$$

6.3 原电池和电极电位

不同的氧化剂或还原剂,它们的氧化能力或还原能力是不同的。例如,Cl_2 和 Fe^{3+} 都是氧化剂,Cl_2 可以氧化 Br^- 为 Br_2,而 Fe^{3+} 不能氧化 Br^- 为 Br_2。又如 I^- 和 Br^- 都是还原剂,I^- 可以还原 Fe^{3+} 为 Fe^{2+},而 Br^- 不能还原 Fe^{3+} 为 Fe^{2+}。即使是同一种氧化剂或还原剂,如果浓度、温度或介质等条件发生变化时,其氧化能力或还原能力也会发生相应的变化。

氧化剂的氧化能力和还原剂的还原能力的大小,可用电极电位来衡量。要了解电极电位,先对原电池作一简介。

6.3.1 原电池

氧化还原反应是电子转移的反应,因而有可能在一定的装置中利用氧化还原反应获得电流。将一块锌片放到硫酸铜溶液中,锌就溶解,同时有红色的铜不断沉积在锌片上。锌与铜离子之间发生了氧化还原反应:

$$Zn + Cu^{2+} = Zn^{2+} + Cu$$

在这个氧化还原反应中发生了电子的转移,Zn 失去电子被氧化为 Zn^{2+},同时 Cu^{2+} 得到电子被还原为 Cu。由于 Zn 和 $CuSO_4$ 溶液是直接接触的,电子从 Zn 直接转移给 Cu^{2+},这时电子的流动是没有秩序的,反应中释放出来的化学能转变为热能。

利用如图 6-1 装置可证实在此反应中确有电子的转移。在一个烧杯中放入

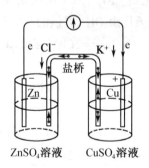

图 6-1 铜锌原电池

H_2SO_4 溶液并插入锌片,在另一个烧杯中放入 $CuSO_4$ 溶液并插入铜片。将两个烧杯中的溶液用一个装满 KCl 饱和溶液与琼脂的倒置 U 形管(称为盐桥)连接起来,再用导线连接锌片和铜片,在导线之间接上一个电流计,使电流计的正极与铜片相连,负极与锌片相连。此时可见电流计的指针发生偏转,这说明反应中确有电子的转移,而

且电子是沿着一定的方向有规则地流动着。这种借助于氧化还原反应而产生电流的装置,也就是化学能转变为电能的装置称为**原电池**。

在铜锌原电池中,电子是从锌片经导线向铜片流动的,锌失去电子后变成 Zn^{2+} 而进入 $ZnSO_4$ 溶液,Zn 片上的负电荷(电子)密度就比较大了,因而 Zn 被称为负极。在负极上发生氧化反应:

$$Zn - 2e = Zn^{2+}$$

同时,$CuSO_4$ 溶液中的 Cu^{2+} 得到了电子变成 Cu 而沉积在铜片上,Cu 片上的正电荷密度就比较大了,因而 Cu 被称为正极。在正极上发生还原反应:

$$Cu^{2+} + 2e = Cu$$

当 Zn 原子失去电子变成 Zn^{2+} 而进入 $ZnSO_4$ 溶液时,$ZnSO_4$ 溶液中的 Zn^{2+} 增多,因而带正电;同时,Cu^{2+} 跑到 Cu 片上得到电子而变成 Cu 后,$CuSO_4$ 溶液中的 Cu^{2+} 减少,而 SO_4^{2-} 相对地增多,因而带负电。这两种情况都会阻碍电子由 Zn 片向 Cu 片流动。盐桥的作用就是消除溶液中正电荷、负电荷的影响。使盐桥中的 K^+ 向 $CuSO_4$ 溶液扩散,而盐桥中的 Cl^- 向 $ZnSO_4$ 溶液扩散,以保持溶液的电中性。这样,氧化还原反应就能够继续地进行,电流也不会停止。

原电池是由两个半电池构成的。如上述铜锌原电池,就是由锌半电池和铜半电池构成的。Zn 和 $ZnSO_4$ 溶液(电对 Zn^{2+}/Zn)组成锌半电池,其中 Zn^{2+} 是氧化态,Zn 是还原态。Cu 和 $CuSO_4$ 溶液(电对 Cu^{2+}/Cu)组成铜半电池,其中 Cu^{2+} 是氧化态,Cu 是还原态。

半电池中的导体称为**电极**。电子密度较大的电极称为**负极**,电子密度较小的电极称为**正极**。在原电池中,负极上发生氧化反应,正极上发生还原反应。电流的方向是从正极到负极,而电子流动的方向是从负极到正极。

原电池的装置可用符号表示。铜锌原电池可表示如下:

$$(-)Zn|ZnSO_4(c_1) \| CuSO_4(c_2)|Cu(+)$$

电池的这种表示方法称为**电池图解**。习惯上把负极(-)写在左边,正极(+)写在右边,其中"|"表示两相之间的接界,"∥"表示盐桥把两种溶液隔开而又相互联系起来。

从理论上说,任何氧化还原反应都可以设法构成原电池。例如,在两个烧杯中分别放入 $SnCl_2$ 和 $FeCl_3$ 溶液,用盐桥把这两种溶液联系起来,再在溶液中各插入一根铂丝作为电极,铂电极只起导电的作用,不参与氧化还原反应,叫做**惰性电极**。当用导线把两个电极连接后,就有电子经导线从 $SnCl_2$ 溶液向 $FeCl_3$ 溶液流动。这时,负极上发生氧化反应,正极上发生还原反应。

负 极 $\quad Sn^{2+} - 2e = Sn^{4+}$

正 极 $\quad Fe^{3+} + e = Fe^{2+}$

总反应　　$Sn^{2+} + 2Fe^{3+} \Longrightarrow Sn^{4+} + 2Fe^{2+}$

因此，金属及其离子可以构成半电池，例如 Zn^{2+}/Zn，Cu^{2+}/Cu 等；同一种金属元素的不同价态的离子也可以构成半电池，例如 Sn^{4+}/Sn^{2+}，Fe^{3+}/Fe^{2+} 等；非金属元素与其离子以及同一种非金属元素的不同价态离子都可以构成半电池，例如 Cl_2/Cl^-，H^+/H_2，NO_3^-/NO_2^- 等。

6.3.2　标准电极电位

在原电池中，两个电极用导线连接起来就有电流通过，这说明两个电极的电位是不相等的。两个电极之间的电位差就是原电池的电动势。

电流是从电位高处向电位低处流动的，如同有水位差时水会自然地向低处流一样。在铜锌原电池中，产生的电流由 Cu 极向 Zn 极流动，说明 Cu 极的电位比 Zn 极的电位高，即 Cu^{2+} 得到电子而被还原为 Cu 比 Zn^{2+} 得到电子而被还原为 Zn 的能力大。因此，氧化剂的氧化能力、还原剂的还原能力的大小，可用电对的电极电位来衡量。

到目前为止，单个氧化还原电对的电极电位的绝对值无法测定，只有通过比较来求得电对电位的相对大小。为此，必须选定一个电对的电位作标准，才能求得各个电对电位的相对数值。通常采用标准氢电极作为测量电位的标准。标准氢电极是由电对 H^+/H_2 构成的，把铂黑电极（铂片上镀了一层蓬松的铂）放在 H^+ 浓度（严格说是活度）为 $1 mol \cdot L^{-1}$ 的溶液中，于 298.15K 时，不断通入纯氢气，保持氢气压力为 101.325kPa，铂黑吸收了氢气，溶液中的 H^+ 与 H_2 建立下述平衡：

$$2H^+ + 2e \Longrightarrow H_2$$

这时，被 H_2 气饱和了的铂黑与 $1 mol \cdot L^{-1}$ H^+ 溶液之间所产生的电位差，就是标准氢电极的电位，以 $\varphi^{\ominus}_{H^+/H_2}$ 表示，并规定标准氢电极的电位为零，理论上标准氢电极的组成和装置如图 6-2 所示。即 $\varphi^{\ominus}_{H^+/H_2} = 0$，以此作为测量电位的相对标准。

当测量物质的电位时，标准氢电极作为一个半电池，被测物质的电极作为另一个半电池，标准氢电极与被测物质的电极组成一个原电池，该原电池两极间的电位差就是被测物质的电位。如果被测的电极是金属，把金属放在该金属离子浓度为 $1 mol \cdot L^{-1}$ 的溶液中，于 298.15K 时，这种金属电极与标准氢电极所组成的原电池的电位差，就是该金属的标准电极电位，以 $\varphi^{\ominus}$ 表示。标准电极电位简称电位。

例如，在 298.15K 时，将 Zn 放在 $1 mol \cdot L^{-1}$ Zn^{2+} 溶液中，按图 6-2 所示的装置，锌电极与标准氢电极组成一个原电池，用符号表示为

$$(-)Zn|Zn^{2+}(1 mol \cdot L^{-1}) \parallel H^+(1 mol \cdot L^{-1})|H_2(p^{\ominus}), Pt(+)$$

在这个原电池中，Zn 的还原能力比 H_2 大，Zn 失去电子，并通过导线传给氢电极，H^+ 在电极上得到电子变成 H_2，所以，锌电极是原电池的负极，氢电极是原电池的正极。

第6章 氧化还原反应

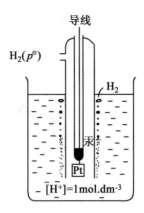

图 6-2 标准氢电极

负　极　　　$Zn - 2e \Longrightarrow Zn^{2+}$

正　极　　　$2H^+ + 2e \Longrightarrow H_2$

总反应　　　$Zn + 2H^+ \Longrightarrow Zn^{2+} + H_2$

实验测得锌电极与标准氢电极的电位差为 0.76V。由于标准氢电极的电位等于零,因此,这两个电极之间电位差的数值,就是锌电极的标准电位。若以 $\varphi^{\ominus}_{Zn^{2+}/Zn}$ 表示锌电极的标准电位,$\varphi^{\ominus}_{H^+/H_2}$ 表示标准氢电极的电位,则这两个氧化还原半反应组成原电池反应,该原电池的电位差为

$$E^{\ominus} = \varphi_+ - \varphi_- = \varphi^{\ominus}_{H^+/H_2} - \varphi^{\ominus}_{Zn^{2+}/Zn} = 0.76V$$

因为 $\varphi^{\ominus}_{H^+/H_2} = 0$,所以 $\varphi^{\ominus}_{Zn^{2+}/Zn} = -0.76V$。

若欲测量铜电极的标准电位,可将图 6-3 装置中的左边改为铜片和 1mol·L^{-1} Cu^{2+}溶液,298.15K 时测得铜电极与标准氢电极的电位差为 0.34V。电流的方向与上述锌电极相反。因此,氢电极是负极,铜电极是正极。

负　极　　　$H_2 - 2e \Longrightarrow 2H^+$

正　极　　　$Cu^{2+} + 2e \Longrightarrow Cu$

总反应　　　$H_2 + Cu^{2+} \Longrightarrow 2H^+ + Cu$

电池电位差 $E^{\ominus} = \varphi^{\ominus}_{Cu^{2+}/Cu} - \varphi^{\ominus}_{H^+/H_2} = 0.34V$,所以

$$\varphi^{\ominus}_{Cu^{2+}/Cu} = 0.34V$$

若要测量电对 Fe^{3+}/Fe^{2+} 的标准电位时,可将图 6-3 左边的装置改换为铂片和 1mol·L^{-1} Fe^{3+} 及 1mol·L^{-1} Fe^{2+} 混合溶液,于 298.15K 时测得此电极与标准氢电极的电位差是 0.77V。在这个原电池中,氢电极是负极,Fe^{3+}/Fe^{2+} 是正极。

负　极　　　$H_2 - 2e \Longrightarrow 2H^+$

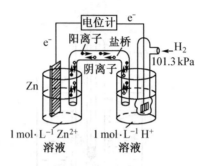

图 6-3 Zn^{2+}/Zn 标准电极电位的测量

正　极　　　$Fe^{3+} + e \rightleftharpoons Fe^{2+}$

总反应　　$2Fe^{3+} + H_2 \rightleftharpoons 2Fe^{2+} + 2H^+$

电池电位差 $E^{\ominus} = \varphi^{\ominus}_{Fe^{3+}/Fe^{2+}} - \varphi^{\ominus}_{H^+/H_2} = 0.77V$，所以

$$\varphi^{\ominus}_{Fe^{3+}/Fe^{2+}} = +0.77V$$

利用类似的方法，可以测得各种氧化还原半反应的标准电位。不同的氧化还原半反应，标准电极电位的数值不同，即 $\varphi^{\ominus}$ 数值的大小取决于氧化还原电对的性质。

在表 6-1 中，物质的氧化态得到电子的能力或氧化能力自上而下依次增强；物质的还原态失去电子的能力或还原能力自下而上依次增强。$\varphi^{\ominus}$ 的数值越小，物质还原态的还原能力越强，对应的氧化态的氧化能力则越弱。反之，$\varphi^{\ominus}$ 的数值越大，物质氧化态的氧化能力越强，对应的还原态的还原能力则越弱。总之，氧化剂和还原剂的强弱是相对的，而同种物质的氧化态和还原态的强弱又是相互对立的。

表 6-1　　　　　水溶液中的标准电极电位 $\varphi^{\ominus}$ (298.15K)

电　极	电对平衡式*	$\varphi^{\ominus}/V$
氧化态/还原态	氧化态 + e = 还原态	
Li^+/Li	$Li^+ + e = Li$	-3.04
K^+/K	$K^+ + e = K$	-2.93
Ba^{2+}/Ba	$Ba^{2+} + 2e = Ba$	-2.90
Sr^{2+}/Sr	$Sr^{2+} + 2e = Sr$	-2.89
Ca^{2+}/Ca	$Ca^{2+} + 2e = Ca$	-2.87
Na^+/Na	$Na^+ + e = Na$	-2.71
Mg^{2+}/Mg	$Mg^{2+} + 2e = Mg$	-2.37
Al^{3+}/Al	$Al^{3+} + 3e = Al$	-1.66
Zn^{2+}/Zn	$Zn^{2+} + 2e = Zn$	-0.76
Cr^{3+}/Cr	$Cr^{3+} + 3e = Cr$	-0.74

续表

电极	电对平衡式*	$\varphi^{\ominus}/V$
Fe^{2+}/Fe	$Fe^{2+} + 2e = Fe$	-0.45
Ni^{2+}/Ni	$Ni^{2+} + 2e = Ni$	-0.26
Sn^{2+}/Sn	$Sn^{2+} + 2e = Sn$	-0.15
Pb^{2+}/Pb	$Pb^{2+} + 2e = Pb$	-0.13
H^+/H_2	$2H^+ + 2e = H_2$	0.00
S/S^{2-}	$S + 2H^+ + 2e = H_2S$	+0.14
Sn^{4+}/Sn^{2+}	$Sn^{4+} + 2e = Sn^{2+}$	+0.15
Cu^{2+}/Cu	$Cu^{2+} + 2e = Cu$	+0.34
O_2/OH^-	$O_2 + 2H_2O + 4e = 4OH^-$	+0.40
I_2/I^-	$I_2 + 2e = 2I^-$	+0.54
$Mn(Ⅶ)/Mn(Ⅵ)$	$MnO_4^- + e = MnO_4^{2-}$	+0.56
$As(Ⅴ)/As(Ⅲ)$	$H_3AsO_4 + 2H^+ + 2e = H_3AsO_3 + H_2O$	+0.56
$Mn(Ⅶ)/Mn(Ⅳ)$	$MnO_4^- + 2H_2O + 3e = MnO_2 + 4OH^-$	+0.60
O_2/O_2^{2-}	$O_2 + 2H^+ + 2e = H_2O_2$	+0.70
Fe^{3+}/Fe^{2+}	$Fe^{3+} + e = Fe^{2+}$	+0.77
Ag^+/Ag	$Ag^+ + e = Ag$	+0.80
$N(Ⅴ)/N(Ⅳ)$	$2NO_3^- + 4H^+ + 2e = N_2O_4 + H_2O$	+0.80
Hg^{2+}/Hg	$Hg^{2+} + 2e = Hg$	+0.85
Pd^{2+}/Pd	$Pd^{2+} + 2e = Pd$	+0.95
Br_2/Br^-	$Br_2 + 2e = 2Br^-$	+1.07
$Cr(Ⅵ)/Cr^{3+}$	$HCrO_4^- + 7H^+ + 3e = Cr^{3+} + 4H_2O$	+1.35
$Cr(Ⅵ)/Cr^{3+}$	$Cr_2O_7^{2-} + 14H^+ + 6e = 2Cr^{3+} + 7H_2O$	+1.23
Cl_2/Cl^-	$Cl_2 + 2e = 2Cl^-$	+1.36
$Cl(Ⅶ)/Cl^-$	$ClO_4^- + 8H^+ + 8e = Cl^- + 4H_2O$	+1.39
$Br(Ⅴ)/Br^-$	$BrO_3^- + 6H^+ + 6e = Br^- + 3H_2O$	+1.42
Ce^{4+}/Ce^{3+}	$Ce^{4+} + e = Ce^{3+}$	+1.61
$Cl(Ⅴ)/Cl^-$	$ClO_3^- + 6H^+ + 6e = Cl^- + 3H_2O$	+1.45
$Cl(Ⅴ)/Cl_2$	$ClO_3^- + 6H^+ + 5e = \frac{1}{2}Cl_2 + 3H_2O$	+1.47
$Cl(Ⅰ)/Cl^-$	$HClO + H^+ + 2e = Cl^- + H_2O$	+1.48
$Mn(Ⅶ)/Mn^{++}$	$MnO_4^- + 8H^+ + 5e = Mn^{2+} + 4H_2O$	+1.51
O_2^{2-}/O^{2-}	$H_2O_2 + 2H^+ + 2e = 2H_2O$	+1.78
$S(Ⅶ)/S(Ⅵ)$	$S_2O_8^{2-} + 2e = 2SO_4^{2-}$	+2.01
$Mn(Ⅵ)/Mn(Ⅳ)$	$MnO_4^{2-} + 4H^+ + 2e = MnO_2 + 2H_2O$	+2.24
F_2/F^-	$F_2 + 2e = 2F^-$	+2.87

（左侧：得到电子（或氧化）的能力依次增强↓；右侧：失去电子（或还原）的能力依次增强↑）

在氧化还原反应中,了解有关氧化还原半反应的标准电极电位是很重要的,不仅能够据此判断氧化剂和还原剂的强弱,而且一般可以预料氧化还原反应进行的方向。此外,根据标准电极电位表中有关电对的半反应式,可以写出并配平氧化还原反应方程式。因为标准电位表上列出了有关半反应的氧化态和还原态,两个适当的半反应可以合成一个氧化还原反应,当然这个反应的反应物和生成物也就知道了。再按离子-电子法或氧化数法就能配平氧化还原反应方程式。

6.3.3 电极电位公式

标准电极电位是在特定条件下测得的,即温度为 298.15K,有关离子浓度(严格说是活度)为 $1\text{mol} \cdot \text{L}^{-1}$ 或气体压力为 101.325kPa。当反应条件(主要是离子浓度、酸度等)改变时,电位就会发生变化。对于下述氧化还原半反应:

$$\text{氧化态} + ne \Longrightarrow \text{还原态}$$

其电极电位 φ 可用(6.1)式表示:

$$\varphi = \varphi^{\ominus} + \frac{RT}{nF}\ln\frac{[\text{氧化态}]}{[\text{还原态}]}$$

式中,φ 是电对的电极电位,$\varphi^{\ominus}$ 是电对的标准电极电位,V;

R——气体常数,$8.314\text{J} \cdot \text{mol}^{-1} \cdot \text{K}^{-1}$;

T——绝对温度,K;

F——faraday 常数,$96486\text{C} \cdot \text{mol}^{-1}$;

n——反应中电子转移的摩尔数;

$\frac{[\text{氧化态}]}{[\text{还原态}]}$——电极反应的反应商(不计入电子的浓度[e])。

这个公式叫做 **Nernst 方程式**,或**电极电位公式**,简称**电位公式**。将上述各常数值代入公式,并取常用对数,在 298.15K 时得到

$$\varphi = \varphi^{\ominus} + \frac{2.303 \times 8.314 \times 298.15}{n \times 96486}\lg\frac{[\text{氧化态}]}{[\text{还原态}]}$$

即 $\varphi = \varphi^{\ominus} + \frac{0.059}{n}\lg\frac{[\text{氧化态}]}{[\text{还原态}]}$。

当 $[\text{氧化态}] = [\text{还原态}] = 1\text{mol} \cdot \text{L}^{-1}$ 时,

$$\lg\frac{[\text{氧化态}]}{[\text{还原态}]} = 0, \quad \varphi = \varphi^{\ominus}$$

因此,标准电极电位就是氧化态和还原态的浓度相等时相对于标准氢电极的电位。

由电极电位公式可见影响电位的因素如下:

(1) 氧化还原电对(即氧化还原半反应)的性质,决定了 $\varphi^{\ominus}$ 值的大小;

(2) 氧化态和还原态的浓度,即有关离子(包括[H^+])浓度的大小及其比值。需要注意的是:[氧化态]和[还原态]分别表示电极反应中在氧化型一侧(反应式左

边)各物种浓度的乘积和在还原型一侧(反应式右边)各物种浓度的乘积,各物种浓度的指数应等于电极反应式中相应各物种的计量数。

(3)温度。

(4)气体参加反应时,以相应的分压代替浓度项。

(5)纯固体、纯液体参与反应时,其相对浓度等于1,在能斯特公式中不列出。

利用电极电位公式,可以计算不同条件下氧化还原半反应的电位。

例 6-11 已知电极反应:$Zn^{2+}(aq) + 2e \Longrightarrow Zn(s)$,$\varphi^{\ominus} = -0.76V$,求$[Zn^{2+}] = 0.0001 mol \cdot L^{-1}$时的电位。

解 根据电位公式得

$$\varphi = \varphi^{\ominus} + \frac{0.059}{2}\lg[Zn^{2+}]$$

$$= -0.76 + \frac{0.059}{2}\lg 0.0001 = -0.88V$$

例 6-12 已知电极反应:$Fe^{3+}(aq) + e \Longrightarrow Fe^{2+}(aq)$,$\varphi^{\ominus} = 0.77V$,求$[Fe^{3+}] = 1 mol \cdot L^{-1}$和$[Fe^{2+}] = 0.0001 mol \cdot L^{-1}$时的电位。

解 根据电位公式,

$$\varphi = \varphi^{\ominus} + \frac{0.059}{1}\lg\frac{[Fe^{3+}]}{[Fe^{2+}]}$$

$$= 0.77 + \frac{0.059}{1}\lg\frac{1}{0.0001} = 1.01V$$

例 6-13 已知$MnO_4^- + 8H^+ + 5e \Longrightarrow Mn^{2+} + 4H_2O$,$\varphi^{\ominus} = 1.51V$,求$[MnO_4^-] = 0.1 mol \cdot L^{-1}$,$[Mn^{2+}] = 0.0001 mol \cdot L^{-1}$,$[H^+] = 1 mol \cdot L^{-1}$时的电位。

解 根据质量作用定律,半反应式左边的MnO_4^-和H^+,右边的Mn^{2+}和H_2O,它们的浓度对电位的影响,都应该在电位公式中表现出来。但H_2O的浓度可视为常数,已合并在$\varphi^{\ominus}$中,则这个氧化还原半反应的电位公式是

$$\varphi = \varphi^{\ominus} + \frac{0.059}{5}\lg\frac{[MnO_4^-][H^+]^8}{[Mn^{2+}]}$$

$$= 1.51 + \frac{0.059}{5}\lg\frac{0.1 \times 1^8}{0.0001} = 1.55V$$

6.4 氧化还原反应的方向和程度

6.4.1 氧化还原反应的方向

氧化剂和还原剂的强弱,可用有关电对的电极电位来衡量。电对的电位越高,其氧化态的氧化能力越强;电对的电位越低,其还原态的还原能力越强。通常,作为一

种氧化剂,可以氧化那些电位较它为低的还原剂;作为一种还原剂,可以还原那些电位较它为高的氧化剂。因此,在氧化还原反应中,较强的氧化剂与较强的还原剂作用,生成较弱的氧化剂和较弱的还原剂,即根据有关电对的电位,可以判断反应进行的方向。例如,Fe^{3+} 与 Sn^{2+} 作用生成 Fe^{2+} 与 Sn^{4+} 的反应,电对的标准电位如下:

$$\varphi^{\ominus}_{Fe^{3+}/Fe^{2+}} = 0.77V, \quad \varphi^{\ominus}_{Sn^{4+}/Sn^{2+}} = 0.15V$$

$\varphi^{\ominus}_{Fe^{3+}/Fe^{2+}} > \varphi^{\ominus}_{Sn^{4+}/Sn^{2+}}$,说明在两种氧化剂 Fe^{3+},Sn^{4+} 中,Fe^{3+} 比 Sn^{4+} 容易得到电子,即 Fe^{3+} 是较强的氧化剂。而在两种还原剂 Fe^{2+},Sn^{2+} 中,Sn^{2+} 比 Fe^{2+} 容易失去电子,即 Sn^{2+} 是较强的还原剂。因此,当 Fe^{3+} 与 Sn^{2+} 相遇时,Sn^{2+} 给出电子,Fe^{3+} 接受电子,发生下述氧化还原反应:

$$Sn^{2+} - 2e \rightleftharpoons Sn^{4+}$$
$$2Fe^{3+} + 2e \rightleftharpoons 2Fe^{2+}$$
$$\overline{2Fe^{3+} + Sn^{2+} \rightleftharpoons 2Fe^{2+} + Sn^{4+}}$$

显然,反应的方向是从左向右进行的。

当一种氧化剂可以氧化几种还原剂时,首先被氧化的是最强的那种还原剂。例如,在含有 Sn^{2+} 和 Fe^{2+} 的酸性溶液中加入 $KMnO_4$,由于 MnO_4^-/Mn^{2+} 电对的标准电位为 1.51V,Sn^{2+} 和 Fe^{2+} 都可以被 MnO_4^- 所氧化。但由于 Sn^{2+} 的还原性比 Fe^{2+} 强,更容易失去电子,所以首先被氧化的是 Sn^{2+},反应式为

$$2MnO_4^- + 16H^+ + 5Sn^{2+} \rightleftharpoons 2Mn^{2+} + 5Sn^{4+} + 8H_2O$$

同理,当一种还原剂可以还原几种氧化剂时,首先被还原的是最强的那种氧化剂。

有些物质既具有氧化剂的性质,又具有还原剂的性质。例如,过氧化氢即是这样的一种物质,它在酸性介质中作为氧化剂时的半反应如下:

$$H_2O_2 + 2H^+ + 2e \rightleftharpoons 2H_2O, \quad \varphi^{\ominus}_{H_2O_2/H_2O} = 1.78V$$

H_2O_2 在酸性介质中作为还原剂时的半反应如下:

$$O_2 + 2H^+ + 2e \rightleftharpoons H_2O_2, \quad \varphi^{\ominus}_{O_2/H_2O_2} = 0.68V$$

例如,在酸性溶液中,H_2O_2 与 I^- 作用时,它表现出氧化剂的性质;而 H_2O_2 与 $KMnO_4$ 作用时,它又表现出还原剂的性质。

$$2I^- + H_2O_2 + 2H^+ \rightleftharpoons I_2 + 2H_2O$$
$$2MnO_4^- + 5H_2O_2 + 6H^+ \rightleftharpoons 2Mn^{2+} + 5O_2 + 8H_2O$$

标准电位是在特定条件下的电极电位。从 Nernst 公式可知,当溶液浓度、酸度等条件改变时,其电极电位即会发生变化。如果两电对的标准电位相差不大,当反应条件改变后,原来标准电位较高的可能会转化为较低的,这样就可能改变氧化还原反应的方向。因此,在判断氧化还原反应方向时,除了考虑标准电位,更应考虑实际的反应条件,利用 Nernst 公式求得实际条件下的电极电位,才能正确判断反应进行的方向。

影响电极电位的主要化学条件是溶液的浓度和酸度。溶液的浓度包括：氧化剂和还原剂的浓度；因生成沉淀或配合物使氧化态或还原态的浓度发生了改变。对于有 H^+ 或 OH^- 参加的氧化还原反应，溶液的酸度也是影响电极电位的一个重要因素。有时从表面上看没有 H^+ 或 OH^- 参与的氧化还原反应，也要考虑水解等因素的影响。下面结合实例说明氧化剂和还原剂的浓度、溶液的酸度、生成沉淀、形成配位化合物对氧化还原反应方向的影响。

1. 氧化剂和还原剂的浓度对反应方向的影响

在氧化还原反应中，氧化剂和还原剂的浓度不同，电极电位也就不同。因此，改变氧化剂或还原剂的浓度，有可能改变氧化还原反应的方向。

例如，Sn^{2+}/Sn 和 Pb^{2+}/Pb 两个电对的标准电位如下：

$$\varphi^{\ominus}_{Sn^{2+}/Sn} = -0.14V, \quad \varphi^{\ominus}_{Pb^{2+}/Pb} = -0.13V$$

当 $[Sn^{2+}] = 1 mol \cdot L^{-1}$，$[Pb^{2+}] = 1 mol \cdot L^{-1}$ 时，从标准电位来看，Sn 的还原性比 Pb 强，所以 Sn 能使 Pb^{2+} 还原为 Pb：

$$Pb^{2+} + Sn \longrightarrow Pb + Sn^{2+}$$

如果 $[Sn^{2+}] = 1 mol \cdot L^{-1}$，$[Pb^{2+}] = 0.1 mol \cdot L^{-1}$ 时，根据电极电位公式求得

$$\varphi_{Sn^{2+}/Sn} = \varphi^{\ominus}_{Sn^{2+}/Sn} = -0.14V$$

$$\varphi_{Pb^{2+}/Pb} = \varphi^{\ominus}_{Pb^{2+}/Pb} + \frac{0.059}{2}\lg[Pb^{2+}]$$

$$= -0.13 + \frac{0.059}{2}\lg 0.1 = -0.16V$$

$\varphi_{Pb^{2+}/Pb} < \varphi_{Sn^{2+}/Sn}$，即 $E = \varphi_+ - \varphi_- = -0.14 - (-0.16) = 0.02V$，可见 Pb 的还原性比 Sn 强了，所以 Pb 能使 Sn^{2+} 还原为 Sn：

$$Pb + Sn^{2+} \longrightarrow Pb^{2+} + Sn$$

应该指出，当两个电对的标准电位相差较小时，才有可能通过改变氧化剂或还原剂的浓度来改变氧化还原反应的方向。如果两个电对的标准电位相差较大，例如 0.2V 以上，则难以通过改变物质的浓度来改变反应的方向。

2. 溶液的酸度对反应方向的影响

在氧化还原反应中，用含氧酸的阴离子（如 $Cr_2O_7^{2-}$，MnO_4^- 等）作氧化剂时，一般都有 H^+ 参加反应。因为 H^+ 的存在才使反应成为可能。例如，$Cr_2O_7^{2-}/Cr^{3+}$ 电对的半反应式为

$$Cr_2O_7^{2-} + 14H^+ + 6e \Longleftrightarrow 2Cr^{3+} + 7H_2O$$

$$\varphi^{\ominus}_{Cr_2O_7^{2-}/Cr^{3+}} = 1.36V$$

根据电极电位公式，这个半反应的电位为

$$\varphi = \varphi^{\ominus} + \frac{0.059}{6}\lg\frac{[Cr_2O_7^{2-}][H^+]^{14}}{[Cr^{3+}]^2}$$

在这种条件下,有关电对的 Nernst 方程式中包括[H^+]项,可见溶液的酸度对这类氧化还原反应的电位是有影响的。

当两个电对的标准电位相差不大时,才有可能通过改变溶液的酸度来改变氧化还原反应的方向。

例如,AsO_4^{3-}/AsO_3^{3-} 和 I_2/I^- 两个电对,它们的半反应式和标准电位如下:

$$AsO_4^{3-} + 2H^+ + 2e \Longleftrightarrow AsO_3^{3-} + H_2O, \quad \varphi^{\ominus} = 0.57V$$
$$I_2 + 2e \Longleftrightarrow 2I^-, \quad \varphi^{\ominus} = 0.54V$$

溶液中 H^+ 浓度的改变,对于电对 AsO_4^{3-}/AsO_3^{3-} 的电位将会产生显著的影响。当[H^+] = 1 mol·L^{-1},[AsO_4^{3-}] = 1 mol·L^{-1},[AsO_3^{3-}] = 1 mol·L^{-1} 以及[I^-] = 1 mol·L^{-1} 时,可以根据上面两个电对的标准电位来判断反应进行的方向。由于 I^- 的还原性比 AsO_3^{3-} 强,所以 I^- 能使 AsO_4^{3-} 还原为 AsO_3^{3-},即发生下述反应:

$$AsO_4^{3-} + 2I^- + 2H^+ \longrightarrow AsO_3^{3-} + I_2 + H_2O$$

如果在溶液中加入大量的 $NaHCO_3$,使[H^+] ≈ 10^{-8} mol·L^{-1},则

$$\varphi_{AsO_4^{3-}/AsO_3^{3-}} = \varphi^{\ominus}_{AsO_4^{3-}/AsO_3^{3-}} + \frac{0.059}{2}\lg\frac{[AsO_4^{3-}][H^+]^2}{[AsO_3^{3-}]}$$

$$= 0.57 + \frac{0.059}{2}\lg(10^{-8})^2 = 0.10V$$

$$\varphi_{I_2/I^-} = \varphi^{\ominus}_{I_2/I^-} + \frac{0.059}{2}\lg\frac{1}{[I^-]^2} = 0.54V$$

由于 $\varphi_{I_2/I^-} > \varphi_{AsO_4^{3-}/AsO_3^{3-}}$,即 $E = \varphi_{I_2/I^-} - \varphi_{AsO_4^{3-}/AsO_3^{3-}} > 0$,可见 I_2 的氧化性比 AsO_4^{3-} 强,所以这时 I_2 能使 AsO_3^{3-} 氧化为 AsO_4^{3-},即发生下述反应:

$$AsO_3^{3-} + I_2 + H_2O \longrightarrow AsO_4^{3-} + 2I^- + 2H^+$$

应该指出,当两个电对的标准电位相差较大时,不能通过改变 H^+ 浓度来改变氧化还原反应的方向。例如,下述反应:

$$MnO_4^- + 5Fe^{2+} + 8H^+ \Longleftrightarrow Mn^{2+} + 5Fe^{3+} + 4H_2O$$

由于 $\varphi^{\ominus}_{MnO_4^-/Mn^{2+}} = 1.51V$,$\varphi^{\ominus}_{Fe^{3+}/Fe^{2+}} = 0.77V$,两者相差达 0.74V,故不能通过改变溶液的酸度来改变反应的方向。而且当降低溶液的氢离子浓度时,会引起 Fe^{3+} 的水解,甚至生成 $Fe(OH)_3$ 沉淀,同时 MnO_4^- 的还原产物将不是 Mn^{2+} 而是 MnO_2。

3. 生成沉淀对反应方向的影响

在氧化还原反应中,当加入一种能与氧化态或还原态生成沉淀的沉淀剂时,就会改变电对的电位,氧化态生成沉淀使电对的电位降低,还原态生成沉淀则使电对的电位增高,因而可能影响氧化还原反应进行的方向。

例如，I_2/I^- 和 Cu^{2+}/Cu^+ 两个电对，它们的半反应式及其标准电位如下：

$$I_2 + 2e \Longrightarrow 2I^-, \quad \varphi^\ominus = 0.54V$$

$$Cu^{2+} + e \Longrightarrow Cu^+, \quad \varphi^\ominus = 0.17V$$

若从标准电位判断，I_2 应可以氧化 Cu^+ 为 Cu^{2+}，而 Cu^{2+} 不可能将 I^- 氧化为 I_2。事实是 Cu^{2+} 可以氧化 I^- 为 I_2，反应式如下：

$$2Cu^{2+} + 4I^- \Longrightarrow 2CuI\downarrow + I_2$$

因为在这个氧化还原反应中，同时伴随着沉淀反应，生成溶解度很小的 CuI 沉淀：

$$Cu^+ + I^- \Longrightarrow CuI\downarrow, \quad K_{sp} = 1.1 \times 10^{-12}$$

结果使溶液中 $[Cu^+]$ 大为减小，Cu^{2+}/Cu^+ 电对的电位大为增大，Cu^{2+} 成为较强的氧化剂。根据电极电位公式，可得

$$\varphi = \varphi^\ominus_{Cu^{2+}/Cu^+} + 0.059\lg\frac{[Cu^{2+}]}{[Cu^+]}$$

$$= \varphi^\ominus_{Cu^{2+}/Cu^+} + 0.059\lg\frac{[Cu^{2+}][I^-]}{K_{sp}}$$

$$= \varphi^\ominus_{Cu^{2+}/Cu^+} - 0.059\lg K_{sp} + 0.059\lg[Cu^{2+}][I^-]$$

$$= 0.17 - 0.059\lg 1.1 \times 10^{-12} + 0.059\lg[Cu^{2+}][I^-]$$

$$= 0.88 + 0.059\lg[Cu^{2+}][I^-]$$

当 $[Cu^{2+}] = 1 mol \cdot L^{-1}$，$[I^-] = 1 mol \cdot L^{-1}$ 时，$\varphi = 0.88V$，这正是 Cu^{2+}/CuI 电对的标准电位。

$$Cu^{2+} + I^- + e \Longrightarrow CuI\downarrow, \quad \varphi^\ominus_{Cu^{2+}/CuI} = 0.88V$$

上述计算说明，由于 Cu^{2+} 与 I^- 形成 CuI 沉淀，使 Cu^{2+}/CuI 电对的标准电位达到 0.88V，而 I_2/I^- 电对的标准电位为 0.54V，所以 Cu^{2+} 可以将 I^- 氧化为 I_2。

4. 形成配位化合物对反应方向的影响

在氧化还原反应中，若加入一种能与氧化态或还原态形成稳定配合物的配位剂时，就会引起电极电位的改变。一般的规律是氧化态形成的配合物更稳定，则其结果是电位降低，因而可能影响氧化还原反应进行的方向。

例如，$\varphi^\ominus_{Fe^{3+}/Fe^{2+}} = 0.77V$，$\varphi^\ominus_{I_2/I^-} = 0.54V$，由于 $\varphi^\ominus_{Fe^{3+}/Fe^{2+}} > \varphi^\ominus_{I_2/I^-}$，所以 Fe^{3+} 可以氧化 I^-：

$$2Fe^{3+} + 2I^- \Longrightarrow 2Fe^{2+} + I_2$$

如果在 Fe^{3+} 溶液中加入 F^-，由于 Fe^{3+} 与 F^- 形成稳定的配离子 FeF^{2+}，FeF_2^+，$\cdots$，FeF_6^{3-}，从而改变了 Fe^{3+}/Fe^{2+} 电对的电极电位：

$$\varphi_{Fe^{3+}/Fe^{2+}} = \varphi^\ominus_{Fe^{3+}/Fe^{2+}} + 0.059\lg\frac{[Fe^{3+}]}{[Fe^{2+}]}$$

因形成配离子，溶液中 $[Fe^{3+}]$ 减小，$\varphi_{Fe^{3+}/Fe^{2+}}$ 降低，结果 $\varphi_{Fe^{3+}/Fe^{2+}} < \varphi_{I_2/I^-}$，这时 Fe^{3+}

就不能氧化 I^- 了。

6.4.2 氧化还原反应的程度

对于可逆的氧化还原反应,在其反应过程中,由于反应物和生成物的浓度不断变化,所以正反应和逆反应的速度也在不断变化,同时两个电对的电极电位也相应地变化。当反应进行到一定程度时就达到平衡。这时,正反应和逆反应的速度相等,两个电对的电位也相等。从两个电对的电位可以求得氧化还原反应的平衡常数,利用反应的平衡常数可衡量氧化还原反应进行的程度。

氧化还原反应的通式为

$$n_2 Ox_1 + n_1 Red_2 \rightleftharpoons n_2 Red_1 + n_1 Ox_2$$

氧化剂和还原剂两个电极电位 φ_1, φ_2 可由 Nernst 方程式求得。

若由两个氧化还原半反应组成原电池,当 $E = 0$ 时,则两极间无电位差,即没有电流产生,反应达到平衡。设在 298.15K 时的平衡常数为 $K^\ominus$,则

$$K^\ominus = \left(\frac{c_{Red_1}}{c_{Ox_1}}\right)^{n_2} \left(\frac{c_{Ox_2}}{c_{Red_2}}\right)^{n_1}$$

$$\lg K^\ominus = \frac{n(\varphi_+^\ominus - \varphi_-^\ominus)}{0.059} = \frac{nE^\ominus}{0.059} \tag{6.7}$$

式中,n 是两电对的得失电子数的最小公倍数,也就是氧化还原反应中的电子转移数。

一个反应进行程度的大小可用其平衡常数 $K^\ominus$ 来衡量。对于一般的化学反应,当温度为 298K 时,若 $K^\ominus = 10^6$ 即可认为反应的正方向进行得很完全。以 $K^\ominus = 10^6$ 计算,则

$n = 1$ 时,$E^\ominus = 0.36V$;

$n = 2$ 时,$E^\ominus = 0.18V$;

$n = 3$ 时,$E^\ominus = 0.12V$。

例 6-14 下述氧化还原反应:

$$2Fe^{3+} + Sn^{2+} \rightleftharpoons 2Fe^{2+} + Sn^{4+}$$

$\varphi^\ominus_{Fe^{3+}/Fe^{2+}} = 0.77V, \varphi^\ominus_{Sn^{4+}/Sn^{2+}} = 0.15V$,若在混合的瞬间四种离子的浓度都是 $1 mol \cdot L^{-1}$,则反应向自左向右的方向进行。在反应过程中,Fe^{3+} 和 Sn^{2+} 的浓度逐渐减小,Fe^{2+} 和 Sn^{4+} 的浓度逐渐增大,最后达到平衡,则这个氧化还原反应的平衡常数为

$$K = \frac{[Fe^{2+}]^2[Sn^{4+}]}{[Fe^{3+}]^2[Sn^{2+}]}$$

$$\lg K = \frac{n(\varphi_+^\ominus - \varphi_-^\ominus)}{0.059} = \frac{2(0.77 - 0.15)}{0.059} \approx 21$$

$$K \approx 10^{21}$$

从平衡常数值可见，这个反应达到平衡时，生成物浓度的乘积为反应物浓度乘积的 10^{21} 倍。所以这个氧化还原反应进行得非常完全。

氧化还原反应的平衡常数与原电池的标准电动势直接有关。用测定原电池电动势的方法还可确定弱酸的离解常数、水的离子积、难溶电解质的溶度积常数和配离子的稳定常数等。

例 6-15 已知 298.15K 时下列半反应的 $\varphi^{\ominus}$ 值，试求 AgCl 的溶度积常数 K_{sp}。

$$Ag^+ + e \Longrightarrow Ag, \quad \varphi^{\ominus} = 0.799V$$
$$AgCl + e \Longrightarrow Ag + Cl^-, \quad \varphi^{\ominus} = 0.222V$$

解 设计一个原电池

$$(-)Ag|AgCl|Cl^-(1.0mol \cdot L^{-1}) \parallel Ag^+(1.0mol \cdot L^{-1})|Ag(+)$$

电极反应为
$$Ag^+ + e \Longrightarrow Ag$$
$$-)AgCl + e \Longrightarrow Ag + Cl^-$$

电池反应为
$$Ag^+ + Cl^- \Longrightarrow AgCl$$

$$E^{\ominus} = \varphi^{\ominus}_{Ag^+/Ag} - \varphi^{\ominus}_{AgCl/Ag} = 0.799 - 0.222 = 0.577V$$

$$\lg K = \frac{nE^{\ominus}}{0.059}, \quad K = \frac{1}{K_{sp}}, \quad n = 1$$

$$-\lg K_{sp} = \frac{nE^{\ominus}}{0.059} = +9.75$$

$$K_{sp} = 1.8 \times 10^{-10}$$

上述电池反应并不是氧化还原反应，然而，Ag^+/Ag 与 $AgCl/Ag$ 两电对确实能组成一对原电池，产生电流。其电极电位差是由于两个半电池中 Ag^+ 浓度的不同而引起的。这样的原电池称为**浓差电池**。

例 6-16 已知 298K 时有下列电池

$$(-)Pt,H_2(100kPa)|H^+（缓冲液） \parallel Cu^{2+}(0.010\ mol \cdot L^{-1})|Cu(+)$$

$\varphi_- = -0.266V$。向右半电池中加入氨水，并使溶液中 $[NH_3] = 1.00mol \cdot L^{-1}$，测得 $E = 0.172V$。计算 $Cu(NH_3)_4^{2+}$ 的稳定常数 K（忽略体积变化）。

解 相应的反应：

正极：$Cu^{2+} + 2e \Longrightarrow Cu, \quad \varphi^{\ominus}_{Cu^{2+}/Cu} = 0.34V$

加入 NH_3：$Cu^{2+} + 4NH_3 \Longrightarrow [Cu(NH_3)_4]^{2+}$

$$[Cu^{2+}] = \frac{[Cu(NH_3)_4]^{2+}}{K[NH_3]^4} = \frac{0.010}{K}$$

负极：$H_2 \Longrightarrow 2H^+ + 2e, \varphi_- = -0.266V, E = \varphi_+ - \varphi_-$，

所以

$$\varphi_+ = E + \varphi_- = 0.172 + (-0.266) = -0.094\text{V}$$

$$\varphi_{[Cu(NH_3)_4]^{2+}/Cu} = \varphi_+ = \varphi^{\ominus}_{Cu^{2+}/Cu} + \frac{0.059}{n}\lg[Cu^{2+}]$$

$$-0.094 = 0.34 + \frac{0.059}{2}\lg\frac{0.010}{K}$$

$$K = 4.8 \times 10^{12}$$

6.5 氧化还原反应的速度

在氧化还原反应中,根据电对的标准电位可以判断反应进行的方向和程度,但这只能预示反应的可能性,并不能说明反应的现实性。因为不同的氧化还原反应,它们的反应速度往往有极大的差别,有的反应快,有的反应慢,有的反应从标准电位来看是可以进行的,实际上由于反应速度太慢而可以认为反应物之间并不发生氧化还原反应。例如,氧气和氢气化合成水的反应,两个电对的标准电位相差达1.23V,但在室温下氧气和氢气并不发生反应。因此,在推测反应进行的方向和程度时,还要考虑反应的速度问题。

影响氧化还原反应速度的因素,除了氧化剂和还原剂的性质以外,主要是反应物的浓度、温度和催化剂。

1. 反应物浓度对反应速度的影响

在氧化还原反应中,反应的机理比较复杂,有些反应往往是分步进行的,故不能按总的氧化还原反应方程式来判断反应物浓度对反应速度的影响。但是,一般说来,反应物的浓度越大,反应的速度越快。例如,在酸性溶液中,一定量的 $K_2Cr_2O_7$ 和 KI 反应:

$$Cr_2O_7^{2-} + 6I^- + 14H^+ =\!=\!= 2Cr^{3+} + 3I_2 + 7H_2O$$

此反应速度较慢。增大 I^- 的浓度或提高溶液的酸度,可加速反应。实验证明,在 $0.4\text{mol}\cdot\text{L}^{-1}$ 酸度下,KI 过量约5倍,放置5min 反应即进行完全。

2. 温度对反应速度的影响

实践证明,对于大多数反应来说,溶液的温度每增高10℃,反应速度约增大2~3倍。例如,在酸性溶液中,MnO_4^- 与 $C_2O_4^{2-}$ 的反应是

$$2MnO_4^- + 5C_2O_4^{2-} + 16H^+ =\!=\!= 2Mn^{2+} + 10CO_2 + 8H_2O$$

从标准电位来看,$\varphi^{\ominus}_{MnO_4^-/Mn^{2+}} = 1.51\text{V}$,$\varphi^{\ominus}_{CO_2/C_2O_4^{2-}} = -0.49\text{V}$,反应是可能进行完全的。但在室温下这个反应的速度较慢。将溶液加热可使反应速度加快。所以用 $KMnO_4$ 溶液滴定 $H_2C_2O_4$ 时,通常将溶液加热至75~85℃。

应该指出,增高溶液的温度虽然可以加快反应速度,但不是在所有的情况下都合

适的。有些物质(如 I_2)具有较大的挥发性,如将溶液加热则会引起挥发损失;有些物质(如 Sn^{2+},Fe^{2+} 等)很容易被空气中的氧所氧化,如将溶液加热也会促进它们被氧化。

3. 催化剂对反应速度的影响

由于某种物质的存在因而改变反应速度的现象叫做**催化作用**。能够引起反应速度的变化但不移动化学平衡的物质叫做**催化剂**。从表面上看催化剂好像没有参加反应,实际上在反应过程中,催化剂反复地参加反应,并循环地发生作用。

例如,在酸性溶液中,$(NH_4)_2S_2O_8$ 只能把 $MnSO_4$ 氧化为正四价锰(MnO_2)。但从标准电位看,$\varphi^{\ominus}_{S_2O_8^{2-}/SO_4^{2-}} = 2.01V$,$\varphi^{\ominus}_{MnO_4^-/Mn^{2+}} = 1.51V$,则 $S_2O_8^{2-}$ 可以把 Mn^{2+} 氧化为 MnO_4^-,但实际上这个反应难以进行。如果有 $AgNO_3$ 存在时,Ag^+ 起着催化剂的作用,$S_2O_8^{2-}$ 在热溶液中就可以把 Mn^{2+} 氧化为 MnO_4^-。反应的机理可能是

$$S_2O_8^{2-} + 2Ag^+ \rightleftharpoons 2SO_4^{2-} + 2Ag^{2+}$$

$$\underline{5Ag^{2+} + Mn^{2+} + 4H_2O \rightleftharpoons 5Ag^+ + MnO_4^- + 8H^+}$$

总反应 $\quad 2Mn^{2+} + 5S_2O_8^{2-} + 8H_2O \rightleftharpoons 2MnO_4^- + 10SO_4^{2-} + 16H^+$

在酸性溶液中,MnO_4^- 与 $C_2O_4^{2-}$ 的反应速度缓慢,若加入 Mn^{2+},就能促进反应迅速地进行。反应机理可能如下:

$$Mn(\text{VII}) \xrightarrow{Mn(\text{II})} Mn(\text{VI}) \xrightarrow{Mn(\text{II})} Mn(\text{IV}) \xrightarrow{Mn(\text{II})} Mn(\text{III})$$

$$Mn(\text{III}) \xrightarrow{C_2O_4^{2-}} MnC_2O_4^+, Mn(C_2O_4)_2^-, Mn(C_2O_4)_3^{3-} \longrightarrow Mn(\text{II}) + CO_2$$

如果不加 Mn^{2+},而利用 MnO_4^- 与 $C_2O_4^{2-}$ 发生作用后生成的微量 Mn^{2+} 作催化剂,反应亦可以进行。这种生成物本身就能起催化作用的反应叫做**自动催化反应**。它在开始时反应速度较慢,随着生成物(催化剂)的增多,反应速度就逐渐加快,经过一最高点后,由于反应物的浓度越来越小,反应速度又逐渐降低。这是自动催化反应的一个特点。

另外,简单介绍一下酶的催化问题。

生物体内的各种化学变化是在酶的催化下进行的,所以酶是生物催化剂。具有催化作用的蛋白质称为**酶**。它与其他蛋白质一样,主要由氨基酸组成。某些酶是简单蛋白质,另一些则是结合蛋白质。根据酶所催化的反应的性质已对 2 000 多种酶作了分类和命名,酶的国际分类为:氧化还原酶、移换酶、水解酶、裂合酶、异构酶、合成酶等。

酶的催化作用与一般催化剂的共性是:用量少而催化效率高,虽然酶在细胞中的相对含量很低,却能使一个慢速反应变为快速反应;酶仅能改变化学反应的速度,并不能改变化学平衡;反应前后酶本身也不发生变化。

但是,酶作为生物催化剂,与一般的催化剂又有所不同,主要是:酶的催化效率极高;具有高度的专一性;作用条件温和;酶很不稳定,更易失去活性。所以酶的作用一

般都要求在常温、常压、接近中性的酸碱度等条件下进行,而在高温、强酸、强碱等条件下都能使酶破坏,以致完全失去活性。

6.6 元素电位图及其用途

6.6.1 元素电位图

同一元素常有多种氧化态存在,把其中任意两种氧化态组成的电对和该电对所对应的标准电极电位用图示的方式表示出来,这就是拉特默(Latimer)于 1952 年提出的**元素电位图**,又称为拉特默图,如图 6-4 所示。

$$\varphi_A^{\ominus} \quad \begin{array}{c} +1.508 \\ MnO_4^- \xrightarrow{+0.56} MnO_4^{2-} \xrightarrow{+2.26} MnO_2 \xrightarrow{+0.95} Mn^{3+} \xrightarrow{+1.51} Mn^{2+} \xrightarrow{-1.18} Mn \\ +1.69 \qquad\qquad +1.23 \end{array}$$

$$\varphi_B^{\ominus} \quad \begin{array}{c} +0.76 \\ ClO_4^- \xrightarrow{+0.36} ClO_3^- \xrightarrow{+0.33} ClO_2^- \xrightarrow{+0.66} ClO^- \xrightarrow{+0.40} Cl_2 \xrightarrow{+1.36} Cl^- \\ +0.62 \end{array}$$

图 6-4 元素电位图

在元素电位图中,一般是将氧化态由高到低排列(即氧化型在左边,还原型在右边,如图 6-4 所示),但有的是将氧化态按由低到高的顺序排列,两者的排列顺序恰好相反,因此在使用时应该加以注意。

另外,根据酸、碱介质不同又可分为两大类:$\varphi_A^{\ominus}$(A 表示酸性介质,[H^+] = 1mol·dm^{-3})和 $\varphi_B^{\ominus}$(B 表示碱性介质,[OH^-] = 1mol·dm^{-3})。在书写某一元素的元素电位图时,既可将全部氧化态列出,也可根据需要只列出其中的一部分。

6.6.2 元素电位图的用途

元素电位图使人们比较清楚地看到同一元素各氧化态间氧化还原性的变化情况,利用元素电位图,可以考查元素各氧化态在水溶液中的化学行为,计算未知电对的电极电位。下面介绍几个方面的应用。

1. 计算未知电对的标准电极电位

如果已知两个或两个以上的相邻电对的标准电极电位,即可求算出另一些电对

的标准电极电位。例如,某元素电位图为

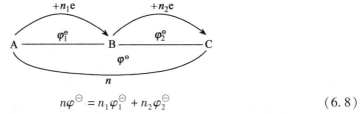

$$n\varphi^{\ominus} = n_1\varphi_1^{\ominus} + n_2\varphi_2^{\ominus} \qquad (6.8)$$

式中,n_1,n_2,n 分别为相应电对的电子转移数,其中 $n = n_1 + n_2$,则(6.8)式可写成

$$\varphi^{\ominus} = \frac{n_1\varphi_1^{\ominus} + n_2\varphi_2^{\ominus}}{n_1 + n_2}$$

若有 i 个相邻电对,则

$$\varphi^{\ominus} = \frac{n_1\varphi_1^{\ominus} + n_2\varphi_2^{\ominus} + \cdots + n_i\varphi_i^{\ominus}}{n_1 + n_2 + \cdots + n_i} \qquad (6.9)$$

例 6-17 已知

$$\varphi_B^{\ominus}$$

$$H_2PO_2^- \xrightarrow{-1.82} P_4 \xrightarrow{-0.87} PH_3$$

求:$\varphi_{H_2PO_2^-/PP_3}^{\ominus} = ?$

解
$$\varphi_{H_2PO_2^-/P_4}^{\ominus} = \frac{n_1\varphi_{H_2PO_2^-/PH_3}^{\ominus} + n_2\varphi_{P_4/PH_3}^{\ominus}}{n_1 + n_2}$$

$$= \frac{1 \times (-1.82) + 3 \times (-0.87)}{1 + 3}$$

$$= -1.11(V)$$

在应用电位公式时,应特别注意 n_1,n_2,$\cdots$ 的取值。如在上例中,应写出两个相邻电对的半反应式:

$$H_2PO_2^- + e \rightleftharpoons \frac{1}{4}P_4 + 2OH^-$$

$$\frac{1}{4}P_4 + 3H_2O + 3e \rightleftharpoons PH_3 + 3OH^-$$

而且在两个半反应式中中间氧化态的 P_4 的系数应一致,由此得出电子转移数 $n_1 = 1$,$n_2 = 3$。另一个确定 n 值的方法是,n 等于电对中氧化态和还原态氧化数的改变值。例如,在电对 $H_2PO_2^-/P_4$ 中,$H_2PO_2^-$ 中 P 的氧化数为 +1,P_4 中 P 的氧化数为零,氧化数降低了 1,所以 $n_1 = 1$。而在电对 P_4/PH_3 中,P_4 中 P 的氧化数为零,PH_3 中 P 的氧化数为 -3,氧化数降低了 3,所以 $n_2 = 3$。

2. 判断能否发生歧化反应

由某元素不同氧化态的三种物质所组成的两个电对,按其氧化态由高到低排列如下：

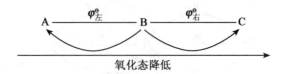

$$\text{氧化态降低}$$

如果 B 能发生歧化反应，那么这两个电对所组成的电池电动势

$$E^{\ominus} = \varphi_{正}^{\ominus} - \varphi_{负}^{\ominus} = \varphi_{右}^{\ominus} - \varphi_{左}^{\ominus} > 0$$

即当 $\varphi_{右}^{\ominus} > \varphi_{左}^{\ominus}$ 时，B 可发生歧化反应。

根据这一原则，在图 6-4 所示的锰和氯的元素电位图中可以看到，在酸性介质中，MnO_4^{2-} 和 Mn^{3+} 离子可以发生歧化反应；在碱性介质中，ClO_2^- 和 Cl_2 可以发生歧化反应。其中 MnO_4^{2-} 和 Cl_2 发生歧化反应的反应方程式分别为

$$3MnO_4^{2-} + 4H^+ \rightleftharpoons 2MnO_4^- + MnO_2 + 2H_2O$$

$$Cl_2 + 2OH^- \rightleftharpoons ClO^- + Cl^- + H_2O$$

以 Cl_2 在碱液中的歧化反应为例，Cl_2 在 Cl_2/Cl^- 电对中作氧化剂，在 ClO^-/Cl_2 电对中作还原剂，因为 $\varphi_{Cl_2/Cl^-}^{\ominus} > \varphi_{ClO^-/Cl_2}^{\ominus}$，所以这个歧化反应得以进行。

如果 $\varphi_{右}^{\ominus} < \varphi_{左}^{\ominus}$，则 B 不能发生歧化反应，而歧化反应的逆反应却可自发进行。如 $\varphi_A^{\ominus}$

$$Fe^{3+} \xrightarrow{+0.77} Fe^{2+} \xrightarrow{-0.44} Fe$$

因为 $\varphi_{Fe^{3+}/Fe^{2+}}^{\ominus} > \varphi_{Fe^{2+}/Fe}^{\ominus}$，因此 Fe^{2+} 不能发生歧化反应，自发进行的反应应该是

$$2Fe^{3+} + Fe \rightleftharpoons 3Fe^{2+}$$

3. 判断氧化还原反应的产物

根据元素电位图，还可比较清楚地判断氧化还原反应的产物。

例 6-18 已知下列元素的电位图（$\varphi_A^{\ominus}$）：

$$MnO_4^- \xrightarrow{+1.68} MnO_2 \xrightarrow{+1.23} Mn^{2+}$$

$$IO_3^- \xrightarrow{+1.19} I_2 \xrightarrow{+0.54} I^-$$

当 $[H^+] = 1 mol \cdot dm^{-3}$ 时，写出在下列条件下，高锰酸钾与碘化钾作用的反应方程式：

① 高锰酸钾过量；
② 碘化钾过量。

解 因为 $[H^+] = 1 mol \cdot dm^{-3}$，则
① 高锰酸钾过量时：

$$2MnO_4^- + I^- + 2H^+ \rightleftharpoons 2MnO_2 + IO_3^- + H_2O$$

② 碘化钾过量时：

$$2MnO_4^- + 10I^- + 16H^+ \Longrightarrow 2Mn^{2+} + 5I_2 + 8H_2O$$

$$I_2 + I^- \Longrightarrow I_3^-$$

在这里应该注意，当 $KMnO_4$ 过量时，MnO_4^- 被 I^- 还原的产物不是 Mn^{2+} 离子，因为根据元素电位图，$\varphi_{右}^{\ominus} < \varphi_{左}^{\ominus}$，因此 Mn^{2+} 会与过量的 MnO_4^- 作用生成 MnO_2：

$$2MnO_4^- + 3Mn^{2+} + 2H_2O \Longrightarrow 5MnO_2 + 4H^+$$

同样，当 KI 过量时，I^- 被 MnO_4^- 氧化的产物不是 IO_3^-，因为根据元素电位图，在此条件下 IO_3^- 会与过量的 I^- 发生如下反应：

$$IO_3^- + 5I^- + 6H^+ \Longrightarrow 3I_2 + 3H_2O$$

6.7 化学电源(Battery)

按理说，只要选择适当的电极，任何一个自发的氧化还原反应都能组成一个自发电池。但实际上要利用氧化还原反应作为实用化学电源并非容易。日常生活中手表、手机、照相机、收音机、闪光灯、汽车灯等高新技术中航空、航天、潜艇、信息传送等需用各式各样的化学电源。现已研制成功并可供实际应用的化学电源大致可以归纳为三大类：(i)一次电池(用完作废)；(ii)二次电池(可反复充电的蓄电池)和(iii)燃料电池。常见的有以下几种。

6.7.1 一次电池

1. 锰锌干电池

这是人们日常生活最广泛使用的一次性电池，发明于 19 世纪后期。一个多世纪以来，经许多科技人员不断地研究改进，至今还是到处可见"干电池"，它携带方便、价格不贵。其基本原理是用锌外壳为负极，正极是位于中心部位的炭棒裹敷着 MnO_2 和炭粉，两极之间的电解质是 NH_4Cl、$ZnCl_2$、淀粉浆等胶冻状的混合物，锌筒上口用沥青密封，防止电解质的渗出(见图6-5)。电池电动势约为 1.5V，放电时的电极反应为

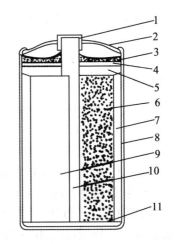

1—铜帽 2—电池盖 3—封口剂 4—纸圈
5—空气室 6—MnO_2 和炭粉 7—隔离层(糊层或浆层纸) 8—锌筒负极 9—包电池芯的棉纸 10—炭棒 11—底垫

图 6-5 圆筒形锌-锰干电池结构图

正极 $2MnO_2 + 2H^+ + 2e \Longrightarrow 2MnO(OH)$

负极　$Zn + 2NH_4Cl \Longrightarrow Zn(NH_3)_2Cl_2 + 2H^+ + 2e$

由反应式可见，Zn 和 MnO_2 都随放电过程而消耗，这也就是化学能转化为电能的过程，消耗到一定程度电池不能再供电，但废电池中的 Zn 筒、炭棒等并未完全耗尽。所以从资源的利用和环境保护等方面考虑，废电池不应该乱扔，应予回收，集中处理，加以再用。

2. 锂碘电池

锂碘电池是 1972 年制成的一次性高能电池，引人关注的是它可用于心脏起搏器。它的负极为金属锂，正极是聚 2-乙烯吡啶(简写 P_2VP) 和 I_2 的复合物，电解质是固态薄膜状的碘化锂，电极反应为：

负极　$2Li \longrightarrow 2Li^+ + 2e$

正极　$P_2VP \cdot nI_2 + 2Li^+ + 2e \longrightarrow P_2VP \cdot (n-1)I_2 + 2LiI$

该电池电位较高(约为 3V)，电量较大。优质的锂碘电池植入体内，可用 10 年，甚至 10 年以上，这对心脏病患者延续生命堪称无价之宝。

3. 锂锰电池

锂锰电池具有电容量较大的优点，但价格也较贵，其负极为 Li，正极为 MnO_2，电解质为碳酸丙烯酯(PC)和乙二醇二甲醚(DME)，电池符号和电极反应为

$(-)Li|LiClO_4,PC-DME|MnO_2(+)$

负极　$Li \longrightarrow Li^+ + e$

正极　$MnO_2 + Li^+ + e \longrightarrow LiMnO_2$

4. 银锌电池

银锌电池是一种价格昂贵的高能电池，电极反应为

负极　$Zn + 2OH^- \longrightarrow Zn(OH)_2 + 2e$

正极　$AgO + H_2O + 2e \longrightarrow Ag + 2OH^-$

也可以用 Ag_2O 作正电极。银锌电池具有重量轻、体积小、能大电流放电等优点，可用于宇航、火箭、潜艇等方面。电子手表、助听器、液晶计算器等只需微安或毫安级的电流，它们所使用的"纽扣"电池也可以是银锌电池。这种电池虽然可以充电，但次数不多就失效，所以一般还是作一次性电池使用。

6.7.2　二次电池

二次电池更通俗的名字是蓄电池或可充电电池，即放电到一定程度时，可以利用外接直流电源进行充电，使蓄电池的电压恢复原有水平，则可继续供电，充电放电可以循环几百次上千次。人们最熟悉的是酸性的铅蓄电池和碱性的镍镉蓄电池。

1. 铅蓄电池

制作电极时把细铅粉泥填充在铅锑合金的栅格板上，然后放在稀硫酸中进行电

解处理,阳极被氧化成 PbO_2,阴极则被还原为海绵状金属铅。经过干燥之后,前者为正极,后者为负极,正负极交替排列,两极之间的电解液是质量分数大约为 30% 的硫酸溶液。有酸性蓄电池之称。放电时,电极反应为

$$负极反应 \quad Pb + SO_4^{2-} \longrightarrow PbSO_4 + 2e$$

$$正极反应 \quad PbO_2 + SO_4^{2-} + 4H^+ + 2e \longrightarrow PbSO_4 + 2H_2O$$

$$总 \ 反 \ 应 \quad Pb + PbO_2 + 2H_2SO_4 \longrightarrow 2PbSO_4 + 2H_2O$$

放电之后,正负极板上都沉积上一层 $PbSO_4$,所以铅蓄电池在使用到一定程度之后,就必须充电。充电时将一个电压略高于蓄电池电压的直流电源与蓄电池相接,将蓄电池负极上的 $PbSO_4$ 还原成 Pb;而将蓄电池正极上的 $PbSO_4$ 氧化成 PbO_2。于是蓄电池电极又恢复原来状态,可供使用。充电时电极反应为

$$阴极反应 \quad PbSO_4 + 2e \longrightarrow Pb + SO_4^{2-}$$

$$阳极反应 \quad PbSO_4 + 2H_2O \longrightarrow PbO_2 + SO_4^{2-} + 4H^+ + 2e$$

$$总 \ 反 \ 应 \quad 2PbSO_4 + 2H_2O \longrightarrow Pb + PbO_2 + 2H_2SO_4$$

铅蓄电池的充电过程恰好是放电过程的逆反应,即

$$Pb + PbO_2 + 2H_2SO_4 \underset{充电}{\overset{放电}{\rightleftharpoons}} 2PbSO_4 + 2H_2O$$

铅蓄电池具有工作电压稳定、价格便宜等优点,主要缺点是太笨重。它常用做汽车的启动电源,此外,在矿山坑道车或在潜航不能用内燃机时,也都用蓄电池作牵引动力。

2. 镍镉蓄电池

这是常见的商品电池之一,它的可充电次数较多,保养也比较方便,但价格也较高。电池符号和电极反应为

$$(-)Cd|Cd(OH)_2|KOH|Ni(OH)_2|NiO(OH)(+)$$

$$负极 \quad Cd + 2OH^- \underset{充电}{\overset{放电}{\rightleftharpoons}} Cd(OH)_2 + 2e$$

$$正极 \quad 2NiO(OH) + 2H_2O + 2e \underset{充电}{\overset{放电}{\rightleftharpoons}} 2Ni(OH)_2 + 2OH^-$$

由于镉元素对环境造成污染,现又成功开发了镍氢电池。

3. 镍氢电池

这是利用 $LaNi_5$ 合金或其他吸氢材料代替了镉电极,$LaNi_5$ 合金有很高的储氢能力,每 $1cm^3$ 可吸收约 6×10^{22} 个氢原子。用 M 代表吸氢的金属或合金,它的电极反应为

$$负极 \quad MH + OH^- \underset{充电}{\overset{放电}{\rightleftharpoons}} M + H_2O + e$$

$$正极 \quad NiO(OH) + H_2O + e \underset{充电}{\overset{放电}{\rightleftharpoons}} Ni(OH)_2 + OH^-$$

这种可充电电池是 20 世纪 80 年代研制成功的,现已广泛用于手机和笔记本电脑中。

4. 锂离子电池

这是在 20 世纪 90 年代末才商品化的新型电池,它以储电容量高为特点,镍镉电池经过连续多次放电深度不足的充放循环后,表现出明显的容量损失和电压下降,称为记忆效应。锂离子电池没有记忆效应(好的镍氢电池记忆效应也很小),所以很受手机用户的欢迎。它的负极材料是嵌锂离子的层状石墨,正极是嵌锂离子的金属氧化物(如氧化钴),电解质是无机盐 $LiClO_4$(或 $LiPF_6$)和有机溶剂的混合物,如 EC(碳酸乙烯酯)和 DMC(碳酸二甲酯)混合物。电池符号、电池反应为

$$(-)Li_xC_6 | LiClO_4, 有机溶剂 | Li_{1-x}CoO_2(+)$$

$$Li_xC_6 + Li_{1-x}CoO_2 \underset{充电}{\overset{放电}{\rightleftharpoons}} 6C + LiCoO_2$$

电池反应实质是锂离子从一个化合物转移到另一个化合物。

6.7.3 燃料电池

燃料电池中,可燃气体(如 H_2、CH_4、CH_3OH、NH_2NH_2 等)被送到负极室,用做还原剂,同时把空气或氧气输入正极室作为氧化剂;两室间有多孔惰性隔膜,浸泡了电解液,反应产物 H_2O 和 CO_2 等不断排出。这类电池的最大特点是能量转化率可以高达 80% 以上,而柴油发电机的能量利用率不到 40%。燃料气体在预处理时,已除去有害杂质,所以反应后产物造成的污染不大。图 6-6 是碱性氢氧燃料电池结构示意图。

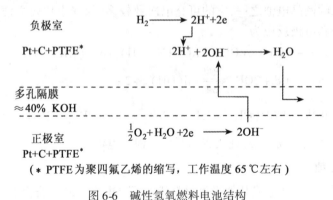

图 6-6 碱性氢氧燃料电池结构

燃料气体 H_2 和 O_2 都是共价分子,首先要在一定温度下经催化解离,才能形成电子流,所以催化剂的筛选是很关键的,现在采用的都是 Pt、Ni、Au、Ag 等贵金属。多孔隔膜既是电解液的仓库,也是反应产物 $H_2O(g)$ 的通道,电解液除了 KOH 之外,也有用 H_2SO_4 或 H_3PO_4 或固态离子导体的。1939 年 Grove G. R. 就发明了用铂黑催化电极的氢氧燃料电池,串联电源曾照亮了一个演讲厅。但因受到对电极过程的理论

认识不足及成本太高等因素的制约,它的发展很缓慢。直到20世纪60年代,美国航天局才把碱性H_2-O_2燃料电池用于载入宇宙飞船上,随后美国、日本、欧洲还在试制小型的燃料电池发电站。除了军用、航天之外,如何把燃料电池转向民用也是当今一个重要课题。

总之,体积小、能量高、重量轻、便于存贮的各式各样的化学电源既是日常生活和生产之需,也与高新技术发展密切相关。

习 题

1. 求元素的氧化数:
(1)CrO_4^{2-} 中的 Cr
(2)MnO_4^{2-} 中的 Mn
(3)$S_2O_8^{2-}$ 中的 S
(4)Na_2O_2 中的 O
(5)$H_2C_2O_4 \cdot 2H_2O$ 中的 C

2. 写出并配平下列氧化还原反应方程式:
(1)Fe^{3+} 与 I^- 作用
(2)Sn^{2+} 与空气中的 O_2 作用
(3)在酸性溶液中 $KMnO_4$ 与 K_2SO_3 作用生成 $MnSO_4$ 和 K_2SO_4
(4)在酸性溶液中 $KMnO_4$ 与 KNO_2 作用
(5)在酸性溶液中 $K_2Cr_2O_7$ 与 KI 作用
(6)在碱性溶液中 H_2O_2 与 CrO_2^- 作用
(7)FeS_2 与 HNO_3 作用生成 $Fe_2(SO_4)_3$ 和 NO_2

3. 在 pH = 2 的溶液中,含 $[MnO_4^-]$ = 0.1mol·L^{-1},$[Mn^{2+}]$ = 0.01 mol·L^{-1},计算 $\varphi_{MnO_4^-/Mn^{2+}}$。

4. 298.15K 时,在 Fe^{3+},Fe^{2+} 的混合溶液中加入 NaOH 时,有 $Fe(OH)_3$,$Fe(OH)_2$ 沉淀生成(假定无其他反应发生)。当沉淀反应达到平衡时,保持$[OH^-]$ = 1.0mol·L^{-1},计算 $\varphi_{Fe^{3+}/Fe^{2+}}$。

5. 在酸性溶液中含有 Fe^{3+},$Cr_2O_7^{2-}$ 和 MnO_4^-,当通入 H_2S 时,还原的顺序如何?写出有关的化学反应方程式。

6. 在酸性溶液中含有 S^{2-} 和 I^-,当加入 $KMnO_4$ 时,氧化的顺序如何?写出有关的化学反应方程式。

7. 根据 $Ag(NH_3)_2^+ + e \Longrightarrow Ag + 2NH_3$,计算 $[Ag(NH_3)_2^+]$ = 0.01mol·L^{-1},$[NH_3]$ = 0.1mol·L^{-1}时的电极电位。

8. 反应:$AsO_4^{3-} + 2I^- + 2H^+ \Longrightarrow AsO_3^{3-} + I_2 + H_2O$,$\varphi^{\ominus}_{AsO_4^{3-}/AsO_3^{3-}}$ = 0.57V,$\varphi^{\ominus}_{I_2/I^-}$ = 0.54V。
(1)求反应的平衡常数;
(2)当$[H^+]$ = 1mol·L^{-1}时,反应的方向如何?生成物浓度乘积比反应物浓度乘积大多少倍?
(3)当 pH = 8 时,反应的方向如何?这时生成物浓度乘积比反应物浓度乘积大多少倍?

9. 试估计下述反应在 298.15K 时进行的程度:
$$Zn + Cu^{2+} \Longrightarrow Zn^{2+} + Cu$$

10. 已知298.15K时,氯元素在碱性溶液中的电位图,试求出 $\varphi_1^\ominus$,$\varphi_2^\ominus$ 和 $\varphi_3^\ominus$ 的值(单位为V):

$$ClO_4^- \xrightarrow[n=2]{0.36} ClO_3^- \xrightarrow[n=2]{0.33} ClO_2^- \xrightarrow[n=2]{0.66} ClO^- \xrightarrow[n=1]{\varphi_3^\ominus} Cl_2 \xrightarrow[n=1]{1.36} Cl^-$$

其中 $\varphi_1^\ominus$ (n=4), $\varphi_2^\ominus$ (n=8), 0.89 (n=2)

11. 现有 Cl^-,Br^-,I^- 三种离子的混合溶液。欲使 I^- 氧化为 I_2 而 Br^- 和 Cl^- 不被氧化,选用下述哪种氧化剂能符合上述要求?

$$Fe_2(SO_4)_3, \quad KMnO_4, \quad SnCl_4$$

已知 $\varphi_{I_2/I^-}^\ominus = 0.54V$, $\varphi_{Br_2/Br^-}^\ominus = 1.07V$, $\varphi_{Cl_2/Cl^-}^\ominus = 1.36V$, $\varphi_{MnO_4^-/Mn^{2+}}^\ominus = 1.51V$, $\varphi_{Fe^{3+}/Fe^{2+}}^\ominus = 0.77V$, $\varphi_{Sn^{4+}/Sn^{2+}}^\ominus = 0.15V$。

12. 298K时,测得下列电池的电动势为 0.728V。已知 $\varphi_{Ag^+/Ag}^\ominus = 0.80V$,计算 AgBr 的 K_{sp}。

$$(-)Ag|AgBr(s)|Br^-(1.0mol \cdot L^{-1}) \parallel Ag^+(1.0mol \cdot L^{-1})|Ag(+)$$

13. 当 HAc 浓度 $c_{HAc} = 0.10 mol \cdot L^{-1}$, $p_{H_2} = 100kPa$ 时,测得 $\varphi_{HAc/H_2} = -0.17V$。求溶液中 H^+ 的浓度及 HAc 的解离常数 K_a。

14. 利用下述电池可测定溶液中 Cl^- 的浓度,当用这种方法测定某地下水含 Cl^- 量时,测得电池的电动势为 0.280V,求某地下水中 Cl^- 的含量(以 $mol \cdot dm^3$ 表示)。

$$Hg|Hg_2Cl_2|KCl(饱和) \parallel Cl^-|AgCl|Ag$$

15. 已知 $Hg_2Cl_2(s) + 2e \Longrightarrow 2Hg + 2Cl^-$ $E^\ominus = +0.2681V$

         $Hg_2^{2+} + 2e \Longrightarrow 2Hg$ $E^\ominus = +0.7973V$

求: $Hg_2Cl_2(s) \Longrightarrow Hg_2^{2+} + 2Cl^-$ 之 $K_{sp} = ?$

16. 往 0.200mmol AgCl 沉淀中加少量 H_2O 和过量 Zn 粉,使溶液总体积为 $2.00cm^3$。试通过计算说明 AgCl 能否被 Zn 全部转化为 $Ag(s)$ 和 $Cl^-(aq)$。

第7章 主族元素

人类至今已发现了90余种天然元素,20种人工合成元素。丰富多彩的物质世界正是由这些元素及其化合物组成的。系统地研究和讨论元素化学是极有意义的。元素化学是无机化学的中心内容,它主要涉及元素及其化合物的存在、性质、制备及用途等。前人已经为我们打下了坚实的基础,但也还有很多未知的领域等待我们去开发和探讨。本章先讨论s区和p区元素。

氢、氦、碱金属和碱土金属元素都是s电子最后填充的元素,属于s区元素,但氦又属于稀有气体。p区元素是指最后一个电子填充在p能级上的元素,其位于长周期表的右侧,包括一般非金属元素和最活泼的非金属元素,还包括活泼性稍弱的金属元素和两性元素。另外,稀有气体元素也属于p区(氦例外)。所以p区元素包括ⅦA,ⅥA,…,ⅢA以及稀有气体元素。

7.1 碱金属和碱土金属的化合物

第一主族(ⅠA)元素包括锂、钠、钾、铷、铯和钫。由于它们的氢氧化物都是易溶于水的强碱,故称它们为**碱金属**。第二主族(ⅡA)元素包括铍、镁、钙、锶、钡和镭。由于钙、锶、钡的氧化物在性质上介于"碱性"的(碱金属氧化物)和"土性"的(难溶的氧化物如Al_2O_3)之间,故称它们为**碱土金属**。在这两族中,锂、铷、铯和铍是稀有金属元素,钫和镭是放射性元素。

碱金属和碱土金属的最外电子层结构分别为ns^1,ns^2,它们的原子半径比同周期其他元素大(稀有气体除外),而核电荷比同周期其他元素少,内层又具有稀有气体的稳定电子层结构,对核电荷的屏蔽效应较高,故它们很容易失去最外层的s电子而显强金属性。其中碱金属是同周期中金属性最强的元素,碱土金属的金属性仅次于碱金属。

碱金属和碱土金属元素在形成化合物时,以形成离子键为主要特征,但在某些情况下也有一定强度的共价性。例如锂和铍,由于原子半径较小,电离能比同族其他元素高,形成共价键的倾向比较显著。

碱金属和碱土金属具有强还原性,碱金属是最强的还原剂。碱金属在空气中极易与氧化合,尤其是铷和铯遇空气即燃烧,并生成不同类型的氧化物。碱土金属在空气中也较易被氧化生成氧化物。碱金属和碱土金属能与卤素或硫直接化合,生成卤化物或硫化物;在加热时可与氮化合生成氮化物。

碱金属和钙、锶、钡在高温下能与氢直接化合,生成离子型的氢化物 M^+H^- 和 $M^{2+}H_2^-$;这些氢化物都是白色固体,外表似盐,具有 NaCl 型晶格,故称为**盐形氢化物**。离子型氢化物与水反应可放出氢气:

$$MH + H_2O \longrightarrow MOH + H_2$$

CaH_2 常用做军事和气象野外作业的生氢剂。

碱金属和碱土金属能与水发生激烈反应,从水中置换出氢气,并生成相应的氢氧化物。但锂、铍和镁与水作用时,在金属表面生成难溶的氢氧化物,覆盖在金属表面上,从而阻碍反应的继续进行。

7.1.1 氧化物

碱金属的氧化物有:普通氧化物 M_2O、过氧化物 M_2O_2 和超氧化物 MO_2 等。在 M_2O_2 中含有过氧离子 O_2^{2-},其结构式为 $(:\overset{..}{O}-\overset{..}{O}:)^{2-}$。在 MO_2 中含有超氧离子 O_2^-,其结构式为 $(:\overset{..}{O}\overset{..}{\cdots}\overset{..}{O}:)^-$。

当碱金属在空气中燃烧时,只有锂的主要产物是 Li_2O,而钠的主要产物是 Na_2O_2,钾、铷、铯的主要产物分别是 KO_2,RbO_2,CsO_2。只有用碱金属还原过氧化物、硝酸盐或亚硝酸盐,才能制得相应的 M_2O 型氧化物。

在室温下,碱金属的过氧化物、超氧化物与水或稀酸反应生成过氧化氢,过氧化氢又分解放出氧气;它们与二氧化碳作用也能放出氧气:

$$Na_2O_2 + 2H_2O = 2NaOH + H_2O_2$$
$$Na_2O_2 + H_2SO_4 = Na_2SO_4 + H_2O_2$$
$$2KO_2 + 2H_2O = 2KOH + H_2O_2 + O_2\uparrow$$
$$2KO_2 + H_2SO_4 = K_2SO_4 + H_2O_2 + O_2\uparrow$$
$$2Na_2O_2 + 2CO_2 = 2Na_2CO_3 + O_2\uparrow$$
$$4KO_2 + 2CO_2 = 2K_2CO_3 + 3O_2\uparrow$$

过氧化物和超氧化物分别是反磁性物质和顺磁性物质,广泛用做氧化剂、漂白剂、高空飞行或潜水时的供氧剂。

碱土金属很容易与氧直接化合,生成 MO 型氧化物。在加热或加压条件下,钙、锶、钡可以与氧反应生成过氧化物或超氧化物。其中以过氧化钡 BaO_2 较为重要,它与稀酸反应生成 H_2O_2,实验室利用此法制备 H_2O_2。

7.1.2 氢氧化物

氢氧化物的强碱性是碱金属和碱土金属性质的重要特点。碱金属氢氧化物易溶于水,可以得到浓度较大的溶液,同时它们在水中全部离解,因此它们都是强碱(仅

LiOH 属中强碱),并且从 LiOH 到 CsOH 碱性依次增强,因而 CsOH 是最强的碱。

碱土金属氢氧化物的碱性比碱金属氢氧化物的碱性要弱一些。从 Be(OH)$_2$ 到 Ba(OH)$_2$ 碱性依次增强,其中 Be(OH)$_2$ 呈两性,与 Al(OH)$_3$ 相似,能溶于强碱。

对于氢氧化物 ROH 碱性的强弱及是否具有两性,可依离子势(Φ)的数值来判断。离子势是离子的电荷 Z 与离子半径 r 的比值,即 $\Phi = \dfrac{Z}{r}$。

Φ 值越大(即 Z 大,r 小),静电引力越强,则 R 吸引氧原子的电子云越强,使 O—H 的键被削弱得越多,ROH 便以酸式离解为主。相反,Φ 值越小(即 Z 小,r 大)则 R—O 键较弱,R—OH 便以碱式离解为主。

$$R\!\mid\!O\text{—}H \rightarrow R^+ + OH^-, \qquad 碱式离解$$
$$R\text{—}O\!\mid\!H \rightarrow RO + H^+, \qquad 酸式离解$$

用 Φ 值判断金属氢氧化物的酸碱性,有以下经验式(计算 Φ 值时半径用 pm 表示):

$$\sqrt{\Phi} < 0.22, \qquad 金属氢氧化物是碱性$$
$$0.22 < \sqrt{\Phi} < 0.32, \qquad 金属氢氧化物是两性$$
$$\sqrt{\Phi} > 0.32, \qquad 金属氢氧化物是酸性$$

对于同族元素的金属氢氧化物,例如碱土金属氢氧化物,离子电荷数和外层电子构型均相同,其 Φ 值主要取决于离子半径的大小。所以碱土金属的氢氧化物均随离子半径的增大而碱性增强(见表 7-1)。应当指出,用 Φ 值判断氢氧化物的离解方式只是一种粗略的经验方法,因为氢氧化物在水溶液中的酸碱性强弱还要受溶剂效应和氢键等的影响。

表 7-1　　　　　　　　　　碱土金属氢氧化物的性质

元素	Be	Mg	Ca	Sr	Ba
氢氧化物	Be(OH)$_2$	Mg(OH)$_2$	Ca(OH)$_2$	Sr(OH)$_2$	Ba(OH)$_2$
$\sqrt{\Phi}$ 值	0.254	0.175	0.142	0.133	0.122
酸碱性	两性	中强碱性	强碱性	强碱性	强碱性

7.1.3　盐类

碱金属盐类最大的特点是易溶于水,且在水中完全电离。只有少数盐类是难溶的,这些不溶盐一般都是由大的阴离子组成。例如钾、铷、铯的亚硝酸钴盐 M$_3$[Co(NO$_2$)$_6$],四苯硼化物 MB(C$_6$H$_5$)$_4$,高氯酸盐 MClO$_4$,氯铂酸盐 M$_2$PtCl$_6$ 和醋酸铀酰锌钠 NaAc·Zn(Ac)$_2$·3UO$_2$(Ac)$_2$·9H$_2$O 等。这些难溶盐一般用于定性分析、重量分析和沉淀分离。

碱土金属盐类的重要特点是难溶于水。碱土金属的氯化物、硝酸盐等易溶于水,但其碳酸盐、硫酸盐、草酸盐、磷酸盐等则难溶于水(其中硫酸镁、铬酸镁是易溶的)。在分析化学中,常利用草酸钙 CaC$_2$O$_4$ 的难溶性来测定土壤、肥料和动物血液中钙的含量。

碱金属和钙、锶、钡的挥发性盐在火焰中分别呈现特殊的颜色。例如,锂盐的火焰显洋红色,钠盐显黄色,钾、铷、铯的盐显玫瑰紫色,钙盐显橙红色,锶盐显深红色,钡盐则显黄绿色。在分析化学中常利用这一性质来做它们的定性检查。

钠、钾、钙、镁对生物的生长发育作用极大。Na$^+$,K$^+$,Ca^{2+},Mg^{2+} 占人体中金属离子总量的99%。

医学中钡盐和钙盐的应用

1. 钡餐

在医疗诊断中,难溶 BaSO$_4$ 被用于消化系统的 X 光透视中,通常称为钡餐透视。在进行透视之前,患者要吃进 BaSO$_4$(s) 在 Na$_2$SO$_4$ 溶液中的糊状物,以便 BaSO$_4$ 能到达消化系统。因为 BaSO$_4$ 是不能透过 X 射线的,这样在屏幕上或照片上就能很清楚地将消化系统显现出来。虽然,Ba^{2+} 是有毒的,但是,由于同离子效应,BaSO$_4$ 在 Na$_2$SO$_4$(aq) 中的溶解度非常之小,对患者没有任何危险。

2. 蛀牙及其防治

几个世纪以来,蛀牙一直困扰着人类。虽然,对蛀牙的起因已有了很好的了解,但是绝对防止蛀牙仍是不可能的。

牙齿表面有一薄层珐琅质(釉质)层保护着,釉质是由难溶的羟基磷酸钙 Ca$_5$(PO$_4$)$_3$OH ($K_{sp}^{\ominus}=6.8\times10^{-37}$) 组成的,当它溶解时(这个过程叫做脱矿化作用),相关离子进入了唾液:

$$Ca_5(PO_4)_3OH(s) \longrightarrow 5Ca^{2+}(aq) + 3PO_4^{3-}(aq) + OH^-(aq)$$

在正常情况下,这个反应向右进行的程度是很小的。该溶解反应的逆过程叫做再矿化作用,是人体自身的防蛀牙的过程:

$$5Ca^{2+}(aq) + 3PO_4^{3-}(aq) + OH^-(aq) \longrightarrow Ca_5(PO_4)_3OH(s)$$

在儿童时期,釉质层(矿化作用)生长比脱矿化作用快;而在成年时期,脱矿化与再矿化作用的速率大致是相等的。

进餐之后,口腔中的细菌分解食物产生有机酸,如醋酸(CH$_3$COOH)、乳酸(CH$_3$CH(OH)COOH)。特别是像糖果、冰淇淋和含糖饮料这类高糖含量的食物产生的酸最多,因而导致 pH 减小,促进了牙齿的脱矿化作用。当保护性的釉质层被削弱时,蛀牙就开始了。

防止蛀牙的最好方法是吃低糖的食物和坚持饭后立即刷牙。大多数牙膏含有氟化物,如 NaF 等。这些氟化物能帮助减少蛀牙。这是因为在再矿化过程中 F^- 取代了 OH^-:

$$5Ca^{2+}(aq) + 3PO_4^{3-}(aq) + F^-(aq) \longrightarrow Ca_5(PO_4)_3F(s)$$

牙齿的釉质层组成发生了变化,氟磷灰石 $Ca_5(PO_4)_3F$ 是更难溶的化合物,其 $K_{sp}^{\ominus}$ 为 1×10^{-60};又 F^- 是比 OH^- 更弱的碱,不易与酸反应。从而使牙齿有较强的抗酸能力,有利于防止蛀牙。

7.2 卤素的化合物

第七主族(ⅦA)元素包括氟、氯、溴、碘和砹,总称为卤素,其中砹为放射性元素。卤素原子的外层电子结构为 ns^2np^5。它们的电负性都较大,极易获得一个电子形成 -1 价的阴离子。因此卤族是典型的非金属,能和活泼的金属结合生成离子化合物。卤族还几乎能和所有的非金属结合,生成共价化合物。由于氟是所有元素中电负性最大的,它在化合物中只能显 -1 价;而其他卤素,在与电负性较小的非金属结合时显 -1 价;在与电负性比它们更大的非金属(如氧、氟)结合时,除显 $+1$ 价外,还可显 $+3$、$+5$、$+7$ 价,这是由于氯、溴、碘原子外层电子结构中都存在空的 nd 轨道,可以参加成键,原来已成对的 p 和 s 电子能拆开进入 nd 轨道中。

由于卤素结合电子的能力强,它们都是强氧化剂,其中氟是最强的氧化剂。根据 X_2/X^- 电对的标准电极电位可知,卤素单质的氧化性依 F_2,Cl_2,Br_2,I_2 的次序减弱,而卤素离子的还原性则依 F^-,Cl^-,Br^-,I^- 的次序增强。因此氯能置换溴化物和碘化物溶液中的溴离子和碘离子,溴只能置换碘化物溶液中的碘离子,而不能置换氯化物溶液中的氯离子。

7.2.1 氢卤酸

卤素与氢能直接化合,生成卤化氢 HX。卤化氢的水溶液叫做氢卤酸。氢卤酸可以离解出氢离子和卤素离子,因此酸性和卤素离子的还原性是其主要特征。

氢卤酸的还原能力依 HF,HCl,HBr,HI 的次序增强。氢碘酸在常温时可以被空气中的氧气氧化;氢溴酸和氧的反应进行得很慢;盐酸不能被氧气所氧化,但在强氧化剂(如 $KMnO_4$,$K_2Cr_2O_7$,MnO_2 等)的作用下可表现出还原性;氢氟酸没有还原性。

氢卤酸中除氢氟酸外都是强酸。氢氟酸的稀溶液酸性很弱($K = 6.6 \times 10^{-4}$),其他氢卤酸的酸性依 HCl,HBr,HI 的次序依次增强。

氢氟酸有以下特殊的性质,它能与二氧化硅或硅酸盐反应,生成气态的四氟化硅 SiF_4。

$$SiO_2 + 4HF \Longrightarrow SiF_4\uparrow + 2H_2O$$

$$CaSiO_3 + 6HF = CaF_2 + SiF_4\uparrow + 3H_2O$$

在分析化学上常用这个特性来测定土壤中 SiO_2 的含量或分离除去硅。氢氟酸能腐蚀皮肤,并且创伤难以治愈,使用时应注意安全。

7.2.2 卤化物

除了氮、氖和氩外,元素周期表中所有元素都能生成卤化物。碱金属、碱土金属(铍除外)和大多数镧系元素的卤化物多为离子型,如 $NaCl$,$CaCl_2$,$LaCl_3$ 等。随着金属离子半径的减小,电荷的增加,离子极化能力的加强,它们的卤化物共价性愈显著。高价金属的卤化物和非金属卤化物多为共价型,如 $AlCl_3$,$FeCl_3$,CCl_4,PCl_3 等。对同一金属的不同卤化物,氟化物多为离子型,而碘化物的共价性最显著。不同价态的某一金属,低价态的卤化物常为离子型(如 $PbCl_2$),而高价态的卤化物往往为共价型(如 $PbCl_4$)。

已知弱碱性的金属卤化物遇水能发生水解,非金属的卤化物溶于水时,也能发生强烈的水解。这时水解的产物往往是卤化物中的卤素原子与水中的氢结合而成氢卤酸,卤化物中电负性比卤素小的另一元素的原子,与水中的氢氧根结合生成含氧酸。例如:

$$PCl_3 + 3H_2O = H_3PO_3 + 3HCl$$
$$BCl_3 + 3H_2O = H_3BO_3 + 3HCl$$

但是 CCl_4,SF_6 等不能水解,它们几乎不溶于水。

大多数卤化物易溶于水,常见的金属氯化物中只有 $AgCl$ 和 Hg_2Cl_2 是难溶的,$PbCl_2$ 在冷水中的溶解度较小,但能溶于热水。溴化物和碘化物的溶解度和相应的氯化物相似,氟化物的溶解度和其他卤化物不一致。例如,在卤化钙中,CaF_2 难溶于水,其他卤化钙却易溶于水。这是因为 F^- 的半径特别小,它与正离子之间的静电引力比其他卤素离子的强,其晶格能高,因此 CaF_2 难溶于水。然而在卤化银中,AgF 易溶于水,其他卤化物却难溶于水。这是因为 Ag^+ 的极化力很强,Cl^-,Br^-,I^- 的变形性依次增加,附加极化作用依次增强,以致在卤化银分子中产生相应的共价性。因此 $AgCl$,$AgBr$,AgI 均难溶于水,其溶解度随共价性的依次增加而降低。F^- 的半径很小,几乎不变形,故 AgF 仍属于离子型化合物,易溶于水。

7.2.3 卤素的重要含氧酸

氯、溴和碘能生成 4 种类型的含氧酸,其分子式为 HOX,HXO_2(未见有 HIO_2),HXO_3 和 HXO_4。在卤素的含氧酸中,只有氯的含氧酸有较多的实际用途。下面仅讨论 $HClO$,$HClO_3$ 和 $HClO_4$。它们的结构式为它们的主要性质如下：

1. 稳定性

氯的含氧酸的稳定性按 HClO，HClO$_3$，HClO$_4$ 的顺序加强。HClO 很不稳定,只能存在于稀溶液中,且很易分解,不能制得 HClO 的浓酸。HClO$_3$ 比 HClO 稳定,在稀溶液中相当稳定,浓度超过 40% 即行分解。HClO$_4$ 在氯的含氧酸中是最稳定的,其水溶液在浓度低于 60% 时加热也不会分解,但是纯 HClO$_4$ 不稳定,在储藏中有时会爆炸,故在使用或储藏 HClO$_4$ 时应特别注意安全。浓热的 HClO$_4$ 溶液与易燃物相遇,易发生猛烈爆炸。

2. 氧化性

卤素的含氧酸都是氧化剂。比较在酸性溶液中氯的含氧酸被还原到 Cl$_2$ 时的电极电位,可知它们的氧化能力是依 HClO，HClO$_3$，HClO$_4$ 的顺序降低。

$$HClO + H^+ + e =\!=\!= 1/2Cl_2 + H_2O, \qquad \varphi^{\ominus} = +1.63 \text{ V}$$
$$ClO_3^- + 6H^+ + 5e =\!=\!= 12Cl_2 + 3H_2O, \qquad \varphi^{\ominus} = +1.47 \text{V}$$
$$ClO_4^- + 8H^+ + 7e =\!=\!= 12Cl_2 + 4H_2O, \qquad \varphi^{\ominus} = +1.34 \text{V}$$

在碱性溶液中,氯的含氧酸被还原到 Cl$^-$ 时,其氧化能力也是按以上顺序变化。这是因为还原过程中价态越高的含氧酸,需要断裂的 Cl—O 键越多,酸根离子越稳定,故氧化性越弱。由于浓 HClO$_4$ 具有强氧化性和高沸点等性质,在分析化学上它是溶解试样的重要试剂。

3. 酸性

HClO 是很弱的酸($K_a = 3.6 \times 10^{-8}$),比 H$_2$CO$_3$ 还弱;HClO$_3$ 是强酸,强度接近于 HCl 和 HNO$_3$;HClO$_4$ 是已知含氧酸中最强的酸之一。可见它们的酸性按 HClO，HClO$_3$，HClO$_4$ 的顺序加强。这是因为:①中心原子 Cl 的电负性随着正价的升高而增加,羟基上氧的电子被吸引逐渐增强,羟基上的氢电离能力便增大。②和中心原子 Cl 结合的非羟基的氧的数目,随着 Cl 的正价的升高而增多,这种非羟基的氧(电负性较大)可把中心原子 Cl 的电子拉走,增大了中心原子 Cl 对羟基上氧的电子的吸引,从而进一步促使羟基上氢的电离,这种非羟基氧的数目越多,含氧酸的酸性便越强。

7.3 氧族元素的化合物

第六主族(ⅥA)元素包括氧、硫、硒、碲和钋,总称为**氧族元素**。其中氧和硫是典型的非金属,硒和碲是半金属,钋为金属。

氧族元素原子的外层电子结构为 ns^2np^4,比相应的卤素原子少一个 p 电子。本族的氧、硫、硒的原子都能结合两个电子形成 -2 价的阴离子,表现出非金属元素的特征,其非金属活泼性弱于卤素。由于氧的电负性仅次于氟,它可和大多数金属化合,生成含 O^{2-} 的离子型氧化物(如 Li_2O,MgO,Al_2O_3 等);而硫、硒只能和电负性较小的金属化合,生成含 S^{2-} 或 Se^{2-} 的离子型化合物(如 Na_2S,BaS,K_2Se 等),并且它们与大多数金属化时,主要是生成共价化合物(如 CuS,HgS 等)。氧族元素与非金属化合时,都是形成共价化合物。氧在化合物中一般为 -2 价,仅在与 F 化合时(OF_2)显正价;硫、硒、碲的主要价态为 -2,+2,+4 和 +6。下面着重讨论氧和硫的重要化合物。

7.3.1 过氧化氢

纯过氧化氢 H_2O_2 是无色黏稠状液体,能以任何比例溶解于水。过氧化氢的水溶液叫做双氧水,常用浓度为 3% 或 30% 的过氧化氢溶液。

过氧化氢分子为极性分子,其成键作用和水分子一样,其中的氧原子也是采取不等性的 sp^3 杂化,两个 sp^3 杂化轨道中各有两个成单电子,其中一个和氢原子的 1s 轨道重叠形成 H—Oσ 键,另一个则和第二个氧原子的 sp^3 杂化轨道重叠形成 O—Oσ 键(见图 7-1(a))。H_2O_2 分子不是呈 H—O—O—H 的直线型结构,两个氢原子像在半展开书本的两页纸上,两页纸的夹角为 93°51′,两个氧原子在书的夹缝上,O—H 键和 O—O 键之间的夹角为 96°52′(见图 7-1(b))。

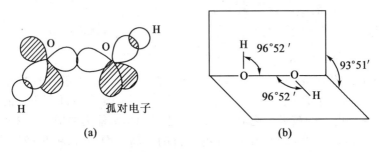

图 7-1 H_2O_2 的分子结构

由于过氧化氢分子中存在过氧键—O—O—,使 H_2O_2 的性质和 H_2O 有很大的差别。它的主要化学性质如下:

1. 弱酸性

过氧化氢是很弱的二元酸,在水溶液中电离如下:

$$H_2O_2 \rightleftharpoons H^+ + HO_2^-, \qquad K_1 = 1.5 \times 10^{-12}(20℃),$$
$$HO_2^- \rightleftharpoons H^+ + O_2^{2-}, \qquad K_2 = 1.0 \times 10^{-23}$$

过氧化氢能与碱作用成盐,所生成的盐称为过氧化物。例如:
$$H_2O_2 + Ba(OH)_2 \rightleftharpoons BaO_2 + 2H_2O$$

2. 不稳定性

由于过氧键—O—O—的键能较小,过氧化氢分子不稳定,容易分解。
$$2H_2O_2 \rightleftharpoons 2H_2O + O_2 + 196.21kJ$$

纯的过氧化氢液体相对稳定些,在常温下基本不分解。光照、加热和增大溶液的碱度都能促使其分解。溶液中微量的 MnO_2 或重金属离子(如 Fe^{3+},Mn^{2+},Cu^{2+},Cr^{3+} 等)对 H_2O_2 的分解有催化作用。为了防止 H_2O_2 的分解,常将过氧化氢溶液装在棕色瓶中,并避光放于阴凉处。

在生物体内,某些代谢过程产生和积累了过氧化氢,过氧化氢对于多数组织是有毒害的。例如,它能氧化某些具有重要生理作用的巯基的酶和蛋白质,使之丧失活力。生物体内的过氧化氢酶能催化 H_2O_2 分解反应,使之生成 H_2O 和 O_2。在生物学上也利用这个性质,由测量 H_2O_2 分解所放出的氧来测定过氧化氢酶的活性。

3. 氧化性和还原性

过氧化氢中氧的氧化数是 -1,它可以被氧化为零价,也可以被还原为 -2 价。H_2O_2 的标准电极电位如下:

酸性溶液: $H_2O_2 + 2H^+ + 2e \rightleftharpoons 2H_2O$, $\qquad \varphi^{\ominus} = +1.77V$
$\qquad\qquad\; O_2 + 2H^+ + 2e \rightleftharpoons H_2O_2$, $\qquad \varphi^{\ominus} = +0.68V$

碱性溶液: $H_2O + HO_2^- + 2e \rightleftharpoons 3OH^-$, $\qquad \varphi^{\ominus} = +0.87V$
$\qquad\qquad\; O_2 + H_2O + 2e \rightleftharpoons OH^- + HO_2^-$, $\qquad \varphi^{\ominus} = -0.076V$

由上述电位值可见,H_2O_2 在酸性或碱性介质中都是氧化剂,在酸性溶液中是强氧化剂。例如,在酸性介质中 I^- 和 Fe^{2+} 都能被 H_2O_2 氧化。在强碱性介质中 CrO_2^- 能被 H_2O_2 所氧化。

$$H_2O_2 + 2H^+ + 2I^- \rightleftharpoons 2H_2O + I_2$$
$$H_2O_2 + 2H^+ + 2Fe^{2+} \rightleftharpoons 2H_2O + 2Fe^{3+}$$
$$2CrO_2^- + 3H_2O_2 + 2OH^- \rightleftharpoons 2CrO_4^{2-} + 4H_2O$$

常利用 H_2O_2 和 KI 的反应来测定 H_2O_2 的含量。基于 H_2O_2 的氧化性,常把它用做漂白剂、氧化剂和消毒剂。高浓度的 H_2O_2 是火箭燃料的氧化剂。

当 H_2O_2 遇到比它更强的氧化剂时,它就表现出还原剂的性质。例如:
$$2MnO_4^- + 6H^+ + 5H_2O_2 \rightleftharpoons 2Mn^{2+} + 5O_2 + 8H_2O$$
$$2MnO_4^- + 3H_2O_2 \rightleftharpoons 2MnO_2\downarrow + 3O_2\uparrow + 2OH^- + 2H_2O$$

$$Cl_2 + H_2O_2 = 2HCl + O_2$$

在工业上常利用 H_2O_2 与 Cl_2 的反应,除去漂白过的物件上残余的 Cl_2。在定量分析中,常利用 H_2O_2 与 $KMnO_4$ 的反应(在酸性介质中)测定 H_2O_2 的浓度。

7.3.2 金属硫化物

绝大多数金属硫化物难溶于水,有些还难溶于酸。它们的沉淀具有特殊的颜色,例如,CdS,As_2S_3 等显黄色,ZnS 显白色,FeS,CuS,PbS 等显黑色。分析化学上常利用以上性质来分离和鉴别金属离子。根据金属硫化物溶解情况的不同,可以把它们分为 4 类,列于表 7-2。

溶于水的硫化物,在水中都能水解而显碱性。例如:

$$Na_2S + H_2O = NaHS + NaOH$$
$$2BaS + 2H_2O = Ba(HS)_2 + Ba(OH)_2$$

不溶于水而溶于稀酸($0.3\,mol \cdot L^{-1}\,HCl$)的硫化物,它们的溶度积比较大。在这类硫化物中,$Al_2S_3$ 和 Cr_2S_3 等遇水完全水解,析出氢氧化物沉淀与 H_2S 气体。例如:

$$Al_2S_3 + 6H_2O_2 = Al(OH)_3\downarrow + 3H_2S\uparrow$$

因此铝和铬的硫化物在水中实际不存在。

表 7-2　　　　　　　　金属硫化物

硫化物溶于水	硫化物不溶于水		
	硫化物溶于稀酸 ($0.3\,mol \cdot L^{-1}\,HCl$)	硫化物不溶于稀酸 ($0.3\,mol \cdot L^{-1}\,HCl$)	
		硫化物溶于 Na_2S	硫化物不溶于 Na_2S
K^+, Na^+, NH_4^+, Ca^{2+}, Ba^{2+}, Sr^{2+}	Al^{3+}, Cr^{3+}, Mn^{2+}, Fe^{3+}, Fe^{2+}, Co^{2+}, Ni^{2+}, Zn^{2+}	As^{5+}, As^{3+}, Sb^{5+}, Sb^{3+}, Hg^{2+}, Sn^{4+}	Ag^+, Cu^{2+}, Pb^{2+}, Bi^{3+}, Cd^{2+}, Hg_2^{2+}

不溶于水和稀酸($0.3\,mol \cdot L^{-1}\,HCl$)的硫化物,它们的溶度积一般很小。在这类硫化物中,As_2S_3,Sb_2S_3 等具有酸性,因而能溶于碱性的硫化物 Na_2S 中,生成易溶于水的硫代酸盐。例如:

$$As_2S_3 + 3Na_2S = 2Na_3AsS_3(硫代亚砷酸钠)$$

不溶于稀酸的硫化物,大多可溶于 HNO_3。利用 HNO_3 的强氧化性,将 S^{2-} 氧化为单质硫,从而减小溶液中 S^{2-} 浓度,而使硫化物溶解。例如:

$$3CuS + 8HNO_3 = 3Cu(NO_3)_2 + 3S\downarrow + 2NO\uparrow + 4H_2O$$

HgS 在 HNO_3 中也不溶解,必须用王水才能溶解。这是因为 HgS 的溶度积非常小,必须同时降低 S^{2-} 和 Hg^{2+} 的浓度,才能使溶液中离子浓度的乘积小于它的溶

第7章 主族元素

度积。

$$3HgS + 12HCl + 2HNO_3 \Longrightarrow 3[HgCl_4]^{2-} + 6H^+ + 3S\downarrow + 2NO\uparrow + 4H_2O$$

7.3.3 硫的含氧酸及其盐

硫的含氧酸很多,这里仅列举几种重要的含氧酸。

1. 亚硫酸及其盐

二氧化硫 SO_2 的水溶液叫做亚硫酸 H_2SO_3,它只存在于水溶液中。H_2SO_3 不稳定,容易分解为 SO_2 和水,在溶液中存在以下平衡:

$$SO_2 + H_2O \Longrightarrow H_2SO_3 \Longrightarrow H^+ + HSO_3^- \Longrightarrow 2H^+ + SO_3^{2-}$$

亚硫酸是中强二元酸,加入碱时,平衡向右移动,生成酸式盐或正盐。

在亚硫酸及其盐中,硫处于+4价中间价态,所以它们既有还原性也有氧化性,但其还原性是主要的,这可从以下电位图看出:

酸性溶液: $SO_4^{2-} \xrightarrow{+0.17V} H_2SO_3 \xrightarrow{+0.45V} S$

碱性溶液: $SO_4^{2-} \xrightarrow{-0.92V} SO_3^{2-} \xrightarrow{-0.61V} S$

由电对 SO_4^{2-}/H_2SO_3 的 $\varphi^{\ominus}$ 值可知 H_2SO_3 的还原性仅略次于 H_2。电对 H_2SO_3/S 的 $\varphi^{\ominus}$ 是稍大的正值,表明 H_2SO_3 并不是强氧化剂,它只能在强还原剂的作用下才显氧化性。电对 SO_4^{2-}/SO_3^{2-} 的 $\varphi^{\ominus}$ 值表明在碱性溶液中,SO_2 或亚硫酸盐都是强还原剂。例如,亚硫酸和亚硫酸盐很容易被 Cl_2,Br_2,I_2,$KMnO_4$,$K_2Cr_2O_7$ 等氧化,可被空气中的氧缓慢地氧化,分别生成硫酸和硫酸盐。

SO_2 主要是由含 S 的煤和石油等燃料燃烧产生的,硫酸厂和有色金属冶炼厂等也会排放出大量 SO_2 气体。1999 年我国排放的 SO_2 为 1 857 万 t。

SO_2 对人体危害很大,对植物的危害也很大。酸雨的形成,主要是大气中含有 SO_2 和 NO_2 的原因。SO_2 可被大气中的 O_3 和 H_2O_2 氧化成 SO_3,它溶入雨水形成 H_2SO_4;NO_2 溶入雨水生成 HNO_3 和 HNO_2。酸雨的危害性极大。例如,美国由于酸雨的危害,农业、林业、水产和建筑物损失约为 50 亿美元,并预计今后 20 年还可能增加到 150 亿~250 亿美元;在我国南方十省区,pH<4.5 的重酸雨区已超过 100 万 km^2。2001 年 11 月,国家环保总局宣布,我国重点整治了 SO_2 的排放,已把酸雨面积控制在国土面积的 30%。

2. 硫酸及其盐

纯硫酸是无色油状液体,沸点 338℃(98.3% 硫酸),挥发性小。硫酸的结构式可写为其中，S 原子以 sp³ 杂化轨道与 O 原子成键。

浓硫酸溶于水时，由于形成 $H_2SO_4·H_2O$，$H_2SO_4·2H_2O$，$H_2SO_4·3H_2O$ 等各种水合物而放出大量的热，故配制硫酸溶液时，必须把浓硫酸慢慢地倒入水中，切不可将水倒入浓硫酸中。

浓硫酸在加热时显出强氧化性，它不仅能氧化许多金属，也能氧化一些非金属如碳和硫等。浓硫酸的氧化作用不是由于 H^+，而是由于 +6 价的 S。一般是硫酸被还原成 SO_2，当它和锌等金属作用时，也可被还原成游离的 S 或 H_2S。

硫酸是二元强酸，能生成硫酸盐和酸式硫酸盐。大多数硫酸盐为无色结晶，易溶于水；仅 $PbSO_4$、$BaSO_4$、$SrSO_4$ 和 $CaSO_4$ 微溶于水，其中 $BaSO_4$ 的溶解度最小。含有结晶水的硫酸盐称为矾类，如明矾 $KAl(SO_4)_2·12H_2O$、胆矾 $CuSO_4·5H_2O$。

3. 焦硫酸及其盐

焦硫酸是由等摩尔数的 SO_3 和纯硫酸相化合而成的，它具有比浓硫酸更强的氧化性。焦硫酸盐经强热后，分解放出 SO_3。SO_3 的酸性很强，容易和碱性氧化物作用生成可溶性的硫酸盐，故常用 $K_2S_2O_7$ 作酸性熔剂，熔化某些金属氧化物（如 Fe_2O_3，Al_2O_3，Cr_2O_3 等）。例如：

$$Fe_2O_3 + 3K_2S_2O_7 = Fe_2(SO_4)_3 + 3K_2SO_4$$

4. 过硫酸及其盐

过硫酸有过一硫酸 H_2SO_5 和过二硫酸 $H_2S_2O_8$。它们的结构式分别为

可以把它们看成是 H_2O_2 分子中的 H 原子被—SO_3H 取代的产物，过硫酸及其盐都含有过氧键—O—O—，故都具有强氧化性。在 $H_2S_2O_8$ 中，过氧键上 O 的氧化数为 −1，S 的氧化数仍然是 +6，但通常按 $H_2S_2O_8$ 形式上的氧化数计算，把 S 的氧化数看做 +7。过二硫酸钾 $K_2S_2O_8$ 和过二硫酸铵 $(NH_4)_2S_2O_8$ 都是常用的强氧化剂。

$$S_2O_8^{2-} + 2e = 2SO_4^{2-}, \qquad \varphi^\ominus = +2.01\ V$$

在酸性介质中，以 $AgNO_3$ 为催化剂，$S_2O_8^{2-}$ 可将 Cr^{3+} 氧化为 $Cr_2O_7^{2-}$，将 Mn^{2+} 氧化为 MnO_4^-。

$$2Mn^{2+} + 5S_2O_8^{2-} + 8H_2O \xrightarrow[Ag^+催化]{\Delta} 2MnO_4^- + 10SO_4^{2-} + 16H^+$$

$$2Cr^{3+} + 2S_2O_8^{2-} + 7H_2O \xrightarrow[Ag^+催化]{\Delta} Cr_2O_7^{2-} + 6SO_4^{2-} + 14H^+$$

常用 $(NH_4)_2S_2O_8$ 处理植物或土壤样品，使其中的锰转化为 MnO_4^-（紫色），以作锰的光度分析。

氧的发现与联想

1674 年英国医生梅耶(Mayor)做了这样一个实验,他把燃烧着的蜡烛和小鼠置于水面的浮板上,覆以倒置的广口瓶。他发现瓶中的空气体积会逐渐变少,最后蜡烛熄灭,小鼠也死了。这个实验说明可维持燃烧的气体和维持生命的气体是相同的。小鼠在封闭系统中呼吸消耗掉一种气体,剩下的气体是另一种比空气稍轻的气体。空气中含有两种成分:一种是可供燃烧和维持生命的气体,称为氧气(我国早年化学书上称之为"养气"),另一种是窒息性气体,称为氮气(早年称为"浊气"或"窒气")。

氧气的助燃性质是显而易见的。1774 年 Priestley 利用氧化汞的分解采用排水法收集氧气。他受"燃素"学说的影响而对燃烧的本质感到迷惑不解。他认为,不能维持燃烧的氮气是"燃素"饱和了的气体,而氧则是不含燃素的气体,它特别能吸收燃素。"燃素"学说颠倒了助燃和被燃的关系。Priestley 是一个唯物的化学家,他发现了氧,但也难免被错误的思维方式所误导。恩格斯指出:"从歪曲的、片面的错误的前提出发,循着错误的歪曲的不可靠的途径行进,往往当真理碰到鼻尖上的时候还是没有得到真理。"Priestley 发现氧而不认识氧的助燃性质是一个令人深思的例子。

事隔不久,法国化学家 Lavoisier 把大量精确的实验材料联系起来,摆脱了旧思想的束缚,推翻了"燃素"学说,揭示了可燃物中并没有燃素,只有氧的存在才能发生燃烧。燃烧是可燃物(如纸、硫磺、某些金属等)与氧化合而发出的光和热。科学实验有赖于科学思维,科学理论能指导正确的实验方向。

中国火药中的硝石含有大量化合而易释放的氧,其助燃性比氧气更厉害;一旦遇到小火星或碰撞,硫和碳立刻被氧化。爆炸是急剧的氧化现象。我国劳动人民首先找到硝石,生产出火药,这具有深远的实际意义。它为现代炸药的研究奠定了基础。

7.4 氮族元素的化合物

第五主族(ⅤA)元素包括氮、磷、砷、锑和铋,总称为氮族元素。本族元素原子的外层电子结构为 ns^2np^3,半径较小的氮和磷是非金属,锑和铋是金属,砷为半金属。

由于氮族元素的电负性较同周期的卤族和氧族小得多,它们的化合物主要是共价型的,仅电负性较大的 N 和 P 可形成极少数含 N^{3-},P^{3-} 的离子型化合物(如 Mg_3N_2,Ca_3P_2 等),且仅能存在于干态。本族元素与电负性很小的元素(包括 H)化合时显负价,与电负性较大的非金属元素化合时则显正价,其主要价态为 -3,$+3$ 和 $+5$。

7.4.1 氮的氢化物

1. 氨

氨 NH_3 是无色、有刺激性臭味的气体,极易溶解于水,它的水溶液称为氨水。氨的主要化学性质如下:

(1) 加合作用 氨分子中的孤电子对倾向于和别的离子或分子形成配位键。例如,氨与 Ag^+,Cu^{2+},Cr^{3+},BF_3 等形成 $[Ag(NH_3)_2]^+$,$[Cu(NH_3)_4]^{2+}$,$[Cr(NH_3)_6]^{3+}$ 和 $BF_3 \cdot NH_3$ 等氨的加合物。氨与盐酸、硝酸、硫酸均可直接起加合作用,生成相应的铵盐。氨溶于水时,小部分氨分子和水中的 H^+ 加合形成 NH_4^+,同时游离出 OH^- 而显碱性。

(2) 氧化反应 氨具有还原性,氨在纯氧中燃烧,生成氮气和水;铂作催化剂时,氨可被空气中的氧氧化为 NO,这一反应是工业合成 HNO_3 的基础。氨也能被 Br_2 或 Cl_2 氧化为 N_2。

(3) 取代反应 氨可以看做是一个三元酸,氨中的 H 可被金属依次取代,生成氨基—NH_2、亚氨基 HN 或氮化物 N 的衍生物。例如:

$$2Na + 2NH_3 =\!=\!= 2NaNH_2(氨基钠) + H_2\uparrow$$

氨在生物体系中有着重要的意义。氨是生物利用氮的主要形式,它是合成有机氮的重要物质。在植物体内氨能与 α-酮戊二酸作用(经谷氨酸脱氢酶的催化)生成谷氨酸。

$$NH_3 + HOOC-(CH_2)_2-\underset{O}{C}-COOH + H^+$$
$$\rightleftharpoons HOOC-(CH_2)_2-\underset{NH_2}{C}-COOH + H_2O$$

以上反应在所有氨基酸的合成中都有着重要的意义,因为它是生物界多种生物直接利用 NH_3 形成 α-氨基酸的主要途径,谷氨酸的氨基又可转到任何一种 α-酮酸上形成各种相应的氨基酸。

2. 联氨和羟氨

氨分子中的一个氢原子被氨基(—NH_2)取代的衍生物叫做联氨 H_2N-NH_2,又叫做肼。它是重要的火箭燃料。联氨的水溶液呈弱碱性,能和强酸作用,生成相应的盐,如 $(N_2H_4)_2 \cdot H_2SO_4$,$N_2H_4 \cdot HCl$。

氨分子中的一个氢原子被羟基(—OH)取代的衍生物叫做羟氨 NH_2OH。它的碱性比氨水还要弱(25℃时 $K_b = 9.1 \times 10^{-9}$)。纯羟氨不稳定,易分解,常制成羟氨盐酸盐 $NH_3OH^+Cl^-$。H_2N-NH_2 和 NH_2-OH 中 N 的氧化数分别为 -2 和 -1,它们既具有还原性又具有氧化性,通常是用其还原性。它们用做还原剂的优点是本身被氧化的产物(如 N_2,NO,N_2O 等)可以脱离反应体系。例如:

$$2NH_2OH + 4FeCl_3 = N_2O + 4FeCl_2 + 4HCl + H_2O$$

NO 在常温下是无色气体,每个分子中有 11 个价电子,具有顺磁性。

煤气中毒是由于 CO 与血红蛋白的结合力很强,造成血液缺氧所致。而 NO 与血红蛋白的结合力更强,更易造成血液缺氧,引起中枢神经麻痹。NO 是大气污染的主要污染物之一。然而,NO 又是一种重要的生物活性分子,神经的信号分子,血压的调节因子,还是抗感染的武器,并能调节血液进入不同器官。弗里德·默拉德等三位科学家因此研究成果而获得 1998 年诺贝尔医学奖。在大多数生物中,NO 可由不同的细胞产生,通过扩展动脉控制血压,可以通过激活神经细胞影响人的行为并在血红细胞中杀死细菌和寄生虫。

据说,1896 年诺贝尔去世前心脏病发作,医生建议他服用他自己发明的硝酸甘油来缓解疼痛,但被他拒绝了——他不理解火药成分的硝酸甘油怎么能治自己的疾病。百年以后的科学研究证明,硝酸甘油可通过分解出 NO 来达到治疗的目的。

7.4.2 氮的含氧酸及其盐

1. 亚硝酸及其盐

亚硝酸 HNO_2 是弱酸,其酸性比醋酸略强。它很不稳定,容易分解,仅能存在于很稀的溶液中。亚硝酸既具有氧化性又具有还原性,但以氧化性为主,当它与更强的氧化剂作用时,表现出还原性。例如:

$$2HNO_2 + 2HI = 2NO + I_2 + 2H_2O$$
$$2HMnO_4 + 5HNO_2 = 2Mn(NO_2)_2 + HNO_3 + 3H_2O$$

大多数亚硝酸盐是稳定的,易溶于水。亚硝酸盐一般有毒,并且是致癌物质,它们能与蛋白质反应生成致癌的亚硝基胺。KNO_2 和 $NaNO_2$ 大量用于染料工业和有机合成工业,在实验室里常用做氧化剂。

2. 硝酸及其盐

(1) 硝酸及其盐的性质

纯硝酸为无色液体,不稳定,受热和光照可部分分解。硝酸是强酸,它最重要的化学性质是具有强氧化性。许多非金属能被浓 HNO_3 氧化生成相应的含氧酸或酸酐,如硫、磷与浓 HNO_3 共煮,分别被氧化为 H_2SO_4 和 H_3PO_4,HNO_3 则被还原成 NO_2。大多数金属(金、铂、钛及某些金属除外)能被 HNO_3 氧化成硝酸盐,而硝酸的还原产物较复杂,其被还原的程度主要取决于 HNO_3 的浓度和还原剂的活泼程度。浓 HNO_3 主要被还原为 NO_2;稀 HNO_3 一般被还原为 NO;但当稀 HNO_3 与活泼金属(如 Zn,Mg)反应时,它主要被还原为 N_2O;若酸很稀,它主要被还原为 NH_4^+。

由一体积浓硝酸和三体积浓盐酸所组成的王水能够溶解金和铂：

$$Au + HNO_3 + 4HCl =\!=\!= H[AuCl_4] + NO\uparrow + 2H_2O$$

$$3Pt + 4HNO_3 + 18HCl =\!=\!= 3H_2[PtCl_6] + 4NO\uparrow + 8H_2O$$

这主要是由于在王水中存在大量的 Cl^- 离子，能够与金、铂形成配离子 $AuCl_4^-$ 和 $PtCl_6^{2-}$，使金、铂的电极电位减小。例如：

$$Au^{3+} + 3e =\!=\!= Au, \qquad \varphi^{\ominus} = +1.42V$$

$$AuCl_4^- + 3e =\!=\!= Au + 4Cl^-, \qquad \varphi^{\ominus} = +0.994V$$

硝酸盐大多数是无色易溶于水的离子晶体，其水溶液没有氧化性。固体硝酸盐在高温时是强氧化剂，因为它们都能分解放出氧气。

(2) 硝酸的分子结构

在硝酸分子中，三个氧原子围绕氮原子在同一平面上成三角形结构，其中氮原子采取 sp^2 杂化(见图7-2)。

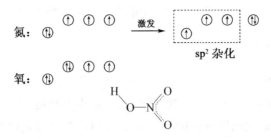

图7-2 HNO_3 的分子结构

N 的三个 sp^2 杂化轨道上的成单电子分别与三个氧原子之间形成三个 σ 键。N 原子中未杂化的 2p 轨道上的孤对电子和两个氧原子(未与 H 原子结合的)p 轨道中的成单电子形成一个三原子四电子的不定域 π 键，写为 π_3^4(右上角表示电子数，右下角表示原子数，在图中用虚线表示)。所谓不定域 π 键是指生成的 π 键不是局部地只属于2个原子，而是属于多个原子，不定域 π 键又称为**离域 π 键**或**大 π 键**。

7.4.3 磷酸及其盐

1. 磷酸及其盐的性质

五氧化二磷 P_4O_{10} 与水作用，形成各种磷酸：

$$P_4O_{10} \xrightarrow{2H_2O} (HPO_3)_4 \xrightarrow{2H_2O} 2H_4P_2O_7 \xrightarrow{2H_2O} 4H_3PO_4$$

四偏磷酸　　焦磷酸　　正磷酸

当 P_4O_{10} 与水的摩尔比超过 1∶6，特别是有硝酸作催化剂时，可完全转化成正磷酸(简称磷酸)。

磷酸是磷的含氧酸中最稳定的。纯净的磷酸为无色晶体,易溶于水,无毒。它是一种中等强度的三元酸。磷酸在酸性溶液中的标准电极电位是 -0.276 V,它几乎没有氧化性。

磷酸具有强的配合能力,能与许多金属形成可溶性配合物。例如与 Fe^{3+} 生成可溶性无色配合物 $H_3[Fe(PO_4)_2]$,$H[Fe(HPO_4)_2]$,在分析化学中常用来掩蔽 Fe^{3+} 离子。

磷酸在生物体系中有着重要的意义。它是核糖核酸(RNA)和脱氧核糖核酸(DNA)的基本组成成分,对于生物遗传和蛋白质的生物合成具有重要的作用。磷酸也是高能磷酸键化合物腺三磷(ATP)和多种辅酶的成分。腺三磷在植物体内起着特殊的能量调节作用。当腺三磷水解时,末端的磷酸根很快脱出,形成腺二磷(ADP)而释放出能量。

$$ATP + H_2O \longrightarrow ADP + H_3PO_4 + 能量$$

磷酸能形成正磷酸盐(如 Na_3PO_4)、磷酸氢盐(如 Na_2HPO_4)和磷酸二氢盐(如 NaH_2PO_4)。所有的磷酸二氢盐都易溶于水,而磷酸氢盐和正磷酸盐(钠、钾和铵盐除外)都难溶于水。磷酸的钙盐和铵盐可作肥料。$Ca(H_2PO_4)_2$(过磷酸钙的主要成分)易溶于水,是重要的磷肥,$CaHPO_4$ 虽不溶于水,但能溶于柠檬酸,也能被植物吸收利用。

2. 磷酸的分子结构

磷酸分子是一个磷氧四面体的结构,其分子结构如下图:

$$HO-\underset{\underset{OH}{|}}{\overset{\overset{OH}{|}}{P}}\rightleftharpoons O$$

在磷酸中的 P 原子先采取 sp^3 杂化,P 原子的三个 sp^3 杂化轨道上的成单电子与三个氧原子之间形成三个 σ 键。P 原子与另一个氧原子(此氧原子先腾空一个 $2p$ 轨道)之间的键,是由一个从 P 到 O 的 σ 配键和两个从 O 到 P 的 d-p π 配键组成的三重键,P 和 O 分别采取如图 7-3 所示的电子构型(见图 7-3):

这里 σ 配键是由磷的 sp^3 杂化轨道中的孤对电子与氧原子的空 p 轨道重叠形成;两个 d-p π 配键是由这个氧原子的 $2p_y$ 和 $2p_z$ 轨道上的两对孤对电子分别和磷原子上的 d_{xy} 和 d_{xz} 空轨道重叠形成。这种 π 配键是由 d 和 p 轨道组成的,故称为 d - p π 配键。磷和氧间的 d-p π 配键较弱,用短键表示。在无机含氧酸 H_2SO_4 和 HIO_4 的分子中都存在 d-p π 键。

7.4.4 砷、锑、铋的氢氧化物和盐类

砷、锑、铋可以形成 +3 价和 +5 价两种氢氧化物。它们主要的化学性质如下:

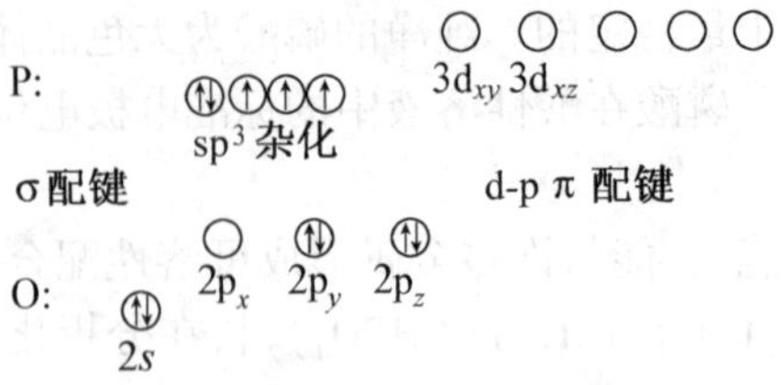

$$\text{P:} \quad \underset{sp^3 \text{杂化}}{(\uparrow)(\uparrow)(\uparrow)(\uparrow\downarrow)} \quad \underset{3d_{xy}}{\bigcirc} \underset{3d_{xz}}{\bigcirc} \bigcirc \bigcirc \bigcirc$$

σ配键 　　　　　　　　　d-p π 配键

$$\text{O:} \quad \underset{2s}{(\uparrow\downarrow)} \quad \underset{2p_x}{\bigcirc} \underset{2p_y}{(\uparrow\downarrow)} \underset{2p_z}{(\uparrow\downarrow)}$$

图 7-3　H_3PO_4 分子中的配键

1. 酸碱性

砷、锑、铋的 +3 价的氢氧化物,按 $H_3AsO_3 \longrightarrow Sb(OH)_3 \longrightarrow Bi(OH)_3$ 的顺序酸性依次减弱,碱性依次增强。亚砷酸 H_3AsO_3 是以酸性为主的两性化合物,$Sb(OH)_3$ 显两性,$Bi(OH)_3$ 显弱碱性。H_3AsO_3 和 $Sb(OH)_3$ 的两性电离平衡如下:

$$As^{3+} + 3OH^- \rightleftharpoons As(OH)_3 \equiv H_3AsO_3 \rightleftharpoons 3H^+ + AsO_3^{3-}$$

$$Sb^{3+} + 3OH^- \rightleftharpoons Sb(OH)_3 \equiv H_3SbO_3 \rightleftharpoons 3H^+ + SbO_3^{3-}$$

砷和锑有 +5 价的氢氧化物、砷酸 H_3AsO_4 和锑酸 H_3SbO_4,但铋酸未被制得。H_3AsO_4 和 H_3SbO_4 的酸性都比相应的 +3 价的氢氧化物强。H_3AsO_4 的酸性比 H_3SbO_4 的强些,其酸性与磷酸相近。

2. 氧化还原性

+3 价砷、锑、铋的含氧化合物都具有还原性(本身被氧化为 +5 价),其还原性按 As(Ⅲ)——→Sb(Ⅲ)——→Bi(Ⅲ) 的次序依次减弱。亚砷酸在碱性介质中是强还原剂,它在中性或弱碱性介质中能还原像 I_2 这类的弱氧化剂,它在酸性介质中还原性较差。亚锑酸即使在强碱性介质中还原性也较差。氢氧化铋则只能在强碱性介质中被很强的氧化剂所氧化。

+5 价砷、锑、铋的含氧化合物都具有氧化性,其氧化物按 As(Ⅴ)——→Sb(Ⅴ)——→Bi(Ⅴ) 的次序依次增强。砷酸盐和锑酸盐只在酸性介质中才表现出氧化性,而铋酸盐无论在酸性介质或碱性介质中都是氧化剂,它在酸性介质中是很强的氧化剂,能把 Mn^{2+} 氧化成 MnO_4^-:

$$2Mn^{2+} + 5BiO_3^- + 14H^+ \rightleftharpoons 2MnO_4^- + 5Bi^{3+} + 7H_2O$$

7.5　碳族和硼族元素的化合物

第四主族(ⅣA)元素包括碳、硅、锗、锡和铅,总称为碳族元素。其中碳和硅是非金属,其余三种是金属。第三主族(ⅢA)元素包括硼、铝、镓、铟和铊,总称为硼族元素,其中硼是非金属,其余都是金属。

碳族和硼族元素原子的最外电子层结构分别是 ns^2np^2 和 ns^2np^1。其中碳、硅和硼以共价结合为特征,其他元素都能失去最外层的价电子成为阳离子。碳族元素主要形成 +2 与 +4 价的化合物,硼族元素主要形成 +1 与 +3 价的化合物。这两族元素都是从上到下高价态的稳定性降低,而低价态的稳定性增加,到了铅和铊,则是低价态比高价态稳定,这主要是因为在铅、铊等原子中,6s 电子对不容易成键,常称为"惰性电子对效应"。

在这两族元素中,碳、硅、硼都有自相结合成键的特性。C—C 键的强度比 Si—Si 或 B—B 都大,故碳自相结合成键的能力最强。这些元素与氢形成的键比它们各自相结合的键更牢,所以它们有一系列的氢化物。

硅与硼处于对角线地位,两者的性质相似。例如,它们的单质在常温时是稳定的,不与一般酸、碱或水作用,与浓碱作用放出 H_2 气,它们的氧化物均难溶于水、氢氧化物均为弱酸等。铝又与处于对角地位的铍有相似性,这种相似性称为对角线规则。这种相似性还反映在锂和镁的性质上。

硼族元素在成键方面有个特征,它们的价电子层有四个轨道,却只有三个电子。这些元素处于单质或化合物状态时,都是缺电子原子,为电子接受体。

7.5.1 碳的氧化物、含氧酸及其盐

1. 一氧化碳

一氧化碳是无色无臭的剧毒气体。它的主要化学性质是加合性和还原性。

一氧化碳与许多过渡金属加合生成金属羰基配合物。例如 $Fe(CO)_5$,$Ni(CO)_4$,$Cr(CO)_6$ 等。CO 的加合性与它的分子结构有关。CO 分子中的键是共价叁键:一个 σ 键,两个 π 键,其中一个 π 键为配键,由氧原子单方面提供一对电子(用箭头表示)。其结构式为:$C\overset{\longleftarrow}{\equiv\!\equiv\!\equiv}O$:。由于 C 原子上有孤对电子,CO 很容易作为配合物的配位体。一氧化碳对人体和动物的毒性也是产生于它的加合作用。

高温时一氧化碳能使许多金属氧化物(CuO,Fe_2O_3 等)还原成金属,这一性质常用于冶金工业。在常温下 CO 能将溶液中的氯化钯(Ⅱ)还原为黑色的金属钯。这个反应十分灵敏,可用来检查 CO 的存在与否。

$$CO + PdCl_2 + H_2O \Longrightarrow CO_2 + Pd + 2HCl$$

2. 碳酸和碳酸盐

二氧化碳溶于水生成碳酸。碳酸在水溶液中存在下列平衡:

$$CO_2 + H_2O \Longrightarrow H_2CO_3 \Longrightarrow H^+ + HCO_3^- \Longrightarrow 2H^+ + CO_3^{2-}$$

碳酸是很弱的二元酸,能够形成碳酸盐和酸式碳酸盐。碳酸盐中只有碱金属(锂除外)和 NH_4^+ 的碳酸盐易溶于水,并能水解。其他金属的碳酸盐都不易溶于水,

最难溶于水的是 Ca^{2+}，Sr^{2+}，Ba^{2+} 的碳酸盐。

碳酸根 CO_3^{2-} 有强的水解性，所以碳酸钠溶液和水解性强的金属离子作用时，往往生成碱式碳酸盐（如 Cu^{2+}，Zn^{2+}，Be^{2+}，Bi^{3+} 等）或氢氧化物（Al^{3+}，Cr^{3+}，Fe^{3+} 等）的沉淀。例如：

$$2Cu^{2+} + 2CO_3^{2-} + H_2O =\!=\!= Cu_2(OH)_2CO_3 \downarrow + CO_2 \uparrow$$

$$2Al^{3+} + 3CO_3^{2-} + 3H_2O =\!=\!= 2Al(OH)_3 \downarrow + 3CO_2 \uparrow$$

所有碳酸盐（包括酸式碳酸盐）都能与酸作用放出 CO_2。很弱的酸（如硼酸、硅酸等）只在加热时才使碳酸盐分解。

二氧化碳与可持续发展的经济问题

污染和绿色是一对矛盾，污染对某一些生物造成危害，而对另一些生物可能有用。当空气中的二氧化碳浓度超过了氧的浓度时，会使人缺氧窒息，但在循环系统中一定浓度的二氧化碳有激发呼吸功能的作用。对植物，二氧化碳是光合作用的原料。换言之，使污染变绿色，废物变财富，矛盾是可以转化的。我们是以人类生存空间为依据，以生态平衡为大自然的最好状态。

化学在满足社会物质需求上起到了积极作用。化学活动过程中消耗了资源，产生了一定的废渣、废气。矿石要炼出金属，必然有矿渣废弃。为了减少对环境的污染可把废渣铺路，把烧煤剩下的煤灰制砖。发酵制酒过程中产生的酒糟可喂牲口，放出的二氧化碳（比较纯）可冷冻压缩为干冰。干冰在实验室中为制冷剂，在云层里喷洒干冰，可使水汽凝聚而变为雨，以抗干旱。化工过程中副产物的利用是减少污染的途径之一。

改变化学流程以缓解污染的最典型例子当属将以乙炔为原料制乙醛改为用乙烯制乙醛。前一方法是用汞盐水溶液进行催化水合：

$$CH\!\equiv\!CH + H_2O \xrightarrow[H_2SO_4]{HgSO_4} CH_3CHO$$

这个方法不可避免地排放出汞盐溶液，即使回收一部分盐，也仍然有少许汞盐泄流到环境中，危害人类。改进的办法是用乙烯作原料，经过钯（Ⅱ）盐氧化水合而生成乙醛。钯被还原后在盐酸和 Cu（Ⅱ）盐作用下又恢复其氧化能力。反应可循环使用而钯不会流失；铜也可反复使用：

$$CH_2=\!=\!CH_2 + H_2O + PdCl_2 \longrightarrow CH_3CHO + Pd + 2HCl$$

$$Pd + CuCl_2 \longrightarrow PdCl_2 + CuCl$$

$$CuCl + [O] + HCl \longrightarrow CuCl_2 + H_2O$$

有机化工过去以乙炔为原料，由于由石油生产乙烯更为方便而经济，因而以乙烯代替乙炔也是缓解污染的方法。

如果化学反应不产生污染物，那么从保护环境的角度看，这是最理想的化学过程。上述的乙烯制乙醛的瓦格(Wacker)方法几乎接近于零的化学污染物排放,可惜由于盐酸对器材的腐蚀,仍然要更换反应器材。彻底的绿色化学工艺仍有待于今后人们的努力。

为了使人类能够在地球上生存下去,于是有了持续发展问题。一个区域、一个国家在回答这个问题时必然要考虑其环境是向良性方向转化,还是向恶性方向倒退。随着人类步入工业化时代,大规模的开矿,大规模的烧荒,都引起了环境的恶化和资源的浪费,从而造成人类赖以生存的物质日益匮乏。

物质世界永远是动态的。化学是转化物质的科学,它有变废为宝的手段。一方面减少污染,另一方面增加可利用的资源,因为毕竟物质是不灭的。根据这种理论,当前化学正考虑下列问题:

(1) CO_2 的利用

经测算,在大气和海洋中二氧化碳的总量为 1 014t。加之,人类经济活动所需能量要从煤和石油的燃烧来取得,每年向大气排放的 CO_2 越来越多。1997 年世界气象观察论坛会(IPCC)在京都共同呼吁各发达国家减少排放 CO_2 量,要求比 1990 年要减少 5.2%。

人类用 CO_2 制造化学品已有很长时间。例如,生产尿素、乙酰碳酸酯和水杨酸。但是利用 CO_2 的规模还不足以超过废气的排放。必须增加 CO_2 化学的转化,使其化学产品的附加值增大,使其加工的规模和使用效益加大,把 CO_2 变成可利用的再生能源或高效药物。

(2) 基于甲烷的化学工业

甲烷是天然气、沼气的主要成分,也是取之不竭的原料。已经利用甲烷生产出许多化学产品,如甲醇、甲醛、高级烷烃。甲烷的部分氧化可得到附加值更高的化学产品。利用甲醇可制得许多化学原料,如乙酸、甲苯、甲酸甲酯。

甲醇除了生产传统产品之外,可作汽油的替代品和未来能源或单细胞产生蛋白质的营养品。甲醇可制得的精细化工产品很多,这是一个更成熟的化工生产领域。

(3) 煤的气化和化学加工

煤虽然是不可再生的资源,但由于其蕴藏量很大,燃烧时产生的污染环境气体特别多,如果把煤加以气化,吸收其硫和氮的有害物质,分离出 CO 和 H_2 等有用气体,那么对环境的污染可以大大地减轻。根据目前的经济趋势,一氧化碳的氢化是一条好的化工路线,它至少可以保留最初 CO 反应物中一个氧原子,一氧化碳与氢反应后生成甲醇以及多元醇(乙二醇)、醋酸、甲酸甲酯等重要化工原料。

一氧化碳和甲醇通过铑有机催化反应制得乙酸甲酯的化工方法(Monsanto 工艺)是化学工作者正在努力寻找的变废为宝的方法。城市中的垃圾处理也越来越为人们所关注。

7.5.2 锡、铅的化合物

1. 锡、铅的氧化物和氢氧化物

锡和铅都有 +2 价和 +4 价两类氧化物。它们都是难溶于水的固体,并具有不同的颜色。氧化锡 SnO 呈黑色,二氧化锡 SnO_2 呈白色,氧化铅 PbO 呈橙黄色,二氧化铅 PbO_2 呈褐色。铅还有橙色的 Pb_2O_3 和鲜红色的 Pb_3O_4(又名铅丹)两种氧化物。PbO_2 是强氧化剂,在硝酸介质中能使二价锰离子 Mn^{2+} 氧化为紫红色的高锰酸根 MnO_4^-,这个反应可用来鉴定 Mn^{2+}。

$$2Mn^{2+} + 5PbO_2 + 4H^+ \xrightarrow{\Delta} 2MnO_4^- + 5Pb^{2+} + 2H_2O$$

锡、铅的氢氧化物有 +2 和 +4 价两种,它们都是两性化合物。例如:

$$Sn(OH)_2 + 2HCl = SnCl_2(二氯化锡) + 2H_2O$$

$$Sn(OH)_2 + 2NaOH = Na_2[Sn(OH)_4](亚锡酸钠)$$

2. 锡、铅的盐类

锗、锡、铅不同价态化合物的氧化还原性与砷、锑、铋的化合物相似,表现出同样的规律性。其氧化性按 $Ge(Ⅳ)$,$Sn(Ⅳ)$,$Pb(Ⅳ)$ 的次序依次增强,其还原性按 $Ge(Ⅱ)$,$Sn(Ⅱ)$,$Pb(Ⅱ)$ 的次序依次减弱。实际上常利用 $Sn(Ⅱ)$ 的还原性和 $Pb(Ⅳ)$ 的氧化性。

二氯化锡 $SnCl_2$ 是常用的还原剂,无论在酸性或碱性介质中它都具有还原性。在酸性溶液中,$SnCl_2$ 可以把 Fe^{3+} 还原成 Fe^{2+},把 Hg^{2+} 还原成 Hg_2^{2+},$SnCl_2$ 过量时可把 Hg_2^{2+} 还原为金属 Hg。$SnCl_2$ 可被空气中的氧氧化为 Sn^{4+},因此在配制 $SnCl_2$ 溶液时,除了需加入适量盐酸以抑制水解外,常加入少量金属 Sn 以防止 Sn^{2+} 被空气氧化。

$$2Sn^{2+} + O_2 + 4H^+ = 2Sn^{4+} + 2H_2O$$

$$Sn^{4+} + Sn = 2Sn^{2+}$$

二氧化铅 PbO_2 是常用的强氧化剂,在酸性介质中可以把 Cl^- 氧化为 Cl_2,把 Mn^{2+} 氧化为 MnO_4^-。

$$PbO_2 + 4HCl(浓) = PbCl_2 + Cl_2 + 2H_2O$$

7.5.3 硼酸和硼砂

三氧化二硼 B_2O_3 溶于水,生成(正)硼酸 H_3BO_3,硼酸是白色有光泽的鳞片状晶体。在冷水中溶解度很小,但较易溶于热水中。

硼酸是一个一元弱酸。它在水中的离解不是给出 H^+,而是接受 OH^-,形成配位键。这是由于 OH^- 离子中 O 的孤对电子填入 B 原子的 p 空轨道中。

$$B(OH)_3 + 2H_2O \rightleftharpoons \left[HO\!-\!\!\overset{OH}{\underset{OH}{B}}\!\!\rightarrow\!OH\right]^- + H_3O^+$$

这种离解形式反映了硼化合物的缺电子的特点,也是硼族元素 Al^{3+},Ga^{3+},In^{3+} 的氢氧化物的共同特点。

最重要的含硼化合物是四硼酸钠 $Na_2B_4O_7 \cdot 10H_2O$,俗称硼砂。硼砂为无色透明的晶体,容易风化,在水中的溶解度较小,由于水解其水溶液呈碱性。

$$Na_2B_4O_7 + 3H_2O \Longrightarrow 2NaBO_2 + 2H_3BO_3$$
$$2NaBO_2 + 4H_2O \Longrightarrow 2NaOH + 2H_3BO_3$$

硼砂在878℃时熔化成为玻璃状物质,熔化的硼砂能溶解各种金属氧化物,并因金属的不同而显出特征的颜色。例如:

$$Na_2B_4O_7 + CoO \Longrightarrow 2NaBO_2 \cdot Co(BO_2)_2 (宝石蓝)$$

以上反应称为硼砂珠试验。在分析化学上常利用这一性质来鉴定某些金属离子。

7.5.4 氢氧化铝

在铝盐溶液中加入氨水,或者在铝盐溶液中通入二氧化碳,都可以得到白色的氢氧化铝沉淀。氢氧化铝是典型的两性氢氧化物,其碱性略强于酸性,但仍属弱碱。它在溶液中按两种方式离解:

$$Al^{3+} \underset{H^+}{\overset{OH^-}{\rightleftharpoons}} Al(OH)_3 \Longrightarrow H_3AlO_3 \underset{H^+}{\overset{OH^-}{\rightleftharpoons}} [Al(OH)_4]^-$$

由于 $Al(OH)_3$ 的弱碱性,H_2CO_3,H_2S,HNO_2 等弱酸的铝盐在水溶液中全部或大部分水解。又由于 $Al(OH)_3$ 的弱酸性,它在过量氨水中仅略溶解,特别是在有铵盐存在时。

7.5.5 元素在地壳中的分布

物质都是由一种或几种元素的原子所构成。迄今为止,已发现了114种化学元素,其中人工合成元素有近20种,地球上天然存在的元素有90余种,多以单质或化合物的形式存在。这些元素构成了人类赖以生存的地球环境和物质基础。

元素在地壳①中的含量称为丰度。丰度可以用质量分数(即质量 Clarke 值)表示,也可以用原子分数(即原子 Clarke 值)表示。地壳中大多数元素以原子分数表示的丰度如图7-4所示。

---

① 地壳是指地球表面约30~40km厚的薄层。通常所指地壳除由玄武岩层、花岗岩层和沉积岩层三个岩层组成固态层外,还包括海洋和大气,分别称为石圈、水圈和大气圈。地壳约占地球总质量的0.7%。

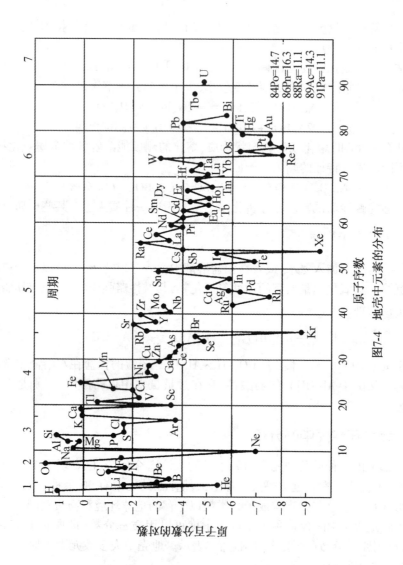

图7-4 地壳中元素的分布

含量最多的 10 种元素的丰度列于下表：

元素\丰度	O	Si	Al	Fe	Ca	Na	K	Mg	H	Ti
质量分数	48.6%	26.3%	7.73%	4.75%	3.45%	2.74%	2.47%	2.00%	0.76%	0.42%
原子分数	53.8%	18.2%	5.55%	1.64%	1.67%	2.26%	0.80%	1.60%	13.5%	0.16%

从以上数据可以看出，这 10 种元素已占地壳总质量(或原子总数)的 99%，其余元素的含量总共不超过 1%，所以多数元素的丰度是很小的。按元素在地壳中丰度大小，一般分为普通元素和稀有元素，稀有元素含量极少或分布稀散，发现较晚。我国元素矿产资源极为丰富，钨、锌、锑、锂、硼的储量均居世界第一，其中钨占世界储量的 75%，锑占 44%，其他如锡、铅、汞、铁、锰、铜、镍、钛、硫、磷等储量也居世界前列。尤其是具有广阔前景的稀土金属元素，在我国并不稀有，其总储量约占世界的 80%，世界最大的稀土矿区是我国内蒙古的白云鄂博。

习　题

1. 卤素原子都具有 ns^2np^5 的外层电子结构，为什么氟和氯、溴、碘不同，它不呈现变价？
2. 试从以下卤素电位图(在酸性介质中)讨论哪些物质可以发生歧化反应(图中的电位单位为 V)。

$$ClO_4^- \xrightarrow{+1.19} ClO_3^- \xrightarrow{+1.21} HClO_2^+ \xrightarrow{+1.64} HClO \xrightarrow{+1.63} Cl_2 \xrightarrow{+1.36} Cl^-$$

$$BrO_4^- \xrightarrow{+1.76} BrO_3^- \xrightarrow{+1.50} HBrO \xrightarrow{+1.60} Br_2 \xrightarrow{+1.07} Br^-$$

$$H_5IO_6 \xrightarrow{+1.70} IO_3^- \xrightarrow{+1.13} HIO \xrightarrow{+1.45} I_2 \xrightarrow{+0.54} I^-$$

3. 比较下列化合物酸性的强弱，并说明之。
   (1) $HClO, HBrO, HIO$　　　　　　(2) H_2S, H_2O
   (3) HNO_2, HNO_3　　　　　　　　(4) $H_3PO_4, H_2SO_4, HClO_4$
4. 试描述下列各物质分子的结构特征：$NH_3, HNO_3, PCl_3, H_3PO_4$。
5. 在硫化物 $Al_2S_3, ZnS, Cr_2S_3, PbS$ 和 Na_2S 中，哪些能发生水解？哪些不发生水解？并说明之。
6. 镓、铟、铊的高低价稳定性变化规律与锗、锡、铅有何相同处？为什么？
7. 为什么配制二氯化锡溶液必须在酸性介质中进行，并加入锡粒？
8. 硼酸 H_3BO_3 是几元酸？写出它在水中的电离式。
9. 过量的 NaOH 遇下列各溶液有何反应？
   (1) $SnCl_2$　　(2) $AlCl_3$　　(3) $BeCl_2$　　(4) $Pb(NO_3)_2$

10. 有一白色晶体 A 与浓 H_2SO_4 共热,产生一种无色有刺激性气体 B,此气体通入 $KMnO_4$ 溶液中,紫色的 $KMnO_4$ 溶液褪色,产生另一种有刺激性气味的气体 C,此气体可使润湿的淀粉碘化钾试纸变蓝。此白色晶体易溶于水,水溶液呈中性,其水溶液中加入 $NaClO_4$ 溶液时,有白色晶体 D 生成。推断 A,B,C,D 各是什么物质,并写出每步变化的反应式。

11. 已知在酸性溶液中:

$HNO_2 + H^+ + e \Longrightarrow NO + H_2O$, $\varphi^{\ominus} = +0.99V$

$NO_3^- + 3H^+ + 2e \Longrightarrow HNO_2 + H_2O$, $\varphi^{\ominus} = +0.94V$

$Fe^{3+} + e \Longrightarrow Fe^{2+}$, $\varphi^{\ominus} = +0.77V$

$SO_4^{2-} + 4H^+ + 2e \Longrightarrow H_2SO_3 + H_2O$, $\varphi^{\ominus} = +0.17V$

$H_2SO_3 + 4H^+ + 4e \Longrightarrow S + 3H_2O$, $\varphi^{\ominus} = +0.45V$

$MnO_4^- + 8H^+ + 5e \Longrightarrow Mn^{2+} + 4H_2O$, $\varphi^{\ominus} = +1.51V$

$I_2 + 2e \Longrightarrow 2I^-$, $\varphi^{\ominus} = +0.54V$

$Cr_2O_7^{2-} + 14H^+ + 6e \Longrightarrow 2Cr^{3+} + 7H_2O$, $\varphi^{\ominus} = +1.36V$

试根据标准电极电位判断 HNO_2(在酸性溶液中)能否与 Fe^{2+},SO_3^{2-},MnO_4^-,I^-,$Cr_2O_7^{2-}$ 发生氧化还原反应?若能反应,写出离子反应式,并指出 HNO_2 是氧化剂还是还原剂。

12. 已知溴在碱性介质中的电位图为

$$BrO_3^- \xrightarrow{0.54V} HBrO \xrightarrow{0.45V} Br_2 \xrightarrow{1.07V} Br^-$$

计算 BrO_3^-/Br^- 的 $\varphi^{\ominus}$ 值。

13. 完成并配平以下反应方程式。

$H_2S + H_2O_2 \longrightarrow$

$PCl_5 + H_2O \longrightarrow$

$Sb_2S_3 + (NH_4)_2S \longrightarrow$

$NH_2OH + FeCl_3 \longrightarrow$

$Na_2B_4O_7 + H_2O \longrightarrow$

$HNO_3(浓) + B \longrightarrow$

$NCl_3 + H_2O \longrightarrow$

$Mn^{2+} + BiO_3^- + H^+ \longrightarrow$

$Na_3AsO_3 + Cl_2 + NaOH \longrightarrow$

$H_2O_2 + K_2Cr_2O_7 + HCl \longrightarrow$

$PbO_2 + HCl \longrightarrow$

第 8 章 副族元素

副族元素包括 ds 区、d 区和 f 区元素,是元素周期表中ⅢB~ⅡB 元素的总称。ds 区包括元素周期表ⅠB 族的铜、银、金和ⅡB 族的锌、镉、汞,它们的价电子构型分别为 $(n-1)d^{10}ns^1$ 和 $(n-1)d^{10}ns^2$。d 区元素包括ⅢB~Ⅷ族所有的元素,它们的价电子构型是 $(n-1)d^{1~8}ns^{1~2}$,但 Pd 例外,Pd 的价电子层结构为 $4d^{10}$。它们的原子最外层仅有 1~2 个 s 电子,随着核电荷数的增加,电子不是填充在最外层,而是依次填充在次外层的 $(n-1)d$ 轨道上。$(n-1)d$ 轨道和 ns 轨道的能量相近,因而 d 电子可部分或全部参与成键。

元素周期表中第六周期ⅢB 族镧这个位置代表了 57 号元素镧 La 到 71 号元素镥 Lu,共 15 种元素;第七周期ⅢB 族锕这个位置代表了 89 号元素锕 Ac 到 103 号元素铹 Lr,共 15 种元素。它们分别统称为**镧系元素**和**锕系元素**①。f 区元素就是包括镧、锕以外的镧系和锕系元素,镧系和锕系元素依次增加的电子是分别填充在外数电子第三层的 4f 和 5f 轨道中。

在各类书刊中对过渡元素的定义并不一致。过渡元素一般是指原子的电子层结构中 d 轨道或 f 轨道仅部分填充电子的元素,因此过渡元素实际上包括 d 区元素和 f 区元素。由于ⅠB 族元素的 +2 和 +3 价离子也是部分填充 d 轨道,ⅡB 族元素的化学性质与以上过渡元素也很相似,通常把ⅠB 和ⅡB 族元素也归入过渡元素。另外,鉴于 f 区元素的性质和电子层结构的特殊性,通常称 f 区元素为内过渡元素,以区别于一般的过渡元素。

过渡元素具有以下共同的特点:

1. 过渡元素都是金属

过渡元素的最外电子层只有 1~2 个电子,易失去电子而显金属性,因此它们都是金属,常称过渡元素为过渡金属,其中除汞是液体外,其余都是具有金属光泽的固

---

① 周期表中镧系和锕系应该如何划分?各应包括哪些元素?多年来颇受人们的关注,意见不一。亦有将 La 到 Yb 的 14 种元素作为镧系,Ac 和 No 的 14 种元素作为锕系,将 Lu 和 Lr 归为ⅢB族。

体。过渡元素一般有较高的熔点和沸点,比重大,硬度高,导电导热性良好,其中以铂系金属的比重最大,钨和铼的熔点最高(钨,3380 ℃;铼,3180 ℃),铜、银、金的电导率为最大,铬的硬度为最高。

过渡元素的金属性一般比同周期的 p 区相应元素要强,但远弱于同周期的 s 区元素,同一周期内的过渡元素,从左到右由于最外层的电子数保持不变,只是次外层电子数不同,原子半径的改变也不大,因此金属性的减弱极为缓慢。同一族的过渡元素(钪副族除外),从上到下金属性不但不增强,反而略有减弱。例如,ⅥB 族的铬能从非氧化性酸中置换出氢,而钼在常温下与一般酸不起作用,但能溶于浓 H_2SO_4 或浓 HNO_3 中,而钨则与王水也不发生反应。

2. 过渡元素变价的普遍性

过渡元素的原子不仅最外层的 s 电子可参加反应,而且次外层的 d 电子也可以全部或部分参加反应(ⅡB 族除外),这就是它们普遍呈现变价的原因。过渡元素在化合时总是首先失去最外层两个 s 电子,故它们的低价态通常是 +2,其中ⅢB ~ ⅦB 族元素次外层的 d 电子可全部参加反应,故可达到与族号相同的最高价态(最外层 s 电子和次外层 d 电子数的总和)。第四周期过渡元素的常见价态列于表 8-1 中。表中用横线表示稳定的价态,用括号表示不稳定的价态。

表 8-1　　　　　　　　　　第四周期过渡元素的常见价态

元素	Sc	Ti	V	Cr	Mn	Fe	Co	Ni	Cu	Zn
常见价态					+7					
				+6	+6	(+6)				
			+5							
		+4	+4		+4					
	+3	+3	+3	+3	+3	+3	+3	(+3)		
	(+2)	+2	+2	+2	+2	+2	+2	+2	+2	+2
									+1	

在这些变价中,低价(+2,+3 价)一般是以金属离子形式存在,并形成离子键;高价(+4 和 +4 价以上)一般是以含氧的水合离子形式存在,如 VO_3^-,CrO_4^{2-},MnO_4^- 等,它们与氧原子以极性键结合。

从表 8-1 可以看出,同一周期从左向右,价数先是逐渐升高,但高价逐渐不稳定(呈现强氧化性),随后价数逐渐降低。例如从 Sc 到 Mn,稳定价态由 +3 升高到 +7,但高价态的稳定性越来越差,表现为氧化性越来越强;反之,低价态的稳定性越来越大,到了第Ⅷ族的 Fe,Co,Ni,主要表现为 +3 或 +2 价。这种变化主要是由于开始时 3d 轨道中未成对的 d 电子数依次增加,价数逐渐升高,当 3d 轨道中的 d 电子数达到 5 或超过 5 时,3d 轨道逐渐趋向稳定,使电子难以参与成键。

同一族中从上到下,高价趋于稳定,即是第四周期过渡元素一般容易出现低价,第五、六周期的过渡元素趋向于出现高价。例如,ⅥB 族元素以 +6 价为特征,Cr 还有 +3 价的化合物,而 Mo 和 W 的低价化合物却较为少见。这一情况与主族元素相反。

3. 过渡元素的水合离子多具有特征颜色

由主族元素所构成的正离子和负离子一般都是无色的,如 K^+,Na^+,Ca^{2+},Mg^{2+},Al^{3+},F^-,Cl^-,Br^-,I^-,S^{2-},NO_3^-,SO_4^{2-},PO_4^{3-} 等都是无色的。而过渡元素的水合离子多具有特征的颜色,这与它们的离子具有未成对的 d 电子有关。表 8-2 列出某些过渡元素的水合离子与离子中未成对 d 电子的关系。

表 8-2　　　　　　　　一些过渡元素水合离子的颜色

水合离子	Sc^{3+}	Ti^{3+}	V^{3+}	Cr^{3+}	Mn^{2+}	Fe^{3+}	Co^{2+}	Ni^{2+}	Cu^{2+}	Zn^{2+}
离子中未成对的 d 电子数	0	1	2	3	5	5	3	2	1	0
颜色	无	紫	绿	蓝紫	肉色	淡紫	粉红	绿	浅蓝	无色

从表 8-2 可以看出:d 轨道具有 1~5 个未成对电子的离子,都呈现出特征的颜色,这是因为这些未成对 d 电子的基态和激发态的能量相差不大,它们能够吸收可见光中某一段波长的光而被激发,未被吸收的其余波长的光将被透过溶液,离子呈现的颜色就是被透过光的颜色。若离子中的 d 电子都已配对,它们的 d 电子基态和激发态的能量相差较大,可见光不易使之激发,因而这些离子是无色的。

4. 过渡元素容易形成配合物

过渡元素的离子存在空的 ns 和 np 轨道和部分填充或全空的 $(n-1)d$ 轨道;过渡元素的原子也存在空的 np 轨道和部分填充的 $(n-1)d$ 轨道。这样的电子构型具有接受配位体的孤对电子的条件,因此它们容易形成配合物。一般容易形成氟配合物、氰配合物和氨配合物等。

此外,过渡元素氧化物水合物的酸碱性变化规律和主族元素相似。对同一元素而言,一般是低价的显碱性,高价的显酸性。例如,$Mn(OH)_2$ 是弱碱,而 $HMnO_4$ 是强酸,表 8-3 列出第ⅢB~ⅦB 族过渡元素最高价态氧化物水合物的酸碱性变化规律。

表 8-3　第ⅢB～ⅦB族过渡元素最高价态氧化物水合物的酸碱性

碱性增强↓	ⅢB	ⅣB	ⅤB	ⅥB	ⅦB	酸性增强↑
	$Sc(OH)_3$ 弱碱性	$Ti(OH)_4$ 两性	HVO_3 酸性	H_2CrO_4 强酸性	$HMnO_4$ 强酸性	
	$Y(OH)_3$ 中强碱	$Zr(OH)_4$ 两性偏碱性	$Nb(OH)_5$ 两性	H_2MoO_4 弱酸性	$HTcO_4$ 酸性	
	$La(OH)_3$ 强碱性	$Hf(OH)_4$ 两性偏碱性	$Ta(OH)_5$ 两性	H_2WO_4 弱酸性	$HReO_4$ 弱酸性	
	$Ac(OH)_3$ 强碱性					

酸性增强——→

由表 8-3 可见,在同一周期中自左向右(不包括ⅠB和ⅡB族)和在同一族中自上而下,最高价态氧化物水合物的酸碱性的变化是有规律的。

8.1　铜族和锌族元素的化合物

第ⅠB族元素包括铜、银和金,通常称为铜族元素。第ⅡB族元素包括锌、镉和汞,通常称为锌族元素。ⅠB,ⅡB族元素的最外电子层结构分别为$(n-1)d^{10}ns^1$和$(n-1)d^{10}ns^2$,它们的次外层d轨道都已填满电子,它们最外层电子数分别与ⅠA,ⅡA族相同,也一样能形成+1价(Na_2O,Ag_2O,$NaCl$,$AgCl$)、+2价(MgO,ZnO,$MgCl_2$,$HgCl_2$)的化合物,但是由于次外层电子结构不同,ⅠB,ⅡB族元素与ⅠA,ⅡA族元素在性质上有很大的差异。

ⅠB,ⅡB族元素的核电荷数比相应的ⅠA,ⅡA族元素增大,同时它们的次外层为 18 个电子,18 电子层对于最外层 s 电子的屏蔽效应,远小于次外层为 8 个电子的ⅠA,ⅡA族元素。因此ⅠB,ⅡB族元素的有效核电荷比相应的ⅠA,ⅡA族元素为大,以致其原子半径和离子半径比相应的ⅠA,ⅡA族元素小得多,电离势也相应地高得多,因此ⅠB,ⅡB元素的化学性质远不如相应的ⅠA,ⅡA族元素活泼。

ⅠB,ⅡB族元素的化学活泼性自上而下逐渐减弱,与ⅠA,ⅡA族恰好相反。这主要是由于自上而下核电荷增加很多,而原子半径增加不大,由于镧系收缩,最后一种元素金和汞的原子半径几乎和上一周期的银、镉相等,从而核对电子的引力增强,失去电子的能力减弱,化学活泼性逐渐减弱。从它们的标准电极电位值 $\varphi^{\ominus}(M^+/M)$ 也可以得到证实,例如 Cu,Ag,Au 的 $\varphi^{\ominus}$ 值分别为 0.522 V,0.7996 V 和 1.68 V。

ⅠB族元素除了能失去 s 电子外,还可能再失去 1~2 个 d 电子,形成+2 或+3 价的化合物,如 Ag^+,Cu^{2+},Au^{3+}。ⅡB族元素只能失去最外层 2 个 s 电子,形成+2 价的化合物。汞虽能形成氧化数为+1 的化合物,但这时它总是以**双聚离子**

$^+$Hg：Hg$^+$ 形式出现,它的化合价实际上还是 +2 价。而 ⅠA,ⅡA 族元素只能分别形成 +1,+2 价的化合物。

ⅠB,ⅡB 族元素的离子为 18 电子型或不饱和结构,具有强的极化作用和明显的变形性,所以 ⅠB,ⅡB 族元素容易形成共价型化合物,而 ⅠA,ⅡA 族元素所形成的化合物大多是离子型的,同时 ⅠB,ⅡB 族元素形成配合物的能力比 ⅠA,ⅡA 族元素强得多。

下面着重讨论铜、银、锌和汞的重要化合物。

8.1.1 氧化物和氢氧化物

铜、银、锌和汞都可和氧化合,形成相应的氧化物,如 Cu_2O(红色)、CuO(黑色)、Ag_2O(褐色)、ZnO(白色)和 HgO(红色或黄色)。它们几乎不溶于水。在 ⅠB 族中 Cu_2O 显弱碱性,CuO 以碱性为主略显两性,Ag_2O 则显中强碱性。在 ⅡB 族中 ZnO 显两性,HgO 显碱性。

ⅠB,ⅡB 族元素的盐溶液中加入适量强碱溶液,生成相应的氢氧化物。它们氢氧化物的稳定性比 ⅠA,ⅡA 族差。由于 Hg^{2+} 的极化力强和变形性大,在汞盐溶液中加入强碱,析出的不是 $Hg(OH)_2$,而是黄色的 HgO。往银盐溶液中加入强碱,首先析出白色 AgOH,AgOH 也极不稳定,立即脱水生成 Ag_2O 沉淀。

$$Hg^{2+} + 2OH^- = HgO\downarrow + H_2O$$
$$2Ag^+ + 2OH^- = 2AgOH\downarrow = Ag_2O\downarrow + H_2O$$

CuOH(淡黄色)、$Cu(OH)_2$(浅蓝色)和 $Zn(OH)_2$(白色)也不稳定,CuOH 稍热即脱水生成 Cu_2O,$Cu(OH)_2$ 受热至 80 ℃ 时脱水变为 CuO,$Zn(OH)_2$ 受热也易脱水生成 ZnO。

ⅠB,ⅡB 族氢氧化物的碱性比 ⅠA,ⅡA 族弱。在 ⅠB 族中 CuOH 为中强碱,$Cu(OH)_2$ 呈弱碱性,微显两性,既溶于酸,又溶于过量的浓 NaOH 溶液中,形成蓝紫色的四羟基合铜(Ⅱ)离子 $[Cu(OH)_4]^{2-}$,$[Cu(OH)_4]^{2-}$ 能离解出少量的 Cu^{2+},它可被含醛基—CHO 的葡萄糖还原成红色的 Cu_2O。

$$2Cu^{2+} + 4OH^- + C_6H_{12}O_6 = Cu_2O\downarrow + 2H_2O + C_6H_{12}O_7$$

医学上常利用这个反应来检查糖尿病。

在 ⅡB 族中 $Zn(OH)_2$ 显两性,在溶液中存在以下平衡:

$$Zn^{2+} \underset{2H^+}{\overset{2OH^-}{\rightleftharpoons}} Zn(OH)_2 \underset{2H^+}{\overset{2OH^-}{\rightleftharpoons}} [Zn(OH)_4]^{2-}$$
$$[简写为 ZnO_2^{2-} + 2H_2O]$$

因此 $Zn(OH)_2$ 溶于酸则形成锌盐,溶于强碱则形成锌酸盐。

Ag^+,Cu^{2+} 和 Zn^{2+} 盐溶液中,加入适量氨水,分别生成 Ag_2O、碱式盐(如 $Cu_2(OH)_2SO_4$)和 $Zn(OH)_2$ 沉淀。这些沉淀能溶于过量氨水中,分别生成

$Ag(NH_3)_2^+$,$Cu(NH_3)_4^{2+}$ 和 $Zn(NH_3)_4^{2+}$ 配离子。

8.1.2 重要的盐类

1. 几种常用的盐

ⅠB,ⅡB 族元素常用的盐有硫酸铜、硝酸银、氯化汞和氯化亚汞等。

(1) 硫酸铜 五水合硫酸铜 $CuSO_4 \cdot 5H_2O$ 是最常用的 +2 价铜盐。它是蓝色结晶,在 $CuSO_4 \cdot 5H_2O$ 中,4 个水分子与 Cu^{2+} 以配位键结合,第五个水分子以氢键与两个配位水分子和 SO_4^{2-} 结合。因此五水合硫酸铜的结构是 $[Cu(H_2O)_4]SO_4 \cdot H_2O$,简单的平面结构式为

无水硫酸铜是白色粉末,吸水后变成蓝色。这一性质常用来检验有机液体(如乙醇、乙醚)中微量的水。

硫酸铜溶液中加入 KI,Cu^{2+} 被还原并生成 +1 价难溶的白色碘化亚铜 CuI,并析出 I_2。分析化学上常利用这个反应以间接碘量法来测定铜的含量。

硫酸铜的水溶液杀菌能力很强,在农业上常将硫酸铜和生石灰乳按比例混合配成波尔多溶液,用做杀虫药剂。硫酸铜常用做微量元素肥料。

(2) 硝酸银 硝酸银 $AgNO_3$ 是常用的可溶性银盐,它是无色结晶,受强热或日光直接照射时能逐渐分解。

$$2AgNO_3 = 2Ag + 2NO_2 \uparrow + O_2 \uparrow$$

因此 $AgNO_3$ 固体或它的水溶液都必须保存在棕色玻璃瓶内。

硝酸银固体或它的水溶液都具有氧化性,在常温下可被许多还原剂(如有些有机物)还原成黑色银粉。$AgNO_3$ 对有机组织有破坏作用,并能使蛋白质沉淀,故在医药上用做消毒剂和腐蚀剂。$AgNO_3$ 溶液不易水解,因为相应的 AgOH 为中强碱。

(3) 氯化汞和氯化亚汞 氯化汞 $HgCl_2$ 和氯化亚汞 Hg_2Cl_2 都是直线型共价化合物。$HgCl_2$ 在水溶液中稍微溶解,并且离解度很小。$HgCl_2$ 易升华,故俗名升汞。它有剧毒,在医药上常用它的稀溶液做消毒剂。$HgCl_2$ 和 Hg 一起研磨,可以制得 Hg_2Cl_2:

$$HgCl_2 + Hg = Hg_2Cl_2 \downarrow$$

氯化亚汞是微溶于水的白色固体,少量时无毒,因略有甜味,俗称甘汞。医药上用做泻剂,化学上用来制造甘汞电极。Hg_2Cl_2 很不稳定,见光易分解成 Hg 和 $HgCl_2$,故必须保存在棕色瓶中。

氯化汞和氯化亚汞都能和 NaOH 反应,前者生成 HgO,后者生成 HgO 和 Hg。它们都能和氨水反应,前者生成氨基氯化汞 $HgNH_2Cl$,后者生成 $HgNH_2Cl$ 和 Hg。

$$HgCl_2 + 2NaOH = HgO + 2NaCl + H_2O$$

$$Hg_2Cl_2 + 2NaOH \Longrightarrow Hg\downarrow + HgO\downarrow + 2NaCl + H_2O$$
$$HgCl_2 + 2NH_3 \Longrightarrow HgNH_2Cl\downarrow + NH_4Cl$$
$$Hg_2Cl_2 + 2NH_3 \Longrightarrow HgNH_2Cl\downarrow + Hg\downarrow + NH_4Cl$$
$$\qquad\qquad（白色）\qquad（黑色）$$

氯化汞具有较强的氧化性,在酸性溶液中可被适量的 $SnCl_2$ 还原为难溶的 Hg_2Cl_2,过量的 $SnCl_2$ 可把 Hg_2Cl_2 进一步还原为金属 Hg。

$$2HgCl_2 + SnCl_2 + 2HCl \Longrightarrow Hg_2Cl_2\downarrow + H_2SnCl_6$$
$$Hg_2Cl_2 + SnCl_2 + 2HCl \Longrightarrow 2Hg\downarrow + H_2SnCl_6$$

氯化汞与碘化钾反应,生成猩红色的 HgI_2 沉淀,它溶于过量的 KI 中,生成无色的 $[HgI_4]^{2-}$ 配离子。此反应可用来检验 I^- 离子。

$$HgCl_2 + 2KI \Longrightarrow HgI_2\downarrow + 2KCl$$
$$HgI_2 + 2KI \Longrightarrow K_2[HgI_4]$$

2. Cu^{2+} 和 Cu^+ 的相互转化

从铜离子的外电子层结构来看,Cu^+ 的 $3d^{10}$ 结构比 Cu^{2+} 的 $3d^9$ 结构稳定。且铜的第二电离能(1970kJ/mol)较高,因此干态时 Cu^+ 化合物是稳定的。但是 Cu^{2+} 所带电荷比 Cu^+ 多,半径比 Cu^+ 小,Cu^{2+} 的水合热(2 121kJ/mol)比 Cu^+ 的(582kJ/mol)高,因此在水溶液中 Cu^+ 不如 Cu^{2+} 稳定,Cu^+ 易发生歧化反应,生成 Cu^{2+} 和 Cu。

$$2Cu^+ \Longrightarrow Cu^{2+} + Cu, \qquad K = [Cu^{2+}]/[Cu^+]^2 = 1.2\times 10^6(20\ ℃)$$

从铜的电位图也可看出:

$$Cu^{2+} \xrightarrow{+0.17V} Cu^+ \xrightarrow{+0.52V} Cu^0$$

$\varphi_{右}^{\ominus} > \varphi_{左}^{\ominus}$,因此在溶液中 Cu^+ 易发生歧化反应。K 值很大,说明在平衡时溶液中绝大部分 Cu^+ 转变为 Cu^{2+} 和 Cu。例如,Cu_2O 溶于稀 H_2SO_4 中得到的不是 Cu_2SO_4,而是 $CuSO_4$ 和 Cu。

$$Cu_2O + H_2SO_4 \Longrightarrow Cu + CuSO_4 + H_2O$$

只有当 Cu^+ 形成沉淀或配合物时,使 Cu^+ 浓度减小到非常小,歧化反应才能向反方向进行。例如,铜与氯化铜在热浓盐酸中形成 +1 价铜的化合物。

$$Cu + CuCl_2 \Longrightarrow 2CuCl$$
$$CuCl + HCl \Longrightarrow HCuCl_2$$

由于生成了配离子 $[CuCl_2]^-$,溶液中 Cu^+ 浓度降低到非常小,反应可继续向右进行到完全程度。

3. Hg_2^{2+} 与 Hg^{2+} 的相互转化

在酸性溶液中汞的电位图如下:

$$Hg^{2+} \xrightarrow{+0.905V} Hg_2^{2+} \xrightarrow{+0.796V} Hg$$

从电位图可以看出：$\varphi_{右}^{\ominus} < \varphi_{左}^{\ominus}$，因此在溶液中 Hg_2^{2+} 不会发生歧化反应，相反 Hg^{2+} 却可以将 Hg 氧化为 Hg_2^{2+}：

$$Hg^{2+} + Hg \Longleftrightarrow Hg_2^{2+}, \qquad K = [Hg_2^{2+}]/[Hg^{2+}] = 166 \; (25\;℃)$$

这说明在平衡状态下，绝大多数 Hg^{2+} 转变为 Hg_2^{2+}。

以上反应的 K 值还不是很大，采取适当措施，也可以使平衡向歧化反应方向移动，实现 Hg_2^{2+} 向 Hg^{2+} 的转化。若加入一种试剂（如 OH^-，NH_3，S^{2-}，CO_3^{2-}，I^-，CN^- 等）和 Hg^{2+} 形成沉淀或配合物，从而大大降低 Hg^{2+} 浓度，就会显著加速 Hg_2^{2+} 歧化反应的进行。例如：

$$Hg_2^{2+} + H_2S \Longleftrightarrow HgS\downarrow + Hg\downarrow + 2H^+$$
$$Hg_2^{2+} + 4I^- \Longleftrightarrow HgI_4^{2-} + Hg\downarrow$$

4. 超导体简介

超导体具有两大特性：一是临界温度（即形成超导态的温度，用 T_c 表示）以下电阻为零；二是具有排斥磁场效应（见图 8-1）。

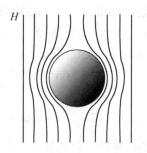

图 8-1　超导体的排斥磁场效应

超导体的这些重要特性引起人们极大兴趣。人们渴望制备超导电缆，因为它可减少或避免能量损失，如可使粒子加速器在极高能量下操作。超导材料的出现，对核聚变发动机，诊断疾病的核磁共振仪和磁悬浮列车等方面的发展都展示了诱人的前景。

问题在于过去发现的超导体仅在很低的温度下才能观察到超导性，因此成本很高。最早在 1911 年发现汞在低于 4.2 K 下显示超导性。此后科学家们着眼于寻找高温超导体。在后来的 75 年内将超导体临界温度仅上升到 23 K。1986 年，J. G. Bednorz 和 K. A. Müller 获得了 T_c 达 35 K 的超导体，因此获得 1987 年 Nobel 物理奖。1987 年，中国科学院赵忠贤等和美国 Houston 大学朱经武等独立地发现了 T_c 达 95 K 的 $YBa_2Cu_3O_7$ 超导化合物，此临界温度高于价格相对便宜的冷冻剂液氮的沸点 77 K。这一突破性进展使超导材料进入实用研究阶段。

目前,人们仍在积极探讨超导机理,期望建立超导理论;同时通过实验不断探索制备高温超导体的可行途径和方法,并期望理论对实验工作能予以指导。

8.1.3 配合物

ⅠB,ⅡB族离子可与NH_3,H_2O,CN^-,X^-等形成配合物。Cu^+能形成配位数为2,3,4的配离子。配位数为2的配离子,用sp杂化轨道成键,其结构为直线型,如$CuCl_2^-$;配位数为4的配离子,用sp^3杂化轨道成键,其结构为四面体,如$[Cu(CN)_4]^{3-}$。Cu^{2+}有配位数为4,6的配离子,其特征配位数为4,例如蓝色的$[Cu(H_2O)_4]^{2+}$、深蓝色的$[Cu(NH_3)_4]^{2+}$等配离子,配位数为4的配离子用dsp^2杂化轨道成键,其结构为平面正方形。

Ag^+能与Cl^-,NH_3,$S_2O_3^{2-}$,CN^-等形成配位数为2的直线型配离子,这些配离子的稳定性顺序为

$$[AgCl_2]^- < [Ag(NH_3)_2]^+ < [Ag(S_2O_3)_2]^{3-} < [Ag(CN)_2]^-$$

Zn^{2+}易与OH^-,NH_3,CN^-,SCN^-等分别形成$[Zn(OH)_4]^{2-}$,$[Zn(NH_3)_4]^{2+}$,$[Zn(CN)_4]^{2-}$等配离子。Zn^{2+}的配合物几乎都是配位数为4的四面体配合物。

Hg_2^{2+}形成配离子的倾向较小,Hg^{2+}可与X^-,CN^-,SCN^-等形成$[HgCl_4]^{2-}$,$[HgI_4]^{2-}$,$[Hg(SCN)_4]^{2-}$等配离子。Hg^{2+}主要形成配位数为4的四面体和配位数为2的直线型配离子。Hg^{2+}和过量的S^{2-}结合,则生成$[HgS_2]^{2-}$配离子。

$$Hg^{2+} + S^{2-} = HgS \downarrow$$
$$HgS + Na_2S = Na_2HgS_2$$

铜、锌元素都是生物体必需的元素。铜影响着植物体内酶的活动和氧化还原过程,锌则参与植物细胞的呼吸过程,同时也是氧化还原过程的催化剂,锌还是人体与动物健康所必要的元素。例如,锌是许多酶的辅酶,包括人体红血球中的碳酸酐酶和肝脏中醇脱氢酶。

镉、汞元素则是食物、水、空气等方面的污染物。在涉及镉或汞的化学实验、工业生产中要首先考虑到这方面的环境保护问题。

8.2 铬、钼的重要化合物

铬、钼和钨是第ⅥB族元素。铬和钼的外电子层结构是$(n-1)d^5ns^1$,钨是$5d^4 6s^2$。由于原子最外层有一个或两个电子,所以它们均显金属性质。它们的最高正价是6。生成低价化合物的倾向依铬、钼、钨的顺序减弱。例如,铬能显+2,+3和+6价,以+3价化合物最为稳定;钼能显+2,+3,+4,+5和+6价,以+6价化合物最为稳定。

8.2.1 铬的重要化合物

铬的化合物以 +3 价和 +6 价的化合物为主要。铬的电位图如下：

酸性溶液：

$$\mathrm{Cr_2O_7^{2-}} \xrightarrow{+1.36\text{V}} \mathrm{Cr^{3+}} \xrightarrow{-0.41\text{V}} \mathrm{Cr^{2+}} \xrightarrow{-0.91\text{V}} \mathrm{Cr^0}$$

$$\xrightarrow{+0.295\text{V}}$$

碱性溶液：

$$\mathrm{CrO_4^{2-}} \xrightarrow{-0.12\text{ V}} \mathrm{Cr(OH)_3} \xrightarrow{-0.11\text{ V}} \mathrm{Cr(OH)_2} \xrightarrow{-1.40\text{ V}} \mathrm{Cr^0}$$

上方: -1.30 V （覆盖 Cr(OH)$_3$ 到 Cr^0）

$$\mathrm{CrO_2^-} \xrightarrow{-1.20\text{ V}}$$

1. 三氧化二铬、氢氧化铬

金属铬在空气中燃烧，生成绿色的三氧化二铬 $\mathrm{Cr_2O_3}$。$\mathrm{Cr_2O_3}$ 微溶于水，和 $\mathrm{Al_2O_3}$ 相似显两性，能溶于酸，也能溶于浓的强碱。但是强烈灼烧过的 $\mathrm{Cr_2O_3}$ 难溶于酸和碱。

在 +3 价铬盐中加入适量 NaOH 溶液或氨水，可得到灰蓝色胶状氢氧化铬 $\mathrm{Cr(OH)_3}$ 沉淀。$\mathrm{Cr(OH)_3}$ 和 $\mathrm{Al(OH)_3}$ 相似，也显两性，在溶液中有以下平衡：

$$\mathrm{Cr^{3+}} \underset{3\mathrm{H^+}}{\overset{3\mathrm{OH^-}}{\rightleftharpoons}} \mathrm{Cr(OH)_3} \underset{\mathrm{H^+}}{\overset{\mathrm{OH^-}}{\rightleftharpoons}} [\mathrm{Cr(OH)_4}]^- \quad [\text{简写为 } \mathrm{CrO_2^-} + 2\mathrm{H_2O}]$$

紫色　　灰蓝　　绿色

因此 $\mathrm{Cr(OH)_3}$ 能与酸作用生成紫色的铬(Ⅲ)盐，又能与浓的强碱作用生成亮绿色的铬(Ⅲ)酸盐，即亚铬酸盐 $\mathrm{CrO_2^-}$。

氢氧化铬在过量氨水中部分溶解，生成 $\mathrm{Cr(NH_3)_6^{3+}}$，将溶液加热，$\mathrm{Cr(OH)_3}$ 沉淀又析出。

2. 铬(Ⅲ)盐和亚铬酸盐

由于 $\mathrm{Cr(OH)_3}$ 的酸性和碱性都很弱，故铬(Ⅲ)盐和亚铬酸盐在水中都有水解作用。

由以上铬的电位图可知，在酸性溶液中 $\mathrm{Cr^{3+}}$ 是稳定的，但在碱性溶液中 $\mathrm{CrO_2^-}$ 却有较强的还原性。因此在碱性溶液中 $\mathrm{CrO_2^-}$ 可被 $\mathrm{H_2O_2}$，$\mathrm{Na_2O_2}$，$\mathrm{Cl_2}$，$\mathrm{Br_2}$ 等氧化成铬(Ⅵ)酸盐。

$$2\mathrm{CrO_2^-} + 3\mathrm{H_2O_2} + 2\mathrm{OH^-} = 2\mathrm{CrO_4^{2-}} + 4\mathrm{H_2O}$$

$$2\mathrm{CrO_2^-} + 3\mathrm{Na_2O_2} + 2\mathrm{H_2O} = 2\mathrm{CrO_4^{2-}} + 6\mathrm{Na^+} + 4\mathrm{OH^-}$$

$$2\mathrm{CrO_2^-} + 3\mathrm{Cl_2} + 8\mathrm{OH^-} = 2\mathrm{CrO_4^{2-}} + 6\mathrm{Cl^-} + 4\mathrm{H_2O}$$

在酸性溶液中,只有$(NH_4)_2S_2O_8$,$KMnO_4$等很强的氧化剂才能将Cr^{3+}氧化。

$$10Cr^{3+} + 6MnO_4^- + 11H_2O \Longrightarrow 5Cr_2O_7^{2-} + 6Mn^{2+} + 22H^+$$

3. +3 价铬的配合物

Cr^{3+}的外层电子结构为$3d^34s^04p^0$,它具有6个空轨道和d^3的电子构型。它的不饱和电子层结构对原子核的屏蔽作用比8电子层结构小,使Cr^{3+}有较高的有效正电荷;同时Cr^{3+}的离子半径较小(0.63Å)。这些特征决定了Cr^{3+}具有较强的配合能力,容易与H_2O,NH_3,Cl^-,CN^-,$C_2O_4^{2-}$等形成配位数为6的d^2sp^3型的内轨型配离子。Cr^{3+}在水溶液中是以水合离子$[Cr(H_2O)_6]^{3+}$存在,实际上在水溶液中并不存在Cr^{3+},为了直观和方便仍写为Cr^{3+}。

$[Cr(H_2O)_6]^{3+}$中的水分子还可以被NH_3分子或阴离子等配位体置换。例如,在不同浓度的氨水中,$[Cr(H_2O)_6]^{3+}$可以形成水-氨配离子或氨配离子:

$[Cr(H_2O)_6]^{3+}$(紫色); $\qquad$ $[Cr(NH_3)_2(H_2O)_4]^{3+}$(紫红);

$[Cr(NH_3)_3(H_2O)_3]^{3+}$(浅红); $\qquad$ $[Cr(NH_3)_4(H_2O)_2]^{3+}$(橙红);

$[Cr(NH_3)_5H_2O]^{3+}$(橙黄); $\qquad$ $[Cr(NH_3)_6]^{3+}$(黄色)。

4. 铬酸盐和重铬酸盐

最重要的铬酸盐和重铬酸盐是钾盐和钠盐。在铬酸钾和重铬酸钾的水溶液中,都存在着CrO_4^{2-}和$Cr_2O_7^{2-}$之间的平衡:

$$2CrO_4^{2-} + 2H^+ \Longrightarrow 2HCrO_4^- \Longrightarrow Cr_2O_7^{2-} + H_2O$$
黄色 $\qquad\qquad\qquad\qquad\qquad$ 橙红色

$$K = [Cr_2O_7^{2-}]/[CrO_4^{2-}]^2[H^+]^2 = 10^{14}$$

在酸性溶液中,$Cr_2O_7^{2-}$占优势;在中性溶液中$[Cr_2O_7^{2-}]/[CrO_4^{2-}] = 1$;在碱性溶液中,$CrO_4^{2-}$占优势。当pH>8时,溶液中实际上只有$CrO_4^{2-}$。从上述平衡可知,加酸使平衡向右移动,$CrO_4^{2-}$离子浓度降低,$Cr_2O_7^{2-}$离子浓度增大,溶液颜色从黄变为橙红;加碱使平衡向左移动,$Cr_2O_7^{2-}$浓度降低,CrO_4^{2-}浓度增大,溶液颜色由橙红色变为黄色。

在$Cr_2O_7^{2-}$水溶液中加入Ba^{2+},Pb^{2+}或Ag^+,能得到相应的铬酸盐沉淀,这是因为CrO_4^{2-}和$Cr_2O_7^{2-}$存在上述平衡,这些离子的铬酸盐溶度积较小。

$$Cr_2O_7^{2-} + 2Ba^{2+} + H_2O \Longrightarrow 2H^+ + 2BaCrO_4 \downarrow (黄色)$$

$$Cr_2O_7^{2-} + 2Pb^{2+} + H_2O \Longrightarrow 2H^+ + 2PbCrO_4 \downarrow (黄色)$$

$$Cr_2O_7^{2-} + 4Ag^+ + H_2O \Longrightarrow 2H^+ + 2Ag_2CrO_4 \downarrow (砖红色)$$

由铬的电位图可知,在酸性溶液中,$Cr_2O_7^{2-}$是强氧化剂;但在碱性溶液中,CrO_4^{2-}的氧化性很弱,一般不必考虑。例如,在冷溶液中,重铬酸盐能氧化H_2S,H_2SO_3和HI等,在加热时它能氧化HBr和HCl。在这些反应中,$Cr_2O_7^{2-}$的还原产物都是Cr^{3+}的盐。例如：

$$Cr_2O_7^{2-} + 3H_2S + 8H^+ \rightleftharpoons 2Cr^{3+} + 3S\downarrow + 7H_2O$$

$$Cr_2O_7^{2-} + 3SO_4^{2-} + 8H^+ \rightleftharpoons 2Cr^{3+} + 3SO_4^{2-} + 4H_2O$$

8.2.2 钼的重要化合物

钼的重要化合物有三氧化钼 MoO_3 和钼酸 H_2MoO_4。三氧化钼与三氧化铬不同，不溶于水。它是酸性氧化物，能溶于碱生成相应的钼酸盐。

$$MoO_3 + 2NH_3 + H_2O \rightleftharpoons (NH_4)_2MoO_4$$

在钼酸盐溶液中加入 HCl，就会析出钼酸。钼酸与铬酸不同，在水中的溶解度较小。钼酸是弱酸，酸性比铬酸弱。

钼酸盐与铬酸盐不同，它的氧化性较弱。在酸性溶液中，只有强还原剂才能将 MoO_4^{2-} 还原到 Mo^{3+}。例如：

$$2(NH_4)_2MoO_4 + 3Zn + 16HCl \rightleftharpoons 2MoCl_3 + 3ZnCl_2 + 4NH_4Cl + 8H_2O$$

钼具有能形成多酸的特点。由若干个水分子和两个或两个以上的酸酐组成的酸叫做**多酸**。例如，三钼酸 $H_2Mo_3O_{10}$ 是由一个 H_2O 分子和三个 MoO_3 分子组成的酸。它是由钼酸脱水缩合而成的。

$$3H_2MoO_4 \xrightarrow{-2H_2O} H_2Mo_3O_{10}$$

三钼酸这种由同一种酸酐组成的多酸称为**同多酸**。七钼酸 $H_6Mo_7O_{24}(3H_2O \cdot 7MoO_3)$ 也是常见的钼的同多酸。

钼酸还可与不同的含氧酸分子，如 H_3PO_4，一起脱水缩合，生成磷钼酸 $H_3[P(Mo_3O_{10})_4]$：

$$12H_2MoO_4 + H_3PO_4 \xrightarrow{-12H_2O} H_3[P(Mo_3O_{10})_4]$$

$H_3[P(Mo_3O_{10})_4]$ 可认为是一个 H_3PO_4 分子中结合 4 个三钼酸酐(Mo_3O_9)而生成的多酸。这种由不同的酸酐组成的多酸分子叫做**杂多酸**。与杂多酸相应的盐称为**杂多酸盐**。例如，十二钼磷酸铵 $(NH_4)_3[P(Mo_3O_{10})_4]$ 就是一种常见的杂多酸盐，可用来鉴定 PO_4^{3-}。

Cr^{3+} 是人与动物的糖和脂肪代谢作用特别是为保持正常的胆固醇代谢作用所必需的组成成分。氧化数为 +6 的铬则对人体有毒且污染环境，它损伤肝、肾等，并干扰重要的酶体系。

钼对生物的生长是一种关键元素。固氮酶中含有铁钼蛋白和铁蛋白，它们在自然界固氮催化过程中起着决定性作用。

8.3 锰的重要化合物

锰、锝和铼 3 种元素构成元素周期表的ⅦB 族。锰的外电子层结构是 $3d^54s^2$，这些电子都能参与成键,形成 +1,+2,+3,+4,+5,+6,+7 价化合物,其中以 +2 价最为稳定,这是因为 Mn^{2+} 的电子层结构为 $3d^5$,处于半充满的状态,体系的能量最低。

锰的电位图如下:

$$\varphi_A^{\ominus}: MnO_4^- \xrightarrow{+0.564V} MnO_4^{2-} \xrightarrow{+2.26V} MnO_2 \xrightarrow{+0.95V} Mn^{3+} \xrightarrow{+1.51V} Mn^{2+} \xrightarrow{-1.18V} Mn^0$$

总体 MnO_4^- 到 MnO_2: +1.51V;MnO_4^{2-} 到 MnO_2: +1.69V;MnO_2 到 Mn^{2+}: +1.23V

$$\varphi_B^{\ominus}: MnO_4^- \xrightarrow{+0.564V} MnO_4^{2-} \xrightarrow{+0.60V} MnO_2 \xrightarrow{-0.20V} Mn(OH)_3 \xrightarrow{+0.10V} Mn(OH)_2 \xrightarrow{-1.55V} Mn^0$$

MnO_4^{2-} 到 MnO_2: +0.59V;$Mn(OH)_3$ 到 $Mn(OH)_2$: -0.05V

8.3.1 +2 价锰的化合物

常见的 Mn^{2+} 盐有硫酸锰 $MnSO_4 \cdot 5H_2O$、硝酸锰 $Mn(NO_3)_2 \cdot 6H_2O$ 和氯化锰 $MnCl_2 \cdot 4H_2O$ 等,它们都易溶于水。由于 Mn^{2+} 有未成对的电子,所以 +2 价锰盐都显颜色,水合 Mn^{2+} 离子显浅粉红色(稀溶液几乎无色)。

由锰的电位图可知,Mn^{2+} 在酸性溶液中是很稳定的。只有在高酸度的热溶液中,强氧水剂如 $(NH_4)_2S_2O_8$,$NaBiO_3$ 或 PbO_2 才能把 Mn^{2+} 氧化为高锰酸根 MnO_4^-。Mn^{2+} 在碱性溶液中的稳定性比在酸性溶液中低得多,它很易被空气氧化。例如,Mn^{2+} 盐与强碱作用时,先生成白色的氢氧化锰 $Mn(OH)_2$ 沉淀,随即被空气氧化,变成棕色的水合二氧化锰 $MnO(OH)_2$ 沉淀。

$$MnSO_4 + 2NaOH = Mn(OH)_2 \downarrow + Na_2SO_4$$
$$2Mn(OH)_2 + O_2 = 2MnO(OH)_2$$

在 Mn^{2+} 盐中,硫酸锰常用做微量元素肥料或种子的催芽剂。

8.3.2 +4 价和 +6 价锰的化合物

在 +4 价锰的化合物中,只有溶解度很小的二氧化锰 MnO_2 是稳定的,其他 +4 价锰的化合物都不稳定。MnO_2 是灰黑色固体,不溶于水,显两性,与它相应的水合物 $Mn(OH)_4$ 或 $MnO(OH)_2$ 也显两性。

MnO_2 在中性溶液中是稳定的,在酸性溶液中是较强的氧化剂,本身被还原为 Mn^{2+}。例如,MnO_2 与浓 HCl 共热以制备 Cl_2 气,它与浓 H_2SO_4 共热能放出氧气:

$$MnO_2 + 4HCl = MnCl_2 + 2H_2O + Cl_2 \uparrow$$
$$2MnO_2 + 2H_2SO_4 = 2MnSO_4 + 2H_2O + O_2 \uparrow$$

二氧化锰在碱性介质中可被一些强氧化剂(如 $KClO_3$ 等)氧化为 +6 价的锰。例如,将 MnO_2 和固体的 $KClO_3$ 一起共熔,可得到绿色的锰酸钾 K_2MnO_4。

$$3MnO_2 + 6KOH + KClO_3 \xrightarrow{熔融} 3K_2MnO_4 + KCl + 3H_2O$$

二氧化锰常用做氧化剂(如大量用于干电池的制造)和催化剂,还常用于制造火柴、玻璃和其他锰的化合物。

+6 价锰以锰酸盐的形式存在,如 K_2MnO_4 和 Na_2MnO_4。由锰的电位图可知,在酸性和中性溶液中,MnO_4^{2-} 容易发生歧化反应。

$$3MnO_4^{2-} + 2H_2O \Longleftrightarrow MnO_2 + 2MnO_4^- + 4OH^-$$

只有在强碱性溶液中(pH > 13.5),锰酸盐才是稳定的。

8.3.3　+7 价锰的化合物

在 +7 价锰的化合物中最重要的是高锰酸钾 $KMnO_4$,俗称灰锰氧。它是深紫色晶体,易溶于水,其水溶液呈 MnO_4^- 的紫红色。

高锰酸钾固体是较稳定的化合物,加热至 200℃ 以上按下式分解:

$$2KMnO_4 \xrightarrow{\Delta} K_2MnO_4 + MnO_2 + O_2\uparrow$$

但是 $KMnO_4$ 的溶液并不很稳定,在酸性溶液中它会缓慢地分解:

$$4MnO_4^- + 4H^+ \Longleftrightarrow 3O_2\uparrow + 2H_2O + 4MnO_2$$

在中性或微碱性溶液中,分解很慢。日光对 $KMnO_4$ 的分解有催化作用,因此 $KMnO_4$ 溶液需要保存在棕色瓶内。

高锰酸钾是重要的和常用的氧化剂。它的特点是无论在酸性、中性或碱性溶液中都显氧化性,但其氧化能力和还原产物随溶液的酸碱度不同而异。在酸性溶液中它的还原产物是 Mn^{2+},在中性或弱碱性溶液中还原产物是 MnO_2,在强碱性溶液中当 MnO_4^- 过量时,还原产物是 MnO_4^{2-}。例如,$KMnO_4$ 和 K_2SO_3 的反应:

$$2KMnO_4 + 5K_2SO_3 + 3H_2SO_4 \Longleftrightarrow 2MnSO_4 + 6K_2SO_4 + 3H_2O$$
$$2KMnO_4 + 3K_2SO_3 + H_2O \Longleftrightarrow 2MnO_2 + 3K_2SO_4 + 2KOH$$
$$2KMnO_4 + K_2SO_3 + 2KOH \Longleftrightarrow 2K_2MnO_4 + K_2SO_4 + H_2O$$

$KMnO_4$ 在酸性溶液中是很强的氧化剂。例如,它可以氧化 Fe^{2+},I^-,Cl^- 等,还原产物是 Mn^{2+}。分析化学上常利用这一性质测定这些物质的含量。

$$MnO_4^- + 5Fe^{2+} + 8H^+ \Longleftrightarrow Mn^{2+} + 5Fe^{3+} + 4H_2O$$
$$2MnO_4^- + 16H^+ + 10Cl^- \Longleftrightarrow 2Mn^{2+} + 5Cl_2 + 8H_2O$$

若 MnO_4^- 过量,它可能与 Mn^{2+} 继续发生氧化还原反应,析出 MnO_2:

$$2MnO_4^- + 3Mn^{2+} + 2H_2O \Longleftrightarrow 5MnO_2 + 4H^+$$

锰也是人与生物体必需的元素之一,微量锰在人体内参加许多酶促反应。近代医学提出由于锰具有激活体内抗氧化酶的作用,因此被"荣称"为抗衰老剂。

8.4 铁、钴的重要化合物

铁、钴和镍组成第四周期第Ⅷ族,由于它们的性质相似,通常称为**铁系元素**。第Ⅷ族的另外6种元素称为**铂系元素**。铁、钴和镍原子的最外层电子都是$4s^2$,次外层3d电子分别是$3d^6$,$3d^7$和$3d^8$。它们的常见价态是+2和+3价,其中铁以+3价最为稳定,因为Fe^{3+}为$3d^5$半充满的稳定结构。

8.4.1 氧化物和氢氧化物

+2价铁和钴的氧化物有:黑色的氧化亚铁FeO和灰绿色的氧化亚钴CoO;+3价铁和钴的氧化物有:红色的氧化铁Fe_2O_3和暗褐色的氧化钴Co_2O_3。这些氧化物都不溶于水,不溶于碱,但能溶于酸。铁还能生成一种FeO和Fe_2O_3的混合氧化物Fe_3O_4,天然的Fe_3O_4具有磁性,能导电,不溶于酸或碱。FeO有还原性,容易进一步氧化变成Fe_2O_3。Co_2O_3有氧化性,能将HCl氧化为单质Cl_2。

$$Co_2O_3 + 6HCl == 2CoCl_2 + Cl_2\uparrow + 3H_2O$$

在+2价铁和钴的盐溶液中加入强碱,即可得到白色的氢氧化亚铁$Fe(OH)_2$和粉红色的氢氧化亚钴$Co(OH)_2$沉淀。它们都显碱性,难溶于水,但易溶于酸生成相应的盐。氢氧化亚铁具有强还原性,在空气中迅速被氧化成红棕色的氢氧化铁$Fe(OH)_3$。$Co(OH)_2$的还原性比$Fe(OH)_2$为弱,它在空气中慢慢被氧化,成为棕色的氢氧化钴$Co(OH)_3$,而$Ni(OH)_2$在空气中是稳定的。

$$4Fe(OH)_2 + O_2 + 2H_2O == 4Fe(OH)_3$$
$$4Co(OH)_2 + O_2 + 2H_2O == 4Co(OH)_3$$

由上述可见,铁系元素的低价氢氧化物的还原性是按Fe,Co,Ni的顺序依次减弱。

氢氧化铁和氢氧化钴都是两性偏碱,易溶于酸,但两者溶于酸的情况不同,如$Fe(OH)_3$和HCl作用仅发生中和反应,生成$FeCl_3$和H_2O;而$Co(OH)_3$是强氧化剂,与HCl反应能把Cl^-氧化成Cl_2;$Ni(OH)_3$的氧化能力比$Co(OH)_3$还强。

$$2Co(OH)_3 + 6HCl == 2CoCl_2 + Cl_2\uparrow + 6H_2O$$

由上述可见,铁系元素的高价氢氧化物的氧化性是按Fe,Co,Ni的顺序依次增强。

在+2,+3价铁盐溶液中加入适量氨水,分别生成$Fe(OH)_2$和$Fe(OH)_3$沉淀,沉淀不溶于过量氨水。+2价钴盐溶液中加入适量氨水,生成碱式盐沉淀,沉淀能溶于过量氨水,生成土黄色的$Co(NH_3)_6^{2+}$配离子。它易被氧化成粉红色的$Co(NH_3)_6^{3+}$。

8.4.2 重要的盐类

1. +2价铁和钴的盐

+2价铁和钴的强酸盐几乎都能溶于水,并有水解作用,使溶液显酸性。它们的弱酸盐如碳酸盐、磷酸盐、硫化物都不溶于水。

Fe^{2+} 具有还原性，Co^{2+} 则比较稳定。在酸性溶液中，硝酸、高锰酸钾、重铬酸钾、过氧化氢等氧化剂均能把 Fe^{2+} 氧化成 Fe^{3+}；在碱性溶液中，Fe^{2+} 的还原性更强，它能把 NO_3^- 和 NO_2^- 还原成 NH_3，能把 Cu^{2+} 还原成金属 Cu。

亚铁盐中重要的是硫酸亚铁 $FeSO_4 \cdot 7H_2O$（俗称绿矾），它是淡绿色晶体，在农业上用做杀虫药剂。它在空气中易被氧化，但复盐硫酸亚铁铵 $FeSO_4 \cdot (NH_4)_2SO_4 \cdot 6H_2O$ 在空气中比 $FeSO_4 \cdot 7H_2O$ 稳定得多，不易失去结晶水，不易被氧化，在分析化学上常用它来配制 Fe^{2+} 的标准溶液。

重要的 +2 价钴盐有 $CoCl_2$，它有三种水合物，它们相互转变的温度是

$$CoCl_2 \cdot 6H_2O \xrightleftharpoons{52.25℃} CoCl_2 \cdot 2H_2O \xrightleftharpoons{90℃} CoCl_2 \cdot H_2O \xrightleftharpoons{120℃} CoCl_2$$
（粉红色）　　　　（紫红色）　　　（蓝紫色）　　　（蓝色）

可见二氯化钴由于盐中结晶水数目不同而呈现不同的颜色。作干燥剂用的硅胶常混有 $CoCl_2$，当显蓝色时，表示硅胶有干燥能力；当颜色由蓝变红时，表示硅胶已吸水。

2. +3 价铁和钴的盐

在铁系元素中，+3 价铁盐是稳定的，+3 价钴盐不稳定，+3 价镍盐则极不稳定。这是因为铁系元素 +3 价盐的氧化性是按 Fe,Co,Ni 的顺序依次增强。Fe^{3+} 在酸性溶液中具有较强的氧化性，$SnCl_2$、H_2S、H_2SO_3 或 HI 等还原剂均能把 Fe^{3+} 还原成 Fe^{2+}。

+3 价铁的强酸盐一般易溶于水，由于 $Fe(OH)_3$ 的碱性比 $Fe(OH)_2$ 的更弱，故铁盐比亚铁盐更易水解，其实质是 +3 价水合铁离子 $[Fe(H_2O)_6]^{3+}$ 的水解。当溶液 pH 为 2~3 时，由于水解而使溶液变为黄色至红棕色。

+3 价铁盐中最常用的是三氯化铁 $FeCl_3$，它基本上属于共价型化合物。它易溶于水，也易溶于有机溶剂（如丙酮、乙醚）中。无水三氯化铁在空气中易潮解。三氯化铁能使蛋白质凝聚，故在医疗上用做伤口的止血剂。

8.4.3　铁和钴的配合物

铁、钴离子易形成配合物，如氨配合物、氰配合物、硫氰配合物和羰基配合物。

Fe^{3+} 在酸性溶液中与 SCN^- 反应，生成一系列颜色深浅不同的红色配离子，其通式可表示为 $[Fe(SCN)_n]^{(3-n)}$，$n = 1~6$。主要反应为

$$[Fe(H_2O)_6]^{3+} + SCN^- \rightleftharpoons [Fe(H_2O)_5 SCN]^{2+} + H_2O$$

或

$$Fe^{3+} + SCN^- \rightleftharpoons [Fe(SCN)]^{2+}（血红色）$$

这个反应是检验 Fe^{3+} 的灵敏反应，并用于 Fe^{3+} 的光度法测定。

Fe^{3+}对F^-的配合作用更强,在$[Fe(SCN)]^{2+}$溶液中加入F^-时则生成更稳定的无色的$[FeF_6]^{3-}$,而使红色褪去。分析化学上常利用生成$[FeF_6]^{3-}$来掩蔽Fe^{3+},以消除Fe^{3+}对某些测定的干扰。

Fe^{2+}和Fe^{3+}的重要氰配位体有铁氰化钾$K_3[Fe(CN)_6]$(又名赤血盐)和亚铁氰化钾$K_4[Fe(CN)_6]$(又名黄血盐)。它们分别是检验Fe^{2+}和Fe^{3+}的试剂。

$$K^+ + Fe^{3+} + [Fe(CN)_6]^{4-} \Longrightarrow K[Fe(CN)_6Fe]\downarrow$$
$$K^+ + Fe^{2+} + [Fe(CN)_6]^{3-} \Longrightarrow K[Fe(CN)_6Fe]\downarrow$$

Co^{2+}离子可与SCN^-生成蓝色$[Co(SCN)_4]^{2-}$配离子,$[Co(SCN)_4]^{2-}$在水溶液中不稳定,易离解为简单离子。它可溶于戊醇、丙酮等有机溶剂中,并比较稳定,可用于Co^{2+}的光度分析。

Co^{2+}离子可与NH_3生成$[Co(NH_3)_6]^{2+}$配离子。已知Co^{3+}是不稳定的,固态的+3价钴盐溶于水,立即分解为+2价钴盐;但是$[Co(NH_3)_6]^{2+}$却不如$[Co(NH_3)_6]^{3+}$稳定,空气中的氧就能把$[Co(NH_3)_6]^{2+}$氧化成$[Co(NH_3)_6]^{3+}$,这是由中心离子的电子层结构决定的。

由以上电子层结构可见,在$[Co(NH_3)_6]^{2+}$中,钴的电子层结构比稀有气体氪的结构多一个电子($5s^1$),该电子易失去,而使$[Co(NH_3)_6]^{2+}$变成$[Co(NH_3)_6]^{3+}$。

铁和钴都是生物体必需的元素。例如,动物体内血红蛋白中的铁具有固定氧和输送氧的作用,植物体内的铁则是形成叶绿素的必要条件。钴则是组成维生素B_{12}的一个必需成分,钴还是血液中的血红素和血红蛋白质的组成部分,钴能促进红血球的增加和肌肉蛋白质的合成等。

8.5 镧系元素及其重要化合物

如前所述,在元素周期表第ⅢB族57号镧La的位置上,还有14种元素,即从58号铈Ce到71号镥Lu,它们同镧一起统称为镧系元素。镧系元素和ⅢB族的钪Sc和钇Y在性质上相近,广义上把钪、钇和镧系元素总称为稀土元素。其中钪与其他16种元素在自然界的共生关系不太密切,化学性质上也有较大的差别,因此也有人不将钪列入稀土元素。

8.5.1 镧系元素概述

镧系元素的最外层电子构型是:$4f^{0\sim14}5d^{0\sim1}6s^2$,即从镧到镥,最外层电子($6s^2$)不变,增加的电子是依次填充到外数第三层的4f轨道上,少数在5d轨道上(仅镧原子不存在f电子)。这就是镧系元素的性质极为相似的原因。

镧系元素的化合价不仅取决于价电子层中的s电子,而且也取决于d电子或

(和)f电子。由于镧系金属气态时,失去2个s电子和1个d电子或2个s电子和1个f电子所需要的电离能比较低,因此镧系元素一般能呈现稳定的+3价状态。由于4f亚层电子倾向于保持或接近全空、半满或全满的稳定结构,因而有些元素如铈Ce、镨Pr、铽Tb、镝Dy能呈现+4价,有些元素如钐Sm、铕Eu、镱Yb能呈现+2价。

镧系元素从La到Lu,原子半径总的变化趋势是逐渐减小,而+3价离子的半径是有规律地逐渐减小(见表8-4)。这种镧系元素的原子半径和离子半径随原子序数的增加而逐渐缩小的现象叫做镧系收缩。镧系收缩在无机化学中是一种重要规律。这可以解释为镧系元素4f电子的递增不能完全抵消核电荷的递增,从La~Lu有效核电荷逐渐增加。因此对外电子层的引力逐渐增强,使外电子层逐渐向核收缩。由于镧系收缩,使钇离子Y^{3+}半径(0.93Å)落在镧系元素的离子半径序列中,因而钇常和镧系元素共生于矿物中,成为稀土元素的一成员。又由于镧系收缩的存在,使第五、六周期同族过渡元素在原子半径和离子半径上都非常相近。例如,Zr^{4+}和Hf^{4+},Nb^{5+}和Ta^{5+},Mo^{6+}和W^{6+}的离子半径分别相近,化学性质也相似,造成这三对元素在分离上的困难。

表8-4　　　　　　　　　　镧系元素的电子层结构和某些性质

原子序数	元素	符号	价电子层结构			化合价	金属原子半径(Å)	M^{3+}离子半径(Å)	M^{3+}离子颜色	金属活泼性	$M(OH)_3$的碱性
57	镧	La		$5d^1$	$6s^2$	+3	1.877	1.06	无色	增强	增强
58	铈	Ce	$4f^1$	$5d^1$	$6s^2$	+3, +4	1.824	1.03	无色		
59	镨	Pr	$4f^3$		$6s^2$	+3, +4	1.828	1.01	绿色		
60	钕	Nd	$4f^4$		$6s^2$	+3	1.822	1.00	粉红色		
61	钷	Pm	$4f^5$		$6s^2$	+3	–	0.98	红黄色		
62	钐	Sm	$4f^6$		$6s^2$	+2, +3	1.802	0.96	黄色		
63	铕	Eu	$4f^7$		$6s^2$	+2, +3	1.983	0.95	浅红色		
64	钆	Gd	$4f^7$	$5d^1$	$6s^2$	+3	1.801	0.94	无色		
65	铽	Tb	$4f^9$		$6s^2$	+3, +4	1.783	0.92	无色		
66	镝	Dy	$4f^{10}$		$6s^2$	+3	1.775	0.91	黄色		
67	钬	Ho	$4f^{11}$		$6s^2$	+3	1.767	0.89	红黄色		
68	铒	Er	$4f^{12}$		$6s^2$	+3	1.758	0.88	粉红色		
69	铥	Tm	$4f^{13}$		$6s^2$	+3	1.747	0.87	绿色		
70	镱	Yb	$4f^{14}$		$6s^2$	+2, +3	1.937	0.86	无色		
71	镥	Lu	$4f^{14}$	$5d^1$	$6s^2$	+3	1.735	0.85	无色		

8.5.2 镧系元素的重要化合物

镧系元素皆可形成 Ln_2O_3 型氧化物（以 Ln 代表镧系元素）。Ln_2O_3 皆为离子型化合物,具有碱性,难溶于水,但易溶于强酸中。它们与碱土金属氧化物相似,可以从空气中吸收二氧化碳和水蒸气,生成碱性碳酸盐。

镧系元素的可溶性盐和碱作用,生成氢氧化物 $Ln(OH)_3$。它们都是难溶的白色粉状物质,显碱性。$Ln(OH)_3$ 是中强碱,从 La^{3+} 到 Lu^{3+},随着离子半径的依次减小,氢氧化物的碱性依次减弱,溶解度也依次降低,因而可以根据镧系元素氢氧化物在水中溶解度的不同来分离它们。

镧系元素中仅其氯化物和硝酸盐是可溶的,它们的氟化物、磷酸盐、碳酸盐和草酸盐都是难溶于水的,其中草酸盐在酸性溶液中也是难溶的。利用这一性质,可使镧系元素离子以草酸盐形式析出,而与其他许多金属离子分离开来。因此,镧系元素的草酸盐具有特殊的重要性。

值得指出的是:铈能生成 +4 价化合物,而容易与其他镧系元素的化合物分离;同时,Ce^{4+} 在酸性溶液中具有氧化性:

$$Ce^{4+} + e \rightleftharpoons Ce^{3+}$$

在 $1.0\ mol \cdot L^{-1}\ H_2SO_4$ 介质中的标准电极电位 $\varphi^{\ominus}$ 为 +1.44V,其氧化性比 $Cr_2O_7^{2-}$ 还强,而且在氧化还原过程中,Ce^{4+} 直接转变为 Ce^{3+},没有中间产物。因而在分析化学中常用硫酸铈 $Ce(SO_4)_2$ 配制氧化剂标准溶液。

8.6 无机物的制备

在当今材料科学飞速发展的时代,人们对各种各样材料的需求促进了众多新型材料的应用与开发,新型材料的制备不断地开辟着固体化学新的研究方向。无机材料的合成方法很多,每种方法都有其自己的固有特点,某些固体材料只能在特定的合成方法下才能制备出来,而某些材料可用多种方法合成。各种方法之间,有些存在着共同的特点,有些本身就建立在其他的方法之上。从制备的体系状态来看,无机物的制备方法大致可分为气相法、液相法和固相法三大类。本节将介绍无机物的一些常见的制备方法。

8.6.1 固相反应法

固相反应是在固体无机化合物制备的高温过程中普遍存在的一种反应。广义地讲,凡是有固体参加的反应都称为固相反应。一大批具有特殊性能的无机材料和化合物,如各类复合氧化物,含氧酸盐类、二元或多元的金属陶瓷化合物(碳、硼、硅、磷、硫族等化合物)等,都是通过高温下(一般 1000~1500℃)反应物固相间的直接合成而得到的,因而这类合成反应不仅有其重要的实际应用背景,且从反应来看也有明显的特点。然而固相反应存在着一些缺点:①反应以固态形式发生,反应物的扩散随着反应的进行途径越来越长(可达~100nm 的距离),反应速度越来越慢;②反应的进程无法控制,反应结束时往往得到反应和产物的混合物;③难以得到组成上均匀的产物。为了克服以上所述的不足,近些年来人们研究开发出了一些更简单方便的软化学方法,如溶胶-凝胶法、低温固相法等。

固相反应可有不同的分类。若从组成变化方面出发可分为组成发生变化的反应(如固体与固体、液体、气体的反应,分解反应等)和组成不发生变化的反应(如相变、烧结反应等)两类。若按参与反应的物质形态来分类,可归纳为下列几类:①单一固相反应,如固体物质的热解、聚合等;②固-固相反应;③固-气相反应;④固-液相反应;⑤粉末和烧结反应。

1. 单一固相的反应

由热或光化学方法引发的固体无机化合物的分解和固体有机化合物的分子二聚及聚合都属此类反应。分解反应往往开始于晶体中的某一点,首先形成反应的核心。晶体中易成为初始反应核心的位置,就是晶体的活性中心,它总是位于晶体结构中缺少对称性的位置。例如,晶体中那些存在着点缺陷、位错、杂质的地方。晶体表面、晶粒间界、晶棱等处缺少对称性,容易成为分解反应的活性中心。核的形成速度以及核的生长和扩展的速度,决定了固相分解反应的动力学。核的形成活化能大于生长活化能,当核一旦形成,便能迅速地生长和扩展,因此,分解反应是受控制于核的生成数目和反应界面的面积这两个因素。

2. 固-固相反应

固-固相反应是指两种固态反应物相互作用生成一种或多种生成物的反应。这类反应包括两种类型:加成反应和交换反应。

加成反应是指两个固相 A 和 B 作用生成一个固相 C 的反应。A 和 B 可以是单质,也可以是化合物。A 和 B 之间被生成物 C 所隔开,在反应过程中,原子或离子穿过各物相之间的界面,并通过各物相区,形成了原子或离子的交互扩散。整个反应的推动力是反应物和生成物之间自由能之差。

固相交换反应的形式是 AX + BY = BX + AY。例如:

$$ZnS + CuO = CuS + ZnO$$
$$PbCl_2 + 2AgI = PbI_2 + 2AgCl$$

根据反应体系的热力学、各种离子在各物相中的迁移度以及各反应物质的交互溶解度,可以认识这类反应的机理。乔斯特(Jost)和瓦格纳(Wagner)规定了交换反应的两个条件:①在 AX + BY = BX + AY 这个类型的反应中,参加反应的各组分之间的交互溶解度很小;②阳离子的迁移速度远远大于阴离子的迁移速度。

3. 固-气相反应

固-气相反应主要有金属的锈蚀或氧化反应,化学气相输运反应,无机微粒的气相合成等。锈蚀反应是指气体作用于固体(金属)表面,生成一种固相产物,这样就在反应物之间形成一种薄膜相。所以在锈蚀反应的最初阶段,因为气体分子和金属表面可以充分接触,反应迅速。但当锈蚀产物(如氧化物)的物相层一旦形成之后,它就成为一种阻挡金属和氧互相扩散的势垒,反应的进展就决定于这个薄膜相的致密程度。若是疏松的,它不妨碍气相反应物穿过并达到金属表面,反应速度与薄膜相的厚度无关;若是致密的,则反应将受到阻碍,受到包括薄膜层在内的物质输运速度的限制。锈蚀反应过程包括:气体分子的扩散,金属离子的扩散,缺陷的扩散和电离,电子和空穴的迁移,以及反应物分子之间的化学反应等。锈蚀反应产物的薄层既起着固体电解质的作用,又起着外加导体的作用。

金属的锈蚀反应可表示为

$$M_{(固)} + \frac{n}{2} X_{2(气)} = MX_{n(固)}$$

式中,X_2可以是氧、硫、卤素等电负性大的物质。下列因素将决定这样一类反应的反应速度所遵循的规律:①金属的种类;②反应的时间阶段;③金属锈蚀产物的致密程度;④温度;⑤气相分压,等等。

4. 固-液相反应

固-液相反应,从广义上可包括:①固体于常温下在作为液体的液相中转化、溶解、析出的反应。②固体在加热时可变为液体的液相中转化、溶解、析出的反应。

固-液相反应比固-气相反应要复杂得多,其中包括像腐蚀和电沉积这样的重要工艺过程。当某固体同某液体反应时,产物可能在固体表面上形成薄层或溶进液相。在产物形成层覆盖全部表面的情况下,反应类似于固体-气体反应。如果反应产物部分地或全部地溶进液相中,液相则会有机会接触到固体反应物,因此,决定动力学的重要因素是界面上的化学反应。

最简单的固-液相反应是固体在液体中的溶解。固体在液体中溶解的速度依赖于所暴露的特殊晶面(平面)。像热分解一样,固体的溶解明显地受位错的影响。例如,蚀刻点在晶体表面上位错出现的位置上形成。因此,蚀刻是有用的位错显现技术,甚至可用来测定位错的密度。$NiSO_4 \cdot 6H_2O$ 中蚀刻点生长速度的测定已用来决定位错位置上成核的活化能降低。

5. 烧结反应

烧结反应是将粉末或细粒的混合材料,先用适当的方法压铸成型,然后在低于熔点的温度下焙烧,在部分组分转变为液态的情况下,使粉末或细粒混合材料烧制成具有一定强度的多孔陶瓷体的过程。烧结是一个复杂的物理、化学变化过程。烧结机制可归纳为黏性流动,蒸发与凝聚,体扩散,表面扩散,晶界塑性流动等。实践说明,用任何一种机制去解释某一具体烧结过程都是困难的,烧结是一个复杂的过程,是多种机制作用的结果。这种烧结反应也是我国古代已有的化学工艺技术,例如,陶瓷器皿和工具、建筑用的砖瓦等的生产就是运用烧结反应。以硅酸盐为基质材料的陶瓷生产,是将天然陶土粉细掺水和成面团,然后塑制成各种器皿或用具的形状,放入窑内,在适当温度下加热。这时混合物中的一部分组分(如黏土成分)转变为黏滞状态的液体,湿润着其余的晶态细粒的表面,经过物相之间物质的扩散,把细粒状态的成分黏结起来。冷却时,黏滞状态的液相转变为玻璃体。最后形成的陶瓷体的显微结构中包含有玻璃体、细粒晶体和孔隙。为了保证烧成的陶瓷器件具有足够的强度和致密度,并保持最初塑制时的形状,需要适当控制陶土的配料组成、粒度以及烧结温度和时间等。现代工业技术中使用的高熔点金属材料、硬质合金、高温耐热材料等也都是利用粉末烧结反应制备的。

烧结过程中,物质在微晶粒表面上和晶粒内发生扩散。烧结反应的推动力是微粒表面自由能的降低。例如,两个互相接触的微粒,各都具有较大的表面能,当加热到它们熔点以下的温度时,颗粒内物质发生移动,表面能减少;当两个微粒互相熔合时,它们的总表面积逐渐减少,表面能也随之逐步降低,趋向于表面积达到极小、表面能也达到极小的状态,即两颗微粒最终熔合成一个颗粒的极限状态。但是在烧结温度而不是熔融温度的条件下,这种总表面积最小的极限状态是难以达到的。实际上经过烧结反应所得到的是一种亚稳态的烧结体,它是一种包含有大量数目晶态微粒和气孔的集合体,其中还存在有许多晶粒间界。烧结体的物理性质与单晶体或玻璃体完全不同。

8.6.2 先驱物法

先驱物法是采用共沉淀法、溶胶-凝胶法、微乳液法等方法合成先驱物后,再在适当的条件下(温度、气氛)热分解先驱物,得到纳米颗粒。先驱物法是为解决高温固相反应法中产物的组成均匀性和反应物的传质扩散所发展起来的节能的合成方法。其基本思路是:首先通过准确的分子设计合成出具有预期组分、结构和化学性质的先驱物,再对先驱物进行处理,进而得到预期的材料。

在这种方法中,人们选择一些化合物(如硝酸盐、碳酸盐、草酸盐、氢氧化物、含氰配合物)以及有机化合物(如柠檬酸等)和所需的金属阳离子制成先驱物,在这些先驱物中,反应物以所需要的化学计量存在着,这种方法克服了高温固相反应法中反应物间均匀混合的问题,达到了原子或分子尺度的混合。一般高温固相反应法是直接用固体原料在高温下反应,而先驱物法则是将原料通过化学反应制成先驱物,然后焙烧即得产物。

复合金属配合物是一类重要的先驱物。其合成过程通常在溶液中进行,以对其组分和结构作很好的控制。这些化合物一般可在400℃分解,形成相应的氧化物。这就为制备高质量的复合氧化物材料提供一个途径。例如,利用镧-铁、镧-钴复合羧酸盐热分解,可以制备出化学组分高度均匀的钙钛矿型氧化物半导体;利用钛的配合物的钡盐,可以制备高质量的铁电体微粉。利用相似的方法,在真空中加热分解某些特殊的配合物,则可得到一些非氧化物体系(如纳米尺寸的镉硒半导体簇)。

另一类比较有用的先驱物是金属碳酸盐。它可用于制备化学组分高度均匀的氧化物固溶体系。因为很多金属碳酸盐都是同构的,如钙、镁、锰、铁、钴、锌、镉等均具有方解石结构,故可利用重结晶法先制备出一定组分的金属碳酸盐,再经过较低温度的热处理,最后得到组分均匀的金属氧化物固溶体。像锂离子电池的正极材料$LiCoO_2$、$LiCo_{1-x}Ni_xO_2$等都可用碳酸盐先驱物制备。

此外,一些金属氢氧化物或硝酸盐的固溶体也可被用作先驱物。如利用金属硝酸盐先驱物制备出了高纯度的$YBa_2Cu_3O_7$超导体。亚铬酸盐尖晶石化合物MCr_2O_4的合成也用类似的方法,此处 M 为 Mg、Zn、Mn、Fe、Co、Ni。亚铬酸锰$MnCr_2O_4$是从已沉淀的$MnCr_2O_7 \cdot 4C_5H_5N$逐渐加热到1100℃制备的。加热期间,重铬酸盐中的六价铬被还原为三价,混合物最后在富氢气氛中于1100℃下焙烧,以保证所有的锰处于二价状态。只要仔细控制实验条件,此类先驱物法,均能制备出确定化学比的物相。这种合成方法简单有效且很重要,因为许多亚铬酸盐和铁氧体都是具有重大应用价值的磁性材料,它们的性质对其纯度及化学计量关系非常敏感。

先驱物法有以下特点:①混合的均一化程度高;②阳离子的摩尔比准确;③反应温度低。原则上说,先驱物法可应用于多种固态反应中。但由于每种合成法均要求其本身的特殊条件和先驱物。为此不可能制定出一套通用的条件以适应所有这些合成反应。对有些反应来说,难以找到适宜的先驱物。因而此法受到一定的限制。如该法就不适用于以下情况:①两种反应物在水中溶解度相差很大;②生成物不是以相同的速度产生结晶;③常生成过饱和溶液。

8.6.3 液相沉淀法

从水溶液制备氧化物粉末的方法是从制备SiO_2和Al_2O_3粉末开始的。沉淀法的实质是在某种金属盐溶液中添加沉淀剂制成另一种盐或氢氧化物,之后热分解而得该金属的氧化物,包括直接沉淀法、共沉淀法、均匀沉淀法和络合沉淀法。如果使用两种金属的盐同时沉淀,可得到复合的金属氧化物粉末,这种方法常称为共沉淀法。共沉淀法生产的复合氧化物粉末纯度高、组分均匀,用一般的固相混合加球磨粉碎的方法是难以达到的。在金属盐溶液中加入沉淀剂时,即使沉淀剂的含量很低,并不断搅拌,沉淀剂的浓度在局部也会很高,从而难免会作为杂质引入。如果不外加沉淀剂,而是使溶液内部自己生成,上述问题就可避免。在内部生成沉淀剂而且立即消耗掉,所以沉淀剂的浓度可始终保持很低的状态,因此沉淀的纯度高。溶液内部自己产

生沉淀剂的这种沉淀方法,称为均匀沉淀法。尿素就是一个很好的内部沉淀剂,其水溶液加热到70℃左右发生如下水解反应:

$$CO(NH_2)_2 + 3H_2O \Longrightarrow 2NH_3 \cdot H_2O + CO_2$$

尿素水解后能与 Fe,Al,Sn,Ga,Th,Zr 等金属的化合物反应生成氢氧化物或碱式盐沉淀。利用这种方法还可以生成磷酸盐、草酸盐、碳酸盐等。

沉淀法制粉的缺点是沉淀剂有可能作为杂质混入粉末中,凝胶状的沉淀很难水洗和过滤,水洗时,一部分沉淀物还可能再溶解等。为了解决这些问题,发展了不用沉淀剂的溶剂蒸发法,其过程是由金属盐溶液经雾化后通过有机介质或热风或高温液体或高温气体或低温液体等使溶剂挥发或脱水,得到金属盐的颗粒,然后进行热分解得到氧化物粉末。

8.6.4 溶胶-凝胶法

溶胶-凝胶法也是为解决高温固相反应法中反应物之间扩散和组成均匀性所发展起来的。该方法是通过一个包含胶状悬浮体(sols)产生,随后转变为黏性凝胶(gels)及固态材料的溶胶-凝胶过程(Sol-gel processing)。溶胶是胶体溶液,其中反应物以胶体大小的粒子分散在其中。凝胶是胶态固体,由可流动的流动组分和具有网络内部结构的固体组分以高度分散的状态构成。近年来,随着对其内在的科学原理了解的深入,这一方法日益引人注目,并广泛用于制备各种先进材料。

溶胶-凝胶方法已广泛用于制备玻璃、陶瓷及相关复合材料的薄膜、微粉和块体。在溶胶-凝胶过程中,由分子级均匀混合的无结构的先驱物,经过一系列结构化过程,形成具有高度微结构控制和几何形状控制的材料。这是与传统固体材料制备方法的一大不同之处。这种方法通常包含了从溶液过渡到固体材料的多个物理化学步骤,如水解反应、缩合反应、凝胶化作用、陈化阶段、干燥阶段、致密化阶段等。有三类溶胶-凝胶方法可制备金属氧化物,前体可以是金属有机化合物亦可以是无机盐水溶液,因而下面对这三类体系的水解-缩合反应作一些简要的讨论。

1. 金属盐的水解和缩合反应

在许多情况下(如对过渡金属离子而言),水与金属离子发生溶剂化作用,导致部分共价键的形成。由于在水分子的 $3\sigma_1$ 满价键轨道和过渡金属空 d 轨道间发生部分电荷迁移,所以水分子的酸性变强。水合金属离子具有随着金属正电荷的提高其酸离解性增大的倾向。金属盐水溶液中存在形体的性质取决于平衡状态:

$$[M\cdots OH_2]^{2+} \Longrightarrow [M—OH]^{(z-1)+} + H^+ \Longrightarrow [M=O]^{(z-2)+} + 2H^+$$

因为金属各种不同氧化态的水合形体之间存在酸离解反应和缩合反应等一系列可能的平衡使得许多金属盐溶液中存在相当复杂的水溶液化学反应。

在缩合过程中,配体之一作为进攻基团与第二个金属形体连接,这取决于这一形体是否已经达到其首选的配位数,而存在的配体基因之一可能作为脱离基因。金属

盐的缩合反应可以根据以下反应进行:

(1) 羟(桥)配聚(合)作用 利于缩合反应的最好形体是混合的氢氧基-氧络或氢氧基-水合离子。在氢氧基-氧络离子形体中,氢氧基因能有效进行亲核进攻反应,而水分子是很好的脱离基因,缩合反应通过羟配聚作用进行,形成羟基桥。例如:

$$2[Cr(OH)(H_2O)_5]^{2+} \rightleftharpoons [(H_2O)_4Cr(OH)_2(H_2O)_4]^{4+}$$

这一过程的进行速率取决于金属离子的大小、电荷及晶体场稳定化能。然而,无论反应多快,它们不可能无限进行形成无限大的聚合物,因为 OH 上的局部电荷在桥联构型中发生了变化,并且二聚体中的 OH 失去其亲核性。但这并不总是在二聚体阶段发生,如下列 Ni 的化合物中,在四聚中 OH 失去其亲核性,因此反应进行到四聚体形成为止(见图 8-2)。

$$4[Ni(OH)(H_2O)_3]^+ \rightleftharpoons 2[(H_2O)_2Ni(OH)_2Ni(H_2O)_2]^{2+} 2[Cr(OH)(H_2O)_5]^{2+}$$
$$\rightleftharpoons [Ni(OH)_4(H_2O)_4]^{4+} + 4H_2O$$

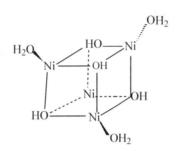

图 8-2 $[Ni(OH)_4(H_2O)_4]^{4+}$

类似地,对于 $[Zr(OH)_2(H_2O)_6]^{2+}$,形成由双 OH 桥联结的 Zr 四聚体(图 8-3),与此相反,在某些情形下,即使在单体分子中以及如果存在两个或更多已配位的 OH 基因的体系中 OH 上的局部电荷就已极小,利于质子转移形成含氧阳离子而不是发生缩合反应。例如,$[M(OH)_2(H_2O)_4]^{2+}$ 中,M = Ti 或 V,且稳定的平衡形体为 $[MO(H_2O)_5]^{2+}$。视 pH 情况,上述讨论的氢氧基-水合离子形体与其他形体形成平衡混合物。形成的缩合形体也取决于 pH 值,导致极为丰富的化学多样性,及如果希望获得重现性的结果的话要求对 pH 进行良好控制。

(2) 氧桥合作用 缩合过程也可通过氧桥合作用进行,其中金属通过氧络而不是 OH 桥联。可能是通过配位未饱和氧络形体的直接加成反应实现(如 $4[MoO_3(OH)]^-$ 快速反应形成环状四聚体 $[Mo_4O_{12}(OH)_4]^{4-}$),或通过亲核加成随之以质子转移及脱离基团除去。

图 8-3　$[Zr_4(OH)_8(H_2O)_{16}]^{8+}$

$$M\overset{\delta-}{-}OH + M\overset{\delta+}{-}OH \xrightarrow{\text{催化}} M-O-M-OH \xrightarrow{\text{催化}} M-O-M + H_2O$$

第一个亲核进攻由碱催化,它以亲核进攻的基团 OH 上脱去质子并提高其亲核特性。第二步由酸催化,它使脱离的 OH 质子化。因此,反应在较宽的 pH 范围内进行(不像羟桥配聚合作用那样对 pH 很敏感),并且在溶液形体的等电点附近反应最慢。像羟桥配聚作用一样,随着缩合反应的进行,进攻的 OH 基团的局部电荷发生变化从而限制了缩合作用的程度。然而对于氧桥合作用,被讨论的羟基并不是桥联基团而是端基,其桥联基团为氧桥。当其局部电荷变正时,它们变成酸性并失去质子形成稳定的阴离子形体(如 $[H_2Mo_{12}O_{40}]^{6-}$。此外,这一领域包含极丰富的化学,对于给定的金属,存在许多不同的多聚阴离子、混合的多聚阴离子、混合价态的金属聚阴离子以及中心"孔"以杂原子填充的聚阴离子(如 $[PMo_{12}O_{40}]^{3-}$)的可能性。

2. 金属有机分子的水解-缩合反应

金属烷氧基化合物($M(OR)_n$, Alkoxide)是金属氧化物的溶胶-凝胶合成中常用的反应物分子母体,几乎所有金属(包括镧系金属)均可形成这类化合物。$M(OR)_n$ 与水充分反应可形成氢氧化物或水合氧化物。当无酸或碱催化剂时,金属烷氧化物首先经过水分子亲核进攻后伴随质子从 H_2O 分子转移到烷氧基团后以醇的形式脱离的水解反应。实际上,反应中伴随的水解和聚合反应是十分复杂的。水解一般在水或水和醇的溶剂中进行并生成活性的 MOH。随着羟基的生成,进一步发生聚合作用。根据实验条件的不同,可按照三种聚合方式进行:随之形成的 MOH 与另一烷氧化物(醇氧桥合作用),或另一 MOH 形体反应(氧桥合作用)或与溶剂化的金属形体发生反应(羟桥配聚作用)。

以上不同反应的热力学取决于水解中亲核进攻试剂的局部负电荷、亲电金属的局部正电荷和脱离基因的稳定性(脱离基团正电荷越大越易于脱离)。此外,H_2O 对烷氧化合物的初始进攻对于烷氧化物是最容易的,此时金属能很容易地扩展其配位空间,以及进入的配位形体的质子的酸性越大,水解的氧桥合及醇氧桥合作用的质子转移步骤就越容易发生。

$$H_2O + M-OR \longrightarrow H_2O \rightarrow M-OR \longrightarrow HO-M \leftarrow O(R)(H) \longrightarrow MOH + ROH$$

$$H(M)O + M-OR \longrightarrow H(M)O \rightarrow M-OR \longrightarrow MO-M \leftarrow O(R)(H) \longrightarrow MOM + ROH$$

$$H(M)O + M-OH \longrightarrow H(M)O \rightarrow M-OH \longrightarrow MO-M \leftarrow O(H)(H) \longrightarrow MOM + H_2O$$

$$H(R)O \rightarrow M + M-OH \longrightarrow M-O(M)-H + ROH$$

$$H(H)O \rightarrow M + M-OH \longrightarrow M-O(M)-H + H_2O$$

此外,最近还报道了一种非水解溶胶-凝胶过程。它们利用金属卤化物和烷氧化物之间的缩合反应,烷氧化物本身可通过金属卤化物与醚或醇反应现场形成,反应可以在密闭管中于一定温度下(如110℃)进行,或者在常压下氮氛下进行。

$$MOR + MCl \longrightarrow MOM + RCl$$
$$ROR + MCl \longrightarrow MOR + RCl$$
$$HOR + MCl \longrightarrow MOR + HCl$$

根据催化剂和给氧物种性质的不同,这些非水解溶胶-凝胶过程的凝胶化时间一般在几小时到几十小时内变化。产物根据催化剂和给氧物种的性质的不同具有低水和硅烷醇量,高比表面积(通常达 400~800 m²/g)和不同的结构及孔径分布。大量的硅化合物的这种反应能以少量的金属氯化物催化,如 0.1% ~ 1% $FeCl_3$,$AlCl_3$,$TiCl_4$,$ZrCl_4$等,这些金属氯化物能结合进产物中获得有色玻璃。

金属氧化物的非水解溶胶-凝胶制备方法尤其适用于具有不相同的反应活性前体的混合体系,例如,$SiO_2 - TiO_2$ 和 $SiO_2 - ZrO_2$ 玻璃,由于过渡金属烷氧化物快得多的水解速度使得体系中主要形成 M—O—M 键并产生金属氧化物沉淀,即使以螯合剂稳定,金属烷氧化物或使 Si 烷氧化物在金属烷氧化物加入之前水解,也不能消除这一问题。而非水解溶胶-凝胶技术则可在不加任何螯合剂或添加剂的情形下,一步反应就可获得单块凝胶体。此外,无水的参与也就意味着不需要共溶剂。

Sol-gel 方法已在新型光学材料、催化材料、多功能复合材料、生物材料方面展现出诱人的前景。某些具有特定结构的有机分子材料具有较无机非线性光学材料强得多的非线性光学特性。然而,这类材料普遍存在着稳定性问题。近年来,一些科学家利用溶胶-凝胶过程,将一些有机分子"封装"于玻璃中,制备出兼具无机物稳定性和有机物高光学非线性的新型无机-有机物复合材料。尽管具有上述优点,溶胶-凝胶方法并非没有局限。前体昂贵且对湿度敏感限制了其特定的应用,如光学涂层的大批量生产;溶胶-凝胶方法也存在耗时,尤其需要仔细控制陈化与干燥;此外,致密化过程会引起维度的变化,干燥时的收缩与龟裂等,虽然不是不可克服的,确实需要小心注意。这些局限使得有必要优化 Sol-gel 材料以最大限度发挥其优势。

8.6.5 水热法和溶剂热法

水热法是在密闭的高压釜里的高温、高压反应环境中,采用水作为反应介质,在一定的温度下,在水的自生压强下反应混合物进行反应的一种方法。该方法包括水热结晶法、水热合成法、水热分解法、水热脱水法、水热氧化法、水热还原法等。此外,水热合成法按反应温度可分为:①在 100℃ 以下进行的低温水热合成法;②100~300℃ 下进行的中温水热合成法;③300℃ 以上,0.3 GPa 下进行的高温高压水热合成法。

水热法中,水处在高压的状态下,且温度高于它的正常沸点,作为加速固相间反应的方法,水在这里起了两个作用:首先,液态或气态水是传递压力的媒介;其次,在高压下绝大多数反应物均能部分地溶解于水中,这就能使反应在液相或气相中进行。这就使原来在无水情况下必须在高温进行的反应得以在上述条件下进行。因此,这种方法特别适用于合成一些在高温下不稳定的物相。

水热技术在相对低的温度和封闭容器中进行,避免了组分挥发。水热技术的反应体系一般处于非理想、非平衡状态,其溶剂处于接近临界或超临界状态,有利于复杂离子间的反应,从而使水解反应加剧或氧化-还原电位发生明显变化。因此,水热合成技术具有以下优点:①反应物活性改变和提高,有可能代替固相反应,并可制备出固相反应难以制备出的材料;②易于生成中间态、介稳态以及特殊相,能合成介稳态或者其他特殊凝聚态的化合物、新化合物;③能够合成熔点低、蒸气压高、高温分解的物质;④低温、等压、溶液条件,有利于生长缺陷少、取向好、完美的晶体,并且产物晶体的粒度可控;⑤由于环境气氛可调,因而可合成低价态、中间价态与特殊价态化合物,并能进行均匀掺杂。

用有机溶剂代替水作介质,采用类似水热合成的原理制备纳米微粉称为溶剂热合成法。非水溶剂代替水,不仅扩大了水热技术的应用范围,而且能够实现通常条件下无法实现的反应,包括制备具有亚稳态结构的材料。

8.6.6 化学气相沉积法(Chemical Vapor Deposition,CVD)

化学气相沉积法是利用气态或蒸气态的物质在气相或气固界面上发生化学反应,生成固态沉积物的技术。随着相关技术的发展,化学气相沉积法又有了新的发展,目前有等离子化学气相沉积法(PCVD)、激光化学气相沉积法(LCVD)、金属有机化合物气相沉积法(MOCVD)等。以上各种方法虽然名目繁多,但归纳起来,主要区别是:①从气相产生固相时所选用的加热源不同(如普通电阻炉、等离子炉或激光反应器等);②所选用的原料不同,如果用金属有机化合物作原料,则为 MOCVD;③反应时所选择压力或者温度不同。

若从化学反应的角度看,化学气相沉积法包括热分解反应、化学合成反应和化学输运反应三种类型。热解法一般在简单的单温区炉中进行,于真空或惰性气体气氛中加热衬底物到所需温度后,通入反应物气体使之发生热分解,最后在衬底物上沉积出固体材料层。热解法已用于制备金属、半导体、绝缘体等各种材料。这类反应体系的主要问题是反应源物质和热解温度的选择。在选择反应源物质时,既要考虑其蒸气压与温度的关系,又要注意在不同热解温度下的分解产物,保证固相仅仅为所需要的沉积物质,而没有其他杂质。比如,用有机金属化合物沉积半导体材料时,就不应夹杂碳的沉积。因此需要考虑化合物中各元素间有关键强度(键能)的数据。

绝大多数沉积过程都涉及两种或多种气态反应物在一热衬底上相互反应,这类反应即为化学合成反应。其中最普遍的一种类型是用氢气还原卤化物来沉积各种金属和半导体。例如,用四氯化硅的氢还原法生长硅外延(tpitaxy,把某物质的一个晶面作为衬底,将另外的物质以同样的取向或具有特定的取向在此晶面上生长的现象称为外延或外延生长)片,反应为

$$SiCl_4 + 2H_2 \xrightarrow{1150 \sim 1200℃} Si + 4HCl$$

该反应与硅烷热分解不同,在反应温度下其平衡常数接近于 1。因此,调整反应器内气流的组成,如加大氯化氢浓度,反应就会逆向进行。可利用这个逆反应进行外延前的气相腐蚀清洗。在腐蚀过的新鲜单晶表面上再外延生长,则可得到缺陷少、纯度高的外延层。在混合气体中若加入 PCl_3、BBr_3 一类的卤化物,它们也能被氢还原,这样磷或硼可分别做为 n 型或 p 型杂质进入硅外延层,这就是所谓的掺杂过程。

化学气相沉积法是近二三十年发展起来的制备无机固体化合物和材料的新技术。现已被广泛用于提纯物质、研制新晶体、沉积各种单晶、多晶或玻璃态无机薄膜材料。这些材料可以是氧化物、硫化物、氮化物、碳化物,也可以是某些二元(如 GaAs)或多元($GaAs_{1-x}P_x$)的化合物,而且它们的功能特性可以通过气相掺杂的沉积过程精确控制。

8.6.7 纳米材料的制备

由于纳米材料在磁、电、光、热和化学反应等方面显示出新颖的特性,使人们对这种材料产生了极大的兴趣。纳米材料的新特性主要源于两方面:表面效应和体积效应。体积的减小意味着构成粒子的原子数目减少,使能带中能级间隔增大,由此使纳米材料的物理和化学性质发生了很大的变化。例如半导体材料 CdS,当粒子大小达到纳米粒子的程度时,其能带间的间隔增大,光的吸收向短波长方向移动或称蓝移。纳米材料的制备不仅包括纳米粉体、纳米线或管、纳米块体和纳米薄膜制备技术,还包括纳米无机-有机材料、纳米元器件、纳米胶囊和纳米组装技术等等。上述方法大致上可分为化学法和物理法。化学法采用化学方法合成纳米材料。化学液相法包括:沉淀法(共沉淀、均匀沉淀)、水热法、相转移法、溶胶-凝胶法等;化学气相法包括化学气相沉积、气体还原法、离子气相沉积。化学法所制备纳米材料具有产品均匀,可大量生产,设备投入小,但产品存在有一定的杂质等特点。物理法是最早采用的纳米材料制备方法,是采用高能消耗方式,"强制"材料"细化"得到纳米材料,包括:超声波粉碎法,物理气相沉积,超声波粉碎法,线爆法等。物理法制备纳米材料具有产品纯度高,但产量低,设备投入大等特点。不同类别的纳米材料制备方法列于表 8-5 中。

表 8-5 　　　　　　　　纳米材料制备方法分类

纳米材料类型	化学方法	物理方法
纳米粉体	沉淀法(共沉淀、均匀沉淀) 化学气相沉积,水热发法,相转移法,溶胶-凝胶法,电解法,活性氢熔融,金属反应法,气体还原法,离子气相沉积	超声波粉碎法,物理气相沉积,等离子蒸发法,超声波粉碎法,线爆法,电分散法,雾化法,球磨法,激光溅射法,真空蒸镀法,溶剂挥发法
纳米膜材料	溶胶-凝胶法,电沉积,还原法	物理气相沉积,激光溅射法,告诉粒子沉积法
纳米晶和纳米块材料	非晶晶化法	球磨法,原位加压法,固相淬火法
无机-有机纳米材料	原位聚合法,插层法	共混法
纳米高分子材料	乳液法,超微乳液法,悬浮法	天然高分子法,液相干燥法
纳米微囊	高分子包覆法,乳液法	超声分散法,注入法,薄膜分散法,冷冻干燥法,逆向蒸发法
纳米组装材料	纳米结构自组织合成法,纳米结构分子自组织合成法,模板合成法,化学气相沉积,溶胶-凝胶法	

目前在寻找新的纳米粉末制备方法方面的努力仍在继续,这主要是人们期望使更多的物质能够以纳米粉末的形式存在,并获得新型纳米粉末。同时人们也期望开发更方便的制备方法与途径来降低制备纳米粉末的成本。制备纳米粉末的方法很多,有干法和湿法;化学法和物理法;粉碎法和造粒法等。也有人认为按所制备的体系状态分类更为科学,即气相法、液相法和固相法。下面简要介绍上述三种纳米粉末的制备方法。

1. 由固体制备纳米粉末

由固体制备纳米粉末是将固体粉碎,粉碎的方法对于某些脆性化合物如 TiC、SiC、ZrB_2 等是适宜的,粉碎时采用低温粉碎法或超声波粉碎法,也可采用爆炸法。但这些方法在使用中难以控制微粒的形状并易混进杂质,不能满足大多数应用的要求。依靠无定形纳米粒子的热处理进行分相来制得新的纳米粉末的技巧有希望成为制备新型功能性纳米粉末的方法。如用醇盐法制得的 $Pb(Zr,Ti)O_2$ 与 $ZrTiO_4$ 混合的无定形纳米粉末沉淀(颗粒大小为 10 nm),经 800℃的灼烧后形成 80 nm 的颗粒,并在颗粒内产生 $Pb(Zr,Ti)O_2$ 与 $ZrTiO_4$ 相分离,形成单相的纳米粒子。

2. 由溶液制备纳米粉末

由溶液制备纳米粉末的方法已被广泛采用,其特点是成核容易控制,微量组分的添加十分均匀,可制得纯复合氧化物,对于敏感材料具有重要意义。在由溶液制备纳米粉末的方法中,最常用的方法是沉淀法,即混合可溶性的盐溶液,使其反应生成难溶性盐沉淀而制备纳米粉末。利用金属醇盐水解沉淀制备纳米粉末的醇盐法是一种很有希望的方法,金属醇盐水解后得到各种沉淀状态,沉淀经过滤、干燥和脱水,可以得到高纯的纳米粉末,众多的碱土金属、稀土、过渡金属以及某些主族元素都可用此法通过水解制得各种沉淀状态的氧化物或氢氧化物。这种纳米粉末的制备为制造组分精确、均匀和纯度高的电子陶瓷材料提供了粉末原料。

喷雾干燥法和喷雾热分解法也是由溶液制备纳米粉末的两种方法。前者使溶液在热风中喷雾,急剧地干燥得到纳米粉末;后者是使溶液在高温中喷雾、瞬间溶媒蒸发和金属盐分解制得纳米粉末。用此法已合成了某些复合氧化物如 $CoFe_2O_4$,$MgFe_2O_4$,$Cu_2Cr_2O_4$ 等,平均粒径为 70 nm。

3. 由气体制备纳米粉末

由气体制备纳米粉末,有两大类方法:蒸发-凝结法和化学气相沉积法。蒸发-凝结法是用电弧、高频或等离子体将原料加热使之气化或形成等离子体,然后骤冷使之凝结形成纳米粉末的方法,其粒径为 5~100 nm。在蒸发-凝结法中,人们通过惰性气体和改变压力的办法来控制微粒大小。某些金属如铝、银等纳米粉末是由此方法制备的。这种方法的缺点是结晶形状难以控制,许多检测设备还有待于建立和完善。化学气相沉积法是合成高熔点无机化合物纳米粉末的好方法。这种方法是利用挥性金属化合物蒸气的化学反应来合成纳米粉末的方法,其特点是:①纯度高,生成的纳米粉末不需粉碎;②纳米粒子的分散性好;③通过控制反应条件可得到粒径分布窄的纳米粒子;④适用范围广,除制备氧化物外,只要改变介质气体,还可以用于合成由直接合成方法难于实现的金属、氮化物、碳化物和硼化物等非氧化物的纳米粉末。化学气相沉积常用的原料有金属氯化物、氯氧化物(MO_nCl_m)、烷氧化物[$M(OR)$]和烷基化合物(MR_n)等。气相中颗粒的形成是在气相条件下均匀成核及生长的结果。为得到纳米粉,就需要较高的成核速度和较大的核数目,这样过饱和度高是重要的条件。成核速度是反应温度和反应气体组分的函数,所以粒子的大小由这些条件控制。用化学气相沉积生成的粒子,可是单晶也可是多晶,依反应条件而定。因为合成时过饱和度很大,所以生成的纳米粒多半都是各向同性的。

有些体系由于低温下其气相反应生成微粒的平衡常数较小,所以需要在高温下进行合成。在高温下,平衡常数较大,然后通过剧冷可获得很高的过饱和度。为实现高温合成,人们一般较多地采用等离子体法和电弧法。以等离子体作为连续反应器制备纳米粉末时,大致有等离子体蒸发法、反应性等离子体蒸发法和等离子体 CVD。这三种方法的主要差别在于第一种方法是纯粹的蒸发-凝聚的物理变化,而后两者中含有化学反应和蒸气输运过程。众多的高熔点金属合金如 Fe-Al,Nb-Si,V-Si,W-C 等纳米粒子以及一些陶瓷材料如 ZrC、SiC、ZrN、Si_3N_4 等可由这些方法进行制备。化学气相沉积法合成纳米粉末,一般比固相法和液相法的成本高,但气相法得到的产物具有纯度高、分散性好的特点。下面我们总结以上的讨论于表 8-6,使我们能够一目了然地看出各种制备纳米粉末方法的基本原理和特点。

表 8-6　　　　　　　　　　纳米粉末的制法及特点

名称	制造方法	特点
超声波粉碎法	将 40μm 的细粉装入盛有酒精的不锈钢容器内,使容器内压力保持 45atm(N_2气氛)以频率为 26kHz,25kW 功率的超声波粉碎	制造操作简单安全,对脆性金属化合物比较有效,制取粒径可达 500~4700nm。如 W,MoSi,TiC,ZrC,$(Ti,Zr)B_4$ 等
线爆法	1.0mm 线材通 10~25kW 高压电	50~500nm 的 Cu,Mo,Ti,W,Fe-Ni 粉末
电分散法	在介质中使金属间产生电弧,高温蒸发,然后冷凝得到颗粒	可制取各种金属的纳米粉末如 Ag,Au,Pt,W 粉呈单晶球状
雾化法	用惰性气体将熔融金属吹散	粉末粒径小于 1000nm,制金属粉末

续表

名称	制造方法	特 点
物理气相沉积	装置与普通真空镀相似,将钟罩抽到 666.61Pa左右的真空,装入 13.33~1333Pa 左右的惰性气体,用电阻丝、电弧放电、激光枪等方式熔化金属后,蒸发冷凝在壁上成为纳米粉末	用于制取纳米粒子或微粒子薄膜
等离子蒸发法	用等离子焰将金属粉融熔蒸发,再冷凝得到纳米粉末	可制取各种金属、金属间化合物、复合金属的纳米粉末
离子气相沉积	直流电压加在低气压的惰性气体上放电,离解待沉积的原子	可制取粒子或微粒子薄膜
气体还原法	金属盐固体在熔点以下的温度用 H_2、CO 还原	制金属纳米粉末
化学气相沉积	金属卤化物气体与 H_2(或含 H_2 气体)及 CO 还原成粉末	可制取粒径为 10~10000nm 的球状粒子或单晶并可连续作业
沉淀法	通过溶液化学反应得到沉淀,进一步加热得到微粉	可制化合物纳米粉末
电解法	将金属盐电解后析出粉末	制金属纳米粒子
活性氢熔融金属反应法	采用电弧等离子使金属熔化、过饱和 H_2 使熔体雾化、汽化	制各种金属纳米粒子

8.7 新型无机材料

早在史前旧石器时代,人类就以天然的岩石作为主要的劳动工具和生活用具,这是最早的无机材料。随着生产力的发展和科学技术的进步,人类利用黏土及某些石料烧制成陶瓷制品、玻璃、水泥等材料,构成了庞大的无机材料体系。随着科学技术的发展,材料的种类日新月异,各种新型材料层出不穷,在高新技术领域中占有重要的地位。材料科学是研究材料的成分、结构、加工和材料性能及应用之间相互关系的科学。本节首先讨论材料的分类,然后将介绍一些重要的新型无机非金属材料。

8.7.1 材料的基本类型

材料的种类很多,按化学组成可分为金属材料、无机非金属材料、有机材料及复合材料4大类。金属材料是以金属单质及合金为主要成分的材料,包括钢铁和各种有色金属及其合金。有机材料是以天然的和人工合成的各种有机物质为主要成分的材料,其中很多为有机高分子化合物。复合材料则是由前三种材料中的两种或三种按一定的方式结合在一起所形成的新型材料。无机非金属材料在人们生产和生活中所用的各种材料中所占的比例最大,包括以非金属单质为主要成分、以金属元素与非金属元素形成的化合物为主要成分的各种材料。其生产原料一般为天然硅石、硅铝酸盐矿、黏土等,这些无机非金属材料统称为硅酸盐材料,它们是传统的无机材料。所谓的新型无机材料是指近几十年才开始使用的,目前正处于研究和开发阶段的无机非金属材料和一些具有特殊性质的金属间化合物或合金材料,这类材料的生产量一般不大,其生产原料一般不是直接取自自然界,是通过化学方法制得的,有些必须经过相当精细的化学过程才能达到要求。例如,制造计算机芯片的单晶硅片、电视机显像管中的荧光粉、制作电容器的陶瓷材料、通信电缆中的光导纤维等就是这类新型无机材料。

　　按照材料在使用过程中的作用和要求可以将材料分为两大类,即结构材料和功能材料。结构材料主要是利用它们的强度、韧性、硬度、弹性等机械性能。新型无机结构材料主要是应用于一些极端条件下的特种陶瓷和纤维材料,与传统结构材料相比,常具有耐高温、耐热冲击、耐化学腐蚀等在极端条件下的耐用性,或者具有高抗拉强度或高的弹性模量。例如,高纯度的金属氧化物陶瓷(氧化铝、氧化镁、氧化铍、氧化锆等)、非氧化物陶瓷(碳化硅、碳化钛、碳化硼、氮化硅、氮化硼、氮化钛和硼化钛等)以及碳纤维、硼纤维等就是这种类型的材料。功能材料主要是利用它们所具有的电、光、声、磁、热等功能和物理效应。据功能材料的物理性质及其在使用中所发挥的功能,可以将其分为电性材料、磁性材料、光学材料、声学材料、力学材料、生物功能材料和化学功能材料等。大多数功能材料的主要组成为金属合金、金属间化合物、非金属单质和无机化合物,这些材料分别是金属材料和无机非金属材料,是我们所说的新型无机功能材料的主要部分,也是后面将要介绍的重点。若按材料的形态分类,可分为多晶材料、非晶材料和复合材料。按材料的物理效应与性能分类的,如压电、热电、电光、声光、激光材料等。

　　新型无机材料的发展十分迅速,性能优良的材料不断涌现。新型无机材料的研究和应用也推动了固体物理学和固体无机化学的发展,人们正在逐步解决从物质的微观结构及化学键的本质方面来说明材料的特殊性能问题,使合成和发现新材料的研究变得更加有的放矢。新型无机材料品种繁多,有些材料常具有几种功能;一些结构材料在特定的条件下也会具有某些功能性质,在某些特定的场合也可以作功能材料使用。上述的分类只是相对的,局部的,之间多有交叉重叠,现汇总于表8-7。

表 8-7　　　　　　　　　　　　材料的基本类型

	化学分类	金属材料、无机非金属材料、有机材料、复合材料		
材料的基本类型	形态分类	多晶材料、非晶材料、复合材料		
	物理效应分类	导电材料、绝缘材料、磁性材料、光导材料、耐温材料、超导材料、高强材料		
	用途分类	信息材料、生物材料、储氢材料、感光材料、电工材料、电讯材料、电子材料、研磨材料、光学材料、耐火材料、建筑材料、仪器仪表材料、传感材料、能源材料、航空航天材料		
	功能分类	结构材料	金属材料、非金属材料	
			合成材料、复合材料	
		功能材料	能量转换	光电材料、电光材料、压电材料
			能量存储	磁光材料、热电材料、激光材料
			能量传输	声光材料、发光材料、铁电材料

8.7.2　新型陶瓷材料

　　由黏土或主要含黏土的混合物,经成型、干燥、烧成而得产品的总称为传统陶瓷。近几十年来,由于高科技的迅猛发展,对具有特殊性能材料的需求日益增加,而某些陶瓷材料恰恰具备这些特殊的性能。这类具有特殊性能的陶瓷称为精细陶瓷或先进陶瓷、新型陶瓷。"精细陶瓷"的精确定义尚无定论,但通常认为,精细陶瓷是"采用高度精选的原料,具有能精确控制的化学组成,按照便于控制的制造技术加工,便于进行结构设计,并具有优异特性的陶瓷"。新型陶瓷按化学成分主要分为两类:一类是纯氧化物陶瓷,如 Al_2O_3、ZrO_2、MgO、CaO、BeO、ThO_2 等;另一类是非氧化物系陶瓷,如碳化物、硼化物、氮化物和硅化物等。随着成分、结构和工艺的不断改进,新型陶瓷层出不穷。

　　新型陶瓷具有多种特殊的性质与功能,如高强度、高硬度、耐磨耐蚀以及在磁、电、热、声、光、生物工程、超导、原子能等方面的特殊功能,因而使其在机械、电子、化工、计算机、能源、冶金、航空航天、医学工程、信息产业各方面得到广泛的应用。依据材料的功能来划分,又可分为结构陶瓷与功能陶瓷,其中结构陶瓷是以强度、刚度、韧性、耐磨性、硬度、疲劳强度等力学性能为特征的材料;功能陶瓷则以声、光、电、磁、热等物理性能为特征。例如,电子陶瓷是广泛用于电子技术的一大类精细陶瓷的总称,按其性质和功能的不同又可分为电绝缘陶瓷、热释电陶瓷、铁电陶瓷以及导电陶瓷等。

1. 功能陶瓷材料

(1) **电绝缘陶瓷**　大多数陶瓷材料属于固体电介质,其电阻率大于 $10^8 \Omega \cdot m$。固体电介质中的离子或分子所带的正负电荷彼此强烈束缚着,不可能发生自由移动。但在电场的作用下,整块固体的正负电荷中心可以发生相对移动,而使固体的两个相对的作用面上感应出部分相反的电荷,这一过程称为极化。这种极化并不能形成电流,所感应的电荷只能束缚在固体上,不可自由移动,因而电介质具有很高的电阻率而具有绝缘性。对于平板型真空电容器,当极板间无电介质存在、电场强度为 E 时,其表面的束缚电荷为 Q_0,电容为 C_0。当电场强度不变而在极板间插入某电介质时,则束缚电荷增为 Q,电容增至 C,且

$$\frac{Q}{Q_0} = \frac{C}{C_0} = \varepsilon_r$$

式中,ε_r 为该电解质的相对介电常数。相对介电常数与介电常数 ε 之间的关系为 $\varepsilon \cdot \varepsilon_0$。$\varepsilon_0$ 为真空介电常数。

电介质的另一特性为介电损耗。任何电介质在电场作用下总会或多或少地把电能转变成热能,在单位时间内电介质因发热而损耗的能量称为**介电损耗**。介电损耗的大小可用品质因子 Q 表示,Q 值越大,介电损耗越小,品质越好。电介质的其他性质还有介电强度和体积电阻率等。

电绝缘材料要求介电常数小(ε_r 常小于9)、介电损耗小、体积电阻率大(室温下大于 $10^{12} \Omega \cdot m$)和介电强度高(大于 $10^4 kV/m$)。集成电路的基片材料除要求电绝缘性能好外,还要求导热性能好、热膨胀系数小、耐热处理和化学处理。Al_2O_3 瓷是常用的基片材料,但 Al_2O_3 与半导体硅芯片的热匹配性较差,AlN 和立方 BN 在基片材料方面是很有潜力的。

陶瓷电容器具有体积小、电容大、结构简单和高频特性优良的优点,在各种电子产品中应用非常普遍,品种很多。因产品不同对电容器陶瓷有不同的特殊要求,一般要求介电常数尽可能高,介电常数高就可以使电容器的体积做得很小,同时介电损耗小、体积电阻率高于 $10^{10} \Omega \cdot m$ 和高介电强度。金红石瓷(TiO_2)、碱土金属的钛酸盐瓷($CaTiO_3$,$MgTiO_3$,$SrTiO_3$)和锡酸钙瓷($CaSnO_3$)应用较多。

(2) **铁电陶瓷**　铁电性是电介质在外电场作用下的极化现象,是同铁磁质在磁场作用下发生的磁化现象相类似的一种性质。同铁磁质发生磁化时存在磁滞回线一样,铁电体在外电场作用下发生极化时也存在有电滞回线。这种电滞回线同铁磁质的磁滞回线十分相似,因而称为**铁电性**。

铁电陶瓷是具有铁电性的陶瓷材料。温度较低时铁电陶瓷具有铁电性,而当温度升高到某一值时会失去自发极化性能而转变为非铁电相,这一转变温度就称为居里点。具有钙钛矿型晶体结构的钛酸钡、钛酸铅、锆酸铅等陶瓷是重要的铁电体材料。铁电陶瓷用于制作高电容率的电容器,透明铁电陶瓷可用于制作光存储、光调

制、图像显示和图像转换元件等。

(3) 压电、热释电陶瓷　某些电介质晶体在机械力的作用下可以发生极化,在介质两端的表面出现符号相反的束缚电荷,这种现象称为**压电效应**,材料产生压电效应的性质称为**压电性**。对一具有压电性的晶体施加压缩力和拉伸力,在晶体表面所产生的电荷符号正好相反。若将具有压电性的晶体置于外电场中,在电场的作用下晶体发生极化,同时会引起晶体的形变,这种现象称为**逆压电效应**。不具有对称中心的晶体才可能具有压电性。陶瓷材料是由许多小晶粒组成的多晶体,小晶粒无规则排列,使其表现为各向同性,因而一般不具有压电性。但将铁电陶瓷用强直流电场进行极化处理后可以获得压电陶瓷制品。

除机械力可引起晶体的极化外,温度的变化也可以使某些晶体发生极化,即在晶体两端产生符号相反的表面电荷,这种现象称为**热释电效应**。晶体中存在热释电效应的前提是自发极化,因此同压电性一样,不具有对称中心的晶体才可能具有热释电性,但具有压电性的晶体不一定具有热释电性。铁电陶瓷经强直流电场进行极化处理,就可以产生热释电效应。

压电材料和热释电材料是重要的功能转换材料,压电材料用于制作传感器、滤波器、超声转换器、水声换能器等装置中的元件。石英、酒石酸钾钠、磷酸二氢铵和磷酸二氢钾单晶体是常用的压电晶体材料。陶瓷压电材料有钛酸钡、铌酸铅、钛酸铅、锆钛酸铅、锆钛酸铅镧等。钛酸铅、钛酸钡、钛酸锂、铌酸锂陶瓷也是很有应用前景的热释电材料,热释电材料主要用于探测红外辐射、遥测表面温度等。例如,用于制作热成像管、无触点温度传感器、火灾报警器等。

除上述这几种电子陶瓷外,还有各种其他的功能陶瓷材料,如应用其电光特性的电光陶瓷,利用其导电特性的陶瓷导电体,广泛用于制作各种传感器的各种敏感陶瓷,包括压敏陶瓷、热敏陶瓷、气敏陶瓷、湿敏陶瓷等。这些功能陶瓷材料构成了功能陶瓷的巨大家族。

2. 工程结构陶瓷

在工程结构上使用的陶瓷称为**工程陶瓷**,它主要在高温下使用,也称高温结构陶瓷。这类陶瓷具有在高温下强度高、硬度大、抗氧化、耐腐蚀、耐磨损、耐烧蚀等优点,是空间技术、军事技术、原子能以及化工设备等领域中的重要材料。工程陶瓷有许多种类,但目前世界上研究最多,认为最有发展前途的是氮化硅、碳化硅和增韧氧化物三类材料。

精密陶瓷氮化硅代替金属制造发动机的耐热部件,能大幅度提高工件温度,从而提高热效率,降低燃料消耗,节约能源,减少发动机的体积和重量,而且又代替了如镍、铬、钠等重要金属材料,所以,被人们认为是对发动机的一场革命。氮化硅可用多种方法制备,工业上普遍采用高纯硅与纯氮在 1600 K 反应后获得:

$$3Si + 2N_2 \xrightarrow{1600K} Si_3N_4$$

也可用化学气相沉积法,使 $SiCl_4$ 和 N_2 在 H_2 气氛保护下反应,产物 Si_3N_4 积在石墨基体上,形成一层致密的 Si_3N_4 层。此法得到的氮化硅纯度较高,其反应如下:

$$SiCl_4 + 2N_2 + 6H_2 \longrightarrow Si_3N_4 + 12HCl$$

氮化硅、碳化硅等新型陶瓷还可用来制造发动机的叶片、切削刀具、机械密封件、轴承、火箭喷嘴、炉子管道等,具有非常广泛的用途。

8.7.3 磁性材料

在外磁场中能被磁化而产生固有磁场的物质称为磁介质,可分为抗磁质、顺磁质、铁磁质3大类。早期的磁性材料主要采用金属及合金系统,随着生产的发展,在电力工业、电讯工程及高频无线电技术等方面,迫切要求提供一种具有很高电阻率的高效能磁性材料。在重新研究磁铁矿及其他具有磁性的氧化物的基础上,研制出了一种新型磁性材料——铁氧体。铁氧体属于氧化物系统的磁性材料,是以氧化铁和其他铁族元素或稀土元素氧化物为主要成分的复合氧化物,可用于制造能量转换、传输和信息存储的各种功能器件。铁氧体磁性材料按其晶体结构可分为:尖晶石型(MFe_2O_4)、石榴石型($R_3Fe_5O_{12}$)、磁铅石型($MFe_{12}O_{19}$)和钙钛矿型($MFeO_3$)。其中M指离子半径与 Fe^{2+} 相近的二价金属离子,R 为稀土元素。

抗磁性材料在外加磁场作用下产生一个与外场方向相反的感生磁矩,即磁化强度与外磁场方向相反,具有负的磁化率。例如,惰性气体、非过渡金属的离子晶体NaCl 等,共价化合物 CO_2,金属 Au,Cu,Pb 和非金属 Si,P,S 等。顺磁性材料在外加磁场作用下产生一个与外磁场方向同向的感生磁矩,即磁化强度与外磁场方向相同,具有正的磁化率。例如,过渡金属元素及合金,过渡金属化合物 $MnSO_4$ 等。在没有外磁场存在下,由于原子间的相互作用,使原子磁矩发生有序排列,产生自发磁化的物质常称为铁磁性材料。存在自发磁矩但相互抵消为零的材料称为反铁磁性材料。例如,MnO,NiO 等。其磁性大于反铁磁性而小于铁磁性的材料称为亚铁磁性材料。具有铁磁性(包括亚铁磁性)的一类材料统称为磁性材料。磁性材料按其矫顽力的大小和应用特性可分为软磁、硬磁、磁泡、矩磁、压磁和巨磁阻等几类材料。

软磁材料主要指矫顽力小,当其在磁场中被磁化,移出磁场后获得的磁性便会部分或全部消失的磁性材料。其特点为:①矫顽力和磁滞损耗低;②高的磁导率,外场小变化,材料磁场大变化;③高的饱和磁感强度;④一些软磁材料的磁滞回线呈矩形或条状;⑤温度、振动等干扰的影响较小。软磁材料容易在较弱磁场中磁化、易退磁,矫顽力小、磁导率大、磁滞损耗小,故在电力、电子、仪表行业大量用作磁芯材料。金属软磁材料是应用最广,也是用量最大的磁性材料,如纯铁、硅钢片及各种非晶态合金。有实用价值的软磁铁氧体主要有锰铁氧体($MnFe_2O_4$)、镍铁氧体($NiFe_2O_4$)等与

第8章 副族元素

非磁性铁氧体的锌铁氧体($ZnFe_2O_4$)形成的固溶体。软磁铁氧体的晶体结构一般都是立方晶系尖晶石型,这是目前各种铁氧体中用途较广,数量较大,品种较多,产值较高的一种材料。软磁材料除用于制作电机、变压器、电磁铁外,还用来制作各种高频磁芯、电感线圈、磁放大器和磁头等,在无线电设备、通信器材、电子仪器及各种音像设备中的应用十分广泛。

硬磁材料是难以磁化,除去外场后仍能保持较高的剩余磁化强度的材料,也称为永磁材料或恒磁材料。其特点是矫顽力大(一般大于 $10^4 A/m$),磁积能高。硬磁材料可分为金属硬磁材料、硬磁铁氧体和稀土硬磁合金三大类。金属硬磁材料中铁基永磁合金、可加工的永磁合金、铝镍钴永磁合金,可进行冲压,可制成片、丝、管、棒应用最广。永磁铁氧体材料多为六方晶系的磁铅石型,化学式可以写为 $MFe_{12}O_{19}$。主要有钡铁氧体($BaFe_{12}O_{19}$)、锶铁氧体($SrFe_{12}O_{19}$)和铅铁氧体($PbFe_{12}O_{19}$)及其复合铁氧体等。矫顽力大,电阻率大,密度小,价格低,用量大。永磁材料非常广泛地应用在电机、通信、仪器仪表、自动化、磁分离、医疗保健器械等技术领域。稀土永磁材料发展很快,从20世纪60年代开始研究第一代稀土永磁合金($SmCo_5$),70年代投入生产至今,已进行四代稀土永磁材料的研究和开发。这类永磁材料是稀土元素与过渡金属 Fe,Co,Cu,Zr 等及非过渡金属元素 B,C,N 等组成的金属间化合物。

镁锰铁氧体 $Mg-MnFe_3O_4$,镍铜铁氧体 $Ni-CuFe_2O_4$ 及稀土石榴型铁氧体 $3Me_2O_3 \cdot 5Fe_2O_3$(Me 为三价稀土金属离子,如 Y^{3+},Sm^{3+},Gd^{3+} 等)是主要的旋磁铁氧体材料。磁性材料的旋磁性是指在两个互相垂直的直流磁场和电磁波磁场的作用下,电磁波在材料内部按一定方向的传播过程中,其偏振面会不断绕传播方向旋转的现象。旋磁现象实际应用在微波波段,因此,旋磁铁氧体材料也称为微波铁氧体。主要用于雷达、通信、导航、遥测、遥控等电子设备中。

重要的矩磁材料有锰锌铁氧体和温度特性稳定的 Li-Ni-Zn 铁氧体、Li-Mn-Zn 铁氧体。矩磁材料具有辨别物理状态的特性,如电子计算机的"1"和"0"两种状态,各种开关和控制系统的"开"和"关"两种状态及逻辑系统的"是"和"否"两种状态等。几乎所有的电子计算机都使用矩磁铁氧体组成高速存储器。

压磁材料是指磁化时能在磁场方向作机械伸长或缩短的铁氧体材料。目前应用最多的是镍锌铁氧体,镍铜铁氧体和镍镁铁氧体等。压磁材料主要用于电磁能和机械能相互转换的超声器件、磁声器件及电讯器件、电子计算机、自动控制器件等。

磁泡材料则是一种比较新型的磁存储材料。所谓磁泡,就是圆柱形的磁畴。当某些磁性材料薄膜具有垂直于磨面的单易磁化轴时,在一定的外磁场作用下就可以在膜内形成圆柱形磁畴,貌似浮在水面上的水泡,而被形象地称为磁泡。可用泡的"有"和"无"来表示信息的"1"和"0"两种状态,由电路和磁场来控制磁泡的产生、消失、传输、分裂以及磁泡间的相互作用,来实现信息的存储、记录和逻辑运算等功能。磁泡材料通常用磁性石榴石型的铁氧体单晶体膜片制成,后来又制出了非晶态磁泡材料,可进一步提高磁泡密度。

磁性记录介质是涂布在磁带、磁盘、磁卡上用于记录和存储信息的磁性材料,是应用最广、用量最大的磁性材料之一。在磁带、软磁盘和磁卡上磁性材料以微颗粒状(磁粉)涂布在高分子基片上,计算机的硬磁盘一般是在金属合金基体上先镀上一层过渡层,再镀上磁性膜和保护膜,20 世纪 50 年代开始使用的 γ-Fe_2O_3 磁粉现在仍然应用广泛,常用的磁粉还有 CrO_2 和 Co-γ-Fe_2O_3 等,随着垂直记录方式的采用,六方晶系的铁氧体(如 $BaFe_{12}O_{19}$)磁粉也相继使用。磁性纳米微粒具有单磁畴结构,矫顽力很高的特性,用它制作磁记录材料可以提高信噪比,改善图像质量。磁性纳米微粒广泛应用于高密度储存、光快门、光调节器、磁艾滋病毒检测仪等仪器;抗癌药物磁性载体,细胞磁分离介质材料;复印机墨粉材料以及磁墨水和磁印刷等。

1988 年纳米微晶软磁材料问世,其组成为 $Fe_{73.5}CuNb_3Si_{13.5}B_9$,它的磁导率高达 10^5,其性能优于铁氧体与非磁性材料。继 Fe-Si-B 纳米微晶软磁材料后,20 世纪 90 年代 Fe-M-B,Fe-M-C,Fe-M-N,Fe-M-O 等系列纳米微晶软磁材料问世。纳米微晶软磁材料目前沿着高频、多功能方向发展,其应用领域将遍及软磁材料应用的各方面。例如,功率变压器、脉冲变压器、高频高压器、可饱和电抗器、互感器、磁屏蔽、磁头、磁开关、传感器等,成为铁氧体的有力竞争者。

8.7.4 超导材料

金属材料的电阻通常随着温度的降低而减小,当温度降低到一定数值的时候,某些金属及合金的电阻会完全消失,这种现象称为超导现象。具有超导性的物质称为超导体或超导材料。超导体电阻突然消失时的温度称为临界温度(T_c)。

1911 年,氦液化器发明人——荷兰科学家卡麦琳·翁纳斯(Kameerling Ommers)偶然发现,在液氦温度(4.2 K)下,汞的电阻突然消失了。这就是人类第一次发现了超导现象。随着进一步的研究发现周期表中有 26 种金属具有超导性,单个金属的超导转变温度都很低,最高的超导金属是 Nb,其 T_c 为 9.2K。因此,人们逐渐转向研究金属合金及化合物的超导性。

超导体有两个最基本的特征:其一是当温度降低到某一转变温度 T_c 时,其电阻突然变为零,温度 T_c 称为该超导体的超导临界温度,即在 T_c 以上呈现常超导态,即所谓的完全导电性,电阻为零,电流通过时没有能量损耗,这就是超导体的零电阻效应。其二是当物体从常导状态转变为超导状态时,其内部完全失去磁通,称为完全的抗磁性。当超导体处于外磁场中时,能完全排斥外磁场的影响,磁场不能进入超导体内。超导体的零电阻性质和完全的抗磁性是两个独立的基本属性。温度和磁场都能使超导体从超导状态变为常导态,T_c 是表征超导体的一个重要参数,另一个重要参数的临界磁场 H_c,当磁场强度超过临界值 H_c 时,超导体就会由超导态转变为常导态。超导体还有一重要参数称为临界电流 J_c,即当超导体中流过的电流超过 J_c 时,超导体由超导态转变为常导态。超导现象仅当物质处于临界温度 T_c、临界磁场强度 H_c 和临界电流密度 J_c 以下的条件下,才能发生。超导体可分为元素超导体、合金及化合物超导体和有机超导体三类。

第一个超导陶瓷是 1956 年发现的,1979 年具有钙钛矿结构的 $BaPb_{0.75}Bi_{0.25}O_3$ 的超导临界温度接近 13K,1986 年超导材料的研究有了突破性进展,缪勒和柏诺兹发现了 La-Ba-Cu-O 系化合物具有超导性,并对这类化合物进行了开创性的研究工作。人们很快在 $YBa_2Cu_3O_{7-\delta}$ 中发现了 93K 转变为超导态的材料。到 1988 年 4 月已报道 Bi-Al-Ca-Sr-Cu-O 和 Tl-Ca/Ba-Cu-O 系化合物的超导转变温度分别为 114K 和 120K。人们对 La-Ba-Cu-O 系化合物进行了大量的研究,特别是对化合物 $YBaCu_3O_7$ 的结构和超导性质的研究,无疑对超导材料的合成和超导理论的发展有重大的影响。

直至 1986 年上半年,人类所发现的最好超导材料仍然是 1973 年获得的 Nb_3Ge($T_c = 23.2$ K),只能在液氦温度下使用。但氦气稀少、液化困难、液氦保温和使用不便、价格昂贵,而氮气丰富、液化容易、液氮保温和使用较方便、价格可以接受。因此寻求至少能在液氮温度下使用的超导材料——高温超导材料就成为研究的目标。高温超导材料是指临界温度 T_c 高于液氮沸点温度(77 K)的超导材料的简称。1986 年 1 月,瑞士科学家 Müller 等发现 $Ba_xLa_{5-x}Cu_5O_{6(3-y)}$ 氧化物陶瓷在 30 K 时出现超导性转变,到 13 K 时电阻为零。同年底,美国、日本科学家重复了 Müller 等人的实验结果,引发了全世界的高温超导研究热。高温超导体包括:含铜氧化物超导体和非含铜氧化物超导体。1986 年,中科院公布了北大赵忠贤等人的结果:一种镧-钡-铜-氧(YBCO)系陶瓷,$T_c = 93K$;中国科大的铋-铅-铜-氧系陶瓷,$T_c = 132K$。已证实,各种 YBCO 系超导陶瓷中,实际产生超导作用的是 $YBa_2Cu_3O_{7-\delta}$ 相(A 相)。尽管超导的理论研究落后,但其实验成果喜人、应用前景诱人。

超导材料的应用范围极为广泛,用超导材料制造的超导磁体,可产生很强的磁场,且体积小,重量轻,损耗电能小,比目前使用的常规电磁铁优异得多。应用超导材料还可以制造大功率超导发电机、磁流发电机、超导储能器、超导电缆等。超导技术最引人注目的应用是超导磁悬浮列车,其车速可高达 500km/h。在海洋航行中利用超导电磁推进器,即不用电动机而实现高速、高效、无噪音航行。利用超导的完全抗磁性可制造超导无摩擦轴承。无论是在能源、电子、通讯、交通,还是国防军事技术、空间技术、受控热核反应以及医学等各个领域中,超导材料将以其特有的性能发挥出神奇的作用。

8.7.5 光学材料

光学材料包括介质材料和光功能材料。前者是传输光线的材料,也是传统的光学材料,这些材料以透射、折射和反射部分吸收的方式,使光线按预定的要求传输。光功能材料则是最近发展起来的光学材料,这类材料在电、磁、光、热或其他外力的作用下,其光学性质发生一些特别的变化而产生特定的光学功能,这类材料品种很多成为光学材料中的一个新的大家族。这里仅对固体激光材料、发光材料、光学纤维作简要的介绍。

1. 固体激光材料

激光是 20 世纪的重大发明之一,自 1960 年用红宝石作工作物质首次振荡出了激光之后,在激光的基础理论、激光的应用、激光材料和器件的研究等各个方面都有了迅速的发展。激光是利用受激辐射原理,在谐振腔内振荡出的一种特殊光。它同普通光相比,具有良好的单色性、相干性和高亮度的特点。激光技术的应用对科学技术的发展及人们生产、生活的影响十分深远。

用于产生激光的材料称为激光工作物质。激光工作物质有固体、气体和液体三种,这里着重介绍固体激光材料。固体激光工作物质包括两个组成部分:激活离子(真正产生激光的离子)和基质材料(传播光束的介质)。激活离子是掺入基质晶体中的少量金属离子,其作用是在固体中提供亚稳能级,由光泵作用激发振荡出一定波长的激光。形成激活离子的元素有三类:第一类是过渡元素如锰、铬、钴、镍、钒等;第二类是大多数稀土元素如钕、铽、镝、铒、铥、镱、镥、钇、铕、钐、镨等;第三类是个别的放射性元素如铀。目前应用最多的激活离子是 Cr^{3+} 和 Nd^{3+}。基质材料有晶体和玻璃,每一种激活离子都有其对应的一种或几种基质材料。例如,Cr^{3+} 掺入氧化铝晶体中有很好的发生激光的性能,但掺入到其他晶体或玻璃中发光性能就很差,甚至不会产生激光。激光基质材料主要分为四类:①金属氧化物和复合氧化物,熔点高,硬度大,物理化学性质稳定。例如,以刚玉(α-Al_2O_3)为基质掺入少量 Cr_2O_3 作为激活离子的单晶体红宝石(Al_2O_3:Cr^{3+});以立方晶系的钇铝石榴石($Y_3Al_5O_{12}$)为基质,掺入 Nd^{3+} 作为激活离子的掺钕钇铝石榴石(YAG:Nd^{3+});以畸变形钙钛矿结构的 $YAlO_3$ 中掺入 Nd^{3+} 作为激活离子的掺钕铝酸钇($YAlO_3$:Nd^{3+})。②金属氧酸盐。例如,钨酸盐、钼酸盐、钒(铌、钽)酸盐、锗酸盐、铝酸盐、磷酸盐等。③氟化物和复合氟化物晶体。④玻璃基质。例如,掺钕 Li_2O-Al_2O_3-SiO_2 系玻璃、Nd^{3+}:镉酸钡玻璃、Yb^{3+}:Li-Mg-Al-SiO_2 玻璃。

红宝石是最早振荡出激光的材料,输出激光波长为 694.2nm 的红色光。红宝石是以 Al_2O_3 晶体为基质材料,掺入质量分数为 5×10^{-4} 的 Cr_2O_3,激活离子是 Cr^{3+}。制备红宝石单晶用的原料必须有很高的纯度,通常用重结晶法提纯后的铵明矾 [$NH_4Al(SO_4)_2 \cdot 12H_2O$] 和重铬酸铵 [$(NH_4)_2Cr_2O_7$],将它们以一定比例混合,加热到 1050~1150℃,这时发生下列反应:

$$2NH_4Al(SO_4)_2 \cdot 12H_2O \xrightarrow{\Delta} Al_2(SO_4)_3 + 2NH_3\uparrow + SO_3\uparrow + 25H_2O\uparrow$$

$$Al_2(SO_4)_3 \xrightarrow{\Delta} Al_2O_3 + 3SO_3\uparrow$$

$$2(NH_4)_2Cr_2O_7 \xrightarrow{\Delta} 4NH_3\uparrow + 2Cr_2O_3 + 3O_2\uparrow + 2H_2O\uparrow$$

制得的 Al_2O_3 和 Cr_2O_3 的混合物，再用火焰法或引上法制成红宝石单晶。

掺钕钇铝石榴石和掺钕铝酸钇是分别以 $Y_3Al_5O_{12}$ 和 $YAlO_3$ 为基质材料，掺入不同浓度的 Nd^{3+} 的作为激活离子的激光工作物质。

钕玻璃的激活离子是 Nd^{3+}，以 $K_2O\text{-}BaO\text{-}SiO_2$ 成分的玻璃为基质材料时，产生激光的性能较好。用玻璃作同体激光工作物质的最大优点是，可以熔制出尺寸大、光学均匀性良好的材料，而且激活离子的质量分数可以提高到 0.02~0.04。在核聚变的研究中，用钕玻璃激光器作为引发聚变反应的强光源取得了有效的成果。

激光玻璃的优点在于，容易制成光学质量高的大型元件；能均匀掺入高浓度激活离子，获得高的激光效率；制造方便，可按给定形状预制，可做成大体积的器件，成本低廉。激光玻璃已成为大能量，高功率固体激光器的重要工作物质，是当前重要的研究方向之一。但也存在热导率、激光振荡效率等不如晶体高的不足。

2. 发光材料

某些物质吸收射线或其他形式的能量后，不经过热而直接发出可见光波段的光，这种现象称为发光。自然界的很多物质都或多或少地可以发光，而作为有效的发光材料则以无机固体材料为主。按发光持续的时间曾将其分为荧光和磷光，荧光是指激发时发出的光，磷光是激发停止后发出的光。当时无法测量发光持续时间很短的发光，才有此种说法，现在因瞬态光谱技术已把测量的范围缩小到1ps以下，荧光与磷光的时间界限已不清楚。但必须指出的是发光总是延迟于激发的。根据引起发光物质发光的激发方式不同，发光可分为光致发光、场致发光、阴极射线发光、高能粒子发光等。这些固体发光材料大多为绝缘体，有一些为半导体，大多为粉末状的多晶，有一些是单晶和薄膜。制备粉末发光材料时，要在基质中掺入微量的重金属杂质作为活化剂，为促进基质结晶化、提高发光效率还要加入少量熔剂。原料在适当的温度下，经熔烧并制成粉末。从化学稳定性和发光特性要求考虑，基质主要是Ⅱ~Ⅵ族化合物，如 $ZnS, ZnO, CdS, (Zn,Cd)S, Zn(S,Se)$ 等；Ⅲ~Ⅴ族化合物，如 $GaAlP, GaAlAs, GaP$ 等(主要用于发光二极管)；一些氧化物和含氧酸盐，如 $Y_2O_3, CaSiO_3, CaWO_4$ 等。常用的活化剂有 $Mn^{2+}, Cu^+, Ag^+, Eu^{2+}$ 等金属离子。例如，彩色电视机荧光屏上所用的蓝色荧光粉的成分为 $ZnS:Ag$，绿色粉的成分为 $(Zn,Cd)S:Ag, Zn_2SiO_4:Mn$，红色粉的成分为 $(Zn,Cd)S:Ag, Zn_3(PO_4)_2:Mn, YVO_4:Eu$ 或 $Y_2O_2S:Eu$。

3. 光学纤维

光纤通信是激光技术领域中最活跃的一个分支，是一种利用光波在光学纤维中传输信息的通信方式。跟通常的通讯手段比较，光纤通信由于具有容量大、抗电磁干扰、体积小、对地形适应性强、保密性高以及制造成本低等优点，适用于多路通信、电视和高速数据传输等方面。利用光导纤维作为信息传输介质的光缆电视系统，多达几千路通道的电话线路和用光纤代替目前计算机系统的巨大电缆等种种应用,像雨后春笋般地出现,这一新技术得以实现的关键是光导纤维的研制成功。

从20世纪70年代开始实用化,至今已成为长距离通信的重要方式,也是信息高速公路的重要组成部分。光纤通信用的光学纤维的结构如图8-4所示,折射率为n_1的芯料外面是一层折射率为n_2的包皮,包皮的折射率小于芯料的折射率,即$n_1 > n_2$。当光线由折射率为n_0的介质以入射角θ_0入射到芯料的端面时,如θ_0在某一限度θ_0'以内时,因$n_1 > n_2$,所以小芯料与包皮料的界面上发生光的全反射,入射光几乎全部封闭在芯料内部经反复曲折前进,使光由光学纤维的一端传输到其另一端。

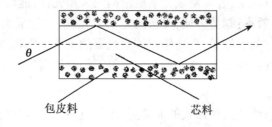

图8-4 光学纤维的结构

光学纤维有石英光纤、多组分玻璃光纤、红外光纤、紫外光纤及聚合物光纤等。石英系光纤是用合成的石英作原料制成的,传光损耗比多组分玻璃系低得多。石英玻璃纤维的制造过程是:首先用化学气相淀积技术制得石英玻璃预制棒,然后加热拉制成数千米的细丝(一般100~150μm的直径),接着涂上一层适当厚度(5~20μm)的树脂加固,最后再进行二次涂覆(通常用尼龙、聚乙烯等)。为了调节折射率,在合成石英中掺入某些掺杂物。用于提高折射率的掺杂物有TiO_2,GeO_2,P_2O_5等,用于降低折射率的掺杂物有B_2O_3等。

石英光纤所需的主要原料是经过精制的石英(SiO_2),它由$SiCl_4$水解而得到:

$$SiCl_4 + 2H_2O = SiO_2 + 4HCl$$

工业上通常将天然石英砂在电炉中以碳还原得到粗硅或结晶硅,其硅含量为95%~99%,然后再在结晶炉中用氯气与粗硅合成四氯化硅:

$$SiO_2 + 2C \xrightarrow{电炉} Si + 2CO\uparrow$$

$$Si + 2Cl_2 \xrightarrow{750K} SiCl_4$$

此法制得的$SiCl_4$含有许多杂质,如BCl_3,$SiHCl_3$,PCl_3等,需进一步精馏提纯。由于石英光纤原材料资源丰富,化学性能极其稳定,除氢氟酸外,对各种化学试剂有强的耐蚀性。因此,已实际应用在各种通信线路上。除石英光纤外,其他类型的光纤材料也在大力开发之中。

目前光纤最大的应用是在通信上,即光纤通信,光纤通信信息容量很大,如 20 根光纤组成的像铅笔一样大小的一支电缆每天可通话 76200 人次,而直径 3 英寸(3×2.54cm),由 1800 根铜线组成的电缆每天只能通话 900 人次。此外,光纤通信具有重量轻、抗干扰、耐腐蚀等优点,而且保密性好,原材料丰富,可大量节约有色金属。因此光纤是一种极为理想的通信材料。

光纤制成的光学元器件,如传光纤维束、传像纤维束、纤维面板等,能发挥一般光学元件所不能起的特殊作用。此外,利用光导纤维与某些敏感元件组合或利用光导纤维本身的特性,可以做成各种传感器,用来测量温度、电流、压力、速度、声音等。它与现有的传感器相比,有许多独特的优点,特别适宜于在电磁干扰严重、空间狭小、易燃易爆等苛刻环境下使用。

1979 年 T. Miya 等人使石英光纤的传输损耗达到了接近理论极限的 0.2 dB/km($1.55\mu m$,理论值为 0.18 dB/km)。决定石英光纤损耗极限的主要因素是瑞利散射和红外吸收。瑞利散射与光波长的四次方成反比,由于石英光纤红外吸收在比 $1.7\mu m$ 长的波长段急剧升高,所以在长波长一侧的低损耗波长区的使用受到制约。因此,为要得到更低损耗的光纤,必须采用可透过比石英光纤透过的波长更长的材料,红外光纤就是在这样的背景下应运而生的。

与石英玻璃相比,红外吸收端在长波长一侧的材料已知有重金属氧化物、硫属化物和卤化物。其中卤化物玻璃是备受注目的。这是因为卤化物玻璃不但有透光范围广(从紫外 $0.2\mu m$ 到红外 $8\mu m$ 都透明)的优点,而且还有理论损耗低(在 $3.5\mu m$,10^{-3} dB/km)的魅力。这就是说比石英光纤的理论损耗低 1~2 个数量级,若能达到理论值,则使用红外光纤,其中继站间的距离将比石英光纤的远 10~100 倍。仅此一点,就可创造极大的经济效益。

在卤化物玻璃中,作为易玻璃化的材料有 BeF_2,$ZnCl_2$,但这两种材料的潮解性都很大(BeF_2 还有较大的毒性),缺乏实用价值。作为潮解性低,易玻璃化的卤化物玻璃有 ZrF_4 系玻璃、AlF_3 系玻璃等。从目前研究的情况看,在红外光纤中低损耗化最有希望的体系是 $ZrF_4 - BaF_2 - LnF_3$(Ln = La,Gd 等)系氟化物红外光纤。ZrF_4 系玻璃的发现属于偶然,因为用前述的玻璃形成理论来衡量的话,ZrF_4 是不能作为玻璃的形成体的,所以氟化锆玻璃的发现,对传统的玻璃形成理论是一个挑战。故不难看出,对氟化物玻璃的研究、开发,不论从学术上还是从经济上都具有重大的价值。除上面介绍的三类光学材料外,无机光学材料还应包括非线性光学材料、红外光学材料、感光材料及记录材料等。因篇幅限制,这里就不一一介绍了。

8.7.6 耐磨耐高温材料

碳化硅、氮化硼及Ⅳ~Ⅵ副族元素和Ⅷ族元素与碳、氮、硼等形成的化合物具有硬度大、熔点高的特点,是重要的耐磨耐高温材料。

1. 碳化硅(SiC)

碳化硅的晶体结构和金刚石相近,属于原子晶体,它的熔点高(2827℃),硬度近似于金刚石,故又称为金刚砂。将石英和过量焦炭的混合物在电炉中煅烧可制得碳化硅。纯碳化硅是无色、耐热、稳定性好的高硬度化合物。工业上因含杂质而呈绿色或黑色。

工业上碳化硅常用作磨料和制造砂轮或磨石的摩擦表面。常用的碳化硅磨料有两种不同的晶体:一种是绿碳化硅,含 SiC 97%以上,主要用于磨硬质合金工具;另一种是黑碳化硅,有金属光泽,含 SiC 95%以上,强度比绿碳化硅大,但硬度较低,主要用于磨铸铁和非金属材料。

2. 氮化硼(BN)

氮化硼是白色、难溶、耐高温的物质。将 B_2O_3 与 NH_4Cl 共熔,或将单质硼在 NH_3 中燃烧均可制得 BN。通常制得的氮化硼是石墨型结构,俗称为白色石墨。另一种是金刚石型,和石墨转变为金刚石的原理类似,石墨型氮化硼在高温(1800℃)、高压(800Mpa)下可转变为金刚型氮化硼。这种氮化硼中 B—N 键长(156pm)与金刚石中 C—C 键长(154pm)相似,密度也和金刚石相近,它的硬度和金刚石不相上下,而耐热性比金刚石好,是新型耐高温的超硬材料,用于制作钻头、磨具和切割工具。

3. 硬质合金

ⅣB、ⅤB、ⅥB 族金属的碳化物、氮化物、硼化物等,由于硬度和熔点特别高,统称为硬质合金。下面以碳化物为重点来说明硬质合金的结构、特征和应用。ⅣB、ⅤB、ⅥB 族金属与碳形成的金属型碳化物中,由于碳原子半径小,能填充于金属晶格的空隙中并保留金属原有的晶格形式,形成间充固溶体。在适当条件下,这类固溶体还能继续溶解它的组成元素,直到达到饱和为止。因此,它们的组成可以在一定范围内变动(如碳化钛的组成就在 $TiC_{0.5}$ ~ TiC 之间变动),化学式不符合化合价规则。当溶解的碳含量超过某个极限时(如碳化钛中 Ti∶C = 1∶1),晶格型式将发生变化,使原金属晶格转变成另一种形式的金属晶格,这时的间充固溶体叫做间充化合物。

金属型碳化物,尤其是ⅣB、ⅤB、ⅥB 族金属碳化物的熔点都在 3273K 以上,其中碳化铪、碳化钽分别为 4160K 和 4150K,是当前所知道的物质中熔点最高的。大多数碳化物的硬度很大,它们的显微硬度大于 1800kg·mm² (显微硬度是硬度表示方法之一,多用于硬质合金和硬质化合物,显微硬度 1800kg·mm² 相当于莫氏一金刚石一硬度 9)。许多碳化物高温下不易分解,抗氧化能力比其组分金属强。碳化钛在所有碳化物中热稳定性最好,是一种非常重要的金属型碳化物。然而,在氧化气氛中,所有碳化物高温下都容易被氧化,可以说这是碳化物的一大弱点。

除碳原子外,氮原子、硼原子也能进入金属晶格的空隙中,形成间充固溶体。它们与间充型碳化物的性质相似,能导电、导热、熔点高、硬度大,同时脆性也大。

8.7.7 复合材料

按不同的用途,要求材料具有的性质是多种多样的。在选用材料时最好根据材料的特性量材使用。随着科学技术的发展,对材料提出的要求也越加苛刻。例如,需要相对密度小而强度高,坚硬而又不脆,耐高温强度好、摩擦系数小而又耐磨等兼具各种不同特性的材料。对这些要求仅用单一的材料是难以满足的,因此不得不将两种或两种以上的材料,通过适当方法加以组合,取长补短,集各种材料的优点于一身,制备出兼具各种特性的新型材料,这种由两种或两种以上性质互不相同的物质组合在一起制成的新材料,称为复合材料。

复合材料的使用由来已久,我们日常接触到的石灰中掺入麻纤维用作涂装墙壁的建筑材料,搪瓷制品、钢筋混凝土等,都是根据复合的想法制成的复合材料。近几十年来,随着高科技的发展,要求材料既要有高强度、高弹性模量(在一定应力作用下的应变小),又须有耐高温、耐磨擦和低密度的特性,因此对复合材料的研制有了长足进步。在无机材料中常见的复合材料是涂层材料,例如在金属材料的基底上烧附一层珐琅釉的搪瓷。作为新型无机材料,近年来发展迅速的是高温陶瓷涂层,这是将耐火性的无机质保护层牢固地涂附在镍铬系统的不锈钢、轻质合金、金属钛、钼、钨等耐高温金属表面上,以提高它们的耐热冲击性、耐磨性和高温抗氧化性。

1. 金属陶瓷

随着火箭、人造卫星及原子能等尖端技术的发展,对耐高温材料提出了新的要求,希望既能在高温时有很高的硬度、强度,经得起激烈的机械震动和温度变化,又有耐氧化腐蚀、高绝缘等性能。无论高熔点金属或陶瓷都很难同时满足这些。金属具有良好的机械性能和韧性,但高温化学稳定性较差、易于氧化。陶瓷的特点是耐高温、化学稳定性好,但最大的缺点是脆性,抗机械冲击和热冲击能力低。金属陶瓷是由耐高温金属如 Co、Ni、Cr、Fe、Mo、W、Sb 等和高温陶瓷如 Al_2O_3、ZrO_2、TiC、SiC、TiB_2、ZrB_2、TiN、Si_3N_4、TiS_2、$MoSi_2$ 等经过烧结而形成的一种新型高温材料。金属陶瓷兼有金属和陶瓷的优点,密度小、硬度大、耐磨、导热性好和不会由于骤冷骤热而脆裂。这种材料既具有金属的韧性,又具有陶瓷体的耐高温性、耐磨性和抗蚀性等特点,是具有综合性能的新型高温材料,适用于高速切削刀具、冲压冷拉模具、加热元件、轴承、耐蚀制件、无线电技术、火箭技术、原子能工业等。例如,TiC-Co,TiC-Mo,TiC-W 可用作喷气发动机涡轮叶片,火箭用喷管,热交换器。

2. 分散型增强材料

分散型增强材料是类似于金属陶瓷的一种复合材料,所不同的是基质为金属,在其中掺入氧化物的超细粉,起到分散增强的作用。例如,在金属钨中掺入 ThO_2 粉所得烧结制品用作活塞杆、空压机叶片。这种复合材料因掺入增强剂,提高了基质金属所能承受的使用温度或其他性能。

3. 纤维增强复合材料

纤维增强复合材料是用各种纤维状的材料作为填料起到增强的作用。所用的增强纤维种类很多,有天然产的矿物石棉和植物纤维,有人工制成的玻璃纤维,各种有机合成纤维、碳纤维、硼纤维、金属及无机物的晶须和细丝等。复合的基质材料有金属、陶瓷、玻璃、橡胶、树脂等。玻璃钢是当前纤维复合材料中产量最多用途最广的一种,它由玻璃纤维同环氧树脂或酚醛树脂一类有机材料黏结在一起制成的,强度高而不脆。用有机树脂作基质材料时,使用温度、抗老化性等都有一定的局限性。近年来发展了用金属、陶瓷、玻璃等作基质材料的纤维复合材料,大大提高了使用温度,如硼纤维和金属铝的复合材料可用于制造火箭、人造卫星、导弹外壳等。

8.7.8 纳米材料

纳米材料与技术是当今科技领域中最热门的领域之一,研究和发展纳米科技的浪潮席卷全球。纳米材料的研究和应用是纳米科技的基本组成部分,所谓纳米材料是指其基本颗粒的尺寸在 1~100 nm 范围内的材料,也称为纳米结构材料。按纳米结构所约束的空间维数,纳米材料可分为三类:①零维的纳米原子团簇,即纳米尺寸的超微粒子;②一维的纤维状纳米结构,在一个方向的尺寸显著大于另两个方向的尺寸,如纳米管、纳米线等;③二维的薄膜状或层状的纳米结构,即厚度在 100 nm 以下的薄膜和层片材料。

大多数纳米粒子呈现为单晶,较大的纳米粒子中能观察到孪晶界、层错、位错及介稳相存在,也有呈现非晶态或各种介稳相的纳米粒子,因此纳米粒子有时也称为纳米晶。纳米粒子存在表面与界面效应、小尺寸效应、量子尺寸效应、宏观量子隧道效应都是纳米微粒与纳米固体的基本属性。它使纳米微粒与纳米固体呈现出许多特性,出现一些反常现象:

(1)热性质的变化:纳米粒子的熔点、开始烧结温度和晶化温度可以在较低温度时发生。由于颗粒小,表面能高,比表面原子数多,这些表面原子近邻配位不全,活性大以及体积远小于大块材料的纳米粒子熔化时所需增加的内能小得多,这导致纳米粒子的熔点急剧下降。例如,块状铅的熔点为 600 K,而粒径为 20 nm 的球形铅的熔点降低到 288 K。纳米微粒尺寸小,表面能高,压制成块材后的界面具有高能量,在烧结中高的界面能成为原子运动的驱动力,有利于界面中的孔洞收缩,空位团的湮没,因此,在较低的温度下烧结就能达到致密化的目的,即烧结温度降低。例如,常规 Al_2O_3 烧结温度在 2073~2173 K,在一定条件下,纳米的 Al_2O_3 可在 1423 K 至 1773 K 烧结,致密度可达 99.7%。某些纳米粒子在低温或超低温条件下几乎没有热阻,导热性能极好,已成为新型低温热交换材料,如采用 70 nm 银粉作为热交换材料,可使

工作温度达到 $10^{-2} \sim 3 \times 10^{-3}$ K。当温度不变时，比热容随晶粒减小而线性增大，13 nm 的 Ru 比块体的比热容增加 15%～20%。纳米金属铜的比热容是传统纯铜的 2 倍。

(2) 磁性的变化：纳米微粒的小尺寸效应、量子尺寸效应、表面效应等使得它具有常规粗晶粒材料所不具备的磁特性。当粒径为 10～100 nm 的微粒一般处于单磁畴结构，矫顽力增大，即使不磁化也是永久性磁体。铁系合金纳米粒子的磁性比块状强得多，晶粒的纳米化可使一些抗磁性物质变为顺磁性，如金属 Sb 通常为抗磁性，而纳米 Sb 表现出顺磁性。纳米微粒尺寸小到一定临界值时进入超顺磁状态，即变成顺磁体。不同种类的纳米磁性微粒显现超顺磁的临界尺寸是不相同的。

(3) 离子导电性增加：研究表明，纳米 CaF_2 的离子电导率比多晶粉末 CaF_2 高 1～0.8 个数量级，比单晶 CaF_2 高约两个数量级。随着粒子的纳米化，超导临界温度 T_c 逐渐提高。

(4) 光学性质变化：半导体的纳米粒子的尺寸小于激子态(电子－空穴对)的玻尔(Bohr)半径(5～50 nm)时，它的光吸收就发生各种各样的"蓝移"，改变纳米颗粒的尺寸可以改变吸收光谱的波长。与大块材料相比，纳米微粒的吸收带普遍存在"蓝移"现象，即吸收带移向短波长方向。例如，纳米 SiC 颗粒和大块 SiC 固体的峰值红外吸收频率分别是 814 cm^{-1} 和 794 cm^{-1}。纳米 SiC 颗粒的红外吸收频率较大块固体蓝移了 20 cm^{-1}。金属纳米粉末一般呈黑色，而且粒径越小，颜色越深，即纳米粒子的吸收光能力越强。

(5) 力学性能变化：常规情况下的软金属，当其颗粒尺寸 <50 nm 时，位错源在通常应力下难以起作用，使得金属强度增大。粒径约为 5～7 nm 的微粒制得的铜和钯纳米固体的硬度和弹性强度比常规金属样品高出 5 倍。纳米陶瓷具有塑性和韧性，其随着晶粒尺寸的减小而显著增大。例如，氧化钛纳米陶瓷在 810℃(远低于 TiO_2 陶瓷熔点温度 1830℃)下经过 15 h 加压，从最初高度为 3.5 mm 圆筒变成小于 2 mm 高度的小圆环，且不产生裂纹或破碎。纳米陶瓷的这种塑性来源于纳米固体高浓度的界面和短扩散距离，原子在纳米陶瓷中可迅速扩散，原子迁移比通常的多晶样品快好几个数量级。

(6) 化学反应性能提高：纳米粒子随着粒径减小，反应性能显著增加。可以进行多种化学反应。刚刚制备的金属纳米粉接触空气时，能产生剧烈的氧化反应，甚至在空气中会燃烧，即使像耐热耐腐蚀的氮化物纳米粒子也会变得不稳定。例如，粒子为 45 nm 的 TiN，在空气中加热，即燃烧成为白色的 TiO_2 纳米粒子。

(7) 吸附性强：纳米粒子由于大的比表面积和表面原子配位不足，与相同材质的大块材料相比，有较强的吸附性。

(8) 催化效率高：纳米粒子比表面积大，表面活化中心多，催化效率大大提高。用纳米铂、银、氧化铅、氧化铁等作催化剂，在高分子聚合物的有关催化反应中，可大大提高反应效率。利用纳米镍粉作为火箭固体燃料反应催化剂,燃烧效率可提高100倍。

纳米材料可以广泛应用于生物医药领域,如进行细胞分离、细胞染色等。由于纳米粒子比红血球(6~9μm)小得多,可以在血液里自由运动,因此,注入各种对机体无害的纳米粒子到人体的各部位,可检查病变和进行治疗。研究纳米生物学可以在纳米尺度上了解生物大分子的精细结构及其与功能的关系,获取生命信息,特别是细胞内的各种信息。利用纳米传感器,可获取各种生化反应的生化信息和电化学信息。纳米微粉还在化工催化、敏感材料、吸波材料、阻热涂层材料等方面有很好的应用前景。磁性纳米微粉具有单磁畴结构和高矫顽力,用这种微粉制成的磁记录材料可以提高信噪比,改善图像质量;纳米陶瓷的超塑性已展示了其广阔的应用前景;碳纳米管是完美的一维材料,可用于分子电子学、航天技术和生物医学中;纳米复合材料的研究近年来发展很快,各种性能优良的材料不断涌现。

纳米材料已经开始在一些领域得到应用,相应的产品也相继进入市场,并表现出了优良的性能和良好的市场价值。纳米材料的出现给物理、化学、生物等许多学科带来了新的活力和挑战,纳米科学技术必将发展成为21世纪最重要的技术,人们将在纳米尺度上重新认识和改造客观世界。但从总体来说,纳米材料的应用还只是进入了起步阶段,其广阔的前景还有待人们认识和开发。

8.8 生物体内的元素化学

传统观念认为生命活动纯粹属于有机化学范畴,但是在事实上,周期系中的稳定元素几乎都可以在生物体内发现。20世纪60年代形成和迅速发展的生物无机化学是无机化学和生物学的交叉学科,它以无机化学的知识为基础,用无机化学的方法研究生物体内化学元素与蛋白质、酶和核酸等生物大分子的结合方式,以及它们在生命过程中的作用机理。生物无机化学又称为无机生物化学或生物配位化学。生物体中的化学元素及其生物效应是其重要的研究内容。它主要研究生物体内存在的各种化学元素,尤其是微量金属元素与体内生物配体所形成的配位化合物的形成、组成、转化和结构,以及它们在系列重要生命活动中的作用。

8.8.1 生物体内的元素及其生化功能分类

1. 生物体内的元素分类

到目前为止,已经发现的化学元素有109种,其中92种为在自然界中存在的天然元素。目前在植物体内已发现70多种元素,在动物体内已发现60多种元素。在这些元素中有些是生物赖以生存的化学元素称为**生命元素**或**必需元素**(其中人体必需的元素列于表 8-8);有些元素是环境中的污染物,称之为**有毒元素**,如 Cd,Pb,Hg,Al,Be,Ga,In,Tl,As,Sb,Bi,Te 等。这些元素在人体中的存在和激增,与现代工业污染有很大的关系。而有些元素的存在对生命是有益的称为**有益元素**,但没有这些元素生命尚可存在,如 Ge 等。除了以上三类外,目前生命体内还发现有 20~30 种元素,这些元素一般含量较低、种类不定,其生物效应尚不清楚,因此人们暂将其定为**不确定元素**。通常把体内质量分数大于 1×10^{-4} 的元素称为**宏量元素**,把质量分数小于 1×10^{-4} 的元素称为**微量元素**。

表 8-8　　　　　　　　　　　人体必需元素

	ⅠA	ⅡA	ⅢB	ⅣB	ⅤB	ⅥB	ⅦB	Ⅷ	Ⅷ	Ⅷ	ⅠB	ⅡB	ⅢA	ⅣA	ⅤA	ⅥA	ⅦA	0
1	H*																	He
2	Li	Be											B	C*	N*	O*	F	Ne
3	Na*	Mg*											Al	Si	P*	S*	Cl*	Ar
4	K*	Ca*	Sc	Ti	V	Cr	Mn	Fe	Co	Ni	Cu	Zn	Ga	Ge	As	Se	Br	Kr
5	Rb	Sr	Y	Zr	Nb	Mo	Tc	Ru	Rh	Pd	Ag	Cd	In	Sn	Sb	Te	I	Xe
6	Cs	Ba	La	Hf	Ta	W	Re	Os	Ir	Pt	Au	Hg	Tl	Pb	Bi	Po	At	Rn
7	Fr	Ra	Ac															

* 表示宏量元素;____表示微量元素。

某些元素在人体中的含量见表 8-9。

表 8-9　　　　　某些元素在人体内的质量百分含量

元素	含量	元素	含量
O	62.8%	Sr	4×10^{-4}%
C	19.4%	Br	2×10^{-4}%
H	9.3%	Sn	2×10^{-4}%
N	5.1%	Mn	1×10^{-4}%
Ca	1.4%	I	1×10^{-4}%
S	6.4×10^{-1}%	Al	5×10^{-5}%
P	6.3×10^{-1}%	Pb	5×10^{-5}%
Na	2.6×10^{-1}%	Ba	3×10^{-5}%
K	2.2×10^{-1}%	Mo	2×10^{-5}%

续表

元素	含量	元素	含量
Cl	$1.8 \times 10^{-1}\%$	B	$2 \times 10^{-5}\%$
Mg	$4.0 \times 10^{-2}\%$	As	$5 \times 10^{-6}\%$
Fe	$5 \times 10^{-3}\%$	Co	$4 \times 10^{-6}\%$
Si	$4 \times 10^{-3}\%$	Ni	$4 \times 10^{-6}\%$
Zn	$2.5 \times 10^{-3}\%$	Cr	$(2 \sim 4) \times 10^{-6}\%$
Rb	$9 \times 10^{-4}\%$	Li	$3 \times 10^{-6}\%$
Cu	$4 \times 10^{-4}\%$	V	$3 \times 10^{-6}\%$

必需元素应具备以下特征:①存在于一切生物体的健康组织中,直接影响生物功能并能参与新陈代谢;②在生物体内有一定的浓度范围,其作用不能为其他元素代替;③缺乏该元素会引起生理变态甚至发生病变,当补充该元素后,生理变态和病变将可以得到缓解或消除。根据上述特点,符合上述条件的生命必需元素有:H,Na,K,Mg,Ca,V,Cr,Mn,Mo,Fe,Co,Ni,Cu,Zn,C,N,O,P,F,Si,S,Cl,Se,Br,I 共 25 种。**宏量元素**是指占生物体总质量万分之一以上的元素,包括 O,C,H,N,Na,Mg,K,Ca,P,S,Cl 等 11 种元素。这 11 种元素占人体总质量的 99.95%,通常称之为**生命必需元素**。其中前 4 种元素约占 96%,后 7 种元素约占 3.95%。氧、碳、氢、氮、磷和硫是组成生物体蛋白质、脂肪、碳水化合物和核糖核酸的主要元素;钠、钾和氯是组成体液的重要成分;钙是骨骼的重要组成元素。生物体内存在的宏量元素都是必需元素,现将人体内宏量元素的质量分数、日需量和存在部位列于表 8-10。

表 8-10　人体内宏量元素的质量分数、日需量和存在部位

元素	质量分数	日需量(mg/d)	存在部位
O	6.1×10^{-1}	2550	所有组织中
C	2.3×10^{-1}	270	所有组织中
H	1.0×10^{-1}	330	所有组织中
N	2.6×10^{-2}	16	所有组织中、蛋白质
Ca	1.4×10^{-2}	1.1	骨、细胞外
P	1.2×10^{-2}	1.4	所有细胞内
S	2.3×10^{-3}	0.85	所有细胞内
K	2.0×10^{-3}	3.3	所有细胞内

续表

元素	质量分数	日需量(mg/d)	存在部位
Na	1.6×10^{-3}	4.4	细胞外液
Cl	1.4×10^{-3}	5.1	细胞外液
Mg	2.9×10^{-4}	3.1×10^{-1}	所有细胞内、骨
Si	2.6×10^{-4}	3×10^{-3}	皮肤、肺

说明:此表按人体质量70kg计算。

凡含量仅占生物体总质量万分之一以下的元素称为**微量元素**。微量元素在生物体内的含量虽少,但它们在生命活动过程中起着十分重要的作用。生物体内的微量元素可分为必需的和非必需的两类。**必需微量元素**是保证生物体健康所必不可少的元素,但没有它们,生命也能在不健康的情况下继续生存。当然必需微量元素比维生素更重要,因为维生素能在体内合成,而微量元素是不能合成的。微量元素在生命化学中起了如同汽车发动机的火花塞的作用。它们在食物的消化、能量交换和活组织生长中都是不可缺少的。

随着科学技术的发展和检测手段的进步,必需微量元素的发现是逐年增加的。现在认为人体必需微量元素有下列14中:钒、铬、锰、铁、钴、镍、铜、锌、钼、锡、砷、硒、氟和碘。人体内必需微量元素的质量分数、日需量和在地壳内的质量分数列于表8-11。但对植物而言,硼也是必需的微量元素。现在认为的14种必需微量元素中,有10种是金属元素,而且绝大多数是过渡金属。过渡金属元素的离子半径小,有空的d轨道,故有强配位能力,能和氨基酸、蛋白质或者其他生物配体生成配位化合物,并且因配体不同和配位环境差异,配位数可以不同,有可变的空间几何构型,这些都是微量金属元素能在生命化学中扮演重要角色的理由。

表8-11　　**体内必需微量元素的质量分数、日需量和地壳内的质量分数**

元素	体内的质量分数	日需量(mg/d)	地壳内的质量分数
Fe	6.0×10^{-5}	13	5.0×10^{-2}
F	3.7×10^{-5}	3	7.0×10^{-4}
Zn	3.3×10^{-5}	13	6.5×10^{-5}
Cu	1.0×10^{-6}	5	4.5×10^{-5}
Sn	4.3×10^{-7}	7.3	2.0×10^{-8}

续表

元素	体内的质量分数	日需量(mg/d)	地壳内的质量分数
V	3.0×10^{-7}	1.2×10^{-1}	1.1×10^{-4}
Mn	2.0×10^{-7}	3	1.0×10^{-3}
Cr	2.0×10^{-7}	5×10^{-1}	2.0×10^{-2}
I	2.0×10^{-7}	1×10^{-1}	3.0×10^{-7}
Se	2.0×10^{-7}	1×10^{-2}	9.0×10^{-8}
Mo	1.0×10^{-7}	2×10^{-1}	1.0×10^{-6}
Ni	1.0×10^{-7}	6×10^{-1}	8.0×10^{-5}
As	1.0×10^{-7}	1	4.0×10^{-6}
Co	2.0×10^{-7}	3×10^{-1}	2.3×10^{-5}

法国伯特兰德(Bertrand G.)在研究锰元素对植物生长的影响时发现,植物缺乏某种必需元素时就不能成活,当元素含量适宜时,它就能茁壮成长,但过量时又要中毒。这称为**伯特兰德最适宜营养浓度定律**。它不仅适用于植物,也适用于所有动物(见图8-5)。在图中曲线的左端表示元素缺乏状态,浓度增加,效应就好。曲线中部的高台部分表示这种元素的适量状态。高台的宽度对各种元素和各种生物都是不同的。但在哺乳类,高台很宽,因为它们体内的平衡机制,有摒弃或排泄过量元素的能力。当然元素浓度太高,生物就中毒,甚至死亡了。Se是最典型的微量元素之一。一般认为$0.05 \sim 0.1 \mu g \cdot g^{-1}$时,Se对人和动物是有益的,小于$0.05 \mu g \cdot g^{-1}$,牲畜就会产生"白肌病";大于$0.1 \mu g \cdot g^{-1}$,则会引起"碱疾病"。铁过量的血色病患者,会造成胰、肝、皮肤受损,并引起糖尿病、肝硬化和持续青铜病。又如铜过量积存于肝和脑,会引起以兴奋和骚动为特征的痛苦的神经错乱症——威尔逊氏病。因此,有时体内的元素过量比缺乏更为厉害。

有益和有害之间的界限并不明显,并且不同元素的适宜浓度范围并不相同。此外,微量元素的有益与有害不仅与其在生物体内的浓度有关,而且与其价态有关。价态不同,其作用不同。如微量的Cr^{3+}对人体是有益的,而Cr^{6+}则是致癌物。又如微量的Ni^{2+}对心血管有益,但羰基镍则会引起癌症。可见,微量元素的生物效应还与其存在的形态有着重要的关系。为了确保人体的健康,我们必须弄清各种微量元素的最小必需量、实际摄入量,并必须根据其他哺乳动物的需要量来拟定最适量和致毒量。体内还有锶、铝、锑和碲等一些非必需微量元素,但目前对它们的生物功能还不十分了解。再有一些污染元素如铅、镉和汞,它们对生物体是有毒微量元素。

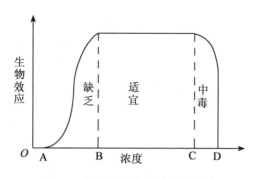

图 8-5 微量元素生物效应示意图

2. 生命的元素的生化功能分类

生物体内元素的生理和生化功能主要有以下几个方面。

(1) 结构材料 指组织骨骼和牙齿的结构材料,作为结构材料的元素有钙、磷和氟等。钙是骨骼中羟基磷灰石的组成部分,羟基磷灰石的近似组成可表示为 $3Ca_3(PO_4)_2 \cdot Ca(OH)_2$。氟对牙齿和骨骼的形成和结构,以及钙和磷的代谢均有重要作用,是生物体内维持骨骼正常发育,增进骨骼和牙齿强度不可缺少的。氟对钙和磷有强的亲和力,适量的氟能被牙齿釉质中的羟基磷灰石吸附,形成坚硬致密的氟磷灰石 $3Ca_3(PO_4)_2 \cdot CaF_2$ 表面保护层,它能抗酸性腐蚀,起到防龋作用。

(2) 输送作用 金属离子与生物分子形成的配合物起着输送作用,如正常成年人体内一般含有 4~5g 铁,体内的铁大部分以与蛋白质结合的形式——血红蛋白等存在。血液中的铁主要以血红蛋白的形式存在于血红细胞中,而在血浆中铁则以转铁蛋白的形式存在。铁的存在使血红蛋白具有载氧功能,起着输送氧的作用。

(3) 组成金属酶或作为酶的激活剂 酶是生物体内一类非常重要的化学物质,它参与并控制着生物体内一切新陈代谢过程。在已知的 1300 多种酶中,约三分之一酶的活性与金属有关。它们大多与蛋白质牢固地结合在一起,形成金属酶。还有一些酶只是在金属离子存在时才能被激活,才能发挥其催化功能,这些酶称为金属激活酶。K^+、Na^+、Ca^{2+}、Zn^{2+} 和 Fe^{2+} 等金属离子可作为酶的激活剂。

除了上述三个方面的功能外,生物体内元素还具有传递信息、调节体液的物理化学特性等生理功能。

8.8.2 生命元素在生物体内的作用

1. 宏量元素的生物功能

除硅以外的 11 种宏量元素在人体内的质量分数为 0.998,其中氧、碳、氢和氮共为 0.996,它们和磷、硫一起组成了人体最基本的营养物质水、糖、蛋白质、脂肪和核酸等。水在人体内的质量分数为 0.65,存在于所有组织和器官中。生物体通过水从外界吸取养分,并输送到全身,借以维持生命。蛋白质是体细胞中最重要的有机物质之一。它除含有碳、氮、氧、氢外,还含少量硫,有时含磷、铁、锌、铜、锰和碘。金属离子和蛋白质组成生物配合物后,金属离子影响蛋白质的电子结构和反应能力,并对蛋白质结构起稳定作用。酶是由氨基酸组成的一类具有催化性和高专一性的特殊蛋白质,其生物功能用作生物催化剂。金属离子参加催化反应的酶称为金属酶,现已对 Zn^{2+},Fe^{2+},Cu^{2+},Mn^{2+},Mo^{2+},Mg^{2+},Co^{2+},Ca^{2+},K^+ 和 Na^+ 等 10 种金属离子与酶的作用进行了大量的研究。核酸是一类重要的生物大分子,是生物遗传的物质基础。在体内,它常与蛋白质结合成为核蛋白。核酸降解可产生多个核苷酸。Mg^{2+},Mn^{2+} 等可通过酶的作用影响核酸的复制、转录和翻译过程。

下面对若干主要宏量元素的一些生物功能作进一步的介绍:

(1)钠和钾　Na 和 K 是生物必需的重要元素,它们在高等动物体内是按比例存在的。在人体中,钠约占总重的 0.16%,其中 80% 分布于细胞外液,血浆中钠的浓度约为 $1.35 \times 10^{-1} \sim 1.48 \times 10^{-1}$ mol·L^{-1},钠在血液中较钾为多,在乳汁中则相反。Na^+,K^+ 和 Cl^- 的主要生理作用是维持体液的解离平衡、酸碱平衡和渗透平衡,并参与神经信息的传递过程。Na^+ 和 K^+ 间的主要差别是它们的离子半径和水合能差异很大,这对于生物体系而言是本质的。因此,Na^+ 主要存在于细胞间质和外液,K^+ 主要存在于细胞内液。适量的 Na,K 会对生物产生重要的生理作用,但 Na,K 过量也会带来一些不良反应,如人体中钠含量过高,会引起高血压等症。K 含量过高,会产生恶心、腹泻等症。

钾在维持细胞内液渗透压上起着重要作用。钾也参与神经信息的传递。同时,它又是某些酶的激活剂。如钾离子能激活丙酮酸激酶,从而催化下列反应进行。

$$\text{ATP} + \begin{matrix} COO^- \\ | \\ CO \\ | \\ CH_3 \end{matrix} \rightleftharpoons \text{ADP} + \begin{matrix} COO^- \\ | \\ C-O-PO_3^{2-} \\ \| \\ CH_2 \end{matrix}$$

式中,ATP 为三磷酸腺苷;ADP 为二磷酸腺苷。

钾除上述作用外,对植物体内碳水化合物如淀粉、糖类等的形成也起着十分重要的作用。缺钾时,禾本科植物的籽实、块根或根茎的淀粉含量会显著下降。由于碳水化合物是形成蛋白、脂肪的物料,所以钾含量的高低,也会影响植物体内蛋白和脂肪的多少,如多数植物的生长点、形成层和籽实等这些富含蛋白质和脂肪的地方,钾含量都较多。钾对于植物木质部的发育也起着重要作用,施用钾肥可以促进维管束的发育,使厚角组织的细胞加厚,韧皮部发育良好,使植物的茎秆坚固,抗倒伏性能提高。一些经济作物在生长期,如麻类、向日葵、马铃薯、甜菜等对钾肥需要量更大。

判断植物是否缺钾,常以叶片边缘是否呈现黄褐色为特征,若有黄褐色斑点出现,说明该植物具有缺钾症。土壤中的钾,多属不溶性复杂物质,植物难以吸收利用。因此,常需增施钾肥以弥补其不足。过去我国农区主要是以秸秆或草木为燃料,产生的草木灰含 K_2O 较高,并且这种钾90%以上都是水溶性的,吸收利用的效率高,是农民施钾的主要原料。然而,随着农村燃料秸秆的改变,用秸秆作燃料的农户越来越少,由此而引起的土壤缺钾问题越来越多。科学家针对这种状况采用现代高新技术及时研制和生产出了作物秸秆肥,这种肥不仅含有较高的 K,而且含有植物所必需的其他主要元素,这将是今后解决农用钾肥的主要途径。

(2)钙　钙是构成植物细胞壁和动物骨骼的重要成分。钙在人体中的含量约占2%,人体内钙的99%存在于骨骼和牙齿中,其余主要分布于体液内。在维持心脏正常收缩、神经肌肉兴奋性、凝血和保持细胞膜完整性等方面起重要作用。钙最重要的生物功能是信使作用,细胞内的信号传递依靠细胞内外 Ca^{2+} 的浓度差。如细胞兴奋时, Ca^{2+} 内流,使其浓度升高, Ca^{2+} 的转运调节发生异常时,就产生病理性反应。在人体内钙和磷浓度的乘积基本维持定值。若人的肾功能代谢紊乱时,体内硫酸、磷酸等酸性代谢产物易产生滞留,从而与体液中的 Ca 发生反应,破坏原有的骨钙和液钙的平衡,产生溶骨、骨质疏松等症。缺钙会引起人和动物发育不良,产生佝偻病。但钙过量也会产生体内组织钙沉积、结石等症。

钙又是骨中羟基磷灰石的组成部分,也是细胞膜的组织成分。研究表明,钙能够防止细胞和液泡内的物质外渗。有充足的钙,就能保持膜不被分解,若缺钙则易引起细胞膜破坏,造成水果的苦痘病、水心病和腐烂病。石灰与硫磺粉和水以 1∶2∶10 的比例配制,即可制得石灰硫磺合剂,它可用于防治小麦锈病及果树病害。将 $CuSO_4$、生石灰和水按 1∶1∶10 的比例配制,可用以防治马铃薯晚疫病、柑橘疮痂病等,并且对浮尘子也具有杀灭作用。

(3)镁　在人体中 Mg 的含量约为 0.029%,它是许多酶(如焦磷酸酶、蛋碱脂酶、腺苷三磷酸酶和一些肽酶等)的激活剂。由 Mg^{2+} 激活的酶,至少可催化10多种生化反应,并且有相当高的特异性。细胞内的核苷酸以其 Mg^{2+} 的配合物形式存在,因为 Mg^{2+} 倾向与磷酸根结合,所以镁对于 DNA 复制和蛋白质的生物合成是必不可少的。镁是叶绿素的重要成分,且在糖类代谢中起重要作用。植物结实过程也必须有镁的存在。

钙和镁虽同属碱土金属,又均为宏量元素,但在生物学中仍有较大差别。如在血浆和其他体液中, Ca^{2+} 浓度高, Mg^{2+} 浓度低,而在细胞内则相反。又如在蛋白质的生物合成中, Ca^{2+} 常常直接与酶分子结合,并引起其构象变化(如 Ca^{2+} 激活葡萄球菌核酸酶),可是 Mg^{2+} 只与底物作用而不与酶作用。 Ca^{2+} 的半径为 99pm 比 Mg^{2+} 半径 66pm 大得多,因此 Ca^{2+} 的电荷密度比 Mg^{2+} 的低得多, Ca^{2+} 的取代反应速率比 Mg^{2+} 快得多。这些酶分子等物质使 Ca^{2+} 能在活组织中迅速移动,在高等生物体内能发展为不同细胞间传递信号的触发器(如肌肉收缩等)。钙、镁过量会导致肾病的产生。

2. 必需微量元素的生物功能

关于必需微量元素,特别是必需微量金属元素及其生物配合物的生理功能,主要有下列几个方面:

(1)含微量金属的金属蛋白在生理过程中的作用　人和高等动物的血红蛋白是氧的输送体,血红蛋白的中心是 Fe^{2+}。有些金属蛋白承担金属离子本身的储藏和输送,如铁蛋白用于储藏铁,铁传递蛋白用于输送铁;血浆铜蓝蛋白用于调节组织中铜含量等。而铁硫蛋白还是体内重要的电子传递体。

(2)金属离子在金属酶中起活性中心的作用　多种金属蛋白是含金属的酶,成为金属酶。它是一类生物催化剂。在生物体内已知的上千种酶之中,约有四分之一的酶和金属有关。其中分为金属酶(金属离子与蛋白质牢固结合)和金属激活酶(金属离子与蛋白质较弱的结合)两类。金属酶中金属离子常常是活性中心的组成部分,入羧肽酶能催化肽和蛋白质分子羧端氨基酸的水解,碳酸酐酶能催化体内代谢产生的二氧化碳水合反应,这两种酶都是锌酶。还有许多氧化还原酶含铜、钼、钴等可变价态的微量元素,如固氮酶含铁和钼,在生物体内能催化氮合成氨。

(3)金属离子可参与调节体内正常生理功能　金属离子是生物体若干激素和维生素的组成部分,它们参与调节体内正常生理功能。如含锌的胰岛素是降低血糖水平和刺激葡萄糖利用的一种蛋白质激素,它参与蛋白质及酯类的代谢。含钴的维生素 B_{12} 对机体的正常生长和营养、细胞和红细胞的生成以及神经系统的功能有重要的作用。

(4)金属离子参与氧化还原过程　微量过渡金属元素具有多种价态,能起电子的转递和授受作用,这些金属能催化或参与氧化还原反应。如细胞色素 C 内的血红素基的 Fe^{2+},它与蛋白链上两个氨基酸残基相连,无载氧能力,却是重要的电子传递体。又如牛超氧化物歧化酶,属Ⅱ型铜蛋白,每个酶分子含两个 Cu^{2+} 和两个 Zn^{2+},其生物功能是催化超氧化物歧化为 O_2 和 H_2O_2。

下面进一步对一些重要的必需微量元素的生物功能作介绍:

(1)锌　锌是具有生物活性的最重要的金属之一,所有生命形态都需要它。在人体的生理活动中,锌的重要性在重金属中仅次于铁。人体内含锌量为 1.4~2.4g,人和动物精液中锌的质量分数为 2×10^{-3},眼球视觉部分达 4×10^{-2}。锌是构成多种蛋白质分子的必需元素。已发现的锌酶有数百种,它们参与糖类、脂类、蛋白质和核酸的合成与降解等代谢过程。羧基肽酶 A 是一种重要的含锌酶,存在于哺乳动物的胰脏中,这种酶可以催化蛋白质的末端肽键在消化过程中水解:

$$\text{—NH—}\underset{R}{\underset{|}{\overset{H}{\overset{|}{C}}}}\text{—}\overset{O}{\overset{\|}{C}}\text{—NH—}\underset{\underset{\underset{OH}{|}}{\underset{|}{CH_2\text{—}\langle\rangle}}}{\underset{|}{\overset{H}{\overset{|}{C}}}}\text{—}\overset{O}{\overset{\|}{C}}\text{—}O^{-} \xrightarrow[+H_2O]{\text{酶}} \text{—NH—}\underset{R}{\underset{|}{\overset{H}{\overset{|}{C}}}}\text{—}\overset{O}{\overset{\|}{C}}\text{—}O^{-} + {}^+H_3N\text{—}\underset{\underset{\underset{OH}{|}}{\underset{|}{CH_2\text{—}\langle\rangle}}}{\underset{|}{\overset{H}{\overset{|}{C}}}}\text{—}\overset{O}{\overset{\|}{C}}\text{—}O^{-}$$

另一种重要的锌酶是碳酸酐酶,这种碳酸酐酶广泛存在于植物和动物细胞内,在植物中能催化 CO_2 转化为碳水化合物。在哺乳动物红细胞中,碳酸酐酶对下列化学平衡有催化作用:

$$CO_2 + H_2O \rightleftharpoons HCO_3^- + H^+$$

正反应(水合)在组织中血液吸收 CO_2 时发生,而逆反应(脱水)则在肺中释放 CO_2 时发生,这种酶使反应的速率增加约一百万倍。

锌的生物配合物是良好的缓冲剂,可调节机体的pH;锌能影响细胞的分裂、生长和再生,对儿童有重要营养功能,缺锌影响发育、智力和食欲;侏儒症也和缺锌有关。现在人们已经注意到在食品中,尤其是在儿童食品中补充人体可吸收的锌化合物,以预防锌缺乏症。虽然一般认为锌的毒性很低,但是食品中含有过多的锌对人体也是有害的,会引起不适或疾病。

(2) 铜 铜是生物体内含量仅次于铁和锌的微量金属元素,它与蛋白质结合形成铜蛋白或含铜酶,常参与生物体内的载氧作用和催化氧化还原反应等一系列的生命过程。铜化合物有毒,但微量铜是必需元素。铜通常有 Cu^+ 和 Cu^{2+} 两种价态,然而有些含 Cu^{2+} 的三肽配合物可被空气氧化为 Cu^{3+},故 Cu^{3+} 可能具有生物学重要性。从 Cu^{2+} 的 d^9 到 Cu^{3+} 的 d^8 的晶体场稳定性化能相对增大,是 $Cu(Ⅲ)$ 配合物总热力学稳定性增加的重要因素。铜参与造血过程及铁的代谢,参与一些酶的合成和黑色素的合成。高锌低铜的饮食干扰了胆固醇的正常代谢,易诱发冠心病,故 $m(Zn)/m(Cu)$(质量比)增大可能是冠心病发病的原因。

许多软体动物和节肢动物的血液与哺乳动物不同,不含有血红素而是含有一种称为血蓝蛋白的铜蛋白。这种铜蛋白与血红素的作用类似,具有可逆吸收氧分子的性质,在动物体内起着载氧的作用。脱氧型血蓝蛋白是无色的,其中铜的氧化数为 $+1$,而氧化型是蓝色的,其吸收光谱特征证明其中铜的氧化数为 $+2$。结合于血蓝蛋白上的氧分子涉及两个铜原子,氧分子以过氧桥基的形式与血蓝蛋白中的两个 $Cu(Ⅱ)$ 结合成键。

铜蛋白参与生物体内的一系列电子转移过程。如广泛存在于植物和微生物中的抗坏血酸氧化酶,催化抗坏血酸转变成脱氢抗坏血酸。细胞色素氧化酶也是一种含铜金属酶,它参与细胞色素的氧化还原过程,可能与动物皮肤色素的形成有关。铜也影响着植物体内酶的活性和氧化还原过程。禾本科作物缺铜,叶尖变白色,阻碍其生长和结实,并降低产量。

(3) 铁 铁是植物、动物和人的必需元素。植物中铁的含量一般在百分之几,铁是一些酶的组成成分,它们在氧化还原中起着重要作用。铁虽然不是叶绿素的组分,但合成叶绿素必需铁,植物缺铁时,叶绿素被破坏。铁是构成血红蛋白、肌红蛋白的必要成分,也是细胞色素酶、细胞色素氧化酶、过氧化酶等的活性部分。

血红蛋白 Hb(hemoglobin)和肌红蛋白 Mb(myoglobin)是脊椎动物体内以血红素(结构如图 8-6 所示。)为辅基的两种结合蛋白,都属于血红素蛋白。它们的主要功能为运载和储藏氧,是最常见的氧载体。它们的载氧功能是由于血红素中的亚铁与氧分子的可逆配位作用。血红素是亚铁与原卟啉的配合物,原卟啉是卟吩的衍生物(见图 8-7)。

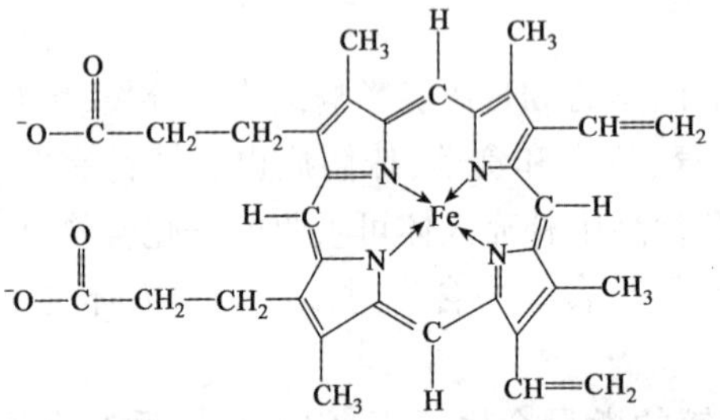

图 8-6 血红素的结构图

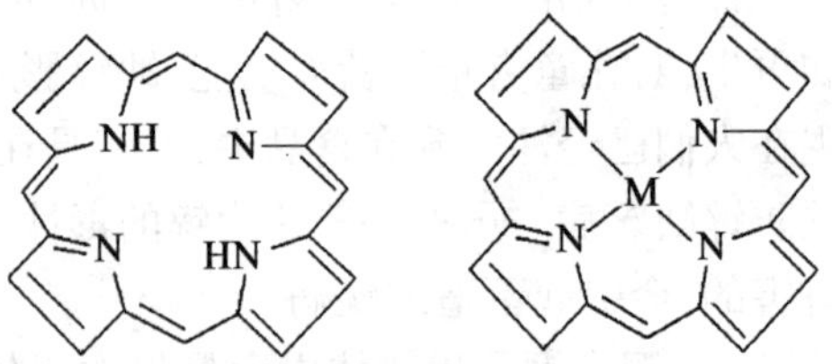

图 8-7 卟吩和金属卟啉骨架
(M = Mg, Fe, Cu, Co, Zn 等约 60 种元素)

动物体内血红蛋白的铁具有固定氧和输送氧的功能,Fe^{2+}是血红蛋白的中心,它除与卟啉环的四个氮原子结合外,第五个位置为蛋白质中组氨酸的一个咪唑氮原子所占,第六个位置可逆地与 O_2 或 H_2O 配位(见图 8-8)。铁离子周围蛋白质的排列及强场配体 O_2 的作用,使血红蛋白氧合后形成 Fe^{2+} 的低自旋配合物,以保证 Fe^{2+} 与 O_2 配位而不被氧化。在过氧化氢酶和氧化酶中铁保持 +3 价。血红素的每一个单位都有一个铁原子,如果没有铁就不能合成血红蛋白,氧就无法输送,组织细胞就不能进行新陈代谢,生命就无法存活。

如上所述,血红蛋白和肌红蛋白中 Fe(Ⅱ)离子在未与氧分子结合时是五配位的,第六个配位位置(即组氨酸氮原子的对位)暂空。这时 Fe(Ⅱ)离子具有高自旋的电子构型,高自旋 Fe^{2+} 的半径为 92pm,计算 Fe—N 键距为 218pm,而卟啉环中间的空腔半径较小(200 ~ 250pm),所以 Fe(Ⅱ)不能完全进入腔中,而是处在卟啉面上 75pm 处(见图 8-9)。当第 6 个配位位置结合了氧分子后,Fe(Ⅱ)离子便转变成低自旋的电子构型,低自旋的 Fe^{2+} 离子半径为 75pm,Fe—N 键距为 200pm,刚好与卟啉环的空腔相匹配。因此,由于氧的配位使得铁原子移动 60pm,落入卟啉环的平面内。

随着 Fe(Ⅱ)移动到卟啉环的平面内,连接 Fe(Ⅱ)的组氨酸的咪唑跟着移动,

第8章　副族元素

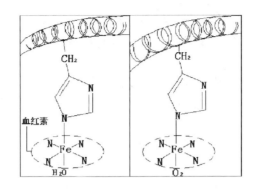

图 8-8　血红素 Fe^{2+} 的配位环境

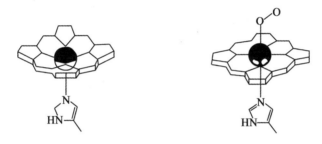

图 8-9　由于氧的配位使得铁原子落入卟啉环平面内

因而蛋白质链的结构也有相当大的变化。蛋白质链的移动引起亚基间的盐桥断裂，四聚体结构变得松散，使血红素的第 6 配位位置较为暴露而促进了血红蛋白的氧合作用。因此，有一个亚基结合氧后，血红蛋白的氧合作用能力迅速提高，这种效应称为亚基间的协同效应。由此可以看出一个很有趣的现象，一个简单的由高自旋到低自旋状态的"无机"变化，竟然会担负如此重要的生物功能。血红蛋白和肌红蛋白虽然都能与氧分子结合，但它们的主要功能却不相同。血红蛋白从肺部摄取氧，然后通过血液循环系统将氧输送到组织中去，传递给肌红蛋白，而肌红蛋白结合的氧却被储存起来，一旦为新陈代谢所需，即立即被释放出来，满足这种需要。血红蛋白另外的功能是将 CO_2 带回到肺部呼出，这一过程是通过某些氨基酸侧链完成的，而血红素并不直接参与。

总而言之，血红蛋白担负着极其重要的输氧功能，它从肺部吸收氧气，然后将它释放给其他组织，把氧气输送到人体的各个部分。但是，血红蛋白中 Fe(Ⅱ) 的第 6 个配位位置也可以为其他配体所占据，如 CO 和 CN^- 具有比 O_2 更大的结合力，血红蛋白与 CO 分子形成的配合物比氧合血红蛋白要稳定得多：

$$HbO_2 + CO \rightleftharpoons HbCO + O_2$$

当体温为37℃时,上述平衡的平衡常数约为200。因此,在肺部即使CO的浓度低到千分之一,血红蛋白仍然会优先与CO分子形成配合物。一旦这种情况发生,则通往组织去的氧气流就会中断,造成肌肉麻痹,严重的甚至死亡,这就是煤气(含CO)中毒的原因所在。

与其他微量元素不同,铁不仅具有许多有益作用,而且毒性很小。由于铁过量而引起人和动物中毒的情况并不多见,偶尔有铁中毒报道,大多也是因大量误服铁制剂所致。

(4)钼 钼是唯一属于元素周期表第五周期的生命必需元素,有未满的4d电子层,有稳定的Ⅴ和Ⅵ高氧化态,以MoO_4^{2-}的形式存在于生命体系中。早在20世纪30年代就已知生物固氮(氮还原为氨)必须有钼元素存在,豆科植物有固氮作用。钼对植物体内维生素C的合成和分解有一定作用。钼是人体多种酶的重要成分,对细胞内电子的传递,氧化代谢有作用。表8-12列出了一些含钼的酶。钼的特殊价值是它能够进行两电子传递反应的能力,特别是Mo(Ⅳ)和Mo(Ⅵ)氧化态之间。此外,它能够将一个氧合原子转移到底物上(S为底物):

$$Mo(Ⅳ)(O_2) + S \longrightarrow S=O + Mo(Ⅵ)(O)$$

表8-12　　　　　　一些重要的含钼的金属酶及其催化反应

酶	催化的反应
固氮酶	$N_2 + 8H^+ + 8e \longrightarrow 2NH_3 + H_2$
黄嘌呤氧化酶	黄嘌呤 $+ H_2O \longrightarrow$ 尿酸 $+ 2H^+ + 2e$
亚硫酸盐氧化酶	$SO_3^{2-} + H_2O \longrightarrow SO_4^{2-} + 2H^+ + 2e$
硝酸盐还原酶	$NO_3^- + 2H^+ + 2e \longrightarrow NO_2^- + H_2O$
甲酸脱氢酶	$HCOOH \longrightarrow CO_2 + 2H^+ + 2e$
CO脱氢酶	$CO + H_2O \longrightarrow CO_2 + 2H^+ + 2e$
二甲亚砜脱氢酶	$(CH_3)_2SO + 2H^+ + 2e \longrightarrow (CH_3)_2S + H_2O$
醛氧化酶	$RCHO + H_2O \longrightarrow RCOOH + 2H^+ + 2e$
三甲胺N-氧化物还原酶	$(CH_3)_2NO + 2H^+ + 2e \longrightarrow (CH_3)_2N + H_2O$
生物素亚砜还原酶	生物素亚砜 $+ 2H^+ + 2e \longrightarrow$ 生物素 $+ H_2O$

(5)钴 到目前为止,钴是植物必需元素还没有报道。但钴对一些农作物的有益作用却有不少介绍。有人认为,钴具有一定的固氮作用,钴的供应充足时,大豆根瘤中维生素B_{12}和豆粒中血红蛋白的含量就高。但这些结论还有待进一步证实。

钴是人和动物的必需微量元素已有定论,因为它是维生素 B_{12}(结构如图 8-10 所示)和一些酶(如甘氨酸替甘氨酸二肽酶、核糖核酸还原酶等)的重要成分。钴对铁的代谢,血红蛋白的合成和红细胞的发育成熟等有重要作用,但主要是通过维生素 B_{12} 起作用。维生素 B_{12} 及其衍生物参与 DNA 和血红蛋白的合成、氨基酸的代谢等生化反应,在 Co(Ⅰ),Co(Ⅱ)和 Co(Ⅲ)配合物之间起电子传递作用。反刍动物可通过其瘤胃中的细菌,把钴转化成维生素 B_{12}。

维生素 B_{12} 又称为氰钴胺素,这一分子式是以与低自旋钴(Ⅲ)配位的咕啉环为核心而组成的。咕啉环的结构与卟啉相似,与卟啉环不同之处在于咕啉环 4 个吡咯环中有一对五员环不是通过亚甲桥,而是直接键合的。而且咕啉环外围的碳原子大多是价饱和的,环中仅有 6 个双键。咕啉环近似于平面,4 个吡咯氮原子配位到钴原子,两个轴向位置可以被多种配体所占据。在维生素 B_{12} 中,苯并咪唑基上的氮原子配位到第五个位置上(咕啉环的下面),氰基占据第六个位置(平面以上)。

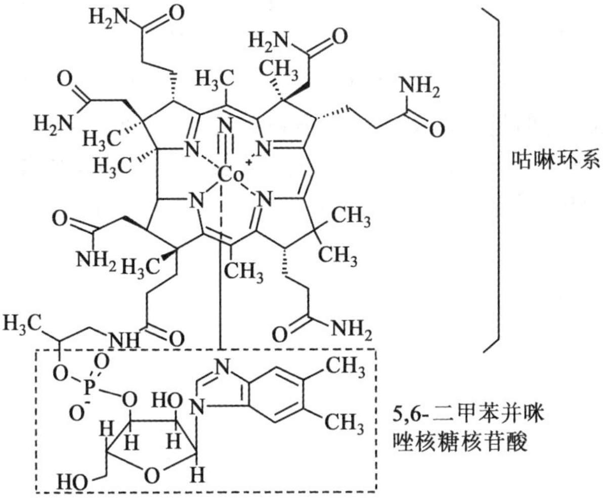

图 8-10 维生素 B_{12} 的结构

钴在人体内含量甚微,成人体内含有约 2~5mg 维生素 B_{12} 及其衍生物,主要集中于肝脏中。它参与核酸、胆碱、蛋氨酸的合成及脂肪与糖的代谢,对肝脏和神经系统的功能有一定作用。腺苷钴胺酸是维生素 B_{12} 在人体内的主要存在形式,由于它以辅酶的形式参与多种重要的代谢作用,故也称为维生素 B_{12} 辅酶。维生素 B_{12} 具有多种生理功能。例如,它参与蛋白质的合成、叶酸的储存以及硫醇酶的活化等,不过它的主要功能还是促使红细胞成熟。没有它,血液中就出现一种没有细胞核的巨红细胞,引起恶性贫血症。而人体本身不能用钴合成维生素 B_{12},只能从日常饮食中获取

已经合成的维生素 B_{12}。如果膳食中维生素 B_{12} 不足,将会导致维生素 B_{12} 缺乏,产生贫血、肾炎等症。与铁相似,人和动物对钴具有一定的耐受力,即使偶尔摄入较多,一般也不会引起很大的毒性,摄入过量钴时主要是对呼吸道和胃肠道产生毒害。

(6)铬 铬是植物、动物和人所必需的微量元素。对维持人体正常的生理功能有着重要的作用。铬是葡萄糖耐量因子(GTF)重要组成部分,是胰岛素不可缺少的辅助成分,参与糖代谢过程,还可以促进脂肪和蛋白质的合成,对人体的生长和发育起着促进作用。精致食物造成铬的损失,缺铬后血脂和胆固醇含量增加,糖耐受量受损,严重时出现糖尿病和动脉粥样硬化。若补 Cr^{3+},病情也可以改善。但必须指出,六价铬如 CrO_4^{2-} 是有毒害的,这是一种公认的致癌物。

研究表明,糖尿病人的头发和血液中铬的含量比正常人低,心血管疾病、近视眼等都与人体缺铬有关。当人体缺铬时,由于胰岛素的作用降低,引起糖的利用发生障碍,使血内脂肪和类脂特别是胆固醇的含量增加,于是出现动脉硬化——糖尿病的综合缺铬症。一旦出现高血糖、糖尿、血管硬化现象的时候,就会波及眼睛而影响视力。因为血糖增高容易引起渗透压降低,造成眼睛晶状体和眼房水渗透压的改变,促使晶状体变凸,屈光度增加,造成近视。铬的其他生化作用尚在研究之中。由于铬在人体的存在量很低,因此研究其生化作用相当困难。还应指出的是,虽然在铬的化合物中三价铬几乎是无毒的,但是六价铬却具有很强的毒性,特别是铬酸盐及重铬酸盐的毒性最为突出。Cr^{6+} 对人和动物的毒性不亚于砷,铬在体内可影响氧化、还原、水解过程,并可使蛋白质变性,核酸沉淀。如果人吸入含重铬酸盐微粒的空气,就会引起鼻中隔穿孔、眼结膜炎及咽喉溃疡。如果口服,会引起呕吐、腹泻、肾炎、尿毒症,甚至死亡。长期吸入六价铬的粉尘或烟雾会引起肺癌。

植物缺乏铬会影响正常的生长发育,相反积累过量又会引起毒害。这主要是由于铬参与了一系列细胞组成,提高了体内酶的活性的缘故。

(7)锰 锰是植物、动物和人所必需的微量元素。虽然对锰在生物体中的化学过程还知之甚少,但已确认它有比较重要的作用。Mn(Ⅱ)是多种氧化酶的组成成分,它的含量直接影响着酶的活性和锰参与光合作用,以及氮和碳化合物的转化过程。在绿色植物的光合作用中,锰作为氧化还原剂将水氧化成氧。在人和动物体内,锰是构成精氨酸酶、脯氨酸肽酶、丙酮酸羧化酶等的活性基团或辅助因子,又是碱性磷酸酶、脱羧酶、黄素激酶等激活剂。在葡萄糖、脂肪氧化、磷酸化等其他增加生化中起着重要作用。对动物的生长、发育、繁殖和内分泌有影响。锰也参与造血过程,改善机体对铜的利用。

丙酮酸激酶催化以下反应时,需要 Mn(Ⅱ) 或 Mg(Ⅱ) 参加:

$$ATP + \begin{array}{c} COO^- \\ | \\ CO \\ | \\ CH_3 \end{array} \rightleftharpoons ADP + \begin{array}{c} COO^- \\ | \\ C-O-PO_3^{2-} \\ \| \\ CH_2 \end{array}$$

肌酸激酶催化以下反应时也需要 Mn(Ⅱ) 参加：

$$ATP + HN= \overset{NH_2}{\underset{CH_3}{C-N-CH_2COOH}}$$

$$\rightleftharpoons ADP + {}^{2-}O_3P-NH-\overset{NH_2}{\underset{CH_3}{C=N^+-CH_2COOH}}$$

锰也是核酸结构中的成分，能促进胆固醇的合成。顺磁性的 Mn^{2+} 离子在生物体内可用于核磁共振弛豫探查。

动、植物由于缺锰会引起许多的疾病，在土壤中含锰量高的地区癌症发病率低。遗传性疾病，骨畸形，智力呆滞和癫痫等均和缺锰有关。

(8) 钒　钒广泛存在于植物、动物和人的脂肪中。钒是人体中的有益元素，但其确切的生物功能不详，可能影响核酸的代谢。在人体内，钒容易与血清蛋白，特别是脂蛋白结合，有人认为脂蛋白可能是钒的载体。

在某些海虫中，钒可代替铁或铜作为呼吸链中的色素成分。在海鞘类动物的血细胞中，运载氧的是钒血红素，它使血液成为绿色。随着 ATP 需求反应的发生，钒以 5 倍的量被从海水中富集到一些海洋无脊椎动物（如海鞘）的血细胞中。这些细胞干重每公斤含有约 27g 钒，是铁含量的 100 多倍。

许多高等植物的生长需要钒，钒是固氮菌所必需的元素，有人认为钒是固氮酶中蛋白质的构成成分，它能补充和加强钼的功能，促进根瘤菌对氮的固定。钒还可参与硝酸盐的还原，促使 NO_3^- 转化为氮。但迄今还没有确切证据证明钒是植物所必需的元素。

过量的钒产生的毒性有三种：一是抑制胆固醇、磷脂及其他脂质的合成；二是抑制胱氨酸、半胱氨酸和蛋氨酸的形成；三是在血红蛋白合成中干扰对铁的利用。

(9) 镍　镍不是植物必需的元素，但它是人和动物的必需微量元素。对它的生化功能还缺乏了解。现已发现人和其他哺乳动物的血清中存在含镍的蛋白质；在兔血清中的蛋白质似乎每个分子中含一个镍原子，但人们对尿酶中镍的作用还不太清楚。微量镍能使胰岛素增加，血糖降低。

当人和动物缺镍时，淀粉酶、脱氢酶、精氨酸酶、羟化酶等活性降低，从而引起生化代谢异常，影响生长发育。镍对人体的危害主要是空气中的镍经呼吸道或皮肤吸收时产生。金属镍几乎没有急性毒性，一般镍盐毒性很低。除羰基镍外，其他镍中毒的事例非常少见。

(10) 锗　锗是否为生命所必需的微量元素，目前还不能确定。锗及其化合物对人体的有益作用,近年来报道不少。如锗酸钠可提高果糖异构酶的活性;GeO_2 具有抗衰老和抗癌作用。市面上也出现了许多含锗的保健用品。一些资料认为,锗的生物活性主要与分子中的 Ge—O 键有关,无机锗虽有这种结构,但水溶性低,不易为生物体所吸收,因而活性不如机锗。

研究表明,锗对生物体携氧功能具有促进作用。同时锗具有消炎、抗病毒、降低血滞度和胆固醇以及调节免疫功能正常化的作用。动物摄入少量二氧化锗,可刺激其生长。但过量的锗会对动物造成毒害。动物饮用 100μg/mL 氧化锗水时,第 4 周即可出现 50% 死亡。锗的氢化物如 GeH_4、Ge_2H_6、Ge_5H_8 的毒性类似于砷化氢。锗对微生物的生长具有一定的抑制作用,而抑制真菌的主要活性化合物是乙基、丙基锗的化合物。另外,锗对植物细胞衣藻的分裂有促进作用,它能促进植物生长。其促进作用的次序为菜豆强于土豆;木贼属植物大于谷物。

(11)锡 锡是人和动物所必需的微量元素,它的毒性较小,很早就被用做食品容器的内镀层原料。锡对大鼠具有促长作用。在 1kg 饲料中加入 1mg 锡(采用 $SnSO_4$ 形式)大鼠生长率可增加 59%。锡对肺肿瘤、乳腺瘤以及结肠瘤等具有抵抗作用,其化合物大致可被分为四类:①R_2SnX_2 及 $R_2SnX_2 \cdot L_2$ 型(R = 烷基、苯基;X = F,Cl,Br,I,CNS;L = 含 N 的二齿配合物);②卟啉类衍生物;③族衍生物;④其他锡化合物。锡摄入过量时,会发生呕吐、腹泻等消化道病症,并且会残留于肝、肾和骨中。由于锡的毒性使胃酸分泌减少,小肠黏膜酶(碱性磷酸酶)的活性被阻断。过量的锡还可抑制蛋白质的水解,影响蛋白质的吸收。锡对肝脏的毒性作用,可引起磷酸化酶的活性显著降低,并有抑制肝糖原分解的作用。锡在肾中蓄积可使肾小管改变,影响血红素的细胞功能,从而导致细胞正常生理功能的失调,骨中蓄积的锡可能影响骨的代谢。

锡及其大多数无机化合物对人体毒性较低,少数无机锡化合物如 $SnCl_2$,$SnCl_4$,SnH_4 等毒性较大,吸入后可引起中枢神经系统损害,产生痉挛。挥发性的油状锡化合物一般毒性较大,常温下,它们易升华或蒸发,对环境污染较为严重。有机锡的毒性次序为:一烃基锡化合物 < 二烃基锡化合物 < 三、四烃基锡化合物。其他基团锡化合物对人体的毒性次序为:三乙基锡 > 三丁基锡 > 三苯基锡 > 三甲基锡。

目前对于非金属元素的研究较少,因为它们不像金属元素那样易于作为中心离子去和生物配体发生作用,且对它们的分析工作也困难些,所以对它们的了解较少。但是注意到我国患有各种地方病的病人约六千万,这些地方病常和缺乏非金属元素有关。如克山病和大骨节病与环境低硒有关;流行的氟中毒是饮水或食物中高氟所引起的;甲状腺肿是缺碘的缘故等等。所以结合国内地方病的防治,对硒、氟、碘、砷以及磷酸盐、硝酸盐、亚硝酸盐和偏硅酸盐等阴离子开展研究,弄清它们在生物体内的存在形式和生物功能,实属必要。

(12)硒 硒是人和动物所必需的微量元素。硒是人体红细胞谷胱甘肽过氧化物酶的组成成分。现已发现许多疾病与自由基对机体的损伤有关。自由基毒性通过引发脂质过氧化,导致生物膜损伤,还可损伤蛋白质,酶等,甚至使 DNA 链断裂。硒能保护细胞,它具有清除自由基的作用。已知缺硒地区的克山病、大骨节病和某些癌症都和脂质过氧化有关,故补硒能防治这些病也就不足为怪了。低浓度的硒对部分植物生长具有刺激作用,但浓度高于一定范围时,反而会对植物生长发育产生危害。

与其他必需微量元素一样,硒的不足和过量都会使机体产生疾病。动物缺硒,心肌和骨骼肌产生灰白色病变,理学上称之为"白肌病"或肌营养不良症。人体缺硒会引起心脏病、癌症和蛋白质营养不良等症。硒可预防镉中毒,拮抗汞和砷引起的毒性。硒化合物也具有较强的毒性,其中以亚硒酸和亚硒酸盐毒性最大,其次为硒酸和硒酸盐。元素硒水溶性差,因此毒性最小。硒引起的急性中毒病状有:头痛、头晕、烦躁、恶心、乏力、腹痛、呼出的气有蒜味。严重者发生肝脏损害、惊厥,以致呼吸衰竭等。

(13)硅 硅在哺乳动物和高等有机体中,硅是正常生长和骨骼钙化所不可缺少的。硅在人的主动脉壁内含量较高,主要存在于胶原和弹性蛋白中,其在主动脉壁内含量随年龄增长而减少。看来硅的缺乏和动脉粥样硬化相伴随,补硅可使实验动脉粥样硬化恢复正常。鸟的羽毛和动物毛发,皮肤以及原生动物(有孔虫目)、硅藻类、地衣、稻谷、小米、大麦、竹、芦苇、落叶松和棕榈都含硅化合物。硅对于甘蔗的生长有明显的增产和增糖作用。烟草烟尘中发现挥发性有机硅化合物。

植物中有特殊酶,能把无机硅转化为有机硅化合物。硅在人和动物组织中有三种主要存在形式:能透过细胞壁的水溶性 H_4SiO_4 及其离子;不溶性硅聚合物如多硅酸,原硅酸酯等;含有 Si—O—C 基团,可溶于有机溶剂的有机硅化合物。

(14)碘 碘是人和动物所必需的微量元素。动物和人体内的碘有三分之一以上是以甲状腺素形式存在于体内,每一分子的甲状腺素,有 3~4 个碘原子,没有碘甲状腺就不能合成甲状腺素。食物中长期缺碘,可导致人和动物一系列生化紊乱,生物功能异常和甲状腺肿大。在严重缺碘区,常常发现地方性克汀病,这种病主要是胚胎期及婴儿期的脑发育阶段,碘缺乏导致甲状腺素不足,致使脑发育不全所引起。克汀病一旦发生,不可逆转,使人终生智力低下,发育不良,甚至造成聋、哑、瘫等症。

碘对植物的必需性,至今未获得普遍证明。对一些海藻有人认为碘是必需的。而对一般高等植物如大麦、番茄等,碘对它们的生长有促进作用,但高浓度时,同样会产生毒害。

长期饮用碘含量较高的食品,也会引起高碘甲状腺肿,该病主要是由于合成了较多甲状腺激素郁积在甲状腺泡腔中,形成了以胶质大滤泡为特征的高碘甲状腺肿。一次性接受大剂量碘也可引起急性碘中毒,其症状有恶心、呕吐、晕厥,突出的可导致血管神经性水肿等。

(15)氟 氟是人和动物必需的微量元素。氟对牙齿和骨骼的形成具有重要作用。氟被吸收后,通过吸附或离子交换等过程,在组织和牙齿中取代羟基,使之转化为氟磷灰石,在牙齿的表面形成坚硬的保护层,使硬度增高抗酸腐蚀性增强,从而抑制嗜酸菌的活性。缺氟时,牙釉中氟磷灰石减少,致密性减弱,易受口腔微生物和酸破坏。易发生龋齿。

在机体内氟离子除与钾、钠合作参加生理作用外,还是多种组织液的成分。它与胃液中的氢离子形成盐酸,可加速食物的消化,人体中的氟主要靠食盐补充,当氟化钠缺乏时就会减少出现胃酸,食欲减退,精神不振等现象。但氟化钠过量也会引起高血压等。大气中氟含量过高,不仅会影响植物生长,还会污染环境,引起其他疾病。与其他微量元素一样,体内氟过量时,也会影响钙、磷正常代谢,抑制多种酶的活性,影响牙齿釉棱晶的形成,使珐琅质呈现无定形或球形结构,出现斑点和色素沉着,使牙齿发黄。

但氟是植物的有毒元素。植物可从土壤、大气中吸收氟。但土壤中氟的浓度较高时才会对植物产生危害,而大气中的氟在低浓度时就会对植物产生危害。研究表明,灌溉水氟化物浓度在 $250\mu g \cdot mL^{-1}$ 以下时,水稻发育不受影响;氟化物浓度在 $500\mu g \cdot mL^{-1}$ 时,发芽率为 50%;在 $750\mu g \cdot mL^{-1}$ 时,种子不发芽。植物对大气中的氟化氢具有累积作用,即使大气中的氟化氢浓度不变,植物组织内氟含量随时间的增长而逐渐增加。当氟化物在植物体内的浓度超过阈值时,就会对植物叶片产生伤害。

3. 有毒元素的毒性及其污染防治

随着社会的发展,人类的自然环境也发生的变化,其中之一是人类自己开采出来的一些金属污染了食物,水和空气,使人类健康受损,最为有害的金属是铅,镉和汞。这些污染金属进入机体的途径和对细胞代谢过程的影响,正是现今国内外研究的重点之一。通常认为它可能的过程是:有毒金属穿过细胞膜进入细胞,干扰生物酶的功能,破坏了正常系统,影响了代谢,于是造成了毒害。值得注意的是,这些有毒金属元素通常总是占有周期表的右下角位置。没有发现镉和汞具有有用的生命作用,相反它们是两种具有毒性的金属元素,在生产和应用这两种金属及其化合物的过程中必须严格防止它们对环境的污染。

(1) 铅 铅对人和动物具有一定的毒性,铅的毒性与其化合物的形态、溶解度有关。易溶性的铅盐毒性高于微溶性铅盐。

对于人类来说,铅污染的主要来源是食物,因铅中毒的最常见途径是通过肠胃道的吸收,而不是呼吸道的吸收。食物在加工、储存、运输和烹调过程中引入铅。还有是含铅杀虫剂在农作物上的使用也是一个污染源。使用铅自来水管是饮水中含铅的来源,通常每个成年人每日从饮水中摄入 $15 \sim 20\mu g$ 的铅。当人体吸入一定量的铅时,不一定会马上引起中毒,它一部分被机体吸收,另一部分通过不同方式排出。若铅的吸收量过高时,铅排泄出的速度就远不如累积的快,使血液和软组织中铅浓度增高从而产生毒作用。这种毒作用在中断铅的摄入时,有时会自然消失,这是由于吸入的铅会转移到骨骼中形成不溶性的磷酸铅的缘故。铅中毒损害神经系统,造血系统和消化系统,其病状是机体免疫力降低,易疲倦、失眠、神经过敏、贫血和胃口差等。人体所含铅量的95%以上皆以磷酸铅盐形式积存在骨骼中,可用枸橼酸钠针剂治疗,溶解磷酸铅,生成枸橼酸铅配离子,并从肾脏排出。医学上也曾用$[Ca(EDTA)]^{2-}$治疗职业性铅中毒,得到良好的效果,因为$[Pb(EDTA)]^{2-}$比$[Ca(EDTA)]^{2-}$更稳定,故Ca^{2+}可被Pb^{2+}取代成无毒的可溶性配合物,并经肾脏排出体外。

牛铅中毒的症状为贫血、倦怠、体重下降等。粗饲料铅中毒剂量为$100\mu g/g$。家禽对铅的中毒忍受性相对较强,饲料中铅含量大于$1000mg/kg$时才引起中毒。

铅存在于所有植物中,但它不是植物所必需的元素。大多数植物含铅$0.5\sim 3.0\mu g\cdot g^{-1}$。铅在植物体内的浓度分布顺序一般为:根>叶>果,根部吸收铅的多少,不仅取决于土壤总铅的含量,而且还与可溶性铅的含量、铅的形态以及土壤条件有关。这些条件主要有土壤pH、温度、钙的可利用程度、重金属,磷酸盐及硅含量等。近年来的研究发现,公路两旁的土壤高的含铅量与汽车废气排放量有很大关系。由于铅在植物体内有蓄积能力,因此有人通过对树年轮内积聚铅的测定,以判断环境铅浓度的动态变化。大剂量的铅也可对植物产生毒害作用。铅能减少植物根细胞的丝分裂速度,这可能是阻碍植物生长的主要原因。高浓度的铅会影响植物的光合和蒸腾作用。铅的浓度增加,蒸腾和光合作用降低,植株高度、叶重、生物量、产量下降。铅的累积也直接影响细胞的代谢。此外,铅盐还抑制离体菠菜和番茄叶绿体光合作用时的电子传递。特别是对氧化方面以及原电子载体和水氧化作用点之间的抑制作用更为显著。

全世界工业铅的消耗量逐年增加,最大的用户是铅蓄电池,其次是作为汽油防震剂的四乙基铅,四甲基铅和混合烷基铅等。在铅冶炼厂的工业烟雾中,或是汽车废气中,有大量铅化合物的微粒。经估计,每年约$200t$铅沉积在地球上。英国闹市空气中悬浮铅粒浓度达$2\sim 5\mu g\cdot m^{-3}$(一般城市空地上$<1\mu g\cdot m^{-3}$)。

(2)镉 镉是毒性很大的金属元素,其单质及化合物都是有毒的。镉的毒性是由于在酶的活性部位与锌竞争,破坏锌酶的正常功能。严重的镉中毒会引起死亡,慢性中毒会引起各种病症。如骨骼变脆,使人感到骨骼疼痛;从呼吸道吸入含镉的粉尘或烟雾,开始是咳嗽、鼻黏膜异常等,进一步发展会成为肺气肿等病症;从消化道摄入镉会引起食欲不振、呕吐、腹泻等症状,还会引起肾功能障碍等病症。$10mg$的镉即可引起急性镉中毒,导致恶心,呕吐,腹泻和腹痛。长期接触低剂量镉能造成慢性镉中毒,这是镉的主要公害。

日本富山县的一个大锌矿和冶炼厂的可溶性镉盐和铅盐污染河水,使当地20个老年人患骨痛病,后来有半数人因此死亡。镉积累于肾脏,而肾脏内镉的含量对锌的含量的对比关系,即$m(Zn)/m(Cd)$比常常是肾性高血压病的一种指标。如美国人肾,非洲人肾,牛肾和大鼠肾中 $m(Zn)/m(Cd)$ 比依次为 1.5,6,40 和 500,而在死于高血压患者的肾中,$m(Zn)/m(Cd)$ 仅为 $1.0\sim1.4$,喂含镉食物且患高血压的实验大鼠 $m(Zn)/m(Cd)$ 仅为 $1.0\sim1.7$。故若吃一些 $m(Zn)/m(Cd)$ 高的食物如牡蛎、豆荚和坚果等,可防治肾性高血压,这已有实验证明。

镉通常从矿物加工的副产物中获得,主要用于电镀,颜料,碱蓄电池和有色金属(铜、锌等)冶炼厂、生产镉盐或其他镉化合物的化工厂产生的粉尘、烟雾、废水和废渣等。一些电池中也含有镉,废旧电池也可能产生镉污染。对这些可能造成污染的源头严加防范,是避免镉污染的最有效的方法。废水中的镉可以采用加碱或加可溶性硫化物方法使之形成 $Cd(OH)_2$ 或 CdS 的沉淀除去。对于含有 CN^- 离子的电镀废水,Cd^{2+} 离子可能会形成 $Cd(CN)_4^{2-}$,采用简单的沉淀法将达不到除去 Cd^{2+} 的目的。一般加入漂白粉,先将 CN^- 氧化,使之转化成无毒的物质:

$$CN^- + OCl^- = OCN^- + Cl^-$$
$$2OCN^- + 3OCl^- + 2OH^- = 2CO_3^{2-} + N_2 + 2Cl^- + H_2O$$

然后可使 Cd^{2+} 沉淀除去。

(3)汞 金属汞是极具毒性的,在使用金属汞时必须小心,应防止汞蒸汽吸入人体。无机汞盐及所有有机汞化合物都是有毒的物质,可溶性无机汞盐如 $HgCl_2$ 毒性大,能引起肠胃腐蚀,肾功能衰竭,并能致死。有机汞比无机汞更容易被肠胃吸收,它具有更大的危险性。

无机汞盐进入水体后,受厌氧细菌的作用,会转变成毒性更大的有机汞化合物,并进入鱼类和贝类中。Hg^{2+} 可与细胞膜作用,使之改变通透性。当然有机汞的影响比无机汞大得多。汞与蛋白质中半胱氨酸残基的巯基相结合,改变蛋白质构象或抑制酶的活性,使酶的催化活性改变。1952 年日本水俣地区的居民,因食用鱼做的食品而发生中毒,有 52 人死亡,还有不少人成为残疾。这就是震惊世界的"水俣"事件。这一事件的罪魁祸首就是甲基汞,当地有一家化工厂用汞盐作催化剂,这种催化剂流出并排进了附近的浅海,从而引起了这一悲惨的事件。蛋白质和牛乳可作 Hg^{2+} 的解毒药,因它们在胃里可把 Hg^{2+} 沉淀下来。

汞的污染源主要来自用汞阴极法电解食盐水的氯碱厂,提炼金属汞的工厂,制造温度计、气压计的工厂以及生产汞化合物和某些杀虫剂的化工厂。对于上述工厂必须严格加强管理,防止汞的泄漏。废旧电池也可能成为一种重要的汞污染源,应对废旧电池进行回收处理。对于含有汞的废水,必须进行严格处理,一般是使之生成难溶的 HgS 沉淀,也可以采用离子交换法使废水中含量很低的汞离子被离子交换树脂交换出来。

(4)铝 铝广泛存在于人和动植物体内。过去被认为无毒害作用和生理功能的元素,这些年来,多数研究认为铝是一种低毒、非必需的微量元素。铝的生化功能涉及酶、辅因子、蛋白质、ATP、DNA 和钙、磷的代谢。

动物体内的铝过高,会干扰磷的代谢,产生各种骨骼病变,降低核酸及磷脂中的磷含量,从而影响细胞和组织内磷酸化过程。金属铝和不溶性铝的化合物,无论经何种方式进入体内,一般均不会引起明显的毒害。但可溶性铝的化合物进入体内后,具有一定的毒性。烷基铝的毒性较高,大鼠吸入三乙基铝 $10g/m^3$,15min 即全部致死。烷基铝的毒性一般随其链的增长而增加。

正常人每天摄入的铝为 10~100mg,然而进入胃肠道的铝吸收率仅 0.1%,大部分随粪便排出体外,被吸收的铝主要分布于肝、肾、脾、脑和甲状腺等器官内。经呼吸道吸入的铝,则主要贮积在肺组织内。与动物相同,铝对人体的毒性作用,主要表现在它对磷代谢的干扰和引起多种骨骼的病变,铝影响磷吸收的作用机制在于它们形成不溶性的磷酸铝,阻止了机体对磷的吸收。体内磷的减少,血清 ATP 减少,细胞及组织内磷酸化的过程受到不良影响。铝对中枢神经系统的影响较大,老年性痴呆症是铝的毒性所致。铝与 DNA-酸性蛋白质复合物相结合后,可影响 DNA 的正常复制与转录,影响染色体,产生神经纤维缠结病变及蛋白质代谢的生化紊乱。长期摄入过量的铝会使胃酸及胃分泌物减少,胃蛋白酶的活性受到抑制。过量吸入含铝粉尘也会产生铝尘肺,引起许多疾病。

铝对植物的生长也有一定影响。已经发现适量的铝对普通农作物的生长发育和产量具有良好的作用;某些茶科植物和水生植物在适量的铝溶液中,可促进发根,使叶片绿色浓郁。在缺绿色的茶树上,喷施 1% $Al_2(SO_4)_3$ 溶液不久,则叶片呈现暗绿色。因此,铝对防止碱性土壤茶树缺绿症是十分有效的。但目前还不能确定铝就是植物所必需的微量元素。

与其他微量元素一样,过量铝同样对植物是有害的,如铝可使大麦根生长迟缓。酸雨问题导致土壤酸化,从而引起土壤中可溶性铝增加,造成大面积的植物由于铝中毒衰亡,铝对植物根系生长的抑制,可使植物须根和次生根减少,从而降低对水分和养分的吸收。铝与植物细胞内有机酸、三磷酸腺苷及脱氧核糖核酸等重要生物分子发生螯合,可严重影响其正常代谢,造成一系列代谢紊乱症。

(5) 铊 铊是人和动、植物的有毒元素。铊对人和哺乳动物也有很高的毒性。铊中毒的初期可出现代谢障碍及某些酶和巯基减少。铊能与线粒体表面巯基结合,并有抑制细胞有丝分裂的作用。铊可使性腺、甲状腺和肾上腺功能减退,神经系统某些酶对铊较敏感,少量铊即可引起损害,因此是剧烈性神经毒物。

铊能抑制叶绿素的形成和种子的发芽。实验表明,铊浓度为 102mg/L 时,对糖用甜菜有轻度的毒性作用;浓度为 341mg/L,18d 可使莴苣完全停止生长,荞麦种子全部停止发芽。

(6) 锑 锑是人和动物的有毒元素。锑及其化合物对人体的毒性作用,主要是与体内的巯基结合,从而抑制巯基酶的活性,干扰体内蛋白质及糖的代谢,损害肝脏、心脏及神经系统,对黏膜产生刺激作用。锑中毒症状是发生肺水肿,出现心肌及肝功能损害,肾小管性变,红细胞皱缩,血浓缩,产生溶血等,严重时会导致死亡。

锑及其化合物也可通过呼吸道、消化道和皮肤进入人体,并广泛分布于各组织器官中,其分布情况与锑的化合价有关。Sb^{3+}进入血液后,可存在于红细胞、肝脏、甲状腺、骨骼、肌肉等组织中;而Sb^{5+}主要存在于血浆中,少量存在于肝脏。锑及其化合物经口服引起的中毒症状主要是腹痛、恶心、头晕(痛)、乏力、咳嗽,并可使肝肿大、大便带血、血压下降。锑对成人的致死剂量为97.2mg,儿童为48.6mg。内服酒石酸锑钾的致死剂量为150mg。

实验表明,兔子一次经口给酒石酸锑钾的全致死量(LD_{100})为125mg/kg;半致死量(LD_{50})为115mg/kg。大鼠腹腔内注射锑化合物的最小致死量(MLD)为:酒石酸盐11mg/kg;金属锑 100mg/kg;Sb_2O_3 4000mg/kg。其他化合物对动物的毒性大小次序为:$Sb > Sb_2S_3 > Sb_2S_5 > Sb_2O_3 > Sb_2O_5$。

8.8.3 稀土元素的生物效应

镧系元素与21号元素钪、39号元素钇合称为稀土元素。稀土元素的生物效应国内外研究很多,我国科学工作者对稀土元素在农业上的应用研究居世界前列。在20世纪70年代初,我国首次将稀土硝酸盐($RE(NO)_3 \cdot nH_2O$)应用于农业生产,发现它具有提高作物产量的作用。之后我国农学、植物生理学、土壤学、医学、毒理学、放射化学和分析化学等各方面的专家对稀土开展了综合性研究,目前稀土在农业生产上作一项增产措施已被广泛推广使用,其增产效果见表8-13。

表8-13　　　　　　　　稀土对主要作物的增产效果

作物名称	增产幅度/%	作物名称	增产幅度/%
冬小麦	6~18	玉米	6~14
棉花	5~12	马铃薯	10~14
油菜	14~24	紫云英	12~19
麻类(苎麻、亚麻)	7~15	果树(苹果、山楂、香蕉、枣等)	8~15

田间施用和室内生物测试均证明,稀土(元素)是具有生理活性的化学元素,它可影响作物的外部形态和生长发育,有利于作物产量的提高和产品品质的改善。

适量的稀土元素可促进种子萌发和苗期生长,促进根的生长和叶面积的增加。这些外部形态的变化是体内生理生化活动的结果。稀土对谷类作物可促进小穗提前分化,增加亩穗数和整个生育期的叶面积;对油料作物可增加一次有效分枝数;对果树在增加面积的同时还促进新梢生长。这些与经济性状有关的指标变化,归根结底是与叶子中叶绿素含量、光合效率的提高有关。目前,我国生产的微肥产品,相当一部分是以稀土元素为主要成分进行配制的。

8.8.4 顺铂的抗癌作用及其生物效应

当今的无机化学开始对现代医学产生了很大的影响。金属配位化合物在医学中的应用是多方面的,同时又是一个极其复杂的问题。

众所周知,癌是一种恶性肿瘤,它对人的生命威胁极大,征服癌症的研究正从各个方面积极地进行,其中包括化学疗法。一个最重要的抗癌药是顺铂 cis-$Pt(NH_3)_2Cl_2$,通过静脉注射可用来治疗睾丸、卵巢以及头颈部的肿瘤。顺铂对早期诊断出的睾丸癌,治愈率超过 90%。

顺铂之所以能抑制癌变,是由于其中的铂(Ⅱ)能够与癌细胞核中的脱氧核糖核酸 DNA 上的碱基相结合,从而破坏遗传信息的复制和转录等过程,抑制了癌细胞的分裂。后来合成的一系列抗癌的金属配合物,大多数为中性的铂的配合物,具有顺式 -PtX_2A_2(X = 单齿带电荷的配体,如 Cl^- 等;A = 氨或胺)的形式,通称为"顺铂"。如顺式-$[Pt(C_5H_9NH_2)_2Cl_2]$ 在抑制血浆细胞癌方面,其效率比顺式-$[Pt(NH_3)_2Cl_2]$ 高 30~40 倍。除了铂以外,对其他的过渡金属元素如钯、钌、铑、钴、镍等的配合物也在进行研究,如 $[RuCl(NH_3)_5]Cl_2$ 也有抗癌性能。

总而言之,由于无机化合物的广泛性和多样性,无机化学用于改善人类健康的可能性是没有止境的。多种元素在共存体系(如细胞)中,表现在生物功能上,有时相互促进——协同作用;有时相互制约——拮抗作用。这是因为有些元素之间的物理化学性质有相似和相近之处,在体内引发争夺或取代生物配体的缘故。如铜和铁的协同作用:含铜的血蓝蛋白是铁和铜间的分子桥梁,没有铜,铁不能进入血红蛋白分子中,动物在铁充足而缺铜时,贫血症照样发生。又如锌和镉的拮抗作用:镉能取代锌,干扰含锌酶的生理作用,使酶失活,引起代谢紊乱而致病。镉在人体内的积累能引起高血压,但锌的存在可提高 $m(Zn)/m(Cd)$(质量比),对防治肾性高血压病有好处。

8.9 能源利用

由于现代工业文明是依赖于煤、石油、天然气等化石能源的支撑,没有适当的能源支持,工业文明将面临终结的危险。而煤、油、气常规能源储量有限和环境污染等问题,因此,开发代替化石燃料的环境友好、能多次利用的新型、可再生能源新能源应该是 21 世纪迫在眉睫的大事。所谓新型能源是相对于常规能源说的,而再生能源,是指不随本身的变化或被利用而日益减少的能源。如核能、太阳能、风能、生物质能、氢能、地热能、潮汐能、海洋能和生物能等许多种。其共同特点是比较干净,除核能外,它们可以从自然界源源不断地得到补充,几乎是永远用不完的。与其相反,非再生资源的化石燃料、核燃料是随着被人类利用而逐渐减少的能源,特别是化石燃料将面临枯竭的危机。本节将介绍几种主要的替代能源技术。

8.9.1 洁净煤技术

煤炭是我国的主要能源,在一次能源的生产与消费中约占75%。若按目前的消耗速度来看,中国的煤够用100多年。但随着中国汽车拥有量的大幅度增加,对汽油的需求大增。而我国的石油贮量正在日益锐减。煤可以通过化学反应转变成液体燃料。从近期来看,该技术是一个可行的方案,但是油变煤尚存在一系列的技术问题需要进一步研究与克服。

煤炭的开采与运输、加工与利用,既对国民经济建设发挥着重要作用,同时也导致严重的环境污染,譬如,二氧化碳和煤尘的大气污染,煤矸石和粉煤灰的堆放,煤矿地表沉陷等生态环境问题,其中高硫煤的燃烧污染尤为严重。为了提供洁净煤,减少环境污染,扩大使用范围,开展高硫煤的加工利用,研制与采用脱硫、选硫、综合加工利用等方面的系列技术确属当务之急。

硫分是除灰分外,评价煤炭质量的另一个重要指标。煤炭含硫量大于3%者属于高硫煤。虽然煤炭的硫分与灰分相比含量很少,但十分有害。此外,我国大气污染物排放量的70%来自煤炭燃烧,其中燃煤排放的烟尘量占我国粉尘排放量的60%,燃煤排放的SO_2占我国SO_2排放总量的87%,燃煤排放的NO_x占我国NO_x排放总量的67%。因此,煤炭燃前洁净、燃后烟气的净化都是十分重要的。

高硫煤不仅不利于煤炭的储存与加工利用,而且还是大气的污染源。在煤炭储存时,分布在煤中的硫(主要是黄铁矿)能对煤炭的自燃起一定的促进作用;在进行炼焦时,部分硫存留在焦炭里,严重影响焦炭质量;对冶炼来说,其危害性约为灰分的10倍;在用于合成氨制造半水煤气时,由于煤气中硫化氢等气体较多而不易脱净,就会使合成催化剂因毒化失效而影响正常生产;特别是在作动力燃料时,产生的NO_2、NO、CO_2和烟尘会造成周围环境严重污染。由此形成的酸雨,不仅腐蚀设备,污染大气,还严重破坏生态环境,危害人们身体健康与植物生长。黄铁矿又是化学工业的重要原料,我国生产硫酸成本高,从煤炭中回收黄铁矿,搞综合利用,使其变废为宝,化害为利。因此,煤炭脱硫是一举多得的好举措。

煤炭脱硫率与硫在煤炭中的储存状态有密切关系。硫在煤炭中的存在状况复杂,它主要包括无机硫和有机硫,有时还包括微量的呈单体状态的元素硫。无机硫主要有硫化物(黄铁矿和白铁矿)与硫酸盐(石膏类矿物)。黄铁矿是煤炭中硫的主要组成部分。有机硫与无机硫不同,它是煤中有机质的组成部分,以共价键结合,主要来源于成煤植物细胞中的蛋白质。换言之,它是成煤植物本身的硫在成煤过程中参与煤的形成转到煤里面,均匀分布于煤中。有机硫主要包括硫醚与硫醇。

对高硫煤的加工利用进行的研究,主要有燃前的物理、化学(含生物)脱硫法;燃中的固硫法与先进的低污染燃烧技术;燃后的烟气脱硫法等三大类。燃煤烟气中排放出大量的粉尘、SO_2 和 NO_x 等污染物,给环境生态带来严重的破坏。有效地控制烟气污染物的排放量,尤其是燃煤锅炉的排放量是清洁生产的当务之急。

8.9.2 机动车燃料的绿色化

1. 机动车燃料配方的绿色化

在机动车燃料方面,为了减少汽车尾气对空气的污染,美国早在 20 世纪 70 年代就使用无铅汽油,我国 1997 年在北京、上海等大城市开始使用。随着环境保护要求的日益严格,1990 年美国清洁空气法(修正案)规定,逐步推广使用新配方汽油,减少汽车尾气中排放的一氧化碳以及烃类引发的臭氧和光化学烟雾等对空气的污染。新配方汽油要求限制汽油的蒸气压 ≤49.6 kPa 或 55.8 kPa,苯含量(体积分数) ≤1.0%,还将逐步限制芳烃和烯烃含量,要求在汽油中加入(质量分数) ≥ 2.0% 的含氧化合物,比如甲基叔丁基醚(MTBE)、甲基叔戊基醚(TAME)。

这种新配方汽油的质量要求已推动了汽油生产的现有炼油技术沿着下列方向发展:①催化裂化由单一生产高辛烷值汽油,通过开发新催化剂和改进工艺,转向既生产高辛烷值汽油,又生产异丁烯、异戊烯等醚化原料;② 催化重整要降低操作苛刻度,以减少重整生成油中的芳烃含量,但要增产氢气;③异丁烷与丁烯烷基化生产的烷基化油,由于辛烷值高和蒸气压低,并且不含烯烃和芳烃,是理想的新配方汽油组分,需要增产,所以原料烯烃由正丁烯扩大到包括丙烯和戊烯;④同样的原因,轻质烷烃异构化的原料从正戊烷、正己烷扩大到正庚烷;⑤由于甲基叔丁基醚、甲基叔戊基醚等含氧化合物成为汽油的重要组分,已开发了多种这类醚化合物合成工艺,还开发增产醚化原料异丁烯的正丁烯异构化技术;⑥新的含氧化合物的生产技术如从丙烯生产二异丙基醚已开发成功。为了降低汽油的苯含量,已开发了轻汽油馏分中苯加氢和苯与干气中烯烃烷基化、抽提分离苯等技术。由此可见,由于汽油是石油炼制工业中最重要的产品,其质量的变化已给石油炼制技术带来深刻、广泛的影响。

2. 炼油技术的绿色化

从绿色化学的要求来看,尚要解决下述炼油技术的绿色化问题。首先是要开发固体酸催化剂代替烷基化中使用的有毒有害 H_2SO_4,HF 液体酸催化剂。目前,正在开发的固体酸催化剂分两类:一类是液体酸固载化催化剂,即将 H_2SO_4,CF_3SO_3H,HF,SbF_5 等固载在一种合适的载体上,使之不易流失和挥发,从而对环境不造成危害;另一类是固体酸催化剂,集中在研究 REY、β-MCM-41 分子筛以及固体超强酸和杂多酸。已有两种固体酸烷基化催化剂完成中型试验,正在筹划建立工业示范装置。此外,我国已开发成功既生产高辛烷值汽油又生产异构烯烃的 II 型催化裂解(Deep

Catalytic Cracking, DCC)技术,已列入美国《烃加工》的 1997 年"炼油手册",标志着我国炼油技术在世界上已占有一席之地。除 DCC-II 型的蜡油催化裂解技术外,还开发有掺炼渣油的催化裂化技术,在生产高辛烷值汽油的同时,也大量增产异丁烯和异戊烯,已进行工业试验。这些催化裂化家族技术,均需要开发新催化剂和工艺以保持领先地位。我国开发成功的具有催化蒸馏元件专利的催化蒸馏合成甲基叔丁基醚的技术已工业化;甲基叔戊基醚的催化蒸馏合成技术已完成中试。从绿色化学的要求看,尚要克服离子交换树脂长期运转中磺酸根流失引起的污染等缺点。

柴油是另一类重要的石油炼制产品。对环境友好柴油,美国要求硫含量(质量分数)不大于 0.05%,芳烃含量(体积分数)不大于 20%,十六烷值不低于 40;瑞典对一些柴油要求更严,其 I 级柴油硫含量(质量分数)不大于 0.001%,芳烃含量(体积分数)不大于 5%。为达到上述目标,一是要有性能优异的深度加氢脱硫催化剂,以脱除难以加氢脱硫的烷基硫芬等;二是要开发低压的深度脱硫/芳烃饱和工艺以节省投资。国外在这方面的研究已进展到工业化。我国对性能优异的深度加氢脱硫催化剂和抗硫贵金属芳烃饱和催化剂,以及深度脱硫/芳烃饱和技术均在研究中,并已取得进展;还开发成功了一种中压加氢改质工艺,以重油催化裂化柴油与直馏柴油的混合油为原料,在提高柴油质量的同时,生产部分催化重整原料。目前,加氢精制催化剂仍用 20 世纪 40 年代开发的 Mo-Co、Mo-Ni、W-Ni 硫化物体系,几十年来虽然有了许多连续式的技术进步,但不像催化裂化催化剂有了从无定形硅铝到分子筛新型催化材料的技术突破。从绿色化学的要求看,需开发新型加氢精制催化剂以代替硫化物催化剂,减少开工时硫化和再生时产生 SO_x 引起的环境污染。近年来,国外已在大力研究金属氮化物、碳化物新材料,这类材料具有"类贵金属"的晶体结构,可能开发出具有优异性能的加氢催化剂。国内对金属氮化物的制备方法已有改进,对吡啶、噻吩加氢已显示出优越性,但油品加氢精制的效果尚不突出,需要进一步研究。值得一提的是非晶态合金,我国已开展了近 10 年的研究,达到国际先进水平,已开发出比 RaneyNi 加氢性能更好的催化剂,如能突破其耐硫性,就有可能用于油品的加氢精制。将生物工程用于石油炼制的油品脱硫是正在开发的绿色技术。

8.9.3 液化天然气

天然气和甲烷水合物。天然气也可通过化学反应转换为液体燃料,但天然气的储量有限。深海底存在大量的甲烷水合物,这些水合物在压力减轻和加温时可分解成甲烷,可用做天然气的替代物。但目前并不确切知道世界上到底有多少这些水合物,怎么开采,怎么使用。还有很多研究需要去做。

液化天然气作为能源,因其辛烷值高,燃烧充分,不留炭黑杂质,基本没有污染,被誉为"清洁燃料"或"绿色燃料",它也是重要的化工原料。天然气在一级能源消费结构中占的比例在西方工业发达的国家已超过 21.3% 的水平,而我国至今为止仅占

2.1%。在已利用的天然气中,我国仅利用了占组分比例10%左右的C_3以上组分,而90%左右的轻质烷烃如甲烷、乙烷因回收技术上的限制,以前往往作为"干气"只能就地利用作为生产化肥的原料,或通过管道送往大城市使用,敷设管道投资大,只有大气田才可能做到,对于中小型气田或偏远的孤立气井就无法实现管道输送,只能作为采油时的"火炬气"放空烧掉。因此天然气的利用引起了国家高度重视。

高压罐装甲烷气具有一定的危险性且高压钢瓶过重(其重量超过被运输甲烷重量的10倍以上),运输和使用都不方便,而常压低温的液化天然气的体积比常压常温的甲烷气,体积缩小625倍且无高压罐装甲烷气的上述缺点,便于运输和应用。自1940年第一套大型天然气液化装置建成至今,世界上已有160多套大型天然气液化装置投入运行,生产能力7000万 t/a,并用轮船、汽车、火车将液化天然气送往世界各地以供使用。日本使用中东和印尼的液化天然气最多。目前,液化天然气在我国的应用刚刚开始,是一种公认的高科技新兴行业。随着应用研究的深入,液化天然气将有越来越广泛的应用,高压罐装甲烷气逐步向液化天然气过渡是必然的发展方向。甲烷是一种优质燃料,热值高,抗爆性能好,燃烧产物对环境污染极少,是目前世界上公害较小的能源之一。生产的液化天然气不论作为汽车发动机燃料或民用燃料在经济上是可行的。

8.9.4 化学电源

1. 燃料电池

燃料电池可将化学能直接转变成电能,发电效率高达40%~65%,如将废热的利用计算在内,其总能量利用效率可达70%~80%。SO_x和NO_x产生量极少,CO_2的排放亦低,噪音和振动小,不扰民。可以使用天然气、液化石油气、甲醇、石脑油、煤气化生产的燃料气等多种燃料。燃料电池发电系统由多个单电池叠置串联而成,其规模大小可通过改变串联的单电池数目加以调整。故既可用于替代火力发电站,也可用作就近供电、供热的电源,或是用在饭店和医院现场发电,并可用作电动汽车的动力而大受青睐。

燃料电池的研究开发已有近半个世纪的历史,取得了相当大的技术进展,与其他可能取代火力发电、能量利用效率较高的"净洁"发电技术(如高温陶瓷涡轮发电、磁流体发电)相比,技术更趋成熟,第一代燃料电池,即磷酸型燃料电池的技术开发已达到实用化的水平。21世纪将是燃料电池技术大发展、大普及的世纪。发达国家对燃料电池的开发非常重视,尤其是日本,日本燃料电池的研究开发是作为"月光计划"的一个项目从1981年正式开始的。1993年日本开始实施新"阳光计划",对新能源、节能和地球环境技术进行综合开发,燃料电池是这一计划中加速实施的重点项目之一。目前国内外正在研究开发的燃料电池有磷酸型(PAFC)、熔融碳酸盐型(MCFC)、固体电解质型(SOFC)、固体高分子型(PEFC)型等体系。

(1) 磷酸型燃料电池(PAFC)　磷酸型燃料电池的负极(氢电极)和正极(空气电极)均使用其外表面由支载大比表面积的铂微粒子催化剂的碳素粒子与有疏水性的聚四氟乙烯(PTFE)粒子组成的碳纤维板电极。这种有疏水性表面的电极有利于气-液相反应的进行,两电极之间设有 SiC 粒子与高浓度磷酸组成的电解质板,电池中发生如下的电化反应:

负极(氢燃料极): $H_2 \longrightarrow 2H^+ + 2e^-$

正极(空气极): $2H^+ + 1/2O_2 + 2e^- \longrightarrow H_2O$

全反应: $H_2 + 1/2O_2 \longrightarrow H_2O +$ 电能 $+$ 热能

单电池端电压约为 0.6~0.8V,故实际电池装置由数百个单电池叠置串联而成,相邻单电池用隔板隔开,每几个单电池叠层间插入冷却板,用循环冷却水吸收反应热,保持电池内的温度在 200℃ 左右。整个燃料电池发电系统由将天然气等燃料转化成氢燃料气的燃料改质装置、直交流变换装置、水循环废热利用装置、电池本体和控制装置等构成。PAFC 发电在技术上的可行性虽然得到确证,但其发电成本远高于火力发电(高 3~4 倍)。目前,PAFC 主要适用于以 200kW 的规模在公共住宅现场供应电力和热水,可节省输电线路和热水管道的安装费用并减少输电、供热的能源损失。今后为降低成本还必须改善铂催化剂的功能,延长电极寿命,减少电极用碳素材料等的费用,降低磷酸的泄漏损失,实现电池本体的标准化批量生产。

(2) 熔融碳酸盐型燃料电池(MCFC)　熔融碳酸盐型燃料电池与磷酸型燃料电池不同,它是高温(约 650℃)发电装置,其废热温度高,可用于复合发电。它不仅可用氢,而且可用 CO 作燃料,即可直接用煤气化产生的煤气作负极燃料,故是将来可取代火力发电的大规模电源。熔融碳酸盐型燃料电池是高温高效(50%~60%)发电装置,但在高温腐蚀性环境下,要保证材料的耐久性,技术难度很大。熔融碳酸盐型燃料电池由燃料极(一般是 Ni 多孔体)和空气极(一般是 NiO 多孔体)两电极板之间插入电解质板(一般是浸注 Li 和 K 的混合碳酸盐的 $LiAlO_2$ 多孔性陶瓷板)组成。在燃料极侧供给的 H_2 在燃料极与电解质中的 CO_3^{2-} 结合释出电子,同时生成 H_2O 和 CO_2;在空气极上,空气中的 O_2 和 CO_2 与电子结合生成 CO_3^{2-}。燃料极和空气极的反应如下:

负极(氢燃料极): $H_2 + CO_3^{2-} \longrightarrow H_2O + CO_2 + 2e^-$

正极(空气极): $CO_2 + 1/2O_2 + 2e^- \longrightarrow CO_3^{2-}$

在熔融碳酸盐型燃料电池中供给空气极的空气必须含 CO_2,在大型熔融碳酸盐型燃料电池中,此 CO_2 取自燃料极生成的气体。在燃料极,在电极中 Ni 的催化作用下还可发生如下变换反应:

$$CO + H_2O \longrightarrow H_2 + CO_2$$

故 MFCF 也可使用煤气化产生的水煤气这样的以 CO 成分的气体作燃料。由一组电极和电解质板构成的单电池的端电压仅为 0.8~0.85V。为获得高电压,须将数百个单电池叠置并串联,相邻单电池间用金属隔板隔开,隔板起上下单电池串联和气体流路的作用。隔板的一面与还原性的燃料气接触,而另一面则与氧化性的气体(空气)接触,故对隔板材料有很严格的性能要求。今后对于 MFCF 的技术开发,最重要的课题是电池的长寿命化。MCFC 的输出电压有随运转时间缓慢下降的倾向,单位时间的电压下降率是电池寿命的重要指标,目前每 1000h 的电压下降率约为 0.5%,今后开发的目标值是 0.25%。在运转试验中已查明电压随时间下降有 3 种原因:①电解质损失、腐蚀;②空气极的 NiO 因与 CO_2 反应而溶于电解质中,被来自燃料极的氢还原成 Ni,使正极与负极间短路;③电极变形。据称,现在旨在消除这些原因的研究已取得很大进展。

(3) 固体电解质型燃料电池(SOFC) 固体电解质型燃料电池是使用 O^{2-} 离子传导性固体电解质氧化钇稳定化氧化锆在约 1000℃ 运转的超高温型燃料电池。其废气温度高,用于复合发电;综合发电效率高,是将来可能取代火力发电的大规模发电装置。但技术难度大,目前处于试验研究阶段。因在高温条件下工作,故固体电解质型燃料电池全部用固体材料(主要是陶瓷)制成。为尽量降低电池各个部分的电阻,电极和电解质都薄膜化。薄膜成型加工法包括陶瓷烧结、喷镀、电化学气相淀积、浆料涂布、带材绷拉以及空气极/电解质/燃料极 3 层生料共烧结法。单电池有平板型和圆筒型。平板型有单位体积电力密度大、易于实现批量生产的优点,圆筒型则有能弥补电池所用陶瓷材料机械强度低的优点。

(4) 固体高分子型燃料电池(PEFC) 固体高分子型燃料电池使用氢离子可在膜内移动的阳离子交换膜(一般都用全氟磺酸树脂膜)作电解质,它是在 20 世纪 60 年代为航天和军事用电源而开发的。到 80 年代后半期,道化学公司开发成功大离子交换容量新离子交换膜,使用这种膜制成的固体高分子型燃料电池在常温下就能达到 $1A/cm^2$ 以上的电流密度,即很高的输出功率,有可能用作电动汽车用电源,因而引起极大的开发兴趣。

固体高分子型燃料电池有如下优点:①工作温度低(80~100℃),电池启动时间短;②发电效率高,电流密度高,可小型轻量化;③全固体型,无电解质流散泄漏问题;④使用酸性离子交换膜,可使用含 CO_2 的改质气体作燃料。但是,PEFC 存在如下问题:①高分子膜在高温时会分解,故电池必须在较低温度下工作。在低温下使用的铂催化剂接触燃料气体中微量(10^{-5})CO 就会中毒失效。②膜在含水的状态下才能让质子(氢离子)在膜中移动,故必须设法保持膜中有适当的水分。近几年一直在研究解决这两个问题的方法,现已取得进展,如发现三氧化钨可使甲醇改质燃料中的 CO 氧化成 CO_2;研制成耐 CO 的 Ru-Pt 合金催化剂;旨在保持膜中水分的电池内温度和压力条件的最佳化等。

2. 锂离子电池

可充放电的锂离子电池由日本索尼公司于 1990 年最先研制开发成功。负极是碳素材料,正极是钴酸锂等含锂过渡金属氧化物,正负极材料都是层状结构嵌入化合物,电解质是锂盐的有机溶剂(见图8-11)。充电时,正极中的锂离子从晶格中脱嵌,经过电解质到达负极表面并嵌入到石墨层间;放电时,过程正好相反。在充、放电过程中,锂离子往返于正、负极之间,因而也称为摇椅式电池。由于这种电池不含金属锂,具有锂电池的优点,又解决了锂电池难以克服的安全问题和寿命问题,是一种理想的可充放电池。与现有的可充放电池(铅酸电池、镍镉电池和镍氢电池)相比,它有很多优点:①电压高,工作电压为3.6V,一节锂离子电池相当于三节镍镉或镍氢电池的串联;②能量密度高(见图8-12),考虑到寿命因素后,锂离子电池总的能量密度是镍镉电池的3倍,镍氢电池的1.5倍;③自放电小,每月仅为12%;④无污染,不含重金属和有毒物质,是真正的绿色能源;⑤成本可望最低,不含任何稀有贵金属,主要原材料都很便宜。

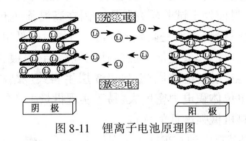

图 8-11 锂离子电池原理图

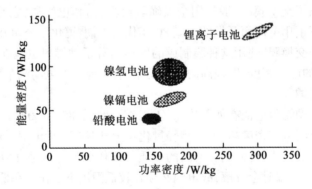

图 8-12 各种蓄电池的能量密度和功率密度

目前锂离子电池的成本虽然是蓄电池中最高的,主要原因是工艺复杂。由于锂离子电池有上述优越性能,已经在移动通信和手提式计算机中获得广泛应用,其市场占有率还在迅速增长,是信息时代的支柱产业之一。其巨大的潜在市场已引起日本、美国和欧盟等工业发达国家的关注,纷纷加大投入,进行技术创新。日本电报电话公司推出一种含 $Li_xFe_2(SO_4)_3$ ($x \leqslant 2$)新型阴极,该阴极是用 LiI 与 $Fe_2(SO_4)_3$ 制成的,据称其成本大为降低,能量密度显著提高,循环次数增多。为抢占高技术制高点,美国通用公司、福特汽车公司、IBM、惠普公司、摩托罗拉公司、波音公司等纷纷创新,锂离子电池的专利申请数量超过锂应用领域所有申请的总数,其中包括高性能的阴极、阳极和电解质。新开发出来的阳极材料有日立公司的长宽比为 1～5、含 10(vol)% 的锥形层状嵌锂石墨;索尼公司的嵌锂内旋碳素石墨;富士胶片公司的嵌锂非晶质硫属化合物;摩托罗拉公司的一种有机物,其生产工艺是将 C≤8 的羧酸与磷酸锂和硝酸锂加热反应。新研制开发的阴极材料众多,其中有日本电池公司的 $LiNi_{1-p-q-r}Co_pMn_qAl_rO_2$,它是由钴的氢氧化物与氢氧化锂、碳酸锂等反应制备的;索尼公司的 Li_xMO_2(M≥1 种过渡金属),0.05≤x≤1.1;美国明尼苏达大学研制的嵌锂氢氧化钒等,它是用锂盐与 $V_2O_{4.5}(OH)$ 反应制备的,其理论能量密度高达 970W·h/kg 以上。新型电解质有东京 Shibaura 电气公司研制的 $LiPF_6$;日本电话公司开发的锂盐溶于乙烯碳酸盐;摩托罗拉公司推出的低温熔融态锂盐电解质,即四(2-甲基乙氧基)铝酸锂,其特点是在室温下保持为液态,这种电解质具有十分均一的特性;日本富士电化学公司开发的锂盐溶于叔-丁基甲酸酯,其低温放电能力很高。国内有很多单位都参与了锂离子电池的研究和开发,国家也投入了大量的资金予以支持,可望会取得丰硕的成果。

8.9.5 生物质资源的利用

19 世纪中期以前,绝大多数工业有机化学品都来自于植物提供的生物质(biomass),后来通过干馏煤可以获得一些有机原料。在发明了从地下抽取石油的便宜方法之后,石油又成了主要的化学原料。今天,95% 以上的有机化学品来自石油。但是,地球上的煤和石油是有限的和不可再生的,而且从 20 世纪 60 年代末以来,人们已经认识到煤和石油化学工业对环境的负面影响,因此,科学家们已经开始考虑如何重新利用生物质代替煤和石油来生产人类所需的化学物质。

绿色植物利用叶绿素通过光合作用把 CO_2 和 H_2O 转化为葡萄糖,然后进一步把葡萄糖聚合成淀粉、纤维素、半纤维素、木质素等构成植物体本身的物质。所谓生物质(biomass)泛指由光合作用产生的所有生物有机体的总称。植物在地球上的储量高达 2 亿亿 t,而且每年的再生速度为 1640 亿 t。由于生物质来源于 CO_2 和 H_2O 的光合作用,燃烧后又生成 CO_2 和 H_2O,因此生物质比矿物燃料更清洁。如果生物质能得到有效的利用,那就相当于人类拥有了一个取之不竭、用之不尽的资源宝库。

生物质能技术是利用动植物有机废弃物(如木材、柴草、粪便等)的技术。包括:① 热化学转换技术,把木材等废料通过气化炉加热转换成煤气,或者通过干馏将生物质变成煤气、焦油和木炭;② 生物化学转换技术,主要把粪便等生物质通过沼气池厌气发酵生成沼气,沼气的主要成分是甲烷。沼气技术在我国农村得到较好应用,工业沼气技术也开始应用。③ 生物质压块成型技术,把烘干粉碎的生物质挤压成型,变成高密度的固体燃料。④ 转换成液体燃料。美国正在尝试把玉米转换成乙醇。

植物资源的利用需要将组成植物体的淀粉、纤维素、半纤维素、木质素等大分子物质转化为葡萄糖等低分子物质,以便人们作为燃料和有机化工原料使用。显然,用物理和化学方法进行转化由于能耗高、产率低且污染环境,而受到限制。用生物转化法因为有高效、清洁、经济的特点而备受青睐。生物转化法是将生物质降解为葡萄糖然后进一步转化为各种化学品。在各种转化过程中酶都起关键作用,因此可以说酶是打开生物质可再生资源利用的钥匙。

生物质不仅构成了整个生物圈中食物链金字塔的基底,而且还为人类提供了丰富的淀粉和纤维素。淀粉容易被微生物降解或被人类消化,分解成葡萄糖单体,因此迄今一直被用作人类的主要食物。事实上,人类利用酶以生物质为原料制造食品等有用物质已有相当悠久的历史。早在约 5000 年前,我们的祖先就已经能够酿酒、制醋;20 世纪初,人类生产出了青霉素与链霉素等抗生素药物,在医药史上写下了辉煌的一页。这些都是利用酶菌与酵母等微生物发酵技术得到的。当今利用生物技术制造的药物、生化试剂、特殊化学品等品种已高达数万种之多,然而规模偏小,仅占化学品年生产量的 2% 左右。所以大力开发生物质资源的利用任重而道远。

目前,将淀粉降解成葡萄糖,再以葡萄糖为原料,用细菌发酵和(或)酶进行催化,生产出我们所需的化学物质的方法,已经有一定的基础,如美国政府给予补贴的用玉米生产燃料酒精就是一例。

纤维素是生物圈中最丰富的有机物,因此探索如何用它们来生产便宜的化学原料,是将来用生物质代替煤和石油的关键之一。与淀粉一样,纤维素也可以用来生产葡萄糖,但是更困难。第一,因为大多数纤维素处于结晶态而难以水解;第二,在纤维素中葡萄糖单体是以 $\beta-1,4$ 糖苷键联结的,它比淀粉中的 $\alpha-1,4$ 糖苷键更难水解;第三,纤维素是紧密地与半纤维素和木质素联结在一起的,这也妨碍了纤维素的降解,因而使得其水解过程更加复杂。

为了分解木质纤维素,可以用所谓的"爆破"技术来破坏它的结构。例如把木质纤维素放在高压蒸气中,然后迅速降压。此外,还可以模拟某些动物分解纤维素的方式(如草食动物、白蚁等),或用稀酸、有机溶剂或超临界流体萃取技术来处理。最近美国能源部组织的新原料计划(Alternative Feedstocks Program)开发了一种有效地把木质纤维素的三个组分分离开来的方法(效率高达 100%)。这是一个十分重大的进展,因为由此得到的纯净纤维素能够十分有效地转化成葡萄糖,再借助生物催化的方法生产许多其他化学品。

尽管用生物质制造汽油,制氢,制天然气以及药物、生化试剂等化学品已取得了成果,但就目前的情况来看尚存在技术、成本等方面的问题,须下大力气方能取得突破性的进展。

8.9.6 太阳能

太阳能是太阳内部连续不断的核聚变反应过程产生的能量。地球轨道上的平均太阳辐射强度为 $1367kW/m^2$。地球赤道的周长为 $40000km$，从而可计算出，地球获得的能量可达 $173000TW$。在海平面上的标准峰值强度为 $1kW/m^2$，地球表面某一点 $24h$ 的年平均辐射强度为 $0.20kW/m^2$，相当于有 $102000TW$ 的能量，人类依赖这些能量维持生存，其中包括所有其他形式的可再生能源（地热能资源除外）虽然太阳能资源总量相当于现在人类所利用的能源的一万多倍，但太阳能的能量密度低，而且它因地而异，因时而变，这是开发利用太阳能面临的主要问题。太阳能的这些特点会使它在整个综合能源体系中的作用受到一定的限制。太阳是一个巨大、久远、无尽的能源。尽管太阳辐射到地球大气层的能量仅为其总辐射能量（约为 $3.75\times10^{26}W$）的 22 亿分之一，但已高达 $173000TW$，也就是说太阳每秒钟照射到地球上的能量就相当于 500 万 t 煤。地球上的风能、水能、海洋温差能、波浪能和生物质能以及部分潮汐能都是来源于太阳；即使是地球上的化石燃料（如煤、石油、天然气等）从根本上说也是远古以来贮存下来的太阳能，所以广义的太阳能所包括的范围非常大，狭义的太阳能则限于太阳辐射能的光热、光电和光化学的直接转换。太阳能既是一次能源，又是可再生能源。它资源丰富，既可免费使用，又无需运输，对环境无任何污染。但太阳能也有两个主要缺点：一是能流密度低；二是其强度受各种因素（季节、地点、气候等）的影响不能维持常量。这两大缺点大大限制了太阳能的有效利用。

人类对太阳能的利用有着悠久的历史。我国早在两千多年前的战国时期就知道利用钢制四面镜聚焦太阳光来点火；利用太阳能来干燥农副产品。发展到现代，太阳能的利用已日益广泛，它包括太阳能的光热利用，太阳能的光电利用和太阳能的光化学利用等。太阳能资源丰富、普遍、经济、洁净。理论上太阳辐射到地球的能量比目前全球能耗多得多。问题是太阳能密度太低。而太阳能光电池的能量转换效率只有 10% 左右。建设大面积的太阳能电池成本太高。需要提高太阳能电池的转换效率和降低成本。目前太阳能利用与开发技术主要有：①太阳能热利用技术，有太阳能热水器、太阳能锅炉烧蒸汽发电、太阳能制冷、太阳能聚焦高温加工、太阳灶等，在工业和民用中应用较多。②太阳能光电转换技术，通过太阳能光电池把光能转换成电能（直流电），主要是光电池制造技术，太阳能电池有单晶硅、多晶硅、非晶硅、硫化镉和砷化锌电池许多种。这种发电技术利用最方便，但大功率发电成本太高。③纳米晶太阳能电池技术，以含纳米粒子的薄膜制造。低价且电池的灵活性，使太阳能可在更多场合使用，包括建筑窗户和帐篷、手提包的纤维等。④太阳能制氢技术，利用太阳的光或热能将水裂解为氢气。

太阳能是取之不尽没有污染的能源，而氢能是无污染、热值高、储量丰富的清洁燃料。如果能用太阳能来制氢，那就等于把无穷无尽的、分散的太阳能转变成了高度集中的干净能源了,其意义十分重大。目前利用太阳能分解水制氢的方法包括:① 太阳能热裂解水制氢;② 太阳能发电电解水制氢;③ 光催化光解水制氢;④ 太阳能生物制氢等等。太阳能制氢有重大的现实意义,但这却是一个十分困难的研究课题,有大量的理论问题和工程技术问题要解决,然而世界各国都十分重视,投入不少的人力、财力、物力,并且业已取得了多方面的进展。太阳能热裂解水和太阳能发电电解水制氢,需要建设大面积的太阳能集光器或太阳能电池和提高太阳能光电池的转换效率和降低成本。长远看来,高效率制氢的基本途径是利用太阳能。

8.9.7 氢能

氢气热值高,燃烧产物是水,完全无污染。而且制氢原料主要也是水,取之不尽,用之不竭。所以氢能是前景广阔的清洁燃料。除核燃料外,氢的发热值是所有化石燃料、化工燃料和生物燃料中最高的,是汽油发热值的 3 倍。氢燃烧性能好,点燃快,与空气混合时有广泛的可燃范围,而且燃点高,燃烧速度快。且氢无毒,与其他燃料相比氢燃烧时最清洁,除生成水和少量氮化氢外不会产生诸如一氧化碳、二氧化碳、碳氢化合物、铅化物和粉尘颗粒等对环境有害的污染物质,少量的氮化氢经过适当处理也不会污染环境,而且燃烧生成的水还可继续制氢,反复循环使用。此外,氢能利用形式多,既可以通过燃烧产生热能,在热力发动机中产生机械功,又可以作为能源材料用于燃料电池,或转换成固态氢用作结构材料。用氢代替煤和石油,不需对现有的技术装备作重大的改造,现在的内燃机稍加改装即可使用。因此,许多科学家认为,氢能在 21 世纪有可能在世界能源舞台上成为一种举足轻重的二次能源。因为它是通过一定的方法利用其他能源制取的,而不像煤、石油和天然气等可以直接从地下开采。

以下简要介绍几种制氢技术。

1. 以煤为原料制取氢气

以煤为原料制取含氢气体的方法主要有两种:一是煤的焦化(或称高温干馏),二是煤的气化。焦化是指煤在隔绝空气条件下,在 900~1000°C 制取焦炭,副产品为焦炉煤气。焦炉煤气组成中含氢气 55%~60%(体积)、甲烷 23%~27%、一氧化碳 6%~8% 等。每吨煤可得煤气 300~350m³,可作为城市煤气,亦是制取氢气的原料。煤的气化是指煤在高温常压或加压下,与气化剂反应转化成气体产物。气化剂为水蒸气或氧气(空气)。气体产物中含有氢气等组分,其含量随不同气化方法而异。气化的目的是制取化工原料或城市煤气。大型工业煤气化炉如鲁奇炉是一种固定床式气化炉,所制得煤气组成为氢 37%~39%(体积)、一氧化碳 17%~18%、二氧化碳 32%、甲烷 8%~10%。我国拥有大型鲁奇炉,每台炉产气量可达 100000m³/h,另一种新型炉型为气流床煤气化炉,称德士古煤气化炉,用水煤浆为原料,我国在 20 世纪 60 年代就开始研究开发,目前已建有工业生产装置生产合成氨、合成甲醇原料气,其煤气组成为氢气 35%~36%（体积）、一氧化碳 44%~51%、二氧化碳 13%~18%、甲烷 0.1%。甲烷含量低为其特点。我国有大批中小型合成氨厂，均以煤为原料，气化后制得含氢煤气作为合成氨的原料。这是一种具有我国特点的取得氢源方法。采用 OGI 固定床式气化炉，可间歇操作生产制得水煤气。该装置投资小，操作容易，其气体产物组成主要是氢及一氧化碳，其中氢气可达 60% 以上，经转化后可制得纯氢。采用煤气化制氢方法，其设备费占投资主要部分。煤地下气化方法近数十年已为人们所重视。地下气化技术具有煤资源利用率高及减少或避免地表环境破坏等优点。中国矿业大学余力等开发并完善了"长通道、大断面、两阶段地下煤气化"生产水煤气的新工艺，煤气中氢气含量达 50% 以上，在唐山刘庄矿已进行工业性试运转，可日产水煤气 5 万 m^3 如再经转化及变压吸附法提纯可制得廉价氢气，该法在我国具有一定开发前景。

2. 微生物制氢

利用微生物在常温常压下进行酶催化反应可制得氢气。生物质产氢主要有化能营养微生物产氢和光合微生物产氢两种。属于化能营养微生物的是各种发酵类型的一些严格厌氧菌和兼性厌氧菌）发酵微生物放氢的原始基质是各种碳水化合物、蛋白质等。目前已有利用碳水化合物发酵制氢的专利，并利用所产生的氢气作为发电的能源。光合微生物如微型藻类和光合作用细菌的产氢过程与光合作用相联系，称光合产氢。20 世纪 90 年代初中科院微生物所、浙江农业大学等单位曾进行"产氢紫色非硫光合细菌的分离与筛选研究"及"固定化光合细菌处理废水过程产氢研究"等，取得一定结果。在国外已设计了一种应用光合作用细菌产氢的优化生物反应器，其规模将达日产氢 2800m^3。该法采用各种工业和生活有机废水及农副产品的废料为基质，进行光合细菌连续培养，在产氢的同时可净化废水并获单细胞蛋白，一举三得，很有发展前途。

3. 半导体光化学制氢

1972 年 Fujishima 和 Honda 等描述了第一个 TiO_2 半导体电极所组成的电化学电解槽，它通过光解水的方法把光能转换成氢和氧。TiO_2 的禁带宽度为 3.2 eV，在波长小于 370 nm 的光照下，TiO_2 的价带电子被激发到导带上，产生高活性的电子-空穴对。电子和空穴被光激发后，经历多个变化途径，主要存在俘获和复合两个相互竞争的过程。光致空穴具有很强的氧化性，可夺取半导体颗粒表面吸附的有机物或溶剂中的电子，使原本不吸收光而无法被光子直接氧化的物质，通过光催化剂被活化氧化。光致电子具有很强的还原性，能使半导体表面的电子受体被还原，这两个过程均为光激活过程。同时迁移到体内和表面的光致电子和空穴又存在复合的可能，此为去激活过程，对光催化反应无效。水在这种电子-孔穴对的作用下发生电离，生成 H_2 和 O_2（见图 8-13）。

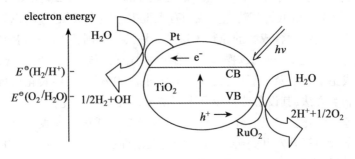

图 8-13　TiO_2 光解水的反应机理

要使水分解为氢和氧是一个耗能极大的上坡反应,由于受热力学平衡限制,采用热催化方法是很难实现的。但水作为一种电解质又是不稳定的。根据理论计算,在电解池中将一个分子水电解为氢和氧仅需要 1.23eV。如果把太阳能先转化为电能,则光解水制氢可以通过电化学过程来实现。从太阳能利用角度看,光解水制氢主要是利用太阳能中的光能而不是它的热能,也就是说,光解水过程中首先应考虑尽可能利用阳光辐射中的紫外和可见部分。下面就太阳能分解水制氢的三种主要途径及其原理进行简要介绍。

(1) 光电化学池(PEC)法　即通过光阳极吸收太阳能并将光能转化为电能。光阳极通常为半导体材料,受光激发可以产生电子-空穴对。光阳极和对电极(阴极)组成光电化学池,在电解质存在下光阳极吸光后在半导体导带上产生的电子通过外电路流向对极,水中的质子从对极上接受电子产生氢气。光电化学池法的优点是析氢析氧可以在不同的电极上进行,减少了电荷在空间的复合几率。但存在必须施加偏压,从而多消耗能量,电池结构比较复杂,难以放大等缺点。

(2) 光助络合催化法　即人工模拟光合作用分解水的过程。在绿色植物中,吸光物质是一种结构为镁卟啉的光敏络合物。络合催化光解水尽管可以从结构和功能上对光合作用进行模拟,但反应体系比较复杂。除了电荷转移光敏络合物以外,还必须添加催化剂和电子给体等其他消耗性物质。此外,大多数金属络合物不溶于水只能溶于有机溶剂,有时还需要表面活性剂或相转移催化剂以提高接触效率,加之金属络合物本身的稳定性差,很快就被半导体光催化所取代。

(3) 半导体催化法　即将 TiO_2 或 CdS 等半导体微粒直接悬浮在水中进行光解水反应。半导体光催化在原理上类似于光电化学池,细小的半导体颗粒可以被看做是一个个微电极悬浮在水中,它们像阳极一样在起作用。所不同的是它们之间没有像光电化学池那样被隔开,甚至对极也被设想是在同一粒子上。和光电化学池比较,半导体光催化分解水放氢的反应体系大大简化,但通过光激发在同一个半导体微粒上的光生电子-空穴对极易复合。这样不但降低了光电转换效率,而且也影响光解水同时析氢析氧。通过向反应体系中注入气相氧进一步证实,在光照下氧气会大量被半导体微粒吸收而使半导体材料氧化。

到目前为止,绝大多数光催化研究工作都是围绕二氧化钛(TiO_2)等紫外光响应的光催化材料而展开的。它们只在紫外光照射下才有活性,而紫外光区域的能量只占可见光的4%,在可见光的利用方面受到了限制,因而难以大规模实用化。寻找新的可见光响应的光催化材料是当前国际上光催化研究的前沿领域,大部分工作集中在对 TiO_2 的改性,并且取得了一些进展。一些半导体混合或是掺杂材料,在加入牺牲剂后在可见光范围可产生氢气。

近年来,有关层状钛酸盐、铌酸盐、钙钛矿型无机层状化合物及其柱撑产物在光解水制氢方面的研究已有很多的报道。下面将详细介绍这些光催化材料的结构和光催化特性,并讨论柱撑提高光催化活性的原理。

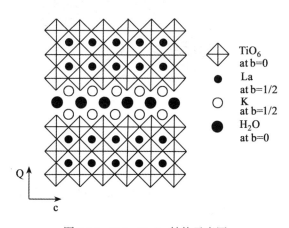

图 8-14　$K_2La_2Ti_3O_{10}$ 结构示意图

层状含钛复合氧化物是以 TiO_6 八面体为主要结构单元的物质。$K_2La_2Ti_3O_{10}$ 和 $K_2Ti_4O_9$ 是层状氧化物光催化剂中较具有代表性的两种。$K_2La_2Ti_3O_{10}$ 的禁带宽度为 3.4~3.5 eV,其层状钙钛矿结构为 TiO_6 八面体通过顶点共用构成三层相连的类钙钛矿层,K^+ 填充于层与层之间的空隙当中(见图 8-14)。$K_2La_2Ti_3O_{10}$ 具有水合性能,水分子可以进入层间空隙。常采用固态反应法和配位聚合(PC)法制备光催化剂 $K_2La_2Ti_3O_{10}$。用 PC 法合成的 $K_2La_2Ti_3O_{10}$ 所需焙烧温度低,得到的产品粒度均匀,产氢速率可达到几个 mmol/(g·h),其活性是用固态反应法合成产品的1.8倍左右。NiO 是 $K_2La_2Ti_3O_{10}$ 有效的助催化剂,可通过浸渍 $Ni(NO_3)_2$ 制得,负载量一般为3%(质量分数)。氢气在催化剂外表面形成。H_2O 进入 $K_2La_2Ti_3O_{10}$ 的层间,在层间产生氧气。这种特殊结构可实现产物分离,因而具有较高的光催化活性。Thaminimulla 等详细研究了第三组分 Cr 的加入对 $NiO/K_2La_2Ti_3O_{10}$ 光催化活性的影响。采用共浸渍法将

Cr 和 Ni 同时负载在 $K_2La_2Ti_3O_{10}$ 上得到负载催化剂,经测试发现,$Cr\text{-}NiO/K_2La_2Ti_3O_{10}$ 几乎是 $NiO/K_2La_2Ti_3O_{10}$ 催化剂活性的两倍。

$K_2Ti_4O_9$ 及其柱撑改性产物为具有大的阳离子交换空间的层状结构(见图 8-15)。层状 $K_2Ti_4O_9$ 可通过传统固态反应法制得。通过柱撑过程在层状化合物层间引入合适的客体可提高光催化活性。如 SiO_2 柱撑 $K_2Ti_4O_9$ 沉积 Pt 以后,光催化活性可达 2.8 mmol/(g·h)。常用的柱撑材料有:TiO_2,SiO_2 和 Al_2O_3 等。柱撑过程的结构变化主要表现在层间距有所增加,比表面积有所增大。

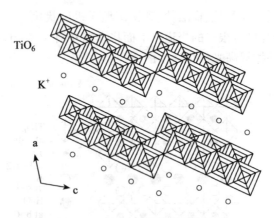

图 8-15 $K_2Ti_4O_9$ 的结构示意图

层状含钛氧化物与以 TiO_2 为代表的体相型光催化剂相比,最突出的优势就是能进行层间修饰,同时利用层状空间作为合适的反应点,使光生电子和空穴更好地分离,提高反应效率。但层状复合氧化物也存在稳定性较差的缺点,需进一步完善使其结构优势得到更好的发挥。此外,已报道的光催化剂中,普遍存在光电转化效率低及对可见光的利用率低等缺点。就光解水来说,关键在于提高光催化反应的活性及选择性,并将其激发波长扩展到可见光区,提高对太阳光的利用率。

半导体光催化剂在实际应用中存在吸收光谱较窄、光量子效率低、高的固液界面欧姆阻抗、分离困难等缺陷限制了其广泛应用。为此,人们为提高半导体光催化剂的反应活性的进行了广泛的研究。例如,为提高 TiO_2 的光催化活性,对 TiO_2 进行选择性晶格掺杂、表面贵金属(Pt,Pd,Ru,Au)沉积、光敏化、制备半导体光电极,以及与其他具有光催化活性的氧化物复合等方式进行改进。

要有效地光解水制 H_2,要求光电极具有:①高稳定性、价廉;②导带最低值负于 H_2/H_2O 电极电位;③价带最高值正于 O_2/H_2O 电极电位;④能吸收太阳光谱中大多数的光子。尽管 n-型 TiO_2 等宽带半导体能满足前三个条件,但是只能吸收紫外光(λ <387nm),因而其光电转换效率低。众所周知,紫外光仅占整个太阳光谱能量的

4%,而可见光能量则达43%,因此,设计在可见区内有强吸收的半导体材料是高效利用太阳能的关键性因素。

当前光催化剂绝大部分只能利用紫外光分解水,且由于光生电子和空穴易复合,量子效率较低;新型可见光催化剂一般采用高温固相反应制备,比表面低(一般小于1 m²/g),活性较低。目前催化剂研究多采用尝试法,材料组成和晶体结构与性能的关系认识不十分清楚。太阳能的开发利用是人类进入21世纪必须解决的难题,而研制在可见光区高效稳定的光催化材料是今后利用太阳能制氢的关键内容。应重视和加强光催化分解水的基础理论研究,此外,应建立光催化分解水循环反应体系,重视光催化分解水制氢设备的研究。

在超声速飞机和远程洲际客机上以氢作动力燃料的研究已进行多年,目前已进入样机和试飞阶段。在交通运输方面,美、德、法、日等汽车大国早已推出以氢作燃料的示范汽车,并进行了几十万公里的道路运行试验。其中美、德、法等国是采用氢化金属贮氢,而日本则采用液氢。试验证明,以氢作燃料的汽车在经济性、适应性和安全性三方面均有良好的前景,但目前仍存在贮氢密度小和成本高两大障碍。前者使汽车连续行驶的路程受限制,后者主要是由于液氢供应系统费用过高造成的。美国和加拿大已联手合作拟在铁路机车上采用液氢作燃料。在进一步取得研究成果后,从加拿大西部到东部的大陆铁路上将奔驰着燃用液氢和液氧的机车。

氢不但是一种优质燃料,还是石油、化工、化肥和冶金工业中的重要原料和物料。石油和其他化石燃料的精炼需要氢,如烃的增氢、煤的气化、重油的精炼等;化工中制氨、制甲醇也需要氢。氢还用来还原铁矿石。用氢制成燃料电池可直接发电。采用燃料电池和氢气-蒸汽联合循环发电,其能量转换效率将远高于现有的火电厂。随着制氢技术的进步和贮氢手段的完善,氢能将在21世纪的能源舞台上大展风采。

目前,以化学法从石油、煤炭和天然气制H_2是当前主要的制H_2方法,转换过程中需要损耗额外的能量,以目前的转换效率,大概6L石油的能量只能转换成相当于1L石油的氢能量。因此以现有技术使用氢,只会加速地球上化石燃料的消耗而不会缓解目前的石油短缺。劈裂水是另一制H_2途径,包括电解、光解、热解水,其中以电解水工艺最成熟,但因耗电量大而受到限制。此外,生物制H_2具有一定的前景,但此法产生CO_2等对大气层有害的气体,从长远来看并不理想。因而,探索高效、低廉和量大的制H_2技术是一项挑战性任务。氢的储存问题也远没解决。因此氢能的利用还有很长的路要走。

8.9.8 其他新能源技术

风能技术。风能是一种机械能,风力发电是常用技术,目前世界上最大风力发电机为3200kW,风机直径97.5m,安装在美国夏威夷。我国风力发电装机总共20万kW,最大风力发电机为120kW。风能比太阳能更为经济,在中国及世界上发展都很快。但目前风能在世界能源所占的比重不到1%。难以取代石油燃料。中国目前的风能发电机主要靠进口。需要研发自己的风能发电系统以降低成本。

水电可以提供部分能源,但目前水电只占中国能源的5%左右。进一步开发的资源有限,且涉及环境问题。

(1) 核能　核能分核聚变和核裂变两种。现在的原子能发电站都采用核裂变方式。问题是地球上铀的储量有限,若以核能完全取代目前的化石燃料,那么铀可能会在10~20年内用完。而其遗下的核污染却需上万年时间才能处理完。核聚变的燃料氘比铀要多得多。因此人类最终的解决办法是实现可控核聚变。目前国际上正在合作建造聚变反应堆。ITER(International Thermonuclear Experimental Reactor)项目总投资50亿美元。但该反应堆预计到2050年才能开始试运转。如前所述,世界能源短缺会在2012年开始。我们需要熬过至少40年的能源短缺期。核能有核裂变能和核聚变能两种。核裂变能是指重元素(如铀、钍)的原子核发生分裂反应时所释放的能量,通常叫原子能。核聚变能是指轻元素(如氘、氚)的原子核发生聚合反应时所释放的能量。核能产生的大量热能可以发电,也可以供热。核能的最大优点是无大气污染,集中生产量大,可以替代煤炭、石油和天然气燃料。①核裂变技术,从1954年世界上第一座原子能电站建成以后,全世界已有20多个国家建成400多个核电站,发电量占全世界16%。我国自己设计制造建成的第一座核电站是浙江秦山核电站30万kW;引进技术建成的是广东大亚湾核电站180万kW。核电站同常规火电站的区别是核反应堆代替锅炉,核反应堆按引起裂变的中子不同分为热中子反应堆和快中子反应堆。由于热中子堆比较容易控制,所以采用较多。热中子堆按慢化剂、冷却剂和核燃料的不同,有轻水堆、重水堆、石墨气冷堆、石墨水冷堆,这些堆型各有优点,目前一般采用轻水堆较多。快中子反应堆的优点可以充分利用天然铀资源,热中子堆只能利用天然铀中2%左右的铀,而快中子增值堆可以利用60%以上。②核聚变技术,这是在极高温度下把两个以上轻原子核聚合,故叫热核反应。由于聚变核燃料氘在海水中储量丰富,几乎人类可用之不尽。可以说,世界人类永恒发展的能源保证是核聚变能。

(2) 地热能技术　地热能有蒸汽和热水两种。地热蒸汽有较高压力和温度,可直接通过蒸汽轮机发电;地热热水最好是梯级利用,先将高温地热水用于高温用途,再将用过的中温地热水用于中温用途,然后再将用过的低热水再利用,最后用于养鱼、游泳池等。

潮汐能技术。潮汐发电技术是低水头水力发电技术,容量小,造价高。我国海岸线长达14000km,有丰富潮汐能。据估算,全国可开发利用潮汐发电装机容量为2800万kW,年发电700亿kW·h。

(3) 风能　据估计全球可利用的风能比地球上可开发利用的水能总量还要大10倍。我国风力资源的总储量为每年16亿kW,近期可开发的约为1.6亿kW,内蒙古、青海、黑龙江、甘肃等省风能储量居我国前列。

(4) 太阳能　太阳每秒钟照射到地球上的能量就相当于 500 万 t 煤。太阳能既是一次能源,又是可再生能源。它资源丰富,既可免费使用,又无需运输,对环境无任何污染。

(5) 生物质能　生物质是指由光合作用而产生的各种有机体。据估计地球上每年通过光合作用储存在植物的枝、茎、叶中的太阳能,相当于全世界每年耗能量的 10 倍。

(6) 海洋能　全球海洋能的可再生量很大,理论上可再生的总量为 766 亿 kW。虽然海洋能的强度较常规能源为低,但在可再生能源中,海洋能仍具有可观的能流密度。

(7) 氢能　二次能源可分为"过程性能源"和"合能体能源"。电能就是应用最广的"过程性能源";柴油、汽油则是应用最广的"合能体能源"。作为二次能源的电能,可从各种一次能源中生产出来。而作为二次能源的汽油和柴油等则不然,随着化石燃料耗量的日益增加,其储量日益减少,终有一天这些资源将要枯竭。氢能正是一种理想的新的含能体能源。

(8) 天然气　天然气水合物在自然界广泛分布在大陆、岛屿的斜坡地带、活动和被动大陆边缘的隆起处、极地大陆架以及海洋和一些内陆湖的深水环境。在标准状况下,一单位体积的气水合物分解最多可产生 164 单位体积的甲烷气体,是一种重要的潜在未来资源。

(9) 空气能　空气源热泵技术是基于逆卡诺循环原理建立起来的一种节能、环保制热技术。通过热泵的形式,从环境角度来讲,可以减少温室气体的排放,减少对环境的有害的因素。

思 考 题

1. 何谓精细陶瓷?其与传统陶瓷有什么区别?
2. 何谓纳米科技与纳米材料?
3. 解释纳米粒子吸收光谱蓝移和红移的原因。
4. 纳米材料有什么特性?如何制备纳米粉体?
5. 复合材料的理念是什么?
6. 试对功能材料进行分类。
7. 何谓锂离子电池,其工作原理如何?锂离子电池的正极材料有哪些?
8. 什么叫水热合成法?按反应温度可分几类?水热合成法有哪些优点和应用前景?高温高压下水热反应有哪些特征?说明用水热法合成水晶的必然性。

9. 化学气相沉积法有哪些反应类型？该法对反应体系有什么要求？在热解反应中，用金属烷基化物和金属烷氧基化物作为源物质时，得到的沉积层分别为什么物质？如何解释？

10. 分别叙述先驱物法和溶胶-凝胶法的定义和特点。在何种情况下不宜用先驱物法？

11. 溶胶有什么特点？如何使溶胶成为凝胶？为什么说溶胶体系是热力学上不稳定而动力学上稳定的体系？

习　题

1. 比较 ⅠB 与 ⅠA，ⅡB 与 ⅡA 族元素性质的异同。

2. 比较 Cu^{2+} 与 Cu^+，Hg_2^{2+} 与 Hg^{2+} 化合物的稳定性。

3. 写出氯化汞和氯化亚汞的分子式及它们的空间构型，并指出分子中各原子由什么轨道参加成键。

4. 选用配合剂分别将下列各种沉淀物溶解，并写出相应的反应式。

(1) $Cu(OH)_2$　　(2) $AgBr$　　(3) $Zn(OH)_2$　　(4) HgI_2。

5. 选择适当试剂实现下列变化，并写出各步反应方程式。

(1) $CuSO_4 \longrightarrow Cu(OH)_2 \longrightarrow CuO \longrightarrow CuCl_2 \longrightarrow [CuCl_2]^-$

(2) $Zn \longrightarrow ZnO \longrightarrow Zn(NO_3)_2 \longrightarrow Zn(NH_3)_4^{2+} \longrightarrow ZnS$

(3) $Cr_2O_3 \longrightarrow K_2CrO_4 \longrightarrow K_2Cr_2O_7 \longrightarrow CrCl_3 \longrightarrow Cr(OH)_3 \longrightarrow KCrO_2$

6. $BaCrO_4$ 和 $BaSO_4$ 的溶度积相近，为什么 $BaCrO_4$ 能溶于强酸，而 $BaSO_4$ 则不溶解？

7. 有一黑色化合物 A，不溶于碱液，加热时可溶于浓 HCl 放出气体 B。将 A 与 NaOH 和 $KClO_3$ 共热，它就变成可溶于水的绿色化合物 C。C 经酸化后变成紫红色溶液 D 和黑色沉淀 A。用 Na_2SO_3 溶液处理 D 时也可得到黑色沉淀 A。用 H_2SO_4 酸化的 Na_2SO_3 溶液处理 D 时，则得到几乎无色的溶液 E。写出以上 A，B，C，D，E 所代表物质的分子式和每步变化的反应式。

8. 怎样把溶液中的 Fe^{3+} 转化成 Fe^{2+}，又怎样把 Fe^{2+} 转化为 Fe^{3+}？

9. 为什么 Co^{3+} 不如 Co^{2+} 稳定，而 $[Co(NH_3)_6]^{3+}$ 配离子却比 $[Co(NH_3)_6]^{2+}$ 稳定？

10. Cu^{2+}，Fe^{3+}，Fe^{2+}，Cr^{3+}，Zn^{2+}，Hg^{2+} 等与适量的 NaOH 有何反应？它们能否与过量的 NaOH 反应？若能反应写出反应式。

11. Ag^+，Cu^{2+}，Zn^{2+}，Co^{2+}，Hg^{2+}，Hg_2^{2+} 与适量的氨水有何反应？它们能否与过量的氨水反应？若能反应写出反应式。

12. 下列反应中哪种物质能被 $K_2Cr_2O_7$ 的酸性溶液氧化？写出离子反应式。

(1) $2Br^- \longrightarrow Br_2 + 2e$　　　　(2) $2H_2O \longrightarrow H_2O_2 + 2H^+ + 2e$

(3) $Hg_2^{2+} \longrightarrow 2Hg^{2+} + 2e$　　　　(4) $Cu \longrightarrow Cu^{2+} + 2e$

(5) $Mn^{2+} + 4H_2O \longrightarrow MnO_4^- + 8H^+ + 5e$　　(6) $HNO_2 + H_2O \longrightarrow NO_3^- + 3H^+ + 2e$

13. 按下列要求分离 Ba^{2+} 和 Pb^{2+}。

(1) 利用溶解度不同；

(2) 利用生成沉淀和酸碱性的差异；

(3) 利用沉淀和配合物的性质。

14. 分离以下混合液中的离子。

(1) Cr^{3+}, Zn^{2+} (2) Sn^{2+}, Pb^{2+} (3) Al^{3+}, Zn^{2+}

(4) Ag^+, Pb^{2+} (5) Fe^{3+}, Cr^{3+} (6) Mn^{2+}, Mg^{2+}

15. 完成并配平下列反应方程式。

$Co_2O_3 + HCl \longrightarrow$

$Hg_2Cl_2 + NH_3 \longrightarrow$

$Cr(NO_3)_3 + KOH(过量) \longrightarrow$

$MnCl_2 + Na_2O_2 \longrightarrow$

$FeCl_3 + KI \longrightarrow$

$Cu_2O + H_2SO_4 \longrightarrow$

$CuSO_4 + KI \longrightarrow$

$Cr^{3+} + S_2O_8^{2-} + H_2O \longrightarrow$

$Cr_2O_7^{2-} + I^- + H^+ \longrightarrow$

$Mn^{2+} + PbO_2 + H^+ \longrightarrow$

$MnO_4^- + Cl^- + H^+ \longrightarrow$

$Cu^{2+} + OH^- + C_6H_{12}O_6 \longrightarrow$

16. 有一混合溶液中含三种阴离子。向溶液中滴加$AgNO_3$溶液时有沉淀生成，继续滴加 $AgNO_3$ 至不再有新的沉淀生成，再过量少许。滤去沉淀(沉淀呈红色)。当用稀 HNO_3 处理沉淀时，红色沉淀溶解得橙色溶液，但仍有白色沉淀。紫红色的滤液用 H_2SO_4 酸化后，加入大量 Na_2SO_3，紫红色消失，并有白色沉淀析出。根据上述实验现象指出混合溶液中存在的三种阴离子，写出有关的反应方程式。

第二编　化学分析

第9章 定量分析化学概论

9.1 分析化学的任务和作用

分析化学是化学学科的重要分支,是研究物质的化学组成、含量、结构及其他信息的科学。

分析化学在现代工业、农业、国防、环境保护和科学研究中的应用十分广泛。从工业原料的选择、工艺流程的控制到产品质量的检测;从土壤性质、化肥、农药成分的分析到农作物生长情况的研究;从武器装备的研制、生产到各种犯罪案件的侦破;从大气、水质的监测到环境污染的治理……无一不需要分析化学工作者的参与和配合。现代分析化学已经远远超出化学学科的领域,它正把化学与数学、物理学、生命科学、计算机科学结合起来,发展成为一门多学科性的综合科学。分析化学已由单纯的提供数据,上升到从分析数据中获取各种有用的信息和知识,而这些信息和知识在生命科学、材料科学、环境科学、能源科学及医学科学的科学研究中都是非常重要的。

分析化学是一门实验性很强的学科,在学习中应注意理论联系实际,重视基本实验技能的训练,掌握分析化学的基本原理和测定方法,确立准确的量的概念,培养严谨的科学态度,提高分析问题和解决问题的能力。

9.2 分析方法的分类

根据分析任务、分析对象、测定原理、操作方法和具体要求的不同,分析方法分为许多种类。

9.2.1 定性分析、定量分析和结构分析

定性分析的任务是鉴定物质由哪些元素、原子团、官能团或化合物所组成。定量分析的任务是测定物质中有关组分的含量。结构分析的任务是研究物质的分子结构或晶体结构。

9.2.2 无机分析和有机分析

无机分析的对象是无机物,通常要求鉴定物质是由哪些元素、离子、原子团或化合物组成的,以及测定各种成分的含量,有时也要求测定它们的存在形式(物相分析)。有机分析的对象是有机物,它除了鉴定组成元素外,主要是进行官能团分析和结构分析。

9.2.3 化学分析和仪器分析

以物质的化学反应为基础的分析方法称为**化学分析法**。它是分析化学的基础,因为历史悠久所以又称经典分析法。主要有滴定分析法和重量分析法等。

以物质的物理性质和物理化学性质为基础的分析方法称为**物理化学分析法**。由于这类方法都需要较特殊的仪器,故一般又称为**仪器分析法**。最主要的有:

1. 光学分析法

光学分析法是根据物质的光学性质所建立的分析方法,它包括:可见和紫外吸光光度法、红外光谱法、发射光谱分析法、原子吸收光谱分析法,以及分子荧光和磷光分析法、激光拉曼光谱法、光声光谱法、化学发光分析法等。

2. 电化学分析法

电化学分析法是根据物质的电化学性质所建立的分析方法,它包括:电导分析法、电位分析法、电解分析法、库仑分析法、伏安法和极谱分析法等。

3. 色谱分析法

色谱分析法是一种应用广、效率高的分离富集方法,它主要包括气相色谱法和高效液相色谱法等。

4. 热分析法

热分析法是根据测量体系的温度和物质性质(如质量、反应热或体积)间的动力学关系所建立的分析方法,它主要包括热重法、差示热分析法和差示扫描量热法等。

5. 其他

现代仪器分析法还包括:质谱法、核磁共振、X射线、电子显微镜、化学传感器、毛细管电泳以及放射化学分析法等。

9.2.4 常量分析、半微量分析和微量分析

根据试样的用量及操作方法不同,可分为常量、半微量和微量分析,如表9-1所示。

表 9-1　　　　　　　　　各种分析方法的试样用量

分析方法	试样重量/mg	试液体积/mL
常量分析	100~1 000	10~100
半微量分析	10~100	1~10
微量分析	0.1~10	0.01~1
超微量分析	0.001~0.1	0.001~0.01

必须指出,上述分析方法的试样用量并不表示被测组分的含量。通常根据被测组分的百分含量,又粗略地分为常量(>1%)、微量(0.01%~1%)和痕量(<0.01%)成分的分析。

9.2.5　常规分析和裁判分析

一般化验室日常生产中的分析称为**常规分析**,又叫**例行分析**。例如,钢铁厂的原材料分析和钢铁成品的化验项目等。快速分析是例行分析的一种,主要用于生产过程的控制。例如,炼钢厂的炉前分析,需要在短时间内报出碳、硫等分析结果,这时速度是主要矛盾,分析误差一般允许大些。裁判分析又称仲裁分析,当不同的单位对分析结果发生争议时,要求有关单位用指定的国家标准或国际上标准分析方法进行准确的分析,以判断原分析结果是否准确,这种分析中,准确性是主要矛盾。

9.3　定量分析过程和分析结果的表示

9.3.1　定量分析过程

定量分析工作通常包括以下几个步骤:

1. 取样

根据不同的分析对象,采用不同的取样方法。在取样过程中,关键是要使分析试样具有代表性,否则分析测定结果将毫无意义。

2. 试样的分解

通常的分析工作,多采用湿法分析,故需将试样分解后转入溶液,然后进行测定。根据试样性质的不同,采用不同的分解方法。常用的有溶解法(酸溶或碱溶)和熔融法等。

3. 分离和测定

根据待测组分的性质、含量和对分析结果准确度的要求,选择合适的分析方法。现有的多种分析方法各有特点,应根据它们在灵敏度、选择性和适用范围等方面的差别来选择适合待测试样的分析方法。

当试样中共存组分对待测组分的测定有干扰时,可考虑采用掩蔽法,如无适当的掩蔽方法,则必须选择适当的分离方法将待测组分与干扰成分分离。

4. 分析结果的计算

根据分析过程中有关化学反应的计量关系及分析测定中所得数据,计算试样中待测组分的含量。

9.3.2 定量分析结果的表示

1. 待测组分的化学表示形式

分析结果通常以待测组分实际存在形式的含量表示。如工业纯碱以 Na_2CO_3 形式的含量表示分析结果。

如果待测组分的实际存在形式不清楚,则分析结果以氧化物或元素形式的含量表示。例如,在矿石分析中,各种元素的含量常以其氧化物形式(如 K_2O,Na_2O,CaO,MgO,Fe_2O_3,P_2O_5 和 SiO_2 等)的含量表示;在金属材料和有机分析中,常以元素形式(如 Fe,Cu,Cr,Ni,Mn 和 C,H,O,N,S 等)的含量表示。

在工业分析中,有时还用所需要的组分的含量表示分析结果。例如,在铜矿的分析中,以金属铜的含量表示分析结果。

电解质溶液的分析结果,常以所存在离子的含量表示,如以 Na^+,Ca^{2+},Cr^{3+},Mn^{2+},SO_4^{2-},Cl^- 等的含量表示。

2. 待测组分分析含量的表示方法

(1) 固体试样

固体试样中待测组分的含量,通常以质量分数表示。试样中含待测组分 B 的质量以 m_B 表示,试样的质量以 m_s 表示,则待测组分 B 的质量分数:

$$w_B = \frac{m_B(g)}{m_s(g)} \tag{9-1}$$

在实际工作中通常使用的百分比符号"%"是质量分数的一种表示方式。例如,某铁矿中含铁的质量分数 $w_{Fe}=0.5430$ 时,可以表示为 $w_{Fe}=54.30\%$。

当待测组分含量很低时,可采用 $\mu g \cdot g^{-1}$,$ng \cdot g^{-1}$ 和 $pg \cdot g^{-1}$ 来表示。

(2) 液体试样

液体试样中待测组分的含量,可用物质的量浓度、质量摩尔浓度、质量分数、体积分数、摩尔分数和质量浓度($mg \cdot L^{-1}$,$\mu g \cdot L^{-1}$ 或 $\mu g \cdot mL^{-1}$,$ng \cdot mL^{-1}$等)表示。

(3) 气体试样

气体试样中的待测组分的含量,通常以体积分数表示。

9.4 定量分析误差

准确测定试样中各有关组分的含量,是分析化学的主要任务之一。不准确的分析结果会导致产品报废,资源浪费,甚至在科学上得出错误的结论。但是,在分析过程中,即使是技术很熟练的人,用同一方法对同一试样进行多次分析,也不能得到完全一样的分析结果。这说明,在分析过程中,误差是客观存在的。因此,在定量分析中应该了解产生误差的原因和规律,采取有效措施减小误差,并对分析结果进行评价,判断其准确性,提高分析结果的可靠程度,使之满足生产和科学研究等各方面的要求。

9.4.1 准确度与精密度

准确度表示分析结果与真实值接近的程度,它们之间差别越小,则分析结果越准确,即准确度高。一般来说,真实值是不知道的。通常,可将元素的原子量、化合物的理论组成,法定计量单位等看做真值;在实际工作中,将精度高一个数量级的测定值作为低一级的测定值的真值,如厂矿实验室中标准试样及管理试样中组分的含量等可作为真值。

精密度表示各次测定结果相互接近的程度。实际工作中,往往分析工作者在同一条件下,对某一试样平行测定几份,所得数据相互比较接近,说明分析结果的精密度高。

定量分析中准确度与精密度关系如何呢?图 9-1 表示甲、乙、丙三人对同一试样中铝的含量分析结果。由图 9-1 可见:甲所得结果准确度与精密度均好,结果可靠;乙的精密度高但准确度差;丙的分析结果十分分散,准确度和精密度都很差。由此可以说明,准确度高必须精密度高,但精密度高不一定准确度高。精密度是保证准确度的前提,精密度低说明所测结果不可靠,当然其准确度也就不高。

9.4.2 误差与偏差

测定结果(X)与真实值(X_T)之间的差值称为**误差**(error),即:$E = X - X_T$。误差是衡量准确度高低的尺度,误差越小,表示测定结果与真实值越接近,准确度越高;反之,误差越大,准确度越低。

误差可分为绝对误差和相对误差。绝对误差(E)表示测定值(X)与真实值(X_T)之差值,相对误差表示绝对误差在真实值中所占的千分率(‰)。

例 9-1 分析某铁矿石中铁的含量时,测定值为 53.25%,真实值为 53.35%,计算分析结果的绝对误差和相对误差。

解 $E = X - X_T = 53.25\% - 53.35\% = -0.10\%$,

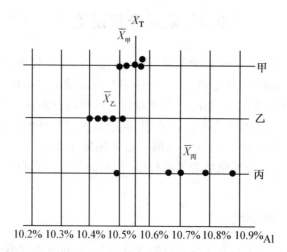

图 9-1 定量分析中准确度与精密度示例图

$$相对误差 = \frac{E}{X_T} \times 1\,000‰ = \frac{-0.10}{53.35} \times 1\,000‰ = -1.9‰$$

绝对误差和相对误差有正有负,误差为正值时,表示分析结果偏高;误差为负值时,表示分析结果偏低。相对误差能反映误差在真实结果中所占的比例,这对于比较在各种情况下测定结果的准确度更为方便。

偏差是测定值(X)与一组平行测定值的平均值($\bar{X}$)之间的差,它是衡量精密度高低的尺度,偏差小表示精密度高;偏差大表示精密度低。偏差(d)可表示为:$d = X - \bar{X}$。若某一试样平行测定 n 次,其测定值为 $X_1, X_2, \cdots, X_n$,则其算术平均值为

$$\bar{X} = \frac{X_1 + X_2 + \cdots + X_n}{n}$$

偏差有各种表示方法,对于定量分析中有限次数平行测定数据,常用下列各种偏差公式进行计算。

1. 平均偏差($\bar{d}$)

各次测定值与平均值的差为绝对偏差:

$$d_1 = X_1 - \bar{X},\ d_2 = X_2 - \bar{X},\ \cdots,\ d_n = X_n - \bar{X}$$

由于各次测定值对平均值的偏差有正有负,偏差之和等于零。因此,为了说明分析结果的精密度,通常用平均偏差($\bar{d}$):

$$\bar{d} = \frac{|d_1| + |d_2| + \cdots + |d_n|}{n} = \frac{\sum_{i=1}^{n} |X_i - \bar{X}|}{n}$$

平均偏差没有负值。

相对平均偏差 $= \dfrac{\bar{d}}{\bar{X}} \times 1000‰$。

2. 标准偏差(S)

$$S = \sqrt{\dfrac{\sum\limits_{i=1}^{n}(X_i - \bar{X})^2}{n-1}}$$

式中，$n-1$ 称为**自由度**，以 f 表示。自由度通常是指独立变数的个数。

相对标准偏差(亦称**变异系数** ν): $\nu = \dfrac{S}{\bar{X}} \times 1000‰$。

3. 平均值的标准偏差($S_{\bar{X}}$)

对于有限次的测定值而言，平均值的标准偏差与测定次数的平方根成反比：$S_{\bar{X}} = \dfrac{S}{\sqrt{n}}$。

例 9-2 用基准 Na_2CO_3 标定 HCl 溶液的准确浓度($mol \cdot L^{-1}$)所得数据为：0.2041，0.2049，0.2039，0.2043，计算分析结果的平均值($\bar{X}$)、平均偏差、相对平均偏差、标准偏差、变异系数和平均值的标准偏差。

解 （1）$\bar{X} = \dfrac{\sum\limits_{i=1}^{n} X_i}{n} = \dfrac{X_1 + X_2 + X_3 + \cdots + X_n}{n}$

$= \dfrac{0.2041 + 0.2049 + 0.2039 + 0.2043}{4}$

$= 0.2043$

（2）$d_1 = -0.0002, d_2 = +0.0006, d_3 = -0.0004, d_4 = 0.0000$，则得

$$\bar{d} = \dfrac{|d_1| + |d_2| + |d_3| + |d_4|}{4}$$

$= \dfrac{0.0002 + 0.0006 + 0.0004 + 0.0000}{4}$

$= 0.0003$

（3）相对平均偏差 $= \dfrac{\bar{d}}{\bar{X}} \times 1000‰ = \dfrac{0.0003}{0.2043} \times 1000‰ = 1.5‰$。

（4）标准偏差：

$$S = \sqrt{\dfrac{(0.0002)^2 + (0.0006)^2 + (0.0004)^2 + 0}{4-1}} = 0.0004$$

（5）变异系数：$\nu = \dfrac{S}{\bar{X}} \times 1000‰ = \dfrac{0.0004}{0.2043} \times 1000‰ = 2‰$。

(6) 平均值的标准偏差

$$S_{\bar{X}} = \frac{S}{\sqrt{n}} = \frac{0.0004}{\sqrt{4}} = 0.0002$$

可以清楚地说明用标准偏差表示精密度比用平均偏差好。

9.4.3 误差产生的原因

在定量化学分析中,对于各种原因产生的误差,依其性质的不同,可分为系统误差和偶然误差两大类。

1. 系统误差

系统误差又称为**可测误差**,是由于某些固定的原因所造成的,使测定结果系统偏高或偏低。重复测量时又会再现。这种误差的大小、正负往往可以测定出来,若设法找出原因就可以采取办法消除或校正。系统误差又可分为:

(1) 方法误差 指分析方法本身所造成的误差。例如,重量分析中,沉淀的溶解,共沉淀现象;滴定分析中反应进行不完全,干扰离子的影响,滴定终点与化学计量点不符合以及副反应的发生等,系统地使测定结果偏高或偏低。

利用标样进行对照试验或采用"加入回收法"进行试验,可以有效地检验分析方法的系统误差,然后采取适当办法加以消除或校正。

(2) 仪器误差 由于仪器本身不够精确所引起的误差。例如砝码重量和滴定管刻度不准确等。这种误差可通过校正仪器来消除。

(3) 试剂误差 由于试剂不纯,含有被测物质或干扰离子也会引起误差。这种误差可通过空白试验来检查和扣除。

(4) 操作误差 由于分析人员所掌握的分析操作与正确的分析操作有差别所引起的。例如,在称取试样时,未注意试样的吸湿;在辨别滴定终点颜色时,有的人偏深,有的人偏浅;还有的人有一种"先入为主"的习惯,即在得到第一个测定值后,往往使第二个值、第三个值,主观上尽量与第一个测定值相符合,这样也容易引起主观误差。

2. 偶然误差,又称随机误差

它是由一些随机的偶然的原因造成的。偶然误差表现出有时大,有时小,有时正,有时负,所以又可称为**不定误差**。例如测量时环境温度、湿度和气压的微小变动,仪器的微小变化等,这些不确定的因素都会引起偶然误差。偶然误差是不可避免的。即使是一个优秀的分析人员,很仔细地对同一试样进行多次测定,也不能得到完全一致的分析结果,而是有高有低。偶然误差的产生不易找出确定的原因,似乎没有规律性,但如果进行许多次测定,就会发现测定数据的分布符合一般的统计规律。在分析化学中偶然误差可按正态分布规律进行处理。正态分布就是通常所谓的高斯分布。

正态分布曲线呈对称钟形,两头小,中间大。如图 9-2 所示。这种正态分布曲线清楚地反映出偶然误差的规律性:

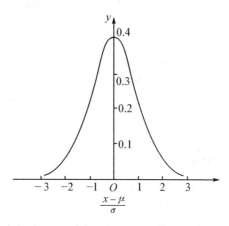

图 9-2 标准正态分布曲线

(1) 正误差和负误差出现的概率相等,呈对称形式;
(2) 小误差出现的概率大,大误差出现的概率小,出现很大误差的概率极小。

可求出随机误差或测量值出现在某区间内的概率,例如,随机误差 $u = \pm 1$ 区间即测量值 x 在 $\mu \pm 1\sigma$ 间的概率是 68.3%,列数据如下:

随机误差出现的区间 (以 σ 为单位)	测量值出现的区间	概　率
$u = \pm 1$	$x = \mu \pm 1\sigma$	68.3%
$u = \pm 1.96$	$x = \mu \pm 1.96\sigma$	95.0%
$u = \pm 2$	$x = \mu \pm 2\sigma$	95.5%
$u = \pm 2.58$	$x = \mu \pm 2.58\sigma$	99.0%
$u = \pm 3$	$x = \mu \pm 3\sigma$	99.7%

由此可见,随机误差超过 $\pm 3\sigma$ 的测量值出现的概率是很小的,仅有 0.3%。

偶然误差的大小决定分析结果的精密度。在消除系统误差的前提下,如果严格操作,增加测定次数,分析结果的算术平均值,就越趋近于真实值。也就是说,采用"多次测定,取平均值"的方法可以减小偶然误差。

在定量分析中,除系统误差和偶然误差外,还有一类"过失误差",是指工作中的差错。一般因粗枝大叶或违反操作规程所引起的误差。例如,溶液溅失、沉淀穿滤、加错试剂、读错刻度、记录和计算错误等,往往引起分析结果有较大的"误差"。这种

"过失误差"不能算作偶然误差。如证实是过失引起的,应弃去此结果。

9.5 有效数字及计算规则

在定量分析中,为了得到准确的分析结果,不仅要准确地进行各种测量,而且还要正确地记录和计算。分析结果所表达的不仅仅是试样中待测组分的含量,而且还反映了测量的准确程度。因此,在分析数据的记录和结果的计算中,保留几位数字不是任意的,要根据测量仪器、分析方法的准确度来决定。这就要涉及有效数字的概念。

9.5.1 有效数字及其位数

有效数字是指有意义的数字,它包括全部可靠数字和一位可疑数字。在分析化学中就是实际上能够测量得到的数字。例如,一般分析天平能称准至 ±0.0001g,滴定管能读准至 ±0.01mL,若在分析天平上称取铂坩埚的重量为 12.3456g,实际上可能为 12.345 6 ± 0.0001g;消耗某滴定剂体积为 25.56mL,实际上可能为 25.56 ± 0.01mL。

看看下列各数的有效数字的位数:

离子含量	$1.0 mg \cdot mL^{-1}$	两位有效数字
试样重量	1.000 4g	五位有效数字
滴定剂体积	25.00mL	四位有效数字
标准溶液浓度	$0.01000 mol \cdot L^{-1}$	四位有效数字
	3600 1000	有效数字位数含糊

"0"在以上数据中,起的作用是不同的,它可以是有效数字,也可以不是有效数字,只起定位作用。例如,在 1.0,1.0004,25.00 中,"0"都是有效数字,而在0.01000中,前面两个"0"只起定位作用,后面三个 0 都是有效数字。像3 600这样的数字,一般可看成4 位有效数字,但它可能是 2 位或 3 位有效数字,应根据实际情况而定,分别写成 $3.6 \times 10^3, 3.60 \times 10^3$ 或 3.600×10^3 较好。

在分析化学中常遇到倍数、分数关系,非测量所得,可视为无限多位有效数字,而对于 pH,pM,1gK 等对数数值,其有效数字的位数仅取决于尾数部分的位数,因其整数部分(首数)只与相应的真数的 10 的多少次方有关。如 pH = 4.75 即 $[H^+] = 1.8 \times 10^{-5} mol \cdot L^{-1}$,有效数字为两位,而不是三位。

9.5.2 计算规则

1. 加减法

例如,0.0121g + 25.64g + 1.05782g = ?

从上面三个质量数字来看,称量的准确度不同,第一个准至 0.0001 g,第二个至 0.01 g,第三个至 0.00001 g,以第二个数的绝对误差最大。

```
算法 1        0.0121      算法 2        0.01
             25.64                    25.64
           +)1.05782                +)1.06
           ─────────                ─────────
            26.70992(g)              26.71(g)
```

算法 1 看来没有错,实际上结果中的 0992 几个数字都不可靠,因为 25.64 中的 4 已是可疑数字,有 0.01 g 的误差,那么,在其他数值中,比 0.01 更小的数仔细地加在一起就没有必要了。因此,可以 0.01 g 处(即小数点后第二位)为界,以下的数字按"四舍六入五成双"的规则取舍,第一个数是 0.01,第二个数是 25.64,第三个数是 1.06,按算法 2 把它们相加,所得结果应是 26.71 g。

2. 乘除法

例如,0.012 1 × 25.64 × 1.057 82 = ?

加减法中有效数字的位数,决定于绝对误差最大的那个数,而乘除法中有效数字的位数,则取决于相对误差最大的那个数。

前面三个数的相对误差是:

$$0.012\ 1: \quad \frac{1}{121} \times 100\% = 0.08\%$$

$$25.64: \quad \frac{1}{2564} \times 100\% = 0.04\%$$

$$1.05782: \quad \frac{1}{105782} \times 100\% = 0.00009\%$$

第一数是三位有效数字,其相对误差最大,应以此数值为标准,确定其他数字的位数,将各数都保留三位有效数字,然后相乘,得到

$$0.0121 \times 25.6 \times 1.06 = 0.328$$

当各数的有效数字位数不同时,相对误差最大的数,必定是有效数字位数最小的数,因此,在乘除法中,所得结果的有效数字位数,应以各数中有效数字位数最小的为标准。

9.5.3 在定量分析中数据的记录和计算的基本规则

(1)记录测量结果时,只应保留末尾一位可疑数字。

(2)在运算中弃去多余数字时,按"四舍六入五成双"的规则处理。例如,将下列数据取为四位有效数字:

$$0.876\ 54 \to 0.876\ 5$$
$$2.345\ 6 \to 2.346$$
$$12.345\ 0 \to 12.34$$
$$12.335\ 0 \to 12.34$$

(3) 几个数相加减时,保留有效数字的位数,决定于绝对误差最大的那个数。几个数相乘除时,以有效数字位数最小的为标准,弃去过多的位数,可暂时多保留一位数字,进行乘除运算,得到最后结果时,再弃去多余的数字。目前,电子计算器应用十分普及,由于计算器上显示的数值位数较多,虽然在运算过程中不必对每一步的计算结果进行修约,但应注意正确保留最后计算结果的有效数字位数。

(4) 对于高含量组分(>10%)的测定,一般要求分析结果有四位有效数字;对于中含量组分(1%~10%)一般要求三位有效数字;对于微量组分(<1%)一般只要求两位有效数字。通常以此为标准,报出分析结果。

(5) 在分析化学计算中,当涉及各种常数时,一般视为是准确的,不考虑其有效数字的位数。对于各种化学平衡的计算(如计算平衡时某离子浓度),一般保留两位或三位有效数字。

9.6 分析数据的统计处理

9.6.1 基本概念

分析化学中愈来愈广泛地采用统计学方法来处理各种分析数据,更科学地反映所研究对象的客观存在。在统计学中,把所考察的对象的全体,称为**总体**(或**母体**);自总体中随机抽出的一组测量值,称为**样本**(或**子样**);样本中所含测量值的数目,称为**样本大小**(或**容量**)。例如,对某批铁矿石中铁含量的分析,按照有关部门的规定取样、细碎并缩分后,得到一定重量(如500g)的试样供分析用。这就是供分析用的总体。如果从中随机称取5份试样进行平行测定,得到5个分析结果,则这一组测量值称为该铁矿石分析试样总体的一个**随机样本**,样本容量为5。数据处理的任务是通过对有限次测量数据合理的分析,对总体作出科学的论断。其中包括对总体平均值的估计和对它的统计检验。

在数理统计中,许多方法都是基于正态分布,定量分析中测量值一般遵从(或近似遵从)正态分布。依据概率统计学原理,可推导出正态分布曲线的数学表达式为

$$y = \frac{1}{\sigma\sqrt{2\pi}} e^{-(x-\mu)^2/(2\sigma^2)}$$

式中,y 表示概率密度;x 表示测量值;μ 是总体平均值,即无限次测定数据的平均值。相应于曲线最高点的横坐标值,表征无限个数据的集中趋势。在没有系统误差时,它

就是真值。σ 是总体标准偏差,可以证明,它就是总体平均值 μ 到曲线拐点间的距离。它表征数据分散程度,σ 小,数据集中,曲线锐变;σ 大,数据分散,曲线平缓。

$x-\mu$ 表示随机误差。当 $x=\mu$ 时,y 值最大,此即分布曲线的最高点。这一现象体现了测量值的集中趋势。就是说,大多数测量值集中在算术平均值的附近;或者说,算术平均值是最可信赖值。当 $x=\mu$ 时的概率密度为

$$y|_{x=\mu} = \frac{1}{\sigma\sqrt{2\pi}}$$

概率密度乘以 $\mathrm{d}x$,就是测量值落在该 $\mathrm{d}x$ 范围内的概率。

μ 反映测量值分布的集中趋势;σ 反映测量值分布的分散程度,它们是正态分布的两个基本参数,这样的正态分布记作 $N(\mu,\sigma^2)$。

设样本容量为 n,则其平均值 $\bar{X}$ 为

$$\bar{X} = \frac{1}{n}\sum_{i=1}^{n} X_i$$

当测定次数无限增多时($n\to\infty$)所得平均值即为总体平均值,若没有系统误差,则总体平均值就是真值 X_T。此时,单次测量的平均偏差 δ 为

$$\delta = \frac{\sum |x-\mu|}{n}$$

而总体标准偏差为

$$\sigma = \sqrt{\frac{\sum(x-\mu)^2}{n}}$$

对于有限次测量值的单次测量平均偏差 $\bar{d}$ 为

$$\bar{d} = \frac{1}{n}\sum_{i=1}^{n} |d_i|$$

而标准偏差为

$$S = \sqrt{\frac{\sum_{i=1}^{n}(X_i-\bar{X})^2}{n-1}}$$

9.6.2 平均值的置信区间

1. 平均值的标准偏差

通常是用一组测定值的平均值 $\bar{X}$ 来估计总体平均值 μ 的。一系列测定值的平均值 $\bar{X}_1, \bar{X}_2, \cdots, \bar{X}_n$ 的波动情况也符合正态分布。这时应当用平均值的标准偏差 $\sigma_{\bar{X}}$ 来表示平均值的分散程度。这样来表示的精密度显然比单次测定的精密度更好。统计学已证明

$$\sigma_{\bar{X}} = \frac{\sigma}{\sqrt{n}}$$

对有限次测定时,则 $S_{\bar{X}} = \frac{S}{\sqrt{n}}$。

这就是说,平均值的标准偏差与测定次数的平方根成反比。四次测量的平均值的标准偏差,是单次测量标准偏差的 1/2;九次测量值的平均值的标准偏差是单次测量标准偏差的 1/3。可见增加测定次数,可使平均值的标准偏差减少,但过多增加测定次数是很不合算的。由图 9-3 可见,当 $n > 5$ 变化就较慢,而 $n > 10$ 时变化已很小。所以,在分析化学实际工作中,一般测定 3~4 次就够了;对较高要求的分析,可测定 5~9 次。

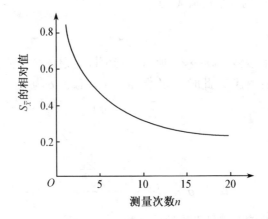

图 9-3 平均值的标准偏差与测定次数的关系

分析结果只要计算出 $\bar{X}, S, n$,即可表示出数据的集中趋势与分散程度,就可进一步对总体平均值可能存在的区间作出估计。

2. t-分布曲线

在定量分析测量时,通常只做少数数据的测定,在进行分析数据处理时,往往 σ 是不知道的,只好用样本标准偏差 S 来估计测量数据的分散情况。用 S 代替 σ 时必然引起误差。英国统计学家兼化学家 W. S. Gosset 研究了这个课题,提出用 t 值代替 u 值,以补偿这一误差,这时随机误差不是正态分布而是 t-分布。

t 定义为

$$t = \frac{\bar{X} - \mu}{S_{\bar{X}}} = \frac{\bar{X} - \mu}{S}\sqrt{n}.$$

t-分布曲线的纵坐标是概率密度,横坐标则表示 t。t-分布曲线随自由度 $f(f = n-1)$ 变化,当 $n \to \infty$ 时,t-分布曲线即为正态分布曲线(见图 9-4)。t 值不仅随概率

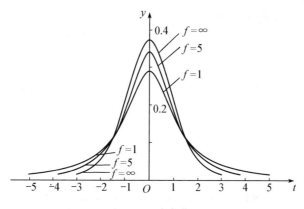

图 9-4　t-分布曲线

而且还随 f 变化而不同，相应的 t 值已有现成数表可查，表 9-2 列出常用的部分 t 值。表中置信度 (p) 表示的是平均值落在 $\mu \pm tS_{\bar{x}}$ 区间内的概率。显然，落在此范围之外的概率为 $1-p$，称为**显著性水准**，用 α 表示。引用 t 值表时，常加注脚说明，一般表示为 $t_{\alpha,f}$。

表 9-2　$t_{\alpha,f}$ 值表（双边）

自由度 f \ 置信度 p	0.50	0.90	0.95	0.99
1	1.00	6.31	12.71	63.66
2	0.82	2.92	4.30	9.93
3	0.76	2.35	3.18	5.84
4	0.74	2.13	2.78	4.60
5	0.73	2.02	2.57	4.03
6	0.72	1.94	2.45	3.71
7	0.71	1.90	2.37	3.50
8	0.71	1.86	2.31	3.36
9	0.70	1.83	2.26	3.25
10	0.70	1.81	2.23	3.17
20	0.69	1.73	2.09	2.85
∞	0.67	1.65	1.96	2.58

例如，$t_{0.05,5}$ 置信度 95% 自由度 5 时 t 值 = 2.57。

$t_{0.01,10}$ 置信度 99% 自由度 10 时 t 值 = 3.17。

由表 9-2 可见，当 $f \to \infty$ 时（这时 $S \to \sigma$）t 即 u 值，实际上，当 $f = 20$ 时 t 值与 u 值已经很接近了。

3. 平均值的置信区间

将定义 t 的公式改写为

$$\mu = \bar{x} \pm tS_{\bar{x}} = \bar{x} \pm \frac{t \cdot S}{\sqrt{n}}$$

这表示在一定置信度下，以平均值 $\bar{x}$ 为中心，包括总体平均值 μ 的置信区间。当我们由一组少量实验数据中求得 $\bar{X}, S$ 和 n 值后，再根据选定的置信度及自由度，由 t 值表查得 $t_{\alpha,f}$ 值，就可计算出平均值的置信区间。分析化学中通常把置信度选在 95% 或 90%。

例 9-3 测定某硅铁试样中硅的百分含量，五次平行分析结果为 37.40%，37.20%，37.32%，37.52%，37.34%，求置信度为 95% 时平均值的置信区间。

解 $\bar{X} = 37.36\%, S = 0.12\%, n = 5$。当 $p = 0.95, f = 5 - 1 = 4$ 时由表 9-2 查得 $t_{0.05,4} = 2.78$，平均值的置信区间

$$\mu = \bar{X} \pm \frac{t_{\alpha,f} S}{\sqrt{n}} = 37.36\% \pm \frac{2.78 \times 0.12\%}{\sqrt{5}}$$

$$= 37.36\% \pm 0.15\%$$

9.6.3 显著性检验

在定量分析中，经常遇到这样的情况，某一分析人员对标准试样进行分析，得到的平均值（$\bar{X}$）与标准值（μ）不一致；另外，某一分析人员采用两种不同的分析方法对同一试样进行分析，得到的两组数据的平均值（$\bar{X}_1, \bar{X}_2$）不一致，或者两个不同分析人员或不同实验室对同一试样进行分析时，所得两组数据的平均值（$\bar{X}_1, \bar{X}_2$）之间存在较大差异。问题是这种不一致是偶然误差引起的，还是它们之间存在系统误差呢？这类问题，在统计学中属于"假设检验"。如果分析结果之间存在明显的系统误差，就认为它们之间有"显著性差异"；否则就认为没有显著性差异，也就是说，分析结果之间的差异纯属偶然误差引起的，是正常的，不可避免的。

显著性差异的检验方法有好几种，在分析化学中最重要的是 t-检验法和 F-检验法。

1. 平均值与标准值之间显著性检验

在定量分析中，为检查某分析方法或某操作过程是否存在系统误差，可用标准试

样作几次平行测定,然后用 t-检验法检验测定结果的平均值($\bar{X}$)与标准试样的标准值(μ)之间是否存在显著性差异。

作 t-检验时,先将标准值 μ 与平均值 $\bar{X}$ 代入下式计算 t 值:

$$t_{计算} = \frac{|\bar{X} - \mu|}{S}\sqrt{n}$$

再根据置信度(通常按95%)和自由度 f,由 t 值表查出 $t_{\alpha,f}$ 值。若 $t_{计算} > t_{\alpha,f}$,说明 $\bar{X}$ 与 μ 有显著差异,存在系统误差;若 $t_{计算} < t_{\alpha,f}$,则说明 $\bar{X}$ 与 μ 之间无显著性差异,不存在系统误差,而有偶然误差存在。

例 9-4 铁矿石标准试样中铁的标准值为54.46%,某分析人员用重铬酸钾法测定该标样 5 次,得平均值 $\bar{X} = 54.26\%$,标准偏差 $S = 0.05\%$,问在置信度为 95% 时,分析结果是否存在系统误差?

解 $n = 5, \bar{X} = 54.26\%, S = 0.05\%$,

$$t_{计算} = \frac{|\bar{X} - \mu|}{S}\sqrt{n} = \frac{|54.26 - 54.46|}{0.05}\sqrt{5} = 8.94$$

查得 $t_{\alpha,f} = 2.78$。显然 $t_{计算} > t_{\alpha,f}$,所以 $\bar{X}$ 与 μ 之间存在显著性差异,即存在系统误差。

2. 两组平均值的显著性检验

不同分析人员或同一分析者采用不同方法分析同一试样,所得到的平均值,一般是不相等的。要判断这两组数据之间是否存在系统误差,即两平均值之间是否有显著性差异?

通常检验的步骤:

(1)用 F-检验法检验 设两组分析数据为

$$n_1 \quad \bar{X}_1 \quad S_1$$
$$n_2 \quad \bar{X}_2 \quad S_2$$

先按下式计算 F 值:$F_{计算} = \dfrac{S_{大}^2}{S_{小}^2}$,其中 $S_{大} = \max\{S_1, S_2\}$,$S_{小} = \min\{S_1, S_2\}$,因此 $F_{计算} > 1$。

查 F 值表得到相应 F 值予以比较,按置信度为95%,若 $F_{计算} < F_{表}$,说明 S_1 与 S_2 差异不显著。进而用 t-检验法检验两组平均值 $\bar{X}_1, \bar{X}_2$ 间有无显著差异。

(2)用 t-检验法检验两组平均值

按下式计算 t 值:

$$t_{计算} = \frac{|\bar{X}_1 - \bar{X}_2|}{S}\sqrt{\frac{n_1 n_2}{n_1 + n_2}}$$

这里 S 取为 $S_{小}$。此时自由度 $f = n_1 + n_2 - 2$,查 t 值表得 $t_{表}$。

当 $t_{计算} > t_{表}$ 时,说明两组平均值有显著差异。

例 9-5 某一 Na_2CO_3 试样采用两种方法测定,得到两组结果:

方法 I:$\bar{X}_1 = 42.34\%$,$S_1 = 0.10$,$n_1 = 5$;

方法 II:$\bar{X}_2 = 42.44\%$,$S_2 = 0.12$,$n_2 = 4$。

试比较在置信度为 95% 时两组结果有无显著差异。

解 F-检验法:

$$F_{计算} = \frac{S_{大}^2}{S_{小}^2} = \frac{(0.12)^2}{(0.10)^2} = 1.44$$

$f_1 = 4 - 1 = 3$,$f_2 = 5 - 1 = 4$,查表 9-3 得 $F_{表} = 6.59$,显然 $F_{计算} < F_{表}$,说明 S_1 与 S_2 无显著差异。再用 t-检验法检验 $\bar{X}_1$ 与 $\bar{X}_2$:

$$t_{计算} = \frac{|42.34 - 42.44|}{0.10} \times \sqrt{\frac{5 \times 4}{5 + 4}} = 1.49$$

$f = n_1 + n_2 - 2 = 7$,查表 9-2 得 $t_{表} = 2.37$。显然 $t_{计算} < t_{表}$,说明 $\bar{X}_1$ 与 $\bar{X}_2$ 无显著差异。

表 9-3 置信度 95% 时 F 值(单边)

$f_{小}$ \ $f_{大}$	2	3	4	5	6	7	8	9	10	∞
2	19.00	19.16	19.25	19.30	19.33	19.36	19.37	19.38	19.39	19.50
3	9.55	9.28	9.12	9.01	8.94	8.88	8.84	8.81	8.78	8.53
4	6.94	6.59	6.39	6.26	6.16	6.09	6.04	6.00	5.96	5.63
5	5.79	5.41	5.19	5.05	4.95	4.88	4.82	4.78	4.74	4.36
6	5.14	4.76	4.53	4.39	4.28	4.21	4.15	4.10	4.06	3.67
7	4.74	4.35	4.12	3.97	3.87	3.79	3.73	3.68	3.63	3.23
8	4.46	4.07	3.84	3.69	3.58	3.50	3.44	3.39	3.34	2.93
9	4.26	3.86	3.63	3.48	3.37	3.29	3.23	3.18	3.13	2.71
10	4.10	3.71	3.48	3.33	3.22	3.14	3.07	3.02	2.97	2.54
∞	3.00	2.60	2.37	2.21	2.10	2.01	1.94	1.88	1.83	1.00

$f_{大}$:大方差数据的自由度;$f_{小}$:小方差数据的自由度。

9.6.4 可疑值的取舍

在定量分析中,得到一组数据之后,往往有个别值与其他数据相差甚远,这个值称为**可疑值**。这个可疑值是保留还是舍去应按一定的统计学方法进行处理。取舍方法有好几种,下面介绍较简便的 $4\bar{d}$ 法及较严格又方便的 Q-检验法。

1. $4\bar{d}$ 法

根据正态分布规律,偏差超过 3δ 的个别测定值的概率小于 0.3%。已知 $\sigma =$

0.80δ,即 $3\sigma \approx 4\delta$,即偏差超过 4δ 的个别测定值可以舍去。

对于少量实验数据,只能用 S 代替 σ,用 $\bar{d}$ 代替 δ,故粗略可以认为,偏差大于 $4\bar{d}$ 的个别测定值可以舍去。用 $4\bar{d}$ 法时,首先求出可疑值除外的其余数据的平均值 $\bar{X}$ 和 $\bar{d}$,然后将可疑值与平均值进行比较,如果绝对差值大于 $4\bar{d}$,则可疑值舍去,否则保留。

2. Q-检验法检验

依公式

$$Q_{计算} = \frac{X_{离群} - X_{邻近}}{X_{最大} - X_{最小}}$$

再根据测定次数 n 和置信度查 Q 值表。若 $Q_{计算} > Q_{表}$ 则离群值应弃去,反之则保留。

例 9-6 测定某盐酸溶液的物质的量浓度($mol \cdot L^{-1}$)得如下结果:0.1014,0.1012,0.1016,0.1025,问 0.1025 应否弃去(置信度为 95%)?

解
$$Q_{计算} = \frac{0.1025 - 0.1016}{0.1025 - 0.1012} = 0.69$$

当 $n = 4$,置信度为 95% 时查表 9-4 得 $Q_{表} = 1.05$,显然 $Q_{计算} < Q_{表}$,故 0.1025 应保留。

表 9-4　　　　　　　　　Q 值表(置信度 90% 和 95%)

测定次数,n	2	3	4	5	6	7	8	9	10
$Q_{0.90}$	…	0.94	0.76	0.64	0.56	0.51	0.47	0.44	0.41
$Q_{0.95}$	…	1.53	1.05	0.86	0.76	0.69	0.64	0.60	0.58

应该指出,可疑值的取舍是一项十分重要的工作。在实验过程中得到一组数据后,如果不能确定异常值为"过失"引起的,就不能轻易去掉它,而是要用上述统计检验方法进行处理,才能确定其取舍。

9.7　滴定分析法概述

9.7.1　滴定分析法的特点

滴定分析法是定量化学分析中最重要的分析方法,它主要包括酸碱滴定法、络合滴定法、氧化还原滴定法和沉淀滴定法等。这种方法是将一种已知准确浓度的滴定剂(即标准溶液)滴加到被测物质的溶液中,直到所加的滴定剂与被测物质按一定的化学计量关系反应为止,然后依据所消耗标准溶液的浓度和体积,计算被测物质的含量。

滴定分析时,一般是将滴定剂由滴定管逐滴滴加到盛有被测物溶液的锥形瓶(或烧杯)中,这一过程叫做**滴定**。当加入滴定剂物质的量(摩尔)与被滴物的物质的量(摩尔)正好符合化学反应式所表示的化学计量关系时,滴定反应就达到了化学计量点(Stoichiometric point)。在化学计量点时,往往没有任何外部特征为我们所察觉,所以一般必须借助于指示剂的变色来确定。在滴定过程中,指示剂正好发生颜色变化的转变点称为**滴定终点**(end point)。滴定到此结束。滴定终点与化学计量点不一定完全符合,由此而产生的分析误差叫做**滴定误差**。

滴定分析法的特点是,简便快速,适应性强,可以测定很多物质,通常用于测定常量组分,被测组分含量在1%以上,测定结果相对误差可达2‰,准确度较高。有时也用于测定微量组分,所以,滴定分析法在工农业生产中和科学实验中具有重要的实用价值。

9.7.2 滴定分析对化学反应的要求和滴定方式

1. 滴定反应应具备的条件

(1) 反应必须定量地完成。即反应按一定的反应方程式进行,而且进行完全(通常要求99.9%以上),这是定量计算的基础。

(2) 反应能够迅速地完成。对于速度较慢的反应,有时可通过加热或加入催化剂等方法来加快反应速度。

(3) 共存物质不干扰主要反应,或干扰作用能用适当的方法消除。

(4) 有比较简便而可靠的方法确定滴定终点。如指示剂或物理化学方法。

2. 滴定的方式

(1) 直接滴定法:凡能满足上述要求的滴定反应,都可以用标准溶液直接滴定被测物质,这种滴定方式称为**直接滴定法**。它是滴定分析中最常用和最基本的滴定方式。例如,以盐酸滴定氢氧化钠、碳酸钠溶液等。

(2) 返滴定法:由于反应较慢或反应物是固体,加入相当的滴定剂的量而反应不能立即完成时,可以先加过量滴定剂,待反应完成后,用另一种标准溶液滴定剩余的滴定剂。如测定碳酸钙的含量时,加入过量的盐酸标准溶液,再用NaOH标准溶液回滴剩余的酸,可获得较好的结果。

有时采用返滴定法是由于某些反应没有合适的指示剂。如酸性溶液中用$AgNO_3$滴定Cl^-时,缺乏好的指示剂,可以先加过量$AgNO_3$标准溶液,再以Fe^{3+}作指示剂,用NH_4SCN标准溶液回滴剩余的Ag^+,出现$[Fe(SCN)]^{2+}$的淡红色,即为终点。

(3) 置换滴定法:对于不按确定的反应式进行或因空气影响不能直接滴定的物质,可以间接滴定与该物质反应所生成的另一种物质,这种滴定方式称为**置换滴定**

法。如硫代硫酸钠不能直接滴定重铬酸钾及其他强氧化剂,因这些强氧化剂将 $S_2O_3^{2-}$ 氧化为 $S_4O_6^{2-}$ 或 SO_4^{2-},没有确定的计量关系,故不能直接滴定。但在酸性的 $K_2Cr_2O_7$ 溶液中加入过量 KI,反应产生定量的 I_2 则可用 $Na_2S_2O_3$ 溶液滴定。

(4) 间接滴定法:不能与滴定剂直接反应的离子,可以通过另外的反应间接地测定,如将 Ca^{2+} 沉淀为 CaC_2O_4 后,用 H_2SO_4 溶解,然后用 $KMnO_4$ 标准溶液滴定与 Ca^{2+} 结合的 $C_2O_4^{2-}$,从而间接地测得钙的含量。

9.7.3 基准物质和标准溶液

1. 试剂的规格

化学试剂是纯度较高的化学制品,试剂的规格或等级是以其中所含杂质的多少来划分的,一般分为以下四个等级:

(1) 一级品:即优级纯,又称保证试剂(G.R.)。这种试剂纯度很高,适于精密的分析和科学研究工作。

(2) 二级品:即分析纯,又称分析试剂(A.R.)。其纯度较一级品略差,适于一般的分析和科学研究工作。

(3) 三级品:即化学纯(C.P.),其纯度较二级品相差较多。适于工矿日常生产、学校教学等工作。

(4) 四级品:即实验试剂(L.R.),杂质含量较多,纯度较低,常用做辅助试剂(如发生或吸收气体、配制洗液等)。

此外,还有光谱纯试剂、超纯试剂和基准试剂等。

2. 基准物质

在滴定分析法中,需要已知准确浓度的标准溶液,否则无法计算分析结果。但不是什么试剂都可以用来直接配制标准溶液的,能够用于直接配制或标定溶液浓度的物质,称为**基准物质**或**基准试剂**。基准物质应符合下列要求:

(1) 物质的组成与其化学式完全符合。如硼砂 $Na_2B_4O_7 \cdot 10H_2O$,草酸 $H_2C_2O_4 \cdot 2H_2O$ 等,其结晶水的含量也应与化学式完全符合。

(2) 试剂的纯度高,一般要求达 99.9% 以上。

(3) 试剂稳定,易于保存。

(4) 试剂参加反应时,应按化学反应式定量地进行,而没有副反应。

常用的基准物质有纯金属和纯化合物,如 Cu,Zn 和 Na_2CO_3,$H_2C_2O_4 \cdot 2H_2O$,$KHC_8H_4O_4$,$K_2Cr_2O_7$,KIO_3,As_2O_3,$Na_2C_2O_4$,$CaCO_3$,NaCl 等。它们的含量一般要求在 99.9% 以上,才可用做基准物质。

3. 标准溶液

在滴定分析法中,标准溶液的浓度常用物质的量浓度和滴定度表示。

滴定度(T)是指1mL滴定剂溶液相当于被测物质的质量。例如,用$K_2Cr_2O_7$标准溶液滴定Fe^{2+}时,1mL $K_2Cr_2O_7$标准溶液相当于5.585mg的铁,则此溶液对铁的滴定度为$T_{Fe/K_2Cr_2O_7}=5.585mg/mL$。如果滴定中消耗$K_2Cr_2O_7$标准溶液20.00mL,则铁的含量为$5.585\times20.00=111.7mg$。如果固定试样的质量,滴定度则可直接表示1mL滴定剂溶液相当于被测物质的百分含量。例如,$T_{Fe/K_2Cr_2O_7}=1.00\%/mL$,表示1mL $K_2Cr_2O_7$标准溶液相当于试样中铁的含量为1.00%。在生产单位的例行分析中,由于分析对象一般比较固定,为了简化计算,常用滴定度来表示标准溶液的浓度。

标准溶液的配制,通常有直接法和标定法两种:

(1) 直接法 准确称取一定量的基准物质,溶解后,制成一定体积的溶液,根据基准物质的质量和溶液的体积,即可算出此溶液的准确浓度。例如,称取4.4130 g重铬酸钾(基准试剂),以水溶解后,在1L容量瓶中用水稀释至刻度,它的浓度是$0.01500 mol\cdot L^{-1}$。

(2) 标定法 有些试剂,由于不易提纯、组成不定或容易分解等原因,不能直接配制标准溶液,则应采用标定法,即先配成接近于所需浓度的溶液,然后用基准物质(或已用基准物质标定过的标准溶液)来确定它的浓度。例如,需要$0.1 mol\cdot L^{-1}$标准盐酸溶液时,先配成浓度大约$0.1 mol\cdot L^{-1}$的盐酸溶液,然后用基准碳酸钠或氢氧化钠标准溶液标定,即可求得盐酸溶液的准确浓度。又如NaOH纯度不高且易吸收空气中的CO_2和水分;$KMnO_4$或$Na_2S_2O_3$试剂不纯且易分解。对于这类试剂,应当采用适当方法配制成大致所需浓度的溶液,然后用基准物质标定其准确浓度。

溶液的标定一般平行滴定2~3份,求其平均值。要求相对偏差不大于2‰。配制和标定用的量器(滴定管、移液管、容量瓶等)必要时需进行校准。

9.7.4 滴定分析法的计算

计算是定量分析中一个非常重要的环节。按照分析方法和要求的不同,计算的方法也各不相同,如标准溶液的配制、滴定剂与被滴物反应之间的计量关系以及分析结果的计算等。如果概念不清,或者运算方法不对,就容易发生差错,造成严重后果。下面介绍滴定分析法的一些计算关系式。

1. 物质的量与物质的质量之间的关系

物质的量(n)与物质的质量(m)的关系:

$$n(mol)=\frac{m(g)}{M(g\cdot mol^{-1})}$$

式中,物质的量以摩尔(mol)作单位;物质的质量以g作单位;M表示物质的摩尔质量,即1摩尔物质的质量(数值等于Ar或Mr),单位为克/摩尔($g\cdot mol^{-1}$)。

2. 溶质物质的量与溶液浓度之间的关系

在滴定分析法中是依据滴定剂溶液消耗的体积及其浓度进行计算的。常以物质的量浓度表示。物质 B 的物质的量浓度 c_B 定义为物质 B 的物质的量 n_B 除以溶液的体积,即 $c_B = \dfrac{n_B}{V}$,单位为 $mol \cdot L^{-1}$ 或 $mol \cdot dm^{-3}$。

由于 $n_B = \dfrac{m}{M}$,则得 $c_B \cdot V = \dfrac{m}{M}$,或者可以表示为

$$m(g) = c_B \cdot V \cdot M$$

这样可以得到溶质的质量与溶液浓度之间的计算关系。

例 9-7 配制 $0.02000(mol \cdot L^{-1})Zn^{2+}$ 标准溶液 250.0mL,问需称取纯锌多少克?

解 Zn 的摩尔质量 $M = 65.37\ g \cdot mol^{-1}$,$V = 0.2500L$。依公式求得

$$m(g) = cVM = 0.02000 \times 0.2500 \times 65.37 = 0.3268\ g$$

例 9-8 欲配制 $0.02000\ mol \cdot L^{-1}\ K_2Cr_2O_7$ 标准溶液 500.0mL,需称取重铬酸钾多少克?

解 $K_2Cr_2O_7$ 的 $Mr = 294.2$,即 $M = 294.2g \cdot mol^{-1}$,$V = 500.0mL = 0.5000L$。依公式求得

$$m(g) = 0.02000 \times 0.5000 \times 294.2 = 2.942g$$

故应在分析天平上称取重铬酸钾 2.942g。

3. 被滴物的量(n_A)与滴定剂的量(n_B)之间的关系

设被滴物(A)与滴定剂(B)之间的反应为

$$aA + bB \Longrightarrow cC + dD$$

当反应达到化学计量点时,被滴物的物质的量与滴定剂的物质的量相等,即

$$c_A V_A = \dfrac{a}{b} c_B V_B$$

或

$$\dfrac{m_A}{M_A} = \dfrac{a}{b} c_B V_B$$

由上两式可知,若被滴物为基准物质,则可求出滴定剂的浓度,若被滴物为被测物,则被测物的质量 m_A 可由滴定剂的浓度 c_B、体积 V_B、被测物的摩尔质量 M_A 以及它们之间反应的化学计量比求得。

例 9-9 用无水 Na_2CO_3 标定 HCl 溶液浓度时,0.9980g Na_2CO_3 消耗 37.74mL HCl,计算 HCl 溶液的浓度。

解 $$Na_2CO_3 + 2HCl \Longrightarrow 2NaCl + CO_2 + H_2O$$

$$\dfrac{m}{M} : (c_{HCl}V) = 1 : 2$$

依公式 $c_{HCl}V = 2 \times \dfrac{m}{M}$,得

$$c_{HCl} \times 37.74 \times 10^{-3} = 2 \times \frac{0.9980}{106.0}$$

所以 $c_{HCl} = 0.5000 \text{mol} \cdot \text{L}^{-1}$。

例 9-10 在硫酸介质中,201.0mg $Na_2C_2O_4$ 用 30.00mL $KMnO_4$ 滴定至终点,计算 $KMnO_4$ 溶液的浓度。

解 $KMnO_4$ 在 H_2SO_4 介质中与 $Na_2C_2O_4$ 反应的化学方程式为

$$5C_2O_4^{2-} + 2MnO_4^- + 16H^+ \Longrightarrow 2Mn^{2+} + 10CO_2 + 8H_2O$$

$$\frac{m}{M} : (cV) = 5 : 2$$

即 $\frac{m}{M} = cV \times \frac{5}{2}$。$Na_2C_2O_4$ 的 Mr = 134.0,即摩尔质量 $M = 134.0 \text{g} \cdot \text{mol}^{-1}$。计算为

$$c = \frac{m \times 2}{M \times 5 \times V} = \frac{201.0 \times 10^{-3} \times 2}{134.0 \times 5 \times 30.00 \times 10^{-3}}$$
$$= 0.02000 (\text{mol} \cdot \text{L}^{-1})$$

故 $KMnO_4$ 溶液的浓度为 $0.02000 \text{mol} \cdot \text{L}^{-1}$。

例 9-11 移取 $0.02000 \text{mol} \cdot \text{L}^{-1}$ Zn^{2+} 标准溶液 25.00mL,用 EDTA 溶液滴定至终点,消耗其体积 24.85mL,计算 EDTA 溶液的浓度?

解 Zn^{2+} 与 EDTA 是按 1:1 计量比反应,故 $c_A V_A = c_B V_B$,即 $0.02000 \times 25.00 = c_B \times 24.85$,所以

$$c_B = 0.02012 \text{mol} \cdot \text{L}^{-1}$$

故该 EDTA 溶液浓度为 $0.02012 \text{mol} \cdot \text{L}^{-1}$。

4. 待测组分含量的计算

滴定分析的结果,通常以待测组分的质量分数或百分含量表示。

设试样的质量为 $G(\text{g})$,测得其中待测组分的质量为 $m_A(\text{g})$,则待测组分在试样中的质量分数 w_A 为

$$w_A = \frac{m_A}{G}$$

根据被滴物的量与滴定剂的量之间的关系,可知

$$w_A = \frac{\frac{a}{b}(cV)_{\text{滴定剂}} M_A}{G}$$

在滴定分析法中,滴定体积 V 一般以 mL 为单位,而浓度 c 的单位为 $\text{mol} \cdot \text{L}^{-1}$,所以在计算时应注意将 V 的单位由 mL 换算为 L。

待测组分含量若要求用百分含量表示,则只需将质量分数乘以 100% 即可。

例 9-12 称取 NaOH 试样 5.000g,溶于水后,注入 250mL 容量瓶中稀释至刻度。移取该试液 25.00mL,用去 $0.5000 \text{mol} \cdot \text{L}^{-1}$ HCl 24.45mL 滴定至终点,求试样中

NaOH 的质量分数。

解 NaOH + HCl $=\!=\!=$ NaCl + H$_2$O,$a:b=1:1$,NaOH 的 $M=40$g·mol^{-1}。依公式,

$$w_{\text{NaOH}}=\frac{\frac{a}{b}\cdot cV\cdot M}{G}=\frac{0.5000\times 24.45\times 10^{-3}\times 40.00}{5.000\times\frac{25.00}{250.0}}$$

$$=0.9780$$

例 9-13 用重铬酸钾法测定铁矿石中的铁。称取试样 500.0mg,将其溶解并使铁转变为 Fe^{2+} 后,用 0.02500mol·L^{-1} K$_2$Cr$_2$O$_7$ 标准溶液滴定,消耗其体积 34.72mL。求试样中按 Fe% 和 Fe$_2$O$_3$% 表示的结果。

解 6Fe^{2+} + Cr$_2$O$_7^{2-}$ + 14H$^+$ $=\!=\!=$ 6Fe^{3+} + 2Cr^{3+} + 7H$_2$O

$$a:b=\frac{m}{M}:(cV)_{\text{滴定剂}}=6:1$$

Fe 的 Ar = 55.85,Fe$_2$O$_3$ 的 Mr = 159.7,

$$\text{Fe}\%=\frac{(cV)_{\text{滴定剂}}\cdot\frac{a}{b}\cdot M}{G}\times 100$$

$$=\frac{0.02500\times 34.72\times\frac{6}{1}\times 55.85\times 10^{-3}}{500\times 10^{-3}}\times 100$$

$$=58.17$$

而 $n_{\text{Fe}_2\text{O}_3}=\frac{1}{2}n_{\text{Fe}^{2+}}=\frac{1}{2}\times 6n_{\text{K}_2\text{Cr}_2\text{O}_7}=3n_{\text{K}_2\text{Cr}_2\text{O}_7}$,所以

$$\text{Fe}_2\text{O}_3\%=\frac{0.02500\times 34.72\times 3\times 159.7}{500}\times 100=83.17$$

例 9-14 称取含铝试样 0.2000g,溶解后,加入 0.02000mol·L^{-1} EDTA 标准溶液 30.00mL,调节酸度并加热使 Al^{3+} 与 EDTA 络合完全,然后以 0.01950mol·L^{-1} 锌标准溶液返滴定,消耗 5.50mL。求试样中 Al$_2$O$_3$ 的质量分数。

解 Al^{3+} 与 EDTA 是按 1:1 计量比反应,Al$_2$O$_3$ 的 Mr = 102.0。

$$\text{Al}^{3+}+\text{H}_2\text{Y}^{2-}=\!=\!=\text{AlY}^-+2\text{H}^+$$

而 $n_{\text{Al}_2\text{O}_3}=\frac{1}{2}n_{\text{Al}^{3+}}=\frac{1}{2}n_{\text{EDTA}}$,故

$$w_{\text{Al}_2\text{O}_3}=\frac{(0.02000\times 30.00-0.01950\times 5.50)\times\frac{1}{2}\times 102.0}{0.2000\times 1000}$$

$$=0.1256$$

例9-15 称取 NaCl 试样 2.000g,用水溶解,在 250mL 容量瓶中稀释至刻度。移取试液 25.00mL,用 0.100mol·L⁻¹ AgNO₃ 溶液 33.00mL 滴定至终点,试计算试样中 NaCl 的百分含量。

解 NaCl + AgNO₃ = AgCl↓ + NaNO₃, $a:b = 1:1$, NaCl 的 Mr = 58.44。

$$G = 2.000 \times \frac{25}{250} = 0.2000(g)$$

故得

$$NaCl\% = \frac{cV \cdot M}{G} \times 100 = \frac{0.1000 \times 33.00 \times 10^{-3} \times 58.44}{0.2000} \times 100$$
$$= 96.43$$

习 题

1. 电光分析天平的分度值是 0.1mg,如果要求分析结果达到 1.0‰的准确度,问称取试样的质量至少应是多少? 如称样 50mg 和 100mg,相对误差各是多少?

2. 滴定管的读数误差约 ±0.02mL,如果要求分析结果达到 2‰的准确度,滴定时所用溶液的体积至少要多少毫升? 如果滴定时消耗溶液 5.00mL 和 25.00mL,相对误差各是多少?

3. 用酸碱滴定法测得纯碱中 Na₂CO₃ 的百分含量为 98.84,98.80,98.76,计算分析结果的平均值以及个别测定值的绝对偏差和相对偏差。

4. 标定盐酸溶液的浓度(mol·L⁻¹),得到如下数据:

$$0.1043, 0.1039, 0.1049, 0.1041$$

计算此结果的平均偏差、标准偏差、变异系数和平均值的标准偏差。

5. 在下列数值中各有几位有效数字:

$$0.004, 0.0200, 1.030, 2.0 \times 10^{-5}, pH = 0.02, 8000$$

6. 计算下列溶液中溶质的重量:

(1) 500mL 0.2000mol·L⁻¹ H₂C₂O₄·2H₂O 溶液;

(2) 100mL 0.1000mol·L⁻¹ Na₂B₄O₇·10H₂O 溶液;

(3) 1000mL 0.05mol·L⁻¹ EDTA 溶液;

(4) 1000mL 0.1mol·L⁻¹ Na₂S₂O₃ 溶液。

7. 计算下列溶液的浓度(mol·L⁻¹):

(1) 250mL 溶液中含 Zn 0.3270g;

(2) 500mL 溶液中含 K₂Cr₂O₇ 2.942g。

8. 已知在酸性溶液中,KMnO₄ 与 Fe²⁺ 反应时,1.00mL KMnO₄ 溶液相当于 0.1117g Fe,而 1.00mL KHC₂O₄·H₂C₂O₄ 溶液在酸性介质中恰好和 0.20mL 上述 KMnO₄ 溶液完全反应,问需要多少 mL 0.2000mol·L⁻¹ NaOH 溶液才能与上述 1.00mL KH₃C₂O₄·H₂C₂O₄ 溶液完全中和?

9. 用酸碱滴定法测定工业用草酸的纯度:

(1) 称取纯 H₂C₂O₄·2H₂O 0.365 5g,滴定时消耗 NaOH 35.14mL,计算 NaOH 溶液的浓度

$(mol \cdot L^{-1})$；

（2）称取工业用草酸试样 0.3340g，滴定时消耗上述 NaOH 标准溶液 28.35mL，求试样中 $H_2C_2O_4 \cdot 2H_2O$ 的质量分数。

10. 称取氮肥 1.325g 蒸馏，生成的 NH_3 通入 50.00mL 0.1015mol·L^{-1} H_2SO_4 标准溶液中，然后用 0.1980mol·L^{-1} NaOH 返滴定，消耗其体积 25.32mL，试计算该试样中 N%？

11. 血液中钙的测定，采用 $KMnO_4$ 法间接测定钙。取 10.0mL 血液试样，先沉淀为草酸钙（$CaC_2O_4 \downarrow$），以 H_2SO_4 溶解后，用 0.00500mol·L^{-1} $KMnO_4$ 溶液滴定，消耗其体积 2.50mL，试计算每 10mL 血液试样中含钙多少毫克。

12. 若每升海水中含有 0.00500mol Mg^{2+}，已知海水的平均密度为 1.02 g·mL^{-1}，求海水中含有多少 ppm 的 Mg^{2+}？取此海水 2.50mL，用蒸馏水稀释至 1L，计算这种溶液中含 Mg^{2+} 多少 ppb。

13. 矿石中钨的百分含量的测定结果为：20.39，20.41，20.43，计算平均值的标准偏差 $S_{\bar{x}}$ 及置信度为 95% 时的置信区间。

14. 某药厂生产铁剂，要求每克药剂中含铁为 48.00mg，对一批药品分析五次，结果为：47.44，48.15，47.90，47.93，48.03（mg·g^{-1}），问这批产品含铁量是否合格（置信度为 95%）？

15. 已知明矾中铝的理论含量 μ = 10.76%，某分析者用一种新方法测定纯明矾中铝的含量，分析 9 次得平均值为 10.79%，标准偏差 S = 0.042%，试判断置信度为 95% 时，该测定铝的方法是否存在系统误差？

第10章 滴定分析法

10.1 酸碱滴定法

10.1.1 概述

酸碱滴定法是以酸碱反应为基础的滴定分析法,又称**中和法**。不仅 H^+ 与 OH^- 结合成水的反应,而且能与 H^+ 或 OH^- 结合成难离解的弱电解质的反应,在适当条件下,都有可能用来进行酸碱滴定。在酸碱滴定中,滴定剂一般都是强酸或强碱,如 HCl,H_2SO_4,$NaOH$ 和 KOH 等;被滴定的是各种具有酸性或碱性的物质,如 HCl,HAc,$H_2C_2O_4$,H_2CO_3,H_3PO_4,酒石酸和柠檬酸或者 KOH,NH_3,Na_2CO_3,Na_3PO_4 等。

在酸碱滴定法的基本原理中,最重要的是应掌握各种类型酸碱滴定曲线的绘制及化学计量点的 pH 计算;怎样选择最合适的酸碱指示剂来指示滴定终点;正确判断被测物能否准确被滴定;正确计算被测物的百分含量和滴定误差等。

10.1.2 酸碱指示剂

1. 酸碱指示剂的变色原理

酸碱指示剂一般都是一些有机弱酸或弱碱,它们的酸式及其共轭碱式具有不同的颜色。当溶液的 pH 改变时,指示剂失去质子转化为碱式或者获得质子转化为酸式,由于结构上的变化,从而引起颜色的变化,故可用来指示滴定的终点。下面以甲基橙和酚酞为例来说明。

甲基橙 是一种双色指示剂,它在溶液中发生如下的离解作用和颜色变化:

$$(CH_3)_2\overset{+}{N}=\!\!\!=\!\!\!\!\bigcirc\!\!\!=\!\!\!\!=N-\underset{H}{N}-\bigcirc-SO_3^-$$
(红色)(醌式)

$$\overset{OH^-}{\underset{H^+}{\rightleftharpoons}} (CH_3)_2N-\bigcirc-N=\!\!=N-\bigcirc-SO_3^-$$
(黄色)(偶氮式)

甲基橙在水溶液中的离解平衡也可用下面的简式表示:

$$\text{HIn} \rightleftharpoons \text{H}^+ + \text{In}^-, \text{p}K_a = 3.4$$
（红色）　　　（黄色）

从平衡关系可以看出,增大溶液的酸度,甲基橙主要以醌式结构(酸式色)存在,显红色;降低溶液酸度,甲基橙主要以偶氮式结构(碱式色)存在,溶液显黄色。

又如酚酞,它是一种弱的有机酸($K_a = 10^{-9}$),属单色指示剂,在溶液中有如下平衡:

（无色）　　　　　　　（红色）（醌式）

在酸性溶液中,平衡向左移动,酚酞主要以无色的羟式结构存在;在碱性溶液中,平衡向右移动,酚酞转变为醌式结构而显红色。

指示剂颜色的变化与氢离子浓度有密切关系,在一定的 pH 范围内,可以看到酸式和碱式颜色的改变,指示剂发生颜色改变的 pH 范围,叫做**指示剂的变色范围**。每种指示剂都有它的变色范围。如酚酞的变色范围为:pH 8.0~10.0(浅红色)。pH < 8.0 时溶液为无色,pH > 10.0 时呈红色。根据指示剂在水溶液中的离解平衡关系式

$$\text{HIn} \rightleftharpoons \text{H}^+ + \text{In}^-$$
（酸式）　　　（碱式）

$$K_a = \frac{[\text{H}^+][\text{In}^-]}{[\text{HIn}]} \text{ 或 } \frac{[\text{H}^+]}{K_a} = \frac{[\text{HIn}]}{[\text{In}^-]}$$

式中,K_a 为**指示剂离解平衡常数**,在一定温度下为常数,决定于指示剂的本质。由上述公式可知,$[\text{H}^+]$ 浓度的改变,必将引起 $\frac{[\text{HIn}]}{[\text{In}^-]}$ 浓度比的变化,因而影响指示剂颜色的改变。

当 $\frac{[\text{HIn}]}{[\text{In}^-]} = 1$ 时,指示剂的酸式和碱式的浓度相等,所以

$$[\text{H}^+] = K_a, \quad \text{即 pH} = \text{p}K_a$$

指示剂在 pH = pK_a 时发生颜色的改变,叫做指示剂的理论**变色点**。这时看到的是酸式和碱式的混合颜色,如甲基橙的橙色。

当 $\frac{[\text{HIn}]}{[\text{In}^-]} = 10$ 时,看到的是酸式的颜色

$$[H^+] = 10K_a, \quad 即 \text{pH} = pK_a - 1$$

当 $\dfrac{[\text{HIn}]}{[\text{In}^-]} = 1/10$ 时，看到的是碱式颜色

$$[H^+] = \dfrac{1}{10}K_a, \quad 即 \text{pH} = pK_a + 1$$

所以，指示剂的变色 pH 范围为

$$\text{pH} = pK_a \pm 1$$

实际上，许多指示剂的变色范围往往不符合 $pK_a \pm 1$，例如，甲基橙的变色范围为：pH 3.1～4.4(橙色)。pH < 3.1 为红色，pH > 4.4 为黄色。理论与实际的偏差，是由于在进行理论计算时，没有考虑到其他各种因素对指示剂变色范围的影响，如指示剂的浓度、溶液的温度、溶剂的性质、人的眼睛对颜色敏感性的不同等。在实际应用中，指示剂的变色范围越窄越好，这样，滴定到化学计量点时，pH 稍有改变，指示剂可以由一种颜色立即转变为另一种颜色。

2. 常用的酸碱指示剂

酸碱指示剂种类很多，各有不同变色范围，表 10-1 中列出的几种常用酸碱指示剂都是单一指示剂，变色范围一般比较大。有些滴定突跃范围很窄，使用变色范围较宽的指示剂，往往无法正确判断终点，此时可使用酸碱混合指示剂。

表 10-1 几种常用的酸碱指示剂

指示剂	变色范围 pH	颜色 酸色	颜色 碱色	pK_a	浓度	用量 (滴/10mL 试液)
百里酚蓝	1.2～2.8	红	黄	1.7	0.1%的20%酒精溶液	1～2
甲基橙	3.1～4.4	红	黄	3.4	0.05%的水溶液	1
溴酚蓝	3.0～4.6	黄	紫	4.1	0.1%的20%酒精溶液或其钠盐的水溶液	1
甲基红	4.4～6.2	红	黄	5.0	0.1%的60%酒精溶液或其钠盐的水溶液	1
溴百里酚蓝	6.0～7.6	黄	蓝	7.3	0.1%的20%酒精溶液或其钠盐的水溶液	1
酚红	6.8～8.0	黄	红	8.0	0.1%的60%酒精溶液或其钠盐的水溶液	1
酚酞	8.0～10.0	无	红	9.1	0.1%的90%酒精溶液	1～3
百里酚酞	9.4～10.6	无	蓝	10.0	0.1%的90%酒精溶液	1～2

混合指示剂有两类:一类是由两种(或多种)不同的指示剂混合而成,另一类是由一种指示剂与一种惰性染料(其颜色不随溶液中 H^+ 浓度变化而改变)混合而成。两者的作用原理都是利用颜色的互补作用来提高变色的敏锐度。例如,溴甲酚绿(pK_a=4.9)和甲基红(pK_a=5.2),前者的酸色为黄色,碱色为蓝色;后者的酸色为红色,碱色为黄色。当它们混合后,由于共同作用的结果,在酸性溶液中显橙色(黄加红),在碱性溶液中显绿色(蓝加黄)。而在化学计量点附近(pH≈5.1)时,溴甲酚绿的碱性成分较多,呈绿色,甲基红的酸性成分较多,呈橙红色,两种指示剂颜色互补,溶液近乎无色,色调变化极为敏锐。又如,甲基橙和靛蓝(惰性染料)可以组成混合指示剂,靛蓝在滴定过程中不改变颜色,仅作为甲基橙颜色的背景色。甲基橙(pK_a=3.4)的酸色为红色,碱色为黄色,pH≈4.0 时为橙色。而甲基橙与靛蓝组成的混合指示剂的酸色为紫色,碱色为绿色,紫色与绿色之间的相互转化经过浅灰色或近乎无色的中间色,该中间色的变色范围较窄且变化较敏锐,从而使终点更易辨认。

表 10-2 中列出几种常用的酸碱混合指示剂。

表 10-2 常用酸碱混合指示剂

指示剂溶液的组成	变色点 pH	颜色		备注
		酸色	碱色	
一份 0.1% 甲基橙水溶液 一份 0.25% 靛蓝二磺酸水溶液	4.1	紫	黄绿	
三份 0.1% 溴甲酚绿酒精溶液 一份 0.2% 甲基红酒精溶液	5.1	酒红	绿	
一份 0.1% 溴甲酚绿钠盐水溶液 一份 0.1% 氯酚红钠盐水溶液	6.1	黄绿	蓝紫	pH=5.4 为蓝绿色, pH=5.8 为蓝色, pH=6.0 为蓝带紫色, pH=6.2 为蓝紫色。
一份 0.1% 中性红酒精溶液 一份 0.1% 次甲基蓝酒精溶液	7.0	蓝紫	绿	pH=7.0 为紫蓝色
一份 0.1% 甲基红钠盐水溶液 三份 0.1% 百里酚蓝钠盐水溶液	8.3	黄	紫	pH=8.2 为玫瑰色, pH=8.4 为清晰的紫色。
一份 0.1% 百里酚蓝 50% 酒精溶液 三份 0.1% 酚酞 50% 酒精溶液	9.0	黄	紫	从黄到绿再到紫色
二份 0.1% 百里酚酞酒精溶液 一份 0.1% 茜素黄酒精溶液	10.2	紫	黄	

10.1.3 酸碱滴定曲线和指示剂的选择

根据被滴物的组成和性质,酸碱滴定主要包括强酸、强碱的滴定,一元弱酸、弱碱的滴定,多元酸、多元碱的滴定等类型。下面分别讨论这些类型的滴定曲线和选择指示剂的原则。

1. 强酸滴定强碱或强碱滴定强酸

以 $0.1000\ mol·L^{-1}$ HCl 溶液滴定 20.00mL $0.1000\ mol·L^{-1}$ NaOH 溶液为例,讨论强酸强碱相互滴定的滴定曲线和指示剂的选择。

滴定的反应式:$HCl + NaOH =\!=\!= NaCl + H_2O$,即

$$H^+ + OH^- =\!=\!= H_2O$$

(1)滴定以前 溶液的碱度等于 NaOH 的原始浓度。

$$[OH^-] = 0.1000\ mol·L^{-1},\ pOH = 1.00,$$

所以 pH = 14.00 − 1.00 = 13.00。

(2)滴定开始至化学计量点前 溶液的碱度由剩余 NaOH 浓度决定

$$[OH^-] = 0.1000 \times \frac{剩余\ NaOH\ 的体积}{溶液的总体积}$$

如当滴入 HCl 溶液 18.00mL(剩余 NaOH 2.00mL)时,OH^- 浓度为

$$[OH^-] = \frac{0.1000 \times 2.00}{20.00 + 18.00} = 5.263 \times 10^{-3}\ mol·L^{-1}$$

pOH = 2.28

所以 pH = 14 − 2.28 = 11.72。

当滴入 HCl 溶液 19.98mL(剩余 NaOH 0.02mL)时,OH^- 浓度为

$$[OH^-] = \frac{0.1000 \times 0.02}{20.00 + 19.98} = 5.08 \times 10^{-5}\ mol·L^{-1}$$

pOH = 4.30

所以 pH = 14 − 4.30 = 9.70。

(3)化学计量点时 滴入 HCl 溶液 20.00mL,溶液呈中性。这时 H^+ 浓度为

$$[H^+] = [OH^-] = 1.00 \times 10^{-7}\ mol·L^{-1}$$

所以 pH = 7.00。

(4)化学计量点以后 溶液的酸度取决于过量 HCl 的浓度,即

$$[H^+] = 0.1000 \times \frac{过量\ HCl\ 的体积}{溶液的总体积}$$

当滴入 HCl 溶液 20.02mL(过量 HCl 0.02mL)时,溶液中的 H^+ 浓度为

$$[H^+] = \frac{0.1000 \times 0.02}{20.00 + 20.02} = 5.00 \times 10^{-5}\ mol·L^{-1}$$

所以 pH = 4.30。

如此逐一计算,将计算结果列于表 10-3 中。如果以加入的 HCl 的体积(或中和百分数)为横坐标,以 pH 为纵坐标绘制关系曲线,可得到**酸碱滴定曲线**,如图 10-1(a)所示。

表 10-3　　$0.1000\,mol\cdot L^{-1}$ HCl 滴定 20.00mL $0.1000\,mol\cdot L^{-1}$ NaOH

加入 HCl/mL	剩余 NaOH/mL	滴定百分数	过量 HCl/mL	pH	
0.00	20.00	0.00%		13.00	
18.00	2.00	90.00%		11.72	
19.80	0.20	99.00%		10.70	
19.96	0.04	99.80%		10.00	
19.98	0.02	99.90%		9.70	突跃范围
20.00	0.00	100.00%		7.00	
20.02		100.10%	0.02	4.30	
20.04		100.20%	0.04	4.00	
20.20		101.00%	0.20	3.30	
22.00		110.00%	2.00	2.32	
40.00		200.00%	20.00	1.48	

从表 10-3 和图 10-1 中可以看出,从滴定开始到加入 19.80mL HCl 溶液时,溶液的 pH 只改变 2.3 个 pH 单位,曲线变化比较平坦。再滴入 0.18mL HCl 溶液(共滴入 19.98mL)时,溶液 pH 又变小一个 pH 单位,曲线变化加快了。当继续滴入 0.02mL(约半滴)即共滴入 20.00mL,正好是滴定的化学计量点,此时 pH 迅速达到 7.00。再滴入 0.02mL(共滴 20.02mL),pH 迅速减小到 4.30,溶液呈酸性了。此后再滴入过量 HCl 溶液所引起的 pH 变化就愈来愈小。

由此可见,在化学计量点前后,从剩余 0.02mLNaOH 溶液到过量 0.02mL HCl 溶液(即滴定百分数为 99.90%~100.1%),总共不过是一滴之差(约 0.04mL),但溶液 pH 却从 9.70 突变到 4.30,改变了 5.4 个 pH 单位,形成滴定曲线中的"突跃"部分。这种突跃部分所在的 pH 范围称为**滴定突跃范围**。

滴定突跃范围是选择酸碱指示剂的依据。最理想的指示剂应该恰好在化学计量点时变色。凡指示剂的变色点的 pH 处于滴定突跃范围之内均可选用。实际上凡指示剂变色的 pH 范围完全或基本上落在滴定突跃之内的指示剂,都可保证滴定的准确度。上述滴定突跃范围为 pH 9.70~4.30,因此,可选用酚酞(pH 8.0~10.0),甲基红(pH 4.4~6.2),最理想的是用中性红与次甲基蓝混合指示剂(变色点 pH 7.0),若以甲基橙为指示剂(pH 3.1~4.4),滴定终点是由黄色变为橙色,这时 pH≈4,HCl 就可能过量 0.04mL 以上,因而,滴定误差将大于 +0.2%。

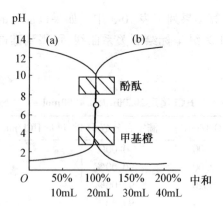

图 10-1　强酸滴定强碱滴定曲线(a)
　　　　强碱滴定强酸滴定曲线(b)

如果用 0.1000 mol·L^{-1} NaOH 溶液滴定 20.00mL 0.1000 mol·L^{-1} HCl 溶液,得到滴定曲线的形状与图 10-1 中(a)相反。滴定突跃范围为 pH 4.30~9.70,因此,可选用甲基红、酚酞、甲基橙作指示剂,滴定误差不超过 ±0.1%,结果是十分满意的。

在酸碱滴定中,滴定突跃范围的大小还与溶液的浓度有关,酸碱的浓度越大,突跃范围越大;酸碱的浓度越小,突跃范围也就越小。如图 10-2 所示,用 1 mol·L^{-1} HCl 溶液滴定 1 mol·L^{-1} NaOH 溶液的突跃范围为 pH 10.7~3.3,比 0.1 mol·L^{-1} HCl 溶液滴定 0.1 mol·L^{-1} NaOH 溶液的突跃范围扩大了 2 个 pH 单位;而用 0.01 mol·L^{-1} HCl 溶液滴定 0.01 mol·L^{-1} NaOH 溶液的突跃范围为 pH 8.7~5.3,其突跃范围相应减小了 2 个 pH 单位,这时不能选用甲基橙作指示剂。

2. 强碱滴定一元弱酸

(1) 以 0.1000 mol·L^{-1} NaOH 溶液滴定 20.00mL 0.1000 mol·L^{-1} HAc 溶液为例,滴定过程中 pH 的变化情况如下:

滴定反应式　　　　　HAc + NaOH = NaAc + H$_2$O

①滴定开始前　溶液是 0.1000 mol·L^{-1} HAc,其 H$^+$ 浓度为

$$[H^+] = \sqrt{cK_a} = \sqrt{0.1000 \times 1.8 \times 10^{-5}} = 1.34 \times 10^{-3} (mol·L^{-1})$$

$$pH = 2.87$$

②滴定开始至化学计算点前　溶液中未反应的 HAc 和反应产物 Ac$^-$ 同时存在,形成一缓冲体系。溶液的 pH 可按下式计算:

$$pH = pK_a + \lg\frac{[Ac^-]}{[HAc]}$$

例如,当滴入 NaOH 溶液 19.98mL(剩余 HAc 溶液 0.02mL)时,求得

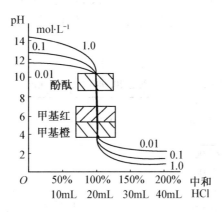

图 10-2　各种浓度强碱的滴定曲线

$$[\text{HAc}] = 0.1000 \times \frac{0.02}{20.00 + 19.98} = 5.08 \times 10^{-5} (\text{mol} \cdot \text{L}^{-1})$$

$$[\text{Ac}^-] = 0.1000 \times \frac{19.98}{20.00 + 19.98} = 5.00 \times 10^{-2} (\text{mol} \cdot \text{L}^{-1})$$

$$\text{pH} = 4.74 + \lg \frac{5.00 \times 10^{-2}}{5.08 \times 10^{-5}} = 7.74$$

③化学计量点时　滴入 NaOH 溶液 20.00mL，全部 HAc 被中和成 NaAc，由于溶液体积加倍，NaAc 的浓度减半，即 $[\text{Ac}^-] = 0.05000 \text{mol} \cdot \text{L}^{-1}$，$\text{Ac}^-$ 是弱碱，这时溶液中 OH^- 的浓度为

$$[\text{OH}^-] = \sqrt{cK_b} = \sqrt{c\frac{K_w}{K_a}} = \sqrt{0.05000 \times \frac{10^{-14}}{1.8 \times 10^{-5}}}$$

$$= 5.27 \times 10^{-6} (\text{mol} \cdot \text{L}^{-1})$$

$$\text{pOH} = -\lg[\text{OH}^-] = 5.28$$

$$\text{pH} = 14.00 - 5.28 = 8.72$$

可见，用 NaOH 溶液滴定 HAc 溶液，计量点时 pH 大于 7，溶液显碱性。

④化学计量点后　由于过量 NaOH 的存在，抑制了 Ac^- 的离解，溶液的 pH 取决于过量的 NaOH 浓度，其计算方法与强碱滴定强酸相同。例如，当滴入 NaOH 溶液 20.02mL（过量0.02mL）时，溶液中 OH^- 浓度为

$$[\text{OH}^-] = 0.1000 \times \frac{0.02}{20.00 + 20.02} = 5.00 \times 10^{-5} \text{mol} \cdot \text{L}^{-1}$$

$$\text{pOH} = 4.30, \quad \text{pH} = 9.70$$

如此逐一计算，将计算结果列于表 10-4 中，并绘制滴定曲线（见图 10-3）。

从表 10-4 和图 10-3 中，可以看出：

①滴定以前 0.1000mol·L^{-1} HAc 溶液的 pH=2.87，比 0.1000mol·L^{-1} HCl 溶液的 pH 约大 2 个 pH 单位，这是因为 HAc 溶液比同浓度的 HCl 溶液的 H$^+$ 浓度小的缘故。

表 10-4　0.1000mol·L^{-1} NaOH 滴定 20.00mL 0.1000mol·L^{-1} HAc 或 HA

加入 NaOH/mL	剩余 HAc/mL	过量 NaOH/mL	pH HAc	pH HA($K_a=10^{-7}$)
0.00	20.00		2.87	4.00
18.00	2.00		5.70	7.95
19.80	0.20		6.74	9.00
19.98	0.02		7.74 ⎫突	9.70 ⎫突
20.00	0.00		8.72 ⎬跃	9.85 ⎬跃
20.02		0.02	9.70 ⎭范围	10.00 ⎭范围
20.20		0.20	10.70	10.70
22.00		2.00	11.70	11.70
40.00		20.00	12.50	

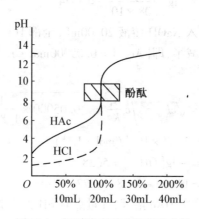

图 10-3　强碱滴定弱酸的滴定曲线

②滴定开始至化学计量点前　滴定开始之后，HAc 比 HCl 的曲线坡度要陡一些，因为 HAc 的离解度很小，一旦滴入 NaOH 溶液后，部分 HAc 被中和而生成 NaAc，由于 Ac$^-$ 的同离子效应，使 HAc 的离解度变得更小，所以 H$^+$ 浓度迅速降低，pH 很快增大。当继续滴入 NaOH 时，NaAc 不断生成，形成 HAc-NaAc 缓冲体系，这时溶液的 pH 增加缓慢，所以这一段曲线较为平坦。当接近化学计量点时，HAc 的浓度很小，溶液的缓冲作用减弱，继续滴入 NaOH，溶液的 pH 变化又逐渐加快。当滴入

19.98mL NaOH 溶液时,虽然还有 0.02mL HAc 溶液未被中和,但溶液已显碱性(pH = 7.74)。

③化学计量点时　HAc 的浓度急剧减少,生成了大量的 Ac^-,而 Ac^- 是碱,它在水溶液中离解后产生相当数量的 OH^-,因而使溶液的 pH 发生突变。化学计量点时 pH = 8.72,在碱性范围内。

④化学计量点后　溶液 pH 的变化规律与强碱滴定强酸时的情形相同。

再比较一下化学计量点附近 pH 的突跃情况,从剩余 0.02mL HAc 溶液到过量 0.02mL NaOH 溶液,pH 从 7.74 增加到 9.70,变化仅约 2 个 pH 单位,这个突跃范围(pH 7.74~9.70)比相同浓度的强碱强酸滴定要小得多,而且化学计量点在碱性范围内。因此,在酸性范围内变色的指示剂,如甲基橙、甲基红等都不能用做 NaOH 滴定 HAc 的指示剂,否则将会引起很大的滴定误差。酚酞的变色范围落在突跃范围之内,可用做这一类型滴定的指示剂。

(2) 影响突跃范围大小的因素主要是酸的强度和浓度。

①酸的强度　图 10-4 是 $0.1mol \cdot L^{-1}$ NaOH 溶液滴定 $0.1mol \cdot L^{-1}$ 不同强度的酸的滴定曲线。从中可以看出,当酸的浓度一定时,K_a 值愈大,突跃范围愈大;K_a 值愈小,突跃范围愈小。当 $K_a \leq 10^{-9}$ 时,没有明显的突跃,利用一般的酸碱指示剂无法确定滴定终点。

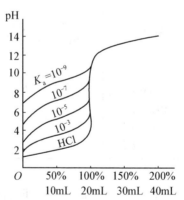

图 10-4　强碱滴定不同强度的酸的滴定曲线

②酸的浓度　当 K_a 值一定时,酸的浓度愈大,突跃范围愈大。反之,酸的浓度愈小,突跃范围愈小。由表 10-4 可见,当滴定 $0.1mol \cdot L^{-1}$ 的 HA 溶液(其 $K_a = 10^{-7}$)弱酸时,化学计量点前后 0.1% 时 pH 变化是 9.70~10.00,滴定突跃范围仅 0.3 个 pH 单位。即使能选到最理想指示剂(其 pT 为 9.85)正好与化学计量点 pH 一致。但由于人眼观察滴定终点有 0.3 个 pH 单位的出入,为使终点与化学计量点相差 ±0.3pH(即滴定突跃范围为 0.6 个 pH 单位),这时终点的 pH 将是 9.56~10.14,而

达到的准确度是±2.0‰。所以,一般说来,当弱酸的浓度与其离解常数的乘积大于10^{-8},即$c \cdot K_a \geq 10^{-8}$时,才能获得较准确的滴定结果,滴定误差不大于2‰。这是作为判断弱酸能否准确被滴定的界限。

3. 强酸滴定一元弱碱

例如,用 HCl 溶液滴定 NH_3、乙胺和乙醇胺等,反应式为

$$NH_3 + H^+ \rightleftharpoons NH_4^+$$

$$C_2H_5NH_2 + H^+ \rightleftharpoons C_2H_5NH_3^+$$

$$HOCH_2CH_2NH_2 + H^+ \rightleftharpoons HOCH_2CH_2NH_3^+$$

这类型的滴定与强碱滴定一元弱酸非常相似,所不同的是溶液的 pH 是由大到小,滴定曲线的形状刚好相反。现以 $0.1000\mathrm{mol \cdot L^{-1}}$ HCl 溶液滴定 20.00mL $0.1000\mathrm{mol \cdot L^{-1}}$ NH_3 溶液为例,说明滴定过程中溶液 pH 的变化及指示剂的选择。将各滴定点 pH 的计算方法和 pH 列于表 10-5 并绘制成滴定曲线(见图 10-5)。

表 10-5 $0.1000\mathrm{mol \cdot L^{-1}}$ HCl 溶液滴定 20.00mL $0.1000\mathrm{mol \cdot L^{-1}}$ NH_3 溶液

加入 HCl/mL	滴定百分数	计算公式	pH
0	0	$[OH^-] = \sqrt{K_b c}$	11.12
10.00	50.0%		9.25
18.00	90.0%	$[OH^-] = K_b \dfrac{c_{NH_3}}{c_{NH_4^+}}$	8.30
19.80	99.0%		7.25
19.98	99.9%		6.25
20.00	100.0%	$[H^+] = \sqrt{K_{a_{NH_4^+}} \cdot c}$	5.28
20.02	100.1%		4.30
20.20	101.1%	$[H^+] = c_{HCl}$	3.30
22.00	110.0%		2.32

由表 10-5 和图 10-5 可以看出,用 HCl 滴定 NH_3 时,化学计量点的 pH 为 5.28,突跃发生在酸性范围内,pH 为 6.25~4.30。因而必须选在酸性范围内变色的指示剂,选用甲基红或溴甲酚绿(变色范围 pH 为 3.8~5.4;其 pK_{HIn} =4.9)是合适的。若用甲基橙作指示剂则终点出现略迟,滴定到橙色时(pH≈4),误差将会大于 +0.2%。

与一元弱酸的滴定一样,一元弱碱的浓度(c)和其离解常数(K_b)都会影响滴定突跃的大小。当 $cK_b \geq 10^{-8}$ 时才能准确进行滴定。这是准确滴定一元弱碱的滴定界限。

4. 多元酸的滴定

多元酸大多数是弱酸。它们在水溶液中分步离解,而且各级离解常数之比不太

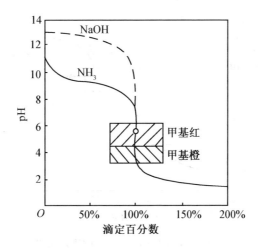

图 10-5　0.1000mol·L^{-1} HCl 滴定 20.00mL 0.1000mol·L^{-1} NH$_3$

大。例如,草酸是二元弱酸,在水溶液中分两步离解:$K_{a1}=5.9\times10^{-2}$,$K_{a2}=6.4\times10^{-5}$,$\dfrac{K_{a1}}{K_{a2}}\approx10^3$。

用碱滴定多元酸的一般条件是:①首先要求 $cK_a>10^{-8}$,才可以进行滴定;②若 $\dfrac{K_{a1}}{K_{a2}}\geqslant10^5$,则可以进行分步滴定。H$_2C_2O_4$ 的 $cK_{a2}>10^{-8}$,用 NaOH 溶液可以进一步中和 H$_2$C$_2$O$_4$ 中的全部 H$^+$,即滴定至 C$_2$O$_4^{2-}$。但不能进行分步滴定,由于 K_{a1} 与 K_{a2} 的比值不大,当 NaOH 滴定 H$_2$C$_2$O$_4$ 时,H$_2$C$_2$O$_4$ 尚未定量变成 HC$_2$O$_4^-$,就有相当部分的 HC$_2$O$_4^-$ 被滴定成 C$_2$O$_4^{2-}$ 了。因此在第一化学计量点附近没有明显的突跃,无法确定终点。所以,草酸常作为标定 NaOH 的基准物质,滴定到 C$_2$O$_4^{2-}$。

多数有机多元弱酸,各级相邻离解常数之比都很小,不能分步滴定。如酒石酸 $pK_{a1}=3.04$,$pK_{a2}=4.37$;柠檬酸 $pK_{a1}=3.13$,$pK_{a2}=4.23$,$pK_{a3}=6.40$。但它们最后一级常数都大于 10^{-7},都能用 NaOH 一步滴定可全部中和的氢离子。

磷酸是三元酸,$K_{a1}=7.6\times10^{-3}$,$K_{a2}=6.3\times10^{-8}$,$K_{a3}=4.4\times10^{-13}$ 相邻各级离解常数的比值都近于 10^5,故可用碱进行分步滴定。但 K_{a3} 太小,$cK_{a3}\leqslant10^{-8}$,不能用 NaOH 直接滴定。0.1000mol·L^{-1} NaOH 滴定 0.1000mol·L^{-1} H$_3$PO$_4$ 的滴定曲线如图 10-6 所示。

第一化学计量点　滴定产物是 NaH$_2$PO$_4$,其浓度为 0.050mol·L^{-1},溶液的 H$^+$ 浓度为

$$[H^+]=\sqrt{\dfrac{K_{a1}K_{a2}c}{K_{a1}+c}}=\sqrt{\dfrac{7.6\times10^{-3}\times6.3\times10^{-8}\times0.050}{7.6\times10^{-3}+0.050}}$$

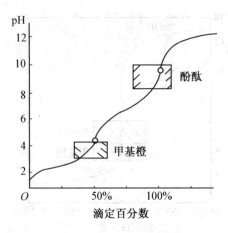

图 10-6　NaOH 滴定 H_3PO_4 的滴定曲线

$$= 2.0 \times 10^{-5} \text{mol} \cdot \text{L}^{-1}$$

pH = 4.70

可选用甲基橙作指示剂,终点由红色变为黄色。

第二化学计量点　滴定产物是 Na_2HPO_4,其浓度为 $0.033 \text{mol} \cdot \text{L}^{-1}$,溶液的 H^+ 浓度为

$$[H^-] = \sqrt{\frac{K_{a2}(K_{a3}c + K_w)}{K_{a2} + c}}$$

$$= \sqrt{\frac{6.3 \times 10^{-8} \times (4.4 \times 10^{-13} \times 0.033 + 1.0 \times 10^{-14})}{0.033}}$$

$$= 2.2 \times 10^{-10} \text{mol} \cdot \text{L}^{-1}$$

pH = 9.66

若用酚酞作指示剂,终点将会过早出现;选用百里酚酞($pK_a = 10$)作指示剂,终点由无色变为浅蓝色。

第三化学计量点　因为 $K_{a3} = 4.4 \times 10^{-13}$,说明 HPO_4^{2-} 酸性已太弱故不能用 NaOH 直接滴定,但如果加入 $CaCl_2$ 于溶液中,则发生如下反应:

$$2HPO_4^{2-} + 3Ca^{2+} \Longrightarrow Ca_3(PO_4)_2 \downarrow + 2H^+$$

即将弱酸变成强酸,就可以用 NaOH 滴定第三个 H^+。为了不使 $Ca_3(PO_4)_2$ 溶解,应选用酚酞作指示剂。

混合弱酸的滴定情况与多元酸相似。设有两种弱酸 HA 和 HB,浓度分别为 c_{HA} 和 c_{HB},离解常数分别为 K_{HA} 和 K_{HB},而 $K_{HA} > K_{HB}$,若 $\dfrac{c_{HA} \cdot K_{HA}}{c_{HB} \cdot K_{HB}} \geq 10^5$,则能分步滴定 HA。

5. 多元碱的滴定

前面讲过，当一元弱碱的 $c \cdot K_b \geq 10^{-8}$ 时，可用强酸直接准确滴定。而多元碱分步滴定的界限和多元酸滴定的判断界限道理相同，即 $cK_{b1} \geq 10^{-8}$ 及 $cK_{b2} \geq 10^{-8}$ 而且 $\dfrac{K_{b1}}{K_{b2}} \geq 10^5$，这是多元碱能够分步滴定的界限。

多元弱酸与强碱所生成的盐，如 Na_2CO_3 和 $Na_2B_4O_7$ 等，它们都是水解盐，实质上是多元碱。

例如，Na_2CO_3 是一种二元弱碱，在水溶液中分两步离解：

$$CO_3^{2-} + H_2O \Longrightarrow HCO_3^- + OH^-$$

$$K_{b1} = \frac{K_w}{K_{a2}} = \frac{1.0 \times 10^{-14}}{5.6 \times 10^{-11}} = 1.8 \times 10^{-4}$$

$$HCO_3^- + H_2O \Longrightarrow H_2CO_3 + OH^-$$

$$K_{b2} = \frac{K_w}{K_{a1}} = \frac{1.0 \times 10^{-14}}{4.2 \times 10^{-7}} = 2.4 \times 10^{-8}$$

由 K_{b1} 及 K_{b2} 可知，在浓度 c 不是太小的情况下，CO_3^{2-} 和 HCO_3^- 均可被 HCl 溶液滴定。第一步是 Na_2CO_3 被滴定到 $NaHCO_3$，第二步是 $NaHCO_3$ 被滴定到 H_2CO_3。反应式如下：

$$Na_2CO_3 + HCl \Longrightarrow NaHCO_3 + NaCl$$

$$NaHCO_3 + HCl \Longrightarrow H_2CO_3 + NaCl$$

第一化学计量点　滴定产物是 $NaHCO_3$，溶液的 H^+ 浓度为

$$[H^+] = \sqrt{K_{a1}K_{a2}} = \sqrt{4.2 \times 10^{-7} \times 5.6 \times 10^{-11}}$$
$$= 4.9 \times 10^{-9} \text{mol} \cdot L^{-1}$$
$$pH = 8.31$$

故可选用酚酞作指示剂。

第二化学计量点　滴定产物是 H_2CO_3（$CO_2 + H_2O$），其饱和溶液浓度约为 $0.04\text{mol} \cdot L^{-1}$，溶液的 H^+ 浓度为

$$[H^+] = \sqrt{K_{a1}c} = \sqrt{4.2 \times 10^{-7} \times 0.04}$$
$$= 1.3 \times 10^{-4} \text{mol} \cdot L^{-1}$$
$$pH = 3.89$$

故可选用甲基橙作指示剂。

图 10-7 为 $0.1\text{mol} \cdot L^{-1}$ HCl 溶液滴定 $0.05\text{mol} \cdot L^{-1}$ Na_2CO_3 溶液的滴定曲线。在第一化学计量点时，由于 $\dfrac{K_{b1}}{K_{b2}} = 10^4 < 10^5$，滴定到 HCO_3^- 这一步的突跃不大明显，准确度不高。若用同浓度的 $NaHCO_3$ 作参比，采用混合指示剂指示终点，准确度可以提

高,结果误差约 0.5%。在第二化学计量点时,因为 K_{b2} 不够大,滴定突跃也不够明显,尤其是溶液中存在着大量的 CO_2,影响指示剂的敏锐变色,不容易正确掌握滴定终点。因此,在滴定接近终点时,除将溶液剧烈摇动外,用 HCl 滴至溶液刚显橙色,煮沸除去 CO_2,溶液变为黄色,冷却后,再用极少量的 HCl 滴定至橙色,即为终点。这样,可以消除 CO_2 的影响,终点时为 NaCl 溶液,HCl 稍微过量,甲基橙的变色比较明显。

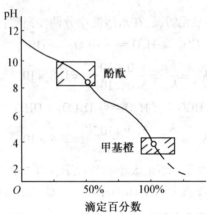

图 10-7　HCl 滴定 Na_2CO_3 的滴定曲线

10.1.4　终点误差

在滴定分析中,通常是按化学反应式所表示的计量关系进行计算的。只有在化学计量点时,滴定剂与被滴物的量之间才符合计量关系。实际上滴定终点与化学计量点往往不一致,由此而引起的误差称为**终点误差**,也称**滴定误差**,简写为 TE。终点误差常用百分数表示,即终点时多加滴定剂或剩余被滴物的量占在化学计量点时应当加入的滴定剂或被滴物的量的百分数。

$$终点误差 = \frac{多加滴定剂或剩余被滴物的量(mol)}{滴定剂或被滴物的量(mol)} \times 100\%$$

1. 强酸强碱滴定的终点误差

在强酸强碱滴定中,反应产物为 H_2O。例如,用 NaOH 滴定 HCl,当滴定至化学计量点时,溶液中的 H^+ 和 OH^- 浓度应该相等,即

$$[H^+] = [OH^-]$$

实际上终点往往在化学计量点或前或后出现。

(1) 终点在化学计量点后　滴定剂加多了,设过量 NaOH 的浓度为 $c_{碱}$,根据溶液的质子平衡,此时

$$[OH^-] = [H^+] + c_{碱}$$

即溶液中的 OH^- 浓度,一部分来自过量的 NaOH,另一部分来自水的离解,而水离解产生的 OH^- 与 H^+ 浓度相等,故终点过量 NaOH 的浓度为

$$c_{碱} = [OH^-] - [H^+]$$

这时终点误差为

$$TE = \frac{多加\ NaOH\ 的量(mol)}{应加\ NaOH\ 的量(mol)} \times 100\%$$

$$= \frac{多加\ NaOH\ 的量(mol)}{被滴\ HCl\ 的量(mol)} \times 100\%$$

$$= \frac{([OH^-] - [H^+])V}{c'_{HCl}V'} \times 100\%$$

式中,V 为终点时溶液的总体积;V' 为化学计量点时溶液的总体积;一般终点离化学计量点不远,$V' \approx V$;c'_{HCl} 为化学计量点时 HCl 的分析浓度,若强酸强碱的原始浓度相等,c'_{HCl} 应等于 HCl 原始浓度 c 的一半,即 $c'_{HCl} = \frac{1}{2}c_{HCl}$。于是上式可以写为

$$TE = \frac{[OH^-] - [H^+]}{c'_{HCl}} \times 100\%$$

滴定终点在化学计量点后,说明 NaOH 加多了,此时 $[OH^-] > [H^+]$,误差为正值。

(2) 终点在化学计量点前　滴定剂加少了,设未被中和的 HCl 浓度为 $c_{酸}$,根据溶液的质子平衡,此时

$$[H^+] = [OH^-] + c_{酸}$$

故终点时剩余 HCl 的浓度为

$$c_{酸} = [H^+] - [OH^-]$$

这时终点误差为

$$TE = -\frac{剩余\ HCl\ 的量(mol)}{被滴\ HCl\ 的量(mol)} \times 100\%$$

$$= -\frac{([H^+] - [OH^-])V}{c'_{HCl}V'} \times 100\%$$

$$= \frac{[OH^-] - [H^+]}{c'_{HCl}} \times 100\%$$

滴定终点在化学计量点前,表示 NaOH 加少了,尚有极少部分的 HCl 未被中和,此时 $[H^+] > [OH^-]$,误差为负值。

实际上滴定终点无论在化学计量点前或后,计算误差的公式相同,只不过结果的符号相反而已。

例 10-1　计算 $0.1\ mol \cdot L^{-1}$ NaOH 滴定 $0.1\ mol \cdot L^{-1}$ HCl 的终点误差:

(1) 滴定至 pH = 9.0(酚酞作指示剂);
(2) 滴定至 pH = 4.0(甲基橙作指示剂)。

解 NaOH 滴定 HCl,化学计量点时 pH = 7.0。
(1) 终点时 pH = 9.0,则
$$[H^+] = 1 \times 10^{-9} \text{mol} \cdot L^{-1}, [OH^-] = 1 \times 10^{-5} \text{mol} \cdot L^{-1}$$

$$c'_{HCl} = \frac{0.1}{2} = 0.05 \text{mol} \cdot L^{-1}。所以$$

$$TE = \frac{[OH^-] - [H^+]}{c'_{HCl}} \times 100\%$$

$$= \frac{1 \times 10^{-5} - 1 \times 10^{-9}}{0.05} \times 100\% = +0.02\%$$

(2) 终点时 pH = 4.0,则
$$[H^+] = 1 \times 10^{-4} \text{mol} \cdot L^{-1}, [OH^-] = 1 \times 10^{-10} \text{mol} \cdot L^{-1}$$

$$c'_{HCl} = \frac{0.1}{2} = 0.05 \text{mol} \cdot L^{-1}。所以$$

$$TE = \frac{1 \times 10^{-10} - 1 \times 10^{-4}}{0.05} \times 100\% = -0.2\%$$

强酸、强碱滴定的终点误差也可用林邦(Ringbom)误差公式形式表示。例如,经推导,用 NaOH 滴定 HCl 时终点误差计算公式为

$$TE = \frac{10^{\Delta pH} - 10^{-\Delta pH}}{\sqrt{\frac{1}{K_w}} \cdot c^{ep}_{HCl}}$$

式中,c^{ep}_{HCl} 为 HCl 在终点时的浓度,$\Delta pH = pH_{ep} - pH_{sp}$ 即终点(ep)pH 减去化学计量点(sp)pH。

2. 强碱滴定弱酸的终点误差

例如,用 NaOH 滴定弱酸 HA,在化学计量点时,滴定产物是 A^-,溶液的质子平衡式为

$$[OH^-] = [HA] + [H^+]$$

(1) **终点在化学计量点后** 滴定剂加多了,这时溶液中 OH^- 的来源:一是过量的 NaOH,浓度为 $c_{碱}$;二是 A^- 按碱式离解产生的 OH^-,其浓度等于[HA];三是水本身离解所产生的 OH^-,其浓度等于$[H^+]$。因此,终点时溶液的 OH^- 浓度为

$$[OH^-] = c_{碱} + [HA] + [H^+]$$

则过量 NaOH 的浓度为

$$c_{碱} = [OH^-] - [HA] - [H^+]$$

终点时溶液为碱性,$[H^+]$ 项可以略去,所以上式写为

$$c_{碱} \approx [OH^-] - [HA]$$

这时终点误差为

$$TE = \frac{([OH^-] - [HA])V}{c'_{HA}V'} \times 100\%$$

$$= \frac{[OH^-] - [HA]}{c'_{HA}} \times 100\%$$

$$= \left(\frac{[OH^-]}{c'_{HA}} - \frac{[HA]}{c'_{HA}}\right) \times 100\%$$

由于 $[HA] = c'_{HA}\delta_{HA} = c'_{HA}\dfrac{[H^+]}{[H^+] + K_a}$,故得

$$TE = \left(\frac{[OH^-]}{c'_{HA}} - \frac{[H^+]}{[H^+] + K_a}\right) \times 100\%$$

（2）终点在化学计量点前　滴定剂加少了,设未被中和的 HA 浓度为 $c_{酸}$,这时溶液的质子平衡式为

$$[OH^-] + c_{酸} = [HA] + [H^+]$$

故终点时剩余 HA 的浓度为

$$c_{酸} = [HA] + [H^+] - [OH^-] \approx [HA] - [OH^-]$$

这时终点误差为

$$TE = -\frac{([HA] - [OH^-])V}{c'_{HA}V'} \times 100\%$$

$$= \frac{[OH^-] - [HA]}{c'_{HA}} \times 100\%$$

$$= \left(\frac{[OH^-]}{c'_{HA}} - \frac{[H^+]}{[H^+] + K_a}\right) \times 100\%$$

可见强碱滴定弱酸,在化学计量点前或后,终点误差的计算公式也是相同的。

例 10-2　计算 $0.1\,\text{mol} \cdot \text{L}^{-1}$ NaOH 溶液滴定 $0.1\,\text{mol} \cdot \text{L}^{-1}$ HAc 溶液的终点误差：（1）滴定至 pH = 9.0；（2）滴定至 pH = 7.0。

解　化学计量点时,Ac^- 的浓度 $c = \dfrac{0.1}{2} = 0.05\,\text{mol} \cdot \text{L}^{-1}$,则

$$[OH^-] = \sqrt{K_b c} = \sqrt{5.6 \times 10^{-10} \times 0.05}$$
$$= 5.3 \times 10^{-6}\,\text{mol} \cdot \text{L}^{-1}$$

$$pOH = 5.28,\ pH = 8.72$$

（1）终点时 pH = 9.0,则

$$[H^+] = 1 \times 10^{-9}\,\text{mol} \cdot \text{L}^{-1},\ [OH^-] = 1 \times 10^{-5}\,\text{mol} \cdot \text{L}^{-1},$$

$$c'_{HA} = \frac{0.1}{2} = 0.05\,\text{mol} \cdot \text{L}^{-1}$$

$$TE = \left(\frac{[OH^-]}{c'_{HA}} - \frac{[H^+]}{[H^+] + K_a}\right) \times 100\%$$

$$= \left(\frac{1 \times 10^{-5}}{0.05} - \frac{1 \times 10^{-9}}{1 \times 10^{-9} + 1.8 \times 10^{-5}}\right) \times 100\%$$

$$= +0.02\%$$

(2) 终点时 pH = 7.0，则

$$[H^+] = 1 \times 10^{-7} \text{mol} \cdot L^{-1}, [OH^-] = 1 \times 10^{-7} \text{mol} \cdot L^{-1},$$

$$c'_{HA} = 0.05 \text{mol} \cdot L^{-1}$$

$$TE = \left(\frac{1 \times 10^{-7}}{0.05} - \frac{1 \times 10^{-7}}{1 \times 10^{-7} + 1.8 \times 10^{-5}}\right) \times 100\%$$

$$= -0.6\%$$

强碱滴定一元弱酸的终点误差公式亦可表示为

$$TE = \frac{10^{\Delta pH} - 10^{-\Delta pH}}{\sqrt{\frac{K_a}{K_w} c_{HA}^{ep}}} \times 100\%$$

对于强酸滴定一元弱碱的终点误差，可按上述类似方法进行处理。

需要说明的是，上面介绍的林邦误差公式形式的酸碱滴定终点误差公式不太适合强度不同的混合酸(碱)的滴定，遇到这种情况，还是应该根据具体情况，确定真正过量或不足的酸(碱)的物质的量，代入误差的定义式进行计算。

10.1.5 酸碱滴定法的应用

1. 酸碱标准溶液的配制和标定

(1) 标准酸溶液

配制标准酸溶液最常用的是盐酸，也可以用硫酸。其浓度一般为 0.1~1mol·L^{-1}。如果溶液浓度太小，滴定中指示剂颜色变化不明显，误差较大；而溶液浓度太大时，则在滴定中溶液过量半滴或一滴，将会带来较大的滴定误差。

盐酸标准溶液一般是先配成大致浓度的溶液，然后用适当的基准物质进行标定，求得它的准确浓度。标定酸的基准物质常用无水碳酸钠和硼砂。

① 无水碳酸钠 Na_2CO_3　它的优点是容易制得纯品，价格便宜。缺点是有强烈的吸湿性。使用前需进行处理。将 Na_2CO_3 置于电烘箱内，在 180℃ 干燥 2~3h，或将 $NaHCO_3$ 置于瓷坩埚内，在 270~300℃ 的高温电炉内灼热约 1h，使之转化为 Na_2CO_3，置于干燥器内冷却备用。

HCl 滴定 Na_2CO_3 的反应已在多元碱的滴定中介绍了。标定时 Na_2CO_3 与 HCl 反应的系数比为 1:2，化学计量点的 pH 约为 3.9，可用甲基橙作指示剂。

② 硼砂 $Na_2B_4O_7 \cdot 10H_2O$　它的优点是吸湿性小，摩尔质量(381.4g/mol)较大。缺点是容易风化失去部分水。通常将硼砂在水中重结晶两次(结晶析出的温度在 50℃ 以下)，然后保存在相对湿度为 60% 的恒温器中。

硼砂水溶液实际上是 H_3BO_3 与 $H_2BO_3^-$ 的混合溶液,而且两者的浓度相等。

$$B_4O_7^{2-} + 5H_2O \Longrightarrow 2H_3BO_3 + 2H_2BO_3^-$$

HCl 滴定硼砂溶液的反应为

$$Na_2B_4O_7 \cdot 10H_2O + 2HCl \Longrightarrow 4H_3BO_3 + 2NaCl + 5H_2O$$

硼砂与 HCl 反应的系数比为 1:2,滴定产物是 H_3BO_3 和 NaCl,而 H_3BO_3 为弱酸 ($K_a = 5.8 \times 10^{-10}$),用 0.05 mol·L^{-1} 硼砂标定 0.1 mol·L^{-1} HCl 溶液时,化学计量点时 H_3BO_3 溶液的浓度为 0.1 mol·L^{-1}。所以,

$$[H^+] = \sqrt{K_a c} = \sqrt{5.8 \times 10^{-10} \times 0.10}$$
$$= 7.6 \times 10^{-6} \text{ mol·L}^{-1}$$
$$pH = 5.12$$

因此,选甲基红为指示剂是合适的。

(2) 标准碱溶液

配制标准碱溶液最常用的是 NaOH,有时也用到 KOH 或 Ba(OH)$_2$。市售 NaOH 常含有少量 Na_2CO_3 和水分,纯度不高,而且容易吸收空气中的水分和二氧化碳,因此不能用直接法配制标准溶液。必须先配成大致浓度的溶液,然后进行标定。

如果配制的碱溶液只用于强酸的滴定,并且选用酸性范围内变色的指示剂,少量碳酸盐的存在没有影响,否则必须把它除去。配制无碳酸盐的 NaOH 溶液的方法,通常是先把 NaOH 溶解在等量的水中,配成 NaOH 的饱和溶液,储存于塑料瓶中。在浓 NaOH 溶液里 Na_2CO_3 的溶解度很小。放置澄清以后,量取一定体积清液,用煮沸过的冷蒸馏水稀释,然后选用适当的基准物质标定其准确浓度。标定碱溶液的基准物质常用邻苯二甲酸氢钾和草酸。

①邻苯二甲酸氢钾 $KHC_8H_4O_4$ 它的优点是容易制得纯品,性质稳定,摩尔质量 (204.2 g·mol^{-1}) 也较大。它与 NaOH 反应的系数比为 1:1,化学计量点时溶液显微碱性,可用酚酞作指示剂。它是标定碱溶液较好的基准物质。

②草酸 $H_2C_2O_4 \cdot 2H_2O$ 它的优点是容易提纯,也相当稳定。草酸是二元弱酸,它的 $\dfrac{K_{a1}}{K_{a2}} = \dfrac{5.9 \times 10^{-2}}{6.4 \times 10^{-5}} \approx 10^3 < 10^5$,只能被 NaOH 一次滴定到 $C_2O_4^{2-}$。它与 NaOH 反应的系数比为 1:2,化学计量点时溶液显弱碱性,可用酚酞作指示剂。

NaOH 溶液浓度的标定,除了基准物质之外,也可以采用已知准确浓度的标准酸溶液。

2. 应用示例

(1) 混合碱的分析

例如,烧碱中 NaOH 和 Na_2CO_3 的测定,常采用双指示剂法。

①先用酚酞作指示剂:以 HCl 标准溶液滴定至红色刚好消失,用去 HCl 溶液 V_1

(mL),此时,NaOH 全部被中和,而 Na_2CO_3 被中和到 $NaHCO_3$。

$$NaOH + HCl \xrightarrow{酚酞} NaCl + H_2O$$

$$Na_2CO_3 + HCl \xrightarrow{酚酞} NaHCO_3 + NaCl$$

②再加甲基橙指示剂:继续用 HCl 滴定至橙色,又用去 HCl 溶液 V_2(mL),此时,$NaHCO_3$ 全部被中和而生成 $H_2CO_3(CO_2 + H_2O)$。

$$NaHCO_3 + HCl \xrightarrow{甲基橙} NaCl + H_2CO_3$$

从反应式所表示的计量关系可知,V_2 是滴定 $NaHCO_3$ 所消耗的 HCl 的体积,而滴定 Na_2CO_3 到 $NaHCO_3$ 与滴定 $NaHCO_3$ 到 H_2CO_3 所消耗 HCl 的体积是相等的,因此滴定 NaOH 所需 HCl 溶液的体积为 $V_1 - V_2$。显然,$V_1 > V_2$①。

若被滴试样的质量为 $G(g)$,HCl 标准溶液的浓度为 $c_{HCl}(mol \cdot L^{-1})$,$Na_2CO_3$ 的摩尔质量是 $106.0 g \cdot mol^{-1}$,NaOH 的摩尔质量是 $40.00 g \cdot mol^{-1}$,因此,试样中 Na_2CO_3 和 NaOH 百分含量的计算式如下:

$$Na_2CO_3\% = \frac{c_{HCl} V_2 \times 106.0}{G \times 10^3} \times 100$$

$$NaOH\% = \frac{c_{HCl}(V_1 - V_2) \times 40.00}{G \times 10^3} \times 100$$

(2)醋酸含量的测定

醋酸是重要的化工原料,也是人们日常生活中的调味品。NaOH 滴定 HAc 的反应产物是 NaAc,因此,化学计量点时,溶液显弱碱性,pH≈8.7,可用酚酞作指示剂。

CO_2 对滴定有影响,因为 CO_2 溶于水时形成 H_2CO_3,这样就会消耗过多的 NaOH 标准溶液。

$$H_2CO_3 + 2NaOH = Na_2CO_3 + 2H_2O$$

为了获得准确的分析结果,所取 HAc 试液必须用不含 CO_2 的蒸馏水稀释,并用不含 Na_2CO_3 的 NaOH 标准溶液进行滴定。

HAc 的含量常用质量-体积百分浓度表示,即按每 100mL 溶液中所含 HAc 的克

---

①根据 V_1 和 V_2 的大小,可以判断试样的组成:

HCl 标 准 溶 液	试 样 组 成
$V_2 = 0$	NaOH
$V_1 = 0$	$NaHCO_3$
$V_1 = V_2$	Na_2CO_3
$V_1 < V_2$	$Na_2CO_3 + NaHCO_3$
$V_1 > V_2$	$NaOH + Na_2CO_3$

数计算。

(3) 铵盐中氮的测定

肥料、土壤和许多有机化合物常需测定氮的含量。例如,$(NH_4)_2SO_4$ 中 N 的测定,常用甲醛法。原理是甲醛能与 $(NH_4)_2SO_4$ 定量反应生成等摩尔的酸。

$$2(NH_4)_2SO_4 + 6HCHO = 2H_2SO_4 + (CH_2)_6N_4 + 6H_2O$$

然后用 NaOH 标准溶液直接滴定。终点产物为 $(CH_2)_6N_4$,选用酚酞作指示剂。甲醛中常含有甲酸,使用前应预先中和除去。如试样中含有游离酸,也需在加入甲醛以前用碱把它中和除去。此时应采用甲基红作指示剂,不能用酚酞作指示剂,否则 NH_4^+ 有部分被中和。

10.2 络合滴定法

10.2.1 概述

络合滴定法在分析化学中也称螯合滴定法,它是利用配位反应(络合反应)来进行滴定分析的方法。例如,Ag^+ 与 CN^- 可以生成稳定的 $Ag(CN)_2^-$ 配离子:

$$Ag^+ + 2CN^- = Ag(CN)_2^-, \quad K_稳 = 1.0 \times 10^{21}$$

Ag^+ 与 CN^- 反应的系数比为 1:2。当用 $AgNO_3$ 滴定 CN^- 到化学计量点时,稍微过量的 Ag^+ 就与 $Ag(CN)_2^-$ 生成白色的 $Ag[Ag(CN)_2]$ 沉淀,指示到达终点。因此利用这个配位反应可测定氰化物的含量。也可以 KCN 溶液为滴定剂滴定 Ag^+、Ni^{2+} 或 Co^{2+}。

但是,像上面那样的能用于滴定分析的配位反应极为有限,因为大多数无机配位剂与金属离子的配位反应,往往存在着分步配位现象,而且配合物的稳定性比较差,故不适于络合滴定。例如,Cu^{2+} 与 NH_3 能分步形成 $Cu(NH_3)^{2+}$,$Cu(NH_3)_2^{2+}$,$Cu(NH_3)_3^{2+}$,$Cu(NH_3)_4^{2+}$ 等配离子,各级稳定常数为:$K_1 = 1.4 \times 10^4$,$K_2 = 3.1 \times 10^3$,$K_3 = 7.8 \times 10^2$,$K_4 = 1.4 \times 10^2$,彼此相差很小。如用 NH_3 滴定 Cu^{2+},配合物的组成将会不断发生变化,在化学计量点附近时,Cu^{2+} 浓度变化没有明显的突跃,无法判断终点,故不能进行滴定分析。

目前广泛采用螯合剂,其中应用最多的是 EDTA。它能与大多数金属离子生成稳定的、反应系数比简单的配合物,能用各种金属指示剂指示滴定终点,并可利用控制酸度和使用掩蔽剂等办法来消除干扰离子的影响,这样就为络合滴定法的应用开辟了广阔的道路。因此,通常所谓**络合滴定法**或**螯合滴定法**,主要是指以 EDTA 为配位剂的滴定分析方法。

10.2.2 络合滴定基本原理

络合滴定中,滴定反应为配位反应。根据滴定反应最基本的要求,配位反应必须定量、完全,即配合物的条件稳定常数应足够大。而且,EDTA 配合物多数无色,滴定反应多数没有明显的外观特征,与酸碱滴定一样,同样需用指示剂,指示剂的选择一样影响到滴定分析的准确度。因此,了解络合滴定曲线、影响滴定突跃的因素及络合滴定指示剂的作用原理是十分重要的。

1. 滴定曲线

在络合滴定中随着滴定剂的加入,金属离子的浓度逐渐减小,在化学计量点附近,pM 发生突变。以滴定过程中 pM 的变化对加入滴定剂的百分数作图,即可制得滴定曲线,如图 10-8 和图 10-9 所示。化学计量点时 pM 值比较重要,它是选择指示剂的依据。

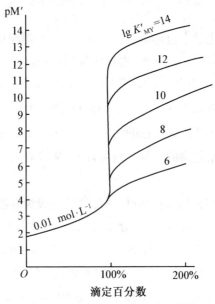

图 10-8　不同 $\lg K'_{MY}$ 值的滴定曲线

设金属离子的原始浓度和化学计量点时的分析浓度分别为 c_M 和 c'_M,若与 EDTA 的原始浓度 c_Y 相等,则 $c'_M = \frac{1}{2} c_M$。根据条件稳定常数式:

$$K'_{MY} = \frac{[MY]}{[M'][Y']}$$

化学计量点时,$[M'] = [Y']$,而 $[MY] + [M'] = c'_M$,若配合物比较稳定,$[M']$ 很小,则 $[MY] \approx c'_M$,代入上式得

$$K'_{MY} = \frac{c'_M}{[M']^2}, \quad [M'] = \sqrt{\frac{c'_M}{K'_{MY}}}$$

取对数形式,即得计算化学计量点时 pM′(pM′ = -lg[M′])值的公式:

$$pM' = \frac{1}{2}(\lg K'_{MY} + pc'_M)$$

例 10-1 已知 pH = 5 时,$c_{Zn} = 0.02 \text{mol} \cdot \text{L}^{-1}$,用相同浓度EDTA滴定,求化学计量点时 pZn′。

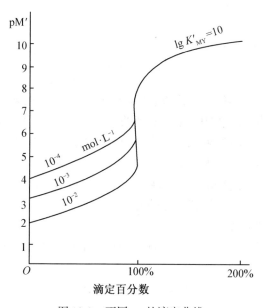

图 10-9 不同 c_M 的滴定曲线

解 $\lg K'_{ZnY} = \lg K_{ZnY} - \lg \alpha_{Y(H)} = 16.5 - 6.6 = 9.9$,

$$pc'_{Zn} = -\lg c'_{Zn} = -\lg 0.01 = 2.0$$

所以 $pZn' = \frac{1}{2}(9.9 + 2.0) = 6.0$,即 $[Zn'] = 1 \times 10^{-6} \text{mol} \cdot \text{L}^{-1}$。

化学计量点时,未与 EDTA 络合的 Zn^{2+} 总浓度 $[Zn'] = 10^{-6} \text{mol} \cdot \text{L}^{-1}$,说明反应是很完全的。

由图 10-8 和图 10-9 可以看出,影响滴定突跃范围的主要因素是:

(1) 配合物的条件稳定常数 在 M 与 Y 的浓度一定的条件下,K'_{MY} 值越大,滴定突跃范围也越大(图 10-8 为 c_M 等于 0.01 mol·L^{-1} 时不同 $\lg K_{MY}$ 值的滴定曲线)。

(2) 金属离子的浓度 在条件稳定常数一定的条件下,c_M 越大,滴定突跃范围也越大(图 10-9 为 $\lg K'_{MY} = 10$,用 0.02 mol·L^{-1} EDTA 滴定时不同 c_M 的滴定曲线)。

2. 金属指示剂

(1) 金属指示剂的作用原理

在络合滴定中,常用指示剂确定终点,借以指示溶液中金属离子浓度的变化,这种指示剂称为**金属离子指示剂**(以符号 In 表示)。它是一种显色剂,能与被滴定的金属离子(M)生成有色的配合物(MIn),而 MIn 与指示剂本身的颜色不同,并且 MIn 的稳定性稍低于金属-EDTA 配合物(MY)的稳定性。滴定开始时,溶液中的部分金属离子与指示剂形成金属-指示剂配合物 MIn,溶液呈现 MIn 的颜色。随着滴定剂(Y)的加入,M 与 Y 逐步生成 MY,直到化学计量点附近时,Y 就夺取 MIn 中的 M,使 In 游离出来,引起溶液颜色的改变。

$$MIn + Y \rightleftharpoons MY + In$$
(颜色 B)　　　　(颜色 A)

作为金属指示剂应具备以下条件:①In 的颜色与 MIn 的颜色应有显著的差别,终点颜色的变化才明显。②MIn 应有适当的稳定性。如果稳定性太低,将会过早出现终点,而且变色不敏锐;如果稳定性太高,接近化学计量点时滴加的 EDTA 不能夺取 MIn 中的 M,In 就游离不出来,甚至滴过了终点,也观察不到颜色的变化,这就失去了指示剂的作用,因此,MIn 的稳定性应低于 MY 的稳定性。③指示剂与金属离子的显色反应必须灵敏、迅速,且有良好的变色可逆性。

(2) 金属指示剂的选择

设被滴定的金属离子 M 与指示剂形成有色的配合物 MIn。它在溶液中有如下平衡关系:

$$\begin{array}{c} M + In \rightleftharpoons MIn \\ \parallel H^+ \\ HIn \\ \parallel H^+ \\ H_2In \\ \vdots \end{array}$$

其条件稳定常数为

$$K'_{MIn} = \frac{[MIn]}{[M][In']} = \frac{K_{MIn}}{\alpha_{In(H)}}$$

取对数为

$$\lg K'_{MIn} = pM + \lg \frac{[MIn]}{[In']} = \lg K_{MIn} - \lg \alpha_{In(H)}$$

当[MIn] = [In']时,溶液呈现混合色,即为指示剂变色点的 pM 值,以 pM_t 表示:

$$pM_t = \lg K'_{MIn} = \lg K_{MIn} - \lg \alpha_{In(H)}$$

在金属离子未发生副反应时,pM_t 即 $pM_{终}$。

在选择金属指示剂时,使 $pM_{终}$ 与 $pM_{计}$ 尽量一致,至少应使其在化学计量点附近的 pM 突跃范围内,否则误差太大。

例 10-4 铬黑 T(EBT)指示剂与 Ca^{2+} 的配合物的 $\lg K_{CaIn} = 5.4$,而与 Mg^{2+} 形成的配合物的 $\lg K_{MgIn} = 7.0$,试计算在 pH = 10.0 时铬黑 T 的 pCa_t 和 pMg_t 值(已知 EBT 的 $pK_{a1} = 6.3$,$pK_{a2} = 11.6$)。

解
$$\alpha_{EBT(H)} = 1 + \frac{[H^+]}{K_{a2}} + \frac{[H^+]^2}{K_{a1} \cdot K_{a2}}$$
$$= 1 + 10^{-10} \times 10^{11.6} + (10^{-10})^2 \times 10^{6.3} \times 10^{11.6} = 40$$
$$\lg\alpha_{EBT(H)} = 1.6$$
$$pCa_t = \lg K'_{CaIn} = \lg K_{CaIn} - \lg\alpha_{EBT(H)} = 5.4 - 1.6 = 3.8$$
$$pMg_t = \lg K'_{MgIn} = \lg K_{MgIn} - \lg\alpha_{EBT(H)} = 7.0 - 1.6 = 5.4$$

(3) 金属指示剂使用中存在的现象

①指示剂的封闭现象:络合滴定中,要求金属指示剂在化学计量点附近发生明显的颜色变化,才能正确判断终点。实际上有时指示剂在化学计量点附近并不变色。如果被滴溶液或试剂、蒸馏水中有干扰离子(N)存在,N 与指示剂形成很稳定的有色配合物(NIn),它的稳定性大于 MY,即使在化学计量点以后,加入过量的 EDTA 也不能使 NIn 中的 In 游离出来,溶液一直呈现 NIn 的颜色,无滴定终点颜色的突变,指示剂失去作用,这种现象称为指示剂的**封闭现象**。指示剂的封闭现象必须加以消除。例如,在 pH = 10 时,以铬黑 T 为指示剂用 EDTA 滴定 Ca^{2+},Mg^{2+} 总量时,Al^{3+},Fe^{3+} 对指示剂的封闭作用,可用三乙醇胺作掩蔽剂来消除;Cu^{2+},Co^{2+},Ni^{2+} 对指示剂的封闭作用,可用 KCN 或 Na_2S 等作掩蔽剂来消除。

②指示剂的僵化现象:有些指示剂或金属指示剂配合物在水中溶解度太小,以致 EDTA 不能迅速夺取 MIn 中的 M,交换速度缓慢,终点拖长,这种现象称为指示剂的**僵化现象**。可加入有机溶剂或加热以增大其溶解度。例如用 PAN 指示剂时,常加入乙醇或在加热下滴定,使其指示剂在终点时变色较明显。

③指示剂的氧化变质现象:金属指示剂大多为含双键的有色的有机化合物,易被日光、氧化剂、空气所氧化分解,在水溶液中多不稳定,日久变质,指示剂失效。

(4) 常用金属指示剂

金属指示剂的种类很多,结构比较复杂,颜色随 pH 而变化,因此,每种指示剂都有它适用的 pH 范围。下面简单介绍几种常用的金属指示剂。

①二甲酚橙:简写为"XO"。在水溶液中的颜色与 pH 的关系是:pH < 6.3(黄色);pH > 6.3(红色);pH = 6.3(红和黄的混合色)。它与金属离子形成的配合物都呈红紫色,因此,二甲酚橙只适用于 pH < 6.3 的酸性溶液中使用。例如,在 pH 5~6 时,用 EDTA 可以直接滴定 Pb^{2+},Zn^{2+},Cd^{2+},Hg^{2+} 等,终点由红色变为亮黄色。Al^{3+},Fe^{3+},Ni^{2+},Ti^{4+} 等离子对二甲酚橙有封闭作用,可用氟化物掩蔽 Al^{3+},Ti^{4+},抗坏血酸掩蔽 Fe^{3+},邻二氮杂菲掩蔽 Ni^{2+} 等。

②铬黑 T:简写为"EBT"。它的水溶液随 pH 的不同而呈现不同的颜色:pH < 6.3(紫红色);pH > 11.5(橙色);pH 6.3~11.5(蓝色)。它与金属离子形成的配合

物显红色,只有在 pH = 6.3~11.5 时指示剂才有明显的颜色变化。根据实验,使用铬黑 T 的最佳酸度是 pH = 9~10.5。例如,在 pH = 10 的缓冲溶液中,用 EDTA 可以直接滴定 Mg^{2+}、Zn^{2+}、Cd^{2+}、Pb^{2+} 和 Mn^{2+} 等,终点由红色变为蓝色。Al^{3+}、Fe^{3+}、Co^{2+}、Ni^{2+}、Cu^{2+}、Ti^{4+} 等离子对铬黑 T 有封闭作用。

铬黑 T 的水溶液不稳定,容易分解失效。若用干燥的 NaCl 或 KCl 作稀释剂把它配成固体混合物,则相当稳定,保存时间较长。

③PAN:不溶于水,通常配成乙醇溶液使用。PAN 在 pH = 1.9~12.2 范围内显黄色,它与金属离子形成的配合物显紫红色,能用于多种金属离子的测定。

实际上常用 Cu-PAN 指示剂,它是 CuY 与 PAN 的混合溶液。在含有被测金属离子(M)的试液中,加入少量的 CuY,并滴加 PAN,此时 M 就置换出 CuY 中的 Cu^{2+},而 Cu^{2+} 与 PAN 形成 Cu-PAN,溶液显紫红色。

$$M + CuY + PAN \Longrightarrow MY + Cu\text{-}PAN$$
(黄色)　　　　(紫红色)

当滴加 EDTA 与 M 定量反应后,稍微过量的 EDTA 就夺取 Cu-PAN 中的 Cu^{2+} 使 PAN 游离出来,溶液由紫红色变为黄色(注意 CuY 为蓝色)。

$$Cu\text{-}PAN + Y \Longrightarrow CuY + PAN$$
(紫红色)　　　　　(黄色)

表示滴到了终点。在滴定前后 CuY 的量没有变化,不影响测定结果。用 Cu-PAN 作指示剂使用范围广泛,可以测定多种金属离子,并可在同一溶液中进行连续滴定。但 Cu-PAN 与 EDTA 的置换反应比较缓慢,滴定时常需加热。Ni^{2+} 对 Cu-PAN 有封闭作用。

④钙指示剂:水溶液或乙酸溶液均不稳定,通常以干燥的 NaCl 或 KCl 作稀释剂把它配成固体混合物使用。钙指示剂在 pH = 7.4~13.5 时显蓝色,它与 Ca^{2+} 形成稳定的配合物时显红色,故用于 pH = 12~13 时滴定钙的指示剂。Fe^{3+}、Al^{3+}、Ti^{4+}、Cu^{2+}、Co^{2+}、Ni^{2+} 等对钙指示剂有封闭作用,可用三乙醇胺和氰化钾消除它们的干扰。

⑤酸性铬蓝 K:在酸性溶液中显玫瑰红色,在碱性溶液中显蓝灰色。它在碱性溶液中能与 Ca^{2+}、Mg^{2+}、Zn^{2+}、Mn^{2+} 等形成玫瑰红色的配合物,既可用于测定 Ca^{2+}、Mg^{2+} 总量,也可用作单独测定 Ca^{2+} 的指示剂。酸性铬蓝 K 的水溶液不稳定,一般把它以固体 NaCl 或 KCl 稀释后使用。通常还将酸性铬蓝 K 与萘酚绿 B 混合使用,简称 K-B 指示剂。

10.2.3　终点误差

用 EDTA(Y)滴定金属离子(M)时,由于滴定终点与化学计量点不符合而引起的误差,就是络合滴定中的**终点误差**。这种终点误差(TE)可用下式表示:

$$TE = \frac{[Y']_\text{终} - [M']_\text{终}}{c'_M} \tag{10.1}$$

式中，c'_M 为化学计量点时 M 的分析浓度。滴定终点与计量点之间 pM′ 的差值常用 $\Delta pM'$ 表示

$$\Delta pM' = pM'_{终} - pM'_{计}$$

或写成指数形式：

$$[M']_{终} = [M']_{计} \times 10^{-\Delta pM'} \tag{10.2}$$

用类似方法求得 $\Delta pY' = pY'_{终} - pY'_{计}$，

$$[Y']_{终} = [Y']_{计} \times 10^{-\Delta pY'} \tag{10.3}$$

终点一般与计量点接近，可以认为 $[MY]_{终} \approx [MY]_{计}$，以及

$$\frac{[MY]_{终}}{[M']_{终}[Y']_{终}} = \frac{[MY]_{计}}{[M']_{计}[Y']_{计}} = K'_{MY}$$

于是 $[M']_{终}[Y']_{终} = [M']_{计}[Y']_{计}$，取负对数得

$$pM'_{终} + pY'_{终} = pM'_{计} + pY'_{计}$$

那么 $pM'_{终} - pM'_{计} = -(pY'_{终} - pY'_{计})$，即

$$\Delta pM' = -\Delta pY' \tag{10.4}$$

将(10.4)式代入(10.3)式得

$$[Y']_{终} = [Y']_{计} \times 10^{\Delta pM'} \tag{10.5}$$

在计量点时：

$$[M']_{计} = [Y']_{计} = \sqrt{\frac{c'_M}{K'_{MY}}} \tag{10.6}$$

将(10.2)，(10.5)和(10.6)式代入(10.1)式，整理后得到

$$TE = \frac{10^{\Delta pM'} - 10^{-\Delta pM'}}{(c'_M K'_{MY})^{1/2}} \times 100\% \tag{10.7}$$

(10.7)式就是计算络合滴定终点误差的公式。它表明终点误差与 K'_{MY}，c'_M 以及 $\Delta pM'$ 值有关。若金属-EDTA 配合物的 K'_{MY} 值越大，被测离子的浓度 c_M 越大（计量点时 c'_M 亦大），则终点误差越小；若 $\Delta pM'$ 值越大，终点离计量点较远，则终点误差越大。

例 10-5 原始浓度为 c 的金属离子用等浓度的 EDTA 滴定，若 $\Delta pM' = \pm 0.2$，分别计算 $\lg c'_M K'_{MY}$ 为 8，6，4 时的终点误差。

解 按误差公式，并以百分率表示

$$TE = \frac{10^{\Delta pM'} - 10^{-\Delta pM'}}{(c'_M K'_{MY})^{1/2}} \times 100\%$$

$\lg c'_M K'_{MY} = 8$ 时，$TE = \dfrac{10^{0.2} - 10^{-0.2}}{(10^8)^{1/2}} \times 100\% \approx 0.01\%$；

$\lg c'_M K'_{MY} = 6$ 时，$TE = \dfrac{10^{0.2} - 10^{-0.2}}{(10^6)^{1/2}} \times 100\% \approx 0.1\%$；

$\lg c'_M K'_{MY} = 4$ 时，TE $= \dfrac{10^{0.2} - 10^{-0.2}}{(10^4)^{1/2}} \times 100\% \approx 1\%$。

络合滴定通常是采用金属指示剂来检测终点的，一般目测终点的 $\Delta pM'$ 值约为 $\pm 0.2 \sim 0.5$，$\Delta pM'$ 至少也是 ± 0.2。这时若允许 TE $\approx \pm 0.1\%$，则 $\lg c'_M K'_{MY} \geqslant 6$，一般常把 $\lg c'_M K'_{MY}$ 简写为 $\lg cK'$。因此，通常将 $\lg cK' \geqslant 6$ 作为判别能否准确进行络合滴定的条件。当然，若允许终点误差比较大，则 $\lg cK'$ 值也可以适当地小些。

例 10-6 EDTA 和 Mg^{2+} 的浓度均为 $0.02 mol \cdot L^{-1}$，试问：

(1) 在 pH = 5.00 时，若允许 TE $\approx \pm 0.1\%$，EDTA 能否滴定 Mg^{2+}？

(2) 在 pH = 10 的氨性缓冲溶液中，以铬黑 T(EBT) 作指示剂，EDTA 能否滴定 Mg^{2+}？终点误差有多大？（$\lg K_{Mg-EBT} = 7.0$，$\lg \alpha_{EBT(H)} = 1.6$）

解 (1) pH = 5.00 时，查表得 $\lg \alpha_{Y(H)} = 6.6$，则

$$\lg K'_{MgY} = \lg K_{MgY} - \lg \alpha_{Y(H)} = 8.7 - 6.6 = 2.1$$

$$\lg c'_{Mg} K'_{MgY} = -2 + 2.1 = 0.1 < 6$$

故 EDTA 不能准确滴定 Mg^{2+}。

(2) pH = 10.00 时，查表得 $\lg \alpha_{Y(H)} = 0.5$，则

$$\lg K'_{MgY} = 8.7 - 0.5 = 8.2$$

$$\lg c'_{Mg} K'_{MgY} = -2 + 8.2 = 6.2 > 6$$

故 EDTA 可以滴定 Mg^{2+}。

$$[Mg^{2+}]_{计} = \sqrt{\dfrac{c'_{Mg}}{K'_{MgY}}} = \sqrt{\dfrac{10^{-2}}{10^{8.2}}} = 10^{-5.1}，pMg_{计} = 5.1$$

$$\lg K'_{Mg-EBT} = \lg K_{Mg-EBT} - \lg \alpha_{EBT(H)} = 7.0 - 1.6 = 5.4$$

即 $pMg_{终} = 5.4$，

$$\Delta pMg = pMg_{终} - pMg_{计} = 5.4 - 5.1 = 0.3$$

所以终点误差为

$$TE = \dfrac{10^{0.3} - 10^{-0.3}}{(10^{-2} \times 10^{8.2})^{1/2}} \times 100\% \approx +0.1\%$$

10.2.4 络合滴定中酸度的控制

1. 缓冲溶液控制溶液的酸度

在络合滴定过程中，随着配合物的生成，不断有 H^+ 释放出来：$M + H_2Y \Longrightarrow MY + 2H^+$。因此，溶液的酸度不断增大，这样不仅降低了配合物 MY 的条件稳定常数，使滴定突跃范围减小，而且破坏了指示剂变色的适宜酸度，导致产生很大误差。所以，通常在络合滴定中依据不同 M 和 Y 络合的条件选用适当的缓冲溶液来控制滴定溶液的 pH。

2. 最高酸度和最低酸度

依据 M-EDTA 形成螯合物 MY 的条件稳定常数关系式:

$$\lg K'_{MY} = \lg K_{MY} - \lg \alpha_{M(L)} - \lg \alpha_{Y(H)}$$

若金属离子没有副反应,则 MY 的条件稳定常数就取决于它的稳定常数和溶液的酸度,即

$$\lg K'_{MY} = \lg K_{MY} - \lg \alpha_{Y(H)}$$

如 $\lg K'_{MY} = 8$,则

$$\lg \alpha_{Y(H)} = \lg K_{MY} - \lg K'_{MY} = \lg K_{MY} - 8$$

已知 $\lg K_{MY}$ 值,便可求得 $\lg \alpha_{Y(H)}$ 所对应的 pH,也就是滴定该金属离子的最低 pH,亦即最高酸度。当 c_M 为 10^{-2} mol·L^{-1},ΔpM 为 ±0.2,TE 为 ±0.1% 时,可以计算出各种金属离子滴定时的最高允许酸度。现将部分 M^{n+} 滴定时的最高酸度亦即最低 pH,直接标明在 EDTA 的酸效应曲线上(见图 10-10),供实际工作时参考。

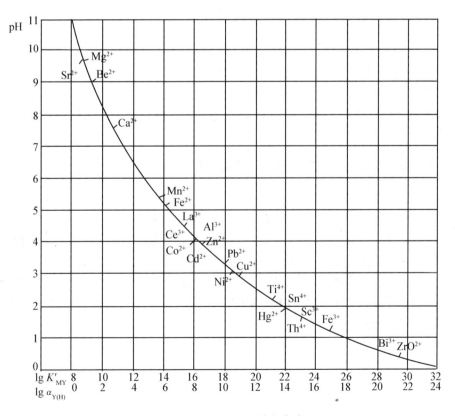

图 10-10 EDTA 的酸效应曲线

从图 10-10 可见，ZrO^{2+}，Bi^{3+} 等可在较强的酸性溶液中进行络合滴定；Fe^{3+}，Th^{4+}，Hg^{2+} 等可在 pH = 1~2 的溶液中进行滴定；Cu^{2+}，Pb^{2+}，Zn^{2+}，Cd^{2+}，Ni^{2+}，Mn^{2+} 等可在弱酸溶液中进行，通常在 pH = 5~6 溶液中进行滴定；Ca^{2+}，Mg^{2+} 通常在 pH = 9.5~10 的缓冲溶液中进行滴定。

直接滴定金属离子的最低允许酸度(最大 pH)通常粗略地由金属离子的水解酸度求出，可借助于溶度积常数求得。金属离子水解后，终点难以确定，而且反应没有准确计量关系。

例 10-7 用 1.0×10^{-2} mol·L^{-1} EDTA 滴定 1.0×10^{-2} mol·L^{-1} Fe^{3+} 溶液。若 $\Delta pM = \pm 0.2$，TE = 0.1%，计算滴定的最高酸度和最低酸度。

解 依滴定界限 $\lg cK'_{MY} \geq 6$，今 $c_{Fe} = 1.0 \times 10^{-2}$ mol·L^{-1}，故 $\lg K'_{FeY} \geq 8$，从而
$$\lg \alpha_{Y(H)} = \lg K_{FeY} - 8 = 25.1 - 8 = 17.1$$

查表得 pH = 1.2(最高酸度)。最低酸度由 K_{sp} 关系求出：

$$[OH^-] = \sqrt[3]{\frac{K_{sp}}{c_{Fe}}} = \sqrt[3]{\frac{10^{-37.4}}{10^{-2}}} = 10^{-11.8}$$

即 pOH = 11.8，从而
$$pH = 14 - 11.8 = 2.2$$

按 K_{sp} 计算所得最低酸度，可能与实际情况略有出入。因为在计算中通常忽略了氢氧基络合物、离子强度及沉淀是否易于再溶解等因素的影响。络合滴定往往控制在最高酸度和最低酸度之间的酸度范围内进行，通常将此酸度范围称为络合滴定的**适宜酸度范围**。

10.2.5 提高络合滴定法的选择性的方法

以上讨论的只是用 EDTA 滴定一种金属离子的情况。但在实际工作中，经常遇到的是溶液中有多种金属离子共存的情况。由于 EDTA 能与许多金属离子生成稳定的络合物，所以，如何在混合离子溶液中进行选择性滴定，在络合滴定中是非常重要的。所谓选择性滴定，是指当溶液中存在几种金属离子时，EDTA 只滴定其中的一种离子，而其他离子对该离子的滴定没有影响。在络合滴定中，由于各个金属离子的 EDTA 络合物稳定常数和用 EDTA 滴定时的最高允许酸度不相同，所以选择性滴定的可能性是存在的。

设溶液中含有与 M 共存的离子 N，且 $K_{MY} > K_{NY}$，在化学计量点时两种离子的分析浓度分别为 c_M^{sp} 和 c_N^{sp}。

考虑到混合离子中选择滴定的允许误差可以较大，所以，设 $\Delta pM' = 0.2$，TE = 0.3%，由林邦误差公式可得
$$\lg K'_{MY} c_M^{sp} \geq 5$$

若金属离子 M 无副反应，则

$$\lg K'_{MY}c_M^{sp} = \lg K_{MY}c_M^{sp} - \lg \alpha_Y$$
$$= \lg K_{MY}c_M^{sp} - \lg(\alpha_{Y(H)} + \alpha_{Y(N)} - 1)$$

所以,能不能准确地滴定 M 离子,而 N 离子不干扰的关键,在 $\lg(\alpha_{Y(H)} + \alpha_{Y(N)} - 1)$ 项。若 $\alpha_{Y(H)} \ll \alpha_{Y(N)}$,则 $\alpha_{Y(H)} + \alpha_{Y(N)} - 1 \approx \alpha_{Y(N)}$,此时,$K'_{MY}$ 的大小决定于 $\alpha_{Y(N)}$,如果 $\alpha_{Y(N)}$ 大到使 K'_{MY} 小于 10^8 的程度,N 离子就会影响 M 离子的滴定。

因为
$$\alpha_{Y(N)} = 1 + K_{NY}c_N^{sp} \approx K_{NY}c_N^{sp}$$

若要求 N 离子不影响 M 离子的滴定,须
$$\lg K'_{MY}c_M^{sp} = \lg K_{MY}c_M^{sp} - \lg K_{NY}c_N^{sp} \geq 5$$
或
$$\Delta \lg Kc \geq 5$$

此式即为选择性滴定 M 离子而 N 离子不干扰的判别式或络合滴定的分别滴定判别式。它表示滴定体系满足此条件时,只要有合适的指示剂,则在 M 离子的适宜酸度范围内,都可滴定 M 离子,而 N 离子不干扰。此时,终点误差 TE≤0.3%(ΔpM = ±0.2)。如果仍然要求终点误差 TE≤0.1%,则

$$\Delta \lg Kc \geq 6$$

如果上述条件不能满足,N 离子就会干扰 M 离子被准确滴定,此时就必须采取一定的措施以消除 N 离子的干扰。常用的方法是控制酸度和使用掩蔽剂等。

1. 控制酸度

控制酸度可以有选择地滴定某种金属离子。例如,在 pH ≈ 10 时滴定 Zn^{2+},Mg^{2+} 有干扰,但在 pH ≈ 5 时滴定 Zn^{2+},Mg^{2+} 就不干扰。对于 $\lg K_{MY}$ 值差别较大的配合物,控制酸度还可以连续滴定金属离子。例如,在含有 Fe^{3+},Al^{3+},Ca^{2+},Mg^{2+} 混合溶液中,先在 pH = 1~2 时滴定 Fe^{3+},而 Al^{3+},Ca^{2+},Mg^{2+} 不干扰,再在适当条件下,使 Al^{3+} 与 EDTA 络合完全,然后调节 pH = 5~6,用 Zn^{2+} 标准溶液返滴过量的 EDTA,从而测得 Al^{3+} 的含量,而 Ca^{2+},Mg^{2+} 不干扰。

2. 使用掩蔽剂

在被测离子溶液中有干扰物质存在时,若加入能与干扰离子起反应的试剂(掩蔽剂)以降低其浓度,因而不影响被测离子滴定,这种消除干扰的方法称为**掩蔽法**。常用的掩蔽法有配位掩蔽法、沉淀掩蔽法和氧化还原掩蔽法。

(1) 配位掩蔽法　利用配位剂(掩蔽剂)与干扰离子生成稳定的配合物,降低了干扰离子的浓度,以致不影响被测离子的滴定,这就是**配位掩蔽法**,或称**络合掩蔽法**。例如,EDTA 滴定 Mg^{2+}(pH ≈ 10)时,Zn^{2+} 的干扰可用 KCN 掩蔽;EDTA 滴定 Ca^{2+} 和 Mg^{2+}(pH ≈ 10)时,Fe^{3+},Al^{3+} 的干扰可用三乙醇胺掩蔽。

络合滴定中使用的掩蔽剂很多,下面介绍几种常用掩蔽剂。

①氟化物:在 pH > 4 时,F^- 可以掩蔽 Al^{3+},Fe^{3+},Ti^{4+},Zr^{4+} 等。

②乙酰丙酮：在 pH = 5～6 时,它可以掩蔽 Al^{3+},Fe^{3+} 等。

③邻二氮菲：在 pH = 5～6 时,它可以掩蔽 Zn^{2+},Cd^{2+},Hg^{2+},Cu^{2+},Co^{2+},Ni^{2+} 等。

④三乙醇胺：在 pH≈10 时,它可以掩蔽 Al^{3+},Fe^{3+},Ti^{4+},Sn^{4+} 等。

⑤氰化物：在 pH≈10 时,CN^- 可以掩蔽 Zn^{2+},Cd^{2+},Hg^{2+},Cu^{2+},Co^{2+},Ni^{2+},Fe^{2+} 等。

(2) 沉淀掩蔽法　利用沉淀剂与干扰离子生成难溶性沉淀,降低干扰离子的浓度,不需分离沉淀而直接滴定被测离子,这就是**沉淀掩蔽法**。例如,在 pH≈10 时,以铬黑 T 作指示剂,用 EDTA 滴定 Ca^{2+} 时,Mg^{2+} 也被滴定。但在 pH≥12～12.5 时,Mg^{2+} 可被沉淀为 $Mg(OH)_2$,残余的 Mg^{2+} 就不会显著影响 Ca^{2+} 的滴定了。

(3) 氧化还原掩蔽法　利用氧化还原反应改变干扰物质的价态,则不影响被测物质的滴定,这种消除干扰的方法就是**氧化还原掩蔽法**。例如,用 EDTA 滴定 Hg^{2+} 时,Fe^{3+} 有干扰($\lg K_{FeY^-}$ = 25.1),若用盐酸羟胺或抗坏血酸将 Fe^{3+} 还原为 Fe^{2+},由于 Fe^{2+}-EDTA 配合物的稳定性较差($\lg K_{FeY^{2-}}$ = 14.3),此时就不干扰 Hg^{2+} 的滴定了。

3. 选用其他滴定剂

在络合滴定中,主要是以 EDTA 作滴定剂,还有一些其他的滴定剂也能与金属离子形成稳定的配合物,EGTA(乙二醇二乙醚二胺四乙酸)就是其中的一种。它也能与 Ca^{2+},Mg^{2+} 形成配合物,可同 EDTA 与 Ca^{2+},Mg^{2+} 形成的配合物作一比较:

$$\lg K_{Ca-EGTA} = 11.0, \lg K_{Mg-EGTA} = 5.2$$
$$\lg K_{Ca-EDTA} = 10.7, \lg K_{Mg-EDTA} = 8.7$$

可见 Mg-EGTA 配合物的稳定性很差,而 Ca-EGTA 配合物仍很稳定,因此选用 EGTA 作滴定剂,在有 Mg^{2+} 存在下可以滴定 Ca^{2+}。

10.2.6　络合滴定的方式和应用

1. EDTA 标准溶液的配制和标定

在络合滴定中,常用的 EDTA 溶液浓度是 $0.01～0.05\,mol \cdot L^{-1}$,一般采用 EDTA 二钠盐($Na_2H_2Y \cdot 2H_2O$)配制。普通蒸馏水中常含有少量的 Ca^{2+},Mg^{2+},Cu^{2+},Fe^{3+} 等杂质,不宜使用,应该用二次蒸馏水或去离子水来配制 EDTA 溶液。先配成近似浓度的溶液,然后用基准物质标定。标定 EDTA 溶液的基准物质有 Zn,ZnO,$CaCO_3$,$MgSO_4 \cdot 7H_2O$ 等。

用锌标定 EDTA 溶液时,可用二甲酚橙作指示剂,滴定反应需在 HAc-NaAc 缓冲溶液(pH 5～6)中进行,溶液由紫红色变成亮黄色为终点;若用铬黑 T 作指示剂,滴定反应需在 NH_3-NH_4Cl 缓冲溶液(pH≈10)中进行,溶液由紫红色变成纯蓝色为终点。

标定和测定的条件(包括滴定时的酸度及指示剂等)尽可能接近,测定结果就越准确。因为不同指示剂终点变色的敏锐性常有差异,滴定误差也就不同;溶液中如含有杂质,在不同条件下干扰就不一样。但在同样条件下标定和测定,这些影响大致相当,误差可以抵消。

2. 络合滴定方式

在络合滴定中,采用不同的滴定方式,不仅可以扩大络合滴定的应用范围,还可以提高络合滴定的选择性。

(1) 直接滴定法 它是络合滴定中常用的基本方法。若金属离子与EDTA反应能够满足滴定分析的要求就可直接滴定。大多数金属离子(如Fe^{3+}、Bi^{3+}、Th^{4+}、Cu^{2+}、Zn^{2+}、Cd^{2+}、Hg^{2+}、Pb^{2+}、Ni^{2+}、Mg^{2+}、Ca^{2+}等)都可用EDTA直接进行滴定。

(2) 返滴定法 若被测离子与EDTA反应缓慢,被测离子在滴定的条件下发生水解等副反应,没有合适的指示剂或被测离子对指示剂有封闭作用,在上述情况下可采用返滴定法,即加入过量的EDTA标准溶液,使被测离子完全反应,然后用另一种金属离子的标准溶液返滴剩余的EDTA,根据两种标准溶液消耗量(毫摩尔)之差,即可求得被测物质的含量。

例如,在Al^{3+}溶液中,pH = 5~6,以二甲酚橙作指示剂,若用EDTA直接滴定Al^{3+}时,将会遇到以下困难:Al^{3+}与EDTA反应缓慢;Al^{3+}会发生水解;Al^{3+}对指示剂有封闭作用。因此EDTA不能直接滴定Al^{3+}。为了解决上述矛盾可采用返滴定法。在含Al^{3+}试液中,加入过量的EDTA标准溶液,于pH = 3~4时,加热煮沸,使Al^{3+}与EDTA反应完全;Al^{3+}不会水解;由于有过量的EDTA存在,Al^{3+}浓度很小,对指示剂不产生封闭作用。再调节溶液的pH = 5~6,加入二甲酚橙,然后用Zn^{2+}标准溶液进行返滴定,从而可以测得铝的含量。

(3) 置换滴定法 利用置换反应,将与被测离子的量相当的另一种金属离子或EDTA置换出来,然后用EDTA标准溶液或金属盐的标准溶液进行滴定。例如,Ag^+与EDTA的配合物不稳定,EDTA不能直接滴定Ag^+。若在Ag^+试液中加入过量的$Ni(CN)_4^{2-}$,则发生下述置换反应:

$$2Ag^+ + Ni(CN)_4^{2-} = 2Ag(CN)_2^- + Ni^{2+}$$

置换出来的Ni^{2+},可在氨性缓冲溶液(pH≈10)中用EDTA滴定。

(4) 间接滴定法 有些金属离子(如Na^+、Li^+等)与EDTA生成的配合物很不稳定,而非金属离子(如PO_4^{3-}、SO_4^{2-}等)不与EDTA形成配合物,如欲用配位滴定法测定这些离子,可采用间接滴定法。例如,PO_4^{3-}可沉淀为$MgNH_4PO_4 \cdot 6H_2O$,溶解后,加入过量的EDTA标准溶液,剩余的EDTA用Mg^{2+}标准溶液返滴定。通过测定Mg^{2+}可以间接地求得磷的含量。

3. 应用示例

(1) 锌的测定 将试样处理成溶液后,调节pH = 5~6,以HAc-NaAc或

$(CH_2)_6N_4$作缓冲剂,加入二甲酚橙指示剂,用 EDTA 标准溶液滴定 Zn^{2+}。若试液中有 Al^{3+},Cu^{2+} 等干扰离子存在,可加入 F^- 掩蔽 Al^{3+},用硫脲掩蔽 Cu^{2+}。

(2) 钙、镁的测定　钙和镁经常同时存在,往往采用络合滴定法测定它们的总量。例如,水的总硬度的测定实际上就是测定水中钙、镁总量,通常以 1 升水中含多少毫克 CaO 来表示,即总硬度(以 CaO 计)为 $mg \cdot L^{-1}$。

钙、镁总量的测定方法是,在含 Ca^{2+},Mg^{2+} 试液中,加入氨性缓冲溶液,使 $pH \approx 10$,以铬黑 T 作指示剂,用 EDTA 标准溶液滴定 Ca^{2+} 和 Mg^{2+},即可求钙、镁总量。

若试液中有 Al^{3+},Fe^{3+},Cu^{2+},Zn^{2+},Pb^{2+} 等干扰离子存在时,可用适当的掩蔽剂予以消除。Al^{3+},Fe^{3+} 等可用三乙醇胺掩蔽,Cu^{2+},Zn^{2+},Pb^{2+},Fe^{3+} 等可用 Na_2S,KCN 掩蔽。

如欲测定镁的分量,可另取同量的试液,用 NaOH 调节至 $pH = 12 \sim 12.5$,使 Mg^{2+} 形成 $Mg(OH)_2$ 沉淀而被掩蔽,加入钙指示剂,用 EDTA 标准溶液滴定 Ca^{2+}。前后两次滴定消耗 EDTA 体积之差即为镁所消耗的体积。

例 10-8　某合金中镍的测定,称取试样 0.5000g 于烧杯中,加入王水,待试样溶解完全后注入 250mL 容量瓶中,加水稀释至刻度摇匀。分取 50.00mL 试液于烧杯中,用丁二酮肟溶液沉淀镍,分离干扰离子后,用热 HCl 溶解丁二酮肟镍于原烧杯中,加入 $0.05000 mol \cdot L^{-1}$ EDTA 30.00mL(控制适当过量),加入少量水调节 $pH \approx 3$ 加热溶液后冷却到室温,再加入六次甲基四胺缓冲液及二甲酚橙指示剂,用 $0.02500 mol \cdot L^{-1}$ Zn^{2+} 标准溶液进行返滴定至呈紫红色为终点,消耗其体积 14.56mL,计算试样中 Ni 的百分含量。

解

$$Ni\% = \frac{(0.05000 \times 30.00 - 0.02500 \times 14.56) \times 58.69}{0.5000 \times \frac{50}{250} \times 1000} \times 100$$

$$= 66.67$$

10.3　氧化还原滴定法

10.3.1　概述

氧化还原滴定法是利用氧化还原反应来进行滴定分析的方法。通常可以采用适当的氧化剂作滴定剂来直接测定具有还原性物质的含量,或用适当的还原剂作滴定剂来测定具有氧化性物质的含量。例如,$KMnO_4$,$K_2Cr_2O_7$,MnO_2,Cl_2,Br_2,I_2,Cu^{2+},Fe^{3+},漂白粉等氧化性物质以及 Fe^{2+},H_2S,SO_2,$H_2C_2O_4$,As_2O_3,$Na_2S_2O_3$ 和有机碳、酚类、醛类等还原性物质,都可以用氧化还原滴定法进行测定。有些元素本身没有变价,如 Al^{3+},Ca^{2+},K^+ 离子等,也能用氧化还原滴定法间接地进行测定,如 Ca^{2+} 能与 $C_2O_4^{2-}$ 形成 CaC_2O_4 沉淀,用氧化还原法滴定 $C_2O_4^{2-}$ 后,就可以间接地求得钙的含量。在氧化还原滴定中,通常按照滴定剂分为各种不同的方法,如高锰酸钾法、重铬酸钾法、碘量法等。

氧化还原反应是电子转移的过程,情况比较复杂。氧化还原反应往往是分步进行的,速度快慢也不同,而且在主反应进行的同时,常伴有副反应。例如,在酸溶液中,I^- 能够被 $Cr_2O_7^{2-}$ 定量地氧化为 I_2:

$$Cr_2O_7^{2-} + 6I^- + 14H^+ =\!=\!= 2Cr^{3+} + 3I_2 + 7H_2O \qquad (主反应)$$

反应的速度较慢,若增大反应物的浓度、提高溶液的酸度,虽然可使反应的速度加快,但酸度太大时,I^- 也更容易被空气中的氧气氧化:

$$4I^- + 4H^+ + O_2 =\!=\!= 2I_2 + 2H_2O \qquad (副反应)$$

由于产生这种副反应,就会使分析结果带来一定的误差。

对于氧化还原滴定的一般要求是:滴定剂和被滴定物的电位要有足够大的差别,反应才可能完全;能够正确指示滴定的终点;滴定反应能够迅速地完成。为此,必须控制反应条件(主要是浓度、酸度和温度),才能得到较准确的分析结果。

对于速度缓慢的氧化还原反应,往往通过升高温度、加催化剂或改变酸度等办法来加快反应的速度。例如,$KMnO_4$ 在 H_2SO_4 介质中与 $Na_2C_2O_4$ 的反应,从电位来看,$\varphi^{\ominus}_{MnO_4^-/Mn^{2+}} = +1.51V$,$\varphi^{\ominus}_{CO_2/C_2O_4^{2-}} = -0.94V$,两者的差别相当大,反应是可能进行完全的,可是这个反应的速度很慢,必须采取升高温度的措施并利用催化剂的作用来加快滴定反应的速度。但是有的反应速度缓慢,对分析却是有利的。例如,电对 O_2/O^- 的电位相当高($\varphi = +1.23V$),氧气可以氧化许多还原性物质,但由于它的氧化速度很慢,对分析结果没有影响或影响不大,所以大多数氧化还原滴定可以在空气中进行。

1. 氧化还原滴定曲线

在氧化还原滴定中,氧化剂或还原剂的浓度随着滴定剂的加入而逐渐变化,溶液的电位因而不断地发生变化。氧化还原滴定过程中电位的变化情况,可以通过实验测量,用滴定曲线来表示,也可以应用电位公式进行近似计算。图 10-11 为 0.02 $mol \cdot L^{-1}$ $KMnO_4$ 溶液滴定 20mL 0.1$mol \cdot L^{-1}$ $FeSO_4$ 的滴定曲线。

氧化还原滴定曲线和酸碱滴定曲线相似,主要区别在于:酸碱滴定曲线是用 pH 的改变来表示溶液中氢离子浓度的变化,而氧化还原滴定曲线是用电位 φ 的改变来表示溶液中有关离子浓度的变化。如果氧化剂与还原剂两个电对的标准电位相差越大,则电位突跃越大。对于电对的氧化态和还原态系数相同的氧化还原反应,计算化

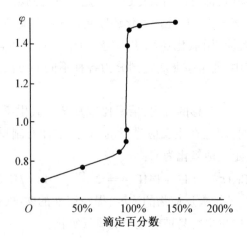

图 10-11　$KMnO_4$ 滴定 $FeSO_4$ 的滴定曲线

学计量点时溶液电位的一般通式是

$$\varphi = \frac{n_1\varphi_1^{\ominus} + n_2\varphi_2^{\ominus}}{n_1 + n_2}$$

式中,n_1 和 n_2 分别表示滴定反应中两个电对的电子转移数;$\varphi_1^{\ominus}$ 和 $\varphi_2^{\ominus}$ 分别表示两个电对的标准电位。例如,$KMnO_4$ 滴定 $FeSO_4$ 到化学计量点时溶液的电位为

$$\varphi = \frac{5 \times 1.51 + 1 \times 0.77}{5 + 1} = 1.39\,V$$

2. 氧化还原滴定指示剂

在氧化还原滴定过程中,化学计量点附近时,溶液的电位产生突跃,如果利用仪器测量滴定过程中电位的变化以确定化学计量点,这就是电位滴定法。如果利用某种物质在化学计量点附近时颜色的改变来指示终点,这种物质叫做**氧化还原滴定指示剂**。

(1) 氧化还原指示剂

例如,$K_2Cr_2O_7$ 溶液滴定 Fe^{2+} 离子时,常用二苯胺磺酸钠作指示剂。它具有还原剂的性质,能与 $K_2Cr_2O_7$ 作用。当 $K_2Cr_2O_7$ 滴定 Fe^{2+} 到达化学计量点时,稍微过量的 $K_2Cr_2O_7$ 就能把指示剂氧化,使其由还原态(无色)转变为氧化态(紫红色),溶液的颜色发生了变化,因而可以判断滴定终点。显然,氧化还原指示剂的氧化态和还原态应具有不同的颜色,并且在一定电位时发生颜色的改变,才能正确指示终点。

如果用 In_o 和 In_r 分别表示指示剂的氧化态和还原态,n 表示电子转移的数目,并设溶液的 $[H^+] = 1\,mol \cdot L^{-1}$,则指示剂的氧化态和还原态的关系可用下式表示:

$$In_o + ne = In_r$$

根据电位公式,氧化还原剂的电位与其浓度之间的关系是

$$\varphi = \varphi_{\text{In}}^{\ominus} + \frac{0.059}{n}\lg\frac{[\text{In}_o]}{[\text{In}_r]}$$

式中,$\varphi_{\text{In}}^{\ominus}$ 表示指示剂的标准电位。当溶液的电位改变时,指示剂的氧化态和还原态的浓度比也会发生改变,溶液的颜色因而发生变化。

当 $\dfrac{[\text{In}_o]}{[\text{In}_r]} = 1$ 时,$\varphi = \varphi_{\text{In}}^{\ominus}$(变色点)。

当 $\dfrac{[\text{In}_o]}{[\text{In}_r]} \geqslant 10$ 时,$\varphi > \varphi_{\text{In}}^{\ominus}$(显氧化态的颜色)。

当 $\dfrac{[\text{In}_o]}{[\text{In}_r]} \leqslant 1/10$ 时,$\varphi < \varphi_{\text{In}}^{\ominus}$(显还原态的颜色)。

每种氧化还原指示剂都有它的标准电位(表 10-6)。在选择氧化还原指示剂时,应该采用变色点($\varphi_{\text{In}}^{\ominus}$)落在电位突跃范围之内的指示剂。氧化还原指示剂的标准电位和化学计量点时溶液的电位越接近,滴定误差越小。

表 10-6　　　　　　　　　　一些氧化还原指示剂

指　示　剂	$\varphi_{\text{In}}^{\ominus}$/V ($[\text{H}^+] = 1\text{mol}\cdot\text{L}^{-1}$)	颜　色　变　化	
		氧化态	还原态
次甲基蓝	0.52	蓝色	无色
二苯胺	0.76	紫色	无色
二苯胺磺酸钠	0.85	紫红色	无色
苯代邻氨基苯甲酸	0.89	紫红色	无色
对-硝基苯胺	1.06	紫色	无色
邻二氮杂菲亚铁盐	1.06	浅蓝色	红色
硝基邻二氮杂菲亚铁盐	1.25	浅蓝色	紫红色

下面着重介绍二苯胺磺酸钠指示剂的作用。二苯胺磺酸钠易溶于水,常配成 0.2%～0.5% 的水溶液使用。它的标准电位为 0.85V(在 $[\text{H}^+] = 1\text{mol}\cdot\text{L}^{-1}$ 时)。

在酸性溶液中,主要以二苯胺磺酸的形式存在。在氧化剂作用下,二苯胺磺酸首先被氧化为无色的二苯联苯胺磺酸,再进一步地被氧化为紫色的二苯联苯胺紫磺酸,反应的过程如下:

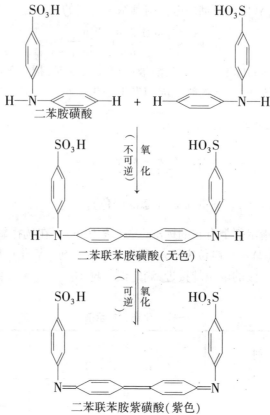

以 $K_2Cr_2O_7$ 滴定 Fe^{2+} 或以 Fe^{2+} 滴定 $Cr_2O_7^{2-}$ 时,常用二苯胺磺酸钠指示剂。当滴定到终点时,稍微过量的 $K_2Cr_2O_7$ 就能把二苯胺磺酸氧化,使它由还原态(无色)转变为氧化态(紫红色),终点时溶液显紫红色。相反,当用 Fe^{2+} 滴定 $K_2Cr_2O_7$ 到终点时,稍微过量的 Fe^{2+} 就能把指示剂还原,使它由氧化态转变为还原态,这时生成的 Cr^{3+} 是浅绿色的,终点时溶液就由紫红色变为浅绿色。

二苯胺磺酸被氧化时,经历着由无色变为紫色两个阶段,需要消耗少量的滴定剂。当滴定剂浓度比较大(例如 $0.02\ mol \cdot L^{-1}$)时,氧化指示剂所消耗的体积对分析结果的影响不大,可以忽略不计。如果滴定剂的浓度很小(例如 $0.002\ mol \cdot L^{-1}$)时就要做空白实验,测出指示剂所消耗滴定剂的体积,作为校正值,从滴定剂的总体积中把它扣除掉。

应该指出,二苯联苯胺紫磺酸这个紫红色的氧化产物是不够稳定的,它在含有氧化剂的溶液中,还会缓慢地被氧化而分解为其他有机物质,它们能与未被氧化的二苯联苯胺磺酸形成绿色的加合物,因此,滴到终点后,溶液的紫红色将会逐渐消失。

此外,用 Fe^{2+} 标准溶液滴定 $Cr_2O_7^{2-}$ 和 VO_3^- 时,常采用苯代邻氨基苯甲酸作指示剂,它的标准电位为 0.89V,氧化态显紫红色,还原态无色,终点时溶液由紫红色变为浅绿色(Cr^{3+}的颜色)。采用本指示剂时,同样需要做指示剂的校正值。

(2) 自身指示剂

在氧化还原滴定中,有些滴定剂或被滴物本身有颜色,如果反应产物无色或为浅色,那么滴定时就不必另加指示剂。例如,MnO_4^- 离子本身显紫红色,用它滴定无色或浅色的还原剂时,被还原为 Mn^{2+},而 Mn^{2+} 几乎是无色的,当滴定到化学计量点后,只要 MnO_4^- 稍微过量就可使溶液显粉红色,表示已经到达了滴定终点。实验证明,在 100mL 水溶液中,加入 $0.02 mol \cdot L^{-1}$ $KMnO_4$ 约 $0.01mL$,这时 MnO_4^- 的浓度约 $2 \times 10^{-6} mol \cdot L^{-1}$,就可以看到溶液显粉红色。

(3) 产生特殊颜色的指示剂

氧化还原指示剂本身就是氧化剂或还原剂。有的物质并不具有氧化还原性,但它能与氧化剂或还原剂产生特殊的颜色,如可溶性的淀粉溶液,能与碘(有碘化物存在下)生成深蓝色的吸附配合物。

碘和淀粉反应灵敏,作用迅速,溶液中只要有少量(约 $1 \sim 2.5 \times 10^{-5} mol \cdot L^{-1}$)的碘就可与淀粉呈现鲜明的蓝色。因此,用碘溶液作滴定剂或用 $Na_2S_2O_3$ 滴定 I_2 时,常采用淀粉作指示剂,根据溶液中蓝色的出现或消失,就可以判断滴定的终点。

10.3.2 高锰酸钾法

1. 概述

高锰酸钾是一种强氧化剂。它的氧化作用和溶液的酸度有关。在强酸性溶液中,和还原剂作用时 $KMnO_4$ 被还原为 Mn^{2+},半反应式如下:

$$MnO_4^- + 8H^+ + 5e \rightleftharpoons Mn^{2+} + 4H_2O, \varphi^{\ominus} = 1.51V$$

在微酸性、中性或弱碱性溶液中,MnO_4^- 则被还原为 MnO_2(实际上是 MnO_2 水合物),半反应式如下:

$$MnO_4^- + 2H_2O + 3e \rightleftharpoons MnO_2 + 4OH^-, \quad \varphi^{\ominus} = +0.59V$$

因此,高锰酸钾是一种应用广泛的氧化剂。

利用高锰酸钾作氧化剂来进行滴定分析的方法称为**高锰酸钾法**。用高锰酸钾作滴定剂时,一般是在强酸溶液中进行的。例如 $KMnO_4$ 滴定 Fe^{2+},常用硫酸作介质。不宜采用盐酸或硝酸,因为 Cl^- 也能还原 MnO_4^-,这就多消耗了 $KMnO_4$ 溶液,使铁的测定结果偏高。而 NO_3^- 具有氧化性,它也可以氧化 Fe^{2+},$KMnO_4$ 的用量就会减少,使铁的测定结果偏低。用高锰酸钾作滴定剂时,根据被测物质的性质,可以采用不同的滴定方法。

(1) 直接滴定法 许多还原性物质,如 Fe^{2+}、As^{3+}、Sb^{3+}、H_2O_2、NO_2^-、$C_2O_4^{2-}$ 等,可用 $KMnO_4$ 标准溶液直接进行滴定。

(2) 返滴定法 有些氧化性物质,不能用 $KMnO_4$ 溶液直接滴定,则可用返滴定法进行测定。例如,测定钢铁中的铬时,先将试样中的铬处理为 $Cr_2O_7^{2-}$,再加过量的 $FeSO_4$ 标准溶液,使 $Cr_2O_7^{2-}$ 还原为 Cr^{3+},然后用 $KMnO_4$ 标准溶液滴定剩余的 $FeSO_4$,从 $FeSO_4$ 溶液的总量减去剩余的量,就可以算出与 $Cr_2O_7^{2-}$ 作用所消耗的 $FeSO_4$ 的量,从而求得钢铁中铬的百分含量。

(3) 间接滴定法 某些非氧化还原性物质,不能用高锰酸钾滴定法和返滴定法测定,这时可用间接滴定法进行测定。例如,先将试样中的 Ca^{2+} 用草酸盐溶液沉淀为 CaC_2O_4,再把所得沉淀溶于稀硫酸中,然后用 $KMnO_4$ 标准溶液滴定 $C_2O_4^{2-}$,这样就可以间接地求得钙的含量。

采用高锰酸钾溶液作滴定剂的优点是:$KMnO_4$ 氧化性强,应用较广;MnO_4^- 有颜色,$2 \times 10^{-6} mol \cdot L^{-1}$ $KMnO_4$ 溶液就可以显粉红色,用它滴定无色或浅色溶液时,一般无需另加指示剂。高锰酸钾的主要缺点是:溶液不够稳定;能与许多还原性物质发生作用,干扰比较多。

2. 高锰酸钾溶液的配制和标定

纯的 $KMnO_4$ 溶液相当稳定,实际上由于各种因素的影响,$KMnO_4$ 溶液容易分解。

$$4KMnO_4 + 2H_2O = 4MnO_2\downarrow + 3O_2\uparrow + 4KOH$$

MnO_2,H^+ 和光都能促进 $KMnO_4$ 溶液的分解。因此,在配制溶液时,应该注意以下几点:

(1) 固体高锰酸钾中常含有少量杂质(如二氧化锰、氯化物、硫酸盐、硝酸盐等),不能用来直接配制标准溶液。

(2) 称取高锰酸钾的用量,应稍多于理论计算量,然后溶解在规定体积的蒸馏水里。

(3) 配溶液所用的蒸馏水中,常含有少量的有机物质,能与高锰酸钾缓慢地反应,使其浓度降低。因此,配制高锰酸钾溶液时,必须加热至沸,并保持微沸约 1h,然后放置 2~3d,使各种还原性物质完全氧化。

(4) 用微孔玻璃漏斗过滤,以除去二氧化锰沉淀。

(5) 为了避免光的影响,应将高锰酸钾溶液移入棕色瓶中,并放在暗处保存。

标定 $KMnO_4$ 溶液的基准物质有 $Na_2C_2O_4$,$H_2C_2O_4 \cdot 2H_2O$,$FeSO_4 \cdot (NH_4)_2SO_4 \cdot 6H_2O$,$As_2O_3$ 和纯铁丝等,其中以 $Na_2C_2O_4$ 较好,它容易提纯,性质稳定,不含结晶水。$Na_2C_2O_4$ 在 105~110℃ 烘干约 2h,冷却后即可使用。

在硫酸溶液里,$KMnO_4$ 和 $Na_2C_2O_4$ 的反应式如下:

$$2MnO_4^- + 5C_2O_4^{2-} + 16H^+ = 2Mn^{2+} + 10CO_2 + 8H_2O$$

为了使这个反应能够定量地较快地进行,应该注意下述滴定条件:

(1) 温度 室温时反应速度缓慢,须将溶液加热至 75~85℃ 进行滴定。滴定完毕时溶液温度应不低于60℃。但温度高于90℃时，会使部分的 $H_2C_2O_4$ 发生分解（$H_2C_2O_4 = CO_2 + CO + H_2O$）。

（2）酸度 为了使滴定反应能够正常地进行，溶液中应保持足够的酸度，一般在开始滴定时溶液的酸度约为 $1mol·L^{-1}$，滴定终了时酸度约为 $0.5mol·L^{-1}$，酸度不够时，往往容易生成 $MnO_2·H_2O$ 沉淀，而酸度过高时，又会促使 $H_2C_2O_4$ 的分解。

（3）催化剂 用 $KMnO_4$ 进行滴定时，最初加入的几滴溶液褪色较慢，但当这几滴 $KMnO_4$ 与 $Na_2C_2O_4$ 作用完毕并生成 Mn^{2+} 以后，反应速度就逐渐加快。如果在滴定前，加入几滴 $MnSO_4$ 溶液，那么反应一开始就很快。可见 Mn^{2+} 在此反应中起着催化剂的作用。

（4）指示剂 $KMnO_4$ 溶液本身有颜色，溶液中有稍微过量的 MnO_4^- 就显粉红色，一般无需另加指示剂。但当 $KMnO_4$ 溶液的浓度很稀（如 $0.002mol·L^{-1}$）时，可以采用适当的氧化还原指示剂来确定终点。

（5）滴定速度 用 $KMnO_4$ 作滴定剂时，滴定速度也不宜太快，以免引起它在热的酸性溶液中发生分解。

$$4MnO_4^- + 12H^+ = 4Mn^{2+} + 5O_2 + 6H_2O$$

（6）滴定终点 用 $KMnO_4$ 滴至终点后，溶液的红色不能持久。因为空气中的还原性气体和灰尘都能与 MnO_4^- 缓慢作用，使溶液的颜色逐渐消失。若在 $0.5\sim 1min$ 以内，溶液的红色不褪就可以认为已经到了滴定终点。

最后，计算 $KMnO_4$ 溶液的准确浓度：根据 $Na_2C_2O_4$ 的质量 $m(g)$，$Na_2C_2O_4$ 的摩尔质量 $M(134.0g·mol^{-1})$，$KMnO_4$ 的用量 $V(ml)$，$KMnO_4$ 的浓度 c（$mol·L^{-1}$）及反应的系数比为 2:5，可得

$$cV: \frac{m}{M} = 2:5$$

由上式即可算出 $KMnO_4$ 的浓度。

3. 应用示例

（1）$FeSO_4·7H_2O$ 含量的测定

七水合硫酸亚铁 $FeSO_4·7H_2O$，俗名绿矾，它在农业上用做杀虫剂，也是制造墨水和某些矿物颜料的原料，并用于织物的染色和枕木防腐等方面。因此，测定 $FeSO_4·7H_2O$ 含量具有实际意义。

在酸性溶液中，MnO_4^- 和 Fe^{2+} 的反应式如下：

$$MnO_4^- + 5Fe^{2+} + 8H^+ = Mn^{2+} + 5Fe^{3+} + 4H_2O$$

Fe^{2+} 在空气中也容易被氧化为 Fe^{3+}：

$$4Fe^{2+} + O_2 + 4H^+ = 4Fe^{3+} + 2H_2O$$

因此，本实验所用的水应该是新煮沸并冷却的蒸馏水。试液在空气中放置的时

间不宜过长,应该用 $KMnO_4$ 标准溶液及时滴定。为了消除 Fe^{3+} 对观察滴定终点的影响,可加入磷酸使 Fe^{3+} 转变为无色的配合物。

分析结果的计算:若称取试样重量 $G(g)$,其中含 $FeSO_4 \cdot 7H_2O$ 的重量是 $m(g)$,$KMnO_4$ 标准溶液浓度是 $c(mol \cdot L^{-1})$、用量是 $V(ml)$,$FeSO_4 \cdot 7H_2O$ 的摩尔质量 M 是 $278.0 g \cdot mol^{-1}$,根据 MnO_4^- 与 Fe^{2+} 反应的系数比是 $1:5$,可得

$$cV : \frac{m \times 10^3}{M} = 1:5, 即 m = cVM \times 5 \times 10^{-3}$$

故试样中 $FeSO_4 \cdot 7H_2O$ 百分含量的算式为

$$FeSO_4 \cdot 7H_2O\% = \frac{cVM \times 5 \times 10^{-3}}{G} \times 100$$

(2) 水中化学需氧量的测定

化学需氧量(COD)是衡量水质污染的主要指标之一。在一定条件下,用强氧化剂处理水样时所需氧化剂的量,以 1L 水中含有的还原物质在一定条件下被氧化时所消耗的氧量(mg)表示。

水中的还原性物质包括各种有机物、亚硝酸盐、亚铁盐和硫化物等,而有机污染物对水质的影响极为普遍,因此,化学需氧量可作为水中有机物相对含量的指标之一。COD 的测定,分为高锰酸钾法和重铬酸钾法。对污染程度较轻的水体(如河水、地面水)可采用高锰酸钾法,它在一定程度上可以表示水质受有机物污染的情况,但也有一部分的有机物不能被 $KMnO_4$ 氧化,因而 COD 的大小不能完全表示水中全部有机物的含量。对于污染严重的水体(如工业污水、生活污水)宜用重铬酸钾法,这时有机物被 $K_2Cr_2O_7$ 氧化比较完全。

测定 COD 时,必须严格控制反应条件,如氧化剂的浓度、溶液的酸度、反应时间、温度等对测定结果均有影响。条件不同测得的 COD 值不同。

在一般情况下,COD 的测定多采用酸性高锰酸钾法。在硫酸介质中,加入过量的 $KMnO_4$ 溶液,使水样中的某些有机物和还原性物质充分氧化后,剩余的 $KMnO_4$ 用过量的 $Na_2C_2O_4$ 还原,再以 $KMnO_4$ 回滴剩余的 $Na_2C_2O_4$。

$$4KMnO_4 + 6H_2SO_4 + 5C \Longrightarrow 4MnSO_4 + 2K_2SO_4 + 5CO_2 + 6H_2O$$

$$2MnO_4^- + 5C_2O_4^{2-} + 16H^+ \Longrightarrow 2Mn^{2+} + 10CO_2 + 8H_2O$$

氯离子对测定有干扰,如水样中 Cl^- 的含量大于 $300 mg \cdot L^{-1}$ 时,Cl^- 也会被 MnO_4^- 氧化,影响测定结果。用蒸馏水将水样适当稀释,使 Cl^- 浓度降低,就是消除 Cl^- 干扰的一种方法。水样中如有 Fe^{2+},NO_2^- 和 H_2S 等还原性物质时,可在室温时先用 $KMnO_4$ 把它们氧化,以消除干扰。

分析结果的计算:若取水样 $V_水(mL)$,加入浓度为 $c_{MnO_4^-}(mol \cdot L^{-1})$ 的 $KMnO_4$ 标准溶液 $V_1(mL)$,在酸性条件下加热充分反应,冷却后加入一定量过量的浓度为 $c_{C_2O_4^{2-}}(mol \cdot L^{-1})$ 的 $Na_2C_2O_4$ 标准溶液 $V_{C_2O_4^{2-}}(mL)$ 还原过量的 $KMnO_4$,再用浓度为

$c_{MnO_4^-}$ (mol·L^{-1})的 KMnO$_4$ 标准溶液回滴过量的 Na$_2$C$_2$O$_4$,若消耗 KMnO$_4$ 标准溶液 V_2(mL),则该水样的化学需氧量可按下式计算:

$$\text{COD}(O_2\text{mg}\cdot L^{-1}) = \frac{\left[c_{MnO_4^-}(V_1+V_2) - \frac{2}{5}(cV)_{C_2O_4^{2-}}\right] \times \frac{5}{4} \times 32.00}{V_{水}} \times 1000$$

10.3.3 重铬酸钾法

1. 概述

重铬酸钾是一种常用的氧化剂。利用重铬酸钾作氧化剂进行滴定分析的方法称为**重铬酸钾法**。在酸性溶液中,K$_2$Cr$_2$O$_7$ 与还原剂作用时,Cr$_2$O$_7^{2-}$ 被还原为 Cr^{3+},半反应式如下:

$$\text{Cr}_2\text{O}_7^{2-} + 14\text{H}^+ + 6e \Longrightarrow 2\text{Cr}^{3+} + 7\text{H}_2\text{O}, \varphi^{\ominus} = +1.36\text{V}$$

K$_2$Cr$_2$O$_7$ 的摩尔质量为 294.2g·mol^{-1}。它具有下述优点:

(1) 容易提纯,在 140~150℃干燥后,可以直接称量配制标准溶液。

(2) 标准溶液非常稳定,可以长期保存。

(3) 在室温下不与 Cl$^-$ 作用,故可在盐酸溶液中滴定 Fe^{2+}。

(4) 在酸性溶液里与还原剂作用,总是被还原为 Cr^{3+},反应比较简单。

在重铬酸钾法中,Cr$_2$O$_7^{2-}$ 被还原为绿色的 Cr^{3+},不能根据它本身颜色的变化来确定滴定终点,需采用氧化还原指示剂。重铬酸钾法最重要的应用是测定铁的含量。通过 Cr$_2$O$_7^{2-}$ 和 Fe^{2+} 的反应,还可以测定其他氧化性或还原性物质。例如,钢中铬的测定,先用适当的氧化剂把铬氧化成 Cr$_2$O$_7^{2-}$,然后用 Fe^{2+} 标准溶液滴定,从而可以求得铬的含量。

2. 应用示例

(1) 铁的测定

例如铁矿石中铁量的测定,常采用重铬酸钾法。试样用热浓 HCl 溶解后,滴加 SnCl$_2$ 使所有的 Fe^{3+} 完全还原为 Fe^{2+},多余的 SnCl$_2$ 用 HgCl$_2$ 除去。

$$2\text{Fe}^{3+} + \text{Sn}^{2+} \Longrightarrow 2\text{Fe}^{2+} + \text{Sn}^{4+}$$
$$2\text{HgCl}_2 + \text{Sn}^{2+} \Longrightarrow \text{Hg}_2\text{Cl}_2 \downarrow + \text{Sn}^{4+} + 2\text{Cl}^-$$

用水稀释后,加入硫酸-磷酸混合酸及二苯胺磺酸钠指示剂,立即用 K$_2$Cr$_2$O$_7$ 标准溶液滴定,至溶液由浅绿色(Cr^{3+})变为紫色,即为终点。

$$\underset{(橙黄色)}{\text{Cr}_2\text{O}_7^{2-}} + 14\text{H}^+ + 6\text{Fe}^{2+} \Longrightarrow 2\underset{(绿色)}{\text{Cr}^{3+}} + 6\underset{(黄色)}{\text{Fe}^{3+}} + 7\text{H}_2\text{O}$$

磷酸的作用是使滴定产生的 Fe^{3+} 转变为无色的 Fe(HPO$_4$)$_2^-$,消除了 Fe^{3+} 颜色的干扰,便于观察滴定终点;同时减小了 Fe^{3+} 的浓度,因而降低了 Fe^{3+}/Fe^{2+} 电对的电位,这样不仅能使电位突跃部分增大(突跃开始时的电位降低了),而且可以避免二苯胺磺酸钠未到终点以前被 Fe^{3+} 氧化变色而引起的误差。

根据 $K_2Cr_2O_7$ 标准溶液的浓度 $c(mol \cdot L^{-1})$、体积 $V(L)$、试样重量 $G(g)$ 和 Fe 的摩尔质量 $M(55.85g \cdot mol^{-1})$,按下式计算铁的百分含量:

$$w_{Fe} = \frac{cVM \times 6}{G} \times 100\%$$

重铬酸钾法是测定铁矿石中全铁量的标准方法。速度较快,准确度高,在生产上广泛使用,但是实验中用了有毒的汞盐,它会污染环境,危害人体健康,为了克服这个缺点,近来研究不使用汞盐的方法,对预先还原这一步骤作了改进。在 Na_2WO_4 存在下,用 $TiCl_3$ 作还原剂($\varphi^{\ominus}_{Ti^{4+}/Ti^{3+}} = 0.09V$),使 Fe^{3+} 还原为 Fe^{2+},当 Fe^{3+} 被还原完全时,Na_2WO_4 就被 Ti^{3+} 还原为"钨蓝",溶液显蓝色,过量的 Ti^{3+} 用 $K_2Cr_2O_7$ 氧化,加二苯胺磺酸钠指示剂,再用 $K_2Cr_2O_7$ 标准溶液滴定 Fe^{2+},同样可获得准确的分析结果。

(2) Fe^{2+} 的滴定 根据 $Cr_2O_7^{2-}$ 与 Fe^{2+} 反应的计量关系求得 Fe^{2+} 的浓度。例如,$FeSO_4 \cdot (NH_4)_2SO_4 \cdot 6H_2O$ 溶液浓度,可借 $K_2Cr_2O_7$ 标准溶液标定;同时这类物质的含量也可用 $K_2Cr_2O_7$ 法测定。滴定的方式是 $Cr_2O_7^{2-}$ 滴定 Fe^{2+},也可以 Fe^{2+} 滴定 $Cr_2O_7^{2-}$。

$Cr_2O_7^{2-}$ 与 Fe^{2+} 反应的系数比为 1:6,滴至化学计量点时

$$(cV)_{Cr_2O_7^{2-}} : (cV)_{Fe^{2+}} = 1:6$$
$$(cV)_{Fe^{2+}} = (cV)_{Cr_2O_7^{2-}} \times 6$$

据此可以进行有关的计算。

10.3.4 碘量法

1. 概述

碘量法是利用碘的氧化性和碘离子的还原性来进行滴定分析的方法。基本反应是

$$I_2 + 2e \Longrightarrow 2I^-$$

I_2/I^- 电对的标准电位为 +0.54V,可见碘是一种较弱的氧化剂,能与较强的还原剂作用;而碘离子是一种还原剂,能与许多氧化剂作用。因此,碘量法可用直接的和间接的两种方式进行。

(1) 电位比 $\varphi^{\ominus}_{I_2/I^-}$ 小的还原性物质

直接用碘溶液滴定,这种方法叫做**直接碘量法**或**碘滴定法**。例如氮肥或钢铁中硫的测定。

$$I_2 + H_2S \Longrightarrow 2I^- + 2H^+ + S$$
$$I_2 + SO_2 + 2H_2O \Longrightarrow 2I^- + SO_4^{2-} + 4H^+$$

滴定时采用淀粉溶液作指示剂,终点非常明显。用碘滴定法还可以测定 AsO_3^{3-},SbO_3^{3-},Sn^{2+} 等还原性物质。应该指出,碘滴定法不能在碱性溶液中进行,因为碘在碱性溶液中会发生歧化反应:

$$3I_2 + 6OH^- = IO_3^- + 5I^- + 3H_2O$$

碘的标准溶液,实际上是将碘溶解在碘化钾溶液中,这时碘主要以三碘离子 I_3^- 的形式存在($I_2 + I^- = I_3^-$),一般简写为 I_2。

(2) 电位比 $\varphi^{\ominus}_{I_2/I^-}$ 大的氧化性物质

在一定条件下,氧化剂与 I^- 作用,生成的碘用硫代硫酸钠溶液滴定,这种方法叫做**间接碘量法**或**滴定碘法**。例如,$KMnO_4$ 在酸性溶液中与过量的 KI 作用,产生的 I_2 用 $Na_2S_2O_3$ 滴定。

$$2MnO_4^- + 10I^- + 16H^+ = 2Mn^{2+} + 5I_2 + 8H_2O$$
$$I_2 + 2S_2O_3^{2-} = 2I^- + S_4O_6^{2-}$$

这样,通过 I^- 的反应,用 $Na_2S_2O_3$ 作滴定剂,可以测定多种氧化性的物质。例如,Cu^{2+},CrO_4^{2-},$Cr_2O_7^{2-}$,IO_3^-,BrO_3^-,AsO_4^{3-},SbO_4^{3-},ClO^-,NO_2^-,H_2O_2 等。

滴定碘法的反应条件非常重要,现分述如下:

(1) 溶液的酸度

$Na_2S_2O_3$ 与 I_2 的反应,需在中性或弱酸性溶液中进行。如果是碱性溶液,$Na_2S_2O_3$ 与 I_2 将会发生副反应:

$$S_2O_3^{2-} + 4I_2 + 10OH^- = 2SO_4^{2-} + 8I^- + 5H_2O$$

而且 I_2 在碱性溶液会发生歧化反应。

如果是强酸性溶液,$Na_2S_2O_3$ 会发生分解:

$$S_2O_3^{2-} + 2H^+ = SO_2 + S + H_2O$$

而且 I^- 在酸性溶液中容易被空气氧化:

$$4I^- + 4H^+ + O_2 = 2I_2 + 2H_2O$$

光线照射也能促进 I^- 的氧化。

(2) 防止 I_2 的挥发和溶液中 I^- 被氧化

碘量法的误差来源主要有两个方面:一是 I_2 容易挥发;二是 I^- 在酸性溶液中容易被空气氧化。防止 I_2 的挥发可采取以下措施:①加入过量的 KI(一般比理论值大 2~3 倍),使 I^- 与氧化剂作用完全,并使反应中生成的 I_2 与足够的 I^- 结合成 I_3^-,而 I_3^- 易溶于水,难以挥发。②反应在室温(<25℃)下进行。③滴定时轻轻摇动,最好使用带玻璃塞的三角烧瓶(碘量瓶)。

防止 I^- 被空气氧化的办法如下:①在酸性溶液中,用 KI 作还原剂时,应避免阳光的照射。②析出 I_2 后,一般应该及时用 $Na_2S_2O_3$ 滴定。③滴定速度应适当地快些。

(3) 淀粉溶液应在滴定到接近终点时加入

用 $Na_2S_2O_3$ 滴定 I_2 时,应该在大部分的 I_2 已被还原,溶液显黄色时才加入淀粉溶液。否则,将会有较多的 I_2 被淀粉胶粒包住,使滴定时蓝色褪去很慢,妨碍终点的观察。

2. 硫代硫酸钠、碘溶液的配制和标定

碘量法中经常使用硫代硫酸钠和碘两种标准溶液。下面分别介绍两种溶液的配制和标定方法。

(1) 硫代硫酸钠溶液的配制和标定

固体 $Na_2S_2O_3 \cdot 5H_2O$ 容易风化,并含有少量杂质,如 $S, S^{2-}, SO_3^{2-}, SO_4^{2-}, CO_3^{2-}, Cl^-$ 等,所以不能直接配制标准溶液。$Na_2S_2O_3$ 溶液不稳定,容易分解,其原因如下:

①细菌的作用:$Na_2S_2O_3 \xrightarrow{\text{细菌}} Na_2SO_3 + S$

②溶解在水里的 H_2CO_3 的作用:$S_2O_3^{2-} + H_2CO_3 =\!=\!= HSO_3^- + HCO_3^- + S$,同时使溶液的 pH 降低,适宜细菌生长。

③空气的氧化作用:$S_2O_3^{2-} + \frac{1}{2}O_2 =\!=\!= SO_4^{2-} + S$,水中微量的 Cu^{2+} 或 Fe^{3+}(催化剂)可以促进 $Na_2S_2O_3$ 溶液的分解:

$$2Cu^{2+} + S_2O_3^{2-} =\!=\!= 2Cu^+ + S_4O_6^{2-}$$

$$2Cu^+ + \frac{1}{2}O_2 + H_2O =\!=\!= 2Cu^{2+} + 2OH^-$$

因此,配制 $Na_2S_2O_3$ 溶液时,需用新煮沸并冷却了的蒸馏水,以除去二氧化碳并杀死细菌,另加入少量的 Na_2CO_3,使溶液呈弱碱性,以抑制细菌的生长。这样配制的溶液比较稳定,但也不宜长期保存,在使用一段时期以后应重新标定。如果发现溶液变浑或有硫析出,需过滤后重新标定溶液的浓度,或另外配制溶液。

标定 $Na_2S_2O_3$ 溶液的浓度常用 $K_2Cr_2O_7$ 作基准物质。称取一定量的 $K_2Cr_2O_7$ 或移取一定量的 $K_2Cr_2O_7$ 标准溶液,在弱酸性溶液中,与过量的 KI 作用,析出的 I_2 用 $Na_2S_2O_3$ 溶液滴定,以淀粉溶液作指示剂。

$$Cr_2O_7^{2-} + 6I^- + 14H^+ =\!=\!= 2Cr^{3+} + 3I_2 + 7H_2O$$

$$I_2 + 2S_2O_3^{2-} =\!=\!= 2I^- + S_4O_6^{2-}$$

$K_2Cr_2O_7$ 与 KI 的反应条件如下:

①反应物的浓度越大,反应速度越快。

②溶液的酸度越大,反应速度越快。但酸度太大时,I^- 容易被空气中的氧气氧化。酸度一般以 $0.4 mol \cdot L^{-1}$ HCl 较为合适。

③$K_2Cr_2O_7$ 与 KI 的反应速度较慢,应将溶液放入带塞的三角烧瓶中并在暗处静置一定的时间,使 $Cr_2O_7^{2-}$ 与 KI 反应完全,然后滴定。

④所用的 KI 溶液中不得含有 KIO_3 或 I_2，如果 KI 溶液显黄色，或溶液酸化后加入淀粉出现蓝色时，应该先用 $Na_2S_2O_3$ 把它滴至无色，然后使用。

滴定前须将溶液用水稀释。这样，既可降低酸度，使 I^- 被空气氧化的速度减慢，避免析出过多的 I_2；又可使 $Na_2S_2O_3$ 的分解作用减少；而且稀释后 Cr^{3+} 的绿色减弱，便于观察滴定终点。如果滴定到终点，过 5 分钟以后，溶液又出现蓝色，这是由于 I^- 被空气氧化为 I_2（Cr^{3+} 起催化作用）引起的，并不影响分析结果。如滴定到终点以后溶液迅速变成蓝色，表示 $Cr_2O_7^{2-}$ 与 I^- 的反应不完全，可能是放置的时间不够，在此情况下，实验应该重做。如果终点滴过了，不能用 I_2 标准溶液回滴，因为过量的 $Na_2S_2O_3$ 在酸性溶液中可能已经分解了。

结果计算：I_2 与 $Na_2S_2O_3$ 反应的系数比为 1:2，即 $(cV)_{I_2}$: $(cV)_{Na_2S_2O_3}$ = 1:2，故
$$(cV)_{Na_2S_2O_3} = (cV)_{I_2} \times 2$$
根据 $K_2Cr_2O_7 \backsim 3I_2 \backsim 6Na_2S_2O_3$，可得
$$(cV)_{K_2Cr_2O_7} : (cV)_{Na_2S_2O_3} = 1:6$$
故 $(cV)_{Na_2S_2O_3} = 6(cV)_{K_2Cr_2O_7}$。

(2) 碘溶液的配制和标定

碘的标准溶液一般是用市售的碘来配制的，然后标定它的准确浓度。碘在水中的溶解度很小（20℃时为 1.33×10^{-3} mol·L^{-1}），容易挥发，通常把碘溶解在浓的碘化钾溶液里，使 I_2 与 KI 形成 KI_3，溶解度因而大增，挥发性大为降低，而电位并无显著变化。碘溶液见光遇热时浓度会发生改变，还应避免与橡皮等有机物接触。

碘溶液的浓度可用 $Na_2S_2O_3$ 标准溶液标定，也常以 As_2O_3 作基准物质来标定。As_2O_3 不溶于水，可溶于碱溶液而生成亚砷酸盐：
$$As_2O_3 + 6OH^- = 2AsO_3^{3-} + 3H_2O$$
AsO_3^{3-} 与 I_2 的反应是
$$AsO_3^{3-} + I_2 + H_2O = AsO_4^{3-} + 2I^- + 2H^+$$
这个反应是可逆的，在中性或微碱性溶液中（加入 $NaHCO_3$，使 pH ≈ 8），反应能够定量地向右边进行。酸度太高时反应不完全，酸度太低时 I_2 又会分解。

3. 应用示例

(1) 铜的测定

基本原理是在弱酸性溶液（pH = 3.2 ~ 4.0）中，Cu^{2+} 与过量的 KI 作用，生成难溶性的 CuI 沉淀并析出定量的 I_2，然后用 $Na_2S_2O_3$ 标准溶液滴定。
$$2Cu^{2+} + 4I^- = 2CuI\downarrow + I_2$$
$$I_2 + 2S_2O_3^{2-} = 2I^- + S_4O_6^{2-}$$
为了使 Cu^{2+} 沉淀完全，减小 CuI 对 I_2 的吸附，加入 KSCN 或 NH_4SCN，使 CuI（K_{sp} = 1.1×10^{-12}）转变为溶解度更小的、吸附 I_2 的倾向较弱的 CuSCN（K_{sp} = 4.8 ×

10^{-15})。

$$CuI + SCN^- \Longrightarrow CuSCN + I^-$$

Cu^{2+} 与 I^- 的反应需在弱酸性溶液中进行。如果是强酸性溶液，I^- 易被空气氧化而生成过多的 I_2；如果是碱性溶液，Cu^{2+} 将会水解，I_2 也会分解。因此，通常利用 HAc-NaAc，HAc-NH_4Ac，NH_4HF$_2$ 等溶液的缓冲作用来控制酸度。KI 既是还原剂(使 $Cu^{2+} \rightarrow Cu^+$)，又是沉淀剂(使 $Cu^+ \rightarrow CuI$)，另外还起着配位剂的作用(使 $I_2 \rightarrow I_3^-$)。

如试样中有 Fe^{3+} 存在时，它也能与 KI 作用而生成 I_2：

$$2Fe^{3+} + 2I^- \Longrightarrow 2Fe^{2+} + I_2$$

妨碍铜的测定。若加入 NH_4HF_2 使 Fe^{3+} 形成稳定的 $[FeF_6]^{3-}$ 配合物，它就不与 I^- 作用了。

碘量法测定铜快速、准确，适用于铜合金、铜矿、电镀液和胆矾等试样中铜的测定。

(2) 维生素 C 的测定

维生素 C 又名抗坏血酸，分子式为 $C_6H_8O_6$，摩尔质量是 176.12 g·mol^{-1}，它的半反应式为

$$C_6H_8O_6 \Longrightarrow C_6H_6O_6 + 2H^+ + 2e, \varphi^{\ominus} = 0.18V$$

用 I_2 滴定维生素 C 的反应为

$$I_2 + C_6H_8O_6 \Longrightarrow 2HI + C_6H_6O_6$$

$C_6H_8O_6$ 的还原性较强，在空气中容易被氧化，故滴定反应宜在弱酸性溶液(HAc)中进行。蒸馏水中常含有溶解氧，应该用新煮沸过的冷蒸馏水溶解试样。

10.3.5 其他氧化还原滴定方法

1. 溴酸钾法

溴酸钾是一种强氧化剂，在酸性溶液中 $KBrO_3$ 与还原性物质作用时，BrO_3^- 被还原为 Br^-，半反应式如下：

$$BrO_3^- + 6H^+ + 6e \Longrightarrow Br^- + 3H_2O, \varphi^{\ominus} = +1.44V$$

溴酸钾容易提纯，在 180℃ 烘干后，可以直接配制标准溶液。$KBrO_3$ 溶液的浓度也可用间接碘量法标定。在酸性溶液中 $KBrO_3$ 与过量的 KI 反应：

$$BrO_3^- + 6I^- + 6H^+ \Longrightarrow Br^- + 3I_2 + 3H_2O$$

析出的 I_2 用 $Na_2S_2O_3$ 标准溶液滴定。因此溴酸钾法与碘量法经常是配合使用的。

溴酸钾法常用于锑的测定。在酸性溶液中，用甲基橙作指示剂，$KBrO_3$ 溶液可以直接滴定 Sb^{3+}，反应式如下：

$$3Sb^{3+} + BrO_3^- + 6H^+ \Longrightarrow 3Sb^{5+} + Br^- + 3H_2O$$

达到终点时，甲基橙被氧化而褪色，因而可以确定终点。$KBrO_3$ 溶液也可以直接滴定

AsO_3^{3-},Tl^+ 等。

溴酸钾法主要用于测定有机物。在 $KBrO_3$ 标准溶液中加入过量的 KBr,溶液酸化后,BrO_3^- 与 Br^- 发生下述反应:

$$BrO_3^- + 5Br^- + 6H^+ =\!=\!= 3Br_2 + 3H_2O$$

这种溶液相当于溴水溶液。一般溴水不稳定,不适宜作滴定剂,而 $KBrO_3$-KBr 标准溶液很稳定,在酸性溶液中才发生上述反应。生成的 Br_2 能与某些有机物反应,因而可以测定有机物的含量。例如溴可取代苯酚 C_6H_5OH 中的氢:

$$C_6H_5OH + 3Br_2 =\!=\!= C_6H_2Br_3OH + 3HBr$$

在酸性溶液中,加入过量的 $KBrO_3$-KBr 标准溶液,使苯酚与溴反应完全后,剩余的 Br_2 用 KI 还原:

$$Br_2 + 2I^- =\!=\!= 2Br^- + I_2$$

析出的 I_2 用 $Na_2S_2O_3$ 标准溶液滴定。

2. 硫酸铈法

硫酸铈是一种强氧化剂,在酸性溶液中,$Ce(SO_4)_2$ 与还原剂作用时,Ce^{4+} 被还原为 Ce^{3+},半反应式如下:

$$Ce^{4+} + e =\!=\!= Ce^{3+}$$

Ce^{4+}/Ce^{3+} 电对的电位与酸的种类和浓度有关。在 $0.5 \sim 4 mol \cdot L^{-1} H_2SO_4$ 溶液中电位为 $1.44 \sim 1.42V$;在 $1 \sim 8 mol \cdot L^{-1} HClO_4$ 溶液中电位为 $1.70 \sim 1.87V$;而在 $1 mol \cdot L^{-1}$ HCl 溶液中电位为 $1.28V$,这时 Cl^- 可使 Ce^{4+} 还原为 Ce^{3+},并产生 Cl_2。因此,用 Ce^{4+} 作滴定剂时,常采用 $Ce(SO_4)_2$ 溶液。它在 H_2SO_4 介质中的电位介于 $KMnO_4$ 与 $K_2Cr_2O_7$ 之间,凡能用 $KMnO_4$ 滴定的物质,一般也可以用 $Ce(SO_4)_2$ 滴定。$Ce(SO_4)_2$ 溶液具有下述优点:

(1)性质稳定,放置较长时间或加热煮沸也不易分解。

(2)可由容易提纯的硫酸铈铵 $Ce(SO_4)_2 \cdot 2(NH_4)_2SO_4 \cdot 2H_2O$ 配制。

(3)可在 HCl 介质中直接滴定 Fe^{2+}(与 $KMnO_4$ 溶液不同)。

$$Ce^{4+} + Fe^{2+} =\!=\!= Ce^{3+} + Fe^{3+}$$

(4)反应简单。Ce^{4+} 转变为 Ce^{3+} 时,只有 1 个电子的转移,不生成中间价态的产物。

(5)副反应少。在有机物(如乙醇、甘油、糖等)存在下,用 Ce^{4+} 滴定 Fe^{2+} 仍可得到良好的结果。

用 $Ce(SO_4)_2$ 作滴定剂时,Ce^{4+} 显黄色,Ce^{3+} 无色,故 Ce^{4+} 可作为自身指示剂。但灵敏度不高,一般采用邻二氮杂菲亚铁盐作指示剂。Ce^{4+} 容易水解,生成碱式盐沉淀,所以 $Ce(SO_4)_2$ 溶液不适用于中性或碱性介质的滴定。而且 $Ce(SO_4)_2$ 试剂较贵,在应用上受到一定的限制。

在硫酸铈法中,F^- 的干扰是极为严重的,因为 Ce^{4+} 与 F^- 形成稳定的配合物,使 Ce^{4+} 的黄色消失;大量的 F^- 在酸度较低时可与 Ce^{4+} 生成氟化物沉淀;Ce^{3+} 也能与 F^- 形成配合物(但稳定性小于 Ce^{4+} 与 F^- 的配合物)。结果,使 Ce^{4+}/Ce^{3+} 电对的电位大为降低。在 H_2SO_4 溶液中,有大量 F^- 存在下,Ce^{4+} 不氧化 I^-,就是这个道理。

10.4 沉淀滴定法

10.4.1 原理

沉淀滴定法是利用沉淀反应来进行滴定分析的方法。例如,利用生成 AgCl 沉淀的反应,以 $AgNO_3$ 溶液滴定 Cl^- 离子,可测得试样中氯的含量。用于沉淀滴定的反应,应该具备下列条件:

(1)沉淀有固定的组成,反应物之间有准确的计量关系;

(2)沉淀溶解度小,反应完全;

(3)沉淀吸附杂质少;

(4)反应速度快,有合适的指示终点的方法。

这些要求不易同时满足,故能用于沉淀滴定的反应不多。常用的是生成难溶性银盐的反应,例如,利用生成 AgCl,AgBr,AgI 和 AgCNS 沉淀的反应,可以测定 Cl^-,Br^-,I^-,CNS^- 和 Ag^+ 离子,这种方法称为**银量法**。对于海、湖、井、矿盐和卤水以及电解液的分析和含氯有机物的测定,都有实际意义。

下面介绍银量法中的几种指示终点的方法及其应用。

1. 用铬酸钾作指示剂(莫尔法)

(1) 方法原理 在含有 Cl^- 的中性或弱碱性溶液中,以 K_2CrO_4 作指示剂,用 $AgNO_3$ 溶液滴定,这种直接滴定的方法通常称为**莫尔法**。此法测定 Cl^- 是根据分步沉淀的原理。25℃时,AgCl 沉淀的溶解度(1.4×10^{-5} mol·L^{-1})小于 Ag_2CrO_4 沉淀的溶解度(6.5×10^{-5} mol·L^{-1}),AgCl 开始沉淀比 Ag_2CrO_4 开始沉淀所需的 Ag^+ 浓度要小,所以当滴加 $AgNO_3$ 溶液时,首先析出 AgCl 沉淀,然后才是 Ag_2CrO_4 沉淀,这种先后沉淀的现象叫做**分步沉淀**。

$$Ag^+ + Cl^- =\!=\!= AgCl \downarrow (白色)$$
$$2Ag^+ + CrO_4^{2-} =\!=\!= Ag_2CrO_4 \downarrow (砖红色)$$

滴定的关键在于:当 Cl^- 沉淀完毕后,稍微过量的 Ag^+ 就与 K_2CrO_4 生成 Ag_2CrO_4 沉淀,变色要及时、明显,这样才能正确指示滴定终点。

(2) 滴定条件 莫尔法的滴定条件主要是控制 K_2CrO_4 溶液的浓度和溶液的酸度。

①K_2CrO_4 溶液的浓度:因为 K_2CrO_4 溶液浓度的大小,会使 Ag_2CrO_4 沉淀或早或迟地出现,影响终点的正确判断。根据溶度积原理,AgCl 和 Ag_2CrO_4 沉淀的溶度积为

$$[Ag^+][Cl^-] = 1.8 \times 10^{-10}$$
$$[Ag^+]^2[CrO_4^{2-}] = 1.1 \times 10^{-12}$$
$$[Ag^+] = [Cl^-], \quad 即 [Ag^+]^2 = 1.8 \times 10^{-10}$$

化学计量点时

$$[CrO_4^{2-}] = \frac{1.1 \times 10^{-12}}{[Ag^+]^2} = \frac{1.1 \times 10^{-12}}{1.8 \times 10^{-10}} = 0.006 \text{mol} \cdot L^{-1}$$

由此可见,在化学计量点时,正好生成 Ag_2CrO_4 沉淀所需 CrO_4^{2-} 的浓度应为 $0.006\text{mol} \cdot L^{-1}$。如果 K_2CrO_4 的浓度太小,终点会延迟到达;如果 K_2CrO_4 的浓度太大,终点会提前出现。实验证明,滴定终点时,K_2CrO_4 的浓度大约 $0.005\text{mol} \cdot L^{-1}$ 较为适宜。

②溶液的酸度:用 $AgNO_3$ 溶液滴定 Cl^- 时,反应需在中性或弱碱性介质(pH 6.5~10.5)中进行。因为在酸性溶液中,不生成 Ag_2CrO_4 沉淀。

$$Ag_2CrO_4 \downarrow + H^+ =\!=\!= 2Ag^+ + HCrO_4^-$$

在强碱性或氨性溶液中,滴定剂会被碱分解或与氨生成配合物:

$$2Ag^+ + 2OH^- =\!=\!= Ag_2O \downarrow + H_2O$$
$$Ag^+ + 2NH_3 =\!=\!= Ag(NH_3)_2^+$$
$$AgCl \downarrow + 2NH_3 =\!=\!= Ag(NH_3)_2^+ + Cl^-$$

所以,如果试液显酸性,应该先用 $Na_2B_4O_7 \cdot 10H_2O$,$NaHCO_3$,$CaCO_3$ 或 MgO 中和;如果试液显强碱性,先用 HNO_3 中和,然后进行滴定。

③滴定时要充分摇荡:在化学计量点前,Cl^- 还没有滴完,这小部分的 Cl^- 被 AgCl 沉淀吸附,使 Ag_2CrO_4 沉淀过早出现,误认为是终点。为了减免这种误差,滴定时必须将含 AgCl 沉淀的悬浊液充分摇荡,使被沉淀吸附的 Cl^- 释放出来。

(3) 应用范围

①莫尔法主要用于测定氯化物中的 Cl^- 或溴化物中的 Br^-,当 Cl^- 和 Br^- 共同存在时,测得的是它们的总量。

②莫尔法不适于测定碘化物和硫氰酸盐。因为 AgI 沉淀会强烈吸附 I^-,AgSCN 沉淀会强烈吸附 SCN^-,使终点过早出现。

③凡能与 Ag^+ 生成沉淀的阴离子(如 PO_3^{3-},AsO_4^{3-},S^{2-},F^- 等)和能与 CrO_4^{2-} 生成沉淀的阳离子(如 Ba^{2+},Pb^{2+},Hg^{2+} 等)以及能与 Ag^+ 形成配合物的物质(如 EDTA,NH_3,KCN 等)都对测定有干扰。

④莫尔法是用 Ag^+ 滴定 Cl^-,而不宜用 Cl^- 滴定 Ag^+,因为 Ag^+ 与 CrO_4^{2-} 在滴定

前会生成沉淀,而 Ag_2CrO_4 沉淀转化为 AgCl 沉淀的速度很慢。

2. 用铁铵矾作指示剂(佛尔哈德法)

(1) 方法原理

用铁铵矾作指示剂的沉淀滴定法叫做**佛尔哈德法**。按照滴定方式的不同,佛尔哈德法有直接滴定法和返滴定法两种。

①直接滴定法:在含有 Ag^+ 的硝酸溶液中,以铁铵矾$(NH_4)Fe(SO_4)_2$ 作指示剂,用 NH_4SCN(或 KSCN,NaSCN)溶液进行滴定,产生 AgSCN 沉淀。在化学计量点后,稍微过量的 SCN^- 就与 Fe^{3+} 生成红色的 $Fe(SCN)^{2+}$,以指示终点。用直接滴定法可测定银。

$$Ag^+ + SCN^- \Longrightarrow AgSCN \downarrow (白色)$$
$$Fe^{3+} + SCN^- \Longrightarrow Fe(SCN)^{2+}(红色)$$

②返滴定法:用铁铵矾作指示剂,只能指示用 SCN^- 滴定的终点。如果要用 Ag^+ 滴定 Cl^-,SCN^- 离子,就要先加入过量的 $AgNO_3$ 标准溶液,以铁铵矾作指示剂,再用 NH_4SCN 标准溶液返滴定。

$$\underset{(过量)}{Ag^+} + Cl^- \Longrightarrow AgCl \downarrow + \underset{(剩余量)}{Ag^+}$$

$$\underset{(剩余量)}{Ag^+} + SCN^- \Longrightarrow AgSCN \downarrow$$

$$Fe^{3+} + SCN^- \Longrightarrow Fe(SCN)^{2+}$$

因此,用返滴定法可以测定 Cl^-,Br^-,I^- 和 SCN^- 等离子。

(2) 滴定条件

①溶液的酸度:在中性或碱性介质中,指示剂 Fe^{3+} 会发生水解而析出沉淀;Ag^+ 在碱性或氨性介质中会生成 Ag_2O 沉淀或 $Ag(NH_3)_2^+$,所以滴定反应要在 HNO_3 溶液中进行,HNO_3 的浓度以 $0.2 \sim 0.5 mol \cdot L^{-1}$ 较为适宜。

②铁铵矾溶液的浓度:一般在 50mL HNO_3 溶液($0.2 \sim 0.5 mol \cdot L^{-1}$)中,加入 $1 \sim 2mL$ 40% 铁铵矾溶液,只需半滴(约 0.02mL) $0.1 mol \cdot L^{-1}$ NH_4SCN 就可以看到红色。

③用 NH_4SCN 溶液直接滴定 Ag^+ 时要充分摇荡:AgSCN 沉淀对 Ag^+ 具有强烈的吸附性,以致在化学计量点前溶液中的 Ag^+ 还没有滴完时,SCN^- 就与 Fe^{3+} 显色,误认为到了终点。为了减免这种误差,滴定时必须将含 AgSCN 沉淀的悬浊液充分摇荡,使被沉淀吸附的 Ag^+ 释放出来,防止终点过早出现。

④用返滴定法测定 Cl^- 时需加有机溶剂或滤去 AgCl 沉淀:用直接滴定法测定 Ag^+ 时,溶液中只有一种 AgSCN 沉淀,利用摇荡的办法,可以使被沉淀吸附的 Ag^+ 释放出来。但用返滴定法测定 Cl^- 时,则有 AgCl 和 AgSCN 两种沉淀,在化学计量点前,为防止 Ag^+ 被沉淀吸附,需要充分摇荡,但在化学计量点以后,如果再用力摇荡,溶液

的红色就会消失,使终点不好判断。产生这种现象的原因是:当溶液中剩余的 Ag^+ 被滴定之后,稍微过量的 SCN^-,一方面与 Fe^{3+} 生成红色的 $Fe(SCN)^{2+}$,另一方面将 AgCl 转化为溶解度更小的 AgSCN 沉淀。

$$Fe^{3+} + SCN^- \Longrightarrow Fe(SCN)^{2+}$$
$$AgCl\downarrow + SCN^- \Longrightarrow AgSCN\downarrow + Cl^-$$

这时若剧烈摇荡,就会促使沉淀转化,破坏 $Fe(SCN)^{2+}$,溶液红色因而消失。

$$AgCl\downarrow + Fe(SCN)^{2+} \Longrightarrow AgSCN\downarrow + Fe^{3+} + Cl^-$$

要想得到持久的红色,必须多加 NH_4SCN 溶液,这样就会造成较大的分析误差。为了避免这种误差,较简便的办法是加入有机溶剂(如硝基苯),用力摇动,使 AgCl 沉淀进入硝基苯层,而与被滴定的溶液隔离,然后在轻轻摇动下,用 NH_4SCN 溶液滴定至终点。另一种办法是,分离 AgCl 沉淀,即将含 AgCl 沉淀的溶液煮沸,滤去沉淀,然后用 NH_4SCN 标准溶液滴定滤液中剩余的 Ag^+。

用返滴定法测定溴化物或碘化物时,AgBr,AgI 沉淀的溶解度小于 AgSCN 沉淀的溶解度,不会发生上述沉淀的转化反应,则在用 NH_4SCN 标准溶液滴定剩余 Ag^+ 之前,不必加入有机溶剂或滤去沉淀。测定 I^- 时,应在加入过量 $AgNO_3$ 标准溶液之后再加指示剂。否则,Fe^{3+} 将与 I^- 作用析出 I_2,影响分析结果的准确度。

(3) 应用范围

①佛尔哈德法是在 HNO_3 介质中进行滴定的,许多阴离子(如 PO_4^{3-},AsO_4^{3-},CrO_4^{2-} 等)都不会与 Ag^+ 生成沉淀,所以此法的选择性比莫尔法高,可用来测定 Cl^-,Br^-,I^-,SCN^- 等。例如测定烧碱中的 Cl^-、硫氰酸钾试剂中的 KSCN 和银合金中银的含量等。

②强氧化剂、铜盐、汞盐都能与 SCN^- 作用,对测定有干扰,必须预先除去。

3. 采用吸附指示剂(法扬司法)

用 $AgNO_3$ 溶液滴定 Cl^- 时,以荧光黄作指示剂,化学计量点后,溶液由黄色转变为粉红色,可以指示终点。AgCl 沉淀具有吸附性质,在化学计量点以前,溶液中有剩余的 Cl^-,AgCl 粒子吸附 Cl^- 而带负电荷,形成 $(AgCl)Cl^-$,荧光黄的阴离子 In^-(黄色)不被吸附。化学计量点以后,溶液中有多余的 Ag^+,AgCl 粒子吸附 Ag^+ 而带正电荷,形成 $(AgCl)Ag^+$,这时,它就能吸附荧光黄的阴离子,指示剂的结构发生了变化,溶液由黄色转变为粉红色。可用下面的简式表示:

$$(AgCl)Ag^+In^- \Longrightarrow (AgCl)Ag\text{-}In$$
（黄色）　　　　　（粉红色）

如果再加入 Cl^-,则可将沉淀表面吸附的指示剂阴离子置换出来,溶液又恢复到指示剂本身的颜色。因此,终点颜色的转变是可逆的。用 $AgNO_3$ 作滴定剂时,几种吸附指示剂的使用条件如表10-7所示。

使用吸附指示剂时,为了让 AgCl 保持较强的吸附能力。应使部分沉淀保持胶溶状态,可将溶液适当稀释,加入可溶性淀粉溶液作保护剂,这样终点颜色的转变就比较明显。

表 10-7　　　　　　　　　　　几种吸附指示剂

指示剂	pH 范围	被滴定离子	被滴定离子最低浓度 $mol \cdot L^{-1}$
荧光黄	7~10	Cl^-,Br^-,I^-	0.005
二氯荧光黄	4~10	Cl^-,Br^-,I^-	0.0005
四溴荧光黄	2~10	Br^-,I^-,CNS^-	0.0005

10.4.2　应用

1. 标准溶液的配制

银量法中常用的标准溶液是 $AgNO_3$ 和 NH_4SCN(或 KSCN)溶液。

(1) $AgNO_3$ 标准溶液的配制　硝酸银标准溶液可以直接用干燥的基准 $AgNO_3$ 来配制。一般是采用标定法,即将化学纯 $AgNO_3$ 先配成近似浓度的溶液,然后用基准物质进行标定。配制 $AgNO_3$ 溶液所用的蒸馏水中应不含 Cl^-。$AgNO_3$ 溶液见光或遇还原性有机物质时会逐渐分解,故应保存在棕色试剂瓶中。

标定 $AgNO_3$ 溶液最常用的基准物质是 NaCl,使用前应将 NaCl 放在坩埚中加热至 500~600℃,直至不再发生爆烈声为止,然后转到干燥器内保存。

(2) NH_4SCN 标准溶液的配制　市售 NH_4SCN 不符合基准物质的要求,不能直接称量配制标准溶液,要先配成近似浓度的溶液,然后进行标定。可以用 NaCl 作基准物质,如采用返滴定的方法,操作和计算都比较麻烦。最简便的方法是量取一定体积的 $AgNO_3$ 标准溶液,用 NH_4SCN 溶液直接滴定。

2. 应用示例

(1) 岩盐中可溶性氯离子的测定:参看莫尔法。

(2) 银的测定:例如,银合金试样,用硝酸溶解并除去氮的氧化物之后,以铁铵矾作指示剂,用 NH_4SCN 标准溶液直接进行滴定,即可求得银的含量。

习　　题

1. 标定 HCl 溶液的物质的量浓度($mol \cdot L^{-1}$):

(1)称取基准 Na_2CO_3 1.325 0g,用水溶解并稀释至 250mL 容量瓶中定容。移取此液

25.00mL,以甲基橙作指示剂,用待标定的 HCl 溶液滴定至终点,消耗其体积 24.93mL,计算 HCl 的浓度。

(2)准确称取硼砂($Na_2B_4O_7 \cdot 10H_2O$)基准物 0.567 8g 于锥瓶中,加水溶解,以甲基红为指示剂,用待标定 HCl 溶液滴定到终点,消耗其体积 25.00mL,试计算 HCl 的浓度并写出其滴定反应方程式。

2. 标定 NaOH 溶液的物质的量浓度($mol \cdot L^{-1}$);称取基准物邻苯二甲酸氢钾 0.456 7g 于锥瓶中加水溶解,用待标定 NaOH 溶液滴定消耗 22.34mL 至终点,选用何种指示剂,计算 NaOH 的浓度。

3. 用 $0.100 mol \cdot L^{-1}$ NaOH 滴定 $0.100 mol \cdot L^{-1}$ HCOOH,计算化学计量点时溶液的 pH,滴定突跃范围 pH。应选用何种指示剂。

4. 用 $0.200 mol \cdot L^{-1}$ NaOH 滴定 $0.200 mol \cdot L^{-1}$ HCl-$0.010 0 mol \cdot L^{-1}$ HAc 混合溶液中的 HCl,计算化学计量点的 pH,以甲基橙为指示剂,计算滴定的滴定误差。

5. 用 $0.200 mol \cdot L^{-1}$ HCl 滴定 $0.200 mol \cdot L^{-1}$ NH_3 溶液,以酚酞(pH = 9.0)和甲基橙(pH = 4.0)作指示剂,分别计算其滴定误差。

6. 称取混合碱 2.256 0g 溶解并稀释至 250mL 容量瓶中,移取此试液 25.00mL 两份;一份以酚酞为指示剂,用 $0.100 0 mol \cdot L^{-1}$ HCl 滴定耗去 30.00mL;另一份以甲基橙为指示剂耗 HCl 35.00mL,问混合碱的组成是什么?百分含量各为多少?

7. 用甲醛法测定硫酸铵中氮的含量,称取试样 0.928 6g 滴定时消耗 $0.475 8mol \cdot L^{-1}$ NaOH 29.25mL,计算试样中氮的百分含量。

8. 称取乙酰水杨酸试样 0.549 0g,加入 50.00mL $0.166 0 mol \cdot L^{-1}$ 的 NaOH 煮沸:
$$HOOC-C_6H_4O-COCH_3 + 2NaOH \Longrightarrow CH_3COONa + C_6H_4(OH)COONa + H_2O$$
中和过量碱用去 27.14mL HCl。已知 1.00mL HCl 相当于 0.038 14g $Na_2B_4O_7 \cdot 10H_2O$,求乙酰水杨酸的百分含量。用什么作指示剂?

9. 试设计下列混合溶液的分析方案,简要说明滴定方法、滴定剂、指示剂和计算公式:(1)NaOH + Na_3PO_4;(2)HCl + NH_4Cl;(3)H_3BO_3 + 硼砂;(4)H_3PO_4 + NaH_2PO_4。

10. 含有 $2.0 \times 10^{-2} mol \cdot L^{-1}$ Zn^{2+} 和 $1.0 \times 10^{-2} mol \cdot L^{-1}$ Ca^{2+} 的混合溶液,采用指示剂法检测终点,于 pH = 5.5 时能否以 $2.0 \times 10^{-2} mol \cdot L^{-1}$ EDTA 准确滴定其中的 Zn^{2+}。

11. 在 pH = 5.00 的六次甲基四胺缓冲溶液中,以二甲酚橙作指示剂,用 $2.0 \times 10^{-4} mol \cdot L^{-1}$ EDTA 滴定同浓度的 Pb^{2+},终点误差是多少。($\lg K'_{PbIn} = 7.0$)

12. 若 $K'_{稳} = 10^{10}$,$\Delta pM = \pm 0.20$,$TE = \pm 0.10\%$,问被测定金属离子的浓度应该为多大。

13. 计算与 $0.01000 mol \cdot L^{-1}$ EDTA 标准溶液 1mL 相当的下列被滴定物质的质量(mg):(1)ZnO;(2)CaO;(3)MgO;(4)Fe_2O_3。

14. 用络合滴定法测定含钙的试样:

(1)用 G. R. $CaCO_3$(纯度 99.80%)配制含 CaO $1mg \cdot mL^{-1}$ 的标准溶液 1000mL,需称取 $CaCO_3$ 的质量是多少?

(2)取上含钙标准溶液 20.00mL,用 EDTA 18.52mL 滴定至终点,求 EDTA 的浓度。

(3)含钙试样 100mg 的试液,滴定时消耗上述 EDTA 6.64mL,计算试样中 CaO 的百分含量。

15. 用络合滴定法测定铝盐中的铝,称取试样 0.2500g,溶解后,加入 $0.05000 mol \cdot L^{-1}$ EDTA

25.00mL,在适当条件下使 Al(Ⅲ)络合完全,调节 pH 5~6,加入二甲酚橙指示剂,用 0.02000 mol·L^{-1} Zn(Ac)$_2$ 溶液 21.50mL 滴定至终点,计算试样中 Al% 或 Al$_2$O$_3$%。

16. 分析苯巴比安钠($C_{12}H_{11}N_2O_3Na$)含量,称取试样 0.240 0g,加碱溶解后用 HAc 酸化,转移于 250mL 容量瓶中,加入 25.00 mL 0.02031 mol·L^{-1} Hg(ClO$_4$)$_2$ 溶液,稀释至刻度,此时生成 Hg($C_{12}H_{11}N_2O_3$)$_2$ 沉淀,干过滤弃去沉淀,移取 50.00mL 滤液,加入 10mL 0.010mol·L^{-1} MgY 溶液,在 pH = 10.0 时用 0.01234mol·L^{-1} EDTA 标液滴定置换出来的 Mg^{2+},共消耗 5.89mL。计算样品中苯巴比安钠的百分含量。($C_{12}H_{11}N_2O_3Na$ = 254.2)

17. 用高锰酸钾法测定 FeSO$_4$·7H$_2$O 的含量:

(1)用 Na$_2$C$_2$O$_4$ 标定 KMnO$_4$ 的浓度时,准确称取基准物 Na$_2$C$_2$O$_4$ 0.2000g,滴定消耗 KMnO$_4$ 溶液 29.50mL,求 KMnO$_4$ 的浓度(mol·L^{-1})。

(2)称取试样 1.012g,用上述 KMnO$_4$ 标准溶液 35.90mL 滴定至终点,计算试样中 FeSO$_4$·7H$_2$O 的百分含量。

18. 铁矿中的全铁量常用重铬酸钾法测定,试问:

(1)准确称取铁矿试样 0.5000g,溶解后,滴定时消耗 0.01500mol·L^{-1} K$_2$Cr$_2$O$_7$ 溶液 37.10mL,该铁矿中铁的百分含量是多少?

(2)有一批铁矿试样,含铁量为 50% 左右,现用 0.02000mol·L^{-1} K$_2$Cr$_2$O$_7$ 溶液滴定,欲使每次滴定消耗标准溶液的体积均在 20~30mL 以内,所称试样的质量范围应是多少?

19. 标定下列溶液的浓度:

(1)用 KIO$_3$ 标定 Na$_2$S$_2$O$_3$ 的浓度。称取 KIO$_3$ 0.3567g,用水溶解并稀释至 100mL,移取 KIO$_3$ 25.00mL 加入 H$_2$SO$_4$ 和 KI,滴定用去 Na$_2$S$_2$O$_3$ 溶液 24.98mL,求 Na$_2$S$_2$O$_3$ 的物质的量浓度(mol·L^{-1})。

(2)用上述 Na$_2$S$_2$O$_3$ 标定 I$_2$ 的浓度。25.00mL Na$_2$S$_2$O$_3$ 溶液恰与 24.83mL I$_2$ 溶液作用,计算 I$_2$ 的浓度(mol·L^{-1})。

20. 铜合金、铜矿中的铜常用碘量法测定。

(1)称取 K$_2$Cr$_2$O$_7$ 0.4903g,用水溶解并稀释至 100mL,移取 K$_2$Cr$_2$O$_7$ 溶液 25.00mL,加入 H$_2$SO$_4$ 和 KI,用 24.95mL Na$_2$S$_2$O$_3$ 溶液滴定至终点,求 Na$_2$S$_2$O$_3$ 的浓度。

(2)准确称取铜合金试样 0.2000g,溶解处理后,用上述 Na$_2$S$_2$O$_3$ 25.13mL 溶液滴定至终点,计算铜的百分含量。

21. 称取含有苯酚的试样 0.5000g,溶解后加入 0.1000mol·L^{-1} KBrO$_3$ 溶液(其中含有过量 KBr)25.00mL,酸化,放置。待反应完全后,加入过量的 KI,滴定析出的 I$_2$ 消耗 0.1005mol·L^{-1} Na$_2$S$_2$O$_3$ 溶液 29.86mL。计算苯酚的百分含量。

22. 称取含 MnO、Cr$_2$O$_3$ 的矿样 2.000g,用 Na$_2$O$_2$ 熔融,水浸取得 Na$_2$CrO$_4$、Na$_2$MnO$_4$。酸化后,MnO$_4^{2-}$ 歧化为 MnO$_4^-$ 和 MnO$_2$。过滤,滤液中加入 50.00mL 0.1000mol·L^{-1} Fe^{2+} 溶液,再用 0.01000mol·L^{-1} KMnO$_4$ 溶液回滴,耗去 18.40mL。MnO$_2$ 沉淀用 10.00mL 的 0.1000mol·L^{-1} Fe^{2+} 溶液处理再用 0.01000mol·L^{-1} KMnO$_4$ 回滴,用去 8.24mL,求 MnO% 和 Cr$_2$O$_3$%。

23. 一般测水中溶解氧的方法是:用溶解氧瓶装满水样后,依次加入 1mL 硫酸锰及 2mL 碱性 KI,加塞混匀,再加入 1.5mL 浓 H$_2$SO$_4$,盖好瓶盖,待沉淀完全溶解并混匀后取出 100mL 溶液于锥形瓶中迅速用 0.01250mol·L^{-1} Na$_2$S$_2$O$_3$ 标准溶液滴定到溶液呈微黄色,再加入 1mL 淀粉作指示剂,继续滴定至蓝色刚好褪去,耗去8.85mL,求该水中溶解氧的含量(以mg/L计)。(忽略样品处理时加入试剂对体积的影响)

(提示:加入浓硫酸前后的有关反应如下:

$$MnSO_4 + 2NaOH = Mn(OH)_2 \downarrow + Na_2SO_4$$
$$2Mn(OH)_2 + O_2 = 2MnO(OH)_2 \downarrow$$
$$MnO(OH)_2 + Mn(OH)_2 = MnMnO_3 + 2H_2O$$
$$MnMnO_3 + 3H_2SO_4 + 2KI = 2MnSO_4 + I_2 + K_2SO_4 + 3H_2O)$$

24. 移取20.00mL HCOOH和HAc混合液,以酚酞为指示剂,用0.1000mol·L^{-1} NaOH溶液滴定,耗去25.00mL。另取20.00mL混合液,准确加入0.025 00mol·L^{-1} KMnO$_4$碱性溶液75.00mL,使MnO$_4^-$与HCOOH反应完全(HAc不反应),然后酸化,用0.200mol·L^{-1} Fe^{2+}溶液滴定,耗去40.63mL。求c_{HCOOH}(mol·L^{-1})和c_{HAc}浓度(mol·L^{-1})。

25. 用沉淀滴定法测定氯化物中氯的含量。称取试样0.230 4g,溶解于水,在HNO$_3$介质中加入0.112 0mol·L^{-1} AgNO$_3$溶液30.00mL,再用0.101 2mol·L^{-1} NH$_4$SCN滴定过量的AgNO$_3$,消耗其体积7.50mL。计算试样中氯的百分含量。

26. 用沉淀滴定法测定镀镍液中的氯化物。移取试液2.00mL,加水约100mL,以K$_2$CrO$_4$作指示剂,用0.1023mol·L^{-1} AgNO$_3$溶液2.70mL滴定至终点,求镀液中NaCl的含量(g/L)。

第 11 章 重量分析法

11.1 概 述

重量分析法通常以沉淀反应为基础,根据称量反应生成物的重量来测定物质含量。在试样溶液中,加入适量的沉淀剂,使被测组分形成沉淀析出,将沉淀干燥或灼烧,处理成为有一定组成适于称重的形式,称其重量即可计算被测物质的含量。也可利用电解(称量在电极上析出物质的重量)、气化(将生成的气体吸收后称重)等方法来进行重量分析。

在重量分析法中,测量数据全部由分析天平测得,不需要依赖基准物质校准,所以准确度高。通常测定的相对误差为 0.1%~0.2%。在分析工作中常以重量分析法的结果作为标准,校对其他分析方法结果的准确度。但是,重量分析法操作较繁琐,需时长,也不适宜于低含量组分的测定。

重量分析法对沉淀的要求:

重量分析法是根据沉淀的重量来计算试样中被测组分的含量,因此用于重量分析法的沉淀必须满足以下要求:

(1)沉淀的溶解度必须很小,这样才能使被测组分沉淀完全。

(2)沉淀应是粗大的晶形沉淀。这样沉淀夹带杂质少,便于过滤、洗涤。对于非晶形沉淀,必须选择适当的沉淀条件,使沉淀结构尽可能紧密。

(3)沉淀经干燥或灼烧后,组成应恒定,且不受空气中 CO_2,H_2O 或其他因素影响,这样便于应用化学式计算分析结果。

(4)沉淀应有较大的分子量。这样,少量的被测物质可得到大量的沉淀,使称量误差减小。

(5)沉淀剂最好在灼烧时能挥发除掉。

在重量分析法中,为了获得可靠的分析结果,必须掌握沉淀的性质,控制适当的沉淀条件,使沉淀完全、纯净。下面分别进行讨论。

11.2 影响沉淀溶解度的因素

在重量分析法中应用沉淀反应时,希望被测组分沉淀完全。沉淀是否完全主要决定于沉淀的溶解度。沉淀的溶解度愈小,则沉淀作用愈完全。有关沉淀反应的基本原理包括同离子效应、盐效应、酸效应、络合效应和氧化还原反应的影响在第 6 章中已有叙述,这里结合重量分析法,再进一步讨论影响沉淀溶解度的其他因素。

11.2.1 温度

温度升高后,大多数沉淀的溶解度都会增大。但不同沉淀增大的程度并不相同。例如,温度对 AgCl 溶解度的影响比较大,对 $BaSO_4$ 的影响不显著。如果沉淀的溶解度非常小,或者温度对溶解度的影响很小时,一般可以采用热过滤和热洗涤,因为热溶液的黏度小,过滤和洗涤的速度加快,而且杂质的溶解度也增大,更容易洗去。例如,$Fe_2O_3 \cdot nH_2O$,$Al_2O_3 \cdot nH_2O$ 等沉淀冷时很难过滤和洗涤,一般采用热过滤洗涤,又如测定 SO_4^{2-} 时,$BaSO_4$ 需要用温水洗涤等。

11.2.2 溶剂的影响

关于物质在不同溶剂中溶解的机理至今尚缺乏定量的解释。一条定性的从结构角度阐述的规律是"相似者相溶",即极性物质易溶于极性溶剂中,反之亦然。无机沉淀物大多是离子型晶体,它们在有机溶剂中的溶解度一般比水中低。例如,$KClO_4$ 在水溶液中溶解度较大(~2g/100 mL 水),在乙醚中则几乎不溶解;KCl 和 NaCl 在乙醇中的溶解度只有水中的千分之一左右,而在丙酮中,这两者都成为难溶盐了。

在物质的溶解过程中,溶剂的介电常数 ε 无疑是重要的因素。许多事实表明,无机盐在高介电常数溶剂中的溶解度大于在低介电常数中的溶解度,溶剂的介电常数尤其对小体积高电荷的离子影响大。因为在 ε 很低的溶剂中,电解质都以离子对的形式存在,与在水等高介电常数溶剂中的离解情况有所不同,溶剂化的程度也很不一样,这必然影响离子从晶格转入溶液的进程。另一方面,在具有等介电常数的溶剂中,同一物质的溶解度也有不同(见表 11-1)。可见溶剂与混合物的组成是有关系的,一个重要的因素是配合物的形成。所以溶剂的性质与沉淀溶解度之间的关系是较为复杂的。

分析上经常采用在水中加入一些与水混溶的有机溶剂的办法,使一些本来溶解度较大的沉淀的溶解度降低,使本来沉淀不完全的达到沉淀完全。表 11-2 列出了因加入乙醇 $PbSO_4$ 的溶解度减小的数据。

表 11-1　　　　　PbSO₄ 在水-有机溶剂混合液中的溶解度

（等介电常数 $\varepsilon = 74.10, 25℃$）

有机溶剂	溶解度/($M \times 10^6$)
二噁烷	109.2
丙酮	50.8
丙三醇	69.2
乙醇	60.2

表 11-2　　　　　PbSO₄ 在水-乙醇溶液中的溶解度

乙醇浓度（体积百分数）	0	10	20	30	40	50	60	70
PbSO₄ 溶解度 /(mg/L)	45	17	6.3	2.3	0.77	0.48	0.30	0.09

必须指出，有机溶剂的加入普遍地降低了无机盐的溶解度。在减少主要沉淀溶解度的同时，也减少了干扰组分的溶解度，可能使杂质共沉淀的量增多。因此不能完全靠改变溶剂组成的办法来使沉淀完全，而要考虑到沉淀条件的各个方面。此外，一些由有机沉淀剂生成的沉淀较易溶于有机溶剂中，采用混合溶剂反而会增加它们的溶解度，这也是应当注意的。

11.2.3　形成胶体溶液

$AgCl, Fe_2O_3 \cdot nH_2O, Al_2O_3 \cdot nH_2O$ 等沉淀是由胶体微粒凝集而成的。胶体微粒的直径只有 $10^{-4} \sim 10^{-1} \mu m$，在胶体溶液中，胶体微粒分散在溶液中，过滤时会穿过滤纸的空隙而引起损失。在重量分析法中，对于这类沉淀需要用加入电解质和加热的方法使胶体微粒全部凝聚，然后才能进行过滤。

11.2.4　沉淀颗粒大小

当沉淀的颗粒很小时，溶解度会明显增大，例如，直径为 $0.01 \mu m$ 左右的 $SrSO_4$，其溶解度为大颗粒的 1.5 倍左右。沉淀的这种性质可以加以利用。当沉淀作用完成后，将沉淀与母液一起放置一段时间，小晶体能逐渐转化为大晶体，有利于重量分析。

11.3 沉淀的形成

按照沉淀的物理性质,可以粗略地将沉淀分为两类:一类是晶形沉淀如 $BaSO_4$ 等;一类是无定形沉淀如 $Fe_2O_3 \cdot nH_2O$ 等。介于两者之间的是凝乳状沉淀如 $AgCl$。晶形沉淀的颗粒最大直径在 $0\sim 1\mu m$ 间,无定形沉淀的颗粒直径小于 $0.2\mu m$,凝乳状沉淀的颗粒直径介于两者之间。

在重量分析法中希望能获得颗粒大的晶形沉淀,颗粒大的沉淀容易过滤,而且沉淀表面吸附的杂质比较少,容易洗净。沉淀颗粒的大小除了与沉淀的性质有关外,还决定于沉淀形成的条件以及沉淀后的处理。

沉淀的形成过程是比较复杂的,一般认为经历如下的过程:

$$构晶离子 \xrightarrow{成核作用} 晶核 \xrightarrow{长大过程} 沉淀颗粒 \begin{cases} \xrightarrow{聚集} 无定形沉淀 \\ \xrightarrow{成长,定向排列} 晶形沉淀 \end{cases}$$

在过饱和溶液中,构晶离子由于静电作用而缔合起来形成晶核,然后成长为沉淀颗粒。如果沉淀颗粒不继续长大,而是较疏松地聚集为更大的聚集体,就形成无定形沉淀。如果沉淀颗粒进一步成长,且构晶离子又按一定的晶格定向排列,则形成晶形沉淀。

影响晶核形成的两种因素:一种是均相成核作用,另一种是异相成核作用。构晶离子在过饱和溶液中,通过离子的缔合作用自发地形成晶核,称为**均相成核作用**。异相成核作用是指进行沉淀的溶液和容器中不可避免地混有肉眼观察不到的固体微粒,这些微粒诱导沉淀的形成,因此它们起着晶种的作用。

溶液中有了晶核后,构晶离子向晶核表面扩散,并沉积在晶核上,使晶核逐渐成长为沉淀微粒。沉淀颗粒的大小是由晶核生成速度和晶核成长速度的相对大小所决定的。如果晶体形成的速度比晶核成长的速度慢很多,则获得较大的沉淀颗粒,且构晶离子能及时按一定的晶格排列为晶状沉淀;反之,如果晶核形成的速度大于晶核成长的速度,形成的大量晶核来不及按一定方向排列,这样得到的是无定形沉淀。

冯·韦曼(Von Weimarn)研究了沉淀颗粒大小与沉淀速度之间的关系,提出了一个经验公式,认为沉淀生成的初始速度(即晶核形成速度)与溶液的相对过饱和度(又称分散度)成正比。

$$沉淀的初始速度 = K \times \frac{Q-s}{s}$$

式中,Q 为加入沉淀剂瞬间沉淀物质的浓度;s 为开始沉淀时沉淀物质的溶解度;$Q-s$ 为沉淀开始瞬间的过饱和度;$\frac{Q-s}{s}$ 为相对过饱和度;K 为常数,它与沉淀的性质、介质及温度等有关。溶液的相对过饱和度越小，则晶核形成的速度越慢，得到的是颗粒较大的晶形沉淀。因此，为了获得颗粒较大的沉淀，需设法减小沉淀时 $\frac{Q-s}{s}$ 的值。降低 Q 值，促使 $\frac{Q-s}{s}$ 值减小。

实验还证明，溶液的过饱和比，即 Q/s 必须超过某一数值，溶液中才会自发地发生均相成核作用。这个 Q/s 值称为**临界过饱和比**。不同沉淀的临界过饱和比不一样，如表11-3所示。控制过饱和比在临界 Q/s 值以下，主要为异相成核作用，常能得到大颗粒沉淀；若超过临界 Q/s，则以均相成核作用为主，导致生成大量细小的晶体。由表11-3可知，$BaSO_4$ 和 $AgCl$ 的临界 Q/s 分别为1000和5.5。在沉淀 $BaSO_4$ 时，很容易使过饱和比在1000以下，因此得到的 $BaSO_4$ 几乎都是颗粒较大的晶形沉淀。$AgCl$ 与 $BaSO_4$ 的溶解度比较接近，但其临界 Q/s 值相差较大，很容易超过5.5，所以 $AgCl$ 的均相成核作用比较显著，晶核的成长不快，获得的是颗粒很小的胶体微粒，凝聚后成为凝乳状沉淀。

表11-3　　　　几种微溶化合物的临界 Q/s 值和晶核半径

微溶化合物	Q/s 值	晶核半径/nm
$BaSO_4$	1000	0.43
$PbSO_4$	28	0.53
$CaC_2O_4 \cdot H_2O$	31	0.58
CaF_2	21	0.43
$AgCl$	5.5	0.54
$PbCO_3$	106	0.45

11.4　影响沉淀纯度的因素

在重量分析法中，希望获得纯净的沉淀。但是，完全纯净的沉淀是没有的，沉淀中总会或多或少夹带一些杂质。因此，必须了解沉淀生成过程中混入杂质的各种原因，从而找出减少杂质混入的方法，以获得符合重量分析要求的沉淀。

在进行沉淀反应时，溶液中某些本来不应沉淀的组分同时也被沉淀带下来而混杂于沉淀之中，这种现象称为**共沉淀**。例如测定 SO_4^{2-} 时，以 $BaCl_2$ 为沉淀剂，如果试液中有 Fe^{3+} 存在，当析出 $BaSO_4$ 沉淀时，Fe^{3+} 也被夹在沉淀中。$BaSO_4$ 沉淀应该是白色的，如果有 Fe^{3+} 共沉淀，则灼烧后的 $BaSO_4$ 中混有棕色的 Fe_2O_3。由于共沉淀现象,使沉淀沾污,这是重量分析法中误差的主要来源之一。

发生共沉淀现象的原因大致有以下几种情况。

1. 表面吸附引起的共沉淀

在沉淀中,构晶离子是以一定的规律排列的,每一个 Ba^{2+} 的前、后、上、下、左、右都为 SO_4^{2-} 所包围,同样,每一个 SO_4^{2-} 的前、后、上、下、左、右也都被 Ba^{2+} 所包围,整个结晶内部处于静电平衡状态,但在沉淀表面的 Ba^{2+} 或 SO_4^{2-},至少有一面没有被包围,由于静电引力的作用它有吸引带相反电荷的离子的能力,因此 $BaSO_4$ 沉淀的表面就存在着吸附杂质的可能性。同时,被吸附的离子本身也具有再吸附其他的带相反电荷的离子的能力。是不是任何带相反电荷的离子都能被吸附呢?从原则上讲是都能被吸附,但也有一定的规律性:

(1) 与构晶离子生成化合物的溶解度愈小的离子,愈易被吸附。通常沉淀表面首先吸附构晶离子。如用稀 H_2SO_4 来沉淀 Ba^{2+} 时,H_2SO_4 是过量的,$BaSO_4$ 沉淀表面的 Ba^{2+},首先会吸附 SO_4^{2-},因为它们在沉淀表面又能生成难溶性的 $BaSO_4$,同样地,如果用 $BaCl_2$ 溶液来沉淀 SO_4^{2-},则 $BaCl_2$ 溶液是过量的,$BaSO_4$ 沉淀表面的 SO_4^{2-} 首先吸附 Ba^{2+}。

(2) 与构晶离子生成化合物的离解度愈小的离子愈易被吸附。

(3) 离子的价数愈高,愈易被吸附。

此外,沉淀吸附杂质的量与下列因素有关:

(1) 同质量的沉淀如果颗粒愈小,则总的表面积愈大,吸附能力也就愈强,因而吸附杂质的量愈多;

(2) 因为吸附作用是一个放热过程,所以溶液的温度愈高,吸附量就愈少。

2. 生成混晶体而引起的共沉淀

每种晶形沉淀都有一定的晶体结构。如果杂质离子的离子半径与构晶离子的离子半径相似,它们所形成的晶体结构就比较相近,那么它们就可能生成混晶体,使沉淀变为不纯净,例如,$BaSO_4$ 和 $PbSO_4$;$MgNH_4PO_4$ 和 $MgNH_4AsO_4$ 都可以生成混晶体。

3. 吸留或包夹的共沉淀

在沉淀生成的过程中,当沉淀剂的浓度较大,加入速度较快时,由于沉淀的迅速析出,因而把溶液中的杂质包藏在沉淀内部,引起沉淀的不纯净,这种现象叫做**吸留**或**包夹**。

4. 继沉淀现象

继沉淀又称为后沉淀。继沉淀现象是指溶液中某些组分析出沉淀之后,另一种本来难以析出沉淀的组分,在该沉淀表面上继续析出沉淀的现象。这种情况大多发生于该组分的过饱和溶液中。例如,在 $0.01\ mol \cdot L^{-1} Zn^{2+}$ 的 $0.15 mol \cdot L^{-1} HCl$ 溶液中,通入 H_2S 气体。根据溶度积,此时应有 ZnS 沉淀析出。但由于形成过饱和溶液,所以析出 ZnS 沉淀的速度是非常慢的。当此溶液中有 H_2S 组阳离子并析出硫化物沉淀时,则可加速 ZnS 的析出。例如,于上述溶液中加入 Cu^{2+},通入 H_2S 后,首先析出 CuS 沉淀。这时,沉淀中夹杂的 ZnS 量并不显著。但当沉淀放置一段时间后,便不断有 ZnS 在 CuS 的表面析出。这种现象就是继沉淀现象,产生继沉淀现象的原因,可能是由于 CuS 沉淀的吸附作用,使其表面上的 S^{2-} 或 HS^{-} 的浓度比溶液中大得多,对 ZnS 来讲,此处的相对过饱和度显著增大,因而导致沉淀析出。也可能是 CuS 沉淀表面选择性地吸附 S^{2-},溶液中的 H^{+} 作为抗衡离子被 S^{2-} 吸引着,此时溶液中的 Zn^{2+} 与这些 H^{+} 发生离子交换作用,使 $[Zn^{2+}][S^{2-}] \gg K_{sp}$,从而在 CuS 表面上析出 ZnS 沉淀。

用草酸盐沉淀分离 Ca^{2+} 和 Mg^{2+} 时,也会产生继沉淀现象。CaC_2O_4 沉淀表面有 MgC_2O_4 析出,影响分离效果。特别是经加热、放置后,继沉淀现象更加严重。

继沉淀现象与前述三种共沉淀现象的区别是:

(1)继沉淀引入杂质的量,随沉淀在试液中放置时间的增长而增多,而共沉淀量受放置时间影响较小。所以避免或减少继沉淀的主要办法是缩短沉淀与母液共置的时间。

(2)不论杂质是在沉淀之前就存在的,还是沉淀形成后加入的,继沉淀引入杂质的量基本一致。

(3)温度升高,继沉淀现象有时更为严重。

(4)继沉淀引入杂质的程度,有时比共沉淀严重得多。杂质引入的量,可能达到与被测组分的量差不多。

在分析化学中,利用共沉淀的原理,可以将溶液中的痕量组分富集于某一沉淀之中,这就是共沉淀分离法(请见第 13 章的相关部分)。

5. 减少沉淀玷污的方法

由于共沉淀及继沉淀现象,使沉淀被玷污而不纯净。为了提高沉淀的纯度,减少玷污,可采用下列措施:

(1)选择适当的分析步骤。例如,测定试样中某少量组分的含量时,不要首先沉淀主要组分,否则由于大量沉淀的析出,使部分少量组分混入沉淀中,引起测定误差。

(2)选择合适的沉淀剂。例如,选用有机沉淀剂,常可以减少共沉淀现象。

(3)改变杂质的存在形式。例如,沉淀 $BaSO_4$ 时,将 Fe^{3+} 还原为 Fe^{2+},或者用 EDTA 将它络合,Fe^{3+} 的共沉淀量就大为减少。

(4)改善沉淀条件。沉淀条件包括溶液浓度、温度、试剂的加入次序和速度、陈化与否等。它们对沉淀纯度的影响情况,列于表 11-4 中。

表 11-4　　　　　　　　　　　沉淀条件对沉淀纯度的影响
（+:提高纯度；-:降低纯度;0:影响不大）

沉淀条件	混晶	表面吸附	吸留或包夹	后沉淀
稀释溶液	0	+	+	0
慢沉淀	不定	+	+	-
搅　拌	0	+	+	0
陈　化	不定	+	+	
加　热	不定	+	+	0
洗涤沉淀	0	+	0	0
再沉淀	+*	+	+	+

* 有时再沉淀也无效果,则应选用其他沉淀剂。

（5）再沉淀。将已得到的沉淀过滤后溶解,再进行第二次沉淀。第二次沉淀时,溶液中杂质的量大为降低,共沉淀或继沉淀现象自然减少。这种方法对于除去吸留和包夹的杂质效果很好。

有时采用上述措施后,沉淀的纯度提高仍然不大,则可对沉淀中的杂质进行测定,再对分析结果加以校正。

在重量分析中,共沉淀或继沉淀现象对分析结果的影响程度,随具体情况的不同而不同。例如,用 $BaSO_4$ 重量法测定 Ba^{2+} 时,如果沉淀吸附了 $Fe_2(SO_4)_3$ 等外来杂质,灼烧后不能除去,则引起正误差。如果沉淀中夹有 $BaCl_2$,最后按 $BaSO_4$ 计算,必然引起负误差。如果沉淀吸附的是挥发性的盐类,灼烧后能完全除去,则将不引起误差。

11.5　沉淀条件的选择

重量分析法要求沉淀完全和纯净,且易于过滤和洗涤。为此,必须根据晶形沉淀和无定形沉淀的特点,选择合适的沉淀条件。

11.5.1　晶形沉淀的沉淀条件

（1）沉淀作用应当在稀的溶液中进行,沉淀剂的浓度也应适当地小一些。这样做是为了减小溶质的 Q 值以降低过饱和程度。晶核的生成速度慢,容易形成大颗粒晶形沉淀,吸附和包藏杂质的量减小。而且,溶液适当地稀一些,杂质的浓度也就相应地减小,被吸附的可能性也就小一些。

但是,溶液太稀时,应该考虑沉淀的溶解而引起的损失。因此,对于溶解度较大的沉淀,沉淀时的溶液就不能太稀。

(2) 在不断搅拌下,慢慢加入沉淀剂。这样可以避免局部过浓而产生大量细小晶核。

(3) 沉淀作用应在热溶液中进行。这样可增大沉淀的溶解度,降低溶液的相对过饱和度,有利于获得大的晶粒。此外在热溶液中可减少吸附作用,使沉淀更加纯净。对于溶解度较大的沉淀,可在热溶液中进行沉淀,冷却后才过滤,以减小沉淀的溶解损失。

(4) 陈化。沉淀析出后,让初生的沉淀与母液一起放置一段时间,这个过程称为**陈化**。

晶形沉淀刚生成时,结晶颗粒大小不一致,小晶体表面吸附有较多的杂质,欲去掉这些杂质,必须经过陈化的过程。在陈化过程中,小晶体逐渐溶解,大晶体更加长大。这是因为在同样条件下,小晶体的溶解度比大晶体大,在同一溶液中,小晶体表面的溶液对于小晶体而言是饱和的,但对大晶体来说已是过饱和了,于是一部分离子就会在大晶体表面上结晶出来,但是,这就会引起小晶体表面的溶液对于小晶体形成不饱和状态,以致小晶体发生溶解,直至达到饱和为止。如此循环的结果,小晶体不断溶解,大晶体不断成长,小晶体所吸附和包藏的杂质排出而进入溶液中,沉淀的纯度提高了,沉淀的形状也便于过滤和洗涤。加热搅拌能加速小晶体的溶解与离子的扩散,因而能使陈化过程加速。一般在室温进行陈化需 8~10h,在加热搅拌下可缩短为 10min 或 1~2h 便能完成。

11.5.2 无定形沉淀的沉淀条件

无定形沉淀的溶解度一般很小,如 $Fe_2O_3 \cdot nH_2O$,$Al_2O_3 \cdot nH_2O$ 等。因为在沉淀过程中 $\dfrac{Q-s}{s}$ 非常大,所以想通过改变这一比值来获得颗粒较大的沉淀比较困难。无定形沉淀是由许多胶体粒子聚集而成的。沉淀的颗粒小,比表面积大,吸附杂质多,而且沉淀又容易胶溶,即由沉淀再转化为胶体溶液。而且这类沉淀含水量大,结构疏松,体积庞大。所以对于无定形沉淀主要考虑如何破坏胶体,加速沉淀微粒的凝聚。针对这些问题,无定形沉淀一般沉淀条件如下:

(1) 为了使生成的沉淀比较紧密,以便于过滤和洗涤,沉淀反应最好在较浓的溶液中进行。因为溶液的浓度高时,离子的水化程度较小,所以从浓溶液中析出的沉淀含水量少,体积较小,结构也较紧密。但是在浓溶液中进行沉淀时,杂质的浓度也相应地提高了,因而增加了杂质被吸附的可能性。因此,在沉淀作用完毕后,应立即加入大量的热水并搅拌,使溶液中杂质的浓度降低,破坏沉淀表面的溶液中被吸附离子的平衡,一部分吸附的离子将离开沉淀表面而转入到溶液中。

(2) 在热溶液中进行沉淀。可以促进沉淀微粒的凝聚,防止胶体的生成,减少沉淀对杂质的吸附,并使沉淀结构紧密一些。

(3) 沉淀时加入大量电解质,一般为易挥发的铵盐,如 NH_4Cl, NH_4NO_3 等。电解质可以中和胶粒上的电荷,有利于胶体微粒的凝集。在洗涤液中加入适量的电解质,可以防止洗涤时沉淀发生胶溶现象。

(4) 沉淀反应完毕后,应立即趁热过滤,不必陈化。因为这类沉淀在放置后不仅不能改善沉淀的形状,反而聚集得更紧密,使已吸附的杂质更难以洗去。

11.5.3 均匀沉淀法

利用某种反应由溶液中缓慢而均匀地产生沉淀剂来进行沉淀的方法,称为**均匀沉淀法**。用这种方法所得到的沉淀颗粒大,表面吸附杂质少,易于过滤和洗涤。

例如用均匀沉淀法沉淀 Ca^{2+} 时,在含有 Ca^{2+} 的微酸性溶液中加入过量草酸,然后加入尿素并加热至90℃左右,尿素发生水解:

$$CO(NH_2)_2 + H_2O \xrightarrow{\triangle} CO_2\uparrow + 2NH_3$$

水解产生的 NH_3 逐渐提高溶液的 pH 值,使 CaC_2O_4 均匀缓慢地形成。由于在沉淀过程中溶液的相对饱和度较小,故得到的是大晶粒的 CaC_2O_4 沉淀。

根据化学反应机理的不同,均匀沉淀法可以分为以下几种类型。

(1) 控制溶液 pH 值的均匀沉淀

最典型的示例是尿素水解法,该法不仅可用于铝、铁、锆、钍等碱式盐沉淀,也可用于草酸钙、铬酸钡等晶态沉淀。还有用乙酰胺水解制得的晶状亚硒酸钍沉淀,可与10倍量的稀土元素分离。与之相反,也有采用缓慢降低溶液 pH 值的办法。例如,用 β-羟乙基乙酸酯水解生成乙酸,使氨性 $Ag(NH_3)_2Cl$ 逐渐分解,均匀沉淀出的 AgCl,是很完整的结晶体。

(2) 酯类或其他有机化合物的水解,产生沉淀剂阴离子

这一类型用得很多。例如,草酸甲酯水解均匀沉淀钍和稀土;硫酸甲酯、氨基磺酸水解均匀沉淀钡;硫代乙酰胺水解使多种金属离子均匀沉淀为硫化物;8-乙酰喹啉水解均匀沉淀铝、镁等。

(3) 络合物的分解

这是一种控制金属离子释出速率的均匀沉淀方法。例如,在浓硝酸介质中以 H_2O_2 络合钨,然后加热逐渐分解 H_2O_2,使钨酸均匀沉淀,据说这个方法无论在准确度或分离效能方面,都比经典的辛可宁沉淀法要好。也有用 EDTA 络合阳离子,然后以氧化剂分解 EDTA 使释出阳离子进行均匀沉淀。

(4) 氧化还原反应产生所需的沉淀离子

例如,用过硫酸铵氧化 Ce(Ⅲ) 为 Ce(Ⅳ),均匀沉淀成碘酸高铈;用 β-羟乙基乙酸酯缓慢水解出乙二醇,使 IO_4^- 还原为 IO_3^-,后者将钍均匀沉淀为晶状碘酸钍。这种

方法得到的沉淀都很紧密、纯净,与干扰元素的分离也比较好。

均匀沉淀法的应用示例在表 11-5 中。

表 11-5　　均匀沉淀法的应用示例

沉淀剂	加入试剂	反应	被测组分
OH^-	尿素	$CO(NH_2)_2 + H_2O = CO_2 + 2NH_3$	$Al^{3+}, Fe^{3+}, Th^{4+}$ 等
OH^-	六次甲基四胺	$(CH_2)_6N_4 + 6H_2O = 6HCHO + 4NH_3$	Th^{4+}
PO_4^{3-}	磷酸三甲酯	$(CH_3)_3PO_4 + 3H_2O = 3CH_3OH + H_3PO_4$	Zr^{4+}, Hi^{4+}
PO_4^{3-}	尿素 + 磷酸盐		Be^{2+}, Mg^{2+}
$C_2O_4^{2-}$	草酸二酯	$(CH_3)_2C_2O_4 + 2H_2O = 2CH_3OH + H_2C_2O_4$	Ca^{2+}, Th^{4+}
$C_2O_4^{2-}$	尿素 + 草酸盐		Ca^{2+}
SO_4^{2-}	硫酸二甲酯	$(CH_3)_2SO_4 + 2H_2O = 2CH_3OH + SO_4^{2-} + 2H^+$	$Ba^{2+}, Sr^{2+}, Pb^{2+}$
S^{2-}	硫代乙酰胺	$CH_3CSNH_2 + H_2O = CH_3CONH + H_2S$	各种硫化物

11.5.4　有机沉淀剂

有机试剂作为沉淀剂,在重量分析法和沉淀分离方法中得到广泛的应用。有机沉淀剂与金属离子生成的沉淀大多数是螯合物,还有一些形成难溶性的盐类。

用于重量分析法的有机沉淀剂具有下列优点:

(1)由于有机沉淀剂的种类多,性质各异,根据不同的分析对象,选择不同的试剂,可以提高沉淀反应的选择性。

(2)沉淀在水中的溶解度很小,沉淀作用进行得比较完全。

(3)沉淀吸附无机杂质较少,因而纯度较高;沉淀颗粒大,易于过滤和洗涤。

(4)许多沉淀干燥后有固定的组成,可以直接称重。

(5)沉淀的分子量大,有利于提高分析的准确度。

但是,有机沉淀剂也存在一些缺点,如试剂本身在水中溶解度较小,易引起沉淀的沾污;有些沉淀组成不恒定或干燥后发生分解;有时沉淀易黏附在玻璃皿壁或漂浮在溶液表面,给操作带来麻烦等。

下面介绍四种重量分析法中使用的有机沉淀剂:

1. 丁二酮肟

丁二酮肟是对 Ni^{2+} 具有很高选择性的试剂。在氨性溶液中，Ni^{2+} 与丁二酮肟反应形成难溶于水的红色螯合物：

$$Ni^{2+} + 2\, CH_3-C(=NOH)-C(=NOH)-CH_3 \longrightarrow [Ni(C_4H_7N_2O_2)_2] + 2H^+$$

此螯合物溶解度小，组成固定，用预先在 105℃ 烘至恒重的玻璃坩埚过滤，冷水洗涤，烘干后可直接称重。目前用重量分析法测定镍多采用此方法。

除 Ni^{2+} 外，Bi(Ⅲ) 和 Pb(Ⅱ) 也能与丁二酮肟形成难溶性螯合物。沉淀 Bi(Ⅲ) 的 pH 约为 11。Pb(Ⅱ) 的螯合物可从微酸性溶液（HCl 或 H_2SO_4）中定量沉淀出来，而在此条件下其他金属离子不生成沉淀。

2. DL-苦杏仁酸

苦杏仁酸是沉淀锆（或铪）的选择性试剂。在盐酸介质中，ZrO^{2+} 与苦杏仁酸反应生成具有 $Zr[C_6H_5 \cdot CH(OH)COO]_4$ 组成的白色沉淀，反应如下：

$$ZrO^{2+} + 4\, C_6H_5CH(OH)COOH \longrightarrow [C_6H_5CH(OH)COO^-]_4 Zr\downarrow + H_2O + 2H^+$$

由于沉淀反应是在强酸性介质中进行的，Ti、Fe、Al、Cu 及其他许多金属离子均无干扰。

3. 四苯硼酸钠

四苯硼酸钠 $[NaB(C_6H_5)_4]$ 能与具有较大离子半径的一价金属离子，如 K^+，Rb^+，Cs^+，Ag^+ 等反应生成难溶盐。例如，四苯硼酸钠与 K^+ 的反应：

$$K^+ + [B(C_6H_5)_4]^- \longrightarrow [B(C_6H_5)_4]K\downarrow$$

用重量分析法测定生物物质、肥料和土壤试样中钾含量时，多采用四苯硼酸钠作沉淀剂。干扰离子必须预先除去。

4. 8-羟基喹啉

8-羟基喹啉在水溶液中呈两性,它能与许多二、三价金属离子生成难溶性螯合物。例如,Al^{3+} 与 8-羟基喹啉的反应:

$$Al^{3+} + 3 \underset{OH}{\underset{|}{\text{(8-羟基喹啉)}}} \longrightarrow Al\left[\underset{N}{\overset{O}{\text{(8-羟基喹啉基)}}}\right]_3 + 3H^+$$

二价金属离子,如 Mg^{2+},Cu^{2+},Cd^{2+},Pb^{2+} 等与 8-羟基喹啉反应则按金属离子:沉淀剂为 1::2 相结合,并含有二分子结晶水。

此试剂选择性较差,但是,各种金属离子的沉淀作用与 pH 值有密切关系。控制溶液的酸度,可以提高其选择性。例如,Al^{3+} 在 HAc-NaAc 缓冲溶液中才能定量沉淀。若使用适当的掩蔽剂,也可以提高其选择性。例如在含有酒石酸盐的碱性溶液中,Cu^{2+},Cd^{2+},Zn^{2+} 及 Mg^{2+} 能沉淀,而 Al^{3+},Cr(Ⅲ),Fe(Ⅲ),Pb^{2+},Sn(Ⅳ) 等离子不沉淀。

11.6 沉淀的灼烧

许多沉淀都不具有适于称量的组成或者含有需要除去的不定量的水(或其他溶剂),故大多数沉淀需加热使其转变为组成已知的化合物。水可以如下形式存在:粘在湿沉淀上的表面湿存水;夹杂在晶体内;表面上的吸附水;吸液水(亲水胶体);以水合离子水或结构水存在的组成水。几种沾污物的影响则可以不同:某些产生正误差,另一些产生负误差;某些易挥发,而另一些不挥发;未完全除去的水可以抵偿较轻的离子置换晶格离子所引起的负误差。沉淀的灼烧常常会引起盐类分解成酸性或碱性化合物。例如,碳酸盐分解形成碱性氧化物,硫酸盐分解形成酸性氧化物。已知分解温度与所产生的氧化物的酸碱性有关,所以可以预言这些化合物的稳定性的某些重要倾向。又由于在周期表中从上至下,碱金属和碱土金属氧化物的碱性增强,所以碱金属碳酸盐和硫酸盐的稳定性也将按同样的次序增大。同样,由于三氧化硫比二氧化碳酸性强,所以某一特定金属的硫酸盐的热稳定性通常要比该金属的碳酸盐大。如果在灼烧过程中不发生氧化态的变化,那么对这些性质的预言一般将都是有效的。在灼烧期间还可能发生其他一些酸-碱反应(如化合或置换反应)。

灼烧过的沉淀重量本身并不一定能用天平的读数准确地表示。这是由于沉淀和容器与大气中的潮气(干燥器中的大气或许并不干燥)间存在有平衡作用和对二氧化碳或氨的吸收作用。

用差热分析法或热重量分析法研究沉淀,可以得到沉淀性质的详细资料。在差热分析中,记录的是物质在加热时发生的热效应(有或没有重量改变)的变化(相变、分解)与温度的函数关系。在热重量分析法中,测量的是失重与温度的函数关系。将这两种技术结合起来要比单独一种更为有效。

对于各单一组分的测定,热重量分析法可用做称量操作已实现自动化的快速控制。精确度则限于1/300左右。也可用于一种以上组分的测定。例如,钙和镁的草酸盐混合物可用加热即在500℃下称量碳酸钙和氧化镁及在900℃下称量氧化钙和氧化镁的办法加以分析。同样,硝酸银和硝酸铜(Ⅱ)的混合物在280~400℃时产生硝酸银和氧化铜,而在超过529℃时产生银和铜的氧化物。在硝酸钡存在的情况下,利用硝酸钡催化高氯酸钾分解这个事实,高氯酸钾是可以被测定的。

如果将草酸钙在 500±25℃ 温度下灼烧,那么碳酸钙将是一个优良的称量形式。从下面的考虑可知,必须对温度加以严密控制。最低温度决定于下列不可逆分解反应的速率:

$$CaC_2O_4 \longrightarrow CaCO_3 + CO_2$$

这个反应很慢,在450℃时不可能在一个合理的时间内达到完全,但在475℃就变快了。温度的上限由在某一给定温度下的二氧化碳的平衡压力所决定,而与碳酸钙和氧化钙的比值无关。所以,如果二氧化碳的平衡压力超过大气中二氧化碳的分压时,碳酸钙将会完全分解。与正常大气中二氧化碳的分压0.23mm相比,500℃时的离解压力为0.15mm。509℃时离解压力达0.23mm,但是直到温度超过525℃之前离解速率并不显著。因此碳酸钙是个理想的称量形式,只要有效地把温度控制在500℃附近或是在低于880℃的二氧化碳的气氛中加热均可。882℃时碳酸钙的离解压力达到760mm,所以当超过该温度时它将被灼烧成氧化钙。由于吸湿,氧化钙与碳酸钙相比是不好的称量形式。

11.7　重量分析结果的计算

在重量分析法中,分析结果是根据灼烧或烘干后的物质的重量计算而得出的,例如,用重量分析法测定 SiO_2 的含量,是将沉淀灼烧成 SiO_2 的形式,然后按下式计算分析结果:

$$w_{SiO_2} = \frac{SiO_2 沉淀重量}{试样重量} \times 100\%$$

如果欲测组分与灼烧后的称量形式不同,分析结果就要进行换算。例如,用四苯硼酸钾重量分析法测定某样品中钾的含量时,物质的称量形式是 $K[B(C_6H_5)_4]$,那么就要将称得的四苯硼钾沉淀的重量换算成钾的重量,从而求得样品中钾的百分含量。

例 11-1　测定一肥料样品中的钾时,称取试样 219.8mg,最后得到 $K[B(C_6H_5)_4]$ 沉淀 428.8mg,求试样中钾的含量。

解　$K[B(C_6H_5)_4]$ 的式量是 358.3,钾的原子量是 39.10,设沉淀中含钾 x

(mg)，则 358.3∶39.10 = 428.8∶x，从而

$$x = 428.8 \times \frac{39.10}{358.3} = 46.79 \text{(mg)}$$

已知 $K[B(C_6H_5)_4]$ 沉淀中 K 的重量，故试样中 K 的百分含量为

$$w_K = \frac{\text{钾重量}}{\text{试样重量}} \times 100\% = \frac{46.79}{219.8} \times 100\% = 21.29\%$$

以上计算说明，被测物的重量等于两个数值的乘积，其中一个是 $K[B(C_6H_5)_4]$ 沉淀的重量，另一个是被测物质的式量与称量形式的式量之比，这个比值是常数，称为**重量因数**(或称**换算因数**)，如表 11-6 所示。此例中重量因数为

$$\frac{K}{K[B(C_6H_5)_4]} = \frac{39.10}{358.3} = 0.1091$$

因此，根据 $K[B(C_6H_5)_4]$ 沉淀的重量及 $K[B(C_6H_5)_4]$ 对 K 的重量因数，就可以计算出试样中 K 的百分含量。

$$w_K = \frac{K[B(C_6H_5)_4]\text{重量} \times \dfrac{K \text{原子量}}{K[B(C_6H_5)_4]\text{式量}}}{\text{试样重量}} \times 100\%$$

表 11-6　　　　　　　　　　**重量因数示例**

被测组分	称量形式	重量因数
S	$BaSO_4$	$\dfrac{S}{BaSO_4} = 0.1374$
K_2O	$KClO_4$	$\dfrac{K_2O}{2KClO_4} = 0.3399$
Fe_3O_4	Fe_2O_3	$\dfrac{2Fe_3O_4}{3Fe_2O_3} = 0.9664$
Cr_2O_3	$PbCrO_4$	$\dfrac{Cr_2O_3}{2PbCrO_4} = 0.2351$

例 11-2　测定过磷酸钙中的有效磷时，称取试样 500.0mg，经处理后得到 $Mg_2P_2O_7$ 沉淀 120.0mg，求试样中的 P_2O_5 的含量。

解　$Mg_2P_2O_7$ 的式量是 222.6，P_2O_5 的式量是 141.95，由于 1 个 $Mg_2P_2O_7$ 分子相当于 1 个 P_2O_5 分子，则 $Mg_2P_2O_7$ 对 P_2O_5 的重量因数为

$$\frac{P_2O_5 \text{式量}}{Mg_2P_2O_7 \text{式量}} = \frac{141.95}{222.6} = 0.6377$$

$$w_{P_2O_5} = \frac{Mg_2P_2O_7 \text{重量} \times \dfrac{P_2O_5 \text{式量}}{Mg_2P_2O_7 \text{式量}}}{\text{试样重量}} \times 100\%$$

$$= \frac{120.0 \times 0.6377}{500.0} \times 100\% = 15.30\%$$

若以 m 表示称量形式重量，F 表示重量因数，m_s 表示所称试样的重量，即可求出被测组分的百分含量 w_x，

$$w_x = \frac{mF}{m_s} \times 100\%$$

例 11-3 称取含铝试样 0.5000g，溶解后用 8-羟基喹啉作沉淀剂。烘干后称得 $Al(C_9H_6NO)_3$ 重 0.3278g。计算样品中铝的百分含量。

解 称量形式为 $Al(C_9H_6NO)_3$，故

$$w_{Al} = \frac{m \times Al/Al(C_9H_6NO)_3}{m_s} \times 100\%$$

$$= \frac{0.3278 \times 0.05873}{0.5000} \times 100\% = 3.850\%$$

习 题

1. 计算下列微溶化合物的溶解度：
(1) $Ca_3(PO_4)_2$ 在 pH = 5.0 的溶液中；
(2) AgAc 在 $0.1 mol \cdot L^{-1}$ HNO_3 溶液中；
(3) $BaSO_4$ 在 pH = 8.0 的 $0.010 mol \cdot L^{-1}$ EDTA 溶液中；
(4) AgBr 在 $0.01 mol \cdot L^{-1}$ $Na_2S_2O_3$ 溶液中。

2. 计算下列重量因数：

	称量形式	被测组分
(1)	$(NH_4)_3PO_4 \cdot 12MoO_3$	P_2O_5
(2)	Fe_2O_3	$FeSO_4 \cdot (NH_4)_2SO_4 \cdot 6H_2O$
(3)	SiO_2	$KAlSi_3O_8$
(4)	$Mg(C_9H_6NO)_2$	MgO

3. 分析含 $(NH_4)_2SO_4$ 约 86% 的化肥时，欲使所得 $BaSO_4$ 沉淀约为 0.8g，问需称取样品多少？

4. 将 0.2690g 钾明矾试样处理后，得到 0.2584g 的 $BaSO_4$，计算试样中 $KAl(SO_4)_2 \cdot 12H_2O$ 的百分含量。

5. 称取不纯的 $MgSO_4 \cdot 7H_2O$ 0.500 0g，经处理得到 $Mg_2P_2O_7$ 沉淀 0.198 0g，计算试样中 $MgSO_4 \cdot 7H_2O$ 的百分含量。

6. 称取含有 K_2SO_4 和 $(NH_4)_2SO_4$ 的样品 0.6490g，溶于水后，用 $Ba(NO_3)_2$ 溶液使 SO_4^{2-} 沉淀，获得 $BaSO_4$ 沉淀的重量为 0.977 0g，计算试样中 K_2SO_4 的百分含量。

7. 现有 $MgCO_3$ 和 $CaCO_3$ 的混合物 1.000g，灼烧后得到 MgO 和 CaO 的重量为 0.500 0g，计算样品中 $MgCO_3$ 和 $CaCO_3$ 的百分含量。

8. 今有重量为 2.019g 的 Al_2O_3 和 Fe_2O_3 混合物，在氢气流中加热，Fe_2O_3 转变为金属铁和水，

Al_2O_3 无变化,若加热后残留物重 1.774g,求混合物中 Fe_2O_3 的百分含量。

9. 今有 KCl 和 NaCl 的混合物(不含其他物质)重 0.284 1g,溶解后,将 Cl^- 转化为 AgCl 沉淀,经过滤、洗涤和烘干,得到 AgCl 重量为0.6057g。问试样中 KCl 和 NaCl 各重多少克?

10. 称取磷矿粉样品 0.5000g,烘去水分之后再称其重量为 0.4972g,另称取磷矿粉试样 2.0426g,溶解之后制成 100.0mL 试液,用移液管吸取 25.00mL 试液进行磷的测定,所得 $Mg_2P_2O_7$ 的重量为 0.3006g,求干试样中 P 和 P_2O_5 的百分含量。

11. 何谓均匀沉淀法?其有何优点?试举一均匀沉淀法的实例。

第12章 吸光光度法

吸光光度法,又称分光光度法(spectrophotometry),是基于物质对光的选择性吸收而建立的分析方法。

最早是根据有色溶液对可见光的吸收大小进行定量测定,称为比色法。随着从肉眼观察到使用仪器测定光吸收,特别是采用高精密的分光系统,由测量混合光的吸收发展为测量较纯单色波长光的吸收,比色法发展成为分光光度法即吸光光度法,变得更灵敏、准确、快速。波长范围从紫外到红外,本章重点讨论近紫外及可见光区的吸光光度法。

12.1 光的基本性质和光吸收基本定律

12.1.1 光的基本性质和吸收光谱

光是一种电磁波,具有波动性和粒子性。紫外可见光的波长范围为 200~800nm (相当于光子具有 20~1eV 能量)(见表 12-1)。

表 12-1　　　　　　　　电磁波谱波长范围表

10^{-1}~10nm	10~200nm	200~400nm	400~800nm	0.8~5.0μm	5.0~1000μm	0.1~100cm	1~1000m
X~射线	远紫外光区	近紫外光区	可见光区	近中红外光区	远红外光区	微波区	无线电区
	电子能级跃迁 20~1eV			分子振动跃迁 1~0.025eV	分子转动和低位振动跃迁,0.025~0.001eV	分子转动跃迁	

光的波长 λ、频率 ν 与速度 c 的关系为：$\lambda\nu = c$；光量子与波长的关系为：$E = h\nu = hc/\lambda$。λ 以 cm 表示，ν 以 Hz 表示，c 约等于 3×10^{10} cm·s^{-1}，E 为光量子能量(J)，h 为普朗克常数(6.6256×10^{-34} J·s)。不同波长的光，其能量不同，短波能量大，长波能量小。

具有同一波长的光理论上被称为单色光，包含不同波长的光称为复合光。人的眼睛所能感觉的红、橙、黄、绿、青、蓝、紫等各种颜色的光为可见光，它们的波长范围不同，并不是单色光。通常的白帜光如日光，是由不同波长的光按一定比例混合而成。如果把两种特定颜色的光按一定比例混合，就可以得到白光，这两种特定颜色的光称为互补光。表 12-2 列出了物质的颜色和吸收光之间的关系。

表 12-2　　　　　　　　　物质颜色和吸收光之间关系

吸收光	吸收光波长范围 λ/nm	物质颜色(透射光)
紫	400～450	黄绿
蓝	450～480	黄
绿蓝	480～490	橙
蓝绿	490～500	红
绿	500～560	紫红
黄绿	560～580	紫
黄	580～600	蓝
橙	600～650	绿蓝
红	650～750	蓝绿

物质由分子构成，物质的颜色是因物质分子对不同波长的光具有选择性吸收作用而产生的，是物质与光相互作用的一种形式。当一束白光照射到某一物质上时，如果物质选择性地吸收了某一颜色的光，物质透射的光就是互补光，呈现的也是这种互补光的颜色。物质分子对可见光的吸收必须符合普朗克条件：只有当入射光能量与物质分子能级间的能量差 ΔE 相等时，才会被吸收，即

$$\Delta E = E_2 - E_1 = h\nu = \frac{hc}{\lambda}$$

式中，ΔE 为吸光分子两个能级间的能量差；ν 或 λ，称为吸收光的频率或波长；h 为普朗克常数。

如果测量某种物质对不同波长的单色光的吸收程度，以波长为横坐标，吸光度为纵坐标，可得到物质的吸收光谱(absorption spectrum)，又称为吸收曲线。光吸收程

度最大处的波长叫做最大吸收波长,用 λ_{max} 表示,单位为 nm(纳米)。它能清楚地描述物质对一定波长范围光的吸收情况。图 12-1 是 $KMnO_4$ 溶液的吸收光谱。从图可以看出,在可见光范围内,$KMnO_4$ 溶液对波长 525 nm 附近绿色光的吸收最强,而对紫色和红色光的吸收很弱,所以 $KMnO_4$ 溶液呈紫红色。吸光度 A 最大处的波长叫做最大吸收波长,用 λ_{max} 表示。$KMnO_4$ 溶液的 $\lambda_{max}=525nm$,在 λ_{max} 处测得的摩尔吸光系数为 ε_{max},它可以更直观地反映用吸光光度法测定该吸光物质的灵敏度。

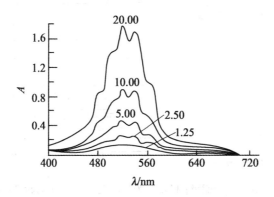

浓度:1.25,2.50,5.00,10.00,20.00 $\mu g \cdot mL^{-1}$
12-1 吸收光谱曲线 $KMnO_4$ 溶液的吸收光谱图

分子对光的吸收比较复杂取决于分子结构的复杂性。图 12-2 是双原子分子的能级示意图。从图中可看出,在分子同一电子能级中有若干振动能级(能量差约 0.05~1 eV),而在同一振动能级中又有若干转动能级(能量差小于 0.05 eV)。电子能级间的能量差一般为 1~20 eV。因此,由电子能级跃迁产生对光的吸收,位于紫外及可见光部分。在电子能级变化的同时,不可避免地也伴随着分子振动和转动能级的变化。分子电子能级之间的跃迁,引起可见光的吸收。电子跃迁时,不可避免地要同时发生振动能级和转动能级的跃迁,这种吸收产生的是电子-振动-转动光谱,具有一定的频率范围,所以形成的吸收光谱为带光谱。

12.1.2 光吸收基本定律——朗伯-比尔定律

在 1760 和 1852 年,朗伯(Lambert J H)和比尔(Beer A)分别研究了溶液光吸收与溶液层的厚度及溶液浓度的定量关系,得到光吸收的基本定律,合称为朗伯-比尔定律。它适用于任何均匀、非散射的固体、液体或气体介质,下面以溶液为例进行讨论。

当一束平行单色光入射在溶液时,一部分被吸收,一部分透过溶液,一部分被器皿的表面反射。设入射光强度为 I_0,吸收光强度为 I_a,透射光强度为 I_t,反射光强度

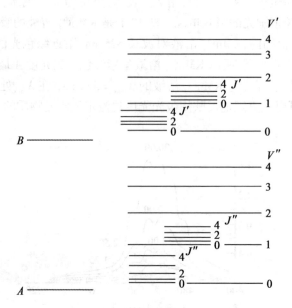

A 和 B 为电子能级；V' 和 V'' 为振动能级；J' 和 J'' 为转动能级

图 12-2　双原子分子的能级示意图

为 I_f，则

$$I_0 = I_\mathrm{a} + I_\mathrm{t} + I_\mathrm{f}$$

在吸光光度分析法中，通常将试液和空白溶液分别置于同样材料和厚度的吸收池中，反射光强度影响可以互相抵消，上式可以简化为

$$I_0 = I_\mathrm{a} + I_\mathrm{t}$$

透射光强度 I_t 与入射光强度 I_0 之比称为透光率或透光度，也称透射比，用 T 表示：

$$T = \frac{I_\mathrm{t}}{I_0} \tag{12.1}$$

溶液的透射比愈大，表示它对光的吸收愈小；相反，透射比愈小，表示它对光的吸收愈大。

溶液对光的吸收程度，与溶液浓度、液层厚度及入射光波长等因素有关。如果保持入射光波长不变，则溶液对光的吸收程度只与溶液浓度和液层厚度有关。

当强度为 I_0 的一束平行单色光垂直照射到液层厚度为 b、浓度为 c 的溶液时，由于溶液中分子对光的吸收，通过溶液后光的强度减弱为 I_t，则有：

$$A = \lg \frac{I_0}{I_\mathrm{t}} = Kbc \tag{12.2}$$

式中,A 为吸光度(absorbance),K 为比例常数。吸光度 A 为溶液吸光程度的度量,其有意义的取值范围为 $0 \sim \infty$。A 越大,表明溶液对光的吸收越强。

式(12-2)是朗伯-比尔定律的数学表达式。它表明:当一束平行的单色光通过含有吸光物质的溶液后,溶液的吸光度与吸光物质的浓度及吸收层厚度成正比,这是吸光光度法进行定量分析的理论基础。式中比例常数 K 与吸光物质的性质、入射光波长及温度等因素有关。

吸光度 A 与溶液的透射比的关系为

$$A = \lg \frac{I_0}{I_t} = \lg \frac{1}{T} \tag{12.3}$$

式中,K 值随 c,b 所取单位不同而不同;当浓度 c 以 $mol \cdot L^{-1}$ 为单位,液层厚度 b 以 cm 为单位表示,则 K 用符号 ε 来表示。ε 称为摩尔吸收系数(molar absorption coefficient),其单位为 $L \cdot mol^{-1} \cdot cm^{-1}$,它表示物质的量浓度为 $1\ mol \cdot L^{-1}$,液层厚度为 1 cm 时溶液的吸光度。这时,式(12-2)变为

$$A = \varepsilon bc \tag{12.4}$$

朗伯-比尔定律一般适用于浓度较低的溶液,在实际分析中,不直接配制浓度为 $1\ mol \cdot L^{-1}$ 的有色溶液来测定获得 ε 值,而是在适当的低浓度时测定该有色溶液的吸光度,通过计算求得 ε 值。摩尔吸收系数 ε 反映吸光物质对光的吸收能力,也反映用吸光光度法测定该吸光物质的灵敏度。在一定条件下它是常数。溶液中吸光物质的浓度常因解离等化学反应而改变,若不考虑这种情况,以被测物质的总浓度代替平衡浓度计算,所得的为条件摩尔吸收系数,以 ε' 表示。

吸光光度分析的灵敏度还常用桑德尔(Sandell)灵敏度(灵敏度指数)S 来表示。S 是指当 A = 0.001 时,单位截面积光程内所能检测出来的吸光物质的最低含量,其单位为 $\mu g \cdot cm^{-2}$,S 与摩尔吸收系数 ε 及吸光物质摩尔质量 M 的关系为

$$S = \frac{M}{\varepsilon} \tag{12.5}$$

在含有多种吸光物质的溶液中,由于各吸光物质对某一波长的单色光均有吸收作用,如果各吸光物质之间相互不发生化学反应,当某一波长的单色光通过这样一种含有多种吸光物质的溶液时,溶液的总吸光度应等于各吸光物质的吸光度之和。这一规律称吸光度的加和性。根据这一规律,可以进行多组分的测定及某些化学反应平衡常数的测定。

12.2 分光光度法及仪器

12.2.1 普通分光光度法

最早用眼睛观察、比较溶液颜色浓淡来确定物质含量的方法称为目视比色法。

常用的是标准系列法,即在同条件下,将试样溶液与标准系列中某色阶溶液的颜色比较,观察到的颜色强度接近某一标准色阶,可知试液浓度大小。这里测定的是透过光强度,而且光很不纯。该法较灵敏,准确度差,但仪器简单,操作简便,适于较差条件下进行测定。

后来,人们根据朗伯比尔定律,为了提高方法的准确度,人们采用光电比色计,用光电池进行测量和用滤光片获取单色光,提高了测定的准确度和方法的选择性。称为光电比色法。

普通分光光度法采用分光光度计进行,用棱镜或光栅获得更纯的单色光,测定波长的范围从可见光区扩展到紫外和红外光区。由于入射光是纯度较高的单色光,通过选择最合适的波长进行测定,获得十分精确细致的吸收光谱曲线,标准曲线的直线范围更大,可大大减少偏离朗伯比尔定律的情况,分析结果准确度更高。根据吸光度加和性,选择任意波长的单色光,同时测定溶液中两种或两种以上的组分。

由于入射光的波长范围扩大,无有颜色的物质,只要它们在紫外或红外光区内有吸收峰,就可以用分光光度法测定。

分光光度法主要用于测定试样中微量组分含量,它的主要特点是:①灵敏度高。这类方法常用于测定试样中 $1\% \sim 10^{-3}\%$ 的微量组分,甚至测定低至 $10^{-5}\%$ 的痕量组分。②准确度较高。相对误差为 $2\% \sim 5\%$,对于常量组分测定,其准确度比重量法和容量法低。若采用精密分光光度计测量,相对误差可减少至 $1\% \sim 2\%$。③操作简便、快速,仪器设备不复杂、便宜,便于掌握应用。④应用广泛。适于几乎所有无机离子和许多有机化合物的测定,在冶金、地质、环保、医药、食品、临床、生物等方面应用。

除普通分光光度法外,还有其他的分光光度法如:示差分光光度法、双波长分光光度法、导数分光光度法(也称微分分光光度法)。

12.2.2 分光光度计

各种光度计尽管构造各不相同,但其基本构成都相同。分光光度计(spectrophotometer)构造框图如图 12-3 所示。光源提供广泛波长的复合光,复合光经过单色器转变为单色光。待测的吸光物质溶液放在吸收池中,当强度为 I_0 的单色光通过时,一部分光被吸收,强度为 I_t 的透射光照射到检测器上,检测器实际上就是光电转换器,它能把接收到的光信号转换成电流,而由电流检测计检测,或经 A/D 转换由计算机直接采集数字信号进行处理。

国产 721 型、722 型分光光度计是目前实验室中普遍应用的分光光度计,下面对其主要部件进行简单介绍。

(1)光源 通常用 $6 \sim 12$ V 钨灯作光源,发出的光在 $360 \sim 800$ nm 范围内。要求光源稳定,为此,通常在仪器内同时配有电源稳压器。氘灯(也叫氢灯)作为紫外光

图 12-3　分光光度计构造示意图

区光源,发出的光可在 200~400nm 范围内。紫外可见分光光度计同时装有两种灯。

(2) 单色器　单色器(monochromator) 多为棱镜或光栅,其作用是将光源发出的复合光分解为单色光。721 型光度计的单色器为棱镜,而 722 型的单色器为棱镜。

棱镜根据光的折射原理而将复合光色散为不同波长的单色光,它由玻璃或石英制成。玻璃棱镜用于可见光范围,石英棱镜则在紫外和可见光范围均可使用。经棱镜色散后将所需波长光通过一个很窄的狭缝照射到吸收池上。

光栅根据光的衍射和干涉原理将复合光色散为不同波长的单色光,然后再让所需波长的光通过狭缝照射到吸收池上。同棱镜相比,光栅具有适用波长范围广、色散几乎不随波长改变的优点。同样大小的色散元件,光栅具有较好的色散和分辨能力。

(3) 吸收池　也称比色皿,是用于盛放试液的容器,由无色透明、耐腐蚀、化学性质相同、厚度相等的玻璃或石英制成,按其厚度分为 0.5,1.0,2.0,3.0 和 5.0 cm。在可见光区测量吸光度时可以使用玻璃吸收池(absorption cell)也可以使用石英吸收池,在紫外光区为防止玻璃对紫外光吸收只能使用石英吸收池。使用时应注意保持吸收池清洁、透明,避免磨损透光面。

吸光度测量时要使用参比溶液,参比溶液与待测溶液应置于尽量一致的吸收池中,避免吸收池体、溶液中其他组分和溶剂对光反射及吸收所带来的误差。

(4) 检测器及数据处理装置　检测器(detector)的作用是将所接收到的光通过光电效应转换成电流信号进行测量,故又称光电转换器。分为光电管和光电倍增管。在光电比色计中采用硒光电池。

光电管是一个真空或充有少量惰性气体的二极管。阴极是金属做成的半圆筒,内侧涂有光敏物质,阳极为金属丝。光电管依其对光敏感的波长范围不同分为红敏和紫敏两种。红敏光电管是在阴极表面涂银和氧化铯,适用 625~1000 nm 的波长范围;紫敏光电管是在阴极表面涂锑和铯,适用波长范围为 200~625 nm。

光电倍增管是由光电管改进而成的,管中有若干个称为倍增极的附加电极。因此,可使微弱的光电流得以放大,一个光子约产生 10^6~10^7 个电子,光电倍增管的灵敏度比光电管高 200 多倍。适用 160~700 nm 的波长范围。在现代的分光光度计中广泛采用光电倍增管。

简易的分光光度计常用检流计、微安表、数字显示记录仪,把放大的信号以吸光度 A 或透射比 T(transmittance)的方式显示或记录下来。现代的分光光度计的检测装置,一般将光电倍增管输出的电流信号经 A/D 转换,由计算机直接采集数字信号进行处理,得到吸光度 A 或透射比 T。近年发展起来的二极管阵列检测器,配用计算机将瞬间获得光谱图贮存,可作实时测量,提供时间-波长-吸光度的三维谱图。

12.3 显色反应及其影响因素

12.3.1 显色反应和显色剂

用紫外可见分光光度法测定某种物质时,如果待测物质本身有较深的颜色,应在可见光区进行测定,因为干扰测定的物质较少。当待测离子无色或只有很浅颜色时,也可在紫外光区进行测定,如芳胺类药物扑热息痛、复方新诺明等。若要在可见光区测定,需要选适当的试剂与被测物质反应生成有色化合物再进行测定,这是用该方法测定无机离子和许多有机物的最常用手段。将无色或浅色的无机离子转变为有色离子或络合物的反应称为显色反应,当然无色的有机物也可以用该法转变为深色有机物,所用的试剂称为显色剂。

1. 显色反应的选择

对于无机离子,按显色反应的类型来分,主要有氧化还原反应和络合反应两大类,而络合反应是最主要的。对于显色反应一般应满足下列要求:

(1) 灵敏度足够高,有色物质的 ε 应大于 10^4;选择性好,干扰少,或干扰容易消除。

(2) 有色化合物的组成恒定,符合一定的化学式。对于形成不同络合比的配位反应,必须注意控制实验条件,使生成一定组成的络合物,以免引起误差。

(3) 有色化合物的化学性质应足够稳定,至少保证在测量过程中溶液的吸光度基本恒定。这就要求有色化合物不容易受外界环境条件的影响,如日光照射、空气中的氧和二氧化碳的作用等,此外,也不应受溶液中其他化学因素的影响。

(4) 有色化合物与显色剂之间的颜色差别要大,即显色剂对光的吸收与有色化合物的吸收有明显区别,一般要求两者的吸收峰波长之差 $\Delta\lambda$(称为对比度)大于 60 nm。

2. 显色剂

分为无机和有机显色剂。在光度分析中少数无机显色剂应用,如用钼酸铵测定硅、磷和钒;用过氧化氢作显色剂测钛;用 KSCN 测定铁和钼等。因灵敏度和选择性也不高,无机显色剂应用很少。

在可见光区的分光光度分析中应用有机显色剂很普遍。有机显色剂分子中一般都含有生色团和助色团。生色团是某些含不饱和键的基团,如偶氮基、对醌基和羰基等。其电子被激发时所需能量较小,故往往可以吸收可见光而表现出颜色。助色团是某些含孤对电子的基团,如氨基、羟基和卤代基等。这些基团与生色团上的不饱和键相互作用,可以影响生色团对光的吸收,使颜色变化。

现简单介绍几种主要的无机离子的有机显色剂:

(1) 丁二酮肟　属于 NN 型螯合显色剂,用于测定 Ni^{2+}。在 NaOH 碱性溶液中,有氧化剂(如过硫酸铵)存在时,试剂与 Ni^{2+} 生成可溶性红色配合物,

$$\lambda_{max} = 470 \text{ nm}, \varepsilon_{max} = 1.3 \times 10^4 \text{ L} \cdot \text{mol}^{-1} \cdot \text{cm}^{-1}$$

$$H_3C-C-C-CH_3$$
$$\quad \| \quad \|$$
$$HON \quad NOH$$

丁二酮肟

(2) 1,10-邻二氮菲　属于 NN 型螯合显色剂,是目前测定微量 Fe^{2+} 的较好试剂。用还原剂(如盐酸羟胺)先将 Fe^{3+} 还原为 Fe^{2+},然后在 pH 3~9(一般控制 pH 5~6)的条件下,Fe^{2+} 与试剂作用生成稳定的橘红色配合物。

$$\lambda \max = 508 \text{ nm}, \varepsilon_{max} = 1.1 \times 10^4 \text{ L} \cdot \text{mol}^{-1} \cdot \text{cm}^{-1}$$

1,10-邻二氮菲

(3) 二苯硫腙　属于含 S 显色剂,是目前萃取光度测定 Cu^{2+},Pb^{2+},Zn^{2+},Cd^{2+},Hg^{2+} 等很多重金属离子的重要试剂。采用控制酸度及加入掩蔽剂的方法,可以消除重金属离子之间的干扰,提高反应的选择性。如 Pb^{2+} 的二苯硫腙配合物。

$$\lambda_{max} = 520 \text{ nm}, \varepsilon_{max} = 6.6 \times 10^4 \text{ L} \cdot \text{mol}^{-1} \cdot \text{cm}^{-1}$$

二苯硫腙

(4) 偶氮胂Ⅲ(铀试剂Ⅲ)　属于偶氮类螯合剂,可在强酸性溶液中与 Th(Ⅳ)、Zr(Ⅳ)、U(Ⅳ)等生成稳定的有色配合物,也可以在弱酸性溶液中与稀土金属离子生成稳定的有色配合物,是测定这些金属离子的良好显色剂。如偶氮胂Ⅲ与 U(Ⅳ)生成的有色配合物。

$$\lambda_{max} = 670 \text{ nm}, \varepsilon_{max} = 1.2 \times 10^5 \text{ L} \cdot \text{mol}^{-1} \cdot \text{cm}^{-1}$$

(5) 铬天青 S　属于三苯甲烷类螯合显色剂,是测定 Al^{3+} 的重要试剂,在 pH 5~5.8 的条件下与 Al^{3+} 显色。

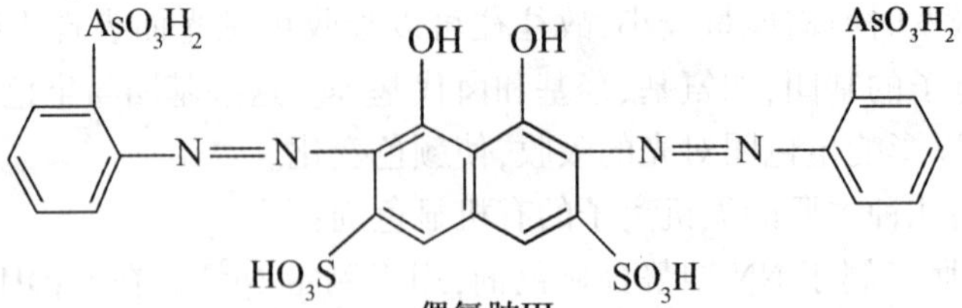

偶氮胂Ⅲ

$\lambda_{max} = 530$ nm, $\varepsilon_{max} = 5.9 \times 10^4$ L·mol^{-1}·cm^{-1}

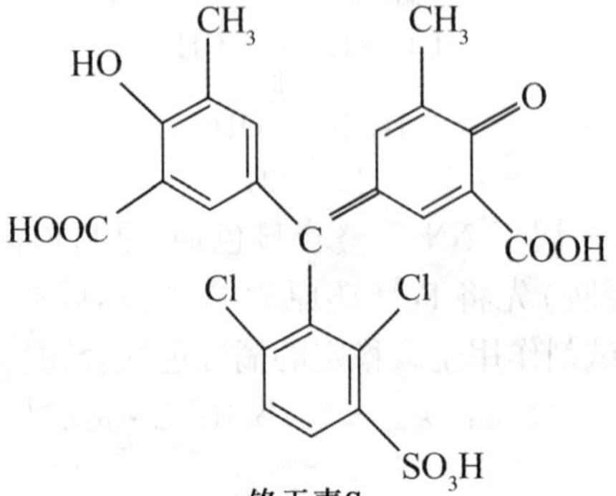

铬天青S

3. 多元络合物

多元络合物是由三种或三种以上的组分所形成的配合物。目前应用较多的是由一种金属离子与两种配位体所组成的三元络合物。多元络合物在吸光光度分析中应用较普遍。主要的几种重要的三元络合物类型如下：

（1）混配化合物 由一种金属离子与两种不同配体通过共价键结合成的三元络合物，例如，V(Ⅴ)、H_2O_2 和吡啶偶氮间苯二酚（PAR）形成 1∶1∶1 的有色络合物，可用于钒的测定，其灵敏度高，选择性好。

（2）离子缔合物 金属离子首先与某一配体生成络阴离子或络阳离子，然后再与相反电荷的离子生成电中性缔合物。这类化合物主要用于萃取光度测定。例如，Au^{3+} 与 Cl^- 形成 $AuCl_4^-$ 络阴离子，再与罗丹明 B 阳离子染料形成离子缔合物。可测定微量金。

（3）金属离子-配体-表面活性剂体系 许多金属离子与显色剂反应时，加入某些表面活性剂，以形成胶束络合物，使测定的灵敏度显著提高。在这种情况下，金属络合物的吸收峰红移。表面活性剂有溴化十六烷基吡啶、氯化十四烷基二甲基苄胺、氯化十六烷基三甲基铵、溴化十六烷基三甲基铵、溴化羟基十二烷基三甲基铵阳离子表面活性剂，TreetonX-100、OP 及吐温乳化剂等中性表面活性剂和十二烷基硫酸钠与十二烷基苯磺酸钠阴离子表面活性剂等。例如，稀土元素、二甲酚橙及溴化十六烷基吡啶反应生成三元配合物，在 pH 8-9 时呈蓝紫色，用于痕量稀土元素总量的测定。

4. 有机合成显色反应(合成分析化学显色反应)

有些有机物质如药物和生物物质的分光光度法测定,为了提高灵敏度和选择性,通过有机合成使被测定物质生成深色的化合物,成为合成分析化学。例如:

(1) 用硫代巴比妥酸测定丙二醛反应

$$OHC-CH_2-CHO + 2 \text{(硫代巴比妥酸)} \longrightarrow \text{(红色产物)}$$

生成红色化合物,最大吸收波长 532nm。用于光度法测定丙二醛,可间接反映出机体的活性氧自由基和脂质的过氧化水平及细胞受损伤程度。

(2) 用氯亚胺基-2,6-二氯醌测定维生素 B6 反应

产物为蓝靛酚化合物,蓝色,最大吸收波长为 650nm,可用于维生素 B6 药品中主成分的测定。

12.3.2 影响显色反应的因素

对于显色反应,控制好显色反应的条件十分重要。显色反应的条件或影响显色反应的因素主要有溶液酸度、显色剂用量、显色时间、显色温度、溶剂的影响等。

1. 溶液的酸度

酸度对显色反应的影响主要表现为:

(1) 影响显色剂的平衡浓度和颜色

显色反应所用的显色剂多是有机弱酸,溶液酸度变化会影响显色剂的平衡浓度和显色反应的完全程度。例如,金属离子 M^+ 与显色剂 HR 作用,生成有色配合物 MR:

$$M^+ + HR \rightleftharpoons MR + H^+$$

可见,若增大溶液的酸度,将对显色反应不利。

另外,有些显色剂具有酸碱指示剂的性质,即在不同的酸度下有不同的颜色。例如 1-(2-吡啶偶氮)间苯二酚(PAR),当溶液 pH 小于 6 时,它主要以 H_2R 形式(黄色)存在;在 pH 7~12 时,主要以 HR 形式(橙色)存在;pH 大于 13 时,主要以 R^{2-} 形式(红色)存在。大多数金属离子和 PAR 生成红色或红紫色配合物,因而 PAR 与金属离子的络合物只适宜在酸性或弱碱性中进行测定。在强碱性溶液中显色剂本身显红色,会影响测定。

(2) 影响被测金属离子的存在状态

当溶液的酸度减小时,许多金属离子水解,可能形成一系列氢氧基或多核氢氧基络离子或碱式盐或氢氧化物沉淀,影响显色反应和测定结果。

(3) 影响络合物的组成

对于某些生成逐级络合物的显色反应,酸度不同,络合物的络合比往往不同,其颜色也不同。例如磺基水杨酸与 Fe^{3+} 的显色反应,当溶液 pH 为 1.8~2.5、4~8、8~11.5 时,将分别生成配位比为 1∶1(紫红色)、1∶2(棕褐色)和 1∶3(黄色)三种颜色的络合物,故测定时应严格控制溶液的酸度。

显色反应的适宜酸度是通过实验选定的。方法是通过实验作出吸光度-pH 值关系曲线图,从图上确定适宜的 pH 值。

2. 显色剂用量

许多显色反应是可逆的,为了使显色反应完全,一般需加入过量显色剂。但显色剂不是越多越好。对于有些显色反应,显色剂加入太多,反而会引起副反应,对测定不利。在实际工作中,显色剂的适宜用量是通过实验获得的,即是:固定被测组分的浓度和其他条件,只改变显色剂的加入量,测量吸光度,作出吸光度-显色剂用量关系曲线,当显色剂用量达到某一数值,再增加显色剂的量,而吸光度无明显增大时,表明显色剂用量已足够。

3. 显色反应时间

有的显色反应瞬间完成,溶液颜色很快达到稳定状态,并在较长时间内保持不变;有的显色反应虽能迅速完成,但有色化合物很快开始褪色;某些显色反应进行缓慢,溶液颜色需经一段时间后才稳定。因此,必须用实验确定最合适的测定时间。实验方法为配制一份显色反应溶液,从加入显色剂起计算时间,每隔几分钟测量一次吸光度,制作吸光度-时间曲线,根据曲线来确定测定吸光度的适宜时间。一般来说,对那些反应速率很快,有色化合物又很稳定的体系,测定时间的选择余地很大。

4. 显色反应温度

一般情况下,显色反应在室温下进行。但是,有些显色反应必须加热至一定温度才能完成。例如,用硅钼酸法测定硅的反应,在室温下需 10 min 以上才能完成,而在沸水浴中,则只需 30 s 便能完成。但有些显色剂或有色化合物在温度较高时容易分解,需要注意。

5. 溶剂

显色反应溶液中存在适量有机溶剂,会降低有色化合物的解离度,提高显色反应的灵敏度。如在 $Fe(SCN)_3$ 的溶液中加入与水混溶的丙酮,由于降低了 $Fe(SCN)_3$ 的解离度而使颜色加深,提高了测定灵敏度。此外,有机溶剂还可能提高显色反应的速率,影响有色配合物的溶解度和组成等。如用偶氮氯膦Ⅲ法测定 Ca^{2+},加入乙醇后,吸光度显著增大。

6. 干扰离子的影响

试样中的某些物质会影响显色反应,造成光度分析的误差,必须研究共存物质的允许量和干扰物质的消除。利用参比溶液或其他方法也可以消除显色剂和某些共存有色物质的干扰。

12.4 测量条件的选择和吸光光度分析误差控制

12.4.1 测定波长的选择和标准曲线的制作

1. 测定波长的选择

为使测定方法具有较高的灵敏度,应选择被测物质的最大吸收波长的光作测定波长,这称为"最大吸收原则"。不仅灵敏度高,而且能够减少或消除由非单色光引起的对朗伯-比尔定律的偏离。

如果在最大吸收波长处有其他吸光物质干扰测定时,则应根据"吸收最大、干扰最小"的原则来选择测定波长。例如用丁二酮肟光度法测定钢中镍,络合物丁二酮肟镍的最大吸收波长为 470 nm(见图 12-4),但试样中的铁用酒石酸钠掩蔽后,在 470 nm 处也有一定吸收,干扰对镍的测定。为避免铁的干扰,可以选择波长 520 nm 进行测定。在 520 nm 虽然测定镍的灵敏度有所降低,但酒石酸铁的吸光度很小,可以忽略,因此不干扰镍的测定。

2. 标准曲线的制作

根据朗伯-比尔定律:吸光度与吸光物质的含量成正比,这是吸光光度法进行定量分析的基础,根据这一原理可以制作测定某一物质的标准曲线(calibration curve)。

标准曲线制作的具体方法是:在确定的测定波长和选择的实验条件下分别测量一系列不同含量的标准溶液的吸光度,以标准溶液中待测组分的含量为横坐标,吸光度为纵坐标作图,得到一条通过原点的直线,称为标准曲线(或工作曲线,如图 12-5 所示)。此时测量待测(试样)溶液的吸光度,在标准曲线上就可以找到与之相对应

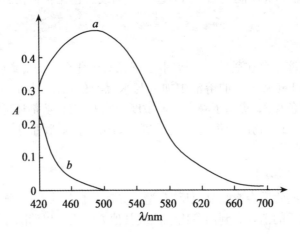

吸收光谱:a.丁二酮肟镍,b.酒石酸铁

图 12-4　测定波长的选择

的被测物质的含量。

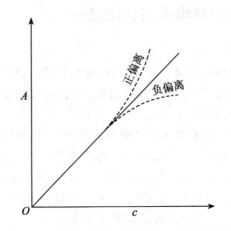

图 12-5　标准曲线及对朗伯-比尔定律的偏离

在实际工作中,有时标准曲线不通过原点。造成这种情况的原因比较复杂,可能是由于参比溶液选择不当,吸收池厚度不等,吸收池位置不妥,吸收池透光面不清洁等原因所引起的。若有色络合物的解离度较大,特别是当溶液中还有其他络合剂时,常使被测物质在低浓度时显色不完全。应针对具体情况进行分析,找出原因,加以避免。

12.4.2 对朗伯-比尔定律的偏离

在吸光光度分析中,被测定物质浓度较高时,经常出现标准曲线不成直线的情况,明显地看到向浓度轴弯曲的现象(个别情况向吸光度轴弯曲)。这种情况称为偏离朗伯-比尔定律(见图 12-5)。若在曲线弯曲部分进行定量,将会引起较大的误差。

偏离朗伯-比尔定律的主要原因如下:

1. 非单色光引起的偏离

严格说,朗伯-比尔定律只适用于单色光,但由于单色器色散能力的限制和出口狭缝需要保持一定的宽度,所以目前各种分光光度计得到的入射光实际上都是具有某一波段的复合光。由于物质对不同波长光的吸收程度不同,导致对朗伯-比尔定律的偏离,浓度越大,光吸收差别越大,这种偏离越明显。

为克服非单色光引起的偏离,应尽量使用比较好的单色器,从而获得纯度较高的"单色光",使标准曲线有较宽的线性范围。此外,应将测定波长选择在被测物质的最大吸收处,这不仅保证了测定有较高的灵敏度,而且由于此处的吸收曲线较为平坦,非单色光引起的偏离要比在其他波长处小得多,在此最大吸收波长附近各波长的光的 ε 值大体相等。另外,测定时应选择适当的浓度范围,使吸光度读数处于标准曲线的线性范围内。

2. 介质不均匀引起的偏离

朗伯—比尔定律要求吸光物质的溶液是均匀的。如果被测溶液不均匀,若是胶体溶液、乳浊液或悬浮液时,入射光通过溶液后,除一部分被试液吸收外,还有一部分因散射现象而损失,使透射比减少,因而使吸光度增加,则标准曲线偏离直线向吸光度轴弯曲。在光度法中必须避免溶液产生胶体或混浊。

3. 由于溶液本身的化学反应引起的偏离

溶液对光的吸收程度决定于吸光物质的性质和浓度,溶液中的吸光物质常因解离、缔合、形成新化合物或互变异构等化学变化而改变其浓度,也会导致偏离朗伯-比尔定律。

(1) 解离 大部分有机酸碱的酸式、碱式对光有不同的吸收性质,溶液的酸度不同,酸(碱)解离程度不同,导致酸式与碱式的比例改变,使溶液的吸光度发生改变。

(2) 逐级络合反应 如果显色剂与金属离子生成的是多级络合物,且各级络合物对光的吸收性质不同,例如用 SCN^- 测定 Fe^{3+},随着 SCN^- 浓度的增大,生成颜色越来越深的高配位数络合物 $Fe(SCN)_4^-$ 和 $Fe(SCN)_5^{2-}$,溶液颜色由橙黄色变至血红色。对于这种情况,只有严格地控制显色剂的用量,才能得到准确的结果。

(3) 其他反应 例如在酸性条件下,CrO_4^{2-} 会结合生成 $Cr_2O_7^{2-}$,而它们对光的吸收有很大的不同。

在分析测定中,要严格控制显色反应条件,使被测组分以一种形式存在,就可以克服化学因素所引起的对朗伯-比尔定律的偏离。

4. 显色反应的干扰及其消除方法

试样中存在干扰物质会影响被测组分的测定,使得标准曲线严重偏离朗伯-比尔定律,这是造成光度分析误差的重要原因。例如,干扰物质本身有颜色或与显色剂反应,在测量条件下也有吸收,造成正干扰。干扰物质与被测组分反应或与显色剂反应,使显色反应不完全,也会造成干扰。干扰物质在测量条件下从溶液中析出,使溶液变混浊,无法准确测定溶液的吸光度。

为消除以上原因引起的干扰,可采取以下几种方法。

(1) 控制溶液酸度 例如用二苯硫腙法测定 Hg^{2+} 时,多种干扰离子均可能发生反应,但如果在稀酸($0.5\ mol\cdot L^{-1} H_2SO_4$)介质中进行萃取,则上述干扰离子不再与二苯硫腙作用,从而消除其干扰。

(2) 加入掩蔽剂 掩蔽剂(masking reagent)除不与待测离子作用外,掩蔽剂以及它与干扰物质形成的配合物的颜色应不影响待测离子的测定。如用二苯硫腙法测 Hg^{2+} 时,即使在 $0.5\ mol\cdot L^{-1} H_2SO_4$ 介质中进行萃取,尚不能消除 Ag^+ 和大量 Bi^{3+} 的干扰。这时,加 KSCN 掩蔽 Ag^+、EDTA 掩蔽 Bi^{3+} 可消除其干扰。

(3) 改变干扰离子的价态 如用铬天青 S 测定 Al^{3+} 时,Fe^{3+} 有干扰,加入抗坏血酸将 Fe^{3+} 还原为 Fe^{2+} 后,干扰即消除。

(4) 选择合适的参比溶液 利用参比溶液(reference solution)可消除显色剂和某些共存有色离子的干扰。

参比溶液可根据下列情况来选择:

(1)试液及显色剂均无色时,可用蒸馏水作参比溶液。

(2)显色剂为无色,而被测试液中存在其他有色离子,可用不加显色剂的被测试液作参比溶液。

(3)显色剂有颜色,可选择不加试样溶液的试剂空白作参比溶液。

(4)显色剂和试液均有颜色,可将一份试液加入适当掩蔽剂,将被测组分掩蔽起来,使之不再与显色剂作用,而显色剂及其他试剂均按试液测定方法加入,以此作为参比溶液,这样就可以消除显色剂和一些共存组分的干扰。例如,用铬天青 S 比色法测定钢中的铝,Ni^{2+}、Co^{2+} 等干扰测定。为此可取一定量试液,加入少量 NH_4F,使 Al^{3+} 形成 AlF_6^{3-} 络离子而不再显色,然后加入显色剂及其他试剂,以此作参比溶液,以消除 Ni^{2+}、Co^{2+} 对测定的干扰。

(5)改变加入试剂的顺序,使被测组分不发生显色反应,也可以此溶液作为参比溶液消除干扰。

(6)增加显色剂用量 当溶液中存在有消耗显色剂的干扰离子时,可以通过增加显色剂的用量来消除干扰。

（7）分离　若上述方法均不能奏效时,只能采用适当的预先分离的方法(参看第13章)。

12.4.3　吸光度测量的误差

在吸光光度分析中,除了各种化学条件所引起的误差外,仪器测量不准确也是误差的主要来源。任何光度计都有一定的测量误差。这些误差可能来源于光源不稳定,实验条件的偶然变动等。在吸光光度分析中,我们一定要考虑到这些偶然误差对测定的影响。

吸光度（或透射比)在什么范围内具有较小的浓度测量误差呢？首先考虑吸光度 A 的测量误差与浓度 c 的测量误差之间的关系。若在测量吸光度 A 时产生了一个微小的绝对误差 dA,则测量 A 的相对误差(E_r) 为

$$E_r = \frac{dA}{A}$$

根据朗伯-比尔定律：
$$A = \varepsilon b c$$
当 b 为定值时,两边微分得到
$$dA = \varepsilon b dc$$
dc 就是测量浓度 c 的微小的绝对误差。二式相除得到

$$\frac{dA}{A} = \frac{dc}{c}$$

可见,c 与 A 测量的相对误差完全相等。

A 与 T 的测量误差之间的关系如下：
$$A = -\lg T = -0.4343 \ln T$$

微分得
$$dA = -0.4343 \frac{dT}{T}$$

$$\frac{dA}{A} = \frac{dT}{T \ln T}$$

可见,由于 A 与 T 不是正比关系而是负对数关系,它们的测量相对误差并不相等。

于是,由噪音引起的浓度 c 的测量相对误差为

$$E_r = \frac{dc}{c} \times 100\% = \frac{dA}{A} \times 100\% = \frac{dT}{T \ln T} \times 100\%$$

如果 T 的测量绝对误差 $dT = \Delta T = \pm 0.01$,则

$$E_r = \frac{\Delta T}{T \ln T} \times 100\% = \pm \frac{1}{T \ln T} \% \tag{12.6}$$

浓度 c 的测量相对误差的大小与透射比 T 本身的大小有着复杂的关系,由(12.6)式可计算不同 T 时的相对误差绝对值 $|E_r|$,根据计算结果作 $|E_r|$-T 曲线图,如图 12-6 所示。从图中可见,透射比很小或很大时,浓度测量误差都较大,即光度测

量最好选透射比(或吸光度)在适当的范围。

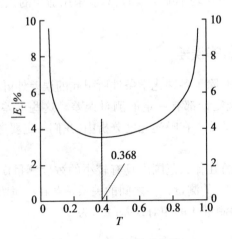

图 12-6 $|E_r|$-T 关系曲线

在实际测定时,只有使待测溶液的透射比 T 在 15% ~ 65% 之间,或使吸光度 A 在 0.2 ~ 0.8 之间,才能保证测量的相对误差较小。当吸光度 A = 0.4343(或透射比 T = 36.8%)时,测量的相对误差最小。可通过控制溶液的浓度或选择不同厚度的吸收池来达到目的。

12.5 分光光度分析法的应用

分光光度分析法具有灵敏度高、重现性好和操作简便等优点,被广泛用于冶金、地矿、环境、材料、药物、临床和食品分析等。灵敏度一般为 10^{-5} ~ 10^{-6} mol/L(通过溶剂萃取富集),精密度为千分之几。下面举例说明。

12.5.1 痕量金属分析

几乎所有的金属离子都能与特定的化学试剂作用形成有色化合物,因此吸光光度法是测定痕量金属元素的一个重要应用领域,应用非常广泛。根据测定的金属离子,选择适当的显色剂,控制显色条件,确定测定波长和恰当的测定条件,利用标准曲线,即可对金属元素进行定量分析。如用偶氮胂Ⅲ在强酸介质中测定矿物中的铀,在弱酸中用 5-Br-PADAP 测定海水中的贵金属等,用二苯硫腙萃取光度法测定环境污染样品中的有害重金属汞、铅等。

12.5.2 临床分析

传统的比色反应技术和分光光度分析法,正在临床分析中得到越来越广泛的应用例如血清中的尿素或葡萄糖、酶或胆甾醇的比色反应等。

1. 血清中谷丙转氨酶(GPT)的测定

在血清转氨酶作用下,丙氨酸和 α-酮戊二酸,生成丙酮酸和谷氨酸,酶反应到固定时间加入2,4-二硝基苯肼-等摩尔盐酸溶液终止反应,生成丙酮酸2,4-二硝基苯腙,碱性条件下显红色。依次测得谷丙转氨酶活力,正常值为40单位以下。

$$\underset{\text{丙氨酸}}{\begin{array}{c}\text{COOH}\\|\\\text{HC—NH}_2\\|\\\text{CH}_3\end{array}} + \underset{\alpha\text{-酮戊二酸}}{\begin{array}{c}\text{COOH}\\|\\\text{CO}\\|\\\text{CH}_2\\|\\\text{CH}_2\\|\\\text{COOH}\end{array}} \underset{}{\overset{\text{GPT}}{\rightleftharpoons}} \underset{\text{丙酮酸}}{\begin{array}{c}\text{COOH}\\|\\\text{CO}\\|\\\text{CH}_3\end{array}} + \underset{\text{谷氨酸}}{\begin{array}{c}\text{COOH}\\|\\\text{HC—NH}_2\\|\\\text{CH}_2\\|\\\text{CH}_2\\|\\\text{COOH}\end{array}}$$

$$\begin{array}{c}\text{COOH}\\|\\\text{CO}\\|\\\text{CH}_3\end{array} + \text{H}_2\text{N—NH—}\underset{}{\bigcirc}\begin{array}{c}\text{NO}_2\\\\\text{NO}_2\end{array} \xrightarrow[-\text{H}_2\text{O}]{\text{NaOH}} \begin{array}{c}\text{COOH}\\|\\\text{C=N—NH—}\underset{}{\bigcirc}\begin{array}{c}\text{NO}_2\\\\\text{NO}_2\end{array}\\|\\\text{CH}_3\end{array}$$

丙酮酸2,4-二硝基苯腙(红棕色,500nm)

谷丙转氨酶以肝细胞中最多,心肌细胞中也较多,只有少量进入血液中,若血清中该酶含量高,则肝有病或不正常。

2. 血脂(甘油三酯)测定

a. 甘油三酯皂化

$$\begin{array}{c}\text{H}_2\text{C—O—COR}\\|\\\text{HC—O—COR}\\|\\\text{H}_2\text{C—O—COR}\end{array} + 3\text{KOH} \longrightarrow \begin{array}{c}\text{CH}_2\text{OH}\\|\\\text{CHOH}\\|\\\text{CH}_2\text{OH}\end{array} + 3\text{RCOOK}$$

b. 甘油氧化

$$\begin{array}{c}\text{CH}_2\text{OH}\\|\\\text{CHOH}\\|\\\text{CH}_2\text{OH}\end{array} + 2\text{HIO}_4 \longrightarrow 2\text{HCHO} + \text{HCOOH} + 2\text{HIO}_3 + \text{H}_2\text{O}$$

c. 甲醛、乙酰丙酮和氨水缩合反应生成3,5-二乙酰-2,6-二甲基吡啶(棕色,420nm)

正常人的血脂为30~150mg/dL。

图12-7所示为Kodak Ektachem 脲载片,一滴样品(如血清)涂在多层载片的顶

层。在不同载片层上装有脲的酶催化分析所需全部试剂。在分析过程中若出现特征颜色则表明待测物质的存在。

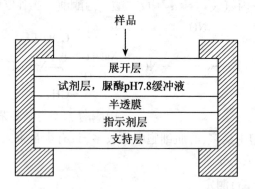

图 12-7 Kodak Ektachem 脲载片

$$H_2NCONH_2 + H_2O \xrightarrow{脲酶} 2NH_3 + CO_2$$
$$NH_3 + 氮指示剂 \longrightarrow 染料$$

其他物质也可用不同的酶以类似的方法测定。如葡萄糖氧化酶用于葡萄糖的分析：

$$\beta\text{-D-葡萄糖} + O_2 \xrightarrow{葡萄糖氧化酶} 葡萄糖酸 + H_2O_2$$
$$H_2O_2 + 酒石黄 \xrightarrow{过氧化物酶} 邻-甲苯胺 + H_2O$$

如果样品中含有葡萄糖,就会在较低层出现绿色,并可用光度法自动测量和定量。类似的试验也可以用于筛选尿和血清的试纸条进行,试纸上最终的颜色变化可以用色阶进行比较鉴别。虽然实验结果是半定量的,但在数秒内就可以测定很多样品。

12.5.3 食品及农产品分析

吸光光度法在食品分析中的应用相当广泛,是一种简单、可靠的分析方法。特别是近年来与生物免疫技术相结合,使吸光光度法的灵敏度和选择性获得了较大提高。农副产品如蜂蜜中的少量残留抗菌素的测定,可用该法进行,控制蜂蜜质量。

氯霉素是一种广谱抗菌药,除有极好的抗菌作用外。还有引起人类血液中毒的副作用,可导致再生障碍性贫血,因而禁止使用氯霉素。因此,需要高灵敏度的方法对动物源性食品中的氯霉素进行检测。酶联免疫法测定食品中氯霉素含量的原理如图12-8所示。酶联免疫法是利用免疫学抗原抗体特异性结合和酶的高效催化作用,通过化学方法将植物辣根过氧化物酶(HRP)与氯霉素结合,形成酶偶联氯霉素。将固相载体上已包被的抗体(羊抗兔IgG抗体)与特异性的兔抗氯霉素抗体结合,然后加入待测氯霉素和酶偶联氯霉素,它们竞争性与兔抗氯霉素抗体结合,没有结合的酶偶联氯霉素被洗去,再向相应孔中加入过氧化氢和邻苯二胺,作用一定时间后,结合后的酶偶联氯霉素将无色的邻苯二胺转化为蓝色的产物,加入终止液后颜色由蓝变黄,用分光光度计在波长450nm处进行检测,吸光值与样品中氯霉素含量成反比。

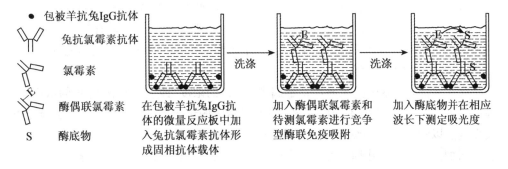

图12-8 竞争型酶联免疫法测定氯霉素含量示意图

利用酶联免疫法测定农产品和水产品等动物源性食品中氯霉素的含量已经成为得到认可的行业标准,在这些领域的产品分析和质量监测中发挥着巨大的作用。

12.5.4 其他应用

吸光光度法还可以用于测定弱酸和弱碱的解离常数和配合物的配位比。

1. 弱酸和弱碱解离常数的测定

下面以一元弱酸解离常数的测定为例介绍该方法的应用。

设有一元弱酸HB,其分析浓度为c_{HB},在溶液中有下述解离平衡:

$$HB = H^+ + B^-$$

$$K_a = \frac{[H^+][B^-]}{[HB]}$$

$$pK_a = pH + \lg\frac{[HB]}{[B^-]} \qquad c_{HB} = [HB] + [B^-]$$

设在某波长下,酸 HB 和碱 B^- 均有吸收,液层厚度 $b = 1\text{cm}$,根据吸光度的加和性

$$A = A_{HB} + A_{B^-} = \varepsilon_{HB}[HB] + \varepsilon_{B^-}[B^-] = \varepsilon_{HB}\frac{c_{HB}[H^+]}{K_a + [H^+]} + \varepsilon_{B^-}\frac{c_{HB}K_a}{K_a + [H^+]}$$

令 A_{HB} 和 A_{B^-} 分别为弱酸 HB 在高酸度和强碱性时的吸光度,溶液中该弱酸几乎全部是分别以 HB 或 B^- 形式存在。则可以得到下式:

$$pK_a = -\lg\frac{(A_{HB} - A)}{(A - A_{B^-})} + pH$$

由此式可知,只要测出 A_{HB}, A_{B^-} 和 pH 就可以计算出 K_a。这是用吸光光度法测定一元弱酸解离常数的基本公式。解离常数也可通过 $\lg\frac{(A_{HB} - A)}{(A - A_{B^-})}$ 对 pH 作图由图解法求出。

2. 络合物组成的测定

许多吸光光度法是基于有色络合物的形成,因此测定有色络合物的组成,对研究显色反应的机理、推断络合物的结构十分重要。用吸光光度法测定有色络合物组成的方法有:饱和法、连续变化法、斜率比法、平衡移动法等。这里仅介绍前两种。

(1)饱和法(又称摩尔比法)

此法是固定一种组分(通常是金属离子 M)的浓度,改变配位试剂 R 的浓度,得到一系列[R]/[M]比值不同的溶液,并配制相应的试剂空白作参比液,分别测定其吸光度。以吸光度 A 为纵坐标,[R]/[M]为横坐标作图。

当配位试剂量较小时,金属离子没有完全络合。随着配位试剂量逐渐增加,生成的络合物不断增多。当配位试剂增加到一定浓度时,吸光度不再增加,如图 12-9 所示。图中曲线转折点即是络合比。转折点不敏锐,是由于络合物解离造成的。运用外推法得一交点,从交点向横坐标作垂线,对应的[R]/[M]比值就是络合物的络合比。这种方法简便、快速,对于解离度小的配合物,可以得到满意的结果。

(2)连续变化法(又称等摩尔系列法)

设 M 为金属离子,R 为显色剂,c_M 和 c_R 分别为 M 和 R 在溶液中的浓度,在保持溶液中 $c_M + c_R = c$(定值)的前提下,改变 c_M 和 c_R 的相对量,配制一系列溶液,于有色络合物的最大吸收波长处测量这一系列溶液的吸光度。当溶液中络合物 MR_n 浓度最大时,c_R/c_M 的比值为 n。若以吸光度 A 为纵坐标,c_M/c 比值为横坐标作图,即绘出连续变化法曲线(见图 12-10)。由两曲线外推的交点所对应的 c_M/c 值,即可得到络合物的组成 M 与 R 之比 n 值。当 c_M/c 为 0.5 时,络合比为 1:1;当 c_M/c 为 0.33,

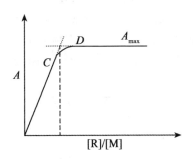

图 12-9 饱和法测定络合物组成

络合比为 1∶2；当 $c_M/c = 0.25$ 时，络合比为 1∶3。根据图中 A_0 与 A 的差值，还可以求得络合物的解离度和稳定常数。连续变化法测定络合比适用于只形成一种组成且解离度较小的稳定络合物。若用于研究络合比高且解离度较大的络合物就得不到准确的结果。

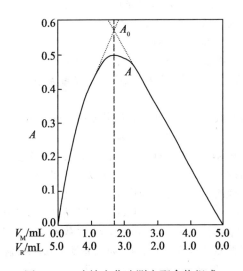

图 12-10 连续变化法测定配合物组成

小　结

1. 基本概念：透光率，吸光度，摩尔吸光系数，吸收曲线，紫外可见光的产生。
2. 基本理论：朗伯-比尔定律，吸光度加和性，影响显色反应的条件，偏离朗伯比尔定律的因素，光度法测定误差

3. 基本计算：$A = -\lg T = \varepsilon bc$，摩尔吸光系数与桑德尔灵敏度换算。

掌握吸光光度法的理论基础——光吸收基本定律、摩尔吸收系数及有关运算；还要掌握偏离朗伯-比尔定律的因素与吸光光度法测量误差的选择；熟悉分光光度计组成和显色反应及影响因素；了解光度法的特点及应用范围。

思考题和习题

1. 解释下列名词。
   a. 吸收光谱及标准曲线；b. 互补光及单色光；c. 吸光度；d. 透光率；e. 摩尔吸光系数。
2. 符合朗伯-比尔定律的某一吸光物质溶液，其最大吸收波长和吸光度随吸光物质浓度的增加如何变化？
3. 影响浓度 c 与吸光度 A 不成线性关系的因素有哪些？
4. 说明吸光光度法中标准曲线不通过原点的原因。
5. 吸光物质的摩尔吸收系数与下列哪些因素有关？入射光波长，被测物质浓度，吸收池厚度。
6. 在吸光光度法中，选择测定波长的原则是什么？
7. 在吸光光度法中，影响显色反应的因素有哪些？
8. 酸度对显色反应的影响主要表现在哪些方面？
9. 测量吸光度时，应如何选择参比溶液？
10. 分光光度计是由哪些部件组成的？各部件的作用如何？
11. 光度分析法误差的主要来源有哪些？如何减免这些误差？试根据误差分类分别加以讨论。
12. 某试液用 2.0cm 吸收池测量时，$T = 60\%$，若改用 1.0cm 或 4.0cm 吸收池，T 及 A 等于多少？
13. 含钙的某药物溶解后，加入显色剂对乙酰基偶氮羧，形成蓝色络合物，用 1.0cm 比色皿在 720nm 波长处测定，已知该络合物在上述条件下摩尔吸光系数为 1.2×10^5，如果该药物含约 0.2%，欲配制 50ml 试液，为使测定误差最小，应称取该药多少？
14. 浓度为 25.5μg/50mL 的 Cu^{2+} 溶液，用双环己酮草酰二腙光度法进行测定，于波长 600 nm 处用 2cm 吸收池进行测量，测得 $T = 50.5\%$，求摩尔吸收系数 ε、桑德尔灵敏度 S。
15. 吸光光度法定量测定浓度为 c 的溶液，如吸光为 0.434，假定透射比的测定误差为 0.05%，由仪器测定产生的相对误差为多少？
16. 有一标准 Fe^{3+} 溶液，浓度为 5μg/ml，吸光度为 0.304。有一试样溶液在同条件下测得吸光度为 0.500，求试样中铁的浓度。
17. 某有色配合物的 0.0010% 的水溶液在 510nm 处，用 2cm 比色皿以水作参比测得透射比为 42.0%。已知 $\varepsilon = 2.5 \times 10^3 L \cdot mol^{-1} \cdot cm^{-1}$，求此配合物的摩尔质量。
18. 采用双硫腙吸光光度法测定其含铅试液，于 520nm 处用 1cm 比色皿以水作参比测得透射比为 8.0%。已知 $\varepsilon = 1.0 \times 10^4 L \cdot mol^{-1} \cdot cm^{-1}$。若改用示差法测定上述试液，需要多大浓度的铅标准溶液作为参比溶液，才能使浓度测量的相对标准偏差最小？
19. 要测定某一有机胺的摩尔质量，将其转变成1:1 的苦味酸胺的加成化合物。今称取苦味酸胺样品0.0300g,溶于95%乙醇中制成1L溶液,用1.0cm吸收池在最大吸收波长测得$A=0.600$,计算有机胺的摩尔质量。已知:$M_{r苦味酸}=229$,苦味酸胺的$\varepsilon=1.2\times10^4$ L·mol^{-1}·cm^{-1}。

第13章 分析化学中常用的化学分离富集方法

13.1 概　述

检测或测定较复杂试样中的某一组分,共存的组分有时会产生干扰,一般采用掩蔽法和控制测定条件消除干扰,难以达到目的时,需要将被测定组分与干扰组分分离。

有些试样中待测组分含量极微,现有分析方法的灵敏度不够,需要对痕量物质预先进行富集分离,再进行测定。富集分离是把微量、痕量以至于更少量的被测组分用某一方法集中起来给予分离,同时消除共存物质的影响。

在分离过程中,最重要的是要知道待测组分是否有损失,常用待测组分回收率来衡量分离富集的效果,待测组分回收率为:

$$回收率 = \frac{分离后所得的待测组分质量}{试样原来所含待测组分质量} \times 100\%$$

随着待测组分含量的不同,对回收率的要求也不同,当然回收率越高越好。在一般情况下,对质量分数大于1%的组分,回收率应大于99.9%;质量分数为0.01%~1%的组分,回收率应大于99%;质量分数低于0.01%的组分,回收率可以是90%~95%,有时甚至更低一些也是允许的。但试样中待测组分的真实含量不知道,在实际工作中,一般采用标准物质加入法测定回收率。

本章将对分析化学中常用的一些主要化学分离富集方法如:沉淀过滤、萃取、经典色谱、离子交换等进行阐述。其他如包括挥发与蒸馏、浮选、电泳、膜分离及现代分离方法如固相微萃取、超临界萃取、微滴萃取及毛细管电泳将不给予介绍。

13.2 沉淀与过滤分离

13.2.1 沉淀类型与条件

该分离方法包括样品基体沉淀和杂质及痕量组分共沉淀分离两类。关于沉淀的形成过程、沉淀生成的条件以及沉淀的纯化和影响共沉淀因素,在重量法中已阐述。

沉淀分均相沉淀和多相沉淀。

常量组分的沉淀分离,包括基体沉淀分离。对于无机阳离子,可使其形成氢氧化物、硫化物、卤化物、硫酸盐、磷酸盐、碳酸盐等无机物沉淀和一些有机试剂的沉淀物。对于微量甚至痕量组分的沉淀可采用共沉淀法,下面分别讨论。

13.2.2 常量组分的沉淀分离

1. 无机物沉淀

(1) 氢氧化物沉淀　与溶度积(K_{sp})及 pH 值有关。若[Fe^{3+}] = 0.010 mol·L^{-1},$Fe(OH)_3$ 的 $K_{sp} = 4×10^{-38}$,要析出氢氧化铁沉淀,要求[OH^-] > $1.6×10^{-12}$ mol·L^{-1},即 pH > 2.2,若 pH 更高一些,沉淀得更完全。同一浓度的不同金属离子氢氧化物开始沉淀和沉淀再溶解的 pH 值不同(见表13-1)。可以通过控制溶液的 pH 和使用不同沉淀剂进行沉淀。

①NaOH 法,可使两性氢氧化物(Al^{3+}、Ga^{3+}、Zn^{2+}、Be^{2+}、CrO_2^-、Mo(Ⅵ)、W(Ⅵ)、GeO_3^{2-}、Sn(Ⅳ)、Pb^{2+}、V(Ⅴ)、Nb(Ⅴ)、Ta(Ⅴ)等)溶解而与其他氢氧化物(Cu^{2+}、Hg^{2+}、Fe^{3+}、Co^{2+}、Ni^{2+}、Ti(Ⅳ)、Zr(Ⅳ)、Hf(Ⅳ)、Th^{4+}、RE^{3+}等)沉淀分离。

②氨水-铵盐缓冲法,控制 pH8~10,Ag^+、Cu^{2+}、Cd^{2+}、Co^{2+}、Ni^{2+}、Zn^{2+}等金属离子形成氨络离子不沉淀,从表13-1看出,使许多高价离子(Al^{3+}、Sn^{4+}等)沉淀,从而与一、二价离子(碱土金属、一、二副族)分离。由于 pH 不太高,防止 $Mg(OH)_2$ 沉淀的析出和两性氢氧化物 $Al(OH)_3$ 溶解。大量 NH_4^+ 作为抗衡离子,减少氢氧化物沉淀对其他金属阳离子的吸附,铵盐是电解质,可促进胶状沉淀的凝聚。所以金属氢氧化物的沉淀、过滤和洗涤容易进行,灼烧成氧化物时,铵盐低温下可挥发。

表13-1　**金属离子氢氧化物沉淀开始和沉淀再溶解的 pH 值**

氢氧化物	pH			
	开始沉淀的原始浓度		沉淀完全	沉淀开始溶解
	1 mol·L^{-1}	0.01 mol·L^{-1}		
$Sn(OH)_4$	0	0.5	1.0 2.0	13
$TiO(OH)_2$	0	0.5	1.6 1.2	
$Tl(OH)_3$		0.6	4.7 3.8	10
$Ce(OH)_4$		0.8	4.1 5.0	

续表

氢氧化物	pH			
	开始沉淀的原始浓度		沉淀完全	沉淀开始溶解
	$1\ mol \cdot L^{-1}$	$0.01\ mol \cdot L^{-1}$		
$Sn(OH)_2$		2.1		
		2.3		
$ZrO(OH)_2$	1.3	2.3	5.2	
		2.4		
$Fe(OH)_3$	1.5	3.4		14
		3.5		
HgO			6.8	9.7
$In(OH)_3$		4.0	8.8	7.8
$Ga(OH)_3$		4.5	8.0	
$Al(OH)_3$	3.3	4.9	9.7	12
$Th(OH)_4$		6.2	9.2	
$Cr(OH)_3$	4.0	6.4	9.5	10.5
$Be(OH)_3$		7.6		14
$Zn(OH)_2$	5.4	7.7		
$Co(OH)_3$		8.2		
$Ni(OH)_3$				
$Cd(OH)_3$				

③ZnO 悬浊液法 当酸性溶液中加入 ZnO,可中和酸,达到平衡。若$[Zn^{2+}]=0.1\ mol \cdot L^{-1}$,$Zn(OH)_2$ 的 $K_{sp}=1.2 \times 10^{-17}$,那么可控制 pH=6,可定量沉淀 pH 为 6 以下能沉淀完全的金属离子。

④有机碱法 六次甲基四胺、吡啶、苯胺等有机碱与其共轭酸组成溶液,能控制溶液的 pH。如六次甲基四胺及其形成的铵盐可控制 pH 5~6,用于 Co^{2+},Ni^{2+},Cu^{2+},Zn^{2+},Cd^{2+} 等与 Fe^{3+},Al^{3+},$Ti(Ⅳ)$,Th^{4+} 等沉淀分离。

(2)硫酸盐沉淀 硫酸作沉淀剂,是消除大量 Ba^{2+},Pb^{2+},Sr^{2+} 和硫酸根干扰的主要方法,Ag^+,Hg^+,Sr^{2+},Pb^{2+},Ba^{2+},Ra^{2+} 的硫酸盐在酸性溶液中析出,但浓度不能太高,因易形成 $MHSO_4$ 盐,使溶解度增大。沉淀碱土金属和 Pb^{2+}。$CaSO_4$ 溶解度大,加入乙醇可降低溶解度。

(3)卤化物沉淀 Ba^{2+},Pb^{2+},Mg^{2+},Sr^{2+},Ca^{2+} 的氟化物,Tl^+,Cu^{2+},Ag^+,Hg^{2+},Pb^{2+} 的氯化物及溴化物和碘化物沉淀,在消除干扰元素方面都有应用。用得最多的是氟化稀土和各种卤化银沉淀,它们能在较强的酸性介质中析出,与共存的其他元素分离。Ag^+,Ba^{2+},Cd^{2+},Ce^{3+},Cu^{2+},Hg^{2+},In^{3+},La^{3+},Pb^{2+},Sr^{2+},$Ta(Ⅴ)$,Th^{4+} 等的碘酸盐在高浓度的硝酸中也不溶,对消除干扰非常有利。

(4)硫化物沉淀 是一类重要分离体系,叫硫化氢系统。在[H^+]约为 0.3 mol·L^{-1}时,Ag^+,As^{3+},Au^{3+},Bi^{3+},Cd^{2+},Cu^{2+},Ge^{3+},Hg^{2+},Ir^{3+},Mo(Ⅵ),Pb^{2+},Pd^{2+},Pt^{2+},Sn^{2+},Ru^{3+},Rh^{3+},Sb^{3+},Se^{4+},Te^{4+},V(Ⅴ),W(Ⅵ)等生成硫化物沉淀。约 pH 2 时,除上述元素外,Ga^{3+},In^{3+},Tl^{3+},Zn^{2+}也形成硫化物沉淀。控制酸度,使溶液中[S^{2-}]不同,根据溶度积,在不同酸度下析出硫化物沉淀:As_2S_3,12 mol·L^{-1} HCl;HgS,7.5 mol·L^{-1} HCl;CuS,7.0 mol·L^{-1} HCl;CdS,0.7 mol·L^{-1} HCl;PbS,0.35 mol·L^{-1} HCl;ZnS,0.02 mol·L^{-1} HCl;FeS,0.0001 mol·L^{-1} HCl;MnS,0.00008 mol·L^{-1} HCl。

(5)磷酸盐沉淀 Ag^+,Ba^{2+},Bi^{3+},Ca^{2+},Ce^{2+},Co^{2+},Hg^{2+},Li^+,Mg^{2+},Mn^{2+},Mo(Ⅵ),Ni^{2+},Pb^{2+},Sr^{2+},W(Ⅵ),Zn^{2+},Zr(Ⅳ)等的磷酸盐溶解度小,弱碱性溶液中析出;稀酸中锆(Ⅳ)、铪(Ⅳ)、钍(Ⅳ),铋(Ⅲ)的磷酸盐不溶;弱酸中铁(Ⅲ)、铝(Ⅲ)、铀(Ⅳ)、铬(Ⅲ)等磷酸盐不溶。

2. 有机试剂-金属络合物沉淀

有机沉淀剂具有选择性高和沉淀吸附无机杂质少的优点。但有机沉淀剂水溶性差,给分离带来困难。有机沉淀剂分为有机络合物沉淀剂与离子缔合物沉淀剂。有机络合沉淀剂按软硬酸碱原则与金属离子反应,主要有 8-羟基喹啉、铜铁试剂、铜试剂、钽试剂、草酸、丁二酮肟、苦杏仁酸、α-安息香肟、草酸等。①草酸,沉淀 Ba^{2+},Ca^{2+},Sr^{2+},稀土(Ⅲ),Th^{4+}等,与草酸形成可溶性络合物的 Al^{3+},Fe^{3+},Nb(Ⅴ),Ta(Ⅴ),Zr(Ⅳ)等分离。②铜铁试剂(N-亚硝基苯基羟胺),易溶于水,强酸中沉淀 Ce^{3+},Cu^{2+},Fe^{3+},Nb(Ⅴ),TiO^{2+},Th^{4+},VO^{3-},Ta(Ⅴ),U^{4+},Zr(Ⅳ)$^{2+}$等,与 Al^{3+},Cr^{3+},Co^{2+},Mn^{2+},Mg^{2+},Ni^{2+},UO_2^{2+},Zn^{2+},P(Ⅴ)等分离;微酸中沉淀 Al^{3+},Be^{2+},Co^{2+},Mn^{2+},Ga^{3+},In^{3+},Th^{4+},Tl^{3+},Zn^{2+}等。③铜试剂(二乙基二硫代氨基甲酸钠,DDTC),沉淀 Cu^{2+},Cd^{2+},Ag^+,Co^{2+},Ni^{2+},Hg^{2+},Pb^{2+},Bi^{3+},Zn^{2+}等重金属离子,与稀土、碱土金属离子及铝离子等分开。在 pH=0~4,二苄基二硫代氨基甲酸盐和 Mo(Ⅵ)形成稳定的络合物沉淀,用于分离富集海水中的钼,高浓度的盐不影响测定。④丁二肟(丁二酮肟),在氨性或弱酸性(pH>5)溶液中,与 Ni^{2+} 形成红色的络合物沉淀,与其 Co^{2+},Cu^{2+},Fe^{3+},Zn^{2+}的水溶性络合物分离。⑤苦杏仁酸 在 pH=2.5~3.0 和 pH=1.5~4.5 的盐酸介质中分别沉淀 Zr(Ⅳ)和 Sc^{3+},与大多常见元素分离,但稀土有干扰。对溴苦杏仁酸-Th^{4+} 络合物在 pH 3.1 开始定量沉淀,Zr(Ⅳ)离子相应在 1.8 mol·L^{-1} HCl 中沉淀从而使 Zr(Ⅳ)与 Th^{4+} 分离。⑥四苯硼酸钠与 K^+ 反应生成难溶的缔合物沉淀,可用重量法测定钾。

13.2.3 痕量组分的共沉淀分离和富集

共沉淀分离法又叫载体沉淀法和共沉淀捕集法,是分离富集微量元素的有效方法。在常量分离分析中普通沉淀分离应尽量避免共沉淀,以免母液中待测组分损失。而共沉淀捕集法是于试液中加入适当沉淀剂,生成一种适当沉淀(载体沉淀),待测组分与之一起共同沉淀而被分离富集。CuS 沉淀时,Hg^{2+} 也一起沉淀出来,CuS 为共沉淀剂。可作为载体沉淀的有卤化物、硫化物、氢氧化物、磷酸盐、元素单体、有机化合物等。共沉淀分离法要求痕量组分回收率高,共沉淀剂不干扰被富集痕量组分的测定。

1. 进行共沉淀的无机共沉淀剂

(1) 难溶的氢氧化物 $Fe(OH)_3$ 和 $Al(OH)_3$ 等是最常见的载体沉淀。$Fe(OH)_3$ 沉淀颗粒细小,表面积大,吸附力强,可能由于其表面存在 OH^- 带负电吸附许多阳离子。在中性或微碱性介质中,是 Bi^{3+},Cr^{3+},Ga^{3+},Ge^{4+},In^{3+},Pb^{2+},Sn^{4+},$V(V)$,$Ti(Ⅳ)$ 等离子的良好捕集剂。$Al(OH)_3$ 可共沉淀微量 Fe^{3+},$Ti(Ⅳ)$,Ga^{3+},Ge^{4+},In^{3+} 等,效果良好;$Be(OH)_2$ 是富集 P 的好载体;$Bi(OH)_3$,$La(OH)_3$,$In(OH)_3$,$Ga(OH)_3$ 等也可作为一些元素的捕集剂。

(2) 难溶性的硫化物 利用表面吸附进行痕量组分的共沉淀富集,选择性不高。PbS、CdS 可以富集微量 Cu^{2+},HgS 共沉淀 Pb^{2+},CuS 至少将 $0.02\mu g \cdot L^{-1}$ 的 Hg^{2+} 满意回收。

(3) 硫酸盐和磷酸盐 硫酸钡和硫酸锶沉淀常用于分离富集 Pb^{2+},Ra^{2+},Th^{4+}。磷酸盐沉淀可以捕集 As^{3+},Be^{2+},Ca^{2+},Mg^{2+},F^-,UO_2^{2+},Th^{4+} 及锕系元素,如在 pH4.7 磷酸铝共沉淀水中的微量氟。磷酸铋共沉淀锕系元素镎、镁、镅和锔。

(4) 用亚磷酸钠还原生成的元素单体砷定量共沉淀 Se,Te。用 $SnCl_2$ 还原生成的单体 Hg 和 Te,可以共沉淀贵金属金、银、铂、钯等。

(5) 利用混晶进行共沉淀,选择性较好,如硫酸铅-硫酸钡,磷酸铵镁-砷酸铵镁混晶等。

2. 有机共沉淀剂

有机共沉淀的选择性较高,沉淀机理为形成离子缔合物或金属络合物及胶体凝聚三种。沉淀中的有机组分灼烧除去,使待测微量组分与载体分离。动物胶、辛可宁、丹宁本身易带正电荷,可以吸附酸性溶液中如 $W(Ⅵ)$,$Mo(Ⅵ)$,$Nb(V)$,$Ta(V)$,$Si(Ⅳ)$ 含氧酸带负电荷的胶体微粒,利用胶体的凝聚作用进行共沉淀。甲基紫、罗丹明 B、次甲基蓝和孔雀绿等阳离子染料,可以与 Au^{3+},Bi^{3+},Cd^{2+},Hg^{2+},In^{3+} 等金属的卤或硫氰酸络阴离子形成微溶性的离子缔合物被共沉淀,即离子缔合共沉淀,如甲基紫与 InI_4^- 缔合共沉淀。再一类是利用"固体萃取剂"进行共沉淀,如 $U(Ⅵ)$ 能与 1-亚硝基-2-萘酚形成微溶性的螯合物,量很少,不沉淀,向溶液中加入 1-萘酚的乙醇溶液,1-萘酚析出沉淀,并将 $U(Ⅵ)$ 与 1-亚硝基-2-萘酚的螯合物共沉淀下来。

13.3 液-液萃取分离法

1. 萃取分离原理与概念

液-液萃取又叫溶剂萃取。是利用与水不相混溶的有机溶剂与含有被分离组分的试液一起振荡,被分离组分进入有机相而与其他组分分离的方法。有时是固体中的被分离组分进入液体,这叫固-液萃取。液-液萃取常常是有机溶剂从水溶液中萃取被分离组分,有时反萃取,即用水溶液从有机相中萃取被分离组分。

根据相似溶解相似,带电荷的物质亲水,如各种无机离子,不易被有机溶剂萃取。呈电中性的物质具有疏水性,易为有机溶剂萃取。如丁二酮肟-镍(Ⅱ)络合物为 $CHCl_3$ 萃取。丁二酮肟是萃取剂,$CHCl_3$ 是萃取溶剂。原理如下:Ni^{2+} 在水中以水合离子 $Ni(H_2O)_6^{2+}$ 形式存在,是亲水的,要使其变为疏水性并溶于有机溶剂,就要中和它的电荷,并用疏水基团取代水分子。为此,在 pH 8~9 的氨性溶液中,加入丁二酮肟,取代水分子配位并中和 Ni^{2+} 的电荷,形成电中性的疏水性络合物,可溶于 $CHCl_3$ 被萃取。

2. 分配定律、分配系数、分配比和萃取率

(1)分配定律和分配系数 有机溶剂从水相中萃取溶质 A,若溶质 A 在两相中的存在形态相同,平衡时,在有机相的浓度为 $[A]_o$,水相的浓度为 $[A]_w$,两者之比为分配系数,用 K_d 表示,在给定的温度下,它是常数。

$$K_d = \frac{[A]_o}{[A]_w} \tag{13.1}$$

此式称为分配定律。它仅适于溶质浓度较低的溶液,浓度较高时,须用活度代替浓度。另外溶质在两相中存在形式相同,不发生离解、缔合反应。即分配定律一般适用于用 CCl_4 萃取像 I_2 这类物质的萃取体系,因 I_2 在两相中存在形式相同。

(2)分配比 在实际工作中,常遇到溶质(A)在两相中存在多种形式,此时分配定律不适用。溶质 A 在有机相中各种存在形式的总浓度 $c(A)_o$ 与溶质 A 在水相中各种存在形式的总浓度 $c(A)_w$ 比,称为分配比,用 D 表示:

$$D = \frac{c(A)_o}{c(A)_w} = \frac{[A_1]_o + [A_2]_o + \cdots + [A_n]_o}{[A_1]_w + [A_2]_w + \cdots + [A_n]_w}$$

当两相的体积相等时,若 D 大于 1,说明溶质进入有机相中的量比留在水相中的多。例如碘在四氯化碳和水两相间的分配,当溶质在两相中均以单一的相同形式存在,且溶液较稀,此时 $K_D = D$。在复杂体系中,K_D 和 D 不相等。例如:

$$D(I_2) = \frac{c(I_2)_o}{c(I_2)_w} = \frac{[I_2]_o}{[I_2]_w + [I_3^-]_w} \tag{13.2}$$

一般要求分配比 D 大于 10。分配比除与一些常数有关外,还与酸度、溶质浓度等有关。

3. 萃取率

萃取率用于表明物质被萃取到有机相中的完全程度,常用 E 表示,即

$$E = \frac{\text{被萃取物质在有机相中的总量}}{\text{被萃取物质的总量}} \times 100\% \tag{13.3}$$

$$E = \frac{c_o V_o}{c_o V_o + c_w V_w} \times 100\% \tag{13.4}$$

(13-4)式中分子和分母同除以 $c_w V_o$,得

$$E = \frac{(c_o/c_w)}{(c_o/c_w) + (V_w/V_o)} \times 100\%,$$

$$E = \frac{D}{D + (V_w/V_o)} \times 100\% \tag{13.5}$$

式中,c_o 和 c_w 分别为有机相和水相中溶质的浓度;V_o 和 V_w 分别为有机相和水相的体积,V_w/V_o 称相比。当 $V_w/V_o = 1$ 时有

$$E = \frac{D}{D+1} \times 100\% \tag{13.6}$$

从(13-6)式看出,若 $D=1$,一次萃取率为 50%,若 $D>10$,则一次萃取率 $E>90\%$,;若 $D>100$,则一次萃取率 $E>99\%$。说明在有机相和水相的体积相等时,萃取率取决于分配比 D,当分配比 D 不高时,一次萃取不能达到分离测定要求,需要采用多次或连续萃取的方法提高萃取率。

除了增大分配比,萃取率提高以外,通过增加有机相的体积也能提高萃取率,若 $V_o = 10 V_w$,即使 $D=1$,根据(13.5)式,E 达 99%,但不经济。

如果用 V_o(mL)溶剂萃取含有 m_o(g)溶质 A 的 V_w(mL)试液,一次萃取后,水相中剩余 m_1(g)的溶质 A,进入有机相的溶质 A 为 $(m_o - m_1)$(g),此时分配比为

$$D = \frac{c(A)_o}{c_1(A)_w} = \frac{(m_o - m_1)/V_o}{m_1/V_w} \tag{13.7}$$

$$m_1 = m_o [V_w/(DV_o + V_w)]$$

萃取两次后,水相中剩余物质 A 为 m_2(g)

$$m_2 = m_o [V_w/(DV_o + V_w)]^2$$

萃取 n 次后,水相中剩余物质 A 为 m_n(g)

$$m_n = m_o [V_w/(DV_o + V_w)]^n$$

例如,用乙醚萃取从一肉样品中除去脂,脂的 $D=2$,现有乙醚 90mL,有人介绍分三次每次 30mL 对分散在 30mL 水中的含有 0.1g 脂的 1.0g 肉制样品进行萃取,那么一次 90mL 和三次 30mL 分别萃取,哪一个好?

计算:

一次 90mL, $x = 0.1(30/[(2\times 90)+30])^1 = 0.014$g

分三次每次 30mL, $x = 0.1(30/[(2\times 30)+30])^3 = 0.0037$g

从上例看出,同量的萃取剂,分几次萃取的效率比一次萃取的效率高。但增加萃取次数,加大了工作量和工作时间。

4. 重要萃取体系、萃取平衡和萃取条件

重要萃取体系和萃取平衡

萃取剂多为有机弱酸(碱),中性形式难溶于水而溶于有机溶剂,一元弱酸(HL)在两相中平衡有:

$$HL_{(o)} \rightleftharpoons HL_{(w)}$$

$$D = \frac{[HL]_o}{[HL]_w + [L]_w} = \frac{[HL]_o}{[HL]_w(1 + K_a/[H^+])}$$

$$= \frac{K_D}{1 + K_a/[H^+]} = K_D \cdot x(HL) \tag{13.8}$$

从(13.8)式看出,pH = pK_a 时,$D = 1/2 \cdot K_D$;pH ≤ pK_a − 1 时,水相中萃取剂几乎全部以 HL 形式存在,$D \approx K_D$;在 pH > pK_a 时,D 变得很小。$x(HL)$ 为萃取剂在水相和有机相的分布情况及被计算的各种存在形式的摩尔分数。

对于某一金属离子的萃取,按照萃取剂及其萃取反应的类型,萃取体系分为螯合物萃取体系、离子缔合物萃取体系、溶剂化合物萃取体系和简单分子萃取体系。

(1) 螯合物萃取体系

螯合物萃取是金属离子萃取的主要方式,萃取剂是螯合剂,金属离子 M^{n+} 与螯合剂 HL 生成中性螯合物 ML_n,溶于有机溶剂被萃取。如 Ni^{2+} 与丁二酮肟、Hg^{2+} 与双硫腙及 Cu^{2+} 与铜试剂等属螯合物萃取体系。螯合物萃取平衡方程式为:

$$M_w + nHL_o = ML_{no} + nH_w^+$$

此反应的平衡常数称为萃取平衡常数 K_{ex}。

$$K_{ex} = \frac{[ML_n]_o \cdot [H^+]_w^n}{[M^{n+}]_w \cdot [HL]_o^n} = \frac{K_D(ML_n) \cdot \beta_n}{[K_D(HL) \cdot K_a(HL)]^n} \tag{13.9}$$

K_{ex} 决定于螯合物的分配系数 $K_D(ML_n)$ 和累积稳定常数 β_n 以及螯合剂的分配系数 $K_D(HL)$ 和它的离解常数(K_a)。

如果水溶液中仅是游离的金属离子,有机相中仅是螯合物的一种 ML_n 形态,(13.1)式改写为

$$D = \frac{[ML_n]_o}{[M^{n+}]_w} = K_{ex}\frac{[HL]_o^n}{[H^+]_w^n} \tag{13.10}$$

萃取时有机相中萃取剂的量远远大于水溶液中金属离子的量,进入水相和络合物消耗的萃取剂可以忽略不计。即是 $[HL]_o \approx c(HL)_o$,式(13.10)变成:

$$D = K_{ex} \frac{c(HL)_o}{[H^+]_w^n} \tag{13.11}$$

对(13.11)式取对数,即

$$\lg D = \lg K_{ex} + n\lg Kc(HL)_o + n pH \tag{13.12}$$

萃取过程实际涉及螯合剂在两相中的分配、离解和质子化,金属离子的水解及与其他络合剂的副反应等。所以条件萃取常数为

$$K'_{ex} = \frac{K_{ex}}{\alpha_M \cdot \alpha_{HL}^n} = \frac{[ML_n]_o [H^+]_w^n}{[M']_w (c(HL)_o)_n}$$

$$D = \frac{[ML_n]_o}{[M']_w} = \frac{K_{ex} \cdot (c(HL)_o)^n}{\alpha_M \cdot \alpha_{HL}^n [H^+]_w^n}$$

将上式写成对数形式

$$\lg D = \lg K_{ex} - \lg \alpha_M - n\lg \alpha_{HL} + n\lg K_c(HL)_o + n pH_w \tag{13.13}$$

式(13.13)说明金属离子的水溶液的 pH 是影响螯合物萃取的一个很重要因素。

金属离子的分配比决定于萃取平衡常数、萃取剂浓度和水溶液的酸度。

(2)离子缔合物萃取体系

阳离子和阴离子通过静电引力相结合而形成电中性的化合物称为离子缔合物。许多金属大络阳离子和金属络阴离子以及某些酸根离子能与阴离子或阳离子染料形成疏水性的离子缔合物,它具有疏水性,能被有机溶剂萃取。如 Cu^+ 与 2,9-二甲基-1,10-二氮杂菲的络阳离子和 Cl^- 形成离子缔合物及 $AuCl_4^-$ 络阴离子与罗丹明 B 阳离子染料的离子缔合物,可为有机溶剂氯仿、甲苯或苯等萃取。季铵盐与阴离子或金属络阴离子也形成缔合物

另外,溶剂的 䥽 盐正离子与被萃取金属的络阴离子也形成离子缔合物被萃取。在 HCl 溶液中乙醚萃取 $FeCl_4^-$,乙醚与 H^+ 形成䥽离子 $[(CH_3CH_2)_2OH]^+$,它与 $FeCl_4^-$ 形成缔合物 $[(CH_3CH_2)_2OH]^+ \cdot [FeCl_4^-]$ 溶于乙醚,在这里乙醚既是萃取剂又是萃取溶剂。具有这种性质的溶剂还有甲基异丁基酮、乙酸乙酯等,这些含氧有机溶剂化合物形成 䥽 盐的能力大小为

$$R_2O > ROH > RCOOH > RCOOR' > RCOR' > RCHO$$

这类离子缔合物萃取类型萃取容量大,选择性差,多用于分离除去大量基体元素,除在盐酸中进行外,还可在 HBr、HI 等介质中进行。

(3)溶剂化合物萃取体系

某些中性有机溶剂分子通过其配位原子与金属离子键合,形成的溶剂化合物可溶于该有机溶剂中。以这种形式进行萃取的体系称为溶剂化合物萃取体系。上面讲的离子缔合物体系中的䥽盐体系也属于溶剂化合物萃取体系。

中性磷类萃取剂如磷酸三丁酯(TPB)、三正辛基膦氧(TOPO)等,通过氧原子上的孤对电子与金属离子形成配位键成为溶剂化合物被萃取。例如,从盐酸介质中磷

酸三丁酯萃取 Fe^{3+}，是以 $FeCl_3·3TBP$ 形式被萃取。杂多酸的萃取体系一般也属于溶剂化合物萃取体系。

(4) 共价化合物萃取体系

也叫简单分子萃取体系，如 I_2，Cl_2，Br_2，$GeCl_4$，AsI_3，SnI_4，OsO_4 等稳定的共价化合物，不带电荷，在水溶液中以分子形式存在，可为 CCl_4，$CHCl_3$ 和苯等惰性有机溶剂萃取。

5. 萃取条件的选择

从式(13.10)可见，金属离子的分配比决定于 K_{ex}，萃取剂浓度及溶液的酸度。在实际工作中，选择萃取条件时，主要考虑以下几点：

(1) 萃取剂的选择

螯合剂与金属离子生成的螯合物越稳定，萃取率就越高；螯合剂含疏水基团越多、亲水基团越少，萃取率就越高。为了提高萃取效率，有时采用协同萃取剂。

(2) 溶液的酸度

酸度影响萃取剂的离解、络合物的稳定性和金属离子的水解，所以萃取酸度的选择很重要。溶液的酸度越低，则 D 值越大，越有利于萃取。但是，若溶液的酸度太低时，金属离子会发生水解，或引起干扰，对萃取反而不利。因此必须正确控制萃取时的酸度。往往要做不同金属离子的萃取酸度曲线，图 13-1 是用双硫腙萃取几种金属离子的萃取酸度曲线。可以看出，用双硫腙-CCl_4 萃取几种金属离子时，在一定的 pH 条件下，才能萃取完全。例如萃取 Zn^{2+} 时，适宜的 pH 为 6.5～10.0，溶液的 pH 太低，难于生成螯合物；pH 太高，则形成 ZnO_2^{2-}，都会降低萃取率。

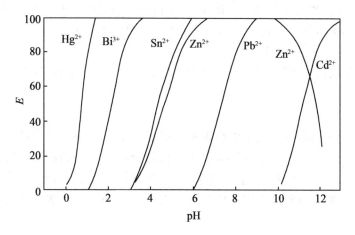

图 13-1 双硫腙-CCl_4 萃取几种金属离子的萃取酸度曲线

(3) 萃取溶剂的选择

金属络合物在溶剂中应有较大的溶解度,通常根据络合物结构,尽量选择与络合物结构相似的溶剂。含有烷基的络合物,一般使用卤代烷烃(如 CCl_4,$CHCl_3$ 等)作萃取溶剂,如二乙基二硫代氨基甲酸钠(DDC)-Cu^{2+} 络合物用氯仿萃取。含芳香基团的络合物可用芳香烃溶剂萃取,如罗丹明 B 与 $AuCl_4^-$ 的缔合物用甲苯萃取。螯合物萃取体系一般采用惰性溶剂。

萃取溶剂的密度与水溶液的密度差别要大,且黏度要小,易分层。要求溶剂不易挥发,毒性小,最好无毒。

(4) 干扰离子的消除

一是控制适当酸度,选择性地萃取一种离子,或连续萃取几种离子,使其与干扰离子分离。例如在含有 Hg^{2+},Bi^{3+},Pb^{2+},Cd^{2+} 的溶液中,用双硫腙-CCl_4 萃取 Hg^{2+},控制 pH 等于 1,Bi^{3+},Pb^{2+},Cd^{2+} 不被萃取。

二是使用掩蔽剂,如双硫腙-CCl_4 萃取 Ag^+ 时,控制 pH 等于 2,加入 EDTA 可以掩蔽许多金属离子,除 Hg^{2+},Au^{3+} 外,许多金属离子都不被萃取。

温度、离子强度、震荡时间等因素也影响萃取效率,有时也要作为萃取条件考虑。

6. 萃取分离技术及其在分析化学中的应用

(1) 萃取方法

在实验室进行萃取分离主要有以下三种方式。

①单级萃取:又称间歇萃取法。通常用 60~125mL 的梨形漏斗进行萃取,一般在几分钟内可达到萃取平衡。萃取过程有:振荡,分层,洗涤。有时采用反萃取进行分离富集。分析化学中多采用此种萃取方式。

②连续萃取:使溶剂得到循环使用,用于待分离组分的分配比不高的情况。这种萃取方式常用于植物中有效成分的提取及中药成分的提取分离研究。一般在索氏萃取器(Soxhlet extractor)中进行。

③多级萃取:又称错流萃取。将水相固定,多次用新鲜的有机相进行萃取,能提高分离效果。

(2) 应用

液-液溶剂萃取在分析化学中有重要的用途,可以将待测组分分离、富集,消除干扰,提高分析方法的灵敏度。把萃取技术与仪器分析方法(如吸光光度法,原子吸收光谱法和原子发射光谱法等)结合起来,可以促进微量和痕量分析方法的发展。概括起来液-液萃取在分析化学中的应用分萃取分离、萃取富集、萃取比色或萃取光度分析法。

例如用 1-苯基-3-甲基-4-苯甲酰基吡唑酮(PMBP)萃取分离矿石中的稀土元素。试样在适当条件下熔融并冷却后,用三乙醇胺-水溶液浸取,过滤、洗涤沉淀,用盐酸(1:1)溶解沉淀,定容。分取一定量试液,调节 pH 为 5.5,用适量的 PMBP - 苯萃取分离稀土元素,再反萃取,用偶氮胂Ⅲ显色,吸光光度法测定。

双硫腙法测定工业废水中的有害元素 Hg 时,控制萃取时的硫酸酸度为 $0.5\ mol\cdot L^{-1}$,再用含有 EDTA 的碱性溶液洗涤萃取液,1mg 的铜、0.02mg 的银、0.01mg 的金和 0.005mg 的铂对测定不干扰。

13.4 离子交换分离法

离子交换分离法是利用离子交换剂与溶液中的离子之间发生的交换反应进行分离的方法。这种方法分离效果好,不仅可以分离带相反电荷的离子,而且可以分离带有相同电荷的离子。广泛应用于微量组分的富集和高纯物质的制备等。这种方法的缺点是周期长,操作麻烦。分析化学中只用它解决某些难分离的问题。

13.4.1 离子交换剂的种类和性质

1. 离子交换剂的种类

离子交换剂的种类很多,主要划分为无机离子交换剂和有机离子交换剂两大类。在分析化学中用得最多的是有机离子交换剂,又称离子交换树脂。它是一种高分子聚合物(见图13-2),具有网状结构,在水、酸、碱中难溶,对有机溶剂、氧化剂、还原剂和其他化学试剂具有一定的稳定性,对热也较稳定。在离子交换树脂网状结构的骨架上连接有许多可以与溶液中的离子起交换作用的活性基团,如—SO_3H,—COOH,$N(CH_3)_3Cl$ 等。

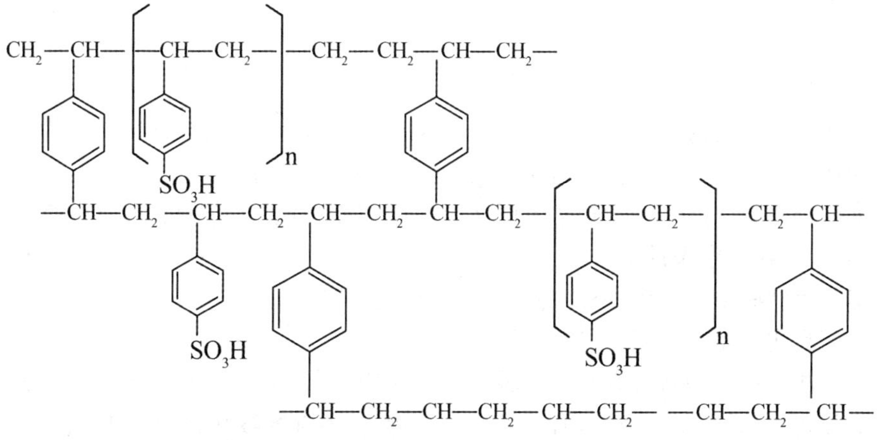

图 13-2 聚苯乙烯型磺酸基阳离子交换树脂

根据树脂中可交换离子基团或活性基团的不同,主要有四类离子交换树脂,其他可称为特殊树脂。

(1) 离子交换树脂

$$\text{离子交换树脂}\begin{cases}\text{阳离子交换树脂}\begin{cases}\text{强酸性阳离子交换树脂}\\\text{弱酸性阳离子交换树脂}\end{cases}\\\text{阴离子交换树脂}\begin{cases}\text{弱碱性阴离子交换树脂}\\\text{弱减性阴离子交换树脂}\end{cases}\end{cases}$$

①阳离子交换树脂。这类树脂的离子交换基团呈酸性,它的阳离子可被溶液中的阳离子所交换。根据交换基团酸性的强弱分为强酸型和弱酸型离子交换树脂。含有磺酸基团($-SO_3H$)的为强酸型阳离子交换树脂,例如国产#731、#732 树脂,美国的 Dowe×50 和 Amberlite IR-120,英国的 Zerolit225 等。强酸型阳离子交换树脂,在酸性、中性、碱性溶液中均能使用,应用较广。

弱酸型阳离子交换树脂含有羧基($-COOH$)或酚羟基($-OH$),例如国产#724 树脂(R—COOH 型)。弱酸型交换树脂对 H^+ 的亲和力大,在酸性溶液中不宜使用。对于 R—COOH 和 R—OH 树脂,要求溶液的 pH 值不能小于 4 和 9.5。这类树脂容易用酸洗脱,选择性高,常用于分离不同强度的有机碱。

②阴离子交换树脂。这类树脂的离子交换基团呈碱性,它的阴离子可被溶液中的阴离子所交换。根据交换基团碱型的强弱分为强碱型和弱碱型两类。强碱型阴离子交换树脂含有活性基团季胺盐,$R_4N^+Cl^-$(R=甲基,乙基),例如国产#717),R—$(CH_3)_3^+Cl^-$,美国的 Dowe×1×2,英国的 ZerlotFF 等。强碱型树脂应用较广,在酸性、中性、碱性溶液中均能使用。

弱碱型阴离子交换树脂含有伯胺($-NH_2$)、仲胺($-NHR$)和叔胺($-NR_2$)基团,例如国产#701 树脂,R—NH_2。这类树脂对 OH^- 的亲和力大,在碱性溶液中不易使用。

(2) 特种树脂

上述离子交换树脂对一般元素离子分离有一定效果,但选择性较差。为了提高分离的选择性一些特种树脂应运而生,有螯合树脂、大孔树脂等。

①螯合树脂。这类树脂骨架上可结合不同的螯合基团,它们选择性地络合某些金属离子,再在一定条件下洗脱,如$-N(CH_2COOH)_2$、$-SH$、$-AsO_3H_2$ 等,高选择性地富集分离这些离子。含$-SH$ 的螯合树脂有效地富集分离 Au、Pt、Pd 等贵金属。目前已有商品化的螯合树脂,例如含$-N(CH_2COOH)_2$ 基团的国产#401 螯合树脂。利用这种方法还可以制备含有某一金属离子的树脂,用于分离某些含官能团有机化合物。例如含汞的树脂可分离含有巯基的化合物,如半胱氨酸和谷胱甘肽等。

②大孔树脂。通过一定的化学反应合成。其比一般的树脂具有更多更大的孔,表面积大,离子容易穿行扩散,富集分离快速,耐氧化、耐冷热变化、耐磨,具有较高稳定性。

合成的大孔树脂在不需溶胀的情况下进行功能基反应而成为阳、阴离子交换树脂,例如国产 D202 钠型大孔阳离子交换树脂和 D301 氯型大孔阴离子交换树脂。不经功能基反应合成的大孔树脂,不带离子交换基团,为大孔吸附树脂。按其极性可分为非极性、中性和极性三种。它对许多有机物具有吸附作用,因而常用于有机化合物的分离。

③纤维素交换剂。对天然纤维素上的—OH 进行酯化、羧基化及磷酸化等化学改性或修饰,获得阳离子交换剂;进行胺化获得阴离子交换剂。纤维素交换剂是开链化合物,表面积大、孔隙宽松、交换速度快、容易洗脱、分离能力强,主要用于提纯分离蛋白质、酶、肽、氨基酸和激素等;也用于无机离子的分离富集,例如膦酸纤维素色谱分离汞、镉、锌和铅。

2. 离子交换树脂的结构与性质

离子交换树脂是高聚物,由碳链和苯环构成骨架并连接成网状结构,这个结构具有可伸缩性,起离子交换作用的活性基团磺酸(—SO_3H)处于网孔中(图 13-2)。—SO_3H 中的 H^+ 与溶液中的阳离子进行交换:$R—SO_3H + Na^+ = R—SO_3Na + H^+$。

(1)交联度 离子交换树脂中二乙烯苯为交联剂,树脂中含有二乙烯苯的百分率就是该树脂的交联度。它直接影响树脂和溶液之间可能发生等物质的量的离子交换。交联度小,溶胀性能好,交换速度快,选择性差,机械强度也差;交联度大的树脂优缺点正好相反。交联度一般 4% ~ 14% 为宜。

(2)交换容量 指每克干树脂所能交换的物质的量(mmol),决定于树脂网状结构内所含活性基团的数目。用实验方法可测定树脂的交换容量,离子交换树脂的交换容量一般为 $3 \sim 6 \text{mmol} \cdot \text{g}^{-1}$。

13.4.2 离子交换树脂的亲和力

离子交换树脂的活性基团进行离子交换过程如下:

$$R—SO_3H + Na^+ \Longrightarrow R—SO_3Na + H^+$$
$$R—N(CH_3)_3Cl + OH^- \Longrightarrow R—N(CH_3)_3OH + Cl^-$$

这一过程的快慢和难易程度反映了离子交换树脂对离子的亲和力,即离子在离子交换树脂上的交换能力。这种亲和力与被交换离子的水合离子半径、电荷及离子的极化程度有关。水合离子半径越小,电荷越高,离子极化程度越大,其亲和力也越大。例如 Li^+,Na^+,K^+ 水合离子的电荷数相同,半径依次减小,所以树脂对它们的亲和力依次增强。实验表明,在常温下,较稀溶液中,几种离子交换树脂对某些离子的亲和力大小顺序如下

1. 阳离子交换树脂

对于强酸性阳离子交换树脂:

不同价态的离子,电荷越高,亲和力越大。
$$Na^+ < Ca^{2+} < Al^{3+} < Th^{4+}$$
当离子价态相同时,亲和力随着水合离子半径减小而增大。
$$Li^+ < H^+ < Na^+ < NH_4^+ < K^+ < Rb^+ < Cs^+ < Ag^+ < Tl^+$$
二价离子的亲和力顺序
$$UO_2^{2+} < Mg^{2+} < Zn^{2+} < Co^{2+} < Cu^{2+} < Cd^{2+} < Ni^{2+} < Ca^{2+} < Sr^{2+} < Pb^{2+} < Ba^{2+}$$

稀土元素的亲和力随原子序数增大而减小,这是由于"镧系收缩"所致。稀土金属离子的离子半径随其原子序数的增大而减小,但水合离子的半径却增大,故有:
$$La^{3+} > Ce^{3+} > Pr^{3+} > Nd^{3+} > Sm^{3+} > Eu^{3+} > Gd^{3+} > Tb^{3+} > Dy^{3+} > Y^{3+} > Ho^{3+} > Er^{3+} > Tm^{3+} > Yb^{3+} > Lu^{3+} > Sc^{3+}$$

对于弱酸性阳离子交换树脂,H^+的亲和力大于其他阳离子,而其他阳离子的亲和力顺序与强酸性阳离子交换树脂相似。

2. 阴离子交换树脂

对于强碱型阴离子交换树脂,常见阴离子的亲和力大小顺序为
$$F^- < OH^- < CH_3COO^- < HCOO^- < Cl^- < NO_2^- < CN^- < Br^- < C_2O_4^{2-} < NO_3^- < HSO_4^- < I^- < CrO_4^{2-} < SO_4^{2-} < 柠檬酸根$$

对于弱碱型阴离子交换树脂,常见阴离子的亲和力大小顺序为
$$F^- < Cl^- < Br < I^- < CH_3COO^- < MoO_4^{2-} < PO_4^{3-} < AsO_4^{3-} < NO_3^- < 酒石酸根 < CrO_4^{2-} < SO_4^{2-} < OH^-$$

上面所述仅是一般情况。在温度较高、离子浓度较大及有络合剂存在下,在水溶液或非水介质中,离子的亲和力顺序会发生改变。另外,不同牌号的树脂,对同一组离子的亲和力顺序有时也略有不同。

13.4.3 离子交换分离操作与应用

1. 操作

(1) 装柱

离子交换树脂装柱前,要用 HCl 溶液浸泡,除去杂质,然后用水洗至中性。此时若是阳离子交换树脂,已经成为 H^+ 式;若是阴离子交换树脂,已成为 Cl^- 式。还可以用类似的方法处理成所需的形式,如 Na^+ 式或 OH^-。取一支类似滴定管大小粗细的交换柱,一般用浸湿的玻璃棉塞住交换柱下端或采用带砂芯的管子,防止树脂流出。将处理好的树脂加入到交换柱中,保持树脂处在液面下,最好在树脂上层放一层玻璃棉,以防止加入试样溶液骚动树脂。装好的树脂柱中不能夹有气泡。

(2) 交换过程

将欲分离的试液缓慢注入交换柱内,并以一定的流速流经柱子进行交换,此时,

上层树脂被交换,下层树脂未被交换,中层树脂则部分被交换,称为"交界层"。试液流经柱子时,交换了的树脂层越来越厚,而交界层逐渐下移,直到交界层达到柱底部为止(见图 13-3)。如将试液继续加入交换柱中,则流出液中开始出现未被交换的离子,此时交换过程达到了"始漏点",被交换到柱上的离子的量(mmol)称为该交换柱在此条件下的"始漏量"。超过始漏量,该种离子将从交换柱中流出。交换柱上树脂的克数乘以树脂的交换容量,为此交换柱的总交换容量。由于达到始漏点时,交换柱上还有交界层,即柱上还有未交换的树脂,因此总交换容量总大于始漏量。

选择工作条件时,总是希望树脂的利用率高,即希望树脂的始漏量大。一般地说,树脂的颗粒小、溶液流经交换柱的速度慢、温度高,则始漏量大。同量的树脂,装在细长的交换柱比装在粗短的交换柱的始漏量大。但是,如果树脂的粒度太细,则流速太慢,影响分析速度。若试液中有几种离子同时存在,则亲和力大的离子先被交换到柱上,亲和力小的离子后被交换,因此混合离子通过交换柱后,每种离子依据亲和力大小的顺序分别集中在柱的某一区域内。

交换过程完成后,用洗涤液(一般为水)将树脂上层的残留的试液以及交换出来的离子洗去。

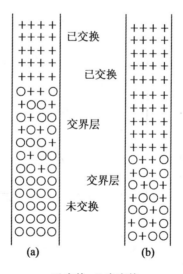

+ 已交换,○ 未交换

图 13-3 交换过程

(3)洗脱过程

洗脱(淋洗)用洗脱剂(或淋洗剂)将交换到树脂上的离子置换下来的过程,是交换过程的逆过程。例如某阳离子被交换到柱子上后,可用盐酸淋洗,由于溶液中 H^+ 浓度大,最上层的该阳离子被 H^+ 置换下来,流向柱子下层又与未交换的树脂进行交换,如此反复,使交换层向下推移。在洗脱过程中,开始的流出液中没有被交换上去的阳离子,随着盐酸的不断加入,流出液中该种离子的浓度逐渐增大。当大部分阳离子流出后,其浓度将逐渐减少至检查不到该离子。以流出液中该离子浓度为纵坐标,洗脱液体体积为横坐标作图,可得到如图13-4所示的洗脱曲线(淋洗曲线)。根据洗脱曲线,截取$V_1 \sim V_2$这一段的流出液,从中测定该种离子的含量。如果有几种离子同时交换在柱上,洗脱过程就是分离过程。亲和力大的离子向下移动的速度慢,亲和力小的离子向下移动的速度快。因此可以将它们逐个洗脱下来。用这种方法可以分离性质相似的元素,如Li^+,Na^+,K^+的分离。将含有Li^+,Na^+,K^+的混合溶液通过强酸型阳离子交换树脂柱,三种离子都被树脂吸附。然后用$0.1\ mol \cdot L^{-1}$的HCl淋洗,三种离子都被洗脱。根据树脂对这三种离子亲和力的不同,Li^+先被洗脱,然后是Na^+,最后是K^+,淋洗曲线见图13-4。将洗脱下来的Li^+,Na^+,K^+分别用容器收集后进行测定。

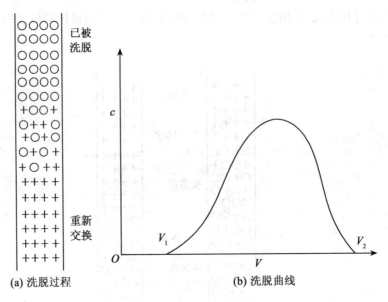

图13-4 洗脱过程和洗脱曲线

(4)树脂再生

将树脂恢复到交换前的形式,这个过程称为树脂再生。有时洗脱过程就是再生过程。一般阳离子交换树脂可用$3mol \cdot L^{-1}$盐酸处理,将其转化为H^+型;阴离子交换树脂可用$1\ mol \cdot L^{-1}$氢氧化钠处理,将其转化成OH^-型备用。

13.4.4 离子交换分离法的应用

1. 水的净化

将强酸型阳离子交换树脂处理成 H^+ 型,强碱型阴离子交换树脂处理成 OH^- 型,将待净化的水依次通过两柱,即可得到所谓"去离子水",这是将阳、阴离子交换树脂柱串联起来使用,称为复柱法。若要求水的纯度更高,可再串联一个混合柱(阳、阴离子交换树脂按交换容量 1∶1 混合装柱),它相当于将阳、阴离子交换树脂柱多级串联起来使用,称为混合柱法。复柱法的缺点是柱上交换产物会发生逆反应,得到的水的纯度不高;混合柱法消除了逆反应,但树脂再生复杂。如以 $CaCl_2$ 代表水中的杂质,则水的净化过程可简单地用下式表示:

$$R(-SO_3H)_2 + CaCl_2 \Longrightarrow R(-SO_3)_2Ca + 2HCl$$
$$R_4NOH + HCl \Longrightarrow R_4NCl + H_2O$$

2. 微量组分的富集分离

离子交换树脂是富集微量组分的有效方法。例如,矿石中痕量铂、钯的测定,可将矿石溶解后加入较浓的 HCl,使 $Pt(Ⅳ)$,$Pd(Ⅱ)$ 转化为 $PtCl_6^{2-}$ 或 $PdCl_4^{2-}$ 阴离子,再将试液通过装有 Cl^- 强碱性阴离子交换树脂的微型交换柱,使 $PtCl_6^{2-}$ 或 $PdCl_4^{2-}$ 吸着于交换树脂上。取出树脂,高温灰化。再用王水浸取残渣,定容,用分光光度法测定 $Pt(Ⅳ)$,$Pd(Ⅱ)$。

3. 阴阳混合离子的分离

用离子交换法分离阴阳离子相当简单。这种方法常用于分离某些干扰元素。例如,用重量法测定硫酸根,当有大量 Fe^{3+} 存在时,由于产生严重的共沉淀现象,而影响测定。如将试液的稀酸溶液通过阳离子交换树脂,则 Fe^{3+} 被树脂吸附,HSO_4^- 进入流出液,从而消除 Fe^{3+} 的干扰。在钢铁分析中,多采用活性氧化铝从酸性溶液中选择性地交换吸附 HSO_4^-,使其与大量合金元素相分离,然后用重量法测定。

13.5 经典色谱分离法

色谱分离法,简称色谱法,也称色层法和层析法。色谱法基于被分离物质分子在两相(固定相和流动相)中分配系数的微小差别进行分离。当两相作相对移动时,被测物质在两相之间进行反复多次分配,使原来微小的分配差异进一步扩大,使各组分分离。这一分离方法分离效率高,能将各种性质极相似的物质彼此分离。色谱分离法分类见图 13-5。本节仅介绍经典色谱分离方法:薄层色谱和纸色谱。

薄层色谱和纸色谱,因为固定相或载体的形状为平面,也称平面色谱。薄层色谱是以铺在平面支撑物体(如玻璃片)上的吸附剂薄层为固定相的一种液相色谱法;纸色谱的载体多为滤纸,固定相是滤纸上吸着的水分,两者均为液相色谱法。纸色谱应用日趋少见,主要介绍薄层色谱。

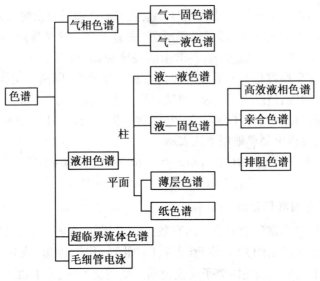

图 13-5　色谱分类

13.5.1　方法原理

薄层色谱固定相为吸附剂(例如硅胶、活性氧化铝、纤维素等),一般将其均匀地涂在规则的玻璃片上制成薄层板。先把试液点在薄层的一端离边缘一定距离处,晾干,然后把点有试液的薄层板浸入到作为展开剂的流动相中(不要把试样点浸入),流动相装在加盖的层析缸中,并具有一定饱和的流动相蒸气压。由于固定相吸附剂的毛细管作用,流动相沿着固定相薄层上升,遇到试样点,试样溶于流动相并在流动相和固定相之间进行吸附-解吸-再吸附-再解吸的多次分配过程,易被吸附的物质移动慢些,较难吸附的物质移动快些,由于试样中各组分对吸附剂的亲和力强弱不同而得以分离(见图 13-6)。

13.5.2　比移值

在平面色谱中,通常用比移值(R_f)衡量各组分的分离情况。根据图 13-7 得到

$$R_f = \frac{a}{b}$$

式中,a 为斑点中心到原点的距离,cm;b 为溶剂前沿到原点的距离,cm。R_f 值最大等于 1,表明该组分随溶剂前沿一起移动,即是分配比 D 非常大。R_f 最小等于 0,表明

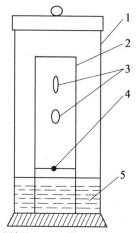
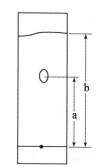

1—层析缸　2—薄层板　3—斑点
4—原点　5—展开剂(流动相)

图 13-6　薄层色谱分离

图 13-7　比移值的计算

该组分留在原点不动,即是分配比 D 很小。两组分的 R_f 值差别越大,分离效果越好。

13.5.3　固定相

薄层色谱的固定相除吸附剂硅胶、活性氧化铝、纤维素及聚酰胺外,还有在惰性薄层上涂的固定液,进行吸附分配分离。要求固定相有一定的比表面积、机械强度和稳定性,在流动相中不溶解,具有可逆吸附能力。最常用的吸附固定相是硅胶和活性氧化铝,涂敷在玻璃片上。氧化铝分为碱性、中性和酸性三种,相应用于分离碱性、中性和酸性物质。薄层用氧化铝粒度一般为 200 目左右,氧化铝含水量大,表明活性低。硅胶分硅胶 G 和硅胶 H,前者含有黏合剂石膏,含黏合剂的硅胶薄层活化程度与它们的吸附能力成正比。对一些化合物的吸附能力大小顺序为

饱和烃 < 不饱和烃 < 醚 < 酯 < 醛 < 酮 < 胺 < 羟基化合物 < 酸和碱

13.5.4　流动相

反相色谱则多采用无机酸水溶液,正相薄层色谱中,流动相多为含有少许酸或碱的有机溶剂。薄层色谱的展开剂种类很多,主要根据样品的性质及分离机制选择。对于吸附性薄层色谱,主要考虑流动相极性,极性大小与洗脱能力成正比,一些主要纯溶剂的极性大小顺序为

石油醚 < 环己烷 < 四氯化碳 < 苯 < 甲苯 < 二氯甲烷 < 氯仿 < 乙醚 < 乙酸乙酯 < 丙酮 < 正丙醇 < 乙醇 < 甲醇 < 吡啶 < 酸

流动相可用单一溶剂,也可用混合溶剂,以调整流动相的极性。一般来讲,对于

极性物质,选择吸附性小的吸附剂和极性大的流动相;对非极性物质,选择吸附活性大的吸附剂和极性小或非极性的流动相。

13.5.5 定量测定方法和应用

按前面介绍的选择固定相和流动相、点样、展开、分离等步骤进行。取出薄层板,用铅笔标出溶剂前沿,若被分离组分无色,则进行显色,并画出分离组分的有色斑点,一般通过测定斑点面积大小和比较颜色强弱,并与标准物质比较进行半定量分析。另外,将有色斑点刮下,用适当溶剂将其溶解,过滤,定容,再用适当分析方法测定其含量。还可用薄层扫描光度计或荧光光度计直接测定斑点的吸光度和荧光强度,来确定待测物质含量。

薄层色谱分离应用广泛,操作方便,适于无机和有机化合物的分离检测,特别是对于有机物组分的分析和检测。如分离检测水果、蔬菜中的有机氯农药,固定相:硅胶 G 或氧化铝,按常规方法铺成厚度为 0.2mm 的薄层;流动相(展开剂):正己烷、石油醚、甲基环己-乙酸乙酯(95:5,V/V)或石油醚-氯仿(9:1,V/V)。样品提取液用丙酮-石油醚混合溶剂,将适量样品捣碎于溶剂中,超声振荡,过滤,定容。将样品液与标准在薄层板上点样,单向二次展开,第一次用正己烷或石油醚作展开剂,展开剂达到前沿时,取出薄层板,空气中晾干,再用甲基环基烷-乙酸乙酯(95:5)或石油醚-氯仿(9:1)作展开剂第二次展开,溶剂前沿达到前沿线,取出,晾干,用硝酸银法显色,用双波长薄层扫描仪测定,采用外标法进行定量。

有机磷农药同样用薄层色谱法测定,常用氧化铝、硅胶 G、纤维素或聚酰胺等作为固定相,甲基环基烷为展开剂。用 2% 的四溴酚酞乙酯丙酮溶液及 0.5% 的硝酸银丙酮-水溶液和 5% 的柠檬酸丙酮-水溶液显色,紫外光检测。

利用薄层色谱也可以检测无机离子,如测定土壤样品中的 Pb^{2+},Cu^{2+},Zn^{2+},Cd^{2+},Co^{2+},Zn^{2+} 等。固定相硅胶 H,展开剂乙醇-乙酸铵-氨水-水(3:3:1:6),用 0.04% 的二苯硫腙显色。

思考题和习题

1. 某矿样溶液含有 Fe^{3+},Al^{3+},Ca^{2+},Mg^{2+},Mn^{2+},Cr^{3+},Cu^{2+} 和 Zn^{2+} 等离子,加入 NH_4Cl 和氨水后,哪些离子以什么形式存在于沉淀中?哪些离子以什么形式存在于溶液中?分离是否完全?

2. 如将上述矿样用 Na_2O_2 熔融,以水浸取,其分离情况又如何?

3. 某试样含 Fe、Al、Ca、Mg、Ti 元素,经碱熔融后,用水浸取,盐酸酸化,加氨水中和至出现红棕色沉淀(pH 约为 3 左右),再加入六亚甲基四胺,加热过滤,获得沉淀和滤液。试问:为什么溶液中刚出现红棕色沉淀时,表示 pH 为 3 左右?

a. 过滤后得到的沉淀是什么?滤液又是什么?

b. 试样中若含 Zn^{2+} 和 Mn^{2+},它们是在沉淀中还是在滤液中?

4. 采用无机沉淀剂,怎样从铜合金的试液中分离出微量 Fe^{3+}?

5. 共沉淀富集痕量组分时,对共沉淀剂有什么要求?有机共沉淀剂较无机共沉淀剂有何优点?

6. 用硫酸钡重量法测定硫酸根时,大量 Fe^{3+} 会产生共沉淀。试问当分析硫铁矿(FeS)中的硫时,如果用硫酸钡重量法进行测定,用什么方法可以消除 Fe^{3+} 的干扰?

7. 何谓分配系数、分配比?萃取率与哪些因素有关?采用什么措施可提高萃取率?

8. 离子交换树脂分几类,各有什么特点?什么是离子交换树脂的交联度、交换容量?

9. 几种色谱分离方法(纸上色谱、薄层色谱及反相分配色谱)的固定相和分离机理有何不同?

10. 以 Nb 和 Ta 纸上色层分离为例说明展开剂对各组分的选择。

11. 如何进行薄层色谱和纸色谱的定量测定?

12. 向 $0.02\text{mol} \cdot L^{-1}$ Fe^{3+} 溶液中加入 NaOH,要使沉淀达到 99.99% 以上,溶液 pH 至少是多少?若溶液中除剩余 Fe^{3+} 外,尚有少量 $FeOH^+$ ($\beta = 1 \times 10^4$),溶液的 pH 又至少是多少?已知 $K_{sp} = 8 \times 10^{-10}$。

13. 用纯的某二元有机酸 H_2A 制备成纯钡盐,称取 0.3460g 盐样,溶于 100.0mL 水中,将溶液通过强酸性阳离子交换树脂,并水洗,流出液以 $0.09960\text{mol} \cdot L^{-1}$ NaOH 溶液 20.20mL 滴定至终点,求有机酸的摩尔质量。

14. 用氯仿萃取 100mL 水溶液中的 OsO_4,分配比 D 为 10. 欲使萃取率达到 99.5%。每次用 10mL 氯仿萃取,需萃取几次?

15. 用己烷萃取稻草样品中的残留农药,并浓缩到 5.0mL,加入 5mL 的 90% 的二甲基亚砜,发现 83% 的农药残留量在己烷相,它在两相中的分配比是多少?

16. 用乙酸乙酯萃取鸡蛋面条中的胆固醇,样品是 10g,面条中胆固醇含 2.0%,如果分配比 D 是 3,水相 20mL,用 50mL 乙酸乙酯萃取,需要萃取多少次可以除去鸡蛋面条中 95% 的胆固醇?

17. 将 100mL 水样通过强酸性阳离子交换树脂,流出液用 $0.1042\text{ mol} \cdot L^{-1}$ 的 NaOH 滴定,用去 41.25mL,若水样中总金属离子含量以钙离子含量表示,求水样中含钙的质量浓度($\text{mol} \cdot L^{-1}$)?

18. 设一含有 A,B 两组分的混合溶液,已知 $R_f(A) = 0.40$, $R_f(B) = 0.60$,如果色谱用的薄层板长度为 20cm,则 A,B 组分色谱分离后的斑点中心相距最大距离为多少?

19. 含有纯 NaCl 和 KBr 混合物 0.2567g,溶解后使之通过 H-型离子交换树脂,需要用 $0.1023\text{ mol} \cdot L^{-1}$ NaOH 溶液 34.56mL 滴定流出液至终点,问混合物中各种盐的质量分数是多少?

20. 某矿样含有金,取 5.0000g 样品,溶样,定容 100mL,取试液 10.00mL 于 50mL 容量瓶中,用罗丹明 B 与 $AuCl_4^-$ 络阴离子缔合甲苯萃取光度法测定,等体积有机溶剂萃取一次,已知分配比为 19,在波长 564nm,用 2cm 比色皿,测得吸光度 0.32,求矿样的金质量分数。

ns
第三编　仪器分析

第三篇 化学分析

第14章 原子发射光谱法

原子发射光谱法是光学分析法中产生与发展最早的一种分析方法,它依据每种化学元素的原子或离子在热激发或电激发下发射的特征电磁辐射,来进行元素的定性、半定量和定量分析。主要包括三个过程:①由光源提供能量使样品蒸发、形成气态原子、并进一步使气态原子激发而产生光辐射;②将光源发出的复合光经单色器分解成按波长顺序排列的谱线,形成光谱;③用检测器检测光谱中谱线的波长和强度。

1859 年德国学者 Kirchhoff G. R. 和 Bunsen R. W. 合作制造了第一台用于光谱分析的分光镜,并获得了某些元素的特征光谱,奠定了光谱定性分析的基础。20 世纪 20 年代,Gerlarch 为了解决光源不稳定性问题,提出了内标法,为光谱定量分析提供了可行性依据。60 年代,电感耦合等离子体(ICP)光源的引入,大大地推动了发射光谱分析的发展。近年来,随着固态成像检测器件的使用,使多元素同时分析能力大大提高。

原子发射光谱法具有多元素同时检测能力,分析速度快,选择性好,检出限低,精密度好,试样消耗少等优点;但是在非金属元素的分析测定中存在一定困难。

14.1 基本原理

原子核外的电子在不同状态下所具有的能量,可以用能级来表示。离核较远的称为高能级,离核较近的称为低能级。在一般情况下,原子处于最低能量状态,称为基态(即最低能级);当基态原子通过电、热或光致激发等激发光源作用获得足够能量后,其外层电子会从低能级跃迁至高能级,这种状态称为激发态。而原子的外层电子处于激发态时是不稳定的,其寿命小于 10^{-8} s。当它从高能级(激发态)回到较低能级或基态时,就要释放出多余的能量;若此能量以电磁辐射的形式出现,即得到发射光谱。原子发射光谱是线状光谱。原子中某一外层电子由基态激发到高能级所需要的能量称为激发能。由激发态向基态跃迁所发射的谱线称为共振线。由第一激发态向基态跃迁发射的谱线称为第一共振线,第一共振线具有最小的激发能,因此最容易被激发,为该元素最强的谱线。

设高能级的能量为 E_1,低能级的能量为 E_2,发射光谱的波长为 λ(或频率 ν),则释放出的能量 ΔE 与发射光谱的波长 λ 关系为

$$\Delta E = E_2 - E_1 = \frac{hc}{\lambda} = h\nu$$

$$\text{或 } \lambda = \frac{hc}{E_2 - E_1}$$

式中,h 为普朗克常数(6.626×10^{-34} J·s);c 为光速(2.997925×10^{10} cm/s)。

原子的外层电子在获得足够能量后,就发生电离。使原子电离所需要的最低能量称为电离能。原子失去一个电子,称为一次电离;一次电离的原子再失去一个电子,称为二次电离,依此类推。元素的电离能可以从手册中查到。

离子也可能被激发,其外层电子跃迁时发射的谱线称为离子线。每一条离子线都具有其相应的激发能。这些离子线的激发能大小与电离能高低无关。

在原子谱线表中,用罗马数字 I 表示原子线,II 表示一次电离离子发射的谱线。如 Mg I 285.21nm 为原子线,Mg II 280.27nm 为一次电离离子线。

原子或离子的外层电子数相同时,具有相似的发射光谱。所以,Na I、Mg II、Al III 的光谱很相似。同理,周期表中同族元素也通常具有相似的光谱。

影响谱线强度的因素有:

(1)统计权重　谱线强度与激发态和基态的统计权重之比成正比。

(2)跃迁概率　谱线强度与跃迁概率成正比。跃迁概率是一个原子在单位时间内两个能级之间跃迁的概率,可通过实验数据计算。

(3)激发能　谱线强度与激发能呈负指数关系。在温度一定时,激发能越高,处于该能量状态的原子数越少,谱线强度越小。激发能最低的共振线通常是强度最大的线。

(4)激发温度　温度升高,谱线强度增大。但温度升高,电离的原子数目也会增多,而相应的原子数减少,致使原子谱线强度减弱,离子的谱线强度增大。

(5)基态原子数　谱线强度与基态原子数成正比。在一定的条件下,基态原子数与试样中该元素浓度成正比。因此,在一定的条件下谱线强度与被测元素浓度呈正比,这是光谱定量分析的依据。

14.2　仪　　器

原子发射光谱法仪器分为三部分:光源、分光仪和检测器。图 14-1 是典型的原子发射光谱法仪器示意图。

14.2.1　光源

在发射光谱仪中,光源具有使试样蒸发、解离、原子化、激发、跃迁产生光辐射的作用。它对光谱分析的检出限、精密度和准确度都有很大的影响。目前常用的光源

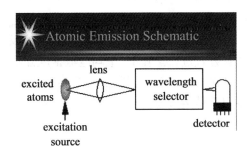

图 14-1　原子发射光谱法仪器示意图

有直流电弧、交流电弧、电火花及电感耦合等离子体(ICP)。

1. 直流电弧

直流电弧的电源一般为可控硅整流器。常用高频电压引燃直流电弧。

直流电弧工作时,阴极释放出来的电子不断轰击阳极,使其表面上出现一个炽热的斑点。这个斑点称为阳极斑。阳极斑的温度较高,有利于试样的蒸发。因此,一般均将试样置于阳极碳棒孔穴中。在直流电弧中,弧焰温度取决于弧隙中气体的电离能,一般约 4000~7000K,尚难以激发电离能高的元素。电极头的温度较弧焰的温度低,且与电流大小有关,一般阳极可达 3800℃,阴极则在 3000℃以下。

直流电弧的最大优点是电极头温度高(与其他光源比较),蒸发能力强,适用于难挥发试样分析。缺点是放电不稳定,重现性差;且弧较厚,自吸现象严重,故不适宜用于高含量定量分析;弧焰温度较低,激发能力差,不利于激发电离能高的元素;但可很好地应用于矿石等的定性、半定量及痕量元素的定量分析。

2. 交流电弧

采用高频高压引火装置产生的高频高压电流,不断地"击穿"电极间的气体,造成电离,维持导电。在这种情况下,低频低压交流电就能不断地流过,维持电弧的燃烧。这种高频高压引火、低频低压燃弧的装置就是普通的交流电弧。

交流电弧是介于直流电弧和电火花之间的一种光源,与直流相比,交流电弧的电极头温度稍低一些,不利于难挥发元素的挥发;弧焰温度比直流电弧高,有利于元素的激发;但由于有控制放电装置,故电弧较稳定。弧层稍厚,也易产生自吸现象。这种电源常用于金属、合金中低含量元素的定量分析。

3. 电火花

高压电火花通常使用 1 万 V 以上的高压交流电,通过间隙放电,产生电火花。电源电压经过可调电阻后进入升压变压器的初级线圈,使初级线圈上产生 1 万 V 以上的高电压,并向电容器充电。当电容器两极间的电压升高到分析间隙的击穿电压时储存在电容器中的电能立即向分析间隙放电,产生电火花。由于高压火花放电时间极短,故在这一瞬间内通过分析间隙的电流密度很大(高达1万~5万 A/cm^2,因此弧焰瞬间温度很高,可达1万K以上,故激发能量大,可激发电离能高的元素。

由于电火花是以间隙方式进行工作的,平均电流密度并不高,所以电极头温度较低,不利于元素的蒸发;且弧焰半径较小,弧层较薄,自吸不严重,适用于高含量元素的分析。这种光源主要用于易熔金属合金试样的分析、高含量元素及难激发元素的定量测定。

4. 等离子体光源

等离子体是一种电离度大于0.1%的电离气体,由电子、离子、原子和分子所组成,其中电子数目和离子数目基本相等,整体呈现中性。等离子体光源包括直流等离子焰(DCP)、电感耦合等离子体(ICP)、电容耦合微波等离子体(CMP)和微波诱导等离子体(MIP)等,其中,电感耦合等离子体(ICP)用电感耦合传递功率,是目前应用较广的一种等离子光源。

电感耦合等离子体(ICP)

ICP光源由高频发生器、进样系统(包括供气系统)和等离子炬管三部分组成。图14-2是ICP的示意图。

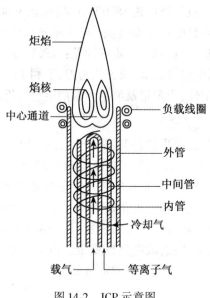

图14-2 ICP 示意图

在有气体的石英管外套装一个高频感应线圈,感应线圈与高频发生器连接。当高频电流通过线圈时,在管的内外形成强烈的振荡磁场。管内磁力线沿轴线方向,管外磁力线成椭圆闭合回路。一旦管内气体开始电离(如用点火器),电子和离子则受到高频磁场所加速,产生碰撞电离,电子和离子急剧增加,此时在气体中感应产生涡流。这个高频感应电流,产生大量的热能,又促进气体电离,维持气体的高温,从而形成等离子体。为了使所形成的 ICP 稳定,通常采用三层同轴炬管,等离子气沿着外管内壁的切线方向引入,迫使等离子体收缩(离开管壁大约 1 mm),并在其中心形成低气压区。这样一来,不仅能提高等离子体的温度(电流密度增大),而且能冷却炬管内壁,从而保证 ICP 具有良好的稳定性。

等离子炬管分为三层:最外层通 Ar(气)作为冷却气,沿切线方向引入,并螺旋上升;中层管通入辅助气体 Ar,用于点燃等离子体;内层石英管内径为 1~2mm 左右,以 Ar 为载气,形成中心通道,把经过雾化器的试样溶液以气溶胶形式引入等离子体中。

用 Ar 做工作气体的优点:Ar 为单原子惰性气体,不与试样组分形成难离解的稳定化合物,也不像分子那样因离解而消耗能量,有良好的激发性能,本身光谱简单。

ICP 的外观与火焰相似,但它的结构与火焰截然不同。由于等离子气和辅助气都从切线方向引入,因此高温气体形成旋转的环流。同时,由于高频感应电流的趋附效应,涡流在圆形回路的外周流动。这样,ICP 就必然具有环状的结构。这种环状的结构造成一个电学屏蔽的中心通道。这个通道具有较低的气压、较低的温度、较小的阻力,使试样容易进入炬焰,并有利于蒸发、解离、激发、电离以至观测。

其环状结构可以分为若干区,各区的温度不同,性状不同,辐射也不同。

(1) 焰心区 感应线圈区域内,白色不透明的焰心,高频电流形成的涡流区,温度最高达 10000K,电子密度高。它发射很强的连续光谱,光谱分析应避开这个区域。试样气溶胶在此区域被预热、蒸发,又叫预热区。

(2) 内焰区 在感应圈上 10~20mm 处,淡蓝色半透明的炬焰,温度为 6000~8000K。试样在此原子化、激发,然后发射很强的原子线和离子线。这是光谱分析所利用的区域,称为测光区。测光时在感应线圈上的高度称为观测高度。

(3) 尾焰区 在内焰区上方,无色透明,温度低于 6000K,只能发射激发能较低的谱线。

试样气溶胶在高温焰心区经历较长时间加热,在测光区平均停留时间长。这样的高温与长的平均停留时间使样品充分原子化,并有效地消除了化学的干扰。周围是加热区,用热传导与辐射方式间接加热,使组分的改变对 ICP 影响较小,加之溶液进样少,因此基体效应小。试样不会扩散到 ICP 炬焰周围而形成自吸的冷蒸气层,因此 ICP 具有如下特点:

(1) 检出限低;

(2) 稳定性好,精密度、准确度高;

(3) 自吸效应、基体效应小;

(4) 选择合适的观测高度光谱背景小。

ICP 局限性在于对非金属测定灵敏度低,仪器价格昂贵,维持费用较高。

5. 试样引入激发光源的方法

试样引入激发光源的方法,对原子发射光谱分析方法的分析性能影响极大。一般来说,试样引入系统应将具有代表性的试样重现、高效地转入到激发光源中。是否可以达到这一目的或达到这一目的的程度如何,依试样的性质而定。

对于溶液试样的引入,一般采用气动雾化、超声雾化和电热蒸发方式。其中,前两个方式需要事先雾化。雾化是通过压缩气体的气流将试样转变成极细的单个雾状微粒(气溶胶)。然后由流动的气体将雾化好的试样带入原子化器进行原子化。

气动雾化器进样是利用动力学原理将液体试样变成气溶胶并传输到原子化器的进样方式。当高速气流从喷雾器喷口的环形截面喷出时,在喷口毛细管端部形成负压,试液从毛细管中被抽吸出来。运动速率远大于液流的气流强烈冲击液流,使其破碎形成细小雾滴。气动喷雾器的种类很多,大致可以分为三大类,即同心型、直角型和特殊型(Babington 型喷雾器)。其中,同心雾化器的应用最广泛,而 Babington 雾化器适用于高盐溶液及有一定固体颗粒含量的悬浮液的分析。

超声雾化器进样是根据超声波振动的空化作用把溶液雾化成气溶胶后,由载气传输到火焰或等离子体的进样方法。与气动雾化器相比,超声雾化器具有雾化效率高,可产生高密度均匀的气溶胶,不易被阻塞等优点。

电热蒸发进样(ETV)是将蒸发器放在一个有惰性气体(氩气)流过的密闭室内。当有少量的液体或固体试样放在碳棒或钽丝制成的蒸发器上,电流迅速地将试样蒸发并被惰性气体携带进入原子化器。与一般雾化器不同,电热蒸发产生的是不连续的信号。

气体试样可直接引入激发源进行分析。有些元素可以转变成其相应的挥发性化合物而采用气体发生进样(如氢化物发生法)。例如,砷、锑、铋、锗、锡、铅、硒和碲等元素可以通过将其转变成挥发性氢化物而进入原子化器,这种进样方法就是氢化物发生法。目前普遍应用的是硼氢化钠(钾)-酸还原体系,典型的反应如下:

$$3BH_4^- + H^+ + 4H_3AsO_3 \rightleftharpoons 3H_3BO_3 + AsH_3\uparrow + 3H_2O$$

氢化物发生法可以提高对这些元素的检出限 10~100 倍。由于这类物质毒性大,在低浓度时检测它们尤其显得重要。当然也要求操作者,应采用安全有效的方法清除从原子化器出来的气体。其信号类似于电热原子化获得的峰。

另外,如果将固体样品以粉末、金属或微粒形式直接引入等离子体和火焰原子化器,就避免了化学试剂的加入,省去试样溶解、分离或富集等化学处理,减少了污染的来源和试样的损失,而且可以提高测定灵敏度。但由于固体进样技术存在取样的均匀性,基体效应严重,以及较难配制均匀、可靠的固体标样等问题,严重地影响了测定的准确度和精密度。因此,它是一种既有应用前景但目前又存在较多问题的进样技术。

将固体直接进入原子化器有如下几种形式。表 14-1 总结了原子光谱中试样引入激发光源的方法。

表 14-1　　原子光谱中试样引入激发光源的方法

方法	试样状态
气动雾化器	溶液或匀浆
超声雾化器	溶液
电热蒸发	固体、液体
氢化物发生	氢化物形成元素
试样直接插入	固体
激光熔融法	固体
电弧和火花熔融法	导电固体

14.2.2　分光仪

原子发射光谱的分光仪目前采用棱镜和光栅两种分光系统。

棱镜分光的原理是基于不同波长的光在同一介质中具有不同的折射率,波长短的光折射率大,波长长的光折射率小。而光栅是由玻璃片或金属片制成,其上准确地刻有大量宽度和距离都相等的平行线条(刻痕),可近似地将它看成一系列等宽度和等距离的透光狭缝;光栅光谱的产生是多狭缝干涉和单狭缝衍射两者联合作用的结果。

当包含有不同波长的复合光通过棱镜时,不同波长的光就会因折射率不同而分开,这种作用称为棱镜的色散作用。且波长越长,折射率越小,即偏向角越小,而在光栅中情况正好相反。

另外,棱镜的色散率不均匀,随波长的增加而降低,且其色散率和分辨率一般不及光栅,所以目前的光谱仪中多采用光栅作为分光元件。

在光栅中,为了降低零级光谱的强度,使辐射能集中于所要求的波长范围,近代的光栅采用定向闪耀的办法。即将光栅刻痕刻成一定的形状,使每一刻痕的小反射面与光栅平面成一定的角度,使衍射光强主最大从原来与不分光的零级主最大重合的方向,转移至由刻痕形状决定的反射方向。结果使反射光方向光谱变强,这种现象称为闪耀。

与普通的平面闪耀光栅不同,中阶梯光栅每一阶梯的宽度是前者高度的几倍,阶梯之间的距离是欲色散波长的 10～200 倍,闪耀角度大。

由于中阶梯光栅光谱是二维色散光谱,只需要很小的谱区面积就可以容纳190～800nm 全范围的光谱,而普通光栅要获得同样范围内光谱则需要 2m 长的谱区。因此,中阶梯光栅的仪器结构可以做得很紧凑,利用的光谱区广。

中阶梯光栅具有很高的色散率、分辨率和集光本领,利用光谱区广,它在降低发射光谱检出限、谱线轮廓测量、多元素同时测定等方面,都是很有用的。

另外,由于激光的单色性好、相干长度大,可利用单色激光的双光束干涉图样制作衍射光栅,避免机刻光栅或复制出来的光栅,因刻画不能完全等距所造成的"鬼线",干扰光谱分析工作。利用这种手段可以得到面积足够大的、等距、等宽的清晰干涉条纹,被称为全息光栅。

14.2.3 检测器

1. 目视法

用眼睛来观测谱线强度的方法称为目视法(看谱法)。它仅适用于可见光波段。常用仪器为看谱镜。看谱镜是一种小型的光谱仪,专门用于钢铁及有色金属的半定量分析。

2. 摄谱法

摄谱法是用感光板记录光谱。将光谱感光板置于摄谱仪焦面上,接受被分析试样的光谱作用而感光,再经过显影、定影等过程后,制得光谱底片,其上有许多黑度不同的光谱线。然后用影谱仪观察谱线位置及大致强度,进行光谱定性及半定量分析。用测微光度计测量谱线的黑度,进行光谱定量分析。

光谱定量分析常选用反衬度较高的紫外Ⅰ型感光板,定性分析则选用灵敏度较高的紫外Ⅱ型感光板。

3. 光电法

光电转换器件是光电光谱仪接收系统的核心部分,主要是利用光电效应将不同波长的辐射能转化成光电流的信号。光电转换器件主要有两大类:一类是光电发射器件,例如光电管与光电倍增管,当辐射能作用于器件中的光敏材料时,使发射的电子进入真空或气体中,并产生电流,这种效应称为光电效应;另一类是半导体光电器件,包括固体成像器件,当辐射能作用于器件中光敏材料时,所产生的电子通常不脱离光敏材料,而是依靠吸收光子后所产生的电子-空穴对在半导体材料中自由运动的光电导(即吸收光子后半导体的电阻减小,而电导增加)产生电流的,这种效应称为内光电效应。

光电转换元件种类很多,但在光电光谱仪中的光电转换元件要求在紫外至可见光谱区域(160～800nm)很宽的波长范围内有很高的灵敏度和信噪比,很宽的线性响应范围以及快的响应时间。

目前可应用于光电光谱仪的光电转换元件主要包括光电倍增管及固体成像器件。

14.2.4 光谱仪

光谱仪的作用是将光源发射的电磁辐射经色散后,得到按波长顺序排列的光谱,并对不同波长的辐射进行检测与记录。光谱仪按照使用色散元件的不同,分为棱镜光谱仪和光栅光谱仪;按照光谱记录与测量方法的不同,又分为照相式摄谱仪和光电直读光谱仪。

光电光谱仪还可分为顺序扫描式、多通道式及傅立叶变换型。目前,傅立叶变换型应用较少。

顺序扫描式光电光谱仪一般用两个接收器来接收光谱辐射,一个接收器是接收内标线的光谱辐射,另一个接收器是采用扫描方式接收分析线的光谱辐射。它属于间歇式测量,其程序是从一个元素的谱线移到另一个元素的谱线时,中间间歇几秒钟,以获得每一谱线满意的信噪比。大多数顺序扫描式光谱仪采用全息光栅和光电倍增管分别作单色器和检测器。这一类光谱仪,或者利用数字控制的步进电机旋转光栅,以使不同波长顺序、准确地调至出射狭缝。或者将光栅固定,沿焦面移动光电倍增管。还有一类,具有两套狭缝和光电倍增管,一套用作紫外区扫描,一套用作可见光区扫描。

而多通道式光谱仪的出射狭缝是固定的,一般情况下出射通道不易变动,每一个通道都有一个接收器接收该通道对应的光谱线的辐射强度。也就是说,一个通道可以测定一条谱线,故可能分析的元素也随之而定。多通道式光谱仪可同时测定 60 条谱线,其接收方式有两种:一种是用一系列的光电倍增管作为检测器,另一种是用二维的电荷注入器件或电荷耦合器件作为检测器。

14.3 分 析 方 法

14.3.1 光谱定性分析

由于各种元素的原子结构不同,在光源的激发作用下,试样中每种元素都发射自己的特征光谱。光谱定性分析一般多采用摄谱法。

试样中所含元素只要达到一定的含量,都可以有谱线摄谱在感光板上。摄谱法易操作、价格便宜、快速。它是目前进行元素定性检出的最好方法。

1. 元素的分析线与最后线

每种元素发射的特征谱线有多有少(多的可达几千条)。当进行定性分析时,只需检出几条谱线即可。

进行分析时所使用的谱线称为分析线。如果只见到某元素的一条谱线,不可断定该元素确实存在于试样中,因为有可能是其他元素谱线的干扰。

检出某元素是否存在必须有两条以上不受干扰的最后线或灵敏线。

灵敏线是元素激发能低、强度较大的谱线,多是共振线。最后线是指当样品中某元素的含量逐渐减少时,最后仍能观察到的几条谱线。它也是该元素的最灵敏线。

2. 分析方法

a. 铁光谱比较法

通常采用铁的光谱作为波长的标尺,来判断其他元素的谱线。铁光谱作标尺有如下特点:

(1) 谱线多。在 210~660nm 范围内有几千条谱线。

(2) 谱线间距离都很近。在上述波长范围内谱线均匀分布,且对每一条谱线波长已精确测量。

标准光谱图是在相同条件下,在铁光谱上方准确地绘出 68 种元素的逐条谱线并放大 20 倍的图片。

铁光谱比较法实际上是与标准光谱图进行比较,因此又称为标准光谱图比较法。比较时首先须将谱片上的铁光谱与标准光谱图上的铁光谱对准,然后检查试样中的元素谱线。若试样中的元素谱线与标准图谱中标明的某一元素谱线出现的波长位置相同,即为该元素的谱线。

判断某一元素是否存在,必须由其灵敏线决定。铁光谱线比较法可同时进行多元素定性鉴定。

b. 标准试样光谱比较法

将要检出元素的纯物质或纯化合物与试样并列摄谱于同一感光板上,在映谱仪上检查试样光谱与纯物质光谱。若两者谱线出现在同一波长位置上,即可说明某一元素的某条谱线存在。

14.3.2 光谱半定量分析

光谱半定量分析可以给出试样中某元素的大致含量。若分析任务对准确度要求不高,多采用光谱半定量分析,如钢材与合金的分类、矿产品位的大致估计等等。特别是分析大批样品时,采用光谱半定量分析,尤为简单而快速。

光谱半定量分析常采用摄谱法中比较黑度法,这个方法须配制一个基体与试样组成近似的被测元素的标准系列。在相同条件下,在同一块感光板上标准系列与试样并列摄谱,然后在映谱仪上用目视法直接比较试样与标准系列中被测元素分析线的黑度。黑度若相同,则可做出试样中被测元素的含量与标准样品中某一个被测元素含量近似相等的判断。

例如,分析矿石中的铅,即找出试样中灵敏线 283.3nm,再与标准系列中的铅的 283.3nm 线相比较,如果试样中的铅线的黑度介于 0.01% ~ 0.001% 之间,并接近于 0.01%,则可表示为 0.01% ~ 0.001%。

14.3.3 光谱定量分析

1. 光谱定量分析的关系式

光谱定量分析主要是根据谱线强度与被测元素浓度的关系来进行的。当温度一定时谱线强度 I 与被测元素浓度 c 呈正比,即

$$I = ac$$

当考虑到谱线自吸时,有如下关系式:

$$I = ac^b$$

此式为光谱定量分析的基本关系式。式中,b 为自吸系数。b 随浓度 c 增加而减小,当浓度很小无自吸时,$b=1$,因此,在定量分析中,选择合适的分析线是十分重要的。a 值受试样组成、形态及放电条件等的影响,在实验中很难保持为常数,故通常不采用谱线的绝对强度来进行光谱定量分析,而是采用"内标法"。

2. 内标法

采用内标法可以减小前述因素对谱线强度的影响,提高光谱定量分析的准确度。内标法是通过测量谱线相对强度来进行定量分析的方法。具体做法是:

在分析元素的谱线中选一条谱线,称为分析线;再在基体元素(或加入定量的其他元素)的谱线中选一条谱线,作为内标线。这两条线组成分析线对。然后根据分析线对的相对强度与被分析元素含量的关系式进行定量分析。此法可在很大程度上消除光源放电不稳定等因素带来的影响,因为尽管光源变化对分析线的绝对强度有较大的影响,但对分析线和内标线的影响基本是一致的,所以对其相对影响不大。这就是内标法的优点。

金属光谱分析中的内标元素,一般采用基体元素。例如钢铁分析中,内标元素是铁。但在矿石光谱分析中,由于组分变化很大,又因基体元素的蒸发行为与待测元素也多不相同,故一般都不用基体元素作内标,而是加入定量的其他元素。

加入内标元素应符合下列几个条件:

(1) 内标元素与被测元素在光源作用下应有相近的蒸发性质。
(2) 内标元素若是外加的,必须是试样中不含或含量极少可以忽略的。
(3) 分析线对选择需匹配。两条都是原子线或离子线。
(4) 分析线对两条谱线的激发能相近。若内标元素与被测元素的电离能相近,分析线对激发能也相近,这样的分析线对称为"均匀线对"。
(5) 分析线对波长应尽可能接近。分析线对两条谱线应没有自吸或自吸很小,

且不受其他谱线的干扰。

(6)内标元素含量要恒定。

3. 定量分析方法

在确定的分析条件下,用三个或三个以上含有不同浓度被测元素的标准样品与试样在相同的条件下激发光谱,以分析线强度 I 或内标分析线对强度比 R 或 $\lg R$ 对浓度 c 或 $\lg c$ 做校准曲线。再由校准曲线求得试样被测元素含量。

a. 摄谱法

将标准样品与试样在同一块感光板上摄谱,求出一系列黑度值,由乳剂特征曲线求出 $\lg I$,再将 $\lg R$ 对 $\lg c$ 做校准曲线,求出未知元素含量。

b. 光电直读法

ICP 光源稳定性好,一般可以不用内标法,但由于有时试液黏度等有差异而引起试样导入不稳定,也采用内标法。ICP 光电直读光谱仪商品仪器上带有内标通道,可自动进行内标法测定。当测定低含量元素时,找不到合适的基体来配制标准试样时,一般采用标准加入法。

14.3.4 干扰及消除方法

光谱干扰和非光谱干扰(主要指基体效应)是发射光谱中不可忽视的干扰因素,会直接影响分析结果的准确性。

在发射光谱中最主要的光谱干扰是背景干扰。带状光谱、连续光谱以及光学系统的杂散光等,都会造成光谱的背景。其中光源中未离解的分子所产生的带状光谱是传统光源背景的主要来源,光源温度越低,未离解的分子就越多,因而背景就越强。在电弧光源中,最严重的背景干扰是空气中的 N_2 与碳电极挥发出来的 C 所产生的稳定化合物 CN 分子的三条带状光谱,其波长范围分别是 353~359nm,377~388nm 和 405~422nm,干扰许多元素的灵敏线。此外,仪器光学系统的杂散光到达检测器,也产生背景干扰。由于背景干扰的存在使校正曲线发生弯曲或平移,因而影响光谱分析的准确度,故必须进行背景校正。

校正背景的基本原则是,谱线的表观强度 I_{1+b} 减去背景强度 I_b。常用的校正背景的方法有离峰校正法和等效浓度法。

基体是指试样中具有各自性质的所有成分的集合。基体各成分对分析元素测量的联合效应称为基体效应,它会影响激发光源的蒸发温度和激发温度。一般而言,蒸发温度随基体组分沸点的升高,随易电离组分浓度的增大而降低。基体组分还会影响分析元素在激发源中的化学反应性能。即影响分析组分的蒸发和电离等。总之,基体效应会改变分析元素谱线的强度,引起分析结果的误差。

为了消除或减少基体效应,在光谱分析中,常常根据试样的组成、性质及分析的要求,选择性地加入具有某种性质的添加剂,如光谱载体和光谱缓冲剂。

14.4 分析性能及应用

原子发射光谱可用于痕量甚至超痕量元素测定,通过适当的稀释,它也可用于主量和微量元素测定。原子发射光谱是一个多元素同时测定方法,而精密度、准确度、线性范围、检出限和基体效应则是原子发射光谱定量分析中最重要的分析性能指标。

精密度与原子发射光谱中的各种噪声有关。瞬间噪声是由随机发射的光子产生,而脉动噪声是仪器的不稳定性及检测器噪声所引起。直接分析固体样品时,精密度还受样品的均匀性影响。高压火花和等离子体光源具有较好的精密度,其相对标准差(RSD)在1%左右。但采用电弧光源时,所得的精密度就较差,其RSD一般在5%~10%的范围内,这也是电弧光源常用作定性或半定量分析的主要原因。采用内标法可以显著地改善精密度。

在实际分析中,以直流电弧为光源、光谱干板为检测器的发射光谱分析在工业上至今仍用于定性分析。

火花源发射光谱分析广泛用于金属和合金的直接分析。由于分析速度和精密度的优点,火花源发射光谱法是钢铁工业中一个相当好的分析技术。火花源发射光谱法最大的不足是由于基体效应需要对组成不同的样品分别建立一套校准曲线。

常规的ICP发射光谱法是一种理想的溶液样品分析技术,它可以分析任何能制成溶液的样品,其应用领域非常广泛,包括石油化工、冶金、地质、环境、生物和临床医学、农业和食品安全、难熔和高纯材料等。通过采用合适的试样引入技术,如试样直接插入、电弧和火花熔融法、电热蒸发、激光熔融法等,ICP发射光谱法还可以用于固体样品直接分析。

思考题和习题

1. 什么是内标?为什么要采用内标分析?
2. 简述三种用于ICP炬的样品引入方式。
3. 比较ICP炬和直流电弧的优缺点。
4. ICP的优点有哪些?
5. 简述原子发射光谱分析法的基本原理。
6. 简要说明原子发射光谱分析仪器的主要构成部分和作用。

第15章 原子吸收与原子荧光光谱分析法

原子吸收光谱法(Atomic Absorption Spectrometry,AAS)和原子荧光光谱法(Atomic Fluorescence Spectrometry,AFS)在试样的引入方式和原子化技术上是相似的,故常将它们放在一起介绍。原子吸收光谱法在近半个世纪以来,是广泛用于定量测定试样中单独元素的分析方法。原子荧光光谱法是20世纪60年代中后期研究应用的较广泛,但与前者相比,它还没有被广泛用于常规的元素分析中。因此,本章将重点介绍原子吸收光谱法。

15.1 原子吸收光谱法(AAS)

1955年澳大利亚的瓦尔西(A. Walsh)发表了著名的论文《原子吸收光谱在化学分析中的应用》,奠定了原子吸收光谱法的基础。20世纪50年代末和60年代初,Hilger,Varian Techtron 及 Perkin-Elmer 公司先后推出了原子吸收光谱商品仪器,发展了瓦尔西的设计思想。Alkemade 和 Milatz 提出原子吸收光谱可作为一般的分析方法应用;但是,由于火焰原子吸收(FAAS)中存在雾化系统雾化效率低(样品利用效率低)、原子浓度被火焰气体大量稀释、温度低、原子化效率不高及只适用于液体样品等不足,人们一直致力于研究非火焰原子化器以代替火焰原子化器。

15.1.1 基本原理

原子吸收光谱法是基于被测元素基态原子在蒸气状态对其原子共振辐射的吸收进行元素定量分析的方法。试样中待测元素的化合物在高温中被解离成基态原子,光源发出的特征谱线通过原子蒸气时,被待测元素的基态原子在一定条件下被吸收的程度与基态原子浓度成正比,通过分光和检测装置测定特征谱线被吸收的程度,就可求得试样中待测元素的含量。

1. 原子吸收光谱的产生

当有辐射通过自由原子蒸气,且入射辐射的频率等于原子中的电子由基态跃迁到较高能态(一般情况下都是第一激发态)所需要的能量频率时,原子就要从辐射场中吸收能量,产生共振吸收,电子由基态跃迁到激发态,同时伴随着原子吸收光谱的产生。

由于原子能级是量子化的,因此,在所有的情况下,原子对辐射的吸收都是有选择性的。由于各元素的原子结构和外层电子的排布不同,元素从基态跃迁至第一激发态时吸收的能量不同,因而各元素的共振吸收线具有不同的特征。

原子吸收光谱位于光谱的紫外区和可见区。其谱线的特征可用波长(λ)、吸收线半宽度($\Delta \nu$)来表示,谱线强度取决于两能级之间的跃迁几率。

2. 原子吸收光谱轮廓

光谱线并不是严格单色,而是具有一定宽度和轮廓的谱线,所谓谱线轮廓是谱线强度随波长(或频率)的分布曲线。原子吸收线轮廓可以用原子吸收谱线的中心频率(或中心波长)和半宽度来进行表征。其中,中心频率由原子能级决定;而半宽度是中心频率位置,吸收系数极大值一半处,谱线轮廓上两点之间频率或波长的距离。

影响谱线宽度的因素主要来自两个方面:一类是由原子性质所决定的,如自然变宽;另一类是外界影响所引起的,如热变宽、碰撞变宽等。

15.1.2 仪器装置

原子吸收光谱仪又称原子吸收分光光度计,主要由光源、原子化器、单色器和检测器等四部分组成。按光学系统分类,目前原子吸收分光光度计可分为单光束型、双光束型和双光束双通道型三种,实际应用的主要是前两种类型(见图15-1)。

单道单光束型是由空心阴极灯、反射镜、原子化器、光栅和光电倍增管组成。用光电倍增管前的快门将暗电流调零。用空白溶液喷入火焰调 T 为100%后,用试样溶液代替空白测得透射比。单光束型仪器结构简单、体积小、价格低,可满足一般分析要求。但它不能消除因光源波动造成的影响,基线漂移,空心阴极灯预热时间长。

单道双光束用一旋转镜(反射式斩波器)把来自空心阴极灯的光束分为两束,其中一束通过火焰作为测量(P)光束,另一束从火焰旁边通过(Pr)作为参照光束,然后用半镀银镜(切光器)把两个光束合并,交替进入单色器后,到达光电倍增管。空心阴极灯的脉冲频率和切光器同步,即当旋转半银镜在某一位置时,只有测量光束 P 通过,产生 P 脉冲;当旋转半银镜转动180°后,只有参照光束 Pr 通过,产生 Pr 脉冲。在两个脉冲之间,空心阴极灯是关闭的。两光束的信号被检测系统检出,放大和比较,最后在读数装置中显示。

1. 光源

光源的作用是发射被测元素的特征谱线(一般是共振线)。它是 AAS 仪器的重要部件,直接影响灵敏度和精密度。

由于原子吸收谱线很窄(0.002~0.005 nm),并且每一种元素都有自己的特征谱线,故原子吸收光谱法是一种选择性很好的分析方法;另一方面,有限的谱线宽度,使原子吸收的测量不宜采用分子吸收光谱的测量方法。我们知道比尔定律只适用于

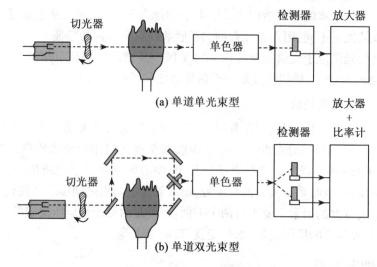

图 15-1　原子吸收光谱仪

单色光,并且只有当光源的带宽比吸收峰的宽度窄时,吸光度和浓度间的线性关系才能成立。然而即使是一个质量很好的单色器所提供的有效带宽也要明显大于原子吸收线的宽度。若采用连续光源和单色器分光好的方法测定原子吸收,则不可避免会出现非线性的校正曲线。此外,由于试样吸收的只是辐射通过单色器狭缝后,其中很小的一部分,故校正曲线的斜率低,因而灵敏度也很低。

根据气态自由原子对同种原子辐射的特征谱线产生的自吸现象,用带宽窄于吸收峰的锐线光源可以解决上述测量中遇到的问题。原子吸收光谱法中常用的光源是空心阴极灯、高频无极放电灯、蒸气放电灯等。

a. 空心阴极灯

又称元素灯,它是原子吸收分析中最常用的光源。其构造如图 15-2 所示。阴极为空心圆柱形,由待测元素的高纯金属和合金直接制成,贵重金属以其箔衬在阴极内壁钨棒上做成圆筒形,筒内熔入被测元素。装有钛、锆、钽金属做成阳极钨棒,上面装有钛丝或钽片作为吸气剂。灯的光窗材料根据所发射的共振线波长而定,在可见波段用硬质玻璃,在紫外波段用石英玻璃。在管内充入压强约为 267 ~ 1333 Pa 的少量氖或氩等惰性气体,其作用是载带电流、使阴极产生溅射及激发原子发射特征的锐线光谱。极间加压 500 ~ 300 V,要求稳流电源供电。

空心阴极灯发射的光谱,主要是阴极元素的光谱,若阴极物质只含一种元素,则制成的是单元素灯,若阴极物质含多种元素,则可制成多元素灯,多元素灯的发光强度一般都较单元素灯弱。单元素空心阴极灯在 AAS 中使用最普遍,其发光强度大、谱线简单和稳定性好;多元素空心阴极灯能同时发射两种或两种以上元素的共振线,

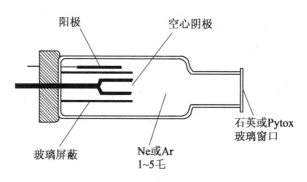

图 15-2　空心阴极灯的构造

使用方便,元素转换不需换灯,操作简便、快速。与单元素空心阴极灯比较,谱线干扰较大,谱线强度和寿命均不及单元素空心阴极灯。

b. 无极放电灯

对于砷、锑等元素的分析,为提高灵敏度,亦常用无极放电灯做光源。无极放电灯是由一个数厘米长、直径 5~12cm 的石英玻璃圆管制成。管内装入数毫克待测元素或挥发性盐类,如金属、金属氯化物或碘化物等,抽成真空并充入压力为 67~200Pa 的惰性气体氩或氖,制成放电管,将此管装在一个高频发生器的线圈内,并装在一个绝缘的外套里,然后放在一个微波发生器的同步空腔谐振器中。这种灯的强度比空心阴极灯大几个数量级,没有自吸,谱线更纯。

2. 原子化器

原子化器的功能是提供能量,使试样干燥、蒸发和原子化。入射光束在这里被基态原子吸收,因此也可把它视为"吸收池"。对原子化器的基本要求有:①必须具有足够高的原子化效率;②必须具有良好的稳定性和重现性;③操作简单及低的干扰水平等。常用的原子化器有火焰原子化器和非火焰原子化器。

a. 火焰原子化器

(1)结构

火焰原子化法中,常用的预混合型原子化器结构如图 15-3 所示,它由喷雾器、雾化室、燃烧器和火焰四部分构成。

雾化器将试液变成细雾,雾粒越细、越多,在火焰中生成的基态自由原子就越多。应用最广的是气动同心型喷雾器,喷雾器喷出的雾滴碰到玻璃球上,可产生进一步细化作用。生成的雾滴粒度和试液的吸入率,影响测定的精密度和化学干扰的大小。喷雾器多采用不锈钢、聚四氟乙烯或玻璃等制成。

雾化室的作用主要是去除大雾滴,并使燃气和助燃气充分混合,以便在燃烧时得到稳定的火焰;其中的扰流器可使雾滴变细,同时可以阻挡大的雾滴进入火焰;一般

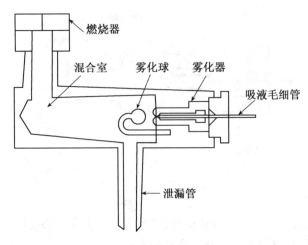

图 15-3　预混合型原子化器

的喷雾装置的雾化效率为 5%～15%。

试液的细雾滴在燃烧器中经过干燥、熔化、蒸发和离解等过程后,产生大量的基态自由原子及少量的激发态原子、离子和分子。通常要求燃烧器的原子化程度高、火焰稳定、吸收光程长、噪声小、"记忆"效应小、不易回火等。

燃烧器有单缝和三缝两种,其中,单缝燃烧器应用最广。单缝燃烧器产生的火焰较窄,使部分光束在火焰周围通过而未能被吸收,从而使测量灵敏度降低;采用三缝燃烧器,由于缝宽较大,产生的原子蒸气能将光源发出的光束完全包围,外侧缝隙还可以起到屏蔽火焰作用,并避免来自大气的污染物;三缝燃烧器比单缝燃烧器稳定。

原子吸收测定中最常用的火焰是乙炔-空气火焰,此外,应用较多的是氢-空气火焰和乙炔-氧化亚氮高温火焰。乙炔-空气火焰燃烧稳定,重现性好,噪声低,燃烧速度不是很大,温度足够高(约2300℃),对大多数元素有足够的灵敏度。氢-空气火焰是氧化性火焰,燃烧速度较乙炔-空气火焰高,但温度较低(约2050℃),优点是背景发射较弱,透射性能好。乙炔-氧化亚氮火焰的特点是火焰温度高(约2955℃),而燃烧速度并不快,是目前应用较广泛的一种高温火焰,用它可测定 70 多种元素。

(2) 特点

火焰原子化器具有简单、火焰稳定、重现性好、精密度高、应用范围广等优点;其主要缺点在于样品利用率低,原子化效率低,原子浓度被火焰气体大量稀释,温度低,只能液体进样。

b. 非火焰原子化器

(1) 分析步骤

非火焰原子化器常用的是石墨炉原子化器。石墨炉原子化法的过程是将试样注入石墨管中间位置,用大电流通过石墨管以产生高达2000～3000℃的高温使试样干燥、蒸发和原子化。

干燥步骤的目的是使溶剂或含水组分蒸发。干燥温度要根据溶剂沸点或含水情况而定,同时要避免因过沸而飞溅。干燥时间依样品体积和干燥温度而定。升温方式一般为斜坡升温。

灰化步骤通常用于减少或消除试样在原子化过程中可能带来的干扰。灰化应尽可能除去干扰组分而又不损失待测元素。灰化温度和时间由试样组成和待测元素性质而定。升温方式一般为斜坡升温。

原子化阶段可获得待测元素自由基态原子,原子化温度依待测元素性质而定。脉冲信号采用阶梯升温;而积分信号采用斜坡升温。

最后还有一个清除步骤,以防止记忆效应,高温除去残留。

(2)特点

与火焰原子化法相比,石墨炉原子化法具有如下特点:

① 灵敏度高、检测限低,绝对灵敏度达 $10^{-12}\sim 10^{-15}$ g。

② 用样量少,特别适用于微量样品的分析。通常固体样品为 0.1～10mg,液体试样为 5～50μL。

③ 试样直接注入原子化器,从而减少溶液一些物理性质对测定的影响,也可直接分析固体样品。

④ 排除了火焰原子化法中存在的火焰组分与被测组分之间的相互作用,减少了由此引起的化学干扰。

⑤ 可以测定共振吸收线位于真空紫外区的非金属元素 I,P,S 等。

⑥ 可在原子化器中处理样品。原子化前,选择性挥发基体,降低基体干扰。

⑦ 石墨炉原子化法所用设备比较复杂,成本比较高,但石墨炉原子化器在工作中比火焰原子化系统安全。

⑧ 石墨炉产生的总能量比火焰小,因此基体干扰较严重,测量的精密度比火焰原子化法差,通常约为 2%～5%。

(3)石墨炉构造

石墨炉的基本结构由石墨管(杯)、炉体(保护气系统)、电源等三部分组成。

石墨管中央开有一向上小孔,直径为 2 mm,是液体试样的进样口及保护气体的出气口,进样时用精密微量注射器注入,每次几微升到20μL 或 50μL 以下,固体试样从石英窗(可卸式)一侧,用专门的加样器加进石墨管中央,每根石墨管可使用约50～200次。石墨管两端的电极接到一个低压、大电流的电源上,这一电源可以给出 3.6kW 功率于管壁处。炉体周围有一金属套管作为冷却水循环用。惰性气体(氩气)通过管的末端流进石墨管,再从样品入口处逸出。这一气流保证了在灰化阶段所生成的基体组分的蒸气出来而产生强的背景信号。石墨管两端的可卸石英窗可以防止空气进入。为了避免石墨管氧化,在金属套管左上方另通入惰性气体使它在石墨管的周围(在金属套管内)流动,保护石墨管。

表 15-1 对火焰原子吸收法(FAAS)与石墨炉原子吸收法(GFAAS)进行了比较。

表 15-1　　　　　　　　　　FAAS 与 GFAAS 的比较

	FAAS	GFAAS
原子化方式	火焰	电热
最高温度	~3000℃	~3000℃
原子化效率	~10%	>90%
耗样体积	1mL	5~100μL
固体试样分析能力	不可	可
信号形状	平顶形	峰形
灵敏度	低	高
Cd	0.5ng/mL	0.002ng/mL
Al	20ng/mL	1.0ng/mL
RSD	0.5%~1%	1.5%~2%
基体效应	小	大

c. 低温原子化法

低温原子化法又称化学原子化法,其原子化温度为室温至摄氏数百度,常用的有汞低温原子化法及氢化法等。

(1)汞低温原子化法

汞在室温下,有一定的蒸气压,沸点为 35.7℃。只要对试样进行化学预处理还原出汞原子,由载气(Ar 或 N_2)将汞蒸气送入吸收池内测定。该方法具有灵敏度高、准确性好、操作简便、快速等特点,是测汞的好方法。

(2)氢化物原子化法

适用于 Ge、Sn、Pb、As、Sb、Bi、Se 和 Te 等元素。在一定的酸度下,将被测元素还原成极易挥发与分解的氢化物,如 AsH_3、SnH_4、BiH_3 等。

3. 单色器

吸收光谱中采用的单色器比发射光谱中的简单。其中的分光系统由入射和出射狭缝、反射镜和色散元件组成,其作用是将所需要的共振吸收线分离出来。其关键部件是色散元件,现在商品仪器都是使用光栅。原子吸收光谱仪对分光器的分辨率要求不高,曾以能分辨开镍三线 Ni230.003nm,Ni231.603nm,Ni231.096nm 为标准,后采用 Mn279.5nm 和 279.8nm 代替 Ni 三线来检定分辨率。光栅放置在原子化器之后,以阻止来自原子化器内的所有不需要的辐射进入检测器。

4. 检测器

原子吸收光谱法中的检测器通常使用光电倍增管。

光电倍增管的工作电源应有较高的稳定性。如果工作电压过高、照射的光过强或光照时间过长,都会引起疲劳效应。

15.1.3 分析方法

1. 测量条件的选择

a. 分析线

通常选用共振吸收线为分析线,测定高含量元素时,可以选用灵敏度较低的非共振吸收线为分析线。As,Se 等共振吸收线位于 200nm 以下的远紫外区,火焰组分对其有明显吸收,故用火焰原子吸收法测定这些元素时,不宜选用共振吸收线为分析线。

b. 狭缝宽度

狭缝宽度影响光谱通带宽度与检测器接受的能量。狭缝宽度的选择要能使吸收线与邻近干扰线分开。调节不同的狭缝宽度,测定吸光度随狭缝宽度而变化,当有干扰线进入光谱通带内时,吸光度值将立即减小;不引起吸光度减小的最大狭缝宽度为应选择的合适的狭缝宽。

原子吸收光谱分析中,光谱重叠干扰的几率小,可以允许使用较宽的狭缝,以增加光强与降低检出限。在实验中,也要考虑被测元素谱线复杂程度。例如,碱金属、碱土金属谱线简单,可选择较大的狭缝宽度;过渡元素与稀土元素等谱线比较复杂,要选择较小的狭缝宽度。

c. 灯电流

空心阴极灯一般需要预热 10～30min 才能达到稳定输出,其发射特性取决于工作电流。灯电流过小,放电不稳定,故光谱输出不稳定,且光谱输出强度小;灯电流过大,发射谱线变宽,导致灵敏度下降,校正曲线弯曲,灯寿命缩短。

选用灯电流的一般原则是,在保证有足够强且稳定的光强输出条件下,尽量使用较低的工作电流。通常以空心阴极灯上标明的最大电流的 1/2～2/3 作为工作电流。在具体的分析场合,最适宜的工作电流由实验确定。

d. 原子化条件

在火焰原子化法中,火焰类型和特性是影响原子化效率的主要因素。对低、中温元素,可使用乙炔－空气火焰;在火焰中易生成难离解的化合物及难熔氧化物的元素,宜用乙炔-氧化亚氮高温火焰;分析线在220nm以下的元素,可选用氢气-空气火焰。

对于易生成难离解氧化物的元素,用富燃火焰;对氧化物不十分稳定的元素如Cu,Mg,Fe,Co,Ni等,宜用化学计量火焰或贫燃火焰。为了获得所需特性的火焰,需要调节燃气与助燃气的比例。

在火焰区内,自由原子的空间分布是不均匀,且随火焰条件而改变,因此,应调节燃烧器的高度,以使来自空心阴极灯的光束从自由原子浓度最大的火焰区域通过,以期获得高的灵敏度。

在石墨炉原子化法中,合理选择干燥、灰化、原子化及除残温度与时间是十分重要的。干燥应在稍低于溶剂沸点的温度下进行,以防止试液飞溅,通常选择105~125℃。灰化的目的是除去基体和局外组分,在保证被测元素没有损失的前提下应尽可能使用较高的灰化温度。原子化温度的选择原则是,选用达到最大吸收信号的最低温度作为原子化温度。原子化时间的选择,应以保证完全原子化为准。原子化阶段停止通保护气,以延长自由原子在石墨炉内的平均停留时间。除残(清除阶段)的目的是为了消除残留物产生的记忆效应,除残温度应高于原子化温度,时间仅为3~5s。

e. 进样量

进样量过小,吸收信号弱,不便于测量;进样量过大,在火焰原子化法中,对火焰产生冷却效应,在石墨炉原子化法中,会增加除残的困难。在实际工作中,应测定吸光度随进样量的变化,达到最满意的吸光度的进样量,即为应选择的进样量。

2. 分析方法

a. 校准曲线法

这是最常用的基本分析方法。配制一组含有不同浓度被测元素的标准样品,在与试样测定完全相同的条件下,由低浓度到高浓度依次测定它们的吸光度A,以吸光度A对浓度c作图。在相同的测定条件下,测定未知样品的吸光度,从A-c标准曲线上用内插法求出未知样品中被测元素的浓度。

b. 标准加入法

当无法配制组成匹配的标准样品时,使用标准加入法是合适的。分取几份等量的被测试样,其中一份不加入被测元素,其余各份试样中分别加入不同已知量c_1,c_2,c_3,$\cdots$,c_n的被测元素,然后,在标准测定条件下分别测定它们的吸光度A,绘制吸光度A对被测元素加入量c_x的曲线。

$$A_x = kC$$
$$A_0 = k(c_0 + c_x)$$
$$c_x = A_x c_0 / (A_0 - A_x)$$

如果被测试样中不含被测元素,在正确校正背景之后,曲线应通过原点;如果曲线不通过原点,说明含有被测元素,截距所相应的吸光度就是被测元素所引起的效应。外延曲线与横坐标轴相交,交点至原点的距离所相应的浓度 c_x,即为所求的被测元素的含量。

标准加入法能消除基体干扰,不能消除背景干扰。使用时应扣除背景干扰。

c.内标法

选择另一种与分析元素性质相似的元素作为内标,在标样和试样中分别定量加入,此时由于试样和标准溶液物理及化学性质的差异将对内标与分析元素相对吸收信号产生影响。如果这种影响小于对分析元素绝对吸收信号的影响,则加入内标即可提高标准系列法的准确度。

采用内标法要注意:

(1)内标与分析元素有相似的物理、化学及光谱性质;

(2)分析样中不含内标元素;

(3)最好用双光束双道原子吸收光度计,否则要两次测量。

3. 干扰效应

原子吸收光谱中的干扰类型简单分为光谱干扰和非光谱干扰,其中非光谱干扰包括物理干扰、化学干扰和电离干扰。

物理干扰是指试样在处理、转移、蒸发和原子化的过程中,由于任何物理因素的变化而产生对吸光度测量的影响,具有非选择性。消除的方法为:配制与被测试样组成相同或相近的标准溶液采用标准加入法。若试样溶液浓度过高,还可以采用稀释法。

化学干扰是被测元素原子与共存组分发生化学反应,生成热力学更稳定的化合物,从而影响被测元素的原子化。可以通过加入干扰抑制剂、基体改进剂,或选择合适的原子化条件等方式加以消除或降低干扰程度。

电离干扰指的是在高温条件下,原子发生电离成为离子,使基态原子数减少,吸光值下降。消除电离干扰的有效方法是加入消电离剂(或称电离抑制剂)。

光谱干扰包括谱线重叠、光谱通带内存在非吸收线、原子化池内的直流发射、分子吸收、光散射等。当采用锐线光源和交流调制技术时,前三种因素一般可以忽略,主要考虑分子吸收和光散射的影响,它们是形成光谱背景的主要因素。

背景干扰,都是使吸光度增大,产生正误差。而且石墨炉原子化法中的背景吸收干扰比火焰原子化法中更为严重,有时不扣除背景就不能进行测定。

对于背景的校正,人们曾提出过很多方法,如在火焰原子化中使用较高的温度和较强还原性的火焰,但是,这样的火焰使部分元素的灵敏度明显降低。石墨炉原子化法中,基体改进作用也有一些效果。利用空白试剂溶液进行背景扣除是一种简便、易行的方法,尤其是对于基体组分较为明确的样品,配制与基体组分相同的试剂溶液,可以较有效地进行背景扣除。

目前,都是采用一些仪器技术来校正背景,主要有邻近非共振线法、连续光源法和塞曼(Zeeman)效应法等。

(1)邻近非共振线法　背景吸收是宽带吸收,在分析线邻近选一条被测元素的共振线,这条线可以是空心阴极灯中杂质的谱线,也可以是灯中惰性气体的谱线,也可以是被测元素所发射的非共振线,称为参比线,用参比线测得的吸光度为背景吸收的吸光度。而用分析线测得的是被测元素原子吸收的吸光度与背景吸收的吸光度之和。两次测得的吸光度的差值,即为扣除背景吸收后被测元素原子吸收的吸光度。

(2)连续光源背景校正法　目前原子吸收分光光度计上一般都配有连续光自动扣除背景的装置,如氘灯(用于紫外光)和碘钨灯或氙灯(用于可见光区)。锐线光源测定的吸光度值为原子吸收与背景吸收的总吸光度。连续光源所测吸光度为背景吸收,因为在使用连续光源时,被测元素的共振线吸收相对于总入射光强度是可以忽略不计的,因此连续光源的吸光度值即为背景吸收。将锐线光源吸光度减去连续光源吸光度值,即为校正背景后的被测元素的吸光度值。

用连续光源校正背景吸收最大的困难是要求连续光源与空心阴极灯光源的两条光束在原子化器中必须严格重叠,这种调整有时是十分费时的。此外,连续光源法对高背景吸收的校正也有困难。

(3)Zeeman 效应　Zeeman 效应是指在磁场作用下简并的谱线发生分裂的现象。Zeeman 效应背景校正法是磁场将吸收线分裂为具有不同偏振方向的组分,利用这些分裂的偏振成分来区分被测元素和背景的吸收。它分为两大类:光源调制法与吸收线调制法。光源调制法是将强磁场加在光源上,吸收线调制法是将磁场加在原子化器上,后者应用较广。调制吸收线有两种方式:恒定磁场调制方式和可变磁场调制方式。

4. 灵敏度与检出限

a. 灵敏度

在原子吸收分析中,采用工作曲线的斜率来评定元素的灵敏度(S),即分析标准函数 $X = f(c)$ 的一次导数 $S = dx/dc$,但在具体做法上,常采用"特征浓度"来表示灵敏度。特征浓度定义为能产生1%吸收(即吸光度值为0.0044)信号时所对应的被测元素的质量浓度($\mu g \cdot mL^{-1}$)。通常以$(\mu g \cdot mL^{-1})/1\%$表示,可用下式计算:

$$c_0 = c_x \times 0.0044/A (\mu g \cdot cm^{-3})/1\%$$

式中,c_x 表示待测元素的浓度;A 为多次测量的吸光度值。

在电热原子化中,常用绝对灵敏度表示,即元素在一定的实验条件下产生1%吸收时的质量,以 g/1% 表示。特征质量的计算公式为

$$m_0 = 0.0044/S = 0.0044m/A \cdot S (pg 或 ng)$$

式中,m 为分析物质量,pg 或 ng;S 为校正曲线直线部分斜率;$A \cdot S$ 为峰面积积分吸光度。

特征浓度或特征质量越小越好。

b. 检出限

以特定的分析方法,以适当的置信水平被检出的最低浓度或最小量定义为检出限。通常以产生空白溶液讯号的标准偏差2倍时的测量讯号的浓度来表示。

15.2 原子荧光光谱法(AFS)

原子荧光光谱分析法是20世纪60年代中期以后发展起来的一种新的痕量分析方法,它是以原子在辐射能激发下发射的荧光强度进行定量分析的发射光谱分析法。

原子荧光光谱分析法具有很高的灵敏度,校正曲线的线性范围宽,能进行多元素同时测定。这些优点使得它在冶金、地质、石油、农业、生物医学、地球化学、材料科学、环境科学等各个领域内获得了相当广泛的应用。

15.2.1 基本原理

1. 原子荧光光谱的产生

当气态自由原子吸收光源的特征辐射后,原子的外层电子跃迁到较高能级,然后又跃迁返回基态或较低能级,同时发射出与原激发辐射波长相同或不同的辐射即为原子荧光。

原子荧光属光致发光,也是二次发光。当激发光源停止照射后,再发射过程立即停止。

当自由原子吸收了特征波长的辐射之后被激发到较高能态,接着又以辐射形式去活化,就可以观察到原子荧光。原子荧光可分为三类:共振原子荧光、非共振原子荧光与敏化原子荧光。

共振荧光的波长与激发线的波长相同,而当发射的荧光与激发光的波长不相同时,产生非共振荧光。受光激发的原子与另一种原子碰撞时,把激发能传递给另一个原子使其激发,后者在以辐射形式去激发而发射荧光即为敏化荧光。其中共振原子荧光最强,在分析中应用最广。

2. 荧光强度

对于指定频率 ν_0 的共振原子荧光,其强度为

$$I_f = \Phi I_0 k_0 L$$

式中,Φ 为荧光量子效率,表示发射荧光光量子数与吸收激发光量子数之比;I_0 为激发光强;k_0 为中心吸收系数;L 为吸收层厚度。

若激发光源是稳定的,入射光是平行而均匀的光束,自吸可忽略不计,则基态原子对光吸收强度 I_f 用吸收定律表示

$$I_f = \Phi I_0 \frac{\sqrt[2]{\pi \ln 2}}{\Delta \nu_D} \cdot \frac{e^2}{mc} fLN$$

$$= \Phi I_0 \frac{\sqrt[2]{\pi \ln 2}}{\Delta \nu_D} \cdot \frac{e^2}{mc} fL\alpha C$$

$$= KC$$

上式为原子荧光定量分析的基础。

3. 量子效率与荧光猝灭

量子效率为:

$$\Phi = \varphi_f / \varphi_A$$

式中,φ_f 为单位时间时内发射的荧光光子数,φ_A 为单位时间内吸收激发光的光子数。

受光激发的原子,可能发射共振荧光,也可能发射非共振荧光,还可能无辐射跃迁至低能级,所以量子效率一般小于1。荧光猝灭是指受激原子和其他粒子碰撞,把一部分能量变成热运动与其他形式的能量,因而发生无辐射的去激发过程:

$$A^* + B = A + B + \Delta H$$

荧光猝灭会使荧光的量子效率降低,荧光强度减弱。可用氩气来稀释火焰,减小猝灭现象。

15.2.2　仪器

原子荧光光度计分为非色散型和色散型。这两类仪器的结构基本相似,只是单色器不同。原子荧光光度计与原子吸收光度计在很多组件上是相同的。

1. 激发光源

可采用连续光源或锐线光源作为激发光源,常用的连续光源是氙弧灯,常用的锐线光源是高强度空心阴极灯、无极放电灯、激光等。连续光源稳定,操作简便,寿命长,能用于多元素同时分析,但检出限较差;锐线光源辐射强度高,稳定,可得到更好的检出限。

2. 原子化器

原子荧光分析仪对原子化器的要求与原子吸收光谱仪基本相同。

3. 光学系统

光学系统的作用是充分利用激发光源的能量和接收有用的荧光信号,减少和除去杂散光。色散系统对分辨能力要求不高,但要求有较大的集光本领,常用的色散元件是光栅。非色散型仪器的滤光器用来分离分析线和邻近谱线,降低背景。非色散型仪器的优点是照明立体角大,光谱通带宽,集光本领大,荧光信号强度大,仪器结构简单,操作方便。缺点是散射光的影响大。

4. 检测器

常用检测器的是光电倍增管,在多元素原子荧光分析仪中,也用光导摄像管、析像管做检测器。检测器与激发光束成直角配置,以避免激发光源对检测原子荧光信号的影响。

15.2.3 AFS 与 AAS 的主要区别

1. 光源

在原子荧光光度计中可采用线光源或连续光源,需要采用高强度空心阴极灯、无极放电灯、激光和等离子体等。商品仪器中多采用高强度空心阴极灯、无极放电灯两种。

(1) 高强度空心阴极灯 高强度空心阴极灯特点是在普通空极阴极灯中,加上一对辅助电极,辅助电极的作用是产生第二次放电,从而大大提高金属元素的共振线强度(对其他谱线的强度增加不大)。

(2) 无极放电灯 无极放电灯比高强度空心阴极灯的亮度高、自吸小、寿命长,特别适用于在短波区内有共振线的易挥发元素的测定。

2. 光路

在原子荧光中,为了检测荧光信号,避免待测元素本身发射的谱线,要求光源、原子化器和检测器三者处于直角状态。原子吸收光度计中,这三者是处于一条直线上。

15.2.4 定量分析方法

校准曲线法是 AFS 法中的主要定量分析方法。

a. 干扰及消除

原子荧光的主要干扰是猝灭效应。这种干扰可采用减少溶液中其他干扰离子的浓度来避免。其他干扰因素如光谱干扰、化学干扰、物理干扰等与原子吸收光谱法相似。

在原子荧光法中由于光源的强度比荧光强度高几个数量级,因此散射光可产生较大的正干扰。减少散射干扰,主要是减少散射微粒,可采用预混火焰、增高火焰观测高度和火焰温度,或使用高挥发性的溶剂等,也可采用扣除散射光背景的方法消除其干扰。

b. 氢化法

在原子吸收和原子荧光中的应用氢化法是原子吸收和原子荧光光度法中的重要分析方法,主要用于易形成氢化物的金属,如砷、碲、铋、硒、锑、锡、锗和铅等。以强还原剂硼氢化钠在酸性介质中与待测元素反应,生成气态的氢化物后,再引入原子化器中进行分析。

c. 原子荧光光谱法的特点

(1) 高灵敏度、低检出限，特别对 Cd, Zn 等元素有相当低的检出限，Cd 可达 0.001ng/L, Zn 为 0.04ng/L。由于原子荧光的辐射强度与激发光源成比例，采用新的高强度光源可进一步降低其检出限。

(2) 谱线简单、干扰少。

(3) 分析校准曲线线性范围宽，可达 3~5 个数量级。

(4) 多元素同时测定。

(5) 虽然原子荧光法有许多优点，但由于荧光猝灭效应，以致在测定复杂基体的试样及高含量样品时，尚有一定的困难。

(6) 散射光的干扰也是原子荧光分析中的一个麻烦问题。

(7) 原子荧光光谱法在应用方面不及原子吸收光谱法和原子发射光谱法广泛，但可作为这两种方法的补充。

思考题和习题

1. 为什么电热原子化比火焰原子化更灵敏？
2. 电热原子化的分析过程分哪几步？
3. 原子荧光可分为哪几种？
4. 比较原子吸收法和原子荧光法的异同点。

第16章 红外吸收光谱法

16.1 概 论

红外吸收光谱法是利用物质分子对红外辐射的特征吸收,来鉴别分子结构或定量的方法。当样品受到频率连续变化的红外光照射时,样品分子选择性地吸收某些波数范围的辐射,引起偶极矩的变化,产生分子振动和转动能级从基态到激发态的跃迁,并使相应的透射光强度减弱,产生红外光谱。红外光谱属于分子振动光谱,由于分子振动能级跃迁伴随着转动能级跃迁,为带状光谱。

红外光谱最重要的应用是中红外区有机化合物的结构鉴定。这一光区位于 $4\,000\sim400\ cm^{-1}$ 波数范围或 $2.5\sim25\ \mu m$ 波长范围之间。绝大多数有机化合物和无机离子的基频吸收出现在这一光区,由于基频吸收是红外光谱中吸收最强的振动,所以该区最适于进行结构和定性分析,通常人们所说的红外光谱即特指这一区域。

16.1.1 红外吸收光谱的特点

红外光谱的研究对象是分子振动时伴随偶极矩变化的有机及无机化合物,应用广泛。理论上说,化合物结构不同,其红外光谱不同,具有特征性。红外吸收只有振动-转动跃迁,能量低,不受样品的某些物理性质如相态、熔点、沸点及蒸气压的限制,可用于物质的定性、定量分析及化合物键力常数、键长、键角等物理常数的计算。样品用量少且可回收,属非破坏性分析,分析速度快。红外光谱仪构造简单,操作方便,价格较低,更易普及。

但色散型红外光谱仪分辨率低、灵敏度不高,不适于弱辐射的研究。一般来说,红外光谱法不太适用于水溶液及含水物质的分析。复杂化合物的红外光谱极其复杂,据此难以作出准确的结构判断,还需结合其他波谱数据加以判定。

16.1.2 红外吸收光谱图的表示方法

记录物质红外光的百分透射比与波数或波长关系的曲线即 $T\text{-}\lambda$ 或 $T\text{-}\tilde{\nu}$ 曲线,就是红外吸收光谱,典型的红外吸收光谱如图16-1所示。图中纵坐标为百分透射比 $T\%$,因此吸收峰的方向恰与以吸光度为纵坐标的紫外可见吸收光谱相反,为倒峰。

横坐标为波长 λ (μm) 或波数 $\tilde{\nu}$ (cm^{-1})。由于中红外区的波数范围是 4000~400cm^{-1}，用波数描述吸收谱带的位置较为简单。因此，红外光谱图一般采用波数等间隔分度的横坐标(称为线性波数标尺)表示。

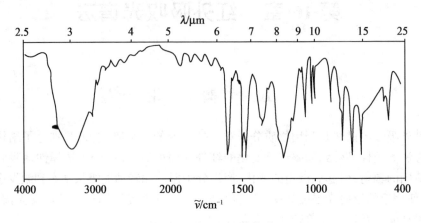

图 16-1　苯酚的红外光谱

16.2　基本原理

红外光谱中，吸收峰出现的频率位置由振动能级差决定，吸收峰的个数与分子振动自由度的数目有关，而吸收峰的强度则主要取决于振动过程中偶极矩的变化以及能级的跃迁概率。

与其他光谱一样，红外吸收光谱的产生首先必须使红外辐射光子的能量与分子振动能级跃迁所需能量相等，即满足

$$\Delta E_v = E_{v2} - E_{v1} = h\nu$$

式中，E_{v2}，E_{v1} 分别为高振动能级和低振动能级的能量；ΔE_v 为其能量差；ν 为红外辐射的频率；h 为普朗克常数。其次，分子的振动必须能与红外辐射产生耦合作用，即分子振动时必须伴随瞬时偶极矩的变化，这样的分子才具有红外活性。

16.2.1　双原子分子的振动

由于振动能量变化是量子化的，分子中各基团之间、化学键之间会相互影响，即分子振动的波数与分子结构和所处的化学环境有关。因此，给出波数的精确计算式几乎是不可能的，需要对其进行近似处理。

对于双原子分子的伸缩振动而言，可将其视为质量为 m_1 与 m_2 的两个小球，把连接它们的化学键看做质量可以忽略的弹簧，采用经典力学中的谐振子模型来研究

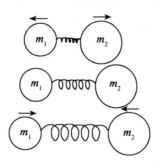

图 16-2 双原子分子的振动

(见图 16-2)。分子的两个原子以其平衡点为中心,以很小的振幅(与核间距相比)作周期性"简谐"振动。量子力学证明,分子振动的总能量为

$$E_v = (v + 1/2)h\nu \tag{16.1}$$

式中,$v = 0, 1, 2, 3, \cdots$;ν 是振动频率。根据虎克定律有

$$\nu(\text{频率}) = \frac{1}{2\pi}\sqrt{\frac{k}{\mu}} \quad \text{或} \quad \tilde{\nu}(\text{波数}) = \frac{1}{2\pi c}\sqrt{\frac{k}{\mu}} \tag{16.2}$$

式中,k 为化学键的力常数,N/cm;μ 为双原子折合质量。

$$\mu = \frac{m_1 + m_2}{m_1 + m_2}$$

原子质量相近时,力常数 k 越大,化学键的振动波数就越高,如 $\tilde{\nu}_{C\equiv C}$ (2222 cm^{-1}) > $\tilde{\nu}_{C=C}$ (1667 cm^{-1}) > $\tilde{\nu}_{C-C}$ (1429 cm^{-1});而若力常数相近,原子质量 m 大,则化学键的振动波数低,如 $\tilde{\nu}_{C-C}$ (1430 cm^{-1}) < $\tilde{\nu}_{C-N}$ (1330 cm^{-1}) < $\tilde{\nu}_{C-O}$ (1280 cm^{-1})。

如果知道了化学键力常数 k,就可以估算作简谐振动的双原子分子的伸缩振动频率。例如:H—Cl 的 k 为 5.1 N·cm^{-1}。根据式(16-2)计算其基频吸收峰频率为 2993 cm^{-1},而红外光谱实测值为 2 885.9 cm^{-1},基本吻合。反之,由振动光谱的振动频率也可求出化学键的力常数 k。一般来说,单键的键力常数的平均值约为 5 N·cm^{-1},而双键和三键的键力常数分别大约是此值的 2 倍和 3 倍。实际上,由于分子间以及分子内各原子间还有相互作用、相邻振动能级差不相等、振动能级跃迁还伴随着转动能级的跃迁等,因此真实分子的振动是非谐振动。

16.2.2 多原子分子的振动

对多原子分子来说,由于组成原子数目增多,且排布情况不同即组成分子的键或基团和空间结构的不同,其振动光谱比双原子分子更为复杂。但可将多原子分子的

振动分解为多个简单的基本振动,即简正振动进行研究。所谓的简正振动是整个分子质心保持不变,整体不转动,各原子在其平衡位置附近作简谐振动,并且其振动频率和相位都相同,即每个原子都在同一瞬间通过其平衡位置且同时达到其最大位移值。

一般将振动形式分成两类:伸缩振动和变形振动。伸缩振动指原子间的距离沿键轴方向的周期性变化,一般出现在高波数区;弯曲振动指具有一个共有原子的两个化学键键角的变化,或与某一原子团内各原子间的相互运动无关的、原子团整体相对于分子内其他部分的运动。弯曲振动一般出现在低波数区。原子沿键轴方向伸缩、键长发生变化而键角不变的振动称为伸缩振动,用符号 ν 表示。伸缩振动可以分为对称伸缩振动(ν_s)和反对称伸缩振动(ν_{as})。当两个相同原子和一个中心原子相连时(如亚甲基—CH_2),如果两个相同原子(H)同时沿键轴离开或靠近中心原子(C),则为对称伸缩振动;如果一个原子移向中心原子,而另一个原子离开中心原子,则为反对称伸缩振动。对同一基团,反对称伸缩振动的频率要稍高于对称伸缩振动。基团键角发生周期变化而键长不变的振动称为变形振动,用符号 δ 表示。变形振动可以分为面内变形和面外变形振动。面内变形振动又分为剪式(以 δ_s 表示)和平面摇摆(以 ρ 表示)振动。面外变形振动又分为非平面摇摆(以 ω 表示)和扭曲(以 τ 表示)振动。仍以亚甲基(—CH_2)为例,其各种变形振动形式如图 16-3 所示。变形振动对环境结构的变化较为敏感,因此同一振动可以在较宽的波数范围内出现。另外,由于变形振动的力常数比伸缩振动小,同一基团的变形振动都出现在其伸缩振动的低频端。

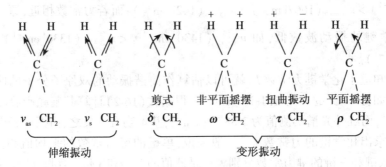

"+"表示运动方向垂直纸面向里,"-"表示运动方向垂直纸面向外

图 16-3 亚甲基的各种变形振动形式

每种简正振动都有其特定的振动频率,但实际上一般观察到的振动数要少于简正振动数。

16.2.3 基团频率和特征吸收峰

物质的红外光谱是其分子结构的反映,谱图中的吸收峰与分子中各基团的振动形式相对应。多原子分子的红外光谱与其结构的关系,一般是通过比较大量已知化合物的红外光谱,从中总结出各种基团的吸收规律而得到的。研究表明,组成分子的各种基团,如 O—H,N—H,C—H,C=C,C=O 和 C≡C 等,都有自己的特定的红外吸收区域,分子的其他部分对其吸收位置影响较小。通常把这种能代表基团存在、并有较高强度的吸收谱带称为基频吸收谱带或基本振动谱带(强峰)或基团频率,通常是由基态($v=0$)跃迁到第一振动激发态产生的,其所在的位置一般又称为特征吸收峰。红外光谱的吸收峰除基频峰外,还有泛频峰。泛频峰由倍频和合(组)频峰组成。倍频峰是由基态($v=0$)跃迁到 $v=2,3,4,\cdots$ 激发态产生的,合频峰是在两个以上基频峰波数之和或差处出现的吸收峰,倍频峰和合频峰的吸收强度比基频峰弱。

红外谱图有两个重要区域。4000~1300 cm^{-1} 的高波数段官能团区和 1300 cm^{-1} 以下的低波数段指纹区。

1. 官能团区和指纹区

官能团区的峰是由伸缩振动产生的。基团的特征吸收峰一般位于该区域,且分布较稀疏,容易分辨。同时,它们的振动受分子中剩余部分的影响小,是基团鉴定的主要区域。含氢官能团(折合质量小)、含双键或叁键的官能团(键力常数大),如 OH, NH 以及 C=O 等重要官能团在该区有吸收。如果待测化合物在某些官能团应该出峰的位置无吸收,则说明该化合物不含有这些官能团。

指纹区包含了不含氢的单键伸缩振动、各键的弯曲振动及分子的骨架振动。该区域的吸收特点是振动频率相差不大,振动耦合作用较强,易受邻近基团的影响。因此,分子结构稍有不同,在该区的吸收就有细微的差异。同时,吸收峰数目较多,代表了有机分子的具体特征。大部分吸收峰都不能找到归属。因此,形象地称该区域为指纹区。指纹区的谱图解析不易,但对于区别结构类似的化合物很有帮助,而且可以作为化合物存在某种基团的旁证。

官能团区又可分为以下四个波段。

(1) 4000~2500 cm^{-1} 区为 X-H 伸缩振动,X 可以是 O,H,C,N 或 S 等原子。

O—H 基的伸缩振动出现在 3650~3200 cm^{-1} 范围内,是判断醇类、酚类和有机酸类是否存在的重要依据。游离 O—H 基的伸缩振动吸收出现在 3650~3580 cm^{-1} 处,峰形尖锐,无其他峰干扰;形成氢键后键力常数减小,移向低波数,在 3400~3200 cm^{-1} cm 处产生宽而强的吸收。另外,若样品或用于压片的盐含有微量水分时,在 3300 cm^{-1} 附近会有水分子的吸收。

N—H 吸收出现在 3500~3300 cm^{-1},为中等强度的尖峰。伯氨基因有两个 N—H 键,具有对称和反对称伸缩振动,所以有两个吸收峰;仲氨基有一个吸收峰;叔氨基无 N—H 吸收。

C—H 吸收出现在 3000 cm^{-1} 附近,分为饱和与不饱和两种。

饱和 C—H(三员环除外)出现在 <3000 cm^{-1} 处,取代基对它们影响很小,位置变化在 10 cm^{-1} 以内。—CH$_3$ 基的对称与反对称伸缩振动吸收峰分别出现在 2876 cm^{-1} 和 2960 cm^{-1} 附近;而—CH$_2$ 基分别在 2850 cm^{-1} 和 2 930 cm^{-1} 附近;—CH 基的吸收峰出现在 2890 cm^{-1} 附近,强度很弱。

不饱和 C—H 在 >3000 cm^{-1} 处出峰,据此可判别化合物中是否含有不饱和的 C—H 键。如双键 ═C—H 的吸收出现在 3010~3040 cm^{-1} 范围内,末端 ═CH$_2$ 的吸收出现在 3085 cm^{-1} 附近。叁键 ≡CH 上的 C—H 伸缩振动出现在更高的区域(3300 cm^{-1})。苯环的 C—H 键伸缩振动出现在 3030 cm^{-1} 附近,谱带比较尖锐。

(2) 2500~2000 cm^{-1} 区为叁键和累积双键的伸缩振动区。

主要包括 —C≡C 、—C≡N 等叁键的伸缩振动,以及—C═C═C,—C═C═O,等累积双键的反对称伸缩振动。对于炔烃类化合物,可以分成 R—C≡CH 和 R′—C≡C—R 两种类型,R—C≡CH 的伸缩振动出现在 2100~2140 cm^{-1} 附近,R′—C≡C—R 出现在 2190~2260 cm^{-1} 附近。如果是 R—C≡C—R,因为分子对称,则为非红外活性。—C≡N 基的伸缩振动在非共轭的情况下出现在 2240~2260 cm^{-1} 附近。当与不饱和键或芳香核共轭时,该峰位移到 2220~2230 cm^{-1} 附近。若分子中含有 C,H,N 原子,—C≡N 基吸收比较强而尖锐。若分子中含有 O 原子,且 O 原子离 —C≡N 基越近,—C≡N 基的吸收越弱,甚至观察不到。除此之外,CO_2 的吸收在 2300 cm^{-1} 左右,S—H,Si—H,P—H,B—H 的伸缩振动也出现在这个区域。此区间的任何小的吸收峰都反映了分子的结构信息。

(3) 2000~1500 cm^{-1} 区为双键伸缩振动区。

C═O 伸缩振动出现在 1820~1600 cm^{-1},其波数大小顺序为酰卤 > 酸酐 > 酯 > 酮类、醛 > 酸 > 酰胺,是红外光谱中很特征的且往往是最强的吸收,据此很容易判断以上化合物。另外,酸酐的羰基吸收带由于振动耦合而呈现双峰。

C═C,C═N 和 N═O 伸缩振动位于 1680~1500 cm^{-1}。分子比较对称时,C═C 的伸缩振动吸收很弱。单核芳烃的 C═C 伸缩振动为位于 1600 cm^{-1} 和 1500 cm^{-1} 附近的两个峰,反映了芳环的骨架结构,用于确认有无芳核的存在。

苯衍生物的 C—H 面外和 C═C 面内变形振动的泛频吸收峰出现在 2000~1650 cm^{-1},强度很弱,但可根据其吸收情况确定苯环的取代类型。

(4) 1500~1300 cm^{-1} 区为 C—H 弯曲振动区。

CH_3 在 1375 cm^{-1} 和 1450 cm^{-1} 附近同时有吸收,分别对应于 CH_3 的对称弯曲振动和反对称弯曲振动。前者当甲基与其他碳原子相连时吸收峰位置几乎不变,吸收强度大于1450 cm^{-1}的反对称弯曲振动和CH$_2$的剪式弯曲振动。CH$_2$的剪式弯曲振动出现在1465 cm^{-1},吸收峰位置也几乎不变。CH$_3$的反对称弯曲振动峰一般与CH$_2$的剪式弯曲振动峰重合。

两个甲基连在同一碳原子上的偕二甲基在1375 cm^{-1}附近有特征分叉吸收峰,因为两个甲基同时连在同一碳原子上,会发生同相位和反相位的对称弯曲振动的相互耦合。如异丙基(CH$_3$)$_2$CH—在1385~1380 cm^{-1}和1370~1365 cm^{-1}有两个同样强度的吸收峰(即原1375 cm^{-1}的吸收峰分叉)。叔丁基在1395~1385 cm^{-1}和1 370 cm^{-1}附近有均两个吸收峰。

同样地,指纹区也可细分为以下两个波段。

(1) 1300~900 cm^{-1}区为单键伸缩振动区。

C—C, C—O, C—N, C—X, C—P, C—S, P—O, Si—O 等单键的伸缩振动和 C=S, S=O, P=O 等双键的伸缩振动吸收峰出现在该区域。

1375 cm^{-1}的谱带为甲基的δ_{C-H}对称弯曲振动,对识别甲基十分有用。C—O的伸缩振动在1300~1050 cm^{-1},包括醇、酚、醚、羧酸、酯等,为该区最强吸收峰,较易识别。如醇在1100~1050 cm^{-1}处、酚在1250~1100 cm^{-1}处有强吸收;酯有两组吸收峰,分别位于1240~1160 cm^{-1}(反对称)和1160~1050 cm^{-1}(对称)。

(2) 900~600 cm^{-1}区。

苯环面外弯曲振动出现在此区域。如果在此区间内无强吸收峰,一般表示无芳香族化合物。此区域的吸收峰常常与环的取代位置有关。与其他区间的吸收峰对照,可以确定苯环的取代类型。

该区的某些吸收峰可用来确认化合物的顺反构型。例如,烯烃的 =C—H 面外变形振动出现的位置,很大程度上决定于双键的取代情况。对于 RCH=CH$_2$ 结构,在 990 cm^{-1} 和 910 cm^{-1} 出现两个强峰;对 RC=CRH 而言,其顺、反构型分别在 690 cm^{-1} 和 970 cm^{-1} 出现吸收峰。

2. 主要基团的特征吸收峰

理论上,每种红外活性的振动均对应红外光谱中的一个吸收峰,因此红外光谱的辨别与解析较为复杂。例如,C—OH 基团除在 3700~3600 cm^{-1} 处有 O—H 的伸缩振动吸收外,还应在 1450~1300 cm^{-1} 和 1160~1000 cm^{-1} 处分别有 O—H 的面内变形振动和 C—O 的伸缩振动。后面这两个峰的出现能进一步证明 C—OH 的存在。因此,用红外光谱来确定化合物是否存在某种官能团时,首先应该注意在官能团区它的特征峰是否存在,同时也应找到它们的相关峰作为旁证。表 16-1 给出了主要基团的特征振动频率的范围。

表 16-1　　主要基团的红外特征吸收峰

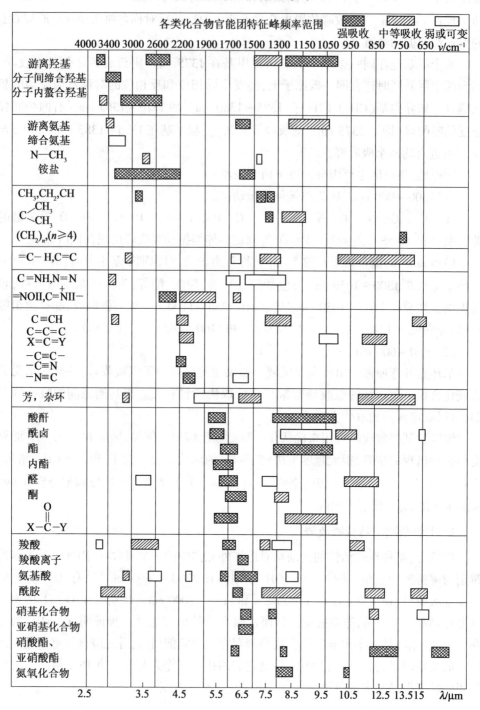

16.2.4 吸收谱带的强度

振动能级的跃迁概率和振动过程中偶极矩的变化是影响红外吸收峰强度的两个主要因素,基频吸收带一般较强,而倍频吸收带较弱。

基频振动过程中偶极矩的变化越大,其对应的峰强度也越大;化学键两端连接的原子的电负性相差越小,振动中分子偶极矩变化越小,谱带强度也就越弱。因而,一般来说极性较强的基团(如 C=O,C—X 等)振动,吸收强度较大;极性较弱的基团(如 C=C,C—C,N=N 等),振动吸收较弱。

另外,反对称伸缩振动的强度大于对称伸缩振动的强度,伸缩振动的强度大于变形振动的强度。在红外光谱中大多数峰的吸收强度一般定性地用很强(vs,$\varepsilon > 100$)、强(s,$20 < \varepsilon < 100$)、中(m,$10 < \varepsilon < 20$)、弱(w,$1 < \varepsilon < 10$)和很弱(vw)等表示。

16.2.5 影响基团频率的因素

如前所述,基团频率主要由基团中原子的质量和原子间的键力常数决定。但分子内部结构和外部环境对它也有影响,同样的基团在不同的分子和不同的外界环境中,基团频率可能会出现在一个较大的范围。因此了解影响基团频率的因素,对解析红外光谱和推断分子结构是非常有用的。

1. 分子内部结构因素

a. 电子效应

包括诱导效应、共轭效应和中介效应。

(1)诱导效应

由于取代基具有不同的电负性,通过静电诱导作用,引起分子中电子分布的变化,从而改变了键力常数,使基团的特征频率发生位移。元素的电负性越强,诱导效应越强,吸收峰越向高波数方向移动。

(2)共轭效应

分子中形成大 π 键所引起的效应叫共轭效应,共轭效应的结果使共轭体系中的电子云密度平均化,使原来的双键略有伸长(即电子云密度降低),键力常数减小,吸收峰向低波数移动。

(3)中介效应

孤对电子与多重键相连产生的 p-π 共轭,结果类似于共轭效应。

当诱导与共轭两种效应同时存在时,振动频率的位移和程度取决于它们的净效应(见表16-2)。

表 16-2　　　　　中介效应对 C=O 伸缩振动频率的影响

化合物	R—C—OR ‖ O	R—C—R ‖ O	C—C—SR ‖ O
$\tilde{\nu}_{C=O}/cm^{-1}$	～1735	～1715	～1690

b. 空间效应

包括空间位阻效应、环状化合物的环张力效应等。

取代基的空间位阻效应使分子平面与双键不在同一平面,此时共轭效应下降,红外峰移向高波数。如下面两个结构的分子,其波数就反映了空间位阻效应的影响。

$\nu_{C=O} = 1663\ cm^{-1}$　　　　　$\nu_{C=O} = 1686\ cm^{-1}$

对于环状化合物,环内双键随环张力的增加而削弱,其伸缩振动频率降低,而 C—H 伸缩振动峰却向高波数方向移动;相反,环外双键随环张力的增加而增强,其波数也相应增加,峰强度随之增加。

c. 氢键

氢键的形成使电子云密度平均化(缔合态),使体系能量下降,X—H 伸缩振动频率降低,吸收谱带强度增大、变宽;变形振动频率移向较高波数处,但其变化没有伸缩振动显著。形成分子内氢键时,X—H 伸缩振动谱带的位置、强度和形状的改变均较分子间氢键小。同时,分子内氢键的影响不随浓度变化而改变,分子间氢键的影响则随浓度变化而变化。

d. 互变异构

分子有互变异构现象存在时,各异构体的吸收均能从其红外吸收光谱中反映出来。

e. 振动耦合

当两个振动频率相同或相近的基团相邻并具有一公共原子时,两个键的振动将通过公共原子发生相互作用,产生"微扰"。其结果是使振动频率发生变化,一个向高频移动,另一个向低频移动。振动耦合常出现在一些二羰基化合物中,如羧酸酐分裂为 $\tilde{\nu}_{as} 1820\ cm^{-1}$、$\tilde{\nu}_s 1760\ cm^{-1}$。

f. 费米共振

当弱的泛频峰与强的基频峰位置接近时,其吸收峰强度增加或发生谱峰分裂,这种泛频与基频之间的振动耦合现象称为费米共振。例如：

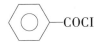

费米共振，$\nu_{C=O\,(as)} = 1774\ cm^{-1}$ 的峰裂分为 $1773\ cm^{-1}$ 和 $1736\ cm^{-1}$。

2. 外界环境因素

a. 试样状态

试样状态不同，其吸收谱带的频率、强度和形状也不同。分子在气态时，分子间的作用力极小，可以观察到伴随振动光谱的转动精细结构且峰形较窄。液态时峰形变宽，如果液态分子间出现缔合或氢键时，其吸收峰的频率、数目和强度都可能发生较大变化。固态红外光谱的吸收峰比液态的尖且多，用于定性是最可靠的。但化合物的晶型对其红外光谱也有影响。因此，在谱图上应对样品的状态加以说明。

b. 溶剂效应

在极性溶剂中，溶质分子中的极性基团(如 NH, OH, C=O、—N=O 等)的伸缩振动频率通常随溶剂的极性增加而降低，强度亦增大，而变形振动频率将向高波数移动。如果溶剂能引起溶质的互变异构、并伴随有氢键形成时，则吸收谱带的频率和强度有较大的变化。另外，溶质浓度也可引起光谱变化。因此，在测定溶液的红外吸收光谱时，应尽可能在非极性稀溶液中测定。

16.3 红外光谱仪

红外光谱仪主要包括色散型红外分光光度计和傅立叶变换红外光谱仪，下面分别加以说明。

16.3.1 色散型红外分光光度计

色散型红外光谱仪的基本结构如图 16-4 所示。自光源发出的光束对称地分为两束：一束透过样品池，一束透过参比池。两束光经扇形镜调制后进入单色器，再交替到达检测器，产生与光强差成正比的交流电压信号。

一般来说，色散型红外分光光度计的光学设计与双束紫外-可见分光光度计没有很大的区别。它们最基本的一个区别是：色散型红外分光光度计的参比和试样室总是放在光源和单色器之间，而紫外-可见分光光度计则是放在单色器的后面。这是因为红外辐射没有足够的能量引起试样的光化学分解，同时可使来自试样和吸收池的杂散辐射减至最低。

红外光源是能够发射高强度连续红外辐射的物体，常用的有能斯特灯和硅碳棒。由于玻璃和石英对中红外光有强烈吸收，红外吸收池须使用可透过红外光的

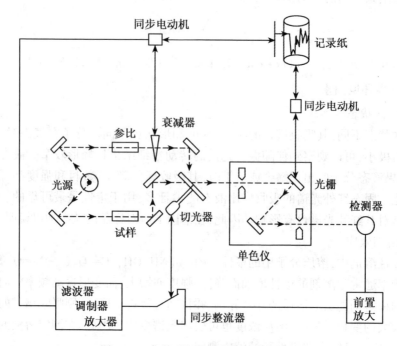

图 16-4　色散型红外光谱仪结构示意图

NaCl、KBr、CsI、KRS-5(TlI 58%,TlBr 42%)等材料制成窗片。在实际操作中,须保持恒湿,且样品干燥,以免盐窗吸潮模糊。

用光栅作为单色器目前多采用分辨率高、价格便宜的复制闪耀光栅,但由于其存在级次光谱的干扰,通常要与滤光器或前置棱镜结合使用,以分离级次光谱。

红外检测器主要有热电偶、热释电检测器(TGS)和碲镉汞检测器(MCT)。

16.3.2　傅立叶变换红外光谱仪

傅立叶变换红外光谱仪(Fourier Transform Infrared Spectrometer,FT-IR)是20世纪70年代问世的,被称为第三代红外光谱仪。傅立叶变换红外光谱仪是由红外光源、干涉计(迈克耳孙干涉仪)、试样插入装置、检测器、计算机和记录仪等部分构成的,如图16-5所示。

光源为硅碳棒和高压汞灯,与色散型红外分光光度计所用光源是相同。检测器为TGS和PbSe。其与色散型分光光度计的主要区别在于用迈尔耳孙(Michelson)干涉仪取代了单色器,以获得光源的干涉图,再通过计算机对干涉图进行快速傅立叶变换,从而得到以波长或波数为函数的光谱图。

傅立叶变换红外光谱仪具有以下优点:

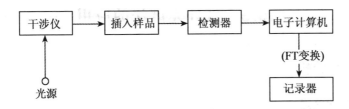

图 16-5　傅立叶变换红外光谱仪示意图

(1) 灵敏度高。FT-IR 仪所用的光学元件少，无狭缝和单色器，加之反射镜面大，故减少了能量损失，使到达检测器的辐射强度增大，信噪比提高。

(2) 扫描速度快。FT-IR 仪可在 1s 左右同时测定所有频率的信息。而色散型仪器在任一瞬间只能观测一个很窄的频率范围，一次完整的扫描需数分钟。

(3) 分辨率高。通常 FT-IR 仪分辨率可达 $0.1 \sim 0.005$ cm^{-1}，而一般棱镜型的仪器分辨率在 1000 cm^{-1} 处有 3 cm^{-1}，光栅型红外光谱仪也只有 0.2 cm^{-1}。

(4) 测量光谱范围宽（$1000 \sim 10$ cm^{-1}），精度高（± 0.01 cm^{-1}），重现性好（0.1%）。

除此之外，还有杂散光干扰小、样品不受因红外聚焦而产生的热效应的影响等。

由于傅立叶变换红外光谱仪的突出优点，目前已经逐渐取代色散型红外光谱仪，尤其适合与色谱联用或研究化学反应机理及测定不稳定物质等。但是傅立叶变换红外光谱仪结构复杂，价格较贵。

16.4　红外光谱法中的样品制备

红外光谱分析中样品的制备比较麻烦，与样品的状态密切相关，是影响分析结果的重要环节。红外光谱的试样可以是液体、固体或气体，一般应要求：

(1) 试样应是纯度 >98% 的"纯物质"，以便与纯物质的标准光谱进行对照。多组分试样应在测定前进行提纯，否则各组分光谱相互重叠，难以判断。

(2) 试样中不应含有水。因为水本身有红外吸收，并会侵蚀吸收池的盐窗。

(3) 试样的浓度和测试厚度应适当，以使光谱图中大多数吸收峰的透射比在 10% ~ 80% 之间。

固体样品通常采用压片法、调糊法和薄膜法制样。压片法是固体样品红外测定的标准方法。将 1 ~ 2mg 试样与 200mg 纯 KBr 经干燥处理后研细，使粒度均匀并小于 2μm，在压片机上压成均匀透明的薄片，即可直接测定。

对液体和溶液试样，沸点较高（>80℃）的液体或黏稠溶液采用液膜法，挥发性、低沸点液体样品采用液体池法。气态样品一般可在玻璃气槽内进行测定。

16.5 红外光谱法的应用

16.5.1 定性分析

1. 已知物的鉴定

将试样的红外谱图与标准谱图或者文献上的谱图进行对照。考察比较试样与标样的吸收峰位置、形状和峰的相对强度。如果三者相同,即可判定试样即为该种标样。如果两张谱图不一样或峰位不一致,则说明两者不为同一化合物或样品有杂质。如用计算机谱图检索,则采用相似度来判别。

使用文献上的谱图,应当注意试样的物态、结晶状态、溶剂、测定条件以及所用仪器类型均应与标准谱图相同。

2. 未知物结构的测定

测定未知物结构,是红外光谱法定性分析的一个重要用途,它涉及光谱解析。如果未知物不是新化合物,可以通过两种方式利用标准谱图进行查对:

(1)查阅标准谱图的谱带索引,与寻找试样光谱吸收带相同的标准谱图;

(2)进行光谱解析,判断试样的可能结构,然后在由化学分类索引查找标准谱图对照核实。

具体步骤如下:

(1)尽可能收集试样的相关资料和数据,了解试样的来源,推测可能的化合物类别;测定试样的物理常数,如熔点、沸点、溶解度、折射率、旋光率等,作为定性分析的旁证;根据元素分析及相对摩尔质量的测定求出化学式并计算化合物的不饱和度(Ω)。

$$\Omega = 1 + n_4 + (n_3 - n_1)/2$$

式中,n_4,n_3,n_1分别为分子中所含的四价、三价和一价元素原子的数目。

$\Omega = 0$,表示分子是饱和的,应为链状烃或不含双键的衍生物;

$\Omega = 1$,表示分子中可能有一个双键或一个脂环;

$\Omega = 2$,表示分子中可能有一个叁键或两个双键或两个脂环;

$\Omega = 4$,表示分子中可能有一个苯环。

需要指出的是,二价原子如氧、硫等不参加计算。

(2)图谱解析

图谱解析一般先从基团频率区的最强谱带开始,推测未知物可能含有的基团,判断不可能含有的基团。再从指纹区的谱带进一步验证,找出可能含有基团的相关峰,用一组相关峰确认一个基团的存在。如果是芳香族化合物,应定出苯环取代位置。

根据官能团及化学合理性，拼凑可能的结构，然后查对标准谱图核实。

在解析红外光谱时，要同时注意吸收峰的位置、强度和峰形。以羰基为例，羰基的吸收一般为最强峰或次强峰，如果在 1680～1780 cm^{-1} 有吸收峰，但其强度低，这表明该化合物并不存在羰基，而是该样品中存在少量的羰基化合物，它以杂质形式存在。吸收峰的形状也决定于官能团的种类，从峰形可以辅助判断官能团。以缔合羟基、缔合伯胺基及炔氢为例，它们的吸收峰位只略有差别，但主要差别在于峰形：缔合羟基峰宽、圆滑而钝；缔合伯胺基吸收峰有一个小小的分叉；炔氢则显示尖锐的峰形。

同一基团的几种振动相关峰应同时存在。任一官能团由于存在伸缩振动（某些官能团同时存在对称和反对称伸缩振动）和多种弯曲振动，因此，会在红外谱图的不同区域显示出几个相关吸收峰。所以，只有当几处应该出现吸收峰的地方都显示吸收峰时，方能得出该官能团存在的结论。以甲基为例，在 2960，2870，1460，1380 cm^{-1} 处都应有 C—H 的吸收峰出现。以长链 CH$_2$ 为例，2920，2850，1470，720 cm^{-1} 处都应出现吸收峰。

值得说明的是，完全依靠红外光谱来进行化合物的最后确认相当困难，往往需要结合其他谱图信息，如核磁共振、质谱、紫外光谱等加以确定。

下面举例简要说明解析图谱的一般方法。

例 16-1 某化合物分子式为 C$_8$H$_{14}$，常温下为液体，测得其红外光谱如图 16-6 所示，试推测其结构。

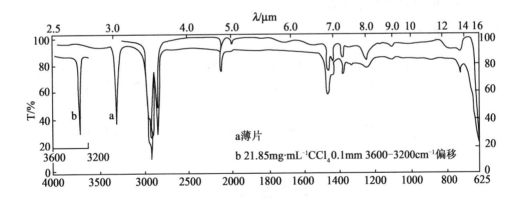

图 16-6 分子式为 C$_8$H$_{14}$ 化合物的红外光谱图

解

（1）计算不饱和度

$$\Omega = 1 + 8 + \frac{0-14}{2} = 2 \quad 不饱和度为2$$

(2) 图谱解析

首先,该化合物分子式为 C_8H_{14},不含氮和氧,因此在 3300 cm^{-1} 处的强吸收,不是 O—H 或 N—H 基引起的,应为 C—H 伸缩振动。而 C—H 伸缩振动吸收大于 3000 cm^{-1},表明分子中有不饱和碳原子存在。其次,由于 1650 cm^{-1} 处没有强而清晰的吸收带,排除了双键存在的可能。基于以上分析,可初步推测有满足不饱和度为 2 的 C≡C 键存在,且 C≡C 为端基,即存在 —C≡C—H 基。而 2100 cm^{-1} 和 625 cm^{-1} 的吸收带,是由 C≡C 伸缩振动和 C≡C—H 的面外变形振动吸收引起的,进一步确证了 C≡C—H 的存在。

由于 3000 cm^{-1} 附近,还有小于 3000 cm^{-1} 的 C—H 伸缩振动吸收存在,表明分子中有饱和 C—H 存在。1370 cm^{-1} 的吸收峰是 —CH_3 引起的,且该峰未发生分裂,说明无异丙基或叔丁基存在。1470 cm^{-1} 的吸收带是亚甲基的特征峰,结合 720 cm^{-1} 处的吸收,表明有多个亚甲基存在,且至少有 4 个亚甲基相连。

综上所述,该化合物可能是 1-辛炔。

3. 几种标准谱图

1. 萨特勒(Sadtler)标准红外光谱图
2. Aldrich 红外谱图库
3. Sigma Fourier 红外光谱图库

16.5.2 定量分析

由于红外光谱的谱带较多,选择余地大,所以能方便地对单一组分或多组分进行定量分析。此外,该法不受样品状态的限制,能定量测定气体、液体和固体样品。但红外光谱法的灵敏度较低,尚不适于微量组分测定。

红外光谱法定量分析也是基于朗伯-比尔定律,通过对特征吸收谱带强度的测量来求出组分含量。

思考题和习题

1. 试说明影响红外吸收峰强度的主要因素。
2. 分别在 950g/L 乙醇和正己烷中测定 2-戊酮的红外吸收光谱,试预计 $\nu_{C=O}$ 吸收带在哪一溶剂中出现的频率较高。为什么?
3. CS_2 是线性分子,试画出它的基本振动类型,并指出哪些振动是红外活性的。
4. 不考虑其他因素条件影响,在酸、醛、酯、酰卤和酰胺类化合物中,出现 C=O 伸缩振动频率的大小顺序应是怎样?

5. 试从原理、仪器构造和应用方面比较红外吸收光谱法和紫外-可见光谱法的异同。
6. 下面两个化合物的红外光谱有何不同？

$\text{C}_6\text{H}_5\text{—CH}_2\text{—NH}_2$ $\text{H}_3\text{C—C(=O)—N(CH}_3\text{)}_2$

第17章 核磁共振波谱

核磁共振(Nuclear Magnetic Resonance, NMR)是20世纪40年代中期发现的低能量电磁波与物质相互作用的一种物理现象。核磁共振波谱就是研究某些磁矩不为零的原子核,在静磁场中由于磁矩和磁场的相互作用产生一组分裂的能级,处于基态的原子核,可以吸收外界微波辐射能量,从基态跃迁到高能级态所出现的共振现象。

核磁共振谱基本上是吸收光谱的另一种形式,类似于红外或紫外光谱。在适当的磁场条件下,分子(样品)能够吸收射频区的电磁辐射,吸收的辐射频率取决于分子中某一给定的原子核。以吸收峰频率对吸收峰强度绘图即构成核磁共振波谱图(NMR谱)。

由于对NMR谱的解析通常可以获取比红外光谱或紫外光谱更为详细的信息,因此它是研究分子结构的一种强有力的工具,已成为有机结构分析应用最有效的手段,是在有机结构分析的各种谱学方法中给出结构信息最准确、最严格的一种方法。随着高分辨核磁共振仪的出现和新的NMR技术的不断发展,核磁共振研究已成为当今十分活跃并迅猛发展的学科之一。

为清晰地理解核磁共振谱,首先有必要了解自旋的原子核在外加磁场中的行为,本章将扼要概述核磁共振的物理基础以及重要的光谱参数(化学位移、耦合常数等)。

17.1 核自旋和共振

所有的原子核都带有电荷,在原子核中电荷绕核轴"自旋",在沿核轴方向上产生磁偶极,其大小用核磁矩 μ 表示。同时自旋电荷还具有角动量(p),可用自旋量子数 I 描述,I 可有 $0, 1/2, 1, 3/2$ 等值($I=0$ 表示无自旋)。自旋量子数由原子质量和原子序数决定,下表列举核自旋量子数 I 和不同的原子质量和原子序数的组合:

I	原子质量	原子序数	原子核例
半整数	奇数	奇数	$_1^1H\left(\frac{1}{2}\right),\,_1^3H\left(\frac{1}{2}\right),\,_7^{15}N\left(\frac{1}{2}\right),\,_9^{19}F\left(\frac{1}{2}\right),\,_{15}^{31}P\left(\frac{1}{2}\right)$
半整数	奇数	偶数	$_6^{13}C\left(\frac{1}{2}\right),\,_8^{17}O\left(\frac{1}{2}\right),\,_{14}^{29}Si\left(\frac{1}{2}\right)$
整数	偶数	奇数	$_2^1H(1),\,_7^{14}N(1),\,_5^{10}B(3)$
零	偶数	偶数	$_6^{12}C(0),\,_8^{16}O(0),\,_{16}^{34}S(0)$

由于一些原子核的自旋量子数 I 是 1/2,电荷具有均匀的球形分布,因此它们的核磁共振谱图比较容易得到,例如 $_1^1H,\,_1^3H,\,_6^{13}C,\,_7^{15}N,\,_9^{19}F,\,_{15}^{31}P$,其中最为常用的是 ^{1}HNMR(亦称氢谱)和 ^{13}CNMR(亦称碳谱)。本章重点涉及质子的核磁共振行为。

对于在外加磁场中自旋量子数为 1/2 的原子核存在两种能级状态(见图 17-1)一种是与外加磁场相顺的低能级取向,另一种是与外加磁场反方向的高能级取向,分别标记为 α 和 β 或是 1/2 和 -1/2,其两种状态的能量之差:

$$\Delta E = \left(\frac{h\gamma}{2\pi}\right)B_0$$

式中,B_0 是外加磁场的强度;h 为普朗克常数;γ 为磁旋比,它为一个比例常数,是对每个不同核体的强度的衡量。由此式看出 ΔE 数值的大小与磁场强度成正比。

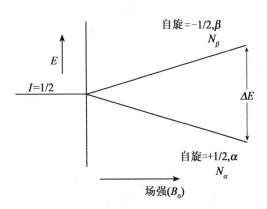

图 17-1 两个能级间的能级差与磁场 B_0 的关系

当自旋量子数 I 为 1/2 的质子在给定的磁场强度为 B_0 的稳定静磁场中,处于低能级状态的核子数(N_α)和处于高能级状态的核子数(N_β)之差由波尔兹曼分布决定:$N_\beta/N_\alpha = \exp(-\Delta E/kT)$。当在射频电磁辐射 ν_1 作用下如果这个辐射频率与核磁体在 B_0 中的自然旋进的频率相匹配,那么这个分布就会发生改变,一些 N_α 核会从低能级状态跃迁到高能级状态,N_β 会增加(见图 17-2)。

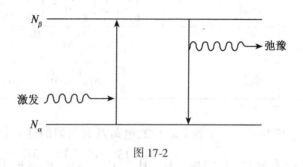

图 17-2

共振频率为:$\nu_1 = \gamma B_0/2\pi$,以赫兹(Hz)表示。这就是依射频 ν 和磁场强度 B_0 所建立的基本 NMR 方程。引入的射频 ν_1 常以 MHz 为单位,当达到质子共振频率 100MHz 需要的磁场强度 B_0 为 2.35T(23.494KG)①时,在此比率下,体系达到共振,质子吸收能量跃迁到较高能级态,将其记录而成为核磁共振谱。在基本 NMR 方程中 γ 为核磁旋比,即核磁矩(μ)与其自旋角动量(p)之比,角动量(p)与磁矩(μ)均为矢量,其表达为

$$\mu = \gamma p$$

式中,γ 也是磁矩(μ)和自旋量子数(I)的比例常数。

$$\gamma = 2\pi\mu/hI$$

每种核具有不同的 γ 值,它决定核在核磁共振实验中检测的灵敏度,γ 值大的核,检测的灵敏度高,即共振信号易被观察,反之 γ 值小的核则是不灵敏的。

射频 ν_1 可以有两种方式产生,即采用扫频的连续波(CW)和脉冲,以这两种方式产生了明显不同类型的两种 NMR 光谱仪。

在 CW 模式谱仪中,样品被放置在磁场中,采用在要求的频率范围内慢速扫描磁场方式照射,记录谱图中吸收的能量以频率形式表达。在脉冲谱仪中,样品放在磁场中采用脉冲宽度(即一个射频脉冲持续作用的时间)是以覆盖全谱的高功率脉冲照射。脉冲将同时激发所有原子核,之后受激发原子核开始回到基态并释放吸收的能量。检测器采集到这些能量,反映成自由感应衰减信号(常称之为 FID 信号)的形式。FID 信号是时间的函数,经过傅立叶变换为以频率为函数的可读谱图。由于脉冲可以理解为"瞬间的扫描",一个很短时间的(微秒级,μs)高功率射频脉冲以中心

---

① 1T(Tesla,特[斯拉])= 1Wb/m²(每平方米的磁通量)= 10^4G(高斯)。

频率 ν_1 沿着 x 轴发射,可涵盖全部要求的频率范围,通过激发所有目标原子(质子),并同时采集全部信号的方式获得高灵敏度的核磁共振谱图。虽然 CW 模式谱仪现在仍然应用在一些低分辨率的测定中,但是已经基本上被脉冲傅立叶变换谱仪所取代。

17.2 仪器和样品处理

17.2.1 仪器

最早的商业 NMR 谱仪始于 1953 年。使用永磁体或者电磁体提供质子共振的磁场,场强为 1.41,1.87,2.20 或 2.35T,对应质子共振频率为 60,80,90 或 100MHz(质子发生共振频率磁场是描述仪器的通常方式)。

在高分辨高灵敏要求下,又逐渐产生 300~600MHz 的高功率仪器并投入了广泛使用。所有的 100MHz 以上仪器都是采用液氦冷却的超导磁场和脉冲傅立叶变换模式。其他的基本要求还包括射频场的稳定性、磁场的均匀性和计算机界面。

样品(一般为外径 5mm 的玻璃管中加有氘代试剂的溶液体系)放置于探头中,探头是由发射和接收线圈组成,还有一个旋转装置使样品管沿着垂直方向旋转以消除磁场的非均一化。

一台连续波 NMR 谱仪(见图 17-3)由一个控制台、磁体(一般是永磁体或电磁体)和两个垂直相交的线圈作为射频脉冲发射器(发射和扫场线圈)。一个线圈连接在射频发射器上,另外一个连接在射频放大器上并连接到检测器。

图 17-4 表示超导磁体的线路排列情况。需要注意的是,在电磁体 NMR 中样品玻璃管是放在螺线圈的空洞中以一个与轴(水平方向)成直角的角度旋转。

通过连续波扫描或是傅立叶变换得到的质子核磁共振谱图都是一系列的谱峰,峰的面积和它们所代表的质子数目成正比。峰面积可以通过电子积分器测量,得到一系列阶梯状曲线,阶梯的高度与峰面积成正比。通过积分计算质子数,对于确定化合物结构、检测隐藏峰、确定样品纯度和定量分析都非常有用。峰的位置(也叫化学位移)是相对于参照谱峰的频率值。

17.2.2 NMR 实验的灵敏度

脉冲傅立叶变换 NMR 实验的灵敏度通过信噪比来表征:

$$S/N = NT_2 \gamma_{exc} \left(\frac{\sqrt[3]{B_0 \gamma_{det}} \sqrt{ns}}{T} \right)$$

式中,S/N 为信噪比;N 为体系中自旋的原子数目(样品浓度);T_2 为横向弛豫时间(决定线宽);γ_{exc} 为受激发原子磁旋比;γ_{det} 为检测原子磁旋比;n_s 为扫描次数;B_0 为外部磁场;T 为样品温度。

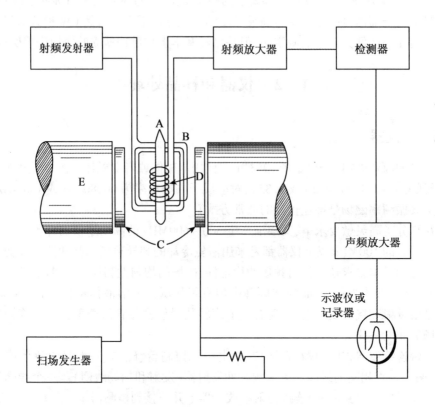

样品管和磁场的 z 轴垂直;A—样品管　B—发射线圈　C—扫场线圈　D—接受线圈　E—磁体

图 17-3　连续波 NMR 谱仪的示意图

对于一个简单的 ^1H 实验,γ_{exc} 与 γ_{det} 是同一值,对于低灵敏度的原子核是采用激发一种原子而检测另外一种具有较高磁旋比的原子的方法来提高信噪比。

在一台 300MHz 仪器上氢谱实验的常规样品是在一个外径为 5mm 的玻璃管中含有 10mg 样品和 0.5mL 氘代溶剂。在微探头中,可以使用外径为 1.0mm,2.5mm,3mm 的样品管来提高灵敏度。例如,适当条件下可以在 600MHz 仪器上,用 1.0mm 外径的微管(5μL 体积)完成对 100μg 具有常规分子量的化合物的采样。

低温冷却探头技术的开发极大地降低了 ^1HNMR 对样品量的需求,探头和一阶电子接收器的热噪声是 NMR 实验中的噪声的主要来源。新型的探头和一阶接收器都处于低温冷却下(~20°K),信噪比可以达到 4 倍于常规探头。对于使用要求当然是更高的场强显然可以提供更高的灵敏度。对于固定浓度的样品,在 300MHz 仪器上为了得到在 600MHz 仪器上相同的信噪比,需要 2.8 倍量的样品量:

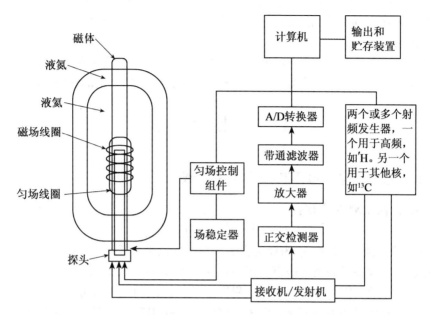

探头和磁体的 z 轴平行。磁体用杜瓦罐中的液氦外包液氮冷却

图 17-4　用超导磁体的傅立叶变换 NMR 谱仪示意图

$$S/N = \frac{N_{600}}{N_{300}} = \sqrt[3]{\frac{600}{300}} \approx 2.8$$

所以对于有限的样品量,最好选择高场强小外径的低温探头。对于量非常少的样品,低温毛细管流动相微探头可以用几毫微克的样品溶于大约 $1\mu L$ 的溶剂中而获得较高的灵敏度。

17.2.3　溶剂选择

理想的溶剂应该是不含质子、惰性的、低沸点且价格低廉。氘代试剂在现代仪器中是必须的,原因是现代仪器需要通过氘信号来锁定或者稳定磁铁的磁场 B_0。仪器有一个氘通道随时监控和调谐场强 B_0 使之与氘代试剂的氘频率一致。通常,质子的 NMR 信号宽度在 300MHz(仪器)内的 0.1 到几个 Hz 的范围变化,所以磁场 B_0 要非常稳定和均一。

氘信号也被用来均匀磁场 B_0,仪器中有小的电磁线圈来补偿主磁场 B_0 以使样品中心的磁场达到均一和稳定。大多数现代仪器都有大约 20~30 组电磁线圈,它们都由电脑控制,可以通过自动模式调谐。

氘代氯仿($CDCl_3$)只要条件允许都可以使用,实际上也是最常用的。在化学位移 7.26ppm 处的小尖峰代表了杂质 $CHCl_3$ 的质子峰,一般不会对样品峰有干扰。对于非常稀的样品,可以用 100% 同位素纯度的 $CDCl_3$。常用的氘代溶剂还有:氘代丙酮(CD_3COCD_3)、氘代乙腈(CD_3CN)、氘代二甲基亚砜(CD_3SOCD_3)等。通常 NMR 溶剂应该保存在干燥器中。

微量的铁磁性杂质会引起吸收峰信号的急剧加宽,这是由于它使体系的 T_2 弛豫时间减少。这些杂质通常来源于自来水和金属勺或金属器具上的铁锈微粒。

17.3 化学位移

17.3.1 化学位移是核磁共振的重要参数

根据基本的 NMR 方程:

$$\nu_1 = (\gamma/2\pi)B_0$$

式中,ν_1 为加载脉冲频率;B_0 为稳定静磁场的磁场强度;$\gamma/2\pi$ 为常数。

我们从射频和强磁场对所有质子的相互作用来推断,得到的质子峰应是单一的,但事实并非如此。因为原子核在一定程度上被其周围的电子云屏蔽,而电子云密度又随着不同的化学环境而变化。电子云密度的变化引起质子吸收位置的不同,这种不同,可以借高分辨核磁共振波谱法区别出各个吸收峰之间的不同化学位移位置。

对所有质子,其基本 NMR 方程为分子中等价质子的集合:

$$\nu_{eff} = (\gamma/2\pi)B_0(1-\sigma)$$

外围电子在磁场作用下所发生的环绕运动会产生一个与外加磁场相反的磁场,因此,这是一种屏蔽效应(见图 17-5)。σ 为屏蔽常数,它的大小与被周围电子云屏蔽的程度成正比。在给定的磁场 B_0 中,实际共振频率(ν_{eff})要小于加载频率 ν_1。此效应解释了所有的有机物都呈现出抗磁性的原因。

如前所述,核自旋在静磁场中的取向由自旋量子数 I 决定。对于 ^1H、^{13}C 核自旋 $I=1/2$,其核磁矩可与磁场方向相同和相反,但却保持一定的角度沿 B_0 方向呈现一个圆锥形轨迹进动(precession),如图 17-6 所示。其运动频率称为拉摩尔频率。很明显,拉摩尔频率在不同的核中由于化学环境不同会产生微小的差别,因此把分子中核的化学环境不同所造成的拉摩尔频率的移动称为化学位移,用 δ 代表。测量和表述化学位移的绝对数值比较麻烦,通常选用一个参比物,以它的共振吸收值为零坐标,其他各种原子的位移与它进行比较而得到的相对值,通常用 ppm 这种无量纲单位来表示(但这单位并不是国际标准计量单位)。几乎在所有情况下化学位移标度 δ 由下式定义:

$$\delta = [\nu_S(Hz) - \nu_{TMS}(Hz)/\nu_W(MHz)] \times 10^6$$

式中,ν_S 为被测物质的每一特定核的共振频率;ν_{TMS} 为参比物四甲基硅烷的共振吸收频率;ν_W 为仪器实际操作频率。

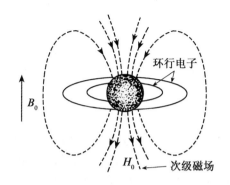

箭头表示静磁场 B_0 的方向,环绕电子形成电流

图 17-5　环绕电子的抗磁性屏蔽效应

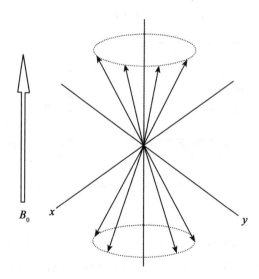

图 17-6　$I=1/2$ 核偶极沿双锥体的进动,锥体的夹角为 $54°44'$

这样用来测量信息位置的参数 δ,不管在什么谱仪上测量的数值都是一样的,它虽没有单位,但以外加磁场百万分之几(即 ppm)来表示。

通常,最常用的参比物是四甲基硅烷(TMS),它具有以下优点:在化学上是惰性的,磁性上各向同性,易于挥发(沸点 27℃),并能溶于许多有机溶剂中;它只给出一个很尖很强的吸收峰,其位置出现于较高磁场处,它的质子比几乎所有的有机物中的质子都被屏蔽得多。当用水(H_2O)或重水(D_2O)作溶剂时,TMS 可作为"外标"使用,也就是将 TMS 密封于毛细管内并浸于溶液中。在水溶液中,有时可用 2,2-二甲基-2-硅戊烷-5-磺酸钠[DSS,(CH₃)₃SiCH₂CH₂CH₂SO₃Na]中的甲基质子作为"内标"(0.015ppm)。

$$\text{H}_3\text{C}-\underset{\underset{\text{CH}_3}{|}}{\overset{\overset{\text{CH}_3}{|}}{\text{Si}}}-\text{CH}_3 \qquad \text{H}_3\text{C}-\underset{\underset{\text{CH}_3}{|}}{\overset{\overset{\text{CH}_3}{|}}{\text{Si}}}-\text{CH}_2-\text{CH}_2-\text{CH}_2\text{SO}_3\text{Na}$$

TMS   DSS

长久以来人们已经习惯用 TMS 作为参比物,将 TMS 吸收峰放在谱图的最右端并标记为 0 Hz 或 0 ppm(δ 标尺)。正的 Hz 或 δ 数值从 TMS 开始向左增加,负的 Hz 或 δ 数值从 TMS 开始向右增加。"屏蔽"表示向右移动,"去屏蔽"表示向左移动。这样我们可以看出,相对于 TMS 在 Hz 或是 δ 为标尺的谱图中,去屏蔽作用增加,峰位值左移,去屏蔽作用减弱,峰位值右移(见图17-7)。

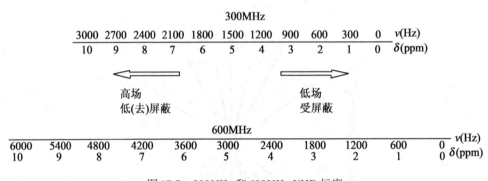

图17-7　300MHz和600MHz NMR标度

在上列 NMR 标度中化学位移的频率值(用 Hz 表示)除以所用谱仪的频率(用 MHz 表示),就得到 δ 或 ppm。若一个峰在300MHz仪器上对应频率1200Hz:1200Hz/300MHz = δ4 或 4ppm。如果换作600MHz的谱仪,指定的峰将会在2400Hz的位置,2400Hz/600MHz = δ4 或 4ppm,δ(或 ppm)保持不变。

必要的强磁场可以使化学位移展开得更好。现列举丙烯腈的 NMR 谱图(见图17-8),从中看出场强的增加使信号分得更开。

17.3.2　影响化学位移的因素

影响化学位移的因素有分子内因素和分子间因素,前者包括由诱导效应所致的取代基的电负性影响、共轭体系中环电流的影响以及化学键的各向异性;后者包括分子周围介质(氢键、溶剂)和外部环境(温度)的影响。

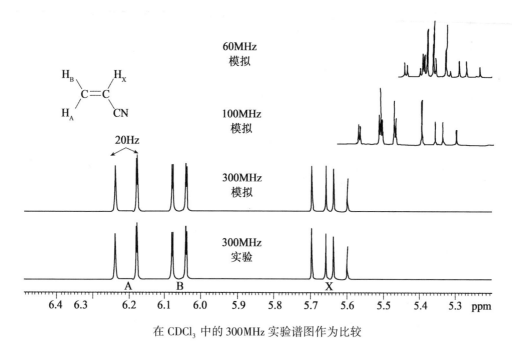

在 CDCl₃ 中的 300MHz 实验谱图作为比较

图 17-8　丙烯腈的 60,100 和 300MHz NMR 模拟谱图

1. 诱导效应

在一个均一的磁场中,电子围绕着核环流,它产生一个与外加磁场方向相反的二级磁场(见图 17-5,其中实线表示与诱导磁场相关的磁力线)。因此,处于高电子密度区域的核将会比低电子密度区域的核感受到相对较弱的磁场,所以必须用较高的外加场使之发生共振,这样的核称为被电子所屏蔽。归纳起来,高电子密度使核受到屏蔽并使共振发生在相对较高的场(即具有低的 δ 值);同样,低电子密度使共振发生在相对较低的场(即具有高 δ 值),这时核被称为去屏蔽的核。这种作用的程度可以从表 17-1 中所列出的连接了不同原子以后甲基上的 ^1H 和 ^{13}C 原子的共振位置看出。电正性元素(Li,Si)使信号移向高场,电负性元素(N, O, Cl)则使信号向低场,因为它们分别是供电子或者吸电子的元素。

表 17-1　　　　　　　**CH₃X 中甲基与各种原子连接后的化学位移**

X	δ_C	δ_H	X	δ_C	δ_H
Li	−14.0	−1.94	NH₂	26.9	2.47
SiMe₃	0.0	0.0	OH	50.2	3.39

续表

X	δ_C	δ_H	X	δ_C	δ_H
H	−2.3	0.23	F	75.2	4.27
Me	8.4	0.86	SMe	19.3	2.09
Et	15.4	0.91	Cl	24.9	3.06

氢比碳的电正性大,因此每当用烷基取代氢后会使得那个碳以及所有剩下的氢原子的化学位移移向低场。所以,甲基、亚甲基、次甲基以及季碳(以及与它们相连的氢原子)在相继更低的场发生共振(如下所示)。

δ_C　−2.3　　δ_C　8.4　　δ_C　15.9　　δ_C　25.0　　δ_C　27.7

　　　CH_4　　　　$MeCH_3$　　　$MeCH_2$　　　Me_3CH　　　　Me_4C

δ_H　0.23　　δ_H　0.86　　δ_H　1.33　　δ_H　1.68

2. 化学键的各向异性

化学键也是可以产生磁场的高电子密度区域。这些磁场在某一方向上要比另一方向强(它们是各向异性的),所以磁场对附近核的化学位移的影响取决于这个核与键的取向,π键对于影响附近原子的化学位移特别显著。因此相对于饱和的化合物,烯丙位的碳和氢向低场移动(较高的 δ 值);烯烃碳原子以及与它们相连的氢原子向更低的场移动(见表17-2),这部分是由于各向异性,另外,也是由于三角形的碳原子(键角120°)与四面体的碳原子相比电负性更大(因为它们有更多的 S 成分)。羰基对于相邻原子也具有相似的影响(见表17-2),羰基碳本身(以及与之相连的氢原子)的共振出现在常见有机结构共振的最低场。这是由于它们受到了诱导、各向异性和附近的电负性因素共同影响的结果。

表 17-2　　　　　　　　　某些烯烃、炔烃和羰基化合物的 δ_C,δ_H

化合物	δ_C	δ_H	化合物	δ_C	δ_H
$CH_3CH=CH_2$	22.4	1.71	CH_3CHO	31.2	2.20
$CH_2=CH_2$	123.3	5.25	CH_3COCH_3	28.1	2.09
$CH_3C\equiv CH$	66.9	1.80			
$CH_3C\equiv CCH_3$	79.2				

注:此表未指明 δ 值的归属

当双键带有极性基团时,电子分布就会移动,这种移动通常可以用诱导效应和共轭效应的结合来解释,前者通过 σ 骨架(随距离单调地减小),而后者则通过 π 体系(沿着交替的单双键)起作用。在 π 体系中该效应可以用结构 1 和 2 中的弯箭头表示,它们分别具有 π-供体和 π-受体基团。

如表 17-3 所示,电子密度的移动自然会影响附近的核发生共振的位置。一般来说,π 供体使 β 位核受到屏蔽,就像在结构 1 中的弯箭头所示的那样,这导致它们与乙烯相比会出现在较高场,它们同时也使得 α 核移向低场。π-受体基团(COCH$_3$ 和 SiMe$_3$)导致 β 和 α 位的核均向低场移动,由于重叠使得 β 位受到的影响更大如结构 2。

表 17-3　　　　　　　　　　　取代烯烃的共轭效应

X	电性质	$\delta_{C\beta}$	$\delta_{C\alpha}$	$\delta_{H\beta}$	$\delta_{H\beta}$
H	参照化合物	123.3	123.3	5.28	5.28
Me	弱 π-和 σ-供体	115.4	133.9	4.88	5.73
OMe	π-供体,σ-受体	84.4	152.7	3.85	6.38
Cl	σ-受体,弱 π-供体	117.2	125.9	5.02	5.94
CH-CH$_3$	简单的共扼	130.3	136.9	5.06	6.27
SiMe$_3$	π-受体,σ-供体	129.6	138.7	5.87	6.12
COMe	π-受体,σ-受体	129.1	138.3	6.40	5.85

苯环的 π 体系也会产生一个重要的各向异性效应。环绕运动的电子称为环电流,它们在环中心产生了一个与外加磁场方向相反的磁场,但这却增强了环外的外加场(见图 17-9)。

诱导场的影响使得与苯环相连的氢受到相当程度的去屏蔽,这些氢通常在比相应的烯烃信号要低 1.5~2.00ppm 处发生共振。苯的 ^{13}C 信号类似地向低场移动(有 5.2ppm),但是因为本身化学位移值比较大,这样小的影响就难注意到。在特例芳香[18]-轮烯(结构 5)中,存在着"内部"和"外部"氢。"内部"氢处于比外加场更弱的

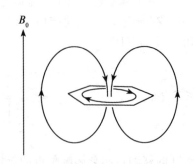

图 17-9　环绕运动的电子所产生的环电流

磁场中,因此在引人注目的高场发生共振;而外部的氢则在和通常的芳香环一样的区域发生共振。

3　　　　　　　4　　　　　　　5

H 5.28　　　H 7.27　　　H 9.28
123.3　　　　128.5　　　　−2.99

与苯环直接连接的极性基团会造成向高场或低场移动,这和简单的双键上的行为是相似的。从结构 6 和 7 可以看到 π-给体和 π-受体的影响:相对于苯 5 来说,邻位和对位的碳以及氢受甲氧基影响移向高场,硝基的作用不太直接,邻位的氢和对位的碳氢正如人们所预计的那样移向低场,但是邻位的碳却移向了高场。

非常近似的是,任何结构上取代的变化对碳谱和氢谱有相似的影响:碳信号的 δ 值大约是质子信号的 δ 值的 20 倍。然而,这种一般的结论有许多偏离较大的情况。

		δ_C	δ_H
OMe	i	158.7	
	o	113.8	6.81
	m	129.4	7.17
	p	120.4	6.86

6

		δ_C	δ_H
NO₂	i	148.1	
	o	123.2	8.21
	m	129.3	7.45
	p	134.5	7.66

7

到目前为止,以上讨论所得出的结论可以归纳在图 17-10 中。

在图 17-10 中一个特例有必要提到:环丙烷的碳和质子的共振例外地出现在高

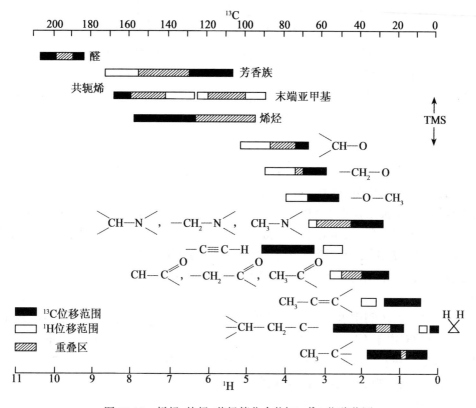

图 17-10　烯烃、炔烃、芳烃等化合物 ^{1}H，^{13}C 位移范围

于亚甲基甚至大多数甲基的通常区域的高场。在环丙烷结构中，3 个相邻的顺式 C—H 键可以相互共轭，如同 p 轨道的相互共轭。这样环状六电子的共轭体系产生环电流，质子和碳均处于由这个环电流诱导产生的磁场屏蔽区，它们在 δ_C2.8 和 δ_H0.22 处共振。烷基和电负性元素的取代使共振按通常的方式移向低场。

3. 氢键

参与形成氢键的氢原子与两种电负性元素共享电子，结果，它自身被去屏蔽，在低场中出现共振。水在非常稀的 $CDCl_3$ 溶液中 OH 基的氢键这时最少，质子的共振出现在 $\delta \approx 1.5$ 处。另一方向，对于悬浮在 $CDCl_3$ 中的水滴，这时形成分子间氢键，它们在 $\delta \approx 4.8$ 处共振，这些信号有时可以在测量微量样品的 FT 光谱中看到。醇和胺的 OH 和 NH 质子的共振位置是无法预测的，因为参与氢键的形成程度无法预测，并且也与浓度有关。对于醇通常的区域是 δ 0.5~4.5，硫醇是 δ1~4，胺是 δ1~5。羧酸二聚体(8)中有很强的分子间氢键，使得质子吸收出现在很低场的区域 δ9~15。β-二酮相应的烯醇化分子(9)的分子内氢键也是类似，化合物 9δ 为 15.4。

尽管它们出现在 ¹H NMR 谱的何处具有不确定性,但是这类氢很容易鉴别:在 $CDCl_3$ 或 CCl_4 溶液样品中加入一滴 D_2O 并摇晃,则 OH,NH 和 SH 的氢迅速与 D_2O 发生氢氘变换。这时 OH,NH 或 SH 的氢的信号就从光谱中消失(即接近于 δ 4.8 的 HDO 的弱信号所代替)。

4. 溶剂

当溶剂从 CCl_4 变为 $CDCl_3$ 时化学位移受影响很小(±0.1ppm),但变为极性更大溶剂,比如丙酮、甲醇,或者 DMSO 时,却会有显著的影响。对 ¹³C 是 ±0.3ppm,对质子也是 ±0.3ppm,苯可以有相当大的影响,对质子和 ¹³C 都为 ±1ppm。由于苯具有强有力的各向异性磁场,苯对于电子密度较小的区域有弱的溶剂化作用,与惰性的溶剂(比如 CCl_4)相比较,位于产生溶剂化作用苯环的周围溶质原子会感受明显的屏蔽或去屏蔽。这种溶剂诱导的位移对光谱中有两个重合在一起的吸收峰的分辨特别有用。

在 NMR 谱中常用的溶剂均是氘代的,目的是不引入额外的吸收信号,但是它们(除 CCl_4)均有由于不完全氘化而产生的残余吸收信号。识别这些信号很重要,目的是能够从正在解析的谱图中剔除。$CHCl_3$ 的信号(在 ¹H NMR 谱中位于 δ 7.25)在许多以 $CDCl_3$ 为溶剂所测的谱图中均很明显。

5. 温度

大多数信号的共振位置受温度影响很小。但 OH,NH 和 SH 在高温时因为氢键的程度降低而在较高场发生共振。

17.4　¹H 核磁共振谱:自旋耦合和裂分

核自旋通过共价键或键电子传递的间接相互作用而引起的核磁共振信号裂分为多重峰的现象,在液体核磁共振中称为自旋-自旋耦合(亦称自旋耦合),由此发生的谱线裂分称为自旋-自旋裂分。核自旋通过空间的直接或偶极耦合仅在固体核磁共振中观察到,在液体核磁共振中此种耦合被分子运动所抵消。本节重点从质子的核磁共振谱图来考查自旋耦合和裂分。

分子中的质子在磁场中各自以固有的频率处于自旋运动状态。当两组磁不等价质子之间的距离足够接近时,如相邻两个碳原子上的氢原子相距三个单键,呈现 H—A—B—H 形式,这两个氢将发生自旋耦合并分裂成两个峰(见图17-11)。

相互耦合作用的程度大小用耦合常数 J 值表示,两个核间隔化学键的数目标在

第17章 核磁共振波谱

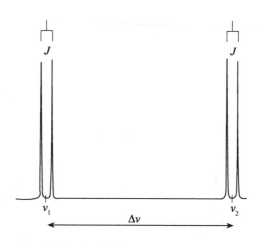

图17-11　化学位移差别较大的两个质子之间的自旋耦合

J值的左上角，如上述两个相邻碳上的氢，其耦合常数用^3J(邻位耦合)表示。同碳上的氢原子，通常其化学位移值相同，不出现裂分；大于三个键以上的耦合称远程耦合，通常是很弱的，其耦合常数数值很小，因此^3J的耦合常数是最常见的典型。耦合常数的单位是Hz，它与化学位移值不同，不受仪器(外加磁场强度)、溶剂等外界因素的影响，是与分子结构相关的一个常数。耦合裂分峰的数目、裂分后各谱线的强度以及各峰间(峰间隔)的频率差(即耦合常数)是NMR谱中重要的结构参数。

耦合裂分峰的数目，在一般NMR谱图中可以看到每一个质子裂分的数目受到它周围存在的相互耦合作用的质子数决定。若把每一个氢原子看成是一个小磁体，在磁场中就有正、反两种取向，且两种取向能级不同，因此就会对它周围的质子产生两种不同的耦合作用，使被耦合的质子裂分成二重峰；当有两个氢原子存在时，将有三种不同的取向：两个氢原子皆平行于外磁场方向，两个皆反平行于外磁场方向，第三种是一个平行另一个反平行于外磁场方向。这三种不同的取向将使被耦合的质子出现三重裂分(见图17-12和图17-13)。

同理当质子周围存在三个或三个以上氢原子时，就会出现$(n+1)$重裂分峰。如果与质子相互耦合的是其他磁性核，该核的自旋量子数为I，核的数目为n，由此引起质子裂分的数目为$(2nI+1)$重峰。如果在质子周围存在磁不等价的原子，化学位移和耦合常数都不同，两类质子的数目分别为n和n'时，由此引起的裂分，其峰数为$(n+1)(n'+1)$。

在此一并提到，凡裂分遵循$(n+1)$或$(n+1)(n'+1)$规律的NMR谱称为一级谱，其特点是在耦合体系中，耦合常数远大于化学位移频率差，在某些耦合常数与化学位移值相近的体系中，耦合裂分数目不遵循$(n+1)$或$(n+1)(n'+1)$规律，这种谱

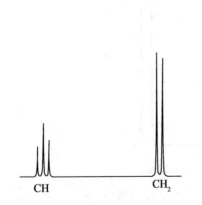

图 17-12 具有不同化学位移的 CH 和 CH$_2$ 之间的自旋耦合

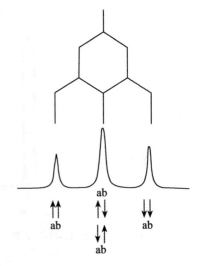

图 17-13 连续裂分产生的三重峰

称为二级谱。其核间化学位移差与它们的耦合常数之比 $\Delta\delta/J < 7$。

由于高强磁场仪器的出现,已使谱图大为简化,如使原来在低磁场强度下耦合的二级谱在高强磁场仪器中变成弱耦合的一级谱;另外,在自旋系统中的相对化学位移值随仪器磁场强度增加而增大,如果在 80MHz NMR 谱仪中 $\Delta\delta/J = 3$,那么在 400MHz NMR 谱上就将增大 5 倍(400/80 = 5),即 $\Delta\delta/J = 15$,由此使裂分峰的位移显著分开。

以上仅表达了耦合裂分峰的数目有一定的规律。而每个耦合裂分峰的强度亦有一定的规律。一般在一级谱中以符合二项式 $(a+b)^n$ 展开后各项的系数表示,如二重裂分两峰强度比为 1∶1,三重峰强度比为 1∶2∶1,四重峰强度比为 1∶3∶3∶1,等等。简单的一级裂分谱是中心对称的,处于中心的是最强的吸收峰,现以"帕斯卡(Pascal)三角"表述一级多重峰的相对强度(见图 17-14)。但二级谱中各峰的相对强度不遵守上述规则。

为理解耦合和裂分,本节将通过以下三个 ^3J 邻位耦合的实例描述 $^1H, ^1H$ 的一级耦合和简单的 $^1H, ^1H$ 裂分形式。为便于讨论,采用在低磁场强度 60MHz 核磁共振仪上得到的简单的谱图,在这样的谱图中无需放宽即可容易地分辨出耦合的形式。

例 17-1 1,1,2-三氯乙烷的 ^1H NMR 谱(见图 17-15)。

谱图中位于 $\delta 5.77$ 的低场信号是次甲基氢 b,它处于低场是因为有 2 个电负性大的氯原子与次甲基碳相连。它以 1∶2∶1 的三重峰的形式共振,因为次甲基与 2 个亚甲基上等同的氢 a 耦合。同样,位于 $\delta 3.68$ 的高场信号是亚甲基氢 a,因为碳仅带有

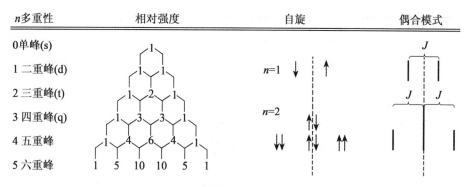

n 为自旋数为 1/2 的等同耦合的原子核(例如质子)的个数

图 17-14　帕斯卡三角

一个电负性元素(氯原子),所以它有相应的化学位移值。它以双重峰的形式出现是因为亚甲基的两个氢与次甲基的一个氢耦合,而被裂分。这两个亚甲基氢当然是等同的;它们感受到的磁环境相同,因此在完全相同的位置发生共振。所以高场的双重峰其强度为低场的三重峰的 2 倍。实际上亚甲基质子是相互耦合的,但是,具有相同化学位移的质子间的耦合在 NMR 谱中不显示。归纳起来,低场的信号是一个质子的三重峰,因为产生这个信号的质子等同地与两个质子耦合;高场的信号是两个质子的双重峰,因为产生这个信号的质子与一个质子耦合。

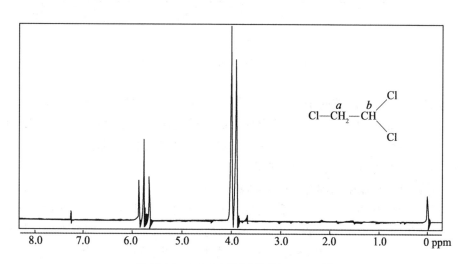

图 17-15　1,1,2-三氯乙烷的 ^{1}H NMR 谱

(注:谱图来源于 Varian 谱图集,谱图号 2)

例 17-2 乙醇的 ^{1}H NMR 谱(图 17-16)。

在乙醇的 ^{1}H NMR 谱中,高场的信号是一个三质子的三重峰,它是由甲基 a 来的。对于一个有一个电负性基团在附近的 C-甲基来说,这个信号的化学位移($\delta 1.22$)是合适的。甲基的 3 个氢相互之间的耦合是看不见的,因为它们等同,但是它们等同地与亚甲基的 2 个质子耦合。同样,邻近于 OH 基团的亚甲基 b 上的 2 个质子是等同的,它们在合适的低场发生共振($\delta 3.70$)。信号是一个 1∶3∶3∶1 的四重峰,因为亚甲基质子等同地与甲基上的 3 个氢耦合。这种三质子三重峰和二质子四重峰对于除甲基之外没有其他任何耦合的乙基是特征的。

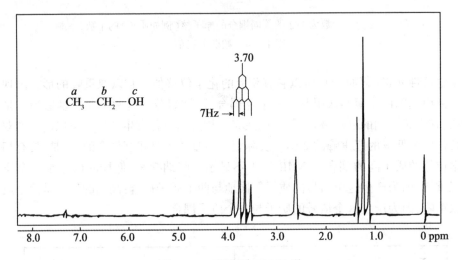

图 17-16　乙醇的 ^{1}H NMR 谱

(注:谱图来源于 Varian 谱图集,谱图号 14)

例 17-3　1-硝基丙烷的 ^{1}H NMR 谱(图 17-17)。这是个略为复杂的实例,在 1-硝基丙烷的 ^{1}H NMR 谱中,甲基 a 还是出现在高场的三质子三重峰($\delta 1.03$)。因为它与一个亚甲基相邻,所以亚甲基 c 是一个二质子的三重峰,位于低场($\delta 4.38$)。对于连有一个电负性的,且各向异性的基团($-NO_2$)的邻位的亚甲基这个化学位移是适当的。并且对于与亚甲基耦合的质子的多重性也是适当的。处于中间的亚甲基 b 是一个二质子 1∶5∶10∶10∶5∶1 的六重峰,位于 $\delta 2.07$ 这个化学位移对于处于两个烷基之间但又离电负性基团不远的亚甲基是适当的。在这个例子中,耦合常数 J_{ab} 和 J_{bc} 几乎完全相同,但是六重峰中略为有点变宽的线是由于这种等同性并非完美的结果。

在以上三个 ^{1}H NMR 谱中,位于 $\delta 7.25$ 的信号是氘代氯仿中的氯仿。在所有三个谱中,耦合常数非常相近,这是自由旋转的烷烃链的典型耦合常数。最后,在所有的三个谱中,信号的分离(以 Hz 为单位)比耦合常数(以 Hz 为单位)要大得多,这使

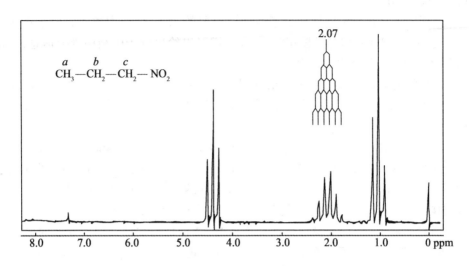

图 17-17　1-硝基丙烷的 ^{1}H NMR 谱
(注:谱图来源于 Varian 谱图集,谱图号 42)

得我们能够用所谓的一级近似来解析谱图。

在第一节里已提到一些自旋量子数 I 为 1/2 的原子核,它们也能与质子耦合。例如,质子对氘的耦合、质子对 ^{19}F,^{31}P,^{29}Si 和 ^{13}C 的耦合,它们的核磁共振谱已有专论作了详细的阐述,在此不一赘述。

17.5　^{13}C 核磁共振谱

在自然界碳的同位素中,天然丰度只有 1.1% 的同位素 ^{13}C,质量数为奇数,其自旋量子数 $I=1/2$,它在磁场中响应的灵敏度只有 ^{1}H 核的 1/64,所以 ^{13}C 核在 NMR 中的灵敏度只有 ^{1}H 核的约 1/6400。在高场超导仪器上数毫克的样品,在 1h 内可取得有用的碳谱信息。碳谱信息的广泛应用,为有机结构分析开拓了新的视野。在许多有机结构分析的现代谱学方法中,碳谱跻身于红外光谱、质谱、氢谱之中成为不可缺少的重要谱学。与 ^{1}H 谱相比,它的突出优点是:

(1) 碳谱的化学位移范围大,δ 可达 300,比氢谱大 20 倍,分子中碳原子的数目一般比氢少,所以碳谱的分辨能力大,化合物结构中一些微细的差别,亦可得到反映。对分子量为 400~500 的化合物,其碳原子数目大都在 30~40 个范围内,一般皆可观察到对应的碳谱线。在采用去耦技术时,实验给出的碳谱为很窄的棒状图,重叠较少,解释较容易。而氢谱中由于氢原子的数目比碳多,相互耦合强,化学位移范围窄,常给出重叠严重的峰,使结构解析更困难。以取代苯为例,氢谱的变化在 δ 3 以内,

而碳谱则达 δ 60。

(2) 碳原子是在分子中构成分子骨架最重要的原子,碳谱中关于碳原子连接顺序的测定方法,如远程耦合异核相关 COLOC 谱可以给出分子中结构骨架信息,这是氢谱和其他谱学方法无法做到的。

(3) 某些碳谱技术,如 INEPT, DEPT 技术等,可以进一步提供分子中各种碳原子的结构类型,如伯、仲、叔、季碳原子的数目和官能团的类型,提供氢谱中无信号的季碳原子信息。

(4) 碳原子的弛豫时间较长,从 0.1s 到数十秒的时间,而弛豫时间是有机结构的另一个重要的参数。由于各种碳的弛豫时间差别很大,在碳谱测定中,不同的实验条件(如脉冲延迟时间长短不相同),给出的碳谱峰的强度不同,所以碳谱中峰的信号强度与碳原子数目通常不是定量的关系。季碳原子的弛豫时间较长,在碳谱中峰的高度比其他碳峰要低,在实验参数选择不佳时,特别是两次脉冲间的延迟时间不够长,脉冲宽度较大时,弛豫时间较长的季碳原子不能恢复平衡,即使长时间累加,亦不能使信号强度增加。这就是在碳谱测定中,季碳峰较小甚至丢失的原因。

在碳谱中各个碳原子的化学位移与氢谱中氢原子的化学位移规律相似,影响化学位移的因素主要有以下三方面:

(1) 取代基电负性的影响　与碳原子相连的取代基电负性增加时,碳原子的电子云密度降低,屏蔽减少,其化学位移向低场移动,这与氢的位移的规律是相同的。例如,烷基取代碳原子的 δ 值在 δ 55 以上,当与电负性较大的杂原子相连时,δ 值可扩展到 δ 80。

(2) 空间效应　电负性的基团引入使烷烃中 α、β 碳原子的共振移向低场,但使 γ 碳原子的位移移向高场。这种现象可用空间效应来解释。当 α 碳上引入 R 取代基团时,由于碳链的 W 型的曲折,R 基团与 γ 碳上的氢原子接近,挤压 γ 碳上的 H,并使 H 的电子云移向 γ 碳原子,增加碳原子的磁屏蔽作用,因而使 γ 碳的 δ 向高场移。此外,当碳原子的取代基体积增大时,如多侧链的基团,亦使碳原子的化学位移增大,这一点亦与氢的化学位移相似。

(3) 介质的影响　溶液的浓度及不同的溶剂可能影响碳的 δ 值变化达 10,特别是有氢键效应的溶剂及化合物,这种影响更大些。溶液的 pH 值变化,对可离解的基团,如酸、胺、酚、氨基酸等,α 碳因电场效应与诱导效应相互抵消,化学位移影响不大,β 碳因受电场效应较大,故其 δ 值向低场移动,γ 碳受电场影响不大位移不明显。各类基团的 δ_c 化学位移,如烷烃、烯烃、芳烃、羰基化合物等的化学位移皆有一些经验的公式和常数,可为考察分子中碳的位移作理论预测与解释用。

对于碳谱的解析可通过粗略的碳谱分区划分来推断化合物的结构类型。通常是分为三段:

(1) $\delta > 150$ 为羰基和叠烯区,δ 160～170 附近的峰可能是酸、酐、酯中的羰基峰。

>200 的信号为醛、酮中的羰基峰。

(2) δ 在 100~150 间为不饱和的芳烃、烯烃区,由这个区域中碳原子数目可计算出分子中含有的不饱和度。

(3) $\delta<100$ 为饱和碳原子数区,δ50~100 为连接杂原子 O、N、X 等碳的信号峰;<50 一般为不连杂原子的饱和烃中的碳信号。炔烃中碳出现在 δ70~100 是一种例外。

上述段的划分显然是不很精确,前后可能有十几个 δ 单位之差,因此其准确的归属,需要参照专著中经验公式或一些经验的表格。

由于高分辨核磁共振谱仪在脉冲系列技术上的进步,使磁谱的解析更加准确和便捷。现列举碳原子级数的确定方法。通常由碳原子上连接氢原子的数目可把碳原子分成 1~4 级碳,有时也称相应的一级碳为伯碳(CH_3),二级碳为仲碳(CH_2),三级碳为叔碳(CH),四级碳为季碳(C)。确定碳原子的级数方法,常用的有 APT 法、INEPT 法和 DEPT 法三种。

APT 法,又称 J 调制法,脉冲序列简单,季碳可出峰,但对 CH、CH_3 分辨有一定的困难。

低灵敏核的极化转移增益法(INEPT),一种低敏极化转移脉冲序列,其优点是可使连接氢的碳原子信号增强 2~3 倍。

无畸变极化转移增益法(DEPT),它是一种一维极化转移脉冲序列,这种方法受 J 值变化影响较小,各碳峰的强度与碳原子的相关性较好,是目前使用较多的一种碳级数测定方法。在 DEPT 法中,CH_3 和 CH 中的碳为正信号,CH_2 的碳为负信号,季碳不出峰。由于 CH 峰的 δ 一般比 CH_3 低,在图的左侧,CH_3 峰在右侧。与总碳谱相比较,可以很容易地确认季碳原子的信号。

最后必须提到碳谱中的溶剂峰及其识别。含碳的氘代溶剂在碳谱中皆有峰,且大多数是多重峰,如 $CDCl_3$ 溶剂峰为 δ77.0 处使 ^{13}C 裂分数目为 $(2 \times I + 1 = 3)$ 三重峰。氘代甲醇溶剂将在 δ49.3 处出现 $(2 \times 3 \times I + 1 = 7)$ 七重峰。由于溶剂皆为有机小分子,其弛豫时间 T_1 较长,虽然在样品管中的含量较大,但其峰的强度却不太强。

本节最后以一个简单的邻苯二甲酸二乙酯的 ^{13}C NMR 谱作为解析的实例。

邻苯二甲酸二乙酯($C_{12}H_{14}O_4$)是轴对称的(亦是平面对称),图 17-18(a)的去耦碳谱共有六个峰。由于没有耦合,每个峰都呈单峰,而且没有重叠。其化学位移与 ^1H 的化学位移分布类似。可以指认出碳谱中右边的是烷基,去屏蔽的 CH_2 在 CH_3 左边。还可以确认存在强烈去屏蔽并且相互靠近的三个峰是芳环上的碳。C=O 在图谱的最左边。且碳核峰高明显减弱。

图 17-18(b)提供了 ^1J 耦合的多重性,这与碳直接相连的质子数有关。这些耦合证实了 CH_3 的四重峰($n+1$ 规则)和 CH_2 的三重峰。然后,相靠近的两组双峰是芳环上的两个 CH,单峰是不连质子的碳(图中标号为 1)。最后,C=O 的单峰在较高

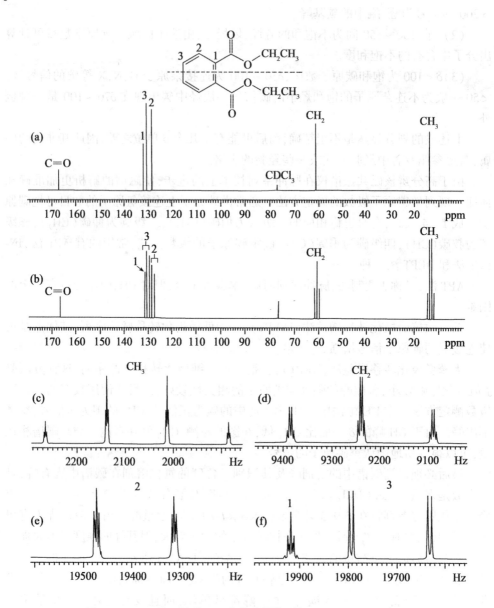

图 17-18　(a)苯二甲酸二乙酯的去耦^{13}C 谱(150.9 MHz, CDCl$_3$);
(b)耦合碳谱的(c~f)局部放大

频率处。

图 17-18(c)为四重峰的扩展图,每个峰呈三重峰,这是由甲基相邻的 CH$_2$ 上质子^2J 耦合产生的。这些^2J 耦合值比^1J 的小得多。

图 17-18(d)为 CH$_2$ 三重峰的扩展图,每个峰呈现出被 CH$_3$ ^2J 耦合的四重峰。图 18(e)是芳环区右边标号为 2 的双峰的扩展图。由于邻近质子的 ^2J 和 ^3J 耦合,双峰中的每个峰被进一步裂分。

图 17-18(f)是芳环区标号为 3 的另一个双峰的扩展图。双峰中的每个峰被 ^2J 或 ^3J 耦合裂分。

在同一图中还留有芳环区单峰的扩展图。标号为 1 的碳呈单峰,该峰没有产生较大的耦合裂分是因为它不连质子。它只被较小的 ^2J 和 ^3J 耦合裂分且易于指认。

C-2 的邻位有取代基,C-3 的间位和对位有取代基。图 17-18(a)给出实测 C-2 的 δ 值 128.5,C-3 的 δ 值 131.2 与文献总结所提供的数据,C-2 峰在 δ 129.6,C-3 的峰在 δ 133.2 基本相符。

本章结语

自 1946 年发现核磁共振现象到如今核磁共振谱在化学、生物化学、药学、材料科学等领域的广泛应用,仅半个多世纪。但在核磁的发展史上经历了三个非常重要的阶段:20 世纪 60 年代推出了 Varian Associate A-60 核磁共振仪,使核磁应用于有机化学得以逐渐普及;傅立叶变换方法(FT)引入核磁共振,70 年代傅立叶核磁共振仪(FT-NMR)的发展对于有机化学和生物化学产生了很大的影响,不亚于 60 年代最初引入 ^{1}H NMR 所产生的影响;近二十多年来二维核磁(2D NMR)技术因计算机技术的开发而迅猛发展,因此当今对核磁共振谱的认知发生了显著的变化,特别是超导磁体高分辨傅立叶变换核磁共振仪的惊人发展(已制造出 900MHz 核磁共振仪),对化学结构的深入解析产生了震撼性的影响。

习 题

1. 指出下列原子核中,哪些核自旋量子数 $I=0$,哪些为半整数或整数?
$^1_1$H,$^3_1$H,$^{12}_6$C,$^{13}_6$C,$^{15}_7$N,$^{14}_7$N,$^{17}_8$O,$^{16}_8$O,$^{19}_9$F,$^{29}_{14}$Si,$^{31}_{15}$P,$^{34}_{10}$S,$^{10}_5$B

2. 两个核自旋量子 I 均为 $\frac{1}{2}$ 的原子核 $^1_1$H 和 $^{31}_{15}$P,其核磁矩(μ)分别为 2.79 和 1.13,试比较在相同强度的外加磁场下,哪个核发生跃迁时所需的能量较低?

3. 在 CH$_3$X 中,X 分别为 F,Cl,OH 时,其甲基上氢的化学位移 δ_H 将向哪个磁场方向移动?并列出其顺序。

4. 在 600MHz 乙苯在 CDCl$_3$ 中的 ^{1}H 核磁共振图如下:

试识别甲基、亚甲基和苯环上的氢的化学位移(δ_H),并通过多重峰的形式,说明它们的裂分情况。

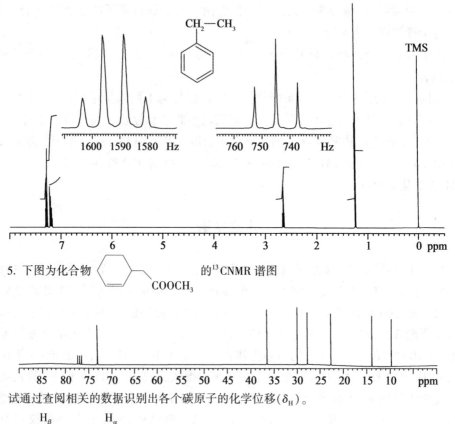

5. 下图为化合物 (环己烯基-CH$_2$-COOCH$_3$) 的 ^{13}CNMR 谱图

试通过查阅相关的数据识别出各个碳原子的化学位移(δ_H)。

6. 在 H$_\beta$\C$_\beta$=C$_\alpha$/H$_\alpha$ ， H/ \X (X = CH$_3$, OCH$_3$)中 $\delta_c(\alpha)$, $\delta_c(\beta)$, $\delta_H(\alpha)$, $\delta_H(\beta)$ 均在不同化学环境下有所变化,试用共轭效应作一下分析。

第18章 质　谱　法

　　质谱分析法是通过对被测样品离子的质荷比的测定来进行分析的一种分析方法。被分析的样品首先要离子化，然后利用不同离子在电场或磁场中运动行为的不同，把离子按质荷比(m/z)分开而得到质谱，通过样品的质谱和相关信息，可以得到样品的定性定量结果。

　　从 Thomson JJ 制成第一台质谱仪，到现在已有近90年了，早期的质谱仪主要是用来进行同位素测定和无机元素分析，20世纪40年代以后开始用于有机物分析，60年代出现了气相色谱-质谱联用仪，使质谱仪的应用领域大大扩展，开始成为有机物分析的重要仪器。计算机的应用又使质谱分析法发生了飞跃变化，使其技术更加成熟，使用更加方便。80年代以后又出现了一些新的质谱技术，如快原子轰击离子源，基质辅助激光解吸离子源，电喷雾离子源，大气压化学离子源，以及随之而来的比较成熟的液相色谱-质谱联用仪，电感耦合等离子体质谱仪，傅立叶变换质谱仪等。这些新的离子化技术和新的质谱仪使质谱分析又取得了长足进展。目前质谱分析法已广泛地应用于化学、化工、材料、环境、地质、能源、药物、刑侦、生命科学、运动医学等各个领域。

18.1　质　谱　仪

　　质谱仪能使物质粒子(原子、分子)电离成离子并通过适当的方法实现按质荷比分离，检测强度后进行物质分析。质谱仪一般由进样系统、离子源、质量分析器和质量检测器等部分组成。另外，为了获得离子的良好分析，必须避免离子损失，因此凡有样品分子及离子存在和通过的地方，必须处于真空状态。图18-1简单表示了质谱仪的构造。

　　质谱仪种类很多，按分析系统的工作状态可分为静态和动态两大类。静态质谱仪的质量分析器采用稳定的或变化慢的电、磁场，按照空间位置将不同质荷比的离子分开，如单聚焦和双聚焦质量分析器组成的质谱仪；动态质谱仪的质量分析器采用变化的电、磁场，按时间和空间区分不同质荷比的离子，如飞行时间和四极滤质器组成的质谱仪。

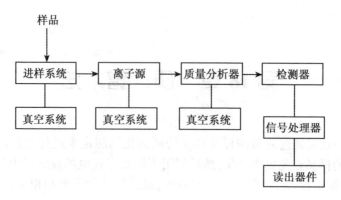

图 18-1　质谱仪各部件示意图

18.1.1　质谱仪的工作原理

质谱仪是利用电磁学原理,使带电的样品离子按质荷比进行分离的装置。离子电离后经加速进入磁场中,其动能与加速电压及电荷 z 有关,即

$$zeU = \frac{1}{2}mv^2$$

式中,z 为电荷数;e 为元电荷($e = 1.60 \times 10^{-19}$ C);U 为加速电压;m 为离子的质量;v 为离子被加速后的运动速率。具有速率 v 的带电粒子进入质谱分析器的电磁场中,根据所选择的分离方式,最终实现各种离子按 m/z 进行分离。

18.1.2　质谱仪的主要性能指标

质量测定范围表示质谱仪能够分析试样的相对原子质量(或相对分子质量)范围。

质谱仪的分辨本领,是指其分开相邻质量数离子的能力,一般定义为:对两个相等强度的相邻峰,当两峰间的峰谷不大于其峰高 10% 时,则认为两峰已经分开,其分辨率为

$$R = \frac{m_1}{m_2 - m_1} = \frac{m_1}{\Delta m}$$

式中,m_1, m_2 为质量数,且 $m_1 < m_2$。当两峰质量数较小时,要求仪器分辨率越大。

而在实际工作中,有时很难找到相邻的且峰高相等的两个峰,同时峰谷又为峰高的 10%。在这种情况下,可任选一单峰,测其峰高 5% 处的峰宽 $W_{0.05}$,即可当作上式中的 Δm,此时分辨率定义为

$$R = m/W_{0.05}$$

如果该峰是高斯型的,上述两式计算结果是一样的。

质谱仪的分辨本领由几个因素决定:①离子通道的半径;②加速器与收集器狭缝宽度;③离子源的性质。

灵敏度有绝对灵敏度、相对灵敏度和分析灵敏度等几种表示方法。绝对灵敏度是指仪器可检测的最小试样量;相对灵敏度是仪器可以同时检测的大组分与小组分的含量之比;而分析灵敏度则指输入仪器的试样量与仪器输出的信号比。

18.1.3 质谱仪的主要部件

1. 进样系统

质谱仪必须在高真空条件下工作。因此,质谱仪的进样系统应该在尽可能不影响质谱仪真空度的前提下,通过适当的装置将气态、液态、固态样品引入离子源。现代质谱仪对不同物理状态的试样都有相应的引入方式,如间歇式进样、直接探针进样、色谱进样和毛细管进样。

2. 离子源

离子源(ion source)的作用是使试样中的原子、分子电离成离子。针对不同的分析对象和目的,应选择不同的离子源,而且其结构和性能会显著影响实际的分析结果。

在原子质谱法中常见的离子源有高频火花离子源,电感耦合等离子体离子源,辉光放电离子源等。分子质谱法中的离子源种类也很多,如表18-1所示。气相离子源是将试样气化后再离子化,一般用于分析沸点小于500℃、相对分子质量小于10^3、对热稳定的化合物;解吸离子源是将液体或固体试样直接转变成气态离子,其最大的优点是能用于测定非挥发、热不稳定、相对分子质量高至10^5的试样。

表 18-1　　　　　　　　　　分子质谱法中常见离子源

基本类型	名称和英文缩写	离子化方式
气相	电子轰击(EI)	高能电子
	化学电离(CI)	反应气体
	场致电离(FI)	高电位电极
解吸	场解吸(FD)	高电位电极
	快原子轰击(FAB)	高能原子束
	基质辅助激光解吸电离(MALDI)	激光光束
	二次离子质谱(SIMS)	高能离子束

这些离子源又可分为硬电离源和软电离源。硬电离源有足够的能量碰撞分子，使它们处在高激发能态，其弛豫过程包括键的断裂并产生质荷比小于分子离子的碎片离子。由硬电离源所获得的质谱图，通常可以提供被分析物质所含功能基的类型和结构信息；而由软电离源获得的质谱图中，分子离子峰的强度很大，碎片离子峰较少且强度低，但提供的质谱数据可以得到精确的相对分子质量。

3. 质量分析器

质量分析器是质谱仪的重要组成部分，它位于离子源和检测器之间，其作用是依据不同方式将样品离子按质荷比(m/z)分开。质量分析器的主要类型有：磁分析器、飞行时间分析器、四极滤质器、离子捕获分析器和离子回旋共振分析器等。随着微电子技术的发展，也可以采用这些分析器的变型。

质谱仪的分辨本领几乎决定了仪器的价格，而分辨本领则取决于所采用的质量分析器。分辨率在 500 左右的质谱仪可以满足一般有机分析的要求，此类仪器的质量分析器一般是四极滤质器、离子阱等，仪器价格相对较低。若要进行准确的同位素质量及有机分子质量的准确测定，则需要使用分辨率大于 10000 的高分辨率质谱仪，这类质谱仪一般采用双聚焦磁式质量分析器。目前这种仪器分辨率可达 100000，当然其价格也将比低分辨率仪器贵好多倍。表 18-2 列出了某些典型质量分析器的质量分析范围和分辨本领。

表 18-2　　　　　　　　　某些典型质谱仪的比较

类型	近似质量范围	近似分辨本领
双聚焦	2~5000	13000~20000
单聚焦	1~240	1000~2500
	1~1400	2500
	2~700	500
	2~150	100
飞行时间	1~700	150~250
	0~250	130
四极滤质器	2~100	100
	2~80	20~50

4. 检测器

质谱仪常用的检测器有法拉第杯(Faraday cup)、电子倍增器及闪烁计数器、照相底片等。

Faraday 杯是其中最简单的一种，它与质谱仪的其他部分保持一定电位差以便捕获离子，当离子经过一个或多个抑制栅极进入杯中时，将产生电流，经转换成电压后进行放大记录。Faraday 杯的优点是简单可靠,配以合适的放大器可以检测 $\approx 10^{-15}$ A 的离子流。但 Faraday 杯只适用于加速电压 <1kV 的质谱仪,因为更高的加速电压产生能量较大的离子流,这样离子流轰击入口狭缝或抑制栅极时会产生大量二次电子甚至二次离子,从而影响信号检测。

图 18-2 是电子倍增器示意图。由四极杆出来的离子打到高能打拿极产生电子,电子经电子倍增器产生电信号,记录不同离子的信号即得质谱。信号增益与倍增器电压有关,提高倍增器电压可以提高灵敏度,但同时会降低倍增器的寿命,因此,应该在保证仪器灵敏度的情况下采用尽量低的倍增器电压。由倍增器出来的电信号被送入计算机储存,这些信号经计算机处理后可以得到色谱图、质谱图及其他各种信息。

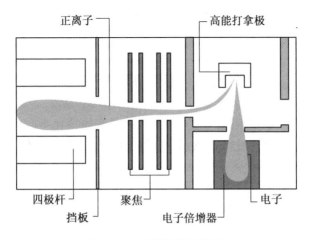

图 18-2　电子倍增器示意图

在不连续打拿极电子倍增器中,其传感器很像用于紫外-可见光的光电倍增管传感器,每一个打拿极加有不连续的高压。阳极和一些打拿极有 Cu/Be 表面,这些表面受到能量离子或电子轰击后电子溅射出来。可以得到有 20 个打拿极的电子倍增器,它可以得到放大 10^7 倍的电流。而连续打拿极电子倍增器的外观呈喇叭形,玻璃材质并涂有一层很厚的铅。传感器上加有 1.8~2kV 的电压。离子在入口附近轰击表面溅射出电子,它们在表面跳跃,使更多的电子溅射出来。这种传感器可得到放大 10^5 倍的电流,但在一些应用中可以得到放大 10^8 倍的电流。

5. 真空系统

为了保证离子源中灯丝的正常工作,保证离子在离子源和分析器中正常运行,消减不必要的离子碰撞、散射效应、复合反应和离子-分子反应,减小本底与记忆效应,因此,质谱仪的离子源和分析器都必须处在优于 10^{-5} mbar 的真空中才能工作。也就是说,质谱仪都必须有真空系统。一般真空系统由机械真空泵和扩散泵或涡轮分子泵组成。机械真空泵能达到的极限真空度为 10^{-3} mbar，不能满足要求，必须依靠高真空泵。扩散泵是常用的高真空泵，其性能稳定可靠，缺点是启动慢，从停机状态到仪器能正常工作所需时间长；涡轮分子泵则相反，仪器启动快，但使用寿命不如扩散泵。由于涡轮分子泵使用方便，没有油的扩散污染问题，因此，近年来生产的质谱仪大多使用涡轮分子泵。涡轮分子泵直接与离子源或分析器相连，抽出的气体再由机械真空泵排到体系之外。

以上是一般质谱仪的主要组成部分。当然，若要仪器能正常工作，还必须要供电系统、数据处理系统等，因为没有特殊之处，不再叙述。

质谱仪种类非常多，工作原理和应用范围也有很大的不同。从分析对象来看，质谱法可以分为原子质谱法和分子质谱法。原子质谱法和分子质谱法在仪器结构上基本相似，都由离子源、质量分析器和检测器组成。两者所用的质量分析器和检测器相同，只是离子源不同。

18.2 原子质谱法

原子质谱法亦称无机质谱法，它是将单质离子按质荷比不同而进行分离和检测的方法，广泛用于各种试样中元素的识别和浓度的测定，几乎所有元素都可以用原子质谱进行测定。

18.2.1 基本原理

原子质谱分析包括以下几个步骤：①原子化；②将原子化的大部分转化为离子流，一般为单电荷正离子；③离子按质量-电荷比（质荷比，m/z）分离；④计算各种离子的数目或测定由试样形成的离子轰击传感器时产生的离子电流。因为在②步中形成的离子多为单电荷，故 m/z 值通常就是该离子的质量数。

同位素(isotope)是指元素拥有两个（或更多个）原子序数（质子数）相同，而原子质量不同的原子，它们分别有不同的中子数。同位素化学性质相近，但物理性质不同。表 18-3 列出部分元素的同位素及相应丰度信息。只有一个同位素的元素通常被称为单同位素元素，如表 18-3 中的 ^{19}F、^{31}P 和 ^{127}I。

表 18-3　　　　几种常见同位素的确切质量及天然丰度

元素	同位素	确切质量	天然丰度(%)	元素	同位素	确切质量	天然丰度(%)
H	^{1}H	1.007825	99.98	P	^{31}P	30.973763	100.00
	$^{2}H(D)$	2.014102	0.015	S	^{32}S	31.972072	95.02
C	^{12}C	12.000000	98.9		^{33}S	32.971459	0.85
	^{13}C	13.003355	1.07		^{34}S	33.967868	4.21

续表

元素	同位素	确切质量	天然丰度(%)	元素	同位素	确切质量	天然丰度(%)
N	^{14}N	14.003074	99.63		^{35}S	35.967079	0.02
	^{15}N	15.000109	0.37	Cl	^{35}Cl	34.968853	75.53
O	^{16}O	15.994915	99.76		^{37}Cl	36.965903	24.47
	^{17}O	16.999131	0.03	Br	^{79}Br	78.918336	50.54
	^{18}O	17.999159	0.20		^{81}Br	80.916290	49.96
F	^{19}F	18.998403	100.00	I	^{127}I	126.904477	100.00

与其他分析方法不同,质谱法中所关注的常常是某元素特定同位素的实际质量或含有某组特定同位素的实际质量。在质谱法中用高分辨率质谱仪测量质量通常可达到小数点后第三或第四位。自然界中,元素的相对原子质量(A_r)由下列式子计算:

$$A_r = A_1 p_1 + A_2 p_2 + \cdots + A_n p_n = \sum_{i=1}^{n} A_i P_i$$

式中,$A_1, A_2, \cdots, A_n$ 为元素的 n 个同位素以原子质量单位 u 为单位的原子质量;$p_1, p_2, \cdots, p_n$ 为自然界中这些同位素的丰度,即某一同位素在该元素占同位素总原子数中的百分含量。相对分子质量即为化学分子式中各原子的相对原子质量之和。

18.2.2 基本装置

目前,原子质谱法的典型代表即电感耦合等离子体质谱法(ICPMS),自20世纪80年代以来,ICPMS已经成为元素分析中最重要的技术之一,其主要优点可归纳为:试样在常温下引入;气体的温度很高使试样完全蒸发和解离;试样原子离子化的百分比很高;产生的主要是一价离子;离子能量分散小;外部离子源,即离子并不处在真空中;离子源处于低电位,可配用简单的质量分析器。采用 ICP 时应当考虑其气体高温(5000K)和高压(10^5Pa)。

图 18-3 为 ICPMS 基本装置,其关键部分是将 ICP 炬中的离子引出至质谱仪的引出接口。ICP 炬周围为大气压力,而质谱仪要求压力小于 10^{-2}Pa,压力相差几个数量级。ICP 炬的尾焰喷射到称为采样锥的金属镍锥形挡板上,挡板用水冷却,中央有一个采样孔(<0.1 mm),炙热的等离子气体经过此孔进入由机械泵维持压力为 100Pa 的区域。在此区域,气体因快速膨胀而冷却,一小部分的气体通过称为分离锥的金属镍锥形挡板上的微孔进入一个压力与质量分析器相同的空腔。在空腔内,正离子在一负电压的作用下与电子和中性分子分离并被加速,同时被一磁离子透镜聚焦到质谱仪的入口微孔。经过离子透镜系统后产生的粒子束具有圆柱形截面,所含离子的平均能量为 0~30eV,能量分散约为 5eV(半高宽度),很适合于四极质谱仪进行质量分析。离开质量分析器出口狭缝的离子,用离子检测器检测。通常采用的是配置电

子倍增管的脉冲计数检测器,以得到尽可能高的灵敏度,检测试样中所有存在的元素。

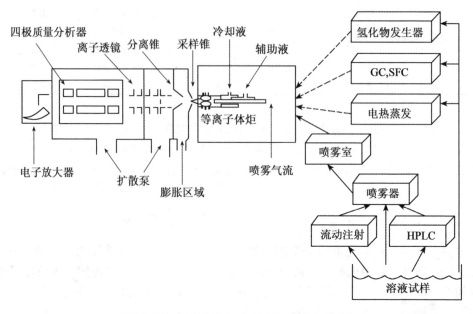

虚线表示气体试样引入;实线表示液体试样引入

图 18-3 ICPMS 系统示意图

18.2.3 ICPMS 的分析应用

与 ICP 光谱相比,ICPMS 所得到的谱图要简单很多,而且容易识别。但是当等离子体中离子种类与分析物离子具有相同的 m/z,就会产生质谱干扰,包括同质量类型离子、多原子或加和离子、双电荷离子、难熔氧化物离子等四种类型。另外,当溶液中共存物质量浓度高于 $500\sim1000\mu g \cdot mL^{-1}$ 时,ICPMS 分析中还会出现基体效应的干扰;基体效应的影响可以采用稀释、基体匹配、标准加入法或者同位素稀释法降低至最小。

ICPMS 可以用于物质试样中一个或多个元素的定性、半定量和定量分析。ICPMS 可以测定的质量范围为 $3\sim300\mu$,分辨能力小于 1μ,能测定周期表中 90% 的元素,大多数检测限在 $0.1\sim10\ ng \cdot mL^{-1}$ 范围且有效测量范围达 6 个数量级,标准偏差为 2%~4%。每元素测定时间 10s,非常适合多元素的同时测定分析。

在定性和半定量分析中,ICPMS 非常适合于不同类型的天然和人造材料的快速鉴定,其检测限优于 ICPAES,类似于石墨炉原子吸收法(GFAAS)。半定量分析混合物中的一个或更多的组分时,可以选一已知某待测元素浓度的溶液,测定其峰离子电流或强度。而后假设离子电流正比于浓度,即可计算出试样中分析物的浓度。

ICPMS 最常用的定量方法是工作曲线法。如果未知溶液中的溶解固体总含量小于 2000 μg mL^{-1},使用简单的水剂标样就足够了。基体元素浓度高时,常将试样加以稀释,使它们与标样中的基体元素浓度相近。为了克服仪器的漂移、不稳定性和基体效应,通常可采用内标法。要求在试样中不存在内标元素且相对原子质量和电离能与分析物相近,通常选用质量在中间范围(115,113 和 103)并很少存在于试样中的 In 和 Rh 作为内标元素。

更为精确的 ICPMS 分析可以采用同位素稀释质谱法(IDMS),即所谓的标准加入法。此方法在很大程度上类似于内标元素方法。由于分析元素的同位素是能够采用的最佳内标,许多由化学和物理性质差异所引起的干扰得以克服,分析精度在各种定量分析方法中是最高的。但是,IDMS 的主要缺点是比较费时,而且使用示踪同位素的花费也比较高。

18.3 分子质谱法

分子质谱法,或称有机质谱法,是采用质谱法的手段获得无机、有机和生物分子的结构信息,并对复杂混合物的各组分进行定性和定量分析。通常采用高能粒子束(如电子、原子、离子)等使已气化的分子离子化,或将固态或液态试样直接转变成气态离子,让分解出的阳离子加速导入质量分析器中,然后按照质荷比(m/z)的大小顺序进行收集和记录。根据质谱图中出峰的位置,可以进行定性和结构分析;根据峰的强度,可以进行定量分析。

18.3.1 质谱解析基本知识

1. 质谱图

不同质荷比的离子经质量分离器分离后,由检测器测定每一离子的质荷比及相对强度,由此得出的谱图称为质谱。图 18-4 和表 18-4 为甲醇的质谱分析实例。

表 18-4　　　　　　　　　　甲醇的质谱数据

m/z	相对丰度	m/z	相对丰度
12	8.3	28	6.3
13	0.7	29	64
14	2.4	30	3.8
15	13	31	100
16	0.2	32	66
17	1.0	33	1.0

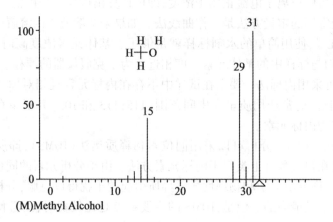

图 18-4　甲醇的质谱图

从质谱分析中可以得到有机化合物分子结构信息,图 18-4 中只失去一个电子的离子(m/z 32)称为分子离子。其质荷比与母体分子的分子量相等。母体分子或分子离子裂解形成碎片离子,这种裂解与分子结构有密切关系。此外,谱图中同位素离子的丰度与天然元素中同位素的丰度有相关性,由此可推测样品中某种元素的存在。质谱分析与核磁共振波谱及红外光谱分析相结合,便可以确定有机化合物的分子结构。表 18-5 列出了质谱分析中常用术语和缩写式。

表 18-5　　　　　　　　质谱分析中常用术语和缩写式

+	游离基阳离子,奇电子离子(例如 CH_4^+)
⌒(全箭头)	电子对转移
⌒(鱼 钩)	单个电子转移
α 断裂	$R{\dagger}C\alpha{-}Y$;与奇电子原子邻接原子的键断裂(不是它们间的键断裂)
"A" 元素	只有一种同位素的元素(氢也归入"A"元素)
"A+1" 元素	某种元素,它只含有比最高丰度同位素高 1amu 的同位素
"A+2" 元素	某种元素,它含有比最高丰度同位素高 2 amu 的同位素
A 峰	元素组成只含有最高丰度同位素的质谱峰
A+1 峰	比 A 峰高一个质量单位的峰
分子离子(M^+)	失去一个电荷形成的离子,其质荷比相当于该分子的分子量
碎片离子	分子或分子离子裂解产生的离子。包括正离子(A^+)及游离基离子($A^+ \cdot$)
同位素离子	元素组成中含有非最高天然丰度同位素的离子
亚稳离子(m^*)	离子在质谱仪的无场漂移区中分解而形成的较低质量的离子
基峰	谱图中丰度最高离子的峰
绝对丰度	每一离子的丰度占所有离子丰度总和的百分比,记作%∑
相对丰度	每一离子与丰度最高离子的丰度百分比

2. 离子峰的类型

在一个质谱图中,可以看到许多峰。由电子轰击源或化学电离源所产生的离子峰可分为:分子离子峰、同位素离子峰、碎片离子峰、重排离子峰、亚稳离子峰和多电荷离子峰。

设有机化合物由 A,B,C 和 D 组成,当蒸汽分子进入离子源,受到电子轰击可能发生下列过程而形成各种类型的离子:

$$
\begin{array}{ll}
ABCD + e^- \rightarrow ABCD^{\cdot+} + 2e^- & \text{分子离子} \\
ABCD^{\cdot+} \rightarrow A^+ \quad + BCD^{\cdot} & \\
\quad \rightarrow A^{\cdot} \quad + BCD^+ \rightarrow BC^+ + D & \\
\quad \rightarrow CD^{\cdot} \quad + AB^+ \longrightarrow B + A^+ & \text{碎片离子} \\
\qquad\qquad\qquad\qquad\qquad \longrightarrow A + B^+ & \\
\quad \rightarrow AB^{\cdot} \quad + CD^+ \longrightarrow D + C^+ & \\
\qquad\qquad\qquad\qquad\qquad \longrightarrow C + D^+ & \\
ABCD^{\cdot+} \rightarrow ADBC^{\cdot+} \longrightarrow BC + AD^+ & \text{重排裂解} \\
\qquad\qquad\qquad\qquad \longrightarrow AD + BC^+ & \\
ABCD^{\cdot+} + ABCD \rightarrow (ABCD)^{2+} \rightarrow BCD^{\cdot} + ABCDA^+ & \text{碰撞裂解}
\end{array}
$$

分子失去一个电子后形成分子离子,或称母离子。一般来讲,从分子中失去的电子应该是分子中束缚最弱的电子,如双键或叁键的 π 电子、杂原子上的非键电子等,失去电子的难易顺序为

$$\underset{\text{易} \qquad\qquad\qquad\qquad\qquad \text{难}}{\text{杂原子} > C=C > C—C > C—H}$$

有机化合物在质谱中的分子离子稳定度有如下次序:芳香环 > 共轭烯 > 烯 > 环状化合物 > 羰基化合物 > 醚 > 酯 > 胺 > 酸 > 醇 > 高度分支的烃类。

如前所述,很多元素具有多个同位素,因此由不同元素组成的有机化合物所得到的质谱图不是一个单一的质谱峰,其中含有丰度较小的重同位素的离子被称为同位素离子。它的丰度与离子中存在该元素的原子数目及该同位素的天然丰度有关。

当轰击电子的能量超过分子离子所需要的能量时,分子离子处于激发状态,在离子源中,其原子之间的一些键会进一步断裂,产生质量数较低的碎片,成为碎片离子。

当样品分子在电离室生成分子离子后,一部分离子被电场加速经质量分析器到达检测器。另一部分在电离室内进一步被裂解为低质量的离子,一部分经电场加速进入质量分析器后,在到达检测器前的飞行途中可能进一步裂解,所生成的离子称为亚稳离子。

在两个或两个以上键的断裂过程中,某些原子或基团从一个位置转移到另一个位置所生成的离子,成为重排离子。重排的类型很多,其中最常见的一种称为麦氏重

排(Mclafferty rearrangement)。这种重排可以归纳如下:

发生这类重排的必须条件是,分子中有一个双键以及 γ 位置上有氢原子。

分子失去一个电子后,成为高激发态的分子离子,为单电荷离子。有时,某些非常稳定的分子离子能失去两个或两个以上的电子,这时,在质量数为 m/nz(n 为失去的电子数)的位置上,会出现多电荷离子峰。

18.3.2 分子质谱法的应用

通常分子质谱法可以为纯化合物提供如下信息:相对分子量;分子式;相关功能基是否存在;与已知化合物的质谱图相比较以确定该化合物存在与否等。

1. 相对分子量的测定

从理论上讲,除同位素峰外,分子离子峰应出现在谱图中的最高质量位置。但当分子离子不稳定时,可能导致分子离子峰不在谱图中出现,或生成大于或小于分子离子质量的 $(M+H)^+$,$(M-H)^+$ 或 $(M+Na)^+$ 峰等。因此,在识别分子离子峰时,必须确认:

(1) 分子离子峰必须符合氮律。即对于只含有 C,H,O,N 的有机化合物,若其分子中不含氮原子或含有偶数个氮原子,则其分子量为偶数;若其分子中含有奇数个氮原子,则其分子量为奇数。

(2) 当化合物中含有氯或溴时,可以利用 M/M+2 来确认分子离子峰。通常,当分子中含有一个氯原子时,则 M/M+2 峰强度比为 3:1;若分子中含有一个溴原子,则 M/M+2 峰强度比为 1:1。

(3) 设法提高分子离子峰的强度。通常,降低电子轰击源的电压,碎片峰逐渐减小甚至消失,而分子离子峰(和同位素峰)的强度增加。

(4) 对那些非挥发或热不稳定的化合物应采用软电离源离解的方法,以加大分子离子峰的强度。

2. 分子式的测定

分子式测定可采用同位素丰度法(贝农(Beynon)表),但此法对分子量大或结构复杂、不稳定的化合物是不适用的。现在一般都采用高分辨质谱法测定,可直接显示可能分子式及可能率。若测出的分子量数据与按推测的分子式计算出的分子量数据相差很小(与仪器精密度有关,一般小于0.003),则可认为推测是可信的。

3. 质谱联用技术分析混合物

分子质谱法是鉴定纯化合物的有力工具,为了使其在混合物分析中发挥最大作用,化学家们将各种有效的分离手段与质谱仪联用,其中,气相色谱-质谱联用仪(GC-MS)和液相色谱-质谱联用仪(LC-MS)是目前混合物分析中比较常用的分析手段。GC-MS 是分析复杂有机化合物和生物化合混合物的重要手段之一,LC-MS 则主要用于分析含有非挥发成分的试样。这两种联用技术的关键是,在进入高真空度的质谱仪之前,如何去除从色谱柱流出的气体或液体流动相。

a. GC-MS

目前 GC-MS 最主要的定性方式是库检索。由总离子色谱图可以得到任一组分的质谱图,利用这些质谱图可以在数据库中进行检索。检索的结果可以给出几种最可能的化合物,包括化合物名称、分子式、分子量、基峰及可靠程度。

GC-MS 定量分析方法类似于色谱法定量分析。由 GC-MS 得到的总离子色谱图或质量色谱图,其色谱峰面积与相应组分的含量成正比,若对某一组分进行定量测定,可以采用色谱分析法中的归一化法、外标法、内标法等不同方法进行。这时,GC-MS 法可以理解为将质谱仪作为色谱仪的检测器。其余均与色谱法相同。与色谱法定量不同的是,除利用总离子色谱图进行定量之外,GC-MS 法还可以利用质量色谱图进行定量。这样可以最大限度地去除其他组分干扰。值得注意的是,质量色谱图由于是用一个质量的离子做出的,它的峰面积与总离子色谱图有较大差别,在进行定量分析过程中,峰面积和校正因子等都要使用质量色谱图。

为了提高检测灵敏度和减少其他组分的干扰,在 GC-MS 定量分析中质谱仪经常采用选择离子扫描方式。对于待测组分,可以选择一个或几个特征离子,而相邻组分不存在这些离子。这样得到的色谱图,待测组分就不存在干扰,同时有很高的灵敏度。用选择离子得到的色谱图进行定量分析,具体分析方法与质量色谱图类似。但其灵敏度比利用质量色谱图会高一些,这是 GC-MS 定量分析中常采用的方法。

b. LC-MS

LC-MS 分析得到的质谱比较简单,结构信息少,进行定性分析比较困难,主要依靠标准样品定性;对于多数样品,保留时间相同,子离子质谱信息也相同,即可定性,少数同分异构体例外。

用 LC-MS 进行定量分析,其基本方法与普通液相色谱法相同。即通过色谱峰面积和校正因子(或标样)进行定量。但由于色谱分离方面的问题,一个色谱峰可能包含几种不同的组分,给定量分析造成误差。因此,对于 LC-MS 定量分析,不采用总离子色谱图,而是采用与待测组分相对应的特征离子得到的质量色谱图或多离子监测色谱图,此时,不相关的组分将不出峰,这样可以减少组分间的互相干扰。

LC-MS 所分析的经常是体系十分复杂的样品,比如血液、尿样等。样品中有大量的保留时间相同、分子量也相同的干扰组分存在。为了消除其干扰,LC-MS 定量的最好办法是采用串联质谱的多反应监测(MRM)技术。即对质量为 m_1 的待测组分做子离子质谱,从子离子质谱中选择一个特征离子 m_2。正式分析样品时,第一级质谱选定 m_1,经碰撞活化后,第二级质谱选定 m_2。只有同时具有 m_1 和 m_2 特征质量的离子才被记录。这样得到的色谱图就进行了三次选择:LC 选择了组分的保留时间,第一级 MS 选择了 m_1,第二级 MS 选择了 m_2,这样得到的色谱峰可以认为不再有任何干扰。然后,根据色谱峰面积,采用外标法或内标法进行定量分析。此方法适用于待测组分含量低,体系组分复杂且干扰严重的样品分析。比如人体药物代谢研究,血样,尿样中违禁药品检验等。

思考题和习题

1. ICPMS 中的 ICP 炬起什么作用?
2. 质谱仪由哪些部分组成,为什么必须在超高真空进行测量?
3. 质谱仪中的质量分析器有哪几种?
4. 试描述 ICPMS 中 ICP 炬与质量分析器之间的接口。
5. 何谓硬电离源和软电离源?
6. 由分子质谱法可获得哪些信息?

第19章 电化学分析法

电化学分析法是根据溶液或其他介质中物质的电化学性质及其变化规律来进行分析的一种方法。它通常是将电极体系与待测试样溶液组成电化学电池(电解池或原电池),然后根据所得电池的电物理量(如两电极间的电位差,通过电解池的电流或电量,电解质溶液的电阻等)与待测物质浓度等之间的内在联系来进行分析测定。该法简单快速、灵敏度高、易实现自动化,在电化学、有机化学、药物化学、生物化学、临床化学和环境生态等领域有广泛的应用。

根据所测电物理量的不同,一般可将电化学分析法分为电导分析法、电位分析法、伏安分析法、电解和库仑分析法等。

19.1 电位分析法

电位分析法是在零电流条件下通过测定两电极间的电位差(即所构成原电池的电动势)来进行分析的方法,可分为直接电位法和电位滴定法。

19.1.1 直接电位法

直接电位法,简称电位法,是根据测量到的某一电极的电极电位(或电池电动势),从能斯特公式直接求得待测离子活度的方法。

电位法的测量电池由两支电极和相应的试液组成(见图19-1)。其中一支电极的电位随待测离子活度的变化而变化,称指示电极;另一支叫参比电极,其电极电位与试液组成无关。指示电极和参比电极的种类都较多,它们共同组成测量电池的电极体系。

1. 电极体系——指示电极和参比电极

指示电极一般可分为基于电子交换的金属基指示电极和基于离子交换的膜电极。前者的电极电位主要来源于电极表面的氧化还原反应,因易受到溶液中各种氧化(还原)剂的干扰而较少应用;后者即为应用非常广泛的各种离子选择性电极。

a. 金属基指示电极

根据组成不同,金属基指示电极可分为四类:第一类电极、第二类电极、第三类电极和零类电极。

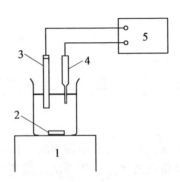

1—磁力搅拌器　2—转子　3—指示电极
4—参比电极　5—pH-mV 计
图 19-1　电位法测量电池

第一类电极是指金属与该金属离子的溶液组成的电极体系,其电极电位与金属离子的活度有关并可用能斯特方程进行计算。这些金属包括银、铜、锌、镉、汞和铅等。

$$M^{n+} + ne^- \rightleftharpoons M$$

$$\varphi = \varphi^{\theta}_{M^{n+},M} + \frac{RT}{nF}\ln\alpha_{M^{n+}} \tag{19.1}$$

第二类电极是指金属及其难溶盐或络离子组成的电极体系,它可间接反映相应阴离子的活度。如银电极可指示氯离子、氰离子的浓度。

$$AgCl + e^- \rightleftharpoons Ag + Cl^-$$

$$\varphi = \varphi^{\theta}_{AgCl,Ag} - \frac{RT}{F}\ln\alpha_{Cl^-} \tag{19.2}$$

$$Ag(CN)_2^- + e^- \rightleftharpoons Ag + 2CN^-$$

$$\varphi = \varphi^{\theta}_{Ag(CN)_2^-,Ag} + \frac{RT}{F}\ln\frac{\alpha_{Ag(CN)_2^-}}{\alpha^2_{CN^-}} \tag{19.3}$$

第三类电极是指金属与两种具有共同阴离子(或络合剂)的难溶盐(或难离解的络离子)组成的电极体系,如 Ag｜$Ag_2C_2O_4$, CaC_2O_4, Ca^{2+} 和 Hg｜HgY, MY, M^{n+},后者又称 pM 电极,常用来指示滴定过程中金属离子 M^{n+} 的活度。

零类电极又称均相氧化还原电极,由惰性导电材料(如铂、金、碳等)与同时含有氧化、还原态的溶液组成,可指示溶液中氧化态与还原态活度之比,也能用于一些有气体参与的反应,常见的如 Fe^{3+}, Fe^{2+}｜Pt 和 H^+｜H_2, Pt。

b. 离子选择性电极

(1)电极构造与作用原理

各种离子选择性电极的构造随敏感薄膜的不同而略有不同,但一般都由电极腔体(玻璃管或塑料管)、内参比电极(Ag/AgCl 电极)、内参比溶液(响应离子的强电解质和氯化物)以及用黏结剂或机械方法固定在电极腔体顶端的敏感膜组成。图 19-2 显示了玻璃电极和氟离子选择性电极的结构。

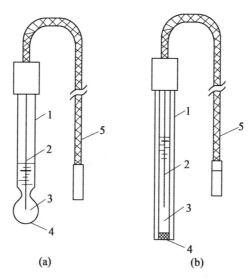

1—玻璃管 2—内参比电极(Ag/AgCl 3—内参比溶液(A:0.1 mol·L^{-1} HCl; B:NaF-NaCl) 4—敏感膜(A:玻璃薄膜;B:LaF$_3$ 单晶膜) 5— 接线

图 19-2 pH 玻璃电极(a)与氟离子选择性电极(b)

用离子选择性电极测定有关离子,一般都是基于测定敏感膜内外部溶液间产生的电位差,即所谓的膜电位。膜电位的产生并不是由于电子的得失,它是离子在敏感膜与内外部溶液形成的两相界面上扩散的结果(见图 19-3)。在敏感膜与内外溶液两相间的界面(粗实线)上,由于膜层只允许 M^{z+} 离子扩散通过(对应的阴离子无法扩散通过界面膜层),膜界面的电荷分布因此变得不均匀,从而产生相间电位差 $\varphi_{相}$。

设膜内外层与溶液间的界面电位分别为 $\varphi_{内}$ 和 $\varphi_{外}$,则有

$$\varphi_{相} = \varphi_{相,外} - \varphi_{相,内} = K''_1 + \frac{RT}{zF}\ln\frac{\alpha_{M(外)}}{\alpha'_{M(外)}} - \left(K''_2 + \frac{RT}{zF}\ln\frac{\alpha_{M(内)}}{\alpha'_{M(内)}}\right) \tag{19.4}$$

通常敏感膜内外表面的性质可以看成是相同的,即 $K''_1 = K''_2$,$\alpha'_{M(内)} = \alpha'_{M(外)}$。同时考虑到内参比溶液中 M^{z+} 活度不变,则式(19-4)简化为

$$\varphi_{相} = K'' + \frac{RT}{zF}\ln\alpha \tag{19.5}$$

在膜相内部,膜内外表面与膜本体的两个界面(虚线,其本身并无明显分界线,为方便而人为画出)上,还存在 M^{z+} 离子自由扩散而形成扩散电位($\varphi_{扩}$)。但膜内外侧扩散电位的大小相等,符号相反,因此净扩散电位实际上为零。因此,膜电位可表

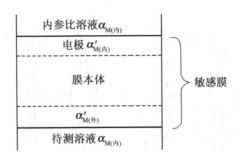

图 19-3　膜电位及离子选择性电极响应原理

示为

$$\varphi_{膜} = \varphi_{相} + \varphi_{扩} = \varphi_{相} = K'' + \frac{RT}{zF}\ln\alpha \quad (19.6)$$

式中，K'' 为常数；z 为离子所带电荷数（阳离子为正，阴离子为负）；α 为待测离子活度，其他参数具有通常的意义。

离子选择性电极的电位 φ_{ISE} 为内参比电极电位与膜电位之和，即

$$\varphi_{ISE} = \varphi_{内参比} + \varphi_{膜} = K' + \frac{RT}{zF}\ln\alpha \quad (19.7)$$

与此相似，阴离子选择性电极的电极电位可表示为

$$\varphi_{ISE} = K' - \frac{RT}{zF}\ln\alpha \quad (19.8)$$

(2) 类型与响应机制

离子选择性电极种类繁多，1976 年国际纯粹与应用化学联合会（IUPAC）曾依据膜的特征，推荐将离子选择性电极分为原电极和敏化电极。前者又分为晶体（膜）电极和非晶体（膜）电极（刚性基质、流动载体），后者则包括气敏电极和酶电极。其中 pH 玻璃膜电极和氟离子选择性电极是最为经典的两种离子选择性电极。

玻璃膜电极属于刚性基质电极，它是出现最早、应用最广的一类离子选择性电极。最常用的玻璃膜电极是对氢离子具有高度选择性的 pH 玻璃膜电极，其敏感膜为一种叫考宁（Corning）015 的玻璃膜，其中 Na_2O、CaO 和 SiO_2 的含量分别为 21.4%，6.4% 和 72.2%（摩尔比）。这种玻璃由固定的带负电荷的硅与氧组成骨架，在骨架网络中存在体积小但活动能力较强的阳离子，主要是一价的钠离子，并由它起导电作用。溶液中的氢离子能进入网络并代替钠离子的位点，但阴离子却被带负电荷的硅氧载体所排斥；高价阳离子不能进出网络，所以考宁 015 玻璃膜对氢离子具有选择性响应。

玻璃电极使用前必须经水浸泡 24 h 以上后,玻璃骨架中的 Na^+ 与水中的 H^+ 发生交换,形成水化胶层(点位由 Na^+ 和 H^+ 占据),而玻璃膜中部仍是干玻璃区(点位全部由 Na^+ 占据)。当电极置于待测试液中时,膜内外侧的水化胶层和干玻璃层共同组成类似于图 19-3 的敏感膜产生膜电位。25℃时,pH 玻璃电极的电极电位可用式 19-9 表示:

$$\varphi_H = K' + \frac{RT}{F}\ln\alpha_{H^+} = K' - 0.059\text{pH} \tag{19.9}$$

对 Na_2O-Al_2O_3-SiO_2 玻璃膜,可通过改变三种组分的相对含量来改变电极的选择性,从而得到多种 pM 电极 (M = Li, Na, K, Ag)。

氟离子选择性电极是除 pH 玻璃电极以外应用最多的一种离子选择性电极,其敏感膜为 LaF_3 单晶薄片。为增强膜的导电性,常在膜中掺杂适量 Eu^{2+} 和 Ca^{2+}。通常,晶体膜晶格缺陷(空穴)的大小、形状和电荷分布,决定其只能容纳特定的可移动离子,而其他离子不能进入晶格。据此,只有溶液中的 F^- 离子可通过扩散在膜内外移动,LaF_3 单晶膜对氟离子具有选择性,其电极电位与膜外试液中氟离子活度之间的关系可用式(19.10)表示。氟电极的线性响应范围为 $5 \times 10^{-7} \sim 1 \times 10^{-1}$ mol·L^{-1}。实际测定时,主要的干扰物质是 OH^-(与 LaF_3 反应释放 F^-),但酸度过高时会形成 HF_2^- 而影响测定。因此,测定时一般控制试液的 pH 值在 5~6 之间。

$$\varphi_F = K' - \frac{RT}{F}\ln\alpha_{F^-} \tag{19.10}$$

此外,硫化银晶体膜电极可用于 Ag^+,S^{2-} 的选择性测定;卤化银晶体膜电极可用于 Ag^+ 银离子和相应卤离子 X^- 的选择性测定。

流动载体电极又称液膜电极,其敏感膜为浸有载体的惰性多孔支持体。载体既可以是带正负电荷的离子交换剂,也可以是电中性的分子。它们一般溶在有机溶剂中,可选择性地与待测离子作用。与玻璃电极不同的是,载体可在膜相中自由流动。以一价离子 M^+ 为例,当电极置于待测离子 M^+ 的 X^- 溶液中时,只有待测离子 M^+ 能自由出入溶液相及膜相,X^- 被排斥在膜相之外,而有机载体 S(或 S^-)则被陷入有机膜相。由于只有 M^+ 能通过膜进行扩散,破坏了两相界面附近电荷分布的均匀性,膜电位因此产生。通过选用合适的载体,可实现 Ca^{2+},Mg^{2+},Cu^{2+},BF_4^-,ClO_4^-,NO_3^-,K^+,Na^+,Li^+,NH_4^+,Ba^{2+} 等离子的选择性测定。

气敏电极是一种气体传感器,主要用于溶液中气体含量的测定。它将离子选择性电极与参比电极装入一盛有电解质溶液的套管内,套管的底部装有多孔气体渗透膜以隔开电解液与外部试液。其作用原理为:待测气体扩散进入电解液,电解液中的某一化学平衡发生移动引起特定离子活度发生变化,离子选择性电极的电极电位也随之变化,再据此求出试液中气体的含量。如氨电极就是根据氨对 NH_4Cl 电解液 pH 值及玻璃电极电位的影响,通过测量电池电动势的变化测定其含量的。此外,也有用于 CO_2,NO_2,SO_2,H_2S,HF 和 Cl_2 等气体测定的气敏电极。

酶电极是将具有生物活性的酶固定在电极表面,通过检测与酶催化反应产物浓度相关的电位等的变化来实现待测物质含量测定的。其基底电极可以是各种离子选择性电极以选择性响应 CO_2,NH_3,NH_4^+,CN^-,F^-,S^{2-},I^-,NO_2^- 等酶催化反应产物,也可以是电流型指示电极。酶电极典型的应用是,用电流型氧电极检测酶催化反应产物 O_2 浓度变化,从而实现葡萄糖的间接测定。

(3) 性能参数

电位选择性系数 离子选择性电极的选择性并非绝对专一,它除了对特定离子有响应外,对溶液中的其他共存离子也有不同程度的响应。离子选择性电极对各种离子的选择性,可用电位选择性系数来表示。当响应离子 I^+ 溶液中存在干扰离子 J^{m+} 时,离子选择性电极的电极电位可用式(19-11)表示:

$$\varphi_{ISE} = K' + \frac{RT}{zF}\ln(\alpha_i + \sum_j K_{i,j}^{pot}\alpha_j^{z/m}) \tag{19.11}$$

式中,$K_{i,j}^{pot}$ 称为电位选择性系数。若待测离子为阴离子,则第二项取负。$K_{i,j}^{pot}$ 表征了共存离子对响应离子的干扰程度,该值越小,表示 J^{m+} 离子对 I^+ 离子的干扰越小。但 $K_{i,j}^{pot}$ 并非一真实的常数,其值与实验条件等有关。因此,不能直接用 $K_{i,j}^{pot}$ 的文献值来作分析测试时的干扰校正,它主要用来判断已知杂质对电极响应的干扰情况,以作为拟定分析方法的参考。

响应时间 从离子选择性电极和参比电极接触试液开始到电极电位变化稳定(波动在 1 mV 以内)所经过的时间。该值与膜电位建立的快慢、参比电极的稳定性、溶液的搅拌速度有关。在实际工作中,常常通过搅拌溶液来缩短响应时间。

内阻 离子选择性电极的内阻主要是膜内阻,也包括内充液和内参比电极的内阻。各种类型离子选择性电极的内阻不同,一般晶体膜较低、玻璃膜较高,这导致了测量仪器输入阻抗的要求也各不相同。例如,电极的电阻为 108 Ω,当电极电位读数为 1 mV 时,若要求测量误差为 0.1%,则测试仪表的输入阻抗应为 1011 Ω。

线性范围和检测限 以离子选择性电极的电位对响应离子活度的负对数作图,所得曲线称为校准曲线(见图 19-4)。校准曲线直线(CD)部分的斜率称电极响应斜率,当其与理论值 $2.303RT/zF$ 基本一致时,就可认为该电极具有能斯特响应。直线 CD 部分所对应的离子活度范围则称为电极响应的线性范围,在使用离子选择性电极时需要控制待测离子的活(浓)度在其线性范围内,以免产生较大测量误差。当待测物质的活度较低时,曲线逐渐弯曲(DG 部分),CD 和 FG 延长线的交点 A 对应的活度即为电极的检测限,它是应用离子选择性电极测试时制定合适分析方法的重要参考。

(4) 特点及应用

离子选择性电极可用于许多阴阳离子与生物物质,特别是用其他方法难以测定的碱金属离子和其他一价阳离子的测定,并能用于气体分析;它适用的浓度范围宽,能达几个数量级;适用于作为工业流程自控及环境保护监测设备中的传感器,测试仪表简单;能制成微型电极,甚至做成管径小于 1 μm 的微电极用于单细胞及活体监

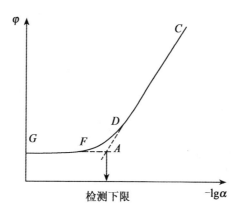

图 19-4　校准曲线及检测限

测;电位法反应的是离子的活度,因此适用于测定化学平衡的活度常数,如离解常数、稳定常数、溶度积常数、活度系数等,并能作为热力学、动力学、电化学等的基础理论的研究手段。

c. 参比电极

参比电极须具备良好的重现性和稳定性,以下是几种较为重要和常见的参比电极。

氢电极是所有电极中重现性最好的电极。规定标准氢电极(SHE)的电位为零,其他各种电极的标准电极电位都是以它为标准而得到的。其电极可表示为 $H^+(1.0 \, mol \cdot L^{-1}) | H_2(100 \, kPa)$, Pt,其中 Pt 电极是铂黑电极或镀了铂黑的铂电极,以降低 H^+ 还原时的过电位。由于标准氢电极制备困难、使用不便,而且易受多种因素的干扰,故实际应用有限。

银-氯化银电极是在细银棒或银丝上覆盖一层氯化银而制得的,使用前溶液需用氯化银饱和,否则电极上的氯化银覆盖层会被逐渐溶解。除了标准氢电极外,银-氯化银电极的重现性最好,温度系数小,在 80 ℃ 以上还可使用。银-氯化银电极具有不需自身盐桥,可作为无液接参比电极使用(试液中含有氯离子并经氯化银饱和过)的特点,其标准电极电位为 0.2223 V(25 ℃)。

甘汞电极是最常用的参比电极(见图 19-5),它由汞、糊状的氯化亚汞和氯化钾溶液组成,电极电位的大小和氯化钾溶液的浓度有关。饱和氯化钾溶液使用较多,所得电极称饱和甘汞电极(SCE),其电极电位为 0.2444 V(25 ℃)。

饱和甘汞电极的稳定性好,当通过的电流比较小时,其电极电位无明显变化。但高温时甘汞易歧化,因此使用温度应低于 80 ℃。

2. 定量分析

将离子选择性电极浸入待测溶液与参比电极组成电池(见图 19-1),则该电池的

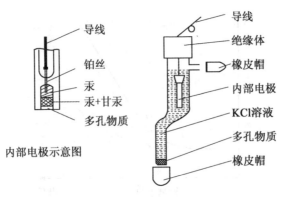

图 19-5 甘汞电极

电动势 E 可表示为

$$E = \varphi_{参比} - \varphi_{ISE} = K \pm \frac{2.303RT}{nF}\lg\alpha \qquad (19\text{-}12)$$

式中,阳离子取"+",阴离子取"-"。该式表明,工作电池的电动势在一定实验条件下与待测离子活度的对数呈直线关系。因此,通过测量电池电动势即可测定待测离子的活度。

电位法中常用的定量方法有工作曲线法、标准加入法和格氏作图法。

a. 工作曲线法

将离子选择性电极和参比电极浸入一系列活(浓)度已知的标准溶液,分别测量所得电池的电动势,绘制 $E \sim \lg\alpha(\lg c)$ 工作曲线。在同样条件下测量待测溶液的 E 值,从标准曲线上查得待测离子的活(浓)度。

一般分析工作要求测定的是溶液的浓度而不是活度,活度和浓度的关系为 $\alpha = \gamma c$,γ 为活度系数,它与溶液中的离子强度有关。稀溶液中,$\gamma \approx 1$,$\alpha \approx c$;浓溶液中,$\gamma < 1$,$\alpha \neq c$。在实际工作中,一般采用控制离子强度的办法,使 γ 在分析过程中成为一个定值而并入能斯特公式的常数项。这样,E 与 $\lg c$ 呈线性,即可直接从 $E\text{-}\lg c$ 工作曲线求待测离子浓度。

使溶液离子强度保持恒定的方法视不同情况而定。当溶液中除待测离子外,还含有其他浓度高且含量恒定的非欲测离子时,溶液本身的离子强度基本恒定,可以该溶液为基础用相似的组成制备标准溶液。这种方法称为"恒定离子背景法"。若溶液的组成复杂或不确定,则可向待测溶液和标准溶液中加入离子强度调节液(惰性电解质溶液),使它们的离子强度足够大并接近于一个不变的常数,这样测定时就可以浓度代替活度作图计算。另外,为满足测定条件的需要,有时还需要加入缓冲溶液控制溶液的 pH 值和加入掩蔽剂消除干扰,它们和离子强度调节液一起,统称为总离子强度调节缓冲液(TISAB)。

工作曲线法适用于大量样品的例行分析。

b. 标准加入法

当待测溶液的组成比较复杂时,较难控制其离子强度和标准溶液相同,此时标准加入法成为一种行之有效的方法。

先测定体积为 V_0、浓度为 c_x 的样品溶液的电池电动势 E_1,即

$$E_1 = k + S\lg \gamma_1 c_x \tag{19.13}$$

然后,加入体积为 V_s,浓度为 c_s 的标准溶液(一般要求 $V_s < V_x/100, c_s > 100c_x$),再次测定该溶液的电动势 E_2:

$$E_2 = k + S\lg \gamma_2 \cdot \frac{c_x V_0 + c_s V_s}{V_0 + V_s} \tag{19.14}$$

由于 $V_s \ll V_0$,可认为溶液的活度系数保持恒定,即 $\gamma_1 = \gamma_2$;$V_s + V_x \approx V_x$,则

$$\Delta E = E_2 - E_1 = \pm S \lg \frac{c_x V_0 + c_s V_s}{(V_s + V_0) c_x} \tag{19.15}$$

$$c_x = \frac{c_s V_s}{V_s + V_0} \left(10^{\pm \Delta E/S} - \frac{V_0}{V_0 + V_s} \right)^{-1} \approx \frac{c_s V_s}{V_0} (10^{\pm \Delta E/S} - 1)^{-1} \tag{19.16}$$

式中,阳离子取"+",阴离子取"−"。S 的理论值为 $2.303RT/zF$,但 S 的实际值往往和理论值有出入。其实际值可根据相同条件下测得的两份不同浓度标准溶液的电动势后,由 $S = \Delta E/\Delta \lg c$ 求得。为减小误差,标准溶液加入后的电位变化一般在 20 mV 以上。

标准加入法适用于组成比较复杂的试样溶液的分析。

c. 格式作图法

格式作图法实际上就是多次标准加入法,即在测量过程中多次加入标准溶液,根据一系列的 ΔE 值对相应的 V_s 值作图来求得结果,该法的准确度较上述标准加入法的高。将式(19-14)重排得到

$$(V_0 + V_s) 10^{\pm E/S} = K(c_x V_0 + c_s V_s) \tag{19.17}$$

连续向试液中加入 3~5 次标准溶液,根据式(19.17)以 $(V_0 + V_s)10^{\pm E/S}$ 对 V_s 作图,得到一直线。根据 $(V_0 + V_s)10^{\pm E/S} = 0$ 时 V_s 的值可得到 c_x 值。

在实际工作中,求算 $(V_0 + V_s)10^{\pm E/S}$ 的值不是很方便,可用市售的半对数格式作图纸作图,方便地求得待测物质的浓度。

3. 应用

这里以 pH 玻璃电极为例,阐述离子选择性电极在电位法中的应用。

由式(19-9)可知,室温下未知试液的 pH 可表示为

$$\mathrm{pH}_{\text{试}} = \frac{\varphi_\mathrm{H} - K'}{0.059} \tag{19.18}$$

但式(19-18)中 K' 无法测量与计算,因此在实际测定中,试样的 pH 是同已知 pH 的标准溶液相比求得的。在相同条件下,若标准溶液的 pH 为 $\mathrm{pH}_{\text{标}}$,以该缓冲溶液组成原

电池的电动势为 $E_标$，则

$$\text{pH}_标 = \frac{E_标 - K'}{0.059} \tag{19.19}$$

综合式(19-18)和式(19-19)可得到 25℃ 试液的 pH 值计算式：

$$\text{pH}_试 = \text{pH}_标 + \frac{E - E_标}{0.059} \tag{19.20}$$

其他温度条件的 pH 值需用 $2.303RT/F$ 代替 0.059 求得。

19.1.2 电位滴定法

1. 基本原理

电位滴定法则是根据滴定曲线的突跃来确定终点，从所消耗的滴定剂的体积和浓度来计算待测物质含量的方法。其基本原理和普通容量分析相同，主要区别在于确定终点的方式不一样。图 19-6 显示了电位滴定法的基本仪器装置。

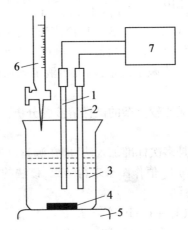

1—指示电极 2—参比电极 3—试液 4—搅拌子 5—搅拌器
6—滴定管 7—pH-mV 计

图 19-6 电位滴定基本仪器装置

2. 终点确定

电位滴定时，从滴定管中每加一次滴定剂就测量一次电动势，然后以电池电动势 E 对滴定剂体积 V 作图，得到图 19-7(a)的滴定曲线，曲线的拐点即为化学计量点。

如果滴定曲线的突跃不明显，可绘制 $\Delta E/\Delta V \sim V$ 曲线(一级微商曲线，图 19-7(b))或 $\Delta^2 E/\Delta V^2 \sim V$ 曲线(二级微商曲线，图 19-7(c))，曲线中 $\Delta E/\Delta V$ 出现极大值或 $\Delta^2 E/\Delta V^2$ 等于零的点即为滴定的终点。

此外，还可用标准溶液滴定至化学计量点时的电动势值确定终点，这也是自动电位滴定法的依据。

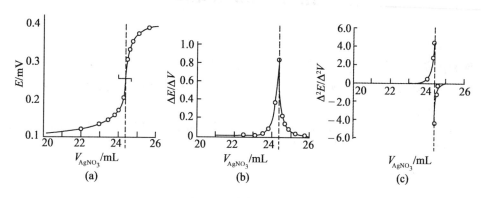

0.100 mol·L^{-1} AgNO$_3$ 滴定 2.433 mmol·L^{-1} Cl$^-$

图 19-7　电位滴定曲线

3. 指示电极的选择

电位滴定的反应类型与普通容量分析相同,滴定时需根据滴定反应类型来选择合适的指示电极。

(1) 酸碱滴定　滴定过程中氢离子的浓度发生变化,故常用 pH 玻璃电极作指示电极。

(2) 氧化还原滴定　随着滴定反应的进行,溶液中待测物质氧化态和还原态浓度比发生变化,可用零类电极作指示电极,常用铂电极。

(3) 沉淀滴定　因为具体的反应类型很多,这类滴定的情况比较复杂,但可概括为两类:用金属离子标准溶液滴定阴离子和用阴离子标准溶液滴定金属离子。因此,这类滴定可根据情况选用阴离子和阳离子选择性电极。

(4) 络合滴定　络合滴定中使用的指示电极主要有三种:第三类的 pM 电极(Hg│Hg-EDTA电极),如 EDTA 络合滴定法测 Cu^{2+},Zn^{2+},Cd^{2+},Pb^{2+},Ni^{2+},Ca^{2+},Mg^{2+},Co^{2+} 和 Al^{3+} 等;零类电极(铂电极),如 EDTA 法滴定 Fe^{2+}(体系中加入 Fe^{2+});离子选择性电极,如镧滴定氟化物、氟化物滴定铝离子用氟离子选择性电极,EDTA 滴定钙离子用钙离子选择性电极等。

4. 特点

和其他容量分析方法相比,电位滴定法具有如下特点:

(1) 准确度较电位法高,与普通容量分析一样,测定的相对误差可低至 0.2%。

(2) 能用于难以用指示剂判断终点的浑浊或有色溶液的滴定。

(3) 用于非水溶液的滴定。某些有机物的滴定需在非水溶液中进行,这时常缺乏合适的指示剂,可采用电位滴定。

(4) 可用于连续滴定和自动滴定,并适用于微量分析。

19.2 伏安分析法

以测定电解过程中的电流-电压曲线(伏安曲线)为基础的一大类电化学分析方法称为伏安法。伏安分析法既不同于零电流条件下的电位分析法,也不同于溶液组成发生较大改变的电解分析法,其工作电极表面积小,因此虽有电流流过,但溶液组成基本不变。

最早出现的以滴汞电极为工作电极的伏安法常被称为经典极谱法或直流极谱法,简称极谱法,它是所有伏安法的基础。

19.2.1 极谱法

1. 基本原理

极谱法的分析装置如图 19-8 所示。图中滴汞电极的上端为一储汞瓶,瓶中的汞通过橡皮管(或塑料管)与内径约为 0.05 mm 的毛细管相连接,汞滴在重力作用下周期性地从毛细管中滴落,电极表面得到周期性更新。

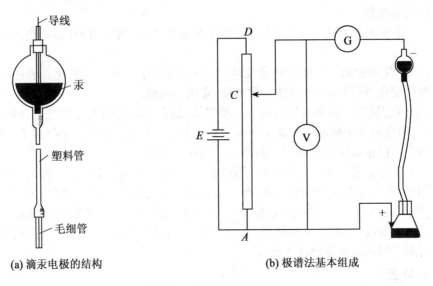

(a) 滴汞电极的结构　　　　　(b) 极谱法基本组成

图 19-8　极谱法的基本装置

分析时,将待分析试液如 $CdCl_2$ 溶液加入电解池中,再加入大量 KCl 作为支持电解质,通氮除氧以降低溶解氧在滴汞电极上还原产生的干扰,然后调整储汞瓶的高度,使汞滴以每滴 3~6 s 的速度滴下。移动触点 C,使两电极上的外加电压自零逐渐增加(见图 19-9(a))。在此过程中 C 点的每一个位置都可以从电流表 G 和电压表 V

上测得相应的电流 i 和电压 E 值,由此得到 i-E 曲线(见图 19-9(b))。

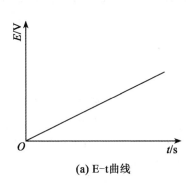
(a) E-t 曲线

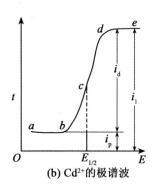
(b) Cd^{2+} 的极谱波

图 19-9　极谱法

在未达到 Cd^{2+} 的分解电压前,溶液中仅有微小电流通过,这部分电流称为残余电流(ab 段)。它包括电解液中的微量杂质和未除净的溶解氧在滴汞电极上还原产生的电解电流以及滴汞电极充放电引起的电容电流。

当外加电压增至 Cd^{2+} 的分解电压时,Cd^{2+} 在滴汞电极上还原为镉并与汞形成镉汞齐,电极反应式为 $Cd^{2+}+2e+Hg \Longrightarrow Cd(Hg)$,溶液中开始有电解电流流过($b$ 点)。此后外加电压稍稍增加,Cd^{2+} 就在电极表面得到快速还原,电解电流急剧上升(bc 段)。

由于工作电极面积很小,电解过程中电极表面的电流密度较大,再加上溶液是静止的(未搅动),因此外加电压的继续增加使电极表面 Cd^{2+} 浓度迅速降低直至实际为零(即发生浓差极化),电解电流受 Cd^{2+} 从本体溶液扩散到电极表面的速度控制。此时电流不再增加而是达到一个极限值(cd 段),该电流被称为极限电流(i_l)。

极限电流扣除残余电流后的值,即曲线中"台阶的高度"称为极限扩散电流,简称扩散电流(i_d)。

需要指出的是,在极谱分析中,主要观察的是电流随极化电极(发生浓差极化的电极)的电极电位而非外加电压的变化情况,因此电流-滴汞电极电位曲线(i-φ_{de} 曲线)更为重要。若以滴汞电极为阴极、饱和甘汞电极为阳极组成电解池,则:

$$E = \varphi_{SCE} - \varphi_{de} + iR \tag{19.21}$$

式中,φ_{SCE},φ_{de} 分别表示饱和甘汞电极和滴汞电极的电极电位。

在极谱电解过程中,电解电流 i 一般很小(微安数量级),电解线路总电阻 R 也不会太大,iR 值可忽略。此外,甘汞电极为非极化电极,电解过程中 φ_{SCE} 保持不变。这样,以甘汞电极电位为参考的 φ_{de} 就完全受外加电压控制(式(19-22)),i-φ_{de} 曲线与 i-E 曲线接近重合。后面的讨论不再严格区分这两种曲线。

$$E = \varphi_{SCE} - \varphi_{de} = -\varphi_{de} (\text{vs. SCE}) \tag{19.22}$$

i-φ_{de}曲线呈锯齿状台阶形,称为极谱波,又称极化曲线。极谱波的高度(扩散电流i_d)与溶液中待测物质的浓度有关,可用于定量分析。电流等于扩散电流一半时的电位称半波电位($E_{1/2}$),一定条件下不同物质具有不同的$E_{1/2}$,因而$E_{1/2}$可作为定性分析的依据。

2. 定量分析

a. 扩散电流方程式——尤考维奇方程式

如前所述,由于工作电极表面的电流密度较大且溶液保持静止,当外加电压达到待测物的分解电压并继续增加时,工作电极表面待测物质的浓度(c_e)会急剧降低,与本体浓度(c)间产生浓度差。浓度梯度的产生使本体溶液中的待测物质向电极表面扩散,由此形成扩散层(厚度约 0.05 mm),如图 19-10 所示。如果除扩散运动外没有其他运动可以使待测物质达到电极表面,则电解电流就完全受扩散层内待测物的扩散速度所控制,而扩散速度决定于扩散层的浓度梯度。

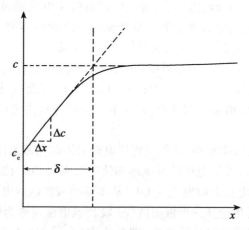

δ—扩散层厚度;x—离电极表面距离
图 19-10　扩散层中浓度变化

电极表面附近溶液中的浓度梯度可近似用式(19-23)表示:

$$\frac{\Delta c}{\Delta x} = \frac{c - c_e}{\delta} \tag{19.23}$$

根据法拉第定律,线性扩散的电解电流 i(μA)为

$$i = nFn_B = nFDA\frac{c - c_e}{\delta} \tag{19.24}$$

式中,n 为电极反应电子转移数;F 为法拉第常数;n_B 为每秒钟扩散到电极表面的被测物质的量,mol·s^{-1};D 为扩散系数,cm^2·s^{-1};A 为电极面积,cm^2;c 和 c_e 分别为本体和电极表面待测物质的浓度,mmol·L^{-1}。

对滴汞电极(非线性扩散)而言,其散层厚度 $\delta(\text{cm})$ 和电极面积 $A(\text{cm}^2)$ 均与汞滴生长时间 $t(\text{s})$ 有关:

$$\delta = \sqrt{\frac{3}{7}\pi D t} \tag{19.25}$$

$$A = 8.49 \times 10^{-3} m^{2/3} t^{2/3} \tag{19.26}$$

式中,m 为滴汞流量,$\text{mg} \cdot \text{s}^{-1}$。将式(19-25)和式(19-26)代入式(19-24)得瞬时扩散电流公式:

$$i = 708 n D^{1/2} m^{2/3} t^{1/6} (c - c_e) \tag{19.27}$$

瞬时扩散电流公式(19.27)表明,滴汞电极的扩散电流随时间而增加,即汞滴表面积的增长而做周期性的变化。由此可知,τ(汞滴周期,指汞滴开始生长到滴落所需的时间)时刻,扩散电流将达到最大值。在极限电流阶段,c_e 趋近于零,此时的最大扩散电流($i_{\max}$)可用下式表示:

$$i_{\max} = 708 n D^{1/2} m^{2/3} \tau^{1/6} c \tag{19.28}$$

扩散电流和时间的关系可用图 19-11 表示。其中曲线 a 为随汞滴生长和滴落呈周期性变化的瞬时电流曲线;曲线 b 为极谱分析中常用的长周期检流计记录到的扩散电流曲线,由于长周期检流计转动线圈的阻尼大,不能跟随电流的全周期变化,因而所得极谱波呈锯齿状;曲线 c 为平均扩散电流,即锯齿状振荡的中点,实际上就是每一汞滴在整个生长过程中流过的电量与滴汞周期 τ 的比值。

$$i_d = \frac{1}{\tau} \int_0^\tau (i_d)_t \, dt \tag{19.29}$$

$$i_d = 607 n D^{1/2} m^{2/3} \tau^{1/6} c \tag{19.30}$$

式(19-30)即为扩散电流方程式,又称尤考维奇方程式,式中参数的物理意义与单位如前所述。扩散电流方程式是经典极谱法定量分析的基本依据。

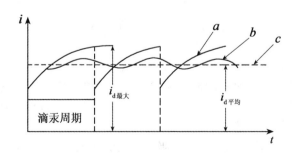

图 19-11　滴汞电极的电流时间曲线

b. 影响扩散电流的因素

由扩散电流方程式可知,扩散电流与 D,m 和 c 等因素有关。实际上,这些因素可分为两类:一是与毛细管特性无关的参数,如离子淌度、离子强度、溶液黏度、介电常数和温度等通过影响扩散系数 D 进而影响扩散电流;另一类是与毛细管特性有关的因素,它们通过影响 m 和 τ 影响扩散电流,如毛细管的直径、汞压、电极电位等。因此,式(19-30)中 $607nD^{1/2}$ 被称为扩散电流常数,$m^{2/3}\tau^{1/6}$ 被称为毛细管常数。

c. 干扰电流及其消除

在极谱分析中,除了完全受扩散控制的扩散电流以外,还有一些其他原因引起的干扰电流,它们与扩散电流的本质区别是其与被测物质浓度之间无定量关系。实验过程中,干扰电流的存在对分析不利,须设法除去。以下是极谱分析中常见的干扰电流及其消除方法。

(1) 残余电流

残余电流是外加电压未达到被测物质分解电压时流过电解池的电流,由电解电流和充电电流两部分组成。电解电流是指电解液中的微量杂质和未除净的溶解氧在滴汞电极上还原产生的电流,这部分电流通常很小。在分析微量组分的含量时,需注意所用试剂的纯度以减小背景的电解电流。

充电电流是滴汞电极充放电引起的电流。电极浸入试液中时,电极和溶液界面形成相当于电容器的双电层,一旦滴汞电极的电位发生变化(如线性增加),"电容器"就会充放电从而产生充电电流。充电电流属于非法拉第电流,其大小约为 10^{-7} A 数量级,相当于浓度为 10^{-5} mol·L^{-1} 物质所产生的扩散电流,实际上这也就是常规极谱分析的浓度检测限。因此,充电电流是残余电流的主要组成部分,也是影响极谱法灵敏度的主要因素。后面将要介绍的一些新型极谱技术,也正是通过施加合适的极化电压至工作电极,从而巧妙地消除了充电电流的影响,提高了检测的灵敏度。

(2) 迁移电流

迁移电流是本体溶液中的离子因受电极表面的静电引(斥)力作用而使极限电流增加(或减少)的那部分电流。如 Cd^{2+} 在滴汞电极上还原时,除受 Cd^{2+} 扩散控制产生扩散电流外,作为阴极的滴汞电极对荷正电的 Cd^{2+} 有静电吸引作用,这使得在一定时间内到达电极表面被还原的 Cd^{2+} 增多,极限电流增大。对阴离子,汞阴极的排斥作用使到达电极表面的待测离子减少,极限电流也随之减小。

消除迁移电流的方法是在溶液中加入大量支持电解质。支持电解质是一些导电能力强并在一个相当大的电位范围内不被还原(氧化)的惰性电解质,如 KCl,KNO$_3$,H$_2$SO$_4$ 等。支持电解质在溶液中电离为阴、阳离子,这样汞阴极对所有阳离子都有静电吸引力,因此作用于待测离子的静电吸引力大大减弱,以至由静电力引起的迁移电流趋近于零。一般情况下,支持电解质的浓度要比待测物质的浓度大 100 倍以上。

(3) 极谱极大

极谱极大是指在极谱波上出现的比扩散电流峰大得多的不正常的电流峰(见图 19-12)。极谱极大常常呈高耸的波峰,有时也呈弧状或波峰较为平坦。

极大的产生是由于汞滴上部在某种程度上被毛细管末端所屏蔽,离子不易接近,

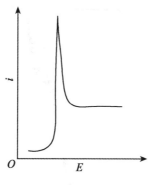

图 19-12　极谱极大

因此汞滴下部的电流密度较大。电荷分布的不均匀造成了汞滴表面张力的不均匀,表面张力小的部分要向表面张力大的部分运动,这种切向运动搅动汞滴附近的溶液,加速被测离子的扩散和还原,形成极大电流。当电流上升至极大值后,可还原的离子在电极表面的浓度趋近于零(达到完全浓差极化),电流又立即下降到极限电流区域。

极大的出现常常妨碍扩散电流和半波电位的正确测量,其高度与待测物质浓度间又无简单关系,故应加以消除。在溶液中加入少量极大抑制剂,如动物胶、聚乙烯醇、羧甲基纤维素等表面活性剂,可匀化表面张力,避免切向运动,从而有效消除极大。加入极大抑制剂时应注意量的控制,因为太少时不能(完全)消除极大,太多时会降低扩散系数,影响扩散电流,甚至引起极谱波的变形。

(4) 氧波

氧波是指溶液中的溶解氧在滴汞电极上还原而产生的极谱波。氧在溶液中的溶解度约为 2.5×10^{-4} mol·L^{-1}(25 ℃),电解时其在电极上还原产生两个极谱波。氧波的波形倾斜且延伸很长,占据了 0 ~ -1.2 V 这一极谱分析中最为有用的电位区间,分析时很易与待测物质的极谱波重叠引起干扰,故应设法除去。

向电解液中通惰性气体(如 N_2,H_2)数十分钟可明显降低氧波;在中性和碱性溶液中可加入少量 Na_2SO_3 以反应掉溶解氧;酸性溶液中由于 SO_3^{2-} 离子可在滴汞电极上还原,需改加 Na_2CO_3(生成 CO_2 惰性气体)或铁粉。

d. 定量分析方法

由尤考维奇方程式可知,极谱波的波高(扩散电流)与待测物质浓度成正比。在极谱分析中,波高的测量用三切线法比较准确:作残余电流和极限电流的延伸线,这两条线与波的切线相交于 A,B 两点(见图 19-13),通过两相交点作两相互平行的直线,两平行线之间的垂直距离即为所求波高。

极谱定量就是以尤考维奇方程式为依据,比较相同条件下测得的试液和标准溶

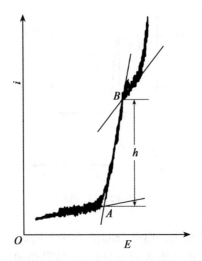

图 19-13　三切线法测波高

液的波高。常用的定量方法有三种：

（1）直接比较法

将浓度为 c_s 的标准溶液及浓度为 c_x 的未知液在同一实验条件下，分别测得其极谱波波高 h_s 及 h_x，由

$$c_x = \frac{h_x}{h_s} \cdot c_s \tag{19.31}$$

求出未知液的浓度。

该法适宜于单个或少数试样的分析。本法除要求实验条件一致外，标准溶液和试样溶液的组成应尽可能保持一致以减小误差。

（2）工作曲线法

用不同浓度的标准溶液，在同一条件下分别测出极谱波波高，据此绘制波高-浓度标准曲线（通常为一直线）。然后在同样条件下测定未知液的波高，从工作曲线上查得未知液的浓度。

该法适用于成批样品的分析，准确度较直接法高。

（3）标准加入法

先测定体积为 V_x 的未知液的极谱波波高 h，然后加入浓度为 c_s、体积为 V_s 的相同物质的标准溶液，再次测量得极谱波波高 H。由扩散电流方程式可知，加标前后极谱波波高可分别表示为

$$h = Kc_x \tag{19.32}$$

$$H = K\left(\frac{V_x c_x + V_s c_s}{V_x + V_s}\right) \tag{19.33}$$

上述两式消去常数 K 并整理得

$$c_x = \frac{c_s V_s h}{H(V_x + V_s) - h V_x} \tag{19.34}$$

该法适用于试样组成比较复杂的个别试样的分析,准确度较高。

3. 定性分析:半波电位与极谱波方程式

a. 半波电位

若以 O 代表可还原物质,R 代表还原产物,则滴汞电极上的还原反应可写为

$$O + ne^- \Longrightarrow R$$

根据能斯特方程,滴汞电极的电极电位为

$$\varphi_{de} = E^\theta + \frac{RT}{nF} \ln \frac{\gamma_O c_{Oe}}{\gamma_R c_{Re}} \tag{19.35}$$

式中,γ 为活度系数;c_{Oe} 和 c_{Re} 表示电极表面 O 和 R 的浓度。

根据极谱波的瞬时电流方程式和尤考维奇方程式,此还原波(取负)的瞬时电流 i 和扩散电流 i_d 可分别表示为

$$-i = k_O(c_O - c_{Oe}) \quad (k_O \text{ 为常数}) \tag{19.36}$$

$$-i_d = k_O c_O \tag{19.37}$$

由式(19.36)和式(19.37)可得

$$c_{Oe} = \frac{-i_d + i}{k_O} \tag{19.38}$$

根据法拉第电解定律,有

$$c_{Re} = \frac{-i}{k_R} \quad (k_R \text{ 为常数}) \tag{19.39}$$

则

$$\varphi_{de} = E^\theta + \frac{RT}{nF} \ln \frac{\gamma_O \cdot k_R}{\gamma_R \cdot k_O} \cdot \frac{i_d - i}{i} \tag{19.40}$$

当 $i = \frac{1}{2} i_d$ 时,相应的电极电位称半波电位 $E_{1/2}$,此时 $\lg \frac{i_d - i}{i} = 0$,则

$$E_{1/2} = E^\theta + \frac{RT}{nF} \ln \frac{\gamma_O \cdot k_R}{\gamma_R \cdot k_O} \tag{19-41}$$

通过推导可以证明,氧化波半波电位的表达式与式(19-41)完全一样。由此可见,对某一可还原(氧化)物质,在一定的底液及实验条件下,$E_{1/2}$ 为一与浓度无关的常数,因此半波电位可作为定性分析的依据。对可逆波而言,还原波与氧化波的半波电位相同,而不可逆波氧化还原波的半波电位各不相同。

在实际分析时,溶液中的金属离子常以络离子的形式存在,其半波电位比简单金属离子要负。而且,络离子越稳定,或者络离子的浓度越大,半波电位越负。因此,在极谱分析中,经常用络合的方法来改变半波电位,以达到消除干扰的目的。

在实际应用中,由于极谱分析可以使用的电位范围一般不超过 2 V,可容纳的极谱波有限,而许多物质的半波电位又相差不大,因而用 $E_{1/2}$ 作定性分析的意义不是很大。但通过 $E_{1/2}$ 可了解某溶液条件下各种物质产生极谱波的电位,有利于选择合适的分析条件进行更准确的定量分析。

b. 极谱波方程式

极谱波是电流与电位的关系曲线,而电流和电位之间的关系式则被称为极谱波方程式。不同反应类型的极谱曲线具有不同的极谱波方程式。将式(19-41)代入式(19-40),得还原波方程式:

$$\varphi_{de} = E_{1/2} + \frac{RT}{nF} \ln \frac{(i_d)_c - i_c}{i_c} \qquad (19.42)$$

依此类推可得到氧化波方程式:

$$\varphi_{de} = E_{1/2} - \frac{RT}{nF} \ln \frac{(i_d)_a - i_a}{i_a} \qquad (19.43)$$

由式(10.42)和式(10.43)可见,还原和氧化波方程式仅差一个符号。若溶液中既有氧化态,又有还原态,则得综合波,其方程式为

$$\varphi_{de} = E_{1/2} + \frac{RT}{nF} \ln \frac{(i_d)_c - i}{i - (i_d)_a} \qquad (19.44)$$

19.2.2　单扫描极谱法与循环伏安法

1. 单扫描极谱法

a. 基本原理

与经典极谱法相似,单扫描极谱法也是利用电流-电压曲线进行分析的方法。其与经典极谱法最大的区别在于施加到电极上的电压扫描速度不同。经典极谱法所加直流电压的扫描速度很慢(约为 $0.2\ \text{V} \cdot \text{min}^{-1}$),获得一个极谱波往往需要近百滴汞。单扫描极谱电压扫描速度快(约为 $250\ \text{mV} \cdot \text{s}^{-1}$),一滴汞就能产生一个完整的极谱图。由于只有采用长余辉的阴极射线示波器才能观察到相应的电流-电压曲线,因此过去曾称其为示波极谱法。

单扫描极谱的工作原理如图 19-14 所示。在极谱电解池的滴汞电极和铂辅助电极上加一随时间作线性变换的锯齿波电压(见图 19-15(a)),待测物在滴汞电极上还原产生电流,其在测量电阻 R 上产生的电位降(iR)经放大后加到示波器的垂直偏向板上。同时,将加在工作电极与参比电极间的电压差放大后加到示波器的水平偏向板上,如此可在示波器的荧光屏上观察到完整的 i-E 曲线。由于外加电压变化速度很快,被测物在滴汞电极表面迅速还原使电解电流急剧增大。随后外加电压继续增加,扩散层厚度变大,电流迅速下降。这样,得到的电流-电压曲线呈单峰状。另外,由于示波器对周期为几秒的变化信号几乎无惯性,所以曲线完全光滑,如图19-15(b)所示。曲线中的 ab 段称为基线,波峰 c 点对应的电流与基线对应的电流之差称为峰

电流(i_p),波峰对应的电位称为峰电位(E_p)。

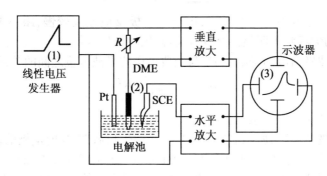

图 19-14　单扫描极谱仪的基本电路

如图 19-14 所示,单扫描极谱仪中一般采用三电极体系。电解时,极谱电流在滴汞电极(工作电极)与辅助电极间流过,而参比电极与工作电极组成电位监控回路,这样就可以确保滴汞电极的电位完全受外加电压控制而参比电极的电位始终保持恒定。同时,为克服汞滴生长过程中面积随时间变化而引起的极谱图形的不稳定,通常是在汞滴生长的后期(面积可视为不变)才施加扫描电压(图 19-15(a))。如汞滴滴落时间一般控制为 7 s,250 mV·s^{-1} 的扫描电压加在汞滴生长的最后 2 s(前 5 s 不扫描),这样记录的 i-E 曲线具有良好的重现性。

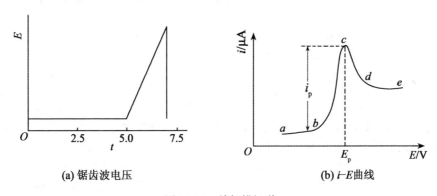

图 19-15　单扫描极谱

b. 峰电流与峰电位

对可逆电极反应,单扫描极谱波呈明显的尖峰状,其扩散电流方程式为

$$i_p = 2.69 \times 10^5 n^{3/2} D^{1/2} v^{1/2} Ac \tag{19.45}$$

式中,i_p 为峰电流,A;n 为电子转移数;D 为扩散系数,$cm^2 \cdot s^{-1}$;v 为电压扫描速率,V·s^{-1};A 为电极面积,cm^2;c 为待测物质浓度,mol·L^{-1}。此式表明,在一定的底液

及实验条件下,单扫描极谱波的峰电流与待测物质的浓度成正比,这是其定量分析的依据。

对于可逆性差或不可逆的反应,由于其电极反应速度较慢,跟不上电压扫描速度,所得图形的尖峰状不明显甚至没有尖峰,因此灵敏度低。

单扫描示波极谱波的峰电位 E_p 与经典极谱波半波电位之间的关系为

$$E_p = E_{1/2} \pm 1.1 \frac{RT}{nF} \qquad (19.46)$$

式中,氧化波取"+",还原波取"-"。

在单扫描极谱法中,所施加的电压是汞滴的生长后期,这时电极的表面积几乎不变,因此可以把滴汞电极替换为固体电极(如碳、金、铂等)或表面积不变的汞电极(如汞膜电极、悬汞电极),则所得极化曲线及电流大小等都与单扫描极谱法一样,这时称之为线性扫描伏安法。

c. 特点

与经典极谱法相比,单扫描极谱法具有如下一些特点:

(1)灵敏度高。单扫描极谱法的检测限一般可达 10^{-7} mol·L^{-1},甚至可达 5×10^{-8} mol·L^{-1}。

(2)简单快速。由于扫描速度快,数秒钟至数十秒钟即可完成一次测量。

(3)扫描前还原物质干扰小。由于电压扫描前有 5 s 的静止期,这相当于在电极表面附近进行了预电解分离。

(4)分辨率高。两物质的峰电位差达 0.1 V 以上就可分开,采用导数法分辨率更高。

(5)氧波干扰小。由于氧波为不可逆波,灵敏度低,可不除去。

适合配合物吸附波和具有吸附能力的催化波的测定。

2. 循环伏安法

经过一次三角波扫描完成一个还原和氧化过程的循环并根据所得的 i-E 曲线进行分析的方法叫循环伏安法。它与单扫描极谱法相类似,都是以快速线性扫描的形式施加极化电压于工作电极,不同之处在于以三角波电压代替了锯齿波电压(见图 19-16(a)),所得的伏安图由阴、阳极过程两个半支组成,如图 19-16(b)所示。其中,电压负向扫描(低电位向高电位扫描)时得到的半支为阴极支,产生还原电流;反之为阳极支,产生氧化电流。

从循环伏安图上可以测得氧化峰峰电流 i_{pa}、还原峰峰电流 i_{pc}、氧化峰峰电位 E_{pa} 和还原峰峰电位 E_{pc} 等重要参数。循环伏安法的峰电流和峰电位方程式与单扫描极谱法相同。若电极反应可逆,则曲线上下部分对称,氧化还原峰峰电流的比值和峰电位差分别满足式(19.47)和式(19.48):

$$\frac{i_{pa}}{i_{pc}} \approx 1 \qquad (19.47)$$

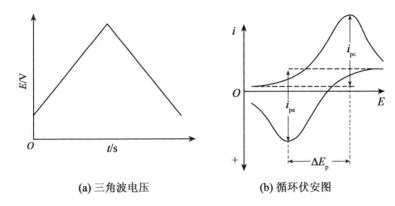

(a) 三角波电压　　　　(b) 循环伏安图

图 19-16　循环伏安法

$$\Delta E_p = E_{pa} - E_{pc} = 2.22\frac{RT}{nF} = \frac{56.5}{n}(\text{mV})(25℃) \tag{19.48}$$

式(19-47)和式(19-48)常作为电极反应可逆性的判据。电极反应的可逆性越差,阴阳极峰电流的比值偏离 1 越远,峰电位差也越大。另外,ΔE_p还与实验条件有关,一般当其值为 55～65 mV 时,即可认为该电极反应可逆。

和线性扫描伏安法一样,循环伏安法一般采用三电极系统,工作电极常用悬汞、铂和玻碳等静止电极。

循环伏安法是一种非常有用的电化学研究方法,它在研究电极反应的性质、机理和电极过程动力学参数等方面有广泛应用,但用于成分分析时灵敏度不太高。

19.2.3　方波极谱和脉冲极谱法

1. 方波极谱法

在前述各种线性扫描伏安法中,由于电极电位随时间不断变化,所以充电电流的干扰一直存在。为减小和消除充电电流的影响,提高极谱分析的灵敏度,人们在经典极谱基础上发展了方波极谱、脉冲极谱等新型极谱方法。

方波极谱是在经典极谱线性变化的直流电压上叠加一个小振幅(一般≤30 mV)的方形波电压(如图 19-17(a)),并在方波电压改变方向前的一瞬间记录通过电解池的交流电成分的极谱方法。

方波极谱的脉冲周期很小(一般为 2 ms),因此一滴汞上可以记录到多个方波脉冲的电流值甚至于完整的方波极谱图。在一个脉冲周期内,法拉第电流 i_f 和充电电流 i_c 的衰减速率不同,前者按平方根规律衰减较慢,后者按指数规律衰减较快(见图 19-17(d))。因此,在脉冲周期结束前的很短一段时间($t_3 \sim t_4$)内,i_c 已衰减到一个比较小的数值而 i_f 仍较大,若此时进行电流采样,i_c 的干扰大大减小,"信噪比"增

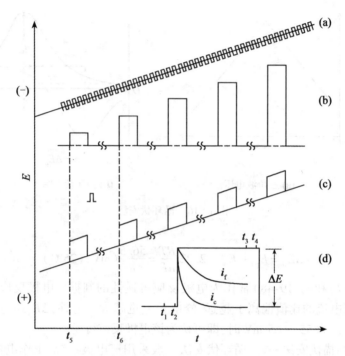

(a)方波；(b)常规脉冲极谱；(c)微分脉冲极谱 (d)一个脉冲周期内 i_f 和 i_c 随时间的衰减曲线；$t_1 \sim t_2, t_3 \sim t_4$：电流采样时间；$t_5 \sim t_6$：汞滴周期

图 19-17　各种脉冲方法中电压、电流与时间的关系

大，极谱波（$i_{(交流电流)} - E_{(直流电压)}$）呈峰形（见图 19-18(a)）。

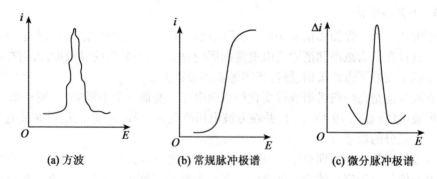

(a) 方波　　　　(b) 常规脉冲极谱　　　　(c) 微分脉冲极谱

图 19-18　各种脉冲方法中的电流-电压曲线

对可逆电极反应，其峰电流为

$$i_p = k \frac{n^2 F^2}{RT} \Delta E A D^{1/2} c \tag{19.49}$$

式中，k 为与方波频率有关的常数；ΔE 为脉冲振幅，其他参数具有通常意义。

方波极谱法的灵敏度较高，对可逆性好的离子，测定浓度可达 4×10^{-8} mol·L^{-1}，对可逆性差的离子亦可达 10^{-6} mol·L^{-1}。但在方波极谱中，为使 i_c 衰减到可以忽略的程度，必须满足方波脉冲的半周期远大于电解池的时间常数 RC（R 为电解池总电阻，C 为双电层电容），一般 R 需小于 50 Ω。为此，支持电解质须保持较高浓度，由于杂质的影响，试剂空白增大，不利于痕量分析。同时，毛细管噪声的存在，也影响了测定的灵敏度。

2. 脉冲极谱法

脉冲极谱法是在每一滴汞生长后期的某一时间施加一个矩形的脉冲电压，并在脉冲结束前的一定时间范围内，记录通过电解池的直流电流的极谱方法。它是在方波极谱法基础上，为进一步降低充电电流和毛细管噪声而发展起来的一种极谱分析法。

脉冲极谱法的脉冲振幅一般为 2～100 mV，持续时间 4～80 ms。由于脉冲极谱中叠加脉冲电压的持续时间（60 ms）比方波极谱（2 ms）长数十倍，因此在满足 i_c 衰减至可忽略的前提下，R 的数值可增大数十倍。低浓度（0.01～0.1 mol·L^{-1}）支持电解质由此能够得到使用，这无疑大大降低了痕量分析的空白值。另外，脉冲持续时间的增加还可使毛细管噪声得到充分衰减，对电极反应速度较缓慢的不可逆反应，其检测灵敏度也有所增加。

按照所施加脉冲电压的形状和电流取样方式的不同，脉冲极谱法可分为常规脉冲极谱法和微分脉冲极谱法两类。常规脉冲极谱法是在不发生电极反应的某一起始电位上，依次叠加一个振幅逐渐递增的脉冲电压（见图 19-17（b））。在每一个脉冲结束前 20 ms（$t_3 \sim t_4$）采集一次电流（约 15 s），最后得到和经典极谱法相似的台阶状极谱图（见图 19-18（b）），其极限电流 i_l 方程为

$$i_l = \frac{nFAD^{1/2}}{\sqrt{\pi t_m}} c \tag{19.50}$$

式中，t_m 为加脉冲电压到记录电流的时间间隔。常规脉冲极谱法的检测下限为 10^{-7} mol·L^{-1}。

微分脉冲伏安法是在一个缓慢变化的线性直流电压上叠加一个恒定振幅的脉冲电压（见图 19-17（c））。分别在脉冲电压加入前 20 ms 和结束前 20 ms 采样，记录两次电流采样的差值 Δi 与相应的电极电位 E，得到对称峰状的脉冲极谱波（见图 19-18（c）），峰电流方程为

$$i_p = \frac{n^2 F^2}{4RT} \Delta E A D^{1/2} (\pi t_m)^{-1/2} c \tag{19.51}$$

由式（19.51）可知，峰电流的大小决定于脉冲振幅的大小，但振幅太大时分辨率

不高,通常采用 5~50 mV 的振幅。

微分脉冲极谱法中差值电流的采用不仅很好地消除了充电电流,而且避免了残余电流中的电解电流(溶解氧、共存杂质还原产生的电流),同时克服了大量易还原共存成分存在下用常规脉冲极谱测定微量成分极限电流的困难,成为目前最灵敏的极谱分析方法之一,其检测下限一般为 $10^{-8}\ mol\cdot L^{-1}$。

脉冲方法也可应用到固态电极上得到较高的灵敏度。这是因为,在叠加脉冲电压和进行电流采样的后期,滴汞电极上汞滴的表面积几乎不变,因此其和固态电极或表面积不变的电极所起的作用是一样的。使用表面积恒定的固态电极时还无须考虑滴汞周期,因而可通过缩短脉冲周期加快分析的速度。而且,简单地通过增加电极面积就能获得更大的电流。但滴汞电极具有在任何条件下均可周期性更新的优点,而固态电极的"更新"只能在可逆体系中实现(氧化态和还原态随脉冲电压变化而不断转化)。

19.2.4 溶出伏安法

1. 基本原理

被测定物质在适当条件下电解一定时间后,改变电极电位使富集在电极上的物质重新溶出,然后根据溶出过程中得到的伏安曲线来进行分析的方法称为溶出伏安法。根据溶出时工作电极是作阳极还是阴极可将溶出伏安法分为阳极溶出伏安法和阴极溶出伏安法。

溶出伏安法均包含电解富集和电解溶出两个步骤(见图 19-19)。首先是恒电位和溶液搅拌条件下的电解,其目的是实现痕量组分在电极表面的富集;让溶液静止 30 s 或 1 min(称休止期)后,再用线扫伏安法或脉冲伏安法等进行溶出。例如,用溶出伏安法测量盐酸介质中痕量的铜、铅和镉时,需先将悬汞电极电位定在 -0.8 V 电解数分钟,此时溶液中部分 Cu^{2+}、Pb^{2+}、Cd^{2+} 在电极上还原并生成汞齐,富集在悬汞滴上。电解完毕后,用线扫伏安法(-0.8~0 V)溶出,得到如图 19-20 所示的峰状溶出曲线。

溶出曲线的峰高和溶液中金属离子的浓度、电解富集的时间、溶液的搅拌速度、电极面积和溶出方式等有关。在其他条件保持不变的情况下,溶出峰峰高和金属离子的浓度呈线性,据此可进行定量分析。

2. 工作电极

溶出伏安法使用的工作电极有汞电极和固体电极两类,前者如悬汞电极和汞膜电极;后者种类较多,如玻碳、碳糊、铂和银电极等。一般情况下,若测定的金属离子还原后能和汞形成汞齐时使用汞电极,尤以汞膜电极的灵敏度高;若测定贵金属、Hg

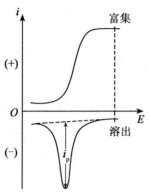

19-19　阳极溶出伏安法极化曲线

图 19-20　盐酸底液中镉、铅、铜的溶出伏安图

及不能形成汞齐的金属离子时,玻碳、铂等固体电极最佳;若测定卤素离子或诸如铬、铁这样的变价离子时,则汞、银和玻碳电极应用较多。

3. 应用

溶出伏安法是一种灵敏度很高的电化学分析方法,在痕量成分分析中应用非常广泛,可对金属离子、卤素离子等 40 多种元素进行分析测定,检测下限达 10^{-11} mol·L^{-1}。

19.3　库仑分析法

库仑分析法是通过测定被分析物定量进行某一电极反应,或者与某一电极反应产物定量进行化学反应所消耗的电量(库仑数)来进行定量分析的电化学分析方法。库仑分析法的理论基础是法拉第定律,其表达式为

$$m = \frac{M}{nF}Q = \frac{M}{nF}it \tag{19.52}$$

式中,m 为析出物质的质量,g;M 为析出物质的摩尔质量;n 为电子转移数;F 为法拉第常数,96 487 C·mol^{-1};Q 为通过电解池的电量,C;i 为通过溶液的电流,A;t 为通过电流的时间,s。

为保证测得的电量与某一被分析物含量之间的定量关系,应注意使电解时的电流效率为 100%,这是库仑分析法应用的先决条件。另外,由于是根据测得的电量进行定量分析,因而用本法定量不需任何基准物质。

19.3.1 控制电位库仑分析法

1. 原理

控制电位库仑分析法是在控制电极电位的情况下使被分析物全部电解,然后根据电解过程中所消耗的电量并利用法拉第定律求其含量的方法。

控制电位库仑分析法的基本装置如图 19-21 所示,其电极系统除作为电解反应阴阳极的工作电极和辅助电极外,还包含用于电位测量和控制的参比电极。在电解过程中,控制工作电极的电位为恒定值,随着电解反应的进行,电流逐渐降低;电解完全时,电流趋近于零(残余电流值),此时即可停止电解。

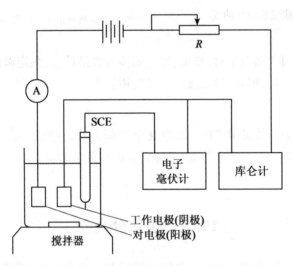

图 19-21 控制电位库仑法的基本装置

2. 电量的测量

在控制电位库仑分析中,电解电流不断减小,电解时通过电解池的电量,可通过和电解池串联在一起的库仑计来求得。库仑计的种类很多,如银库仑计(重量库仑计)、气体库仑计和电子库仑计等,现在大多采用以电流积分法直接指示电量的电子库仑计。

3. 特点与应用

控制电位库仑分析法具有与控制电位电重量法相似的特点,选择性好,可实现多组分的同时测定等。但控制电位库仑分析法不要求被测物质在电极上沉积为金属或难溶物,因此其可用于均相电极反应物质的测定。例如,利用 Fe(Ⅱ)→Fe(Ⅲ),

$H_3AsO_3 \rightarrow H_3AsO_4$ 等电极反应来测定铁和砷等。此外,它还可用于电极反应中电子转移数的测定。

控制电位库仑分析法的灵敏度和准确度均较高,最低能测到 0.01 μg 的物质,相对误差一般为 0.1% ~ 0.5%。

19.3.2 控制电流库仑分析法

1. 原理

控制电流库仑分析法是在控制电流为一恒定值的情况下电解,然后根据电解过程中所消耗的电量并利用法拉第定律求待测物含量的方法。理论上讲,其实现途径有两种:一种是待测物直接在电极上反应;一种是在试液中加入大量物质,其电解产物与待测物发生定量化学反应。后一种类型常称为恒电流库仑滴定法,简称库仑滴定法,实际上,大量物质的电解产物就是滴定反应的滴定剂。这类方法不仅易于保证100%的电流效率,而且可以测定在电极上不能起反应的物质。

例如,测定 Fe^{2+} 离子可直接利用它在铂阳极上直接氧化为 Fe^{3+} 离子的反应。电解时不断调节外加电压使电解电流保持不变(恒电流),则开始时的电极反应为

$$Fe^{2+} = Fe^{3+}$$

随着电解的进行,阳极表面附近 Fe^{2+} 的浓度不断降低,Fe^{3+} 的浓度逐步升高,阳极电位随之正移。最后,溶液中的 Fe^{2+} 还没有全部氧化为 Fe^{3+} 时,阳极电位已经达到了水的分解电位,此时在阳极上发生下列反应:

$$2H_2O = O_2 + 4H^+ + 4e^-$$

这样,电解反应的电流效率小于100%,所得电量和 Fe^{2+} 浓度之间失去了定量关系。

同样条件下,若在此溶液中加入过量的 Ce^{3+},则 Fe^{2+} 就可能以恒电流方式电解完全。开始时阳极上的反应仍主要为 Fe^{2+} 氧化为 Fe^{3+},但当阳极电位正向移动至一定数值时,Ce^{3+} 氧化为 Ce^{4+} 的反应即开始,而所产生的 Ce^{4+} 则转移至本体溶液中并氧化试液中的 Fe^{2+}:

$$Ce^{4+} + Fe^{2+} = Fe^{3+} + Ce^{3+}$$

由于 Ce^{3+} 是过量存在的,因而稳定了阳极电位并阻止了水的分解。从反应可知,阳极上虽发生了 Ce^{3+} 的氧化反应,但所产生的 Ce^{4+} 又同时将 Fe^{2+} 氧化为 Fe^{3+}。因此,电解时消耗的总电量与单纯 Fe^{2+} 完全氧化为 Fe^{3+} 的电量是相当的。

又如测定 As(Ⅲ)时,可在酸性溶液中加入 NaBr,电解产物 Br_2 再与 As(Ⅲ)发生氧化还原反应。同样,通过测量电解电量即可求出 As(Ⅲ)的含量。

恒电流库仑滴定的装置图如图 19-22 所示。

2. 电量的测量及滴定终点的确定

在恒电流库仑滴定法中,电流为一恒定值,因而电解过程中所消耗的电量可简单

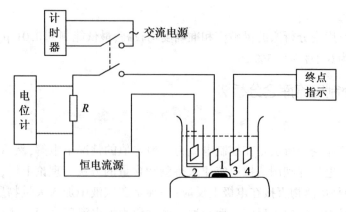

图 19-22 库仑滴定装置

地由电流与时间乘积求得。

电解时间的确定和滴定的终点紧密相关。与普通的容量分析方法一样,库仑滴定也可以用指示剂来确定滴定终点。例如,电解碘化钾溶液用单质碘作为滴定剂滴定 As(Ⅲ)时,可用淀粉做指示剂。当 As(Ⅲ)全部被 I_2 氧化为 As(Ⅴ)后,过量的碘将使淀粉变蓝从而指示反应终点。除此以外,也可以选择电流法、电压法和电导法等电分析方法指示滴定反应的终点。同样以库仑滴定法测 As(Ⅲ)为例,在两只铂电极(指示电极)上加一小的外加电压,终点前,溶液中没有 I_2,要使指示系统中有电流流过(发生氧化还原反应),根据能斯特方程,需有较大的外加电压,而实际的外加电压较小,因此没有电流流过。终点后,过量的 I_2 与溶液中的 I^- 形成电对,小的外加电压就能使电解反应发生,指示电流迅速上升,表示滴定反应已达终点。实际上,电分析方法不仅能克服指示剂变色不敏锐、变色范围和化学计量点偏离等缺点,而且还适用于所有的滴定分析法。

3. 特点与应用

凡电解时所产生的试剂能迅速反应的物质,都可用库仑滴定测定。因此,能用容量分析的各类滴定,如酸碱滴定、氧化还原滴定、沉淀滴定和络合滴定等测定的物质都可用库仑滴定法测定。如用电生的 H^+ 测定各种碱类物质;用电生的氧化剂(如 Cl_2、Br_2、I_2 和 Ce^{4+} 等)滴定还原性物质(如 As(Ⅲ)、S^{2-}、酚等)。

与其他容量分析方法相比,库仑滴定具有以下特点:①应用范围广。在一般的容量分析中,Cl_2、Br_2 和 Cu^+ 等试剂常因不稳定而不能用作标准溶液用于滴定。但库仑滴定法所用滴定剂是由电解产生的,边产生边滴定,这样可使用不稳定的滴定剂,扩大了容量分析的应用范围。②准确度好,能用于常微量组分分析。在现代技术条件下,电流和时间都可以精确地测量,因而本法的精密度和准确度都很高,一般可达

0.2%。由计算机程序确定终点的精密库仑滴定的准确度可达0.01%以下,可用于基准物质纯度的测定以及标准溶液的标定。③无需使用基准物质。库仑滴定的结果是客观地通过测量电量而得,因而可避免使用基准物质及标定标准溶液时所引起的误差。

思考题和习题

1. 电位分析法的依据是什么?它可以分成哪两类?
2. 以pH玻璃电极为例,简述膜电位的形成机理及膜电极的选择性。
3. 如何估量离子选择性电极的选择性?
4. 简述极谱波的形成过程及极谱定性、定量分析的依据。
5. 为什么常用小面积工作电极在静止溶液中进行极谱分析?
6. 简述溶出伏安法的原理和特点。
7. 试画出常见伏安法的电压-时间曲线和相应的电位-电流曲线。为什么单扫描极谱波呈"峰"形而不像经典极谱波一样呈"台阶"形?
8. 库仑分析法的基本依据是什么?为什么说100%电流效率是库仑分析的先决条件?
9. 如何测量控制电位库仑分析法与控制电流库仑分析法中的电解电量?
10. 如何判断控制电位库仑分析法与控制电流库仑分析法的终点已经到达?
11. 用离子选择性电极测定水样中F^-的含量。准确移取水样50.00 mL于100 mL容量瓶,用缓冲液稀释至刻度。移取其中50.00 mL于小烧杯中,测定其电位值,加入$1×10^{-2}$ mol·L^{-1} F^-标准溶液0.50 mL后又测定一次,所得电位值分别为0.1371 V和0.1152 V(对SCE)。已知氟电极的响应斜率为58 mV/s,试计算水样中F^-的浓度。
12. 用库仑滴定法测定废水中的苯酚。准确取100 mL水样于烧杯,酸化后加入溴化钾,用恒电流(12.0 mA)电解产生的Br_2滴定苯酚。有关反应如下:

$$3Br_2 + C_6H_5OH \Longrightarrow Br_3C_6H_2OH\downarrow + 3HBr$$

指示系统显示,148 s时到达终点。试计算该水样中苯酚的浓度。

第20章 色谱分析

20.1 色谱法导论

20.1.1 概述

1903 年,俄国植物学家 Tswett(茨维特)利用吸附原理分离植物色素而发明色谱法(chromatography)。他把菊根粉或碳酸钙等吸附剂填充在玻璃管,将植物叶子的石油醚提取液倒入管中,然后加入石油醚自上而下淋洗。随着连续淋洗,样品中各种色素在吸附剂上吸附力大小不同,向下移动速率不同,逐渐形成一圈圈的连续色带,它们分别是胡萝卜素、叶黄素、叶绿素 A、B。这种连续色带称为色层或色谱,色谱法由此而得名。色谱分离过程中所使用的玻璃管称为色谱柱(chromatographic column),管内的碳酸钙等填充材料称为固定相(stationary phase),石油醚淋洗液称为流动相(mobile phase)或淋洗剂(eluent)。20 世纪 40 年代出现以滤纸为固定相的纸色谱(paper chromatography,PC),20 世纪 50 年代出现了简便的薄层色谱(thin layer chromatography,TLC)。在色谱技术发展过程中,最重要的贡献是 1941 年 Martin A. J. P. 和 Synge R. L. M. 发明液-液分配色谱、提出色谱塔板理论和预见采用气体流动相的优点,为此获得 1952 年诺贝尔化学奖。1952 年,Martin 和 James A. T. 发明气相色谱(gas chromatography,GC),并迅速成为石油化工、环境检测的主要分离分析方法,使色谱法发展成为分析化学的重要分支学科。20 世纪 70 年代发展起来的高效液相色谱(high-performance liquid chromatography,HPLC)成为生物医学、药学、食品等的重要分离分析技术。20 世纪 80 年代,Jorgenson J. W. 等的研究工作推动高效毛细管电泳(high-performance capillary electrophoresis,HPCE)高速发展。近 100 年来,石油化工、生物化学、分子生物学、环境科学的产生、发展与色谱、电泳等产生、发展密切相关,形成了以色谱分析为代表的各种现代分离分析方法。

色谱是一种最重要的物理化学分离方法,亦称为层析法,色谱分离是基于混合物各组分在两相中分布系数的差异,当两相作相对移动时,被分离物质在两相间进行连续、多次分配,组分分配系数微小差异导致迁移速率差异,实现组分分离。

分离是色谱分析的主体或核心,检测技术是色谱分析不可分割的组成部分,色谱已成为高效、高灵敏度、应用最广的分离分析方法。气相色谱(GC)、高效液相色谱(HPLC)、高效毛细管电泳(HPCE)是现代色谱分析或分离分析的典型代表。色谱分析亦可测定组分的某些物理化学常数,成为研究物理化学、有机化学、环境化学、生物医药学、分离机理、发展分离理论、分离方法、优化分离操作条件等的重要手段。工业生产中的在线色谱等分离分析亦是生产自动化控制技术。

20.1.2 色谱法分类

色谱法包括多种分离模式、分离机理、理论处理方法等,色谱基于不同因素有多种分类方法。

1. 按固定相的形态分类

固定相装在色谱柱内称为柱色谱。根据柱管的大小、结构和制备方法不同,又分为填充柱、整体柱、毛细管或开管柱。气相色谱、高效液相色谱均为柱色谱。

固定相呈平面状称为平面色谱,它包括固定相以均匀薄层涂敷在玻璃或塑料板上的薄层色谱和以滤纸作固定相或固定相载体的纸色谱。

2. 按两相的物理形态、分离机理等分类

色谱最基本的分类方法是基于两相的物理形态、固定相性质和结构、分离组分或溶质在色谱体系迁移中两相间的平衡类型或作用机理。一般按流动相为液态、气态、超临界流体分为液相色谱、气相色谱、超临界流体色谱。进一步根据固定相性质可分为各种色谱方法。表 20-1 给出柱色谱法的基本类型。

表 20-1　　　　　　　　　　柱色谱法分类

一般分类	固定相	色谱方法	平衡类型
液相色谱法(LC)	涂敷在固体上的液体	液-液分配色谱	分配
(流动相:液态)	固体表面键合有机物	键合(液)相色谱	分配(疏水)
	固体	液-固吸附色谱	吸附
	离子交换剂	离子交换色谱	离子交换
	多孔固体凝胶	体积排阻色谱	分配(筛分)
气相色谱(GC)	涂敷在固体上的液体	气-液色谱	分配
(流动相:气态)	固体表面键合有机物	键合(气)相色谱	分配
	固体	气-固吸附色谱	吸附
超临界流体色谱(SFC)	固体表面键合有机物		分配
(流动相:超临界流体)			

20.1.3 色谱分离过程

所有色谱分离体系都由两相组成,即固定不动的固定相和在外力作用下带着样品通过固定相的流动相。淋洗色谱过程流动相以一定速率连续流经色谱柱,被分离样品注入色谱柱柱头,样品各组分在流动相和固定相之间进行连续多次分配,由于组分与固定相和流动相作用力的差别,在两相中分布常数不同。在固定相上溶解、吸着或吸附力大,即分布常数大的组分迁移速率慢,保留时间长;在固定相上溶解、吸着或吸附力小,即分布常数小的组分迁移速率快。结果是样品各组分同时进入色谱柱,而以不同速率在色谱柱内迁移,导致各组分在不同时间从色谱柱洗出,实现组分分离。图 20-1 是混合物两组分色谱分离示意图。

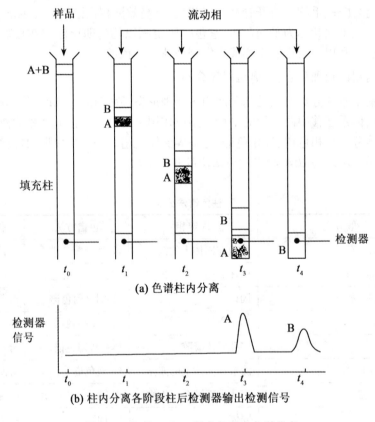

图 20-1 组分 A 和 B 混合物淋洗色谱分离

图 20-1 说明,样品组分在色谱体系或柱内运行有两个基本特点:一是混合物中不同组分的迁移速率不同,即差速迁移;二是同种组分分子在迁移过程中分布空间

扩展,即分子分布离散。色谱基础理论是从微观分子运动和宏观分布平衡探讨最大限度提高分离迁移和降低离散迁移的科学原理,包括色谱热力学、色谱动力学和色谱分离理论。

20.1.4 色谱法基本概念

1. 分布平衡

色谱过程涉及溶质在两相中的分布平衡,平衡常数 K 称为分布系数或分配系数,定义为

$$K = \frac{C_s}{C_m} \tag{20.1}$$

式中,C_s 是溶质在固定相的浓度;C_m 是溶质在流动相的浓度。K 是溶质在两相中分布平衡性质的度量,反映溶质与固定相、流动相作用力差别,决定溶质与固定相、流动相的分子结构。对淋洗色谱,主要决定溶质与固定相的分子结构。

2. 色谱流动相流速

气相色谱的流动相为气体,常称为载气。液相色谱流动相常称为淋洗液或洗脱液。流动相的流速通常有两种度量方式。

(1)体积流速

以 F_c 表示,定义为单位时间流过色谱柱的平均体积,单位一般为 $mL \cdot min^{-1}$。

(2)线速度

以 u 表示,定义为单位时间内流动相流经色谱柱的长度,也可称为速率,单位是 $cm \cdot min^{-1}$,$mm \cdot min^{-1}$ 或 $mm \cdot s^{-1}$。实际应用中,一般根据柱长(L)和死时间(t_M)求出。

$$u = L/t_M \tag{20.2}$$

3. 色谱图

色谱柱内分离的样品各组分依次进入柱后检测器产生检测信号,其响应信号大小对时间或流动相流出体积的关系曲线称为色谱图。它显示分离组分从色谱柱洗出浓度随时间的变化,反映组分在色谱柱出口流动相中分布情况,与组分在柱内迁移和两相中分布密切相关。色谱图的横坐标是时间或(流动相)体积;纵坐标是组分在流动相中浓度或检测器响应信号大小,以检测器响应单位或电压、电流等单位表示。

色谱图是色谱分析的主要技术资料,包含的各种色谱信息,主要有:① 说明样品是否是单一纯化合物。在正常色谱条件下,若色谱图有一个以上色谱峰,表明试样中有一个以上组分,色谱图能提供试样中的最低组分数。②说明色谱柱效和分离情况,可定量计算出表征色谱柱效的理论塔板数、评价相邻物质对分离优劣的分离度等。③提供各组分保留时间等色谱定性资料和数据。④ 给出各组分色谱峰高、峰面积等定量依据或按不同定量方法计算出的定量数据。

图 20-2 是两组分混合物的典型色谱图。其中一个组分不与固定相作用,在色谱柱内无保留的溶质。现根据该图说明有关术语。

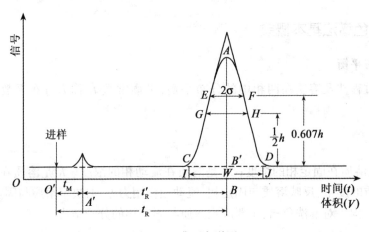

图 20-2　典型色谱图

（1）基线　当色谱体系只有流动相通过,没有样品组分随流动相进入检测器,检测器输出恒定不变响应信号,稳定的基线是平行于横坐标的水平直线,图 20-2 中无色谱峰的水平直线。

（2）色谱峰高　组分洗出最大浓度时检测器输出的响应值,图中从色谱峰顶至基线垂直距离 AB',以 h 表示。

（3）色谱峰区域宽度　色谱峰的区域宽度是色谱流出曲线的一个重要参数,通常有三种表示方式:

标准差 σ:色谱峰是对称的 Gaussian 曲线,在数理统计中用 σ 度量曲线区域宽度,是峰高 0.607 处峰宽度的一半,即图中 EF 的一半。

半峰高宽度:是峰高一半处的宽度,图中 GH,其单位分别为记录纸上宽度,可由色谱流出曲线方程导出,以宽度 $2\Delta X_{1/2}$(mm 或 cm)、时间 $2\Delta t_{1/2}$(min 或 s)或流动相体积($2\Delta V_{1/2}$,mL)表示。

$$2\Delta X_{1/2} = 2.354\sigma \tag{20.3}$$

色谱峰底宽:由色谱峰两边的拐点作切线,与基线交点间的距离,图中 IJ,以 W 表示。

$$W = 4\sigma \tag{20.4}$$

（4）色谱峰面积　色谱曲线与基线间包围的面积,即图中 ACD 内的面积。

4. 保留值

保留值是样品各组分,即溶质在色谱柱或色谱体系中保留行为的度量,反映溶质与色谱固定相作用力类型和大小,是重要的色谱热力学参数和色谱定性依据。

a. 保留时间

(1) 死时间

流动相流经色谱柱的平均时间定义为死时间,以 t_M 表示,如图 20-2 所示。

$$t_M = L/u \tag{20.5}$$

式中,L 为柱长,cm 或 mm;u 为流动相平均线速度,cm·s^{-1} 或 mm·s^{-1}。

(2) 保留时间

定义为溶质通过色谱柱的时间,即从进样到柱后洗出最大浓度的时间,以 t_R 表示。

$$t_R = L/u_x \tag{20.6}$$

式中,u_x 为溶质通过色谱柱的平均线速度。

(3) 调整保留时间

溶质在固定相上滞留的时间,即保留时间减去死时间,以 t_R' 表示。

$$t_R' = t_R - t_M \tag{20.7}$$

b. 保留体积

死时间内流经色谱柱的流动相的体积称为死体积 V_M,即等于色谱柱内流动相体积。

$$V_M = t_M F_C \tag{20.8}$$

保留时间内流经色谱柱的流动相体积,称为保留体积,以 V_R 表示。此外,还有调整保留时间内流经色谱柱的流动相体积,称为调整保留体积 V_R'。

$$V_R = t_R \cdot F_C \tag{20.9}$$

$$V_R' = t_R' \cdot F_C = (t_R - t_M) F_C = V_R - V_M \tag{20.10}$$

式中,F_C 为流动相平均体积流速。

c. 保留因子

保留因子(retention factor)定义为溶质分布在固定相和流动相的分子数或物质的量之比,以 k(或 k')表示(无因次)。

$$k = \frac{n_s}{n_m} = \frac{C_S V_S}{C_M V_M} = K \frac{V_S}{V_M} \tag{20.11}$$

式中,n_m,n_s 分别为溶质在流动相和固定相的分子数或物质的量;V_S,V_M 分别为色谱柱或色谱系统固定相、流动相体积,两者比值(V_S/V_M)称为相比,以 β 表示。

根据式(20.5)、式(20.6)可导出 $t_R = t_M(u/u_x) = t_M(1+k)$ 得

$$k = \frac{t_R}{t_M} - 1 = \frac{t_R - t_M}{t_M} = \frac{t_R'}{t_M} \tag{20.12}$$

它反映色谱保留值与物理化学常数 K 的关系,是连接溶质色谱保留行为与物理化学性质的桥梁,成为利用各种物理化学性质、参数研究色谱过程分子间作用或保留机理和色谱法研究各种物理化学性质的理论基础。k 是应用最广泛的保留值参数。

d. 相对保留值

定义相对保留值 α 以表述两组分或组分间保留差异,亦称为选择性因子,它反

映不同溶质与固定相作用力的差异。任何两组分1,2的 α 为两者 K, k 或 t' 之比：

$$\alpha = \frac{K_2}{K_1} = \frac{k_2}{k_1} = \frac{t_2'}{t_1'} \tag{20.13}$$

式中，脚标代表组分1,2,组分2的保留或 K 一般大于组分1, α 总是大于1,亦可直接从色谱图求出。α 可作为固定相或色谱柱对组分分离选择性指标；亦可用作组分的色谱定性依据。

20.1.5　溶质分布谱带展宽-色谱动力学基础理论

色谱动力学理论是根据流体分子运动规律研究色谱过程分子迁移，严格的数学处理其方程求解相当复杂，只得采用较为简化的假设和适当的近似处理。

1. 塔板理论

色谱与精馏分离有共同的物理化学基础，即被分离组分在两相中分布常数的差别。塔板理论将色谱柱内混合物分离过程与精馏塔的精馏分离类比，基本理论原理是：色谱柱由称为塔板的若干小段组成，其高度均相等，以 H 表示，称为塔板高；溶质在每个塔板上的分布常数或分配系数不变，色谱分离中溶质在各塔板上重复实现分布平衡-流动相前移-平衡过程，直至将溶质洗出色谱柱。随流动相进入色谱柱溶质在各塔板上趋向正态分布，可近似地用正态分布函数描述溶质分布，除以流动相体积，即可导出溶质浓度变化方程：

$$C = \left(\frac{N}{2\pi}\right)^{\frac{1}{2}} e^{-\frac{N}{2}\left(\frac{V_R - V}{V_R}\right)^2} M/V_R \tag{20.14}$$

此式是色谱柱洗出溶质浓度 C 与流动相体积 V 关系的方程，称为流出曲线方程或塔板理论方程。式中 N 为色谱柱塔板数，V 为任意流动相体积，M 为进样量。当 $V = V_R$,洗出色谱峰，此时溶质为最大浓度 C_{max},其流动相体积为溶质保留体积 V_R,可得：

$$C_{max} = \left(\frac{N}{2\pi}\right)^{\frac{1}{2}} M/V_R \tag{20.15}$$

$$C = C_{max} e^{-\frac{N}{2}\left(\frac{V_R - V}{V_R}\right)^2} \tag{20.16}$$

式(20.15)说明，C_{max} 与进样量和理论塔板数的平方根成正比，与溶质的保留值成反比。实际色谱洗出曲线与此描述一致，理论塔板数越高的色谱柱洗出色谱峰窄而高；保留值越大的色谱峰扁平，最大浓度低；色谱峰的区域宽度与保留时间存在近似的线性关系。

令 $V_R - V = \Delta V$,当洗出溶质浓度 C 为最大浓度 C_{max} 一半，即 $C_{max}/C = 2$ 时，ΔV 用 $\Delta V_{1/2}$ 表示。

得：

$$C_{max}/C = 2 = e^{\frac{N}{2}\left(\frac{\Delta V_{1/2}}{V_R}\right)^2} \tag{20.17}$$

$$N = 8\ln2\left(\frac{V_R}{2\Delta V_{1/2}}\right)^2 = 5.54\left(\frac{V_R}{2\Delta V_{1/2}}\right)^2 = 5.54\left(\frac{t_R}{2\Delta t_{1/2}}\right)^2 \quad (20.18)$$

式中,N 为理论塔板数,$2\Delta V_{1/2}$,$2\Delta t_{1/2}$ 分别以体积、时间为单位的色谱峰半高宽度。基于色谱峰底宽与半高宽度关系,亦可导出以色谱峰底宽计算理论塔板数的另一种计算式如下:

$$N = 16\left(\frac{t_R}{W}\right)^2 \quad (20.19)$$

色谱柱长为 L,求出理论塔板高度 H(cm 或 mm)为

$$H = \frac{L}{N} \quad (20.20)$$

上述公式说明,色谱峰区域宽度越小,理论塔板数高,理论塔板高度小,色谱柱效越高。单位柱长(m)的理论塔板数 N 或塔板高 H 常用作色谱柱效的指标。通常填充气相色谱柱 N 为 3×10^3/m 以上,H 为 0.3mm 左右;一般高效液相色谱柱 N 在 $2\sim8\times10^4$/m,H 约为 0.02mm 或更小。

塔板理论导出的流出曲线方程、影响溶质洗出最大浓度的因素和理论塔板数计算公式等,是计算理论塔板数和计算机模拟色谱流出曲线的理论基础。然而,色谱是一个动态过程,区别于萃取、精馏等分级过程,不可能实现溶质在两相间真正分布平衡,因此,塔板理论不能说明为何理论塔板数随流动相流速变化;色谱过程中溶质分子分布离散的原因;也未能深入探讨色谱柱结构、操作条件等对理论塔板数或塔板高度的影响,因而对色谱柱制备、操作条件优化等色谱实践的指导作用有限,而这正是色谱理论进一步发展的内在推动力。

2. 速率理论

1956 年荷兰化学工程师 van Deemter J. J. 研究扩散、传质等与色谱过程物料或质量平衡的关系,考察溶质通过色谱体系总的浓度分布变化。以标准方差 σ^2 作为分子在色谱柱内离散的度量,总的分子离散度应为单位柱长离散度之和,且与柱长成正比,即 $\sigma^2 = HL$。比例因子 $H = \sigma^2/L$,等于各独立分子离散因素之和:

$$H = \frac{\sigma_1^2}{L} + \frac{\sigma_2^2}{L} + \frac{\sigma_3^2}{L} + \cdots + \frac{\sigma_i^2}{L} = H_1 + H_2 + H_3 + \cdots + H_i = \sum_{i=1}^{n} H_i \quad (20.21)$$

导出速率理论方程或板高方程,亦称为 van Deemter 方程。该方程包括引起色谱峰扩张、板高增大的三项基本因素:涡流扩散、纵向分子扩散、传质项,包括流动相和固定相传质。速率理论方程的数学表达式如下:

$$H = A + B/u + Cu = A + B/u + (C_s + C_m)u \quad (20.22)$$

式中,u 为流动相平均线速度或速率。

(1)A 为涡流扩散因素:亦称为多径项。由于柱填料粒径大小不同及填充不均匀,形成宽窄、弯曲度不同的路径,流动相携带溶质分子沿柱内各路径形成紊乱的涡

流运动,有些分子沿较窄而直的路径以较快的速度通过色谱柱,发生分子运动超前;而另一些分子沿较宽或弯曲的路径以较慢的速度通过色谱柱,发生分子运动滞后,导致色谱区带展宽。

(2) B/u 为分子扩散因素:浓差扩散是分子自发运动过程,色谱柱内溶质在流动相和固定相都存在分子扩散。然而,固定相静止不动,且扩散系数一般小于流动相,因此固定相中纵向扩散可以忽略。流动相中溶质从浓度中心向流动相流动方向相同和相反的区域扩散,形成溶质分子超前和滞后,导致色谱区带展宽,塔板高度增加。

(3) Cu 为传质因素,C_s,C_m 分别为流动相和固定相传质项系数。色谱分离过程溶质在流动相和固定相之间进行质量传递。色谱过程处于连续流动状态,由于溶质分子与固定相、流动相分子间存在相互作用,有限传质速率导致溶质分子不可能在两相中瞬间建立吸附(或吸着)-解吸分布平衡,而总是处于非平衡状态。有些溶质分子未能进入固定相就随流动相前进,发生分子超前;而有些溶质分子在固定相未能分布平衡并解吸进入流动相,发生分子滞后。有限传质速率导致非平衡过程引起色谱峰的扩张。

(4) H 亦称为塔板高,其含义区别于塔板理论,是单位柱长统计意义的分子离散度。它是阐明多种色谱区带或色谱峰扩张因素的综合参数,亦作为色谱柱效指标。H 越小,柱效越高。

根据速率理论方程可进一步探讨影响柱效,即色谱峰区带扩张的各种因素或变量。

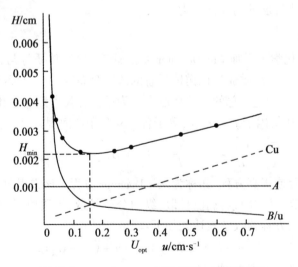

图 20-3　van Deemter 方程 H 随 u 变化曲线

图 20-3 给出一个典型的 van Deemter 方程 H 随 u 变化曲线,即 H-u 关系曲线。A 与流动相流速无关,对 H 影响不随流速变化。曲线有一最低点,此时纵向扩散和传质对色谱峰区带扩展柱影响最小,柱效最高,H 最小,以 H_{min} 表示。对应的流动相流速称最佳流速,以 u_{opt} 表示。对式(20-22)求导数:$dH/du = -B/u^2 + (C_m + C_s) = 0$,得

$$u_{opt} = \sqrt{B/(C_m + C_s)} \tag{20.23}$$

$$H_{min} = A + 2\sqrt{B(C_m + C_s)} \tag{20.24}$$

当 $u < u_{opt}$ 时,分子扩散是色谱峰扩张主要因素,传质可以忽略,$H = A + B/u$,气相色谱可观察到这种情况。当 $u > u_{opt}$,传质是引起色谱峰扩张主要因素,分子扩散可以忽略,$H = A + (C_m + C_s)u$。对于气相色谱,气体扩散系数大,传质速率高,H 随 u 升高速率较慢,曲线上升斜率较小。对于液相色谱,H 随 u 升高速率较快,曲线上升斜率较大。

3. 柱外谱带展宽效应

上面讨论的是色谱柱内溶质迁移过程谱带展宽,色谱仪器系统还存在各种柱外的色谱区带扩张因素,均可以标准偏差或方差 σ^2 表示。这主要包括:进样操作和进样系统死体积 σ_{in}^2、进样系统与色谱柱及色谱柱与检测器之间连接管 σ_{tu}^2、色谱柱头 σ_{cf}^2、检测器形状与体积 σ_{de}^2 及其他因素 σ_{or}^2 等引起谱带展宽,即柱外谱带展宽 σ_{EX}^2 为

$$\sigma_{EX}^2 = \sigma_{in}^2 + \sigma_{tu}^2 + \sigma_{cf}^2 + \sigma_{de}^2 + \sigma_{or}^2 \tag{20.25}$$

进样速度应尽可能快,色谱柱头连接紧密及筛板与填充柱床间不得有空隙等,均可降低柱外效应。

20.1.6 组分分离-基本分离方程

分离度(resolution)定义为相邻两组分色谱峰保留值 t_{R_2}, t_{R_1} 之差与两峰底 W_2, W_1 平均宽度之比,以 R 表示,如图 20-4 所示。

$$R = \frac{t_{R_2} - t_{R_1}}{\frac{1}{2}(W_2 + W_1)} = \frac{2(t_{R_2} - t_{R_1})}{(W_2 + W_1)} \tag{20.26}$$

当 $R = 1$,两色谱峰交叠约 4%,可称为基本分离。当 $R = 1.5$,两色谱峰交叠约 0.3%,可视为完全分离。

对分离度的要求由定量分析误差、相邻两组分,亦称为"物质对"的峰高比等因素确定。

当相邻峰保留值相近时,近似地 $W_1 = W_2 = W$,并按 $W = 4\sqrt{N}/t_R$,可得

$$R = \frac{t_{R_2} - t_{R_1}}{W} = \frac{\sqrt{N}}{4} \frac{t_{R_2} - t_{R_1}}{t_{R_2}} = \frac{\sqrt{N}}{4} \frac{k_2 - k_1}{1 + k_2} \tag{20.27}$$

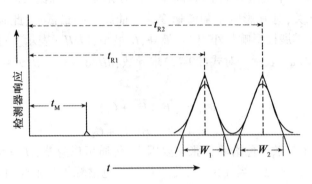

图 20-4 色谱分离度(R)定义

根据式(20.13)消去保留因子 k_1，引进选择性因子 α，可导出决定分离度各种因素的分离度方程或分离方程。

$$R = \frac{\sqrt{N}}{4}\left(\frac{\alpha-1}{\alpha}\right)\left(\frac{k_2}{1+k_2}\right) \tag{20.28}$$

式(20.32)表明，影响分离度的因素包括三项，第一项与区带扩张的色谱动力学因素 N 或 H 有关；第二和第三项与分离选择因子、保留因子等色谱热力学因素有关。

分离度与理论塔板数 N 的平方根成正比。由式(20.28)可导出分离某"物质对"达到一定分离度需要的理论塔板数和柱长。

$$N = 16R^2\left(\frac{\alpha}{\alpha-1}\right)^2\left(\frac{k_2+1}{k_2}\right)^2 \tag{20.29}$$

若要求获得基本分离，$R=1$，或完全分离 $R=1.5$，则上述方程的 $16R^2$ 系数分别为 16 和 36。

20.1.7 色谱方法选择

根据样品物理、化学性质和分析要求选择色谱方法。各种气体、沸点 500℃ 以下挥发性、热稳定的样品，一般采用气相色谱分析。非挥发性样品，包括有机物、无机物、高分子化合物、可离解化合物等均可采用高效液相色谱分析。薄层色谱通常为非仪器分析方法，操作简便，可作为高效液相色谱流动相、固定相选择的辅助手段。非挥发性样品通过衍生化成为挥发性样品，亦可采用气相色谱分析。既可采用气相色谱，亦可采用高效液相色谱分析的样品，通常首选气相色谱法，因为前者分析成本相对低些。总体来看，高效液相色谱比气相色谱适用的样品类型、范围或应用领域要广泛得多。

20.1.8 色谱定性分析

色谱定性是鉴定样品中各组分,即每个色谱峰是何种化合物。基于色谱分离的主要定性依据是保留值,包括保留时间、保留体积、相对保留值,即选择性因子和保留指数等。

1. 与已知物对照定性

根据保留时间等保留值定性需用已知化合物为标样,且要严格控制色谱条件。在同样色谱条件下,用已知化合物与样品中色谱峰对照定性;或将已知化合物加入样品中导致某色谱峰增高定性,这是色谱基本定性方法。

2. 其他定性方法

主要有按保留值经验规律定性。例如,同系物或结构相似化合物保留值的对数与分子中碳原子数成正比的碳数(n)规律,根据同系物两个或两个以上组分的保留值可作出 lg$k$-n 等关系图,从而获得各同系物保留值作为定性依据。亦可参考文献保留数据定性。

3. 色谱-质谱联用

结构分析仪器提供分子结构信息,可对化合物直接定性。色谱-结构分析仪器联用,将结构分析仪器作为色谱检测器,使各种色谱联用技术成为当今最有效的复杂混合物成分分离、鉴定技术。不仅可对混合物成分定性,也可定量测定。其中发展最早、应用最广泛的是色谱-质谱(MS)联用仪器。GC-MS、HPLC-MS 已成为有关化学、生物医药学等实验室常规分析仪器设备。

20.1.9 色谱定量分析

色谱定量分析是根据检测响应信号大小,测定样品中各组分的相对含量。定量分析的依据是每个组分的量(质量或体积)与色谱检测器的响应值成正比,一般与峰高或峰面积响应成正比。每个色谱峰高(h)可从色谱图直接测定。色谱峰面积(A)以峰高与半峰高宽($2\Delta X_{1/2}$)相乘求出。

$$A = h_x 2\Delta X_{1/2} \tag{20.30}$$

一般保留值小、峰宽窄且难以准确测量的组分,可按峰高定量。多数情况下按峰面积定量为宜。

色谱仪器配置的数字积分仪或色谱工作站可直接提供色谱峰高、峰面积等定量数字化信息并可按下述不同定量方法给出各组分定量数据,其准确度一般高于手工测量。

1. 标准校正法或外标法

最直接的定量方法是配制一系列组成与样品相近的标准溶液。按标准溶液色谱图,可求出每个组分浓度或量与相应峰面积或峰高校准曲线。按相同色谱条件下样品色谱图相应组分峰面积或峰高,根据校准曲线可求出其浓度或量,是应用最广、易于操作、计算简单的定量方法。

在实际分析中,可采用单点校正。只需配制一个与测定组分浓度相近的标样,根据物质量与峰面积呈线性关系,当测定样品与标样体积相等时:

$$W_i = \frac{W_S}{A_S} A_i = f_i A_i \tag{20.31}$$

式中,W_i, W_S 为样品和标样中测定化合物的量;A_i, A_S 为相应峰面积。单位峰面积相应化合物量的比例系数 f_i 称为组分 i 的定量校正因子。单点校正操作上要求定量进样或已知进样体积;标样和测定样品在同一色谱分离、检测条件下分析;测定成分与样品中其他组分分离且有检测响应。

2. 内标法

内标法是一个相对定量校正法,分离、检测条件对定量结果影响不如外标法敏感。选择一个一般不存在于样品中的合适内标化合物,测定待测组分、内标物对某一标准物的相对定量校正因子。组分 i 的相对定量校正因子 f'_i 定义为组分定量校正因子与标准物定量校正因子之比。

$$f'_i = \frac{W_i/A_i}{W_S/A_S} \tag{20.32}$$

式中,W_i, W_S 为组分 i 和标准物 S 的质量;A_i, A_S 为相应峰面积。类似地,内标物的相对定量校正因子 f'_{iS} 为

$$f'_{iS} = \frac{W_{iS}/A_{iS}}{W_S/A_S} \tag{20.33}$$

式中,W_{iS}, A_{iS} 为内标物质量和峰面积。

合并式(20.32),式(20.33)得

$$W_i = \frac{A_i f'_i}{A_{iS} f'_{iS}} W_{iS} \tag{20.34}$$

当称取样品质量为 W,加入内标物质量为 W_{iS},测定组分的含量 $P_i\%$ 为

$$P_i\% = \frac{W_i}{W} \times 100\% = \frac{A_i f'_i}{A_{iS} f'_{iS}} \times \frac{W_{iS}}{W} \times 100\% \tag{20-35}$$

若测定相对定量校正因子的标准物与内标物为同一化合物,则 $f'_{iS} = 1$,得

$$P_i\% = \frac{W_i}{W} \times 100\% = \frac{A_i f'_i}{A_{iS}} \times \frac{W_{iS}}{W} \times 100\% \tag{20.36}$$

内标法可获得高定量准确度,因为不需定量进样,可避免定量进样带来的某些不确定因素。

3. 峰面积归一化法

样品中所有组分全部洗出,在检测器上产生相应的色谱峰响应,同时已知其相对定量校正因子,可用归一化法测定各组分含量。

$$P_i\% = \frac{W_i}{W_1 + W_2 + \cdots + W_i + \cdots + W_n} = \frac{A_i f_i'}{\sum A_i f_i} \times 100\% \quad (20\text{-}37)$$

归一化法不必称样和定量进样,可避免由此引起的不确定因素。若组分相对定量因子相近,如气相色谱氢火焰离子化检测器测定烃类化合物;高效液相色谱紫外检测器测定苯的单取代衍生物或摩尔吸光系数和相对分子质量相近的化合物,未校正的峰面积归一化法测定各组分的相对近似含量,亦有一定实用价值。

20.2 气相色谱法

气相色谱法用气体作流动相,其主要特点是:由于气体的黏度小,因而在色谱柱内流动的阻力小;同时,气体的扩散系数大,组分在两相间的传质速率快,有利于高效快速分离。

气相色谱分离中气体流动相所起作用较小,主要基于溶质与固定相作用。根据所用固定相性质不同,气相色谱可分为两类:一类为气固吸附色谱,固定相为多孔性固体吸附剂,其分离主要基于溶质与固体吸附能力等差异;另一类为气液分配色谱,用高沸点的有机化合物固定在惰性载体上形成的液膜作为固定相,其分离基于溶质在固定相的溶解能力等不同导致分配系数差异。根据色谱柱的结构,有填充柱和毛细管柱气相色谱两种类型。

气相色谱也有一定的局限:沸点高、热稳定性差、腐蚀性和反应活性较强的物质,气相色谱分析比较困难。

20.2.1 气相色谱仪

现代气相色谱仪结构主要包括气路系统、进样系统、色谱柱系统、检测器、温控系统及数据处理和计算机控制系统。商品化有填充柱、毛细管柱和制备气相色谱仪等三种。需要说明的是,先进的气相色谱仪往往兼具填充柱、毛细管柱,分析、制备等多种功能。

1. 气路系统

气相色谱仪的气路是一个载气连续运行管路高气密性系统。气路流程主要有单柱单气路和双柱双气路两种形式。单柱单气路适用于恒温分离分析;双柱双气路由于能补偿升温过程中固定液的流失,使基线稳定,所以适用于程序升温分离分析。图20-5 为氢火焰离子化检测器毛细管气相色谱仪气路流程图。

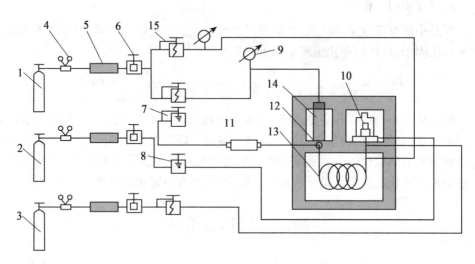

1—载气瓶 2—空气瓶 3—氢气瓶 4—减压阀 5—净化管 6—稳压阀 7—负压稳压阀 8—针型阀 9—压力表 10—FID 11—干燥管 12—分流器 13—毛细管柱 14—净化室 15—稳流阀。

图 20-5 氢火焰离子化检测器毛细管气相色谱仪

气相色谱中常用的载气有高纯氢气、氮气、氦气和氩气,这些气体一般由高压钢瓶供给,氢气、氮气也可由气体发生器供给。

2. 进样系统

进样系统将气体、液体或固体溶液试样引入色谱柱前瞬间气化、快速定量转入色谱柱的装置,它包括进样器和气化室两部分。常用的进样器有微量注射器和六通阀。旋转式六通阀进样结构见图 20-6。为了使样品能瞬间气化而不分解,要求气化室热容量大,无催化效应;为了降低进样柱外效应,气化室死体积应尽可能小。

毛细管柱柱容量很小,常用的微量注射器和六通阀进样需附加分流装置,样品在气化室内气化后,蒸气大部分经分流管道放空,极小一部分被载气带入色谱柱。这两部分的气流比称为分流比。分流是为适应微量进样,避免样品量过大导致毛细管柱超负荷。

3. 色谱柱分离系统

分离系统或色谱柱是气相色谱仪的心脏,安装在控温的柱箱或室内。商品仪器有两种基本柱型,即填充柱和毛细管柱。填充柱由不锈钢或玻璃材料制成,内装固定相,一般内径为 2~4mm,长 1~3m,有 U 形和螺旋形两种。柱容量高、制备技术较简单,是常规分析主要柱型。

毛细管柱一般为内径 0.1~0.5mm,柱长 10~100m 石英毛细管,螺旋形,固定液

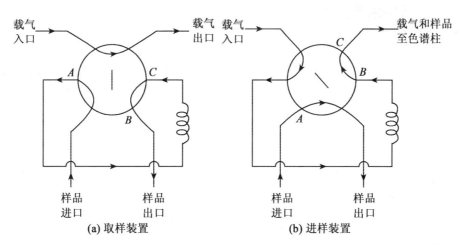

(a) 取样装置　　　　　　(b) 进样装置

图 20-6　气相色谱进样六通阀

涂敷在毛细管柱内壁上。毛细管柱的渗透性好,比渗透率比填充柱大近 2 个数量级,可采用高线速载气实现快速分析;柱效高,可采用长色谱柱,其总理论塔板数可达 10^6,特别适合分离性质极其相似($\alpha = 1.05$ 的物质对)、组分复杂(100 个以上)的混合物。

根据固定液在毛细管内涂敷方式或柱结构不同,有涂壁开管柱、多孔层开管柱、填充毛细管柱等多种柱型。

4. 检测系统

检测器是气相色谱仪的重要部件,其作用是将色谱柱分离后各组分在载气中浓度或量的变化转换成易于测量的电信号,然后记录并显示出来。其信号及大小为被测组分定性定量的依据。

对气相色谱检测器的性能要求为:灵敏度高、检出限低、响应线性范围宽、稳定性好、响应速度快、通用性强。应用最广泛的是热导检测器和氢火焰离子化检测器。

5. 温控系统

温控系统由热敏元件、温度控制器和指示器等组成,用于控制和指示气化室、色谱柱、检测器的温度。

6. 数据处理及计算机系统

色谱数据系统是采集数据、显示色谱图,直至给出定性定量结果。包括记录仪、数字积分仪、色谱工作站等。现代色谱工作站是色谱仪专用计算机系统,还具有色谱操作条件选择、控制、优化乃至智能化等多种功能。

20.2.2　气相色谱固定相

1. 固体固定相

包括固体吸附剂、高分子多孔微球、化学键合相固定相等。一般用于分离分析永久性气体(H_2、O_2、CO、CH_4等)无机气体和低沸点碳氢化合物、几何异构体或强极性物质。

常用吸附剂有硅胶、活性炭、氧化铝、分子筛等。高分子多孔微球聚合物是气固色谱中用途最广的一类固定相,主要以苯乙烯和二乙烯基苯交联共聚制备,抑或引入极性不同的基团,可获得具有一定极性的聚合物。

高分子多孔微球适用性广,具有疏水性能,对水的保留能力比绝大多数有机化合物小,特别适合有机物中微量水的测定,也可用于多元醇、脂肪酸、腈类、胺类等分析;耐腐蚀,可用于氨、氯气、氯化氢等分析。

2. 载体

气相色谱载体又称担体,为多孔性颗粒材料。其作用是提供一个大的惰性表面,使固定液能在表面上形成一层薄而均匀的液膜。对载体的要求是:具有足够大的比表面积和良好的热稳定性;化学惰性,即不与试样组分发生化学反应,而且无吸附性、无催化性;颗粒接近球形,粒度均匀,具有一定的机械强度。

按化学成分大致可分为硅藻土型和非硅藻土型载体两大类。

硅藻土型载体由天然硅藻土煅烧而成。有红色和白色硅藻土载体,前者结构紧密、机械强度较好、表面孔穴密集、孔径较小、表面积大,能负荷较多的固定液,但表面存在活性吸附中心;后者结构疏松、强度较差、孔径大、表面积小,能负荷的固定液少。

非硅藻土载体主要包括聚四氟乙烯、聚三氟乙烯以及玻璃微球。这类载体仅在一些特殊对象(强极性腐蚀性化合物)中应用。

3. 液体固定相及分类

液体固定相亦称为固定液,其应用远比固体固定相广泛。采用液体固定相有如下优点:溶质在气-液两相间的分布等温线呈线性,可获得较对称的色谱峰,保留值重现性好;有众多的固定液可供选择,适用范围广;可通过改变固定液的用量调节固定液膜的厚度,控制 k 值,改善传质,获得高柱效。

固定液是一类高沸点有机物,涂在载体表面,操作温度下呈液态。在气液色谱分离中,样品组分溶解在固定液中,构成以固定液为溶剂以样品组分为溶质的稀溶液。可根据溶液理论来考察组分在气相中的行为、组分与固定液形成溶液的性质及溶质和溶剂的相互作用。可导出

$$K = \frac{N_S RT}{\gamma P^0} \tag{20.38}$$

此式说明气液色谱过程中,组分分配系数决定于组分与固定液的相互作用力的活度系数(γ),组分的蒸气压(P^0)以及固定液的量(N_S),K亦与温度有关。欲分离分配系数为K_1和K_2的两组分,则它们的相对保留等于两组分的分配系数之比:

$$\alpha = \frac{K_2}{K_1} = \frac{\gamma_1 P_1^0}{\gamma_2 P_2^0} \tag{20.39}$$

相对保留关系式说明混合物各组分分离决定于组分的蒸气压和它在固定液相中的活度系数γ,因而组分与固定液之间的作用力对分离起很大作用,这与蒸馏分离有本质上的区别。当$P_1^0 = P_2^0$,即两组分沸点相等,只要选择合适固定液也可将两组分分开。这时有

$$\alpha = \frac{\gamma_1}{\gamma_2} \tag{20.40}$$

色谱分离选择性主要决定于组分与固定液的分子结构及相互作用力的差异。

分子间的作用力,是分子间一种较弱的吸引力,它是决定物质的沸点、熔点、溶解度、气化热、表面张力和黏度等物理化学性质的主要因素,分子间的作用力主要包括色散力、诱导力、定向力(静电力)、氢键作用力以及其他特殊作用力。

固定液品种繁多,曾有数百种的物质被用作气液色谱固定液。它们具有不同的组成、性质和用途。为了研究固定液的色谱特性,便于按样品的性质选择相应的固定液,通过对固定液的分子结构、极性、特征常数等进行研究,提出多种评价和分类方法。最早根据固定液的相对极性分类,规定非极性固定液角鲨烷的相对极性为0,β,β-氧二丙腈固定液的相对极性为100,选择苯-环己烷或正丁烷-丁二烯作为测定的"物质对",分别测得它们在上述2种固定液及欲测固定液上的相对保留值,将固定液分为非极性、弱极性、中等极性、强极性等。还可按固定液分子结构分类,包括烃类及其聚合物、醇和聚醇、酯和聚酯、聚硅氧烷类,便于根据"相似相溶"的原则选择固定液。此后发展出按固定液McReynolds常数分类,被广泛用于固定液的性质比较以及固定液的选择。

20.2.3 气相色谱分离条件的选择

气相色谱分离条件的选择是为了提高组分间的分离选择性、提高柱效,使分离峰的个数尽量多,分析时间尽可能短,从而充分满足分离要求。

1. 固定液及其含量的选择

一般可按"相似相溶"的原则来选择固定液。下列选择固定液的一般规律,具有参考价值。分离非极性化合物,一般选用非极性固定液,此时非极性固定液与试样间的作用力为色散力,被分离组分按沸点从低到高顺序流出;中等极性化合物,一般选用中等极性固定液,此时,固定液与试样间的作用力主要为诱导力和色散力,组分基本按沸点从低到高先后流出,若为沸点相近的极性和非极性化合物,一般非极性组分

就先流出;强极性化合物,一般选用强极性固定液,固定液与组分之间主要是静电力(定向力)作用力,一般按极性从小到大的顺序流出;能形成氢键的化合物,一般选用极性或氢键型固定液,按试样组分与固定液分子形成氢键的能力,从小到大地先后流出,不能形成氢键的组分最先流出;具有酸性或碱性的极性物质,可选用强极性固定液并加酸性或碱性添加剂;分离复杂的组分,可采用两种或两种以上的混合固定液。

以固定液与载体的质量比表示固定液的含量,它决定固定液的液膜厚度,影响传质速率。低沸点样品多采用高液载比(或液担比)的柱子,一般为20%~30%;高沸点样品则多采用低液载比的柱子,一般为1%~10%。

2. 载体及其粒度的选择

若样品相对分子质量大、沸点高、极性大、使用的固定液量少,大都选用白色载体;试样的相对分子质量小、沸点低、非极性、固定液的用量高,则应选用红色载体;对于那些具有强极性、热和化学不稳定的化合物,可用玻璃载体。一般载体的粒度以柱径1/20~1/25为宜。当柱内径为3~4mm的填充柱,可选用60~80目或80~100目载体。

3. 柱长和内径的选择

填充柱的柱长一般为1~5m,毛细管柱的柱长一般为20~50m。

柱内径增大可增加柱容量、有效分离的样品量增加。但径向扩散路径也会随之增加,导致柱效下降。内径小有利于提高柱效,但渗透性会随之下降,影响分析速度。对于一般的分析分离来说,填充柱内径为3~6mm,毛细管柱柱内径为0.2~0.5mm。

20.3 高效液相色谱法

20.3.1 概论

1. 高效液相色谱法的产生和发展

高效液相色谱是在经典柱色谱基础上和气相色谱高速发展的影响下产生于20世纪60年代末。早期液相色谱,常称为经典柱色谱,流动相流速低、分离速度慢,完成一次分离需几小时到一天以上,作为制备分离技术具有重要应用价值,但作为分析分离是不可取的。气相色谱由于技术上的局限,无法解决生命科学、生物工程技术、医药学等新兴学科发展中面临高沸点、强极性、热不稳定、大分子等复杂混合物的分离分析难题,如氨基酸、多肽、核酸、碳水化合物、药物、杀虫剂、抗生素、有机金属化合物、各种无机物等。这种需要推动色谱工作者重新致力于液相色谱研究。人们从气相色谱理论和技术成就中得到启示,为克服经典液体柱色谱分离速度慢、柱效低的缺点,采用高压泵加快液体流动相的流动速率;采用微粒固定相以提高柱效;设计死体积小的检测器,导致高效液相色谱法(high-performance liquid chromatography, HPLC))的产生。

20世纪80年代以来HPLC的应用领域、文献数量均超过GC。20多年来高效液相色谱分离模式和方法不断增加。液相色谱-质谱联用技术等在促进基因组学、蛋白质组学、代谢组学的发展上发挥极其重要的作用。离子色谱的发展改变了现代色谱分析的面貌,色谱法不仅广泛用于有机物;而且适用于无机阴、阳离子和金属元素分析,亦成为无机分析的重要手段之一。HPLC应用极其广泛,当今已成为化学化工、生物、医药学、环境、食品等领域最重要的分离分析、实验室仪器制备分离技术。以高效液相色谱为代表的各种液相分离分析技术向生命科学渗透,一个新的学科分支——生物色谱学(Biochromatography)正在形成和发展。生命科学崛起为HPLC提供新的发展机遇,显示广阔的应用前景。

2. 高效液相色谱法的特点及与其他色谱法比较

a. 高效、高速、高灵敏度

高效液相色谱法与气相色谱法相似,为仪器分析技术,具有高速、高效、高选择性、高灵敏度的特点,区别于低速、低效、无在线检测器、非定型仪器的经典液相色谱法。高速是指在分析速度上比经典液相色谱法快数百倍,可在不到 0.5h 内分离出尿中 104 个组分。

b. 流动相对分离选择性的影响

高效液相色谱分离温度与经典柱色谱相似,通常为室温,分离在液相中进行;而气相色谱分离一般在高温、气相中进行。液相分子间作用力强度比气相高 10^4 左右,液相色谱分离过程流动相与分离溶质分子间亦存在相互作用,改变流动相的类型和组成是提高分离选择性的重要手段;而气相色谱流动相对分离选择性影响很小,主要是改变固定相来提高分离选择性。

c. 适用范围广

气相色谱法分析对象只限于气体和沸点较低的化合物,它们仅占有机物总数的 20%。高效液相色谱可分离分析占有机物总数近 80% 的高沸点、热不稳定、生物活性、高分子化合物及无机离子型化合物等。高效液相色谱法在生物和医药学领域应用最为普遍。

3. 高效液相色谱法基本类型

高效液相色谱分离机理多种多样,比气相色谱复杂得多。根据色谱固定相和色谱分离的物理化学原理或分离机理分类,主要有下列四种类型。

(1)吸附色谱 用固体吸附剂为固定相,以不同极性溶剂为流动相,依据样品各组分在吸附剂上吸附性能差异实现分离。

(2)分配色谱 用涂渍或化学键合在载体基质上的固定液为固定相,以不同极性溶剂为流动相,依据样品各组分在固定相中溶解、吸收或吸着能力差异,即在两相中分配性能差异实现组分分离。

(3)离子交换色谱采用含离子交换基团的固定相,以具有一定 pH 值含离子的溶液为流动相,基于离子性组分与固定相离子交换能力差异实现组分分离。

(4)体积排阻色谱用化学惰性的多孔凝胶或材料为固定相,按组分分子体积差异,即分子在固定相孔穴中体积排阻作用差异实现组分分离,亦称为凝胶色谱。

上述4种色谱类型均可进一步分为多个不同色谱方法。

4. 正反相色谱体系

根据固定相和液体流动相相对极性的差别,有正相色谱和反相色谱两种色谱体系或方法。反相色谱和正相色谱主要区别是流动相和固定相的相对极性,最初形成于液液分配色谱,现已广泛应用于其他各种色谱方法。早期液相色谱工作者以强极性的水、三乙二醇等涂渍在硅胶或氧化铝上为固定相,以相对非极性的正己烷、异丙醚为流动相。由于历史原因,这类色谱现称为正相色谱(Normal-Phase Chromatography,NPC)。在反相色谱(Rreversed-Phase Chromatography,RPC)中,固定相是非极性的,通常是烃类;而流动相是相对极性的水,甲醇,乙腈。正相色谱中极性最小的组分最先洗出,因为大部分情况下是溶于流动相中;流动相极性增加,溶质洗出时间减少。相反,反相色谱中极性最强的组分首先洗出;流动相极性增加,溶质洗出时间增加。图 20-7 表述这些关系。硅胶吸附色谱与正相色谱相似,大致可视为正相色谱体系。正、反相色谱概念对预测溶质洗出顺序、评价色谱固定相性能、分离方法选择和分离操作条件优化具有重要实用价值。

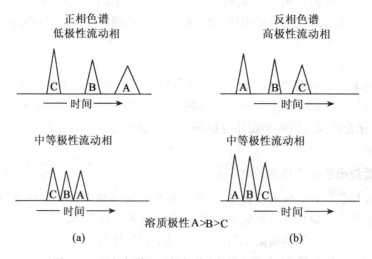

图 20-7　反相色谱和正相色谱中极性和洗出时间关系

20.3.2 高效液相色谱仪

现代高效液相色谱使用 3～10μm 柱填料,为达到适用的流动相流速,高压泵需提供几十 MPa 或数百大气压力的柱前压。因而 HPLC 仪器比其他类型的色谱仪要复杂和昂贵。图 20-8 是典型高效液相色谱仪流程的主要组成部件。

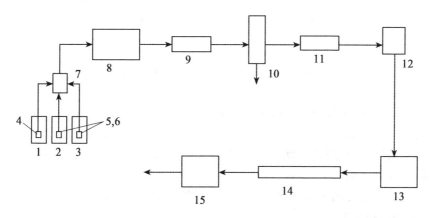

1,2,3—流动相溶剂储器　4,5,6—过滤器　7—溶剂比例调节阀和混合室　8—输液泵　9—脉动阻尼器　10—放空阀　11—过滤器　12—反压控制器　13—进样阀　14—色谱柱　15—检测器

图 20-8　高效液相色谱仪流程图

1. 流动相贮器和溶剂处理系统

现代高效液相色谱仪配备一个或多个流动相储液器,一般为玻璃瓶,亦可为耐腐蚀的不锈钢、氟塑料或聚醚醚酮(PEEK)特种塑料制成的容器。每个储瓶容积 500～2000mL。

分离可用等度淋洗方式,即使用单一恒定组成的溶剂为流动相;亦常采用梯度淋洗以提高分离效率和速度,这时采用两种或三种极性差别较大的溶剂为流动相。后者适用于组分保留值差别很大的复杂混合物分离,淋洗开始后,各溶剂的流量比例按线性或阶梯形程序变化,逐步增加强溶剂体积比例以提高流动相洗脱强度。

2. 高压泵系统

通用 HPLC 仪输液泵系统的基本要求是:提供 $(50～500) \times 10^5$ Pa 的柱前液压;输出无脉动恒定的液流;流速范围 $0.1～10\text{mL} \cdot \text{min}^{-1}$;流速控制精度 0.5% 或更好;系统组件耐腐蚀(密封性良好的不锈钢或氟塑料)。目前常使用的有三种类型的输液泵,即往复柱塞泵、气动放大泵、螺旋注射泵,它们各有优、缺点。现在 90% 的商品 HPLC 仪安装往复柱塞泵系统。

3. 流速控制和程序系统

作为输液泵系统组成部分,除了泵本身外,还包括调控梯度淋洗多元流动相流量的比例调节阀和混合器;进一步稳定流速的脉动阻尼器;泵启动时快速排除泵系统空气的放空阀,防止空气进入色谱系统导致系统稳定时间延长;进一步除去各种固体残渣的过滤器;柱前压超过控制极高值时自动停泵的反压控制传感器等。商品 HPLC 仪泵系统都装有计算机控制系统,调控、测定、显示流速、柱前压及泵的运行模式(恒压或恒流等)和状况等,多元比例阀开关、程序梯度变化亦由计算机系统控制。

4. 进样系统

通常高效液相色谱仪有三种进样装置。一种是采用硅橡胶或亚硝基氟橡胶作隔垫片的注射器进样口,用高效液相色谱专用注射器取一定体积样品穿过垫片注入色谱柱头。最广泛的进样方式是高压六通阀进样,带定量管的 Rheodyne 手动进样阀是商品仪器的组成部分,其原理与气相色谱六通阀相似,定体积样品管 0.5～100 μL 可变换。第三种是自动进样系统,现代高效液相色谱仪亦装有计算机程序控制的自动进样器,带定量管的样品阀取样、进样、复位、样品管路清洗和样品盘转动,全部按预定程序自动进行,适用于大量样品自动化分析操作。

5. 高效液相色谱柱

色谱柱一般为内壁抛光的不锈钢管。现代高效液相色谱柱按内径大小可大致分为常规分析柱、制备或半制备柱、小内径或微径柱、毛细管柱四种类型。95% 以上 HPLC 柱长度为 10～30 cm,分析柱内径 2～6 mm,填料粒径 5 或 10 μm。现在应用最多的分析柱是 25 cm 长,内径 4.6 mm,填料粒径 5 μm,其柱效为 40000～60000 塔板/m。

对多数应用,色谱柱在室温下操作而不必严格控制温度。然而严格控制温度可获得重现性更高保留值和更好分离色谱图。大部分现代色谱仪装备了色谱柱恒温箱,可控制温度在室温到 100 或 150 ℃。

6. 液相色谱检测器

检测液体流动相中溶质组分比气体中组分的技术难度要大,检测器是液相色谱发展中的薄弱环节和主要挑战之一。现有检测器可分为两种基本类型:溶质性质检测器,即只对被分离组分的物理或化学特性有响应,如紫外、荧光、电化学检测器等;另一类为总体检测器,即对试样和流动相总的物理或化学性质有响应,如示差折光检测器、电导检测器等。目前液相色谱使用最普遍的检测器是紫外吸收(UV)检测器、示差折光检测器、光二极管阵列检测器等。

20.3.3 高效液相色谱固定相和流动相

1. 高效液相色谱固定相

色谱柱内固定相,即色谱柱填料、分离材料或分离介质是色谱分离的核心。大多数是具有高机械强度、化学稳定、耐溶剂、一定比表面积和中孔径(2~50nm),且孔径分布范围窄的微孔结构材料。根据材料的化学组成可分为无机材料、有机/无机材料和有机材料三种类型。按材料的物理结构和形状有颗粒填料和整体柱。

硅胶是应用最广泛的无机微粒填料,此外是氧化锆、氧化钛、氧化铝及各种复合氧化物等。无机微粒填料本身是液固吸附色谱固定相,亦作为基质材料通过物理或化学吸附、涂渍、化学键合、包覆等方法在表面上引入薄层有机物,并对表面改性形成有机/无机微粒填料,其中化学键合改性微粒硅胶是当今HPLC应用最多的一类固定相。有机微粒填料大体上包括葡聚糖等天然多糖经物理、化学加工得到的凝胶和以苯乙烯、二乙烯苯等单体和交联剂用化学聚合制备的交联高聚物微球。

整体柱(monolith)是20世纪80年代后期发展起来的一种整体结构分离介质,在色谱柱内在位合成,不需采用柱填充技术。一般采用正硅酸酯类、烷基硅酸酯、丙烯酰胺、N,N-亚甲基二丙烯酰胺、苯乙烯、二乙烯苯、丙烯酸酯、二甲基丙烯酸乙二酯等单体和交联剂在色谱柱内原位交联聚合形成体交联聚合物,具有微孔和穿透孔连续、整体无机或有机柱床。

2. 液相色谱流动相

液相色谱流动相对分离起非常重要作用,可供选用的流动相种类亦较多,从非极性、极性有机溶剂到水溶液,如正己烷等低碳烃类、二氯甲烷等卤代烃、甲醇、乙腈、水等。可使用单一纯溶剂,也可用二元或多元混合溶剂。作为液相色谱流动相的基本要求是:化学惰性,不与固定相和被分离组分发生化学反应;适用的物理性质,包括沸点较低,黏度低,弱或无紫外吸收,对样品具有适当溶解能力等。溶剂清洗和更换方便,毒性小、纯度高、价廉等,便于操作和安全。

表征用作流动相溶剂的特征参数有沸点、相对分子质量、相对密度、黏度、介电常数、偶极矩、水溶性、折射率、紫外吸收截止波长等物理化学性质,后两者与检测器选用有关。对色谱分离来说,更重要的是与分离过程密切相关的溶剂洗脱能力或溶剂强度参数。常用溶剂主要特性参数,有溶剂强度参数ε^0,溶解度参数δ。δ是溶剂与溶质分子间各种作用力的总和,包括色散力、偶极作用力、接受质子能力、给予质子能力等。正相色谱中,溶剂δ值愈大,其洗脱强度愈大,导致溶质保留值降低;而反相色谱中,溶剂δ愈大,其洗脱能力愈小,导致溶质保留值升高。

20.3.4 液固吸附色谱(Adsorption Chromatography)

1. 液固吸附色谱固定相

液固色谱固定相包括极性和非极性两类多孔微粒固体吸附剂,前者应用最广泛的是多孔微粒硅胶($mSiO_2 \cdot nH_2O$),此外还有氧化铝、氧化锆、氧化钛、氧化镁、复合氧化物及分子筛等;后者有活性炭或石墨化炭黑、高交联度苯乙烯-二乙烯苯聚合物多孔微球等。固定相的色谱性能取决于材料物理、化学结构,特别是表面结构。

硅胶是当今获得最高柱效也是应用最多的液固色谱固定相,呈球形或无定形微粒,其粒径 3~10μm,表面积为 200~500m²/g,平均孔径 5~30nm,孔容 >0.7m³/g,具有一定机械强度和化学稳定性,一般可以耐受酸性介质的侵蚀,但不耐碱,适用流动相 pH 1~8。

2. 吸附色谱分离机理

液固色谱体系中,流动相(m)在固体吸附剂表面(s)形成饱和单分子层吸附,当溶质随流动相进入色谱柱,溶质分子(X)与流动相分子(M)间在吸附剂表面吸附点上发生竞争吸附作用,当溶质分子在吸附剂表面被吸附时,必然置换已被吸附在吸附剂表面的流动相分子,欲吸附溶质 X,就需解吸足够量的溶剂分子。在一定浓度范围内,溶质分子的吸附-脱附是热力学平衡过程。X 的吸附力越强,保留值 k 越大。溶质吸附力强弱决定于吸附剂物理化学性质和表面性质、溶质分子结构及流动相的性质。

在吸附剂和流动相组成一定的色谱体系中,溶质分子结构,特别是所含官能团的极性和数目,决定其吸附力和保留值 k。含碳数相同的不同类型烃的保留顺序一般为:全氟烃 < 饱和烃 < 烯烃 < 芳烃。多环芳烃保留值随芳环增加保留值上升。结构为 RX(R 是有机基团,X 是官能团)分子中官能团 X 决定保留顺序一般为:烷基 < 卤代烃(F < Cl < Br < I) < 醚 < 硝基 < 腈基 < 酯 ≈ 醛 ≈ 酮 ≈ 醇 ≈ 胺 < 酚 < 砜 < 亚砜 < 酰胺 < 羧酸 < 磺酸。

3. 分离条件优化和应用

液固色谱一般较少考虑吸附剂类型。硅胶是一种良好的通用吸附剂,具有商品化水平高的优势,适用于大多数样品分离。改变溶剂组成是分离条件优先的主要技术措施。硅胶无法满足分离选择性要求时,才选用其他吸附剂,如多环芳烃采用氧化铝;碱性化合物采用氧化锆等。

液固色谱中,若使用硅胶等极性固定相,流动相应采用正己烷等非极性溶剂为主,加入适量卤代烃、醇等弱或极性溶剂为改性剂来调节流动相洗脱强度。若使用有机高聚物微球等非极性固定相,应采用水、醇、乙腈等极性溶剂为流动相。

吸附剂含水量是控制吸附剂活性,影响溶质保留的重要因素。在硅胶或流动相中加入一定量的水,利用物理吸附水可降低吸附剂活性,这样可抑制色谱峰拖尾,提高柱效。

吸附色谱适用于相对分子质量小于 5000,溶于非极性溶剂,而较难溶于水溶性溶剂的非极性化合物。液-固吸附色谱能按官能团分离不同类型化合物,对化合物类型、异构体,包括顺反异构体具有高分离选择性,而对同系物分离选择性很低,这是由于烷基链对吸附能影响很小。

20.3.5 液液分配色谱

液液色谱固定相是将极性或非极性固定液涂渍在全多孔或薄壳型硅胶等载体表面形成的液膜。使用的固定液有极性和非极性两种,前者如 β,β'-氧二丙腈、乙二醇、聚乙二醇、甘油、乙二胺等;后者如聚甲基硅氧烷、聚烯烃、正庚烷等。使用极性固定液时,与硅胶吸附色谱相似,应采用烷烃类为主的非极性流动相,加入适量卤代烃、醇等弱或极性溶剂为改性剂来调节流动相洗脱强度,构成液液正相色谱体系,溶质 k 值随流动相改性剂加入而降低,表明流动相洗脱强度增强。若使用非极性固定相,应采用水为流动相主体,加入二甲亚砜、醇、乙腈等极性有机溶剂调节流动相洗脱强度,构成反相色谱体系,溶质 k 值随流动相有机改性剂加入而降低。

液液色谱具有柱容量高、重现性好、适用样品类型广的特点,包括水溶性和脂溶性样品,极性和非极性、离子性和非离子性化合物。理论上,液液色谱可形成种类繁多的色谱体系,但由于固定液被流动相溶解的限制,具广泛实用价值的液液色谱体系是有限的。

20.3.6 键合相高效液相色谱

1. 键合相色谱固定相和流动相

键合固定相的制备方法是硅胶表面硅羟基和有机硅烷进行硅烷化反应,形成比较稳定的—Si—O—Si—C—结构,典型反应如下:

$$—Si—OH + X—Si\begin{matrix}CH_3\\R\\CH_3\end{matrix} \longrightarrow —Si—O—Si\begin{matrix}CH_3\\R\\CH_3\end{matrix}$$

式中,X 为氯或甲氧基、乙氧基,R 为烷基、取代烷基或芳基、取代芳基。

根据 R 的结构不同,可分为非极性键合相和极性键合相。非极性键合相的 R 为烷基或芳基,如 $C_1,C_4,C_6,C_8,C_{18},C_{22}$ 等不同链长烃基和苯基键合相;极性键合相 R 中引入氰基、羟基、胺基、卤素等,如—C_2H_4CN、—$C_3H_6OCH_2CHOCH_2OH$、—$C_3H_6NH_2$、—$C_3H_6NHC_2H_4NH_2$、—C_3H_6Cl 等。这些键合相均已商品化,其中十八烷基键合硅胶(Octadecylsilica,ODS 或 C_{18})应用最广。硅胶键合固定相热稳定性和化学稳定性好,耐溶剂,不吸水,可在 pH2~8 水溶液流动相中长期工作。

根据色谱体系固定相和流动相相对极性,可分为反相和正相键合相色谱。非极性或烃基键合相和水、乙腈(MeCN)、甲醇(MeOH)等极性溶剂为流动相构成的反相色谱体系,是当今最重要、应用最广泛的反相色谱方法,估计高效液相色谱常规分析工作约 70% 采用这种色谱方法。高效液相色谱中反相色谱已成为非极性键合相色谱的同义语。

极性键合相和正己烷、二氯甲烷等非极性、弱极性溶剂构成正相色谱体系;而以水为主加甲醇、乙腈等极性溶剂的流动相构成反相色谱。因此极性键合相视流动相类型可分别形成为正相或反相色谱方法。

2. 键合相色谱保留机理

疏水效应是当今较为公认阐明反相色谱保留机理的理论依据。以色散为主的非极性分子间作用力很弱,烃类键合相具有长链非极性配体,在固定相基质表面形成一层"分子刷",在高表面张力水溶性极性溶剂环境中,当非极性溶质或其分子中非极性部分与非极性配体接触时,周围溶剂膜会产生排斥力促进两者缔合,这种作用称为"憎水"、"疏水"、"疏水效应"或"疏溶剂效应"。溶质保留主要不是由于溶质与固定相之间非极性相互作用,而是由于溶质受极性溶剂的排斥力,促使溶质(s)与键合非极性烃基配体(L)发生疏溶剂化缔合,形成缔合物(SL),导致溶质保留。缔合作用强度和溶质保留决定三个因素:溶质分子中非极性部分的总面积;键合相上烃基的总面积;影响表面张力等性质的极性流动相性质和组成。

极性键合相的正相色谱保留主要基于固定相与溶质间的氢键、偶极等分子间极性作用。如胺基键合相兼有质子受体和给予体双重功能,对可形成氢键的溶质具有极强分子间作用,导致保留值 k 升高和较好分离选择性。极性键合相反相色谱体系,由于固定相的弱疏水性和极性作用而显示双保留机理,何者占优势则取决于流动相水-有机溶剂类型和组成及溶质结构。

3. 反相色谱分离条件优化

(1) 固定相选择

改变非极性键合相烃基链长和键合量,链长增加导致溶质保留值 k 升高,但长链之间 k 和 α 差别较小,相同表面覆盖率 C_{18} 柱保留略大于 C_8 柱。因此大多数选用 ODS 柱(一般 ODS 含碳约为 10%,相当于硅胶表面覆盖率 $1\mu mol/m^2$)。键合量增加,k 上升。表面覆盖率 $<3\mu mol/m^2$,$\lg k$ 与覆盖率呈线性关系,且不管链长为 C_4 或 C_{18},即与链长关系不大。

非极性、非离子性化合物的反相色谱保留值一般随固定相遵循以下顺序:

未改性硅胶(弱) << 胺基 < 氰基 < 羟基 < 醚基 < C_1 < C_3 < C_4 < 苯基 < C_8 ≈ C_{18} < 聚合物(强)

改变色谱固定相或色谱柱通常不如改变流动相溶剂类型和组成有效,只有在改变流动相不成功时,才尝试改变柱类型提高分离选择性以实现需要的分离。

(2) 流动相选择

改变流动相溶剂性质和组成,这是调节 k 和选择性 α 最简便、有效的方法。反相色谱均采用水和水溶性极性溶剂为流动相,改变流动中有机溶剂/水体积配比获得需要的溶剂强度,可调节 k 和 α 值;改变有机溶剂类型亦可改变 k 和 α 值。

(3) 流动相 pH 值

流动相缓冲溶液 pH 值对离子性溶质保留有显著影响,pH 值变化可导致 k 值 10 倍左右变化,视溶质离子化基团多少而异。流动相 pH 值可改变离解溶质的电离程度。分子态溶质具有较高疏水性,k 值较高;电离成离子态,疏水性降低导致 k 值下降;电离基团越多,疏水性越弱,k 值越小。

(4) 衍生化技术

与气相色谱类似,HPLC 也采用衍生化技术,特别是反相色谱,通过样品组分柱前衍生化可达到两个目的:一是降低溶质极性,提高疏水性,更有利于条件温和、重现性好的反相色谱分离,而不必采用吸附或离子交换分离;二是向溶质中引进检测响应,主要是紫外吸收、荧光激发基团,以提高检测灵敏度或高选择性检测响应。溶质柱后衍生化则只有利于提高检测灵敏度。

20.3.7 离子交换色谱

离子交换色谱(Ion-Exchange Chromatography,IEC)通过固定相表面带电荷的基团与样品离子和流动相淋洗离子进行可逆交换、离子-偶极作用或吸附实现溶质分离。它主要用于分离离子性化合物。

离子交换过程可以近似看成一个可逆化学反应,与液固吸附、液液分配色谱具有显著区别。IEC 已脱离其他色谱技术成为更独立的分离分支学科,不仅是高效、高速分析分离,还用于工业规模分离纯化,是当代分离工程的重要组成部分,广泛应用于水处理、湿法冶金、环境工程、生物化工、制药等领域。但应注意分离工程中有些分离,如水软化、去离子纯化,属离子交换吸着分离,而非淋洗色谱分离过程。

1. 离子交换平衡

离子交换分离过程是基于溶液中样品离子(X)和流动相相同电荷离子(Y)与不溶固定相表面带相反电荷基团(R)间交换平衡。对于单价离子交换平衡可用下式表示,式中脚标 m,s 代表流动相和固定相。

阳离子交换 $X_m^+ + Y^+R_s^- \rightleftharpoons Y_m^+ + X^+R_s^-$

阴离子交换 $X_m^- + Y^-R_s^+ \rightleftharpoons Y_m^- + X^-R_s^+$

上述方程为化学吸着反应,当 X 进入色谱柱从固定相 R 上置换 Y,平衡向右移动;若 X 比 Y 更加牢固吸着在固定相上,在未被淋洗液中离子置换时,X 将一直保留在固定相上。若采用含 Y 淋洗离子的流动相连续通过色谱柱,则间隙进样被吸着的 X 离子被洗脱,平衡向左移。随淋洗进行,将按上述方程进行吸着、解吸反复交换平衡,按不同溶质与固定相离子作用力差异实现分离。

对交换剂上给定电荷基团,与离子间亲和力差异同溶质水合离子体积及其他性质有关。例如，对典型磺酸基强阳离子交换剂，K_{EX}降低顺序为：$Ag^+ > C^+S > Rb^+ > K^+ > NH_4^+ > Na^+ > H^+ > Li$。对两价阳离子亲和顺序为：$Ba^{2+} > Pb^{2+} > Sr^{2+} > Ca^{2+} > Ni^{2+} > Cd^{2+} > Cu^{2+} > Co^{2+} > Zn^{2+} > Mg^{2+} > UO_2^{2+}$。对强碱性阴离子交换剂，亲和力降低顺序为：$SO_4^{2-} > C_2O_4^{2-} > I^- > NO_3^- > Br^- > Cl^- > HCO_2^- > CH_3CO_2^- > OH^- > F^-$。这些只是大致顺序，实际情况还受离子交换剂类型和反应条件影响而略有变化。

2. 离子交换色谱固定相-离子交换剂和流动相

（1）苯乙烯和二乙烯苯交联聚合物离子交换树脂：其阳离子交换树脂最普通的活性点是强酸型磺酸基—$SO_3^-H^+$，弱酸型羧酸基—COO^-H^+；阴离子交换树脂含季铵基—$N(CH_3)_3^+OH^-$或伯胺基—$NH_3^+OH^-$，前者是强碱，后者是弱碱。聚合物离子交换固定相有适应 pH 值范围广（0~14）的优点，但不是满意的色谱填料，因为聚合物基质微孔中传质速率慢，导致柱效低及基质可被溶胀、压缩。

（2）硅胶化学键合离子交换剂，粒径 5~10μm，通过键合、化学反应引入离子交换基团，具有机械强度高、柱效高的的优点，但适用 pH 值范围窄（pH 2~8）。

离子交换色谱流动相具有其他色谱方法相同的要求，即必须溶解样品，有合适溶剂强度以获得合理的保留时间和 k 值，和各溶质有差异的相互作用以改进分离选择性 α。离子交换色谱流动相是含离子水溶液，常是缓冲剂溶液。溶剂强度和选择性决定于加入流动相成分类型和浓度。一般流动相的离子与溶质离子在离子交换填料上的活性点发生竞争吸着和交换。流动相缓冲液的类型、离子强度、pH 值及添加有机溶剂类型、浓度等是实现分离条件优化的主要因素。

3. 离子色谱（Ion Chromatography，IC）

IEC 推广应用到无机离子的定量测定由于缺乏一般通用检测器而受到限制。电导检测器是这种测定的合理选择。但严重限制它应用的原因是淋洗流动相高电解质浓度导致高本底响应淹没检测溶质离子响应，从而大大降低检测器的灵敏度。1975年，淋洗液高本底电导问题，以采用离子交换分离柱后引入称为抑制柱的方法获得解决。抑制柱填充第二种离子交换填料，能有效地将流动相淋洗离子转变成低电离的分子，如碳酸、水等，而不影响分析的溶质离子检测。这种淋洗液离子抑制、电导检测的离子交换色谱方法称为离子色谱，亦称为双柱离子色谱。

不用抑制柱的离子色谱装置，亦称为单柱离子色谱也已商品化。这种方法是基于样品离子与常用淋洗离子间电导的微小差异。为了扩大这种差异可采用低容量离子交换剂和低电导淋洗离子。单柱离子色谱检测灵敏度稍低，适用范围有限。

20.3.8 体积排阻色谱

体积排阻或排除色谱（Size-Exclusion Chromatography，SEC），亦称为凝胶色谱或凝胶过滤色谱，是分析高分子化合物的色谱技术。SEC 填料为微粒均匀网状多孔凝胶材料。比填料平均孔径大的分子被排阻在孔外而无保留,被最先洗出;分子体积比孔径小的分子完全渗透进入孔穴,最后洗出;处于这两者之间具有中等大小体积分子渗透进入孔穴,由于渗透能力差异而显示保留不同,产生分子分级,这取决于分子体积,在一定程度上亦与分子形状有关。因此,SEC 分离是基于溶质分子体积差异在凝胶固定相孔穴内的排阻和渗透性大小。

SEC 经常使用的固定相有两种,即粒径 5~10μm 均匀网状孔穴的交联聚合物和无机材料,如多孔玻璃、硅胶基质等。

SEC 可分为凝胶过滤和凝胶渗透色谱。前者使用亲水性填料和水溶性溶剂流动相,如不同 pH 值的各种缓冲溶液;后者采用疏水性填料和非极性有机溶剂,最常用的是四氢呋喃,其次是二甲基甲酰胺、卤代烃等流动相。

SEC 方法主要应用于分离测定合成和天然高分子产物。例如从氨基酸和多肽中分离蛋白质;测定聚合物的相对分子质量和相对分子质量分布。这常是其他色谱方法不能解决的课题。由于溶质与固定相不存在相互作用,因而不存在生物高分子分离中去活的缺点,此乃 SEC 的优点。

20.4 毛细管电泳和毛细管电色谱

毛细管电泳(Capillary Electrophoresis,CE)是一类以高压直流电场为驱动力,毛细管为分离通道,依据样品中各组分之间淌度和分配行为的差异而实现分离的新型液相分离分析技术。它是经典电泳和现代微柱分离技术相结合的产物。传统电泳最大的局限性是难以克服电场高电压所引起的电介质离子流的自热,即焦耳热。在毛细管电泳中,电泳是在内径很小的毛细管中进行,由于毛细管具有很高的表面积/体积比,使产生的焦耳热有效地扩散,因此分离过程能在高电压下进行,极大地提高了分离速度。

毛细管电泳是分析科学中继高效液相色谱之后的又一重大进展,它使分析科学从微升水平得以进入纳升水平,并使单细胞分析成为可能。与高效液相色谱法(HPLC)相比,毛细管电泳具有操作简单、试样量少、分析速度快、柱效高、成本低等优点。但毛细管电泳在迁移时间的重现性、进样的准确性和检测灵敏度方面比高效液相色谱法稍逊色。

毛细管电色谱(Capillary Electrochromatography,CEC)是毛细管电泳与液相色谱相结合形成的一种高效、快速微分离分析技术。它一般在熔融石英毛细管柱内填充微粒填料、管壁键合或制成连续床类型等固定相,以电渗流或电渗流结合压力驱动流动相,溶质基于在流动相和固定相间分配系数的不同及自身电泳淌度的差异实现分离。CEC 克服了毛细管电泳对电中性物质难分离的缺点,并利用液相色谱固定相和流动相选择类型多的优点,其适用范围比 CE 大为扩展。

20.4.1 毛细管电泳和毛细管电色谱的基本原理

1. 双电层

双电层是浸没在液体中两相界面都具备的一种特性。毛细管电泳通常采用石英毛细管柱,其表面有相当数量硅羟基(SiOH)电离而以 SiO^- 的形式存在,使内表面带负电。当它和溶液接触时,由于静电作用吸附溶液中带相反电荷的离子,形成紧贴硅胶表面的和游离的两部分离子。由这两部分离子组成的与表面电荷异号的离子层,称之为双电层。荷电粒子表面也形成类似的双电层结构。

2. 电泳

在电解质溶液中,带电粒子在电场作用下,以不同的速度或速率向其所带电荷相反电场方向迁移的现象叫做电泳。阴离子向正极方向迁移,阳离子向负极方向迁移,中性化合物不带电荷,不发生电泳运动。常用淌度(mobility,μ)来描述荷电粒子的电泳行为与特性,电泳淌度(μ_{ep})定义为单位场强下离子的平均电泳速率。

3. 电渗流

在毛细管中还存在另一种电动现象,即电渗。电渗是毛细管中整体溶剂或介质在轴向直流电场作用下发生的定向迁移或流动。电渗的产生和双电层有关,当在毛细管两端施加高压电场时,双电层中溶剂化的阳离子向阴极运动,通过碰撞作用带动溶剂分子一起向阴极移动,形成电渗流(EOF)。相当于 HPLC 的压力泵加压驱动流动相流动。度量电渗流大小是单位电场下的电渗流速率即电渗淌度(μ_{eo})。

以电场力驱动产生的溶液 EOF,与高效液相色谱中由高压泵产生的液体流型不同,如图 20-9 所示,EOF 的流型为扁平流型,或称"塞流"。HPLC 流动相的流型则是抛物线状的层流,它在壁上的速率为零,中心速率为平均速率的 2 倍。扁平流型不会引起样品区带的展宽,这是 CE 获得高柱效的重要原因之一。

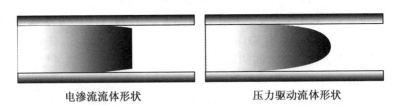

电渗流流体形状　　　　　压力驱动流体形状

图 20-9　电场力驱动的电渗流与高压泵驱动的压力流流型比较

4. CE 和 CEC 分离原理

由于电泳和电渗流并存,那么,在不考虑相互作用的前提下,粒子在毛细管内电介质中的迁移速率是两种速率的矢量和。在典型的毛细管电泳分离中,溶质的分离基于溶质间电泳速率的差异。电渗流的速率绝对值一般大于粒子的电泳速率,并有效地成为毛细管电泳的驱动力。当溶质从毛细管的正极端进样,它们在电渗流的驱动下依次向毛细管的负极端移动。带正电的粒子电泳流方向和电渗流方向一致,因此最先流出,荷质比越大的正电粒子流出越快。中性粒子的电泳速率为零,其迁移速度相当于电渗流速度。带负电的粒子电泳流方向和电渗流方向相反,故它将在中性粒子之后流出。溶质依次通过检测器,得到与色谱图极为相似的电泳分离图谱。

毛细管电色谱由于在毛细管内引入了色谱固定相,其保留机理包括两个方面:其一,如同 HPLC,基于溶质在固定相和流动间分配过程;其二,如同 CE,基于溶质电迁移过程。CEC 容量因子可用下式表示:

$$k = k' + k'(\mu_{ep}/\mu_{eo}) + \mu_{ep}/\mu_{eo} \tag{20.41}$$

式中,k 为 CEC 的容量因子;k' 为 CEC 中由分配作用对色谱保留的贡献;μ_{ep} 为溶质的电泳淌度;μ_{eo} 为电渗淌度。

从公式(20.9)可以看出,CEC 的容量因子并非 CE 的选择性因子和 HPLC 的容量因子的简单加和,而是两者之间相互影响。对于中性化合物,(μ_{ep} 为零,k 等于 k',反映纯粹的色谱过程;对无分配或色谱保留的带电化合物,k' 为零,反映纯粹的电泳过程;对于有分配保留的带电化合物,色谱和电泳机理同时起作用。因此,CEC 既能分离电中性溶质,又能分离带电溶质,对复杂的混合样品显示出强大的分离潜力。

20.4.2 毛细管电泳和电色谱仪器装置

图 20-10 为 CE 和 CEC 仪器装置示意图。在一根长 10～100 cm,内径 10～100 μm 的毛细管柱中充入缓冲液,柱两端置于两个缓冲液池中,每个缓冲液池分别接有铂电极,与高压电源相连。试样从毛细管一端进入,迁移到另一端的检测器位置接受检测。

毛细管电泳的进样方式一般是将毛细管的一端从缓冲液移出,放入试样瓶中,使毛细管直接与样品接触,然后由重力、电场力或其他动力来驱动样品流入管中。进样量可以通过控制驱动力的大小或时间长短来控制。CE 进样技术均适用于 CEC。

电流回路系统包括高压电源、电极、电极槽、导线和电解质缓冲溶液等。CE 和 CEC 一般采用 0～±30 kV 连续可调的直流高压电源。CE 的电极通常由直径 0.5～1 mm 的铂丝制成。电极槽,即缓冲液瓶,通常是带螺口的小玻璃瓶或塑料瓶(1～5mL 不等),要便于密封。缓冲液内含电解质,充于电极槽和毛细管中,通过电极、导线与电源连通,一同构成整个电流回路。

毛细管是 CE 分离的核心。理想的毛细管应该具有电绝缘、透紫外光、良好的热传导性、化学惰性、高的机械强度和柔韧性。熔融石英毛细管在 CE 中应用最广泛,一般在外表面涂有聚酰亚胺保护层,使之变得富有弹性,不易折断。目前商品化 CE 毛细管主要是这种类型。PEEK 毛细管由于其良好的化学惰性、生物相容性、

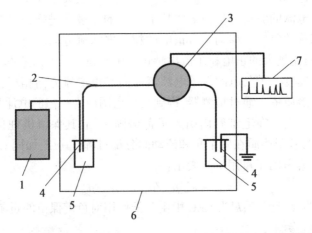

1—高压电源　2—毛细管　3—检测器　4—电极　5—缓冲液瓶　6—恒温系统　7—记录仪
图 20-10　毛细管电泳仪器装置图

pH 1~14 范围内极高的稳定性在 CE 中也有应用。一般使用的毛细管柱内径在 25~100 μm 之间,目前最常用的是 50μm 和 75μm 两种。

CE 采用柱上或在线检测,高灵敏度和多种类型检测器的研制是促进 CE 和 CEC 发展的重要因素,目前常用的有紫外、荧光、激光诱导荧光、化学发光、电化学和质谱检测器等。毛细管外表面的聚酰亚胺涂层不透明,所以检测窗口部位的外涂层必须剥离除去,剥离长度通常控制在 2~3 mm 之间,涂层剥离方法有硫酸腐蚀法、灼烧法、刀片刮除法等。

在电泳过程中,由于存在焦耳热效应,毛细管内会产生径向温度梯度,另外气温的变化还会导致分离重现性差。为解决这些问题,需将毛细管置于温度可调的恒温环境中。商品仪器大多有温度控制系统,主要采用风冷和液冷两种方式。

20.4.3　毛细管电泳分离模式

毛细管电泳已发展出多种分离模式。

(1)毛细管区带电泳也称为毛细管自由溶液区带电泳,是毛细管电泳最基本、也是应用最广的一种操作模式。其分离原理是缓冲溶液中基于样品组分荷质比不同的差速迁移。溶质流出顺序依次为正电粒子、中性粒子和负电粒子,荷质比越大的正电粒子流出越快。在 CZE 中,需要控制的操作变量主要是电压、缓冲液浓度、pH 值和添加剂等。

(2)胶束电动毛细管色谱(micellar electrokinetic chromatography,MEKC)以胶束为准固定相的一种电动色谱,是电泳技术和色谱技术的巧妙结合。MEKC 是在电泳缓冲溶液中加入表面活性剂,当溶液中表面活性剂浓度超过临界胶束浓度时,表面活性剂分子之间的疏水基团聚集在一起形成胶束,成为分离体系的准固定相,溶质基于在水相和胶束相之间的分配系数不同而得到分离。与毛细管区带电泳相比,MEKC的突出优点是除能分离离子化合物外,还能分离不带电荷的中性化合物。

(3)毛细管凝胶电泳(capillary gel electrophoresis;CGE)是在毛细管中充填多孔凝胶作为支持介质进行电泳。凝胶在结构上类似于分子筛,当被分离分子的大小与凝胶孔径相当时,其淌度与尺寸大小有关,小分子受到的阻碍较小,从毛细管中流出较快,大分子受到的阻碍较大,从毛细管中流出较慢,因此分离主要是基于组分分子的尺寸,即筛分机理。CGE常用于蛋白质、寡聚核苷酸、RNA及DNA片段的分离和测定。

(4)其他电泳模式有毛细管等电聚焦、毛细管等速电泳等。

20.4.4　毛细管电色谱柱和流动相

按照固定相不同形式,CEC有填充柱、开管柱和整体柱(连续床)等柱型。填充柱填料种类对CEC分离选择性具有决定性作用。应用于HPLC的各种固定相已被应用于CEC的分离分析中,其中以十八烷基键合硅胶固定相(ODS)研究最多,当采用1.5 μmODS固定相,CEC柱效可达到50万塔板数/m。开管柱CEC是在管壁键合或涂覆固定相。整体柱(又称为连续床)是近年来发展的CEC制柱新技术,其结构和制备技术与HPLC整体柱相同,一般采用柱内直接聚合的方法,形成整块多孔的交联聚合物,得到的固定相含有通透孔和微孔网络结构,有很好的渗透性,对流动相阻力小,溶质在流动相与固定相间快速分配,实现高速高效分离分析。

流动相一般为各种不同pH值的缓冲液或甲醇、乙腈等水溶性有机溶剂与缓冲液的混合物,亦可加入少量各种离子性表面活性剂。

毛细管电色谱技术的发展历史不长,但作为一种新的分离分析方法,它兼具HPLC和CE的优点。与HPLC类似,根据固定相不同性质,CEC可以在反相、离子交换、亲和、手性等不同色谱模式下分离不同类型化合物,但CEC具有比HPLC更高的柱效,因此在分离复杂混合物时更具优势。目前,在环境、生物医学、食品、石油化工产品的分析中都有应用实例。

思考题和习题

1.什么是色谱分离?色谱过程中样品各组分的差速迁移和同组分分子离散分别取决于何种因素?

2.在某色谱条件下,组分A的保留时间为18.0 min,组分B保留时间为25.0 min,其死时间为2 min,试计算:(1)组分B对A的相对保留值。(2)组分A,B的保留因子。(3)组分B通过色谱柱在流动相、固定相停留的时间是多少？各占保留时间分数为多少？

3. 试说明塔板理论基本原理，它在色谱实践中有哪些应用？

4. 在长为 2 m 的气相色谱柱上，死时间为 1 min，某组分的保留时间 18 min，色谱峰半高宽度为 0.5min，计算：(1)此色谱柱的理论塔板数 N，有效理论塔板数 N_{eff}。(2)每米柱长的理论塔板数。(3)色谱柱的理论塔板高 H，有效理论塔板高 H_{eff}。

5. 什么是速率理论？它与塔板理论有何区别与联系？对色谱条件优化有何实际应用？

6. 设气相色谱柱的柱温为 180℃ 时，求得 van Deemter 方程中的 $A = 0.08 \text{cm}$，$B = 0.18 \text{cm}^2/\text{s}$，$C = 0.03 \text{s}$，试计算该色谱柱的最佳流速 $u_{opt}(\text{cm/s})$ 和对应的最小板高 $H_{min}(\text{cm})$ 值。

7. 色谱定量分析为什么要引入定量校正因子或已知标样校正？常用定量校正因子有哪几种表示方式？如何测定？

8. 用归一化法测定石油 C_8 芳烃馏分中各组分含量。进样分析洗出各组分色谱峰面积和已测定的定量校正因子如下，试计算各组分含量。

组分	乙苯	对二甲苯	间二甲苯	邻二甲苯
峰面积(mm^2)	180	92	170	110
f'	0.97	1.00	0.96	0.98

9. 采用内标法测定天然产物中某两成分 A，B 的含量，选用化合物 S 为内标和测定相对定量校正因子标准物。(1)称取 S 和纯 A，B 各 180.4mg，188.6mg，234.8mg 用溶剂在 25mL 容量瓶中配制三元标样混合物，进样 20μL，洗出 S，A，B 相应色谱峰面积积分值为 48964，40784，42784，计算 A、B 对 S 的相对定量校正因子 f'。(2)称取测定样品 622.6mg，内标物(S) 34.00mg，与(1)相同溶剂、容量瓶、进样量，洗出 S，A，B 峰面积为 32246，46196，65300，计算组分 A，B 的含量。

10. 气相色谱用气体流动相有哪些基本特点？有几种基本分离模式或色谱类型？

11. 试说明气相色谱仪流程和主要组成部分。

12. 何谓正相色谱和反相色谱？色谱固定相、流动相极性变化对不同极性溶质保留行为有何影响？

13. 试预测下面两组溶质在正相和反相色谱的洗出顺序：(1)正己烷、正己醇、苯。(2)乙酸乙酯、乙醚、硝基丁烷。

14. 高效液相色谱仪有哪几个主要组成部分？它与气相色谱仪有何异同之处？

15. 什么是电渗流？它是怎样产生的？

16. 试比较毛细管电色谱与毛细管电泳各有何优点？

附 录

表1 弱酸、弱碱在水中的离解常数（25℃，$I=0$）

弱　　酸	分　子　式	K_a	pK_a
砷酸	H_3AsO_4	$6.3\times10^{-3}\,(K_{a1})$	2.20
		$1.0\times10^{-7}\,(K_{a2})$	7.00
		$3.2\times10^{-12}\,(K_{a3})$	11.50
亚砷酸	$HAsO_2$	6.0×10^{-10}	9.22
硼酸	H_3BO_3	5.8×10^{-10}	9.24
焦硼酸	$H_2B_4O_7$	$1\times10^{-4}\,(K_{a1})$	4
		$1\times10^{-9}\,(K_{a2})$	9
碳酸	$H_2CO_3(CO_2+H_2O)$ *	$4.2\times10^{-7}\,(K_{a1})$	6.38
		$5.6\times10^{-11}\,(K_{a2})$	10.25
氢氰酸	HCN	6.2×10^{-10}	9.21
铬酸	H_2CrO_4	$1.8\times10^{-1}\,(K_{a1})$	0.74
		$3.2\times10^{-7}\,(K_{a2})$	6.50
氢氟酸	HF	6.6×10^{-4}	3.18
亚硝酸	HNO_2	5.1×10^{-4}	3.29
过氧化氢	H_2O_2	1.8×10^{-12}	11.75
磷酸	H_3PO_4	$7.6\times10^{-3}\,(K_{a1})$	2.12
		$6.3\times10^{-8}\,(K_{a2})$	7.20
		$4.4\times10^{-13}\,(K_{a3})$	12.36
焦磷酸	$H_4P_2O_7$	$3.0\times10^{-2}\,(K_{a1})$	1.52
		$4.4\times10^{-3}\,(K_{a2})$	2.36
		$2.5\times10^{-7}\,(K_{a3})$	6.60
		$5.6\times10^{-10}\,(K_{a4})$	9.25

* 如不计水合 CO_2，H_2CO_3 的 $pK_{a3}=3.76$。

续表1

弱 酸	分 子 式	K_a	pK_a
亚磷酸	H_3PO_3	$5.0 \times 10^{-2}(K_{a1})$	1.30
		$2.5 \times 10^{-7}(K_{a2})$	6.60
氢硫酸	H_2S	$1.3 \times 10^{-7}(K_{a1})$	6.88
		$7.1 \times 10^{-15}(K_{a2})$	14.15
硫酸氢根	HSO_4^-	$1.0 \times 10^{-2}(K_{a1})$	1.99
亚硫酸	$H_2SO_3(SO_2+H_2O)$	$1.3 \times 10^{-2}(K_{a1})$	1.90
		$6.3 \times 10^{-8}(K_{a2})$	7.20
偏硅酸	H_2SiO_3	$1.7 \times 10^{-10}(K_{a1})$	9.77
		$1.6 \times 10^{-12}(K_{a2})$	11.8
甲酸	HCOOH	1.8×10^{-4}	3.74
乙酸	CH_3COOH	1.8×10^{-5}	4.74
一氯乙酸	$CH_2ClCOOH$	1.4×10^{-3}	2.86
二氯乙酸	$CHCl_2COOH$	5.0×10^{-2}	1.30
三氯乙酸	CCl_3COOH	0.23	0.64
氨基乙酸盐	$^+NH_3CH_2COOH$	$4.5 \times 10^{-3}(K_{a1})$	2.35
	$^+NH_3CH_2COO^-$	$2.5 \times 10^{-10}(K_{a2})$	9.60
抗坏血酸	$\begin{matrix} O & O \\ \parallel & \parallel \\ C-C(OH)=C(OH)-CH \\ CH_2OH-CHOH \end{matrix}$	$5.0 \times 10^{-5}(K_{a1})$	4.30
		$1.5 \times 10^{-10}(K_{a2})$	9.82
乳酸	$CH_3CHOHCOOH$	1.4×10^{-4}	3.86
苯甲酸	C_6H_5COOH	6.2×10^{-5}	4.21
草酸	$H_2C_2O_4$	$5.9 \times 10^{-2}(K_{a1})$	1.22
		$6.4 \times 10^{-5}(K_{a2})$	4.19
d-酒石酸	CH(OH)COOH | CH(OH)COOH	$9.1 \times 10^{-4}(K_{a1})$	3.04
		$4.3 \times 10^{-5}(K_{a2})$	4.37
邻-苯二甲酸	C₆H₄(COOH)₂	$1.1 \times 10^{-3}(K_{a1})$	2.95
		$3.9 \times 10^{-6}(K_{a2})$	5.41
柠檬酸	CH_2COOH | $C(OH)COOH$ | CH_2COOH	$7.4 \times 10^{-4}(K_{a1})$	3.13
		$1.7 \times 10^{-5}(K_{a2})$	4.76
		$4.0 \times 10^{-7}(K_{a3})$	6.40

续表1

弱酸	分子式	K_a	pK_a
苯酚	C_6H_5OH	1.1×10^{-10}	9.95
乙二胺四乙酸	H_6-EDTA^{2+}	$0.1\ (K_{a1})$	0.9
	H_5-EDTA^+	$3 \times 10^{-2}\ (K_{a2})$	1.6
	H_4-EDTA	$1 \times 10^{-2}\ (K_{a3})$	2.0
	H_3-EDTA^-	$2.1 \times 10^{-3}\ (K_{a4})$	2.67
	H_2-EDTA^{2-}	$6.9 \times 10^{-7}\ (K_{a5})$	6.16
	$H-EDTA^{3-}$	$5.5 \times 10^{-11}\ (K_{a6})$	10.26

弱碱	分子式	K_b	pK_b
氨水	NH_3	1.8×10^{-5}	4.74
联氨	H_2NNH_2	$3.0 \times 10^{-6}\ (K_{b1})$	5.52
		$7.6 \times 10^{-15}\ (K_{b2})$	14.12
羟氨	NH_2OH	9.1×10^{-9}	8.04
甲胺	CH_3NH_2	4.2×10^{-4}	3.38
乙胺	$C_2H_5NH_2$	5.6×10^{-4}	3.25
二甲胺	$(CH_3)_2NH$	1.2×10^{-4}	3.93
二乙胺	$(C_2H_5)_2NH$	1.3×10^{-3}	2.89
乙醇胺	$HOCH_2CH_2NH_2$	3.2×10^{-5}	4.50
三乙醇胺	$(HOCH_2CH_2)_3N$	5.8×10^{-7}	6.24
六次甲基四胺	$(CH_2)_6N_4$	1.4×10^{-9}	8.85
乙二胺	$H_2NCH_2CH_2NH_2$	$8.5 \times 10^{-5}\ (K_{b1})$	4.07
		$7.1 \times 10^{-8}\ (K_{b2})$	7.15
吡啶	(C₅H₅N)	1.7×10^{-9}	8.77

表2　　　　　　　　　　　　微溶化合物的溶度积

微溶化合物	K_{sp}	pK_{sp}	微溶化合物	K_{sp}	pK_{sp}
Ag_3AsO_4	1.0×10^{-22}	22.0	$Ba(IO_3)_2$	1.5×10^{-9}	8.82
$Ag[Ag(CN)_2]$	7.2×10^{-11}	10.14	$Ba(OH)_2$	5×10^{-3}	2.3
$AgBr$	5.0×10^{-13}	12.30	$BaSO_4$	1.1×10^{-10}	9.96
$AgBrO_3$	5.3×10^{-5}	4.28	Ba-8-羟基喹啉	5×10^{-9}	8.3
Ag_2CO_3	8.1×10^{-12}	11.09	$Be(NbO_3)_2$	1.2×10^{-16}	15.92
$Ag_2C_2O_4$	3.4×10^{-11}	10.46	$Be(OH)_2$	1.6×10^{-22}	21.8
$AgCNO$	2.3×10^{-7}	6.64	$Bi(OH)_3$	4×10^{-31}	30.4
$AgCNS$	1.0×10^{-12}	12.0	$BiOCl$	1.8×10^{-31}	30.75
$AgCl$	1.8×10^{-10}	9.75	$BiPO_4$	1.3×10^{-23}	22.89
Ag_2CrO_4	1.1×10^{-12}	11.95	Bi_2S_3	1×10^{-97}	97.0
$Ag_2Cr_2O_7$	2×10^{-7}	6.7	Bi-铜铁试剂	6.0×10^{-28}	27.22
AgI	9.3×10^{-17}	16.08	$Ca_3(AsO_4)_2$	6.8×10^{-19}	18.2
$AgIO_3$	3.0×10^{-8}	7.52	$CaCO_3$	2.8×10^{-9}	8.54
Ag_2MoO_4	2.8×10^{-12}	11.55	$CaC_2O_4 \cdot H_2O$	2.5×10^{-9}	8.6
$AgOH$	2.0×10^{-8}	7.71	$CaC_4H_4O_6$	7.7×10^{-7}	6.11
Ag_3PO_4	1.4×10^{-16}	15.84	CaF_2	2.7×10^{-11}	10.57
Ag_2S	6.3×10^{-50}	49.2	$CaHPO_4$	1×10^{-7}	7.0
Ag_2SO_4	1.4×10^{-5}	4.84	$Ca(IO_3)_2$	7.1×10^{-7}	6.15
$AgVO_3$	5×10^{-7}	6.3	$CaMoO_4$	4.2×10^{-8}	7.38
Ag_2WO_4	5.5×10^{-12}	11.26	$Ca(OH)_2$	5.5×10^{-6}	5.26
$AlAsO_4$	1.6×10^{-16}	15.8	$Ca_3(PO_4)_2$	2×10^{-29}	28.7
$Al(OH)_3$	1.3×10^{-33}	32.9	$CaSO_3$	6.8×10^{-8}	7.17
$AlPO_4$	6.3×10^{-10}	18.24	$CaSO_4$	9.1×10^{-6}	5.04
Al-8-羟基喹啉	1.0×10^{-29}	29.0	$CaWO_4$	8.7×10^{-9}	8.06
Al-铜铁试剂	2.3×10^{-19}	18.64	Ca-8-羟基喹啉	7.6×10^{-12}	11.12
AuI	1.6×10^{-29}	22.8	$Cd_3(AsO_4)_2$	2.2×10^{-33}	32.7
$Au(OH)_3$	5.5×10^{-49}	45.26	$CdCO_3$	5.2×10^{-12}	11.28
As_2S_3 ①	2.1×10^{-22}	21.68	$CdC_2O_4 \cdot 3H_2O$	9.1×10^{-8}	7.04
			$Cd_2[Fe(CN)_6]$	3.2×10^{-17}	16.49
$Ba_3(AsO_4)_2$	8×10^{-51}	50.1	$Cd(OH)_2$ 新鲜	2.2×10^{-14}	13.66
$BaCO_3$	5.1×10^{-9}	8.29	$Cd(OH)_2$ 陈化	5.9×10^{-15}	14.23
BaC_2O_4	1.6×10^{-7}	6.8	CdS	8×10^{-27}	26.1
$BaCrO_4$	1.2×10^{-10}	9.93	$Ce_2(C_2O_4)_3 \cdot 9H_2O$	3.2×10^{-26}	25.5
BaF_2	1.0×10^{-6}	6.0	$Ce_2(C_4H_4O_6)_3$	1×10^{-19}	19.0

① $As_2S_3 + 4H_2O \longrightarrow 2HAsO_2 + 3H_2S$

续表2

微溶化合物	K_{sp}	pK_{sp}	微溶化合物	K_{sp}	pK_{sp}
$Ce(IO_3)_3$	3.2×10^{-10}	9.5	$Cu_2P_2O_7$	8.3×10^{-16}	15.08
$Ce(IO_3)_4$	5×10^{-17}	16.3	CuS	6.3×10^{-36}	35.2
$Ce(OH)_3$	1.6×10^{-20}	19.8	Cu_2S	2.5×10^{-48}	47.6
CeF_3	8×10^{-16}	15.1	Cu-8-羟基喹啉	2×10^{-30}	29.7
$CePO_4$	1×10^{-23}	23.0	Cu-铜铁试剂	1×10^{-16}	16.0
$Co(AsO_4)_2$	7.6×10^{-29}	28.12	$FeAsO_4$	5.7×10^{-21}	20.24
$CoCO_3$	1.4×10^{-13}	12.84	$FeCO_3$	3.2×10^{-11}	10.5
$Co[Fe(CN)_6]$	1.8×10^{-15}	14.74	FeC_2O_4	3.2×10^{-7}	6.5
$Co[Hg(CNS)_4]$	1.5×10^{-6}	5.82	$Fe_4[Fe(CN)_6]_3$	3.3×10^{-41}	40.5
$Co(OH)_2$ 蓝、新鲜	1.6×10^{-14}	13.8	$Fe(OH)_2$	8×10^{-16}	15.1
$Co(OH)_2$ 红、新鲜	4×10^{-15}	14.4	$Fe(OH)_3$	3.8×10^{-38}	37.42
$Co(OH)_2$ 红、陈化	5×10^{-16}	15.3	$FePO_4$	1.3×10^{-22}	21.9
$Co(OH)_3$	1.6×10^{-44}	43.8	FeS	6.3×10^{-18}	17.2
$CoS(\alpha)$	4.0×10^{-21}	20.4	Fe-铜铁试剂	1×10^{-25}	25.0
$CoS(\beta)$	2.0×10^{-25}	24.7			
Co-8-羟基喹啉	2.0×10^{-25}	24.8	$Ga_4[Fe(CN)_6]_3$	1.5×10^{-34}	33.8
Co-α-亚硝基-β-萘酚	1.6×10^{-17}	16.3	$Ga(OH)_3$	7.0×10^{-36}	35.15
			Ga-8-羟基喹啉	8.7×10^{-33}	32.06
$CrAsO_4$	7.7×10^{-21}	20.1			
$Cr(OH)_2$	2×10^{-16}	15.7	Hg_2Br_2	5.6×10^{-23}	22.24
$Cr(OH)_3$	6.3×10^{-31}	30.2	Hg_2CO_3	8.9×10^{-17}	16.05
$CrPO_4$ 紫	1×10^{-17}	17.0	$Hg_2C_2O_4$	2×10^{-13}	12.7
			$Hg_2C(CN)_2$	5×10^{-40}	39.3
$Cu_3(AsO_4)_2$	7.6×10^{-36}	35.1	$Hg_2C(CNS)_2$	2×10^{-20}	19.7
$CuBr$	5.3×10^{-9}	8.28	Hg_2Cl_2	1.3×10^{-18}	17.88
$CuCO_3$	1.4×10^{-10}	9.86	Hg_2CrO_4	2×10^{-9}	8.7
CuC_2O_4	2.3×10^{-8}	7.64	Hg_2HPO_4	4×10^{-13}	12.4
$CuCl$	1.2×10^{-6}	5.92	Hg_2I_2	4.5×10^{-14}	28.35
$CuCNS$	4.8×10^{-15}	14.32	$Hg_2(IO_3)_2$	2×10^{-14}	13.71
$CuCrO_4$	3.6×10^{-6}	5.44	$Hg_2(OH)_2$	2×10^{-24}	23.7
$Cu_2[Fe(CN)_6]$	1.3×10^{-16}	15.89	$Hg(OH)_2$	3×10^{-26}	25.52
CuI	1.1×10^{-12}	11.96	HgS 红	4×10^{-53}	52.4
$Cu(IO_3)_2$	7.4×10^{-8}	7.13	HgS 黑	1.6×10^{-52}	51.8
$CuOH$	1×10^{-14}	14.0	Hg_2SO_4	7.4×10^{-7}	6.13
$Cu(OH)_2$	2.2×10^{-20}	19.66	Hg_2WO_4	1×10^{-17}	17.0

续表2

微溶化合物	K_{sp}	pK_{sp}	微溶化合物	K_{sp}	pK_{sp}
$In_4[Fe(CN)_6]_3$	1.9×10^{-44}	43.7	NiC_2O_4	4×10^{-10}	9.4
$In(OH)_3$	6.3×10^{-34}	33.2	$NiFe(CN)_6$	1.3×10^{-15}	14.9
			$Ni(OH)_2$ 新鲜	2.0×10^{-15}	14.7
$K[B(C_6H_5)_4]$	2.2×10^{-8}	7.65	$Ni(OH)_2$ 陈化	1.6×10^{-17}	16.8
$KHC_4H_4O_6$	3.0×10^{-4}	3.52	$NiS(\alpha)$	3.2×10^{-19}	18.5
$K_2NaCo(NO_2)_6$	2.2×10^{-11}	10.66	$NiS(\beta)$	1.0×10^{-24}	24.0
K_2PtCl_6	1.1×10^{-5}	4.69	$NiS(\gamma)$	2.0×10^{-10}	25.7
			Ni-8-羟基喹啉	8×10^{-27}	26.1
$La_2(C_2O_4)_3 \cdot 9H_2O$	2.5×10^{-27}	26.6	Ni-丁二肟	2×10^{-24}	23.7
$La(IO_3)_3$	6.1×10^{-12}	11.21			
$La(OH)_3$	2.0×10^{-19}	18.7	$Pb_3(AsO_4)_2$	4×10^{-36}	35.4
$LaPO_4$	3.7×10^{-23}	22.43	$PbCO_3$	7.4×10^{-14}	13.13
			PbC_2O_4	4.8×10^{-10}	9.32
$Mg_3(AsO_4)_2$	2.1×10^{-20}	19.68	$PbCl_2$	1.6×10^{-5}	4.79
$MgCO_3 \cdot 3H_2O$	2.1×10^{-5}	4.67	$PbCOF$	2.4×10^{-9}	8.62
MgF_2	6.5×10^{-9}	8.19	$PbCrO_4$	2.8×10^{-13}	12.55
$MgNH_4PO_4$	2.5×10^{-13}	12.6	PbF_2	2.7×10^{-8}	7.57
$Mg(OH)_2$	1.8×10^{-11}	10.74	$Pb_2Fe(CN)_6$	3.5×10^{-15}	14.46
Mg-8-羟基喹啉	4×10^{-16}	15.4	$PbHPO_4$	1.2×10^{-10}	9.9
			PbI_2	7.1×10^{-9}	8.15
$Mn_3(AsO_4)_2$	1.9×10^{-29}	28.7	$Pb(IO_3)_2$	3.2×10^{-13}	12.5
$MnCO_3$	1.8×10^{-11}	10.74	$PbMoO_4$	1×10^{-13}	13.0
$MnC_2O_4 \cdot 2H_2O$	1.1×10^{-15}	14.96	$Pb(OH)_2$	1.2×10^{-15}	14.93
$Mn_2Fe(CO)_6$	8×10^{-13}	12.1	$Pb(PO_4)_2$	8×10^{-43}	42.1
$Mn(OH)_2$	1.9×10^{-13}	12.72	PbS	1.1×10^{-28}	27.9
MnS 浅红、无定形	2.5×10^{-10}	9.6	$PbSO_4$	1.6×10^{-8}	7.79
MnS 绿、晶形	2.5×10^{-13}	12.6			
Mn-8-羟基喹啉	2×10^{-22}	21.7	$PtBr_4$	3.2×10^{-41}	40.5
			$Pt(OH)_2$	1×10^{-35}	35.0
Na_3AlF_6	4×10^{-10}	9.39	$Ra(IO_3)_2$	8.7×10^{-10}	9.06
$NaK_2[Co(NO_2)_6]$	2.2×10^{-11}	10.66	$RaSO_4$	4.2×10^{-11}	10.37
$NaUO_2AsO_4$	1.3×10^{-22}	21.87			
			ScF_3	4.2×10^{-18}	17.37
$Ni_3(AsO_4)_2$	3.1×10^{-26}	25.5	$Sc_2(C_2O_4)_3$	3.2×10^{-15}	14.5
$NiCO_3$	6.6×10^{-9}	8.2	$Sc(OH)_3$	8.0×10^{-31}	30.1

续表2

微溶化合物	K_{sp}	pK_{sp}	微溶化合物	K_{sp}	pK_{sp}
$Sr_3(AsO_4)_2$	8.1×10^{-19}	18.09	TlI	6.5×10^{-8}	7.19
$SrCO_3$	1.1×10^{-10}	9.96	$TlIO_3$	3.1×10^{-6}	5.51
SrC_2O_4	6.3×10^{-8}	7.2	$Tl(OH)_3$	6.3×10^{-46}	45.2
$SrCrO_4$	2.2×10^{-5}	4.65	Tl_2S	5×10^{-21}	20.3
SrF_2	2.5×10^{-9}	8.61			
$Sr(IO_3)_2$	3.3×10^{-7}	6.48	$UO_2C_2O_4 \cdot 3H_2O$	2×10^{-4}	3.7
$Sr(PO_4)_2$	4×10^{-28}	27.39	$(UO_2)_2[Fe(CN)_6]$	7.1×10^{-14}	13.15
$SrSO_4$	3.2×10^{-7}	6.49	$UO(OH)_2$	1.1×10^{-22}	21.95
Sr-8-羟基喹啉	5×10^{-10}	9.3			
			$Y_2(C_2O_4)_3$	5.3×10^{-29}	28.3
$Sn(OH)_2$	1.4×10^{-28}	27.85	$Y(OH)_3$	8×10^{-23}	22.1
$Sn(OH)_4$	1×10^{-56}	56.0			
SnS	1×10^{-25}	25.0	$Zn_3(AsO_4)_2$	1.3×10^{-23}	27.89
Sn-钢铁试剂	8×10^{-35}	34.1	$Zn(BO_2)_2$	6.6×10^{-11}	10.18
			$ZnCO_3$	1.4×10^{-11}	10.84
$Th(C_2O_4)_2$	1×10^{-22}	22.0	ZnC_2O_4	2.7×10^{-8}	7.56
$Th_3(PO_4)_4$	2.5×10^{-79}	73.6	$Zn_2Fe(CN)_6$	4×10^{-16}	15.4
$Th(OH)_4$	4×10^{-45}	44.4	$Zn[Hg(CNS)_4]$	2.2×10^{-7}	66.6
			$Zn(OH)_2$	1.2×10^{-17}	16.92
$TiO(OH)_2$	1×10^{-29}	29.0	$Zn_3(PO_4)_2$	9×10^{-33}	32.04
$TlBr$	3.4×10^{-6}	5.47	$ZnS(\alpha)$	1.6×10^{-24}	23.8
$TlBrO_3$	8.5×10^{-5}	4.1	$ZnS(\beta)$	2.5×10^{-22}	21.6
$Tl_2C_2O_4$	2×10^{-4}	3.7	Zn-8-羟基喹啉	5×10^{-25}	24.3
$TlCl$	1.7×10^{-4}	3.76	$ZrO(OH)_2$	6.3×10^{-49}	48.2
$TlCNS$	1.7×10^{-4}	3.77			
Tl_2CrO_4	1×10^{-12}	12.0			

配合物的稳定常数
表3 （18～25℃）

金属离子	$I/\mathrm{mol \cdot L^{-1}}$	n	$\lg \beta_n$
氨络合物			
Ag^+	0.5	1,2	3.24,7.05
Cd^{2+}	2	1,⋯,6	2.65,4.75,6.19,7.12,6.80,5.14
Co^{2+}	2	1,⋯,6	2.11,3.74,4.79,5.55,5.73,5.11
Co^{3+}	2	1,⋯,6	6.7,14.0,20.1;25.7,30.8,35.2
Cu^+	2	1,2	5.93,10.86
Cu^{2+}	2	1,⋯,5	4.31,7.98,11.02,13.32,12.86
Ni^{2+}	2	1,⋯,6	2.80,5.04,6.77,7.96,8.71,8.74
Zn^{2+}	2	1,⋯,4	2.37,4.81,7.31,9.46
溴络合物			
Ag^+	0	1,⋯,4	4.38,7.33,8.00,8.73
Bi^{3+}	2.3	1,⋯,6	4.30,5.55,5.89,7.82,—,9.70
Cd^{2+}	3	1,⋯,4	1.75,2.34,3.32,3.70
Cu^+	0	2	5.89
Hg^{2+}	0.5	1,⋯,4	9.05,17.32,19.74,21.00
氯络合物			
Ag^+	0	1,⋯,4	3.04,5.04,5.04;5.30
Hg^{2+}	0.5	1,⋯,4	6.74,13.22,14.07,15.07
Sn^{2+}	0	1,⋯,4	1.51,2.24,2.03,1.48
Sb^{3+}	4	1,⋯,6	2.26,3.49,4.18,4.72,4.72,4.11
氰络合物			
Ag^+	0	1,⋯,4	—,21.1,21.7,20.6
Cd^{2+}	3	1,⋯,4	5.48,10.60,15.23,18.78
Co^{2+}		6	19.09
Cu^+	0	1,⋯,4	—,24.0,28.59,30.3
Fe^{2+}	0	6	35
Fe^{3+}	0	6	42

续表3

金属离子	I/mol·L^{-1}	n	$\lg \beta_n$
Hg^{2+}	0	4	41.4
Ni^{2+}	0.1	4	31.3
Zn^{2+}	0.1	4	16.7
氟络合物			
Al^{3+}	0.5	1,…,6	6.13,11.15,15.00,17.75,19.37,19.84
Fe^{3+}	0.5	1,…,6	5.28,9.30,12.06,—,15.77,—
Th^{4+}	0.5	1,…,3	7.65,13.46,17.97
TiO_2^{2+}	3	1,…,4	5.4,9.8,13.7,18.0
ZrO_2^{2+}	2	1,…,3	8.80,16.12,21.94
碘络合物			
Ag^+	0	1,…,3	6.58,11.74,13.68
Bi^{3+}	2	1,…,6	3.63,—,—,14.95,16.80,18.80
Cd^{2+}	0	1,…,4	2.10,3.43,4.49,5.41
Pb^{2+}	0	1,…,4	2.00,3.15,3.92,4.47
Hg^{2+}	0.5	1,…,4	12.87,23.82,27.60,29.83
磷酸络合物			
Ca^{2+}	0.2	CaHL	1.7
Mg^{2+}	0.2	MgHL	1.9
Mn^{2+}	0.2	MnHL	2.6
Fe^{3+}	0.66	FeL	9.35
硫氰酸络合物			
Ag^+	2.2	1,…,4	—,7.57,9.08,10.08
Au^+	0	1,…,4	—,23,—,42
Co^{2+}	1	1	1.0
Cu^+	5	1,…,4	—,11.00,10.90,10.48
Fe^{3+}	0.5	1,2	2.95,3.36
Hg^{2+}	1	1,…,4	—,17.47,—,21.23

续表3

金属离子	$I/\text{mol} \cdot \text{L}^{-1}$	n	$\lg \beta_n$
硫代硫酸络合物			
Ag^+	0	1,…,3	8.82,13.46,14.15
Cu^+	0.8	1,2,3	10.35,12.27,13.71
Hg^{2+}	0	1,…,4	—,29.86,32.26,33.61
Pb^{2+}	0	1.3	5.1,6.4
乙酰丙酮络合物			
Al^{3+}	0	1,2,3	8.60,15.5,21.30
Cu^{2+}	0	1,2	8.27,16.34
Fe^{2+}	0	1,2	5.07,8.67
Fe^{3+}	0	1,2,3	11.4,22.1,26.7
Ni^{2+}	0	1,2,3	6.06,10.77,13.09
Zn^{2+}	0	1,2	4.98,8.81
柠檬酸络合物			
Ag^+	0	Ag_2HL	7.1
Al^{3+}	0.5	$AlHL$	7.0
		AlL	20.0
		$AlOHL$	30.6
Ca^{2+}	0.5	CaH_3L	10.9
		CaH_2L	8.4
		$CaHL$	3.5
Cd^{2+}	0.5	CdH_2L	7.9
Cd^{2+}	0.5	$CdHL$	4.0
		CdL	11.3
Co^{2+}	0.5	CoH_2L	8.9
		$CoHL$	4.4
		CoL	12.5

续表3

金属离子	$I/\text{mol} \cdot \text{L}^{-1}$	n	$\lg \beta_n$
Cu^{2+}	0.5	CuH_3L	12.0
	0	$CuHL$	6.1
	0.5	CuL	18.0
Fe^{2+}	0.5	FeH_3L	7.3
	0.5	$FeHL$	3.1
		FeL	15.5
Fe^{3+}	0.5	FeH_2L	12.2
		$FeHL$	10.9
		FeL	25.0
Ni^{2+}	0.5	NiH_2L	9.0
		$NiHL$	4.8
		NiL	14.3
Pb^{2+}	0.5	PbH_2L	11.2
		$PbHL$	5.2
		PbL	12.3
Zn^{2+}	0.5	ZnH_2L	8.7
		$ZnHL$	4.5
		ZnL	11.4
草酸络合物			
Al^{3+}	0	1,2,3	7.26,13.0,16.3
Cd^{2+}	0.5	1,2	2.9,4.7
Co^{2+}	0.5	$CoHL$	5.5
		CoH_2L	10.6
		1,2,3	4.79,6.7,9.7
Co^{3+}	0	3	~20
Cu^{2+}	0.5	$CuHL$	6.25

续表3

金属离子	I/mol·L^{-1}	n	$\lg \beta_n$
		1,2	4.5,8.9
Fe^{2+}	0.5~1	1,2,3	2.9,4.52,5.22
Fe^{3+}	0	1,2,3	9.4,16.2,20.2
Mg^{2+}	0.1	1,2	2.76,4.38
Mn(Ⅲ)	2	1,2,3	9.98,16.57,19.42
Ni^{2+}	0.1	1,2,3	5.3,7.64,8.5
Th(Ⅳ)	0.1	4	24.5
TiO^{2+}	2	1,2	6.6,9.9
Zn^{2+}	0.5	ZnH_2L	5.6
		1,2,3	4.89,7.60,8.15
磺基水杨酸络合物			
Al^{3+}	0.1	1,2,3	13.20,22.83,28.89
Cd^{2+}	0.25	1,2	16.68,29.08
Co^{2+}	0.1	1,2	6.13,9.82
Cr^{3+}	0.1	1	9.56
Cu^{2+}	0.1	1,2	9.52,16.45
Fe^{2+}	0.1~0.5	1,2	5.90,9.90
Fe^{3+}	0.25	1,2,3	14.64,25.18,32.12
Mn^{2+}	0.1	1,2	5.24,8.24
Ni^{2+}	0.1	1,2	6.42,10.24
Zn^{2+}	0.1	1,2	6.05,10.65
酒石酸络合物			
Bi^{3+}	0	3	8.30
Ca^{2+}	0.5	CaHL	4.85
	0	1,2	2.98,9.01
Cd^{2+}	0.5	1	2.8

续表3

金属离子	I/mol·L^{-1}	n	$\lg \beta_n$
Cu^{2+}	1	1,⋯,4	3.2,5.11,4.78,6.51
Fe^{3+}	0	3	7.49
Mg^{2+}	0.5	MgHL	4.65
Mg^{2+}		1	1.2
Pb^{2+}	0	1,2,3	3.78,—,4.7
Zn^{2+}	0.5	ZnHL	4.5
		1,2	2.4,8.32
乙二胺络合物			
Ag^+	0.1	1,2	4.70,7.70
Cd^{2+}	0.5	1,2,3	5.47,10.09,12.09
Co^{2+}	1	1,2,3	5.91,10.64,13.94
Co^{3+}	1	1,2,3	18.70,34.90,48.69
Cu^+		2	10.8
Cu^{2+}	1	1,2,3	10.67,20.00,21.0
Fe^{2+}	1.4	1,2,3	4.34,7.65,9.70
Hg^{2+}	0.1	1,2	14.30,23.3
Mn^{2+}	1	1,2,3	2.73,4.79,5.67
Ni^{2+}	1	1,2,3	7.52,13.80,18.06
Zn^{2+}	1	1,2,3	5.77,10.83,14.11
硫脲络合物			
Ag^+	0.03	1,2	7.4,13.1
Bi^{3+}		6	11.9
Cu^+	0.1	3,4	13,15.4
Hg^{2+}		2,3,4	22.1,24.7,26.8
氢氧基络合物			
Al^{3+}	2	4	33.3
		$Al_6(OH)_{15}^{3+}$	163

续表3

金属离子	I/mol·L^{-1}	n	$\lg \beta_n$
Bi^{3+}	3	1	12.4
		$Bi_6(OH)_{12}^{6+}$	168.3
Cd^{2+}	3	1,…,4	4.3,7.7,10.3,12.0
Co^{2+}	0.1	1,3	5.1,—,10.2
Cr^{3+}	0.1	1,2	10.2,18.3
Fe^{2+}	1	1	4.5
Fe^{3+}	3	1,2	11.0,21.7
		$Fe_2(OH)_2^{4+}$	25.1
Hg^{2+}	0.5	2	21.7
Mg^{2+}	0	1	2.6
Mn^{2+}	0.1	1	3.4
Ni^{2+}	0.1	1	4.6
Pb^{2+}	0.3	1,2,3	6.2,10.3,13.3
		$Pb_2(OH)^{3+}$	7.6
Sn^{2+}	3	1	10.1
Th^{4+}	1	1	9.7
Ti^{3+}	0.5	1	11.8
TiO^{2+}	1	1	13.7
VO^{2+}	3	1	8.0
Zn^{2+}	0	1,…,4	4.4,10.1,14.2,15.5

说明：

(1) β_n 为络合物的累积稳定常数,即

$$\beta_n = K_1 \times K_2 \times K_3 \times \cdots \times K_n$$
$$\lg \beta_n = \lg K_1 + \lg K_2 + \lg K_3 + \cdots + \lg K_n$$

例如 Ag^+ 与 NH_3 的络合物：

$\lg \beta_1 = 3.24$，即 $\lg K_1 = 3.24$；

$\lg \beta_2 = 7.05$，即 $\lg K_1 = 3.24, \lg K_2 = 3.81$。

(2) 酸式、碱式络合物及多核氢氧基络合物的化学式标明于 n 栏中。

氨羧络合剂类络合物的稳定常数

表4

($18 \sim 25°C, I = 0.1 \text{mol} \cdot \text{L}^{-1}$)

金属离子	$\lg K$					NTA	
	EDTA	DCyTA	DTPA	EGTA	HEDTA	$\lg \beta_1$	$\lg \beta_2$
Ag^+	7.32			6.88	6.71	5.16	
Al^{3+}	16.3	19.5	18.6	13.9	14.3	11.4	
Ba^{2+}	7.86	8.69	8.87	8.41	6.3	4.82	
Be^{2+}	9.2	11.51				7.11	
Bi^{3+}	27.94	32.3	35.6		22.3	17.5	
Ca^{2+}	10.69	13.20	10.83	10.97	8.3	6.41	
Cd^{2+}	16.46	19.93	19.2	16.7	13.3	9.83	14.61
Co^{2+}	16.31	19.62	19.27	12.39	14.6	10.38	14.39
Co^{3+}	36				37.4	6.84	
Cr^{3+}	23.4					6.23	
Cu^{2+}	18.80	22.00	21.55	17.71	17.6	12.96	
Fe^{2+}	14.32	19.0	16.5	11.87	12.3	8.33	
Fe^{3+}	25.1	30.1	28.0	20.5	19.8	15.9	
Ga^{3+}	20.3	23.2	25.54		16.9	13.6	
Hg^{2+}	21.7	25.00	26.70	23.2	20.30	14.6	
In^{3+}	25.0	28.8	29.0		20.2	16.9	
Li^+	2.79					2.51	
Mg^{2+}	8.7	11.02	9.30	5.21	7.0	5.41	
Mn^{2+}	13.87	17.48	15.60	12.28	10.9	7.44	
$Mo(V)$	~28						
Na^+	1.66						1.22
Ni^{2+}	18.62	20.3	20.32	13.55	17.3	11.53	16.42
Pb^{2+}	18.04	20.38	18.80	14.71	15.7	11.39	
Pd^{2+}	18.5						
Sc^{3+}	23.1	26.1	24.5	18.2			24.1
Sn^{2+}	22.11						
Sr^{2+}	8.73	10.59	9.77	8.50	6.9	4.98	
Th^{4+}	23.2	25.6	28.78				
TiO^{2+}	17.3						
Tl^{3+}	37.8	38.3				20.9	32.5
U^{4+}	25.8	27.6	7.69				
VO^{2+}	18.8	20.1					
Y^{3+}	18.09	19.85	22.13	17.16	14.78	11.41	20.43
Zn^{2+}	16.50	19.37	18.40	12.7	14.7	10.67	14.29
Zr^{4+}	29.5		35.8			20.8	
稀土元素	16~20	17~22	19		13~16	10~12	

EDTA:乙二胺四乙酸

DCyTA(或 DCTA,CyDTA):1,2-二胺基环己烷四乙酸
DTPA:二乙基三胺五乙酸
EGTA:乙二醇二乙醚二胺四乙酸
HEDTA:N-β羟基乙基乙二胺三乙酸
NTA:氨三乙酸

表5　　　　　　　　　　　　　　EDTA 的 $\lg\alpha_{Y(H)}$ 值

pH	$\lg\alpha_{Y(H)}$	pH	$\lg\alpha_{Y(H)}$	pH	$\lg\alpha_{Y(H)}$	pH	$\lg\alpha_{Y(H)}$	pH	$\lg\alpha_{Y(H)}$
0.0	23.64	2.5	11.90	5.0	6.45	7.5	2.78	10.0	0.45
0.1	23.06	2.6	11.62	5.1	6.26	7.6	2.68	10.1	0.39
0.2	22.47	2.7	11.35	5.2	6.07	7.7	2.57	10.2	0.33
0.3	21.89	2.8	11.09	5.3	5.88	7.8	2.47	10.3	0.28
0.4	21.32	2.9	10.84	5.4	5.69	7.9	2.37	10.4	0.24
0.5	20.75	3.0	10.60	5.5	5.51	8.0	2.27	10.5	0.20
0.6	20.18	3.1	10.37	5.6	5.33	8.1	2.17	10.6	0.16
0.7	19.62	3.2	10.14	5.7	5.15	8.2	2.07	10.7	0.13
0.8	19.08	3.3	9.92	5.8	4.98	8.3	1.97	10.8	0.11
0.9	18.54	3.4	9.70	5.9	4.81	8.4	1.87	10.9	0.09
1.0	18.01	3.5	9.48	6.0	4.65	8.5	1.77	11.0	0.07
1.1	17.49	3.6	9.27	6.1	4.49	8.6	1.67	11.1	0.06
1.2	16.98	3.7	9.06	6.2	4.34	8.7	1.57	11.2	0.05
1.3	16.49	3.8	8.85	6.3	4.20	8.8	1.48	11.3	0.04
1.4	16.02	3.9	8.65	6.4	4.06	8.9	1.38	11.4	0.03
1.5	15.55	4.0	8.44	6.5	3.92	9.0	1.28	11.5	0.02
1.6	15.11	4.1	8.24	6.6	3.79	9.1	1.19	11.6	0.02
1.7	14.68	4.2	8.04	6.7	3.67	9.2	1.10	11.7	0.02
1.8	14.27	4.3	7.84	6.8	3.55	9.3	1.01	11.8	0.01
1.9	13.88	4.4	7.64	6.9	3.43	9.4	0.92	11.9	0.01
2.0	13.51	4.5	7.44	7.0	3.32	9.5	0.83	12.0	0.01
2.1	13.16	4.6	7.24	7.1	3.21	9.6	0.75	12.1	0.01
2.2	12.82	4.7	7.04	7.2	3.10	9.7	0.67	12.2	0.005
2.3	12.50	4.8	6.84	7.3	2.99	9.8	0.59	13.0	0.0008
2.4	12.19	4.9	6.65	7.4	2.88	9.9	0.52	13.9	0.0001

表6　　　　　　　　　　　标准电极电位(18~25℃)

元素	半反应式	$\varphi^{\ominus}$/伏特
Ag	$Ag_2S + 2e \rightleftharpoons 2Ag + S^{2-}$	−0.7051
	$AgI + e \rightleftharpoons Ag + I^-$	−0.1519
	$AgBr + e \rightleftharpoons Ag + Br^-$	0.0713
	$AgCl + e \rightleftharpoons Ag + Cl^-$	0.2223
	$Ag^+ + e \rightleftharpoons Ag$	0.7996
	$Ag^{2+} + e \rightleftharpoons Ag^+$	1.927
Al	$Al(OH)_4^- + 3e \rightleftharpoons Al + 4OH^-$	−2.35
	$Al^{3+} + 3e \rightleftharpoons Al$	−1.66
As	$AsO_4^{3-} + 2H_2O + 2e \rightleftharpoons AsO_2^- + 4OH^-$	−0.71
	$As + 3H^+ + 3e \rightleftharpoons AsH_3$	−5.54
	$H_3AsO_3 + 3H^+ + 3e \rightleftharpoons As + 3H_2O$	0.2475
	$H_3AsO_4 + 2H^+ + 2e \rightleftharpoons H_3AsO_3 + H_2O$	0.57
Au	$Au(CN)_2^- + e \rightleftharpoons Au + 2CN^-$	0.611
	$AuCl_4^- + 2e \rightleftharpoons AuCl_2^- + 2Cl^-$	0.93
	$AuCl_4^- + 3e \rightleftharpoons Au + 4Cl^-$	0.994
	$AuCl_2^- + e \rightleftharpoons Au + 2Cl^-$	1.15
	$Au^{3+} + 2e \rightleftharpoons Au^+$	1.29
	$Au^{3+} + 3e \rightleftharpoons Au$	1.42
Ba	$Ba^{2+} + 2e \rightleftharpoons Ba$	−2.90
Be	$Be^{2+} + 2e \rightleftharpoons Be$	−1.85
Bi	$Bi_2O_3 + 3H_2O + 6e \rightleftharpoons 2Bi + 6OH^-$	−0.46
	$BiOCl + 2H^+ + 3e \rightleftharpoons Bi + Cl^- + H_2O$	0.16
	$BiO^+ + 2H^+ + 3e \rightleftharpoons Bi + H_2O$	0.32
	$Bi_2O_4 + 4H^+ + 2e \rightleftharpoons 2BiO^+ + 2H_2O$	1.59
Br	$BrO^- + H_2O + 2e \rightleftharpoons Br^- + 2OH^-$	0.76
	$\frac{1}{2}Br_2(液) + e \rightleftharpoons Br^-$	1.065
	$HBrO + H^+ + 2e \rightleftharpoons Br^- + H_2O$	1.33

续表6

元 素	半 反 应 式	$\varphi^\ominus$/伏特
	$BrO_3^- + 6H^+ + 6e \rightleftharpoons Br^- + 3H_2O$	1.44
	$BrO_3^- + 6H^+ + 5e \rightleftharpoons \frac{1}{2}Br_2 + 3H_2O$	1.52
	$HBrO + H^+ + e \rightleftharpoons \frac{1}{2}Br_2 + H_2O$	1.59
C	$CO_2 + 2H^+ + 2e \rightleftharpoons HCOOH$	-0.2
	$CNO^- + H_2O + 2e \rightleftharpoons CN^- + 2OH^-$	-0.97
	$2CO_2 + 2H^+ + 2e \rightleftharpoons H_2C_2O_4$	-0.49
	$\frac{1}{2}C_2N_2 + H^+ + e \rightleftharpoons HCN$	0.37
Ca	$Ca^{2+} + 2e \rightleftharpoons Ca$	-2.87
Cd	$Cd(CN)_4^{2-} + 2e \rightleftharpoons Cd + 4CN^-$	-1.09
	$Cd^{2+} + 2e \rightleftharpoons Cd$	-0.4026
Ce	$Ce^{3+} + 3e \rightleftharpoons Ce$	-2.335
	$Ce^{4+} + e \rightleftharpoons Ce^{3+}$	1.4430
Cl	$ClO^- + H_2O + 2e \rightleftharpoons Cl^- + 2OH^-$	0.90
	$ClO_3^- + 2H^+ + e \rightleftharpoons ClO_2 + H_2O$	1.15
	$ClO_4^- + 2H^+ + 2e \rightleftharpoons ClO_3^- + H_2O$	1.19
	$ClO_4^- + 8H^+ + 7e \rightleftharpoons \frac{1}{2}Cl_2 + 4H_2O$	1.34
	$\frac{1}{2}Cl_2(气) + e \rightleftharpoons Cl^-$	1.3583
	$ClO_4^- + 8H^+ + 8e \rightleftharpoons Cl^- + 4H_2O$	1.37
	$ClO_3^- + 6H^+ + 6e \rightleftharpoons Cl^- + 3H_2O$	1.45
	$ClO_3^- + 6H^+ + 5e \rightleftharpoons \frac{1}{2}Cl_2 + 3H_2O$	1.47
	$HClO + H^+ + 2e \rightleftharpoons Cl^- + H_2O$	1.49
	$HClO + H^+ + e \rightleftharpoons \frac{1}{2}Cl_2 + H_2O$	1.63
	$HClO_2 + 2H^+ + 2e \rightleftharpoons HClO + H_2O$	1.64
Co	$Co(CN)_6^{3-} + e \rightleftharpoons Co(CN)_6^{4-}$	-0.8
	$Co^{2+} + 2e \rightleftharpoons Co$	-0.28
	$Co(NH_3)_6^{3+} + e \rightleftharpoons Co(NH_3)_6^{2+}$	0.1
	$Co^{3+} + e \rightleftharpoons Co^{2+}$	1.84

续表6

元素	半反应式	$\varphi^{\ominus}$/伏特
Cr	$Cr(CN)_6^{3-} + e \rightleftharpoons Cr(CN)_6^{4-}$	-1.13
	$Cr^{2+} + 2e \rightleftharpoons Cr$	-0.91
	$Cr^{3+} + e \rightleftharpoons Cr^{2+}$	-0.41
	$CrO_4^{2-} + 4H_2O + 3e \rightleftharpoons Cr(OH)_3 + 5OH^-$	-0.12
	$Cr_2O_7^{2-} + 14H^+ + 6e \rightleftharpoons 2Cr^{3+} + 7H_2O$	1.36
Cu	$Cu(CN)_2^- + e \rightleftharpoons Cu + 2CN^-$	-0.43
	$Cu_2O + H_2O + 2e \rightleftharpoons 2Cu + 2OH^-$	-0.361
	$Cu(NH_3)_4^+ + e \rightleftharpoons Cu + 4NH_3$	-0.12
	$Cu(NH_3)_4^{2+} + e \rightleftharpoons Cu(NH_3)_2^+ + 2NH_3$	-0.01
	$CuY^{2-} + 2e \rightleftharpoons Cu + Y^{4-}$	0.13
	$Cu^{2+} + e \rightleftharpoons Cu^+$	0.17
	$Cu^{2+} + 2e \rightleftharpoons Cu$	0.3402
	$Cu^+ + e \rightleftharpoons Cu$	0.522
	$Cu^{2+} + I^- + e \rightleftharpoons CuI$	0.88
	$Cu^{2+} + 2CN^- + e \rightleftharpoons Cu(CN)_2^-$	1.12
Cs	$Cs^+ + e \rightleftharpoons Cs$	-2.923
F	$\frac{1}{2}F_2 + e \rightleftharpoons F^-$	2.87
	$\frac{1}{2}F_2 + H^+ + e \rightleftharpoons HF$	3.03
Fe	$Fe^{2+} + 2e \rightleftharpoons Fe$	-0.44
	$Fe^{3+} + 3e \rightleftharpoons Fe$	-0.036
	$FeY^- + e \rightleftharpoons FeY^{2-}$	0.12
	$Fe(CN)_6^{3-} + e \rightleftharpoons Fe(CN)_6^{4-}$	0.36
	$FeO_4^{2-} + 2H_2O + 3e \rightleftharpoons FeO_2^- + 4H^-$	0.55
	$Fe^{3+} + e \rightleftharpoons Fe^{2+}$	0.77
Ga	$Ga(OH)_4^- + 3e \rightleftharpoons Ga + 4OH^-$	-1.26
	$Ga^{3+} + 3e \rightleftharpoons Ga$	-0.56
H	$\frac{1}{2}H_2 + e \rightleftharpoons H^-$	-2.23

续表6

元素	半反应式	$\varphi^{\ominus}$/伏特
	$H_2O + e \rightleftharpoons \frac{1}{2}H_2 + OH^-$	-0.8277
	$H^+ + e \rightleftharpoons \frac{1}{2}H_2$	0.000
Hg	$Hg_2Cl_2 + 2e \rightleftharpoons 2Hg + 2Cl^-$	0.2682
	$2HgCl_2 + 2e \rightleftharpoons Hg_2Cl_2 + 2Cl^-$	0.63
	$Hg_2^{2+} + 2e \rightleftharpoons 2Hg$	0.7961
	$Hg^{2+} + 2e \rightleftharpoons Hg$	0.851
	$2Hg^{2+} + 2e \rightleftharpoons Hg_2^{2+}$	0.905
I	$IO_3^- + 3H_2O + 6e \rightleftharpoons I^- + 6OH^-$	0.26
	$IO^- + H_2O + 2e \rightleftharpoons I^- + 2OH^-$	0.49
	$I_2(s) + 2e \rightleftharpoons 2I^-$	0.535
	$I_3^- + 2e \rightleftharpoons 3I^-$	0.5338
	$HIO + H^+ + 2e \rightleftharpoons I^- + H_2O$	0.99
	$IO_3^- + 6H^+ + 6e \rightleftharpoons I^- + 3H_2O$	1.085
	$IO_3^- + 6H^+ + 5e \rightleftharpoons \frac{1}{2}I_2 + 3H_2O$	1.195
	$HIO + H^+ + e \rightleftharpoons \frac{1}{2}I_2 + H_2O$	1.45
	$H_5IO_6 + H^+ + 2e \rightleftharpoons IO_3^- + 3H_2O$	1.7
In	$In^{3+} + 3e \rightleftharpoons In$	0.338
Ir	$IrCl_6^{2-} + 4e \rightleftharpoons Ir + 6Cl^-$	0.835
	$IrCl_6^{2-} + e \rightleftharpoons IrCl_6^{3-}$	1.02
	$Ir^{3+} + 3e \rightleftharpoons Ir$	1.15
K	$K^+ + e \rightleftharpoons K$	-2.924
Li	$Li^+ + e \rightleftharpoons Li$	-3.045
Mg	$Mg^{2+} + 2e \rightleftharpoons Mg$	-2.375
Mn	$Mn^{2+} + 2e \rightleftharpoons Mn$	-1.029
	$Mn(CN)_6^{3-} + e \rightleftharpoons Mn(CN)_6^{4-}$	-0.24
	$MnO_4^- + e \rightleftharpoons MnO_4^{2-}$	0.564
	$MnO_4^- + 2H_2O + 3e \rightleftharpoons MnO_2 + 4OH^-$	0.588

续表6

元 素	半 反 应 式	$\varphi^{\ominus}$/伏特
	$MnO_2 + 4H^+ + 2e \Longrightarrow Mn^{2+} + 2H_2O$	1.208
	$Mn^{3+} + e \Longrightarrow Mn^{2+}$	1.51
	$MnO_4^- + 8H^+ + 5e \Longrightarrow Mn^{2+} + 4H_2O$	1.51
	$MnO_4^- + 4H^+ + 3e \Longrightarrow MnO_2 + 2H_2O$	1.679
Mo	$Mo^{3+} + 3e \Longrightarrow Mo$	-0.20
	$MoO_2^+ + 4H^+ + 2e \Longrightarrow Mo^{3+} + 2H_2O$	-0.01
	$H_2MoO_4 + 2H^+ + e \Longrightarrow MoO_2^+ + 2H_2O$	0.48
	$MoO_2^{2+} + 2H^+ + e \Longrightarrow MoO^{3+} + H_2O$	0.48
	$Mo(CN)_6^{3-} + e \Longrightarrow Mo(CN)_6^{4-}$	0.73
N	$N_2 + 5H^+ + 4e \Longrightarrow N_2H_5^+$	-0.23
	$N_2O + 4H^+ + H_2O + 4e \Longrightarrow 2NH_2OH$	-0.05
	$NO_3^- + H_2O + 2e \Longrightarrow NO_2^- + 2OH^-$	0.01
	$NO_3^- + 2H^+ + e \Longrightarrow NO_2 + H_2O$	0.80
	$NO_3^- + 3H^+ + 2e \Longrightarrow HNO_2 + H_2O$	0.94
	$NO_3^- + 4H^+ + 3e \Longrightarrow NO + 2H_2O$	0.96
	$HNO_2 + H^+ + e \Longrightarrow NO + H_2O$	0.99
	$2HNO_2 + 4H^+ + 4e \Longrightarrow N_2O + 3H_2O$	1.27
Na	$Na^+ + e \Longrightarrow Na$	-2.714
Ni	$Ni^{2+} + 2e \Longrightarrow Ni$	-0.23
	$NiO_2 + 2H_2O + 2e \Longrightarrow Ni(ON)_2 + 2OH^-$	0.49
	$NiO_2 + 4H^+ + 2e \Longrightarrow Ni^{2+} + 2H_2O$	1.93
O	$O_2 + 2H_2O + 2e \Longrightarrow H_2O_2 + 2OH^-$	-0.146
	$O_2 + 2H_2O + 4e \Longrightarrow 4OH^-$	0.401
	$O_2 + 2H^+ + 2e \Longrightarrow H_2O_2$	0.582
	$H_2O_2 + 2e \Longrightarrow 2OH^-$	0.88
	$O_2 + 4H^+ + 4e \Longrightarrow 2H_2O$	1.229
	$H_2O_2 + 2H^+ + 2e \Longrightarrow 2H_2O$	1.77

续表6

元素	半反应式	$\varphi^{\ominus}$/伏特
	$O_3 + 2H^+ + 2e \Longrightarrow O_2 + H_2O$	2.07
Os	$OsO_4 + 8H^+ + 8e \Longrightarrow Os + 4H_2O$	0.85
P	$HPO_3^{2-} + 2H_2O + 2e \Longrightarrow H_2PO_2^- + 3OH^-$	-1.65
	$PO_4^{3-} + 2H_2O + 2e \Longrightarrow HPO_3^{2-} + 3OH^-$	-1.05
	$H_3PO_3 + 2H^+ + 2e \Longrightarrow H_3PO_2 + H_2O$	-0.50
	$H_3PO_4 + 2H^+ + 2e \Longrightarrow H_3PO_3 + H_2O$	-0.276
Pb	$Pb^{2+} + 2e \Longrightarrow Pb$	-0.126
	$PbO_2 + H_2O + 2e \Longrightarrow PbO + 2OH^-$	0.28
	$PbO_2 + 4H^+ + 2e \Longrightarrow Pb^{2+} + 2H_2O$	1.46
	$PbO_2 + 4H^+ + SO_4^{2-} + 2e \Longrightarrow PbSO_4 + 2H_2O$	1.685
Pd	$PdCl_4^{2-} + 2e \Longrightarrow Pd + 4Cl^-$	0.62
	$Pd^{2+} + 2e \Longrightarrow Pd$	0.83
	$PdCl_6^{2-} + 2e \Longrightarrow PdCl_4^{2-} + 2Cl^-$	1.29
Pt	$PtCl_4^{2-} + 2e \Longrightarrow Pt + 4Cl^-$	0.73
	$PtCl_6^{2-} + 2e \Longrightarrow PtCl_4^{2-} + 2Cl^-$	0.74
	$Pt^{2+} + 2e \Longrightarrow Pt$	1.2
Rb	$Rb^+ + e \Longrightarrow Rb$	-2.925
S	$SO_4^{2-} + H_2O + 2e \Longrightarrow SO_3^{2-} + 2OH^-$	-0.92
	$2SO_3^{2-} + 3H_2O + 4e \Longrightarrow S_2O_3^{2-} + 6OH^-$	-0.58
	$S + 2e \Longrightarrow S^{2-}$	-0.508
	$S_2^{2-} + 2e \Longrightarrow 2S^{2-}$	-0.48
	$S + H_2O + 2e \Longrightarrow HS^- + OH^-$	-0.478
	$S_4O_6^{2-} + 2e \Longrightarrow 2S_2O_3^{2-}$	0.08
	$SO_4^{2-} + 4H^+ + 2e \Longrightarrow SO_2 + 2H_2O$	0.17
	$S + 2H^+ + 2e \Longrightarrow H_2S$	0.141
	$S_2O_8^{2-} + 2e \Longrightarrow 2SO_4^{2-}$	2.0
Sb	$SbO^+ + 2H^+ + 3e \Longrightarrow Sb + H_2O$	0.212

续表6

元　素	半　反　应　式	$\varphi^{\ominus}$/伏特
	$Sb_2O_5 + 6H^+ + 4e \rightleftharpoons 2SbO^+ + 3H_2O$	0.64
Sc	$Sc^{3+} + 3e \rightleftharpoons Sc$	-2.08
Se	$Se + 2e \rightleftharpoons Se^{2-}$	-0.78
	$Se + 2H^+ + 2e \rightleftharpoons H_2Se$	-0.36
	$SeO_4^{2-} + H_2O + 2e \rightleftharpoons SeO_3^{2-} + 2OH^-$	0.03
	$H_2SeO_3 + 4H^+ + 4e \rightleftharpoons Se + 3H_2O$	0.74
	$SeO_4^{2-} + 4H^+ + 2e \rightleftharpoons H_2SeO_3 + H_2O$	1.15
Sn	$Sn(OH)_6^{2-} + 2e \rightleftharpoons Sn(OH)_3^- + 3OH^-$	-0.96
	$Sn(OH)_3^- + 2e \rightleftharpoons Sn + 3OH^-$	-0.79
	$Sn^{2+} + 2e \rightleftharpoons Sn$	-0.136
	$Sn^{4+} + 2e \rightleftharpoons Sn^{2+}$	0.15
Sr	$Sr^{2+} + 2e \rightleftharpoons Sr$	-2.89
Te	$Te + 2e \rightleftharpoons Te^{2-}$	-0.92
	$Te + 2H^+ + 2e \rightleftharpoons H_2Te$	-0.69
	$TeO_4^- + 8H^+ + 7e \rightleftharpoons Te + 4H_2O$	0.472
	$TeO_2 + 4H^+ + 4e \rightleftharpoons Te + 2H_2O$	0.593
	$TeCl_6^{2-} + 4e \rightleftharpoons Te + 6Cl^-$	0.646
	$H_6TeO_6 + 2H^+ + 2e \rightleftharpoons H_2TeO_3 + 3H_2O$	1.02
Th	$Th^{4+} + 4e \rightleftharpoons Th$	-1.90
Ti	$Ti^{4+} + e \rightleftharpoons Ti^{3+}$	-0.336
	$TiO^{2+} + 2H^+ + e \rightleftharpoons Ti^{3+} + H_2O$	1.247
Tl	$Tl^+ + e \rightleftharpoons Tl$	-0.336
	$Tl^{3+} + 2e \rightleftharpoons Tl^+$	1.247
U	$U^{4+} + e \rightleftharpoons U^{3+}$	-0.61
	$UO_2^{2+} + 4H^+ + 2e \rightleftharpoons U^{4+} + 2H_2O$	0.334
V	$V^{2+} + 2e \rightleftharpoons V$	-1.2
	$V^{3+} + e \rightleftharpoons V^{2+}$	-0.255

续表6

元素	半反应式	$\varphi^{\ominus}$/伏特
	$V^{2+} + 2H^+ + e = V^{3+} + H_2O$	0.337
	$VO_4^{3-} + 6H^+ + e = VO^{2+} + 3H_2O$	1.00
W	$W_2O_5 + 2H^+ + 2e = 2WO_2 + H_2O$	−0.04
	$2WO_3 + 2H^+ + 2e = W_2O_5 + H_2O$	−0.03
Y	$Y^{3+} + 3e = Y$	−2.37
Zn	$Zn(CN)_4^{2-} + 2e = Zn + 4CN^-$	−1.26
	$Zn(OH)_4^{2-} + 2e = Zn + 4OH^-$	−1.216
	$Zn^{2+} + 2e = Zn$	−0.763

表7　　　　　　　相对分子质量表

Ag_3AsO_3	446.52	$Bi(NO_3)_3 \cdot 5H_2O$	485.07
Ag_3AsO_4	462.52		
$AgBr$	187.77	CO	28.01
$AgBrO_3$	235.77	CO_2	44.01
$AgCl$	143.32	CO_3^{2-}	60.01
$AgCN$	133.89	$C_2O_4^{2-}$	88.02
$AgCNS$	165.95	CaO	56.08
Ag_2CrO_4	331.73	$CaCO_3$	100.09
AgI	234.77	CaC_2O_4	128.10
$AgIO_3$	282.77	$CaCl_2$	110.99
$AgNO_3$	169.87	$CaCl_2 \cdot 6H_2O$	219.08
$AlCl_3$	133.34	$CaCrO_4$	156.15
$AlCl_3 \cdot 6H_2O$	241.43	$Ca(NO_3)_2 \cdot 4H_2O$	236.15
$Al(NO_3)_3$	213.00	$Ca(OCl)Cl$	126.99
$Al(NO_3)_3 \cdot 9H_2O$	375.13	$Ca(OH)_2$	74.10
Al_2O_3	101.96	$Ca_3(PO_4)_2$	310.18
$Al(OH)_3$	78.00	$CaSO_4$	136.14
$Al_2(SO_4)_3$	342.14	$CaWO_4$	287.93
$Al_2(SO_4)_3 \cdot 18H_2O$	666.41	$CdCO_3$	172.42
As_2O_3	197.84	$CdCl_2$	183.32
As_2O_5	229.84	$Cd(CN)_2$	164.45
As_2S_3	246.02	CdS	144.48
		CeO_2	172.12
$BaCO_3$	197.34	$Ce(SO_4)_2$	332.24
BaC_2O_4	225.35	$Ce(SO_4)_2 \cdot 4H_2O$	404.30
$BaCl_2$	208.24	CH_3COO^-	59.05
$BaCl_2 \cdot 2H_2O$	244.27	CN^-	26.02
$BaCrO_4$	253.32	CNS^-	58.09
BaF_2	175.33	$CoCl_2$	129.84
BaO	153.33	$CoCl_2 \cdot 6H_2O$	237.93
$Ba(OH)_2$	171.34	$Co(NO_3)_2$	182.94
$Ba(OH)_2 \cdot 4H_2O$	315.47	$Co(NO_3)_2 \cdot 6H_2O$	291.03
$BaSO_4$	233.39	CoS	90.99
$BeSO_4 \cdot 4H_2O$	177.13	$CoSO_4$	154.99
$BiCl_3$	315.34	$CoSO_4 \cdot 7H_2O$	281.10
$BiOCl$	260.43	$Co(NH_2)_2$	60.06
$Bi(NO_3)_3$	395.00	$CrCl_2$	122.90

CrCl$_3$	158.36	FeS	87.92
CrCl$_3$·6H$_2$O	266.45	FeS$_2$	119.98
Cr(NO$_3$)$_3$	238.01	Fe$_2$S$_3$	207.90
Cr$_2$O$_3$	151.99	FeSO$_4$	151.91
CrO$_4^{2-}$	115.99	FeSO$_4$·7H$_2$O	278.02
CsCl	168.36	FeSO$_4$·(NH$_4$)$_2$SO$_4$·6H$_2$O	392.13
CsNO$_3$	194.91		
CsOH	149.91	GaCl$_3$	176.08
Cs$_2$SO$_4$	361.87	Ga$_2$O$_3$	187.44
CuCl	99.00		
CuCl$_2$	134.45	H$_3$AsO$_3$	125.94
CuCl$_2$·2H$_2$O	170.48	H$_3$AsO$_4$	141.94
CuCNS	121.62	H$_3$BO$_3$	61.83
CuC$_2$O$_4$	151.57	HBr	80.91
CuI	190.45	HCN	27.03
Cu(NO$_3$)$_2$	187.56	HCOOH	46.03
Cu(NO$_3$)$_2$·3H$_2$O	241.60	HCH$_3$COO	60.05
CuO	79.55	H$_2$CO$_3$	62.03
Cu$_2$O	143.09	H$_2$C$_2$O$_4$	90.04
Cu$_2$(OH)$_2$CO$_3$	221.12	H$_2$C$_2$O$_4$·2H$_2$O	126.07
CuS	95.616	HCl	36.46
CuSO$_4$	159.60	HF	20.01
CuSO$_4$·5H$_2$O	249.68	HI	127.91
		HIO$_3$	175.91
6F$^-$	113.99	HNO$_3$	63.01
FeCl$_2$	126.75	HNO$_2$	47.01
FeCl$_2$·4H$_2$O	198.81	H$_2$O	18.015
FeCl$_3$	162.21	2H$_2$O	36.03
FeCl$_3$·6H$_2$O	270.30	3H$_2$O	54.05
Fe(CN)$_6^{4-}$	211.95	4H$_2$O	72.06
FeNH$_4$(SO$_4$)$_2$·12H$_2$O	482.18	5H$_2$O	90.08
Fe(NO$_3$)$_3$	241.86	6H$_2$O	108.09
Fe(NO$_3$)$_3$·9H$_2$O	404.00	7H$_2$O	126.11
FeO	71.84	8H$_2$O	144.12
Fe$_2$O$_3$	159.69	9H$_2$O	162.14
Fe$_3$O$_4$	231.53	12H$_2$O	216.18
Fe(OH)$_3$	106.87		

续表7

H_2O_2	34.02	$KHC_8H_4O_4$	204.22
H_3PO_4	98.00	$KHSO_4$	136.17
H_2S	34.086	KI	166.00
H_2SO_3	82.08	KIO_3	214.00
H_2SO_4	98.08	$KIO_3 \cdot HIO_3$	389.91
$Hg(CN)_2$	252.63	$KMnO_4$	158.03
$HgCl_2$	271.50	$KNaC_4H_4O_6 \cdot 4H_2O$	282.22
Hg_2Cl_2	472.09	KNO_2	85.10
HgI_2	454.40	KNO_3	101.10
$Hg_2(NO_3)_2$	525.19	K_2O	94.20
$Hg_2(NO_3)_2 \cdot 2H_2O$	561.22	KOH	56.11
$Hg(NO_3)_2$	324.60	K_2PtCl_6	486.00
HgO	216.59	K_2SO_4	174.26
HgS	232.66	K_2TiF_6	240.09
$HgSO_4$	296.66		
Hg_2SO_4	497.25	$LiCl$	42.39
		Li_2CO_3	73.89
$KAl(SO_4)_2 \cdot 12H_2O$	474.395	$LiOH$	23.95
KBr	119.00		
$KBrO_3$	167.00	$MgCO_3$	84.31
KCl	74.55	$MgCl_2$	95.21
$KClO_3$	122.55	$MgCl_2 \cdot 6H_2O$	203.30
$KClO_4$	138.55	MgC_2O_4	112.33
KCN	65.12	$Mg(NO_3)_2 \cdot 6H_2O$	256.41
$KCNS$	97.186	$MgNH_4PO_4$	137.32
K_2CO_3	138.21	MgO	40.30
$K_2CO_3 \cdot 2H_2O$	174.24	$Mg(OH)_2$	58.32
K_2CrO_4	194.19	$Mg_2P_2O_7$	222.55
$K_2Cr_2O_7$	294.18	$MgSO_4 \cdot 7H_2O$	246.48
$K_3Fe(CN)_6$	329.25	$MnCO_3$	114.95
$K_4Fe(CN)_6$	368.35	$MnCl_2 \cdot 4H_2O$	197.91
$K_4Fe(CN)_6 \cdot 3H_2O$	422.39	$Mn(NO_3)_2 \cdot 6H_2O$	287.04
$KFe(SO_4)_2 \cdot 12H_2O$	503.24	MnO	70.94
$KHCO_3$	100.12	MnO_2	86.94
$KHC_2O_4 \cdot H_2O$	146.14	Mn_3O_4	228.81
$KHC_2O_4 \cdot H_2C_2O_4 \cdot 2H_2O$	254.19	MnS	87.01
$KHC_4H_4O_6$	188.18	$MnSO_4$	151.00

续表 7

$MnSO_4 \cdot 4H_2O$	223.06	$Na_2C_4H_4O_6$	194.05
MoO_3	143.94	$NaCl$	58.44
$12MoO_3$	1727.26	$NaClO$	74.44
MoS_2	160.08	$NaHCO_3$	84.01
		$Na_2HPO_4 \cdot 12H_2O$	358.14
NO	30.01	$Na_2H_2Y \cdot 2H_2O$	372.24
NO_2	46.01	$NaNO_2$	69.00
NO_3^-	62.01	$NaNO_3$	85.00
NH_3	17.03	Na_2O	61.98
NH_4^+	18.04	Na_2O_2	77.98
NH_4CH_3COO	77.08	$NaOH$	40.00
NH_4Cl	53.49	Na_3PO_4	163.94
$(NH_4)_2CO_3$	96.09	Na_2S	78.05
$(NH_4)_2C_2O_4$	124.10	$Na_2S \cdot 9H_2O$	240.19
$(NH_4)_2C_2O_4 \cdot H_2O$	142.11	Na_2SO_3	126.05
NH_4CNS	76.13	Na_2SO_4	142.04
NH_4HCO_3	79.06	$Na_2S_2O_3$	158.12
$(NH_4)_2MoO_4$	196.01	$Na_2S_2O_3 \cdot 5H_2O$	248.96
NH_4NO_3	80.04	$NiCl_2 \cdot 6H_2O$	237.70
$NH_3 \cdot H_2O$	35.05	NiO	74.70
$(NH_4)_2HPO_4$	132.06	$Ni(NO_2)_2 \cdot 6H_2O$	290.80
$(NH_4)_3PO_4 \cdot 12MoO_3$	1876.35	NiS	90.76
$(NH_4)_2S$	68.15	$NiSO_4$	154.75
$(NH_4)_2SO_4$	132.14	$NiSO_4 \cdot 7H_2O$	280.86
NH_4VO_3	116.98		
Na_3AsO_3	191.89	OH^-	17.01
$Na_2B_4O_7$	201.22	$2OH^-$	34.02
$Na_2B_4O_7 \cdot 10H_2O$	381.37	$3OH^-$	51.02
$NaBiO_3$	279.97	$4OH^-$	68.03
$NaCN$	49.01		
$NaCNS$	81.08	P_2O_5	141.95
Na_2CO_3	105.99	PO_4^{3-}	94.97
$Na_2CO_3 \cdot 10H_2O$	286.14	$PbCO_3$	267.21
$Na_2C_2O_4$	134.00	PbC_2O_4	295.22
$NaCOOH$	68.01	$PbCl_2$	278.11
$NaCH_3COO$	82.03	$PbCrO_4$	323.19
$NaCH_3COO \cdot 3H_2O$	136.08	$Pb(CH_3COO)_2$	325.29

续表 7

$Pb(CH_3COO)_3 \cdot 3H_2O$	379.34	$TiCl_4$	189.68
PbI_2	461.01		
$Pb(NO_3)_2$	331.21	$UO_2(C_2H_3O_2)_2 \cdot 2H_2O$	424.15
PbO	223.20	U_3O_8	842.08
$SiHCl_3$	135.45	V_2O_5	181.88
SiO_2	60.08	$VO(NO_3)_2$	190.95
$SnCl_2$	189.61		
$SnCl_2 \cdot 2H_2O$	225.63	WO_3	321.85
$SnCl_4$	260.52		
$SnCl_4 \cdot 5H_2O$	350.58	Y^{4-}(EDTA 离子)	288.21
SnO_2	150.71		
SnS	150.78	$ZnCO_3$	125.40
$SrCO_3$	147.63	ZnC_2O_4	153.40
SrC_2O_4	175.64	$ZnCl_2$	139.29
$SrCrO_4$	203.61	$Zn(C_2H_3O_2)_2$	183.47
$Sr(NO_3)_2$	211.63	$Zn(C_2H_3O_2)_2 \cdot 2H_2O$	219.50
$Sr(NO_3)_2 \cdot 4H_2O$	283.69	$Zn(NO_3)_2$	189.39
$SrSO_4$	183.68	$Zn(NO_3)_2 \cdot 6H_2O$	297.48
		ZnO	81.39
$Th(NO_3)_4$	480.06	ZnS	97.46
ThO_2	264.04	$ZnSO_4$	161.46
TiO_2	79.87	$ZnSO_4 \cdot 7H_2O$	287.56
$TiCl_3$	154.23	$ZrOCl_2$	178.13
		$ZrOCl_2 \cdot 8H_2O$	322.25

表8 原子量表

(1993年国际原子量)

元素	符号	原子量	元素	符号	原子量	元素	符号	原子量
银	Ag	107.8682	铪	Hf	178.49	铷	Rb	85.4678
铝	Al	26.98154	汞	Hg	200.59	铼	Re	186.207
氩	Ar	39.948	钬	Ho	164.9303	铑	Rh	102.9055
砷	As	74.9216	碘	I	126.9045	钌	Ru	101.07
金	Au	196.9665	铟	In	114.82	硫	S	32.07
硼	B	10.81	铱	Ir	192.22	锑	Sb	121.76
钡	Ba	137.33	钾	K	39.0983	钪	Sc	44.9559
铍	Be	9.01218	氪	Kr	83.80	硒	Se	78.96
铋	Bi	208.9804	镧	La	138.9055	硅	Si	28.0855
溴	Br	79.904	锂	Li	6.941	钐	Sm	150.36
碳	C	12.011	镥	Lu	174.967	锡	Sn	118.71
钙	Ca	40.08	镁	Mg	24.305	锶	Sr	87.62
镉	Cd	112.41	锰	Mn	54.93805	钽	Ta	180.9479
铈	Ce	140.12	钼	Mo	95.94	铽	Tb	158.9253
氯	Cl	35.453	氮	N	14.0067	碲	Te	127.60
钴	Co	58.9332	钠	Na	22.98977	钍	Th	232.0381
铬	Cr	51.996	铌	Nb	92.9064	钛	Ti	47.87
铯	Cs	132.9054	钕	Nd	144.24	铊	Tl	204.383
铜	Cu	63.546	氖	Ne	20.1798	铥	Tm	168.9342
镝	Dy	162.50	镍	Ni	58.69	铀	U	238.0289
铒	Er	167.26	镎	Np	237.0482	钒	V	50.9415
铕	Eu	151.966	氧	O	15.9994	钨	W	183.84
氟	F	18.998403	锇	Os	190.23	氙	Xe	131.29
铁	Fe	55.845	磷	P	30.97376	钇	Y	88.9058
镓	Ga	69.72	铅	Pb	207.2	镱	Yb	173.04
钆	Gd	157.25	钯	Pd	106.42	锌	Zn	65.39
锗	Ge	72.61	镨	Pr	140.9077	锆	Zr	91.22
氢	H	1.00794	铂	Pt	195.08			
氦	He	4.00260	镭	Ra	226.0254			